Hans Rudolf Schwarz | Norbert Köckler

Numerische Mathematik

Hans Rudolf Schwarz | Norbert Köckler

Numerische Mathematik

8., aktualisierte Auflage

STUDIUM

VIEWEG+
TEUBNER

Bibliografische Information der Deutschen Nationalbibliothek
Die Deutsche Nationalbibliothek verzeichnet diese Publikation in der Deutschen Nationalbibliografie; detaillierte bibliografische Daten sind im Internet über <http://dnb.d-nb.de> abrufbar.

Prof. Dr. Hans Rudolf Schwarz
Universität Zürich
Mathematisch-Naturwissenschaftliche Fakultät (MNF)
Winterthurerstrasse 190
8057 Zürich

Prof. Dr. Norbert Köckler
Universität Paderborn
Fakultät EIM – Institut für Mathematik
33098 Paderborn

norbert@upb.de

1. Auflage 1986
6., überarbeitete Auflage 2006
7., überarbeitete Auflage 2009
8., aktualisierte Auflage 2011

Lektorat: Ulrike Schmickler-Hirzebruch | Barbara Gerlach

Vieweg+Teubner Verlag ist eine Marke von Springer Fachmedien.
Springer Fachmedien ist Teil der Fachverlagsgruppe Springer Science+Business Media.
www.viewegteubner.de

Umschlaggestaltung: KünkelLopka Medienentwicklung, Heidelberg
Druck und buchbinderische Verarbeitung: AZ Druck und Datentechnik, Berlin
Gedruckt auf säurefreiem und chlorfrei gebleichtem Papier
Printed in Germany

ISBN 978-3-8348-1551-4

Vorwort zur 7. und 8. Auflage

Neben kleinen Korrekturen wurde für diese Auflagen das Kapitel 11 über die iterative Lösung von linearen Gleichungssystemen überarbeitet. Der Abschnitt über die ohnehin langsam konvergierenden Relaxationsverfahren wurde gekürzt und ein Abschnitt über Mehrgittermethoden hinzugefügt. Ich freue mich, dass ich damit einen Wunsch vieler Leser erfüllen kann, und bedanke mich bei meiner Tochter Ricarda für die sorgfältige Durchsicht.

Eine elektronische Version dieses Lehrbuchs wird über `www.viewegteubner.de` angeboten werden. Zusätzlich liegen von den meisten Kapiteln Fassungen im PowerPoint-Stil vor, die als Folien oder für Vorlesungen mit Beamer verwendet werden können. Sie sind für Dozenten kostenlos über das DozentenPLUS-Portal des Verlags erhältlich.

Eine spezielle Internet-Seite ermöglicht den Zugriff auf die Programm-Masken zum Buch und enthält alle aktuellen Informationen zum Stand dieses Projektes:
`www.uni-paderborn.de/SchwarzKoeckler/`.

Paderborn, im Februar 2011 Norbert Köckler

Aus dem Vorwort zur 5. und 6. Auflage

Mit großer Freude habe ich die Bearbeitung und Fortführung dieses klassischen Lehrbuchs über die numerische Mathematik übernommen. Ich habe versucht, den Inhalt des Buches an die Entwicklung anzupassen, ohne den Anspruch meiner Vorgänger, der Herren Kollegen Prof. Dr. R. Stiefel und Prof. Dr. H. R. Schwarz, auf Vollständigkeit, Rigorosität bei den mathematischen Grundlagen und algorithmische Orientierung aufzugeben.

Inhaltlich habe ich eine Reihe von Änderungen durchgeführt. Das Kapitel über *lineare Optimierung* ist weggefallen, weil dies heute kaum noch in den Kanon der numerischen Ausbildung gehört und es gute Lehrbücher gibt, die sich ausschließlich diesem Thema widmen. Ein Kapitel über Fehlertheorie ist hinzugekommen. Die Kapitel über Interpolation und Funktionsapproximation habe ich zusammengelegt, weil ich glaube, dass in den Anwendungen von der Aufgabe ausgegangen wird Daten oder Funktionen zu approximieren, und erst dann die Entscheidung für die Interpolation oder für die Approximation gefällt wird. Die anderen Kapitel haben sich mal mehr, mal weniger verändert, der Leser der früheren Auflagen sollte insgesamt keine großen Umstellungsprobleme haben. Am Ende der Kapitel gibt es manchmal einen Abschnitt über Anwendungen und immer einen Abschnitt über Software, deren Gebrauch für uns Numeriker unerlässlich ist und die in verwirrender Vielfalt über das Internet oder andere Quellen erreichbar ist.

Herrn Schwarz danke ich für seine kollegiale Unterstützung, den Herren Sandten und Spuhler vom Teubner-Verlag für ihre professionelle und verständnisvolle Betreuung, Frau Karin Senske hat die typographische Umsetzung und manche Durchsicht mit Sorgfalt, Fleiß und Verständnis für mich erledigt; dafür bin ich ihr außerordentlich dankbar. Meinem lieben Kollegen Prof. Dr. Gisbert Stoyan von der ELTE in Budapest bin ich für seine akribische Durchsicht besonders dankbar; sie hat zur Korrektur zahlreicher kleiner Fehler, aber auch zu besserer Verständlichkeit einiger Formulierungen beigetragen.

Paderborn, im Sommer 2006 Norbert Köckler

Aus dem Vorwort zur 4. Auflage

Das Buch entstand auf den seinerzeitigen ausdrücklichen Wunsch meines verehrten Lehrers, Herrn Prof. Dr. E. Stiefel, der mich im Sinne eines Vermächtnisses beauftragte, sein während vielen Jahren wegweisendes Standardwerk [Sti 76] von Grund auf neu zu schreiben und den modernen Erkenntnissen und Bedürfnissen anzupassen. Klarheit und Ausführlichkeit waren stets die Hauptanliegen von Herrn Professor Stiefel. Ich habe versucht, in diesem Lehrbuch dieser von ihm geprägten Philosophie zu folgen, und so werden die grundlegenden Methoden der numerischen Mathematik in einer ausführlichen Darstellung behandelt.

Das Buch ist entstanden aus Vorlesungen an der Universität Zürich. Der behandelte Stoff umfasst im Wesentlichen das Wissen, das der Verfasser seinen Studenten in einem viersemestrigen Vorlesungszyklus zu je vier Wochenstunden vermittelte. Sie sollen damit in die Lage versetzt werden, Aufgaben der angewandten Mathematik mit numerischen Methoden erfolgreich zu lösen oder zumindest die Grundlagen für das Studium von weiterführender spezialisierter Literatur zu haben. Das Buch richtet sich an Mathematiker, Physiker, Ingenieure, Informatiker und Absolventen naturwissenschaftlicher Richtungen. Vorausgesetzt wird diejenige mathematische Vorbildung, die in den unteren Semestern eines Hochschulstudiums oder an Ingenieurschulen vermittelt wird.

Die Darstellung des Stoffes ist algorithmisch ausgerichtet. Zur Begründung einer numerischen Methode werden zuerst die theoretischen Grundlagen vermittelt, soweit sie erforderlich sind, um anschließend das Verfahren so zu formulieren, dass seine Realisierung in einem Programm einfach ist.

Um die speziellen Kenntnisse auf dem Gebiet der numerischen Integralberechnung, die Herr Dr. J. Waldvogel an der ETH Zürich erarbeitet hat, in das Buch einfließen zu lassen, hat er die Abschnitte 7.1 und 7.3 sowie die zugehörigen Aufgaben verfasst. Für diese wertvolle Mitarbeit danke ich ihm hiermit bestens. Meinen beiden Assistenten, den Herren Dipl-Math. W. Businger und H. P. Märchy verdanke ich viele Anregungen und die kritische Durchsicht des Manuskripts. Schließlich danke ich dem Verlag B. G. Teubner für die Herausgabe des Buches und für die stets freundliche und entgegenkommende Zusammenarbeit.

Mit der vierten Auflage des Buches wurde versucht, eine Aktualisierung des Stoffumfangs zu erreichen, indem in verschiedener Hinsicht Ergänzungen eingefügt wurden. Um eine oft bemängelte Lücke zu schließen, wurden grundlegende Methoden zur Behandlung von Randwertaufgaben bei gewöhnlichen Differenzialgleichungen aufgenommen. Weiter wurde im gleichen Zug die für die Computergraphik zentrale Bézier-Technik zur Darstellung von Kurven und Flächen berücksichtigt. Schließlich fanden die modernen Aspekte der Vektorisierung und Parallelisierung von Algorithmen Aufnahme im Buch. Das notwendige Vorgehen zur Vektorisierung wird am Beispiel der effizienten Lösung von linearen Gleichungssystemen mit vollbesetzter und tridiagonaler Matrix dargelegt. Desgleichen werden die wesentliche Idee und Techniken der Parallelisierung am Beispiel der Lösung von linearen Gleichungssystemen entwickelt und die einschlägigen Algorithmen dargestellt.

Zürich, im Herbst 1996

H. R. Schwarz

Inhalt

Einleitung 13

1 Fehlertheorie 15

1.1 Fehlerarten 15
1.2 Zahldarstellung 16
1.3 Rundungsfehler 18
1.4 Differenzielle Fehleranalyse 21
1.5 Ergänzungen und Beispiele 24
1.6 Software 27
1.7 Aufgaben 28

2 Lineare Gleichungssysteme, direkte Methoden 30

2.1 Der Gauß-Algorithmus 30
2.1.1 Elimination, Dreieckszerlegung und Determinantenberechnung 30
2.1.2 Pivotstrategien 38
2.1.3 Ergänzungen 43

2.2 Genauigkeitsfragen, Fehlerabschätzungen 47
2.2.1 Normen 47
2.2.2 Fehlerabschätzungen, Kondition 52

2.3 Systeme mit speziellen Eigenschaften 56
2.3.1 Symmetrische, positiv definite Systeme 56
2.3.2 Bandgleichungen 62
2.3.3 Tridiagonale Gleichungssysteme 64

2.4 Verfahren für Vektorrechner und Parallelrechner 67
2.4.1 Voll besetzte Systeme 68
2.4.2 Tridiagonale Gleichungssysteme 73

2.5 Anwendungen 82

2.6 Software 87

2.7 Aufgaben 88

3	**Interpolation und Approximation**	**91**
3.1	Polynominterpolation	92
3.1.1	Problemstellung	92
3.1.2	Lagrange-Interpolation	95
3.1.3	Newton-Interpolation	95
3.1.4	Hermite-Interpolation	98
3.1.5	Inverse Interpolation	100
3.1.6	Anwendung: Numerische Differenziation	101
3.2	Splines	106
3.2.1	Kubische Splines	107
3.2.2	B-Splines 1. Grades	112
3.2.3	Kubische B-Splines	114
3.3	Zweidimensionale Splineverfahren	119
3.3.1	Bilineare Tensorsplines	120
3.3.2	Bikubische Tensorsplines	123
3.4	Kurveninterpolation	125
3.5	Kurven und Flächen mit Bézier-Polynomen	127
3.5.1	Bernstein-Polynome	127
3.5.2	Bézier-Darstellung eines Polynoms	129
3.5.3	Der Casteljau-Algorithmus	130
3.5.4	Bézier-Kurven	131
3.5.5	Bézier-Flächen	137
3.6	Gauß-Approximation	140
3.6.1	Diskrete Gauß-Approximation	142
3.6.2	Kontinuierliche Gauß-Approximation	144
3.7	Trigonometrische Approximation	145
3.7.1	Fourier-Reihen	145
3.7.2	Effiziente Berechnung der Fourier-Koeffizienten	154
3.8	Orthogonale Polynome	161
3.8.1	Approximation mit Tschebyscheff-Polynomen	162
3.8.2	Interpolation mit Tschebyscheff-Polynomen	170
3.8.3	Die Legendre-Polynome	174
3.9	Software	179
3.10	Aufgaben	179
4	**Nichtlineare Gleichungen**	**183**
4.1	Theoretische Grundlagen	183
4.1.1	Problemstellung	183
4.1.2	Konvergenztheorie und Banachscher Fixpunktsatz	185
4.1.3	Stabilität und Kondition	189

4.2 Gleichungen in einer Unbekannten . . . 190
4.2.1 Das Verfahren der Bisektion . . . 190
4.2.2 Das Verfahren von Newton . . . 192
4.2.3 Die Sekantenmethode . . . 195
4.2.4 Brents Black-box-Methode . . . 196

4.3 Gleichungen in mehreren Unbekannten . . . 199
4.3.1 Fixpunktiteration und Konvergenz . . . 199
4.3.2 Das Verfahren von Newton . . . 200

4.4 Nullstellen von Polynomen . . . 207
4.4.1 Reelle Nullstellen: Das Verfahren von Newton-Maehly . . . 207
4.4.2 Komplexe Nullstellen: Das Verfahren von Bairstow . . . 211

4.5 Software . . . 215

4.6 Aufgaben . . . 215

5 Eigenwertprobleme **218**

5.1 Theoretische Grundlagen . . . 219
5.1.1 Das charakteristische Polynom . . . 219
5.1.2 Ähnlichkeitstransformationen . . . 219
5.1.3 Symmetrische Eigenwertprobleme . . . 220
5.1.4 Elementare Rotationsmatrizen . . . 220

5.2 Das klassische Jacobi-Verfahren . . . 222

5.3 Die Vektoriteration . . . 229
5.3.1 Die einfache Vektoriteration nach von Mises . . . 229
5.3.2 Die inverse Vektoriteration . . . 231

5.4 Transformationsmethoden . . . 232
5.4.1 Transformation auf Hessenberg-Form . . . 233
5.4.2 Transformation auf tridiagonale Form . . . 237
5.4.3 Schnelle Givens-Transformation . . . 239

5.5 QR-Algorithmus . . . 243
5.5.1 Grundlagen zur QR-Transformation . . . 243
5.5.2 Praktische Durchführung, reelle Eigenwerte . . . 248
5.5.3 QR-Doppelschritt, komplexe Eigenwerte . . . 253
5.5.4 QR-Algorithmus für tridiagonale Matrizen . . . 256
5.5.5 Zur Berechnung der Eigenvektoren . . . 260

5.6 Das allgemeine Eigenwertproblem . . . 261
5.6.1 Der symmetrisch positiv definite Fall . . . 261

5.7 Eigenwertschranken, Kondition, Stabilität . . . 264

5.8 Anwendung: Membranschwingungen . . . 268

5.9 Software . . . 270

5.10 Aufgaben . . . 271

6 **Ausgleichsprobleme, Methode der kleinsten Quadrate** **274**

6.1 Lineare Ausgleichsprobleme, Normalgleichungen . . . 274

6.2 Methoden der Orthogonaltransformation . . . 278
6.2.1 Givens-Transformation . . . 279
6.2.2 Spezielle Rechentechniken . . . 284
6.2.3 Householder-Transformation . . . 286

6.3 Singulärwertzerlegung . . . 292

6.4 Nichtlineare Ausgleichsprobleme . . . 296
6.4.1 Gauß-Newton-Methode . . . 297
6.4.2 Minimierungsverfahren . . . 300

6.5 Software . . . 304

6.6 Aufgaben . . . 305

7 **Numerische Integration** **307**

7.1 Newton-Cotes-Formeln . . . 308
7.1.1 Konstruktion von Newton-Cotes-Formeln . . . 308
7.1.2 Verfeinerung der Trapezregel . . . 310

7.2 Romberg-Integration . . . 313

7.3 Transformationsmethoden . . . 315
7.3.1 Periodische Integranden . . . 316
7.3.2 Integrale über $\mathbb{R}$ . . . 318
7.3.3 Variablensubstitution . . . 320

7.4 Gauß-Integration . . . 323
7.4.1 Eingebettete Gauß-Regeln . . . 331

7.5 Adaptive Integration . . . 332

7.6 Mehrdimensionale Integration . . . 336
7.6.1 Produktintegration . . . 336
7.6.2 Integration über Standardgebiete . . . 337

7.7 Software . . . 338

7.8 Aufgaben . . . 339

8 **Anfangswertprobleme** **342**

8.1 Einführung . . . 343
8.1.1 Problemklasse und theoretische Grundlagen . . . 343
8.1.2 Möglichkeiten numerischer Lösung . . . 345

8.2 Einschrittverfahren . . . 350
8.2.1 Konsistenz . . . 350
8.2.2 Runge-Kutta-Verfahren . . . 353
8.2.3 Explizite Runge-Kutta-Verfahren . . . 354

8.2.4 Halbimplizite Runge-Kutta-Verfahren . . . 358
8.2.5 Schrittweitensteuerung . . . 359

8.3 Mehrschrittverfahren . . . 363
8.3.1 Verfahren vom Adams-Typ . . . 363
8.3.2 Konvergenztheorie und Verfahrenskonstruktion . . . 368

8.4 Stabilität . . . 376
8.4.1 Inhärente Instabilität . . . 376
8.4.2 Absolute Stabilität bei Einschrittverfahren . . . 378
8.4.3 Absolute Stabilität bei Mehrschrittverfahren . . . 380
8.4.4 Steife Differenzialgleichungen . . . 384

8.5 Anwendung: Lotka-Volterras Wettbewerbsmodell . . . 388

8.6 Software . . . 391

8.7 Aufgaben . . . 392

9 Rand- und Eigenwertprobleme 395

9.1 Problemstellung und Beispiele . . . 395

9.2 Lineare Randwertaufgaben . . . 399
9.2.1 Allgemeine Lösung . . . 399
9.2.2 Analytische Methoden . . . 401
9.2.3 Analytische Methoden mit Funktionenansätzen . . . 404

9.3 Schießverfahren . . . 408
9.3.1 Das Einfach-Schießverfahren . . . 408
9.3.2 Das Mehrfach-Schießverfahren . . . 413

9.4 Differenzenverfahren . . . 418
9.4.1 Dividierte Differenzen . . . 418
9.4.2 Diskretisierung der Randwertaufgabe . . . 419

9.5 Software . . . 424

9.6 Aufgaben . . . 425

10 Partielle Differenzialgleichungen 427

10.1 Differenzenverfahren . . . 427
10.1.1 Problemstellung . . . 427
10.1.2 Diskretisierung der Aufgabe . . . 429
10.1.3 Randnahe Gitterpunkte, allgemeine Randbedingungen . . . 434
10.1.4 Diskretisierungsfehler . . . 444
10.1.5 Ergänzungen . . . 446

10.2 Parabolische Anfangsrandwertaufgaben . . . 448
10.2.1 Eindimensionale Probleme, explizite Methode . . . 448
10.2.2 Eindimensionale Probleme, implizite Methode . . . 454
10.2.3 Diffusionsgleichung mit variablen Koeffizienten . . . 459

10.2.4 Zweidimensionale Probleme . . . 461

10.3 Methode der finiten Elemente . . . 466
10.3.1 Grundlagen . . . 466
10.3.2 Prinzip der Methode der finiten Elemente . . . 469
10.3.3 Elementweise Bearbeitung . . . 471
10.3.4 Aufbau und Behandlung der linearen Gleichungen . . . 477
10.3.5 Beispiele . . . 477

10.4 Software . . . 482

10.5 Aufgaben . . . 483

11 Lineare Gleichungssysteme, iterative Verfahren 487

11.1 Diskretisierung partieller Differenzialgleichungen . . . 487

11.2 Relaxationsverfahren . . . 489
11.2.1 Konstruktion der Iterationsverfahren . . . 489
11.2.2 Einige Konvergenzsätze . . . 494
11.2.3 Optimaler Relaxationsparameter und Konvergenzgeschwindigkeit . . . 505

11.3 Mehrgittermethoden . . . 508
11.3.1 Ein eindimensionales Modellproblem . . . 508
11.3.2 Eigenschaften der gedämpften Jacobi-Iteration . . . 509
11.3.3 Ideen für ein Zweigitterverfahren . . . 511
11.3.4 Eine eindimensionale Zweigittermethode . . . 513
11.3.5 Eine erste Mehrgittermethode . . . 517
11.3.6 Die Mehrgitter-Operatoren für das zweidimensionale Modellproblem . . . 520
11.3.7 Vollständige Mehrgitterzyklen . . . 522
11.3.8 Komplexität . . . 523
11.3.9 Ein Hauch Theorie . . . 524

11.4 Methode der konjugierten Gradienten . . . 530
11.4.1 Herleitung des Algorithmus . . . 530
11.4.2 Eigenschaften der Methode der konjugierten Gradienten . . . 534
11.4.3 Konvergenzabschätzung . . . 538
11.4.4 Vorkonditionierung . . . 541

11.5 Methode der verallgemeinerten minimierten Residuen . . . 547
11.5.1 Grundlagen des Verfahrens . . . 548
11.5.2 Algorithmische Beschreibung und Eigenschaften . . . 551

11.6 Speicherung schwach besetzter Matrizen . . . 556

11.7 Software . . . 559

11.8 Aufgaben . . . 559

Literaturverzeichnis 563

Sachverzeichnis 576

Einleitung

Gegenstand und Ziel

> **Numerische Mathematik befasst sich damit,**
> **für mathematisch formulierte Probleme**
> **einen rechnerischen Lösungsweg zu finden.**
> (H. Rutishauser)

Da die meisten Probleme der Natur-, Ingenieur- und Wirtschaftswissenschaften vor ihrer rechnerischen Lösung mathematisch modelliert werden, entwickelt die numerische Mathematik für eine Vielzahl von Problemstellungen rechnerische Lösungswege, so genannte *Algorithmen*, siehe Definition 1.1. Sie muss sich daher neben der Mathematik auch mit der Auswahl von Hard- und Software beschäftigen. Damit ist die numerische Mathematik Teil des Gebietes *wissenschaftliches Rechnen* (Scientific Computing), das Elemente der Mathematik, der Informatik und der Ingenieurwissenschaften umfasst.

Die Entwicklung immer leistungsfähigerer Rechner hat dazu geführt, dass heute Probleme aus Luft- und Raumfahrt, Physik, Meteorologie, Biologie und vielen anderen Gebieten rechnerisch gelöst werden können, deren Lösung lange als unmöglich galt. Dabei gehen die Entwicklung von Algorithmen und Rechnern Hand in Hand. Ziel der Ausbildung in numerischer Mathematik ist deshalb auch die Erziehung zu algorithmischem Denken, d.h. zur Kreativität beim Entwurf von Rechnerlösungen für Anwendungsprobleme.

Vom Problem zur Lösung

Folgende Schritte führen von einem Anwendungsproblem zu seiner numerischen Lösung:

Modellierung: Ein Anwendungsproblem muss zunächst in die Form eines mathematischen Modells gegossen werden. Dies geschieht meistens auf der Grundlage idealisierter Annahmen. Es findet also schon die erste Annäherung statt, damit eine Lösung – exakt analytisch oder angenähert numerisch – möglich wird.

Realisierung: Für das mathematische Modell muss eine Lösungsmethode gefunden werden. Ist diese numerisch, so kann in der Regel zwischen mehreren Verfahren gewählt werden. Zum Verfahren passend wird ein Programm oder ein ganzes Softwaresystem gesucht oder selbst entwickelt, um damit das Problem zu lösen. Dabei entstehen besonders bei größeren Problemen zusätzliche Aufgaben wie Benutzerführung, Datenorganisation und Darstellung der Lösung oft in Form einer Visualisierung.

Validierung: Auf dem Weg vom Anwendungsproblem zu seiner numerischen Lösung sind mehrfach Fehler im Sinne von Annäherungen gemacht worden, zuletzt durch das Rechnen auf einem Rechner mit endlicher Stellenzahl, siehe Kapitel 1. Deswegen müssen das Modell auf seine Gültigkeit, das Programm auf seine Zuverlässigkeit und schließlich das numerische Verfahren auf seine Stabilität, also Fehleranfälligkeit, überprüft werden. Wenn dann mit konkreten Zahlen gerechnet wird, sollte jede einzelne Rechnung von einer Fehleranalyse begleitet werden unbeschadet davon, dass dies in der Praxis nicht immer durchführbar ist.

Für ein Problem aus der Technik können diese Schritte etwa wie folgt aussehen.

	Problemschritte		**Physikalisches Beispiel**
1.	Physikalisches Problem	–	Brückenbau
2.	Physikalisches Modell	–	Spannungstheorie
3.	Mathematisches Modell	–	Differenzialgleichung
4.	Numerisches Verfahren	–	Auswahl: z.B. Finite Elemente Methode
5.	Algorithmus	–	Genauer Rechenablauf, auch die Ein- und Ausgabe
6.	Programm	–	Eigene oder Fremdsoftware (Auswahl)
7.	Rechnung	–	Datenorganisation
8.	Fehlertheorie	–	Abschätzung mit den konkreten Daten

Hardware, Software, Pakete, Bibliotheken, Werkzeuge

Die Realisierung numerischer Methoden erfordert eine leistungsfähige Hardware. Oft werden spezielle Rechner wie Vektor- oder Parallelrechner eingesetzt. Dem müssen die numerischen Verfahren und damit auch die Software angepasst werden. Die zuverlässigsten Programme findet man in großen Bibliotheken wie denen der Firmen NAG und IMSL und in Problemlöseumgebungen wie MATLAB. Sie verwenden Algorithmen, die sorgfältig entwickelt und getestet wurden. Auf solche Pakete wird in den Software-Abschnitten der einzelnen Kapitel Bezug genommen. Gute Möglichkeiten zur Programm-Suche bieten der AMS-Guide to mathematical software `http://gams.nist.gov` und die NETLIB-Liste `http://www.netlib.org`. Darüberhinaus gibt es Programmsammlungen, die oft im Zusammenhang mit Lehrbüchern entwickelt werden, und so genannte *Templates*, denen wir zuerst in Abschnitt 5.9 begegnen. Objekt-orientierte Numerik findet man über `http://www.oonumerics.org/oon/`.

Literaturhinweise

Für die numerische Mathematik gibt es eine große Zahl von Lehrbüchern. Einige sind stärker theoretisch orientiert [Col 68, Häm 94, Hen 82, Hen 72, Lin 01, Stu 82, Sch 05], während andere das wissenschaftliche Rechnen in den Vordergrund stellen [Dew 86, Gol 95, Gol 96a, Köc 90] oder sogar konsequent die Software-Realisierung mit der Vermittlung der numerischen Methoden verknüpfen [EM 90, Gan 92, Hop 88, Ske 01, Übe 95]. Die überwiegende Zahl der neueren Lehrbücher bietet neben einer fundierten Mathematik praktische Anwendungen und den Bezug auf mögliche Software-Lösungen [Bol 04, Dah 03, Deu 08b, Deu 08a, Roo 99, Sto 07, Sto 05]. Diesen Weg versuchen wir mit diesem Lehrbuch auch zu gehen.

1 Fehlertheorie

Die numerische Mathematik löst mathematische Probleme durch die Anwendung von Rechenverfahren (Algorithmen) auf Daten. Dabei entsteht eine vorgegebene Menge von Zahlenwerten als Ergebnis. Die Daten können – z.B. auf Grund von Messungen – fehlerhaft sein, und die Ergebnisse der Rechenoperationen werden durch die endliche Stellenzahl bei der Rechnung ebenfalls verfälscht. Deshalb ist es eine wichtige Aufgabe der Numerik, neben den Methoden, mit denen ein mathematisches Problem numerisch gelöst werden kann, auch die Entstehung von Fehlern bei der konkreten Berechnung von Ergebnissen zu untersuchen.

Definition 1.1. 1. Ein *Algorithmus* ist eine für jeden möglichen Fall eindeutig festgelegte Abfolge von elementaren Rechenoperationen unter Einbeziehung mathematischer Funktionen und Bedingungen.
2. Zu den *elementaren Rechenoperationen* gehören die Grundrechenarten, logische Operationen sowie (rechnerabhängig) weitere Operationen wie die Auswertung von Standardfunktionen, etwa der e-Funktion oder der Wurzelfunktion.

1.1 Fehlerarten

Datenfehler sind Fehler, die auf Grund fehlerhafter Eingabedaten in den Algorithmus einfließen. Sind Messungen der Grund, dann werden sie auch *Messfehler* genannt.

Diskretisierungsfehler, historisch auch *Abbruchfehler*, werden Fehler genannt, die dadurch entstehen, dass ein kontinuierliches mathematisches Problem "diskretisiert", d.h. endlich bzw. diskret gemacht wird. Dabei wird z. B. die Berechnung unendlicher Summen nach endlich vielen Summanden "abgebrochen".

Rundungsfehler sind die beim Rechnen mit reellen Zahlen durch Rundung der (Zwischen)-Ergebnisse entstehenden Fehler. Dabei setzen wir voraus, dass alle elementaren Operationen denselben maximalen Standardfehler haben. Die Fortpflanzung der Rundungsfehler von Rechenoperation zu Rechenoperation ist die häufigste Quelle für numerische Instabilität, d.h. für Ergebnisse, die durch Fehlerverstärkung unbrauchbar werden können.

Definition 1.2. Es sei x eine reelle Zahl, $\tilde{x} \in \mathbb{R}$ ein Näherungswert für x. Dann heißen

$$\delta_x := \tilde{x} - x \tag{1.1}$$

absoluter Fehler von x und, falls $x \neq 0$,

$$\varepsilon_x := \frac{\tilde{x} - x}{x} \tag{1.2}$$

relativer Fehler von x.

1.2 Zahldarstellung

Auf einer Rechenanlage ist nur eine Teilmenge $\mathcal{M}$ der Menge $\mathbb{R}$ der reellen Zahlen darstellbar. Nach dem IEEE-Standard wird eine reelle Zahl $x \in \mathcal{M}$ dargestellt als

$$x = \text{sign}(x) \cdot a \cdot E^{e-k}. \tag{1.3}$$

Das Zahlensystem $\mathcal{M}$ ist durch vier ganzzahlige Parameter bestimmt:

- die *Basis* $E \in \mathbb{N}$, $E > 1$, meistens $E = 2$,
- die *Genauigkeit* $k \in \mathbb{N}$ und
- den *Exponenten-Bereich* $e_{\min} \leq e \leq e_{\max}$, $e_{\min}, e_{\max} \in \mathbb{Z}$.

Die *Mantisse* $a \in \mathbb{N}_0$ ist definiert als

$$a = a_1 E^{k-1} + a_2 E^{k-2} + \cdots + a_{k-1} E^1 + a_k E^0; \tag{1.4}$$

für sie gilt also $0 \leq a \leq E^k - 1$. Dabei ist k die Mantissenlänge und die a_i sind Ziffern des Zahlensystems , also 0 oder 1 im Dualsystem mit der Basis 2. Die Zahl Null ist ein Sonderfall; ist $x \neq 0$, so soll auch die erste Ziffer ungleich null sein, d.h. es ist

$$E^{k-1} \leq a < E^k, \quad \text{falls} \quad x \neq 0. \tag{1.5}$$

x heißt dann *k-stellige normalisierte Gleitpunktzahl*[1] *zur Basis E*. Das Rechnen mit solchen Zahlen heißt *Rechnung mit k wesentlichen Stellen*.

Damit ergibt sich als *Bereich* der normalisierten Gleitpunktzahlen $x \neq 0$:

$$E^{e_{\min}-1} \leq |x| \leq E^{e_{\max}}(1 - E^{-k}). \tag{1.6}$$

Eine wichtige Eigenschaft des Zahlensystems $\mathcal{M}$ ist, dass die Zahlen in ihm nicht den gleichen Abstand haben, also nicht äquidistant sind. Im Dualsystem springt ihr Abstand mit jeder Zweierpotenz um den Faktor 2, siehe Abb. 1.1 und Aufgabe 1.1.

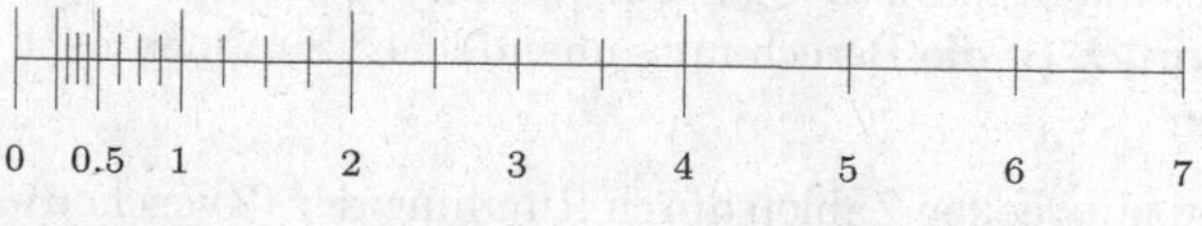

Abb. 1.1 Verteilung der Gleitpunktzahlen für $E = 2$, $k = 3$, $e_{\min} = -1$ und $e_{\max} = 3$.

Nach jeder arithmetischen Rechenoperation wird das Ergebnis x auf einen eindeutig definierten Wert $rd(x)$ gerundet. Außerdem definieren wir die *Maschinengenauigkeit*:

$$\tau := \frac{E}{2} E^{-k}. \tag{1.7}$$

[1] Wir schreiben diesen Begriff wie im Angelsächsichen. Im Deutschen ist auch *Gleitkommazahl* gebräuchlich.

Lemma 1.3. *Wenn $x \neq 0$ im Bereich der normalisierten Gleitpunktzahlen liegt und $rd(x)$ in $\mathcal{M}$, dann gilt*

$$\begin{aligned} |rd(x) - x| &\leq \frac{E^{e-k}}{2} \quad \textit{(max. absoluter Fehler bei Rundung)}, \\ \frac{|rd(x) - x|}{|x|} &\leq \frac{1}{2}E^{1-k} = \tau \quad \textit{(max. relativer Fehler bei Rundung)}. \end{aligned} \tag{1.8}$$

Beweis. Sei o.B.d.A. $x > 0$. Dann kann x geschrieben werden als

$$x = \mu E^{e-k}, \quad E^{k-1} \leq \mu \leq E^k - 1.$$

Also liegt x zwischen den benachbarten Gleitpunktzahlen[2] $y_1 = \lfloor \mu \rfloor E^{e-k}$ und $y_2 = \lceil \mu \rceil E^{e-k}$. Also ist entweder $rd(x) = y_1$ oder $rd(x) = y_2$, und es gilt bei korrektem Runden

$$|rd(x) - x| \leq \frac{y_2 - y_1}{2} \leq \frac{E^{e-k}}{2}.$$

Daraus folgt

$$\frac{|rd(x) - x|}{|x|} \leq \frac{\frac{E^{e-k}}{2}}{\mu E^{e-k}} = \frac{1}{2}E^{1-k} = \tau.$$

□

Beispiel 1.1. Wir wollen für $x = \pi$ den Wert $y = x^2 = 9.8696044\ldots$ in zweistelliger dezimaler und in fünfstelliger dualer Gleitpunktdarstellung (mit den Dualziffern $\mathtt{0}$ und $\mathtt{1}$) berechnen.

(a) Für $E = 10$ und $k = 2$ ist die Maschinengenauigkeit $\tau = 0.05$ und

$$\begin{aligned} rd(\pi) &= 3.1 = 0.31 \cdot 10^1 \\ rd(\pi)\, rd(\pi) &= 0.961 \cdot 10^1 \\ y_{10,2} &= rd\{rd(\pi)\, rd(\pi)\} = 0.96 \cdot 10^1 = 9.6 \\ y_{10,2} - \pi^2 &\approx 0.27. \end{aligned}$$

(b) Für $E = 2$ und $k = 5$ ist die Maschinengenauigkeit $\tau = 2^{-5} = 0.03125$ und

$$\begin{aligned} rd(\pi) &= rd(2^1 + 2^0 + 2^{-3} + 2^{-6} + \cdots) = 2^1 + 2^0 + 2^{-3} = \mathtt{0.11001} \cdot 2^2 \\ rd(\pi)\, rd(\pi) &= \mathtt{0.1001110001} \cdot 2^4 \\ y_{2,5} &= rd\{rd(\pi)\, rd(\pi)\} = \mathtt{0.10100} \cdot 2^4 = 10 \\ y_{2,5} - \pi^2 &\approx 0.13. \end{aligned}$$

△

Die Parameter der im IEEE-Standard vorgesehenen Gleitpunktzahlen-Systeme werden in Tabelle 1.1 wiedergegeben.

---

[2] $\lfloor \mu \rfloor$ ist die größte ganze Zahl kleiner gleich μ, $\lceil \mu \rceil$ ist die kleinste ganze Zahl größer gleich μ.

Tab. 1.1 Die Parameter der IEEE Standard-Arithmetik zur Basis $E = 2$

Genauigkeit	t	$e_{\min}$	$e_{\max}$	τ
Einfach	24	-125	128	$2^{-24} \approx 6 \times 10^{-8}$
Doppelt	53	-1021	1024	$2^{-53} \approx 1 \times 10^{-16}$
Erweitert	64	-16381	16384	$2^{-64} \approx 5 \times 10^{-20}$

1.3 Rundungsfehler

Aus Lemma 1.3 folgt

Lemma 1.4. *1. Es gilt (mit der Maschinengenauigkeit τ)*

$$rd(x) = x(1+\varepsilon) \quad mit \quad |\varepsilon| \le \tau. \tag{1.9}$$

2. Es sei $*$ eine der elementaren Operationen. Dann gilt:

$$rd(x * y) = (x * y)(1+\varepsilon) \quad mit \quad |\varepsilon| \le \tau. \tag{1.10}$$

3. Die Maschinengenauigkeit τ ist die kleinste positive Zahl g für die gilt:

$$rd(1+g) > 1. \tag{1.11}$$

Definition 1.5. 1. Die *wesentlichen Stellen* einer Zahl sind ihre Mantissenstellen bei normalisierter Gleitpunktdarstellung.
2. Beim *Rechnen mit k wesentlichen Stellen* müssen alle Eingabegrößen auf k wesentliche Stellen gerundet werden, anschließend werden die Ergebnisse jeder elementaren Operation vor dem Weiterrechnen sowie das Endergebnis auf k wesentliche Stellen gerundet.
3. *Auslöschung* nennt man das Annullieren führender Mantissenstellen bei der Subtraktion zweier Zahlen gleichen Vorzeichens.

Wird ein numerischer Algorithmus instabil, so hat das in den meisten Fällen seinen Grund im Informationsverlust durch Subtraktion, also in der Auslöschung.

Wir wollen den Einfluss von Rundungsfehlern an zwei Beispielen verdeutlichen:

Beispiel 1.2. Es seien $a := 1.2$ und $b := 1.1$. Wir wollen zwei Algorithmen zur Berechnung von $a^2 - b^2 = (a+b)(a-b)$ in zweistelliger dezimaler Gleitpunktrechnung vergleichen. Es ist

$$\begin{aligned} a^2 = 1.44 &\implies rd(a^2) = 1.4 \\ b^2 = 1.21 &\implies rd(b^2) = 1.2 \\ rd(a^2) - rd(b^2) &= 0.2 \quad \text{(Fehler 13 \%)}. \end{aligned}$$

Mit ebenfalls drei Rechenoperationen berechnet man

$$\begin{aligned} a+b = rd(a+b) &= 2.3 \\ a-b = rd(a-b) &= 0.10 \\ (a+b)(a-b) &= 0.23 \quad \text{(Fehler 0 \%)}. \end{aligned}$$

△

Beispiel 1.3. Es ist

$$99 - 70\sqrt{2} = \sqrt{9801} - \sqrt{9800} = \frac{1}{\sqrt{9801} + \sqrt{9800}} = 0.005050633883346584\ldots.$$

Diese drei Formeln für einen Zahlenwert sind drei Algorithmen. Ihre unterschiedliche Stabilität zeigt eine Berechnung in k-stelliger dezimaler Gleitpunktrechnung für verschiedene Werte von k.

Anzahl wesentlicher Stellen	$99 - 70\sqrt{2}$	$\sqrt{9801} - \sqrt{9800}$	$1/(\sqrt{9801} + \sqrt{9800})$
2	1.0	0.0	0.0050
4	0.02000	0.01000	0.005051
6	0.00530000	0.00510000	0.00505063
10	0.005050660000	0.005050640000	0.005050633884

Der Grund für die numerische Instabilität der ersten beiden Algorithmen ist die Subtraktion der beiden fast gleichen Zahlen, also Auslöschung. Es gehen alle bzw. 3 bzw. 4 Stellen verloren, was auch durch die abschließenden Nullen deutlich wird. △

Zur systematischen Untersuchung wird der Algorithmus als Funktion dargestellt:

$$\begin{aligned} \text{Eingabedaten:} &\quad x \in \mathbb{R}^m \\ \text{Ergebnisse:} &\quad y \in \mathbb{R}^n \\ \text{Algorithmus:} &\quad y = \varphi(x) \end{aligned} \tag{1.12}$$

Die exakte Analyse des Algorithmus mit Berücksichtigung der Eingabe- oder Datenfehler, der Rundungsfehlerfortpflanzung von Rechenschritt zu Rechenschritt und der Ergebnisrundung wird *differenzielle Fehleranalyse* genannt, siehe Abschnitt 1.4. Hier soll zunächst eine einfachere Modellsituation betrachtet werden[3]

Lemma 1.6. *Seien $\delta_x \in \mathbb{R}^m$ der absolute Datenfehler von x und*

$$D\varphi = \begin{pmatrix} \frac{\partial \varphi_1}{\partial x_1} & \cdots & \frac{\partial \varphi_1}{\partial x_m} \\ \vdots & \ddots & \vdots \\ \frac{\partial \varphi_n}{\partial x_1} & \cdots & \frac{\partial \varphi_n}{\partial x_m} \end{pmatrix} \in \mathbb{R}^{n,m} \tag{1.13}$$

die Funktionalmatrix der Funktion φ.

Dann gilt unter der Voraussetzung, dass exakt, *also ohne den Einfluss von Rundungsfehlern, gerechnet wird, für die Ergebnisfehler des Algorithmus $y = \varphi(x)$ in erster Näherung:*

$$\delta_y \doteq D\varphi\, \delta_x \tag{1.14}$$

$$\varepsilon_{y_i} \doteq \sum_{k=1}^{m} K_{ik}\, \varepsilon_{x_k}, \quad i = 1, \cdots, n. \tag{1.15}$$

Dabei sind K_{ik} die Konditionszahlen

$$K_{ik} = \frac{\partial \varphi_i(x)}{\partial x_k} \frac{x_k}{\varphi_i(x)}, \quad i = 1, \cdots, n, \quad k = 1, \cdots, m. \tag{1.16}$$

Beweis. Die Aussage (1.14) für δ_y ergibt sich sofort aus dem Satz von Taylor. Die Aussage (1.15) für ε_y entsteht durch arithmetische Erweiterung von (1.14). □

[3] Wir verwenden das Zeichen $\doteq$ für Gleichheit bis auf Glieder zweiter Ordnung, also bis auf Terme, in denen Quadrate oder höhere Potenzen einer Fehlergröße auftreten (in (1.14) und (1.15) sind das δ_x bzw. ε_{x_k}).

Die Konditionszahlen sind die Verstärkungsfaktoren der relativen Fehler *eines* Eingabedatums in *einem* Ergebnis.

Lemma 1.7.

$$|\delta_{y_i}| \quad \dot{\leq} \quad \sum_{k=1}^{m} |\delta_{x_k}| \left| \frac{\partial \varphi_i(x)}{\partial x_k} \right|, \qquad (1.17)$$

$$i = 1, \cdots, n,$$

$$|\varepsilon_{y_i}| \quad \dot{\leq} \quad \sum_{k=1}^{m} |K_{ik}| \, |\varepsilon_{x_k}|. \qquad (1.18)$$

Beispiel 1.4. Sei

$$y = \varphi(x_1, x_2, x_3) = x_1 + x_2 + x_3,$$

also $\varphi : \mathbb{R}^3 \to \mathbb{R}$. Es sind

$$\frac{\partial y}{\partial x_j} = 1 \quad j = 1, 2, 3.$$

Also sind die Konditionszahlen gegeben als

$$K_{1j} = \frac{x_j}{x_1 + x_2 + x_3}, \quad j = 1, 2, 3.$$

Das Problem ist deshalb dann gut konditioniert, wenn $\sum x_i \gg x_j$.
Es gilt

$$\delta_y = \delta_{x_1} + \delta_{x_2} + \delta_{x_3}$$

und

$$\varepsilon_y = \frac{x_1}{x_1 + x_2 + x_3} \varepsilon_{x_1} + \frac{x_2}{x_1 + x_2 + x_3} \varepsilon_{x_2} + \frac{x_3}{x_1 + x_2 + x_3} \varepsilon_{x_3}.$$

Unter der Annahme $|\varepsilon_{x_j}| \leq \tau$ gilt

$$|\varepsilon_y| \leq \frac{|x_1| + |x_2| + |x_3|}{|x_1 + x_2 + x_3|} \tau.$$

Die Fehler werden also nur dann sehr verstärkt, wenn die Summe $x_1 + x_2 + x_3$ *klein* ist relativ zu den Summanden, und das kann nur durch Auslöschung entstehen. △

Für die elementaren Operationen ergibt sich der

Satz 1.8. *(a) Absoluter Fehler:*

$$y = x_1 \pm x_2 \quad \Rightarrow \quad \delta_y = \delta_{x_1} \pm \delta_{x_2} \qquad (1.19)$$

$$y = x_1 \cdot x_2 \quad \Rightarrow \quad \delta_y = x_2 \delta_{x_1} + x_1 \delta_{x_2} + \delta_{x_1} \delta_{x_2} \doteq x_2 \delta_{x_1} + x_1 \delta_{x_2} \qquad (1.20)$$

$$y = \frac{x_1}{x_2} \quad \Rightarrow \quad \delta_y \doteq \frac{x_2 \delta_{x_1} - x_1 \delta_{x_2}}{x_2^2} \quad (x_2 \neq 0) \qquad (1.21)$$

(b) Relativer Fehler:

$$\varepsilon_{x_1 \pm x_2} \quad = \quad \frac{x_1}{x_1 \pm x_2} \varepsilon_{x_1} \pm \frac{x_2}{x_1 \pm x_2} \varepsilon_{x_2} \quad (x_1 \pm x_2 \neq 0) \qquad (1.22)$$

$$\varepsilon_{x_1 \cdot x_2} \quad \doteq \quad \varepsilon_{x_1} + \varepsilon_{x_2} \qquad (1.23)$$

$$\varepsilon_{x_1/x_2} \doteq \varepsilon_{x_1} - \varepsilon_{x_2} \tag{1.24}$$

$$\varepsilon_{x^n} \doteq n\,\varepsilon_x, \quad n \in Q, \quad (\text{z.B. } \varepsilon_{\sqrt{x}} \doteq \frac{1}{2}\,\varepsilon_x) \tag{1.25}$$

Beweis. Übung. □

Auslöschung entsteht, wenn zwei Zahlen x_1, x_2 mit $x_1 \approx x_2$ voneinander abgezogen werden, weil dann nach (1.22) $\varepsilon_{x_1-x_2} \gg \varepsilon_{x_i}$.

1.4 Differenzielle Fehleranalyse

Wir lassen jetzt die Voraussetzung des exakten Rechnens fallen und berücksichtigen alle Fehler, vom Eingangsfehler (Datenfehler) bis zur Rundung der errechneten Ergebnisse einschließlich aller fortgepflanzten Rundungsfehler. Wir betrachten den in elementare Rechenoperationen zerlegten Algorithmus:

$$x = x^{(0)} \longrightarrow \varphi^{(0)}(x^{(0)}) =: x^{(1)} \rightarrow \cdots \rightarrow \varphi^{(r)}(x^{(r)}) =: x^{(r+1)} \equiv y \tag{1.26}$$
$$x \in \mathbb{R}^m \longrightarrow y = \varphi(x) \in \mathbb{R}^n$$

Dabei sind im Allgemeinen alle Zwischenergebnisse Vektoren; die elementaren Rechenoperationen sind elementweise zu verstehen. Wir definieren so genannte *Restabbildungen*

$$\begin{aligned} \psi^{(k)} &:= \varphi^{(r)} \circ \varphi^{(r-1)} \circ .. \circ \varphi^{(k)} : \mathbb{R}^{m_k} \rightarrow \mathbb{R}^n, \\ \psi^{(k-1)} &= \psi^{(k)} \circ \varphi^{(k-1)}, \quad k = 2, \ldots, r. \end{aligned} \tag{1.27}$$

Satz 1.9. *Der beim Algorithmus (1.26) aus Datenfehler δ_x und Rundung beim Rechnen mit k wesentlichen Stellen fortgepflanzte Fehler δ_y ergibt sich als*

$$\delta_y \doteq D\varphi(x)\,\delta_x + D\psi^{(1)}(x^{(1)})\,E_1\,x^{(1)} + \cdots + D\psi^{(r)}(x^{(r)})E_r x^{(r)} + E_{r+1}\,y$$

oder

$$\delta_y \doteq \underbrace{D\varphi(x)\,\delta_x}_{\text{Datenfehler}} + \underbrace{\sum_{i=1}^{r} D\psi^{(i)}(x^{(i)})E_i x^{(i)}}_{\text{fortgepflanzte Rundungsfehler}} + \underbrace{E_{r+1}y}_{\text{Resultatrundung}} . \tag{1.28}$$

Dabei sind $D\varphi, D\psi^{(i)}$ die Funktionalmatrizen der entsprechenden Abbildungen und E_i diagonale Rundungsfehlermatrizen

$$E_i := \begin{pmatrix} \varepsilon_1^{(i)} & & & \\ & \varepsilon_2^{(i)} & & \\ & & \ddots & \\ & & & \varepsilon_{m_i}^{(i)} \end{pmatrix} \quad \textit{mit } |\varepsilon_j^{(i)}| \le \tau. \tag{1.29}$$

Beweis. (nach [Sto 07]):
Aus der Kettenregel für Funktionalmatrizen $D(f \circ g)(x) = Df(g(x))\,Dg(x)$ folgen

$$D\varphi(x) = D\varphi^{(r)}(x^{(r)})\,D\varphi^{(r-1)}(x^{(r-1)}) \cdots D\varphi^{(0)}(x),$$

$$D\psi^{(k)}(x^{(k)}) \quad = \quad D\varphi^{(r)}(\cdot)\cdots D\varphi^{(k)}(\cdot). \tag{1.30}$$

Wir müssen jetzt Schritt für Schritt je zwei Fehleranteile berücksichtigen:
(a) Die Fortpflanzung der aufgelaufenen Fehler mit $D\varphi^{(i)}$,
(b) die Rundung des gerade berechneten Zwischenergebnisses.

1. Schritt:

$$\begin{aligned}
\delta_{x^{(1)}} &\doteq D\varphi^{(0)}(x)\,\delta_x + \alpha^{(1)} \quad \text{mit}\\
\alpha^{(1)} &:= rd\,(\varphi^{(0)}(\tilde{x})) - \varphi^{(0)}(\tilde{x}) \quad \text{oder komponentenweise}\\
\alpha_j^{(1)} &= \varepsilon_j^{(1)}\,\varphi_j^{(0)}(\tilde{x}) = \varepsilon_j^{(1)} x_j^{(1)} \quad \text{mit}\\
|\,\varepsilon_j^{(1)}\,| &\le \tau.
\end{aligned}$$

Fasst man diese $\varepsilon_j^{(1)}$ zu einer Diagonalmatrix $E_1 = \operatorname{diag}\,(\varepsilon_1^{(1)}, \varepsilon_2^{(1)}, \ldots, \varepsilon_{m_1}^{(1)}) \in \mathbb{R}^{m_1,m_1}$ zusammen, so bekommt man

$$\alpha^{(1)} = E_1\, x^{(1)}, \quad \alpha^{(1)}, x^{(1)} \in \mathbb{R}_1^m, \; E_1 \in \mathbb{R}^{m_1,m_1}.$$

2. Schritt:

$$\delta_{x^{(2)}} \doteq \underbrace{D\varphi^{(1)}(x^{(1)})[\,\underbrace{D\varphi^{(0)}(x)\,\delta_x + \alpha^{(1)}}_{\text{Fehler aus 1. Schritt}}\,]}_{\text{fortgepflanzter Fehler}} + \underbrace{\alpha^{(2)}}_{\text{neue Rundung}},$$

oder mit der Abkürzung $D_k := D\varphi^{(k)}(x^{(k)})$

$$\delta_{x^{(2)}} \doteq D_1\,D_0\,\delta_x + D_1\alpha^{(1)} + \alpha^{(2)}.$$

Entsprechend ergibt sich

$$\delta_{x^{(3)}} \doteq D_2 D_1 D_0\,\delta_x + D_2 D_1 \alpha^{(1)} + D_2\alpha^{(2)} + \alpha^{(3)}.$$

Schließlich bekommt man insgesamt

$$\begin{aligned}
\delta_y = \delta_{x^{(r+1)}} \doteq\; & D_r D_{r-1}\cdots D_0\delta_x \;\}\,\text{fortgepfl. Datenfehler}\\
&\left.\begin{aligned}
+\;& D_r D_{r-1}\cdots D_1\alpha^{(1)}\\
+\;& D_r D_{r-1}\cdots D_2\alpha^{(2)}\\
+\;& \cdots\\
+\;& D_r\alpha^{(r)}
\end{aligned}\right\}\text{fortgepfl. Rundungsfehler}\\
&+\; \alpha^{(r+1)} \;\}\,\text{Ergebnisrundung}
\end{aligned}$$

mit $\alpha^{(r+1)} = E_{r+1}\,x^{(r+1)} = E_{r+1}\,y$. Mit (1.30) beweist das (1.28). □

Der Satz gibt in 1. Näherung die exakte Darstellung des Gesamtfehlers, aber nicht in berechenbarer Form, da die Zahlen $\varepsilon_j^{(k)}$ in den Diagonalmatrizen E_k nicht bekannt sind. Schätzt man den Betrag dieser Zahlen durch die Maschinengenauigkeit τ ab, so ergibt sich

$$|\delta_y| \dot{\leq} \tau \sum_{i=1}^{r} |D\psi^{(i)}(x^{(i)})|\,|x^{(i)}| + |D\varphi(x)|\,|\delta_x| + \tau\,|y|. \tag{1.31}$$

Dabei sind die Beträge komponenten- bzw. elementweise zu verstehen. Wird ein Element $x_k^{(i)}$ in einem Rechenschritt nur übernommen, so ist das k-te Diagonalelement der Rundungsfehlermatrix E_i gleich null, oder: aus $x_k^{(i+1)} = x_j^{(i)}$ folgt $\varepsilon_k^{(i+1)} = 0$.

Bei längeren Algorithmen führt die differenzielle Fehleranalyse zu einer großen Anzahl von Einzeltermen, die in (1.31) alle nach oben abgeschätzt werden. Dabei können sich Fehler mit verschiedenem Vorzeichen teilweise gegenseitig aufheben. Das kann nur in einer *Fehlerschätzung* berücksichtigt werden, bei der z.B. stochastische Methoden angewendet werden.

Beispiel 1.5. Es ist $1 - \dfrac{1-x}{1+x} = \dfrac{2x}{1+x}$.

Welche der beiden Berechnungsformeln ist numerisch stabiler?

Algorithmus 1:

$$\begin{aligned}
x^{(0)} &= x \in \mathbb{R} \\
x^{(1)} &= \begin{pmatrix} x_1^{(1)} \\ x_2^{(1)} \end{pmatrix} = \varphi^{(0)}(x) = \begin{pmatrix} 1-x \\ 1+x \end{pmatrix} \;:\; \mathbb{R} \to \mathbb{R}^2 \\
x^{(2)} &= \varphi^{(1)}(x^{(1)}) = \frac{x_1^{(1)}}{x_2^{(1)}} \;:\; \mathbb{R}^2 \to \mathbb{R} \\
x^{(3)} &= \varphi^{(2)}(x^{(2)}) = 1 - x^{(2)} \;:\; \mathbb{R} \to \mathbb{R}.
\end{aligned}$$

Daraus ergeben sich als Funktionalmatrizen

$$\begin{aligned}
D\varphi^{(0)} &= \begin{pmatrix} -1 \\ +1 \end{pmatrix}, \quad D\varphi^{(1)} = \left(\frac{1}{x_2^{(1)}}, \frac{-x_1^{(1)}}{(x_2^{(1)})^2} \right), \quad D\varphi^{(2)} = -1, \\
D\varphi &= \frac{2}{(1+x)^2}, \\
D\psi^{(2)} &= D\varphi^{(2)} = -1, \\
D\psi^{(1)} &= D\varphi^{(2)}\, D\varphi^{(1)} = \left(-\frac{1}{x_2^{(1)}}, \frac{x_1^{(1)}}{(x_2^{(1)})^2} \right).
\end{aligned}$$

Setzen wir für die $x_k^{(j)}$ die Ausdrücke in x ein, so ergibt das mit (1.28)

$$\begin{aligned}
\delta_y &\doteq D\varphi\,\delta_x + D\psi^{(1)}\,E_1\,x^{(1)} + D\psi^{(2)}\,E_2\,x^{(2)} + E_3\,y \\
&= \frac{2\delta_x}{(1+x)^2} + \left(-\frac{1}{1+x}, \frac{1-x}{(1+x)^2} \right) \begin{pmatrix} \varepsilon_1^{(1)} & 0 \\ 0 & \varepsilon_2^{(1)} \end{pmatrix} \begin{pmatrix} 1-x \\ 1+x \end{pmatrix} \\
&+ (-1)\,\varepsilon_1^{(2)} \frac{1-x}{1+x} + \varepsilon_1^{(3)} \left(1 - \frac{1-x}{1+x} \right) \\
&= \frac{2\delta_x}{(1+x)^2} + \frac{-(1-x)}{1+x}\,\varepsilon_1^{(1)} + \frac{1-x^2}{(1+x)^2}\,\varepsilon_2^{(1)} - \varepsilon_1^{(2)} \frac{1-x}{1+x} + \varepsilon_1^{(3)} \left(1 - \frac{1-x}{1+x} \right).
\end{aligned}$$

Unter der Annahme $|x| \ll 1,\ \tau \ll |x|\ ,\ |\delta_x| \le \tau$ kann man $1-x \approx 1+x \approx 1$ setzen und bekommt

$$|\delta_y| \mathrel{\dot{\lesssim}} 5\tau.$$

Algorithmus 2:

$$\begin{aligned} x^0 &= x,\quad x^{(1)} = \varphi^{(0)}(x) = \begin{pmatrix} 2x \\ 1+x \end{pmatrix} : \mathbb{R} \to \mathbb{R}^2, \\ y &= x^{(2)} = \varphi^{(1)}(x^{(1)}) = \frac{x_1^{(1)}}{x_2^{(1)}} : \mathbb{R}^2 \to \mathbb{R}. \end{aligned}$$

Das ergibt die Funktionalmatrizen

$$\begin{aligned} D\varphi^{(0)} &= \begin{pmatrix} 2 \\ 1 \end{pmatrix},\quad D\varphi^{(1)} = \left(\frac{1}{x_2^{(1)}}, -\frac{x_1^{(1)}}{(x_2^{(1)})^2}\right) = \left(\frac{1}{1+x}, \frac{-2x}{(1+x)^2}\right), \\ D\psi^{(1)} &= D\varphi^{(1)}, \\ D\varphi &= \frac{2}{(1+x)^2}. \end{aligned}$$

(1.28) liefert jetzt

$$\begin{aligned} \delta_y &\doteq \frac{2\delta_x}{(1+x)^2} + \left(\frac{1}{x_2^{(1)}}, \frac{-x_1^{(1)}}{(x_2^{(1)})^2}\right) \begin{pmatrix} \varepsilon_1^{(1)} & 0 \\ 0 & \varepsilon_2^{(1)} \end{pmatrix} \begin{pmatrix} 2x \\ 1+x \end{pmatrix} + \varepsilon_1^{(2)} \frac{2x}{1+x} \\ &= \frac{2\delta_x}{(1+x)^2} + \varepsilon_1^{(1)} \frac{2x}{1+x} + \varepsilon_2^{(1)} \frac{(-2x)}{1+x} + \varepsilon_1^{(2)} \frac{2x}{1+x} \end{aligned}$$

Mit denselben Annahmen wie beim Algorithmus 1 ergibt das

$$|\delta_y| \mathrel{\dot{\lesssim}} 2\tau.$$

Für $x = 1 \cdot 10^{-3}$ ergibt sich $y_{\text{exakt}} = 1.998001998 \cdot 10^{-3}$.

$E = 10, k = 8:$ Algorithmus 1: $y = 1.9980000 \cdot 10^{-3}$,
Algorithmus 2: $y = 1.9980020 \cdot 10^{-3}$.

Algorithmus 2 liefert also ein auf acht Stellen korrektes Ergebnis, das um zwei Stellen genauer ist als das von Algorithmus 1. Das verstärkt noch den in den differenziellen Fehleranalysen fest gestellten Unterschied zwischen den beiden Algorithmen. △

1.5 Ergänzungen und Beispiele

Rückwärts-Fehleranalyse (backward analysis)

Die differentielle Fehleranalyse ist eine Vorwärtsuntersuchung der Fehlerentwicklung. Eine andere Idee ist die Rückwärtsuntersuchung.

Der Algorithmus $y = \varphi(x)$ wird mit Datenfehler und Rundungsfehlerfortpflanzung zu

$$\tilde{y} = \tilde{\varphi}(\tilde{x})$$

Problem: Finde ein δ_x so, dass

$$\tilde{y} = \varphi(x + \delta_x)$$

Hier wird versucht, ausgehend vom erhaltenen Ergebnis $\tilde{y}$ ein $x + \delta_x$ zu finden, das mit dem exakten Algorithmus φ das Ergebnis $\tilde{y}$ liefert. Auch hier bekommt man in der Regel nur Abschätzungen für $||\delta_x||$. Kann man zeigen, dass das so geschätzte δ_x in der Größenordnung des tatsächlichen Datenfehlers liegt, also

$$||\delta_x|| \approx ||x||\, \tau$$

gilt, so ist der Algorithmus gutartig.

Viele Beispiele zu dieser Betrachtungsweise findet man in [Wil 94] und [Wil 88].

Numerische Stabilität

In der Literatur ist dieser Begriff nicht eindeutig definiert, da er immer nur relativ zur Genauigkeit ist.

Ein Versuch: Ist bei einem numerischen Verfahren der zu erwartende Genauigkeitsverlust (Konditionszahlen!) durch Rundungsfehlerfortpflanzung groß relativ zur Genauigkeit der Daten und zur Genauigkeitsanforderung (-erwartung) an das mathematische Problem, so spricht man von numerischer Instabilität.

Besser lässt sich numerische Stabilität komparativ erklären (nach [Sto 07]):

“Ein Algorithmus I zur Lösung eines Problems ist numerisch stabiler als ein Algorithmus II zur Lösung desselben Problems, wenn der Gesamteinfluss der Rundungsfehler bei I kleiner ist als bei II.”

Beispiel 1.6. Numerische 0/0-Situationen

Von numerischer 0/0-Situation spricht man, wenn sowohl Zähler als auch Nenner eines Quotienten von sehr kleinem Betrage sind. Es gibt zwei typische Situationen für solche Fälle, die sich aber bezüglich ihrer numerischen Stabilität stark unterscheiden.

(1)

$$y = \frac{x_1 \cdot x_2}{x_3 \cdot x_4} \quad \text{mit } x_1 \cdot x_2 \text{ und } x_3 \cdot x_4 \textit{ klein}\,.$$

Mit Satz 1.8 ergibt sich als relativer Fehler

$$\varepsilon_y \doteq (\varepsilon_{x_1} + \varepsilon_{x_2}) - (\varepsilon_{x_3} + \varepsilon_{x_4}).$$

Dies ist also eine völlig harmlose Situation!

(2)

$$y = \frac{x_1 - x_2}{x_3 - x_4} \quad \text{mit } x_1 \approx x_2,\ x_3 \approx x_4.$$

Jetzt ergibt Satz 1.8

$$\varepsilon_y \doteq \left(\frac{x_1}{x_1 - x_2}\varepsilon_{x_1} - \frac{x_2}{x_1 - x_2}\varepsilon_{x_2}\right) - \left(\frac{x_3}{x_3 - x_4}\varepsilon_{x_3} - \frac{x_4}{x_3 - x_4}\varepsilon_{x_4}\right).$$

Wegen $x_1 \approx x_2$ und $x_3 \approx x_4$ wird der relative Fehler hier groß relativ zu den Eingangsdaten. Im Gegensatz zu (1) ist dies deshalb die schlimme Situation der Auslöschung, die in einem Algorithmus unbedingt vermieden werden sollte! △

Beispiel 1.7. Rundungsfehler bei Summation

$$S = \sum_{i=0}^{n} a_i$$

Algorithmus:

$$\begin{aligned} S_0 &:= a_0, \\ S_i &:= S_{i-1} + a_i \text{ für } i = 1, \ldots, n, \\ S &:= S_n. \end{aligned}$$

Absoluter Fehler:

$$\delta_{S_i} = \delta_{S_{i-1}} + \delta_{a_i} + \tau_i \text{ mit } |\tau_i| \leq \tau |S_i|$$

$$\Longrightarrow \quad \delta_S = \delta_{S_n} = \sum_{i=0}^{n} \delta_{a_i} + \sum_{i=1}^{n} \tau_i.$$

Sei jetzt noch $|\delta_{a_i}| \leq \tau\, |a_i|$ (Summanden nur gerundet), dann ist

$$|\delta_S| \leq \tau \left(\sum_{i=0}^{n} |a_i| + \sum_{i=1}^{n} |S_i| \right).$$

Daraus ergibt sich der relative Fehler

$$|\varepsilon_S| \leq \frac{\tau}{|S|} \left(\sum_{i=0}^{n} |a_i| + \sum_{i=1}^{n} |S_i| \right).$$

Der Rundungsfehler bei Summation wird also besonders groß bei betragsmäßig großen Summanden, aber kleiner Summe (Auslöschung!).

Der Fehler bleibt kleiner bei kleineren Zwischensummen, ist z.B. $a_0 > a_1 > a_2 \cdots > 0$, so liefert folgender Algorithmus kleinere Fehler:

$$\begin{aligned} S_0 &:= a_n, \\ S_i &:= S_{i-1} + a_{n-i} \text{ für } i = 1, \ldots, n, \\ S &:= S_n. \end{aligned}$$

△

Beispiel 1.8. Berechnung der e-Funktion für sehr kleine negative Werte:

$$e^{-x} \approx \sum_{i=0}^{N} (-1)^i \frac{x^i}{i!}.$$

Dabei seien $x \gg 0$ und N so groß, dass der Abbruchfehler vernachlässigt werden kann. Die Summanden wachsen betragsmäßig zunächst an bis $x \approx i$, dann wächst $i!$ stärker als x^i. Sei k der Index zum betragsgrößten Term, dann gilt

$$\frac{x^k}{k!} \geq \frac{x^{k+1}}{(k+1)!} \Rightarrow \frac{x}{k+1} \leq 1 \Rightarrow x \approx k.$$

Dieser Term hat also etwa die Größenordnung

$$\frac{x^x}{x!} \approx \frac{e^x}{\sqrt{2\pi x}} \quad \text{(Stirling'sche Formel)}.$$

Allein dieser Term liefert also einen relativen Fortpflanzungsfehler-Anteil von

$$\left(\tau \frac{e^x}{\sqrt{2\pi x}}\right) \Big/ e^{-x} = \frac{\tau e^{2x}}{\sqrt{2\pi x}}$$

Wegen $x \gg 0$ ist dieser Ausdruck sehr groß! Berechnen wir mit demselben x statt e^{-x} das Reziproke e^x, dann sind alle Fortpflanzungsfehlerfaktoren ≤ 1 :

$$\tau \frac{x^k}{k!} \Big/ e^x < \tau$$

Das kann man ausnutzen, indem man algorithmisch $1/e^x$ statt e^{-x} berechnet. Wir wollen den Effekt an einem Beispiel demonstrieren.

Sei $x = 10$, $\tau = 5 \cdot 10^{-10}$. Dann ist

$$\frac{e^{2x}}{\sqrt{2\pi x}} \doteq 6.1 \cdot 10^7$$

Deshalb erwarten wir einen relativen Fehler von etwa 3%. Einige Zwischensummen sind in Tab. 1.2 zu finden, die Endwerte mit acht wesentlichen Stellen; der entsprechend gerundete exakte Wert ist $e^{-10} = 4.5399930 \cdot 10^{-5}$.

Die Originalsumme für e^{-x} links verändert sich nach 47 Summanden nicht mehr. Der Wert hat den erwarteten relativen Fehler von etwa 3%. Die Summe für e^x verändert sich schon nach 32 Summanden nicht mehr. Ihr Reziprokwert stimmt in allen angezeigten Stellen mit dem exakten Wert überein. Der Grund für die mangelnde numerische Stabilität der Originalsumme liegt wieder in der Auslöschung, die durch das Summieren von betragsmäßig großen Summanden zu einem kleinen Summenwert entsteht. △

Tab. 1.2 Zwischensummen der Reihenentwicklung für e^{-x} und e^x.

k	$\exp(-x) \approx \sum_{i=0}^{k} (-1)^i \frac{x^i}{i!}$	$\exp(x) \approx \sum_{i=0}^{k} \frac{x^i}{i!}$
0	1.0	1.0
1	-9.0	11.0
2	41.0	61.0
3	-125.6667	227.6667
4	291.0	644.3333
10	1342.587	12842.31
20	54.50004	21991.48
30	0.0009717559	22026.464
32	0.0001356691	22026.466
40	0.000046816665	
47	0.000046814252	

1.6 Software

Software zur Fehlertheorie? Nicht unbedingt, aber es gibt wichtige Funktionen in den guten, großen Bibliotheken wie NAG oder IMSL, die sich auf den Bereich der Rechengenauigkeit beziehen. So liefert ein Funktionsaufruf den genauest möglichen Näherungswert für die nicht exakt berechenbare Zahl π, ein anderer gibt die Maschinengenauigkeit τ (1.7) aus. Diese und andere *Maschinenkonstanten* findet man bei NAG im Kapitel X.

Die meisten Programmiersprachen kennen für den Bereich der reellen Zahlen unterschiedliche Genauigkeiten, meistens spricht man von einfacher Genauigkeit, wenn $\tau \approx 10^{-8}$, und von doppelter Genauigkeit, wenn $\tau \approx 10^{-16}$ ist.

Auch in MATLAB gibt es vordefinierte Maschinenkonstanten, u.a. die Maschinengenauigkeit $\tau =$ `eps` sowie die größte und die kleinste positive Gleitpunktzahl `realmax` und `realmin`.

1.7 Aufgaben

Aufgabe 1.1. Der Abstand zwischen einer normalisierten Gleitpunktzahl x und einer benachbarten normalisierten Gleitpunktzahl y, $(x, y \in \mathcal{M})$ beträgt mindestens $2\,E^{-1}\tau$ und höchstens $2\,\tau|x|$ mit der Maschinengenauigkeit τ.

Aufgabe 1.2. Gegeben seien die mathematisch äquivalenten Ausdrücke

$$f(x) = 1 - \frac{1-x}{1+x} \quad \text{und} \quad g(x) = \frac{2x}{1+x}$$

Werten Sie diese Ausdrücke an der Stelle $x = 1/7654321$ aus, wobei Sie mit 5 wesentlichen Stellen rechnen. Bestimmen Sie jeweils die Größenordnung der relativen Fehler. Führen Sie anschließend das gleiche nochmal mit 8 wesentlichen Stellen durch.

Aufgabe 1.3. Für die durch $f(x) := e^x, x \in \mathbb{R}$, erklärte Funktion f sind

$$d_1(h) = \frac{1}{h}(e^{1+h} - e) \quad \text{und} \quad d_2(h) = \frac{1}{2h}(e^{1+h} - e^{1-h})$$

Näherungen für die Ableitung $f'(1)$ $(0 \neq h \in \mathbb{R})$.
Schreiben Sie eine Prozedur, um $d_1(h)$ und $d_2(h)$ zu berechnen. Lassen Sie $d_1(h)$, $d_2(h)$ und die absoluten Fehler $|d_1(h) - f'(1)|$, $|d_2(h) - f'(1)|$ ausgeben für

$$h := 10^{-i}, \quad i = 0, 1, 2, \ldots, 18,$$

und wagen Sie eine Erklärung.
(Hinweis: Betrachten Sie die Taylorentwicklung von f und drücken Sie d_1 und d_2 damit aus.)

Aufgabe 1.4. Albert E. möchte ein Tafelwerk erstellen, das Cosinus-Werte für alle Argumente

$$\{\, x \in [0, 2\pi] \mid x \text{ hat drei Stellen nach dem Komma} \,\}$$

enthält. Diese Cosinus-Werte sollen auf vier Stellen nach dem Komma gerundet sein. Er will dazu alle Werte zunächst mit doppelter Genauigkeit (acht Stellen) berechnen, und anschließend auf vier Stellen runden.

Erklären Sie Albert am Beispiel

$$\cos(0.614) = 0.8173499969\ldots,$$

dass sein Vorgehen schief gehen kann, indem Sie

$$\mathrm{rd}_t(\cos(0.614)) \quad \text{und} \quad \mathrm{rd}_4(\mathrm{rd}_t(\cos(0.614)))$$

für $t = 4, \ldots, 9$ berechnen.

Aufgabe 1.5. Es soll eine Näherung für $\pi \approx 3.14159265358979323846264338305$ über die Beziehung

$$\pi = \lim_{n \longrightarrow \infty} 3 \cdot 2^{n-1} s_n = \lim_{n \longrightarrow \infty} 3 \cdot 2^{n-1} t_n$$

mit

$$(\star) \qquad s_1 := 1 \quad \text{und} \quad s_{n+1} := \sqrt{2 - \sqrt{4 - s_n^2}} \quad n = 1, 2, \ldots ,$$

bzw.

$$(\star\star) \qquad t_1 := 1 \quad \text{und} \quad t_{n+1} := \frac{t_n}{\sqrt{2 + \sqrt{4 - t_n^2}}} \quad n = 1, 2, \ldots$$

bestimmt werden.

a) Beweisen Sie Rekursionsformel $(\star)$ mit Hilfe des Satzes von Pythagoras.
(Hinweis: s_n ist die Länge einer Seite eines regelmäßigen $3 \cdot 2^n$–Ecks, das dem Einheitskreis einbeschrieben ist.)

b) Zeigen Sie $s_n = t_n$ für alle $n \in \mathbb{N}$.

c) Betrachten Sie die Funktion

$$\varphi(x) := \sqrt{2 - \sqrt{4 - x^2}}.$$

Wie ist das Problem der Berechnung von $\varphi(x)$ konditioniert, insbesondere für kleine Werte $x \neq 0$?

d) Schreiben Sie ein Programm, das die Werte

$$3 \cdot 2^{n-1} s_n \quad \text{und} \quad 3 \cdot 2^{n-1} t_n$$

für $n = 1, \ldots, 35$ ausgibt und überlegen Sie sich den Grund für das unterschiedliche Verhalten der beiden Berechnungsarten.

Aufgabe 1.6. Es sei p ein reelles Polynom mit der einfachen Nullstelle $\xi_0 \in \mathbb{R}$, und g ein reelles Störpolynom für p, d.h. für kleines $\epsilon \in \mathbb{R}$ betrachten wir das gestörte Polynom

$$p_\epsilon := p + \epsilon g.$$

a) Zeigen Sie, dass es eine (Intervall-)Umgebung U von Null und eine stetig differenzierbare Funktion $\xi : U \longrightarrow \mathbb{R}$ gibt mit

- $\xi(0) = \xi_0$,
- $\xi(\epsilon)$ ist Nullstelle von p_ϵ für alle $\epsilon \in U$, also
$$p(\xi(\epsilon)) + \epsilon g(\xi(\epsilon)) = 0 \quad \text{für alle } \epsilon \in U.$$
- $\xi(\epsilon)$ ist einfache Nullstelle von p_ϵ für alle $\epsilon \in U$.

b) Zeigen Sie, dass für $\xi(\cdot)$ auf U in erster Näherung die Formel

$$\xi(\epsilon) = \xi_0 - \frac{g(\xi_0)}{p'(\xi_0)} \epsilon$$

gilt.

2 Lineare Gleichungssysteme, direkte Methoden

Die numerische Lösung von linearen Gleichungssystemen spielt eine zentrale Rolle in der Numerik. Viele Probleme der angewandten Mathematik führen fast zwangsläufig auf diese Aufgabe, oder sie wird als Hilfsmittel benötigt im Rahmen anderer Methoden. Deshalb stellen wir im Folgenden direkte Lösungsverfahren für lineare Gleichungssysteme bereit und beachten die Tatsache, dass jede Rechnung nur mit endlicher Genauigkeit erfolgt. Zuerst wird ein allgemeiner Algorithmus entwickelt, für dessen Anwendbarkeit nur die Regularität der Koeffizientenmatrix vorausgesetzt wird. Für Gleichungssysteme mit speziellen Eigenschaften, die häufig anzutreffen sind, ergeben sich Modifikationen und Vereinfachungen des Rechenverfahrens.

Ist die Koeffizientenmatrix eines linearen Gleichungssystems nicht regulär oder liegt ein über- oder unterbestimmtes System vor, bei dem also die Koeffizientenmatrix auch nicht mehr quadratisch ist, wird im Allgemeinen auf die Methode der kleinsten Quadrate zurückgegriffen, siehe Kapitel 6.

Eine andere Spezialsituation ist die sehr großer linearer Gleichungssysteme, deren Koeffizientenmatrix aber viele Nullen enthält; sie ist *schwach besetzt.* In diesem Fall werden meistens iterative Methoden verwendet, siehe Kapitel 11.

2.1 Der Gauß-Algorithmus

2.1.1 Elimination, Dreieckszerlegung und Determinantenberechnung

Es sei ein lineares Gleichungssystem

$$\sum_{k=1}^{n} a_{ik}x_k = b_i, \quad i = 1, 2, \ldots, n, \tag{2.1}$$

mit n Gleichungen in n Unbekannten x_k zu lösen. Dabei seien die Koeffizienten a_{ik} und die Konstanten b_i als Zahlen vorgegeben und die numerischen Werte der Unbekannten x_k gesucht. Das Gleichungssystem (2.1) lässt sich in Matrizenform kurz als

$$\boldsymbol{Ax} = \boldsymbol{b} \tag{2.2}$$

mit der quadratischen $(n \times n)$-Matrix $\boldsymbol{A}$, der rechten Seite $\boldsymbol{b}$ und dem Vektor $\boldsymbol{x}$ der Unbekannten schreiben. Für das Folgende setzen wir voraus, dass die Koeffizientenmatrix $\boldsymbol{A}$ regulär sei, so dass die Existenz und Eindeutigkeit der Lösung $\boldsymbol{x}$ von (2.2) gesichert ist [Bun 95, Sta 94].

Zur Vereinfachung der Schreibweise und im Hinblick auf die praktische Durchführung auf einem Rechner benutzen wir für die zu lösenden Gleichungen (2.1) eine schematische Darstellung, die im konkreten Fall $n = 4$ die folgende selbsterklärende Form besitzt.

$$\begin{array}{cccc|c} x_1 & x_2 & x_3 & x_4 & 1 \\ \hline a_{11} & a_{12} & a_{13} & a_{14} & b_1 \\ a_{21} & a_{22} & a_{23} & a_{24} & b_2 \\ a_{31} & a_{32} & a_{33} & a_{34} & b_3 \\ a_{41} & a_{42} & a_{43} & a_{44} & b_4 \end{array} \tag{2.3}$$

Im Schema (2.3) erscheinen die Koeffizienten a_{ik} der Matrix $\boldsymbol{A}$ und die Komponenten b_i der rechten Seite $\boldsymbol{b}$. Auf das Schema (2.3) dürfen die folgenden drei Äquivalenzoperationen angewandt werden, welche die im gegebenen Gleichungssystem (2.1) enthaltene Information nicht verändern:

1. Vertauschung von Zeilen;
2. Multiplikation einer Zeile mit einer Zahl $\neq 0$;
3. Addition eines Vielfachen einer Zeile zu einer anderen.

Unter der Annahme $a_{11} \neq 0$ subtrahieren wir von den i-ten Zeilen mit $i \geq 2$ das (a_{i1}/a_{11})-fache der ersten Zeile und erhalten aus (2.3)

$$\begin{array}{cccc|c} x_1 & x_2 & x_3 & x_4 & 1 \\ \hline a_{11} & a_{12} & a_{13} & a_{14} & b_1 \\ 0 & a_{22}^{(1)} & a_{23}^{(1)} & a_{24}^{(1)} & b_2^{(1)} \\ 0 & a_{32}^{(1)} & a_{33}^{(1)} & a_{34}^{(1)} & b_3^{(1)} \\ 0 & a_{42}^{(1)} & a_{43}^{(1)} & a_{44}^{(1)} & b_4^{(1)} \end{array} \tag{2.4}$$

Mit den Quotienten

$$l_{i1} = a_{i1}/a_{11}, \quad i = 2, 3, \ldots, n, \tag{2.5}$$

sind die Elemente in (2.4) gegeben durch

$$a_{ik}^{(1)} = a_{ik} - l_{i1}a_{1k}, \quad i, k = 2, 3, \ldots, n, \tag{2.6}$$

$$b_i^{(1)} = b_i - l_{i1}b_1, \quad i = 2, 3, \ldots, n. \tag{2.7}$$

Das Schema (2.4) entspricht einem zu (2.1) äquivalenten Gleichungssystem. Die erste Gleichung enthält als einzige die Unbekannte x_1, die sich somit durch die übrigen Unbekannten ausdrücken lässt gemäß

$$x_1 = \left[b_1 - \sum_{k=2}^{n} a_{1k}x_k \right] / a_{11}. \tag{2.8}$$

Weiter enthält (2.4) im allgemeinen Fall ein reduziertes System von $(n-1)$ Gleichungen für die $(n-1)$ Unbekannten $x_2, x_3, \ldots, x_n$. Der Übergang von (2.3) nach (2.4) entspricht somit einem *Eliminationsschritt*, mit welchem die Auflösung des gegebenen Systems (2.1) in n Unbekannten auf die Lösung eines Systems in $(n-1)$ Unbekannten zurückgeführt ist. Wir werden dieses reduzierte System analog weiterbehandeln, wobei die erste Zeile in (2.4) unverändert bleibt. Man bezeichnet sie deshalb als erste Endgleichung, und a_{11}, um welches sich der beschriebene Eliminationsschritt gewissermaßen dreht, als *Pivotelement*.

Unter der weiteren Annahme $a_{22}^{(1)} \neq 0$ ergibt sich aus (2.4) als Resultat eines zweiten Eliminationsschrittes

x_1	x_2	x_3	x_4	1
a_{11}	a_{12}	a_{13}	a_{14}	b_1
0	$a_{22}^{(1)}$	$a_{23}^{(1)}$	$a_{24}^{(1)}$	$b_2^{(1)}$
0	0	$a_{33}^{(2)}$	$a_{34}^{(2)}$	$b_3^{(2)}$
0	0	$a_{43}^{(2)}$	$a_{44}^{(2)}$	$b_4^{(2)}$

(2.9)

Mit den Hilfsgrößen

$$l_{i2} = a_{i2}^{(1)} / a_{22}^{(1)}, \quad i = 3, 4, \ldots, n, \tag{2.10}$$

lauten die neuen Elemente in (2.9)

$$a_{ik}^{(2)} = a_{ik}^{(1)} - l_{i2} a_{2k}^{(1)}, \quad i, k = 3, 4, \ldots, n, \tag{2.11}$$

$$b_i^{(2)} = b_i^{(1)} - l_{i2} b_2^{(1)}, \quad i = 3, 4, \ldots, n. \tag{2.12}$$

Das Schema (2.9) enthält die zweite Endgleichung für x_2

$$x_2 = \left[b_2^{(1)} - \sum_{k=3}^{n} a_{2k}^{(1)} x_k \right] / a_{22}^{(1)}. \tag{2.13}$$

Die konsequente Fortsetzung der Eliminationsschritte führt nach $(n-1)$ Schritten zu einem Schema, welches lauter Endgleichungen enthält. Um die Koeffizienten der Endgleichungen einheitlich zu bezeichnen, definieren wir

$$a_{ik}^{(0)} := a_{ik}, \quad i, k = 1, 2, \ldots, n; \quad b_i^{(0)} := b_i, \quad i = 1, 2, \ldots, n, \tag{2.14}$$

$$\left. \begin{aligned} r_{ik} &:= a_{ik}^{(i-1)}, \quad k = i, i+1, \ldots, n, \\ c_i &:= b_i^{(i-1)}, \end{aligned} \right\} \quad i = 1, 2, \ldots, n. \tag{2.15}$$

Damit lautet das Schema der Endgleichungen

x_1	x_2	x_3	x_4	1
r_{11}	r_{12}	r_{13}	r_{14}	c_1
0	r_{22}	r_{23}	r_{24}	c_2
0	0	r_{33}	r_{34}	c_3
0	0	0	r_{44}	c_4

(2.16)

Aus (2.16) lassen sich die Unbekannten in der Reihenfolge $x_n, x_{n-1}, \ldots, x_2, x_1$ gemäß der Rechenvorschrift

$$x_i = \left[c_i - \sum_{k=i+1}^{n} r_{ik} x_k\right] / r_{ii}, \quad i = n, n-1, \ldots, 2, 1, \tag{2.17}$$

berechnen. Man nennt den durch (2.17) beschriebenen Prozess *Rücksubstitution*, da die Endgleichungen in umgekehrter Reihenfolge ihrer Entstehung verwendet werden.

Mit dem dargestellten Rechenverfahren sind die wesentlichen Elemente des Gaußschen Algorithmus erklärt. Er leistet die Reduktion eines gegebenen linearen Gleichungssystems $\boldsymbol{Ax} = \boldsymbol{b}$ auf ein System $\boldsymbol{Rx} = \boldsymbol{c}$ gemäß (2.16), wo $\boldsymbol{R}$ eine *Rechtsdreiecksmatrix*

$$\boldsymbol{R} = \begin{pmatrix} r_{11} & r_{12} & r_{13} & \cdots & r_{1n} \\ 0 & r_{22} & r_{23} & \cdots & r_{2n} \\ 0 & 0 & r_{33} & \cdots & r_{3n} \\ \vdots & \vdots & \vdots & & \vdots \\ 0 & 0 & 0 & \cdots & r_{nn} \end{pmatrix} \tag{2.18}$$

mit von null verschiedenen Diagonalelementen ist, aus dem sich die Unbekannten unmittelbar ermitteln lassen.

Beispiel 2.1. Zu lösen sei das Gleichungssystem

$$\begin{array}{rcrcrcr} 2x_1 & + & 3x_2 & - & 5x_3 & = & -10 \\ 4x_1 & + & 8x_2 & - & 3x_3 & = & -19 \\ -6x_1 & + & x_2 & + & 4x_3 & = & -11 \end{array}$$

Der Gauß-Algorithmus liefert in zwei Eliminationsschritten

x_1	x_2	x_3	1
2	3	−5	−10
4	8	−3	−19
−6	1	4	−11

x_1	x_2	x_3	1
2	3	−5	−10
0	2	7	1
0	10	−11	−41

x_1	x_2	x_3	1
2	3	−5	−10
0	2	7	1
0	0	−46	−46

Die Rücksubstitution ergibt für die Unbekannten gemäß (2.17) $x_3 = 1$, $x_2 = (1 - 7 \cdot 1)/2 = -3$ und $x_1 = (-10 - 3 \cdot (-3) + 5)/2 = 2$. △

Bei rechnerischer Durchführung des Gaußschen Algorithmus werden die Zahlenwerte der sukzessiven Schemata selbstverständlich in einem festen Feld gespeichert, so dass am Schluss das System der Endgleichungen (2.16) verfügbar ist. Es ist dabei nicht sinnvoll, das Feld unterhalb der Diagonale mit Nullen aufzufüllen. Aus einem bald ersichtlichen Grund ist es angezeigt, an den betreffenden Stellen die Werte der Quotienten l_{ik} zu speichern, sodass wir anstelle von (2.16) das folgende Schema erhalten.

x_1	x_2	x_3	x_4	1
r_{11}	r_{12}	r_{13}	r_{14}	c_1
l_{21}	r_{22}	r_{23}	r_{24}	c_2
l_{31}	l_{32}	r_{33}	r_{34}	c_3
l_{41}	l_{42}	l_{43}	r_{44}	c_4

(2.19)

Nun wollen wir die im Schema (2.19) enthaltenen Größen mit denjenigen des Ausgangssystems (2.3) in Zusammenhang bringen, wobei die Entstehungsgeschichte zu berücksichtigen ist. Der Wert r_{ik} in der i-ten Zeile mit $i \geq 2$ und $k \geq i$ entsteht nach $(i-1)$ Eliminationsschritten gemäß (2.6), (2.11) etc. und (2.15)

$$\begin{aligned} r_{ik} = a_{ik}^{(i-1)} &= a_{ik} - l_{i1}a_{1k}^{(0)} - l_{i2}a_{2k}^{(1)} - \ldots - l_{i,i-1}a_{i-1,k}^{(i-2)} \\ &= a_{ik} - l_{i1}r_{1k} - l_{i2}r_{2k} - \ldots - l_{i,i-1}r_{i-1,k}, \quad i \geq 2,\ k \geq i. \end{aligned}$$

Daraus folgt die Beziehung

$$a_{ik} = \sum_{j=1}^{i-1} l_{ij}r_{jk} + r_{ik}, \quad (k \geq i \geq 1), \tag{2.20}$$

die auch für $i = 1$ Gültigkeit behält, weil dann die Summe leer ist. Der Wert l_{ik} in der k-ten Spalte mit $k \geq 2$ und $i > k$ wird im k-ten Eliminationsschritt aus $a_{ik}^{(k-1)}$ erhalten gemäß

$$\begin{aligned} l_{ik} &= a_{ik}^{(k-1)}/a_{kk}^{(k-1)} = [a_{ik} - l_{i1}a_{1k}^{(0)} - l_{i2}a_{2k}^{(1)} - \ldots - l_{i,k-1}a_{k-1,k}^{(k-2)}]/a_{kk}^{(k-1)} \\ &= [a_{ik} - l_{i1}r_{1k} - l_{i2}r_{2k} - \ldots - l_{i,k-1}r_{k-1,k}]/r_{kk}. \end{aligned}$$

Lösen wir diese Gleichung nach a_{ik} auf, so folgt die Beziehung

$$a_{ik} = \sum_{j=1}^{k} l_{ij}r_{jk}, \quad (i > k \geq 1), \tag{2.21}$$

die wegen (2.5) auch für $k = 1$ gültig ist. Die beiden Relationen (2.20) und (2.21) erinnern uns an die Regeln der Matrizenmultiplikation. Neben der Rechtsdreiecksmatrix $\boldsymbol{R}$ (2.18) definieren wir noch die *Linksdreiecksmatrix* $\boldsymbol{L}$ mit Einsen in der Diagonale

$$\boldsymbol{L} = \begin{pmatrix} 1 & 0 & 0 & \ldots & 0 \\ l_{21} & 1 & 0 & \ldots & 0 \\ l_{31} & l_{32} & 1 & \ldots & 0 \\ \vdots & \vdots & \vdots & & \vdots \\ l_{n1} & l_{n2} & l_{n3} & \ldots & 1 \end{pmatrix}. \tag{2.22}$$

Dann sind (2.20) und (2.21) tatsächlich gleichbedeutend mit der Matrizengleichung

$$\boldsymbol{A} = \boldsymbol{L}\boldsymbol{R}. \tag{2.23}$$

Satz 2.1. *Es sei vorausgesetzt, dass für die Pivotelemente*

$$a_{11} \neq 0, \quad a_{22}^{(1)} \neq 0, \quad a_{33}^{(2)} \neq 0, \quad \ldots, \quad a_{nn}^{(n-1)} \neq 0 \tag{2.24}$$

gilt. Dann leistet der Gaußsche Algorithmus die Produktzerlegung (Faktorisierung) einer regulären Matrix $\boldsymbol{A}$ *in eine Linksdreiecksmatrix* $\boldsymbol{L}$ *und eine Rechtsdreiecksmatrix* $\boldsymbol{R}$.

Für die c_i-Werte mit $i \geq 2$ gelten mit (2.7), (2.12) und (2.15)

$$\begin{aligned} c_i = b_i^{(i-1)} &= b_i - l_{i1}b_1 - l_{i2}b_2^{(1)} - \ldots - l_{i,i-1}b_{i-1}^{(i-2)} \\ &= b_i - l_{i1}c_1 - l_{i2}c_2 - \ldots - l_{i,i-1}c_{i-1}, \quad (i \geq 2). \end{aligned}$$

Daraus erhalten wir die Beziehungen

$$b_i = \sum_{j=1}^{i-1} l_{ij}c_j + c_i, \quad i = 1, 2, \ldots, n, \tag{2.25}$$

die sich mit der Linksdreiecksmatrix $\boldsymbol{L}$ in folgender Form zusammenfassen lassen

$$\boldsymbol{Lc} = \boldsymbol{b}. \tag{2.26}$$

Der Vektor $\boldsymbol{c}$ im Schema (2.16) kann somit als Lösung des Gleichungssystems (2.26) interpretiert werden. Da $\boldsymbol{L}$ eine Linksdreiecksmatrix ist, berechnen sich die Unbekannten c_i in der Reihenfolge $c_1, c_2, \ldots, c_n$ vermöge des Prozesses der *Vorwärtssubstitution* gemäß

$$c_i = b_i - \sum_{j=1}^{i-1} l_{ij}c_j, \quad i = 1, 2, \ldots, n. \tag{2.27}$$

Auf Grund dieser Betrachtung kann die Lösung $\boldsymbol{x}$ eines linearen Gleichungssystems $\boldsymbol{Ax} = \boldsymbol{b}$ unter der Voraussetzung (2.24) des Satzes 2.1 vermittels des Gaußschen Algorithmus mit den drei Lösungsschritten berechnet werden:

$$\boxed{\begin{array}{ll} 1.\ \boldsymbol{A} = \boldsymbol{LR} & (\text{ Zerlegung von } \boldsymbol{A}) \\ 2.\ \boldsymbol{Lc} = \boldsymbol{b} & (\text{ Vorwärtssubstitution } \to \boldsymbol{c}) \\ 3.\ \boldsymbol{Rx} = \boldsymbol{c} & (\text{ Rücksubstitution } \to \boldsymbol{x}) \end{array}} \tag{2.28}$$

Wir wollen nun zeigen, dass die Voraussetzung (2.24) durch geeignete Zeilenvertauschungen, die allenfalls vor jedem Eliminationsschritt auszuführen sind, erfüllt werden kann, so dass das Verfahren theoretisch durchführbar ist.

Satz 2.2. *Für eine reguläre Matrix* $\boldsymbol{A}$ *existiert vor dem* k*-ten Eliminationsschritt des Gauß-Algorithmus stets eine Zeilenpermutation derart, dass das* k*-te Diagonalelement von null verschieden ist.*

Beweis. Die vorausgesetzte Regularität der Matrix $\boldsymbol{A}$ bedeutet, dass ihre Determinante $|\boldsymbol{A}| \neq 0$ ist. Die im Gauß-Algorithmus auf die Koeffizienten der Matrix $\boldsymbol{A}$ angewandten Zeilenoperationen bringen wir in Verbindung mit elementaren Operationen für die zugehörige Determinante.

Angenommen, es sei $a_{11} = 0$. Dann existiert mindestens ein $a_{i1} \neq 0$ in der ersten Spalte, denn andernfalls wäre die Determinante von $\boldsymbol{A}$ im Widerspruch zur Voraussetzung gleich null. Die Vertauschung der betreffenden i-ten Zeile mit der ersten Zeile erzeugt an der Stelle $(1, 1)$ ein Pivotelement ungleich null. Eine Zeilenvertauschung in einer Determinante hat einen Vorzeichenwechsel ihres Wertes zur Folge. Wir setzen deshalb $v_1 = 1$, falls vor dem ersten Eliminationsschritt eine Vertauschung von Zeilen nötig ist, und $v_1 = 0$, falls $a_{11} \neq 0$ ist. Die Addition von Vielfachen der ersten Zeile zu den folgenden Zeilen ändert bekanntlich den Wert einer Determinante nicht. Wenn wir zur Entlastung der Schreibweise die Matrixelemente nach einer eventuellen Zeilenvertauschung wieder mit a_{ik} bezeichnen, gilt (wieder für $n = 4$)

$$\begin{aligned} |\boldsymbol{A}| &= (-1)^{v_1} \begin{vmatrix} a_{11} & a_{12} & a_{13} & a_{14} \\ a_{21} & a_{22} & a_{23} & a_{24} \\ a_{31} & a_{32} & a_{33} & a_{34} \\ a_{41} & a_{42} & a_{43} & a_{44} \end{vmatrix} = (-1)^{v_1} \begin{vmatrix} a_{11} & a_{12} & a_{13} & a_{14} \\ 0 & a_{22}^{(1)} & a_{23}^{(1)} & a_{24}^{(1)} \\ 0 & a_{32}^{(1)} & a_{33}^{(1)} & a_{34}^{(1)} \\ 0 & a_{42}^{(1)} & a_{43}^{(1)} & a_{44}^{(1)} \end{vmatrix} \\ &= (-1)^{v_1} a_{11} \begin{vmatrix} a_{22}^{(1)} & a_{23}^{(1)} & a_{24}^{(1)} \\ a_{32}^{(1)} & a_{33}^{(1)} & a_{34}^{(1)} \\ a_{42}^{(1)} & a_{43}^{(1)} & a_{44}^{(1)} \end{vmatrix} \end{aligned} \tag{2.29}$$

mit den in (2.6) definierten Größen.

Die Überlegungen für den ersten Eliminationsschritt übertragen sich sinngemäß auf die folgenden, reduzierten Systeme, bzw. ihre zugehörigen Determinanten. So existiert mindestens ein $a_{j2}^{(1)} \neq 0$, da andernfalls die dreireihige Determinante in (2.29) und damit $|\boldsymbol{A}|$ verschwinden würde. Eine Vertauschung der j-ten Zeile mit der zweiten Zeile bringt an der Stelle (2,2) ein Pivotelement ungleich null. □

Falls wir unter r_{kk}, $k = 1, 2, \ldots, n-1$, das nach einer eventuellen Zeilenvertauschung im k-ten Eliminationsschritt verwendete, in der Diagonale stehende Pivotelement verstehen, und r_{nn} als Pivot für den leeren n-ten Schritt bezeichnen, dann gilt als unmittelbare Folge der Beweisführung für den Satz 2.2 der

Satz 2.3. *Erfolgen im Verlauf des Gauß-Algorithmus insgesamt* $V = \sum_{i=1}^{n-1} v_i$ *Zeilenvertauschungen, dann ist die Determinante* $|\boldsymbol{A}|$ *gegeben durch*

$$|\boldsymbol{A}| = (-1)^V \prod_{k=1}^{n} r_{kk}. \tag{2.30}$$

Die Determinante $|\boldsymbol{A}|$ der Systemmatrix $\boldsymbol{A}$ ist, abgesehen vom Vorzeichen, gleich dem Produkt der n Pivotelemente des Gauß-Algorithmus. Sie kann somit sozusagen als Nebenprodukt bei der Auflösung eines linearen Gleichungssystems bestimmt werden. Falls keine Zeilenvertauschungen notwendig sind, kann diese Aussage auch direkt aus der Zerlegung (2.23) mit $|\boldsymbol{L}| = 1$ gefolgert werden, denn dann gilt

$$|\boldsymbol{A}| = |\boldsymbol{L}\boldsymbol{R}| = |\boldsymbol{L}|\,|\boldsymbol{R}| = \prod_{k=1}^{n} r_{kk}.$$

Der Gauß-Algorithmus stellt ganz unabhängig von der Auflösung eines Gleichungssystems ein zweckmäßiges und effizientes Verfahren zur Berechnung einer Determinante dar.

Aus (2.30) folgt noch die wichtige Tatsache, dass das Produkt der Beträge der Pivotelemente für ein gegebenes Gleichungssystem $\boldsymbol{Ax} = \boldsymbol{b}$ im Gauß-Algorithmus eine feste Größe, d.h. eine Invariante ist.

Der Satz 2.2 stellt die Durchführbarkeit des Gaußschen Algorithmus für eine reguläre Matrix $\boldsymbol{A}$ sicher, falls in seinem Verlauf geeignete Zeilenvertauschungen vorgenommen werden. Die Zeilenvertauschungen, die ja erst auf Grund der anfallenden Zahlenwerte ausgeführt werden, können wir uns schon vor Beginn der Rechnung durchgeführt denken, so dass vor jedem Eliminationsschritt in der Diagonale ein von null verschiedenes Pivotelement verfügbar ist. Diese vorgängigen Zeilenoperationen lassen sich formal durch eine geeignete *Permutationsmatrix* $\boldsymbol{P}$ beschreiben. Dies ist eine quadratische Matrix, welche in jeder Zeile und in jeder Spalte genau eine Eins und sonst nur Nullen enthält, und deren Determinante $|\boldsymbol{P}| = \pm 1$ ist. Auf Grund dieser Betrachtung gilt als Folge der Sätze 2.1 und 2.2 der

Satz 2.4. *Zu jeder regulären Matrix $\boldsymbol{A}$ existiert eine Permutationsmatrix $\boldsymbol{P}$, so dass $\boldsymbol{PA}$ in das Produkt einer Linksdreiecksmatrix $\boldsymbol{L}$ (2.22) und einer Rechtsdreiecksmatrix $\boldsymbol{R}$ (2.18) zerlegbar ist gemäß*

$$\boldsymbol{PA} = \boldsymbol{LR}. \tag{2.31}$$

Die Aussage von Satz 2.4 ist selbstverständlich im Algorithmus (2.28) zu berücksichtigen. Das gegebene Gleichungssystem $\boldsymbol{Ax} = \boldsymbol{b}$ ist von links mit der Permutationsmatrix $\boldsymbol{P}$ zu multiplizieren: $\boldsymbol{PAx} = \boldsymbol{Pb}$, so dass die Lösung $\boldsymbol{x}$ vermittels des Gaußschen Algorithmus wie folgt berechnet werden kann:

$$\begin{array}{ll} 1.\ \boldsymbol{PA} = \boldsymbol{LR} & (\text{Zerlegung von } \boldsymbol{PA}) \\ 2.\ \boldsymbol{Lc} = \boldsymbol{Pb} & (\text{Vorwärtssubstitution} \rightarrow \boldsymbol{c}) \\ 3.\ \boldsymbol{Rx} = \boldsymbol{c} & (\text{Rücksubstitution} \rightarrow \boldsymbol{x}) \end{array} \tag{2.32}$$

Die Zeilenpermutationen der Matrix $\boldsymbol{A}$ sind vor dem Prozess der Vorwärtssubstitution auf die gegebene rechte Seite $\boldsymbol{b}$ anzuwenden.

Abschließend wollen wir den Rechenaufwand zur Auflösung eines Systems von n linearen Gleichungen in n Unbekannten mit dem Gaußschen Algorithmus bestimmen. Dabei werden wir nur die Multiplikationen und Divisionen als wesentliche, ins Gewicht fallende Operationen ansehen und die Additionen vernachlässigen.

Im allgemeinen j-ten Eliminationsschritt zur Berechnung der Zerlegung $\boldsymbol{PA} = \boldsymbol{LR}$ werden gemäß (2.5) und (2.6) die $(n-j)$ Quotienten l_{ij} und die $(n-j)^2$ Werte $a_{ik}^{(j)}$ berechnet. Dazu sind offensichtlich $[(n-j)+(n-j)^2]$ wesentliche Operationen erforderlich, so dass der Rechenaufwand für die Zerlegung

$$\begin{aligned} Z_{LR} &= \{(n-1)+(n-2)+\ldots+1\} + \{(n-1)^2+(n-2)^2+\ldots+1^2\} \\ &= \frac{1}{2}n(n-1) + \frac{1}{6}n(n-1)(2n-1) = \frac{1}{3}(n^3-n) \end{aligned} \tag{2.33}$$

beträgt. Im Prozess der Vorwärtssubstitution benötigt die Berechnung von c_i auf Grund von (2.27) $(i-1)$ Multiplikationen, so dass sich der totale Rechenaufwand für die Vorwärtssubstitution zu

$$Z_V = \{1+2+\ldots+(n-1)\} = \frac{1}{2}n(n-1) = \frac{1}{2}(n^2-n) \tag{2.34}$$

ergibt. Schließlich erfordert die Berechnung der x_i nach (2.17) $(n-i)$ Multiplikationen und eine Division, weshalb der Rechenaufwand für die Rücksubstitution

$$Z_R = \{1+2+\ldots+n\} = \frac{1}{2}n(n+1) = \frac{1}{2}(n^2+n) \tag{2.35}$$

beträgt. Somit beläuft sich der Rechenaufwand für die beiden, in der Regel zusammen gehörigen Prozesse der Vorwärts- und Rücksubstituion auf

$$Z_{VR} = n^2 \tag{2.36}$$

wesentliche Operationen. Der vollständige Gauß-Algorithmus zur Lösung von n linearen Gleichungen erfordert somit

$$\boxed{Z_{\text{Gauß}} = \frac{1}{3}n^3 + n^2 - \frac{1}{3}n = O(n^3)} \tag{2.37}$$

wesentliche Rechenoperationen. $O(n^3)$ bedeutet, dass sich der Aufwand und damit die Rechenzeit asymptotisch wie die dritte Potenz der Zahl der Unbekannten verhalten.

2.1.2 Pivotstrategien

Die Sätze 2.2 und 2.4 gewährleisten die Existenz eines von null verschiedenen Pivotelementes für die sukzessiven Eliminationsschritte. Sie lassen aber die konkrete Wahl offen. Für die numerische Durchführung des Gauß-Algorithmus ist die zweckmäßige Auswahl des Pivots von entscheidender Bedeutung für die Genauigkeit der berechneten Lösung. Zudem benötigt jedes Programm eine genau definierte Regel zur Bestimmung der Pivotelemente, die man als *Pivotstrategie* bezeichnet.

Werden die Pivotelemente sukzessive in der Diagonale gewählt, spricht man von *Diagonalstrategie*. In dieser einfachen Strategie werden keine Zeilenvertauschungen in Betracht gezogen. Dabei kann einerseits der Gauß-Algorithmus abbrechen, obwohl die Matrix A regulär ist, andererseits ist zu erwarten, dass diese Strategie nicht in jedem Fall numerisch brauchbar ist, obwohl die Pivotelemente theoretisch zulässig sind.

Beispiel 2.2. Zur Illustration der numerischen Konsequenzen, die ein betragsmäßig kleines Pivotelement nach sich zieht, betrachten wir ein Gleichungssystem in zwei Unbekannten. Es soll mit Diagonalstrategie gelöst werden, wobei die Rechnung mit fünf wesentlichen Dezimalstellen durchgeführt wird, siehe Definition 1.5. Ein Eliminationsschritt des Gauß-Algorithmus liefert

x_1	x_2	1
0.00035	1.2654	3.5267
1.2547	1.3182	6.8541

$\longrightarrow$

x_1	x_2	1
0.00035	1.2654	3.5267
0	−4535.0	−12636

Mit $l_{21} = 1.2547/0.00035 \doteq 3584.9$ ergeben sich die beiden Zahlenwerte der zweiten Zeile des zweiten Schemas zu $r_{22} = 1.3182 - 3584.9 \times 1.2654 \doteq 1.3182 - 4536.3 \doteq -4535.0$ und

$c_2 = 6.8541 - 3584.9 \times (3.5267) \doteq 6.8541 - 12643 \doteq -12636$. Der Prozess der Rücksubstitution liefert $x_2 = -12636/(-4535.0) \doteq 2.7863$ und $x_1 = (3.5267 - 1.2654 \times 2.7863)/0.00035 \doteq (3.5267 - 3.5258)/0.00035 = 0.0009/0.00035 \doteq 2.5714$. Durch das kleine Pivotelement sind im einzigen Eliminationsschritt große Zahlen $r_{22} = a_{22}^{(1)}$ und $c_2 = b_2^{(1)}$ entstanden. Ihre Division zur Berechnung von x_2 ist numerisch stabil, siehe Satz 1.8. Bei der Berechnung von x_1 ist eine Differenz von zwei fast gleich großen Zahlen zu bilden; hier tritt Auslöschung auf. Die Berechnung von x_1 ist daher numerisch instabil. Dies bestätigt der Vergleich mit den auf fünf Stellen gerundeten exakten Werten $x_1 \doteq 2.5354$ und $x_2 \doteq 2.7863$; x_2 stimmt in allen wesentlichen Stellen mit der exakten Lösung überein, während x_1 auf Grund der Auslöschung einen relativen Fehler von 1.5 % aufweist. △

In einem Spezialfall von allgemeinen linearen Gleichungssystemen ist die Diagonalstrategie immer anwendbar und sogar numerisch sinnvoll.

Definition 2.5. Eine Matrix $\boldsymbol{A}$ heißt *(strikt) diagonal dominant* , falls in jeder Zeile der Betrag des Diagonalelementes größer ist als die Summe der Beträge der übrigen Matrixelemente derselben Zeile, falls also gilt

$$|a_{ii}| > \sum_{\substack{k=1 \\ k \neq i}}^{n} |a_{ik}|, \quad i = 1, 2, \ldots, n. \tag{2.38}$$

Sie heißt *schwach diagonal dominant* , wenn

$$|a_{ii}| \geq \sum_{\substack{k=1 \\ k \neq i}}^{n} |a_{ik}|, \quad i = 1, 2, \ldots, n, \tag{2.39}$$

wobei aber für mindestens einen Index i_0 in (2.39) strikte Ungleichheit gilt.

Satz 2.6. *Zur Lösung eines regulären Gleichungssystems mit schwach diagonal dominanter Matrix* $\boldsymbol{A}$ *ist die Diagonalstrategie anwendbar.*

Beweis. Sei ohne Einschränkung die erste Zeile diejenige, für die die strikte Ungleichheit $|a_{11}| > \sum_{k=2}^{n} |a_{1k}| \geq 0$ gilt. Folglich ist $a_{11} \neq 0$ ein zulässiges Pivotelement für den ersten Eliminationsschritt. Wir zeigen nun, dass sich die Eigenschaft der diagonalen Dominanz auf das reduzierte Gleichungssystem überträgt. Nach Substitution von (2.5) in (2.6) gilt für die reduzierten Elemente

$$a_{ik}^{(1)} = a_{ik} - \frac{a_{i1}a_{1k}}{a_{11}}, \quad i, k = 2, 3, \ldots, n. \tag{2.40}$$

Für die Diagonalelemente folgt daraus die Abschätzung

$$|a_{ii}^{(1)}| = \left| a_{ii} - \frac{a_{i1}a_{1i}}{a_{11}} \right| \geq |a_{ii}| - \left| \frac{a_{i1}a_{1i}}{a_{11}} \right|, \quad i = 2, 3, \ldots, n. \tag{2.41}$$

Die Summe der Beträge der Nicht-Diagonalelemente der i-ten Zeile, $i = 2, 3, \ldots, n$, des reduzierten Systems erfüllt unter Verwendung der Voraussetzung (2.38) und der Abschätzung (2.41) in der Tat die Ungleichung

$$\sum_{\substack{k=2\\k\neq i}}^{n} |a_{ik}^{(1)}| = \sum_{\substack{k=2\\k\neq i}}^{n} \left| a_{ik} - \frac{a_{i1}a_{1k}}{a_{11}} \right| \leq \sum_{\substack{k=2\\k\neq i}}^{n} |a_{ik}| + \left|\frac{a_{i1}}{a_{11}}\right| \sum_{\substack{k=2\\k\neq i}}^{n} |a_{1k}|$$

$$= \sum_{\substack{k=1\\k\neq i}}^{n} |a_{ik}| - |a_{i1}| + \left|\frac{a_{i1}}{a_{11}}\right| \left\{ \sum_{k=2}^{n} |a_{1k}| - |a_{1i}| \right\}$$

$$\leq |a_{ii}| - |a_{i1}| + \left|\frac{a_{i1}}{a_{11}}\right| \{|a_{11}| - |a_{1i}|\} = |a_{ii}| - \left|\frac{a_{i1}a_{1i}}{a_{11}}\right| \leq |a_{ii}^{(1)}|.$$

Wegen $|a_{22}^{(1)}| \geq \sum_{k=3}^{n} |a_{2k}^{(1)}| \geq 0$ ist $|a_{22}^{(1)}| > 0$, denn sonst wären alle Elemente der zweiten Zeile gleich null, und das widerspräche der vorausgesetzten Regularität des Systems. Also kann $a_{22}^{(1)}$ als Pivotelement gewählt werden, und die Diagonalstrategie ist tatsächlich möglich. □

Da das Pivotelement von null verschieden sein muss, besteht eine naheliegende Auswahlregel darin, unter den in Frage kommenden Elementen das absolut grösste als Pivot zu wählen. Man spricht in diesem Fall von *Spaltenmaximumstrategie*. Vor Ausführung des k-ten Eliminationsschrittes bestimmt man den Index p so, dass gilt

$$\max_{i\geq k} |a_{ik}^{(k-1)}| = |a_{pk}^{(k-1)}|. \tag{2.42}$$

Falls $p \neq k$ ist, so ist die p-te Zeile mit der k-ten zu vertauschen. Mit dieser Strategie erreicht man, dass die Quotienten $l_{ik} = a_{ik}^{(k-1)}/a_{kk}^{(k-1)} (i > k)$ betragsmäßig durch Eins beschränkt sind. Folglich sind die Faktoren, mit denen die aktuelle k-te Zeile zu multiplizieren ist, dem Betrag nach kleiner oder gleich Eins, was sich auf die Fortpflanzung von Rundungsfehlern günstig auswirken kann.

Beispiel 2.3. Wenn wir das Gleichungssystem vom Beispiel 2.2 mit der Spaltenmaximumstrategie behandeln, so muss vor dem ersten Schritt eine Zeilenvertauschung vorgenommen werden. Bei fünfstelliger Rechnung lauten die Schemata

x_1	x_2	1		x_1	x_2	1
1.2547	1.3182	6.8541	$\longrightarrow$	1.2547	1.3182	6.8541
0.00035	1.2654	3.5267		0	1.2650	3.5248

Der Quotient $l_{21} = 0.00027895$ ist sehr klein und bewirkt nur geringe Änderungen in den Elementen des reduzierten Schemas. Die Rücksubstitution ergibt nacheinander $x_2 \doteq 2.7864$ und $x_1 = (6.8541 - 1.3182 \times 2.7864)/1.2547 \doteq (6.8541 - 3.6730)/1.2547 = 3.1811/1.2547 \doteq 2.5353$. Die beiden Lösungswerte weichen nur um je eine Einheit in der letzten Stelle von den richtigen, gerundeten Werten ab. Die Spaltenmaximumstrategie hat die Situation tatsächlich verbessert. △

Beispiel 2.4. Um eine Schwäche der Spaltenmaximumstrategie aufzuzeigen, betrachten wir das folgende Gleichungssystem, das mit fünfstelliger Rechnung gelöst wird und dessen Zeilen so angeordnet wurden, dass die Spaltenmaximumstrategie zur Diagonalstrategie wird. Im zweiten und dritten Schema sind anstelle der Nullen die l-Werte eingesetzt.

x_1	x_2	x_3	1
2.1	2512	−2516	6.5
−1.3	8.8	−7.6	−5.3
0.9	−6.2	4.6	2.9

$\longrightarrow$

x_1	x_2	x_3	1
2.1	2512	−2516	6.5
−0.61905	1563.9	−1565.1	−1.2762
0.42857	−1082.8	1082.9	0.11430

$\longrightarrow$

x_1	x_2	x_3	1
2.1	2512	−2516	6.5
−0.61905	1563.9	−1565.1	−1.2762
0.42857	−0.69237	−0.70000	−0.76930

Daraus berechnen sich sukzessive die Lösungen $x_3 \doteq 1.0990$, $x_2 \doteq 1.0990$, $x_1 \doteq 5.1905$, während die exakten Werte $x_3 = x_2 = 1$ und $x_1 = 5$ sind. Die Abweichungen erklären sich mit der Feststellung, dass der erste Eliminationsschritt betragsmäßig große Koeffizienten $a_{ik}^{(1)}$ des reduzierten Schemas erzeugt, womit bereits ein Informationsverlust infolge Rundung eingetreten ist. Zudem ist im zweiten Schritt bei der Berechnung von $a_{33}^{(2)}$ eine katastrophale Auslöschung festzustellen. Der Grund für das schlechte Ergebnis liegt darin, dass das Pivotelement des ersten Eliminationsschrittes klein ist im Vergleich zum Maximum der Beträge der übrigen Matrixelemente der ersten Zeile. Nach (2.40) gehen die Elemente a_{i1} und a_{1k} in symmetrischer Weise in die Reduktionsformel ein. Dieser Feststellung muss Rechnung getragen werden. △

Eine einfache Maßnahme, die Situation zu verbessern, besteht darin, die gegebenen Gleichungen so zu *skalieren*, dass für die neuen Koeffizienten $\tilde{a}_{ik}$ gilt

$$\sum_{k=1}^{n} |\tilde{a}_{ik}| \approx 1, \quad i = 1, 2, \ldots, n. \tag{2.43}$$

Um zusätzliche Rundungsfehler zu vermeiden, wählen wir für die Skalierung nur Faktoren, die Potenzen der Zahlenbasis des Rechners sind, im Dualsystem also Zweierpotenzen.

Durch die Skalierung mit $|\tilde{a}_{ik}| \leq 1$, $i, k = 1, 2, \ldots, n$, werden bei der anschließenden Spaltenmaximumstrategie andere Pivotelemente ausgewählt, und diese Auswahl führt zu einer numerisch stabileren Rechnung, wie in Beispiel 2.5 zu sehen ist.

Beispiel 2.5. Die Gleichungen von Beispiel 2.4 lauten nach ihrer Skalierung bei fünfstelliger Rechengenauigkeit

x_1	x_2	x_3	1
0.00041749	0.49939	−0.50019	0.0012922
−0.073446	0.49718	−0.42938	−0.29944
0.076923	−0.52991	0.39316	0.24786

Die Spaltenmaximumstrategie bestimmt a_{31} zum Pivot. Nach entsprechender Zeilenvertauschung lautet das Schema nach dem ersten Eliminationsschritt

x_1	x_2	x_3	1
0.076923	−0.52991	0.39316	0.24786
−0.95480	−0.0087800	−0.053990	−0.062780
0.0054274	0.50227	−0.50232	−0.000053000

Die Spaltenmaximumstrategie verlangt eine zweite Zeilenvertauschung. Der Eliminationsschritt ergibt

x_1	x_2	x_3	1
0.076923	−0.52991	0.39316	0.24786
0.0054274	0.50227	−0.50232	−0.000053000
−0.95480	−0.017481	−0.062771	−0.062781

Die Rücksubstitution liefert mit $x_3 \doteq 1.0002, x_2 \doteq 1.0002$ und $x_1 \doteq 5.0003$ recht gute Näherungswerte für die exakten Lösungen. Die Spaltenmaximumstrategie in Verbindung mit der Skalierung der gegebenen Gleichungen hat sich somit in diesem Beispiel bewährt. △

Die Skalierung der Ausgangsgleichungen gemäß (2.43) überträgt sich natürlich nicht auf die Gleichungen der reduzierten Systeme (vgl. Beispiel 2.5), so dass der für den ersten Schritt günstige Einfluss der Pivotwahl nach der Spaltenmaximumstrategie in den späteren Eliminationsschritten verloren gehen kann. Somit sollten auch die reduzierten Systeme stets wieder skaliert werden. Das tut man aber nicht, weil dadurch der Rechenaufwand auf das Doppelte ansteigt. Um dennoch das Konzept beizubehalten, wird die Skalierung nicht explizit vorgenommen, sondern nur implizit als Hilfsmittel zur Bestimmung eines geeigneten Pivots verwendet, wobei die Spaltenmaximumstrategie auf die skaliert gedachten Systeme Anwendung findet. Unter den in Frage kommenden Elementen bestimmt man dasjenige zum Pivot, welches dem Betrag nach relativ zur Summe der Beträge der Elemente der zugehörigen Zeile am größten ist. Man spricht deshalb von *relativer Spaltenmaximumstrategie.* Vor Ausführung des k-ten Eliminationsschrittes ermittelt man den Index p so, dass gilt

$$\max_{k \leq i \leq n} \left\{ \frac{|a_{ik}^{(k-1)}|}{\sum_{j=k}^{n} |a_{ij}^{(k-1)}|} \right\} = \frac{|a_{pk}^{(k-1)}|}{\sum_{j=k}^{n} |a_{pj}^{(k-1)}|}. \tag{2.44}$$

Ist $p \neq k$, wird die p-te Zeile mit der k-ten Zeile vertauscht. Bei dieser Strategie sind selbstverständlich die Quotienten $l_{ik} (i > k)$ betragsmäßig nicht mehr durch Eins beschränkt.

Beispiel 2.6. Das Gleichungssystem von Beispiel 2.4 wird jetzt bei fünfstelliger Rechnung nach der relativen Spaltenmaximumstrategie gelöst. Zur Verdeutlichung des Rechenablaufs sind neben dem ersten und zweiten Schema die Summen der Beträge der Matrixelemente $s_i = \sum_{j=k}^{n} |a_{ij}^{(k-1)}|$ und die für die Pivotwahl ausschlaggebenden Quotienten $q_i = |a_{ik}^{(k-1)}|/s_i$ aufgeführt. Es ist klar, dass im ersten Schritt wie im Beispiel 2.5 das Element a_{31} zum Pivot wird. Dies ist jetzt das absolut kleinste unter den Elementen der ersten Spalte. Im zweiten Schritt ist nochmals eine Zeilenvertauschung notwendig.

x_1	x_2	x_3	1	s_i	q_i
2.1	2512	−2516	6.5	5030.1	0.00041749
−1.3	8.8	−7.6	−5.3	17.7	0.073446
0.9	−6.2	4.6	2.9	11.7	0.076923

x_1	x_2	x_3	1	s_i	q_i
0.9	−6.2	4.6	2.9	–	–
−1.4444	−0.15530	−0.95580	−1.1112	1.1111	0.13977
2.3333	2526.5	−2526.7	−0.26660	5053.2	0.49998

x_1	x_2	x_3	1
0.9	−6.2	4.6	2.9
2.3333	2526.5	−2526.7	−0.26660
−1.4444	−0.000061468	−1.1111	−1.1112

Die Unbekannten berechnen sich daraus sukzessive zu $x_3 \doteq 1.0001$, $x_2 \doteq 1.0001$, $x_1 \doteq 5.0001$. Die Determinante der Matrix $\boldsymbol{A}$ ergibt sich nach (2.30) zu $|\boldsymbol{A}| = (-1)^2 \times 0.9 \times 2526.5 \times (-1.1111) \doteq -2526.5$. Der exakte Wert ist $|\boldsymbol{A}| = -2526.504$. △

Nachdem das Gaußsche Eliminationsverfahren mit einer brauchbaren Pivotstrategie vervollständigt worden ist, wollen wir es in Tab. 2.1 algorithmisch so zusammenfassen, dass es leicht auf einem Rechner durchgeführt werden kann. Die Zerlegung, die Vorwärtssubstitution und die Rücksubstitution werden als in sich geschlossene Prozesse getrennt dargestellt. Die Zahlenwerte der aufeinander folgenden Schemata werden im Computer in einem festen Feld gespeichert. Dies ist deshalb möglich, weil der Wert von $a_{ij}^{(k-1)}$ von dem Moment an nicht mehr benötigt wird, wo entweder l_{ij}oder $a_{ij}^{(k)}$ berechnet ist. So werden in der algorithmischen Formulierung die Werte von l_{ij} an die Stelle von a_{ij} gesetzt, und die Koeffizienten der Endgleichungen werden stehen gelassen, genau so, wie es in den Beispielen bereits geschehen ist. Nach beendeter Zerlegung werden somit $a_{ij} = l_{ij}$ für $i > j$, und $a_{ij} = r_{ij}$ für $i \leq j$ bedeuten. Die Information über erfolgte Zeilenvertauschungen wird im Vektor $\boldsymbol{p} = (p_1, p_2, \ldots, p_n)^T$ aufgebaut. Die k-te Komponente enthält den Index derjenigen Zeile, welche vor dem k-ten Eliminationsschritt mit der k-ten Zeile vertauscht worden ist. Es erfolgte keine Vertauschung, falls $p_k = k$ ist. In allen folgenden Beschreibungen sind die Anweisungen stets im dynamischen Sinn zu verstehen, und leere Schleifenanweisungen sollen übersprungen werden.

Bei der Vorwärtssubstitution kann der Hilfsvektor $\boldsymbol{c}$ mit $\boldsymbol{b}$ identifiziert werden, da b_i nicht mehr benötigt wird, sobald c_i berechnet ist. Dies ist auch deshalb angezeigt, weil der gegebene Vektor $\boldsymbol{b}$ ohnehin durch die Permutationen verändert wird. Die analoge Feststellung gilt für die Rücksubstitution, wo der Lösungsvektor $\boldsymbol{x}$ mit $\boldsymbol{c}$ (und dann mit $\boldsymbol{b}$!) identifizierbar ist. Am Schluss steht dann an der Stelle von $\boldsymbol{b}$ der gesuchte Lösungsvektor $\boldsymbol{x}$.

2.1.3 Ergänzungen

Mehrere rechte Seiten, Inversion

In bestimmten Anwendungen sind mehrere Gleichungssysteme mit derselben Koeffizientenmatrix $\boldsymbol{A}$, aber verschiedenen rechten Seiten $\boldsymbol{b}$ entweder gleichzeitig oder nacheinander zu lösen. Die drei Lösungsschritte (2.32) des Gaußschen Algorithmus erweisen sich in dieser Situation als sehr geeignet. Denn die Zerlegung $\boldsymbol{PA} = \boldsymbol{LR}$ braucht offenbar nur einmal ausgeführt zu werden, weil dann zusammen mit der Information über die Zeilenvertauschungen

Tab. 2.1 Der vollständige Gauß-Algorithmus.

Gauß-Elimination
mit relativer Spaltenmaximumstrategie
und Berechnung der Determinante

```
det = 1
für k = 1, 2, ..., n − 1 :
    max = 0; p_k = 0
    für i = k, k + 1, ..., n :
        s = 0
        für j = k, k + 1, ..., n :
            s = s + |a_ij|
        q = |a_ik|/s
        falls q > max :
            max = q; p_k = i
    falls max = 0 : STOP
    falls p_k ≠ k :
        det = − det
        für j = 1, 2, ..., n :
            h = a_kj; a_kj = a_{p_k,j}; a_{p_k,j} = h
    det = det × a_kk
    für i = k + 1, k + 2, ... n :
        a_ik = a_ik/a_kk
        für j = k + 1, k + 2, ..., n :
            a_ij = a_ij − a_ik × a_kj
det = det × a_nn
```

Vertauschungen in $\boldsymbol{b}$
und Vorwärtssubstitution

```
für k = 1, 2, ..., n − 1 :
    falls p_k ≠ k :
        h = b_k; b_k = b_{p_k}; b_{p_k} = h
für i = 1, 2, ..., n :
    c_i = b_i
    für j = 1, 2, ..., i − 1 :
        c_i = c_i − a_ij × c_j
```

Rücksubstitution

```
für i = n, n − 1, ..., 1 :
    s = c_i
    für k = i + 1, i + 2, ..., n :
        s = s − a_ik × x_k
    x_i = s/a_ii
```

alle notwendigen Zahlenwerte für die Vorwärts- und Rücksubstitution vorhanden sind. Diese beiden Prozesse sind dann auf die einzelnen rechten Seiten anzuwenden.

Sind etwa gleichzeitig m Gleichungssysteme mit den rechten Seiten $\boldsymbol{b_1}$, $\boldsymbol{b_2}, \ldots, \boldsymbol{b_m}$ zu lösen, werden sie zweckmäßigerweise zur Matrix

$$\boldsymbol{B} = (\boldsymbol{b}_1, \boldsymbol{b}_2, \ldots, \boldsymbol{b}_m) \in \mathbb{R}^{n,m} \tag{2.45}$$

zusammengefasst. Dann ist eine Matrix $\boldsymbol{X} \in \mathbb{R}^{n,m}$ gesucht als Lösung der Matrizengleichung

$$\boldsymbol{AX} = \boldsymbol{B} \tag{2.46}$$

Die Spalten von $\boldsymbol{X}$ sind die Lösungsvektoren $\boldsymbol{x_\mu}$ zu den entsprechenden rechten Seiten $\boldsymbol{b_\mu}$.

Nach (2.33) und (2.36) beträgt der Rechenaufwand zur Lösung von (2.46)

$$Z = \frac{1}{3}(n^3 - n) + mn^2. \tag{2.47}$$

Eine spezielle Anwendung der erwähnten Rechentechnik besteht in der *Inversion* einer regulären Matrix $\boldsymbol{A}$. Die gesuchte Inverse $\boldsymbol{X} = \boldsymbol{A}^{-1}$ erfüllt die Matrizengleichung

$$\boldsymbol{AX} = \boldsymbol{I}, \tag{2.48}$$

wo $\boldsymbol{I}$ die *Einheitsmatrix* bedeutet. Die Berechnung der Inversen $\boldsymbol{A}^{-1}$ ist damit auf die gleichzeitige Lösung von n Gleichungen mit derselben Matrix $\boldsymbol{A}$ zurückgeführt. Der Rechenaufwand an multiplikativen Operationen beläuft sich nach (2.47) auf

$$Z_{\text{Inv}} = \frac{4}{3}n^3 - \frac{1}{3}n. \tag{2.49}$$

Dabei ist allerdings nicht berücksichtigt, dass auch nach Zeilenpermutationen in $\boldsymbol{I}$ oberhalb der Einselemente Nullen stehen. Der Prozess der Vorwärtssubstitution hat deshalb im Prinzip erst beim jeweiligen Einselement zu beginnen, womit eine Reduktion der Rechenoperationen verbunden wäre. Diese Möglichkeit ist in Rechenprogrammen aber kaum vorgesehen.

Die Berechnung von $\boldsymbol{A}^{-1}$ nach der beschriebenen Art erfordert neben dem Speicherplatz für $\boldsymbol{A}$ auch noch denjenigen für $\boldsymbol{I}$, an deren Stelle sukzessive die Inverse aufgebaut wird. Der Speicherbedarf beträgt folglich $2n^2$ Plätze.

Nachiteration

Löst man das Gleichungssystem $\boldsymbol{Ax} = \boldsymbol{b}$ numerisch mit dem Gauß-Algorithmus, so erhält man auf Grund der unvermeidlichen Rundungsfehler anstelle des exakten Lösungsvektors $\boldsymbol{x}$ eine Näherung $\tilde{\boldsymbol{x}}$. Die Einsetzprobe in den gegebenen Gleichungen ergibt im Allgemeinen anstelle des Nullvektors einen *Residuenvektor*

$$\boldsymbol{r} := \boldsymbol{A}\tilde{\boldsymbol{x}} - \boldsymbol{b}. \tag{2.50}$$

Ausgehend vom bekannten Näherungsvektor $\tilde{\boldsymbol{x}}$ soll die exakte Lösung $\boldsymbol{x}$ mit Hilfe des *Korrekturansatzes*

$$\boldsymbol{x} = \tilde{\boldsymbol{x}} + \boldsymbol{z} \tag{2.51}$$

ermittelt werden. Der Korrekturvektor $\boldsymbol{z}$ ist so zu bestimmen, dass die Gleichungen erfüllt sind, d.h. dass gilt

$$\boldsymbol{Ax} - \boldsymbol{b} = \boldsymbol{A}(\tilde{\boldsymbol{x}} + \boldsymbol{z}) - \boldsymbol{b} = \boldsymbol{A}\tilde{\boldsymbol{x}} + \boldsymbol{Az} - \boldsymbol{b} = \boldsymbol{0}. \tag{2.52}$$

Beachtet man in (2.52) die Gleichung (2.50), so erkennt man, dass der Korrekturvektor $\boldsymbol{z}$ das Gleichungssystem

$$\boldsymbol{Az} = -\boldsymbol{r} \tag{2.53}$$

mit derselben Matrix $\boldsymbol{A}$, aber der neuen rechten Seite $-\boldsymbol{r}$ erfüllen muss. Die Korrektur $\boldsymbol{z}$ ergibt sich somit durch die Prozesse der Vorwärts- und Rücksubstitution aus dem Residuenvektor $\boldsymbol{r}$, der mit doppelter Genauigkeit berechnet werden muss, siehe Beispiel 2.7.

Beispiel 2.7. Die Nachiteration einer Näherungslösung soll am folgenden Gleichungssystem mit vier Unbekannten illustriert werden. Gleichzeitig soll das Beispiel die weiteren Untersuchungen aktivieren.

$$\begin{aligned}
0.29412x_1 + 0.41176x_2 + 0.52941x_3 + 0.58824x_4 &= 0.17642\\
0.42857x_1 + 0.57143x_2 + 0.71429x_3 + 0.64286x_4 &= 0.21431\\
0.36842x_1 + 0.52632x_2 + 0.42105x_3 + 0.36842x_4 &= 0.15792\\
0.38462x_1 + 0.53846x_2 + 0.46154x_3 + 0.38462x_4 &= 0.15380
\end{aligned}$$

In einem ersten Schritt wird nur die Dreieckszerlegung der Matrix $\boldsymbol{A}$ mit der relativen Spaltenmaximumstrategie bei fünfstelliger Rechengenauigkeit ausgeführt. Neben den aufeinander folgenden Schemata sind die Summen s_i der Beträge der Matrixelemente und die Quotienten q_i angegeben.

x_1	x_2	x_3	x_4	s_i	q_i
0.29412	0.41176	0.52941	0.58824	1.8235	0.16129
0.42857	0.57143	0.71429	0.64286	2.3572	0.18181
0.36842	0.52632	0.42105	0.36842	1.6842	0.21875
0.38462	0.53846	0.46154	0.38462	1.7692	0.21740

x_1	x_2	x_3	x_4	s_i	q_i
0.36842	0.52632	0.42105	0.36842	–	–
1.1633	−0.040840	0.22448	0.21428	0.47960	0.085154
0.79833	−0.0084200	0.19327	0.29412	0.49581	0.016982
1.0440	−0.011020	0.021960	−0.00001	0.032980	0.33414

x_1	x_2	x_3	x_4	s_i	q_i
0.36842	0.52632	0.42105	0.36842	–	–
1.0440	−0.011020	0.021960	−0.00001	–	–
0.79833	0.76407	0.17649	0.29413	0.47062	0.37502
1.1633	3.7060	0.14310	0.21432	0.35742	0.40037

x_1	x_2	x_3	x_4
0.36842	0.52632	0.42105	0.36842
1.0440	−0.011020	0.021960	−0.00001
1.1633	3.7060	0.14310	0.21432
0.79833	0.76407	1.2333	0.029810

(2.54)

Bei drei Zeilenvertauschungen ist der Näherungswert für die Determinante $|\boldsymbol{A}| \doteq (-1)^3 \times 0.36842 \times (-0.011020) \times 0.14310 \times 0.029810 \doteq 1.7319 \times 10^{-5}$. In der rechten Seite $\boldsymbol{b}$ sind die drei Zeilenvertauschungen entsprechend auszuführen. Für die Vorwärtssubstitution ist der Vektor $\boldsymbol{Pb} = (0.15792, 0.15380, 0.21431, 0.17642)^T$ zu verwenden. Es resultiert der Vektor $\boldsymbol{c} \doteq (0.15792, -0.011070, 0.071625, -0.029527)^T$, und die Rücksubstitution liefert die Näherungslösung $\tilde{\boldsymbol{x}} \doteq (-7.9333, 4.9593, 1.9841, -0.99051)^T$.

Die Einsetzprobe mit fünfstelliger Rechnung ergibt den Residuenvektor $\tilde{\boldsymbol{r}} \doteq (2, 3, -3, 7)^T \times 10^{-5}$, während zehnstellige Genauigkeit den auf fünf wesentliche Ziffern gerundeten Residuenvektor

$$\boldsymbol{r} \doteq (2.3951, 7.1948, -4.5999, 5.0390)^T \times 10^{-5}$$

liefert. Da die Ergebnisse recht unterschiedlich sind, indem in $\tilde{\boldsymbol{r}}$ meistens bereits die erste Ziffer falsch ist, ist $\tilde{\boldsymbol{r}}$ für eine Nachiteration nicht brauchbar. Der Residuenvektor $\boldsymbol{r} = \boldsymbol{A}\tilde{\boldsymbol{x}} - \boldsymbol{b}$ muss stets mit höherer Genauigkeit berechnet werden, damit eine Nachiteration überhaupt sinnvoll sein kann [Wil 69].

Aus der Vorwärtssubstitution mit dem permutierten Vektor

$$\boldsymbol{P}\boldsymbol{r} = (-4.5999, 5.0390, 7.1948, 2.3951)^T \times 10^{-5}$$

resultiert

$$\boldsymbol{c}_r \doteq (4.5999, -9.8413, 23.926, -28.056)^T \times 10^{-5},$$

und daraus liefert die Rücksubstitution den Korrekturvektor

$$\boldsymbol{z} \doteq (0.066142, 0.040360, 0.015768, -0.0094116)^T.$$

Da $\boldsymbol{z}$ genau so wie $\tilde{\boldsymbol{x}}$ mit Fehlern behaftet ist, erhält man mit $\tilde{\boldsymbol{x}} + \boldsymbol{z} = \tilde{\tilde{\boldsymbol{x}}}$ nur eine weitere Näherungslösung, die unter bestimmten Voraussetzungen die Lösung $\boldsymbol{x}$ besser approximiert. In unserem Beispiel ist dies tatsächlich der Fall, denn

$$\tilde{\tilde{\boldsymbol{x}}} \doteq (-7.9994, 4.9997, 1.9999, -0.99992)^T$$

ist eine bessere Näherung für $\boldsymbol{x} = (-8, 5, 2, -1)^T$. Eine weitere Nachiteration mit dem Residuenvektor $\boldsymbol{r} \doteq (4.7062,\ 6.5713,\ 5.0525,\ 5.3850)^T \times 10^{-5}$ ergibt die gesuchte Lösung mit fünfstelliger Genauigkeit.

Man beachte übrigens in diesem Zahlenbeispiel die oft typische Situation, dass die Residuenvektoren $\boldsymbol{r}$ zwar betragsmäßig recht kleine Komponenten aufweisen, dass dies aber nichts über die Güte der zugehörigen Näherungslösungen $\tilde{\boldsymbol{x}}$ bzw. $\tilde{\tilde{\boldsymbol{x}}}$ auszusagen braucht. Ferner können, wie dies im ersten Schritt der Nachiteration zutrifft, betragsmäßig kleine Residuenvektoren bedeutend größere Korrekturen bewirken. △

2.2 Genauigkeitsfragen, Fehlerabschätzungen

Wir wollen nun die Genauigkeit einer numerisch berechneten Näherungslösung $\tilde{\boldsymbol{x}}$ des Systems $\boldsymbol{A}\boldsymbol{x} = \boldsymbol{b}$ untersuchen und insbesondere nach den Gründen forschen, die für die Größe der Abweichung verantwortlich sind. Um Aussagen über den Fehler $\tilde{\boldsymbol{x}} - \boldsymbol{x}$ machen zu können, benötigen wir einerseits eine Maßzahl für die Größe eines Vektors und andererseits eine analoge Maßzahl für die Größe einer Matrix.

2.2.1 Normen

Wir betrachten nur den praktisch wichtigen Fall von reellen Vektoren $\boldsymbol{x} \in \mathbb{R}^n$ und von reellen Matrizen $\boldsymbol{A} \in \mathbb{R}^{n,n}$.

Definition 2.7. Unter der Vektornorm $\|\boldsymbol{x}\|$ eines Vektors $\boldsymbol{x} \in \mathbb{R}^n$ versteht man eine reelle Funktion seiner Komponenten, welche die drei Eigenschaften besitzt:

a) $\|\boldsymbol{x}\| \geq 0$ für alle $\boldsymbol{x}$, und $\|x\| = 0$ nur für $\boldsymbol{x} = \boldsymbol{0}$; (2.55)

b) $\|c\boldsymbol{x}\| = |c| \cdot \|\boldsymbol{x}\|$ für alle $c \in \mathbb{R}$ und alle $\boldsymbol{x}$; (2.56)

c) $\|\boldsymbol{x} + \boldsymbol{y}\| \leq \|\boldsymbol{x}\| + \|\boldsymbol{y}\|$ für alle $\boldsymbol{x}, \boldsymbol{y}$ (Dreiecksungleichung). (2.57)

Beispiele von Vektornormen sind

$$\|\boldsymbol{x}\|_\infty := \max_k |x_k|, \qquad \text{(Maximumnorm)} \tag{2.58}$$

$$\|\boldsymbol{x}\|_2 := \left[\sum_{k=1}^{n} x_k^2\right]^{\frac{1}{2}}, \qquad \text{(euklidische Norm)} \tag{2.59}$$

$$\|\boldsymbol{x}\|_1 := \sum_{k=1}^{n} |x_k|, \qquad (L_1\text{-Norm}). \tag{2.60}$$

Man überzeugt sich leicht davon, dass die Eigenschaften der Vektornorm erfüllt sind. Die drei Vektornormen sind in dem Sinn miteinander äquivalent, dass zwischen ihnen für alle Vektoren $\boldsymbol{x} \in \mathbb{R}^n$ die leicht einzusehenden Ungleichungen gelten

$$\frac{1}{\sqrt{n}}\|\boldsymbol{x}\|_2 \le \|\boldsymbol{x}\|_\infty \le \|\boldsymbol{x}\|_2 \le \sqrt{n}\|\boldsymbol{x}\|_\infty,$$

$$\frac{1}{n}\|\boldsymbol{x}\|_1 \le \|\boldsymbol{x}\|_\infty \le \|\boldsymbol{x}\|_1 \le n\|\boldsymbol{x}\|_\infty,$$

$$\frac{1}{\sqrt{n}}\|\boldsymbol{x}\|_1 \le \|\boldsymbol{x}\|_2 \le \|\boldsymbol{x}\|_1 \le \sqrt{n}\|\boldsymbol{x}\|_2.$$

Definition 2.8. Unter der Matrixnorm $\|\boldsymbol{A}\|$ einer Matrix $\boldsymbol{A} \in \mathbb{R}^{n,n}$ versteht man eine reelle Funktion ihrer Elemente, welche die vier Eigenschaften aufweist:

a) $\|\boldsymbol{A}\| \ge 0$ für alle $\boldsymbol{A}$, und $\|\boldsymbol{A}\| = 0$ für $\boldsymbol{A} = \boldsymbol{0}$; (2.61)

b) $\|c\boldsymbol{A}\| = |c| \cdot \|\boldsymbol{A}\|$ für alle $c \in \mathbb{R}$ und alle $\boldsymbol{A}$; (2.62)

c) $\|\boldsymbol{A}+\boldsymbol{B}\| \le \|\boldsymbol{A}\| + \|\boldsymbol{B}\|$ für alle $\boldsymbol{A}, \boldsymbol{B}$ (Dreiecksungleichung); (2.63)

d) $\|\boldsymbol{A}\cdot\boldsymbol{B}\| \le \|\boldsymbol{A}\| \cdot \|\boldsymbol{B}\|$. (2.64)

Die geforderte Eigenschaft (2.64) schränkt die Matrixnormen auf die für die Anwendungen wichtige Klasse der *submultiplikativen Normen* ein. Beispiele von gebräuchlichen Matrixnormen sind

$$\|\boldsymbol{A}\|_G := n \cdot \max_{i,k} |a_{ik}|, \qquad \text{(Gesamtnorm)} \tag{2.65}$$

$$\|\boldsymbol{A}\|_z := \max_i \sum_{k=1}^{n} |a_{ik}|, \qquad \text{(Zeilensummennorm)} \tag{2.66}$$

$$\|\boldsymbol{A}\|_s := \max_k \sum_{i=1}^{n} |a_{ik}|, \qquad \text{(Spaltensummennorm)} \tag{2.67}$$

$$\|\boldsymbol{A}\|_F := \left[\sum_{i,k=1}^{n} a_{ik}^2\right]^{\frac{1}{2}}, \qquad \text{(Frobenius-Norm)}. \tag{2.68}$$

Dass die angegebenen Matrixnormen die ersten drei Eigenschaften (2.61), (2.62) und (2.63) erfüllen, ist offensichtlich. Die vierte Eigenschaft (2.64) wollen wir nur für die Gesamtnorm nachweisen. Für die anderen Matrixnormen verläuft die Verifikation analog.

$$\begin{aligned}\|\boldsymbol{A}\cdot\boldsymbol{B}\|_G &= n\cdot\max_{i,k}\left|\sum_{j=1}^{n} a_{ij}b_{jk}\right| \leq n\cdot\max_{i,k}\sum_{j=1}^{n}|a_{ij}|\cdot|b_{jk}| \\ &\leq n\cdot\max_{i,k}\sum_{j=1}^{n}\{\max_{l,m}|a_{lm}|\}\cdot\{\max_{r,s}|b_{rs}|\} \\ &= n^2\cdot\{\max_{l,m}|a_{lm}|\}\cdot\{\max_{r,s}|b_{rs}|\} = \|A\|_G\cdot\|\boldsymbol{B}\|_G.\end{aligned}$$

Die vier Matrixnormen sind ebenfalls miteinander äquivalent. Denn es gelten beispielsweise für alle Matrizen $\boldsymbol{A}\in\mathbb{R}^{n,n}$ die Ungleichungen

$$\begin{aligned}&\frac{1}{n}\|\boldsymbol{A}\|_G \leq \|\boldsymbol{A}\|_{z,s} \leq \|\boldsymbol{A}\|_G \leq n\|\boldsymbol{A}\|_{z,s}, \\ &\frac{1}{n}\|\boldsymbol{A}\|_G \leq \|\boldsymbol{A}\|_F \leq \|\boldsymbol{A}\|_G \leq n\|\boldsymbol{A}\|_F.\end{aligned}$$

Da in den nachfolgenden Betrachtungen Matrizen und Vektoren gemeinsam auftreten, müssen die verwendeten Matrixnormen und Vektornormen in einem zu präzisierenden Zusammenhang stehen, damit man geeignet damit operieren kann.

Definition 2.9. Eine Matrixnorm $\|\boldsymbol{A}\|$ heißt *kompatibel* oder *verträglich* mit der Vektornorm $\|x\|$, falls die Ungleichung gilt

$$\|\boldsymbol{Ax}\| \leq \|\boldsymbol{A}\|\;\|\boldsymbol{x}\| \quad \text{für alle } \boldsymbol{x}\in\mathbb{R}^n \text{ und alle } \boldsymbol{A}\in\mathbb{R}^{n,n}. \tag{2.69}$$

Kombinationen von verträglichen Normen sind etwa

$$\|\boldsymbol{A}\|_G \text{ oder } \|\boldsymbol{A}\|_z \text{ sind kompatibel mit } \|\boldsymbol{x}\|_\infty; \tag{2.70}$$

$$\|\boldsymbol{A}\|_G \text{ oder } \|\boldsymbol{A}\|_s \text{ sind kompatibel mit } \|\boldsymbol{x}\|_1; \tag{2.71}$$

$$\|\boldsymbol{A}\|_G \text{ oder } \|\boldsymbol{A}\|_F \text{ sind kompatibel mit } \|\boldsymbol{x}\|_2. \tag{2.72}$$

Die Verträglichkeit von Normenpaaren soll in zwei Fällen verifiziert werden. So ist wegen

$$\begin{aligned}\|\boldsymbol{Ax}\|_\infty &= \max_i\left\{\left|\sum_{k=1}^{n} a_{ik}x_k\right|\right\} \leq \max_i\left\{\sum_{k=1}^{n}|a_{ik}|\cdot|x_k|\right\} \\ &\leq \max_i\left\{\sum_{k=1}^{n}[\max_{r,s}|a_{rs}|]\cdot[\max_l|x_l|]\right\} = \|\boldsymbol{A}\|_G\cdot\|\boldsymbol{x}\|_\infty\end{aligned}$$

die Gesamtnorm mit der Maximumnorm kompatibel. Desgleichen ist die Frobenius-Norm mit der euklidischen Vektornorm verträglich. Unter Anwendung der Schwarzschen Ungleichung gilt

$$\begin{aligned}\|\boldsymbol{Ax}\|_2 &= \left[\sum_{i=1}^{n}\left(\sum_{k=1}^{n} a_{ik}x_k\right)^2\right]^{\frac{1}{2}} \leq \left[\sum_{i=1}^{n}\left\{\left(\sum_{k=1}^{n} a_{ik}^2\right)\left(\sum_{k=1}^{n} x_k^2\right)\right\}\right]^{\frac{1}{2}} \\ &= \left[\sum_{i=1}^{n}\sum_{k=1}^{n} a_{ik}^2\right]^{\frac{1}{2}}\left[\sum_{k=1}^{n} x_k^2\right]^{\frac{1}{2}} = \|\boldsymbol{A}\|_F\cdot\|\boldsymbol{x}\|_2.\end{aligned}$$

Im Allgemeinen wird die rechte Seite der Ungleichung (2.69) echt größer sein als die linke Seite. Deshalb ist es sinnvoll eine Matrixnorm zu definieren, für die in (2.69) mindestens für einen Vektor $\boldsymbol{x} \neq \boldsymbol{0}$ Gleichheit gilt. Das gelingt mit der folgenden Definition einer so genannten *zugeordneten* Norm.

Definition 2.10. Der zu einer gegebenen Vektornorm definierte Zahlenwert

$$\|\boldsymbol{A}\| := \max_{\boldsymbol{x}\neq\boldsymbol{0}} \frac{\|\boldsymbol{A}\boldsymbol{x}\|}{\|\boldsymbol{x}\|} = \max_{\|\boldsymbol{x}\|=1} \|\boldsymbol{A}\boldsymbol{x}\| \tag{2.73}$$

heißt die *zugeordnete* oder *natürliche* Matrixnorm. . Sie wird auch als *Grenzennorm* oder *lub-Norm* (lowest upper bound) bezeichnet.

Satz 2.11. *Der gemäß (2.73) erklärte Zahlenwert stellt eine Matrixnorm dar. Sie ist mit der zu Grunde liegenden Vektornorm kompatibel. Sie ist unter allen mit der Vektornorm* $\|\boldsymbol{x}\|$ *verträglichen Matrixnormen die kleinste.*

Beweis. Wir verifizieren die Eigenschaften einer Matrixnorm.

a) Mit $\boldsymbol{x} \neq \boldsymbol{0}$ gelten $\|\boldsymbol{A}\boldsymbol{x}\| \geq 0$ für alle $\boldsymbol{A} \in \mathbb{R}^{n,n}$ und $\|\boldsymbol{x}\| > 0$. Folglich ist $\max\limits_{\boldsymbol{x}\neq\boldsymbol{0}} \|\boldsymbol{A}\boldsymbol{x}\|/\|\boldsymbol{x}\| \geq 0$. Weiter ist zu zeigen, dass aus $\|\boldsymbol{A}\| = 0 \quad \boldsymbol{A} = \boldsymbol{0}$ folgt. Wir nehmen das Gegenteil an, d.h. es sei $\boldsymbol{A} \neq \boldsymbol{0}$. Dann existiert mindestens ein $a_{pq} \neq 0$. Für $\boldsymbol{x}$ wählen wir den q-ten Einheitsvektor $\boldsymbol{e}_q \neq \boldsymbol{0}$, für den $\boldsymbol{A}\boldsymbol{e}_q \neq \boldsymbol{0}$ ist. Für diesen Vektor ist $\|\boldsymbol{A}\boldsymbol{e}_q\|/\|\boldsymbol{e}_q\| > 0$. Damit ist das Maximum in (2.73) erst recht größer als null, womit ein Widerspruch vorliegt.

b) Auf Grund der zweiten Eigenschaft der Vektornorm gilt

$$\|c\boldsymbol{A}\| := \max_{\|\boldsymbol{x}\|=1} \|c\boldsymbol{A}\boldsymbol{x}\| = \max_{\|\boldsymbol{x}\|=1} \{|c| \cdot \|\boldsymbol{A}\boldsymbol{x}\|\} = |c| \cdot \|\boldsymbol{A}\|.$$

c) Unter Benutzung der Dreiecksungleichung für Vektornormen folgt

$$\begin{aligned}
\|\boldsymbol{A}+\boldsymbol{B}\| &:= \max_{\|\boldsymbol{x}\|=1} \|(\boldsymbol{A}+\boldsymbol{B})\boldsymbol{x}\| \leq \max_{\|\boldsymbol{x}\|=1} \{\|\boldsymbol{A}\boldsymbol{x}\| + \|\boldsymbol{B}\boldsymbol{x}\|\} \\
&\leq \max_{\|\boldsymbol{x}\|=1} \|\boldsymbol{A}\boldsymbol{x}\| + \max_{\|\boldsymbol{x}\|=1} \|\boldsymbol{B}\boldsymbol{x}\| = \|\boldsymbol{A}\| + \|\boldsymbol{B}\|.
\end{aligned}$$

d) Um die Submultiplikativität der Norm nachzuweisen, setzen wir $\boldsymbol{A} \neq \boldsymbol{0}$ und $\boldsymbol{B} \neq \boldsymbol{0}$ voraus. Andernfalls ist die Ungleichung (2.64) trivialerweise erfüllt. Dann gelten

$$\begin{aligned}
\|\boldsymbol{A}\cdot\boldsymbol{B}\| &:= \max_{\boldsymbol{x}\neq\boldsymbol{0}} \frac{\|\boldsymbol{A}\boldsymbol{B}\boldsymbol{x}\|}{\|\boldsymbol{x}\|} = \max_{\substack{\boldsymbol{x}\neq\boldsymbol{0}\\ \boldsymbol{B}\boldsymbol{x}\neq\boldsymbol{0}}} \frac{\|\boldsymbol{A}(\boldsymbol{B}\boldsymbol{x})\|\,\|\boldsymbol{B}\boldsymbol{x}\|}{\|\boldsymbol{B}\boldsymbol{x}\|\,\|\boldsymbol{x}\|} \\
&\leq \max_{\boldsymbol{B}\boldsymbol{x}\neq\boldsymbol{0}} \frac{\|\boldsymbol{A}(\boldsymbol{B}\boldsymbol{x})\|}{\|\boldsymbol{B}\boldsymbol{x}\|} \cdot \max_{\boldsymbol{x}\neq\boldsymbol{0}} \frac{\|\boldsymbol{B}\boldsymbol{x}\|}{\|\boldsymbol{x}\|} \\
&\leq \max_{\boldsymbol{y}\neq\boldsymbol{0}} \frac{\|\boldsymbol{A}\boldsymbol{y}\|}{\|\boldsymbol{y}\|} \cdot \max_{\boldsymbol{x}\neq\boldsymbol{0}} \frac{\|\boldsymbol{B}\boldsymbol{x}\|}{\|\boldsymbol{x}\|} = \|\boldsymbol{A}\| \cdot \|\boldsymbol{B}\|.
\end{aligned}$$

Die Kompatibilität der so erklärten Matrixnorm mit der gegebenen Vektornorm ist eine unmittelbare Folge der Definition (2.73), und die letzte Aussage von Satz 2.11 ist offensichtlich, da ein Vektor $\boldsymbol{x} \neq \mathbf{0}$ so existiert, dass $\|\boldsymbol{Ax}\| = \|\boldsymbol{A}\| \cdot \|\boldsymbol{x}\|$ gilt. □

Gemäß Definition 2.10 ist die der Maximumnorm $\|\boldsymbol{x}\|_\infty$ zugeordnete Matrixnorm $\|\boldsymbol{A}\|_\infty$ gegeben durch

$$\begin{aligned}\|\boldsymbol{A}\|_\infty &:= \max_{\|\boldsymbol{x}\|=1} \|\boldsymbol{Ax}\|_\infty = \max_{\|\boldsymbol{x}\|=1} \left\{ \max_i \left| \sum_{k=1}^n a_{ik} x_k \right| \right\} \\ &= \max_i \left\{ \max_{\|\boldsymbol{x}\|=1} \left| \sum_{k=1}^n a_{ik} x_k \right| \right\} = \max_i \sum_{k=1}^n |a_{ik}| = \|\boldsymbol{A}\|_z.\end{aligned}$$

Der Betrag der Summe wird für festes i dann am größten, falls $x_k = \text{sign}\,(a_{ik})$ ist. Auf Grund von Satz 2.11 ist deshalb die Zeilensummennorm die kleinste, mit der Maximumnorm verträgliche Matrixnorm.

Um die zur euklidischen Vektornorm $\|\boldsymbol{x}\|_2$ zugehörige natürliche Matrixnorm $\|\boldsymbol{A}\|_2$ herzuleiten, sind einige fundamentale Kenntnisse aus der Theorie der linearen Algebra erforderlich.

$$\|\boldsymbol{A}\|_2 := \max_{\|\boldsymbol{x}\|_2=1} \|\boldsymbol{Ax}\|_2 = \max_{\|\boldsymbol{x}\|_2=1} \{(\boldsymbol{Ax})^T(\boldsymbol{Ax})\}^{\frac{1}{2}} = \max_{\|\boldsymbol{x}\|_2=1} \{\boldsymbol{x}^T\boldsymbol{A}^T\boldsymbol{Ax}\}^{\frac{1}{2}}$$

Die im letzten Ausdruck auftretende Matrix $\boldsymbol{A}^T\boldsymbol{A}$ ist offenbar symmetrisch und positiv semidefinit, weil für die zugehörige quadratische Form $Q(\boldsymbol{x}) := \boldsymbol{x}^T(\boldsymbol{A}^T\boldsymbol{A})\boldsymbol{x} \geq 0$ für alle $\boldsymbol{x} \neq 0$ gilt. Folglich sind die Eigenwerte μ_i von $\boldsymbol{A}^T\boldsymbol{A}$ reell und nicht negativ, und die n Eigenvektoren $\boldsymbol{x}_1, \boldsymbol{x}_2, \ldots, \boldsymbol{x}_n$ bilden eine vollständige, orthonormierte Basis im $\mathbb{R}^n$.

$$\boldsymbol{A}^T\boldsymbol{A}\boldsymbol{x}_i = \mu_i \boldsymbol{x}_i, \quad \mu_i \in \mathbb{R}, \quad \mu_i \geq 0; \quad \boldsymbol{x}_i^T \boldsymbol{x}_j = \delta_{ij} \tag{2.74}$$

Mit der eindeutigen Darstellung eines beliebigen Vektors $\boldsymbol{x} \in \mathbb{R}^n$ als Linearkombination der Eigenvektoren $\boldsymbol{x}_i$

$$\boldsymbol{x} = \sum_{i=1}^n c_i \boldsymbol{x}_i \tag{2.75}$$

ergibt sich einmal unter Berücksichtigung von (2.74)

$$\begin{aligned}\boldsymbol{x}^T\boldsymbol{A}^T\boldsymbol{Ax} &= \left(\sum_{i=1}^n c_i \boldsymbol{x}_i\right)^T \boldsymbol{A}^T\boldsymbol{A} \left(\sum_{j=1}^n c_j \boldsymbol{x}_j\right) \\ &= \left(\sum_{i=1}^n c_i \boldsymbol{x}_i\right)^T \left(\sum_{j=1}^n c_j \mu_j \boldsymbol{x}_j\right) = \sum_{i=1}^n c_i^2 \mu_i.\end{aligned}$$

Die Eigenwerte μ_i seien der Größe nach nummeriert, so dass $\mu_1 \geq \mu_2 \geq \ldots \geq \mu_n \geq 0$ gilt.

Aus der Bedingung $\|\boldsymbol{x}\|_2 = 1$ folgt noch $\sum_{i=1}^{n} c_i^2 = 1$, und somit für die zugeordnete Matrixnorm

$$\|\boldsymbol{A}\|_2 = \max_{\|\boldsymbol{x}\|_2=1} \left\{ \sum_{i=1}^{n} c_i^2 \mu_i \right\}^{\frac{1}{2}} \leq \max_{\|\boldsymbol{x}\|_2=1} \left\{ \mu_1 \sum_{i=1}^{n} c_i^2 \right\}^{\frac{1}{2}} = \sqrt{\mu_1}.$$

Der maximal mögliche Wert $\sqrt{\mu_1}$ wird für $\boldsymbol{x} = \boldsymbol{x}_1$ mit $c_1 = 1, c_2 = \ldots = c_n = 0$ angenommen. Damit haben wir das Ergebnis

$$\|\boldsymbol{A}\|_2 := \max_{\|\boldsymbol{x}\|_2=1} \|\boldsymbol{A}\boldsymbol{x}\|_2 = \sqrt{\mu_1}, \tag{2.76}$$

wobei μ_1 der größte Eigenwert von $\boldsymbol{A}^T\boldsymbol{A}$ ist. Man bezeichnet die der euklidischen Vektornorm zugeordnete Matrixnorm $\|\boldsymbol{A}\|_2$ auch als *Spektralnorm*. Nach Satz 2.11 ist sie die kleinste, mit der euklidischen Vektornorm verträgliche Matrixnorm.

Die Bezeichnung als Spektralnorm wird verständlich im Spezialfall einer *symmetrischen Matrix* $\boldsymbol{A}$. Bedeuten $\lambda_1, \lambda_2, \ldots, \lambda_n$ die reellen Eigenwerte von $\boldsymbol{A}$, dann besitzt die Matrix $\boldsymbol{A}^T\boldsymbol{A} = \boldsymbol{A}\boldsymbol{A} = \boldsymbol{A}^2$ bekanntlich die Eigenwerte $\mu_i = \lambda_i^2 \geq 0$, so dass aus (2.76) folgt

$$\|\boldsymbol{A}\|_2 = |\lambda_1|, \qquad |\lambda_1| = \max_i |\lambda_i|. \tag{2.77}$$

Die Spektralnorm einer symmetrischen Matrix $\boldsymbol{A}$ ist durch ihren betragsgrößten Eigenwert λ_1 gegeben.

Als Vorbereitung für die nachfolgende Anwendung soll die Spektralnorm der Inversen $\boldsymbol{A}^{-1}$ einer regulären Matrix $\boldsymbol{A}$ angegeben werden. Nach (2.76) ist $\|\boldsymbol{A}^{-1}\|_2 = \sqrt{\psi_1}$, wo ψ_1 gleich dem größten Eigenwert von $\boldsymbol{A}^{-1^T}\boldsymbol{A}^{-1} = (\boldsymbol{A}\boldsymbol{A}^T)^{-1}$ ist. Da aber die inverse Matrix $\boldsymbol{C}^{-1}$ bekanntlich die reziproken Eigenwerte von $\boldsymbol{C}$ besitzt, ist ψ_1 gleich dem reziproken Wert des kleinsten (positiven) Eigenwertes der positiv definiten Matrix $\boldsymbol{A}\boldsymbol{A}^T$. Die letzte Matrix ist aber ähnlich zur Matrix $\boldsymbol{A}^T\boldsymbol{A}$, denn es gilt $\boldsymbol{A}^{-1}(\boldsymbol{A}\boldsymbol{A}^T)\boldsymbol{A} = \boldsymbol{A}^T\boldsymbol{A}$, so dass $\boldsymbol{A}\boldsymbol{A}^T$ und $\boldsymbol{A}^T\boldsymbol{A}$ die gleichen Eigenwerte haben. Deshalb gilt

$$\|\boldsymbol{A}^{-1}\|_2 = 1/\sqrt{\mu_n}, \tag{2.78}$$

wo μ_n der kleinste Eigenwert der positiv definiten Matrix $\boldsymbol{A}^T\boldsymbol{A}$ ist. Für eine symmetrische, reguläre Matrix ist weiter

$$\|\boldsymbol{A}^{-1}\|_2 = 1/|\lambda_n|, \qquad \boldsymbol{A}^T = \boldsymbol{A}, \quad |\lambda_n| = \min_i |\lambda_i|. \tag{2.79}$$

2.2.2 Fehlerabschätzungen, Kondition

Wir wollen nun zwei Fragestellungen untersuchen, welche die Genauigkeit einer berechneten Näherung $\tilde{\boldsymbol{x}}$ der Lösung $\boldsymbol{x}$ des quadratischen, regulären Systems $\boldsymbol{A}\boldsymbol{x} = \boldsymbol{b}$ betreffen.

Zuerst wollen wir das Problem betrachten, welche Rückschlüsse aus der Größe des Residuenvektors $\boldsymbol{r} = \boldsymbol{A}\tilde{\boldsymbol{x}} - \boldsymbol{b}$ auf den Fehler $\boldsymbol{z} := \boldsymbol{x} - \tilde{\boldsymbol{x}}$ gezogen werden können. Dazu sei $\|\boldsymbol{A}\|$ eine beliebige Matrixnorm und $\|\boldsymbol{x}\|$ eine dazu verträgliche Vektornorm. Da nach (2.53) der Fehlervektor $\boldsymbol{z}$ das Gleichungssystem $\boldsymbol{A}\boldsymbol{z} = -\boldsymbol{r}$ erfüllt, folgt aus den Beziehungen

$$\|\boldsymbol{b}\| = \|\boldsymbol{A}\boldsymbol{x}\| \leq \|\boldsymbol{A}\|\,\|\boldsymbol{x}\|, \quad \|\boldsymbol{z}\| = \|-\boldsymbol{A}^{-1}\boldsymbol{r}\| \leq \|\boldsymbol{A}^{-1}\|\,\|\boldsymbol{r}\| \tag{2.80}$$

die Abschätzung für den relativen Fehler

$$\frac{\|\boldsymbol{z}\|}{\|\boldsymbol{x}\|} = \frac{\|\tilde{\boldsymbol{x}} - \boldsymbol{x}\|}{\|\boldsymbol{x}\|} \leq \|\boldsymbol{A}\| \, \|\boldsymbol{A}^{-1}\| \frac{\|\boldsymbol{r}\|}{\|\boldsymbol{b}\|} =: \kappa(\boldsymbol{A}) \frac{\|\boldsymbol{r}\|}{\|\boldsymbol{b}\|}. \tag{2.81}$$

Definition 2.12. Die Größe

$$\kappa(\boldsymbol{A}) := \|\boldsymbol{A}\| \, \|\boldsymbol{A}^{-1}\| \tag{2.82}$$

heißt *Konditionszahl* für die Lösung des linearen Gleichungssystems $\boldsymbol{Ax} = \boldsymbol{b}$ mit der Matrix $\boldsymbol{A}$ als Koeffizientenmatrix. $\kappa(\boldsymbol{A})$ ist abhängig von der verwendeten Matrixnorm.

Die Konditionszahl $\kappa(\boldsymbol{A})$ ist mindestens gleich Eins, denn es gilt stets

$$1 \leq \|\boldsymbol{I}\| = \|\boldsymbol{A}\boldsymbol{A}^{-1}\| \leq \|\boldsymbol{A}\| \, \|\boldsymbol{A}^{-1}\| = \kappa(\boldsymbol{A}).$$

Die Abschätzung (2.81) bedeutet konkret, dass neben einem kleinen Residuenvektor $\boldsymbol{r}$, bezogen auf die Größe der rechten Seite $\boldsymbol{b}$ die Konditionszahl ausschlaggebend für den relativen Fehler der Näherung $\tilde{\boldsymbol{x}}$ ist. Nur bei kleiner Konditionszahl kann aus einem relativ kleinen Residuenvektor auf einen kleinen relativen Fehler geschlossen werden!

Beispiel 2.8. Wir betrachten das System von linearen Gleichungen von Beispiel 2.7, und wollen die Fehlerabschätzung (2.81) anwenden. Als Normen sollen der Einfachheit halber die Maximumnorm $\|\boldsymbol{x}\|_\infty$ und die ihr zugeordnete Zeilensummennorm $\|\boldsymbol{A}\|_\infty = \|\boldsymbol{A}\|_z$ verwendet werden. Zur Bestimmung der Konditionszahl benötigen wir die Inverse $\boldsymbol{A}^{-1}$.

$$\boldsymbol{A}^{-1} \doteq \begin{pmatrix} 168.40 & -235.80 & -771.75 & 875.82 \\ -101.04 & 138.68 & 470.63 & -528.07 \\ -50.588 & 69.434 & 188.13 & -218.89 \\ 33.752 & -41.659 & -112.88 & 128.73 \end{pmatrix}$$

Somit sind $\|\boldsymbol{A}\|_\infty \doteq 2.3572$, $\|\boldsymbol{A}^{-1}\|_\infty \doteq 2051.77$ und $\kappa_\infty(\boldsymbol{A}) \doteq 4836.4$. Mit $\|\boldsymbol{x}\|_\infty = 8$, $\|\boldsymbol{r}\|_\infty = 7.1948 \cdot 10^{-5}$ und $\|\boldsymbol{b}\|_\infty = 0.21431$ schätzt (2.81) den absoluten Fehler ab zu $\|\tilde{\boldsymbol{x}} - \boldsymbol{x}\|_\infty \leq 12.99$. Tatsächlich ist $\|\tilde{\boldsymbol{x}} - \boldsymbol{x}\|_\infty = 0.0667$, also wesentlich kleiner. △

Das Rechnen mit endlicher Genauigkeit hat zur Folge, dass in der Regel bereits die Koeffizienten a_{ik} und b_i des zu lösenden Gleichungssystems im Rechner nicht exakt darstellbar sind. Sie sind zudem oft mit Rundungsfehlern behaftet, falls sie ihrerseits das Ergebnis einer Rechnung sind. Deshalb soll nun der mögliche Einfluss von Fehlern in den Ausgangsdaten auf die Lösung $\boldsymbol{x}$ untersucht werden, d.h. die *Empfindlichkeit* der Lösung $\boldsymbol{x}$ auf *Störungen* in den Koeffizienten. Unsere Fragestellung lautet deshalb: Wie groß kann die Änderung $\boldsymbol{\delta x}$ der Lösung $\boldsymbol{x}$ von $\boldsymbol{Ax} = \boldsymbol{b}$ sein, falls die Matrix $\boldsymbol{A}$ um $\boldsymbol{\delta A}$ und die rechte Seite $\boldsymbol{b}$ um $\boldsymbol{\delta b}$ geändert werden? Dabei sollen $\boldsymbol{\delta A}$ und $\boldsymbol{\delta b}$ kleine Störungen bedeuten derart, dass auch die Matrix $\boldsymbol{A} + \boldsymbol{\delta A}$ regulär ist. Der Vektor $\boldsymbol{x} + \boldsymbol{\delta x}$ soll also Lösung von

$$(\boldsymbol{A} + \boldsymbol{\delta A})(\boldsymbol{x} + \boldsymbol{\delta x}) = (\boldsymbol{b} + \boldsymbol{\delta b}) \tag{2.83}$$

sein. Nach Ausmultiplikation ergibt sich

$$\boldsymbol{Ax} + \boldsymbol{A}\,\boldsymbol{\delta x} + \boldsymbol{\delta A x} + \boldsymbol{\delta A}\,\boldsymbol{\delta x} = \boldsymbol{b} + \boldsymbol{\delta b},$$

und wegen $\boldsymbol{Ax} = \boldsymbol{b}$ erhalten wir weiter

$$\begin{aligned}\boldsymbol{A}\,\boldsymbol{\delta x} &= \boldsymbol{\delta b} - \boldsymbol{\delta A x} - \boldsymbol{\delta A}\,\boldsymbol{\delta x},\\ \boldsymbol{\delta x} &= \boldsymbol{A}^{-1}\{\boldsymbol{\delta b} - \boldsymbol{\delta A x} - \boldsymbol{\delta A}\,\boldsymbol{\delta x}\}.\end{aligned}$$

Für verträgliche Normen folgt daraus

$$\begin{aligned}\|\boldsymbol{\delta x}\| &\leq \|\boldsymbol{A}^{-1}\|\,\|\boldsymbol{\delta b} - \boldsymbol{\delta A x} - \boldsymbol{\delta A}\,\boldsymbol{\delta x}\|\\ &\leq \|\boldsymbol{A}^{-1}\|\{\|\boldsymbol{\delta b}\| + \|\boldsymbol{\delta A}\|\,\|\boldsymbol{x}\| + \|\boldsymbol{\delta A}\|\,\|\boldsymbol{\delta x}\|\}\end{aligned}$$

und weiter

$$(1 - \|\boldsymbol{A}^{-1}\|\,\|\boldsymbol{\delta A}\|)\|\boldsymbol{\delta x}\| \leq \|\boldsymbol{A}^{-1}\|\{\|\boldsymbol{\delta b}\| + \|\boldsymbol{\delta A}\|\,\|\boldsymbol{x}\|\}. \tag{2.84}$$

An dieser Stelle treffen wir die Zusatzannahme, dass die Störung $\boldsymbol{\delta A}$ so klein sei, dass $\|\boldsymbol{A}^{-1}\|\,\|\boldsymbol{\delta A}\| < 1$ gilt. Dann folgt aus (2.84) die Abschätzung für die Norm der Änderung $\boldsymbol{\delta x}$:

$$\|\boldsymbol{\delta x}\| \leq \frac{\|\boldsymbol{A}^{-1}\|}{1 - \|\boldsymbol{A}^{-1}\|\,\|\boldsymbol{\delta A}\|}\{\|\boldsymbol{\delta b}\| + \|\boldsymbol{\delta A}\|\,\|\boldsymbol{x}\|\}. \tag{2.85}$$

Anstelle der absoluten Fehlerabschätzung sind wir mehr an einer relativen Abschätzung interessiert. Aus $\boldsymbol{Ax} = \boldsymbol{b}$ folgt aber

$$\|\boldsymbol{b}\| = \|\boldsymbol{Ax}\| \leq \|\boldsymbol{A}\|\,\|\boldsymbol{x}\| \quad \text{oder} \quad \|\boldsymbol{x}\| \geq \|\boldsymbol{b}\|/\|\boldsymbol{A}\|,$$

und somit erhalten wir aus (2.85)

$$\begin{aligned}\frac{\|\boldsymbol{\delta x}\|}{\|\boldsymbol{x}\|} &\leq \frac{\|\boldsymbol{A}^{-1}\|}{1 - \|\boldsymbol{A}^{-1}\|\,\|\boldsymbol{\delta A}\|}\left\{\frac{\|\boldsymbol{\delta b}\|}{\|\boldsymbol{x}\|} + \|\boldsymbol{\delta A}\|\right\}\\ &\leq \frac{\|\boldsymbol{A}^{-1}\|\,\|\boldsymbol{A}\|}{1 - \|\boldsymbol{A}^{-1}\|\,\|\boldsymbol{\delta A}\|}\left\{\frac{\|\boldsymbol{\delta b}\|}{\|\boldsymbol{b}\|} + \frac{\|\boldsymbol{\delta A}\|}{\|\boldsymbol{A}\|}\right\}.\end{aligned}$$

Mit $\|\boldsymbol{A}^{-1}\|\,\|\boldsymbol{\delta A}\| = \kappa(\boldsymbol{A})\|\boldsymbol{\delta A}\|/\|\boldsymbol{A}\| < 1$ lautet das Ergebnis

$$\boxed{\frac{\|\boldsymbol{\delta x}\|}{\|\boldsymbol{x}\|} \leq \frac{\kappa(A)}{1 - \kappa(\boldsymbol{A})\frac{\|\boldsymbol{\delta A}\|}{\|\boldsymbol{A}\|}}\left\{\frac{\|\boldsymbol{\delta A}\|}{\|\boldsymbol{A}\|} + \frac{\|\boldsymbol{\delta b}\|}{\|\boldsymbol{b}\|}\right\}} \tag{2.86}$$

Die Konditionszahl $\kappa(\boldsymbol{A})$ der Koeffizientenmatrix $\boldsymbol{A}$ ist die entscheidende Größe, welche die Empfindlichkeit der Lösung $\boldsymbol{x}$ gegenüber Änderungen $\boldsymbol{\delta A}$ und $\boldsymbol{\delta b}$ beschreibt. Wir wollen nun die praktische Bedeutung und die numerischen Konsequenzen dieser Abschätzungen darlegen. Bei einer d-stelligen dezimalen Gleitpunktrechnung können die relativen Fehler der Ausgangsdaten für beliebige, kompatible Normen von der Größenordnung

$$\|\boldsymbol{\delta A}\|/\|\boldsymbol{A}\| \approx 5 \cdot 10^{-d}, \qquad \|\boldsymbol{\delta b}\|/\|\boldsymbol{b}\| \approx 5 \cdot 10^{-d}$$

sein. Ist die Konditionszahl $\kappa(\boldsymbol{A}) \approx 10^{\alpha}$ mit $5 \cdot 10^{\alpha-d} \ll 1$, so ergibt (2.86) die qualitative Abschätzung

$$\|\boldsymbol{\delta x}\|/\|\boldsymbol{x}\| \leq 10^{\alpha-d+1}.$$

Mit dieser Schätzung der Empfindlichkeit gelangen wir zu folgender

Daumenregel. *Wird ein lineares Gleichungssystem* $\boldsymbol{Ax} = \boldsymbol{b}$ *mit d-stelliger dezimaler Gleitpunktrechnung gelöst, und beträgt die Konditionszahl* $\kappa(\boldsymbol{A}) \approx 10^{\alpha}$, *so sind auf Grund der*

im Allgemeinen unvermeidlichen Eingangsfehler in der berechneten Lösung $\tilde{x}$, bezogen auf die betragsgrößte Komponente, nur $d - \alpha - 1$ Dezimalstellen sicher.

Auch wenn diese Regel oft eine pessimistische Aussage liefert, so ist ein weiterer wesentlicher Punkt zu beachten. Da die Abschätzung (2.86) die Normen betrifft, kann die Änderung $\boldsymbol{\delta x}$ alle Komponenten von $\boldsymbol{x}$ betreffen. Falls die Werte der Unbekannten starke Größenunterschiede aufweisen, können die betragskleinsten bedeutend größere relative Fehler enthalten, die so groß sein können, dass nicht einmal das Vorzeichen richtig ist.

Beispiel 2.9. Wir betrachten ein lineares Gleichungssystem $\boldsymbol{Ax} = \boldsymbol{b}$ in zwei Unbekannten mit

$$\boldsymbol{A} = \begin{pmatrix} 0.99 & 0.98 \\ 0.98 & 0.97 \end{pmatrix}, \quad \boldsymbol{b} = \begin{pmatrix} 1.97 \\ 1.95 \end{pmatrix}, \quad \boldsymbol{x} = \begin{pmatrix} 1 \\ 1 \end{pmatrix}.$$

Die Konditionszahl der symmetrischen Matrix $\boldsymbol{A}$ bezüglich der Spektralnorm berechnet sich nach (2.77) und (2.79) als Quotient des betragsgrößten und betragskleinsten Eigenwertes von $\boldsymbol{A}$ zu $\kappa(\boldsymbol{A}) = |\lambda_1|/|\lambda_2| \doteq 1.96005/0.000051019 \doteq 38418 \doteq 3.8 \cdot 10^4$. Sind die angegebenen Zahlenwerte bei fünfstelliger Rechnung mit entsprechenden Rundungsfehlern behaftet, so sind nach der Daumenregel mit $d = 5$, $\alpha = 4$ gar keine richtigen Dezimalstellen zu erwarten. Dies ist auch tatsächlich der Fall, denn das gestörte Gleichungssystem $(\boldsymbol{A} + \boldsymbol{\delta A})(\boldsymbol{x} + \boldsymbol{\delta x}) = (\boldsymbol{b} + \boldsymbol{\delta b})$ mit

$$\boldsymbol{A} + \boldsymbol{\delta A} = \begin{pmatrix} 0.990005 & 0.979996 \\ 0.979996 & 0.970004 \end{pmatrix}, \quad \boldsymbol{b} + \boldsymbol{\delta b} = \begin{pmatrix} 1.969967 \\ 1.950035 \end{pmatrix}$$

besitzt die Lösung

$$\boldsymbol{x} + \boldsymbol{\delta x} \doteq \begin{pmatrix} 1.8072 \\ 0.18452 \end{pmatrix}, \quad \text{also} \quad \boldsymbol{\delta x} \doteq \begin{pmatrix} 0.8072 \\ -0.81548 \end{pmatrix}.$$

Die Abschätzung (2.86) ist in diesem konstruierten Beispiel sehr realistisch. Denn mit $\|\boldsymbol{\delta A}\|_2 \doteq 8.531 \cdot 10^{-6}$, $\|\boldsymbol{A}\|_2 \doteq 1.960$, $\|\boldsymbol{\delta b}\|_2 \doteq 4.810 \cdot 10^{-5}$, $\|\boldsymbol{b}\|_2 \doteq 2.772$ liefert sie

$$\frac{\|\boldsymbol{\delta x}\|_2}{\|\boldsymbol{x}\|_2} \leq \frac{3.842 \cdot 10^4}{1 - 0.1672}\{4.353 \cdot 10^{-6} + 1.735 \cdot 10^{-5}\} = 1.001,$$

während tatsächlich $\|\boldsymbol{\delta x}\|_2/\|\boldsymbol{x}\|_2 \doteq 0.8114$ ist. △

Die Abschätzung (2.86) für den relativen Fehler besitzt auch dann eine Anwendung, wenn die Ausgangsdaten als exakt anzusehen sind. Die numerisch berechneten Koeffizienten des ersten reduzierten Systems können als die exakten Werte eines gestörten Ausgangssystems betrachtet werden. Diese Betrachtungsweise lässt sich auf die weiteren Eliminationsschritte fortsetzen. So kann die resultierende Dreieckszerlegung als die exakte Zerlegung einer geänderten Ausgangsmatrix aufgefasst werden, so dass gilt $\boldsymbol{P}(\boldsymbol{A} + \boldsymbol{\delta A}) = \tilde{\boldsymbol{L}}\tilde{\boldsymbol{R}}$, wo $\tilde{\boldsymbol{L}}$ und $\tilde{\boldsymbol{R}}$ die mit Gleitpunktarithmetik erhaltenen Dreiecksmatrizen bedeuten. Die Analyse der Rundungsfehler gestattet, die Beträge der Elemente von $\boldsymbol{\delta A}$ abzuschätzen. Die Idee dieser *Rückwärts-Fehleranalyse* lässt sich auch auf die Prozesse der Vorwärts- und Rücksubstitution ausdehnen,und liefert Abschätzungen für $\boldsymbol{\delta b}$. Leider sind die theoretischen Ergebnisse im allgemeinen Fall allzu pessimistisch und entsprechen nicht den praktischen Erfahrungen [Sto 07, Stu 82, Wil 88, Wil 69]. Die tatsächlichen Änderungen $\boldsymbol{\delta A}$ und $\boldsymbol{\delta b}$ einer Rückwärtsfehlerrechnung sind im allgemeinen Fall bei kleinen Systemen etwa von der Größenordnung der unvermeidbaren Eingangsfehler und sind bei größeren Systemen nur um Faktoren von wenigen Zehnerpotenzen größer. Da die Abschätzung (2.86) auf Grund ihrer allgemeinen Gültigkeit oft zu pessimistisch ist, so bleibt die oben formulierte Daumenregel zumindest als Richtlinie auch unter Berücksichtigung der Rückwärts-Fehleranalyse anwendbar.

Zur *Nachiteration* kann auf Grund der obigen Betrachtungen noch eine heuristisch gültige Aussage hinzugefügt werden. Damit jeder Nachiterationsschritt wenigstens eine Verbesserung der Näherungslösung bringt, muss mindestens eine Ziffer, immer bezogen auf die absolut größte Komponente des Korrekturvektors, richtig sein. Damit dies bei d-stelliger dezimaler Gleitpunktrechnung zutrifft, muss $\alpha < d - 1$ sein. Dann wird die Nachiteration in jedem Schritt weitere $(d - \alpha - 1)$ Dezimalstellen richtigstellen, und die Folge von Näherungslösungen konvergiert tatsächlich. Beispiel 2.7 illustriert diese Tatsache sehr schön. Bei einer Konditionszahl $\kappa(\boldsymbol{A}) \doteq 2.82 \cdot 10^3$ bezüglich der Spektralnorm sind in $\tilde{\boldsymbol{x}}$ sogar zwei wesentliche Dezimalstellen richtig, und die Nachiteration liefert zwei weitere richtige Stellen.

Soll etwa ein Computerprogramm zu einer berechneten Näherungslösung $\tilde{\boldsymbol{x}}$ eine präzise Angabe über die Genauigkeit mitliefern, oder soll es entscheiden können, ob eine Nachiteration notwendig oder überhaupt sinnvoll ist, ist die Kenntnis der Konditionszahl $\kappa(\boldsymbol{A})$ erforderlich. Dazu braucht man aber entweder die Inverse von $\boldsymbol{A}$ oder den größten und kleinsten Eigenwert von $\boldsymbol{A}^T\boldsymbol{A}$. Um diese im Vergleich zur Gleichungsauflösung recht aufwändigen Prozesse zu vermeiden, sind Verfahren entwickelt worden, die mit vertretbarem Rechenaufwand einen brauchbaren Schätzwert für $\kappa(\boldsymbol{A})$ liefert [Cli 79, For 77, Hig 02, Kie 88].

2.3 Systeme mit speziellen Eigenschaften

In vielen Anwendungen sind lineare Gleichungssysteme mit besonderen Strukturen zu lösen. Deren Berücksichtigung kann Rechen- und Speicheraufwand reduzieren und die Stabilität erhöhen. Wir betrachten einige wichtige Fälle solcher Gleichungssysteme, die in verschiedenen Zusammenhängen als Teilaufgabe zu lösen sind, so z.B. in den Kapiteln 10 und 11. Wir stellen die einschlägigen Algorithmen und die zweckmäßigen Maßnahmen für eine geeignete Realisierung auf einem Rechner zusammen.

2.3.1 Symmetrische, positiv definite Systeme

Oft ist die Koeffizientenmatrix $\boldsymbol{A}$ in $\boldsymbol{A}\boldsymbol{x} = \boldsymbol{b}$ nicht nur symmetrisch, sondern auch positiv definit. Diese Eigenschaft ist z.B. typisch für Anwendungen, denen ein Energieerhaltungssatz zu Grunde liegt.

Definition 2.13. Eine symmetrische Matrix $\boldsymbol{A} \in \mathbb{R}^{n,n}$ heisst positiv definit, falls die zugehörige quadratische Form positiv definit ist; d.h. falls gilt

$$\begin{aligned} Q(\boldsymbol{x}) := \boldsymbol{x}^T\boldsymbol{A}\boldsymbol{x} = \sum_{i=1}^{n}\sum_{k=1}^{n} a_{ik}x_ix_k \quad &\geq \quad 0 \quad \text{für alle } \boldsymbol{x} \in \mathbb{R}^n, \\ &= \quad 0 \quad \text{nur für } \boldsymbol{x} = \boldsymbol{0}. \end{aligned} \tag{2.87}$$

Satz 2.14. *Ist eine symmetrische Matrix $\boldsymbol{A} \in \mathbb{R}^{n,n}$ positiv definit, so erfüllen ihre Elemente notwendigerweise die Bedingungen*

$$\text{a)} \quad a_{ii} > 0 \text{ für } i = 1, 2, \ldots, n; \tag{2.88}$$

$$\text{b)} \quad a_{ik}^2 < a_{ii}a_{kk} \quad \text{für } i \neq k; \quad i, k = 1, 2, \ldots n; \tag{2.89}$$

$$\text{c)} \quad \text{es existiert ein } k \text{ mit } \max_{i,j} |a_{ij}| = a_{kk}. \tag{2.90}$$

Beweis. Die beiden ersten Eigenschaften zeigen wir auf Grund von (2.87) durch spezielle Wahl von $\boldsymbol{x} \neq \boldsymbol{0}$. So folgt (2.88) mit $\boldsymbol{x} = \boldsymbol{e}_i$ (i-ter Einheitsvektor) wegen $Q(\boldsymbol{x}) = a_{ii} > 0$. Wählen wir $\boldsymbol{x} = \xi \boldsymbol{e}_i + \boldsymbol{e}_k$, $\xi \in \mathbb{R}$ beliebig, $i \neq k$, so reduziert sich die quadratische Form $Q(\boldsymbol{x})$ auf $a_{ii}\xi^2 + 2a_{ik}\xi + a_{kk} > 0$ für alle $\xi \in \mathbb{R}$. Die quadratische Gleichung $a_{ii}\xi^2 + 2a_{ik}\xi + a_{kk} = 0$ hat keine reellen Lösungen in ξ, folglich ist ihre Diskriminante $4a_{ik}^2 - 4a_{ii}a_{kk} < 0$, woraus sich (2.89) ergibt. Nimmt man schließlich an, das betragsgrößte Matrixelement liege nicht in der Diagonale, so steht diese Annahme im Widerspruch zu (2.89). □

Eine notwendige und hinreichende Bedingung für die positive Definitheit einer symmetrischen Matrix gewinnt man mit der Methode der Reduktion einer quadratischen Form auf eine Summe von Quadraten. Wir dürfen $a_{11} > 0$ annehmen, denn andernfalls wäre $\boldsymbol{A}$ nach Satz 2.14 nicht positiv definit. Folglich lassen sich alle Terme in (2.87), welche x_1 enthalten, zu einem vollständigen Quadrat ergänzen:

$$\begin{aligned} Q(\boldsymbol{x}) &= a_{11}x_1^2 + 2\sum_{i=2}^{n} a_{i1}x_1x_i + \sum_{i=2}^{n}\sum_{k=2}^{n} a_{ik}x_ix_k \\ &= \left[\sqrt{a_{11}}x_1 + \sum_{i=2}^{n} \frac{a_{i1}}{\sqrt{a_{11}}}x_i\right]^2 + \sum_{i=2}^{n}\sum_{k=2}^{n}\left(a_{ik} - \frac{a_{i1}a_{1k}}{a_{11}}\right)x_ix_k \\ &= \left[\sum_{i=1}^{n} l_{i1}x_i\right]^2 + \sum_{i=2}^{n}\sum_{k=2}^{n} a_{ik}^{(1)}x_ix_k = \left[\sum_{i=1}^{n} l_{i1}x_i\right]^2 + Q^{(1)}(\boldsymbol{x}^{(1)}) \end{aligned} \tag{2.91}$$

Dabei bedeuten

$$l_{11} = \sqrt{a_{11}}; \quad l_{i1} = \frac{a_{i1}}{\sqrt{a_{11}}} = \frac{a_{i1}}{l_{11}}, \quad i = 2, 3, \ldots, n; \tag{2.92}$$

$$a_{ik}^{(1)} = a_{ik} - \frac{a_{i1}a_{1k}}{a_{11}} = a_{ik} - l_{i1}l_{k1}, \quad i, k = 2, 3, \ldots, n. \tag{2.93}$$

$Q^{(1)}(\boldsymbol{x}^{(1)})$ ist eine quadratische Form in den $(n-1)$ Variablen $x_2, x_3, \ldots, x_n$ mit den Koeffizienten $a_{ik}^{(1)}$ (2.93), wie sie sich im Gaußschen Algorithmus im ersten Eliminationsschritt mit dem Pivotelement a_{11} ergeben. Sie gehört zur Matrix des reduzierten Gleichungssystems.

Satz 2.15. *Die symmetrische Matrix $\boldsymbol{A} = (a_{ik})$ mit $a_{11} > 0$ ist genau dann positiv definit, falls die reduzierte Matrix $\boldsymbol{A}^{(1)} = (a_{ik}^{(1)}) \in \mathbb{R}^{(n-1),(n-1)}$ mit den Elementen $a_{ik}^{(1)}$ gemäß (2.93) positiv definit ist.*

Beweis. a) *Notwendigkeit:*
Es sei $\boldsymbol{A}$ positiv definit. Zu jedem Vektor $\boldsymbol{x}^{(1)} = (x_2, x_3, \ldots, x_n)^T \neq \boldsymbol{0}$ kann der Wert x_1

wegen $a_{11} > 0$ und damit $l_{11} \neq 0$ so bestimmt werden, dass $\sum_{i=1}^{n} l_{i1} x_i = 0$ ist. Für den zugehörigen Vektor $\boldsymbol{x} = (x_1, x_2, \ldots, x_n)^T \neq \boldsymbol{0}$ ist dann wegen (2.91) $0 < Q^{(1)}(\boldsymbol{x}^{(1)})$, und folglich muss $\boldsymbol{A}^{(1)}$ notwendigerweise positiv definit sein.

b) *Hinlänglichkeit*:
Es sei $\boldsymbol{A}^{(1)}$ positiv definit. Somit gilt für alle $\boldsymbol{x} \neq \boldsymbol{0}$ wegen (2.91) $Q(\boldsymbol{x}) \geq 0$. Es kann $Q(\boldsymbol{x}) = 0$ nur dann sein, falls in (2.91) beide Summanden gleichzeitig verschwinden. Aus $Q^{(1)}(\boldsymbol{x}^{(1)}) = 0$ folgt jetzt aber $x_2 = x_3 = \ldots = x_n = 0$, und der erste Summand verschwindet wegen $l_{11} \neq 0$ dann nur für $x_1 = 0$. Die Matrix $\boldsymbol{A}$ ist somit notwendigerweise positiv definit. □

Aus Satz 2.15 folgen unmittelbar weitere Aussagen, die für die praktische Lösung von symmetrischen, positiv definiten Systemen bedeutungsvoll sind.

Satz 2.16. *Eine symmetrische Matrix $\boldsymbol{A} = (a_{ik}) \in \mathbb{R}^{n,n}$ ist genau dann positiv definit, wenn der Gaußsche Eliminationsprozess mit Diagonalstrategie durchführbar ist und die Pivotelemente positiv sind.*

Beweis. Ist $\boldsymbol{A}$ positiv definit, so steht notwendigerweise mit $a_{11} > 0$ ein erstes Pivotelement in der Diagonale zur Verfügung. Die reduzierte Matrix $\boldsymbol{A}^{(1)}$ ist dann nach Satz 2.15 wieder positiv definit, und es ist $a_{22}^{(1)} > 0$ das zweite zulässige Pivotelement. Das gilt analog für alle weiteren reduzierten Matrizen $\boldsymbol{A}^{(k)}$, $k = 2, 3, \ldots, n-1$, und es ist insbesondere auch $a_{nn}^{(n-1)}$ als letztes Pivot positiv.

Sind umgekehrt alle Pivotelemente $a_{11} > 0, a_{22}^{(1)} > 0, \ldots, a_{nn}^{(n-1)} > 0$, so ist die Matrix $\boldsymbol{A}^{(n-1)} = (a_{nn}^{(n-1)})$ positiv definit und deshalb sind dann unter sukzessiver und sinngemäßer Anwendung von Satz 2.15 auch die Matrizen $\boldsymbol{A}^{(n-2)}, \ldots, \boldsymbol{A}^{(1)}, \boldsymbol{A}$ positiv definit. □

Nach Satz 2.16 ist für die Klasse der symmetrischen und positiv definiten Matrizen $\boldsymbol{A}$ die Dreieckszerlegung mit dem Gauß-Algorithmus ohne Zeilenvertauschungen durchführbar. Da aber nach (2.93) die Matrizen der reduzierten Gleichungssysteme wieder symmetrisch sind, bedeutet dies für die Rechenpraxis eine Reduktion des Rechenaufwandes für die Zerlegung auf etwa die Hälfte.

Satz 2.17. *Eine symmetrische Matrix $\boldsymbol{A} = (a_{ik}) \in \mathbb{R}^{n,n}$ ist genau dann positiv definit, falls die Reduktion der quadratischen Form $Q(\boldsymbol{x})$ auf eine Summe von n Quadraten*

$$Q(\boldsymbol{x}) = \sum_{i=1}^{n} \sum_{k=1}^{n} a_{ik} x_i x_k = \sum_{k=1}^{n} \left[\sum_{i=k}^{n} l_{ik} x_i \right]^2 \tag{2.94}$$

im Körper der reellen Zahlen vollständig durchführbar ist.

Beweis. Auf Grund von Satz 2.16 ist die Behauptung offensichtlich, falls wir in Ergänzung zu (2.92) und (2.93) die folgenden Größen erklären, die im allgemeinen k-ten Reduktionsschritt anfallen:

$$l_{kk} = \sqrt{a_{kk}^{(k-1)}}; \quad l_{ik} = \frac{a_{ik}^{(k-1)}}{l_{kk}}, \quad i = k+1, k+2, \ldots, n, \tag{2.95}$$

$$a_{ij}^{(k)} = a_{ij}^{(k-1)} - l_{ik} l_{jk}, \quad i, j = k+1, k+2, \ldots, n. \tag{2.96}$$

Die Radikanden in (2.95) sind nach Satz 2.16 genau dann positiv, falls $\boldsymbol{A}$ positiv definit ist. □

Mit den Größen l_{ik}, welche durch (2.92) und (2.95) für $i \geq k$ eingeführt worden sind, definieren wir die Linksdreiecksmatrix

$$\boldsymbol{L} = \begin{pmatrix} l_{11} & 0 & 0 & \ldots & 0 \\ l_{21} & l_{22} & 0 & \ldots & 0 \\ l_{31} & l_{32} & l_{33} & \ldots & 0 \\ \vdots & \vdots & \vdots & & \vdots \\ l_{n1} & l_{n2} & l_{n3} & \ldots & l_{nn} \end{pmatrix} \tag{2.97}$$

Satz 2.18. *Die Reduktion einer positiv definiten quadratischen Form auf eine Summe von Quadraten (2.94) leistet die Produktzerlegung der zugehörigen Matrix* $\boldsymbol{A}$ *in*

$$\boldsymbol{A} = \boldsymbol{L}\boldsymbol{L}^T. \tag{2.98}$$

Beweis. Nach (2.94) besitzt die quadratische Form $Q(\boldsymbol{x})$ zwei verschiedene Darstellungen, die mit der Linksdreiecksmatrix $\boldsymbol{L}$ (2.97) lauten

$$Q(\boldsymbol{x}) = \boldsymbol{x}^T \boldsymbol{A} \boldsymbol{x} = (\boldsymbol{L}^T \boldsymbol{x})^T (\boldsymbol{L}^T \boldsymbol{x}) = \boldsymbol{x}^T \boldsymbol{L} \boldsymbol{L}^T \boldsymbol{x}. \tag{2.99}$$

Wegen der Eindeutigkeit der Darstellung gilt (2.98). □

Man nennt (2.98) die *Cholesky-Zerlegung* der symmetrischen, positiv definiten Matrix $\boldsymbol{A}$. Sie geht auf den Geodäten *Cholesky* [Ben 24] zurück.

Mit Hilfe der Cholesky-Zerlegung (2.98) lassen sich symmetrische, positiv definite Gleichungssysteme wie folgt lösen: Durch Substitution von $\boldsymbol{A} = \boldsymbol{L}\boldsymbol{L}^T$ in $\boldsymbol{A}\boldsymbol{x} = \boldsymbol{b}$ ergibt sich

$$\boldsymbol{L}\boldsymbol{L}^T \boldsymbol{x} = \boldsymbol{b} \quad \text{oder} \quad \boldsymbol{L}(\boldsymbol{L}^T \boldsymbol{x}) = \boldsymbol{b}. \tag{2.100}$$

Mit dem Hilfsvektor $\boldsymbol{c} = \boldsymbol{L}^T \boldsymbol{x}$ kann somit die Auflösung von $\boldsymbol{A}\boldsymbol{x} = \boldsymbol{b}$ vermittels der *Methode von Cholesky* in den drei Schritten erfolgen:

$$\begin{array}{|ll|} \hline 1.\ \boldsymbol{A} = \boldsymbol{L}\boldsymbol{L}^T & \text{(Cholesky-Zerlegung)} \\ 2.\ \boldsymbol{L}\boldsymbol{c} = \boldsymbol{b} & \text{(Vorwärtssubstitution } \to \boldsymbol{c}) \\ 3.\ \boldsymbol{L}^T \boldsymbol{x} = \boldsymbol{c} & \text{(Rücksubstitution } \to \boldsymbol{x}) \\ \hline \end{array} \tag{2.101}$$

Obwohl die Cholesky-Zerlegung zur Lösung von linearen Gleichungssystemen n Quadratwurzeln benötigt, die man im Gauß-Algorithmus nicht braucht, da ja bekanntlich die Berechnung der Lösung ein rationaler Prozess ist, hat sie den Vorteil, dass die Zerlegung unter Wahrung der Symmetrie erfolgt.

Beachtet man, dass in (2.96) nur die Matrixelemente $a_{ij}^{(k)}$ in und unterhalb der Diagonale zu berechnen sind, setzt sich der Rechenaufwand im k-ten Reduktionsschritt zusammen aus einer Quadratwurzelberechnung, $(n-k)$ Divisionen und $(1+2+\ldots+(n-k)) = \frac{1}{2}(n-k+1)(n-k)$ Multiplikationen. Die vollständige Cholesky-Zerlegung erfordert somit neben der nicht ins Gewicht fallenden Berechnung von n Quadratwurzeln

$$
\begin{aligned}
Z_{LL}^T &= \{(n-1)+(n-2)+\ldots+1\} \\
&\quad + \frac{1}{2}\{n(n-1)+(n-1)(n-2)+\ldots+2\cdot 1\} \\
&= \frac{1}{2}n(n-1)+\frac{1}{2}\left\{\frac{1}{6}n(n-1)(2n-1)+\frac{1}{2}n(n-1)\right\} \\
&= \frac{1}{6}(n^3+3n^2-4n)
\end{aligned}
$$

wesentliche Operationen. Die Prozesse der Vorwärts- und Rücksubstitution erfordern je den gleichen Rechenaufwand, weil die Diagonalelemente $l_{ii} \neq 1$ sind, nämlich

$$Z_V = Z_R = \frac{1}{2}(n^2+n)$$

multiplikative Operationen. Damit beträgt der Rechenaufwand zur Lösung von n linearen Gleichungen nach der Methode von Cholesky

$$\boxed{Z_{\text{Cholesky}} = \frac{1}{6}n^3 + \frac{3}{2}n^2 + \frac{1}{3}n = 0(n^3)} \tag{2.102}$$

wesentliche Operationen. Für größere n ist dieser Aufwand im Vergleich zu (2.37) etwa halb so groß.

Die detaillierte, algorithmische Zusammenfassung der drei Lösungsschritte (2.101) lautet wie folgt, wobei vorausgesetzt wird, dass nur die Elemente a_{ik} in und unterhalb der Diagonale vorgegeben sind. Die gegebenen Ausgangswerte werden durch den Algorithmus verändert.

$$
\boxed{
\begin{array}{l}
\text{für } k = 1,2,\ldots,n: \\
\quad \text{falls } a_{kk} \leq 0: \ \text{STOP} \\
\quad l_{kk} = \sqrt{a_{kk}} \\
\quad \text{für } i = k+1,k+2,\ldots,n: \\
\quad\quad l_{ik} = a_{ik}/l_{kk} \\
\quad\quad \text{für } j = k+1,k+2,\ldots,i: \\
\quad\quad\quad a_{ij} = a_{ij} - l_{ik} \times l_{jk}
\end{array}
}
\tag{2.103}
$$

$$
\boxed{
\begin{array}{l}
\text{für } i = 1,2,\ldots,n: \\
\quad s = b_i \\
\quad \text{für } j = 1,2,\ldots,i-1: \\
\quad\quad s = s - l_{ij} \times c_j \\
\quad c_i = s/l_{ii}
\end{array}
}
\tag{2.104}
$$

$$
\boxed{\begin{array}{l}
\text{für } i = n, n-1, \ldots, 1: \\
\quad s = c_i \\
\quad \text{für } k = i+1, i+2, \ldots, n: \\
\quad\quad s = s - l_{ki} \times x_k \\
\quad x_i = s / l_{ii}
\end{array}} \tag{2.105}
$$

Da die gegebenen Matrixelemente a_{ik} in (2.103) verändert werden, und da der Wert von a_{ik} zuletzt bei der Berechnung von l_{ik} benötigt wird, kann die Matrix $\boldsymbol{L}$ an der Stelle von $\boldsymbol{A}$ aufgebaut werden. Dazu genügt es, das Feld l mit a zu identifizieren. Desgleichen kann in (2.104) der Vektor $\boldsymbol{b}$ mit $\boldsymbol{c}$ identifiziert werden, und in (2.105) ist der Lösungsvektor $\boldsymbol{x}$ mit $\boldsymbol{c}$ identifizierbar, so dass an der Stelle von $\boldsymbol{b}$ die Lösung $\boldsymbol{x}$ steht.

Um auch im Rechner von der Tatsache Nutzen zu ziehen, dass in der Methode von Cholesky nur mit der unteren Hälfte der Matrizen $\boldsymbol{A}$ und $\boldsymbol{L}$ gearbeitet wird, sind die relevanten Matrixelemente zeilenweise aufeinanderfolgend in einem eindimensionalen Feld zu speichern, wie dies in (2.106) angedeutet ist. Das Matrixelement a_{ik} findet sich als r-te Komponente in dem eindimensionalen Feld mit $r = \frac{1}{2}i(i-1) + k$. Der Speicherbedarf beträgt jetzt nur $S = \frac{1}{2}n(n+1)$, also gut die Hälfte im Vergleich zur normalen Speicherung einer Matrix.

$\boldsymbol{A}$:	a_{11}	a_{21} a_{22}	a_{31} a_{32} a_{33}	a_{41} a_{42} a_{43} a_{44}	. . .

(2.106)

Speicherung der unteren Hälfte einer symmetrischen, positiv definiten Matrix.

Beispiel 2.10. Das Cholesky-Verfahren für $\boldsymbol{Ax} = \boldsymbol{b}$ mit

$$
\boldsymbol{A} = \begin{pmatrix} 5 & 7 & 3 \\ 7 & 11 & 2 \\ 3 & 2 & 6 \end{pmatrix}, \qquad \boldsymbol{b} = \begin{pmatrix} 0 \\ 0 \\ 1 \end{pmatrix}
$$

liefert bei fünfstelliger, dezimaler Gleitpunktarithmetik die beiden reduzierten Matrizen

$$
\boldsymbol{A}^{(1)} = \begin{pmatrix} 1.2000 & -2.1999 \\ -2.1999 & 4.2001 \end{pmatrix}, \qquad \boldsymbol{A}^{(2)} = (0.16680)
$$

und die Linksdreiecksmatrix $\boldsymbol{L}$, den Vektor $\boldsymbol{c}$ als Ergebnis der Vorwärtssubstitution und die Näherungslösung $\tilde{\boldsymbol{x}}$

$$
\boldsymbol{L} = \begin{pmatrix} 2.2361 & 0 & 0 \\ 3.1305 & 1.0954 & 0 \\ 1.3416 & -2.0083 & 0.40841 \end{pmatrix}, \quad \boldsymbol{c} = \begin{pmatrix} 0 \\ 0 \\ 2.4485 \end{pmatrix}, \quad \tilde{\boldsymbol{x}} = \begin{pmatrix} -18.984 \\ 10.991 \\ 5.9952 \end{pmatrix}.
$$

Die Einsetzprobe ergibt den Residuenvektor $\boldsymbol{r} = (2.6, 3.4, 1.2)^T \cdot 10^{-3}$. Die Konditionszahl bezüglich der Spektralnorm beträgt $\kappa(\boldsymbol{A}) \doteq 1.50 \cdot 10^3$. Ein Nachiterationsschritt liefert mit der Korrektur $\boldsymbol{z} \doteq (-15.99, 8.99, 4.80)^T \cdot 10^{-3}$ eine verbesserte Näherung, die auf fünf wesentliche Stellen mit der exakten Lösung $\boldsymbol{x} = (-19, 11, 6)^T$ übereinstimmt. Die Näherungslösung $\tilde{\boldsymbol{x}}$ ist bedeutend genauer ausgefallen, als die Daumenregel erwarten ließe. △

2.3.2 Bandgleichungen

Man spricht von einer *Bandmatrix* $\boldsymbol{A}$, falls alle von null verschiedenen Elemente a_{ik} in der Diagonale und in einigen dazu benachbarten Nebendiagonalen liegen. Für die Anwendungen sind die symmetrischen, positiv definiten Bandmatrizen besonders wichtig.

Definition 2.19. Unter der *Bandbreite* m einer symmetrischen Matrix $\boldsymbol{A} \in \mathbb{R}^{n,n}$ versteht man die kleinste natürliche Zahl $m < n$, so dass gilt

$$a_{ik} = 0 \text{ für alle } i \text{ und } k \text{ mit } |i-k| > m. \tag{2.107}$$

Die Bandbreite m gibt somit die Anzahl der Nebendiagonalen unterhalb, bzw. oberhalb der Diagonalen an, welche die i.a. von null verschiedenen Matrixelemente enthalten.

Satz 2.20. *Die Linksdreiecksmatrix $\boldsymbol{L}$ der Cholesky-Zerlegung $\boldsymbol{A} = \boldsymbol{L}\boldsymbol{L}^T$ (2.98) einer symmetrischen, positiv definiten Bandmatrix mit der Bandbreite m besitzt dieselbe Bandstruktur, denn es gilt*

$$l_{ik} = 0 \textit{ für alle } i \textit{ und } k \textit{ mit } i-k > m. \tag{2.108}$$

Beweis. Es genügt zu zeigen, dass der erste Reduktionsschritt, beschrieben durch (2.92) und (2.93), in der ersten Spalte von $\boldsymbol{L}$ unterhalb der Diagonale nur in den m Nebendiagonalen von null verschiedene Elemente produziert, und dass die reduzierte Matrix $\boldsymbol{A}^{(1)} = (a_{ik}^{(1)})$ dieselbe Bandbreite m aufweist. Die erste Behauptung ist offensichtlich wegen (2.92) richtig, denn es ist $l_{i1} = 0$ für alle i mit $i - 1 > m$, da dann nach Voraussetzung $a_{i1} = 0$ ist. Für die zweite Behauptung brauchen wir aus Symmetriegründen nur Elemente $a_{ik}^{(1)}$ unterhalb der Diagonale zu betrachten. Für eine beliebige Stelle (i, k) mit $i \geq k \geq 2$ und $i - k > m$ ist einerseits nach Voraussetzung $a_{ik} = 0$ und anderseits auf Grund der eben gemachten Feststellung $l_{i1} = 0$, denn es ist $i - 1 > i - k > m$. Damit gilt wegen (2.93) in der Tat $a_{ik}^{(1)} = 0$ für alle $i, k \geq 2$ mit $|i - k| > m$. □

Nach Satz 2.20 verläuft die Cholesky-Zerlegung einer symmetrischen, positiv definiten Bandmatrix vollständig innerhalb der Diagonale und den m unteren Nebendiagonalen, so dass die Matrix $\boldsymbol{L}$ genau den Platz des wesentlichen gegebenen Teils der Matrix $\boldsymbol{A}$ einnehmen kann. Zudem ist klar, dass jeder Reduktionsschritt nur die Elemente im Band innerhalb eines dreieckigen Bereiches erfasst, der höchstens die m nachfolgenden Zeilen umfasst. Zur Verdeutlichung ist in Abb. 2.1 ein allgemeiner Reduktionsschritt im Fall einer Bandmatrix mit $m = 4$ schematisch dargestellt.

Der Rechenaufwand für einen allgemeinen Reduktionsschritt setzt sich zusammen aus einer Quadratwurzelberechnung für l_{kk}, m Divisionen für die Werte l_{ik} und $\frac{1}{2}m(m+1)$ Multiplikationen für die eigentliche Reduktion der Elemente. Der totale Aufwand für die Cholesky-Zerlegung einer Bandmatrix der Ordnung n und der Bandbreite m beträgt also n Quadratwurzelberechnungen und weniger als $\frac{1}{2}nm(m+3)$ wesentliche Operationen. Er ist somit nur noch proportional zur Ordnung n und zum Quadrat der Bandbreite m. Die Prozesse der

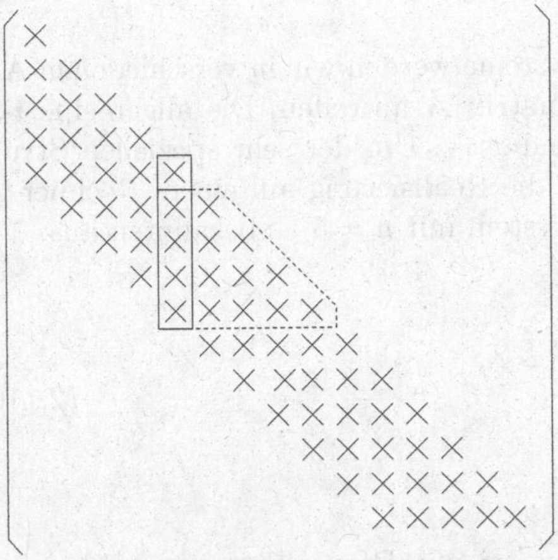

0	0	0	0	(1,1)
0	0	0	(2,1)	(2,2)
0	0	(3,1)	(3,2)	(3,3)
0	(4,1)	(4,2)	(4,3)	(4,4)
(5,1)	(5,2)	(5,3)	(5,4)	(5,5)
(6,2)	(6,3)	(6,4)	(6,5)	(6,6)
(7,3)	(7,4)	(7,5)	(7,6)	(7,7)
(8,4)	(8,5)	(8,6)	(8,7)	(8,8)
(9,5)	(9,6)	(9,7)	(9,8)	(9,9)
(10,6)	(10,7)	(10,8)	(10,9)	(10,10)
(11,7)	(11,8)	(11,9)	(11,10)	(11,11)
(12,8)	(12,9)	(12,10)	(12,11)	(12,12)
(13,9)	(13,10)	(13,11)	(13,12)	(13,13)
(14,10)	(14,11)	(14,12)	(14,13)	(14,14)
(15,11)	(15,12)	(15,13)	(15,14)	(15,15)

Abb. 2.1 Zur Reduktion und Speicherung einer symmetrischen, positiv definiten Bandmatrix.

Vorwärts- und Rücksubstitution sind mit je höchstens $n(m+1)$ multiplikativen Operationen durchführbar. Es gilt folglich die Abschätzung des Aufwands zur Lösung von n linearen Gleichungen mit symmetrischer, positiv definiter Bandmatrix der Bandbreite m

$$Z_{\text{Cholesky}}^{(\text{Band})} \leq \frac{1}{2}nm(m+3) + 2n(m+1) = O(nm^2) \tag{2.109}$$

Um die Speicherung der Bandmatrix zu optimieren, wird ihre untere Hälfte in der Art von Abb. 2.1 in einem rechteckigen Feld von n Zeilen und $(m+1)$ Spalten gespeichert. Dabei soll vereinbart werden, dass die einzelnen Nebendiagonalen von $\boldsymbol{A}$ als Spalten erscheinen und zwar so, dass der i-ten Zeile von $\boldsymbol{A}$ auch die i-te Zeile in dem Feld entspricht. Die Diagonalelemente von $\boldsymbol{A}$ sind in der $(m+1)$-ten Spalte des Feldes zu finden, und das Element a_{ik} von $\boldsymbol{A}$ mit $\max(i-m, 1) \leq k \leq i$ steht in der $(k-i+m+1)$-ten Spalte des Feldes. Die im linken oberen Dreiecksbereich des Feldes undefinierten Elemente können zweckmäßigerweise gleich null gesetzt werden. Rechts in Abb. 2.1 findet sich am Speicherplatz des Elementes a_{ik} der entsprechende Doppelindex.

Die algorithmische Fassung der Cholesky-Zerlegung $\boldsymbol{A} = \boldsymbol{L}\boldsymbol{L}^T$ einer Bandmatrix der Ordnung n und der Bandbreite m in der Speicherung nach Abb. 2.1 lautet:

für $k = 1, 2, \ldots, n$:
    falls $a_{k,m+1} \leq 0$: STOP
    $l_{k,m+1} = \sqrt{a_{k,m+1}}$
    $p = \min(k+m, n)$
    für $i = k+1, k+2, \ldots, p$:
        $l_{i,k-i+m+1} = a_{i,k-i+m+1}/l_{k,m+1}$
        für $j = k+1, k+2, \ldots, i$:
            $a_{i,j-i+m+1} = a_{i,j-i+m+1} - l_{i,k-i+m+1} \times l_{j,k-j+m+1}$

2.3.3 Tridiagonale Gleichungssysteme

Als besonders einfach zu behandelnde Gleichungssysteme werden wir in verschiedenen Anwendungen solche mit *tridiagonaler* Koeffizientenmatrix $\boldsymbol{A}$ antreffen. Die allgemeine i-te Gleichung enthält nur die Unbekannten x_{i-1}, x_i und x_{i+1}. Um der sehr speziellen Struktur der Matrix Rechnung zu tragen, und um auch die Realisierung auf einem Rechner zu vereinfachen, gehen wir von folgendem Gleichungssystem mit $n = 5$ Unbekannten aus.

$$\begin{array}{ccccc|c} x_1 & x_2 & x_3 & x_4 & x_5 & 1 \\ \hline a_1 & b_1 & & & & d_1 \\ c_2 & a_2 & b_2 & & & d_2 \\ & c_3 & a_3 & b_3 & & d_3 \\ & & c_4 & a_4 & b_4 & d_4 \\ & & & c_5 & a_5 & d_5 \end{array} \tag{2.110}$$

Wir setzen zunächst voraus, der Gauß-Algorithmus sei mit Diagonalstrategie, d.h. ohne Zeilenvertauschungen durchführbar, weil $\boldsymbol{A}$ beispielsweise diagonal dominant oder symmetrisch und positiv definit ist. Dann existiert also die Dreieckszerlegung $\boldsymbol{A} = \boldsymbol{LR}$, und man verifiziert leicht, dass $\boldsymbol{L}$ eine *bidiagonale* Linksdreiecksmatrix und $\boldsymbol{R}$ eine bidiagonale Rechtsdreiecksmatrix ist. Wir können deshalb für die Dreieckszerlegung direkt den Ansatz verwenden.

$$\begin{pmatrix} a_1 & b_1 & & & \\ c_2 & a_2 & b_2 & & \\ & c_3 & a_3 & b_3 & \\ & & c_4 & a_4 & b_4 \\ & & & c_5 & a_5 \end{pmatrix} = \begin{pmatrix} 1 & & & & \\ l_1 & 1 & & & \\ & l_2 & 1 & & \\ & & l_3 & 1 & \\ & & & l_4 & 1 \end{pmatrix} \cdot \begin{pmatrix} m_1 & r_1 & & & \\ & m_2 & r_2 & & \\ & & m_3 & r_3 & \\ & & & m_4 & r_4 \\ & & & & m_5 \end{pmatrix}, \tag{2.111}$$

und die unbekannten Größen l_i, m_i, r_i durch Koeffizientenvergleich bestimmen. Man erhält die Bestimmungsgleichungen

$$\begin{aligned} & a_1 = m_1, & b_1 = r_1, \\ c_2 = l_1 m_1, \quad & a_2 = l_1 r_1 + m_2, & b_2 = r_2, \\ c_3 = l_2 m_2, \quad & a_3 = l_2 r_2 + m_3, & b_3 = r_3, \\ c_4 = l_3 m_3, \quad & a_4 = l_3 r_3 + m_4, & b_4 = r_4, \\ c_5 = l_4 m_4, \quad & a_5 = l_4 r_4 + m_5. & \end{aligned} \tag{2.112}$$

Aus (2.112) bestimmen sich die Unbekannten sukzessive in der Reihenfolge m_1; r_1, l_1, m_2; r_2, l_2, m_3; ...; r_4, l_4, m_5. Da $r_i = b_i$ für alle i gilt, lautet der Algorithmus zur Zerlegung der tridiagonalen Matrix $\boldsymbol{A}$ (2.110) für allgemeines n :

$$\boxed{\begin{array}{l} m_1 = a_1 \\ \text{für } i = 1, 2, \ldots, n-1: \\ \quad l_i = c_{i+1}/m_i \\ \quad m_{i+1} = a_{i+1} - l_i \times b_i \end{array}} \tag{2.113}$$

Die Vorwärts- und Rücksubstitution $\boldsymbol{Ly} = \boldsymbol{d}$ und $\boldsymbol{Rx} = \boldsymbol{y}$ lassen sich in den folgenden einfachen Rechenvorschriften zusammenfassen:

$$\boxed{\begin{array}{l} y_1 = d_1 \\ \text{für } i = 2, 3, \ldots, n: \\ \quad y_i = d_i - l_{i-1} \times y_{i-1} \end{array}} \tag{2.114}$$

$$\boxed{\begin{array}{l} x_n = y_n / m_n \\ \text{für } i = n-1, n-2, \ldots, 1: \\ \quad x_i = (y_i - b_i \times x_{i+1}) / m_i \end{array}} \tag{2.115}$$

Ein Programm zur Lösung eines tridiagonalen Gleichungssystems mit dem Gaußschen Algorithmus mit Diagonalstrategie besteht also im Wesentlichen aus drei simplen Schleifenanweisungen. Die Zahl der wesentlichen Rechenoperationen beträgt für die drei Lösungsschritte insgesamt

$$\boxed{Z_{\text{Gauss}}^{(\text{trid})} = 2(n-1) + (n-1) + 1 + 2(n-1) = 5n - 4 = O(n)} \tag{2.116}$$

Der Rechenaufwand ist somit nur proportional zur Zahl der Unbekannten. Selbst große tridiagonale Gleichungssysteme lassen sich mit relativ kleinem Rechenaufwand lösen. Dasselbe gilt auch, falls der Gauß-Algorithmus mit Zeilenvertauschungen durchgeführt werden muss. Wir erklären das Prinzip wieder am System (2.110) und legen den Betrachtungen die relative Spaltenmaximumstrategie zu Grunde. Als Pivotelemente für den ersten Eliminationsschritt kommen nur die beiden Matrixelemente a_1 und c_2 in Betracht. Wir berechnen die beiden Hilfsgrößen

$$\alpha := |a_1| + |b_1|, \qquad \beta := |c_2| + |a_2| + |b_2|. \tag{2.117}$$

Falls $|a_1|/\alpha \geq |c_2|/\beta$ gilt, ist a_1 Pivotelement, andernfalls ist eine Zeilenvertauschung erforderlich. In diesem Fall entsteht an der Stelle (1,3) ein im Allgemeinen von null verschiedenes Element, das außerhalb des tridiagonalen Bandes zu liegen kommt. Um den Eliminationsschritt einheitlich beschreiben zu können, werden die folgenden Größen definiert.

$$\begin{array}{l} \text{Falls } a_1 \text{ Pivot}: \left\{ \begin{array}{llll} r_1 := a_1, & s_1 := b_1, & t_1 := 0, & f_1 := d_1 \\ u := c_2, & v := a_2, & w := b_2, & z := d_2 \end{array} \right. \\ \\ \text{Falls } c_2 \text{ Pivot}: \left\{ \begin{array}{llll} r_1 := c_2, & s_1 := a_2, & t_1 := b_2, & f_1 := d_2 \\ u := a_1, & v := b_1, & w := 0, & z := d_1 \end{array} \right. \end{array} \tag{2.118}$$

Mit diesen Variablen erhält (2.110) die Gestalt

x_1	x_2	x_3	x_4	x_5	1
r_1	s_1	t_1			f_1
u	v	w			z
	c_3	a_3	b_3		d_3
		c_4	a_4	b_4	d_4
			c_5	a_5	d_5

(2.119)

Der erste Eliminationsschritt ergibt

x_1	x_2	x_3	x_4	x_5	1
r_1	s_1	t_1			f_1
l_1	a_2'	b_2'			d_2'
	c_3	a_3	b_3		d_3
		c_4	a_4	b_4	d_4
			c_5	a_5	d_5

(2.120)

mit den Zahlenwerten

$$l_1 := u/r_1; \quad a_2' := v - l_1 s_1, \quad b_2' := w - l_1 t_1, \quad d_2' := z - l_1 f_1. \tag{2.121}$$

Für das reduzierte System ergibt sich damit die gleiche Situation, denn die reduzierte Matrix ist wiederum tridiagonal. Die Überlegungen für den ersten Schritt lassen sich sinngemäß anwenden. Damit die Formeln (2.117) und (2.118) ihre Gültigkeit auch für den letzten $(n-1)$-ten Eliminationsschritt behalten, muss $b_n = 0$ vereinbart werden. Die konsequente Fortsetzung der Elimination führt zum Schlussschema

x_1	x_2	x_3	x_4	x_5	1
r_1	s_1	t_1			f_1
l_1	r_2	s_2	t_2		f_2
	l_2	r_3	s_2	t_3	f_3
		l_3	r_4	s_4	f_4
			l_4	r_5	f_5

(2.122)

Der Gauß-Algorithmus für ein tridiagonales Gleichungssystem (2.110) unter Verwendung der relativen Spaltenmaximumstrategie lautet auf Grund der Formeln (2.117), (2.118) und (2.121) unter Einschluss der Vorwärtssubstitution:

für $i = 1, 2, \ldots, n-1$:
  $\alpha = |a_i| + |b_i|$; $\beta = |c_{i+1}| + |a_{i+1}| + |b_{i+1}|$
  falls $|a_i|/\alpha \geq |c_{i+1}|/\beta$:
    $r_i = a_i$; $s_i = b_i$; $t_i = 0$; $f_i = d_i$;
    $u = c_{i+1}$; $v = a_{i+1}$; $w = b_{i+1}$; $z = d_{i+1}$;
  sonst
    $r_i = c_{i+1}$; $s_i = a_{i+1}$; $t_i = b_{i+1}$; $f_i = d_{i+1}$;
    $u = a_i$; $v = b_i$; $w = 0$; $z = d_i$
  $l_i = u/r_i$; $a_{i+1} = v - l_i \times s_i$
  $b_{i+1} = w - l_i \times t_i$; $d_{i+1} = z - l_i \times f_i$
$r_n = a_n$; $f_n = d_n$

(2.123)

In der algorithmischen Beschreibung (2.123) sind die Bezeichnungen der Rechenschemata (2.119) und (2.122) verwendet worden. Da die Koeffizienten a_i, b_i, c_i, d_i der gegebenen Gleichungen verändert werden, können in (2.123) die folgenden Variablen gleichgesetzt werden: $r_i = a_i$, $s_i = b_i$, $l_i = c_{i+1}$, $f_i = d_i$. Damit kann Speicherplatz gespart werden, und (2.123) kann etwas vereinfacht werden.

Die Unbekannten x_i werden durch Rücksubstitution wie folgt geliefert:

$$\boxed{\begin{aligned} & x_n = f_n/r_n \\ & x_{n-1} = (f_{n-1} - s_{n-1} \times x_n)/r_{n-1} \\ & \text{für } i = n-2, n-3, \ldots, 1: \\ & \qquad x_i = (f_i - s_i \times x_{i+1} - t_i \times x_{i+2})/r_i \end{aligned}} \tag{2.124}$$

Der totale Rechenaufwand an multiplikativen Operationen zur Auflösung eines allgemeinen tridiagonalen Gleichungssystems in n Unbekannten beträgt unter Einschluss der beiden Divisionen für die Pivotbestimmung

$$Z_{\text{Gauss}}^{(\text{trid,allg})} = 5(n-1) + (n-1) + 3(n-1) = 9(n-1) = O(n).$$

Im Vergleich zu (2.116) verdoppelt sich der Rechenaufwand etwa, falls eine Pivotierung notwendig ist. Die Linksdreiecksmatrix $\boldsymbol{L}$ der Zerlegung $\boldsymbol{PA} = \boldsymbol{LR}$ ist zwar noch *bidiagonal*, aber $\boldsymbol{R}$ ist eine Rechtsdreiecksmatrix, in der zwei obere Nebendiagonalen im Allgemeinen von null verschiedene Matrixelemente enthalten.

2.4 Verfahren für Vektorrechner und Parallelrechner

Die in den vorangegangenen Abschnitten behandelten klassischen Verfahren zur Lösung von linearen Gleichungssystemen sind für sequentiell arbeitende Skalarrechner konzipiert worden und eignen sich deshalb schlecht für eine Implementierung auf modernen Superrechnern, weil sie ihrer sehr speziellen Arbeitsweise nicht Rechnung tragen. Deshalb mussten für Vektor- und Parallelrechner verschiedener Architekturen angepasste Rechenverfahren entwickelt werden, um die technischen Möglichkeiten der Computer effizient auszunutzen. Auf die wichtigsten Software-Pakete gehen wir in Abschnitt 2.6 ein. Das Kunststück besteht darin, die wichtigsten Algorithmen-Teile so zu formulieren, dass sie für die allgemeine Anwendung auf Rechnern stark unterschiedlicher Charakteristik geeignet sind, und diese Teile von den speziellen rechnerabhängigen Teilen zu trennen. Die Zusammenhänge zwischen Architektur-Parametern wie Cache-Größe, Anzahl der Prozessoren, optimale Feldgröße bei Vektorprozessoren und den algorithmischen Parametern wie der gewählten Methode (z.B. Zeilen- oder Spalten-orientiert) oder der möglichen Blockgröße sind sehr komplex. Andererseits ist die Portabilität von guten Softwaresystemen von großer Bedeutung. Wie viele technische Details von Software und Hardware dabei eine Rolle spielen, ist z.B. gut nachvollziehen beim Studium der LAPACK Working Note 100 [Cho 95].

Mehr über die Architektur von Höchstleistungsrechnern sowie über parallele und Vektor-Algorithmen findet man in [Ale 02, Bre 92, Cos 95, Cul 99, Fre 92, Fro 90, Don 93, Gal 90a, Hoc 88, Lei 97, Ort 88, vdV 90]. Im Folgenden sollen an zwei typischen Aufgabenstellungen die notwendigen Modifikationen oder aber grundsätzlich neue Lösungswege beschrieben werden. Auf den Gauß-Algorithmus für parallele und Vektorrechner gehen die meisten der genannten Referenzen ein, einen ganzen Band widmet ihm Robert [Rob 91].

2.4.1 Voll besetzte Systeme

Voll besetzte Systeme auf Parallelrechnern

Um die gängigen Algorithmen zu Matrix-Zerlegungen und zur Lösung linearer Gleichungssysteme mit Hilfe dieser Zerlegungen an die Architekturen von Parallelrechnern anzupassen, muss besonders auf effizienten Speicherzugriff geachtet werden. Die Erweiterung SCALAPACK der Programmbibliothek LAPACK [And 99], siehe auch Abschnitt 2.6, tut dies, indem sie die Algorithmen so reorganisiert, dass in den innersten Schleifen des Algorithmus Blockmatrix-Operationen wie Matrix-Multiplikation verwendet werden. Diese Operationen können dann auf den verschiedenen Architekturen unabhängig von den LAPACK-Routinen optimiert werden. Für diese Reorganisation wollen wir ein Beispiel geben, in dem wir die LR-Zerlegung mit dem Gauß-Algorithmus nach [Cho 96] betrachten.

Zu Grunde gelegt wird ein Gitter von $P \times Q$ Prozessoren mit eigenem Speicherplatz und der Möglichkeit zur Kommunikation untereinander. Wie sehr Einzelheiten dieser Struktur den algorithmischen Ablauf und seine Effizienz bestimmen, wurde schon erwähnt. Hier soll deshalb nur ein Algorithmus beschrieben werden, der die Gauß-Elimination blockweise durchführt und die Daten zyklisch verteilt.

Sei $m_b \times n_b$ die Blockgröße der Untermatrizen. Blöcke mit einem festen Abstand in Spalten- und Zeilenrichtung werden demselben Prozessor zugeordnet. Die Zuordnung wird für ein 2×3-Prozessoren-Gitter und eine Matrix mit 12×12 Blöcken in Abb. 2.2 beschrieben. Die kursiv gedruckten Zahlen links und oben bezeichnen die Block-Indizes der entsprechenden Zeilen und Spalten. Die kleinen Rechtecke in der linken Abbildung enthalten die Nummern der Prozessoren, denen die entsprechenden Blöcke zugeordnet sind. Die rechte Abbildung zeigt diese Verteilung aus der Sicht der Prozessoren; jedem sind 6×4 Blöcke zugeordnet. Diese zyklische Verteilung ist die einzige, die SCALAPACK unterstützt. Sie kann die meisten Datenverteilungen in Algorithmen der numerischen linearen Algebra reproduzieren. Für $P = Q = 1$ kehrt sie zur normalen Zeilen-Spalten-Struktur einer Matrix zurück.

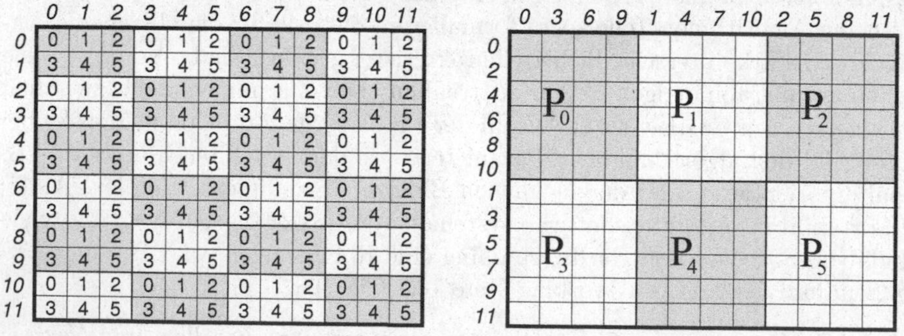

Abb. 2.2 Beispiel für die zyklische Verteilung der Matrix-Block-Daten.

Abhängig von den schon erwähnten Architektur-Parametern gibt es jetzt verschiedene Versionen des Gauß-Algorithmus, [Gal 90b, Cho 96, Fro 90]. Hier soll nur eine dieser Versionen

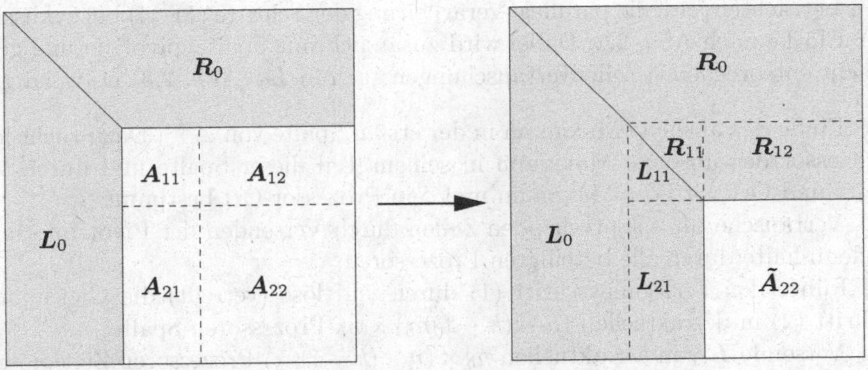

Abb. 2.3 Ein Block-Eliminationsschritt.

vorgestellt werden, wobei die eventuell notwendigen Zeilenvertauschungen im Nachhinein behandelt werden. Der Block-Algorithmus besteht im Wesentlichen aus den Schritten des skalaren Gauß-Algorithmus, jetzt für Blöcke aufgeschrieben; er soll aber hier rekursiv definiert werden.

Sei dazu $\boldsymbol{A} \in \mathbb{R}^{n,n}$, sei n durch n_b teilbar, $m = n/n_b$, weiter sei $P = Q$ und P durch m teilbar. Abb. 2.3 symbolisiert den k-ten Block-Eliminationsschritt; dazu sind die schon behandelten Matrixteile schattiert; sie ändern sich allenfalls noch durch Zeilenvertauschungen. Links sieht man die Matrix $\boldsymbol{A}$ nach $k-1$ Block-Eliminationsschritten, der k-te Eliminationsschritt erzeugt Abb. 2.3 rechts. $\boldsymbol{A}^{(k)}$ sei die im k-ten Schritt noch zu behandelnde Matrix. Für sie und ihre LR-Zerlegung gilt

$$\boldsymbol{A}^{(k)} = \begin{pmatrix} \boldsymbol{A}_{11} & \boldsymbol{A}_{12} \\ \boldsymbol{A}_{21} & \boldsymbol{A}_{22} \end{pmatrix} = \begin{pmatrix} \boldsymbol{L}_{11} & \boldsymbol{0} \\ \boldsymbol{L}_{21} & \boldsymbol{L}_{22} \end{pmatrix} \begin{pmatrix} \boldsymbol{R}_{11} & \boldsymbol{R}_{12} \\ \boldsymbol{0} & \boldsymbol{R}_{22} \end{pmatrix} \tag{2.125}$$

$$= \begin{pmatrix} \boldsymbol{L}_{11}\boldsymbol{R}_{11} & \boldsymbol{L}_{11}\boldsymbol{R}_{12} \\ \boldsymbol{L}_{21}\boldsymbol{R}_{11} & \boldsymbol{L}_{21}\boldsymbol{R}_{12} + \boldsymbol{L}_{22}\boldsymbol{R}_{22} \end{pmatrix}.$$

Dabei sind $\boldsymbol{A}_{11} \in \mathbb{R}^{n_b,n_b}$ und $\boldsymbol{A}_{22} \in \mathbb{R}^{n-kn_b,n-kn_b}$; die anderen Dimensionen ergeben sich dementsprechend.

Für den k-ten Zerlegungsschritt ergeben sich nach (2.125) folgende Teilschritte:

(1) Zerlege $\boldsymbol{A}_{11} = \boldsymbol{L}_{11}\boldsymbol{R}_{11} \longrightarrow \boldsymbol{A}_{11}$.

(2) Löse $\boldsymbol{R}_{11}^T\boldsymbol{L}_{21}^T = \boldsymbol{A}_{21}^T$ nach $\boldsymbol{L}_{21} \longrightarrow \boldsymbol{A}_{21}$.

(3) Löse $\boldsymbol{L}_{11}\boldsymbol{R}_{12} = \boldsymbol{A}_{12}$ nach $\boldsymbol{R}_{12} \longrightarrow \boldsymbol{A}_{12}$.

(4) Passe an $\boldsymbol{A}_{22} - \boldsymbol{L}_{21}\boldsymbol{R}_{12} \longrightarrow \boldsymbol{A}_{22}$.

Der angepasste Block $\boldsymbol{A}_{22}$ ist der weiter zu behandelnde Teil $\boldsymbol{A}^{(k+1)}$.

Wir betrachten jetzt die parallele Verarbeitung der Schritte (1)–(4) bei zyklischer Verteilung der Blöcke nach Abb. 2.2. Dabei wird zusätzlich mit Spaltenpivotisierung gearbeitet. Dies macht entsprechende Zeilenvertauschungen auch in $\boldsymbol{L}_0$ (Abb. 2.3) notwendig.

(a) Finde das absolute Maximum in der ersten Spalte von $\boldsymbol{A}^{(k)}$. Dazu sucht jeder beteiligte Prozessor das absolute Maximum in seinem Teil dieser Spalte und durch Versenden von Wert und Ort wird das Maximum und sein Prozessor-Ort bestimmt.
(b) Vertausche die entsprechenden Zeilen durch Versenden der Pivot-Information und der Zeileninhalte durch alle beteiligten Prozessoren.
(c) Führe den Zerlegungsschritt (1) durch und löse (verteilt) die Gleichungssysteme aus Schritt (2) in der aktuellen $(n-(k-1)n_b) \times n_b$-Prozessoren-Spalte.
(d) Versende $\boldsymbol{L}_{11}$ in der aktuellen $n_b \times (n-(k-1)n_b)$-Prozessoren-Zeile, löse (verteilt) die Gleichungssysteme aus Schritt (3).
(e) Verteile die Spaltenblöcke von $\boldsymbol{L}_{21}$ zeilenweise, die Zeilenblöcke von $\boldsymbol{R}_{12}$ spaltenweise und bilde (verteilt) das neue $\boldsymbol{A}_{22}$ nach Schritt (4).

Es ist zu sehen, dass die Zeilenvertauschungen einen wesentlichen zusätzlichen Kommunikationsbedarf zwischen den Prozessoren erzeugen.

In [Cho 96] wird dieser Algorithmus mit dem Paket ScaLapack, basierendend auf PBlas und kommunizierend mit Blacs auf verschiedenen Parallelrechnern realisiert. Auf einem Paragon-System mit 50 MHz i860XP Prozessoren wurde bei einer Blockgröße $n_b = 8$ auf einem 16×32-Prozessorfeld schon 1994 eine Rechenleistung von mehr als 15 Gigaflops bei Matrixgrößen zwischen $n = 20\,000$ und $n = 35\,000$ erreicht (engl. flops = floating point operations). Diese Leistung kann gesteigert werden, wenn auf die Modularität der genannten Programme und ihre leichte Portabilität auf andere Parallelrechner verzichtet wird.

Voll besetzte Systeme auf Vektorrechnern

Der Gauß-Algorithmus zur Lösung eines linearen Gleichungssystems mit voll besetzter Matrix in vielen Unbekannten von Abschnitt 2.1 kann im Prinzip auf einfache Weise so modifiziert werden, dass Operationen für Vektoren ausführbar werden. Zur Vereinfachung der Notation soll die rechte Seite $\boldsymbol{b}$ als $(n+1)$-te Spalte einer $n \times (n+1)$-Matrix $\boldsymbol{A}$ aufgefasst werden, so dass das zu lösende System

$$\sum_{k=1}^{n} a_{ik} x_k = a_{i,n+1}, \quad i = 1, 2, \ldots, n,$$

lautet. Die Rechenvorschrift (2.5) ist bereits eine typische Vektoroperation für die $(n-1)$ Matrixelemente der ersten Spalte von $\boldsymbol{A}$, welche mit dem reziproken Wert des Pivotelementes a_{11} zu multiplizieren sind. Dieser Teilschritt wird zur vektorisierbaren Vorschrift

$$\boxed{\begin{array}{l} h = 1/a_{11} \\ \text{für } i = 2, 3, \ldots, n: \quad l_{i1} = h \times a_{i1}. \end{array}} \tag{2.126}$$

Die Formeln (2.6) und (2.7) lassen sich wie folgt zusammenfassen, falls die Operationen *spaltenweise* ausgeführt werden:

$$\boxed{\begin{array}{ll} \text{für} & k = 2, 3, \ldots, n+1: \\ & \text{für } i = 2, 3, \ldots, n: \quad a_{ik}^{(1)} = a_{ik} - l_{i1} \times a_{1k} \end{array}} \tag{2.127}$$

Die zweite Zeile von (2.127) ist eine typische *Triade*, bei der von den letzten $(n-1)$ Elementen der k-ten Spalte das a_{1k}-fache der entsprechenden l-Werte zu subtrahieren sind. Wenn wir davon ausgehen, dass die Matrix $\boldsymbol{A}$ spaltenweise gespeichert ist, und wenn die l_{i1} anstelle der a_{i1} und die Werte $a_{ik}^{(1)}$ anstelle von a_{ik} gespeichert werden, so betreffen die beiden Vektoroperationen (2.126) und (2.127) aufeinanderfolgend im Speicher angeordnete Zahlenwerte. Dies ist für eine optimale Ausführung der Operationen wichtig.

Die Fortsetzung des Gauß-Algorithmus betrifft in den weiteren Eliminationsschritten kleiner werdende, reduzierte Systeme, und die Vektoroperationen betreffen Vektoren mit abnehmender Anzahl von Komponenten. Dies ist für eine effiziente Ausführung ein Nachteil, weil ab einer kritischen Länge der Vektoroperationen infolge der notwendigen Aufstartzeit die Rechenzeit größer wird im Vergleich zur skalaren Ausführung.

In der Rechenvorschrift (2.17) der Rücksubstitution zur Berechnung der Unbekannten x_i

$$x_i = \left[c_i - \sum_{k=i+1}^{n} r_{ik} x_k\right] / r_{ii}, \quad i = n, n-1, \ldots, 1,$$

tritt zwar ein vektorisierbares Skalarprodukt auf, jedoch mit Matrixelementen r_{ik} der i-ten Zeile, die im Speicher nicht aufeinanderfolgend angeordnet sind, so dass die Ausführung der Operation infolge von so genannten Bankkonflikten eine erhebliche Erhöhung der Rechenzeit zur Folge haben kann. Aus diesem Grund ist der Prozess der Rücksubstitution so zu modifizieren, dass nach Berechnung der Unbekannten x_i das x_i-fache der i-ten Teilspalte von $\boldsymbol{R}$ zur Konstantenspalte addiert wird, was auf eine Triade führt, die auf je aufeinanderfolgend gespeicherte Vektorelemente auszuführen ist. In der Notation (2.16) der Endgleichungen erhält die Rücksubstitution die folgende vektorisierbare Form:

$$\boxed{\begin{array}{l} \text{für } i = n, n-1, \ldots, 2: \\ \quad x_i = c_i / r_{ii} \\ \quad \text{für } j = 1, 2, \ldots, i-1: \quad c_j = c_j - x_i \times r_{ji} \\ x_1 = c_1 / r_{11} \end{array}} \tag{2.128}$$

Auch in (2.128) nimmt die Länge der Vektoroperationen von $(n-1)$ auf 1 ab. Diesen Nachteil von Vektoroperationen abnehmender Länge kann man durch die Modifikation des Gauß-Algorithmus zum *Gauß-Jordan-Verfahren* vermeiden. Dazu wird die Gleichung, mit welcher eine Elimination der betreffenden Unbekannten erfolgt, durch den Koeffizienten (= Pivotelement) dividiert; außerdem wird im p-ten Eliminationsschritt mit $p \geq 2$ die Unbekannte x_p in allen anderen Gleichungen eliminiert. Aus (2.3) entsteht so mit den anders bezeichneten Konstanten unter der Annahme $a_{11} \neq 0$ das Schema

$$\begin{array}{cccc|c} x_1 & x_2 & x_3 & x_4 & 1 \\ \hline 1 & a_{12}^{(1)} & a_{13}^{(1)} & a_{14}^{(1)} & a_{15}^{(1)} \\ 0 & a_{22}^{(1)} & a_{23}^{(1)} & a_{24}^{(1)} & a_{25}^{(1)} \\ 0 & a_{32}^{(1)} & a_{33}^{(1)} & a_{34}^{(1)} & a_{35}^{(1)} \\ 0 & a_{42}^{(1)} & a_{43}^{(1)} & a_{44}^{(1)} & a_{45}^{(1)} \end{array} \tag{2.129}$$

Die Elemente von (2.129) sind wie folgt definiert:

$$\begin{aligned} a_{1k}^{(1)} &= a_{1k}/a_{11}, && k = 2,3,\ldots,n+1, \\ a_{ik}^{(1)} &= a_{ik} - a_{i1} \cdot a_{1k}^{(1)}, && i = 2,3,\ldots,n;\ k = 2,3,\ldots,n+1. \end{aligned} \tag{2.130}$$

Sei $a_{pp}^{(p-1)} \neq 0$. Dann lautet die Vorschrift für den p-ten Eliminationsschritt mit $p \geq 2$

$$\begin{aligned} a_{pk}^{(p)} &= a_{pk}^{(p-1)}/a_{pp}^{(p-1)}, && k = p+1, p+2, \ldots, n+1, \\ a_{ik}^{(p)} &= a_{ik}^{(p-1)} - a_{ip}^{(p-1)} \cdot a_{pk}^{(p)}, && i = 1,2,\ldots,p-1,p+1,\ldots,n; \\ & && k = p+1,p+2,\ldots,n+1. \end{aligned} \tag{2.131}$$

Als Folge dieser Modifikation steht im resultierenden Endschema die Einheitsmatrix, und die Unbekannten sind gegeben durch

$$x_k = a_{k,n+1}^{(n)}, \quad k = 1,2,\ldots,n.$$

Bei dieser Varianten der Gleichungslösung ist keine Rücksubstitution erforderlich, doch steigt die Anzahl der wesentlichen Rechenoperationen auf rund $0.5n^3$ an, so dass der Rechenaufwand im Vergleich zum Gauß-Algorithmus etwa 50% größer ist. Da aber die Vektoroperationen in der Form von Triaden die konstante Länge n aufweisen, ist trotz des höheren Rechenaufwandes die Rechenzeit des Gauß-Jordan-Verfahrens dank der besseren Vektorisierbarkeit schon für relativ kleine n kleiner als diejenige des Gauß-Algorithmus. In einer zweckmäßigen algorithmischen Formulierung von (2.131) wird der Ausnahmeindex $i = p$ so behandelt, dass zunächst der falsche Wert $a_{pk}^{(p)} = 0$ berechnet wird, um ihn anschließend durch den richtigen Wert zu ersetzen. So ergibt sich der Algorithmus

$$\boxed{\begin{array}{l} \text{für } p = 1,2,\ldots,n: \\ \quad \text{für } k = p+1,p+2,\ldots,n+1: \\ \quad\quad h = a_{pk}/a_{pp} \\ \quad\quad \text{für } i = 1,2,\ldots,n: \quad a_{ik} = a_{ik} - h \times a_{ip} \\ \quad\quad a_{pk} = h \\ \text{für } k = 1,2,\ldots,n: \quad x_k = a_{k,n+1} \end{array}} \tag{2.132}$$

Der Algorithmus (2.132) arbeitet mit Diagonalstrategie. Muss eine andere Pivotstrategie verwendet werden, so ist das Pivotelement aus der p-ten Zeile zu bestimmen, und es sind Spaltenvertauschungen vorzunehmen, um so die Ausführung verlangsamende Bankkonflikte zu vermeiden.

2.4.2 Tridiagonale Gleichungssysteme

Tridiagonale Gleichungssysteme auf Vektorrechnern

Wir betrachten im Folgenden den für viele Anwendungen wichtigen Fall, große tridiagonale Gleichungssysteme zu lösen, für welche Diagonalstrategie möglich ist. Dies trifft zu für Systeme mit diagonal dominanter oder symmetrischer und positiv definiter Matrix. Sowohl der Zerlegungsalgorithmus (2.113) wie auch die Prozesse der Vorwärts- und Rücksubstitution (2.114) und (2.115) sind in dem Sinn rekursiv, dass beispielsweise in (2.113) der Wert m_{i+1} von m_i abhängt. Aus diesem Grund können diese drei Prozesse nicht vektorisiert werden.

Um solche Gleichungssysteme auf Vektorrechnern effizient lösen zu können, wird das Prinzip der *zyklischen Reduktion* angewandt [Hoc 65]. Wir betrachten ein tridiagonales Gleichungssystem der Gestalt

$$\begin{array}{rcrcrcll} a_1x_1 & + & b_1x_2 & & & = & d_1, & \\ c_ix_{i-1} & + & a_ix_i & + & b_ix_{i+1} & = & d_i, & i=2,3,\ldots,n-1, \\ & & c_nx_{n-1} & + & a_nx_n & = & d_n. & \end{array} \tag{2.133}$$

Die Idee besteht darin, aus je drei aufeinander folgenden Gleichungen zwei der fünf Unbekannten so zu eliminieren, dass in der resultierenden Gleichung nur Unbekannte mit Indizes derselben Parität auftreten. Wir wollen das prinzipielle Vorgehen unter der Annahme darlegen, dass n gerade sei, also $n = 2m, m \in \mathbb{N}^*$. Sei $i \in \mathbb{N}^*$ mit $2 < i < n$ gerade. Aus den drei Gleichungen

$$\begin{array}{lllll} c_{i-1}\,x_{i-2} + a_{i-1}\,x_{i-1} + b_{i-1}\,x_i & & & = & d_{i-1} \\ \phantom{c_{i-1}\,x_{i-2} +{}} c_i\;x_{i-1} + a_i\;x_i & + & b_i\;x_{i+1} & = & d_i \\ \phantom{c_{i-1}\,x_{i-2} + a_{i-1}\,x_{i-1} +{}} c_{i+1}\,x_i & + & a_{i+1}\,x_{i+1} + b_{i+1}\,x_{i+2} & = & d_{i+1} \end{array}$$

eliminieren wir x_{i-1} und x_{i+1}, indem wir zur mittleren Gleichung das $(-c_i/a_{i-1})$-fache der ersten und das $(-b_i/a_{i+1})$-fache der dritten Gleichung addieren. Das Ergebnis lautet

$$\begin{aligned} -\frac{c_{i-1}c_i}{a_{i-1}}\,x_{i-2} &+ \left\{-\frac{b_{i-1}c_i}{a_{i-1}} + a_i - \frac{b_ic_{i+1}}{a_{i+1}}\right\} x_i - \frac{b_ib_{i+1}}{a_{i+1}}\,x_{i+2} \\ &= -\frac{d_{i-1}c_i}{a_{i-1}} + d_i - \frac{b_id_{i+1}}{a_{i+1}}, \qquad i = 2,4,\ldots,n. \end{aligned} \tag{2.134}$$

Damit (2.134) auch für $i = 2$ und $i = n$ gilt, definiert man die zusätzlichen Werte

$$c_1 = c_{n+1} = b_n = b_{n+1} = d_{n+1} = 0, \quad a_{n+1} = 1. \tag{2.135}$$

Mit dieser Vereinbarung führen wir die Koeffizienten der neuen Gleichungen für gerade Indexwerte i ein:

$$\left.\begin{aligned} c_i^{(1)} &:= -c_{i-1}c_i/a_{i-1} \\ a_i^{(1)} &:= -b_{i-1}c_i/a_{i-1} + a_i - b_ic_{i+1}/a_{i+1} \\ b_i^{(1)} &:= -b_ib_{i+1}/a_{i+1} \\ d_i^{(1)} &:= -d_{i-1}c_i/a_{i-1} + d_i - b_id_{i+1}/a_{i+1} \end{aligned}\right\} \quad i = 2,4,\ldots,n. \tag{2.136}$$

Das System (2.133) hat nach diesen Operationen im Fall $n = 8$ die Gestalt

$$\begin{array}{cccccccc|c} x_1 & x_2 & x_3 & x_4 & x_5 & x_6 & x_7 & x_8 & 1 \\ \hline a_1 & b_1 & & & & & & & d_1 \\ 0 & a_2^{(1)} & 0 & b_2^{(1)} & & & & & d_2^{(1)} \\ & c_3 & a_3 & b_3 & & & & & d_3 \\ & c_4^{(1)} & 0 & a_4^{(1)} & 0 & b_4^{(1)} & & & d_4^{(1)} \\ & & & c_5 & a_5 & b_5 & & & d_5 \\ & & & c_6^{(1)} & 0 & a_6^{(1)} & 0 & b_6^{(1)} & d_6^{(1)} \\ & & & & & c_7 & a_7 & b_7 & d_7 \\ & & & & & c_8^{(1)} & 0 & a_8^{(1)} & d_8^{(1)} \end{array} \tag{2.137}$$

Aus (2.137) erkennt man einerseits, dass die Gleichungen mit geraden Indizes ein lineares Gleichungssystem mit tridiagonaler Matrix für die geradzahlig indizierten Unbekannten darstellt, und dass sich andererseits die Unbekannten $x_1, x_3, x_5, \ldots$ in der angegebenen Reihenfolge bei bekannten Werten für $x_2, x_4, x_6, \ldots$ aus den anderen Gleichungen berechnen lassen. Das durch zyklische Reduktion resultierende Gleichungssystem der halben Ordnung m lautet im Fall $m = 4$

$$\begin{array}{cccc|c} x_2 & x_4 & x_6 & x_8 & 1 \\ \hline a_2^{(1)} & b_2^{(1)} & & & d_2^{(1)} \\ c_4^{(1)} & a_4^{(1)} & b_4^{(1)} & & d_4^{(1)} \\ & c_6^{(1)} & a_6^{(1)} & b_6^{(1)} & d_6^{(1)} \\ & & c_8^{(1)} & a_8^{(1)} & d_8^{(1)} \end{array} \tag{2.138}$$

Die Formeln (2.136) des Reduktionsschrittes lassen sich mit Operationen an geeignet definierten Vektoren realisieren. Dazu führen wir die folgenden Teilvektoren der gegebenen Koeffizienten ein.

$$\boldsymbol{c}^{(u)} := \begin{pmatrix} c_1 \\ c_3 \\ c_5 \\ \vdots \\ c_{n+1} \end{pmatrix}, \boldsymbol{a}^{(u)} := \begin{pmatrix} a_1 \\ a_3 \\ a_5 \\ \vdots \\ a_{n+1} \end{pmatrix}, \boldsymbol{b}^{(u)} := \begin{pmatrix} b_1 \\ b_3 \\ b_5 \\ \vdots \\ b_{n+1} \end{pmatrix}, \boldsymbol{d}^{(u)} := \begin{pmatrix} d_1 \\ d_3 \\ d_5 \\ \vdots \\ d_{n+1} \end{pmatrix} \in \mathbb{R}^{m+1}$$

$$\boldsymbol{c}^{(g)} := \begin{pmatrix} c_2 \\ c_4 \\ c_6 \\ \vdots \\ c_n \end{pmatrix}, \boldsymbol{a}^{(g)} := \begin{pmatrix} a_2 \\ a_4 \\ a_6 \\ \vdots \\ a_n \end{pmatrix}, \boldsymbol{b}^{(g)} := \begin{pmatrix} b_2 \\ b_4 \\ b_6 \\ \vdots \\ b_n \end{pmatrix}, \boldsymbol{d}^{(g)} := \begin{pmatrix} d_2 \\ d_4 \\ d_6 \\ \vdots \\ d_n \end{pmatrix} \in \mathbb{R}^m.$$

Daraus bilden wir die Hilfsvektoren unter der Vereinbarung, dass $\otimes$ die komponentenweise Multiplikation zweier Vektoren und der Index $+1$ eine Verschiebung des Anfangsindexwertes um 1 bedeuten:

$$\boldsymbol{r} \; := \begin{pmatrix} -1/a_1 \\ -1/a_3 \\ \vdots \\ -1/a_{n+1} \end{pmatrix} \in \mathbb{R}^{m+1}; \quad \boldsymbol{p} := \boldsymbol{c}^{(g)} \otimes \boldsymbol{r} = \begin{pmatrix} -c_2/a_1 \\ -c_4/a_3 \\ \vdots \\ -c_n/a_{n-1} \end{pmatrix}$$

$$\boldsymbol{q} \; := \; \boldsymbol{b}^{(g)} \otimes \boldsymbol{r}_{+1} = \begin{pmatrix} -b_2/a_3 \\ -b_4/a_5 \\ \vdots \\ -b_n/a_{n+1} \end{pmatrix} \in \mathbb{R}^m$$

Mit den Vektoren für das reduzierte System (2.138)

$$\boldsymbol{c}_1 := \begin{pmatrix} c_2^{(1)} \\ c_4^{(1)} \\ \vdots \\ c_m^{(1)} \end{pmatrix}, \; \boldsymbol{a}_1 := \begin{pmatrix} a_2^{(1)} \\ a_4^{(1)} \\ \vdots \\ a_m^{(1)} \end{pmatrix}, \; \boldsymbol{b}_1 := \begin{pmatrix} b_2^{(1)} \\ b_4^{(1)} \\ \vdots \\ b_m^{(1)} \end{pmatrix}, \; \boldsymbol{d}_1 := \begin{pmatrix} d_2^{(1)} \\ d_4^{(1)} \\ \vdots \\ d_m^{(1)} \end{pmatrix} \in \mathbb{R}^m$$

lautet (2.136) in vektorisierter Form

$$\begin{aligned} \boldsymbol{c}_1 &= \boldsymbol{c}^{(u)} \otimes \boldsymbol{p}; \\ \boldsymbol{a}_1 &= \boldsymbol{a}^{(g)} + \boldsymbol{b}^{(u)} \otimes \boldsymbol{p} + \boldsymbol{c}_{+1}^{(u)} \otimes \boldsymbol{q}; \\ \boldsymbol{b}_1 &= \boldsymbol{b}_{+1}^{(u)} \otimes \boldsymbol{q}; \\ \boldsymbol{d}_1 &= \boldsymbol{d}^{(g)} + \boldsymbol{d}^{(u)} \otimes \boldsymbol{p} + \boldsymbol{d}_{+1}^{(u)} \otimes \boldsymbol{q}. \end{aligned} \tag{2.139}$$

Dieser Reduktionsschritt erfordert somit m Divisionen, $8m$ Multiplikationen und $4m$ Additionen, insgesamt also $13m$ arithmetische Operationen mit Gleitpunktzahlen (flops).

Untersuchen wir an dieser Stelle noch das Rückwärtsrechnen der ungerade indizierten Unbekannten $x_1, x_3, \ldots, x_{n-1}$ aus den als bekannt vorausgesetzten Werten für $x_2, x_4, \ldots, x_n$. Das zuständige Gleichungssystem lautet nach (2.137)

$$\begin{aligned} a_1x_1 + b_1x_2 \qquad\qquad\qquad\qquad &= d_1 \\ c_{2i+1}x_{2i} + a_{2i+1}x_{2i+1} + b_{2i+1}x_{2i+2} &= d_{2i+1}, \quad i = 1, 2, \ldots, m-1. \end{aligned}$$

Daraus folgt

$$x_{2i+1} = (d_{2i+1} - c_{2i+1}x_{2i} - b_{2i+1}x_{2i+2})/a_{2i+1}, \quad i = 0, 1, 2, \ldots, m-1, \tag{2.140}$$

wenn man $c_1 = 0$ beachtet und zusätzlich $x_0 = x_{n+1} = x_{n+2} := 0$ festsetzt. Um auch diese Vorschrift in vektorieller Form korrekt formulieren zu können, führen wir die beiden erweiterten Vektoren

$$\begin{aligned} \boldsymbol{x}^{(g)} \; &:= \; (x_0, x_2, x_4, \ldots, x_n, x_{n+2})^T \in \mathbb{R}^{m+2}, \\ \boldsymbol{x}^{(u)} \; &:= \; (x_1, x_3, x_5, \ldots, x_{n-1}, x_{n+1})^T \in \mathbb{R}^{m+1} \end{aligned}$$

ein. Dann lautet (2.140)

$$\boldsymbol{x}^{(u)} = (\boldsymbol{c}^{(u)} \otimes \boldsymbol{x}^{(g)} + \boldsymbol{b}^{(u)} \otimes \boldsymbol{x}_{+1}^{(g)} - \boldsymbol{d}^{(u)}) \otimes \boldsymbol{r}. \tag{2.141}$$

Hier weisen alle Vektoroperationen die gleiche Länge $(m+1)$ auf, und es gehen entsprechende

Teilvektoren von $\boldsymbol{x}^{(g)}$ in die Rechnung ein. Der Rechenaufwand für diesen Schritt beläuft sich auf $3(m+1)$ Multiplikationen und $2(m+1)$ Additionen, zusammen also rund $5m$ flops.

Wir halten fest, dass der Reduktionsschritt und die Berechnung der eliminierten Unbekannten insgesamt einen Rechenaufwand von etwa $18m$ flops erfordert.

Ist m wieder eine gerade Zahl, so kann der Prozess der Reduktion auf das erste reduzierte tridiagonale Gleichungssystem analog weitergeführt werden. Ist im besonderen $n = 2^q$, $q \in \mathbb{N}^*$, so endet die zyklische Reduktion nach q Schritten mit einem Gleichungssystem mit der einzigen Unbekannten x_n, die jetzt trivialerweise berechnet werden kann. Jetzt setzt der Prozess der Rücksubstitution ein, welcher sukzessive die Unbekannten liefert. Da jeder weitere Reduktionsschritt und das Rückwärtsrechnen den halben Rechenaufwand im Vergleich zum vorangehenden erfordert, ergibt die Summation im Fall $n = 2^q$ einen Rechenaufwand von insgesamt rund $18n$ flops. Im Vergleich dazu benötigt der Gauß-Algorithmus (2.113), (2.114), (2.115) etwa $8n$ arithmetische Operationen, so dass der Aufwand der vektorisierbaren Methode der zyklischen Reduktion etwa 2.25mal größer ist.

Eine effiziente Implementierung des Algorithmus auf einem Vektorrechner erfordert eine sehr geschickte Datenstruktur derart, dass die Komponenten der zu verarbeitenden Vektoren entweder aufeinanderfolgend oder wenigstens nur mit einer Indexdifferenz zwei angeordnet sind. Zudem sind auch die sehr spezifischen Eigenschaften des Vektorrechners zu beachten und geeignet auszunutzen, um eine Verkürzung der Rechenzeit im Vergleich zur skalaren Ausführung zu erreichen. Auch kann es nötig sein, Modifikationen am Prozess vorzunehmen, um speziellen Gegebenheiten des Rechners gerecht zu werden [Reu 88]. Weiter ist zu beachten, dass die Längen der Vektoroperationen im Prozess der zyklischen Reduktion wie eine geometrische Folge rasch abnehmen. Es ist deshalb sinnvoll, den Prozess abzubrechen, sobald die Ordnung des letzten reduzierten tridiagonalen Gleichungssystems eine vom Rechner abhängige kritische Grenze unterschritten hat, für welche die Lösung des Systems mit dem Gauß-Algorithmus in skalarer Weise schneller ist als die weitere vektorielle Bearbeitung.

Tridiagonale Gleichungssysteme auf Parallelrechnern

Um tridiagonale lineare Gleichungssysteme auf einem *Parallelrechner* mit mehreren Recheneinheiten effizient zu lösen, sind andere Methoden entwickelt worden. Das Prinzip dieser *Divide-and-Conquer-Methoden* besteht darin, das gegebene Problem in einem ersten Schritt in Teilprobleme zu zerlegen, welche unabhängig voneinander, d.h. parallel auf den einzelnen Recheneinheiten, gelöst werden können, um schließlich die Teillösungen zur Gesamtlösung des gegebenen Problems zusammenzusetzen.

Eine erste Idee solcher Divide-and-Conquer-Methoden geht auf Van der Vorst [vdV 87a, vdV 87b] zurück unter der Annahme, dass der Parallelrechner zwei Recheneinheiten besitze. Anstelle der LR-Zerlegung (2.111) der tridiagonalen Matrix $\boldsymbol{A}$ kann sie ebenso gut auf Grund einer RQ-Zerlegung in das Produkt von zwei Matrizen $\boldsymbol{R}$ und $\boldsymbol{Q}$ zerlegt werden, wobei je zwei Untermatrizen von $\boldsymbol{R}$ und $\boldsymbol{Q}$ *bidiagonal* sind.

Im Fall $n = 8$ lautet der Ansatz [Bon 91]

$$\boldsymbol{R} := \begin{pmatrix} 1 & & & & & & & \\ r_2 & 1 & & & & & & \\ & r_3 & 1 & & & & & \\ & & r_4 & 1 & r_5 & & & \\ & & & & 1 & r_6 & & \\ & & & & & 1 & r_7 & \\ & & & & & & 1 & r_8 \\ & & & & & & & 1 \end{pmatrix}, \quad \boldsymbol{Q} := \begin{pmatrix} q_1 & b_1 & & & & & & \\ & q_2 & b_2 & & & & & \\ & & q_3 & b_3 & & & & \\ & & & q_4 & & & & \\ & & & c_5 & q_5 & & & \\ & & & & c_6 & q_6 & & \\ & & & & & c_7 & q_7 & \\ & & & & & & c_8 & q_8 \end{pmatrix}. \tag{2.142}$$

Aus der Bedingung $\boldsymbol{A} = \boldsymbol{RQ}$ ergeben sich folgende wesentliche Bedingungsgleichungen für die unbekannten Nebendiagonalelemente von $\boldsymbol{R}$ und für die Diagonalelemente von $\boldsymbol{Q}$:

$$\begin{array}{ll} q_1 = a_1; & \\ r_2 q_1 = c_2, & r_2 b_1 + q_2 = a_2; \\ r_3 q_2 = c_3, & r_3 b_2 + q_3 = a_3; \\ r_4 q_3 = c_4, & r_4 b_3 + q_4 + r_5 c_5 = a_4; \\ \hline & r_5 q_5 = b_4; \\ q_5 + r_6 c_6 = a_5, & r_6 q_6 = b_5; \\ q_6 + r_7 c_7 = a_6, & r_7 q_7 = b_6; \\ q_7 + r_8 c_8 = a_7, & r_8 q_8 = b_7; \\ q_8 = a_8. & \end{array} \tag{2.143}$$

Aus (2.143) lassen sich aus dem ersten Satz von Gleichungen sukzessive die Matrixelemente q_1, r_2, q_2, r_3, q_3, r_4 vollständig berechnen, während sich die Elemente q_8, r_8, q_7, r_7, q_6, r_6, q_5, r_5 in absteigender Reihenfolge bestimmen. Dann kann noch der letzte Wert q_4 berechnet werden. Die RQ-Zerlegung kann unter der vereinfachenden Annahme, dass $n = 2m$, $m \in \mathbb{N}^*$ gilt, wie folgt zusammengefasst werden:

$$\boxed{\begin{array}{l} q_1 = a_1 \\ \text{für } i = 2, 3, \ldots, m: \\ \quad r_i = c_i / q_{i-1} \\ \quad q_i = a_i - r_i \times b_{i-1} \end{array}} \tag{2.144}$$

$$\boxed{\begin{array}{l} q_n = a_n \\ \text{für } i = n-1, n-2, \ldots, m+1: \\ \quad r_{i+1} = b_i / q_{i+1} \\ \quad q_i = a_i - r_{i+1} \times c_{i+1} \\ r_{m+1} = b_m / q_{m+1} \end{array}} \tag{2.145}$$

$$\boxed{q_m = q_m - c_{m+1} \times r_{m+1}} \tag{2.146}$$

Die Rechenschritte (2.144) und (2.145) sind unabhängig voneinander auf zwei verschiedenen Recheneinheiten durchführbar, wobei beiden Prozessoren die gleiche Arbeitslast zugeteilt wird. Die Zerlegung wird durch (2.146) vervollständigt, wobei das Teilresultat q_m aus (2.144) und der Wert r_{m+1} aus (2.145) verwendet werden.

Für ungerades $n = 2m + 1, m \in \mathbb{N}^*$, kann die RQ-Zerlegung analog mit Untermatrizen der Ordnungen m und $(m+1)$ in der Diagonale von $\boldsymbol{R}$ und $\boldsymbol{Q}$ durchgeführt werden. In [Bon 91] wird die Existenz der RQ-Zerlegung für diagonal dominante tridiagonale Matrizen gezeigt. Die RQ-Zerlegung existiert auch für symmetrische, positiv definite Matrizen oder für so genannte M-Matrizen [vdV 87a, vdV 87b].

Der Rechenaufwand der RQ-Zerlegung setzt sich aus je $(n-1)$ Divisionen, Multiplikationen und Additionen zusammen und entspricht somit demjenigen einer LR-Zerlegung.

Auf Grund der RQ-Zerlegung der tridiagonalen Matrix $\boldsymbol{A}$ geht das gegebene Gleichungssystem $\boldsymbol{Ax} = \boldsymbol{d}$ über in $\boldsymbol{RQx} = \boldsymbol{d}$. Die Lösung $\boldsymbol{x}$ berechnet sich aus den beiden sukzessive zu lösenden Systemen

$$\boldsymbol{Ry} = \boldsymbol{d}, \qquad \boldsymbol{Qx} = \boldsymbol{y}. \tag{2.147}$$

Wegen der besonderen Struktur von $\boldsymbol{R}$ ist eine Vorwärts- und Rücksubstitution für je einen Teil der Komponenten von $\boldsymbol{y}$ auszuführen.

$$\boxed{\begin{array}{l|l} y_1 = d_1 & y_n = d_n \\ \text{für } i = 2, 3, \ldots, m-1: & \text{für } i = n-1, n-2, \ldots, m+1: \\ \quad y_i = d_i - r_i \times y_{i-1} & \quad y_i = d_i - r_{i+1} \times y_{i+1} \end{array}} \tag{2.148}$$

Aus der m-ten Gleichung

$$r_m y_{m-1} + y_m + r_{m+1} y_{m+1} = d_m$$

ergibt sich mit den aus den beiden Teilprozessen bekannten Werten y_{m-1} und y_{m+1} noch

$$\boxed{y_m = d_m - r_m \times y_{m-1} - r_{m-1} \times y_{m+1}.} \tag{2.149}$$

Die Rücksubstitution des Gauß-Algorithmus wird ersetzt durch die Rück- und Vorwärtssubstitution für je einen Teil der Unbekannten x_i, sobald die Unbekannte x_m als gemeinsamer Startwert für diese beiden Prozesse als Lösung der trivialen m-ten Gleichung von $\boldsymbol{Qx} = \boldsymbol{y}$ vorliegt.

$$\boxed{x_m = y_m / q_m} \tag{2.150}$$

$$\boxed{\begin{array}{l|l} \text{für} \quad i = m-1, m-2, \ldots, 1: & \text{für} \quad i = m+1, m+2, \ldots, n: \\ \qquad x_i = (y_i - b_i \times x_{i+1})/q_i & \qquad x_i = (y_i - c_i \times x_{i-1})/q_i \end{array}} \tag{2.151}$$

Die Lösung der beiden Systeme (2.147) geschieht wiederum durch je zwei weitgehend unabhängige Prozesse, wobei der Rechenaufwand mit n Divisionen und je $(2n-2)$ Multiplikationen und Additionen gleich demjenigen der Vorwärts- und Rücksubstitution des Gauß-Algorithmus ist. Die Parallelisierung ist also mit keiner Erhöhung der Zahl der arithmetischen Operationen verbunden. Zudem bestätigen Experimente auf Parallelrechnern mit zwei

Prozessoren, dass diese in der Tat optimal eingesetzt werden können und sich die Rechenzeit halbiert [Bon 91]. Die numerische Stabilität des Verfahrens der RQ-Zerlegung ist für eine Klasse von tridiagonalen Gleichungssystemen gleich derjenigen des Gauß-Algorithmus [vdV 87a, vdV 87b].

Die bestechend einfache Idee der Zerlegung lässt sich leider nicht in dem Sinn verallgemeinern, dass eine feinere Aufteilung in mehr Teilaufgaben und damit eine höhere Parallelisierung erzielt werden kann. Falls überdies die Prozessoren des Parallelrechners auch Vektorarithmetik anbieten, so kann davon kein direkter Gebrauch gemacht werden, weil die einzelnen Teilprozesse rekursiven Charakter haben und in dieser Form nicht vektorisierbar sind.

Um die Auflösung von großen tridiagonalen Gleichungssystemen auf mehr als zwei Recheneinheiten verteilen zu können, sind verschiedene Methoden entwickelt worden. Wir behandeln die *Odd-Even-Eliminationsmethode* (Odd-Even Reduction), welche dem Divide-and-Conquer-Konzept entspricht. Die Anzahl $n = 2m, m \in \mathbb{N}^*$, der Unbekannten sei gerade. In einem vorbereitenden Schritt werden im gegebenen linearen Gleichungssystem (2.133) die Gleichungen und die Unbekannten so vertauscht, dass zuerst jene mit ungeraden Indizes und dann jene mit geraden Indizes aufgeschrieben werden. Im Fall $n = 8$ erhält das Gleichungssystem die folgende Gestalt:

$$
\begin{array}{|cccccccc|c|}
x_1 & x_3 & x_5 & x_7 & x_2 & x_4 & x_6 & x_8 & 1 \\
\hline
a_1 & & & & b_1 & & & & d_1 \\
& a_3 & & & c_3 & b_3 & & & d_3 \\
& & a_5 & & & c_5 & b_5 & & d_5 \\
& & & a_7 & & & c_7 & b_7 & d_7 \\
\hline
c_2 & b_2 & & & a_2 & & & & d_2 \\
& c_4 & b_4 & & & a_4 & & & d_4 \\
& & c_6 & b_6 & & & a_6 & & d_6 \\
& & & c_8 & & & & a_8 & d_8 \\
\hline
\end{array}
\qquad (2.152)
$$

Mit der zugehörigen Permutationsmatrix $\boldsymbol{P} \in \mathbb{R}^{n,n}$ geht das gegebene Gleichungssystem $\boldsymbol{Ax} = \boldsymbol{d}$ über in $\boldsymbol{PAP}^T(\boldsymbol{Px}) = \boldsymbol{Pd}$, wobei die zeilen- und spaltenpermutierte Matrix $\boldsymbol{PAP}^T$ die spezielle Blockstruktur

$$
\boldsymbol{PAP}^T = \begin{pmatrix} \boldsymbol{A}_1 & \boldsymbol{B} \\ \boldsymbol{C} & \boldsymbol{A}_2 \end{pmatrix} \qquad (2.153)
$$

aufweist, in der $\boldsymbol{A}_1, \boldsymbol{A}_2 \in \mathbb{R}^{m,m}$ je Diagonalmatrizen, $\boldsymbol{B}$ eine untere bidiagonale und $\boldsymbol{C}$ eine obere bidiagonale $(m \times m)$-Matrix sind. Bezeichnen wir weiter mit

$$\begin{aligned}
\boldsymbol{y}_1 &:= \begin{pmatrix} x_1 \\ x_3 \\ \vdots \\ x_{n-1} \end{pmatrix}, \quad \boldsymbol{y}_2 := \begin{pmatrix} x_2 \\ x_4 \\ \vdots \\ x_n \end{pmatrix}, \\
\boldsymbol{v}_1 &:= \begin{pmatrix} d_1 \\ d_3 \\ \vdots \\ d_{n-1} \end{pmatrix}, \quad \boldsymbol{v}_2 := \begin{pmatrix} d_2 \\ d_4 \\ \vdots \\ d_n \end{pmatrix} \in \mathbb{R}^m
\end{aligned} \tag{2.154}$$

die Teilvektoren, so gelten die Beziehungen

$$\boldsymbol{A}_1\boldsymbol{y}_1 + \boldsymbol{B}\,\boldsymbol{y}_2 = \boldsymbol{v}_1, \tag{2.155}$$

$$\boldsymbol{C}\,\boldsymbol{y}_1 + \boldsymbol{A}_2\boldsymbol{y}_2 = \boldsymbol{v}_2. \tag{2.156}$$

Für diagonal dominante oder symmetrische, positiv definite Matrizen $\boldsymbol{A}$ sind $\boldsymbol{A}_1$ und $\boldsymbol{A}_2$ regulär, so dass aus (2.155) und (2.156) folgen

$$\boldsymbol{y}_1 = \boldsymbol{A}_1^{-1}\boldsymbol{v}_1 - \boldsymbol{A}_1^{-1}\boldsymbol{B}\,\boldsymbol{y}_2, \qquad \boldsymbol{y}_2 = \boldsymbol{A}_2^{-1}\boldsymbol{v}_2 - \boldsymbol{A}_2^{-1}C\,\boldsymbol{y}_1. \tag{2.157}$$

Wir setzen $\boldsymbol{y}_2$ aus (2.157) in (2.155) und $\boldsymbol{y}_1$ aus (2.157) in (2.156) ein und erhalten

$$(\boldsymbol{A}_1 - \boldsymbol{B}\,\boldsymbol{A}_2^{-1}\boldsymbol{C})\boldsymbol{y}_1 = (\boldsymbol{v}_1 - \boldsymbol{B}\,\boldsymbol{A}_2^{-1}\boldsymbol{v}_2), \tag{2.158}$$

$$(\boldsymbol{A}_2 - \boldsymbol{C}\,\boldsymbol{A}_1^{-1}\boldsymbol{B})\boldsymbol{y}_2 = (\boldsymbol{v}_2 - \boldsymbol{C}\,\boldsymbol{A}_1^{-1}\boldsymbol{v}_1). \tag{2.159}$$

(2.158) ist ein Gleichungssystem für die m Unbekannten $x_1, x_3, \ldots, x_{n-1}$, und (2.159) eines für die m Unbekannten $x_2, x_4, \ldots, x_n$. Die Matrizen

$$\boldsymbol{A}_1^{(1)} := \boldsymbol{A}_1 - \boldsymbol{B}\,\boldsymbol{A}_2^{-1}\boldsymbol{C}, \qquad \boldsymbol{A}_2^{(1)} := \boldsymbol{A}_2 - \boldsymbol{C}\,\boldsymbol{A}_1^{-1}\boldsymbol{B} \tag{2.160}$$

sind wieder tridiagonal, weil das Produkt einer unteren und einer oberen Bidiagonalmatrix eine Tridiagonalmatrix ergibt. Diese beiden tridiagonalen Gleichungssysteme in je $n/2$ Unbekannten können unabhängig voneinander in paralleler Weise auf zwei Prozessoren gelöst werden, womit die Zielsetzung der Divide-and-Conquer-Methode erreicht ist. Mit

$$\boldsymbol{A}_1^{(1)} := \begin{pmatrix} a_1^{(1)} & b_1^{(1)} & & & \\ c_3^{(1)} & a_3^{(1)} & b_3^{(1)} & & \\ & c_5^{(1)} & a_5^{(1)} & b_5^{(1)} & \\ & & \ddots & \ddots & \ddots \\ & & & c_{n-1}^{(1)} & a_{n-1}^{(1)} \end{pmatrix},$$

$$\boldsymbol{d}_1^{(1)} := \boldsymbol{v}_1 - \boldsymbol{B}\boldsymbol{A}_2^{-1}\boldsymbol{v}_2 = \begin{pmatrix} d_1^{(1)} \\ d_3^{(1)} \\ d_5^{(1)} \\ \vdots \\ d_{n-1}^{(1)} \end{pmatrix}$$

und analog für $\boldsymbol{A}_2^{(1)}$ und $\boldsymbol{d}_2^{(1)}$ mit den geradzahlig indizierten Koeffizienten lauten die beiden tridiagonalen Gleichungssysteme

$$A_1^{(1)} y_1 = d_1^{(1)}, \qquad A_2^{(1)} y_2 = d_2^{(1)}. \tag{2.161}$$

Die Matrix- und Vektorelemente von $A_1^{(1)}$ und $d_1^{(1)}$ sind gegeben durch

$$\left.\begin{aligned} a_i^{(1)} &= a_i - b_{i-1}c_i/a_{i-1} - b_i c_{i+1}/a_{i+1} \\ b_i^{(1)} &= -b_i b_{i+1}/a_{i+1}, \quad c_i^{(1)} = -c_{i-1}c_i/a_{i-1} \\ d_i^{(1)} &= d_i - d_{i-1}c_i/a_{i-1} - b_i d_{i+1}/a_{i+1} \end{aligned}\right\} \quad i = 1, 3, \ldots, n-1,$$

falls man die zusätzlichen Werte $a_0 = 1$, $b_0 = b_n = c_0 = c_1 = d_0 = 0$ festlegt. Diese Formeln sind identisch mit jenen von (2.136), welche für das zweite System von (2.161) gültig bleiben, falls noch die weiteren Werte $a_{n+1} = 1, b_{n+1} = c_{n+1} = d_{n+1} = 0$ vereinbart werden. Wie im Abschnitt 2.4.2 beschrieben ist, kann die Berechnung der Koeffizienten der Systeme (2.161) vektorisiert und für die ungeraden und geraden Indexwerte unabhängig voneinander parallel auf zwei Prozessoren ausgeführt werden.

Die beiden Gleichungssysteme (2.161) können aber auf die gleiche Weise in je zwei Teilprobleme aufgeteilt werden, und diese Aufteilung kann so oft wiederholt werden, bis entweder ein bestimmter Grad der Parallelisierung erreicht ist oder die Teilprobleme keine weitere Aufspaltung mehr zulassen. Da bei diesem Vorgehen die Zahl der Teilprobleme sukzessive verdoppelt wird, spricht man vom *Prinzip der rekursiven Verdoppelung*. Das Prinzip ist in Abb. 2.4 anhand der Baumstruktur veranschaulicht.

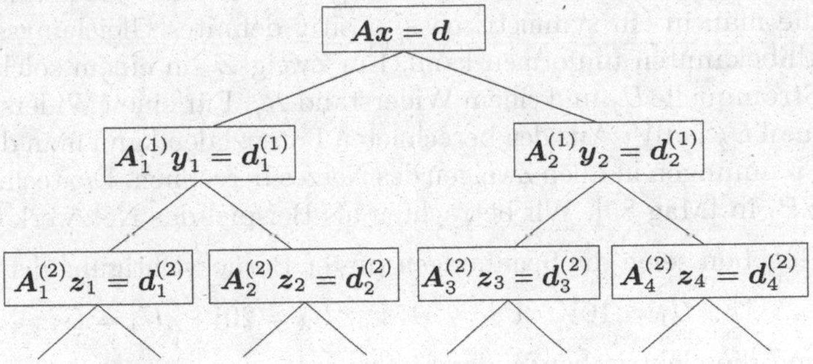

Abb. 2.4 Prinzip der rekursiven Verdoppelung.

Sind nach genügend vielen Verdoppelungsschritten die Lösungen der vielen kleinen tridiagonalen Teilgleichungssysteme berechnet, dann sind die Teillösungen nur noch durch eine einfache Umordnung zur Gesamtlösung zusammenzusetzen.

Ist im speziellen $n = 2^p, p \in \mathbb{N}^*$, so kann die rekursive Verdoppelung p mal fortgesetzt werden, so dass am Schluss nur noch je eine Gleichung für eine Unbekannte übrig bleibt, aus der die betreffende Unbekannte resultiert. Der Rechenaufwand an arithmetischen Operationen beträgt $(4np - 4n + 4)$ Additionen, $(6np - 8n + 8)$ Multiplikationen und $(2np - n + 2)$ Divisionen [Bon 91]. Für den Odd-Even-Eliminationsalgorithmus ist in [Bon 91] ein MATLAB-Programm angegeben und es werden auch Varianten der Methode diskutiert.

Zur Parallelisierung der Lösung von tridiagonalen Gleichungssystemen sind zahlreiche andere Methoden und davon abgeleitete Varianten entwickelt worden. Zu erwähnen wäre das *Verfahren von Stone* [Bon 91, Hoc 88, Sto 73, Sto 75], welches darauf beruht, die rekursiven Formeln des Gauß-Algorithmus in lineare Differenzengleichungen zweiter Ordnung zu transformieren, die sodann mit der Methode der zyklischen Reduktion gelöst werden. Soll die Behandlung des Problems auf eine bestimmte Zahl p von Prozessoren aufgeteilt werden, so eignen sich *Partitionsverfahren* gut. Nach dem Vorschlag von *Wang* [Wan 81] wird die tridiagonale Matrix $\boldsymbol{A}$ längs der Diagonale in p etwa gleich große Blöcke unterteilt. Zuerst werden in jedem Diagonalblock die Elemente der unteren Nebendiagonale eliminiert und anschließend diejenigen der oberen Nebendiagonale. In zwei weiteren Schritten wird die Matrix auf obere Dreiecksgestalt und schließlich auf Diagonalform gebracht, so dass jetzt die Lösung berechnet werden kann. Alle Operationen sind parallel ausführbar. Für Details vergleiche man etwa [Bon 91, Fro 90, Ort 88]. Das Verfahren hat in den letzten Jahren verschiedene Erweiterungen erfahren zur GECR-Methode [Joh 87] der Wraparound-Partitionierungsmethode [Heg 91] und Verfeinerungen der Divide-and-Conquer-Methoden [Bon 91].

2.5 Anwendungen

Schaltkreistheorie

Auf Grund der Gesetze von Kirchhoff und Ohm ergeben sich für ein Netzwerk von elektrischen Verbindungen mit Spannungsquellen und Widerständen verschiedene Beziehungen, die man in ein symmetrisches, positiv definites Gleichungssystem mit den Potenzialen als Unbekannten umformen kann. Ein Zweig Z_j in einem solchen Netzwerk besteht aus einer Stromquelle U_j und einem Widerstand R_j. Für einen Widerstand R_j ohne Stromquelle setzt man $U_j = 0V$. Aus den berechneten Potenzialen kann man dann auch die Stromstärken und Spannungen in allen Zweigen des Netzes berechnen. Die technischen Einzelheiten findet man z.B. in [Mag 85]. Wir betrachten als Beispiel das Netzwerk der Abb. 2.5.

Gegeben seien die Spannungen (unter Berücksichtigung der Polung)

$$U_1 = 10V, \quad U_2 = -15V, \quad U_3 = 20V, \quad U_4 = U_5 = U_6 = 0V$$

und die elektrischen Widerstände

$$R_1 = R_2 = \cdots = R_6 = 10\Omega.$$

Jetzt stellt man die Inzidenzmatrix $\boldsymbol{T} = (t_{ij}) \in \mathbb{R}^{4,6}$ auf, in der für jeden Knoten K_i der Beginn eines Zweiges (Z_j) mit -1 und das Ende eines Zweiges mit $+1$ gekennzeichnet wird, also für unser Beispiel:

$$\boldsymbol{T} = \begin{pmatrix} 1 & 0 & -1 & -1 & 0 & 0 \\ 0 & -1 & 0 & 1 & 0 & 1 \\ -1 & 1 & 0 & 0 & 1 & 0 \\ 0 & 0 & 1 & 0 & -1 & -1 \end{pmatrix}.$$

Dann wird die Inverse der Diagonalmatrix der Widerstände aufgestellt:

$$\boldsymbol{R}^{-1} := \operatorname{diag}(R_1^{-1}, \cdots, R_6^{-1}) = \operatorname{diag}(0.1, \cdots, 0.1), \quad \boldsymbol{R}^{-1} \in \mathbb{R}^{6,6}.$$

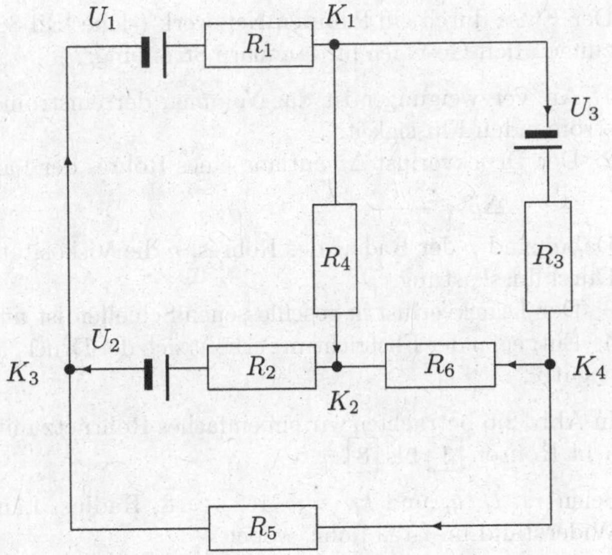

Abb. 2.5 Stromkreis mit vier Knoten und sechs Zweigen.

Wenn man mit den Gesetzen von Kirchhoff und Ohm die Ströme berechnet, die im Stromkreis fließen, erhält man ein lineares Gleichungssystem mit den Potenzialen P_j in den Knoten K_j als Unbekannten. Die Matrix des gesuchten Gleichungssystems ergibt sich aus

$$\boldsymbol{B} = \boldsymbol{T} \cdot \boldsymbol{R}^{-1} \cdot \boldsymbol{T}^T,$$

indem man für den Bezugspunkt, hier Knoten K_4, das Potenzial null setzt und die entsprechende Zeile und Spalte der Matrix $\boldsymbol{B}$ streicht. Das ergibt

$$\boldsymbol{A} = \begin{pmatrix} 0.3 & -0.1 & -0.1 \\ -0.1 & 0.3 & -0.1 \\ -0.1 & -0.1 & 0.3 \end{pmatrix}.$$

Mit $\boldsymbol{U} := (U_1, \ldots, U_6)^T$ ergibt sich die rechte Seite als $\boldsymbol{b} = -\boldsymbol{T}\boldsymbol{R}^{-1}\boldsymbol{U}$ mit anschließender Streichung der letzten Komponente:

$$\boldsymbol{b} = (1.0, -1.5, 2.5)^T.$$

Entsprechend kann man bei komplizierteren Netzen vorgehen. Es ist auch leicht möglich, ein Programm zur Konstruktion solcher Netze (z.B. im Dialog) mit Lösung der entstehenden Gleichungssysteme zu schreiben. Die Matrix muss dabei symmetrisch und positiv definit werden, sonst hat man etwas falsch gemacht, z.B. einen Widerstand null gesetzt.

Die Lösung des Gleichungssystems sind die Potenziale $P_1 = 7.5V$, $P_2 = 1.25V$, $P_3 = 11.25V$; das Bezugs-Potenzial ist $P_4 = 0V$. Verschiedene Spannungen U_j für dasselbe Netz ergeben ein Gleichungssystem mit mehreren rechten Seiten.

Fluss durch ein Rohrnetz mit Pumpe

Der Fluss durch ein Pumpen-Netzwerk (siehe [Hil 88]) gehorcht unter gewissen Voraussetzungen den Gesetzen für laminare Strömung:

1. An Verzweigungen ist das Volumen der einströmenden Flüssigkeit gleich dem der ausströmenden Flüssigkeit.
2. Der Druckverlust Δp entlang eines Rohres der Länge l ist gegeben als
$$\Delta p = \frac{8\eta l}{\pi r^4}\, q.$$
Dabei sind r der Radius des Rohres, η die Viskosität der Flüssigkeit und q die unbekannte Durchflussleistung.
3. Der Druckverlust in geschlossenen Schleifen ist null.
4. Entgegen der Fließrichtung erhöht sich der Druck, also ist der entsprechende Druckverlust negativ.

In Abb. 2.6 betrachten wir ein einfaches Rohrnetz mit drei Verzweigungen **A**, **B** und **C** und acht Rohren $\boxed{\mathbf{1}}$ bis $\boxed{\mathbf{8}}$.

Seien r_i, l_i, q_i und k_i, $i = 1, 2, \ldots, 8$, Radius, Länge, Durchflussleistung und effektiver Widerstand im i-ten Rohr, wobei
$$k_i := \frac{8\eta l_i}{\pi r_i^4}.$$
Die Zisterne in Abb. 2.6 ist ein Flüssigkeitsreservoir, welches das Pumpennetzwerk mit neuer Flüssigkeit versorgt; die Zisterne ist ausreichend gefüllt. Dann kann man das Pumpennetzwerk als einen geschlossenen Flüssigkeitskreislauf betrachten. Dabei wird neben der Pumpe **P** auch die Zisterne **Z** zu einem Verzweigungsknoten. Außerdem muß man sich die Abflüsse des Pumpennetzwerks mit der Zisterne verbunden denken. Unter diesen Voraussetzungen gilt $q_1 = q_8$.

Es entstehen die inneren Schleifen **PAZP**, **AZBA**, **BZCB** und **CZC**. In der Schleife **PAZP** baut die Pumpe einen Druck P auf. Weitere Schleifen liefern zusätzliche, aber redundante Gleichungen, die nicht berücksichtigt werden müssen. Die Anwendung der Gesetze für laminare Strömung unter Beachtung von $q_1 = q_8$ ermöglicht die Aufstellung eines Systems von sieben linearen Gleichungen für die Unbekannten q_i:

$$\begin{array}{rcrcrcrcrcrcrcl}
q_1 & - & q_2 & - & q_3 & & & & & & & & & = & 0 \\
 & & & & q_3 & - & q_4 & - & q_5 & & & & & = & 0 \\
 & & & & & & q_4 & & & - & q_6 & - & q_7 & = & 0 \\
(k_1+k_8)q_1 & + & k_2q_2 & & & & & & & & & & & = & P \\
 & & k_2q_2 & - & k_3q_3 & & & - & k_5q_5 & & & & & = & 0 \\
 & & & & & - & k_4q_4 & + & k_5q_5 & & & - & k_7q_7 & = & 0 \\
 & & & & & & & & & & k_6q_6 & - & k_7q_7 & = & 0
\end{array}$$

Dabei ist P die Druckerhöhung durch die Pumpe **P**. Für die Zahlenwerte $P = 350\,000$, $\eta = 0.015$, $r_i \equiv r = 0.06$ und $l_i = (2, 21, 3, 4, 6, 10, 6, 34)$ lässt sich das System mit dem Gauß-Algorithmus lösen. Die auf vier wesentliche Stellen gerundeten Ergebnisse lauten: $q_1 = q_8 = 2.904$, $q_2 = 0.6768$, $q_3 = 2.227$, $q_4 = 0.9718$, $q_5 = 1.255$, $q_6 = 0.3644$, $q_7 = 0.6074$.

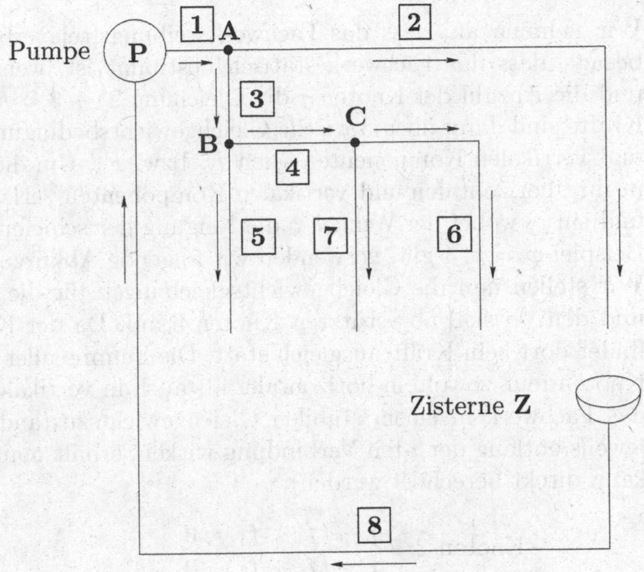

Abb. 2.6 Fluß durch ein Pumpennetzwerk.

Ebenes Fachwerk

Die Berechnung der Kräfte in einem ebenen Fachwerk führt unter gewissen Voraussetzungen auf ein System von linearen Gleichungen in Bandform, da für jeden Knoten im Fachwerk nur Beziehungen zu den Nachbarknoten berücksichtigt werden. Die Bandbreite hängt von der Nummerierung der Knoten ab. Wir wollen ein Beispiel mit sechs Knoten durchrechnen, das in Abb. 2.7 dargestellt ist.

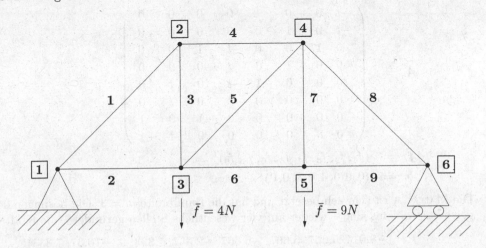

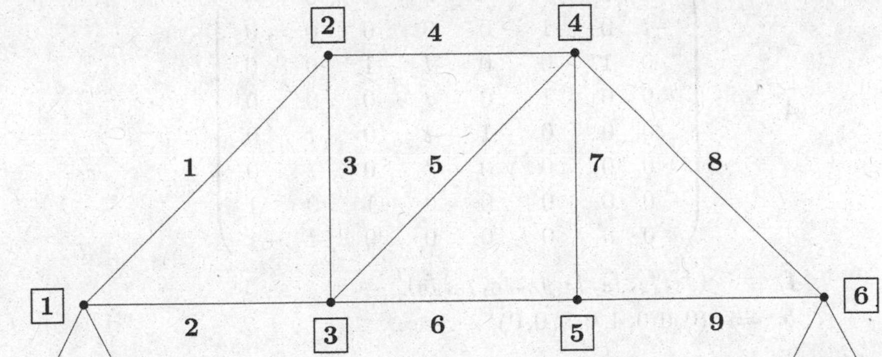

Abb. 2.7 Ein ebenes Fachwerk mit sechs Knoten.

Wir nehmen an, dass das Fachwerk reibungsfrei verbunden ist. Ein Satz der Mechanik besagt, dass das Fachwerk statisch bestimmt ist, wenn die Anzahl der Verbindungen m und die Anzahl der Knoten j die Gleichung $2j - 3 = m$ erfüllen; das ist hier der Fall. Die Kräfte sind dann über statische Gleichgewichtsbedingungen determiniert. Ihre horizontalen und vertikalen Komponenten seien F_x bzw. F_y. Um die Kräfte über schiefe Verbindungen in ihre horizontalen und vertikalen Komponenten zerlegen zu können, benötigt man $\cos\varphi$ und $\sin\varphi$, wobei der Winkel φ die Neigung der schiefen Komponente angibt. Da in diesem Beispiel $\varphi = \pi/4$ gilt, verwenden wir folgende Abkürzung: $t := \sin\pi/4 = \cos\pi/4 = 1/\sqrt{2}$. Wir stellen nun die Gleichgewichtsgleichungen für die nicht abgestützten Knoten 2 bis 5 und den vertikal abgestützten Knoten 6 auf. Da der Knoten 1 vollständig abgestützt ist, findet dort kein Kräfteausgleich statt. Die Summe aller Kräfte in einem nicht abgestützten Knoten muß sowohl in horizontaler als auch in vertikaler Richtung gleich null sein, da sich das Fachwerk in einem stabilen Gleichgewichtszustand befindet. Mit den Kräften f_i, die jeweils entlang der i-ten Verbindung wirken, erhält man folgende Gleichungen (beachte: f_7 kann direkt berechnet werden):

$$
\begin{array}{ll}
\text{Knoten 2:} & \left\{\begin{array}{ll} -tf_1 + f_4 & = 0 \\ -tf_1 - f_3 & = 0 \end{array}\right. \\
\text{Knoten 3:} & \left\{\begin{array}{ll} f_2 - tf_5 - f_6 & = 0 \\ f_3 + tf_5 - 4 & = 0 \end{array}\right. \\
\text{Knoten 4:} & \left\{\begin{array}{ll} -f_4 - tf_5 + tf_8 & = 0 \\ -tf_5 - f_7 - tf_8 & = 0 \end{array}\right. \\
\text{Knoten 5:} & \left\{\begin{array}{ll} -f_6 + f_9 & = 0 \\ f_7 - 9 & = 0 \end{array}\right. \\
\text{Knoten 6:} & \left\{\begin{array}{ll} -tf_8 - f_9 & = 0 \end{array}\right.
\end{array}
$$

Wenn die Kraft f_7, die direkt ausgerechnet werden kann, weggelassen wird, lassen sich die Gleichgewichtskräfte als Lösungen des linearen Gleichungssystems $\boldsymbol{A}\tilde{\boldsymbol{f}} = \boldsymbol{b}$ darstellen mit

$$
\begin{aligned}
\boldsymbol{A} &= \begin{pmatrix}
-t & 0 & 0 & 1 & 0 & 0 & 0 & 0 \\
-t & 0 & -1 & 0 & 0 & 0 & 0 & 0 \\
0 & 1 & 0 & 0 & -t & -1 & 0 & 0 \\
0 & 0 & 1 & 0 & t & 0 & 0 & 0 \\
0 & 0 & 0 & -1 & -t & 0 & t & 0 \\
0 & 0 & 0 & 0 & -t & 0 & -t & 0 \\
0 & 0 & 0 & 0 & 0 & -1 & 0 & 1 \\
0 & 0 & 0 & 0 & 0 & 0 & -t & -1
\end{pmatrix} \\
\tilde{\boldsymbol{f}} &= (f_1, f_2, f_3, f_4, f_5, f_6, f_8, f_9)^T \\
\boldsymbol{b} &= (0, 0, 0, 4, 0, 9, 0, 0)^T.
\end{aligned}
$$

Die Matrix $\boldsymbol{A}$ ist schwach besetzt und hat die Bandbreite $m = 3$. Die Lösungen des Gleichgewichtsproblems sind – wieder auf vier wesentliche Stellen gerundet – die Kräfte

$$\boldsymbol{f} = (-8.014,\ 5.667,\ 5.667,\ -5.667,\ -2.357,\ 7.333,\ 9,\ -10.37,\ 7.333)^T.$$

Dabei ist $\boldsymbol{f}$ um die direkt berechnete Kraft f_7 ergänzt worden.

2.6 Software

Historische Quelle aller Software zur numerischen linearen Algebra ist das Handbuch von Wilkinson und Reinsch, [Wil 86], das bezüglich übersichtlicher Programmierung und umfassender Dokumentation Maßstäbe setzt. Es ist insofern ein frühes (erstes) Template, siehe Abschnitt 5.9. Die Algorithmen dieses Bandes, seine ALGOL-Programme und seine Vorgehensweise bei Erstellung und Dokumentation eines Programmpaketes sind Grundlage der FORTRAN-Bibliotheken LINPACK [Don 79] zur Lösung von linearen Gleichungssystemen und EISPACK [Smi 88] zur Lösung von Matrix-Eigenwertproblemen, die in Kapitel 5 behandelt werden. Diese Bibliotheken haben ihrerseits Eingang in die wichtigen großen Numerik-Bibliotheken NAG [NAGb, NAGa] und IMSL [IMSL] sowie in MATLAB [Mol] gefunden. Weiterentwicklungen von LINPACK und EISPACK, die sich auch besonders für Vektor- und Parallelrechner eignen, finden sich in dem viel benutzten Paket LAPACK [And 99] (*A Portable Linear Algebra Library for High-Performance Computers*). Dazu wurden zunächst die Grundoperationen der linearen Algebra vom Skalarprodukt über ebene Rotation bis zum Matrixprodukt im Unterprogramm-Paket BLAS (*Basic Linear Algebra Subprograms*) zusammengefasst. BLAS besteht aus drei Stufen, den Vektor-Vektor-, Matrix-Vektor- und den Matrix-Matrix-Operationen. BLAS wurde weiterentwickelt zu PBLAS (*A Set of Parallel BLAS*), PB-BLAS (*A Set of Parallel Block BLAS*) und ergänzt um BLACS (*Basic Linear Algebra Communication Subprograms*), das für die Kommunikation auf Parallelrechnern oder in verteilten Systemen verantwortlich ist. Zu demselben Zweck wurde LAPACK weiterentwickelt zu SCALAPACK (*A Portable Linear Algebra Library for Distributed Memory Computers*). Statt zu all diesen Entwicklungen und den dazu entwickelten Algorithmen einzelne Literaturhinweise zu geben, verweisen wir auf die instruktiven und ständig ergänzten LAPACK Working Notes (`http://www.netlib.org/lapack/lawns/`).

Unsere Problemlöseumgebung PAN (`http://www.upb.de/SchwarzKoeckler/`) verfügt über drei Programme zur Lösung linearer Gleichungssysteme mit regulärer Matrix, symmetrisch positiv-definiter Matrix und mit einer Bandmatrix als Koeffizientenmatrix.

2.7 Aufgaben

Aufgabe 2.1. Man löse mit dem Gauß-Algorithmus

$$\begin{aligned} 2x_1 - 4x_2 + 6x_3 - 2x_4 &= 3 \\ 3x_1 - 6x_2 + 10x_3 - 4x_4 &= -2 \\ x_1 + 3x_2 + 13x_3 - 6x_4 &= 3 \\ 5x_2 + 11x_3 - 6x_4 &= -5. \end{aligned}$$

Wie lautet die *LR*-Zerlegung der Systemmatrix?

Aufgabe 2.2. Das lineare Gleichungssystem

$$\begin{aligned} 6.22x_1 + 1.42x_2 - 1.72x_3 + 1.91x_4 &= 7.53 \\ 1.44x_1 + 5.33x_2 + 1.11x_3 - 1.82x_4 &= 6.06 \\ 1.59x_1 - 1.23x_2 - 5.24x_3 - 1.42x_4 &= -8.05 \\ 1.75x_1 - 1.69x_2 + 1.57x_3 + 6.55x_4 &= 8.10 \end{aligned}$$

ist unter Ausnutzung der diagonalen Dominanz mit dem Gauß-Algorithmus bei fünfstelliger Rechnung zu lösen.

Aufgabe 2.3. Man berechne den Wert der Determinante

$$\begin{vmatrix} 0.596 & 0.497 & 0.263 \\ 4.07 & 3.21 & 1.39 \\ 0.297 & 0.402 & 0.516 \end{vmatrix}.$$

a) Zunächst benutze man dazu die Definitionsgleichung (Regel von Sarrus), einmal mit voller und dann mit dreistelliger Rechengenauigkeit. Im zweiten Fall hängt das numerische Ergebnis von der Reihenfolge der Operationen ab. Um das unterschiedliche Resultat erklären zu können, sind alle Zwischenergebnisse zu vergleichen.

b) Jetzt rechne man mit dem Gauß-Algorithmus bei dreistelliger Rechnung unter Verwendung der Diagonalstrategie und der relativen Spaltenmaximumstrategie.

Aufgabe 2.4. Das lineare Gleichungssystem

$$\begin{aligned} 10x_1 + 14x_2 + 11x_3 &= 1 \\ 13x_1 - 66x_2 + 14x_3 &= 1 \\ 11x_1 - 13x_2 + 12x_3 &= 1 \end{aligned}$$

ist mit dem Gauß-Algorithmus und relativer Spaltenmaximumstrategie bei fünfstelliger Rechnung zu lösen. Wie lauten die Permutationsmatrix $\boldsymbol{P}$ und die Matrizen $\boldsymbol{L}$ und $\boldsymbol{R}$ der Zerlegung? Mit den mit höherer Genauigkeit berechneten Residuen führe man einen Schritt der Nachiteration durch. Wie groß sind die Konditionszahlen der Systemmatrix $\boldsymbol{A}$ für die Gesamtnorm, die Zeilensummennorm und die Frobenius-Norm

Aufgabe 2.5. Man zeige die Submultiplikativität $\|\boldsymbol{AB}\|_F \leq \|\boldsymbol{A}\|_F \|\boldsymbol{B}\|_F$ der Frobenius-Norm.

Aufgabe 2.6. Man verifiziere, dass sowohl die Frobenius-Norm als auch die Gesamtnorm mit der euklidischen Vektornorm kompatibel sind.

Aufgabe 2.7. Welches ist die der L_1-Vektornorm (2.60) zugeordnete Matrixnorm?

Aufgabe 2.8. Man zeige, dass für die Konditionszahlen folgende Beziehungen gelten:

a) $\kappa(\boldsymbol{AB}) \leq \kappa(\boldsymbol{A})\kappa(\boldsymbol{B})$ für alle Matrixnormen;

b) $\kappa(c\boldsymbol{A}) = \kappa(\boldsymbol{A})$ für alle $c \in \mathbb{R}$;

c) $\kappa_2(\boldsymbol{Q}) = 1$ für eine orthogonale Matrix $\boldsymbol{Q}$;

d) $\kappa_2(\boldsymbol{A}) \leq \kappa_F(\boldsymbol{A}) \leq \kappa_G(\boldsymbol{A}) \leq n^2\kappa_\infty(\boldsymbol{A})$;

e) $\kappa_2(\boldsymbol{QA}) = \kappa_2(\boldsymbol{A})$, falls $\boldsymbol{Q}$ eine orthogonale Matrix ist.

Aufgabe 2.9. Das folgende Gleichungssystem mit symmetrischer und positiv definiter Matrix $\boldsymbol{A}$ soll mit dem Gauß-Algorithmus (Diagonalstrategie und Spaltenmaximumstrategie) und nach der Methode von Cholesky bei fünfstelliger Rechnung gelöst werden.

$$\begin{aligned}
5x_1 + 7x_2 + 6x_3 + 5x_4 &= 12 \\
7x_1 + 10x_2 + 8x_3 + 7x_4 &= 19 \\
6x_1 + 8x_2 + 10x_3 + 9x_4 &= 17 \\
5x_1 + 7x_2 + 9x_3 + 10x_4 &= 25
\end{aligned}$$

Man führe einen Schritt Nachiteration aus und bestimme die Konditionszahl von $\boldsymbol{A}$ zur qualitativen Erklärung der gemachten Feststellungen.

Aufgabe 2.10. Welche der symmetrischen Matrizen

$$\boldsymbol{A} = \begin{pmatrix} 2 & -1 & 0 & -2 \\ -1 & 3 & -2 & 4 \\ 0 & -2 & 4 & -3 \\ -2 & 4 & -3 & 5 \end{pmatrix}, \quad \boldsymbol{B} = \begin{pmatrix} 4 & -2 & 4 & -6 \\ -2 & 2 & -2 & 5 \\ 4 & -2 & 13 & -18 \\ -6 & 5 & -18 & 33 \end{pmatrix}$$

ist positiv definit?

Aufgabe 2.11. Man zeige, dass die Hilbert-Matrix

$$\boldsymbol{H} := \begin{pmatrix} 1 & 1/2 & 1/3 & 1/4 & \dots \\ 1/2 & 1/3 & 1/4 & 1/5 & \dots \\ 1/3 & 1/4 & 1/5 & 1/6 & \dots \\ 1/4 & 1/5 & 1/6 & 1/7 & \\ \vdots & \vdots & \vdots & \vdots & \end{pmatrix} \in \mathbb{R}^{n,n}, \quad h_{ik} = \frac{1}{i+k-1},$$

für beliebige Ordnung n positiv definit ist.

Dann berechne man ihre Inverse für $n = 3, 4, 5, \dots, 12$, welche ganzzahlige Matrixelemente besitzt, mit der Methode von Cholesky. Daraus bestimme man das Wachstum der Konditionszahl $\kappa(\boldsymbol{H})$ für zunehmendes n.

Mit Verfahren von Kapitel 5 ermittle man die Konditionszahl $\kappa_2(\boldsymbol{H})$.

Aufgabe 2.12. Das symmetrische, tridiagonale System

$$\begin{array}{rrrrrrl}
-0.24x_1 & +1.76x_2 & & & & & = 1.28 \\
-1.05x_1 & +1.26x_2 & -0.69x_3 & & & & = 0.48 \\
 & 1.12x_2 & -2.12x_3 & +0.76x_4 & & & = 1.16 \\
 & & 1.34x_3 & +0.36x_4 & -0.30x_5 & & = -0.46 \\
 & & & 1.29x_4 & +1.05x_5 & +0.66x_6 & = -0.66 \\
 & & & & 0.96x_5 & +2.04x_6 & = -0.57
\end{array}$$

ist mit der relativen Spaltenmaximumstrategie und fünfstelliger Rechnung zu lösen. Welches sind die Matrizen $\boldsymbol{L}$ und $\boldsymbol{R}$ der zeilenpermutierten Matrix $\boldsymbol{A}$ des Systems?

Aufgabe 2.13. Das tridiagonale Gleichungssystem $\boldsymbol{Ax} = \boldsymbol{b}$ mit

$$\boldsymbol{A} = \begin{pmatrix}
1 & 1 & & & & & & \\
1 & 2 & 1 & & & & & \\
 & 1 & 3 & 1 & & & & \\
 & & 1 & 4 & 1 & & & \\
 & & & 1 & 4 & 1 & & \\
 & & & & 1 & 3 & 1 & \\
 & & & & & 1 & 2 & 1 \\
 & & & & & & 1 & 1
\end{pmatrix}, \quad \boldsymbol{b} = \begin{pmatrix} 1 \\ 0 \\ 0 \\ 0 \\ 0 \\ 0 \\ 0 \\ 0 \end{pmatrix}$$

ist nach dem Prinzip der zyklischen Reduktion für Vektorrechner, auf Grund der RQ-Zerlegung und der Odd-Even-Elimination für Parallelrechner zu lösen.

3 Interpolation und Approximation

Dieses Kapitel soll die wichtigsten Möglichkeiten beschreiben, mit denen eine reellwertige Funktion $f(x)$ der reellen Variablen x oder eine vorliegende Datentabelle $(x_i,\ y_i)$ durch eine einfache Funktion – sagen wir $g(x)$ – in geschlossener Form angenähert werden können.

Bei der Approximation wird diese Funktion so bestimmt, dass eine Norm der Differenz zwischen den Werten der gesuchten Funktion $g(x_i)$ und der gegebenen Datentabelle

$$\|g - y\| \quad \text{mit den Vektoren} \quad g = \{g(x_i)\} \text{ und } y = \{y_i\}$$

bzw. zwischen der gesuchten und der gegebenen Funktion $\|g(x) - f(x)\|$ minimal wird.

Bei der Interpolation wird die approximierende Funktion so konstruiert, daß sie an vorgegebenen Stellen mit der gegebenen Funktion oder den Daten der Tabelle übereinstimmt:

$$g(x_i) = f(x_i) \quad \text{bzw.} \quad g(x_i) = y_i.$$

Darüber hinaus hat die Interpolation eine gewisse Bedeutung als Hilfsmittel zur Entwicklung numerischer Verfahren, so bei der numerischen Differenziation, siehe Abschnitt 3.1.6, oder bei der numerischen Integration von Funktionen, siehe Kapitel 7.

Die Qualität der Approximation oder Interpolation hängt von der Entscheidung für eine der Methoden und von der Wahl des approximierenden Funktionensystems ab, also von der Frage, ob z.B. $g(x)$ ein Polynom oder eine trigonometrische Funktion ist. Deshalb sollen die unterschiedlichen Verfahren in einem Kapitel behandelt werden. Alle Methoden lassen sich von einer auf mehrere Dimensionen übertragen. Auf mehrdimensionale Aufgaben werden wir auch kurz eingehen. Zunächst lautet die wichtigste Frage

Interpolation oder Approximation ?

Für die Approximation einer Tabelle von Daten (x_i, y_i), $i = 0, 1, \ldots, n$, gibt es zwei typische Situationen:

1. Es sind sehr viele Daten gegeben, d.h. n ist sehr groß. Dann ist Interpolation nicht sinnvoll, besonders dann nicht, wenn die Daten Mess- und Beobachtungsfehlern unterliegen. Es sollte dann eine möglichst glatte Kurve durch die "Datenwolke" gelegt werden wie in Abb. 3.1 links.
2. Es sind nur wenige Daten gegeben, und es ist sinnvoll oder sogar wichtig, dass die approximierende Funktion an den gegebenen Stellen x_i die gegebenen Funktionswerte y_i bzw. $f(x_i)$ auch annimmt. Dann wird man ein Interpolationsverfahren wählen wie in Abb. 3.1 rechts.

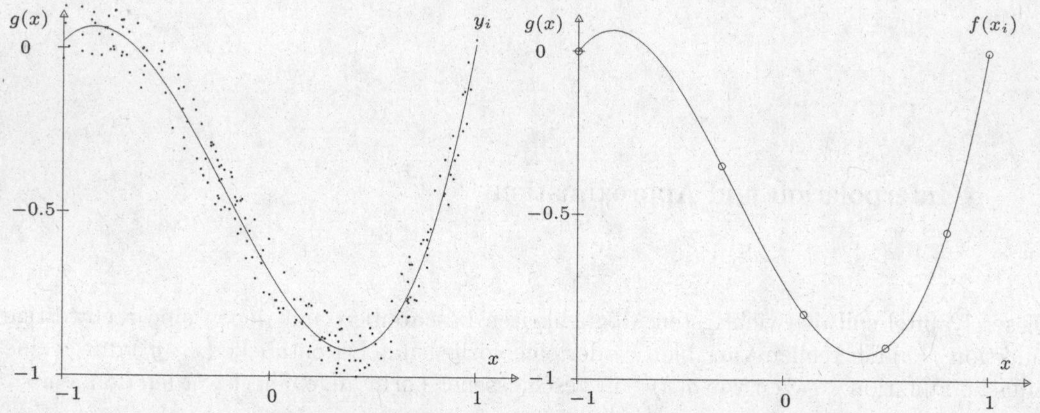

Abb. 3.1 Polynomapproximation und Interpolation mit kubischen Splines.

3.1 Polynominterpolation

3.1.1 Problemstellung

Gegeben seien $n+1$ voneinander verschiedene reelle *Stützstellen* $x_0, x_1, \ldots, x_n$ und zugehörige beliebige *Stützwerte* $y_0, y_1, \ldots, y_n$. Gesucht ist ein Polynom n-ten Grades

$$P_n(x) := a_0 + a_1 x + \cdots + a_n x^n, \tag{3.1}$$

welches die Interpolationsbedingung

$$P_n(x_i) = y_i, \quad i = 0, 1, \ldots, n \tag{3.2}$$

erfüllt.

Satz 3.1. *Zu $n+1$ beliebigen Wertepaaren (x_i, y_i), $i = 0, 1, \ldots, n$, mit paarweise verschiedenen reellen Stützstellen $x_i \neq x_j$ für alle $i \neq j$ existiert genau ein Interpolationspolynom $P_n(x)$ mit der Eigenschaft (3.2), dessen Grad höchstens gleich n ist.*

Beweis. Die Aussage dieses Satzes ergibt sich aus der Konstruktion der in Abschnitt 3.1.2 vorgestellten Lagrange-Interpolation. □

Die gegebenen Stützwerte y_i können Werte einer gegebenen Funktion f sein, die an den Stützstellen x_i interpoliert werden soll,

$$f(x_i) = y_i\,, \quad i = 0, 1, \ldots, n, \tag{3.3}$$

oder diskrete Daten einer Tabelle

$$(x_i, y_i), \; i = 0, 1, \ldots, n.$$

Im ersten Fall sind gute Aussagen über den Fehler bei der Interpolation der Daten möglich. Im anderen Fall benötigt man gewisse Annahmen über den zu Grunde liegenden Prozess, um entsprechende Aussagen zu bekommen. Diese sind dann natürlich nicht mit derselben

Sicherheit zu treffen. Für den Fehler ist auch die Stützstellenverteilung von großem Einfluss. Ist eine gegebene Funktion zu interpolieren, die überall im Intervall $[a, b]$ ausgewertet werden kann, so besteht die Möglichkeit, eine optimale Stützstellenverteilung zu wählen.

Satz 3.2. *Alle Stützstellen liegen im Intervall* $[a, b]$. f *sei eine im Intervall* $[a, b]$ $(n+1)$ *mal stetig differenzierbare Funktion:* $f \in C^{n+1}[a, b]$, *und es sei* $y_i := f(x_i)$, $i = 0, 1, \ldots, n$. *Sei* P_n *das die Tabelle* (x_i, y_i) *interpolierende Polynom und*

$$\omega(x) := (x - x_0)(x - x_1) \cdots (x - x_n) \,. \tag{3.4}$$

Dann gibt es zu jedem $\tilde{x} \in [a, b]$ *ein* $\xi \in (a, b)$ *mit*

$$f(\tilde{x}) - P_n(\tilde{x}) = \frac{\omega(\tilde{x}) f^{(n+1)}(\xi)}{(n+1)!} \,. \tag{3.5}$$

Damit gilt

$$|f(\tilde{x}) - P_n(\tilde{x})| \leq \frac{|\omega(\tilde{x})|}{(n+1)!} \max_{\xi \in [a,b]} |f^{(n+1)}(\xi)| \,. \tag{3.6}$$

Beweis. Wenn $\tilde{x} = x_k$ für ein $k \in \{0, 1, \ldots, n\}$, dann verschwindet der Fehler.

Sei deshalb $\tilde{x} \neq x_i$ für alle i, sei

$$F(x) := f(x) - P_n(x) - K\,\omega(x), \quad F \in C^{n+1}[a, b]$$

und K so bestimmt, dass $F(\tilde{x}) = 0$. Das geht, weil

$$\omega(\tilde{x}) \neq 0 \Rightarrow K = \frac{f(\tilde{x}) - P_n(\tilde{x})}{\omega(\tilde{x})}.$$

Dann besitzt $F(x)$ in $[a, b]$ mindestens die $(n+2)$ *verschiedenen* Nullstellen $x_0, \ldots, x_n, \tilde{x}$. Daraus folgt mit dem Satz von Rolle:

$$\begin{array}{ll} F'(x) & \text{hat mindestens n + 1 Nullstellen.} \\ F''(x) & \text{hat mindestens n Nullstellen.} \\ \ldots & \ldots \\ F^{(n+1)}(x) & \text{hat mindestens 1 Nullstelle.} \end{array}$$

Für jede Nullstelle ξ von $F^{(n+1)}$ gilt:

$$\begin{aligned} 0 = F^{(n+1)}(\xi) \;&=\; f^{(n+1)}(\xi) - \underbrace{0}_{P^{(n+1)}(x)} - K \cdot \underbrace{(n+1)!}_{\omega^{(n+1)}(x)} \\ &\Rightarrow\; K = \frac{f^{(n+1)}(\xi)}{(n+1)!} \\ &\Rightarrow\; f(\tilde{x}) - P_n(\tilde{x}) = \omega(\tilde{x}) \frac{f^{(n+1)}(\xi)}{(n+1)!} \end{aligned}$$

□

Der Satz zeigt, dass man den Fehlerverlauf im Intervall $[a, b]$ gut studieren kann, wenn man sich den Funktionsverlauf von ω ansieht. ω wird bei äquidistanten Stützstellen in den Randintervallen sehr viel größer als in der Mitte des Stützstellenbereichs.

Einen gleichmäßigeren Verlauf der Fehlerkurve erhält man, wenn statt äquidistanter Stützstellen die so genannten *Tschebyscheff-Punkte* als Stützstellen gewählt werden:

$$x_i = \frac{a+b}{2} + \frac{b-a}{2} \cos\left(\frac{i}{n}\pi\right), \quad i = 0, 1, \ldots, n. \tag{3.7}$$

Dies sind die Extremalstellen der Tschebyscheff-Polynome, siehe Abschnitt 3.8.1. Die Tschebyscheff-Punkte sind zum Rand des Intervalls $[x_0, x_n]$ hin dichter verteilt als in der Mitte. Deshalb ist der Verlauf der Fehlerkurve ω ausgeglichener siehe Abb. 3.2.

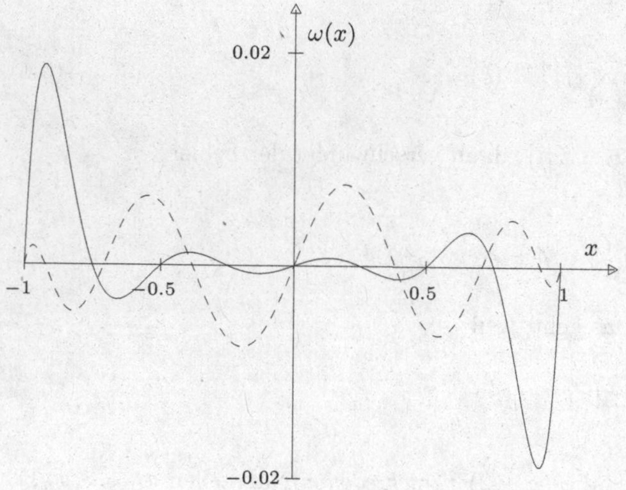

Abb. 3.2 ω für äquidistante (—) und Tschebyscheff-Punkte (- -), n=8.

Numerische Verfahren

Wir wollen die folgenden Verfahren behandeln:

- Die *Lagrange-Interpolation* zeigt am schönsten, dass immer ein Polynom nach Satz 3.1 konstruiert werden kann. Numerisch ist sie nicht empfehlenswert, da die Auswertung des berechneten Polynoms aufwändiger ist als bei der Newton-Interpolation.
- Die *Newton-Interpolation* konstruiert mit geringem Aufwand und numerisch stabil das Interpolationspolynom. Das rekursive Berechnungsschema ist sowohl für eine rasche manuelle Berechnung als auch für eine elegante rechnerische Umsetzung besonders geeignet.
- Bei der *Hermite-Interpolation* werden zusätzlich zu Funktionswerten auch Ableitungswerte interpoliert. Das Schema der Newton-Interpolation lässt sich leicht auf die Lösung dieser Aufgabe verallgemeinern.

3.1.2 Lagrange-Interpolation

Das Interpolationspolynom P lässt sich mit Hilfe der $n+1$ Lagrange-Polynome

$$\begin{aligned} L_i(x) &:= \prod_{\substack{j=0 \\ j \neq i}}^{n} \frac{(x-x_j)}{(x_i-x_j)} \\ &= \frac{(x-x_0)\cdots(x-x_{i-1})(x-x_{i+1})\cdots(x-x_n)}{(x_i-x_0)\cdots(x_i-x_{i-1})(x_i-x_{i+1})\cdots(x_i-x_n)} \end{aligned} \tag{3.8}$$

angeben:

$$P_n(x) := \sum_{i=0}^{n} y_i L_i(x). \tag{3.9}$$

Es erfüllt (3.2), da ja für die Lagrange-Polynome gilt

$$L_i(x_k) = \delta_{ik} = \begin{cases} 1, & \text{falls } i = k, \\ 0, & \text{falls } i \neq k. \end{cases} \tag{3.10}$$

Das Polynom $P_n(x)$ nach (3.9) ist auch eindeutig bestimmt. Gäbe es nämlich ein zweites Polynom $Q_n(x)$ vom Höchstgrad n mit

$$P_n(x_k) = Q_n(x_k) = y_k, \quad k = 0, 1, \ldots, n, \tag{3.11}$$

dann wäre auch das Differenzpolynom $D(x) := P_n(x) - Q_n(x)$ höchstens vom Grad n und besäße die $n+1$ paarweise verschiedenen Nullstellen $x_0, x_1, \ldots, x_n$. Nach dem Fundamentalsatz der Algebra muss damit $D(x) = 0$ und damit $P_n(x) = Q_n(x)$ sein.

3.1.3 Newton-Interpolation

Die Idee zu diesem Verfahren geht von einer anderen Darstellung des Interpolationspolynoms aus:

$$\begin{aligned} P_n(x) := c_0 \quad &+ \quad c_1(x-x_0) + c_2(x-x_0)(x-x_1) + \cdots \\ &+ \quad c_n(x-x_0)(x-x_1)\cdots(x-x_{n-1}). \end{aligned} \tag{3.12}$$

Die Koeffizienten c_i dieser mit (3.1) äquivalenten Darstellung lassen sich sukzessive berechnen, wenn nacheinander die Stützstellen und Stützwerte eingesetzt werden:

$$\begin{aligned} P_n(x_0) = c_0 \quad &\Longrightarrow \quad c_0 = y_0 \\ P_n(x_1) = c_0 + c_1(x_1 - x_0) \quad &\Longrightarrow \quad c_1 = \frac{y_1 - y_0}{x_1 - x_0} \\ &\cdots \end{aligned}$$

Bei der Fortführung dieser rekursiven Auflösung entstehen weiterhin Brüche von Differenzen von vorher berechneten Brüchen. Diese so genannten *dividierten Differenzen* lassen sich rekursiv berechnen:
0. dividierte Differenz:

$$[y_k] := y_k, \qquad k = 0, 1, \ldots, n.$$

1. dividierte Differenz für $k = 0, 1, \ldots, n-1$:

$$[y_k, y_{k+1}] := \frac{y_{k+1} - y_k}{x_{k+1} - x_k} = \frac{[y_{k+1}] - [y_k]}{x_{k+1} - x_k}.$$

Dies wird entsprechend fortgeführt mit den j-ten dividierten Differenzen

$$\begin{aligned} [y_k, y_{k+1}, \ldots, y_{k+j}] &:= \frac{[y_{k+1}, \ldots, y_{k+j}] - [y_k, \ldots, y_{k+j-1}]}{x_{k+j} - x_k}, \\ j = 2, 3, \ldots, n, &\qquad k = 0, 1, \ldots, n-j. \end{aligned} \tag{3.13}$$

Die dividierten Differenzen werden jetzt mit gewissen Interpolationspolynomen in Verbindung gebracht. Wenn wir mit $P^*_{k,k+1,\ldots,k+j}$ das Interpolationspolynom j-ten Grades zu den $(j+1)$ Stützstellen $x_k, x_{k+1}, \ldots, x_{k+j}$ bezeichnen, dann gilt definitionsgemäß

$$P^*_{k,k+1,\ldots,k+j}(x_{k+i}) = y_{k+i}, \quad i = 0, 1, \ldots, j, \tag{3.14}$$

und speziell ist mit dieser Bezeichnungsweise

$$P^*_k(x_k) = y_k = [y_k]. \tag{3.15}$$

Satz 3.3. *Für $1 \leq j \leq n$ gilt die Rekursionsformel*

$$P^*_{k,k+1,\ldots,k+j}(x) = \frac{(x - x_k)P^*_{k+1,\ldots,k+j}(x) - (x - x_{k+j})P^*_{k,\ldots,k+j-1}(x)}{x_{k+j} - x_k} \tag{3.16}$$

Beweis. Die Interpolationspolynome $P^*_{k+1,\ldots,k+j}(x)$ und $P^*_{k,\ldots,k+j-1}(x)$ sind vom Höchstgrad $(j-1)$. Es ist zu zeigen, dass die rechte Seite von (3.16) die Stützwerte $y_k, \ldots, y_{k+j}$ an den Stützstellen $x_k, \ldots, x_{k+j}$ interpoliert. Wegen der Interpolationseigenschaften der Polynome rechts in (3.16) gilt trivialerweise

$$P^*_{k,k+1,\ldots,k+j}(x_k) = y_k \quad \text{und} \quad P^*_{k,k+1,\ldots,k+j}(x_{k+j}) = y_{k+j},$$

und weiter für $i = 1, 2, \ldots, j-1$

$$P^*_{k,k+1,\ldots,k+j}(x_{k+i}) = \frac{(x_{k+i} - x_k)y_{k+i} - (x_{k+i} - x_{k+j})y_{k+i}}{x_{k+j} - x_k} = y_{k+i}.$$

Nach Satz 3.1 stellt damit die rechte Seite von (3.16) das eindeutig bestimmte Interpolationspolynom $P^*_{k,k+1,\ldots,k+j}(x)$ dar. □

Wegen (3.13) ist eine unmittelbare Folge von Satz 3.3, dass die dividierten Differenzen $[y_0, y_1, \ldots, y_j]$ mit den Koeffizienten c_j in (3.12) identisch sind, da ja c_j Höchstkoeffizient des Interpolationspolynoms $P^*_{0,1,\ldots,j}(x)$ zu den $(j+1)$ Stützpunkten (x_i, y_i), $i = 0, 1, \ldots, j$ ist.

Jetzt kann die Berechnung der Koeffizienten in dem so genannten Newton-Schema zusammengefasst werden, das wir nur für $n = 3$ angeben wollen:

$$\begin{array}{c|lllll}
x_0 & y_0 = c_0 & & & & \\
 & & [y_0, y_1] = c_1 & & & \\
x_1 & y_1 & & [y_0, y_1, y_2] = c_2 & & \\
 & & [y_1, y_2] & & [y_0, y_1, y_2, y_3] = c_3 & \\
x_2 & y_2 & & [y_1, y_2, y_3] & & \\
 & & [y_2, y_3] & & & \\
x_3 & y_3 & & & &
\end{array} \tag{3.17}$$

Diese rekursive Berechnung der Koeffizienten c_j stellt den ersten Schritt des Algorithmus Tab. 3.1 dar. Dabei wird von Spalte zu Spalte von unten nach oben gerechnet, damit die nicht mehr benötigten Werte überschrieben werden können.

Für die Berechnung von Polynomwerten eignet sich auch die Form (3.12) besonders gut, da gemeinsame Faktoren ausgeklammert werden können:

$$\begin{aligned}
P_n(x) &= c_0 + c_1(x - x_0) + \cdots + c_n(x - x_0)(x - x_1)\cdots(x - x_{n-1}) \\
&= c_0 + (x - x_0)\{c_1 + (x - x_1)[c_2 + (x - x_2)(\\
&\qquad \cdots c_{n-1} + (x - x_{n-1})c_n)]\}\,.
\end{aligned} \tag{3.18}$$

Diese Art der Polynomwertberechnung wird *Horner-Schema* genannt. Das Horner-Schema stellt den zweiten Schritt des Algorithmus Tab. 3.1 dar.

Tab. 3.1 Algorithmus zur Newton-Interpolation.

1. Berechnung der Koeffizienten
Für $k = 0, 1, \ldots, n$:
  $c_k := y_k$
Für $k = 1, 2, \ldots, n$:
  für $i = n, n-1, \ldots, k$:
    $c_i := \dfrac{c_i - c_{i-1}}{x_i - x_{i-k}}$

2. Horner-Schema: Berechnung von Polynomwerten
$p := c_n$
Für $k = n-1, n-2, \ldots, 0$:
  $p := c_k + (x - x_k)p$
Für den so berechneten Wert p gilt $p = P_n(x)$.

Beispiel 3.1. Berechnet werden soll $p := \ln(1.57)$. Es liegt eine Tafel für den natürlichen Logarithmus vor mit folgenden Werten:

x	1.4	1.5	1.6	1.7
$\ln(x)$	0.3364722366	0.4054651081	0.4700036292	0.5306282511

Für diese Tabelle erstellen wir das Newton-Schema:

$$\begin{array}{c|lllll}
1.4 & \underline{0.3364722366} & & & \\
 & & \underline{\underline{0.689928715}} & & \\
1.5 & \boxed{0.4054651081} & & \underline{\underline{-0.22271752}} & \\
 & & \boxed{0.645385211} & & \underline{0.0900752} \\
1.6 & 0.4700036292 & & -0.19569496 & \\
 & & 0.606246219 & & \\
1.7 & 0.5306282511 & & &
\end{array}$$

Aus diesem Schema können wir die Koeffizienten mehrerer Interpolationspolynome mit Stützstellen, die den Punkt 1.57 umgeben, ablesen. Da ist zunächst das lineare Polynom mit den eingekästelten Koeffizienten

$$P_1(x) = 0.4054651081 + 0.645385211(x - 1.5).$$

Bei Berücksichtigung der ersten drei Tabellenwerte ergibt sich das quadratische Polynom mit den doppelt unterstrichenen Koeffizienten

$$\begin{aligned} P_2(x) &= 0.3364722366 + 0.689928715(x - 1.4) - 0.22271752(x - 1.4)(x - 1.5) \\ &= 0.3364722366 + (x - 1.4)[0.689928715 - (x - 1.5)0.22271752]. \end{aligned}$$

Alle unterstrichenen Werte in der oberen Schrägzeile sind schließlich die Koeffizienten des gesuchten Polynoms dritten Grades

$$\begin{aligned} P_3(x) &= 0.3364722366 + 0.689928715(x - 1.4) - 0.22271752(x - 1.4)(x - 1.5) \\ &\quad +0.0900752(x - 1.4)(x - 1.5)(x - 1.6) \\ &= 0.3364722366 + (x - 1.4)[0.689928715 \\ &\quad +(x - 1.5)\{-0.22271752 + 0.0900752(x - 1.6)\}] \\ &= P_2(x) + 0.0900752(x - 1.4)(x - 1.5)(x - 1.6). \end{aligned}$$

Man sieht an der letzten Zeile, dass man durch Hinzufügen eines Tabellenwertpaares und Nachberechnung einer unteren Schrägzeile im Newton-Schema das Polynom des nächsthöheren Grades erhält. Auch das liegt an der Form (3.12) der Interpolationspolynome.

Wir wollen jetzt die Genauigkeit der drei Polynome vergleichen. Es ist (auf zehn Stellen genau) $\ln(1.57) = 0.4510756194$. Damit ergibt sich:

$$\begin{array}{lll} P_1(1.57) = 0.4506420729\,, & \text{Fehler}: & 4.3 \cdot 10^{-4}, \\ P_2(1.57) = 0.4511097797\,, & \text{Fehler}: & -3.4 \cdot 10^{-5}, \\ P_3(1.57) = 0.4510776229\,, & \text{Fehler}: & -2.0 \cdot 10^{-6}. \end{array}$$ △

Sind die Stützstellen äquidistant wie in diesem Beispiel, so kann das Schema der dividierten Differenzen zu einem reinen Differenzenschema reduziert werden, wobei die dann berechneten Koeffizienten $\tilde{c}_j$ noch durch $j!\,h^j$ dividiert werden müssen. Insgesamt ergibt sich eine vereinfachte Darstellung [Sch 97].

3.1.4 Hermite-Interpolation

Zusätzlich zu den Stützwerten sollen jetzt an den Stützstellen noch Ableitungswerte interpoliert werden. Das können Ableitungen verschiedener Ordnung, gegeben an unterschiedlichen Stützstellen, sein. Das Schema der dividierten Differenzen kann weiterhin angewendet werden, wenn wir uns bei mehrfachen Stützstellen einen Grenzübergang vorstellen, etwa bei einer doppelten Stützstelle x_k mit dem Stützwert $y_k := f(x_k)$

$$[y_k, y_k] = \lim_{h\to 0} \frac{f(x_k+h)-f(x_k)}{(x_k+h)-x_k} = \frac{f(x_k+h)-f(x_k)}{h} = f'(x_k). \tag{3.19}$$

Allgemein ergibt sich bei m-facher Stützstelle x_k

$$[y_k, y_k, \ldots, y_k] := \frac{1}{(m-1)!} f^{(m-1)}(x_k). \tag{3.20}$$

Wir wollen aber diese Aufgabe nur in folgender spezieller Form behandeln:

Gegeben seien $n+1$ voneinander verschiedene *Stützstellen* $x_0, x_1, \ldots, x_n$, diesen zugeordnete *Stützwerte* $y_0, y_1, \ldots, y_n$ und Ableitungswerte $y_0', y_1', \ldots, y_n'$.

Gesucht ist ein Polynom P_{2n+1} vom Höchstgrad $2n+1$, für das gilt

$$\begin{aligned} P_{2n+1}(x_i) &= y_i, \quad i = 0, 1, \ldots, n, \\ P'_{2n+1}(x_i) &= y_i', \quad i = 0, 1, \ldots, n. \end{aligned} \tag{3.21}$$

Die Lösung dieser Aufgabe ergibt sich aus (3.19), indem das Newton-Schema (3.17) entsprechend erweitert wird. Das ergibt für $n = 1$ das folgende Schema:

$$\begin{array}{c|lllll} x_0 & y_0 = c_0 & & & & \\ & & [y_0, y_0] := y_0' = c_1 & & & \\ x_0 & y_0 & & [y_0, y_0, y_1] = c_2 & & \\ & & [y_0, y_1] & & [y_0, y_0, y_1, y_1] = c_3 & \\ x_1 & y_1 & & [y_0, y_1, y_1] & & \\ & & [y_1, y_1] := y_1' & & & \\ x_1 & y_1 & & & & \end{array}$$

Das Interpolationspolynom enthält entsprechend quadratische Terme:

$$P_3(x) = c_0 + c_1(x-x_0) + c_2(x-x_0)^2 + c_3(x-x_0)^2(x-x_1)$$

oder allgemein

$$\begin{aligned} P_{2n+1}(x) = & \quad c_0 + c_1(x-x_0) + c_2(x-x_0)^2 + c_3(x-x_0)^2(x-x_1) \\ & + \; c_4(x-x_0)^2(x-x_1)^2 + \cdots \\ & + \; c_{2n+1}(x-x_0)^2(x-x_1)^2 \cdots (x-x_{n-1})^2(x-x_n). \end{aligned}$$

Beispiel 3.2. Wir wollen die Funktion

$$\begin{aligned} f(x) &= e^x \sin(5x) \quad \text{mit} \\ f'(x) &= e^x\,(\sin(5x) + 5\cos(5x)) \end{aligned}$$

im Intervall [0, 1] nach Hermite interpolieren und die Genauigkeit mit der der Newton-Interpolation vergleichen. Wir wählen als Stützpunkte $n+1$ äquidistante Punkte x_i. Für $n = 1$ ergibt sich mit auf vier Stellen hinter dem Komma gerundeten Werten folgendes Hermite-Schema

$$\begin{array}{c|lllll} 0 & 0 = c_0 & & & & \\ & & 5 = c_1 & & & \\ 0 & 0 & & -7.6066 = c_2 & & \\ & & -2.6066 & & 11.4620 = c_3 & \\ 1 & -2.6066 & & 3.8554 & & \\ & & 1.2487 & & & \\ 1 & -2.6066 & & & & \end{array}$$

Das ergibt ein Polynom, das die Funktion und ihre Ableitung an den Rändern des Intervalls [0, 1] interpoliert.

$$P_H(x) = 5\,x - 7.6066\,x^2 + 11.4620\,x^2(x-1).$$

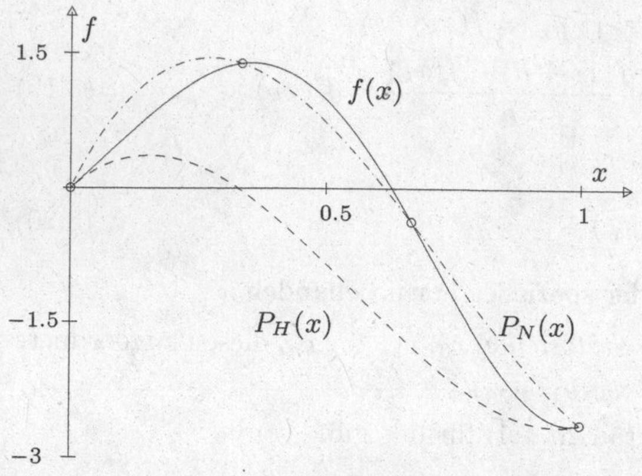

Abb. 3.3 Hermite- (- -) und Newton-Interpolation (· –) 3. Grades.

In Abb. 3.3 sehen wir diese naturgemäß schlechte Approximation der Funktion f neben der Newton-Interpolierenden $P_N(x)$ gleichen Grades, also mit doppelt so vielen Stützstellen.

Wegen der Auswertung von Funktion und Ableitung ist der Aufwand der Hermite-Interpolation für $n+1$ Stützstellen etwa so groß wie der der Newton-Interpolation mit $2n+2$ Stützstellen. Deshalb wollen wir die entsprechenden Interpolationspolynome gleichen Grades mit wachsendem n über den maximalen Fehler in $[0, 1]$ vergleichen.

$n+1$	Hermite-Fehler	$2n+2$	Newton-Fehler
2	1.8	4	0.40
3	0.077	6	0.038
4	0.0024	8	0.0018
5	0.000043	10	0.000044

Die Entscheidung zwischen Newton- und Hermite-Interpolation sollte also nicht nach Genauigkeitsgesichtspunkten, sondern nach Datenlage erfolgen. △

3.1.5 Inverse Interpolation

Die Aufgabe, zu der Datentabelle $(x_i,\, y_i = f(x_i)),\ i = 0, 1, \ldots, n$, einer vorgegebenen Funktion f eine Stelle $\bar{x}$ zu finden, für die näherungsweise $f(\bar{x}) = \bar{y}$ gilt mit gegebenem $\bar{y}$, kann mit inverser Interpolation gelöst werden. Das Vorgehen kann aber nur dann aus Gründen der Eindeutigkeit sinnvoll sein, falls die Funktion $f(x)$ im Interpolationsintervall *monoton* ist und dementsprechend alle y_i voneinander verschieden sind. Unter dieser Voraussetzung ist der Newtonsche Algorithmus geeignet. Im Unterschied zur normalen Polynominterpolation bezeichnen wir das Interpolationspolynom der inversen Aufgabe mit $x = Q(y)$. Für sie werden einfach im Interpolationsschema die Werte (Spalten im Newton-Schema) für x_i und y_i ausgetauscht.

Diese Methode ist bei der Suche nach Nullstellen $\bar{y} = 0$ hilfreich, wie wir in Abschnitt 4.2.4 sehen werden. Wir wollen ein einführendes Beispiel rechnen.

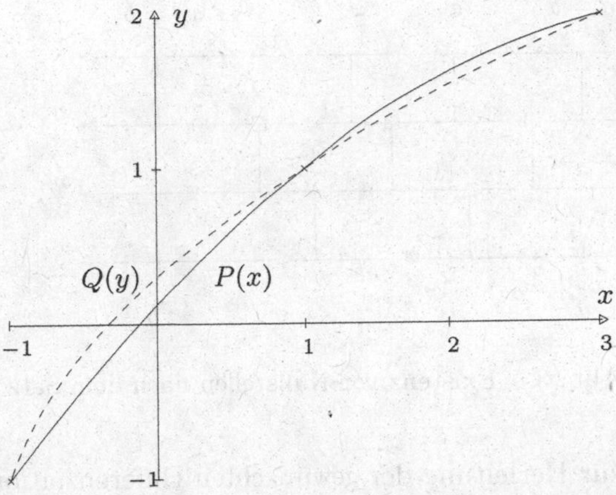

Abb. 3.4 Inverse Interpolation und Interpolation.

Beispiel 3.3. Für drei Punkte ($n = 2$) soll die direkte der inversen Interpolation gegenübergestellt werden.

x_i	y_i		
-1	-1		
		1	
1	1		$-1/8$
		$1/2$	
3	2		

Dieses normale Newton-Schema ergibt das interpolierende Polynom

$$y = P_2(x) = -1 + (x+1) - \frac{1}{8}\,(x+1)(x-1).$$

Inverse Interpolation ergibt

y_i	x_i		
-1	-1		
		1	
1	1		$1/3$
		2	
2	3		

$$x = Q_2(y) = -1 + (y+1) + \frac{1}{3}\,(y+1)(y-1).$$

Beide Funktionen interpolieren dieselbe Tabelle, siehe auch Abb. 3.4, aber nur in die der inversen Interpolation kann ein y-Wert wie $\bar{y} = 0$ eingesetzt werden, um den zugehörigen Wert $\bar{x} = Q_2(\bar{y}) = -1/3$ zu finden. △

3.1.6 Anwendung: Numerische Differenziation

Interpolationspolynome zu tabellarisch gegebenen Funktionen stellen gleichzeitig die Grundlage dar, Ableitungen der Funktionen näherungsweise zu berechnen. Die auf diese Weise gewonnenen Formeln zur *numerischen Differenziation* sind dann selbstverständlich auch zur genäherten Berechnung von Ableitungen analytisch berechenbarer Funktionen anwendbar. Die Darstellung des Interpolationspolynoms nach Lagrange (3.9) eignet sich besonders gut

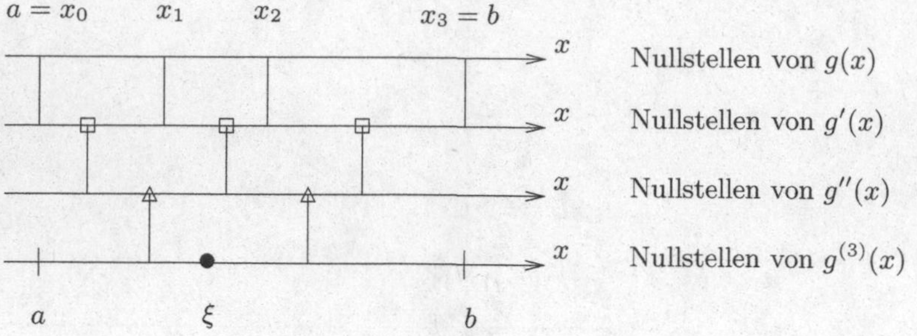

Abb. 3.5 Existenz von Nullstellen nach dem Satz von Rolle.

zur Herleitung der gewünschten Differenziationsregeln. Differenzieren wir (3.9) n mal nach x und definieren noch den Nenner des i-ten Lagrange-Polynoms als

$$\lambda_i := \frac{1}{(x_i - x_0)\cdots(x_i - x_{i-1})(x_i - x_{i+1})\cdots(x_i - x_n)},$$

dann ist allgemein

$$\frac{d^n P_n(x)}{dx^n} = \sum_{i=0}^{n} y_i n! \lambda_i \approx f^{(n)}(x) \tag{3.22}$$

eine mögliche Approximation der n-ten Ableitung $f^{(n)}(x)$. Es gilt dazu der

Satz 3.4. *Sei $f(x)$ im Intervall $[a, b]$ mit $a = \min_i(x_i), b = \max_i(x_i)$ eine mindestens n mal stetig differenzierbare Funktion, dann existiert ein $\xi \in (a, b)$ so, dass*

$$f^{(n)}(\xi) = \sum_{i=0}^{n} y_i n! \lambda_i. \tag{3.23}$$

Beweis. Wir betrachten die Funktion $g(x) := f(x) - P_n(x)$, wo $P_n(x)$ das Interpolationspolynom zu den Stützstellen x_i, $i = 0, 1, \ldots, n$, mit den Stützwerten $y_i = f(x_i)$ sei. Dann hat aber $g(x)$ wegen der Interpolationseigenschaft mindestens die $(n + 1)$ Nullstellen $x_0, x_1, \ldots, x_n$. Wenden wir auf $g(x)$ n mal den Satz von Rolle an, folgt die Existenz einer Stelle ξ im Innern des kleinstmöglichen Intervalls, das alle Stützstellen enthält derart, dass $g^{(n)}(\xi) = f^{(n)}(\xi) - P_n^{(n)}(\xi) = 0$. Das ist aber wegen (3.22) die Behauptung (3.23). In Abb. 3.5 ist die Situation im konkreten Fall $n = 3$ dargestellt. □

Die durch (3.22) erklärte *Regel der numerischen Differenziation* zur Approximation der n-ten Ableitung einer (tabellarisch) gegebenen Funktion wird im Allgemeinen nur für äquidistante Stützstellen $x_i = x_0 + ih$, $i = 0, 1, \ldots, n$, verwendet. Dann wird

$$\begin{aligned} \lambda_i &= \frac{1}{(x_i - x_0)\cdots(x_i - x_{i-1})(x_i - x_{i+1})\cdots(x_i - x_n)} \\ &= \frac{1}{(-1)^{n-i} h^n \, [i(i-1)\cdots 1][1 \cdot 2 \cdots (n-i)]} = \frac{(-1)^{n-i}}{h^n \, n!}\binom{n}{i}, \end{aligned} \tag{3.24}$$

und es ergibt sich für (3.22) speziell

$$f^{(n)}(x) \approx \frac{1}{h^n}\left[(-1)^n y_0 + (-1)^{n-1}\binom{n}{1} y_1 + (-1)^{n-2}\binom{n}{2} y_2 + \ldots - \binom{n}{n-1} y_{n-1} + y_n\right]. \tag{3.25}$$

Die Approximation der n-ten Ableitung $f^{(n)}(x)$ berechnet sich nach (3.25) als eine durch h^n zu dividierende Linearkombination der Stützwerte y_i, die mit den Binomialkoeffizienten alternierenden Vorzeichens multipliziert werden, wobei der letzte positiv ist. Der Ausdruck (3.25) wird als der n-te *Differenzenquotient* der $(n+1)$ Stützwerte y_i bezeichnet. Für $n = 1, 2$ und 3 lauten die entsprechenden Formeln der numerischen Differenziation

$$\begin{aligned} f'(x) &\approx \frac{y_1 - y_0}{h} && \text{1. Differenzenquotient} \\ f''(x) &\approx \frac{y_2 - 2y_1 + y_0}{h^2} && \text{2. Differenzenquotient} \\ f^{(3)}(x) &\approx \frac{y_3 - 3y_2 + 3y_1 - y_0}{h^3} && \text{3. Differenzenquotient} \end{aligned} \tag{3.26}$$

Die Stelle ξ, an welcher der n-te Differenzenquotient die n-te Ableitung einer mindestens n mal stetig differenzierbaren Funktion $f(x)$ exakt liefert, liegt oft in der Nähe des Mittelpunktes $x_M = (x_0+x_n)/2$. Im Fall von rein tabellarisch definierten Funktionen wird deshalb ein Differenzenquotient (3.26) die entsprechende Ableitung in der Regel in der Mitte des Interpolationsintervalls am besten approximieren.

Die p-te Ableitung einer Funktion kann aber ebenso gut auf Grund eines höhergradigen Interpolationspolynoms $P_n(x)$ mit $n > p$ approximiert werden. Da jetzt die p-te Ableitung $P_n^{(p)}(x)$ nicht konstant ist, muss die Stelle x genau definiert werden. Zur Illustration soll die erste Ableitung $f'(x)$ auf Grund eines quadratischen Interpolationspolynoms approximiert werden. Mit (3.8)/(3.9) und (3.24) ergibt sich

$$\begin{aligned} P_2(x) &= \frac{y_0(x-x_1)(x-x_2) - 2y_1(x-x_0)(x-x_2) + y_2(x-x_0)(x-x_1)}{2h^2}, \\ P_2'(x) &= \frac{y_0(2x-x_1-x_2) - 2y_1(2x-x_0-x_2) + y_2(2x-x_0-x_1)}{2h^2}. \end{aligned}$$

Für die erste Ableitung zu den Stützstellen x_0, x_1 und x_2 ergeben sich daraus

$$f'(x_0) \approx \frac{1}{2h}[-3y_0 + 4y_1 - y_2] \tag{3.27}$$

$$f'(x_1) \approx \frac{1}{2h}[-y_0 + y_2] \tag{3.28}$$

$$f'(x_2) \approx \frac{1}{2h}[y_0 - 4y_1 + 3y_2] \tag{3.29}$$

Der Ausdruck (3.28) heißt *zentraler Differenzenquotient.* Er stellt die Steigung der Sekanten der Interpolationsparabel $P_2(x)$ durch die beiden Stützpunkte $(x_0, y_0), (x_2, y_2)$ dar. Sie ist bekanntlich gleich der Steigung der Tangente an die Parabel im mittleren Stützpunkt

(x_1, y_1). Der zentrale Differenzenquotient (3.29) zeichnet sich dadurch aus, dass er die erste Ableitung tatsächlich besser approximiert als der erste Differenzenquotient (3.26).

Desgleichen können die erste und zweite Ableitung an bestimmten Stellen mit dem kubischen Interpolationspolynom angenähert werden. Die betreffende Rechnung ergibt die folgenden ausgewählten Formeln der numerischen Differenziation:

$$\begin{aligned} f'(x_0) &\approx \frac{1}{6h}[-11y_0 + 18y_1 - 9y_2 + 2y_3] \\ f'(x_1) &\approx \frac{1}{6h}[-2y_0 - 3y_1 + 6y_2 - y_3] \\ f'(x_M) &\approx \frac{1}{24h}[y_0 - 27y_1 + 27y_2 - y_3]. \\ f''(x_M) &\approx \frac{1}{2h^2}[y_0 - y_1 - y_2 + y_3] \\ x_M &= \frac{1}{2}(x_0 + x_3) \end{aligned} \tag{3.30}$$

Beispiel 3.4. Um eine Problematik der numerischen Differenziation aufzuzeigen, wollen wir die zweite Ableitung der hyperbolischen Sinusfunktion $f(x) = \sinh(x)$ an der Stelle $x = 0.6$ auf Grund des zweiten Differenzenquotienten (3.26) berechnen, und zwar für eine Folge von Schrittweiten h, die gegen null strebt. Wir verwenden auf neun Stellen gerundete Funktionswerte, und die Auswertung des zweiten Differenzenquotienten erfolgt mit zehnstelliger Gleitpunktrechnung. In der folgenden Tabelle sind die sich ändernden Zahlenwerte h, x_0, x_2, y_0, y_2 und die resultierende Näherung für $f''(0.6) = \sinh(0.6) = 0.636653582$ zusammengefasst.

h	x_0	x_2	y_0	y_2	$f''(x_1) \approx$
0.1	0.50	0.7	0.521095305	0.758583702	0.637184300
0.01	0.59	0.61	0.624830565	0.648540265	0.636660000
0.001	0.599	0.601	0.635468435	0.637839366	0.637000000
0.0001	0.5999	0.6001	0.636535039	0.636772132	0.700000000
0.00001	0.59999	0.60001	0.636641728	0.636665437	10.00000000

Mit abnehmender Schrittweite h wird die Auslöschung immer katastrophaler, so dass für das kleinste $h = 0.00001$ ein ganz falscher Näherungswert resultiert. △

Die numerische Differenziation ist ganz allgemein ein gefährlicher Prozess, der infolge der Auslöschung bei kleiner werdender Schrittweite Ergebnisse mit wachsenden relativen Fehlern liefert.

Um genauere Werte von Ableitungen zu bekommen, kann die Methode der *Extrapolation* angewendet werden. Um das Prinzip darzulegen, benötigt man eine Analyse des Fehlers. Dazu muss vorausgesetzt werden, dass die Funktion $f(x)$, deren p-te Ableitung durch numerische Differenziation zu berechnen ist, beliebig oft stetig differenzierbar ist in dem in Betracht kommenden abgeschlossenen Intervall, und dass sie sich dort in konvergente Taylor-Reihen entwickeln lässt.

Beginnen wir mit dem 1. Differenzenquotienten (3.26), in welchem wir für $y_1 = f(x_1) = f(x_0 + h)$ die Taylor-Reihe

$$y_1 = f(x_0) + hf'(x_0) + \frac{h^2}{2!}f''(x_0) + \frac{h^3}{3!}f^{(3)}(x_0) + \frac{h^4}{4!}f^{(4)}(x_0) + \ldots$$

einsetzen und erhalten mit $y_0 = f(x_0)$

$$\frac{y_1 - y_0}{h} = f'(x_0) + \frac{h}{2!}f''(x_0) + \frac{h^2}{3!}f^{(3)}(x_0) + \frac{h^3}{4!}f^{(4)}(x_0) + \ldots \tag{3.31}$$

Der Differenzenquotient stellt $f'(x_0)$ dar mit einem Fehler, der sich als Potenzreihe in h erfassen lässt. Für den zentralen Differenzenquotienten (3.29) erhalten wir mit den Taylor-Reihen

$$\begin{aligned} y_2 &= f(x_2) = f(x_1 + h) \\ &= f(x_1) + hf'(x_1) + \frac{h^2}{2!}f''(x_1) + \frac{h^3}{3!}f^{(3)}(x_1) + \frac{h^4}{4!}f^{(4)}(x_1) + + \ldots \\ y_0 &= f(x_0) = f(x_1 - h) \\ &= f(x_1) - hf'(x_1) + \frac{h^2}{2!}f''(x_1) - \frac{h^3}{3!}f^{(3)}(x_1) + \frac{h^4}{4!}f^{(4)}(x_1) - + \ldots \end{aligned}$$

$$\frac{1}{2h}[y_2 - y_0] = f'(x_1) + \frac{h^2}{3!}f^{(3)}(x_1) + \frac{h^4}{5!}f^{(5)}(x_1) + \frac{h^6}{7!}f^{(7)}(x_1) + \ldots \tag{3.32}$$

Der zentrale Differenzenquotient (3.29) liefert nach (3.32) den Wert der ersten Ableitung $f'(x_1)$ mit einem Fehler, der sich in eine Potenzreihe nach h entwickeln lässt, in der nur *gerade Potenzen* auftreten. Der Fehler ist hier von *zweiter Ordnung*, während der Fehler (3.31) im ersten Differenzenquotienten von *erster Ordnung* ist. Der Approximationsfehler des zentralen Differenzenquotienten ist somit kleiner.

Desgleichen erhalten wir für den 2. Differenzenquotienten (3.26) das Resultat

$$\frac{y_2 - 2y_1 + y_0}{h^2} = f''(x_1) + \frac{2h^2}{4!}f^{(4)}(x_1) + \frac{2h^4}{6!}f^{(6)}(x_1) + \frac{2h^6}{8!}f^{(8)}(x_1) + \ldots \tag{3.33}$$

Den drei Ergebnissen (3.31), (3.32) und (3.33) ist gemeinsam, dass eine *berechenbare Größe* $B(t)$, die von einem Parameter t abhängt, *einen gesuchten Wert* A (hier ein Ableitungswert) approximiert mit einem Fehler, der sich als Potenzreihe in t darstellt, so dass mit festen Koeffizienten $a_1, a_2, \ldots$ gilt

$$B(t) = A + a_1 t + a_2 t^2 + a_3 t^3 + \ldots + a_n t^n + \ldots \tag{3.34}$$

Aus numerischen Gründen oder aber aus Gründen des Aufwands ist es oft nicht möglich, die berechenbare Größe $B(t)$ für einen so kleinen Parameterwert t zu bestimmen, dass $B(t)$ eine hinreichend gute Approximation für A darstellt. Das *Prinzip der Extrapolation* besteht nun darin, für einige Parameterwerte $t_0 > t_1 > t_2 > \ldots > t_n > 0$ die Werte $B(t_k)$ zu berechnen und dann die zugehörigen Interpolationspolynome $P_k(t)$ sukzessive an der außerhalb der Stützstellen liegenden Stelle $t = 0$ auszuwerten. Mit zunehmendem k stellen die Werte $P_k(0)$ bessere Näherungswerte für den gesuchten Wert $B(0) = A$ dar. Die Extrapolation wird abgebrochen, sobald die extrapolierten Werte $P_k(0)$ den gesuchten Wert A mit der vorgegebenen Genauigkeit darstellen. Die Durchführung des Extrapolationsprozesses kann mit der Newton-Interpolation erfolgen.

Beispiel 3.5. Die zweite Ableitung der Funktion $f(x) = \sinh(x)$ an der Stelle $x = 0.6$ soll mit der Methode der Extrapolation möglichst genau berechnet werden. Wegen (3.33) ist der Parameter $t = h^2$. Damit die berechenbaren Werte $B(t_k) := [y_2 - 2y_1 + y_0]/t_k$ einen möglichst kleinen relativen Fehler aufweisen, darf die Schrittweite nicht zu klein sein. In der nachfolgenden Tabelle sind die wesentlichen Zahlenwerte zusammengestellt. Als Funktionswerte $y_i = \sinh(x_i)$ wurden auf neun wesentliche Stellen gerundete Zahlenwerte verwendet. Das Newton-Schema wurde mit sechzehnstelliger Genauigkeit durchgerechnet ebenso wie die Berechnung der Werte $P_k(0)$. Die Vorgehensweise entspricht der von Beispiel 3.1.

h_k	$t_k = h_k^2$	Newton-Schema für t_k und $B(t_k)$			
0.30	0.09	0.6414428889			
			0.05328577800		
0.20	0.04	0.6387786000		0.001797515344	
			0.05316444571		0.001356560849
0.15	0.0225	0.6378482222		0.001688990476	
			0.05311377600		
0.10	0.01	0.6371843000			

In der oberen Schrägzeile stehen die Koeffizienten c_j, $j = 0, 1, 2, 3$, der Polynome $P_k(t)$, $k = 0, 1, 2, 3$. Es ist $f''(0.6) = \sinh(0.6) = 0.6366535821482413$. Damit ergibt sich

k	1	2	3
$P_k(0)$	0.6366471689	0.6366536399	0.6366535300
$\lvert P_k(0) - \sinh(0)\rvert$	$6.4133 \cdot 10^{-6}$	$5.7787 \cdot 10^{-8}$	$5.2094 \cdot 10^{-8}$

Alle extrapolierten Werte $P_k(0)$ sind bedeutend bessere Näherungen als die Ausgangsdaten $B(t_k)$. Im letzten Wert $P_3(0)$ macht sich bereits die begrenzte Stellenzahl bei der Berechnung der y-Werte bemerkbar. △

3.2 Splines

Die Polynominterpolation ist ein klassisches Verfahren für Aufgaben kleinen Umfangs. Für zu große Polynomgrade weisen die interpolierenden Polynome Oszillationen auf, sie werden unbrauchbar für den Zweck der Interpolation. Die Interpolationsqualität kann auch durch das Aneinanderstückeln einer einfachen Vorschrift verbessert werden. Das entspricht der üblichen Vorgehensweise bei der Bestimmung eines Funktionswertes mit Hilfe einer "Logarithmentafel". Ist man aber nicht nur an einzelnen Werten, sondern an der approximierenden Funktion interessiert, so fällt negativ auf, dass diese an den Stückelungsstellen Knicke aufweist; sie ist dort nicht differenzierbar, nicht *glatt*. Ein Ausweg aus dieser Zwickmühle sind die *Splinefunktionen*, kurz Splines genannt.

In ihrer allgemeinen Definition erfüllen sie drei Bedingungen:

- Sie sind stückweise Polynome vom Höchstgrad k.
- Sie sind p mal stetig differenzierbar.
- Unter den Funktionen, die die ersten beiden Bedingungen erfüllen und eine gegebene Tabelle interpolieren, sind sie die "glattesten" (s.u.).

Am häufigsten werden die kubischen Splines mit $k = 3$ und $p = 2$ benutzt.

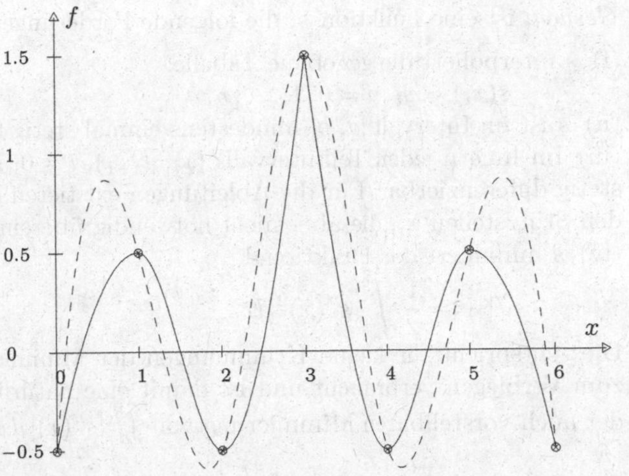

Abb. 3.6 Stückweise Interpolation: Zwei Polynome (—) oder ein Spline (- -).

3.2.1 Kubische Splines

Physikalisch: Schon zu Beginn des 20. Jahrhunderts benutzte man im Schiffs- und etwas später im Flugzeugbau so genannte Straklatten (dünne Balsaholzstäbe, engl. splines), um glatte Flächen für den Schiffs- oder Flugzeugkörper oder die Flügelform zu konstruieren. An vorgegebenen (Interpolations-) Punkten werden die Straklatten fixiert. Auf Grund des natürlichen Energieminimierungsprinzips ist dann die Form der Latte praktisch identisch mit der Kurve kleinster Krümmung, die diese Punkte interpoliert.

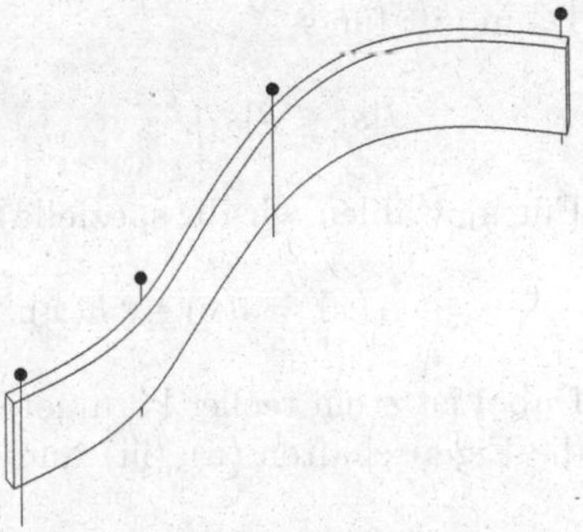

Abb. 3.7
Straklatte = Spline.

Wir wollen diese physikalische Aufgabe mathematisch formulieren:

Gegeben seien $n+1$ voneinander verschiedene Stützstellen im Intervall $[a, b]$

$$a = x_0 < x_1 < \cdots < x_n = b \tag{3.35}$$

und diesen zugeordnete Stützwerte $y_0, y_1, \ldots, y_n$.

Gesucht ist eine Funktion s, die folgende Forderungen erfüllt:

(i) s interpoliert die gegebene Tabelle:

$$s(x_i) = y_i \quad i = 0, 1, \ldots, n. \tag{3.36}$$

(ii) s ist im Intervall $[a, b]$ mindestens einmal stetig differenzierbar.

(iii) Im Innern jeden Teilintervalls (x_i, x_{i+1}), $i = 0, 1, \ldots, n-1$, ist s mindestens viermal stetig differenzierbar. Für die Ableitungen existieren links- und rechtsseitige Grenzwerte an den Stützstellen x_i, die aber nicht notwendig übereinstimmen müssen.

(iv) s minimiert das Funktional

$$J[s] := \frac{1}{2} \int_a^b s''(x)^2 \, dx. \tag{3.37}$$

Dies entspricht für kleine Krümmungen der Minimierung der Energie, die die Straklatte zum Verbiegen verbraucht und ist damit eine natürliche Bedingung im Gegensatz z.B. zu der auch vorstellbaren Minimierung von $\int_a^b |s''(x)| \, dx$.

Satz 3.5. *Es existiert genau eine Funktion s, die die Bedingungen (i)–(iv) erfüllt.*

Wir folgen dem schönen Beweis in [Hen 82], der die klassische Variationsrechnung benutzt. Sie liefert die notwendigen Bedingungen, die s als Lösung erfüllen muss. Die Eindeutigkeit folgt dann aus der Eindeutigkeit der Hermite-Interpolation, siehe 3.1.4, weil die Forderungen zu eindeutig festgelegten Ableitungen in den Stützstellen führen. Algorithmisch wollen wir uns auf die Konstruktion von Splinefunktion aus Basisfunktionen, den so genannten B-Splines, beschränken, siehe die Abschnitte 3.2.2 und 3.2.3.

Beweis. Zunächst wollen wir *voraussetzen*, dass eine Funktion s existiert, die die Forderungen (i)–(iv) erfüllt. Die Variationstechnik, die auf Euler zurückgeht, liefert damit andere Bedingungen, die s eindeutig charakterisieren. Damit konstruieren wir ein s und zeigen, dass es die Forderungen (i)–(iv) erfüllt.

Sei s also eine Funktion, die (i)–(iv) erfüllt. Sei s_1 eine andere Funktion, die (i)–(iii) erfüllt. Dann gilt für s_1

$$J[s] \leq J[s_1]. \tag{3.38}$$

Für s_1 wählen wir die spezielle Form

$$s_1(x) = s(x) + \varepsilon \, h(x). \tag{3.39}$$

Dabei ist ε ein reeller Parameter, und weil s_1 die Bedingungen (i)–(iii) erfüllt, gelten für h die Eigenschaften (ii), (iii) und statt (i) die Gleichungen

$$h(x_i) = 0, \quad i = 0, 1, \ldots, n. \tag{3.40}$$

Jedes h, das diese Bedingungen erfüllt, heißt *zulässig*, weil es ein s_1 liefert, das (i)–(iii) erfüllt. Sei nun

$$J(\varepsilon) := J[s_1] = \frac{1}{2} \int_a^b \left(s''(x) + \varepsilon h''(x)\right)^2 \, dx. \tag{3.41}$$

$J(\varepsilon)$ ist ein quadratisches Polynom in ε. Wegen (3.38) nimmt dieses Polynom sein Minimum für $\varepsilon = 0$ an. Eine notwendige Bedingung dafür ist, dass

$$J'(0) = \left.\frac{dJ}{d\varepsilon}\right|_{\varepsilon=0} = 0 \quad \text{für jede zulässige Funktion } h. \tag{3.42}$$

Es ist leicht nachzurechnen, dass

$$J'(0) = \int_a^b s''(x)h''(x)\,dx. \tag{3.43}$$

Dieser Ausdruck wird zweimal partiell integriert, was wegen (iii) getrennt in jedem Teilintervall geschehen muss. Es sind

$$\begin{aligned}\int_{x_i}^{x_{i+1}} s''(x)h''(x)\,dx &= s''(x)h'(x)\Big|_{x_i}^{x_{i+1}} - \int_{x_i}^{x_{i+1}} s^{(3)}(x)h'(x)\,dx,\\ \int_{x_i}^{x_{i+1}} s^{(3)}(x)h'(x)\,dx &= s^{(3)}(x)h(x)\Big|_{x_i}^{x_{i+1}} - \int_{x_i}^{x_{i+1}} s^{(4)}(x)h(x)\,dx.\end{aligned}$$

Beachten wir jetzt, dass $h(x_i) = 0$ an allen Stützstellen und summieren alle Teilsummen auf, dann bekommen wir

$$\begin{aligned}J'(0) &= -s''(x_0+)h'(x_0) + \left(s''(x_1-) - s''(x_1+)\right)h'(x_1) + \\ &\quad \left(s''(x_2-) - s''(x_2+)\right)h'(x_2) + \cdots + s''(x_n-)h'(x_n)\\ &\quad + \int_a^b s^{(4)}(x)h(x)\,dx.\end{aligned} \tag{3.44}$$

Dabei sind $s''(x_i+)$ bzw. $s''(x_i-)$ die Grenzwerte von s'', wenn x von rechts bzw. von links gegen x_i läuft.

Da h eine beliebige zulässige Funktion sein kann, folgen aus $J'(0) = 0$ zwei Bedingungen, erstens

$$s^{(4)}(x) = 0 \quad \text{für alle} \quad x \neq x_0, x_1, \ldots, x_n. \tag{3.45}$$

Wäre dies nicht so, wäre also z.B. $s^{(4)}(\xi) > 0$ an einem inneren Punkt eines Teilintervalls, dann könnten wir ein zulässiges h finden mit $h(\xi) > 0$ nur in einer kleiner Umgebung des Punktes ξ. Dann würde nur das entsprechende Teilintervall einen positiven Anteil im Integral in (3.44) liefern und damit wäre $J'(0) > 0$ im Widerspruch zu (3.42).

Zweitens folgt

$$s''(x_0+) = s''(x_n-) = 0 \quad \text{und} \tag{3.46}$$

$$s''(x_i-) = s''(x_i+), \quad i = 1, 2, \ldots, n-1; \tag{3.47}$$

d.h. s'' ist stetig und verschwindet an den Endpunkten[1]. Wäre dies nicht so, wäre also z.B. $s''(x_k-) - s''(x_k+) \neq 0$ für irgendein k, dann gäbe es ein zulässiges h mit $h'(x_i) = 0$ an allen Punkten außer für x_k, was wiederum $J'(0) \neq 0$ zur Folge hätte im Widerspruch zu (3.42).

Aus der ersten Bedingung (3.45) folgt, dass s in jedem Teilintervall $[x_i, x_{i+1}]$ als Polynom dritten Grades $s_i(x)$ dargestellt werden kann. Aus (i), (ii) und (3.47) folgt, dass diese Polynome sowie ihre ersten und zweiten Ableitungen an den inneren Stützstellen stetig ineinander übergehen:

$$\left.\begin{array}{rcl} s_i(x_i) & = & s_{i-1}(x_i), \\ s_i'(x_i) & = & s_{i-1}'(x_i), \\ s_i''(x_i) & = & s_{i-1}''(x_i), \end{array}\right\} \quad i = 1, 2, \ldots, n-1. \tag{3.48}$$

Außerdem folgt aus (3.47)

$$s_0''(x_0) = s_{n-1}''(x_n) = 0. \tag{3.49}$$

Damit sind die Eigenschaften der Splinefunktion s hergeleitet. Jetzt ist noch zu zeigen, dass genau eine solche Funktion s bzw. eine Menge kubischer Polynome $\{s_0, s_1, \ldots, s_{n-1}\}$ existiert, die diese Eigenschaften besitzen. Da ein Polynom dritten Grades vier Koeffizienten besitzt, liegen vier Freiheitsgrade pro Teilintervall vor, die durch die Bedingungen benutzt werden können, um s_i eindeutig festzulegen. Zwei Bedingungen sind die aus Forderung (i):

$$s_i(x_i) = y_i, \quad s_i(x_{i+1}) = y_{i+1}. \tag{3.50}$$

Um zwei weitere Bedingungen zu formulieren, führen wir die Größen

$$c_i := s'(x_i) \tag{3.51}$$

ein. Sie stellen zunächst unsere Unbekannten dar und liefern die beiden Bedingungen

$$s_i'(x_i) = c_i, \quad s_i'(x_{i+1}) = c_{i+1}. \tag{3.52}$$

Wir transformieren jetzt mit

$$t := \frac{x - x_i}{h_i}, \quad h_i := x_{i+1} - x_i \tag{3.53}$$

das Teilintervall $[x_i, x_{i+1}]$ auf das Intervall $[0, 1]$ und damit s_i auf

$$q_i(t) = s_i(x) = s_i(x_i + h_i t). \tag{3.54}$$

[1] Für die Straklatte ist dies ohnehin klar: Wenn sie sich an den Enden frei verbiegen kann, wird sie das ungekrümmt tun.

Auch die q_i sind kubische Polynome und unsere vier Bedingungen werden zu

$$q_i(0) = y_i, \qquad q_i(1) = y_{i+1}, \tag{3.55}$$
$$q_i'(0) = h_i c_i, \qquad q_i'(1) = h_i c_{i+1}. \tag{3.56}$$

Dies sind die Daten, die eine Hermite-Interpolation an zwei Punkten erfordert, siehe Abschnitt 3.1.4. Es ist leicht zu sehen, dass die Lösung das kubische Polynom

$$\begin{aligned} q_i(t) \;&=\; (1-t)^2 y_i + t^2 y_{i+1} + \\ &\quad\; t(1-t)\left\{(1-t)(2y_i + h_i c_i) + t(2y_{i+1} - h_i c_{i+1}\right\} \end{aligned} \tag{3.57}$$

ist. Durch die Interpolation ist die Stetigkeit der Funktion s und ihrer ersten Ableitung s' gesichert. Deshalb betrachten wir noch die zweite Ableitung an den Intervallenden

$$q_i''(0) \;=\; 6(y_{i+1} - y_i) - 2h_i(2c_i + c_{i+1}), \tag{3.58}$$
$$q_i''(1) \;=\; -6(y_{i+1} - y_i) + 2h_i(c_i + 2c_{i+1}). \tag{3.59}$$

Mit $s_i''(x) = q_i''(t)(dt/dx)^2 = q_i''(t)h_i^{-2}$ ergeben sich für das Verschwinden der zweiten Ableitung von s an den Endpunkten und für ihre Stetigkeit an den inneren Stützstellen die Bedingungen

$$\begin{aligned} (2c_0 + c_1)/h_0 \;&=\; 3(y_1 - y_0)/h_0^2, \\ (c_{n-1} + 2c_n)/h_{n-1} \;&=\; 3(y_n - y_{n-1})/h_{n-1}^2, \\ \text{und für } i = 1, \ldots, n-1 : & \\ (c_{i-1} + 2c_i)/h_{i-1} + (2c_i + c_{i+1})/h_i \;&=\; 3(y_i - y_{i-1})/h_{i-1}^2 + 3(y_{i+1} - y_i)/h_i^2. \end{aligned} \tag{3.60}$$

Diese Beziehungen stellen ein System von $n+1$ linearen Gleichungen für die $n+1$ Unbekannten $c_0, c_1, \ldots, c_n$ dar. Seine Koeffizientenmatrix

$$\begin{pmatrix} \frac{2}{h_0} & \frac{1}{h_0} & & & 0 \\ \frac{1}{h_0} & \frac{2}{h_0} + \frac{2}{h_1} & \frac{1}{h_1} & & \\ & \frac{1}{h_1} & \frac{2}{h_1} + \frac{2}{h_2} & \frac{1}{h_2} & \\ & \ddots & \ddots & \ddots & \\ & & \frac{1}{h_{n-2}} & \frac{2}{h_{n-2}} + \frac{2}{h_{n-1}} & \frac{1}{h_{n-1}} \\ 0 & & & \frac{1}{h_{n-1}} & \frac{2}{h_{n-1}} \end{pmatrix} \tag{3.61}$$

ist symmetrisch und diagonal dominant. Folglich ist sie nach dem Kreise-Satz von Gerschgorin 5.17 nicht singulär, sie ist sogar positiv definit. Also hat das Gleichungssystem (3.60) eine eindeutige Lösung. Daraus folgt, dass es genau eine Funktion s gibt, die die Forderungen (i)–(iv) erfüllt. In jedem Teilintervall $[x_i,\ x_{i+1}]$ wird diese Funktion durch ein kubisches Polynom $s_i(x)$ repräsentiert. □

Die Funktion s heißt *natürliche Spline-Interpolierende*. Die durch die Minimierung des Funktionals (3.37) entstehenden *natürlichen* Randbedingungen sind nicht für jede Anwendung der Spline-Interpolation passend. Sie können leicht durch zwei andere Bedingungen ersetzt werden. Damit ergeben sich die drei am häufigsten benutzten Formen:

Natürlicher Spline:	$s''(x_0) = 0$	$s''(x_n) = 0,$
Vollständiger Spline:	$s'(x_0) = y_0',$	$s'(x_n) = y_n',$
Periodischer Spline:	$s'(x_0) = s'(x_n)$	$s''(x_0) = s''(x_n).$

Die zusätzlichen Randbedingungen können vermieden werden, wenn als Basis einer Interpolations- oder Approximationsaufgabe die so genannten B-Splines gewählt werden, mit denen wir uns in den nächsten Abschnitten beschäftigen wollen. Sie eignen sich als Funktionensystem und durch die Möglichkeit rekursiver Konstruktion auch besser für die algorithmische Darstellung der Lösung von Spline-Aufgaben wie Interpolation oder Approximation.

3.2.2 B-Splines 1. Grades

Die beste algorithmisch zu verarbeitende Form einer Splinefunktion ist ihr Aufbau aus sehr einfachen Basisfunktionen, den *B-Splines*. Leider ist deren allgemeine Darstellung etwas komplex und nicht sehr anschaulich. Wir wollen deshalb den Begriff der B-Splines an einem Beispiel mit wenigen Stützstellen und in ihrer einfachsten Form kennen lernen, den B-Splines 1. Grades, die anschaulicher auch Hutfunktionen genannt werden. Es handelt sich um stetige, stückweise lineare Funktionen.

Beispiel 3.6. Zu den Stützstellen

$$x_0 < x_1 < x_2 < x_3 \tag{3.62}$$

suchen wir die vier Funktionen, die

- in jedem der Intervalle $[x_0, x_1]$, $[x_1, x_2]$ und $[x_2, x_3]$ lineare Polynome sind,
- in genau einer der vier Stützstellen den Wert 1 annehmen, und
- in den anderen Stützstellen verschwinden.

Offensichtlich sind das die vier Funktionen der Abb. 3.8.

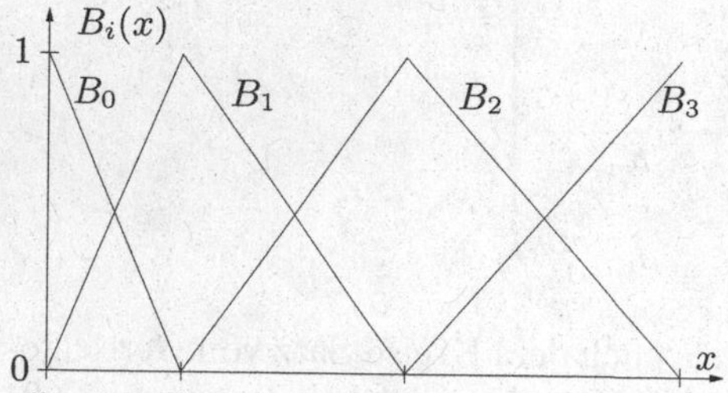

Abb. 3.8
Lineare B-Splines für vier Stützstellen.

Diese vier einfachen Funktionen wollen wir jetzt genauso (kompliziert) herleiten, wie das bei allgemeinen B-Splines getan wird. Zunächst werden die B-Splines nicht über der Menge der Stützstellen (auf der man z.B. interpolieren will), erklärt, sondern über einer Knotenpunktmenge, die wir hier für die Interpolation speziell festlegen wollen als

$$t_0 := t_1 := x_0, \quad t_2 := x_1, \quad t_3 := x_2, \quad t_4 := t_5 := x_3\,. \tag{3.63}$$

Außerdem definieren wir die abgeschnittene Potenzfunktion 1. Grades

$$F_x(t) := \begin{cases} (t-x) & \text{falls} \quad t \geq x \\ 0 & \text{falls} \quad t < x \end{cases} \tag{3.64}$$

$F_x(t)$ ist für jedes (feste) x eine Funktion von t. Ihre Werte in den Knotenpunkten t_i seien die Stützwerte $f_i := F_x(t_i)$. Die B-Splines werden jetzt mit Hilfe der dividierten Differenzen definiert, die wir in Abschnitt 3.1.3 kennen gelernt haben. Wir wollen das nur für B_0 genauer aufschreiben:

$$B_0(x) := (t_2 - t_0)[f_0, f_1, f_2]\,. \tag{3.65}$$

Hier sind noch zwei Besonderheiten zu beachten. Einmal sind die dividierten Differenzen ja noch Funktionen von x, denn sie werden mit t-Werten gebildet, die f_i hängen aber noch von x ab, also auch die B_i. Zum anderen gibt es wieder gleiche Stützstellen und Werte im Newton-Schema, die wie bei der Hermite-Interpolation in Abschnitt 3.1.4 durch Ableitungswerte ersetzt werden. Für B_0 ergibt sich folgendes Newton-Schema:

t_i	$F_x(t_i)$		
x_0	0		
		0	
x_0	0		$\dfrac{\frac{x_1-x}{x_1-x_0}}{x_1-x_0}$
		$\dfrac{x_1-x}{x_1-x_0}$	
x_1	x_1-x		

Also ist

$$B_0(x) = \begin{cases} \dfrac{x_1-x}{x_1-x_0} & \text{falls} \quad x \in [x_0, x_1] \\ 0 & \text{sonst} \end{cases}\,. \tag{3.66}$$

Noch umständlicher wird die Bestimmung von

$$B_1(x) := (t_3 - t_1)[f_1, f_2, f_3]\,,$$

weil man jetzt wegen der Fallunterscheidung in der Definition der abgeschnittenen Potenzfunktion zwei Newton-Schemata braucht. Anschaulich ergibt sich ja ganz leicht, dass

$$B_1(x) = \begin{cases} 1 - \dfrac{x_1-x}{x_1-x_0} = \dfrac{x-x_0}{x_1-x_0} & \text{falls} \quad x \in [x_0, x_1] \\ \dfrac{x_2-x}{x_2-x_1} & \text{falls} \quad x \in [x_1, x_2] \\ 0 & \text{sonst} \end{cases}$$

sein muss. Die komplizierte Definition ist nur für allgemeine Aufgaben von Vorteil, wie wir noch sehen werden. △

Hat man die B-Splines für gegebene Stützstellen und für eine Knotenpunktmenge einmal berechnet, so lässt sich die folgende Interpolationsaufgabe leicht lösen:

Bestimme Koeffizienten $\alpha_i,\ \ i = 0, \ldots, n$, so, dass

$$\sum_{i=0}^{n} \alpha_i B_i(x_k) = y_k, \ \ k = 0, 1 \ldots, n.$$

Wegen

$$B_i(x_k) = \begin{cases} 1 & \text{falls} \ \ i = k \\ 0 & \text{falls} \ \ i \neq k \end{cases}$$

ist einfach (wie bei der Lagrange-Interpolation, siehe Abschnitt 3.1.2)

$$\alpha_i := y_i \,.$$

3.2.3 Kubische B-Splines

B-Splines höherer Ordnung sind von Hand kaum noch zu berechnen. Sie eignen sich aber um so besser für die Computer-Berechnung, weil sie sich aus B-Splines niedrigerer Ordnung rekursiv berechnen lassen. Für zweimal stetig differenzierbare Splinefunktionen dritten Grades begnügen wir uns damit ihre rekursive Definition anzugeben und ihre wesentlichen Eigenschaften ohne Beweise zusammenzustellen. Dazu definieren wir zunächst wieder mit Hilfe der Stützstellenmenge $\{x_i\}$ eine spezielle Knotenpunktmenge $\{t_i\}$:

$$\begin{array}{l} \{t_0, \ \ t_1, \ \ t_2, \ \ t_3, \ \ t_4, \ \ t_5, \ \ \ldots, \ \ t_n, \ \ t_{n+1}, \ \ t_{n+2}, \ \ t_{n+3}, \ \ t_{n+4}\} \ := \\ \{x_0, \ \ x_0, \ \ x_0, \ \ x_0, \ \ x_2, \ \ x_3, \ \ \ldots, \ \ x_{n-2}, \ \ x_n, \ \ x_n, \ \ x_n, \ \ x_n\} \,. \end{array}$$

Für diese Knotenpunkte $t_0, t_1, \ldots, t_{n+4}$ definieren wir die B-Splines 0. Grades

$$B_{i,0}(x) \ = \ \left\{ \begin{array}{lll} 1 & \text{falls} & t_i \leq x < t_{i+1} \\ 1 & \text{falls} & x = t_{i+1} = x_n \\ 0 & \text{sonst} & \end{array} \right\} \ i = 0, 1, \ldots, n+3. \tag{3.67}$$

Es ist also $B_{i,0}(x) \equiv 0$, falls $t_i = t_{i+1}$. Die B-Splines höheren Grades ergeben sich aus denen 0. Grades rekursiv:

$$B_{i,k}(x) =^* \frac{x - t_i}{t_{i+k} - t_i} B_{i,k-1}(x) + \frac{t_{i+k+1} - x}{t_{i+k+1} - t_{i+1}} B_{i+1,k-1}(x). \tag{3.68}$$

($=^*$ bedeutet, dass Terme mit Nenner null weggelassen werden.)

Aus der oben angegebenen Knotenpunktmenge und den B-Splines 0. Grades lassen sich also folgende B-Splines rekursiv berechnen

$$\begin{array}{cccccccc} B_{0,0} & B_{1,0} & B_{2,0} & \cdots & B_{n,0} & B_{n+1,0} & B_{n+2,0} & B_{n+3,0} \\ \downarrow & \swarrow \ \downarrow & \swarrow & \cdots & \downarrow & \swarrow \ \downarrow & \swarrow \ \downarrow & \swarrow \\ B_{0,1} & B_{1,1} & \cdots & \cdots & B_{n,1} & B_{n+1,1} & B_{n+2,1} & \\ \downarrow & \swarrow \ \downarrow & \cdots & \cdots & \downarrow & \swarrow \ \downarrow & \swarrow & \\ B_{0,2} & B_{1,2} & \cdots & \cdots & B_{n,2} & B_{n+1,2} & & \\ \downarrow & \swarrow \ \downarrow & \cdots & \cdots & \downarrow & \swarrow & & \\ B_{0,3} & B_{1,3} & \cdots & \cdots & B_{n,3} & & & \end{array} \tag{3.69}$$

Zu einem Punkt $x \in [t_i, t_{i+1}]$ mit $t_i < t_{i+1}$ benötigt man zur Berechnung einer Splinesumme mit den kubischen B-Splines alle B-Spline-Werte $B_{i,k}(x)$ für $k = 0, 1, 2, 3$, die in x einen Wert ungleich null haben. Diese kann man in einem Dreiecksschema anordnen und mit rekursiven Algorithmen elegant berechnen:

$$
\begin{array}{cccc}
 & & & 0 \\
 & & 0 & \\
 & 0 & & B_{i-3,3} \\
0 & & B_{i-2,2} & \\
 & B_{i-1,1} & & B_{i-2,3} \\
B_{i,0} & & B_{i-1,2} & \\
 & B_{i,1} & & B_{i-1,3} \\
0 & & B_{i,2} & \\
 & 0 & & B_{i,3} \\
 & & 0 & \\
 & & & 0
\end{array}
\tag{3.70}
$$

Die B-Splines werden also nur in den entsprechenden Teilintervallen berechnet.

Da die Konstruktion der B-Splines nicht besonders anschaulich ist, wollen wir die Funktionen durch ihre Eigenschaften näher charakterisieren. Die B-Splines $B_i(x) := B_{i,3}(x)$ erfüllen folgende Bedingungen :

1. Sie haben kleinstmögliche Trägerintervalle:

$$
\begin{aligned}
B_0(x) &> 0 \quad \text{falls} \quad x \in [x_0, x_2), \\
B_1(x) &> 0 \quad \text{falls} \quad x \in (x_0, x_3), \\
B_2(x) &> 0 \quad \text{falls} \quad x \in (x_0, x_4), \\
B_3(x) &> 0 \quad \text{falls} \quad x \in (x_0, x_5), \\
B_i(x) &> 0 \quad \text{falls} \quad x \in (x_{i-2}, x_{i+2}), \qquad i = 4, \ldots, n-4, \\
B_{n-3}(x) &> 0 \quad \text{falls} \quad x \in (x_{n-5}, x_n), \\
B_{n-2}(x) &> 0 \quad \text{falls} \quad x \in (x_{n-4}, x_n), \\
B_{n-1}(x) &> 0 \quad \text{falls} \quad x \in (x_{n-3}, x_n), \\
B_n(x) &> 0 \quad \text{falls} \quad x \in (x_{n-2}, x_n].
\end{aligned}
\tag{3.71}
$$

Außerhalb dieser Intervalle sind die B-Splines identisch null.

2. $$\sum_{i=0}^{n} B_i(x) = 1 \quad \forall x \in [x_0, x_n]$$

3. Die Matrix B mit den Koeffizienten

$$b_{ik} := B_k(x_i) \tag{3.72}$$

hat Fünfbandgestalt und ist regulär. Oft ist sie symmetrisch und dann auch positiv definit. Sie kann (bis zu) Siebenbandgestalt haben, wenn die Knotenpunkte t_i beliebig, d.h. unabhängig von den Stützstellen x_i gewählt werden.

4. Die Werte der B-Splines wie die ihrer Ableitungen und ihrer Integrale lassen sich rekursiv und numerisch stabil berechnen.

Auf Grund dieser positiven Eigenschaften eignen sich B-Splines auch gut als Ansatzfunktionen bei der Lösung von Differenzial- und Integralgleichungen.

Für äquidistante Stützstellen wollen wir die inneren kubischen B-Splines angeben. Sei also

$$x_i := x_0 + ih, \quad i = 0, 1, \ldots, n.$$

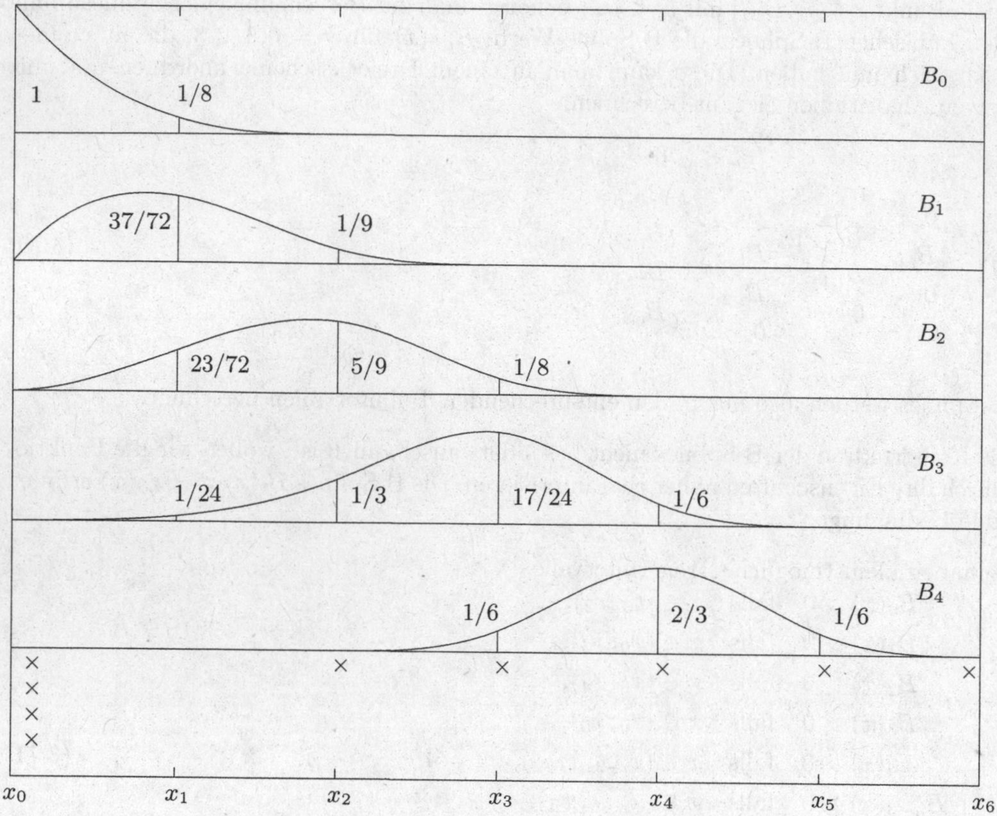

Abb. 3.9 Kubische B-Splines bei äquidistanten Stützstellen.

Dann ist für $i = 4, 5, \dots, n-4$:

$$B_i(x) = \frac{1}{6h^3} \cdot$$

$$\begin{cases} (x - x_{i-2})^3\,, & x \in [x_{i-2}, x_{i-1}], \\ h^3 + 3h^2(x - x_{i-1}) + 3h(x - x_{i-1})^2 - 3(x - x_{i-1})^3\,, & x \in [x_{i-1}, x_i], \\ h^3 + 3h^2(x_{i+1} - x) + 3h(x_{i+1} - x)^2 - 3(x_{i+1} - x)^3\,, & x \in [x_i, x_{i+1}], \\ (x_{i+2} - x)^3\,, & x \in [x_{i+1}, x_{i+2}], \\ 0\,, & \text{sonst.} \end{cases}$$

In Abb. 3.9 sind die ersten fünf kubischen B-Splines bei mindestens neun Stützstellen dargestellt. Die Knotenpunkte sind mit × gekennzeichnet. Der einzige "innere" B-Spline mit einem Träger von vier Intervallen und symmetrischem Verlauf ist B_4. Diese inneren B-Splines sind interpolierende natürliche kubische Splines mit äquidistanten Stützstellen $\{x_{i-2}, \dots, x_{i+2}\}$ zu der Wertetabelle

$$y_i = \{0, 1/6, 2/3, 1/6, 0\}\,.$$

Für die Konstruktion der B-Splines haben wir bisher die Knotenpunkte sehr speziell festgelegt. Werden die Knotenpunkte freier festgelegt, so wird eine große Flexibilität bei der Definition der Basisfunktionen erreicht. Diese Flexibilität soll noch an einem gegenüber dem allgemeinen Fall stark vereinfachten Lemma und an einer Beispiel-Zeichnung deutlich gemacht werden:

Lemma 3.6. *Ist* t_j *ein* m*-facher innerer Knoten, dann ist ein kubischer B-Spline* B_i *an der Stelle* t_j *mindestens* $(3-m)$ *mal stetig differenzierbar.*

Durch diese Eigenschaft können Splines mit gewünschten Ecken oder Sprüngen konstruiert werden, wie Abb. 3.10 zeigt.

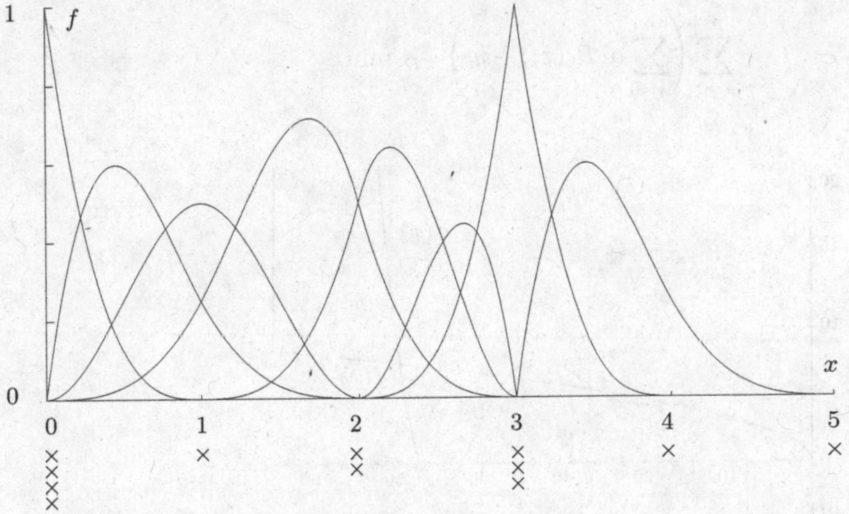

Abb. 3.10 Kubische B-Splines mit mehrfachen inneren Knoten.

Interpolation

Die gesuchte Splinefunktion $s(x)$ wird als Linearkombination der B-Splines dargestellt:

$$s(x) = \sum_{k=0}^{n} \alpha_k B_k(x). \tag{3.73}$$

Dies ist ein Ansatz mit $n+1$ Freiheitsgraden. Für $n+1$ Interpolationsbedingungen ergibt sich daher eine eindeutige Lösung. Zusätzliche Bedingungen am Rand sind nicht zu erfüllen. Das ist ein Vorteil des B-Spline-Ansatzes gegenüber der üblichen kubischen Spline-Interpolation (Abschnitt 3.2.1).

Durch Lösung des linearen Gleichungssystems $B\alpha = y$ werden die unbekannten Koeffizienten α_k bestimmt; α und y sind die Vektoren mit den α_k bzw. y_i als Komponenten, also:

$$\sum_{k=0}^{n} \alpha_k B_k(x_i) = y_i, \quad i = 0, 1, \ldots, n. \tag{3.74}$$

Diese Lösung ist auf Grund der oben genannten Eigenschaften stabil und schnell möglich. Weitere Einzelheiten zu B-Splines findet man in [Boo 01].

Approximation

Sollen m Stützwerte ausgeglichen werden mit $m > n + 1$, so ist eine diskrete Gauß-Approximation durchzuführen, siehe Abschnitt 3.6. Es ergibt sich das entsprechende Gleichungssystem $B\alpha = y$, wo allerdings B jetzt eine rechteckige Matrix ist. Dieses wird mit der Methode der kleinsten Quadrate, siehe Kapitel 6, gelöst:

$$\sum_{i=0}^{m} \left(\sum_{k=0}^{n} \alpha_k B_k(x_i) - y_i \right)^2 \to \min_{\alpha_i} \tag{3.75}$$

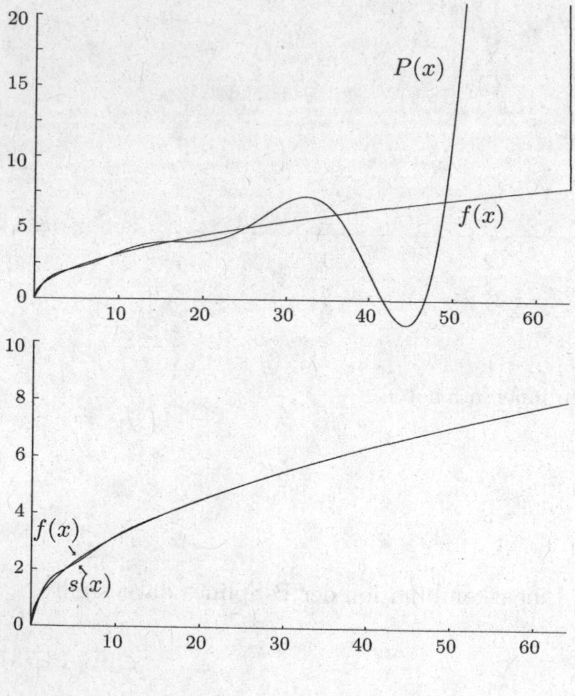

Abb. 3.11 Vergleich der Interpolationsmethoden.

Tab. 3.2 Werte im Vergleich.

x	$P(x)$	$s(x)$	$f(x) = \sqrt{x}$
0.1	0.128820	0.124346	0.316227
0.3	0.364987	0.355691	0.547722
0.5	0.574768	0.564967	0.707106
0.7	0.760697	0.753454	0.836660
0.9	0.925141	0.922429	0.948683
51.0	18.501183	7.141938	7.141428
53.0	35.466596	7.281021	7.280109
55.0	56.773501	7.417362	7.416198
57.0	78.917289	7.551075	7.549834
59.0	94.778908	7.682272	7.681145
61.0	92.051716	7.811066	7.810249
63.0	51.276268	7.937570	7.937253

Beispiel 3.7. Die Interpolation mit Polynomen oder mit Splines soll an einem Beispiel verglichen werden. Die Funktion

$$f(x) = \sqrt{x}$$

soll im Intervall $[0, 64]$ an folgenden Stellen interpoliert werden:

x	0	1	4	9	16	25	36	49	64
y	0	1	2	3	4	5	6	7	8

Natürlich ist dies ein sehr künstliches Beispiel, aber es verdeutlicht den Qualitätsunterschied der betrachteten Interpolationsverfahren bei sehr schwach variierenden Tabellenwerten sehr schön.

Uns interessieren besonders die Werte der Interpolationsfunktionen in den Randintervallen $(0, 1)$ und $(49, 64)$. In Tab. 3.2 stellen wir die Werte der Funktion $f(x) = \sqrt{x}$ den Werten aus der Polynom- und der Splineinterpolation gegenüber. In Abb. 3.11 finden wir oben die Funktion f und das interpolierende Polynom P. P oszilliert stark und verschwindet bei $x \approx 50$ sogar aus der Zeichnung, weil es Werte bis zu 100 annimmt. Im unteren Teil sind f und die interpolierende Splinefunktion s eingezeichnet. Sie stimmen bis auf ganz leichte Oszillationen von s am Anfang des Intervalls gut überein. △

3.3 Zweidimensionale Splineverfahren

Wir betrachten zwei Problemstellungen:

Interpolation

Gegeben sei eine Tabelle mit Daten

$$(x_k, y_k, f_k) \quad k = 1, 2, \ldots, m. \tag{3.76}$$

Gesucht ist eine Funktion

$$S(x,y) := \sum_{\nu=1}^{n}\sum_{\mu=1}^{l} c_{\nu\mu}s_\nu(x)t_\mu(y) \text{ mit } l\,n = m \text{ und} \tag{3.77}$$

$$S(x_k,y_k) = f_k, \quad k = 1,2,\ldots,m.$$

Dabei sind die Funktionen s_ν und t_μ die eindimensionalen Ansatzfunktionen.

Approximation

Gegeben sei eine Tabelle mit Daten

$$(x_k, y_k, f_k) \quad k = 1,2,\ldots,m. \tag{3.78}$$

Gesucht ist eine Funktion

$$S(x,y) := \sum_{\nu=1}^{n}\sum_{\mu=1}^{l} c_{\nu\mu}s_\nu(x)t_\mu(y) \text{ mit } l\,n < m \text{ und} \tag{3.79}$$

$$\sum_{k=1}^{m}(S(x_k,y_k) - f_k)^2 \to \min_{c_{\nu\mu}}.$$

Bei der Interpolation wird die Lösung stark vereinfacht, wenn man sich auf die Gitterpunkte eines Rechteckgitters beschränkt:

Gegeben seien zwei Koordinatenlisten und eine Liste mit Funktionswerten:

$$x_i, \quad i = 1,2,\ldots,n \quad \text{und} \quad y_j, \quad j = 1,2,\ldots,l \tag{3.80}$$

$$f_{ij}, \quad i = 1,2,\ldots,n, \; j = 1,2,\ldots,l.$$

Gesucht ist eine Funktion

$$S(x,y) \;:=\; \sum_{\nu=1}^{n}\sum_{\mu=1}^{l} c_{\nu\mu}s_\nu(x)t_\mu(y) \tag{3.81}$$

$$\text{mit } S(x_i,y_j) \;=\; f_{ij}, \tag{3.82}$$

$$i = 1,2,\ldots,n, \; j = 1,2,\ldots,l.$$

In den folgenden Unterabschnitten wollen wir für bilineare und bikubische Tensorsplines zwei Konstruktionsprinzipien kennen lernen.

3.3.1 Bilineare Tensorsplines

Hier wollen wir Flächen im $\mathbb{R}^3$ durch Produkte stückweise linearer Polynome konstruieren (nach [Loc 93]). Dieses Prinzip lässt sich auf bikubische Splines übertragen, die wir allerdings nach einem etwas anderen Konstruktionsprinzip im nächsten Unterabschnitt herleiten wollen.

Sei eine Funktion $f : Q_k \to \mathbb{R}$ gegeben. Dabei ist $Q_k = \{(x,y) | -k \le x, y \le k\}$ ein Quadrat mit der Seitenlänge $2k$.

Wir bilden jetzt mit der Grundfunktion

$$B_1(t) := \begin{cases} 1+t & -1 \le t < 0 \\ 1-t & 0 \le t < 1 \\ 0 & sonst \end{cases}$$

die zweidimensionale Produktfunktion

$$D_{11}(x,y) := B_1(x)B_1(y), \quad (x,y) \in \mathbb{R}^2,$$

die ungleich null nur für $-1 < x, y < 1$ ist. Hält man eine Variable fest, so entsteht eine stückweise lineare Funktion der anderen Variablen. Insgesamt erhält man also eine auf der Ebene $z = 0$ aufsitzende Pyramide. Die Seitenflächen sind allerdings nicht eben, sondern leicht gekrümmt, siehe Abb. 3.12.

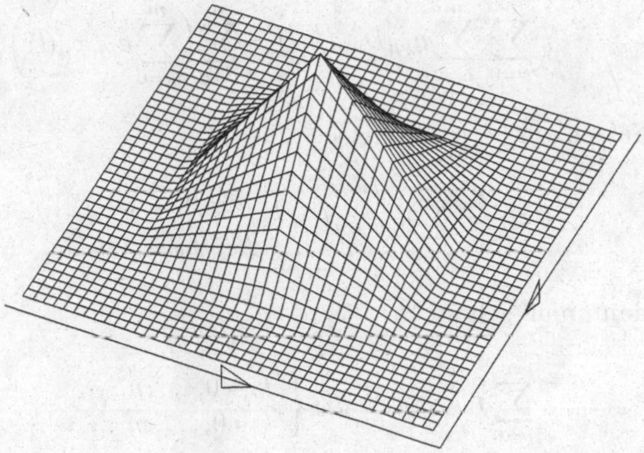

Abb. 3.12 Bilinearer Basisspline.

Satz 3.7. *Zu den Daten f_{ij}, $\quad -k \le i, j \le k, \quad k \in \mathbb{N}^*$, existiert ein eindeutig bestimmter bilinearer Spline S mit*

$$S(i,j) = f_{ij}, \quad -k \le i, j \le k.$$

S hat die Darstellung

$$S(x,y) = \sum_{i=-k}^{k} \sum_{j=-k}^{k} f_{ij} D_{11}(x-i, y-j), \quad (x,y) \in \mathbb{R}^2.$$

Diesen Satz kann man leicht in allgemeiner Form beweisen:

Satz 3.8. *Das Interpolationsproblem*

$$\sum_{\nu=0}^{n} a_\nu \varphi_\nu(k) = f_k, \quad k = 0, \ldots, n,$$

sei für jeden Datensatz $(f_k)_{k=0,\ldots,n} \in \mathbb{R}^{n+1}$ *eindeutig lösbar.*
Dann hat auch das durch Tensorproduktbildung definierte Interpolationsproblem

$$\sum_{\nu=0}^{n} \sum_{\mu=0}^{m} a_{\nu\mu} D_{\nu\mu}(k,l) = f_{kl} \quad \begin{cases} k = 0,\ldots,n \\ l = 0,\ldots,m \end{cases}$$

mit

$$D_{\nu\mu}(x,y) := \varphi_\nu(x)\varphi_\mu(y) \quad \begin{cases} \nu = 0,\ldots,n \\ \mu = 0,\ldots,m \end{cases}$$

für jeden Datensatz $(f_{kl}) \in \mathbb{R}^{(n+1)(m+1)}$ *eine eindeutig bestimmte Lösung.*

Beweis.

$$\sum_{\nu=0}^{n} \sum_{\mu=0}^{m} a_{\nu\mu} D_{\nu\mu}(k,l) = \sum_{\nu=0}^{n} \left(\sum_{\mu=0}^{m} a_{\nu\mu}\varphi_\mu(l) \right) \varphi_\nu(k).$$

Setzen wir

$$\tau_{\nu l} := \sum_{\mu=0}^{m} a_{\nu\mu}\varphi_\mu(l), \begin{cases} \nu = 0,\ldots,n \\ l = 0,\ldots,m, \end{cases}$$

dann muß gelten

$$\sum_{\nu=0}^{n} \tau_{\nu l}\varphi_\nu(k) = f_{kl} \begin{cases} k = 0,\ldots,n \\ l = 0,\ldots,m \end{cases}.$$

Das sind $m+1$ eindeutig lösbare eindimensionale Interpolationsprobleme. Mit den $\tau_{\nu l}$ bekommt man die $n+1$ ebenfalls eindeutig lösbaren Interpolationsprobleme

$$\sum_{\mu=0}^{m} a_{\nu\mu}\varphi_\mu(l) = \tau_{\nu l} \begin{cases} l = 0,\ldots,m, \\ \nu = 0,\ldots,n, \end{cases}$$

die die gesuchten Koeffizienten eindeutig liefern. □

Durch die Tensorproduktbildung, d.h. durch den Aufbau der mehrdimensionalen Interpolation als Produkt aus eindimensionalen Interpolationen wird eine Aufwandsersparnis erreicht, ebenfalls dadurch, dass die B-Splines minimalen Träger haben.

Beispiel 3.8. Interpoliere bilinear mit $k = 10$, also auf dem Quadrat $[-10, 10] \times [-10, 10]$ die Funktion

$$f(x,y) = \exp\left(\frac{x}{10}\right) \exp\left(\frac{\sqrt{|y|}}{10}\right).$$

Das Ergebnis sehen wir in Abb. 3.13. △

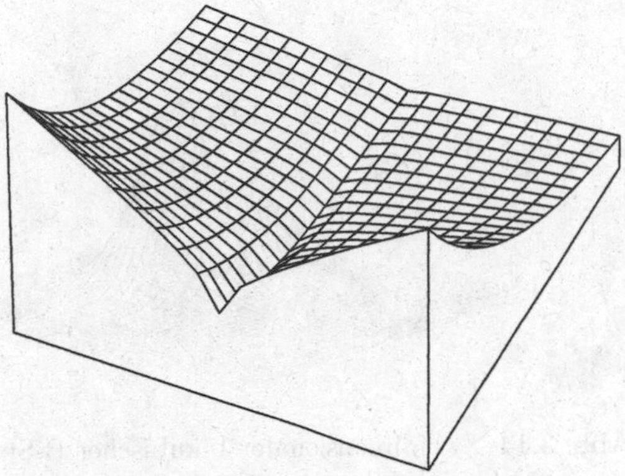

Abb. 3.13 Bilineare Spline-Interpolation von $f(x,y) = \exp\left(\frac{x}{10}\right) \exp\left(\frac{\sqrt{|y|}}{10}\right)$.

3.3.2 Bikubische Tensorsplines

Sei jetzt in (3.77)

$$\begin{aligned} s_\nu(x) &:= B_\nu(x), \quad \nu = 1, 2, \ldots, n, \\ t_\mu(y) &:= B_\mu(y), \ \mu = 1, 2, \ldots, l. \end{aligned} \tag{3.83}$$

Dabei sind $B_\nu(x)$ bzw. $B_\mu(y)$ die in Abschnitt 3.2.3 eingeführten kubischen B-Splines, jetzt über den zwei Stützstellenmengen $\{x_i\}$ bzw. $\{y_j\}$ definiert[2] und in der Nummerierung um Eins verschoben. Einen typischen zweidimensionalen B-Spline auf einem 10×10-Gitter kann man in Abb. 3.14 sehen.

Mit (3.83) ergeben sich die zweidimensionalen Ansatzfunktionen

$$\hat{B}_{\nu\mu}(x,y) := B_\nu(x) B_\mu(y). \tag{3.84}$$

In jedem Rechteck R_η des Gitters sind dies Polynome vom Höchstgrad 6:

$$\hat{B}_{\nu\mu}(x,y) = \sum_{i=0}^{3} \sum_{j=0}^{3} a_{ij} x^i y^j, \quad \text{falls } (x,y) \in R_\eta. \tag{3.85}$$

Dabei hängen die Koeffizienten a_{ij} noch von den Spline-Indizes (ν, μ) und dem Rechteck R_η ab, müssten also eigentlich fünf Indizes haben. Die Funktionen gehen an den Rechteckseiten zweimal stetig differenzierbar ineinander über, wenn alle inneren Knotenpunkte verschieden sind. Das entspricht dem eindimensionalen Fall.

Die Lösung des Interpolationsproblems (3.77) auf dem Rechteckgitter (3.80) liefert jetzt das

[2] Wir wollen beide mit B bezeichnen, da uns das anschaulicher und weniger verwirrend erscheint als eine korrektere Bezeichnung wie etwa B und $\tilde{B}$.

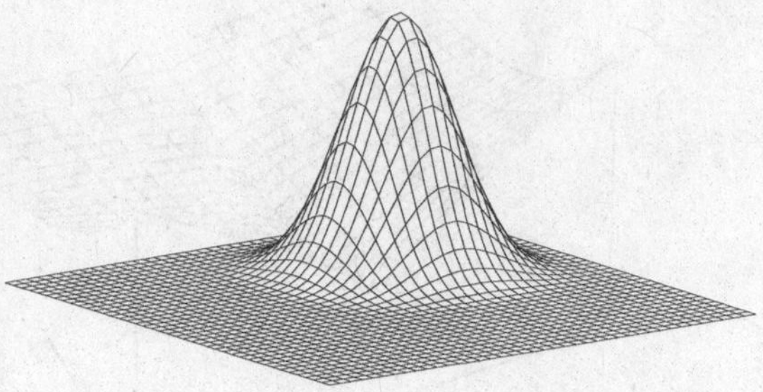

Abb. 3.14 Zweidimensionaler bikubischer B-Spline.

lineare Gleichungssystem

$$\sum_{\nu=1}^{n}\sum_{\mu=1}^{l} c_{\nu\mu} B_\nu(x_i) B_\mu(y_j) = f_{ij}, \quad i = 1, 2, \ldots, n, \; j = 1, 2, \ldots, l. \tag{3.86}$$

Dies ist ein System von $n \times l$ linearen Gleichungen mit ebenso vielen Unbekannten. Es ist schwach besetzt und hat Block-Band-Struktur. Zur Lösung wird man dementsprechend ein spezielles Verfahren verwenden, z.B. eine spezielle QR-Zerlegung (siehe Kapitel 6). Aus Satz 3.8 folgt, dass die Lösung eindeutig bestimmt ist.

Ein lineares Gleichungssystem kann man auch bei beliebiger Stützstellenvorgabe ohne Kopplung an ein Gitter aufstellen. Seien also die Daten wie in (3.76) gegeben:

$$(x_i, y_i, f_i), \quad i = 1, 2, \ldots, m.$$

Dann wird (3.86) zu

$$\sum_{\nu=1}^{n}\sum_{\mu=1}^{l} c_{\nu\mu} B_\nu(x_i) B_\mu(y_i) = f_i, \quad i = 1, 2, \ldots, m. \tag{3.87}$$

Nun wird man aber die B-Splines nicht mehr über die Stützstellen $\{x_i\}$ und $\{y_i\}$ konstruieren, sondern mit einer nur noch vom Gesamtgebiet, in dem die Stützstellen liegen, abhängigen Knotenpunktmenge. Dabei sollte die Verteilung der Knotenpunkte abhängen von der Dichte der Stützstellen und der Variation der Stützwerte. Die Struktur des linearen Gleichungssystems (3.87) ist nicht mehr so klar vorher bestimmbar wie die von (3.86). Entsprechend wachsen Zeit- und Speicheraufwand. Das Gleichungssystem (3.87) ist nur für $m = n\,l$ quadratisch und regulär. Um diese Bedingung nicht einhalten zu müssen, löst man es nach der Methode der kleinsten Quadrate und bekommt für $m \leq n\,l$ eine Interpolationslösung und für $m > n\,l$ eine Approximationslösung.

Beispiel 3.9. In Abb. 3.15 stellt die zweidimensionale Funktion $F(x, y)$ zwei zusammentreffende Flachwasserwellen dar. Mathematisch handelt es sich um die Lösung einer Korteveg-de Vries-Gleichung, die 2-Soliton genannt wird. Die Korteveg-de Vries-Gleichung ist eine partielle Differenzialgleichung, die in gewissen Spezialfällen analytisch lösbar ist, [Fuc 87]. Die in Abb. 3.15 dargestellte

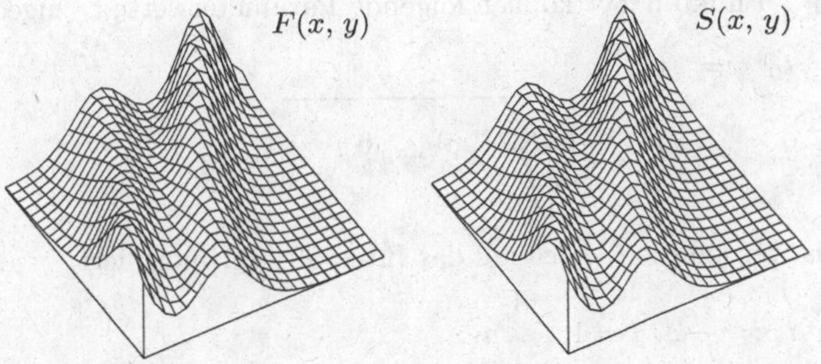

Abb. 3.15 2-Soliton und seine Splineapproximation.

Lösung hat die Form (hier ist y die Zeitvariable):

$$F(x,y) := -2\frac{(a_1 + a_2 + \frac{5}{168}a_{12})^2}{(1 + \frac{5}{8}a_1 + \frac{5}{6}a_2 + \frac{25}{2352}a_{12})^2} + 2\frac{\frac{8}{5}a_1 + \frac{6}{5}a_2 + \frac{1}{12}a_{12}}{1 + \frac{5}{8}a_1 + \frac{5}{6}a_2 + \frac{25}{2352}a_{12}} \quad (3.88)$$

mit

$$a_1 := \exp(\frac{128}{125}y - \frac{8}{5}x), \quad a_2 := \exp(\frac{54}{125}y - \frac{6}{5}x), \quad a_{12} := \exp(\frac{182}{125}y - \frac{14}{5}x).$$

Diese Funktion soll im Rechteck $[-8, 7] \times [-8, 7]$ von einer bikubischen Splinefunktion interpoliert werden. Wir geben die Funktionswerte auf allen ganzzahligen Gitterpunkten dieses Rechtecks vor. Die Knotenpunkte wählen wir in x- und y-Richtung entsprechend Abschnitt 3.2.3 (vierfache Randpunkte und alle inneren Stützstellen außer der zweiten und der zweitletzten). Das ergibt zusammen $20 \times 20 = 400$ Knotenpunkte. Die interpolierende Splinefläche werten wir auf 31×31 Punkten aus und zeichnen sie (Abb. 3.15 rechts). Diese Interpolation ist mit einem maximalen Fehler von etwa 10% in der unteren linken Ecke behaftet. Der mittlere Fehler ist wesentlich kleiner. △

3.4 Kurveninterpolation

Problemstellung

Gegeben seien $n + 1$ Punkte $\boldsymbol{x}^{(i)} \in \mathbb{R}^m$

$$\boldsymbol{x}^{(i)} = (x_1^{(i)}, x_2^{(i)}, \ldots, x_m^{(i)}), \quad i = 0, 1, \ldots, n. \quad (3.89)$$

Sie sollen durch eine Kurve verbunden werden. Diese wird in Abhängigkeit von einem Parameter $t \in \mathbb{R}$, z.B. der Bogenlänge der Kurve, dargestellt.

Gesucht sind also m Parameterfunktionen

$$x_1(t), x_2(t), \ldots, x_m(t), \quad t \in [0, 1], \quad (3.90)$$

die die zugehörigen Komponenten der gegebenen Punkte an den Stellen t_i interpolieren, für die gilt:

$$x_k(t_i) = x_k^{(i)}, \; i = 0, 1, \ldots, n, \; k = 1, 2, \ldots, m. \quad (3.91)$$

Den $n+1$ Punkten $\boldsymbol{x}^{(i)}$ können folgende Parameterwerte t_i zugeordnet werden:

$$\begin{aligned} t_0 &:= 0 \\ t_i &:= t_{i-1} + \sqrt{\sum_{k=1}^{m} (x_k^{(i)} - x_k^{(i-1)})^2}, \quad i = 1, \ldots, n. \end{aligned} \tag{3.92}$$

Meistens werden die t_i noch auf das Intervall $[0, 1]$ normiert:

$$t_i := \frac{t_i}{t_n}, \quad i = 1, \ldots, n. \tag{3.93}$$

Numerische Lösung mit Splines

Es werden m eindimensionale Splineinterpolationen durchgeführt. Stützstellen sind immer die Parameterwerte t_i, Stützwerte für den k-ten Spline $x_k(t)$ die Werte $x_k^{(i)}$. Dann ist die Gleichung (3.91) erfüllt. Die Kurve im $\mathbb{R}^m$ ist festgelegt durch ihre Parameterdarstellung

$$(x_1(t), x_2(t), \ldots, x_m(t)), \quad t \in [0, 1]. \tag{3.94}$$

Beispiel 3.10. Der Effekt glatter Splineinterpolation soll an einem "schönen" Beispiel demonstriert werden. Wir wollen eine verzerrte Archimedesspirale zeichnen:

$$r(t) = c\,t\,(1 + \frac{bct}{d} \sin(a\,t)). \tag{3.95}$$

Dabei sind (r, t) Polarkoordinaten, d.h. der Kurvenparameter t ist hier identisch mit dem Winkel φ der üblichen Polarkoordinatendarstellung. Als Zahlen wurden gewählt:

$d = 500$:	Verzerrungsverhältnis
$c = 2$:	Spiralenöffnung
$b = 0.2$:	Überlagerungsfaktor
$a = 5.03$:	Überlagerungsfrequenz

Die Parameterdarstellung ergibt sich als

$$\begin{aligned} x(t) &= r\cos(t), \\ y(t) &= r\sin(t). \end{aligned} \tag{3.96}$$

Es sollen 32 Umdrehungen dieser Spirale gezeichnet werden. Das haben wir mit 503 und 1006 Punkten versucht. Die Ergebnisse sind in Abb. 3.16 festgehalten. Die beiden unteren Kurven sind durch 503 Punkte gezeichnet, die oberen durch 1006 Punkte. Die linken beiden Kurven wurden als Polygonzug gezeichnet, also als gerade Verbindung der Stützpunkte, die beiden rechten mit Splines. An dem Unterschied kann man erkennen, wie wichtig eine gute Zeichen-Software in einem Graphik-Paket ist. In diesem Zusammenhang seien noch folgende Stichworte erwähnt: CAD, Bézier-Kurven und -Flächen (siehe Abschnitt 3.5), Beta-Splines und Coons-Flächen. △

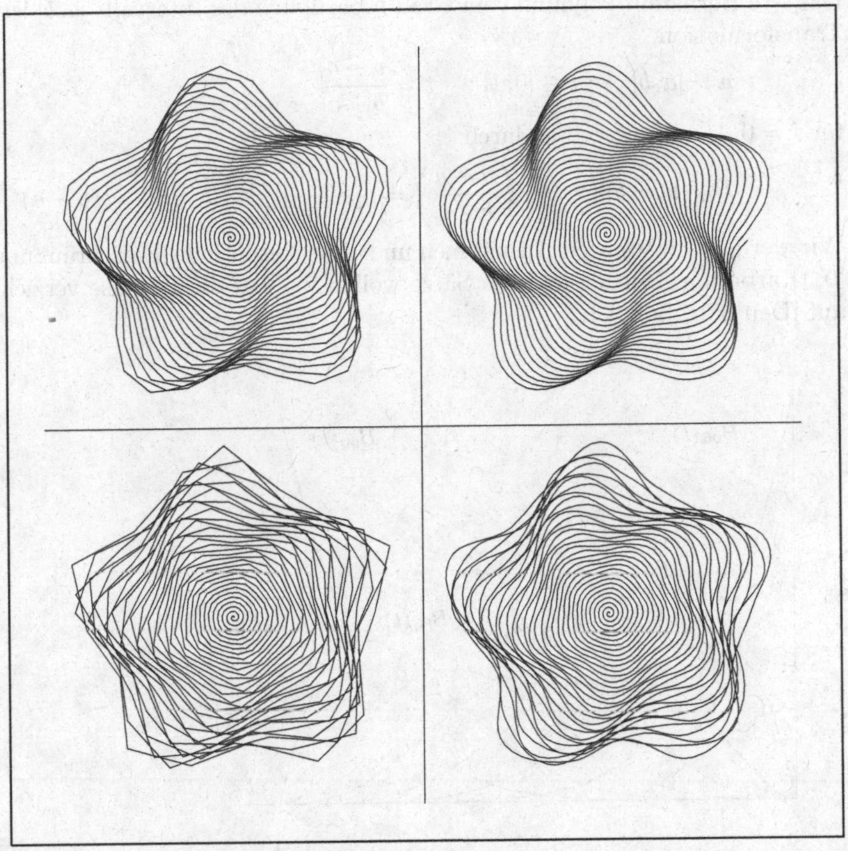

Abb. 3.16 Polygonzug und Spline durch 503 und 1006 Kurvenpunkte.

3.5 Kurven und Flächen mit Bézier-Polynomen

3.5.1 Bernstein-Polynome

Nach dem binomischen Lehrsatz gilt

$$1 = ((1-t)+t)^n = \sum_{i=0}^{n} \binom{n}{i} (1-t)^{n-i}\, t^i. \tag{3.97}$$

Die *Bernstein-Polynome* n-ten Grades in t bezüglich des Intervalls $[0,1]$

$$B_{in}(t) := \binom{n}{i} (1-t)^{n-i}\, t^i, \quad i = 0, 1, \ldots, n, \tag{3.98}$$

bilden deshalb eine Zerlegung der Eins. Der Mathematiker S. Bernstein hat mit ihnen 1912 den Weierstraßschen Approximationssatz konstruktiv bewiesen.

Das i-te Bernstein-Polynom vom Grad n bezüglich des Intervalls $[a, b]$ ist dann vermöge der Transformation

$$u \in [a,b] \;\to\; t \in [0,1]: \quad t = \frac{u-a}{b-a}$$

für $i = 0, 1, \ldots, n$ gegeben durch

$$B_{in}(u; a, b) := B_{in}\left(\frac{u-a}{b-a}\right) = \frac{1}{(b-a)^n}\binom{n}{i}(b-u)^{n-i}(u-a)^i. \tag{3.99}$$

Wir werden mit wenigen Ausnahmen und ohne wesentliche Einschränkung auf dem Intervall $[0, 1]$ arbeiten. Für die meisten Sätze wollen wir auf die Beweise verzichten und verweisen auf [Deu 08b, Loc 93].

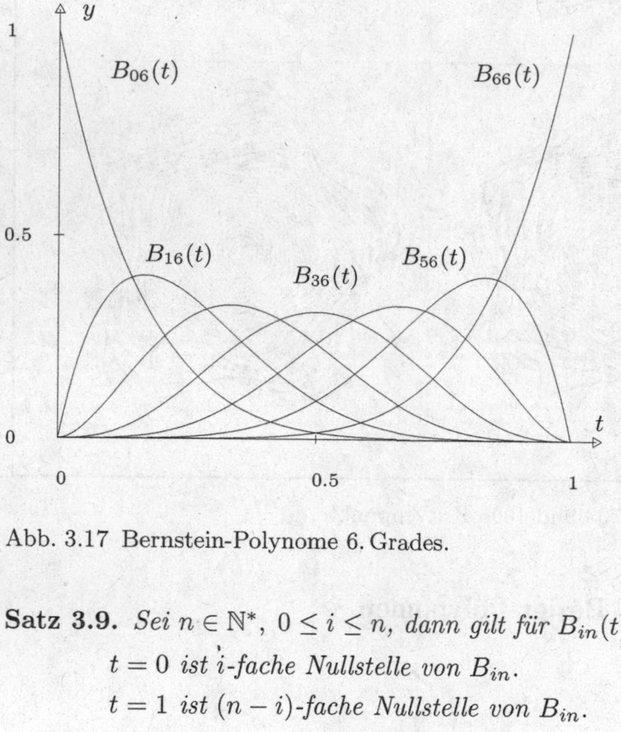

Abb. 3.17 Bernstein-Polynome 6. Grades.

Satz 3.9. *Sei $n \in \mathbb{N}^*$, $0 \le i \le n$, dann gilt für $B_{in}(t)$:*

$$t = 0 \text{ ist } i\text{-fache Nullstelle von } B_{in}. \tag{3.100}$$

$$t = 1 \text{ ist } (n-i)\text{-fache Nullstelle von } B_{in}. \tag{3.101}$$

$$B_{in}(t) = B_{n-i,n}(1-t) \quad \text{(Symmetrie)}. \tag{3.102}$$

$$0 \le B_{in}(t) \le 1 \;\; \forall t \in [0,1], \quad B_{in}(t) > 0 \;\; \forall t \in (0,1). \tag{3.103}$$

Satz 3.10. *Das Bernstein-Polynom B_{in} hat in $[0, 1]$ genau ein Maximum, und zwar bei $t_{max} = i/n$.*

Satz 3.11. *Die Bernstein-Polynome genügen der Rekursionsformel*

$$\begin{aligned} B_{in}(t) &= t\,B_{i-1,n-1}(t) + (1-t)\,B_{i,n-1}(t), \quad i = 1, \ldots, n-1, \\ B_{0n}(t) &= (1-t)\,B_{0,n-1}(t), \\ B_{nn}(t) &= t\,B_{n-1,n-1}(t). \end{aligned} \tag{3.104}$$

Satz 3.12. *Die* $\{B_{in}(t)\}_{i=0}^n$ *sind linear unabhängig und bilden eine Basis des Raumes* Π_n *der Polynome n-ten Grades.*

Satz 3.13. *Die Ableitungen der Bernstein-Polynome* $(n \geq 1)$ *sind gegeben durch*

$$B'_{in}(t) = \begin{cases} -n\,B_{0,n-1}(t) & \textit{für} \quad i = 0, \\ n\,[B_{i-1,n-1}(t) - B_{i,n-1}(t)] & \textit{für} \quad i = 1, 2, \ldots, n-1, \\ n\,B_{n-1,n-1}(t) & \textit{für} \quad i = n. \end{cases} \tag{3.105}$$

3.5.2 Bézier-Darstellung eines Polynoms

Da die Bernstein-Polynome eine Basis des Raumes Π_n bilden, lässt sich jedes Polynom $p \in \Pi_n$ darstellen als

$$p(t) = \sum_{i=0}^{n} \beta_i\, B_{in}(t). \tag{3.106}$$

Dies nennt man die *Bézier*[3]*-Darstellung* von p. Die β_i heißen *Bézier-Koeffizienten* und die Punkte

$$(i/n,\ \beta_i)^T \in \mathbb{R}^2,\ i = 0, 1, \ldots, n,$$

Bézier-Punkte.

Die Verbindung der Bézier-Punkte durch Geraden heißt *Bézier-Polygon.*

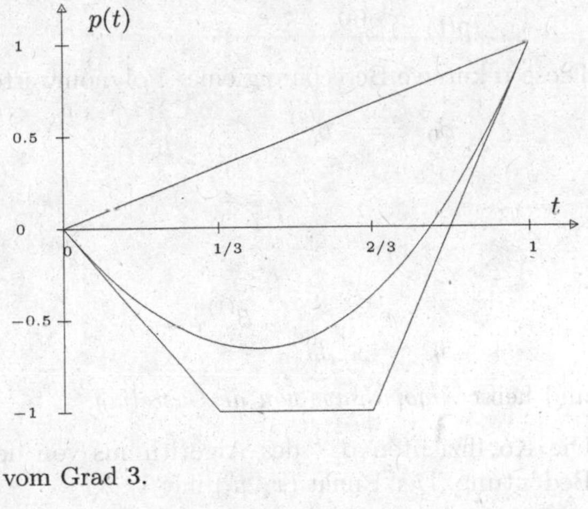

Abb. 3.18 Bézier-Polygon mit Bézier-Polynom vom Grad 3.

Beispiel 3.11. Abb. 3.18 zeigt das Bézier-Polynom zu den Bézier-Punkten $(0, 0)$, $(1/3, -1)$, $(2/3, -1)$, $(1, 1)$

$$p(t) = 0 \cdot B_{03}(t) - B_{13}(t) - B_{23}(t) + B_{33}(t) = t^3 + 3t^2 - 3t$$

zusammen mit seinem Bézier-Polygon. △

[3]Bézier: zeitgenössischer französischer Industrie-Mathematiker.

Satz 3.14. *1. Der Graph eines Polynoms liegt in der konvexen Hülle seiner Bézier-Punkte.*
2. Der Graph eines Polynoms und sein Bézier-Polygon berühren sich tangential in $t = 0$ *und in* $t = 1$.
3. Für die Ableitungen eines Polynoms mit Bézier-Koeffizienten β_i *gilt:*

$$p^{(k)}(t) = n(n-1)\cdots(n-k+1)\sum_{i=0}^{n-k}\Delta^k\beta_i\,B_{i,n-k}(t), \tag{3.107}$$

wenn Δ^k *die Vorwärtsdifferenzen* $\Delta\beta_i := \beta_{i+1} - \beta_i,\ \ \Delta^k\beta_i := \Delta^{k-1}\beta_{i+1} - \Delta^{k-1}\beta_i$ *sind.*

3.5.3 Der Casteljau-Algorithmus

Die Rekursionsformel (3.104) führt für ein Bézier-Polynom (3.106) im ersten Schritt zu

$$\begin{aligned} p(t) &= \beta_0(1-t)B_{0,n-1}(t) + \beta_1[(1-t)B_{1,n-1}(t) + tB_{0,n-1}(t)] + \cdots \\ &\quad \cdots + \beta_n t B_{n-1,n-1}(t) \\ &= [\beta_0(1-t) + \beta_1 t]B_{0,n-1}(t) + \cdots + [\beta_{n-1}(1-t) + \beta_n t]B_{n-1,n-1}(t), \end{aligned}$$

also

$$\begin{aligned} p(t) &= \sum_{i=0}^{n-1}\beta_i^{(1)}\,B_{i,n-1}(t) \quad \text{mit} \\ \beta_i^{(1)} &= \beta_i(1-t) + \beta_{i+1}t, \quad i = 0,\ldots,n-1, \quad \beta_i^{(1)} = \beta_i^{(1)}(t). \end{aligned}$$

Führt man das rekursiv fort, kommt man zu

$$p(t) = \beta_0^{(n)}. \tag{3.108}$$

Diese rekursive Berechnung eines Polynomwertes $p(t)$ entspricht dem Dreiecksschema

$$\begin{array}{ccccccc} \beta_0 & = & \beta_0^{(0)} & & & & \\ & & & \beta_0^{(1)} & & & \\ & & & & \ddots & & \\ \vdots & \vdots & \vdots & \vdots & & \beta_0^{(n)} & \\ & & & & \cdot^{\cdot^{\cdot}} & & \\ & & & \beta_{n-1}^{(1)} & & & \\ \beta_n & = & \beta_n^{(0)} & & & & \end{array}$$

und heißt *Algorithmus von de Casteljau.*

Die Koeffizienten $\beta_i^{(1)}$ des Algorithmus von de Casteljau besitzen folgende geometrische Bedeutung. Der Punkt (x_i, y_i) mit

$$\begin{aligned} x_i &= (1-t)\,\frac{i}{n} + t\,\frac{i+1}{n} = \frac{i+t}{n} \\ \beta_i^{(1)} = y_i &= (1-t)\beta_i + t\beta_{i+1}, \quad i = 0,\ldots,n-1 \end{aligned} \tag{3.109}$$

liegt auf der Geraden

$$\begin{pmatrix} i/n \\ \beta_i \end{pmatrix} \to \begin{pmatrix} (i+1)/n \\ \beta_{i+1} \end{pmatrix},$$

also auf dem Bézier-Polygon.

Rekursiv entsteht ein System von Zahlen $\beta_i^{(k)}$, $k = 1, \ldots, n$, $i = 0, \ldots, n-k$, die durch lineare Interpolation aus den Zahlen $\beta_i^{(k-1)}$ entstehen, bis der Punkt $p(t) = \beta_0^{(n)}$ erreicht ist. Dieser Prozess kann am Beispiel 3.12 nachvollzogen werden.

Beispiel 3.12. Wir wollen für $t = 0.5$ den Polynomwert des Bézier-Polynoms $p(t) = 0 \cdot B_{03}(t) - B_{13}(t) - B_{23}(t) + B_{33}(t)$ aus Beispiel 3.11 berechnen. In Abb. 3.19 sind die Punkte verschieden markiert, die innerhalb des Casteljau-Algorithmus für den Wert $t = 0.5$ entstehen. Aus den vier Bézier-Punkten $(0,0)$, $(1/3,-1)$, $(2/3,-1)$, $(1,1)$ werden wegen $t = 0.5$ die drei Mittelpunkte $(x_i, \beta_i^{(1)})$ der Teilgeraden des Bézier-Polygons (∘). Die beiden Geraden, die diese Punkte verbinden, werden wieder mittig geteilt (+). Der Mittelpunkt der verbleibenden Verbindungsstrecke (•) ist der gesuchte Punkt auf dem Polynom $p(0.5)$. △

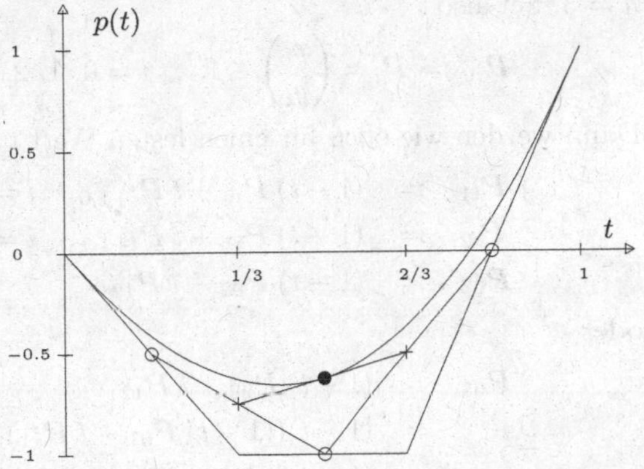

Abb. 3.19 Der Casteljau-Algorithmus geometrisch.

3.5.4 Bézier-Kurven

In der graphischen Datenverarbeitung ist die Einschränkung einer Kurve auf eine Funktion nicht sinnvoll, da Kurven unabhängig von ihrer Darstellung bezüglich eines Koordinatensystems sein sollten.

Der Übergang von Bézier-Polynomen zu Bézier-Kurven geschieht über einen Parameter (hier einfach wieder t) wie beim Übergang von Splines zu Parameter-Splines in Abschnitt 3.4.

Definition 3.15. Seien für $0 \le t \le 1$ die Funktionen $x_k(t)$, $k = 1, 2, \ldots, d$, Bézier-Polynome. Dann ist $(x_1(t), x_2(t), \ldots, x_d(t))^T$ eine *Bézier-Kurve* im Raum $\mathbb{R}^d$.

Wir werden uns auf $d = 2$ beschränken und die Bézier-Kurve vereinfachend mit $\boldsymbol{P}(t) = (x(t), y(t))^T$ bezeichnen. Bei der geometrischen Konstruktion kann man weiterhin den de-Casteljau-Algorithmus verwenden, die Kurvendarstellung geschieht jetzt allerdings über die

Bézier-Punkte

$$\boldsymbol{P}_i = \begin{pmatrix} x_i \\ y_i \end{pmatrix} \in \mathbb{R}^2, \tag{3.110}$$

deren x-Werte nicht mehr äquidistant sein müssen.

Satz 3.16. *$\boldsymbol{P}_0, \ldots, \boldsymbol{P}_n \in \mathbb{R}^2$ seien $n+1$ Punkte in der Ebene. Dann ist die Bézier-Kurve mit diesen Punkten als Bézier-Punkten gegeben als*

$$\begin{pmatrix} x(t) \\ y(t) \end{pmatrix} = \boldsymbol{P}(t) = \sum_{i=0}^{n} B_{in}(t)\boldsymbol{P}_i. \tag{3.111}$$

$x(t)$ und $y(t)$ sind Bézier-Polynome.

Der Algorithmus von de Casteljau lässt sich vollständig übertragen. Wir tun dies nur für $n = 3$. Sei also

$$\boldsymbol{P}_{i0} := \boldsymbol{P}_i = \begin{pmatrix} x_i \\ y_i \end{pmatrix} \in \mathbb{R}^2, \quad i = 0,\, 1,\, 2,\, 3.$$

Dann werden wie oben für einen festen Wert t folgende Punkte berechnet:

$$\begin{aligned} \boldsymbol{P}_{i1} &:= (1-t)\,\boldsymbol{P}_{i0} + t\,\boldsymbol{P}_{i+1,0}, \quad i = 0,1,2 \\ \boldsymbol{P}_{i2} &:= (1-t)\,\boldsymbol{P}_{i1} + t\,\boldsymbol{P}_{i+1,1}, \quad i = 0,1 \\ \boldsymbol{P}_{03} &:= (1-t)\,\boldsymbol{P}_{02} + t\,\boldsymbol{P}_{12}. \end{aligned} \tag{3.112}$$

oder

$$\begin{aligned} \boldsymbol{P}_{03} &= (1-t)\,\boldsymbol{P}_{02} + t\,\boldsymbol{P}_{12} \\ &= (1-t)((1-t)\,\boldsymbol{P}_{01} + t\,\boldsymbol{P}_{11}) + t((1-t)\,\boldsymbol{P}_{11} + t\,\boldsymbol{P}_{21}) \\ &= (1-t)^3\boldsymbol{P}_{00} + 3(1-t)^2 t\boldsymbol{P}_{10} + 3(1-t)t^2\boldsymbol{P}_{20} + t^3\boldsymbol{P}_{30} \end{aligned}$$

Ein Beispiel für die geometrische Konstruktion der Kurve für den Punkt $t = 1/2$ ist in Abb. 3.20 zu sehen.

Aus den Eigenschaften der Bernstein- und Bézier-Polynome kann jetzt auf entsprechende Eigenschaften der Bézier-Kurven geschlossen werden. So folgt aus Satz 3.14 der

Satz 3.17. *Die Menge der Punkte einer Bézier-Kurve*

$$M := \left\{ \boldsymbol{P}(t) = \sum_{i=0}^{n} B_{in}(t)\boldsymbol{P}_i, \quad t \in [0,\, 1] \right\} \tag{3.113}$$

liegt in der konvexen Hülle der $n+1$ Bézier-Punkte $\boldsymbol{P}_0$, $\boldsymbol{P}_1$, …, $\boldsymbol{P}_n$.

Aus (3.100), (3.101) und Satz 3.13 folgt der

Satz 3.18. *Für die Randpunkte einer Bézier-Kurve $\boldsymbol{P}(t) = \sum_{i=0}^{n} B_{in}(t)\boldsymbol{P}_i$, $n \geq 2$, gelten:*

$$\boldsymbol{P}(0) = \boldsymbol{P}_0, \qquad \boldsymbol{P}(1) = \boldsymbol{P}_n, \tag{3.114}$$

$$\boldsymbol{P}'(0) = n\,(\boldsymbol{P}_1 - \boldsymbol{P}_0), \qquad \boldsymbol{P}'(1) = n\,(\boldsymbol{P}_n - \boldsymbol{P}_{n-1}). \tag{3.115}$$

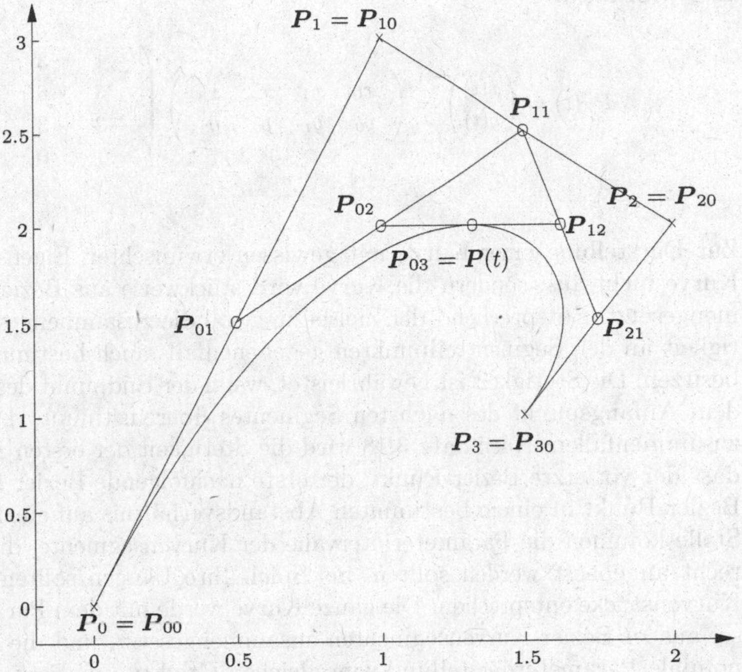

Abb. 3.20 Punktweise Kurven-Konstruktion, hier für $t = 1/2$.

Die Berechnung von $\boldsymbol{P}(t)$ mit dem Casteljau-Algorithmus kann für festes n algorithmisch besonders günstig als Matrix$*$Matrix$*$Vektor dargestellt werden.

Lemma 3.19. *Für die Bézier-Kurve* $\boldsymbol{P}(t) = \begin{pmatrix} x(t) \\ y(t) \end{pmatrix}$, $0 \le t \le 1$, *n-ten Grades gilt*

$$\boldsymbol{P}(t) = (\boldsymbol{P}_0\ \boldsymbol{P}_1\ \ldots\ \boldsymbol{P}_n)\ \boldsymbol{B}_n \begin{pmatrix} t^n \\ t^{n-1} \\ \vdots \\ t \\ 1 \end{pmatrix} \tag{3.116}$$

mit der für jedes n konstanten Matrix $\boldsymbol{B}_n$ der Ordnung $n+1$ mit den Elementen

$$b_{i+1,k+1} = \begin{cases} (-1)^{i+k+n} \binom{n-i}{k} \binom{n}{i} & \text{für } \begin{cases} i = 0, 1, \ldots, n, \\ k = 0, 1, \ldots n-i \end{cases} \\ 0 & \text{sonst} \end{cases} \tag{3.117}$$

Beispiel 3.13.

$$\boldsymbol{P}_3(t) = \begin{pmatrix} x(t) \\ y(t) \end{pmatrix} = \begin{pmatrix} x_0 & x_1 & x_2 & x_3 \\ y_0 & y_1 & y_2 & y_3 \end{pmatrix} \begin{pmatrix} -1 & 3 & -3 & 1 \\ 3 & -6 & 3 & 0 \\ -3 & 3 & 0 & 0 \\ 1 & 0 & 0 & 0 \end{pmatrix} \begin{pmatrix} t^3 \\ t^2 \\ t \\ 1 \end{pmatrix}.$$

△

Zur Darstellung einer Kurve mit gewissen erwünschten Eigenschaften reicht *eine* Bézier-Kurve nicht aus, sondern die Kurve wird stückweise aus Bézier-Kurvensegmenten zusammengesetzt. Entsprechend der Zielsetzung soll die zusammengesetzte Kurve neben der Stetigkeit an den Segmentteilpunkten gegebenenfalls auch bestimmte Glattheitseigenschaften besitzen. Die Stetigkeit ist gewährleistet, wenn der Endpunkt des einen Kurvensegments mit dem Anfangspunkt des nächsten Segmentes übereinstimmt, d.h. wenn die Bézier-Punkte zusammenfallen. Nach Satz 3.18 wird die Stetigkeit der ersten Ableitung dadurch erreicht, dass der vorletzte Bézier-Punkt, der erste nachfolgende Bézier-Punkt und der gemeinsame Bézier-Punkt in einem bestimmten Abstandsverhältnis auf einer Geraden liegen. An dieser Stelle kommen die Parameterintervalle der Kurvensegmente, die der Situation problemgerecht angepasst werden sollten, ins Spiel. Ihre Längen sollten ungefähr den Längen der Kurvenstücke entsprechen. Die ganze Kurve werde mit dem Parameter u parametrisiert, sie sei aus m Bézier-Kurvensegmenten zusammengesetzt, und die Segmente sollen eine polynomiale Parameterdarstellung vom gleichen Grad n aufweisen. Das Parameterintervall sei unterteilt durch

$$u_0 < u_1 < u_2 < u_3 < \ldots u_{m-1} < u_m, \tag{3.118}$$

und das j-te Bézier-Kurvensegment habe die Darstellung

$$\boldsymbol{P}_j(u) = \sum_{i=0}^{n} \boldsymbol{P}_{ij} B_{in}(u; u_{j-1}, u_j), \quad u \in [u_{j-1}, u_j], \tag{3.119}$$

mit den Bézier-Punkten $\boldsymbol{P}_{0j}$, $\boldsymbol{P}_{1j}, \ldots, \boldsymbol{P}_{nj}$, $j = 1, 2, \ldots, m$. Die Länge des j-ten Parameterintervalls $[u_{j-1}, u_j]$ sei $h_j := u_j - u_{j-1}$. Das j-te und $(j+1)$-te Bézier-Kurvensegment sind an der Stelle $u = u_j$ stetig, wenn

$$\boldsymbol{P}_{n,j} = \boldsymbol{P}_{0,j+1} \tag{3.120}$$

gilt. Für $u = u_j$ besteht C^1-Stetigkeit genau dann, wenn $\boldsymbol{P}'_j(u_j) = \boldsymbol{P}'_{j+1}(u_j)$ erfüllt ist. Wegen (3.99) gilt für die Ableitung der Bernstein-Polynome

$$\frac{d}{du} B_{in}(u; u_{j-1}, u_j) = \frac{d}{du} B_{in}\left(\frac{u - u_{j-1}}{u_j - u_{j-1}}\right) = \frac{d}{dt} B_{in}(t) \cdot \frac{1}{h_j},$$

und das führt zusammen mit (3.115) auf die Bedingungsgleichung

$$n(\boldsymbol{P}_{n,j} - \boldsymbol{P}_{n-1,j})/h_j = n(\boldsymbol{P}_{1,j+1} - \boldsymbol{P}_{0,j+1})/h_{j+1}. \tag{3.121}$$

Weil aus Stetigkeitsgründen $\boldsymbol{P}_{n,j} = \boldsymbol{P}_{0,j+1}$ ist, so kann die Bedingung (3.121) der C^1-Stetigkeit für $u = u_j$ wie folgt formuliert werden:

$$\boldsymbol{P}_{n,j} = \frac{h_{j+1}}{h_j + h_{j+1}} \boldsymbol{P}_{n-1,j} + \frac{h_j}{h_j + h_{j+1}} \boldsymbol{P}_{1,j+1} \tag{3.122}$$

Der dem j-ten und $(j+1)$-ten Bézier-Kurvensegment gemeinsame Bézier-Punkt $\boldsymbol{P}_{n,j} = \boldsymbol{P}_{0,j+1}$ muss eine bestimmte lineare Konvexkombination der beiden benachbarten Bézier-Punkte $\boldsymbol{P}_{n-1,j}$ und $\boldsymbol{P}_{1,j+1}$ des Bézier-Polygons sein. Geometrisch bedeutet (3.122), dass die Strecke von $\boldsymbol{P}_{n-1,j}$ nach $\boldsymbol{P}_{1,j+1}$ durch $\boldsymbol{P}_{n,j}$ im Verhältnis $h_j : h_{j+1}$ unterteilt sein muss.

Mit zusätzlichen Bedingungen an die Bézier-Punkte kann für die Kurve sogar zweimalige stetige Differenzierbarkeit erreicht werden; hierauf wollen wir nicht eingehen.

Zur datenmäßigen Erfassung einer Bézier-Kurve, die aus m Kurvensegmenten n-ten Grades zusammengesetzt ist, werden $m \cdot n+1$ Bézier-Punkte, d.h. d-dimensionale Vektoren benötigt. Um in der bisherigen Indizierung drei Indizes zu vermeiden und um der Stetigkeitsbedingung (3.120) einfach Rechnung zu tragen, werden die Daten in einer d-zeiligen Matrix mit $m \cdot n+1$ Spalten gespeichert.

$$\boldsymbol{B} := (\boldsymbol{P}_0, \boldsymbol{P}_1, \boldsymbol{P}_2, \boldsymbol{P}_3, \boldsymbol{P}_4, \ldots, \boldsymbol{P}_{m \cdot n-1}, \boldsymbol{P}_{m \cdot n}) \tag{3.123}$$

Das j-te Kurvensegment besitzt dann zu den ebenfalls vorgegebenen Parameterwerten u_j (3.118) die Bézier-Darstellung

$$\boldsymbol{P}_j(u) = \sum_{i=0}^{n} \boldsymbol{P}_{(j-1)\cdot n+i} B_{in}(u; u_{j-1}, u_j), \quad j = 1, 2, \ldots, m. \tag{3.124}$$

Erfüllen die Spalten von $\boldsymbol{B}$ die einschlägigen Bedingungen der C^p-Stetigkeit mit $p \geq 1$, so ist die resultierende Bézier-Kurve bezüglich des Kurvenparameters u p-mal stetig differenzierbar. Dies kann etwa bei der Steuerung einer Werkzeugmaschine wichtig sein, wenn durch gleichmäßige Änderung von u eine Bewegung mit stetiger Geschwindigkeit erzielt werden soll. Ist man hingegen nur an der Bézier-Kurve als solche interessiert, dann kann anstelle von (3.124) die einfachere Form

$$\boldsymbol{P}_j(t) = \sum_{i=0}^{n} \boldsymbol{P}_{(j-1)\cdot n+i} B_{in}(t), \quad t \in [0,1], \quad j = 1, 2, \ldots, m. \tag{3.125}$$

verwendet werden, welche die gleiche Punktmenge definiert.

Beispiel 3.14. Es soll ein Viertelkreis vom Radius $r = 1$ durch eine Bézier-Kurve dritten Grades approximiert werden unter der Bedingung, dass die Tangenten der Bézier-Kurve in den Endpunkten mit den Tangenten an den Kreis übereinstimmen. Dadurch ist die Lage der Bézier-Punkte $\boldsymbol{P}_1$ und $\boldsymbol{P}_2$ bereits auf die Tangenten festgelegt, und aus Symmetriegründen ist die Bézier-Kurve bis auf einen freien Parameter ξ bestimmt (siehe Abb. 3.21).

Der Ansatz lautet somit für die gesuchte Bézier-Kurve

$$\boldsymbol{P}(t) = \sum_{i=0}^{3} \boldsymbol{P}_i B_{i3}(t) = \begin{pmatrix} 1 \\ 0 \end{pmatrix} (1-t)^3 + \begin{pmatrix} 1 \\ \xi \end{pmatrix} 3t(1-t)^2 + \begin{pmatrix} \xi \\ 1 \end{pmatrix} 3t^2(1-t) + \begin{pmatrix} 0 \\ 1 \end{pmatrix} t^3.$$

Zur Bestimmung von ξ fordern wir beispielsweise, dass der Punkt $\boldsymbol{P}(0.5)$ der Bézier-Kurve auf dem Kreis liegt. Dies liefert den Wert $\xi = 0.552285$. Die in Abb. 3.21 dargestellte Bézier-Kurve weicht vom Kreis um maximal 0.00027 ab und stellt somit für zeichnerische Zwecke eine hervorragende Näherung dar.

Mit diesem Kurvensegment lässt sich eine Ellipse mit den Halbachsen $a = 1/\xi \doteq 1.81066$ und $b = 1$ durch den folgenden Satz von 13 Bézier-Punkten mit derselben Genauigkeit und C^1-Stetigkeit

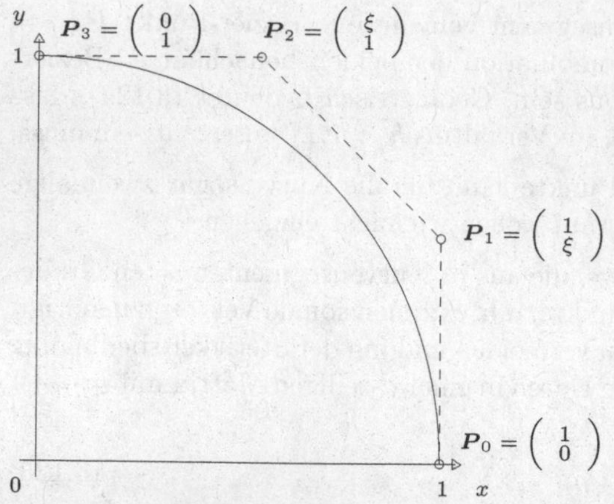

Abb. 3.21 Bézier-Kurve für den Viertelkreis.

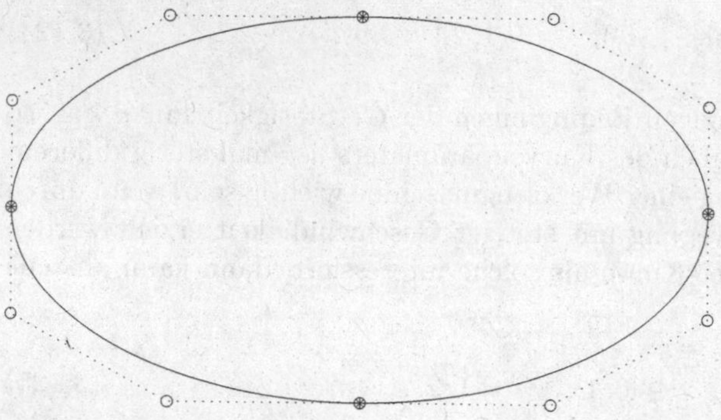

Abb. 3.22 Ellipse aus vier kubischen Segmenten.

approximieren (siehe Abb. 3.22).

$$B = \begin{pmatrix} a & a & 1 & 0 & -1 & -a & -a & -a & -1 & 0 & 1 & a & a \\ 0 & \xi & 1 & 1 & 1 & \xi & 0 & -\xi & -1 & -1 & -1 & -\xi & 0 \end{pmatrix}$$

△

Beispiel 3.15. Das Profil eines Tragflügels lässt sich etwa durch sechs kubische Bézier-Kurvensegmente mit C^1-Stetigkeit recht gut approximieren. Die unterschiedlich langen Segmente sind bei der Festlegung der Bézier-Punkte zu beachten, um die C^1-Stetigkeit sicherzustellen. Die Bézier-Punkte sind auf Grund der Unterteilung in $u_0 = 0$, $u_1 = 1.6$, $u_2 = 2.6$, $u_3 = 3.1$, $u_4 = 3.6$, $u_5 = 4.6$, $u_6 = 6.2$ festgelegt worden. Abb. 3.23 zeigt das aus sechs Segmenten bestehende Bézier-Polygon (gepunktet) und die zugehörige Bézier-Kurve. △

Beispiel 3.16. Bézier-Kurven finden auch Anwendung beim Zeichenentwurf für Textverarbeitungsprogramme, um auf diese Weise den Umriss von Zeichen zu definieren.

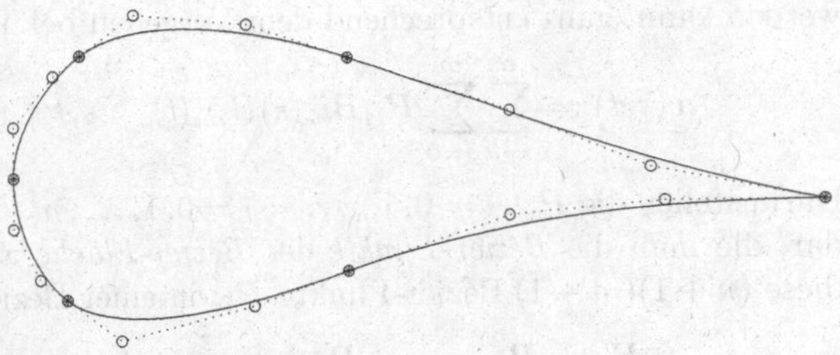

Abb. 3.23 Tragflügelprofil.

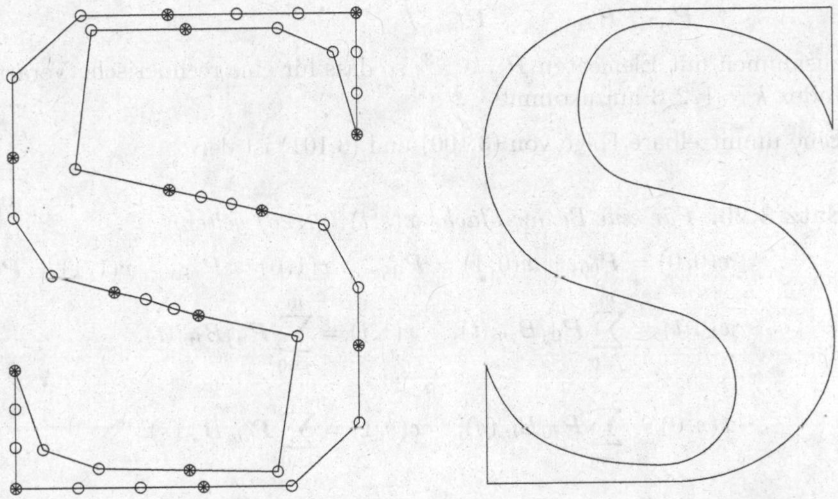

Abb. 3.24 Zeichenentwurf: Der Buchstabe S.

In Abb. 3.24 sind das Bézier-Polygon und der Umriss für den Großbuchstaben S wiedergegeben. Dieses Beispiel zeigt, wie flexibel die Konstruktion von Bézier-Kurven ist. Sie eignen sich deshalb sehr gut zum Zeichnen von Kurven, die sowohl glatte Verläufe als auch Ecken enthalten müssen. △

3.5.5 Bézier-Flächen

Der Schritt von den Bézier-Kurven zu Bézier-Flächen ist auf Grund der bekannten Tatsachen einfach. Die zwei Parameter, die für eine Parameterdarstellung einer Fläche erforderlich sind, bezeichnen wir im Folgenden mit s und t, wenn sie im Einheitsintervall variieren, und mit u und v für allgemeinere Intervalle. Die Grundidee zur Definition von Bézier-Flächen besteht darin, dass man von zwei räumlichen Kurven ausgeht, welche Bézier-Darstellungen vom gleichen Grad m und mit demselben Parameterintervall haben. Längs dieser Bézier-Kurven lässt man zu gleichen Parameterwerten eine zweite Bézier-Kurve vom Grad n gleiten, deren Verlauf durchaus vom ersten Parameter abhängen kann. Das so erzeugte Flächenstück besitzt eine Parameterdarstellung, die als Tensorprodukt von Bernstein-Polynomen dargestellt werden kann, ganz entsprechend dem Vorgehen bei Tensorsplines in Abschnitt 3.3.1.

$$\boldsymbol{x}(s,t) := \sum_{i=0}^{n}\sum_{j=0}^{m} \boldsymbol{P}_{ij} B_{in}(s) B_{jm}(t), \quad s,t \in [0,1]. \tag{3.126}$$

Darin stellen die $\boldsymbol{P}_{ij}$, $i = 0,1,\dots,n$; $j = 0,1,\dots,m$, dreidimensionale Koordinatenvektoren dar, die man die *Bézier-Punkte* der *Bézier-Fläche* $\boldsymbol{x}(s,t)$ nennt. Üblicherweise fasst man diese $(n+1)(m+1)$ Bézier-Punkte $\boldsymbol{P}_{ij}$ in einer Bézier-Punktematrix

$$\begin{pmatrix} \boldsymbol{P}_{00} & \boldsymbol{P}_{01} & \dots & \boldsymbol{P}_{0m} \\ \boldsymbol{P}_{10} & \boldsymbol{P}_{11} & \dots & \boldsymbol{P}_{1m} \\ \vdots & \vdots & \ddots & \vdots \\ \boldsymbol{P}_{n0} & \boldsymbol{P}_{n1} & \dots & \boldsymbol{P}_{nm} \end{pmatrix} \tag{3.127}$$

zusammen mit Elementen $\boldsymbol{P}_{ij} \in \mathbb{R}^3$, so dass für eine rechnerische Verarbeitung ein dritter Index $k = 1,2,3$ hinzukommt.

Eine unmittelbare Folge von (3.100) und (3.101) ist der

Satz 3.20. *Für eine Bézier-Fläche $\boldsymbol{x}(s,t)$ (3.126) gelten*

$$\boldsymbol{x}(0,0) = \boldsymbol{P}_{00}, \quad \boldsymbol{x}(0,1) = \boldsymbol{P}_{0m}, \quad \boldsymbol{x}(1,0) = \boldsymbol{P}_{n0}, \quad \boldsymbol{x}(1,1) = \boldsymbol{P}_{nm}, \tag{3.128}$$

$$\boldsymbol{x}(0,t) = \sum_{j=0}^{m} \boldsymbol{P}_{0j} B_{jm}(t), \quad \boldsymbol{x}(1,t) = \sum_{j=0}^{m} \boldsymbol{P}_{nj} B_{jm}(t), \tag{3.129}$$

$$\boldsymbol{x}(s,0) = \sum_{i=0}^{n} \boldsymbol{P}_{i0} B_{in}(s), \quad \boldsymbol{x}(s,1) = \sum_{i=0}^{n} \boldsymbol{P}_{im} B_{in}(s). \tag{3.130}$$

Geometrisch bedeuten (3.128), dass die Bézier-Punkte $\boldsymbol{P}_{00}, \boldsymbol{P}_{0m}, \boldsymbol{P}_{n0}$ und $\boldsymbol{P}_{nm}$ die Ecken des Bézier-Flächenstückes $\boldsymbol{x}(s,t)$ sind. Die vier durch (3.129) und (3.130) definierten, das Flächensegment $\boldsymbol{x}(s,t)$ (3.126) begrenzenden Randkurven sind Bézier-Kurven. Dabei sind die erste bzw. die letzte Zeile der Bézier-Punktematrix (3.127) die Bézier-Punkte der Randkurven (3.129), und die erste und letzte Spalte von (3.127) sind die Bézier-Punkte der Randkurven (3.130). Auf Grund dieser Feststellung wird das stetige Zusammensetzen von Flächensegmenten einfach sein.

Satz 3.21. *Die Menge der Punkte der Bézier-Fläche (3.126)*

$$M := \{\boldsymbol{x}(s,t) | s,t \in [0,1]\}$$

liegt in der konvexen Hülle ihrer (n+1)(m+1) Bézier-Punkte.

Wegen Satz 3.13 über die Ableitungen der Bernstein-Polynome gilt für die ersten partiellen Ableitungen

$$\frac{\partial \boldsymbol{x}}{\partial s} = n \sum_{i=0}^{n-1}\sum_{j=0}^{m} (\boldsymbol{P}_{i+1,j} - \boldsymbol{P}_{i,j}) B_{i,n-1}(s) B_{jm}(t),$$

$$\frac{\partial \boldsymbol{x}}{\partial t} = m \sum_{i=0}^{n} \sum_{j=0}^{m-1} (\boldsymbol{P}_{i,j+1} - \boldsymbol{P}_{i,j}) B_{in}(s) B_{j,m-1}(t),$$

und daraus erhalten wir wegen (3.100), (3.101) den für die glatte Zusammensetzung von Flächensegmenten bedeutsamen

Satz 3.22. *Für die partiellen Ableitungen einer Bézier-Fläche $\boldsymbol{x}(s,t)$ (3.126) längs der Randkurven gelten*

$$\begin{aligned} \frac{\partial \boldsymbol{x}(0,t)}{\partial s} &= n \sum_{j=0}^{m} (\boldsymbol{P}_{1j} - \boldsymbol{P}_{0j}) B_{jm}(t), \\ \frac{\partial \boldsymbol{x}(1,t)}{\partial s} &= n \sum_{j=0}^{m} (\boldsymbol{P}_{n,j} - \boldsymbol{P}_{n-1,j}) B_{jm}(t), \end{aligned} \tag{3.131}$$

$$\begin{aligned} \frac{\partial \boldsymbol{x}(s,0)}{\partial t} &= m \sum_{i=0}^{n} (\boldsymbol{P}_{i1} - \boldsymbol{P}_{i0}) B_{in}(s), \\ \frac{\partial \boldsymbol{x}(s,1)}{\partial t} &= m \sum_{i=0}^{n} (\boldsymbol{P}_{i,m} - \boldsymbol{P}_{i,m-1}) B_{in}(s). \end{aligned} \tag{3.132}$$

Schließlich erfolgt die effiziente und numerisch stabile Berechnung eines Wertes $\boldsymbol{x}(s,t)$ grundsätzlich durch zweimaliges Anwenden des Algorithmus von de Casteljau. Soll etwa die Kurve der Bézier-Fläche für $s =$const bestimmt und dargestellt werden, so erhalten wir mit

$$\boldsymbol{x}(s,t) = \sum_{j=0}^{m} \left\{ \sum_{i=0}^{n} \boldsymbol{P}_{ij} B_{in}(s) \right\} B_{jm}(t) =: \sum_{j=0}^{m} \boldsymbol{Q}_j(s) B_{jm}(t) \tag{3.133}$$

ihre Bézier-Darstellung mit den $(m+1)$ von s abhängigen Bézier-Punkten

$$\boldsymbol{Q}_j(s) := \sum_{i=0}^{n} \boldsymbol{P}_{ij} B_{in}(s), \quad j = 0, 1, \ldots, m. \tag{3.134}$$

Diese erhält man dadurch, dass der Algorithmus von de Casteljau für den festen Wert s auf die $(m+1)$ *Spalten* der Bézier-Punktematrix angewendet wird. Mit diesen Hilfspunkten $\boldsymbol{Q}_j(s)$ ergibt sich die gesuchte Flächenkurve, indem man für jedes t den Algorithmus von de Casteljau durchführt. Analoges gilt für die Berechnung der Kurven $\boldsymbol{x}(s,t)$ für $t =$const. Jetzt wird der Algorithmus von de Casteljau zuerst auf die $(n+1)$ Zeilen der Bézier-Punktematrix ausgeführt, um so die Bézier-Punkte der Flächenkurve $t =$const zu erhalten.

Beispiel 3.17. Wir wollen eine einfache glatte Bézier-Fläche für 5×4 Bézier-Punkte erzeugen. Die drei Komponenten der Bézier-Punktematrix sind

$$\begin{pmatrix} 0.0 & 0.333 & 0.666 & 1.0 \\ 0.0 & 0.333 & 0.666 & 1.0 \\ 0.0 & 0.333 & 0.666 & 1.0 \\ 0.0 & 0.333 & 0.666 & 1.0 \\ 0.0 & 0.333 & 0.666 & 1.0 \end{pmatrix} \begin{pmatrix} 0.0 & 0.0 & 0.0 & 0.0 \\ 0.25 & 0.25 & 0.25 & 0.25 \\ 0.5 & 0.5 & 0.5 & 0.5 \\ 0.75 & 0.75 & 0.75 & 0.75 \\ 1.0 & 1.0 & 1.0 & 1.0 \end{pmatrix} \begin{pmatrix} 0.0 & 0.9 & 0.7 & 0.0 \\ 1.0 & 2.4 & 2.2 & 1.0 \\ 2.2 & 3.4 & 3.1 & 2.1 \\ 1.9 & 2.9 & 2.7 & 1.9 \\ 1.7 & 2.4 & 2.3 & 1.8 \end{pmatrix}.$$

In Abb. 3.25 sind die Bézier-Punkte zusammen mit dem zugehörigen Bézier-Netz und die Flächenkurven für $s = 0,\ 1/15,\ 2/15,\ \ldots,\ 1.0$ sowie für $t = 0,\ 1/11,\ 2/11,\ \ldots,\ 1.0$ des resultierenden Bézier-Flächensegments dargestellt. Die Aussagen von Satz 3.20 wie auch die früheren Aussagen über Tangentenrichtungen an die Bézier-Kurven des Randes werden ersichtlich. △

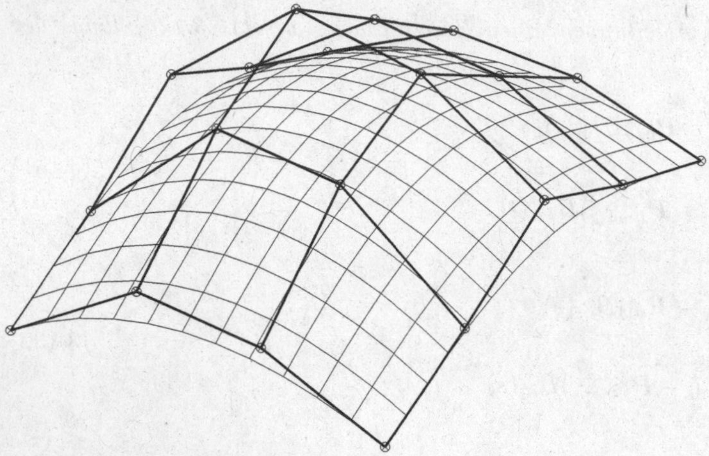

Abb. 3.25 Bézier-Flächensegment zu den 5×4-Punktematrizen.

Größere Flächen mit vorgegebenen Eigenschaften werden aus einzelnen Bézier-Flächensegmenten geeignet zusammengesetzt. Hier sind – insbesondere für einen glatten C^1-Übergang – eine Reihe von Bedingungen zu erfüllen, auf die wir nicht mehr eingehen wollen. Dies und manches mehr zu Kurven und Flächen findet sich in Büchern zur geometrischen Datenverarbeitung (*computational geometry*), etwa in [Bar 88b, Bar 95, Bun 02, Dew 88, Enc 96, Far 94, Hos 92].

3.6 Gauß-Approximation

> **Der wahrscheinlichste Wert einer beobachteten Größe hat die Eigenschaft, dass die Summe der quadratischen Abweichungen der Beobachtungen von diesem Wert in ihm ihr Minimum findet.** (Legendre, 1752–1833)

Zunächst wird die allgemeine Gauß-Approximation hergeleitet, die dann sowohl diskret, d.h. auf Datentabellen, als auch kontinuierlich, d.h. auf Funktionen, angewendet wird.

Wir formulieren die Aufgabe in einem Hilbert-Raum H. Das ist ein Raum, in dem ein Skalarprodukt $(\cdot,\ \cdot)$ und eine zugehörige Norm $\|\cdot\|$ definiert sind. Zugehörig ist eine Norm, für die $(f,\ f) = \|f\|^2\ \forall f \in H$ gilt. Wir betrachten ein in H linear unabhängiges Funktionensystem $\{\varphi_0,\ \varphi_1,\ \ldots,\varphi_n\}$.

Gegeben sei ein Element $f \in H$.

Gesucht ist eine lineare Approximation g von f im quadratischen Mittel mit Hilfe des gegebenen Funktionensystems. Die gesuchte Funktion g wird repräsentiert durch ihre Koeffizienten α_j in der Linearkombination

$$g(x) := g(x; \alpha_0, \alpha_1, \ldots, \alpha_n) := \sum_{j=0}^{n} \alpha_j \, \varphi_j(x). \tag{3.135}$$

Approximation im quadratischen Mittel heißt dann:
Bestimme die Koeffizienten α_j so, dass

$$F(\alpha_0, \alpha_1, \ldots, \alpha_n) := \|f - g\|^2 \to \min_{\alpha_j}. \tag{3.136}$$

Satz 3.23. *Die Ansatzfunktionen φ_j, $j = 0, \ldots, n$, seien linear unabhängig.*

Dann ist die Minimalaufgabe (3.136) eindeutig lösbar und ihre Lösung ist die Lösung des linearen Gleichungssystems

$$\begin{pmatrix} (\varphi_0, \varphi_0) & (\varphi_0, \varphi_1) & \cdots & (\varphi_0, \varphi_n) \\ (\varphi_1, \varphi_0) & \ddots & & \vdots \\ \vdots & & \ddots & \vdots \\ (\varphi_n, \varphi_0) & \cdots & \cdots & (\varphi_n, \varphi_n) \end{pmatrix} \begin{pmatrix} \alpha_0 \\ \alpha_1 \\ \vdots \\ \alpha_n \end{pmatrix} = \begin{pmatrix} (f, \varphi_0) \\ (f, \varphi_1) \\ \vdots \\ (f, \varphi_n) \end{pmatrix}. \tag{3.137}$$

Es wird Normalgleichungssystem *(NGS) genannt.*

Seine Koeffizientenmatrix ist positiv definit und symmetrisch.

Beweis. Notwendig für ein Minimum ist, dass die Ableitungen der Funktion F aus (3.136) nach den α_j verschwinden. Es ist

$$\begin{aligned} F(\alpha_0, \ldots, \alpha_n) &= \|f - g\|_2^2 = (f - g, \ f - g) \\ &= (f - \sum_{j=0}^{n} \alpha_j \varphi_j, f - \sum_{j=0}^{n} \alpha_j \varphi_j) \\ &= (f, f) - 2 \sum_j \alpha_j (f, \varphi_j) + \sum_j \sum_k \alpha_j \alpha_k (\varphi_j, \varphi_k). \end{aligned}$$

Die notwendigen Bedingungen für ein Minimum sind also

$$\frac{1}{2} \frac{\partial F}{\partial \alpha_k} = -(f, \varphi_k) + \sum_{j=0}^{n} \alpha_j (\varphi_j, \varphi_k) = 0, \quad k = 0, 1, \ldots, n.$$

Hinreichend für die Existenz eines Minimums ist, dass die Matrix der zweiten Ableitungen

$$\frac{\partial^2 F}{\partial \alpha_j \partial \alpha_k} = \Big((\varphi_j, \varphi_k) \Big)$$

positiv definit ist. Dazu wird zunächst gezeigt:

Lemma 3.24. *Das Funktionensystem* $\{\varphi_j\}_{j=0}^n$ *ist genau dann linear abhängig, wenn die Determinante der Matrix aus (3.137) gleich null ist:*

$$det(\varphi_j, \varphi_k) = 0$$

Beweis. Wenn die φ_j linear abhängig sind, dann gibt es einen Koeffizientensatz α_j, sodass $\sum_j \alpha_j \varphi_j = 0$ (Nullelement in H) mit mindestens einem $\alpha_k \neq 0$. Das heißt, dass das homogene lineare Gleichungssystem

$$\sum_j (\alpha_j \varphi_j, \varphi_k) = \sum_j \alpha_j (\varphi_j, \varphi_k) = 0, \quad k = 0, \ldots, n \tag{3.138}$$

eine nicht-triviale Lösung hat. Daraus folgt $\det\Big((\varphi_j, \varphi_k)\Big) = 0$.

Ist umgekehrt diese Determinante gleich null, dann hat das homogene lineare Gleichungssystem (3.138) eine nicht-triviale Lösung $\{\alpha_j\}$: $\sum_j \alpha_j (\varphi_j, \varphi_k) = 0$. Somit folgt:

$$\sum_j \sum_k \alpha_j (\varphi_j, \varphi_k) \alpha_k = (\sum_j \alpha_j \varphi_j, \sum_k \alpha_k \varphi_k) = \| \sum_k \alpha_k \varphi_k \|^2 = 0,$$

und daraus folgt $\sum_k \alpha_k \varphi_k = 0$ in H. Das bedeutet, dass die $\{\varphi_j\}_{j=0}^n$ linear abhängig sind. □

Aus der linearen Unabhängigkeit des Funktionensystems $\{\varphi_j\}$ folgt also, dass die Matrix (φ_j, φ_k) regulär ist. Deshalb gibt es genau eine Lösung des NGS. Da die Matrix darüber hinaus positiv definit ist (Übung!), repräsentiert die Lösung des NGS ein Minimum, d.h. das Minimalproblem (3.136) ist eindeutig lösbar. □

Trotz der eindeutigen Existenz eines Minimums kann die numerische Lösung der Approximationsaufgabe noch instabil sein, siehe dazu die Bemerkung am Ende des Abschnitts 3.6.2.

3.6.1 Diskrete Gauß-Approximation

Wenn eine Datentabelle (x_i, f_i), $i = 1, 2, \ldots, m$, approximiert werden soll, dann ist der Hilbert-Raum $H = \mathbb{R}^m$ und als Skalarprodukt wird ein gewichtetes euklidisches Skalarprodukt gewählt

$$(f, g) := \sum_{i=1}^{m} f_i \, g(x_i) \, \omega_i, \quad \omega_i > 0. \tag{3.139}$$

Hier ist zu beachten, dass jede Funktion $g(x)$, die an allen Stellen x_i, $i = 1, 2, \ldots, m$ verschwindet, das Nullelement in H darstellt.

Die Aufgabe lautet also jetzt:

Gegeben seien Stützstellen x_i, Funktionswerte f_i und positive Gewichte ω_i:

$$(x_i, f_i, \omega_i), \quad i = 1, \ldots, m.$$

Gesucht sind die Koeffizienten α_j, $j = 0, 1, \ldots, n$, des linearen Ansatzes

$$g(x) := g(x; \alpha_0, \alpha_1, \ldots, \alpha_n) := \sum_{j=0}^{n} \alpha_j \varphi_j(x), \tag{3.140}$$

so dass

$$F(\alpha_0, \alpha_1, \ldots, \alpha_n) := \sum_{i=1}^{m} (f_i - g(x_i))^2 \omega_i \to \min_{\alpha_j} . \tag{3.141}$$

Die gesuchte Lösung ist die Lösung des NGS (3.137). Die Skalarprodukte, die die Elemente der Koeffizientenmatrix des NGS darstellen, sind die Summen

$$(\varphi_j, \varphi_k) = \sum_{i=1}^{m} \varphi_j(x_i)\, \varphi_k(x_i)\, \omega_i. \tag{3.142}$$

Die Punktmenge $\{x_i\}$ kann oft so gewählt werden, dass die Orthogonalität des Funktionensystems $\{\varphi_k\}$ für das eingeführte Skalarprodukt gilt:

$$\sum_{i=1}^{m} \varphi_j(x_i)\, \varphi_k(x_i)\, \omega_i = 0 \quad \text{für alle} \quad j, k = 0, \ldots, n \quad \text{mit} \quad j \neq k.$$

Beispiel 3.18. Lineare Ausgleichung wird die diskrete Gauß-Approximation mit einem linearen Polynom genannt.

$$g(x;\, \alpha_0,\, \alpha_1) = \alpha_0 + \alpha_1 x, \quad \omega_i = 1. \tag{3.143}$$

Hier sind also $\varphi_0(x) = 1$, $\varphi_1(x) = x$ und

$$F(\alpha_0, \alpha_1) = \sum_{i=1}^{m} (f_i - \alpha_0 - \alpha_1 x_i)^2,$$

und es ergibt sich mit (3.142) das Normalgleichungssystem

$$\begin{pmatrix} m & \sum x_i \\ \sum x_i & \sum x_i^2 \end{pmatrix} \begin{pmatrix} \alpha_0 \\ \alpha_1 \end{pmatrix} = \begin{pmatrix} \sum f_i \\ \sum x_i f_i \end{pmatrix}.$$

Es ist regulär, wenn $m \geq 2$ ist und es mindestens zwei Werte x_i, x_j mit $x_i \neq x_j$ gibt. Dann ist nämlich $m \sum x_i^2 > \left(\sum x_i\right)^2$ (Cauchy-Schwarzsche Ungleichung).

Beispiel

Aus der Datentabelle

x_i	0	0.1	0.2	0.3	0.4	0.5
f_i	0	0.11	0.22	0.28	0.315	0.565

ergeben sich mit $m = 6$, $\sum x_i = 1.5$, $\sum f_i = 1.49$, $\sum x_i^2 = 0.55$ und $\sum x_i f_i = 0.5475$ die Koeffizienten $\alpha_0 = -0.001\overline{6}$ und $\alpha_1 = 1.00000$. Also ist die approximierende Funktion

$$g(x) = -0.001\overline{6} + x.$$

Die Approximationsgüte kann durch die Fehlerquadratsumme

$$\sum (f_i - g(x_i, \alpha_0, \alpha_1))^2 = 0.012\overline{3}$$

beschrieben werden. Datenpunkte (×) und Ausgleichsgerade sind in Abb. 3.26 zu sehen. △

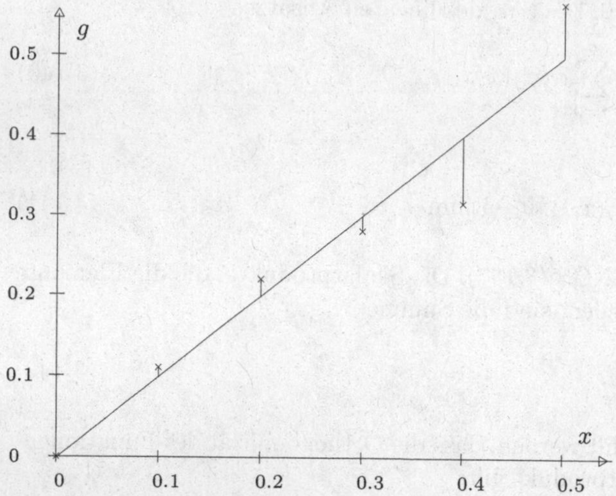

Abb. 3.26 Lineare Ausgleichsrechnung.

3.6.2 Kontinuierliche Gauß-Approximation

Hier wird eine Funktion f in einem Intervall (a, b) durch das Funktionensystem $\{\varphi_i\}$ approximiert. Der Hilbert-Raum H wird zum Funktionenraum L_2, der durch das Skalarprodukt

$$(f, g) := \int_a^b f(x)\, g(x) w(x)\, dx \tag{3.144}$$

festgelegt wird. Dabei ist w eine gegebene positive Gewichtsfunktion: $w(x) > 0$ in (a, b).

Genauer lautet die Approximationsaufgabe:

Gegeben seien eine auf (a, b) quadratintegrierbare, stückweise stetige Funktion f, und eine in (a, b) integrierbare, positive *Gewichtsfunktion* w.

Gesucht sind die Koeffizienten α_i, $i = 0, 1, \ldots, n$, des Funktionenansatzes

$$g(x) := g(x; \alpha_0, \alpha_1, \ldots, \alpha_n) := \sum_{i=0}^{n} \alpha_i\, \varphi_i(x), \tag{3.145}$$

so dass

$$F(\alpha_0, \alpha_1, \ldots, \alpha_n) := \int_a^b (f(x) - g(x))^2 w(x)\, dx \to \min_{\alpha_i} . \tag{3.146}$$

Lösung ist wieder die Lösung des NGS (3.137). Allerdings sind jetzt die Elemente der Koeffizientenmatrix des NGS Integrale

$$(\varphi_i, \varphi_j) := \int_a^b \varphi_i(x)\, \varphi_j(x) w(x)\, dx \tag{3.147}$$

ebenso wie die rechten Seiten

$$(f, \varphi_j) := \int_a^b f(x)\,\varphi_j(x) w(x)\,dx. \tag{3.148}$$

Die Auswertung dieser Integrale stellt einen wesentlichen Teil der Arbeit zur Lösung der Approximationsaufgabe dar. Diese ist besonders dann aufwändig und rundungsfehleranfällig, wenn die Koeffizientenmatrix voll besetzt ist. Deshalb wird fast ausschließlich mit *orthogonalen* Funktionensystemen gearbeitet. Für sie gilt bekanntlich

$$(\varphi_i, \varphi_j) = 0, \quad \text{falls} \quad i \neq j. \tag{3.149}$$

Dadurch wird das NGS ein Diagonalsystem mit den Lösungen

$$\alpha_i = \frac{(f, \varphi_i)}{(\varphi_i, \varphi_i)}, \quad i = 0, 1, \ldots, n. \tag{3.150}$$

Wir werden die kontinuierliche Gauß-Approximation mit Polynomen in Abschnitt 3.8 und die mit trigonometrischen Funktionen in Abschnitt 3.7 kennen lernen.

Beispiel 3.19. Wie wichtig der Einsatz orthogonaler Funktionensysteme ist, kann man leicht sehen, wenn man als Funktionensystem die Grundpolynome

$$\varphi_j(x) := x^j, \quad x \in [0, 1], \quad j = 0, 1, \ldots, n,$$

und als Gewichtsfunktion die Konstante $w(x) \equiv 1$ wählt. Für die Elemente der Koeffizientenmatrix des NGS ergibt sich damit

$$\int_0^1 \varphi_i(x)\,\varphi_j(x) w(x)\,dx = \int_0^1 x^{i+j}\,dx = \frac{1}{i+j+1}.$$

Das sind aber gerade die Elemente der *Hilbert-Matrix*, von der wir in Aufgabe 2.11 gesehen haben, wie sehr schlecht sie konditioniert ist. △

3.7 Trigonometrische Approximation

3.7.1 Fourier-Reihen

Gegeben sei eine stückweise stetige Funktion $f : \mathbb{R} \to \mathbb{R}$ mit der Periode 2π

$$\boxed{f(x + 2\pi) = f(x) \quad \text{für alle } x \in \mathbb{R}.} \tag{3.151}$$

Die Funktion $f(x)$ darf Sprungstellen aufweisen, wenn für eine Unstetigkeitsstelle x_0 die Grenzwerte y_0^- und y_0^+

$$\lim_{h \to +0} f(x_0 - h) = y_0^-, \qquad \lim_{h \to +0} f(x_0 + h) = y_0^+ \tag{3.152}$$

existieren und endlich sind. Die Funktion $f(x)$ soll durch eine Linearkombination der (2π)-periodischen trigonometrischen Funktionen

$$1,\ \cos(x),\ \sin(x),\ \cos(2x),\ \sin(2x),\ \ldots,\ \cos(nx),\ \sin(nx) \tag{3.153}$$

in der Form

$$g_n(x) = \frac{1}{2}a_0 + \sum_{k=1}^{n}\{a_k \cos(kx) + b_k \sin(kx)\} \tag{3.154}$$

im *quadratischen Mittel* approximiert werden, so dass gilt

$$\|g_n(x) - f(x)\|_2 := \left\{\int_{-\pi}^{\pi}\{g_n(x) - f(x)\}^2\,dx\right\}^{1/2} \to \min \tag{3.155}$$

Das entspricht bis auf die Nummerierung der Koeffizienten der kontinuierlichen Gauß-Approximation (3.146).

Satz 3.25. *Die trigonometrischen Funktionen (3.153) bilden für das Intervall* $[-\pi, \pi]$ *ein System von paarweise orthogonalen Funktionen. Es gelten folgende Beziehungen*

$$\int_{-\pi}^{\pi} \cos(jx)\cos(kx)\,dx = \begin{cases} 0 & \text{für alle } j \neq k \\ 2\pi & \text{für } j = k = 0 \\ \pi & \text{für } j = k > 0 \end{cases} \tag{3.156}$$

$$\int_{-\pi}^{\pi} \sin(jx)\sin(kx)\,dx = \begin{cases} 0 & \text{für alle } j \neq k, j, k > 0 \\ \pi & \text{für } j = k > 0 \end{cases} \tag{3.157}$$

$$\int_{-\pi}^{\pi} \cos(jx)\sin(kx)\,dx = 0 \quad \text{für alle } j \geq 0, k > 0 \tag{3.158}$$

Beweis. Auf Grund von bekannten trigonometrischen Identitäten gilt

$$\int_{-\pi}^{\pi} \cos(jx)\cos(kx)\,dx = \frac{1}{2}\int_{-\pi}^{\pi} [\cos\{(j+k)x\} + \cos\{(j-k)x\}]\,dx. \tag{3.159}$$

Für $j \neq k$ ergibt sich daraus

$$\frac{1}{2}\left[\frac{1}{j+k}\sin\{(j+k)x\} + \frac{1}{j-k}\sin\{(j-k)x\}\right]_{-\pi}^{\pi} = 0$$

die erste Relation (3.156). Für $j = k > 0$ folgt aus (3.159)

$$\frac{1}{2}\left[\frac{1}{j+k}\sin\{(j+k)x\} + x\right]_{-\pi}^{\pi} = \pi$$

der dritte Fall von (3.156), während die zweite Beziehung von (3.156) trivial ist. Die Aussage (3.157) zeigt man völlig analog auf Grund der Identität

$$\int_{-\pi}^{\pi} \sin(jx)\sin(kx)\,dx = -\frac{1}{2}\int_{-\pi}^{\pi} [\cos\{(j+k)x\} - \cos\{(j-k)x\}]\,dx,$$

während (3.158) aus der Tatsache folgt, dass der Integrand als Produkt einer geraden und einer ungeraden Funktion ungerade ist, so dass der Integralwert verschwindet. □

Die Orthogonalitätsrelationen (3.156) bis (3.158) gelten wegen der Periodizität der trigonometrischen Funktionen selbstverständlich für irgendein Intervall der Länge 2π. Für ein beliebiges endliches Intervall $[a, b]$ führt die lineare Transformation $t = 2\pi\,(x-a)/(b-a)$ auf das Funktionensystem 1, $\cos(kt)$, $\sin(kt)$, ….

Wegen der Orthogonalität ist das NGS diagonal und seine Lösungen sind die Koeffizienten $\alpha_i = (f, \varphi_i)/(\varphi_i, \varphi_i)$ aus (3.150). Das ergibt hier mit (3.156) bis (3.158) auf Grund der anderen Bezeichnungsweise und Nummerierung die gesuchten Koeffizienten

$$\boxed{\begin{aligned} a_k &= \frac{1}{\pi}\int_{-\pi}^{\pi} f(x)\cos(kx)\,dx, \quad k = 0, 1, \ldots, n, \\ b_k &= \frac{1}{\pi}\int_{-\pi}^{\pi} f(x)\sin(kx)\,dx, \quad k = 1, 2, \ldots, n. \end{aligned}} \tag{3.160}$$

Sie heißen die *Fourier-Koeffizienten* der (2π)-periodischen Funktion $f(x)$ und die mit ihnen gebildete Funktion $g_n(x)$ (3.154) das *Fourier-Polynom.* Die Fourier-Koeffizienten und das zugehörige Fourier-Polynom können für beliebig großes n definiert werden, so dass zu jeder (2π)-periodischen, stückweise stetigen Funktion $f(x)$ durch Grenzübergang die unendliche *Fourier-Reihe*

$$g(x) := \frac{1}{2}a_0 + \sum_{k=1}^{\infty}\{a_k\cos(kx) + b_k\sin(kx)\} \tag{3.161}$$

formal gebildet werden kann. Ohne Beweis [Cou 93, Heu 08, Smi 90] zitieren wir den

Satz 3.26. *Es sei $f(x)$ eine (2π)-periodische, stückweise stetige Funktion mit stückweise stetiger erster Ableitung. Dann konvergiert die zugehörige Fourier-Reihe $g(x)$ (3.161) gegen*

a) den Wert $f(x_0)$, falls $f(x)$ an der Stelle x_0 stetig ist,

b) $\frac{1}{2}\{y_0^- + y_0^+\}$ mit den Grenzwerten (3.152), falls $f(x)$ an der Stelle x_0 eine Sprungstelle besitzt.

Die Voraussetzungen des Satzes 3.26 schließen solche stückweise stetigen Funktionen aus, deren Graph eine vertikale Tangente aufweist wie beispielsweise $f(x) = \sqrt{|x|}$ für $x = 0$.

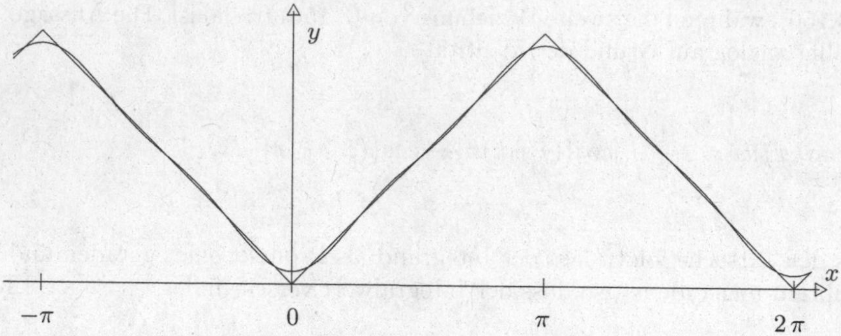

Abb. 3.27 Periodische Dachkurve mit approximierendem Fourier-Polynom $g_3(x)$.

Beispiel 3.20. Die (2π)-periodische Funktion $f(x)$ sei im Grundintervall $[-\pi, \pi]$ definiert als

$$f(x) = |x|, \quad -\pi \leq x \leq \pi. \tag{3.162}$$

Sie wird wegen ihres Graphen als Dachfunktion bezeichnet (vgl. Abb. 3.27). Sie ist eine stetige Funktion, und da sie gerade ist, sind alle Koeffizienten $b_k = 0$. Zudem kann die Berechnung der a_k vereinfacht werden.

$$a_0 = \frac{1}{\pi}\int_{-\pi}^{\pi} |x|\,dx = \frac{2}{\pi}\int_0^{\pi} x\,dx = \pi$$

$$a_k = \frac{2}{\pi}\int_0^{\pi} x\cos(kx)\,dx = \frac{2}{\pi}\left[\frac{1}{k}x\sin(kx)\Big|_0^{\pi} - \frac{1}{k}\int_0^{\pi}\sin(kx)\,dx\right]$$

$$= \frac{2}{\pi k^2}\cos(kx)\Big|_0^{\pi} = \frac{2}{\pi k^2}[(-1)^k - 1], \quad k > 0$$

Die zugehörige Fourier-Reihe lautet deshalb

$$g(x) = \frac{1}{2}\pi - \frac{4}{\pi}\left\{\frac{\cos(x)}{1^2} + \frac{\cos(3x)}{3^2} + \frac{\cos(5x)}{5^2} + \ldots\right\}. \tag{3.163}$$

In Abb. 3.27 ist das Fourier-Polynom $g_3(x)$ eingezeichnet. Es approximiert die Funktion $f(x)$ bereits recht gut. Da f die Voraussetzungen des Satzes 3.26 erfüllt, gilt nach Satz 3.26 $g(0) = 0$ und es ergibt sich

$$\frac{\pi^2}{8} = \frac{1}{1^2} + \frac{1}{3^2} + \frac{1}{5^2} + \frac{1}{7^2} + \ldots$$

△

Beispiel 3.21. Die (2π)-periodische Funktion $f(x)$ sei im Intervall $(0, 2\pi)$ definiert durch

$$f(x) = x^2, \quad 0 < x < 2\pi. \tag{3.164}$$

Sie besitzt für $x_k = 2\pi k, (k \in \mathbb{Z})$ Sprungstellen, erfüllt aber die Voraussetzungen von Satz 3.26. Die zugehörigen Fourier-Koeffizienten erhält man mit Hilfe partieller Integration.

$$a_0 = \frac{1}{\pi}\int_0^{2\pi} x^2\,dx = \frac{8\pi^2}{3}$$

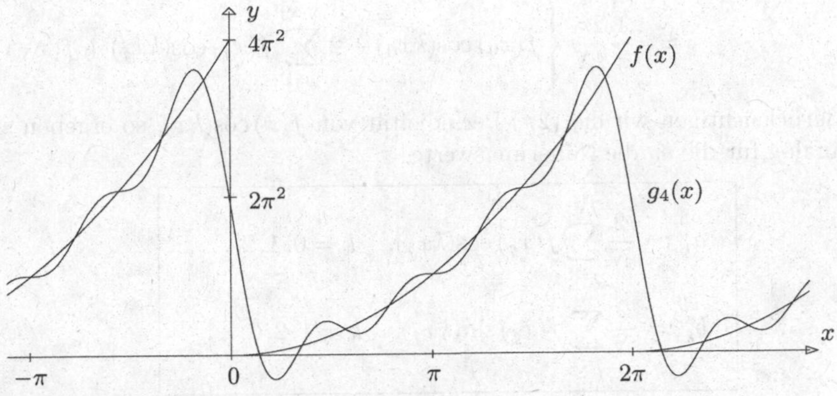

Abb. 3.28 Periodische Funktion mit Sprungstellen.

$$a_k = \frac{1}{\pi}\int\limits_0^{2\pi} x^2\cos(kx)\,dx = \frac{4}{k^2}, \quad k = 1, 2, \ldots$$

$$b_k = \frac{1}{\pi}\int\limits_0^{2\pi} x^2\sin(kx)\,dx = -\frac{4\pi}{k}, \quad k = 1, 2, \ldots$$

Als Fourier-Reihe ergibt sich damit

$$g(x) = \frac{4\pi^2}{3} + \sum_{k=1}^{\infty}\left\{\frac{4}{k^2}\cos(kx) - \frac{4\pi}{k}\sin(kx)\right\}. \tag{3.165}$$

In Abb. 3.28 ist zur Illustration der Approximation von $f(x)$ das Fourier-Polynom $g_4(x)$ angegeben. Die vorhandenen Sprungstellen bewirken eine lokal schlechtere Konvergenz als bei Beispiel 3.20. △

Im allgemeinen Fall ergeben sich für die Fourier-Koeffizienten a_k und b_k nach (3.160) keine geschlossenen Formeln. Dann müssen sie durch numerische Integration bestimmt werden. Dazu wählen wir als Integrationsformel die *Trapezregel*, denn sie liefert bei äquidistanten, fest vorgegebenen Integrationsstützstellen einen verschiebungsinvarianten Wert des Integrals. Zudem besitzt sie zur approximativen Berechnung eines Integrals einer periodischen Funktion über ein Periodenintervall besondere Eigenschaften (vgl. Abschnitt 7.3). Wird das Intervall $[0, 2\pi]$ in N Teilintervalle unterteilt, so dass für die Schrittweite h und die Integrationsstützstellen x_j

$$\boxed{h = \frac{2\pi}{N}, \qquad x_j = hj = \frac{2\pi}{N}j, \quad j = 0, 1, 2, \ldots, N} \tag{3.166}$$

gelten, dann erhalten wir aus der Trapezregel (7.13)

$$a_k = \frac{1}{\pi}\int\limits_0^{2\pi} f(x)\cos(kx)\,dx$$

$$\approx \quad \frac{1}{\pi}\frac{2\pi}{2N}\left\{f(x_0)\cos(kx_0) + 2\sum_{j=1}^{N-1} f(x_j)\cos(kx_j) + f(x_N)\cos(kx_N)\right\}.$$

Berücksichtigen wir die (2π)-Periodizität von $f(x)\cos(kx)$, so ergeben sich für die a_k und analog für die b_k die Näherungswerte

$$\boxed{\begin{aligned} a_k^* &:= \frac{2}{N}\sum_{j=1}^{N} f(x_j)\cos(kx_j), \quad k = 0, 1, 2, \ldots, \\ b_k^* &:= \frac{2}{N}\sum_{j=1}^{N} f(x_j)\sin(kx_j), \quad k = 1, 2, 3, \ldots. \end{aligned}} \tag{3.167}$$

Fourier-Polynome, welche mit den Koeffizienten a_k^* und b_k^* gebildet werden, haben Eigenschaften, die wir jetzt herleiten wollen. Als Vorbereitung dazu benötigen wir die zu (3.156) bis (3.158) analogen diskreten Orthogonalitätsrelationen der trigonometrischen Funktionen.

Satz 3.27. *Für die diskreten Stützstellen x_j (3.166) gelten*

$$\sum_{j=1}^{N} \cos(kx_j) = \begin{cases} 0 & \textit{falls } k/N \notin \mathbb{Z} \\ N & \textit{falls } k/N \in \mathbb{Z} \end{cases} \tag{3.168}$$

$$\sum_{j=1}^{N} \sin(kx_j) = 0 \quad \textit{für alle } k \in \mathbb{Z}. \tag{3.169}$$

Beweis. Wir betrachten die komplexe Summe

$$S := \sum_{j=1}^{N}\{\cos(kx_j) + i\sin(kx_j)\} = \sum_{j=1}^{N} e^{ikx_j} = \sum_{j=1}^{N} e^{ijkh}, \tag{3.170}$$

welche eine endliche geometrische Reihe mit dem (komplexen) Quotienten $q := e^{ikh} = e^{2\pi ik/N}$ darstellt. Eine Fallunterscheidung ist nötig, um ihren Wert zu bestimmen.

Ist $k/N \notin \mathbb{Z}$, dann ist $q \neq 1$, und die Summenformel ergibt

$$S = e^{ikh}\frac{e^{ikhN} - 1}{e^{ikh} - 1} = e^{ikh}\frac{e^{2\pi ki} - 1}{e^{ikh} - 1} = 0, \quad k/N \notin \mathbb{Z}.$$

Ist hingegen $k/N \in \mathbb{Z}$, so folgt wegen $q = 1$, dass $S = N$ ist. Aus diesen beiden Ergebnissen folgen aus dem Realteil und dem Imaginärteil von S (3.170) die Behauptungen (3.168) und (3.169). □

Satz 3.28. *Die trigonometrischen Funktionen (3.153) erfüllen für die äquidistanten Stützstellen x_j (3.166) die diskreten Orthogonalitätsrelationen*

$$\sum_{j=1}^{N} \cos(kx_j)\cos(lx_j) = \begin{cases} 0, & \textit{falls } \frac{k+l}{N} \notin \mathbb{Z} \textit{ und } \frac{k-l}{N} \notin \mathbb{Z} \\ \frac{N}{2}, & \textit{falls entweder } \frac{k+l}{N} \in \mathbb{Z} \textit{ oder } \frac{k-l}{N} \in \mathbb{Z} \\ N, & \textit{falls } \frac{k+l}{N} \in \mathbb{Z} \textit{ und } \frac{k-l}{N} \in \mathbb{Z} \end{cases} \tag{3.171}$$

$$\sum_{j=1}^{N} \sin(kx_j)\sin(lx_j) = \begin{cases} 0, & \textit{falls } \frac{k+l}{N} \notin \mathbb{Z} \textit{ und } \frac{k-l}{N} \notin \mathbb{Z} \\ & \textit{oder } \frac{k+l}{N} \in \mathbb{Z} \textit{ und } \frac{k-l}{N} \in \mathbb{Z} \\ -\frac{N}{2}, & \textit{falls } \frac{k+l}{N} \in \mathbb{Z} \textit{ und } \frac{k-l}{N} \notin \mathbb{Z} \\ \frac{N}{2}, & \textit{falls } \frac{k+l}{N} \notin \mathbb{Z} \textit{ und } \frac{k-l}{N} \in \mathbb{Z} \end{cases} \tag{3.172}$$

$$\sum_{j=1}^{N} \cos(kx_j)\sin(lx_j) = 0, \quad \textit{für alle } k, l \in \mathbb{N} \tag{3.173}$$

Beweis. Zur Verifikation der Behauptungen sind die Identitäten für trigonometrische Funktionen

$$\cos(kx_j)\cos(lx_j) = \frac{1}{2}[\cos\{(k+l)x_j\} + \cos\{(k-l)x_j\}]$$

$$\sin(kx_j)\sin(lx_j) = \frac{1}{2}[\cos\{(k-l)x_j\} - \cos\{(k+l)x_j\}]$$

$$\cos(kx_j)\sin(lx_j) = \frac{1}{2}[\sin\{(k+l)x_j\} - \sin\{(k-l)x_j\}]$$

und dann die Aussagen von Satz 3.27 anzuwenden, um die Beziehungen (3.171) bis (3.173) zu erhalten. □

Die angenäherte Bestimmung der Fourier-Koeffizienten a_k und b_k mit der Trapezregel hat zu der Formel (3.167) für die Näherungen a_k^* und b_k^* geführt. Wenn wir (3.167) als Skalarprodukte (f, φ_j) auffassen mit $\varphi_{2k}(x) = \cos(kx)$ bzw. $\varphi_{2k+1}(x) = \sin(kx)$, $k = 0, 1, 2, \ldots$, und wenn wir die in den Sätzen 3.27 und 3.28 gezeigte diskrete Orthogonalität der Ansatzfunktionen für dieses Skalarprodukt berücksichtigen, dann hat sich mit der numerischen Integration mit der Trapezregel der Übergang von der kontinuierlichen zur diskreten trigonometrischen Approximation ergeben, und das unter Beibehaltung der Orthogonalität. Über die Approximationsqualität bei Verwendung der angenäherten Fourier-Koeffizienten a_k^* und b_k^* geben die folgenden Sätze und Beispiele Auskunft.

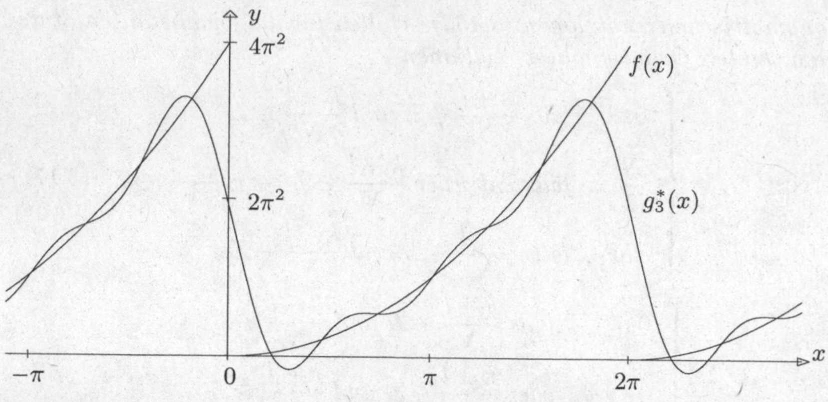

Abb. 3.29 Approximation im diskreten quadratischen Mittel.

Satz 3.29. *Es sei $N = 2n, n \in \mathbb{N}^*$. Das Fourier-Polynom*

$$g_m^*(x) := \frac{1}{2}a_0^* + \sum_{k=1}^{m}\{a_k^* \cos(kx) + b_k^* \sin(kx)\} \tag{3.174}$$

vom Grad $m < n$ mit den Koeffizienten (3.167) approximiert die Funktion $f(x)$ im diskreten quadratischen Mittel der N Stützstellen x_j (3.166) derart, dass die Summe der Quadrate der Abweichungen

$$F := \sum_{j=1}^{N}\{g_m^*(x_j) - f(x_j)\}^2 \tag{3.175}$$

minimal ist.

Beispiel 3.22. Für die (2π)-periodisch fortgesetzte Funktion $f(x) = x^2, 0 < x < 2\pi$, für welche an den Sprungstellen $f(0) = f(2\pi) = 2\pi^2$ festgesetzt sei, ergeben sich für $N = 12$ die Koeffizienten

$$\begin{array}{llll} a_0^* \doteq 26.410330, & a_1^* \doteq \quad 4.092652, & a_2^* \doteq \quad 1.096623, & a_3^* \doteq \quad 0.548311, \\ & b_1^* \doteq -12.277955, & b_2^* \doteq -5.698219, & b_3^* \doteq -3.289868. \end{array}$$

Das zugehörige Fourier-Polynom $g_3^*(x)$ ist zusammen mit $f(x)$ in Abb. 3.29 dargestellt. △

Für eine bestimmte Wahl von m wird die Approximation zur Interpolation. Dieses Ergebnis wollen wir noch ohne Beweis anfügen (siehe [Sch 97]).

Satz 3.30. *Es sei $N = 2n, n \in \mathbb{N}^*$. Das spezielle Fourier-Polynom*

$$g_n^*(x) := \frac{1}{2}a_0^* + \sum_{k=1}^{n-1}\{a_k^* \cos(kx) + b_k^* \sin(kx)\} + \frac{1}{2}a_n^* \cos(nx) \tag{3.176}$$

mit den Koeffizienten (3.167) ist das eindeutige, interpolierende Fourier-Polynom zu den Stützstellen x_j (3.166) mit den Stützstellen $f(x_j)$, $j = 1, 2, \ldots, N$.

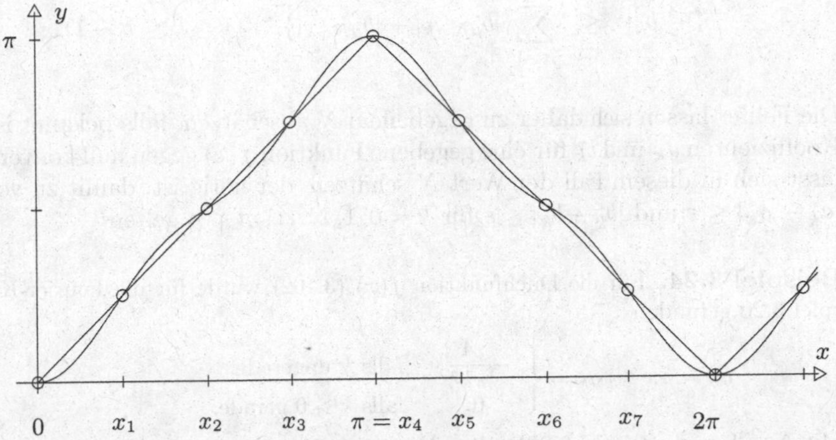

Abb. 3.30 Periodische Dachkurve mit interpolierendem Fourier-Polynom $g_4(x)$.

Als Ergänzung zu Satz 3.30 sei noch bemerkt, dass der Funktionswert $f(x_j)$ in Anlehnung an Satz 3.26 im Fall einer Sprungstelle x_j als das arithmetische Mittel der beiden Grenzwerte y_j^- und y_j^+ festzulegen ist. Auch für ungerades N kann ein interpolierendes Fourier-Polynom mit den Koeffizienten a_k^* und b_k^* gebildet werden [You 90].

Beispiel 3.23. Für die Dachfunktion $f(x)$ (3.162) ergeben sich für $N = 8$, $h = \pi/4$, $x_j = \pi j/4$, $j = 1, 2, \ldots 8$, die Werte

$$a_0^* = \pi, \quad a_1^* \doteq -1.34076, \quad a_2^* = 0, \quad a_3^* \doteq -0.230038, \quad a_4^* = 0, \quad b_1^* = b_2^* = b_3^* = 0.$$

Das interpolierende Fourier-Polynom $g_4^*(x)$ lautet

$$g_4^*(x) \doteq 1.57080 - 1.34076\cos(x) - 0.230038\cos(3x)$$

und ist in Abb. 3.30 dargestellt. Die Approximation der Dachkurve ist im Vergleich zu Abb. 3.27 wegen der Interpolationseigenschaft natürlich verschieden. △

Es bleibt die Frage des Unterschiedes zwischen kontinuierlicher und diskreter trigonometrischer Approximation bzw. nach den Fehlern $|a_k^* - a_k|$ und $|b_k^* - b_k|$. Die Antwort findet sich im folgenden Satz, auf dessen Beweis wir verzichten wollen.

Satz 3.31. *Es sei $f(x)$ eine 2π-periodische Funktion. Sie erfülle die Voraussetzungen von Satz 3.26. Weiter sei $N = 2n$, $n \in \mathbb{N}^*$. Wird $f(x_j)$ an einer Sprungstelle x_j als arithmetisches Mittel der beiden Grenzwerte (3.152) definiert, dann gelten für die Koeffizienten a_k^* und b_k^* die Darstellungen*

$$a_k^* = a_k + a_{N-k} + a_{N+k} + a_{2N-k} + a_{2N+k} + \ldots, \quad (0 \le k \le n), \tag{3.177}$$

$$b_k^* = b_k - b_{N-k} + b_{N+k} - b_{2N-k} + b_{2N+k} + \ldots, \quad (1 \le k \le n-1), \tag{3.178}$$

$$|a_k^* - a_k| \le \sum_{\mu=1}^{\infty} \{|a_{\mu N-k}| + |a_{\mu N+k}|\}, \quad (0 \le k \le n), \tag{3.179}$$

$$|b_k^* - b_k| \quad \leq \quad \sum_{\mu=1}^{\infty} \{|b_{\mu N-k}| + |b_{\mu N+k}|\}, \quad (1 \leq k \leq n-1). \tag{3.180}$$

Die Fehler lassen sich daher zu gegebenem N abschätzen, falls bekannt ist, wie die Fourier-Koeffizienten a_k und b_k für eine gegebene Funktion $f(x)$ gegen null konvergieren. Umgekehrt lässt sich in diesem Fall der Wert N schätzen, der nötig ist, damit zu vorgegebenem $\varepsilon > 0$ $|a_k^* - a_k| \leq \varepsilon$ und $|b_k^* - b_k| \leq \varepsilon$ für $k = 0, 1, 2, \ldots, m < n$ gelten.

Beispiel 3.24. Für die Dachfunktion $f(x)$ (3.162) wurde für die Fourier-Koeffizienten im Beispiel 3.20 gefunden

$$a_0 = \pi; \qquad a_k = \begin{cases} -\dfrac{4}{\pi k^2}, & \text{falls } k \text{ ungerade,} \\ 0, & \text{falls } k > 0 \text{ gerade.} \end{cases} \tag{3.181}$$

Mit $N = 8$ (vgl. Beispiel 3.23) gelten beispielsweise

$$a_0^* = a_0 + 2(a_8 + a_{16} + a_{24} + a_{32} + \ldots) = a_0,$$

$$a_1^* = a_1 + a_7 + a_9 + a_{15} + a_{17} + \ldots = a_1 - \frac{4}{\pi}\left\{\frac{1}{49} + \frac{1}{81} + \frac{1}{225} + \frac{1}{289} + \ldots\right\}.$$

Es soll nun der Wert von N abgeschätzt werden, so dass die ersten von null verschiedenen Koeffizienten a_k durch die entsprechenden a_k^* mit einem maximalen, absoluten Fehler von $\varepsilon = 10^{-6}$ approximiert werden. Für k ungerade und $k \ll N$ gilt

$$\begin{aligned}
a_k^* - a_k &= -\frac{4}{\pi}\left\{\frac{1}{(N-k)^2} + \frac{1}{(N+k)^2} + \frac{1}{(2N-k)^2} + \frac{1}{(2N+k)^2} + \ldots\right\} \\
&= -\frac{4}{\pi}\left\{\frac{2N^2 + 2k^2}{(N^2 - k^2)^2} + \frac{8N^2 + 2k^2}{(4N^2 - k^2)^2} + \ldots\right\} \\
&\approx -\frac{8}{\pi}\left\{\frac{1}{N^2} + \frac{1}{(2N)^2} + \frac{1}{(3N)^2} + \ldots\right\} \\
&= -\frac{8}{\pi N^2}\left\{\frac{1}{1^2} + \frac{1}{2^2} + \frac{1}{3^2} + \ldots\right\} = -\frac{8}{\pi N^2} \cdot \frac{\pi^2}{6} = -\frac{4\pi}{3N^2}.
\end{aligned}$$

Die Summe der Kehrwerte der Quadrate der ganzen Zahlen ergibt sich aus der Fourier-Reihe (3.165) für $x = 0$. Aus der Bedingung $|a_k^* - a_k| \leq \varepsilon = 10^{-6}$ folgt $N > 2046$. △

3.7.2 Effiziente Berechnung der Fourier-Koeffizienten

Wir haben die Formeln (3.167) zur genäherten Berechnung der Fourier-Koeffizienten a_k und b_k einer (2π)-periodischen Funktion $f(x)$ verwendet. Die Summen (3.167) treten auch im Zusammenhang mit der *diskreten Fourier-Transformation* auf, die von großer Bedeutung ist beispielsweise in der Physik, Elektrotechnik, Bildverarbeitung und Statistik, siehe etwa [Bri 95, Pic 86]. Dabei ist N oft sehr groß, und deshalb ist es besonders wichtig, diese Summen mit möglichst geringem Rechenaufwand zu bestimmen. Die nahe liegende, direkte Realisierung der Berechnung der Summen erfordert für die Bestimmung der $N = 2n$ Koeffizienten a_k^*, $k = 0, 1, \ldots, n$, und b_k^*, $k = 1, 2, \ldots, n-1$, etwa N^2 Multiplikationen und N^2 trigonometrische Funktionsauswertungen. Für größere Werte von N $(N \gg 1000)$ wird der Rechenaufwand prohibitiv groß. Wir werden einen Algorithmus darstellen, der die diskrete Fourier-Transformation sehr effizient durchführt. Interessant ist auch der *Algorithmus von Reinsch* [Sau 68, Sto 07], welcher die Fourier-Koeffizienten etwas weniger effizient, jedoch numerisch stabil und mit minimalem Speicherbedarf liefert. Hinweisen wollen wir noch auf einen historischen Algorithmus, den Runge schon 1903 und 1905 vorstellte, [Run 03, Run 05, Run 24, JE 82, Sch 97].

Die schnelle Fourier-Transformation

Zur Berechnung der Summen

$$\boxed{\begin{aligned} a'_k &:= \sum_{j=0}^{N-1} f(x_j)\cos(kx_j), \quad k = 0,1,2,\ldots,\frac{N}{2}, \\ b'_k &:= \sum_{j=0}^{N-1} f(x_j)\sin(kx_j), \quad k = 1,2,\ldots,\frac{N}{2}-1, \end{aligned}} \tag{3.182}$$

mit $x_j = \dfrac{2\pi}{N}j$ kann im Spezialfall, in dem N eine Potenz von 2 ist, ein sehr effizienter Algorithmus entwickelt werden, falls man zu einer komplexen Fourier-Transformation übergcht. Unter Ausnutzung der Periodizität läuft in (3.182) der Summationsindex j von 0 bis $N-1$. Aus je zwei aufeinander folgenden Stützwerten bilden wir die $n = N/2$ komplexen Zahlenwerte

$$\boxed{y_j := f(x_{2j}) + i f(x_{2j+1}), \quad j = 0,1,\ldots,n-1, \quad n = \frac{N}{2}.} \tag{3.183}$$

Zu diesen komplexen Daten y_j definieren wir die *diskrete, komplexe Fourier-Transformation* der Ordnung n

$$\boxed{\begin{aligned} c_k &:= \sum_{j=0}^{n-1} y_j e^{-ijk\frac{2\pi}{n}} = \sum_{j=0}^{n-1} y_j w_n^{jk}, \quad k = 0,1,\ldots,n-1 \\ &\text{mit } w_n := e^{-i\frac{2\pi}{n}} = \cos\left(\frac{2\pi}{n}\right) - i\,\sin\left(\frac{2\pi}{n}\right). \end{aligned}} \tag{3.184}$$

Die komplexe Größe w_n stellt eine n-te Einheitswurzel dar. Der Zusammenhang zwischen den komplexen Fourier-Transformierten c_k und den gesuchten reellen Größen a'_k und b'_k folgt aus dem

Satz 3.32. *Die reellwertigen trigonometrischen Summen a'_k und b'_k sind gegeben durch die komplexen Fourier-Transformierten c_k gemäß*

$$a'_k - ib'_k = \frac{1}{2}(c_k + \bar{c}_{n-k}) + \frac{1}{2i}(c_k - \bar{c}_{n-k})e^{-ik\pi/n} \tag{3.185}$$

$$a'_{n-k} - ib'_{n-k} = \frac{1}{2}(\bar{c}_k + c_{n-k}) + \frac{1}{2i}(\bar{c}_k - c_{n-k})e^{ik\pi/n} \tag{3.186}$$

für $k = 0,1,\ldots,n$, falls $b'_0 = b'_n = 0$ und $c_n = c_0$ gesetzt wird.

Beweis. Für den ersten Summanden von (3.185) erhalten wir

$$\frac{1}{2}(c_k + \bar{c}_{n-k}) = \frac{1}{2}\sum_{j=0}^{n-1}\{y_j w_n^{jk} + \overline{\bar{y}_j w_n^{j(n-k)}}\} = \frac{1}{2}\sum_{j=0}^{n-1}(y_j + \bar{y}_j)w_n^{jk},$$

und für den Klammerausdruck des zweiten Summanden

$$\frac{1}{2i}(c_k - \bar{c}_{n-k}) = \frac{1}{2i}\sum_{j=0}^{n-1}\{y_j w_n^{jk} - \overline{\bar{y}_j w_n^{j(n-k)}}\} = \frac{1}{2i}\sum_{j=0}^{n-1}(y_j - \bar{y}_j)w_n^{jk}.$$

Verwenden wir die Definition (3.183), so ergibt sich

$$\begin{aligned}
&\frac{1}{2}(c_k + \bar{c}_{n-k}) + \frac{1}{2i}(c_k - \bar{c}_{n-k})e^{-ik\pi/n} \\
=\; &\sum_{j=0}^{n-1}\left\{f(x_{2j})e^{-ijk2\pi/n} + f(x_{2j+1})e^{-ik(2j+1)\pi/n}\right\} \\
=\; &\sum_{j=0}^{n-1}\{f(x_{2j})[\cos(kx_{2j}) - i\ \sin(kx_{2j})] \\
&+ f(x_{2j+1})[\cos(kx_{2j+1}) - i\ \sin(kx_{2j+1})]\} = a'_k - ib'_k.
\end{aligned}$$

Damit ist (3.185) verifiziert. (3.186) ergibt sich aus (3.185), indem k durch $n-k$ substituiert wird. □

Zur Berechnung der reellen Werte a'_k und b'_k können für einen festen Index k durch Addition und Subtraktion der Gleichungen (3.185) und (3.186) einfache Beziehungen für die Summen und Differenzen der Wertepaare a'_k und a'_{n-k}, bzw. b'_k und b'_{n-k} gewonnen werden.

Wir wollen jetzt das Grundprinzip des effizienten Algorithmus zur Durchführung der diskreten Fourier-Transformation (3.184) schrittweise darstellen. Da w_n eine n-te Einheitswurzel darstellt, liegen die Potenzen w_n^{jk} auf dem Einheitskreis der komplexen Ebene und bilden die Eckpunkte eines regelmäßigen n-Ecks. Die Exponenten lassen sich deshalb mod n reduzieren. Nach dieser Vorbemerkung betrachten wir den Fall $n = 4$. Die Fourier-Transformation (3.184) stellen wir mit einer Matrix $\boldsymbol{W}_4 \in \mathbb{C}^{4,4}$ als lineare Transformation dar.

$$\begin{pmatrix} c_0 \\ c_1 \\ c_2 \\ c_3 \end{pmatrix} = \begin{pmatrix} 1 & 1 & 1 & 1 \\ 1 & w^1 & w^2 & w^3 \\ 1 & w^2 & 1 & w^2 \\ 1 & w^3 & w^2 & w^1 \end{pmatrix} \begin{pmatrix} y_0 \\ y_1 \\ y_2 \\ y_3 \end{pmatrix}, \quad w = w_4; \quad \boldsymbol{c} = \boldsymbol{W}_4\boldsymbol{y} \tag{3.187}$$

Vertauschen wir in (3.187) die zweite und dritte Komponente im Vektor $\boldsymbol{c}$ und damit auch die zweite und dritte Zeile in $\boldsymbol{W}_4$, so lässt sich diese zeilenpermutierte Matrix offensichtlich als Produkt von zwei Matrizen schreiben. Aus (3.187) erhalten wir

$$\begin{pmatrix} \tilde{c}_0 \\ \tilde{c}_1 \\ \tilde{c}_2 \\ \tilde{c}_3 \end{pmatrix} = \begin{pmatrix} c_0 \\ c_2 \\ c_1 \\ c_3 \end{pmatrix} = \left(\begin{array}{cc|cc} 1 & 1 & 1 & 1 \\ 1 & w^2 & 1 & w^2 \\ \hline 1 & w & w^2 & w^3 \\ 1 & w^3 & w^2 & w^1 \end{array}\right) \begin{pmatrix} y_0 \\ y_1 \\ y_2 \\ y_3 \end{pmatrix} = \tag{3.188}$$

$$\left(\begin{array}{cc|cc} 1 & 1 & 0 & 0 \\ 1 & w^2 & 0 & 0 \\ \hline 0 & 0 & 1 & 1 \\ 0 & 0 & 1 & w^2 \end{array}\right) \left(\begin{array}{cc|cc} 1 & 0 & 1 & 0 \\ 0 & 1 & 0 & 1 \\ \hline 1 & 0 & w^2 & 0 \\ 0 & w^1 & 0 & w^3 \end{array}\right) \begin{pmatrix} y_0 \\ y_1 \\ y_2 \\ y_3 \end{pmatrix}.$$

Die erste Faktormatrix der Produktzerlegung, unterteilt in vier Untermatrizen der Ordnung zwei, hat Block-Diagonalgestalt, wobei die beiden Untermatrizen in der Diagonale identisch sind. Die zweite Faktormatrix baut sich aus vier Diagonalmatrizen je der Ordnung zwei auf, wobei zweimal die Einheitsmatrix vorkommt. Auf Grund der Darstellung (3.188) führen wir die lineare Transformation auch in zwei Teilschritten aus. Wir multiplizieren den Vektor $\boldsymbol{y}$ mit der zweiten Faktormatrix und erhalten als Ergebnis den Vektor $\boldsymbol{z}$ mit den Komponenten

$$z_0 = y_0 + y_2, \qquad z_1 = y_1 + y_3, \tag{3.189}$$

$$z_2 = (y_0 - y_2)w^0, \quad z_3 = (y_1 - y_3)w^1, \tag{3.190}$$

wenn wir berücksichtigen, dass $w^2 = -1$ und $w^3 = -w^1$ gelten. Im Hinblick auf die Verallgemeinerung ist in (3.190) die triviale Multiplikation mit $w^0 = 1$ aufgeführt. Im zweiten Teilschritt wird der Hilfsvektor $\boldsymbol{z}$ mit der ersten Faktormatrix multipliziert. Wir erhalten

$$\tilde{c}_0 = c_0 = z_0 + z_1, \qquad \tilde{c}_1 = c_2 = z_0 + w^2 z_1, \tag{3.191}$$

$$\tilde{c}_2 = c_1 = z_2 + z_3, \qquad \tilde{c}_3 = c_3 = z_2 + w^2 z_3. \tag{3.192}$$

Die Formelsätze (3.191) und (3.192) sind identisch gebaut. Im Hinblick auf die Verallgemeinerung wird die triviale Multiplikation mit $w^2 = -1$ mitgeführt. Wenn wir $w_4^2 = w_2^1$ berücksichtigen, erkennt man, dass (3.191) und (3.192) je eine komplexe Fourier-Transformation der Ordnung zwei darstellen. Die Fourier-Transformation (3.187) der Ordnung vier wurde somit vermittels (3.189) und (3.190) auf zwei Fourier-Transformationen der Ordnung zwei zurückgeführt.

Die Reduktion einer komplexen Fourier-Transformation von gerader Ordnung auf zwei Fourier-Transformationen je der halben Ordnung ist stets möglich. Das kann vermittels einer analogen Faktorisierung der zeilenpermutierten Transformationsmatrix gezeigt werden. Statt dessen zeigen wir dies mit Hilfe von algebraischen Umformungen. Es sei $n = 2m$, $m \in \mathbb{N}^*$. Dann gilt für die komplexen Transformierten c_k (3.184) mit geraden Indizes $k = 2l$, $l = 0, 1, \ldots, m-1$,

$$c_{2l} = \sum_{j=0}^{2m-1} y_j w_n^{2lj} = \sum_{j=0}^{m-1} (y_j + y_{m+j}) w_n^{2lj} = \sum_{j=0}^{m-1} (y_j + y_{m+j})(w_n^2)^{lj}.$$

Dabei wurde die Identität $w_n^{2l(m+j)} = w_n^{2lj} w_n^{2lm} = w_n^{2lj}$ verwendet. Mit den m Hilfswerten

$$\boxed{z_j := y_j + y_{m+j}, \quad j = 0, 1, \ldots, m-1,} \tag{3.193}$$

und wegen $w_n^2 = w_m$ sind die m Koeffizienten

$$c_{2l} = \sum_{j=0}^{m-1} z_j w_m^{jl}, \quad l = 0, 1, \ldots, m-1, \tag{3.194}$$

gemäß (3.184) die Fourier-Transformierten der Ordnung m der Hilfswerte z_j (3.193). Für die c_k mit ungeraden Indizes $k = 2l+1$, $l = 0, 1, \ldots, m-1$, gilt

$$\begin{aligned} c_{2l+1} &= \sum_{j=0}^{2m-1} y_j w_n^{(2l+1)j} = \sum_{j=0}^{m-1} \{y_j w_n^{(2l+1)j} + y_{m+j} w_n^{(2l+1)(m+j)}\} \\ &= \sum_{j=0}^{m-1} \{y_j - y_{m+j}\} w_n^{(2l+1)j} = \sum_{j=0}^{m-1} \{(y_j - y_{m+j}) w_n^j\} w_n^{2lj}. \end{aligned}$$

Mit den weiteren m Hilfswerten

$$z_{m+j} := (y_j - y_{m+j}) w_n^j, \quad j = 0, 1, \ldots, m-1, \tag{3.195}$$

sind die m Koeffizienten

$$c_{2l+1} = \sum_{j=0}^{m-1} z_{m+j} w_m^{jl}, \quad l = 0, 1, \ldots, m-1, \tag{3.196}$$

die Fourier-Transformierten der Ordnung m der Hilfswerte z_{m+j} (3.195). Die Zurückführung einer komplexen Fourier-Transformation der Ordnung $n = 2m$ auf zwei komplexe Fourier-Transformationen der Ordnung m erfordert wegen (3.195) als wesentlichen Rechenaufwand m komplexe Multiplikationen. Ist die Ordnung $n = 2^\gamma$, $\gamma \in \mathbb{N}^*$, so können die beiden Fourier-Transformationen der Ordnung m selbst wieder auf je zwei Fourier-Transformationen der halben Ordnung zurückgeführt werden, so dass eine systematische Reduktion möglich ist. Im Fall $n = 32 = 2^5$ besitzt dieses Vorgehen die formale Beschreibung

$$FT_{32} \stackrel{16}{\to} 2(FT_{16}) \stackrel{2\cdot 8}{\to} 4(FT_8) \stackrel{4\cdot 4}{\to} 8(FT_4) \stackrel{8\cdot 2}{\to} 16(FT_2) \stackrel{16\cdot 1}{\to} 32(FT_1), \tag{3.197}$$

in welcher FT_k eine Fourier-Transformation der Ordnung k bedeutet, und die Zahl der erforderlichen komplexen Multiplikationen für die betreffenden Reduktionsschritte angegeben ist. Da die Fourier-Transformierten der Ordnung Eins mit den zu transformierenden Werten übereinstimmen, stellen die nach dem letzten Reduktionsschritt erhaltenen Zahlenwerte die gesuchten Fourier-Transformierten c_k dar.

Eine komplexe Fourier-Transformation (3.184) der Ordnung $n = 2^\gamma$, $\gamma \in \mathbb{N}^*$ ist in Verallgemeinerung von (3.197) mit γ Reduktionsschritten auf n Fourier-Transformationen der Ordnung Eins zurückführbar. Da jeder Schritt $n/2$ komplexe Multiplikationen erfordert, beträgt der totale Rechenaufwand

$$Z_{FTn} = \frac{1}{2} n\gamma = \frac{1}{2} n \log_2 n \tag{3.198}$$

komplexe Multiplikationen. Der Rechenaufwand nimmt somit nur etwa linear mit der Ordnung n zu. Deshalb wird die skizzierte Methode als *schnelle Fourier-Transformation* (fast Fourier transform=FFT) bezeichnet. Sie wird *Cooley* und *Tukey* [Coo 65] zugeschrieben. Sie wurde aber bereits von *Good* formuliert [Goo 60]. Die hohe Effizienz der schnellen Fourier-Transformation ist in der Zusammenstellung (3.199) illustriert, wo für verschiedene Ordnungen n die Anzahl n^2 der komplexen Multiplikationen, die bei der direkten Berechnung der Summen (3.184) erforderlich ist, dem Aufwand Z_{FTn} (3.198) gegenübergestellt ist.

$\gamma =$	5	6	8	9	10	11	12
$n =$	32	64	256	512	1024	2048	4096
$n^2 =$	1024	4096	65536	$2.62 \cdot 10^5$	$1.05 \cdot 10^6$	$4.19 \cdot 10^6$	$1.68 \cdot 10^7$
$Z_{FTn} =$	80	192	1024	2304	5120	11264	24576
Faktor	12.8	21.3	64	114	205	372	683

(3.199)

Der Rechenaufwand der schnellen Fourier-Transformation wird gegenüber n^2 um den Faktor in der letzten Zeile von (3.199) verringert. Eine mögliche algorithmische Realisierung der schnellen Fourier-Transformation, welche auf den vorhergehenden Betrachtungen beruht, besteht aus einer sukzessiven Transformation der gegebenen y-Werte in die gesuchten c-Werte. Die erforderlichen Rechenschritte sind in Tab. 3.3 für den Fall $n = 16 = 2^4$ dargestellt. Für das ganze Schema gilt $w := e^{-i2\pi/16} = e^{-i\pi/8} = \cos(\pi/8) - i\sin(\pi/8)$. Die zu berechnenden Hilfsgrößen z_j (3.193) und z_{m+j} (3.195) werden wieder mit y_j und y_{m+j} bezeichnet, wobei die Wertzuweisungen so zu verstehen sind, dass die rechts stehenden Größen stets die Werte vor dem betreffenden Schritt bedeuten.

Im ersten Schritt sind gemäß (3.193) und (3.195) gleichzeitig Summen und Differenzen von y-Werten zu bilden, wobei die letzteren mit Potenzen von w zu multiplizieren sind. Aus der ersten Gruppe von acht y-Werten resultieren die Fourier-Transformierten c_k mit geraden Indizes und aus der zweiten Gruppe die restlichen c_k. Die betreffenden c-Werte sind zur Verdeutlichung des Prozesses angegeben. Im zweiten Schritt sind für jede der beiden Gruppen von y-Werten entsprechende Summen und Differenzen zu bilden, wobei wegen $w_8 = w_{16}^2 = w^2$ nur gerade Potenzen von w als Multiplikatoren auftreten. Zudem sind auch die Fourier-Transformierten c_k den entsprechenden Permutationen innerhalb jeder Gruppe zu unterwerfen. Im dritten Schritt sind die vier Gruppen analog mit der Einheitswurzel $w_4 = w_{16}^4 = w^4$ zu behandeln, wobei die Fourier-Transformierten c_k entsprechend zu (3.188) zu permutieren sind. Im vierten und letzten Schritt erfolgen noch die letzten Reduktionen mit $w_2 = w_{16}^8 = w^8$.

Die resultierenden y-Werte sind identisch mit den c-Werten, wobei allerdings die Zuordnung der Indexwerte eine zusätzliche Betrachtung erfordert. Den Schlüssel für die richtige Zuordnung liefert die binäre Darstellung der Indexwerte. In Tab. 3.4 sind die Binärdarstellungen der Indizes der c-Werte nach den einzelnen Reduktionsschritten zusammengestellt.

Die Binärdarstellungen der letzten Spalte sind genau umgekehrt zu denjenigen der ersten Spalte. Ein Beweis dieser Feststellung beruht darauf, dass die Permutation der Indexwerte im ersten Schritt einer zyklischen Vertauschung der γ Binärstellen entspricht. Im zweiten Schritt ist die Indexpermutation in den beiden Gruppen äquivalent zu einer zyklischen Vertauschung der ersten $(\gamma - 1)$ Binärstellen und so fort. Die eindeutige Wertzuordnung

Tab. 3.3 Eine algorithmische Realisierung der schnellen Fourier-Transformation

	$FT_{16} \to 2(FT_8)$		$2(FT_8) \to 4(FT_4)$		$4(FT_4) \to 8(FT_2)$		$8(FT_2) \to 16(FT_1)$
y_0	$y_0 := y_0 + y_8$	c_0	$y_0 := y_0 + y_4$	c_0	$y_0 := y_0 + y_2$	c_0	$y_0 := y_0 + y_1 = c_0$
y_1	$y_1 := y_1 + y_9$	c_2	$y_1 := y_1 + y_5$	c_4	$y_1 := y_1 + y_3$	c_8	$y_1 := (y_0 - y_1)w^0 = c_8$
y_2	$y_2 := y_2 + y_{10}$	c_4	$y_2 := y_2 + y_6$	c_8	$y_2 := (y_0 - y_2)w^0$	c_4	$y_2 := y_2 + y_3 = c_4$
y_3	$y_3 := y_3 + y_{11}$	c_6	$y_3 := y_3 + y_7$	c_{12}	$y_3 := (y_1 - y_3)w^4$	c_{12}	$y_3 := (y_2 - y_3)w^0 = c_{12}$
y_4	$y_4 := y_4 + y_{12}$	c_8	$y_4 := (y_0 - y_4)w^0$	c_2	$y_4 := y_4 + y_6$	c_2	$y_4 := y_4 + y_5 = c_2$
y_5	$y_5 := y_5 + y_{13}$	c_{10}	$y_5 := (y_1 - y_5)w^2$	c_6	$y_5 := y_5 + y_7$	c_{10}	$y_5 := (y_4 - y_5)w^0 = c_{10}$
y_6	$y_6 := y_6 + y_{14}$	c_{12}	$y_6 := (y_2 - y_6)w^4$	c_{10}	$y_6 := (y_4 - y_6)w^0$	c_6	$y_6 := y_6 + y_7 = c_6$
y_7	$y_7 := y_7 + y_{15}$	c_{14}	$y_7 := (y_3 - y_7)w^6$	c_{14}	$y_7 := (y_5 - y_7)w^4$	c_{14}	$y_7 := (y_6 - y_7)w^0 = c_{14}$
y_8	$y_8 := (y_0 - y_8)w^0$	c_1	$y_8 := y_8 + y_{12}$	c_1	$y_8 := y_8 + y_{10}$	c_1	$y_8 := y_8 + y_9 = c_1$
y_9	$y_9 := (y_1 - y_9)w^1$	c_3	$y_9 := y_9 + y_{13}$	c_5	$y_9 := y_9 + y_{11}$	c_9	$y_9 := (y_8 - y_9)w^0 = c_9$
y_{10}	$y_{10} := (y_2 - y_{10})w^2$	c_5	$y_{10} := y_{10} + y_{14}$	c_9	$y_{10} := (y_8 - y_{10})w^0$	c_5	$y_{10} := y_{10} + y_{11} = c_5$
y_{11}	$y_{11} := (y_3 - y_{11})w^3$	c_7	$y_{11} := y_{11} + y_{15}$	c_{13}	$y_{11} := (y_9 - y_{11})w^4$	c_{13}	$y_{11} := (y_{10} - y_{11})w^0 = c_{13}$
y_{12}	$y_{12} := (y_4 - y_{12})w^4$	c_9	$y_{12} := (y_8 - y_{12})w^0$	c_3	$y_{12} := y_{12} + y_{14}$	c_3	$y_{12} := y_{12} + y_{13} = c_3$
y_{13}	$y_{13} := (y_5 - y_{13})w^5$	c_{11}	$y_{13} := (y_9 - y_{13})w^2$	c_7	$y_{13} := y_{13} + y_{15}$	c_{11}	$y_{13} := (y_{12} - y_{13})w^0 = c_{11}$
y_{14}	$y_{14} := (y_6 - y_{14})w^6$	c_{13}	$y_{14} := (y_{10} - y_{14})w^4$	c_{11}	$y_{14} := (y_{12} - y_{14})w^0$	c_7	$y_{14} := y_{14} + y_{15} = c_7$
y_{15}	$y_{15} := (y_7 - y_{15})w^7$	c_{15}	$y_{15} := (y_{11} - y_{15})w^6$	c_{15}	$y_{15} := (y_{13} - y_{15})w^4$	c_{15}	$y_{15} := (y_{14} - y_{15})w^0 = c_{15}$

der resultierenden y_i zu den gesuchten Fourier-Transformierten c_k erfolgt somit auf Grund einer *Bitumkehr* der Binärdarstellung von j. Man sieht übrigens noch leicht ein, dass es genügt, die Werte y_i und y_k zu vertauschen, falls auf Grund der Bitumkehr $k > j$ gilt, um die richtige Reihenfolge der c_k zu erhalten.

Tab. 3.4 Folge der Binärdarstellungen der Indexwerte.

j	y_i	$c_k^{(1)}$	$c_k^{(2)}$	$c_k^{(3)}$	$c_k^{(4)}$	k
0	0000	0000	0000	0000	0000	0
1	000L	00L0	0L00	L000	L000	8
2	00L0	0L00	L000	0L00	0L00	4
3	00LL	0LL0	LL00	LL00	LL00	12
4	0L00	L000	00L0	00L0	00L0	2
5	0L0L	L0L0	0LL0	L0L0	L0L0	10
6	0LL0	LL00	L0L0	0LL0	0LL0	6
7	0LLL	LLL0	LLL0	LLL0	LLL0	14
8	L000	000L	000L	000L	000L	1
9	L00L	00LL	0L0L	L00L	L00L	9
10	L0L0	0L0L	L00L	0L0L	0L0L	5
11	L0LL	0LLL	LL0L	LL0L	LL0L	13
12	LL00	L00L	00LL	00LL	00LL	3
13	LL0L	L0LL	0LLL	L0LL	L0LL	11
14	LLL0	LL0L	L0LL	0LLL	0LLL	7
15	LLLL	LLLL	LLLL	LLLL	LLLL	15

Beispiel 3.25. Die schnelle Fourier-Transformation wird angewandt zur Berechnung der approximativen Fourier-Koeffizienten a_k^* und b_k^* der (2π)-periodischen Funktionen $f(x) = x^2, 0 < x < 2\pi$ von Beispiel 3.21. Bei $N = 16$ Stützstellen ist eine FFT der Ordnung $n = 8$ auszuführen. Die aus den reellen Stützwerten $f(x_l)$ gebildeten komplexen Werte werden mit $y_j^{(0)}$ bezeichnet. In Tab. 3.5 sind die gerundeten Zahlenwerte im Verlauf der FFT zusammengestellt sowie die aus den Fourier-Transformierten c_k berechneten reellen Fourier-Koeffizienten a_k^* und b_k^*. △

Eine effiziente Realisierung der komplexen Fourier-Transformation (3.184) ist auch für eine allgemeinere Ordnung n möglich [Boo 80, Bri 95, Win 78]. Softwarebibliotheken erlauben nahezu alle Zahlen für N. Der Aufwand hängt dann von der Primfaktorzerlegung von N ab. Die entsprechende NAG-Routine, [NAGa, NAGb], ist besonders schnell für Vielfache von 2, 3 und 5, erlaubt aber bis zu 20 Faktoren aus Primzahlen nicht größer als 19.

3.8 Orthogonale Polynome

Wir betrachten im Folgenden zwei Systeme von orthogonalen Polynomen, die für bestimmte Anwendungen von Bedeutung sind. Wir stellen die Eigenschaften nur soweit zusammen, wie sie für die späteren Zwecke benötigt werden. Die sehr speziellen Eigenschaften der

Tab. 3.5 Schnelle Fourier-Transformation.

j	$y_j^{(0)}$	$y_j^{(1)}$	$y_j^{(2)}$
0	19.73921 + 0.15421i	29.60881 + 12.64543i	54.28282 + 42.56267i
1	0.61685 + 1.38791i	16.03811 + 20.04763i	51.81542 + 62.30188i
2	2.46740 + 3.85531i	24.67401 + 29.91724i	4.93480 − 17.27181i
3	5.55165 + 7.55642i	35.77732 + 42.25424i	−22.20661 + 19.73921i
4	9.86960 + 12.49122i	9.86960 − 12.33701i	−12.33701 + 7.40220i
5	15.42126 + 18.65972i	−22.68131 − 1.74472i	−24.42602 + 34.89432i
6	22.20661 + 26.06192i	−22.20661 + 19.73921i	32.07621 − 32.07621i
7	30.22566 + 34.69783i	−1.74472 + 36.63904i	−38.38375 + 20.93659i

j, k	$y_j^{(3)}$	c_k	a_k^*	b_k^*
0	106.09825 + 104.86455i	106.09825 + 104.86455i	26.370349	—
1	2.46740 − 19.73921i	−36.76303 + 42.29652i	4.051803	−12.404463
2	−17.27181 + 2.46740i	−17.27181 + 2.46740i	1.053029	−5.956833
3	27.14141 − 37.01102i	−6.30754 − 11.13962i	0.499622	−3.692727
4	−36.76303 + 42.29652i	2.46740 − 19.73921i	0.308425	−2.467401
5	12.08902 − 27.49212i	12.08902 − 27.49212i	0.223063	−1.648665
6	−6.30754 − 11.13962i	27.14141 − 37.01102i	0.180671	−1.022031
7	70.45997 − 53.01281i	70.45997 − 53.01281i	0.160314	−0.490797
8	—	—	0.154213	—

Tschebyscheff-Polynome machen diese geeignet zur Approximation von Funktionen, wobei sich eine Beziehung zu den Fourier-Reihen ergeben wird. Die *Legendre-Polynome* werden hauptsächlich die Grundlage bilden für die Herleitung von bestimmten Quadraturformeln in Kapitel 7.

3.8.1 Approximation mit Tschebyscheff-Polynomen

Satz 3.33. *Für $n \in \mathbb{N}$ ist $\cos(n\varphi)$ als Polynom n-ten Grades in $\cos(\varphi)$ darstellbar.*

Beweis. Für $n = 0$ und $n = 1$ ist die Aussage trivial. Aus dem Additionstheorem für die Kosinusfunktion folgt

$$\begin{aligned} \cos[(n+1)\varphi] + \cos[(n-1)\varphi] &= 2\cos(\varphi)\cos(n\varphi), \quad n \in \mathbb{N}^*, \\ \Longrightarrow \qquad \cos[(n+1)\varphi] &= 2\cos(\varphi)\cos(n\varphi) - \cos[(n-1)\varphi]. \end{aligned} \tag{3.200}$$

Damit bekommt man sukzessive

$$\begin{aligned} \cos(2\varphi) &= 2\cos^2(\varphi) - 1, \\ \cos(3\varphi) &= 2\cos(\varphi)\cos(2\varphi) - \cos(\varphi) = 4\cos^3(\varphi) - 3\cos(\varphi), \\ \cos(4\varphi) &= 2\cos(\varphi)\cos(3\varphi) - \cos(2\varphi) = 8\cos^4(\varphi) - 8\cos^2(\varphi) + 1. \end{aligned} \tag{3.201}$$

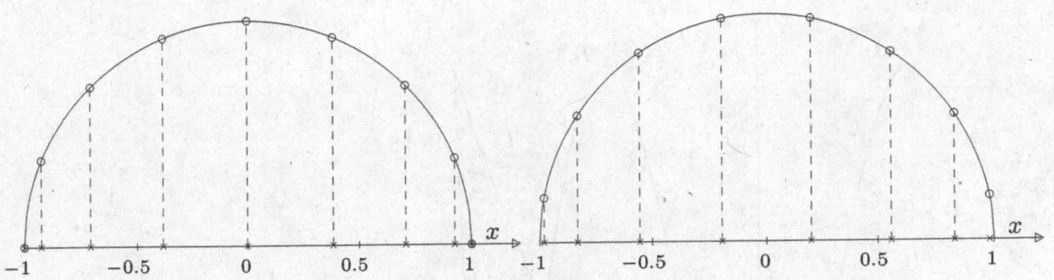

Abb. 3.31 Extremal- und Nullstellen von $T_8(x)$.

Ein Beweis der Behauptung ist jetzt durch vollständige Induktion nach n offensichtlich. □

Das n-te *Tschebyscheff-Polynom* $T_n(x)$ wird auf der Grundlage von Satz 3.33 definiert durch

$$\boxed{\cos(n\varphi) =: T_n(\cos(\varphi)) = T_n(x), \; x = \cos(\varphi), \; x \in [-1,1], \; n \in \mathbb{N}.} \tag{3.202}$$

Der wegen $x = \cos(\varphi)$ zunächst nur für das Intervall $[-1,1]$ gültige Definitionsbereich der Polynome $T_n(x)$ kann natürlich auf ganz $\mathbb{R}$ erweitert werden. Die lineare Transformation $t = a + (b-a)(x+1)/2$ führt auf ein beliebiges Intervall $[a,b]$. Wir werden aber die T-Polynome nur im Intervall $[-1,1]$ betrachten. Die ersten T-Polynome lauten gemäß (3.201)

$$T_0(x) = 1, \quad T_1(x) = x, \quad T_2(x) = 2x^2 - 1,$$
$$T_3(x) = 4x^3 - 3x, \quad T_4(x) = 8x^4 - 8x^2 + 1.$$

Aus der Definition (3.202) folgt sofort die Eigenschaft

$$\boxed{|T_n(x)| \le 1 \quad \text{für} \quad x \in [-1,1], \quad n \in \mathbb{N}.} \tag{3.203}$$

Das n-te Polynom $T_n(x)$ nimmt die Extremalwerte ± 1 dann an, falls $n\varphi = k\pi, k = 0, 1, \ldots, n$, gilt. Deshalb sind die $(n+1)$ *Extremalstellen* von $T_n(x)$ gegeben durch

$$\boxed{x_k^{(e)} = \cos\left(\frac{k\pi}{n}\right), \quad k = 0, 1, 2, \ldots, n, \quad n \ge 1.} \tag{3.204}$$

Sie sind nicht äquidistant im Intervall $[-1,1]$, sondern liegen gegen die Enden des Intervalls dichter. Geometrisch können sie als Projektionen von regelmäßig auf dem Halbkreis mit Radius Eins verteilten Punkten interpretiert werden. In Abb. 3.31 links ist die Konstruktion für $n = 8$ dargestellt. Die Extremalstellen $x_k^{(e)}$ liegen im Intervall $[-1,1]$ symmetrisch bezüglich des Nullpunktes. Wegen des oszillierenden Verhaltens von $\cos(n\varphi)$ werden die Extremalwerte mit alternierendem Vorzeichen angenommen, falls x und damit auch φ das Intervall monoton durchläuft.

Zwischen zwei aufeinander folgenden Extremalstellen von $T_n(x)$ liegt notwendigerweise je eine Nullstelle. Aus der Bedingung $\cos(n\varphi) = 0$ ergibt sich $n\varphi = (2k-1)\dfrac{\pi}{2}$, $k = 1, 2, \ldots, n$.

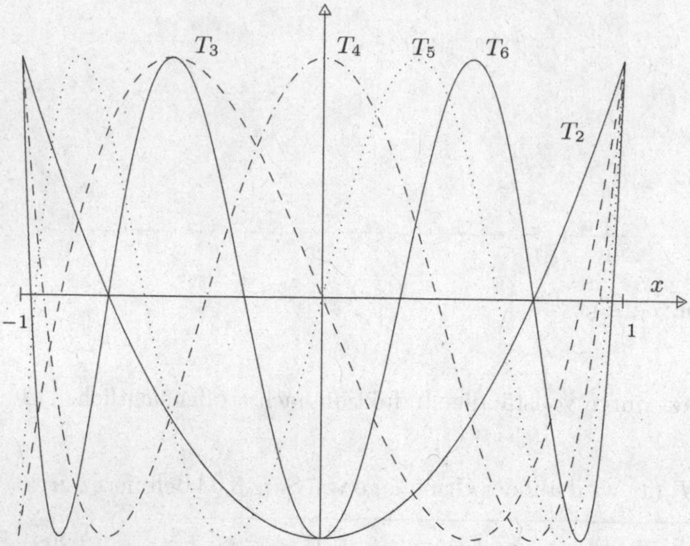

Abb. 3.32 Tschebyscheff-Polynome $T_2(x)$ bis $T_6(x)$.

Folglich sind die n *Nullstellen* von $T_n(x)$

$$x_k = \cos\left(\frac{2k-1}{n}\frac{\pi}{2}\right), \quad k = 1, 2, \ldots, n, \quad n \geq 1. \tag{3.205}$$

Die Nullstellen von $T_n(x)$ sind reell und einfach und liegen im Innern des Intervalls $[-1, 1]$ symmetrisch zum Nullpunkt. Sie sind gegen die Enden des Intervalls dichter verteilt. Ihre geometrische Konstruktion ist in Abb. 3.31 rechts für $n = 8$ dargestellt. Wegen ihrer Bedeutung im Zusammenhang mit der Approximation von Funktionen bezeichnet man sie als die *Tschebyscheff-Abszissen* zum n-ten T-Polynom. Wegen (3.200) und (3.202) erfüllen die T-Polynome die Drei-Term-Rekursion

$$T_{n+1}(x) = 2xT_n(x) - T_{n-1}(x), \quad n \geq 1; \quad T_0(x) = 1, \ T_1(x) = x. \tag{3.206}$$

Mit vollständiger Induktion nach n zeigt man mit Hilfe von (3.206), dass der Koeffizient von x^n des Polynoms $T_n(x)$ für $n \geq 1$ gleich 2^{n-1} ist. Analog folgt aus (3.206) die Eigenschaft

$$T_n(-x) = (-1)^n T_n(x), \quad n \geq 0. \tag{3.207}$$

Somit ist $T_n(x)$ entsprechend der Parität von n ein gerades oder ungerades Polynom. In Abb. 3.32 sind die Tschebyscheff-Polynome $T_2(x)$ bis $T_6(x)$ dargestellt.

Satz 3.34. *Die Polynome $T_n(x)$, $(n = 0, 1, 2, \ldots)$ bilden für das Intervall $[-1, 1]$ mit dem L_2-Skalarprodukt und der Gewichtsfunktion $w(x) = 1/\sqrt{1-x^2}$ ein System von orthogonalen*

Polynomen. Es gelten die Beziehungen

$$\int_{-1}^{1} T_k(x)T_j(x)\frac{dx}{\sqrt{1-x^2}} = \left\{\begin{array}{ll} 0 & \textit{falls } k \neq j \\ \frac{1}{2}\pi & \textit{falls } k = j > 0 \\ \pi & \textit{falls } k = j = 0 \end{array}\right\}, \quad k, j \in \mathbb{N} \tag{3.208}$$

Beweis. Mit den Substitutionen $x = \cos(\varphi), T_k(x) = \cos(k\varphi), T_j(x) = \cos(j\varphi)$ und $dx = -\sin(\varphi)d\varphi$ ergibt sich

$$\int_{-1}^{1} T_k(x)T_j(x)\frac{dx}{\sqrt{1-x^2}} = -\int_{\pi}^{0} \cos(k\varphi)\cos(j\varphi)\frac{\sin(\varphi)d\varphi}{\sin(\varphi)}$$

$$= \int_{0}^{\pi} \cos(k\varphi)\cos(j\varphi)d\varphi = \frac{1}{2}\int_{-\pi}^{\pi} \cos(k\varphi)\cos(j\varphi)d\varphi.$$

Wenden wir auf das letzte Integral die Relationen (3.156) an, so erhalten wir die Aussage (3.208). □

Jetzt betrachten wir die Aufgabe, eine im Intervall $[-1, 1]$ gegebene, stetige Funktion $f(x)$ im quadratischen Mittel durch ein Polynom $g_n(x)$ n-ten Grades in der Darstellung mit T-Polynomen

$$g_n(x) = \frac{1}{2}c_0T_0(x) + \sum_{k=1}^{n} c_kT_k(x) \tag{3.209}$$

zu approximieren. Dies stellt eine kontinuierliche Gauß-Approximation dar mit dem Skalarprodukt

$$(f, g) := \int_{-1}^{1} f(x)g(x)w(x)\,dx := \int_{-1}^{1} f(x)g(x)\frac{dx}{\sqrt{1-x^2}}. \tag{3.210}$$

Die gesuchten Koeffizienten c_k sind deshalb wegen der Orthogonalitätsbeziehungen (3.208) und des Ansatzes (3.209) gegeben durch

$$c_k = \frac{2}{\pi}\int_{-1}^{1} f(x)T_k(x)\frac{dx}{\sqrt{1-x^2}}, \quad k = 0, 1, 2, \ldots, n. \tag{3.211}$$

Die Integraldarstellung (3.211) vereinfacht sich stark, falls wir die Variablensubstitution $x = \cos(\varphi)$ durchführen und (3.202) berücksichtigen. Nach elementaren Umformungen ergibt sich aus (3.211)

$$c_k = \frac{2}{\pi} \int_0^{\pi} f(\cos\varphi) \cos(k\varphi) d\varphi, \quad k = 0, 1, \ldots, n. \tag{3.212}$$

Nun ist aber $F(\varphi) := f(\cos\varphi)$ offensichtlich eine gerade und (2π)-periodische Funktion des Arguments φ. Deshalb gilt auch

$$c_k = \frac{1}{\pi} \int_{-\pi}^{\pi} f(\cos\varphi) \cos(k\varphi) d\varphi, \quad k = 0, 1, 2, \ldots, n. \tag{3.213}$$

Folgerung. Die Koeffizienten c_k in der Entwicklung (3.209) der approximierenden Funktion $g_n(x)$ sind die Fourier-Koeffizienten a_k (3.160) der geraden, (2π)-periodische Funktion $F(\varphi) := f(\cos\varphi)$.

Damit ist die betrachtete Aufgabe auf die Berechnung von Fourier-Koeffizienten zurückgeführt worden, und die im Abschnitt 3.7 entwickelten Methoden sind anwendbar. Die Koeffizienten c_k und das zugehörige Polynom $g_n(x)$ können für beliebig großes n definiert werden, und zu jeder im Intervall $[-1, 1]$ stetigen Funktion $f(x)$ kann durch Grenzübergang die unendliche *Tschebyscheff-Entwicklung* (kurz: T-Entwicklung)

$$g(x) = \frac{1}{2} c_0 T_0(x) + \sum_{k=1}^{\infty} c_k T_k(x) \tag{3.214}$$

gebildet werden. Die Frage der Konvergenz der Reihe (3.214) lässt sich mit Hilfe von Satz 3.26 beantworten. Dazu stellen wir fest, dass die (2π)-periodische Funktion $F(\varphi)$ als Zusammensetzung von zwei stetigen Funktionen stetig ist. Besitzt die gegebene Funktion $f(x)$ im Intervall $[-1, 1]$ eine stückweise stetige erste Ableitung, dann trifft dies auch für $F(\varphi)$ zu. Unter dieser Zusatzvoraussetzung konvergiert die zu $f(x)$ gehörige T-Entwicklung (3.214) für alle $x \in [-1, 1]$ gegen den Wert $f(x)$.

Der Approximationsfehler $f(x) - g_n(x)$ kann unter einer zusätzlichen Voraussetzung abgeschätzt werden.

Satz 3.35. *Es seien c_k die Koeffizienten der T-Entwicklung einer stetigen und einmal stückweise stetig differenzierbaren Funktion $f(x)$. Falls die Reihe $\sum_{k=1}^{\infty} |c_k|$ konvergiert, dann konvergiert die T-Entwicklung (3.214) für alle $x \in [-1, 1]$ gleichmäßig gegen $f(x)$ und es gilt*

$$|f(x) - g_n(x)| \leq \sum_{k=n+1}^{\infty} |c_k| \quad \text{für } x \in [-1, 1]. \tag{3.215}$$

Beweis. Nach Voraussetzung konvergiert die unendliche T-Reihe (3.214) punktweise gegen $f(x)$ für $|x| \leq 1$. Für den Beweis der gleichmäßigen Konvergenz benutzen wir die Tatsache, dass zu jedem $\varepsilon > 0$ ein N existiert mit

$$\sum_{k=n}^{\infty} |c_k| < \varepsilon \quad \text{für alle } n > N. \tag{3.216}$$

Dann gilt für jedes $n > N$ und $|x| \leq 1$ wegen $|T_k(x)| \leq 1$

$$|f(x) - g_n(x)| = \left| \sum_{k=n+1}^{\infty} c_k T_k(x) \right| \leq \sum_{k=n+1}^{\infty} |c_k| < \varepsilon. \tag{3.217}$$

Damit ist auch die Fehlerabschätzung (3.215) gezeigt. □

Beispiel 3.26. Die Funktion $f(x) = e^x$ soll im Intervall $[-1, 1]$ durch ein Polynom $g_n(x)$ (3.209) approximiert werden. Die Entwicklungskoeffizienten sind nach (3.212) gegeben durch

$$c_k = \frac{2}{\pi} \int_0^{\pi} e^{\cos\varphi} \cos(k\varphi) d\varphi = 2I_k(1), \quad k = 0, 1, 2, \ldots, \tag{3.218}$$

wo $I_k(x)$ die modifizierte k-te Bessel-Funktion darstellt [Abr 71]. Auf Grund der Potenzreihe für $I_k(x)$ erhalten wir

$$\begin{aligned} &c_0 \doteq 2.5321317555, \quad &&c_1 \doteq 1.1303182080, \quad &&c_2 \doteq 0.2714953395, \\ &c_3 \doteq 0.0443368498, &&c_4 \doteq 0.0054742404, &&c_5 \doteq 0.0005429263, \\ &c_6 \doteq 0.0000449773, &&c_7 \doteq 0.0000031984, &&c_8 \doteq 0.0000001992, \\ &c_9 \doteq 0.0000000110, &&c_{10} \doteq 0.0000000006. \end{aligned} \tag{3.219}$$

Die Koeffizienten c_k bilden eine rasch konvergente Nullfolge, und die zugehörige Reihe ist gleichmäßig konvergent. Die zu approximierende Funktion $f(x)$ ist beliebig oft stetig differenzierbar, so dass die Voraussetzungen von Satz 3.35 erfüllt sind. Für $g_6(x)$ erhalten wir nach (3.215) als Schranke für den Approximationsfehler

$$|f(x) - g_6(x)| \leq 3.409 \cdot 10^{-6} \quad \text{für alle } |x| \leq 1.$$

Die Approximation ist so gut, dass nur bis $n = 2$ graphisch ein Unterschied zwischen Funktion und Approximation zu sehen ist, siehe Abb. 3.33. Der Fehlerverlauf ist im Intervall $[-1, 1]$ sehr gleichmäßig. △

Die Entwicklungskoeffizienten c_k können nur in seltenen Fällen explizit dargestellt werden, und so sind sie näherungsweise zu berechnen. Da die c_k gleich den Fourier-Koeffizienten a_k der (2π)-periodischen Funktion $F(\varphi) = f(\cos\varphi)$ sind, stehen im Prinzip die Formeln (3.167) zur Verfügung. In jenen Formeln ist x durch φ zu ersetzten, und so erhalten wir

$$\begin{aligned} c_k^* &= \frac{2}{N} \sum_{j=1}^{N} F(\varphi_j) \cos(k\varphi_j) = \frac{2}{N} \sum_{j=0}^{N-1} f(\cos\varphi_j) \cos(k\varphi_j), \\ \varphi_j &= \frac{2\pi}{N} j, \quad N \in \mathbb{N}^*, \quad k = 0, 1, 2, \ldots, \left[\frac{N}{2}\right]. \end{aligned} \tag{3.220}$$

Die Näherungswerte c_k^* lassen sich mit der schnellen Fourier-Transformation effizient berechnen. Zur direkten Berechnung der Koeffizienten c_k^* für nicht zu großes $N = 2m$, $m \in \mathbb{N}^*$,

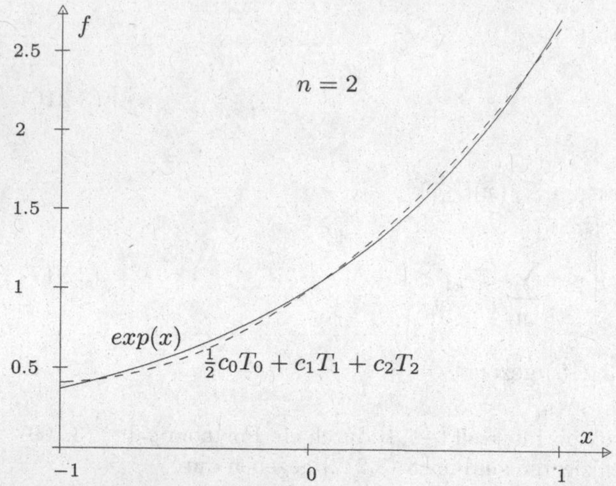

Abb. 3.33 Tschebyscheff-Approximation der Exponentialfunktion, $n = 2$.

kann die Summation vereinfacht werden, indem die Symmetrie der cos-Funktion ausgenutzt wird. Es ergibt sich die Darstellung

$$c_k^* = \frac{2}{m}\left\{\frac{1}{2}(f(1)+f(-1)\cos(k\pi)) + \sum_{j=1}^{m-1} f\left(\cos\left(\frac{j\pi}{m}\right)\right)\cos\left(\frac{kj\pi}{m}\right)\right\},$$
$$k = 0,1,2,\ldots,n, \quad n \leq m. \tag{3.221}$$

Die Rechenvorschrift (3.221) ist interpretierbar als summierte Trapezregel zur genäherten Berechnung des Integrals in (3.212) bei Unterteilung des Integrationsintervalls $[0,\pi]$ in m Teilintervalle.

Falls die im Intervall $[-1,1]$ stetige Funktion $f(x)$ auch eine stückweise stetige erste Ableitung besitzt, so besteht zwischen den Näherungen c_k^* und den exakten Koeffizienten c_k nach (3.177) die Beziehung

$$c_k^* = c_k + c_{N-k} + c_{N+k} + c_{2N-k} + c_{2N+k} + \ldots, \tag{3.222}$$
$$k = 0,1,\ldots,n \leq m, \quad N = 2m.$$

Unter der Voraussetzung, dass das asymptotisch gültige Gesetz über das Verhalten der Koeffizienten c_k einer gegebenen Funktion bekannt ist, kann der Fehler $|c_k^* - c_k|$ bei gegebenem N abgeschätzt werden oder der erforderliche Wert von N bestimmt werden, um den Fehler hinreichend klein zu machen.

Beispiel 3.27. Die Koeffizienten c_k der T-Entwicklung der Funktion $f(x) = e^x$ konvergieren rasch gegen null. Da $c_{11} \doteq 2.50\cdot 10^{-11}$ und $c_{12} \doteq 1.04\cdot 10^{-12}$ sind und für die weiteren Koeffizienten $|c_k| < 10^{-13}, k \geq 13$ gilt, folgt aus (3.222), dass bereits für $m = 12$, d.h. $N = 24$ die Formel (3.221) die ersten elf Entwicklungskoeffizienten mit einer Genauigkeit von zehn Dezimalstellen nach dem Komma liefert. Es gilt sogar

$$|c_k^* - c_k| \leq |c_{24-k}| + |c_{24+k}| + \ldots < 10^{-13} \quad \text{für } k = 0,1,\ldots,10.$$ △

Wir betrachten noch die Aufgabe, den Wert eines approximierenden Polynoms $g_n(x)$ in der Darstellung (3.209) effizient und numerisch stabil zu berechnen. Die nahe liegende Idee, zu gegebenem x die Werte der T-Polynome mit Hilfe der Rekursionsformel (3.206) sukzessive zu ermitteln und damit die Partialsummen zu bilden, führt zu einer instabilen Methode. Es zeigt sich, dass es besser ist, die endliche T-Reihe (3.209) unter Verwendung der Rekursionsformel (3.206) rückwärts abzubauen, d.h. mit dem letzten Term zu beginnen. Wir stellen den Algorithmus im Fall $n = 5$ dar.

$$\begin{aligned} g_5(x) &= \frac{1}{2}c_0T_0 + c_1T_1 + c_2T_2 + c_3T_3 + c_4T_4 + c_5T_5 \\ &= \frac{1}{2}c_0T_0 + c_1T_1 + c_2T_2 + (c_3 - c_5)T_3 + (c_4 + 2xc_5)T_4 \end{aligned}$$

Mit der Substitution $d_4 := c_4 + 2xc_5$ ergibt der nachfolgende Schritt

$$g_5(x) = \frac{1}{2}c_0T_0 + c_1T_1 + (c_2 - d_4)T_2 + (c_3 + 2xd_4 - c_5)T_3.$$

Jetzt setzen wir $d_3 := c_3 + 2xd_4 - c_5$ und erhalten in analoger Fortsetzung mit den entsprechenden Definitionen weiter

$$\begin{aligned} g_5(x) &= \frac{1}{2}c_0T_0 + (c_1 - d_3)T_1 + (c_2 + 2xd_3 - d_4)T_2 \\ &= \left(\frac{1}{2}c_0 - d_2\right)T_0 + (c_1 + 2xd_2 - d_3)T_1 \\ &= \left(\frac{1}{2}c_0 - d_2\right)T_0 + d_1T_1. \end{aligned}$$

Wegen $T_0(x) = 1$ und $T_1(x) = x$ erhalten wir schließlich

$$g_5(x) = \frac{1}{2}c_0 + xd_1 - d_2 = \frac{1}{2}\{(c_0 + 2xd_1 - d_2) - d_2\} = \frac{1}{2}(d_0 - d_2).$$

Aus den gegebenen T-Koeffizienten $c_0, c_1, \ldots, c_n$ sind die Werte $d_{n-1}, d_{n-2}, \ldots, d_0$ rekursiv zu berechnen. Der Wert des Polynoms $g_n(x)$ ergibt sich dann als halbe Differenz von d_0 und d_2. Dieser *Algorithmus von Clenshaw* [Cle 55] zur Berechnung des Wertes $g_n(x)$ zu gegebenem x lautet zusammengefasst:

$$\begin{array}{l} d_n = c_n; \quad y = 2 \times x; \quad d_{n-1} = c_{n-1} + y \times c_n \\ \text{für } k = n-2, n-3, \ldots, 0: \\ \qquad d_k = c_k + y \times d_{k+1} - d_{k+2} \\ g_n(x) = (d_0 - d_2)/2 \end{array} \qquad (3.223)$$

Der Rechenaufwand zur Auswertung von $g_n(x)$ für einen Argumentwert x beträgt nur $(n+2)$ Multiplikationen. Der Algorithmus (3.223) ist stabil, da gezeigt werden kann, dass der totale Fehler in $g_n(x)$ höchstens gleich der Summe der Beträge der Rundungsfehler ist, die bei der Berechnung der d_k auftreten [Fox 79].

Beispiel 3.28. Wir wollen noch ein Beispiel durchrechnen, das zeigt, dass die Konvergenz der T-Entwicklung und die Genauigkeit der Approximation stark von der Glattheit der Funktion f abhängen. Wir wollen die stetige, aber nicht differenzierbare Dachkurve

$$f(x) = 1 - |x|, \quad -1 \le x \le 1$$

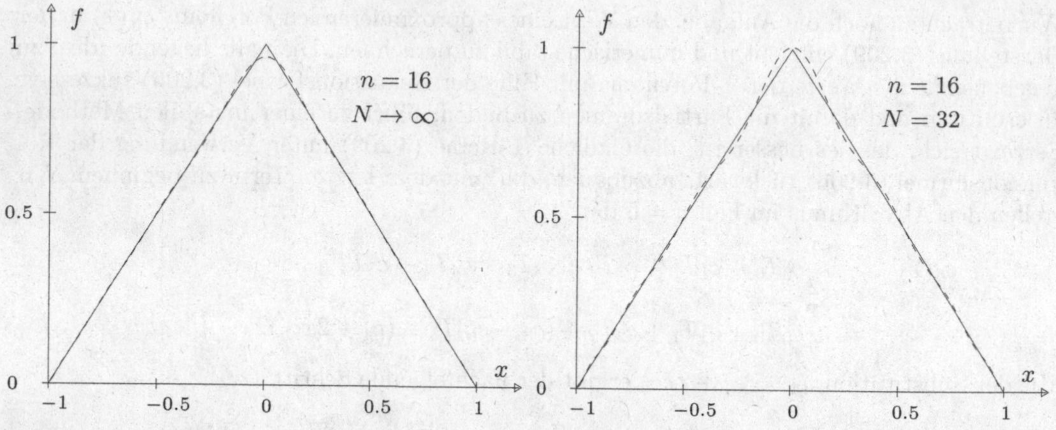

Abb. 3.34 Tschebyscheff-Approximation der Dachfunktion mit c_k(links) und c_k^*(rechts).

mit Tschebyscheff-Polynomen approximieren. Die Koeffizienten c_k gehen nur langsam mit N gegen null. Wir können sie nicht exakt berechnen, sondern müssen mit den diskret angenäherten Koeffizienten c_k^* arbeiten. Die Funktion f ist gerade, deshalb sind alle $c_{2k+1} = 0$. Für $n = 16$ ($N = 32$) sind die Koeffizienten auf fünf wesentliche Stellen

$$\begin{array}{llllll} c_0^* & \doteq 0.73085, & c_2^* & \doteq -0.42854, & c_4^* & \doteq 0.089106, \\ c_6^* & \doteq -0.040773, & c_8^* & \doteq 0.024864, & c_{10}^* & \doteq -0.017885, \\ c_{12}^* & \doteq 0.014448, & c_{14}^* & \doteq -0.012803, & c_{16}^* & \doteq 0.012311. \end{array}$$

Wegen (3.222) ist klar, dass bei langsamer Konvergenz der T-Entwicklung auch der Fehler $|c_k - c_k^*|$ nur langsam mit N gegen null geht. Das lässt sich feststellen durch Rechnen mit sehr großem N. Für $N \to \infty$ ergeben sich die ersten neun Koeffizienten ungleich null als

$$\begin{array}{llllll} c_0 & \doteq 0.72676, & c_2 & \doteq -0.42441, & c_4 & \doteq 0.084883, \\ c_6 & \doteq -0.036378, & c_8 & \doteq 0.020210, & c_{10} & \doteq -0.012861, \\ c_{12} & \doteq 0.0089038, & c_{14} & \doteq -0.0065294, & c_{16} & \doteq 0.0049931. \end{array}$$

Entsprechend unterschiedlich sind die Approximationen, siehe Abb. 3.34. △

3.8.2 Interpolation mit Tschebyscheff-Polynomen

Zur Funktionsapproximation mit Hilfe von T-Polynomen ist ein bestimmtes Interpolationspolynom im Vergleich zur endlichen T-Reihe oft ebenso zweckmäßig. Um das Vorgehen zu motivieren, benötigen wir folgenden

Satz 3.36. *Unter allen Polynomen $P_n(x)$ von Grad $n \geq 1$, deren Koeffizient von x^n gleich Eins ist, hat $T_n(x)/2^{n-1}$ die kleinste Maximumnorm im Intervall $[-1, 1]$, d.h. es gilt*

$$\min_{P_n(x)} \left\{ \max_{x \in [-1,1]} |P_n(x)| \right\} = \max_{x \in [-1,1]} \left| \frac{1}{2^{n-1}} T_n(x) \right| = \frac{1}{2^{n-1}}. \tag{3.224}$$

Beweis. Die Minimax-Eigenschaft (3.224) des n-ten T-Polynoms $T_n(x)$ zeigen wir indirekt. Deshalb nehmen wir an, es existiere ein Polynom $P_n(x)$ mit Höchstkoeffizient Eins, so dass $|P_n(x)| < 1/2^{n-1}$ für alle $x \in [-1, 1]$ gilt. Unter dieser Annahme gelten für die $(n+1)$ Extremstellen $x_k^{(e)}$ (3.204) von $T_n(x)$ die folgenden Ungleichungen

$$\begin{aligned} P_n(x_0^{(e)}) &< T_n(x_0^{(e)})/2^{n-1} = 1/2^{n-1}, \\ P_n(x_1^{(e)}) &> T_n(x_1^{(e)})/2^{n-1} = -1/2^{n-1}, \\ P_n(x_2^{(e)}) &< T_n(x_2^{(e)})/2^{n-1} = 1/2^{n-1}, \quad \text{usw.} \end{aligned}$$

Folglich nimmt das Differenzpolynom

$$Q(x) := P_n(x) - T_n(x)/2^{n-1}$$

an den in abnehmender Reihenfolge angeordneten $(n+1)$ Extemalstellen $x_0^{(e)} > x_1^{(e)} > \ldots > x_n^{(e)}$ Werte mit alternierenden Vorzeichen an. Aus Stetigkeitsgründen besitzt $Q(x)$ (mindestens) n verschiedene Nullstellen. Da aber sowohl $P_n(x)$ als auch $T_n(x)/2^{n-1}$ den Höchstkoeffizienten Eins haben, ist der Grad von $Q(x)$ höchstens gleich $(n-1)$. Wegen des Hauptsatzes der Algebra ist dies ein Widerspruch. □

Die Minimax-Eigenschaft der T-Polynome besitzt eine wichtige Anwendung im Zusammenhang mit der Polynominterpolation. Wird eine mindestens $(n+1)$-mal stetig differenzierbare Funktion $f(x)$ im Intervall $[-1, 1]$ durch ein Polynom $P_n(x)$ interpoliert, so gilt nach (3.6) mit $M_{n+1} := \max\limits_{-1 \leq \xi \leq 1} |f^{(n+1)}(\xi)|$ für den Interpolationsfehler die Ungleichung

$$|f(x) - P_n(x)| \leq \frac{M_{n+1}}{(n+1)!} |(x - x_0)(x - x_1) \ldots (x - x_n)|, \quad x \in [-1, 1].$$

Die $(n+1)$ Stützstellen $x_0, x_1, \ldots, x_n$ sollen jetzt so gewählt werden, dass

$$\max_{-1 \leq x \leq 1} |(x - x_0)(x - x_1) \ldots (x - x_n)| = \text{Min!}$$

gilt. Die Funktion $\omega(x) := (x - x_0)(x - x_1) \ldots (x - x_n)$ stellt ein Polynom vom Grad $(n+1)$ mit dem Höchstkoeffizienten Eins dar. Nach Satz 3.36 ist sein Betrags-Maximum für alle $x \in [-1, 1]$ genau dann minimal, falls die $(n+1)$ Stützstellen gleich den $(n+1)$ Nullstellen von $T_{n+1}(x)$ sind. Es gilt dann $\max |\omega(x)| = 2^{-n}$. Für das Interpolationspolynom $P_n^*(x)$, dessen Stützstellen gleich den *Tschebyscheff-Abszissen* zum $(n+1)$-ten T-Polynom sind, erhält man somit die kleinstmögliche Schranke für den Interpolationsfehler

$$\boxed{|f(x) - P_n^*(x)| \leq \frac{M_{n+1}}{2^n \cdot (n+1)!}, \quad x \in [-1, 1].} \tag{3.225}$$

Das Ergebnis (3.225) bedeutet aber nicht, dass das Interpolationspolynom $P_n^*(x)$ das Polynom bester Approximation im Tschebyscheffschen Sinn darstellt, denn in der jetzt gültigen Darstellung des Interpolatonsfehlers (3.5) ist ξ von x abhängig:

$$f(x) - P_n^*(x) = \frac{f^{(n+1)}(\xi)}{2^n \cdot (n+1)!} T_{n+1}(x), \quad x \in [-1, 1] \tag{3.226}$$

Im Abschnitt 3.1 sind wir bereits ausführlich auf die Polynominterpolation eingegangen. Für das Polynom $P_n^*(x)$ zu den Tschebyscheff-Abszissen ist jetzt die folgende Darstellung als Linearkombination von T-Polynomen besonders vorteilhaft:

$$P_n^*(x) = \frac{1}{2}\gamma_0 T_0(x) + \sum_{k=1}^{n} \gamma_k T_k(x). \tag{3.227}$$

Zur Bestimmung der Koeffizienten $\gamma_0, \gamma_1, \ldots, \gamma_n$ aus den $(n+1)$ Interpolationsbedingungen

$$\frac{1}{2}\gamma_0 T_0(x_l) + \sum_{k=1}^{n} \gamma_k T_k(x_l) = f(x_l), \quad l = 1, 2, \ldots, n+1, \tag{3.228}$$

an den Tschebyscheff-Abszissen $x_l = \cos\left(\frac{2l-1}{n+1}\frac{\pi}{2}\right)$ von $T_{n+1}(x)$ benötigen wir eine diskrete Orthogonalitätseigenschaft der T-Polynome.

Satz 3.37. *Es seien x_l die $(n+1)$ Nullstellen von $T_{n+1}(x)$. Dann gelten*

$$\boxed{\sum_{l=1}^{n+1} T_k(x_l)T_j(x_l) = \left\{\begin{array}{ll} 0 & \textit{falls } k \neq j \\ \frac{1}{2}(n+1) & \textit{falls } k = j > 0 \\ n+1 & \textit{falls } k = j = 0 \end{array}\right\} 0 \le k, j \le n} \tag{3.229}$$

Beweis. Wegen (3.202) und (3.205) sind die Werte der T-Polynome an den Tschebyscheff-Abszissen mit $h := \pi/(n+1)$

$$T_k(x_l) = \cos(k \cdot \arccos(x_l)) = \cos\left(k\frac{2l-1}{n+1}\frac{\pi}{2}\right) = \cos\left(k\left(l-\frac{1}{2}\right)h\right).$$

Aus bekannten trigonometrischen Identitäten folgt damit

$$\begin{aligned}
\sum_{l=1}^{n+1} T_k(x_l)T_j(x_l) &= \sum_{l=1}^{n+1} \cos\left(kh\left(l-\frac{1}{2}\right)\right)\cos\left(jh\left(l-\frac{1}{2}\right)\right) \\
&= \frac{1}{2}\sum_{l=1}^{n+1}\left\{\cos\left((k-j)h\left(l-\frac{1}{2}\right)\right) + \cos\left((k+j)h\left(l-\frac{1}{2}\right)\right)\right\} \\
&= \frac{1}{2}\,\mathrm{Re}\left\{\sum_{l=1}^{n+1} e^{i(k-j)h\left(l-\frac{1}{2}\right)} + \sum_{l=1}^{n+1} e^{i(k+j)h\left(l-\frac{1}{2}\right)}\right\}.
\end{aligned} \tag{3.230}$$

Die beiden Summen stellen je endliche geometrische Reihen mit den Quotienten $q_1 = e^{i(k-j)h}$ beziehungsweise $q_2 = e^{i(k+j)h}$ dar. Wir betrachten zuerst den Fall $k \neq j$. Da $0 \le k \le n$ und $0 \le j \le n$ gelten, folgen die Ungleichungen $0 < |k-j| \le n$ und $0 < k+j < 2n$. Deshalb sind wegen

$$\frac{\pi}{n+1} \le |(k-j)h| \le \frac{n\pi}{n+1}, \quad \frac{\pi}{n+1} \le (k+j)h < \frac{2\pi n}{n+1}$$

$q_1 \neq 1$ und $q_2 \neq 1$. Für die erste Summe ergibt sich somit

$$\sum_{l=1}^{n+1} e^{i(k-j)h\left(l-\frac{1}{2}\right)} = e^{\frac{1}{2}i(k-j)h} \cdot \frac{e^{i(k-j)h(n+1)}-1}{e^{i(k-j)h}-1} = \frac{(-1)^{k-j}-1}{2i\sin\left(\frac{1}{2}(k-j)\frac{\pi}{n+1}\right)}$$

ein rein imaginärer oder verschwindender Wert. Dasselbe gilt für die zweite Summe, so dass der Realteil in (3.230) auf jeden Fall gleich null ist. Damit ist die erste Zeile von (3.229) gezeigt.

Für $k = j > 0$ ist die erste Summe in (3.230) gleich $(n+1)$, während die zweite den Wert null hat. Im Fall $k = j = 0$ sind alle Summanden der beiden Summen in (3.230) gleich Eins. Damit sind die beiden letzten Aussagen von (3.229) gezeigt. □

Die Relationen (3.229) bedeuten für die Matrix des linearen Gleichungssystems (3.228), dass ihre Spaltenvektoren paarweise orthogonal sind. Die Unbekannten $\gamma_0, \gamma_1, \ldots, \gamma_n$ lassen sich aus diesem Grund explizit als Lösung von (3.228) angeben. Dazu multiplizieren wir die l-te Gleichung von (3.228) mit $T_j(x_l)$, wo j ein fester Index mit $0 \leq j \leq n$ sein soll. Dann addieren wir alle $(n+1)$ Gleichungen und erhalten unter Berücksichtigung von (3.229) nach einer Indexsubstitution für die Koeffizienten γ_k die Darstellung

$$\begin{aligned} \gamma_k &= \frac{2}{n+1}\sum_{l=1}^{n+1} f(x_l)T_k(x_l) \\ &= \frac{2}{n+1}\sum_{l=1}^{n+1} f\left(\cos\left(\frac{2l-1}{n+1}\frac{\pi}{2}\right)\right)\cos\left(k\frac{2l-1}{n+1}\frac{\pi}{2}\right), \\ & k = 0, 1, \ldots, n. \end{aligned} \tag{3.231}$$

Die Entwicklungskoeffizienten γ_k des interpolierenden Polynoms $P_n^*(x)$ bezüglich der Tschebyscheff-Abszissen von $T_{n+1}(x)$ unterscheiden sich von den angenäherten Koeffizienten c_k^* (3.221). Auch mit diesen Koeffizienten kann ein Polynom n-ten Grades

$$g_n^*(x) := \frac{1}{2}c_0^*T_0(x) + \sum_{k=1}^{n-1} c_k^*T_k(x) + \frac{1}{2}c_n^*T_n(x) \tag{3.232}$$

gebildet werden, welches im Fall $n = m = \dfrac{N}{2}$ wegen Satz 3.30 die interpolierende Eigenschaft an den $(n+1)$ Extremalstellen $x_j^{(e)} = \cos\left(\dfrac{j\pi}{n}\right)$ von $T_n(x)$ hat. In diesem Fall bilden die Intervallendpunkte ± 1 Stützstellen des Interpolationspolynoms $g_n^*(x)$. Für $g_n^*(x)$ gilt die Abschätzung (3.225) des Interpolationsfehlers nicht.

Beispiel 3.29. Für die Funktion $f(x) = e^x$ erhalten wir für die Koeffizienten γ_k des an den Tschebyscheff-Abszissen interpolierenden Polynoms $P_6^*(x)$ nach (3.231) die Werte

$$\begin{aligned} &\gamma_0 \doteq 2.5321317555, \quad \gamma_1 \doteq 1.1303182080, \quad \gamma_2 \doteq 0.2714953395, \\ &\gamma_3 \doteq 0.0443368498, \quad \gamma_4 \doteq 0.0054742399, \quad \gamma_5 \doteq 0.0005429153, \\ &\gamma_6 \doteq 0.0000447781. \end{aligned}$$

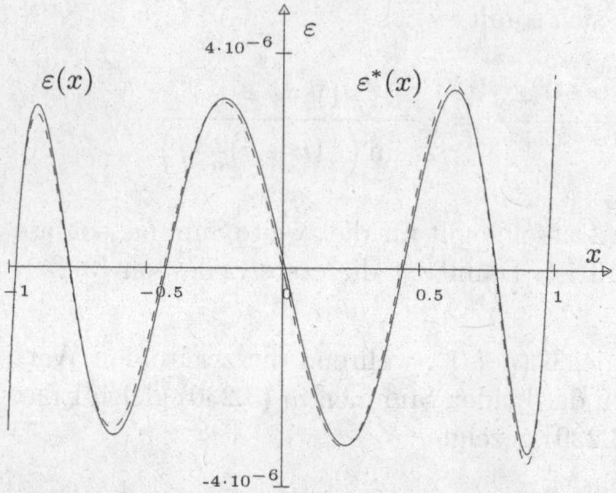

Abb. 3.35
Approximationfehler der T-Polynome für e^x.

Im Vergleich zu den Entwicklungskoeffizienten c_k (3.219) unterscheiden sich nur die letzten drei Koeffizienten γ_4, γ_5 und γ_6 von c_4, c_5 und c_6 innerhalb von zehn Dezimalstellen nach dem Komma. Der maximale Interpolationsfehler von $P_6^*(x)$ beträgt nach (3.225) wegen $M_7 = \max_{-1\leq x\leq 1} |f^{(7)}(x)| = \max_{-1\leq x\leq 1} |e^x| \doteq 2.7183$ höchstens

$$|e^x - P_6^*(x)| \leq 8.43 \cdot 10^{-6} \quad \text{für alle } |x| \leq 1.$$

Der Interpolationsfehler wird naturgemäß etwas überschätzt. Der maximale Betrag der Abweichung beträgt tatsächlich $3.620 \cdot 10^{-6}$. Das Interpolationspolynom $P_6^*(x)$ liefert eine vergleichbar gute Approximation wie $g_6(x)$. In Abb. 3.35 sind die beiden Fehlerfunktionen $\varepsilon^*(x) := e^x - P_6^*(x)$ und $\varepsilon(x) := e^x - g_6(x)$ dargestellt. △

3.8.3 Die Legendre-Polynome

In diesem Abschnitt bedeutet $P_n(x)$ das n-te *Legendre-Polynom*, welches definiert ist durch

$$P_n(x) := \frac{1}{2^n \cdot n!} \frac{d^n}{dx^n}[(x^2-1)^n], \quad n \in \mathbb{N}. \tag{3.233}$$

Da der Ausdruck in der eckigen Klammer ein Polynom vom echten Grad $2n$ ist, stellt seine n-te Ableitung ein Polynom vom Grad n dar.

Satz 3.38. *Die Legendre-Polynome $P_n(x)$, $n = 0, 1, 2, \ldots$ bilden für das Intervall $[-1, 1]$ mit dem L_2-Skalarprodukt und der Gewichtsfunktion $w(x) = 1$ ein Orthogonalsystem. Es gilt*

$$\int_{-1}^{1} P_m(x)P_n(x)\,dx = \left\{ \begin{array}{ll} 0 & \textit{falls } m \neq n \\ \dfrac{2}{2n+1} & \textit{falls } m = n \end{array} \right\} m, n \in \mathbb{N}. \tag{3.234}$$

Beweis. Wir zeigen zuerst die Orthogonalität der Legendre-Polynome und setzen ohne Einschränkung $m < n$ voraus. Dann gilt für das Integral nach partieller Integration

$$\begin{aligned} I_{m,n} \quad &:= \quad 2^m m!\, 2^n n! \int_{-1}^{1} P_m(x)P_n(x)\,dx = \int_{-1}^{1} \frac{d^m}{dx^m}[(x^2-1)^m] \cdot \frac{d^n}{dx^n}[(x^2-1)^n]\,dx \\ &= \quad \frac{d^m}{dx^m}[(x^2-1)^m] \cdot \frac{d^{n-1}}{dx^{n-1}}[(x^2-1)^n]\Big|_{-1}^{1} \\ &\quad - \int_{-1}^{1} \frac{d^{m+1}}{dx^{m+1}}[(x^2-1)^m] \cdot \frac{d^{n-1}}{dx^{n-1}}[(x^2-1)^n]\,dx. \end{aligned} \tag{3.235}$$

Nun ist zu beachten, dass das Polynom $(x^2-1)^n$ für $x = \pm 1$ je eine n-fache Nullstelle besitzt. Demzufolge gilt

$$\frac{d^{n-k}}{dx^{n-k}}[(x^2-1)^n] = 0 \text{ für } x = \pm 1 \text{ und für } k = 1, 2, \ldots, n. \tag{3.236}$$

Nach weiteren $(n-1)$ analogen partiellen Integrationen erhält man, da die ausintegrierten Teile jeweils gleich null sind

$$I_{m,n} = (-1)^n \int_{-1}^{1} \frac{d^{m+n}}{dx^{m+n}}[(x^2-1)^m] \cdot (x^2-1)^n\,dx. \tag{3.237}$$

Nach unserer Annahme ist $m + n > 2m$, und somit verschwindet der erste Faktor des Integranden, und es gilt $I_{m,n} = 0$. Der zweite Teil der Behauptung (3.234) folgt aus der Darstellung (3.237) des Integrals, welche auch für $m = n$ gültig ist. Mit

$$\frac{d^{2n}}{dx^{2n}}[(x^2-1)^n] = (2n)!$$

ergibt sich aus (3.237) durch n-malige partielle Integration

$$\begin{aligned} I_{n,n} \quad &= \quad (-1)^n(2n)! \int_{-1}^{1} (x-1)^n(x+1)^n\,dx \\ &= \quad (-1)^n(2n)! \left[(x-1)^n \frac{1}{n+1}(x+1)^{n+1}\Big|_{-1}^{1} \right. \\ &\qquad \left. - \frac{n}{n+1} \int_{-1}^{1} (x-1)^{n-1}(x+1)^{n+1}\,dx \right] = \cdots \end{aligned}$$

$$= (-1)^{2n}(2n!)\frac{n(n-1)(n-2)\dots 1}{(n+1)(n+2)(n+3)\dots(2n)}\int_{-1}^{1}(x+1)^{2n}\,dx$$

$$= (n!)^2 \cdot \frac{2^{2n+1}}{2n+1}.$$

Wegen (3.235) folgt daraus die zweite Aussage von (3.234). □

Aus der Definition (3.233) der Legendre-Polynome ist klar, dass $P_n(x)$ eine gerade oder ungerade Funktion in x ist entsprechend der Parität von n. Denn der Ausdruck in der eckigen Klammer von (3.233) ist eine gerade Funktion in x. Da die Ableitung einer geraden Funktion ungerade ist und umgekehrt, hat die n-te Ableitung die genannte Eigenschaft und es gilt

$$\boxed{P_n(-x) = (-1)^n P_n(x), \quad n \in \mathbb{N}.} \tag{3.238}$$

Satz 3.39. *Das Legendre-Polynom $P_n(x)$, $n \geq 1$, besitzt im Intervall $(-1, 1)$ n einfache Nullstellen.*

Beweis. Ausgehend von der Tatsache, dass $(x^2-1)^n$ für $x = \pm 1$ je eine n-fache Nullstelle besitzt, folgt die Aussage durch n-malige Anwendung des Satzes von Rolle. Dabei ist zu beachten, dass $\frac{d^k}{dx^k}[(x^2-1)^n]$ für $x = \pm 1$ und $k = 1, 2, \dots, n-1$ je eine $(n-k)$-fache Nullstelle aufweist. Daraus folgt die Existenz von mindestens n paarweise verschiedenen Nullstellen im Innern von $[-1, 1]$. Da ein Polynom n-ten Grades genau n Nullstellen (unter Berücksichtigung ihrer Vielfachheiten) besitzt, folgt die Behauptung. □

Die Nullstellen von $P_n(x)$ können für allgemeines n nicht wie im Fall der T-Polynome durch eine geschlossene Formel angegeben werden. Ihre Werte findet man beispielsweise in [Abr 71, Sch 76, Str 74] tabelliert.

Satz 3.40. *Für die Legendre-Polynome gilt die Drei-Term-Rekursion*

$$\boxed{\begin{aligned} P_0(x) &= 1, \quad P_1(x) = x, \\ P_{n+1}(x) &= \frac{2n+1}{n+1}x\,P_n(x) - \frac{n}{n+1}P_{n-1}(x), \quad n = 1, 2, \dots. \end{aligned}} \tag{3.239}$$

Beweis. Es kann allgemeiner gezeigt werden, dass es zu jedem gewichteten L_2-Skalarprodukt ein System orthogonaler Polynome gibt. Alle diese Systeme genügen einer Drei-Term-Rekursion. Die Systeme sind unter gewissen Zusatzbedingungen eindeutig bestimmt, siehe etwa [Deu 08b]. □

Auf Grund der Rekursionsformel (3.239) ergeben sich die weiteren Legendre-Polynome

$$P_2(x) = \frac{1}{2}(3x^2-1), \qquad P_3(x) = \frac{1}{2}(5x^3-3x),$$

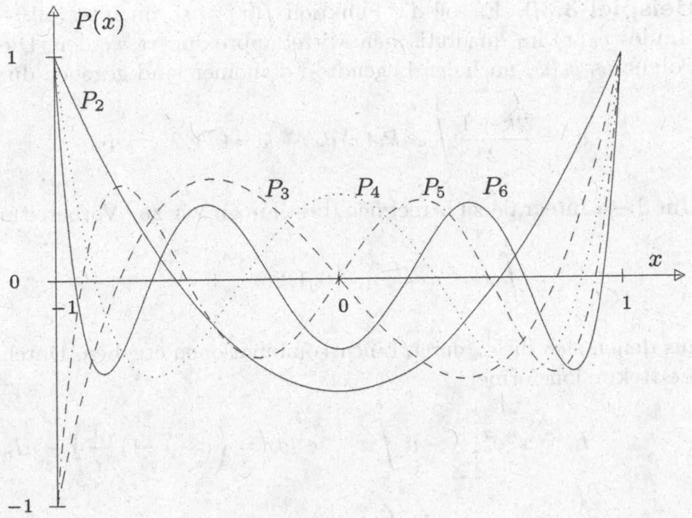

Abb. 3.36 Legendre-Polynome $P_2(x)$ bis $P_6(x)$.

$$P_4(x) = \frac{1}{8}(35x^4 - 30x^2 + 3), \qquad P_5(x) = \frac{1}{8}(63x^5 - 70x^3 + 15x),$$

$$P_6(x) = \frac{1}{16}(231x^6 - 315x^4 + 105x^2 - 5).$$

In Abb. 3.36 sind dic Legendre-Polynome $P_2(x)$ bis $P_6(x)$ dargestellt. Ohne Beweis sei erwähnt, dass die Legendre-Polynome im Intervall $[-1, 1]$ betragsmäßig durch Eins beschränkt sind. Zur weiteren Charakterisierung der Legendre-Polynome zeigt man mit vollständiger Induktion nach n mit Hilfe von (3.239)

$$\boxed{P_n(1) = 1, \quad P_n(-1) = (-1)^n, \quad n = 0, 1, 2, \ldots .} \tag{3.240}$$

Die kontinuierliche Gauß-Approximation mit Legendre-Polynomen

$$g_n(x) = \sum_{k=0}^{n} c_k P_k(x) \tag{3.241}$$

ergibt analog zu der entsprechenden Aufgabe mit T-Polynomen wegen (3.234) die Koeffizienten

$$\boxed{c_k = \frac{2k+1}{2} \int_{-1}^{1} f(x) P_k(x)\, dx, \quad k = 0, 1, \ldots, n.} \tag{3.242}$$

Die exakte, analytische Berechnung der Integrale (3.242) ist meistens nicht möglich, und die erhaltenen Formeln unterliegen bei ihrer numerischen Auswertung oft einer starken Auslöschung. Zur genäherten Berechnung der Integrale ist die *Gaußquadratur* (vgl. Abschnitt 7.4) gut geeignet, die auf den Legendre-Polynomen beruht.

Beispiel 3.30. Es soll die Funktion $f(x) = e^x$ im Intervall $[-1, 1]$ durch ein Polynom sechsten Grades $g_6(x)$ im quadratischen Mittel approximiert werden. Die Entwicklungskoeffizienten c_k des Polynoms $g_6(x)$ nach den Legendre-Polynomen sind gegeben durch (3.242)

$$c_k = \frac{2k+1}{2} \int_{-1}^{1} e^x P_k(x)\, dx, \quad k = 0, 1, 2, \ldots, 6. \tag{3.243}$$

Um diese Integrale zu berechnen, bestimmen wir zur Vorbereitung die Hilfsintegrale

$$I_n := \int_{-1}^{1} x^n e^x\, dx, \quad n = 0, 1, 2, \ldots, 6, \tag{3.244}$$

aus denen sich die c_k durch Linearkombinationen ergeben. Durch partielle Integration erhalten wir die Rekursionsformel

$$I_n = x^n e^x \Big|_{-1}^{1} - n \int_{-1}^{1} x^{n-1} e^x\, dx = \left(e - (-1)^n \frac{1}{e}\right) - nI_{n-1}, \quad n \geq 1,$$

$$\text{also} \quad I_n = \begin{cases} \left(e - \dfrac{1}{e}\right) - nI_{n-1}, & \text{falls } n \text{ gerade,} \\ \left(e + \dfrac{1}{e}\right) - nI_{n-1}, & \text{falls } n \text{ ungerade.} \end{cases} \tag{3.245}$$

Für größere Werte von n ist (3.245) für numerische Zwecke hoffnungslos instabil, da sich ein Anfangsfehler in I_0 mit einem Verstärkungsfaktor $n!$ auf den Wert von I_n auswirkt! Die Rekursionsformel (3.245) wird numerisch stabil, falls man sie in der umgekehrten Form

$$I_{n-1} = \begin{cases} \left\{\left(e - \dfrac{1}{e}\right) - I_n\right\}/n, & \text{falls } n \text{ gerade,} \\ \left\{\left(e + \dfrac{1}{e}\right) - I_n\right\}/n, & \text{falls } n \text{ ungerade,} \end{cases} \tag{3.246}$$

anwendet und für ein hinreichend großes N mit $I_N = 0$ startet. Um die gewünschten Integrale mit vierzehnstelliger Genauigkeit zu erhalten, genügt es $N = 24$ zu wählen. In Tab. 3.6 sind die Werte der Integrale I_0 bis I_6 zusammengestellt mit den daraus resultierenden Koeffizienten c_0 bis c_6.

Tab. 3.6 Integrale und Entwicklungskoeffizienten.

k	I_k	c_k
0	2.35040238729	1.1752011936
1	0.73575888234	1.1036383235
2	0.87888462260	0.3578143506
3	0.44950740182	0.0704556337
4	0.55237277999	0.0099651281
5	0.32429736969	0.0010995861
6	0.40461816913	0.0000994543

Der Verlauf der Fehlerfunktion $\varepsilon(x) := e^x - g_6(x)$ ist in Abb. 3.37 dargestellt. Im Vergleich zur entsprechenden Approximation mit T-Polynomen ist der Betrag des Fehlers an den Enden des Intervalls gut zweimal größer, während er im Innern des Intervalls vergleichbar ist. Das unterschiedliche

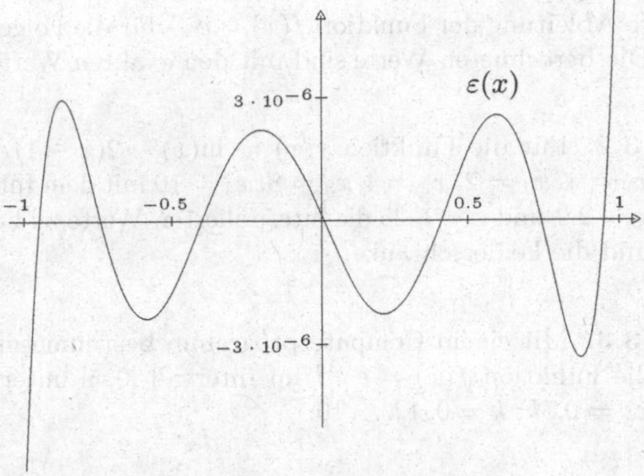

Abb. 3.37 Gauß-Approximation mit Legendre-Polynomen, Approximationsfehler für e^x.

Verhalten der Fehlerfunktion ist auf die Gewichtsfunktionen zurückzuführen. △

3.9 Software

Unterprogramme zu allen geschilderten Methoden finden sich in den großen numerischen Software-Bibliotheken, bei NAG [NAGa, NAGb] in den Kapiteln C06 (Tschebyscheff-Reihen, FFT, auch zwei- und dreidimensional), E01 (ein- und mehrdimensionale Interpolation mit Polynomen und Splines) und E02 (die entsprechenden Approximations-Verfahren).

Ein bekanntes Fortran-Paket zur ein- und mehrdimensionalen Interpolation und Approximation ist FITPACK von Dierckx[4] [Die 89, Die 06].

Auch in MATLAB sind die Standardverfahren zur ein- und mehrdimensionalen Interpolation und Approximation enthalten. MATLAB hat darüber hinaus eine Werkzeugkiste für spezielle Splinemethoden (Spline Toolbox).

Unsere Problemlöseumgebung PAN (`http://www.upb.de/SchwarzKoeckler/`) verfügt über vier Programme zur ein- und zweidimensionalen Interpolation, zur Kurveninterpolation und zur Approximation mit trigonometrischen Funktionen und mit Tschebyscheff-Polynomen.

3.10 Aufgaben

3.1. Auf Grund des kubischen Interpolationspolynoms $P_3(x)$ für die äquidistanten Stützstellen $x_0, x_1 = x_0 + h, x_2 = x_0 + 2h, x_3 = x_0 + 3h$ leite man die Formeln (3.30) zur angenäherten Berechnung der ersten und zweiten Ableitung an den Stellen x_0, x_1 und $x_M = (x_0 + x_3)/2$ her. Mit den

[4] `http://gams.nist.gov/serve.cgi/PackageModules/DIERCKX`

Differenziationsformeln berechne man an der Stelle $x_M = 0.4$ die Näherungen für die erste und zweite Ableitung der Funktion $f(x) = e^{-x}$ für die Folge der Schrittweiten $h = 0.1, 0.01, 0.001, \ldots, 10^{-8}$. Die berechneten Werte sind mit den exakten Werten der Ableitungen zu vergleichen.

3.2. Für die Funktion $f(x) = \ln(x) - 2(x-1)/x$ sind zu den nicht äquidistanten Stützstellen $x_0 = 1, x_1 = 2, x_2 = 4, x_3 = 8, x_4 = 10$ mit dem Interpolationspolynom $P_4(x)$ an den beiden Stellen $x = 2.9$ und $x = 5.25$ die interpolierten Werte zu berechnen. Wie groß sind der Interpolationsfehler und die Fehlerschranke?

3.3. Mit einem Computerprogramm bestimme man die Fehlerfunktion $r(x) = f(x) - P_{10}(x)$ für die Funktion $f(x) = e^{-3x}$ im Intervall $[0, 5]$ unter Verwendung der elf äquidistanten Stützstellen $x_k = 0.5k$, $k = 0, 1, \ldots, 10$.

3.4. Mit der Methode der Extrapolation ist der Wert der ersten Ableitung der Funktion $f(x) = e^{-x}$ an der Stelle $x = 0.4$ möglichst genau zu ermitteln auf Grund des ersten Differenzenquotienten und des zentralen Differenzenquotienten unter Verwendung der Schrittweiten $h_0 = 0.2$, $h_1 = 0.15$, $h_2 = 0.10$, $h_3 = 0.05$ und $h_4 = 0.02$. Welches sind die extrapolierten Werte für lineare, quadratische und kubische Interpolation?

3.5. Man berechne die Hermiteschen Interpolationspolynome dritten und fünften Grades, die die Funktion $f(x) = e^{-x}$ und seine erste Ableitung an den Stützstellen $x_0 = 0.3$, $x_1 = 0.4$ bzw. $x_0 = 0.2$, $x_1 = 0.3$, $x_2 = 0.4$ interpoliert. Man berechne die interpolierten Werte an der Stelle $x = 0.34$ und bestimme den Interpolationsfehler.

3.6. Man versuche mit der Methode der inversen Interpolation eine Näherung der kleinsten positiven Nullstelle der Funktion $f(x) = \cos(x)\cosh(x) + 1$ zu bestimmen. Die gesuchte Nullstelle liegt im Intervall $[1.8, 1.9]$.

3.7. Zur Funktion $f(x) = 1/(1+x^2)$ bestimme man die natürliche Spline-Interpolierende und die B-Spline-Interpolierende zu den sechs äquidistanten Stützstellen $x_k = k, k = 0, 1, \ldots, 5$. Man stelle die beiden kubischen Spline-Interpolierenden graphisch dar, bestimme die Abweichungen in den Punkten $x_k = k + 0.5$, $k = 0, 1, \ldots, 4$, und versuche diese Abweichungen zu erklären.

3.8. Zu einer Datentabelle (x_i, y_i), $i = 0, 1, \ldots, n$, mit $x_0 < x_1 < \cdots < x_n$ sei $s(x) : [x_0, x_n] \to \mathbb{R}$ die stückweise lineare Funktion, die die Werte y_i interpoliert. $s(x)$ ist also eine Linearkombination von Hutfunktionen.

Man zeige, dass $s(x)$ die einzige Funktion ist, die folgende Bedingungen erfüllt:

a) $s(x)$ ist stetig im Intervall $[x_0, x_n]$ und stetig differenzierbar in jedem Teilintervall (x_i, x_{i+1}), $i = 0, 1, \ldots, n-1$.
b) $s(x_i) = y_i$, $i = 0, 1, \ldots, n$.
c) Unter allen Funktionen $r(x)$, die die beiden ersten Bedingungen erfüllen minimiert $s(x)$ als einzige das Funktional

$$F(r) = \int_{x_0}^{x_n} \left(r'(t)\right)^2 dt.$$

3.9. Das vollständige Profil eines Körpers ist durch die zwölf Punkte $P_0, P_1, \ldots, P_{10}, P_{11} = P_0$ in der Ebene beschrieben, wobei das Profil im Punkt P_0 eine Spitze aufweist. Die Koordinaten der Punkte $P_k(x_k, y_k)$ sind

k	0	1	2	3	4	5	6	7	8	9	10	11
x_k	25	19	13	9	5	2.2	1	3	8	13	18	25
y_k	5	7.5	9.1	9.4	9	7.5	5	2.1	2	3.5	4.5	5

Gesucht ist die Parameterdarstellung der Kurve auf Grund von zwei Spline-Interpolationen. Das resultierende Profil soll graphisch dargestellt werden.

3.10. Man ermittle die fünf Bézier-Punkte zur Approximation eines Viertelkreises vom Radius $r = 1$ durch eine Bézier-Kurve vierten Grades so, dass die Tangenten der Bézier-Kurve in den Endpunkten mit denjenigen des Kreises übereinstimmen, und dass die Punkte $\boldsymbol{x}(\lambda)$ für $\lambda = 0.25$ und $\lambda = 0.5$ auf dem Kreis liegen. Es ist zu beachten, dass die drei zu bestimmenden Bézier-Punkte symmetrisch verteilt sind. Welche maximale Abweichung der Bézier-Kurve vom Kreis resultiert?

3.11. Ein Halbkreis vom Radius $r = 1$ soll durch eine Bézier-Kurve vierten Grades so approximiert werden, dass die Tangenten der Bézier-Kurve in den Endpunkten mit denjenigen des Kreises übereinstimmen. Bei der Festlegung der Bézier-Punkte achte man auf die Symmetrie der Kurve und versuche zusätzlich, diese so festzulegen, dass die Punkte $\boldsymbol{P}(t)$ für $t = 0.25$ und $t = 0.5$ auf dem Kreis liegen. Wie groß ist die maximale Distanz der Bézier-Kurve vom Halbkreis?

3.12. Man bestimme geeignete Bézier-Punkte, um den Umriss eines Großbuchstabens $\boldsymbol{C}$ zu definieren. Wie ist vorzugehen, um den Umriss eines Großbuchstabens $\boldsymbol{D}$ vermittels einer einzigen Bézier-Kurve festzulegen?

3.13. Wie lauten die Fourier-Reihen von folgenden (2π)-periodischen Funktionen, die in der Elektrotechnik bedeutungsvoll sind?

a) $f_1(x) = |\sin(x)|$, (kommutierte Sinusfunktion)

b) $f_2(x) = \begin{cases} \sin(x), & 0 \le x \le \pi, \\ 0, & \pi \le x \le 2\pi, \end{cases}$ (gleichgerichtete Sinusfunktion)

c) $f_3(x) = \begin{cases} 1, & 0 < x < \pi, \\ -1, & \pi < x < 2\pi, \end{cases}$ (Rechteckfunktion)

d) $f_4(x) = x - \pi, \quad 0 < x < 2\pi,$ (Sägezahnfunktion)

Aus den Fourier-Reihen leite man auf Grund von Satz 3.26 für geeignete Wahl von x die Werte von speziellen Reihen her. Um das Konvergenzverhalten der Fourier-Reihen zu studieren, stelle man den Verlauf von Fourier-Polynomen $g_n(x)$ für $3 \le n \le 8$ graphisch dar.

3.14. Zu den Funktionen $f_i(x), i = 1, 2, 3, 4$, von Aufgabe 3.13 berechne man die Näherungswerte (3.167) der Fourier-Koeffizienten für $N = 8$, 16, 32, 64 mit der schnellen Fourier-Transformation. An den erhaltenen Näherungswerten verifiziere man die Relationen (3.179) und (3.180). Wie groß muss N gewählt werden, damit die Näherungswerte a_k^* und b_k^* die Fourier-Koeffizienten a_k und b_k höchstens mit einem Fehler von 10^{-6} approximieren?

3.15. Mit den Näherungen a_k^* und b_k^* der Fourier-Koeffizienten der Funktionen $f_i(x)$ von Aufgabe 3.13 für $N = 16$ stelle man die zugehörigen Fourier-Polynome $g_4^*(x)$ und $g_8^*(x)$ zusammen mit den Funktionen $f_i(x)$ graphisch dar. In welchem Sinn approximieren die Fourier-Polynome die gegebenen Funktionen?

3.16. Es sei $N = 2n+1, n \in \mathbb{N}^*$. Man zeige, dass

$$g_n^*(x) := \frac{1}{2}a_0^* + \sum_{k=1}^{n}\{a_k^* \cos(kx) + b_k^* \sin(kx)\}$$

mit den Koeffizienten (3.167) das eindeutige, interpolierende Fourier-Polynom zu den Stützstellen x_j (3.166) mit den Stützwerten $f(x_j)$, $j = 0, 1, \ldots, N$, ist.

3.17. Die Funktion $f(x) = \sin\left(\frac{\pi}{2}x\right)$ ist im Intervall $[-1, 1]$ durch eine Entwicklung nach Tschebyscheff-Polynomen $g_n(x)$ (3.209) für $n = 3, 5, 7, 9, 11$ zu approximieren. Man berechne die Entwicklungskoeffizienten c_k näherungsweise als Fourier-Koeffizienten mit $N = 32$ und schätze auf Grund der erhaltenen Resultate den Fehler in den Koeffizienten c_k^* ab. Wie groß sind die Schranken der Approximationsfehler $|g_n(x) - f(x)|$? Welches ist der qualitative Verlauf der Fehlerfunktionen $\varepsilon_n(x) = g_n(x) - f(x)$?

3.18. Die Funktion $f(x) = \sin\left(\frac{\pi}{2}x\right)$ ist für $n = 3, 5, 7, 9$ im Intervall $[-1, 1]$ durch ein Polynom n-ten Grades in der Form einer Entwicklung nach Legendre-Polynomen im quadratischen Mittel zu approximieren. Die Entwicklungskoeffizienten c_k können unter Verwendung von Rekursionsformeln für Integrale explizit angegeben werden. Sind die resultierenden Formeln für die numerische Auswertung besonders gut geeignet? Man vergleiche die Koeffizienten der approximierenden Polynome $g_n(x)$ mit den entsprechenden der abgebrochenen Taylor-Reihen $t_n(x)$ von $f(x)$. Schließlich stelle man die Fehlerfunktionen $\varepsilon_n(x) = g_n(x) - f(x)$ und $\delta_n(x) = t_n(x) - f(x)$ dar und bestimme daraus das Verhältnis der maximalen Fehlerbeträge.

3.19. Die Laguerre-Polynome $L_n(x)$ können definiert werden durch

$$L_n(x) := e^x \frac{d^n}{dx^n}(x^n e^{-x}), \quad n = 0, 1, 2, \ldots.$$

a) Wie lauten die Laguerre-Polynome $L_0(x), L_1(x), \ldots, L_6(x)$? Man zeige, dass $L_n(x)$ auf Grund der Definition ein Polynom vom echten Grad n ist, und dass die allgemeine Darstellung gilt

$$L_n(x) = n! \sum_{j=0}^{n} \binom{n}{j} \frac{(-x)^j}{j!}, \quad n = 0, 1, 2, \ldots.$$

b) Man zeige die Orthogonalitätseigenschaft der $L_n(x)$

$$\int_0^\infty e^{-x} L_i(x) L_j(x)\, dx = 0 \qquad \text{für alle } i \neq j, \quad i, j \in \mathbb{N}.$$

c) Man beweise, dass das Laguerre-Polynom $L_n(x)$ im Intervall $(0, \infty)$ n einfache Nullstellen besitzt.

d) Man zeige, dass die Rekursionsformel gilt

$$L_{n+1}(x) = (2n+1-x)L_n(x) - n^2 L_{n-1}(x), \quad n = 1, 2, 3, \ldots.$$

4 Nichtlineare Gleichungen

Eines der Grundprobleme der Mathematik, dem wir schon in der Schule begegnen, ist die Bestimmung von Nullstellen einer gegebenen Funktion. Es entspricht der Lösung einer nichtlinearen Gleichung.

In Anwendungsproblemen ist die Lösung einer solchen Gleichung oder eines Systems von nichtlinearen Gleichungen oft Teilaufgabe einer komplexeren Problemstellung. Eine exakte analytische Lösung dieser Aufgabe wird selten möglich sein. Deshalb werden iterative Verfahren verwendet, welche eine gesuchte Lösung als Grenzwert einer Folge von Näherungen liefern. Als theoretische Grundlage für das Studium der Konvergenzeigenschaften werden wir zuerst den Banachschen Fixpunktsatz in allgemeiner Formulierung bereitstellen. Für die Brauchbarkeit und Effizienz eines Verfahrens ist das Konvergenzverhalten der Näherungsfolge gegen die Lösung entscheidend. Unter diesem Gesichtspunkt werden einige Methoden zur Bestimmung einer Lösung einer nichtlinearen Gleichung in einer Unbekannten entwickelt und betrachtet. Dabei werden wir neben Standard-Verfahren auch solche kennen lernen, die sich als Black-box-Verfahren eignen und deshalb gern in Softwarepaketen Verwendung finden. Anschließend werden die Überlegungen auf Systeme übertragen. Als wichtigen Spezialfall und teilweise als Anwendung der Methoden behandeln wir abschließend die Berechnung von Polynom-Nullstellen.

4.1 Theoretische Grundlagen

4.1.1 Problemstellung

Gegeben sei eine stetige Vektorfunktion $\boldsymbol{f} : \mathbb{R}^n \to \mathbb{R}^n$.

Gesucht ist eine Nullstelle von $\boldsymbol{f}(\boldsymbol{x})$, d.h. ein fester Vektor $\boldsymbol{s} \in \mathbb{R}^n$ mit

$$\boxed{\boldsymbol{f}(\boldsymbol{s}) = \boldsymbol{0}.} \tag{4.1}$$

(4.1) ist ein System von n nichtlinearen Gleichungen mit n Unbekannten:

$$\begin{aligned} f_1(s_1, s_2, \cdots, s_n) &= 0, \\ &\cdots \\ f_n(s_1, s_2, \cdots, s_n) &= 0. \end{aligned} \tag{4.2}$$

Um dieses Problem der iterativen Lösung zugänglich zu machen, wird es zunächst in ein äquivalentes *Fixpunktproblem*

$$\boxed{\boldsymbol{x} = \boldsymbol{F}(\boldsymbol{x})} \tag{4.3}$$

umgeformt, für das gilt

$$\boldsymbol{f}(\boldsymbol{s}) = \boldsymbol{0} \quad \Longleftrightarrow \quad \boldsymbol{s} = \boldsymbol{F}(\boldsymbol{s}). \tag{4.4}$$

$\boldsymbol{s}$ heißt dann *Fixpunkt* von $\boldsymbol{F}$.

Eine große Klasse von Iterationsverfahren zur Lösung solcher nichtlinearen Gleichungssysteme hat die Form

$$\boxed{\boldsymbol{x}^{(k+1)} = \boldsymbol{F}(\boldsymbol{x}^{(k)}), \quad k = 0, 1, 2, \ldots,} \tag{4.5}$$

wo $\boldsymbol{x}^{(k)}$ eine reelle Zahl, ein Vektor oder auch eine Funktion mit bestimmten Eigenschaften sein kann und $\boldsymbol{F}(\boldsymbol{x})$ eine Abbildung der betreffenden Menge in sich darstellt. Mit (4.5) wird zu einem gegebenen Startwert $\boldsymbol{x}^{(0)}$ eine Folge von Iterierten $\boldsymbol{x}^{(k)}$ definiert mit dem Ziel, die Gleichung zu lösen. Die Iterationsvorschrift (4.5) nennt man *Fixpunktiteration*, oder man spricht auch von der *Methode der sukzessiven Approximation*. Da in (4.5) zur Definition des Folgeelementes $\boldsymbol{x}^{(k+1)}$ nur das Element $\boldsymbol{x}^{(k)}$ benötigt wird, und da die angewandte Rechenvorschrift von k unabhängig sein soll, findet man in der Literatur auch die präzisierende Bezeichnung als einstufiges, stationäres Iterationsverfahren.

Beispiel 4.1. Gesucht ist die Lösung des Gleichungssystems

$$\begin{aligned} x_1^2 + x_2 - 4 &= 0, \\ x_2\, e^{x_1} - 2 &= 0. \end{aligned}$$

Hier sind also offenbar

$$\begin{aligned} f_1(x_1, x_2) &= x_1^2 + x_2 - 4, \\ f_2(x_1, x_2) &= x_2\, e^{x_1} - 2. \end{aligned}$$

Beide Gleichungen können nach x_2 aufgelöst werden:

$$\begin{aligned} x_2 &= 4 - x_1^2 =: g_1(x_1), \\ x_2 &= 2\,e^{-x_1} =: g_2(x_1). \end{aligned}$$

Gesucht sind also Schnittpunkte dieser beiden Funktionen $g_k(x_1)$, $k = 1, 2$. Deshalb kann man sich eine Näherung durch eine Zeichnung verschaffen, siehe Abb. 4.1 Man erkennt an der Zeichnung, dass es zwei Lösungen des Problems gibt, da die Funktionen zwei Schnittpunkte haben. Für beide bekommt man auch recht gute Näherungslösungen durch Ablesen der Werte aus der Zeichnung. Eine Fixpunktgleichung bekommt man, wenn man die erste Gleichung nach x_1 auflöst:

$$\begin{aligned} x_1 &= \sqrt{4 - x_2} =: F_1(x_1, x_2), \\ x_2 &= 2\,e^{-x_1} =: F_2(x_1, x_2). \end{aligned}$$

Geht man jetzt mit irgendwelchen Startwerten in das Iterationsverfahren (4.5), so stellt sich schnell Konvergenz gegen den rechten Schnittpunkt ein. Das liegt daran, dass der linke Schnittpunkt ein *abstoßender* Fixpunkt ist. Für seine Bestimmung ist die Iteration also nicht geeignet.

Das Beispiel zeigt, dass die Eindeutigkeit von Lösungen bei nichtlinearen Problemen selbst bei einfachen Aufgaben oft nicht gegeben ist. Das gilt auch für die Existenz und für die Konvergenz einfacher Iterationsverfahren.

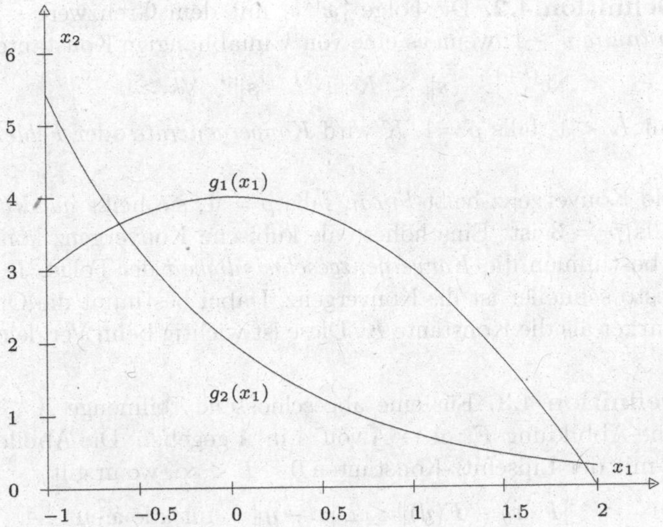

Abb. 4.1 Schnittpunkte zweier Funktionen.

4.1.2 Konvergenztheorie und Banachscher Fixpunktsatz

Zur einheitlichen theoretischen Behandlung der Iterationsverfahren (4.5) wird den Betrachtungen ein Banach-Raum zu Grunde gelegt.

Definition 4.1. Ein *Banach-Raum* B ist ein normierter, linearer Vektorraum über einem Zahlenkörper $\mathbb{K}$ ($\mathbb{R}$ oder $\mathbb{C}$), in dem jede Cauchy-Folge $\boldsymbol{x}^{(k)}$ von Elementen aus B gegen ein Element in B konvergiert. Dabei hat eine Norm in B die Eigenschaften

$$\begin{aligned}
&\|\boldsymbol{x}\| \geq 0 && \text{für alle } \boldsymbol{x} \in B,\\
&\|\boldsymbol{x}\| = 0 \Leftrightarrow \boldsymbol{x} = \boldsymbol{0}, &&\\
&\|\gamma \boldsymbol{x}\| = |\gamma| \cdot \|\boldsymbol{x}\| && \text{für alle } \gamma \in \mathbb{K}, \boldsymbol{x} \in B,\\
&\|\boldsymbol{x} + \boldsymbol{y}\| \leq \|\boldsymbol{x}\| + \|\boldsymbol{y}\| && \text{für alle } \boldsymbol{x}, \boldsymbol{y} \in B.
\end{aligned}$$

Der Körper der reellen Zahlen $\mathbb{R}$ mit dem Betrag als Norm ist ein Banach-Raum. Allgemeiner ist der n-dimensionale reelle Vektorraum $\mathbb{R}^n$ mit irgendeiner Vektornorm $\|\boldsymbol{x}\|$ ein Banach-Raum. Schließlich bildet auch die Menge der stetigen Funktionen über einem abgeschlossenen Intervall $I = [a, b]$, d.h. $C(I)$ mit der Norm

$$\|f\| := \max_{x \in I} |f(x)|, \quad f(x) \in C(I) \tag{4.6}$$

einen Banach-Raum.

Definition 4.2. Die Folge $\{\boldsymbol{x}^{(k)}\}$ mit dem Grenzwert $\boldsymbol{s}$ hat mindestens die *Konvergenzordnung* $p \geq 1$, wenn es eine von k unabhängige Konstante $K > 0$ gibt, so dass

$$\|\boldsymbol{x}^{(k+1)} - \boldsymbol{s}\| \leq K \, \|\boldsymbol{x}^{(k)} - \boldsymbol{s}\|^p \quad \forall k \geq 0 \tag{4.7}$$

mit $K < 1$, falls $p = 1$. K wird *Konvergenzrate* oder *Fehlerkonstante* genannt.

Die Konvergenz heißt *linear*, falls $p = 1$, sie heißt *quadratisch* , falls $p = 2$, und *kubisch*, falls $p = 3$ ist. Eine höhere als kubische Konvergenz kommt nur sehr selten vor. K und p bestimmen die *Konvergenzgeschwindigkeit* der Folge. Je kleiner K und je größer p sind, desto schneller ist die Konvergenz. Dabei bestimmt die Ordnung das Verhalten wesentlich stärker als die Konstante K. Diese ist wichtig beim Vergleich linear konvergenter Verfahren.

Definition 4.3. Für eine abgeschlossene Teilmenge $A \subset B$ eines Banach-Raumes B sei eine Abbildung $\boldsymbol{F} : A \to A$ von A in A gegeben. Die Abbildung $\boldsymbol{F}$ heißt *Lipschitz-stetig* auf A mit der Lipschitz-Konstanten $0 < L < \infty$, wenn gilt

$$\|\boldsymbol{F}(\boldsymbol{x}) - \boldsymbol{F}(\boldsymbol{y})\| \leq L\|\boldsymbol{x} - \boldsymbol{y}\| \qquad \text{für alle } \boldsymbol{x}, \boldsymbol{y} \in A. \tag{4.8}$$

Die Abbildung $\boldsymbol{F}$ nennt man *kontrahierend* auf A, falls die Lipschitz-Konstante in (4.8) $L < 1$ ist.

Satz 4.4. *(Banachscher Fixpunktsatz) Sei A eine abgeschlossene Teilmenge eines Banach-Raumes B und sei $\boldsymbol{F} : A \to A$ eine kontrahierende Abbildung. Dann gilt:*

1. *Die Abbildung $\boldsymbol{F}$ besitzt genau einen Fixpunkt $\boldsymbol{s} \in A$.*
2. *Für jeden Startwert $\boldsymbol{x}^{(0)} \in A$ konvergiert die durch*
$$\boldsymbol{x}^{(k+1)} = \boldsymbol{F}(\boldsymbol{x}^{(k)}), \quad k = 0, 1, 2, \ldots, \tag{4.9}$$
definierte Folge gegen den Fixpunkt $\boldsymbol{s} \in A$.
3. $$\|\boldsymbol{x}^{(k)} - \boldsymbol{s}\| \leq L^k \|\boldsymbol{x}^{(0)} - \boldsymbol{s}\|. \tag{4.10}$$
4. *A priori Fehlerabschätzung :*
$$\|\boldsymbol{x}^{(k)} - \boldsymbol{s}\| \leq \frac{L^k}{1 - L} \|\boldsymbol{x}^{(1)} - \boldsymbol{x}^{(0)}\|. \tag{4.11}$$
5. *A posteriori Fehlerabschätzung :*
$$\|\boldsymbol{x}^{(k)} - \boldsymbol{s}\| \leq \frac{L}{1 - L} \|\boldsymbol{x}^{(k)} - \boldsymbol{x}^{(k-1)}\|. \tag{4.12}$$

Beweis. Als erstes wird die Differenz zweier aufeinander folgender Iterierter abgeschätzt:

$$\begin{aligned} \|\boldsymbol{x}^{(k+1)} - \boldsymbol{x}^{(k)}\| &= \|\boldsymbol{F}(\boldsymbol{x}^{(k)}) - \boldsymbol{F}(\boldsymbol{x}^{(k-1)})\| \\ &\leq L \, \|\boldsymbol{x}^{(k)} - \boldsymbol{x}^{(k-1)}\| = L\|\boldsymbol{F}(\boldsymbol{x}^{(k-1)}) - \boldsymbol{F}(\boldsymbol{x}^{(k-2)})\| \\ &\leq L^2 \, \|\boldsymbol{x}^{(k-1)} - \boldsymbol{x}^{(k-2)}\| \leq \cdots \end{aligned}$$

oder allgemein

$$\|\boldsymbol{x}^{(k+1)} - \boldsymbol{x}^{(k)}\| \leq L^{k-l} \, \|\boldsymbol{x}^{(l+1)} - \boldsymbol{x}^{(l)}\| \quad \text{für } 0 \leq l \leq k. \tag{4.13}$$

Wegen der Voraussetzung $\boldsymbol{F}: A \to A$ liegt mit $\boldsymbol{x}^{(0)} \in A$ auch jedes $\boldsymbol{x}^{(k)} \in A$. Jetzt zeigen wir, dass die durch (4.9) definierte Folge $\boldsymbol{x}^{(k)}$ für jedes $\boldsymbol{x}^{(0)} \in A$ konvergiert. Wegen (4.13) mit $l = 0$ bilden die $\boldsymbol{x}^{(k)}$ eine Cauchy-Folge, denn es gilt für beliebige $m \geq 1$ und $k \geq 1$

$$\begin{aligned}
\|\boldsymbol{x}^{(k+m)} - \boldsymbol{x}^{(k)}\| &= \|\boldsymbol{x}^{(k+m)} - \boldsymbol{x}^{(k+m-1)} + \boldsymbol{x}^{(k+m-1)} - + \ldots - \boldsymbol{x}^{(k)}\| \\
&\leq \sum_{\mu=k}^{k+m-1} \|\boldsymbol{x}^{(\mu+1)} - \boldsymbol{x}^{(\mu)}\| \\
&\leq L^k (L^{m-1} + L^{m-2} + \ldots + L + 1) \|\boldsymbol{x}^{(1)} - \boldsymbol{x}^{(0)}\| \\
&= L^k \frac{1 - L^m}{1 - L} \|\boldsymbol{x}^{(1)} - \boldsymbol{x}^{(0)}\|. \qquad (4.14)
\end{aligned}$$

Wegen $L < 1$ existiert somit zu jedem $\varepsilon > 0$ ein $N \in \mathbb{N}^*$, so dass $\|\boldsymbol{x}^{(k+m)} - \boldsymbol{x}^{(k)}\| < \varepsilon$ für $k \geq N$ und $m \geq 1$ ist. Deshalb besitzt die Folge $\boldsymbol{x}^{(k)}$ in der abgeschlossenen Teilmenge A einen Grenzwert

$$\boldsymbol{s} := \lim_{k \to \infty} \boldsymbol{x}^{(k)}, \quad \boldsymbol{s} \in A.$$

Wegen der Stetigkeit der Abbildung $\boldsymbol{F}$ gilt weiter

$$\boldsymbol{F}(\boldsymbol{s}) = \boldsymbol{F}(\lim_{k \to \infty} \boldsymbol{x}^{(k)}) = \lim_{k \to \infty} \boldsymbol{F}(\boldsymbol{x}^{(k)}) = \lim_{k \to \infty} \boldsymbol{x}^{(k+1)} = \boldsymbol{s}.$$

Damit ist nicht allein die Existenz eines Fixpunktes $\boldsymbol{s} \in A$ nachgewiesen, sondern gleichzeitig auch die Konvergenz der Folge $\boldsymbol{x}^{(k)}$ gegen einen Fixpunkt.

Die Eindeutigkeit des Fixpunktes zeigen wir indirekt. Es seien $\boldsymbol{s}_1 \in A$ und $\boldsymbol{s}_2 \in A$ zwei Fixpunkte der Abbildung $\boldsymbol{F}$ mit $\|\boldsymbol{s}_1 - \boldsymbol{s}_2\| > 0$. Da $\boldsymbol{s}_1 = \boldsymbol{F}(\boldsymbol{s}_1)$ und $\boldsymbol{s}_2 = \boldsymbol{F}(\boldsymbol{s}_2)$ gelten, führt dies wegen $\|\boldsymbol{s}_1 - \boldsymbol{s}_2\| = \|\boldsymbol{F}(\boldsymbol{s}_1) - \boldsymbol{F}(\boldsymbol{s}_2)\| \leq L\|\boldsymbol{s}_1 - \boldsymbol{s}_2\|$ auf den Widerspruch $L \geq 1$.

In (4.14) halten wir k fest und lassen $m \to \infty$ streben. Wegen $\lim_{m \to \infty} \boldsymbol{x}^{(k+m)} = \boldsymbol{s}$ und $L < 1$ ergibt sich dann die Fehlerabschätzung (4.11).

(4.10) ergibt sich aus

$$\begin{aligned}
\|\boldsymbol{x}^{(k)} - \boldsymbol{s}\| &= \|\boldsymbol{F}(\boldsymbol{x}^{(k-1)}) - \boldsymbol{F}(\boldsymbol{s})\| \leq L\|\boldsymbol{x}^{(k-1)} - \boldsymbol{s}\| \\
&= L\|\boldsymbol{F}(\boldsymbol{x}^{(k-2)}) - \boldsymbol{F}(\boldsymbol{s})\| \leq L^2\|\boldsymbol{x}^{(k-2)} - \boldsymbol{s}\| = \cdots \\
&\leq L^k \|\boldsymbol{x}^{(0)} - \boldsymbol{s}\|.
\end{aligned}$$

(4.12) folgt schließlich aus (4.11) durch Umnummerierung $k \to 1$, d.h. es wird $\boldsymbol{x}^{(k-1)}$ als Startwert $\boldsymbol{x}^{(0)}$ interpretiert, dann wird $\boldsymbol{x}^{(k)}$ zu $\boldsymbol{x}^{(1)}$ und die beiden Abschätzungen werden identisch. □

Die a priori Fehlerabschätzung gestattet, nach Berechnung von $\boldsymbol{x}^{(1)}$ aus dem Startwert $\boldsymbol{x}^{(0)}$ den Fehler von $\boldsymbol{x}^{(k)}$ gegenüber $\boldsymbol{s}$ mit einer absoluten Schranke vorherzusagen. Gleichzeitig besagt (4.11), dass die Norm des Fehlers $\boldsymbol{x}^{(k)} - \boldsymbol{s}$ mindestens wie eine geometrische Folge mit dem Quotienten L abnimmt. Je kleiner die Lipschitz-Konstante ist, desto besser ist die

Konvergenz der Folge $\boldsymbol{x}^{(k)}$ gegen $\boldsymbol{s}$. Mit der a posteriori Fehlerabschätzung kann nach k ausgeführten Iterationsschritten die Abweichung von $\boldsymbol{x}^{(k)}$ gegenüber $\boldsymbol{s}$ abgeschätzt werden.

Die Aussage von Satz 4.4 hat in vielen praktischen Anwendungen nur lokalen Charakter, denn die abgeschlossene Teilmenge A kann sehr klein sein. Auch wird es häufig schwierig sein, im konkreten Fall die Menge A quantitativ zu beschreiben, und man wird sich mit der Existenz zufrieden geben müssen.

Ist für $n = 1$ die Funktion F mindestens einmal stetig differenzierbar, dann kann nach dem Mittelwertsatz die Lipschitz-Konstante durch das Betragsmaximum der ersten Ableitung in A ersetzt werden. Diese Aussage wird im folgenden Satz, dessen Beweis wir als Übungsaufgabe stellen wollen, verallgemeinert.

Satz 4.5. *Es sei $n = 1$. In der abgeschlossenen Umgebung A des Fixpunktes s sei die Iterationsfunktion F $p+1$ mal stetig differenzierbar.*

Dann ist das Verfahren mindestens linear konvergent, falls

$$|F'(s)| < 1. \tag{4.15}$$

Das Verfahren ist von mindestens p-ter Ordnung, $p \geq 2$, falls

$$F^{(k)}(s) = 0 \quad \textit{für} \quad k = 1, 2, \cdots, p-1. \tag{4.16}$$

Beispiel 4.2. Gesucht sei die Lösung der nichtlinearen Gleichung

$$x = e^{-x} =: F(x), \quad x \in \mathbb{R}, \tag{4.17}$$

d.h. der Fixpunkt der Abbildung $F : \mathbb{R} \to \mathbb{R}_{>0}$. Um den Fixpunktsatz anwenden zu können, benötigen wir im Banach-Raum $B = \mathbb{R}$ ein abgeschlossenes Intervall A, für welches die Voraussetzungen zutreffen. Beispielsweise wird $A := [0.5, 0.69]$ durch die Abbildung F (4.17) in sich abgebildet. Nach Satz 4.5 ist die Lipschitz-Konstante L für die stetig differenzierbare Funktion F gegeben durch

$$L = \max_{x \in A} |F'(x)| = \max_{x \in A} |-e^{-x}| = e^{-0.5} \doteq 0.606531 < 1.$$

Folglich ist F in A eine kontrahierende Abbildung, und es existiert in A ein eindeutiger Fixpunkt s. Das Ergebnis der Fixpunktiteration ist in Tab. 4.1 für den Startwert $x^{(0)} = 0.55 \in A$ auszugsweise bei achtstelliger Dezimalrechnung wiedergegeben.

Tab. 4.1 Fixpunktiteration.

k	$x^{(k)}$	k	$x^{(k)}$	k	$x^{(k)}$
0	0.55000000	10	0.56708394	20	0.56714309
1	0.57694981	11	0.56717695	21	0.56714340
2	0.56160877	12	0.56712420	22	0.56714323
3	0.57029086	13	0.56715412	23	0.56714332
4	0.56536097	14	0.56713715	24	0.56714327

Auf Grund der beiden ersten Werte $x^{(0)}$ und $x^{(1)}$ kann mit der a priori Fehlerabschätzung (4.11) die Zahl k der Iterationen geschätzt werden, die nötig sind, damit die Abweichung $|x^{(k)} - s| \leq \varepsilon = 10^{-6}$ ist. Man erhält aus (4.11)

$$k \geq \ln\left(\frac{\varepsilon(1-L)}{|x^{(1)} - x^{(0)}|}\right) / \ln(L) \doteq 22.3 \tag{4.18}$$

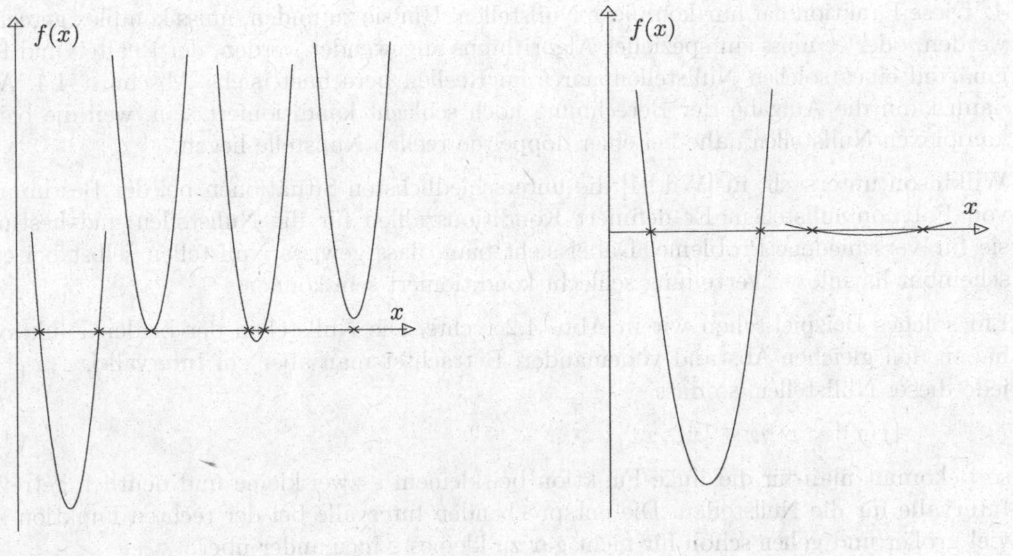

Abb. 4.2 Unterschiedlich konditionierte Nullstellen.

eine leichte, zu erwartende Überschätzung, wie aus Tab. 4.1 ersichtlich ist.

Für den iterierten Wert $x^{(12)}$ liefert (4.11) die a priori Fehlerschranke $|x^{(12)} - s| \leq 1.70 \cdot 10^{-4}$, während (4.12) die bessere a posteriori Fehlerschranke $|x^{(12)} - s| \leq 8.13 \cdot 10^{-5}$ ergibt. Da der Fixpunkt $s \doteq 0.56714329$ ist, beträgt die Abweichung tatsächlich $|x^{(12)} - s| \doteq 1.91 \cdot 10^{-5}$. Für $x^{(23)}$ erhalten wir nach (4.12) die sehr realistische Abschätzung $|x^{(23)} - s| \leq 1.4 \cdot 10^{-7}$, die nur etwa fünfmal zu groß ist. Sie zeigt, dass nicht 23 Iterationen nötig sind, um die oben geforderte absolute Genauigkeit zu erreichen. △

4.1.3 Stabilität und Kondition

Wir wollen an verschiedenen eindimensionalen Beispielen auf typische Stabilitätsunterschiede beim Nullstellenproblem hinweisen. Neben der Schwierigkeit, im allgemeinen Fall Konvergenz zu erzielen, kann es aus Stabilitätsgründen auch schwierig sein die gewünschte Genauigkeit bei der Lokalisierung von Nullstellen zu erreichen.

In Abb. 4.2 sehen wir links vier verschiedene Parabeln. Wir wollen die unterschiedliche Situation für die Nullstellenbestimmung dieser Funktionen von links nach rechts beschreiben:

1. Stabile Situation mit zwei gut getrennten und leicht zu berechnenden Nullstellen.
2. Doppelte Nullstelle, hier gilt also

$$f(s) = f'(s) = 0\,. \tag{4.19}$$

Die numerische Berechnung einer doppelten Nullstelle ist immer schlecht konditioniert, weil eine leichte Verschiebung nach oben oder unten – z.B. durch Rundungsfehler – zu zwei oder keiner reellen Nullstelle führt, siehe 3. und 4.

3. Eng beieinander liegende Nullstellen führen leicht zu numerischen Schwierigkeiten, besonders, wenn man nicht irgendeine Nullstelle, sondern mehrere oder alle Nullstellen sucht.

4. Diese Funktion hat nur komplexe Nullstellen. Um sie zu finden, muss komplex gerechnet werden, oder es muss ein spezieller Algorithmus angewendet werden, der Realteil und Imaginärteil eines solchen Nullstellenpaares im Reellen berechnet, siehe Abschnitt 4.4. Auch dann kann die Aufgabe der Berechnung noch schlecht konditioniert sein, weil die beiden komplexen Nullstellen nahe bei einer doppelten reellen Nullstelle liegen.

Wilkinson untersucht in [Wil 94] die unterschiedlichsten Situationen bei der Bestimmung von Polynomnullstellen. Er definiert Konditionszahlen für die Nullstellen und bestimmt sie für verschiedene Probleme. Dabei sieht man, dass gewisse Nullstellen selbst bei einer scheinbar harmlosen Verteilung schlecht konditioniert sein können.

Ein solches Beispiel sehen wir in Abb. 4.2 rechts. Die Nullstellen der beiden Funktionen haben den gleichen Abstand voneinander. Betrachtet man aber ein Intervall $[x_-, x_+]$ um jede dieser Nullstellen, so dass

$$|f(x)| < \varepsilon \;\; \forall x \in [x_-, x_+] \,, \tag{4.20}$$

so bekommt man für die linke Funktion bei kleinem ε zwei kleine und deutlich getrennte Intervalle für die Nullstellen. Die entsprechenden Intervalle bei der rechten Funktion sind viel größer und gehen schon für nicht gar zu kleines ε ineinander über.

4.2 Gleichungen in einer Unbekannten

Wir betrachten die Aufgabe, zu einer stetigen, nichtlinearen Funktion $f(x)$ mit $f : \mathbb{R} \to \mathbb{R}$ Lösungen der Gleichung

$$\boxed{f(x) = 0} \tag{4.21}$$

zu berechnen. Wir behandeln hauptsächlich den Fall von reellen Lösungen von (4.21), werden aber an einigen Stellen darauf hinweisen, wie auch komplexe Lösungen gefunden werden können.

4.2.1 Das Verfahren der Bisektion

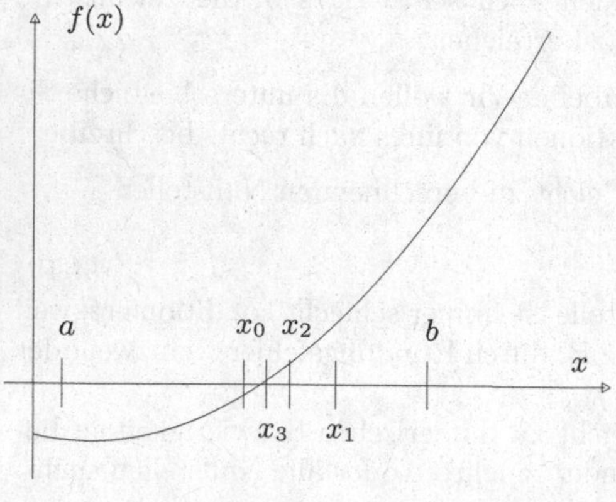

Abb. 4.3
Das Verfahren der Bisektion.

Die *Bisektion* ist durch Überlegungen der Analysis motiviert, die reelle Lösung einer Gleichung (4.21) durch systematisch kleiner werdende Intervalle einzuschließen. Dazu geht man von der Annahme aus, es sei ein Intervall $I = [a, b]$ bekannt, so dass $f(a) \cdot f(b) < 0$ gilt. Aus Stetigkeitsgründen existiert eine Lösung s im Innern von I mit $f(s) = 0$. Für den Mittelpunkt $\mu = (a+b)/2$ wird der Funktionswert $f(\mu)$ berechnet. Ist $f(\mu) \neq 0$, entscheidet sein Vorzeichen, in welchem der beiden Teilintervalle $[a, \mu]$ und $[\mu, b]$ die gesuchte Lösung s ist. Die Lage der Lösung s ist auf das Innere eines gegenüber I halb so langen Intervalls eingeschränkt, und das Verfahren kann fortgesetzt werden, bis s im Innern eines hinreichend kleinen Intervalls liegt. Bezeichnen wir mit $L_0 := b - a$ die Länge des Startintervalls, so bildet die Folge der Längen $L_k := (b-a)/2^k$, $k = 0, 1, 2, \ldots$ eine Nullfolge. Der Mittelpunkt $x^{(k)}$ des Intervalls nach k Intervallhalbierungen stellt für s eine Näherung dar mit der a priori Fehlerabschätzung

$$|x^{(k)} - s| \leq \frac{b-a}{2^{k+1}}, \quad k = 0, 1, 2, \ldots. \tag{4.22}$$

Da diese Fehlerschranke wie eine geometrische Folge mit dem Quotienten $q = \dfrac{1}{2}$ abnimmt, ist die Konvergenzordnung $p = 1$.

Beispiel 4.3. Die Berechnung der kleinsten positiven Lösung der Gleichung

$$f(x) := \cos(x)\cosh(x) + 1 = 0 \tag{4.23}$$

werden wir mit verschiedenen Verfahren durchführen, die wir dadurch vergleichen können. Wir beginnen mit der Bisektion. Als Startintervall verwenden wir $I = [0, 3]$, für welches $f(0) = 2$, $f(3) \doteq -9$ und damit $f(0)\,f(3) < 0$ gilt. Die Ergebnisse sind auszugsweise in Tab. 4.2 zusammengestellt. Wir haben mit 16 wesentlichen Dezimalstellen gerechnet und die Iteration abgebrochen, wenn die Intervallbreite kleiner als $2.0 \cdot 10^{-9}$ oder der Funktionswert im Mittelpunkt dem Betrage nach kleiner als $1.0 \cdot 10^{-9}$ war. Das erste Kriterium ist nach 31 Schritten erfüllt, da $3 \cdot 2^{-31} \approx 1.4 \cdot 10^{-9}$ ist. △

Tab. 4.2 Bisektion.

k	a	b	μ	$f(\mu)$
0	0.0	3.0	1.5	> 0
1	1.5	3.0	2.25	< 0
2	1.5	2.25	1.875	> 0
3	1.875	2.25	2.0625	< 0
4	1.875	2.0625	1.96875	< 0
5	1.875	1.96875	1.921875	< 0
⋮	⋮	⋮	⋮	⋮
30	1.8751040669	1.8751040697	1.8751040683	> 0
31	1.8751040683	1.8751040697	1.8751040690	$-1.2 \cdot 10^{-9}$

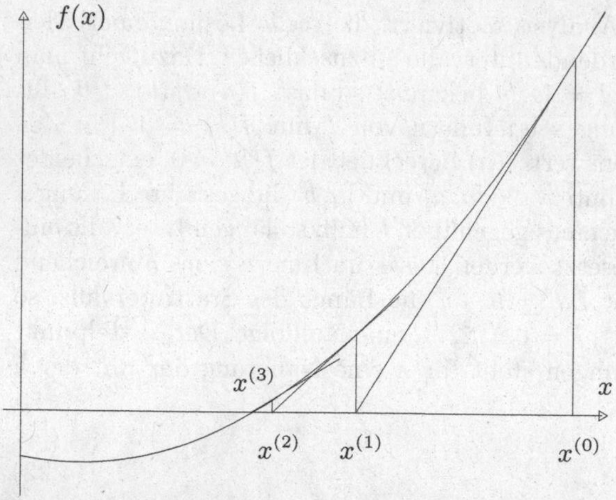

Abb. 4.4 Konvergente Folge des Newton-Verfahrens.

4.2.2 Das Verfahren von Newton

Ist die Funktion $f(x)$ der zu lösenden Gleichung $f(x) = 0$ stetig differenzierbar, und ist überdies die erste Ableitung ohne großen Rechenaufwand berechenbar, so wird im *Verfahren von Newton* die Funktion $f(x)$ im allgemeinen Näherungswert $x^{(k)}$ linearisiert und der iterierte Wert $x^{(k+1)}$ als Abszisse des Schnittpunktes der Tangente mit der x-Achse definiert, es wird sozusagen für die Bestimmung einer Näherung $x^{(k+1)}$ der Nullstelle die Funktion durch ihre Tangente in $(x^{(k)}, f(x^{(k)}))$ ersetzt, siehe Abb. 4.4.

Aus der Tangentengleichung

$$t(x) = f(x^{(k)}) + (x - x^{(k)})f'(x^{(k)})$$

und der Forderung $t(x^{(k+1)}) = 0$ ergibt sich so die Iterationsvorschrift

$$\boxed{x^{(k+1)} = x^{(k)} - \frac{f(x^{(k)})}{f'(x^{(k)})}, \quad k = 0, 1, 2, \ldots} \tag{4.24}$$

Die Methode von Newton gehört zur Klasse der Fixpunktiterationen mit der Funktion

$$F(x) := x - \frac{f(x)}{f'(x)}, \tag{4.25}$$

und für den Fixpunkt $s = F(s)$ gilt offenbar $f(s) = 0$. Über die Konvergenzbedingung und die Konvergenzordnung der Folge (4.24) gibt der folgende Satz Auskunft.

Satz 4.6. *Die Funktion $f(x)$ sei dreimal stetig differenzierbar in einem Intervall $I_1 = [a, b]$ mit $a < s < b$, und es sei $f'(s) \neq 0$, d.h. s sei eine einfache Nullstelle von $f(x)$. Dann existiert ein Intervall $I = [s - \delta, s + \delta]$ mit $\delta > 0$, für welches $F : I \to I$ eine kontrahierende Abbildung ist. Für jeden Startwert $x^{(0)} \in I$ ist die Folge $x^{(k)}$ des Newtonschen Verfahrens (4.24) mindestens quadratisch konvergent.*

Beweis. Um die kontrahierende Eigenschaft der Abbildung F (4.25) in einer nicht leeren Umgebung von s nachzuweisen, zeigen wir, dass der Betrag der ersten Ableitung von F in einer Umgebung von s kleiner Eins ist. Für die erste Ableitung erhalten wir

$$F'(x) = 1 - \frac{f'(x)^2 - f(x)f''(x)}{f'(x)^2} = \frac{f(x)f''(x)}{f'(x)^2}, \tag{4.26}$$

und deshalb ist wegen $f(s) = 0$ unter Berücksichtigung der vorausgesetzten Differenzierbarkeitseigenschaften von $f(x)$ auch $F'(s) = 0$. Aus Stetigkeitsgründen existiert dann in der Tat ein $\delta > 0$, so dass

$$-1 < F'(x) < 1 \quad \text{für alle } x \in [s-\delta, s+\delta] =: I$$

gilt. Für das Intervall I sind die Voraussetzungen des Banachschen Fixpunktsatzes erfüllt, und die Konvergenz der Folge $x^{(k)}$ gegen s ist damit gezeigt.

Nach Satz 4.5 ist die Konvergenzordnung des Verfahrens von Newton mindestens $p = 2$. □

Das Newton-Verfahren kann auch noch bei einer doppelten Nullstelle, an der ja $f'(s) = 0$ gilt, konvergieren, aber nicht mehr quadratisch, sondern nur noch linear bzw. superlinear, d.h. mit einem Wert $1 < p < 2$ in (4.7). Die Länge des Konvergenz-Intervalls I, dessen Existenz im Satz 4.6 gezeigt worden ist, kann in manchen Fällen sehr klein sein. Die praktische Bestimmung von I aus der Darstellung (4.26) ist entsprechend kompliziert. Das Newton-Verfahren ist damit weit entfernt davon, zu den Black-box-Methoden gezählt werden zu dürfen. Eine solche Methode werden wir im Abschnitt 4.2.4 darstellen.

Die beiden in Abb. 4.5 dargestellten Fälle zeigen zwei unterschiedliche Möglichkeiten von divergenten Folgen des Newton-Verfahrens. Die linke Abbildung zeigt eine gegen $-\infty$ divergente Folge, weil der Startwert $x^{(0)}$ nicht im Konvergenzbereich liegt. Die rechte Abbildung zeigt den Fall alternierender Divergenz: Auf Grund der Tangentensteigung im Punkt $(x^{(0)}, f(x^{(0)}))$ wird ein Punkt $x^{(1)}$ berechnet, der im nächsten Schritt wieder zu $x^{(0)}$ zurückführt. Dieser Fall ist sicher sehr selten, der Grund für diese Art der Divergenz ist aber auch der, dass $x^{(0)}$ nicht im Konvergenzbereich liegt.

Beispiel 4.4. Die m-te Wurzel aus einer positiven Zahl a ist die Lösung der Gleichung

$$f(x) = x^m - a = 0, \quad a > 0. \tag{4.27}$$

Das Verfahren von Newton ergibt mit $f'(x) = mx^{m-1}$ die Vorschrift

$$x^{(k+1)} = x^{(k)} - \frac{(x^{(k)})^m - a}{m(x^{(k)})^{m-1}} = \frac{a + (m-1)(x^{(k)})^m}{m(x^{(k)})^{m-1}} \quad \text{oder}$$

$$\boxed{x^{(k+1)} = \frac{1}{m}\left\{\frac{a}{(x^{(k)})^{m-1}} + (m-1)x^{(k)}\right\}, \quad k = 0, 1, 2, \ldots} \tag{4.28}$$

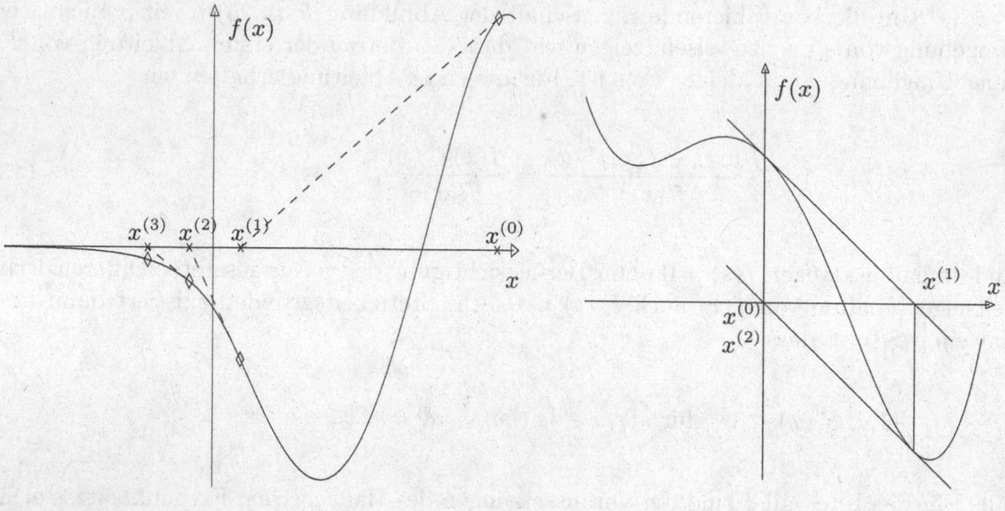

Abb. 4.5 Divergierende Folgen des Newton-Verfahrens.

Daraus leiten sich die folgenden Spezialfälle ab:

$$x^{(k+1)} = \frac{1}{2}\left[\frac{a}{x^{(k)}} + x^{(k)}\right] \quad \text{Quadratwurzel} \tag{4.29}$$

$$x^{(k+1)} = \frac{1}{3}\left[\frac{a}{(x^{(k)})^2} + 2x^{(k)}\right] \quad \text{Kubikwurzel} \tag{4.30}$$

$$x^{(k+1)} = (2 - ax^{(k)})x^{(k)} \qquad m = -1, \text{ Kehrwert} \tag{4.31}$$

Da $f''(s) = m(m-1)s^{m-2} \neq 0$ ist, ist die Konvergenzordnung für das Iterationsverfahren (4.28) genau $p = 2$. (4.29) wird in Rechnern zur Bestimmung der Quadratwurzel verwendet. Um die Fehlerkonstante $K = |f''(s)/(2\,f'(s))| = 1/(2\sqrt{a})$ in Grenzen zu halten, wird aus a durch Multiplikation mit einer geraden Potenz der Zahlenbasis des Rechners ein Hilfswert a' gebildet, der in einem bestimmten Intervall liegt. Dann wird ein von a' abhängiger Startwert $x^{(0)}$ so gewählt, dass eine bestimmte Zahl von Iterationsschritten die Quadratwurzel mit voller Rechnergenauigkeit liefert.

Die Iteration (4.31) ermöglichte für erste Computer ohne eingebaute Division die Zurückführung dieser Operation auf Multiplikationen und Subtraktionen. Die Division von zwei Zahlen wurde so ausgeführt, dass der Kehrwert des Divisors bestimmt und dieser dann mit dem Dividenden multipliziert wurde. △

Beispiel 4.5. Wir wollen die Berechnung der kleinsten positiven Lösung der Gleichung

$$\begin{aligned} f(x) &= \cos(x)\cosh(x) + 1 = 0 \quad \text{mit} \\ f'(x) &= \cos(x)\sinh(x) - \sin(x)\cosh(x) \end{aligned}$$

jetzt mit der Methode von Newton durchführen. Als Startwert nehmen wir den Mittelpunkt des Startintervalls aus Beispiel 4.3. Die Iteration wurde auf Grund des Kriteriums eines betragsmäßig hinreichend kleinen Funktionswertes $|f(x^{(5)})| < 1 \cdot 10^{-15}$ nach fünf Schritten abgebrochen. Es wurden je fünf Auswertungen von $f(x)$ und $f'(x)$ benötigt. Die Korrekturen bilden offensichtlich eine quadratisch konvergente Nullfolge. △

Tab. 4.3 Methode von Newton.

k	$x^{(k)}$	$f(x^{(k)})$	$f'(x^{(k)})$	$f(x^{(k)})/f'(x^{(k)})$
0	1.5	1.16640287	−2.1958975	−0.5311736
1	2.031173635	−0.72254393	−5.1377014	0.14063564
2	1.890537993	−0.06459399	−4.2324326	0.01526163
3	1.875276323	−0.00071290	−4.1391805	0.00017225
4	1.875104090	−0.00000009	−4.1381341	0.00000002
5	1.875104069	0.00000000	—	—

Es gibt verschiedene Varianten des Newton-Verfahrens, die hier nur kurz beschrieben werden sollen.

- *Das vereinfachte Newton-Verfahren*

$$x^{(k+1)} = x^{(k)} - \frac{f(x^{(k)})}{f'(x^{(0)})}, \quad k = 0, 1, 2, \ldots \tag{4.32}$$

Häufig ändert sich der Wert der ersten Ableitung im Verfahren von Newton nicht mehr stark in den letzten Iterationsschritten. Um dieser Feststellung Rechnung zu tragen, und um gleichzeitig die Zahl der oft aufwändigen Berechnungen der ersten Ableitung zu reduzieren, wird die erste Ableitung einmal für den (guten!) Startwert $x^{(0)}$ berechnet und für die weiteren Iterationen beibehalten. Die Konvergenzordnung für das vereinfachte Verfahren (4.32) ist zwar nur $p = 1$, doch ist die Fehlerkonstante $K := |F'(s)| = |1 - f'(s)/f'(x^{(0)})|$ meistens sehr klein.

- *Das modifizierte Newton-Verfahren*

$$x^{(k+1)} = x^{(k)} - \lambda_k \frac{f(x^{(k)})}{f'(x^{(k)})}, \quad k = 0, 1, 2, \ldots \tag{4.33}$$

Um Schwierigkeiten mit der Konvergenz des Newton-Verfahrens zu vermeiden, kann die Korrektur mit einem Faktor λ_k versehen werden, der solange halbiert wird, bis der Absolutbetrag des Funktionswertes verkleinert wird $|f(x^{(k+1)})| < |f(x^{(k)})|$. Dieses Verfahren eignet sich in leichter Abwandlung auch besonders für Systeme von nichtlinearen Gleichungen, vgl. Abschnitt 4.3.2.

4.2.3 Die Sekantenmethode

Soll die Berechnung der Ableitung vermieden werden, so kann statt der Nullstelle der Tangente, die das Newton-Verfahrens verwendet, die Nullstelle einer Sekante berechnet werden. Dazu werden zwei Startwerte $x^{(0)}$ und $x^{(1)}$ benötigt, die aber nicht wie bei der Bisektion die gesuchte Nullstelle einschließen müssen. Der allgemeine iterierte Wert $x^{(k+1)}$ wird als Nullstelle der Sekanten des Graphen der Funktion berechnet, die durch die Punkte $(x^{(k)}, f(x^{(k)}))$ und $(x^{(k-1)}, f(x^{(k-1)}))$ verläuft. Dies führt zur *Sekantenmethode*

$$x^{(k+1)} = x^{(k)} - f(x^{(k)}) \frac{x^{(k)} - x^{(k-1)}}{f(x^{(k)}) - f(x^{(k-1)})}. \tag{4.34}$$

Die Sekantenmethode ist ein *zweistufiges Iterationsverfahren*. Um jeden Schritt durchführen zu können, muss offensichtlich $f(x^{(k)}) \neq f(x^{(k-1)})$ sein.

Satz 4.7. *Falls $f'(s) \neq 0$ und $f''(s) \neq 0$ gelten, ist die Konvergenzordnung der Sekantenmethode* $p = \frac{1}{2}(1+\sqrt{5}) \doteq 1.618$.

Beweis. Siehe [Sch 97]. □

Leider gibt es bei der Sekantenmethode Fälle sehr langsamer Konvergenz, bei denen also die superlineare Konvergenz, die ja nur asymptotisch gilt, erst sehr spät eintritt, siehe Beispiel 4.6 und Abschnitt 4.2.4.

Beispiel 4.6. Zur Berechnung der kleinsten positiven Lösung der Gleichung

$$f(x) = \cos(x)\cosh(x) + 1 = 0$$

wird die Sekantenmethode angewandt. Wir verwenden jetzt das Startintervall $I = [1.5, 3.0]$ bzw. $x^{(0)} = 3.0$ und $x^{(1)} = 1.5$. In diesem Intervall hat f einen Vorzeichenwechsel. Auch das größere Intervall $I = [0, 3.0]$ erzeugt Konvergenz, die aber auf Grund großer Sprünge in den ersten Werten von $x^{(k)}$ sehr langsam ist, vgl. Tab. 4.6. Es wurde wieder mit sechzehnstelliger Dezimalrechnung gerechnet. Die Iteration wurde abgebrochen, sobald $|f(\mu)| \leq 10^{-9}$ galt. Das Verfahren liefert die Lösung in acht Iterationsschritten gemäß Tab. 4.4.

Tab. 4.4 Sekantenmethode.

k	$x^{(k)}$	$f(x^{(k)})$	$\lvert x^{(k)} - s\rvert$
0	3.0	-8.967	1.125
1	1.5	1.166	0.375
2	1.6726587	0.7196	0.202
3	1.7712715	0.3978	0.104
4	1.8931365	-0.07561	0.0180
5	1.8736712	0.005923	0.00143
6	1.8750852	$7.785 \cdot 10^{-5}$	$2 \cdot 10^{-5}$
7	1.87510409	$-8.194 \cdot 10^{-8}$	$2 \cdot 10^{-8}$
8	1.8751040687	$1.131 \cdot 10^{-12}$	$1 \cdot 10^{-13}$

Die superlineare Konvergenz mit $p \doteq 1.618$ und $K \approx 1$ ist etwa ab dem 3. oder 4. Schritt gut zu erkennen. △

4.2.4 Brents Black-box-Methode

Methoden, die *garantiert* konvergieren, werden auch Black-box-Verfahren genannt. Zu ihnen gehört die Bisektion, die aber zu langsam konvergiert. Es gibt eine Reihe von Methoden, die versuchen, die Sicherheit der Bisektion mit der größeren Konvergenzgeschwindigkeit des Newton-Verfahrens zu verbinden. Sie entstehen durch Kombination verschiedener Verfahrenskomponenten und sind deshalb in ihrer Definition komplexer als die Verfahren, die wir bisher kennen gelernt haben. Wir wollen hier kurz das Verfahren von Brent vorstellen; wegen weiterer Einzelheiten verweisen wir auf die Originalarbeit [Bre 71].

Brents Algorithmus

Brent versucht, die Einschließungseigenschaft und sichere Konvergenz der Bisektion zu erhalten, aber schneller zu sein, wenn die Verhältnisse es erlauben. Dazu benutzt er inverse quadratische Interpolation, siehe Abschnitt 3.1.5. Für diese werden drei Vorgängerpunkte $a := x_{i-2}$, $b := x_{i-1}$ und $c := x_i$ benutzt, durch die das quadratische Interpolationspolynom als Funktion von y gelegt wird. Dann wird dessen Wert bei $y = 0$ als neuer Wert $x := x_{i+1}$ genommen. Das ergibt folgenden Algorithmus:

$$\text{Mit}\quad R := \frac{f(c)}{f(b)}, \qquad S := \frac{f(c)}{f(a)}, \qquad T := \frac{f(a)}{f(b)} \quad \text{und}$$

$$\begin{aligned} P &:= S\{T(R-T)(b-c) - (1-R)(c-a)\}, \\ Q &:= (T-1)(R-1)(S-1) \\ \text{wird}\quad x &:= c + \frac{P}{Q}. \end{aligned} \tag{4.35}$$

Die Übereinstimmung dieses Algorithmus mit der inversen Interpolation für drei Wertepaare wollen wir nicht zeigen, da er die Interpolationsmethode von Neville, siehe etwa [Sch 97], benutzt, die wir nicht behandelt haben. Es lässt sich aber leicht nachrechnen, dass dieser Algorithmus für das Beispiel 3.3 denselben Wert $x = -1/3$ liefert.

In gutartigen Fällen ist c eine Näherung der gesuchten Nullstelle, die durch die Korrektur P/Q verbessert wird. Dann ist die Konvergenz des Verfahrens superlinear. Jetzt wird der neue Wert x mit den alten Werten a, b und c so angeordnet, dass drei neue Werte für a, b und c entstehen, die die Einschließungseigenschaft erfüllen.

Wenn Division durch null auftritt, oder wenn der Korrekturterm P/Q zu einem Wert außerhalb des alten Intervalls führt, so wird statt des dargestellten Schritts ein Schritt des Sekantenverfahrens durchgeführt. Liefert dieses kein Einschließungsintervall, so wird stattdessen das Bisektionsverfahren durchgeführt. Auf diese Weise wird sichere Konvergenz erreicht, die in den allermeisten Fällen wesentlich schneller als Bisektion oder Sekantenverfahren und nur etwas langsamer als das Newton-Verfahren ist, wie wir am folgenden Beispiel sehen werden.

Beispiel 4.7. Die kleinste positive Lösung der Gleichung

$$f(x) = \cos(x)\cosh(x) + 1 = 0$$

soll jetzt mit der Methode von Brent bestimmt werden. Wir nehmen wieder das Startintervall aus Beispiel 4.3 und seinen Mittelpunkt als dritten Wert c. Im ersten Schritt liegt die Brent-Näherung $x \doteq 3.25$ außerhalb des Startintervalls, und es wird auf das Sekantenverfahren für das Halb-Intervall mit dem Vorzeichenwechsel [1.5, 3] gewechselt. Es liefert einen neuen Näherungswert $x \doteq 1.67$ innerhalb dieses Intervalls. Damit konvergiert jetzt die Iterationsfolge der Methode von Brent und die Iteration wird nach weiteren fünf Iterationsschritten auf Grund eines betragsmäßig hinreichend kleinen Funktionswertes $|f(x^{(6)})| \doteq 3 \cdot 10^{-14}$ abgebrochen. Insgesamt werden also neun Funktionsauswertungen benötigt, vgl. Tab. 4.5. △

Das Verfahren von Brent benötigt ein Einschließungsintervall. Für die Bestimmung eines solchen gibt es auch Verfahren, die man *Finde-Routinen* nennt. Erst mit ihrer Hilfe wird

Tab. 4.5 Methode von Brent.

k	a	b	c	$x^{(k+1)}$
0	0.0	3.0	1.5	3.25 (Brent versagt)
0	1.5	3.0	—	1.67 (Sekante)
1	1.5	3.0	1.67265867	1.93012033
2	1.67265867	3.0	1.93012033	1.86892123
3	1.67265867	1.93012033	1.86892123	1.87517286
4	1.86892123	1.93012033	1.87517286	1.87510405
5	1.86892123	1.87517286	1.87510405	1.87510407

die gesamte Methode zu einer wirklichen Black-box-Routine. Auf ihre Schilderung wollen wir verzichten; wir verweisen hierzu auf [Swi 78].

Verfahrensvergleich

Beispiele können nichts beweisen. Sie stellen nur mathematische Experimente dar, die Erfahrungen im Umgang mit numerischen Verfahren belegen oder widerlegen. In Tab. 4.6 wird deshalb ohne jeden Anspruch auf Allgemeingültigkeit die Anwendung der verschiedenen Verfahren auf das Beispiel $f(x) := \cos(x)\cosh(x) + 1 = 0$ noch einmal zusammengefasst. Alle Verfahren liefern eine Lösung hoher Genauigkeit, ausgehend von dem relativ großen Startintervall [0, 3] bzw. dessen Mittelpunkt. Sie benötigen dazu unterschiedlichen Aufwand. Der Aufwand wird in diesem Zusammenhang gemessen als Zahl der benötigten Funktionsauswertungen. Wir fügen dem Vergleich noch eine Fixpunktiteration an. Sie entspricht der Vorgehensweise von Beispiel 4.2. Als Fixpunktfunktion haben wir

$$F(x) := \pi - \arccos\left(\frac{1}{\cosh(x)}\right) \tag{4.36}$$

gewählt. Die Fixpunktiteration liefert eine linear konvergente Folge für jeden Startwert aus dem Intervall [1.5, 3] mit einer Konvergenzrate $K = 0.425$.

Tab. 4.6 Aufwandsvergleich für die eindimensionalen Verfahren.

Verfahren	Start	Anz. Schritte	Anz. f-Auswertungen
Fixpunktiteration	$x^{(0)} = 2$	17	17
Bisektion	[0, 3]	32	34
Sekantenverfahren	[1.5, 3]	8	9
Sekantenverfahren	[0, 3]	15	16
Newton	$x^{(0)} = 1.5$	5	11
Brent	[0, 1.5, 3]	6	9

4.3 Gleichungen in mehreren Unbekannten

Gegeben sei ein System von n nichtlinearen Gleichungen in n Unbekannten, und gesucht seien seine Lösungen. Die Aufgabe lässt sich mit einer stetigen, nichtlinearen Funktion $\boldsymbol{f}(\boldsymbol{x})$ mit $\boldsymbol{f}:\mathbb{R}^n \to \mathbb{R}^n$ allgemein so formulieren, dass Lösungen $\boldsymbol{x} \in \mathbb{R}^n$ der Gleichung

$$\boxed{\boldsymbol{f}(\boldsymbol{x}) = \boldsymbol{0}} \tag{4.37}$$

zu bestimmen sind. Um die Darstellung zu vereinfachen, werden wir die grundlegenden Ideen und Prinzipien an einem System von zwei nichtlinearen Gleichungen in zwei Unbekannten darlegen. Sie lassen sich in offenkundiger Weise verallgemeinern.

4.3.1 Fixpunktiteration und Konvergenz

Als Grundlage für die Diskussion des Konvergenzverhaltens der nachfolgend dargestellten Iterationsverfahren zur Lösung von (4.37) betrachten wir zwei nichtlineare Gleichungen in zwei Unbekannten in der *Fixpunktform*

$$x = F(x, y), \qquad y = G(x, y). \tag{4.38}$$

Jedes Wertepaar (s, t) mit der Eigenschaft

$$s = F(s, t), \qquad t = G(s, t) \tag{4.39}$$

heißt *Fixpunkt* der Abbildung $\boldsymbol{F} : \mathbb{R}^2 \to \mathbb{R}^2$, welche definiert ist durch

$$\boldsymbol{F}(\boldsymbol{x}) := \begin{bmatrix} F(x, y) \\ G(x, y) \end{bmatrix}, \qquad \boldsymbol{x} := \begin{bmatrix} x \\ y \end{bmatrix} \in \mathbb{R}^2. \tag{4.40}$$

Um den Banachschen Fixpunktsatz anwenden zu können, muss für die Abbildung $\boldsymbol{F} : \mathbb{R}^2 \to \mathbb{R}^2$ ein abgeschlossener Bereich $A \subset \mathbb{R}^2$ (beispielsweise ein Rechteck oder ein Kreis) angegeben werden können, für den mit einer beliebigen Vektornorm

$$\boldsymbol{F} : A \to A \text{ mit } \|\boldsymbol{F}(\boldsymbol{x}) - \boldsymbol{F}(\boldsymbol{x}^*)\| \le L\|\boldsymbol{x} - \boldsymbol{x}^*\|, \quad L < 1; \quad \boldsymbol{x}, \boldsymbol{x}^* \in A \tag{4.41}$$

gilt. Unter der zusätzlichen Voraussetzung, dass die Funktionen $F(x, y)$ und $G(x, y)$ in A stetige partielle Ableitungen nach x und y besitzen, lassen sich hinreichende Kriterien für die Lipschitz-Bedingung (4.41) angeben. Die Jacobi-Matrix oder *Funktionalmatrix* der Abbildung $\boldsymbol{F} : \mathbb{R}^2 \to \mathbb{R}^2$ ist gegeben durch

$$\boldsymbol{J}(x, y) := \begin{bmatrix} \dfrac{\partial F}{\partial x} & \dfrac{\partial F}{\partial y} \\[2ex] \dfrac{\partial G}{\partial x} & \dfrac{\partial G}{\partial y} \end{bmatrix}_{(x,y)}. \tag{4.42}$$

Falls für irgendeine Matrixnorm $\|\boldsymbol{J}(x, y)\| \le L < 1$ für alle $\boldsymbol{x} \in A$ gilt und A konvex ist, dann ist für eine mit ihr verträglichen Vektornorm (4.41) erfüllt. Mit feineren Hilfsmitteln der linearen Algebra kann gezeigt werden, dass folgende Bedingung notwendig und hinreichend ist (vgl. Abschnitt 11.2.2). Es seien $\lambda_i(\boldsymbol{J})$ die Eigenwerte einer Matrix $\boldsymbol{J} \in \mathbb{R}^{n,n}$. Man bezeichnet mit

$$\varrho(\boldsymbol{J}) := \max_i |\lambda_i(\boldsymbol{J})| \tag{4.43}$$

den *Spektralradius* der Matrix $\boldsymbol{J}$. Dann ist $\boldsymbol{F}: A \to A$ genau dann kontrahierend, falls für alle $\boldsymbol{x} \in A$ der Spektralradius $\varrho(\boldsymbol{J}) < 1$ ist.

Es ist oft schwierig, den Bereich A für eine Abbildung $\boldsymbol{F}$ konkret anzugeben, für den eine der genannten Bedingungen für die Anwendung des Fixpunktsatzes von Banach auf die Iteration $\boldsymbol{x}^{(k+1)} = \boldsymbol{F}(\boldsymbol{x}^{(k)})$, $k = 0, 1, 2, \ldots$, erfüllt ist. Wir wollen annehmen, dass die Voraussetzungen des Banachschen Fixpunktsatzes erfüllt sind. Dann kann in Verallgemeinerung von Satz 4.5 gezeigt werden, dass die Fixpunktiteration linear konvergiert, die Konvergenzordnung also $p = 1$ ist mit der Konvergenzrate $K = \varrho(\boldsymbol{J})$. Die Folge $\boldsymbol{x}^{(k)}$ konvergiert deshalb *linear* gegen den Fixpunkt $\boldsymbol{s}$. Eine höhere Konvergenzordnung kann nur vorliegen, wenn die Funktionalmatrix $\boldsymbol{J}(s, t)$ im Fixpunkt gleich der Nullmatrix ist.

4.3.2 Das Verfahren von Newton

Zur iterativen Bestimmung einer Lösung (s, t) eines Systems von zwei nichtlinearen Gleichungen

$$\boxed{f(x, y) = 0, \qquad g(x, y) = 0} \tag{4.44}$$

ist das *Verfahren von Newton* oder eine seiner Varianten oft recht geeignet. Die Funktionen $f(x, y)$ und $g(x, y)$ seien im Folgenden als mindestens einmal stetig differenzierbar vorausgesetzt. Ausgehend von einer geeigneten Startnäherung $\boldsymbol{x}^{(0)} = (x^{(0)}, y^{(0)})^T$ für eine gesuchte Lösung $\boldsymbol{s} = (s, t)^T$ von (4.44) arbeitet man im allgemeinen k-ten Schritt mit dem *Korrekturansatz*

$$s = x^{(k)} + \xi^{(k)}, \qquad t = y^{(k)} + \eta^{(k)}, \tag{4.45}$$

mit welchem das gegebene nichtlineare System *linearisiert* wird.

$$\begin{aligned} f(s, t) &= f(x^{(k)} + \xi^{(k)}, y^{(k)} + \eta^{(k)}) \\ &\approx f(x^{(k)}, y^{(k)}) + \xi^{(k)} f_x(x^{(k)}, y^{(k)}) + \eta^{(k)} f_y(x^{(k)}, y^{(k)}) = 0 \\ g(s, t) &= g(x^{(k)} + \xi^{(k)}, y^{(k)} + \eta^{(k)}) \\ &\approx g(x^{(k)}, y^{(k)}) + \xi^{(k)} g_x(x^{(k)}, y^{(k)}) + \eta^{(k)} g_y(x^{(k)}, y^{(k)}) = 0 \end{aligned} \tag{4.46}$$

Auf diese Weise ist für die Korrekturen $\xi^{(k)}, \eta^{(k)}$ ein lineares Gleichungssystem entstanden. (4.46) lautet mit den Vektoren

$$\boldsymbol{x}^{(k)} := \begin{bmatrix} x^{(k)} \\ y^{(k)} \end{bmatrix}, \qquad \boldsymbol{\xi}^{(k)} := \begin{bmatrix} \xi^{(k)} \\ \eta^{(k)} \end{bmatrix}, \qquad \boldsymbol{f}^{(k)} := \begin{bmatrix} f(x^{(k)}, y^{(k)}) \\ g(x^{(k)}, y^{(k)}) \end{bmatrix}$$

$$\boxed{\boldsymbol{\Phi}(x^{(k)}, y^{(k)})\, \boldsymbol{\xi}^{(k)} = -\boldsymbol{f}^{(k)},} \tag{4.47}$$

wo wir im Unterschied zu (4.42) die Funktionalmatrix

$$\boldsymbol{\Phi}(x, y) := \begin{bmatrix} f_x & f_y \\ g_x & g_y \end{bmatrix}_{(x,y)} \tag{4.48}$$

zugehörig zu den Funktionen $f(x, y)$ und $g(x, y)$ des Systems (4.44) eingeführt haben. Unter der Voraussetzung, dass die Jacobi-Matrix $\boldsymbol{\Phi}$ (4.48) für die Näherung $\boldsymbol{x}^{(k)}$ regulär ist, besitzt das lineare Gleichungssystem (4.47) eine eindeutige Lösung $\boldsymbol{\xi}^{(k)}$. Dieser Korrekturvektor $\boldsymbol{\xi}^{(k)}$

liefert natürlich nicht die Lösung $\boldsymbol{s}$, sondern eine neue Näherung $\boldsymbol{x}^{(k+1)} = \boldsymbol{x}^{(k)} + \boldsymbol{\xi}^{(k)}$, welche die formale Darstellung

$$\boldsymbol{x}^{(k+1)} = \boldsymbol{x}^{(k)} - \boldsymbol{\Phi}^{-1}(\boldsymbol{x}^{(k)})\boldsymbol{f}^{(k)} =: \boldsymbol{F}(x^{(k)}), \quad k = 0, 1, 2, \ldots, \tag{4.49}$$

bekommt. (4.49) stellt eine Fixpunktiteration dar. Sie kann als direkte Verallgemeinerung der Iterationsvorschrift (4.24) angesehen werden. Sie darf aber nicht dazu verleiten, die Inverse von $\boldsymbol{\Phi}$ zu berechnen, vielmehr soll die Korrektur $\boldsymbol{\xi}^{(k)}$ als Lösung des linearen Gleichungssystems (4.47) bestimmt werden, z.B. mit dem Gauß-Algorithmus, siehe Kapitel 2.

Im Fall eines Systems von zwei nichtlinearen Gleichungen (4.44) kann das lineare Gleichungssystem (4.48) explizit mit der Cramerschen Regel gelöst werden:

$$\boxed{\begin{aligned} x^{(k+1)} &= x^{(k)} + \xi^{(k)} = x^{(k)} + \frac{gf_y - fg_y}{f_x g_y - f_y g_x} =: F(x^{(k)}, y^{(k)}) \\ y^{(k+1)} &= y^{(k)} + \eta^{(k)} = y^{(k)} + \frac{fg_x - gf_x}{f_x g_y - f_y g_x} =: G(x^{(k)}, y^{(k)}) \end{aligned}} \tag{4.50}$$

Satz 4.8. *Die Funktionen $f(x,y)$ und $g(x,y)$ von (4.44) seien in einem Bereich A, welcher die Lösung $\boldsymbol{s}$ im Innern enthält, dreimal stetig differenzierbar. Die Funktionalmatrix $\boldsymbol{\Phi}(s,t)$ (4.48) sei regulär. Dann besitzt die Methode von Newton mindestens die Konvergenzordnung $p = 2$.*

Beweis. Die Jacobi-Matrix der Fixpunktiteration (4.49) ist gegeben durch

$$\boldsymbol{J}(x,y) = \begin{bmatrix} 1 + \xi_x & \xi_y \\ \eta_x & 1 + \eta_y \end{bmatrix}_{(x,y)} \tag{4.51}$$

In [Sch 97] wird gezeigt, dass $\boldsymbol{J}(s,t)$ im Lösungspunkt gleich der Nullmatrix ist. □

Beispiel 4.8. Gesucht sei die Lösung (s,t) der beiden quadratischen Gleichungen

$$\begin{aligned} x^2 + y^2 + 0.6y &= 0.16 \\ x^2 - y^2 + x - 1.6y &= 0.14 \end{aligned} \tag{4.52}$$

für die $s > 0$ und $t > 0$ gilt. Im Verfahren von Newton sind somit $f(x,y) = x^2 + y^2 + 0.6y - 0.16$ und $g(x,y) = x^2 - y^2 + x - 1.6y - 0.14$, und die benötigten ersten partiellen Ableitungen sind

$$f_x = 2x, \quad f_y = 2y + 0.6, \quad g_x = 2x + 1, \quad g_y = -2y - 1.6.$$

Für die Startnäherungen $x^{(0)} = 0.6$, $y^{(0)} = 0.25$ lautet (4.47)

$$\begin{aligned} 1.2\,\xi^{(0)} + 1.1\,\eta^{(0)} &= -0.4125 \\ 2.2\,\xi^{(0)} - 2.1\,\eta^{(0)} &= -0.3575 \end{aligned} \tag{4.53}$$

mit den resultierenden Korrekturen $\xi^{(0)} \doteq -0.254960$, $\eta^{(0)} \doteq -0.096862$ und den neuen Näherungen $x^{(1)} \doteq 0.345040$, $y^{(1)} \doteq 0.153138$. Das Gleichungssystem für die neuen Korrekturen lautet mit gerundeten Zahlenwerten

$$\begin{aligned} 0.690081\,\xi^{(1)} + 0.906275\,\eta^{(1)} &= -0.0743867 \\ 1.690081\,\xi^{(1)} - 1.906275\,\eta^{(1)} &= -0.0556220. \end{aligned} \tag{4.54}$$

Der weitere Rechenablauf der Methode von Newton ist bei zehnstelliger Rechnung in Tab. 4.7 zusammengestellt. Die euklidische Norm des nachträglich berechneten Fehlers $\|\boldsymbol{x}^{(k)} - \boldsymbol{s}\|$ nimmt quadratisch gegen null ab ($p = 2$, $K \approx 1$). △

Tab. 4.7 Methode von Newton für ein System nichtlinearer Gleichungen.

k	$x^{(k)}$	$y^{(k)}$	$\xi^{(k)}$	$\eta^{(k)}$	$\|\boldsymbol{x}^{(k)} - \boldsymbol{s}\|$
0	0.6000000000	0.2500000000	$-2.54960 \cdot 10^{-1}$	$-9.68623 \cdot 10^{-2}$	$3.531 \cdot 10^{-1}$
1	0.3450404858	0.1531376518	$-6.75094 \cdot 10^{-2}$	$-3.06747 \cdot 10^{-2}$	$8.050 \cdot 10^{-2}$
2	0.2775310555	0.1224629827	$-5.64594 \cdot 10^{-3}$	$-2.79860 \cdot 10^{-3}$	$6.347 \cdot 10^{-3}$
3	0.2718851108	0.1196643843	$-4.06023 \cdot 10^{-5}$	$-2.10056 \cdot 10^{-5}$	$4.572 \cdot 10^{-5}$
4	0.2718445085	0.1196433787	$-2.1579 \cdot 10^{-9}$	$-1.1043 \cdot 10^{-9}$	$2.460 \cdot 10^{-9}$
5	0.2718445063	0.1196433776			

Die Berechnung der Funktionalmatrix $\boldsymbol{\Phi}(x^{(k)})$ kann in komplizierteren Fällen aufwändig sein, da für ein System von n nichtlinearen Gleichungen n^2 partielle Ableitungen auszuwerten sind. Aus diesem Grund existieren eine Reihe von vereinfachenden Varianten, die skizziert werden sollen.

Das vereinfachte Newton-Verfahren

In diesem Verfahren, das dem eindimensionalen Verfahren (4.32) entspricht, wird die Funktionalmatrix $\boldsymbol{\Phi}(\boldsymbol{x}^{(0)})$ nur einmal für einen möglichst guten Startvektor $\boldsymbol{x}^{(0)}$ berechnet, und die Korrekturen $\boldsymbol{\xi}^{(k)}$ werden an Stelle von (4.47) aus dem Gleichungssystem

$$\boxed{\boldsymbol{\Phi}(\boldsymbol{x}^{(0)})\,\boldsymbol{\xi}^{(k)} = -\boldsymbol{f}^{(k)}, \quad k = 0, 1, 2, \ldots,} \tag{4.55}$$

mit der gleich bleibenden Matrix $\boldsymbol{\Phi}(x^{(0)})$ bestimmt. Dies verringert den Aufwand auch dadurch, dass bei Anwendung des Gauß-Algorithmus die LR-Zerlegung der Matrix nur einmal erfolgen muss und für alle Iterationsschritte nur die Vorwärts- und Rücksubstitution auszuführen sind. Die vereinfachte Methode (4.55) hat die Konvergenzordnung $p = 1$, da die Jacobi-Matrix $\boldsymbol{J}(s,t)$ (4.51) nicht die Nullmatrix ist. Eine zum Beweis von Satz 4.8 analoge Analyse zeigt, dass für eine gute Startnäherung $\boldsymbol{x}^{(0)}$ die Matrixelemente von $\boldsymbol{J}(s,t)$ betragsmäßig klein sind, so dass wegen einer entsprechend kleinen Lipschitz-Konstante L die Folge $\boldsymbol{x}^{(k)}$ doch relativ rasch konvergiert.

Beispiel 4.9. Das Gleichungssystem (4.52) wird mit dem vereinfachten Verfahren von Newton mit den guten Näherungen $x^{(0)} = 0.3$ und $y^{(0)} = 0.1$ behandelt. Mit der Funktionalmatrix

$$\boldsymbol{\Phi}(x^{(0)}, y^{(0)}) = \begin{pmatrix} 0.6 & 0.8 \\ 1.6 & -1.8 \end{pmatrix} \tag{4.56}$$

konvergiert die Folge der Näherungen $\boldsymbol{x}^{(k)}$ linear mit einer Konvergenzrate $K \approx 0.06$, so dass die euklidische Norm des Fehlers $\boldsymbol{\varepsilon}^{(k)} := \boldsymbol{x}^{(k)} - \boldsymbol{s}$ in jedem Schritt etwa auf den fünfzehnten Teil

Tab. 4.8 Vereinfachte Methode von Newton für ein System.

k	$x^{(k)}$	$y^{(y)}$	$\xi^{(k)}$	$\eta^{(k)}$	$\|\varepsilon^{(k)}\|$
0	0.3000000000	0.1000000000	$-2.71186 \cdot 10^{-2}$	$2.03390 \cdot 10^{-2}$	$3.433 \cdot 10^{-2}$
1	0.2728813559	0.1203389831	$-9.85495 \cdot 10^{-4}$	$-6.97248 \cdot 10^{-4}$	$1.249 \cdot 10^{-3}$
2	0.2718958608	0.1196417355	$-4.81441 \cdot 10^{-5}$	$2.92648 \cdot 10^{-6}$	$5.138 \cdot 10^{-5}$
3	0.2718477167	0.1196446620	$-3.03256 \cdot 10^{-6}$	$-1.25483 \cdot 10^{-6}$	$3.458 \cdot 10^{-6}$
4	0.2718446841	0.1196434072	$-1.67246 \cdot 10^{-7}$	$-2.64407 \cdot 10^{-8}$	$1.802 \cdot 10^{-7}$
5	0.2718445169	0.1196433808	$-9.9322 \cdot 10^{-9}$	$-3.0508 \cdot 10^{-9}$	$1.107 \cdot 10^{-8}$
6	0.2718445070	0.1196433777	$-6.1017 \cdot 10^{-10}$	$-4.2373 \cdot 10^{-11}$	$7.07 \cdot 10^{-10}$
7	0.2718445064	0.1196433777			

verkleinert wird. Deshalb sind nur sieben Iterationsschritte nötig, um die Lösung mit zehnstelliger Genauigkeit zu erhalten. Die Ergebnisse sind in Tab. 4.8 zusammengefasst.

Benutzt man im vereinfachten Verfahren von Newton die gleichen Startwerte wie im Beispiel 4.8, so stellt sich eine langsame lineare Konvergenz ein mit einer Konvergenzrate $K \approx 0.45$. Es sind 27 Iterationsschritte erforderlich, um die Lösung mit zehnstelliger Genauigkeit zu berechnen. △

Einzelschritt- und SOR-Verfahren

Eine andere Variante, in welcher die Berechnung der Funktionalmatrix $\mathbf{\Phi}(x^{(k)})$ teilweise vermieden wird, besteht darin, die Lösung eines Systems von n nichtlinearen Gleichungen in n Unbekannten auf die sukzessive Lösung von nichtlinearen Gleichungen in einer Unbekannten zurückzuführen. Wir betrachten das System von n Gleichungen

$$f_i(x_1, x_2, \ldots, x_n) = 0, \quad i = 1, 2, \ldots, n. \tag{4.57}$$

Wir setzen voraus, dass sie so angeordnet seien, dass

$$\frac{\partial f_i(x_1, x_2, \ldots, x_n)}{\partial x_i} \neq 0 \quad \text{für } i = 1, 2, \ldots, n \tag{4.58}$$

gilt, was nur bedeutet, dass die i-te Gleichung die i-te Unbekannte x_i enthält.
Es sei $\boldsymbol{x}^{(k)} = (x_1^{(k)}, x_2^{(k)}, \ldots, x_n^{(k)})^T$ der k-te Näherungsvektor. In Anlehnung an das *Einzelschrittverfahren* zur iterativen Lösung von linearen Gleichungssystemen (vgl. Abschnitt 11.2) soll die i-te Komponente des $(k+1)$-ten Näherungsvektors als Lösung der i-ten Gleichung wie folgt bestimmt werden.

$$f_i(x_1^{(k+1)}, \ldots, x_{i-1}^{(k+1)}, x_i^{(k+1)}, x_{i+1}^{(k)}, \ldots, x_n^{(k)}) = 0, \quad i = 1, 2, \ldots, n. \tag{4.59}$$

Für die ersten $(i-1)$ Variablen werden in (4.59) die bereits bekannten Komponenten von $\boldsymbol{x}^{(k+1)}$ eingesetzt, für die letzten $(n-i)$ Variablen die entsprechenden Komponenten von $\boldsymbol{x}^{(k)}$. Für jeden Index i stellt somit (4.59) eine Gleichung für die Unbekannte $x_i^{(k+1)}$ dar, welche mit dem Verfahren von Newton bestimmt werden kann. Zur Durchführung dieser *inneren Iteration* werden nur die partiellen Ableitungen $\partial f_i / \partial x_i$ benötigt. Insgesamt sind dies nur die n Diagonalelemente der Funktionalmatrix $\mathbf{\Phi}$, aber natürlich mit wechselnden Argumenten. Der Wert $x_i^{(k)}$ stellt einen geeigneten Startwert für die Iteration dar.

Das *nichtlineare Einzelschrittverfahren* für ein System (4.57) zu gegebenem Startvektor $\boldsymbol{x}^{(0)}$ ist in (4.60) algorithmisch beschrieben.

$$
\boxed{
\begin{array}{ll}
 & \text{Für } k = 0, 1, 2, \ldots: \\
 & \quad s = 0 \\
 & \quad \text{für } i = 1, 2, \ldots, n: \\
 & \qquad \xi_i = x_i^{(k)} \\
 & \qquad t := \dfrac{\partial f_i(x_1^{(k+1)}, \ldots, x_{i-1}^{(k+1)}, \xi_i, x_{i+1}^{(k)}, \ldots, x_n^{(k)})}{\partial x_i} \\
\boxed{\text{A}} & \qquad \Delta\xi_i = f_i(x_1^{(k+1)}, \ldots, x_{i-1}^{(k+1)}, \xi_i, x_{i+1}^{(k)}, \ldots, x_n^{(k)})/t \\
 & \qquad \xi_i = \xi_i - \Delta\xi_i \\
 & \qquad \text{falls } |\Delta\xi_i| > \text{tol}_1: \text{ gehe zu } \boxed{\text{A}} \\
 & \qquad s = s + |\xi_i - x_i^{(k)}|; \; x_i^{(k+1)} = \xi_i \\
 & \quad \text{falls } s < \text{tol}_2: \text{ STOP}
\end{array}
}
\tag{4.60}
$$

Das nichtlineare Einzelschrittverfahren auf der Basis des Verfahrens von Newton zur Lösung der i-ten Gleichung (4.59) besitzt mehrere Modifikationsmöglichkeiten. So braucht die i-te Gleichung nicht exakt nach $x_i^{(k+1)}$ aufgelöst zu werden, da dieser Wert ohnehin nur eine neue Näherung darstellt. Deshalb verzichtet man auf die innere Iteration und führt nur einen einzigen Schritt der Newton-Korrektur zur Bestimmung von $x_i^{(k+1)}$ mit Hilfe der i-ten Gleichung aus. So entsteht das *Newtonsche Einzelschrittverfahren* mit

$$
\boxed{
\begin{array}{l}
\text{Für } i = 1, 2, \ldots, n: \\
t := \dfrac{\partial f_i(x_1^{(k+1)}, \ldots, x_{i-1}^{(k+1)}, x_i^{(k)}, x_{i+1}^{(k)}, \ldots, x_n^{(k)})}{\partial x_i} \\
x_i^{(k+1)} = x_i^{(k)} - f_i(x_1^{(k+1)}, \ldots, x_{i-1}^{(k+1)}, x_i^{(k)}, x_{i+1}^{(k)}, \ldots, x_n^{(k)})/t
\end{array}
}
\tag{4.61}
$$

Die lineare Konvergenz des Newtonschen Einzelschrittverfahrens lässt sich in der Regel dadurch verbessern, dass in Analogie zur *Methode der sukzessiven Überrelaxation* (vgl. Abschnitt 11.2) die Korrektur der i-ten Komponente $x_i^{(k)}$ mit einem konstanten, geeignet gewählten *Relaxationsfaktor* $\omega \in (0, 2)$ multipliziert wird. Das so entstehende *SOR-Newton-Verfahren* lautet somit

$$
\boxed{
\begin{array}{l}
\text{Für } i = 1, 2, \ldots, n: \\
t := \dfrac{\partial f_i(x_1^{(k+1)}, \ldots, x_{i-1}^{(k+1)}, x_i^{(k)}, \ldots, x_n^{(k)})}{\partial x_i} \\
x_i^{(k+1)} = x_i^{(k)} - \omega f_i(x_1^{(k+1)}, \ldots, x_{i-1}^{(k+1)}, x_i^{(k)}, \ldots, x_n^{(k)})/t
\end{array}
}
\tag{4.62}
$$

Das SOR-Newton-Verfahren wird sehr erfolgreich zur Lösung von großen Systemen von nichtlinearen Gleichungen eingesetzt, welche die Eigenschaft besitzen, dass die i-te Gleichung nur wenige der Unbekannten miteinander verknüpft (schwach gekoppelte Systeme).

Diese Situation tritt bei der numerischen Behandlung von nichtlinearen Randwertaufgaben mit Differenzenmethoden oder mit der Methode der finiten Elemente auf. In diesen wichtigen Spezialfällen existieren Aussagen über die günstige Wahl des Relaxationsfaktors ω zur Erzielung optimaler Konvergenz [Ort 00].

Powell beschreibt in [Rab 88] eine Methode zur Lösung eines nichtlinearen Gleichungssystems, die ein typisches Beispiel für ein auf Softwarezwecke zugeschnittenes Black-box-Verfahren darstellt. Es werden nämlich wie beim Algorithmus von Brent (vgl. Abschnitt 4.2.4) verschiedene Verfahren so miteinander kombiniert, dass für möglichst alle Fälle Konvergenz gezeigt werden kann. Dabei wird zusätzlich der Aufwand bei den aufwändigsten Teilen des Algorithmus minimiert. Wir wollen die Schritte, die zum Entstehen eines solchen Verfahrens führen, hier nachzeichnen, verweisen aber zum Nachlesen aller Details – von den mathematischen Beweisen bis zur Genauigkeitssteuerung im Flußdiagramm – auf die beiden Beiträge von Powell in [Rab 88].

Ausgangspunkt ist das Gleichungssystem (4.47) für das Newton-Verfahren

$$\begin{aligned} \boldsymbol{\Phi}(x^{(k)}, y^{(k)})\, \boldsymbol{\xi}^{(k)} &= -\boldsymbol{f}^{(k)} \\ \boldsymbol{x}^{(k+1)} &= \boldsymbol{x}^{(k)} + \boldsymbol{\xi}^{(k)}. \end{aligned}$$

Garantierte Konvergenz kann mit dem Newton-Verfahren aber nicht erzielt werden. Eine Modifizierung des Newton-Verfahrens besteht nun darin, dass man zwar in Richtung $\boldsymbol{\xi}^{(k)}$ verbessert, aber die Länge der Verbesserung steuert:

$$\boldsymbol{x}^{(k+1)} = \boldsymbol{x}^{(k)} + \lambda \boldsymbol{\xi}^{(k)}. \tag{4.63}$$

Die Werte $\lambda := \lambda_k$ werden in jedem Schritt so festgelegt, dass

$$F(\boldsymbol{x}^{(k+1)}) \; < \; F(\boldsymbol{x}^{(k)}) \tag{4.64}$$

mit der Funktion

$$F(\boldsymbol{x}) = \sum_{i=1}^{n} \left(f_i(\boldsymbol{x}^{(k)}) \right)^2. \tag{4.65}$$

F ist genau dann gleich null, wenn alle f_i gleich null sind, und jedes lokale Minimum von F mit dem Wert null ist auch globales Minimum. Wenn die Jacobi-Matrix $\boldsymbol{J}$ nicht singulär ist, erhält man mit diesem Verfahren eine monoton fallende Folge von Werten $F(\boldsymbol{x}^{(k)})$ mit dem Grenzwert null. Ist aber $\boldsymbol{J}$ in der Nullstelle singulär und besitzt F ein lokales Minimum mit einem Wert ungleich null, dann kann auch dieses Verfahren gegen einen falschen Grenzwert konvergieren; ein Beispiel findet man in [Rab 88].

Ein anderer Ansatz zur Modifikation des Newton-Verfahrens ist der folgende: Die Minimierung der Funktion $F(\boldsymbol{x})$ wird auf die Aufgabe zurückgeführt, eine Folge von Lösungen kleinster Quadrate (kurz: lss) der linearen Gleichungssysteme $\boldsymbol{\Phi}(x^{(k)}, y^{(k)})\, \boldsymbol{\xi}^{(k)} = -\boldsymbol{f}^{(k)}$ zu bestimmen. Dies wollen wir für das Folgende abgekürzt schreiben als $\boldsymbol{\Phi}\, \boldsymbol{\xi} = -\boldsymbol{f}$. Die lss ist aber Lösung des Normalgleichungssystems (vgl. Kapitel 6)

$$\boldsymbol{\Phi}^T \boldsymbol{\Phi}\, \boldsymbol{\xi} = -\boldsymbol{\Phi}^T \boldsymbol{f}. \tag{4.66}$$

Dieses wird mit einem Parameter $\mu := \mu_k$ versehen[1]:

$$\begin{aligned} \left(\boldsymbol{\Phi}^T\boldsymbol{\Phi} + \mu \boldsymbol{I}\right)\boldsymbol{\eta} &= -\boldsymbol{\Phi}^T \boldsymbol{f}, \\ \boldsymbol{x}^{(k+1)} &= \boldsymbol{x}^{(k)} + \boldsymbol{\eta}. \end{aligned} \tag{4.67}$$

$\boldsymbol{\eta}$ ist von μ abhängig: $\boldsymbol{\eta} = \boldsymbol{\eta}(\mu)$, und es gilt

$$\boldsymbol{\eta}(0) = \boldsymbol{\xi}.$$

Läßt man $\mu \to \infty$ wachsen, so gilt

$$\mu\boldsymbol{\eta} \to -\boldsymbol{\Phi}^T \boldsymbol{f}, \tag{4.68}$$

d.h. das Verfahren wird zur klassischen Methode des steilsten Abstiegs mit einem gegen null gehenden Längenfaktor $1/\mu$. Mit Hilfe dieser Überlegungen kann nun gezeigt werden, dass man immer einen Wert μ bestimmen kann mit

$$F(\boldsymbol{x}^{(k+1)}) < F(\boldsymbol{x}^{(k)})\,. \tag{4.69}$$

Das Verfahren kann nur versagen, wenn die Vektorfunktion $\boldsymbol{f}$ keine beschränkten ersten Ableitungen besitzt, oder in Extremfällen durch den Einfluß von Rundungsfehlern. Für die Implementierung in einem Softwaresystem müssen ohnehin in ein Verfahren Abfragen (z.B. gegen unendliche Schleifen oder ein Übermaß an Funktionsauswertungen) eingebaut werden, die den Algorithmus in gewissen Extremfällen abbrechen lassen, obwohl theoretisch Konvergenz vorliegt. Hier sollte für den Fall, dass die Funktionswerte $F(\boldsymbol{x}^{(k)})$ wesentlich größer sind als die Werte der Ableitungen von F, eine Abfrage mit einer Konstanten M vorgesehen werden:

$$\begin{aligned} & F(\boldsymbol{x}^{(k)}) &>& \quad M\,\|\,\boldsymbol{g}^{(k)}\,\| \\ \text{mit} \\ & g_j^{(k)} &:=& \quad \frac{\partial}{\partial x_j} F(\boldsymbol{x})\bigg|_{\boldsymbol{x}=\boldsymbol{x}^{(k)}}. \end{aligned} \tag{4.70}$$

Wird bei genügend großem M diese Abfrage bejaht, so ist die Wahrscheinlichkeit groß, dass das Verfahren nicht gegen eine Nullstelle von $\boldsymbol{f}$, sondern gegen ein lokales Minimum von F konvergiert. Bei der Konstruktion von Verfahren zur Lösung nichtlinearer Gleichungssysteme muß man auch an den Fall denken, dass es gar keine Lösung gibt. Auch für diesen Fall sind eine solche Abfrage und das Festsetzen einer Maximalzahl von Funktionsauswertungen wichtig.

Der vollständige Algorithmus von Powell enthält noch weitere Anteile wie z.B. die Unterscheidung zwischen funktionaler und diskretisierter Jacobi-Matrix. Auf ihre Darstellung wollen wir ebenso verzichten wie auf ein Beispiel. Es müsste sehr schlecht konditioniert sein, um den Unterschied zum normalen oder vereinfachten Newton-Verfahren zu verdeutlichen, so wie etwa das 'Trog-Beispiel', das in Abschnitt 4.4.2 von [Köc 94] zu finden ist.

[1] Diese Idee verwendet man auch bei Regularisierungsmethoden für inkorrekt gestellte Probleme oder bei der Lösung schlecht konditionierter Gleichungssysteme. Marquardt wendet eine fast identische Idee bei der Entwicklung einer effizienten Methode zur Lösung nichtlinearer Ausgleichsprobleme an, siehe Abschnitt 6.4.2.

4.4 Nullstellen von Polynomen

4.4.1 Reelle Nullstellen: Das Verfahren von Newton-Maehly

Zur Berechnung der Nullstellen eines Polynoms n-ten Grades

$$P_n(x) = a_0x^n + a_1x^{n-1} + a_2x^{n-2} + \ldots + a_{n-1}x + a_n, \quad a_0 \neq 0 \tag{4.71}$$

stellt die Methode von Newton ein zweckmäßiges, effizientes und einfach zu programmierendes Verfahren dar. Wir betrachten hauptsächlich den Fall von Polynomen mit reellen Koeffizienten a_j. Die meisten Überlegungen bleiben ohne Einschränkung auch für Polynome mit komplexen Koeffizienten gültig.

Als Grundlage für die Anwendung der Methode von Newton wenden wir uns der Aufgabe zu, den Wert des Polynoms $P_n(x)$ und denjenigen seiner ersten Ableitung für einen gegebenen Wert des Argumentes x effizient und auf einfache Art zu berechnen. Der zu entwickelnde Algorithmus beruht auf der Division mit Rest eines Polynoms durch einen linearen Faktor

$$P_n(x) = (x-p)P_{n-1}(x) + R, \quad p \text{ gegeben.} \tag{4.72}$$

Das Quotientenpolynom $P_{n-1}(x)$ habe die Darstellung

$$P_{n-1}(x) = b_0x^{n-1} + b_1x^{n-2} + b_2x^{n-3} + \ldots + b_{n-2}x + b_{n-1}, \tag{4.73}$$

und der Rest wird aus bald ersichtlichen Gründen $R = b_n$ gesetzt. Dann folgt aus (4.72)

$$\begin{aligned} &a_0x^n + a_1x^{n-1} + a_2x^{n-2} + \ldots + a_{n-2}x^2 + a_{n-1}x + a_n \\ &= (x-p)(b_0x^{n-1} + b_1x^{n-2} + b_2x^{n-3} + \ldots + b_{n-2}x + b_{n-1}) + b_n \end{aligned}$$

durch Koeffizientenvergleich

$$a_0 = b_0,\ a_1 = b_1 - pb_0,\ \ldots,\ a_{n-1} = b_{n-1} - pb_{n-2},\ a_n = b_n - pb_{n-1}.$$

Daraus resultiert der folgende Algorithmus zur rekursiven Berechnung der Koeffizienten b_j

$$\boxed{b_0 = a_0;\ b_j = a_j + pb_{j-1},\ j = 1, 2, \ldots, n;\ R = b_n.} \tag{4.74}$$

Die praktische Bedeutung des Divisionsalgorithmus (4.74) wird deutlich durch

Lemma 4.9. *Der Wert des Polynoms $P_n(x)$ für $x = p$ ist gleich dem Rest R bei der Division von $P_n(x)$ durch $(x-p)$.*

Beweis. Setzen wir in (4.72) $x = p$ ein, so folgt in der Tat $P_n(p) = R$. □

Der einfach durchführbare Algorithmus (4.74) liefert somit den Wert des Polynoms $P_n(x)$ für einen gegebenen Wert x mit einem Rechenaufwand von je n Multiplikationen und Additionen. Um auch für die Berechnung der ersten Ableitung eine ähnliche Rechenvorschrift zu erhalten, differenzieren wir (4.72) nach x und erhalten die Beziehung

$$P_n'(x) = P_{n-1}(x) + (x-p)P_{n-1}'(x). \tag{4.75}$$

Für $x = p$ folgt daraus

$$\boxed{P_n'(p) = P_{n-1}(p).} \tag{4.76}$$

Der Wert der ersten Ableitung von $P_n(x)$ für einen bestimmten Argumentwert $x = p$ ist gleich dem Wert des Quotientenpolynoms $P_{n-1}(x)$ für $x = p$. Nach Satz 4.9 kann sein Wert mit Hilfe des Divisionsalgorithmus berechnet werden. Setzen wir

$$\begin{aligned} P_{n-1}(x) &= (x-p)P_{n-2}(x) + R_1 \quad \text{und} \\ P_{n-2}(x) &= c_0x^{n-2} + c_1x^{n-3} + \ldots + c_{n-3}x + c_{n-2}, \quad c_{n-1} = R_1, \end{aligned}$$

dann sind die Koeffizienten c_j rekursiv gegeben durch

$$\boxed{c_0 = b_0;\ c_j = b_j + pc_{j-1},\ j = 1, 2, \ldots, n-1;\ R_1 = c_{n-1}.} \tag{4.77}$$

Die erste Ableitung $P_n'(p)$ ist wegen (4.76) und (4.77) mit weiteren $(n-1)$ Multiplikationen berechenbar.

Obwohl im Zusammenhang mit der Methode von Newton die höheren Ableitungen nicht benötigt werden, sei doch darauf hingewiesen, dass sie durch die analoge Fortsetzung des Divisionsalgorithmus berechnet werden können.

Die im Divisionsalgorithmus anfallenden Größen werden zweckmäßigerweise im *Horner-Schema* zusammengestellt, das sich insbesondere für die Handrechnung gut eignet. Das Horner-Schema ist in (4.78) im Fall $n = 6$ für die ersten beiden Divisionsschritte mit ergänzenden Erklärungen wiedergegeben.

$$\begin{array}{llcccccc|c} P_6(x): & & a_0 & a_1 & a_2 & a_3 & a_4 & a_5 & a_6 \\ & p: & & pb_0 & pb_1 & pb_2 & pb_3 & pb_4 & pb_5 \\ \hline P_5(x): & & b_0 & b_1 & b_2 & b_3 & b_4 & b_5 & \underline{\underline{b_6 = P_6(p)}} \\ & p: & & pc_0 & pc_1 & pc_2 & pc_3 & pc_4 & \\ \hline P_4(x): & & c_0 & c_1 & c_2 & c_3 & c_4 & \underline{\underline{c_5 = P_6'(p)}} & \end{array} \tag{4.78}$$

Jede weitere Zeile verkürzt sich um einen Wert entsprechend der Abnahme des Grades des Quotientenpolynoms.

Ist man nur am Wert eines Polynoms n-ten Grades $(n > 2)$ und seiner ersten Ableitung für gegebenes p interessiert, kann dies in einem Rechner ohne indizierte Variablen b und c realisiert werden. Es genügt dazu die Feststellung, dass der Wert von b_{j-1} nicht mehr benötigt wird, sobald zuerst c_{j-1} und dann b_j berechnet sind. Der entsprechende Algorithmus lautet deshalb

$$\boxed{\begin{array}{l} b = a_0;\ c = b;\ b = a_1 + p \cdot b \\ \text{für} \ \ j = 2, 3, \ldots, n: \\ \qquad c = b + p \cdot c;\ b = a_j + p \cdot b \\ P_n(p) = b;\ P_n'(p) = c \end{array}} \tag{4.79}$$

Beispiel 4.10. Für das Polynom fünften Grades

$$P_5(x) = x^5 - 5x^3 + 4x + 1$$

soll eine Nullstelle berechnet werden, für welche die Näherung $x^{(0)} = 2$ bekannt ist. Das Horner-Schema lautet

	1	0	−5	0	4	1
2 :		2	4	−2	−4	0
	1	2	−1	−2	0	$1 = P_5(2)$
2 :		2	8	14	24	
	1	4	7	12	$24 = P_5'(2)$	

Mit diesen Werten erhält man mit dem Verfahren von Newton $x^{(1)} = 2 - \frac{1}{24} \doteq 1.95833$. Das nächste Horner-Schema für $x^{(1)}$ lautet bei Rechnung mit sechs wesentlichen Dezimalstellen

	1	0	−5	0	4	1
1.95833 :		1.95833	3.83506	−2.28134	−4.46762	−0.915754
	1	1.95833	−1.16494	−2.28134	−0.467620	0.084246
1.95833 :		1.95833	7.67011	12.7393	20.4802	
	1	3.91666	6.50517	10.4580	20.0126	

Daraus ergibt sich der zweite Näherungswert $x^{(2)} \doteq 1.95833 - 0.00420965 \doteq 1.95412$. Ein weiterer Iterationsschritt ergibt $x^{(3)} \doteq 1.95408$, und dies ist der auf sechs Stellen gerundete Wert einer ersten Nullstelle. △

Für eine Nullstelle z_1 des Polynoms $P_n(x)$ ist $(x - z_1)$ ein Teiler von $P_n(x)$, so dass diese Nullstelle abgespalten werden kann. Division von $P_n(x)$ durch den Linearfaktor $(x - z_1)$ liefert das Quotientenpolynom $P_{n-1}(x)$, dessen Nullstellen die restlichen Nullstellen von $P_n(x)$ sind. Die Koeffizienten von $P_{n-1}(x)$ berechnen sich nach dem Divisionsalgorithmus (4.74), wobei der resultierende Rest R verschwinden muss und somit als Rechenkontrolle dienen kann. Man fährt mit $P_{n-1}(x)$ analog weiter, dividiert einen weiteren Linearfaktor $(x - z_2)$ ab und reduziert auf diese Weise sukzessive den Grad des Polynoms, für welches eine nächste Nullstelle zu berechnen ist. Diese Vorgehensweise nennt man Deflation von Nullstellen.

Die sukzessive *Deflation* von Nullstellen kann sich auf die nachfolgend zu bestimmenden Nullstellen der Polynome von kleinerem Grad aus zwei Gründen ungünstig auswirken. Einerseits ist die berechnete Nullstelle im allgemeinen nur eine Näherung der exakten Nullstelle, und andererseits entstehen bei der Berechnung der Koeffizienten b_j von $P_{n-1}(x)$ unvermeidliche Rundungsfehler. Deshalb berechnet man eine Nullstelle z_2^* eines gefälschten Polynoms $P_{n-1}^*(x)$, die bei entsprechender Empfindlichkeit auf kleine Änderungen in den Koeffizienten eine große Abweichung gegenüber der exakten Nullstelle z_2 von $P_n(x)$ aufweisen kann.

Um die erwähnten Schwierigkeiten zu vermeiden, existiert nach einer Idee von Maehly [Mae 54] eine einfache Modifikation des Verfahrens von Newton. Die bekannten Nullstellen von $P_n(x)$ werden *implizit* abgespalten, so dass mit den unveränderten Koeffizienten von $P_n(x)$ gearbeitet werden kann. Wir bezeichnen mit $z_1, z_2, \ldots, z_n$ die Nullstellen von $P_n(x)$. Dann gelten

$$P_n(x) \quad = \quad \sum_{j=0}^{n} a_j x^{n-j} = a_0 \prod_{j=1}^{n} (x - z_j), \qquad a_0 \neq 0, \tag{4.80}$$

$$P_n'(x) = a_0 \sum_{i=1}^{n} \prod_{\substack{j=1 \\ j\neq i}}^{n} (x - z_j), \quad \frac{P_n'(x)}{P_n(x)} = \sum_{i=1}^{n} \frac{1}{x - z_i}. \tag{4.81}$$

Die Korrektur eines Näherungswertes $x^{(k)}$ im Verfahren von Newton ist gegeben durch den Kehrwert der formalen Partialbruchzerlegung (4.81) des Quotienten $P_n'(x^{(k)})/P_n(x^{(k)})$. Nun nehmen wir an, es seien bereits die m Nullstellen $z_1, z_2, \ldots, z_m$, $(1 \leq m < n)$ berechnet worden, so dass nach ihrer Deflation das Polynom

$$P_{n-m}(x) := P_n(x) \Big/ \prod_{i=1}^{m} (x - z_i) = a_0 \prod_{j=m+1}^{n} (x - z_j) \tag{4.82}$$

im Prinzip für die Bestimmung der nächsten Nullstelle zu verwenden ist. Für $P_{n-m}(x)$ gilt wegen (4.81)

$$\frac{P_{n-m}'(x)}{P_{n-m}(x)} = \sum_{j=m+1}^{n} \frac{1}{x - z_j} = \frac{P_n'(x)}{P_n(x)} - \sum_{i=1}^{m} \frac{1}{x - z_i}, \tag{4.83}$$

und folglich lautet die modifizierte Rechenvorschrift des Verfahrens von Newton mit *impliziter Deflation* der bereits berechneten Nullstellen $z_1, z_2, \ldots, z_m$

$$\boxed{x^{(k+1)} = x^{(k)} - \frac{1}{\dfrac{P_n'(x^{(k)})}{P_n(x^{(k)})} - \displaystyle\sum_{i=1}^{m} \frac{1}{(x^{(k)} - z_i)}}, \quad k = 0, 1, 2, \ldots .} \tag{4.84}$$

Der Rechenaufwand für einen Iterationsschritt (4.84) beträgt für die $(m+1)$-te Nullstelle $Z_N = 2n + m + 1$ multiplikative Operationen. Er nimmt mit jeder berechneten Nullstelle zu.

Tab. 4.9 Methode von Newton mit impliziter Deflation.

k	$x^{(k)}$	$P_5(x^{(k)})$	$P_5'(x^{(k)})$	$(x^{(k)} - z_1)^{-1}$	$\Delta x^{(k)} := x^{(k+1)} - x^{(k)}$
0	2.00000	1.00000	24.000	21.7770	$-4.49843 \cdot 10^{-1}$
1	1.55016	−2.47327	−3.17298	−2.47574	$-2.66053 \cdot 10^{-1}$
2	1.28411	−0.95915	−7.13907	−1.49260	$-1.11910 \cdot 10^{-1}$
3	1.17220	−0.15139	−7.17069	−1.27897	$-2.05572 \cdot 10^{-2}$
4	1.15164	−0.00466	−7.09910	−1.24620	$-6.55884 \cdot 10^{-4}$
5	$\underline{\underline{1.15098}} \doteq z_2$				

Beispiel 4.11. Für das Polynom von Beispiel 4.10 und der näherungsweise bekannten Nullstelle $z_1 = 1.95408$ wird mit der Technik der impliziten Deflation eine zweite Nullstelle bestimmt. Bei sechsstelliger Rechnung erhalten wir Werte, die in Tab. 4.9 wiedergegeben sind. Es wurde absichtlich die gleiche Startnäherung $x^{(0)} = 2$ wie im Beispiel 4.10 gewählt, um zu illustrieren, dass die Folge der iterierten Werte $x^{(k)}$ tatsächlich gegen eine andere Nullstelle z_2 konvergiert. △

4.4.2 Komplexe Nullstellen: Das Verfahren von Bairstow

Das Verfahren von Newton zur Berechnung der Nullstellen von Polynomen ist ohne Änderung auch dann durchführbar, wenn entweder die Koeffizienten des Polynoms komplex sind oder bei reellen Koeffizienten paarweise konjugiert komplexe Nullstellen auftreten. Die Rechenschritte sind mit komplexen Zahlen und Operationen durchzuführen, wobei im zweiten genannten Fall der Startwert komplex zu wählen ist, da andernfalls die Folge der Iterierten $x^{(k)}$ reell bleibt.

Das Rechnen mit komplexen Zahlen kann aber im Fall von Polynomen $P_n(x)$ mit reellen Koeffizienten vollständig vermieden werden. Ist nämlich $z_1 = u + iv, v \neq 0$, eine komplexe Nullstelle von $P_n(x)$, dann ist bekanntlich auch der dazu konjugiert komplexe Wert $z_2 = u - iv$ Nullstelle von $P_n(x)$. Somit ist das Produkt der zugehörigen Linearfaktoren

$$(x - z_1)(x - z_2) = (x - u - iv)(x - u + iv) = x^2 - 2ux + (u^2 + v^2) \tag{4.85}$$

ein *quadratischer Teiler* von $P_n(x)$, dessen Koeffizienten nach (4.85) reell sind. Auf Grund dieser Feststellung formulieren wir als neue Zielsetzung die Bestimmung eines quadratischen Teilers mit reellen Koeffizienten von $P_n(x)$. Ist ein solcher quadratischer Teiler gefunden, folgen daraus entweder ein Paar von konjugiert komplexen Nullstellen oder zwei reelle Nullstellen des Polynoms $P_n(x)$. Die übrigen $(n - 2)$ Nullstellen werden anschließend als Nullstellen des Quotientenpolynoms $P_{n-2}(x)$ ermittelt.

Als Vorbereitung ist der Divisionsalgorithmus mit Rest für einen quadratischen Faktor zu formulieren. Das gegebene Polynom sei wieder

$$P_n(x) = a_0x^n + a_1x^{n-1} + \ldots + a_{n-2}x^2 + a_{n-1}x + a_n, \quad a_j \in \mathbb{R}, \quad a_0 \neq 0.$$

Den quadratischen Faktor setzen wir wie folgt fest

$$x^2 - px - q, \quad p, q \in \mathbb{R}. \tag{4.86}$$

Gesucht sind die Koeffizienten des Quotientenpolynoms

$$P_{n-2}(x) = b_0x^{n-2} + b_1x^{n-3} + \ldots + b_{n-4}x^2 + b_{n-3}x + b_{n-2}, \tag{4.87}$$

so dass gilt

$$P_n(x) = (x^2 - px - q)P_{n-2}(x) + b_{n-1}(x - p) + b_n. \tag{4.88}$$

Das lineare Restpolynom $R_1(x) = b_{n-1}(x-p)+b_n$ in (4.88) wird in dieser unkonventionellen Form angesetzt, damit die resultierende Rechenvorschrift zur Berechnung der Koeffizienten b_j systematisch für alle Indizes gilt. Der Koeffizientenvergleich liefert die Beziehungen

$$\begin{aligned}
x^n &: \quad a_0 = b_0 \\
x^{n-1} &: \quad a_1 = b_1 - pb_0 \\
x^{n-j} &: \quad a_j = b_j - pb_{j-1} - qb_{j-2}, \qquad j = 2, 3, \ldots, n.
\end{aligned}$$

Die gesuchten Koeffizienten von $P_{n-2}(x)$ und des Restes $R_1(x)$ lassen sich somit rekursiv berechnen mit dem einfachen Divisionsalgorithmus

$$\boxed{\begin{aligned}
&b_0 = a_0; \qquad b_1 = a_1 + pb_0 \\
&b_j = a_j + pb_{j-1} + qb_{j-2}, \quad j = 2, 3, \ldots, n.
\end{aligned}} \tag{4.89}$$

Ein Faktor $x^2 - px - q$ ist genau dann Teiler von $P_n(x)$, falls der Rest $R_1(x)$ identisch verschwindet, d.h. falls in (4.88) die beiden Koeffizienten $b_{n-1} = b_n = 0$ sind. Zu gegebenen Werten p und q sind sowohl die Koeffizienten von $P_{n-2}(x)$ als auch die Koeffizienten des Restes $R_1(x)$ eindeutig bestimmt. Sie können somit als Funktionen der beiden Variablen p und q aufgefasst werden. Die oben formulierte Aufgabe, einen quadratischen Teiler von $P_n(x)$ zu bestimmen, ist deshalb äquivalent damit, das nichtlineare Gleichungssystem

$$\boxed{b_{n-1}(p,q) = 0, \qquad b_n(p,q) = 0} \tag{4.90}$$

nach den Unbekannten p und q zu lösen. Die Funktionen $b_{n-1}(p,q)$ und $b_n(p,q)$ sind durch den Algorithmus (4.89) definiert. Entsprechend unserer Zielsetzung interessieren allein die reellen Lösungen von (4.90), und diese sollen mit der Methode von Newton iterativ berechnet werden. Dazu werden die partiellen Ableitungen der beiden Funktionen $b_{n-1}(p,q)$ und $b_n(p,q)$ nach p und q benötigt. Diese können mit Hilfe einer einzigen Rekursionsformel berechnet werden, die zu (4.89) analog gebaut ist. Aus (4.89) folgt

$$\frac{\partial b_j}{\partial p} = b_{j-1} + p\frac{\partial b_{j-1}}{\partial p} + q\frac{\partial b_{j-2}}{\partial p}, \quad j = 2, 3, \ldots, n, \tag{4.91}$$

und zusätzlich

$$\frac{\partial b_0}{\partial p} = 0, \qquad \frac{\partial b_1}{\partial p} = b_0. \tag{4.92}$$

Die Struktur von (4.91) legt es nahe, die Hilfsgrößen

$$\boxed{c_{j-1} := \frac{\partial b_j}{\partial p}, \quad j = 1, 2, \ldots, n,} \tag{4.93}$$

zu definieren. Denn so wird (4.91) unter Berücksichtigung von (4.92) zur Rechenvorschrift

$$\boxed{\begin{aligned} &c_0 = b_0; \qquad c_1 = b_1 + pc_0 \\ &c_j = b_j + pc_{j-1} + qc_{j-2}, \quad j = 2, 3, \ldots, n-1. \end{aligned}} \tag{4.94}$$

Partielle Differenziationen von (4.89) nach q gibt die Identität

$$\frac{\partial b_j}{\partial q} = b_{j-2} + p\frac{\partial b_{j-1}}{\partial q} + q\frac{\partial b_{j-2}}{\partial q}, \quad j = 2, 3, \ldots, n, \tag{4.95}$$

wobei jetzt zu beachten ist, dass zusätzlich

$$\frac{\partial b_0}{\partial q} = 0, \qquad \frac{\partial b_1}{\partial q} = 0, \qquad \frac{\partial b_2}{\partial q} = b_0, \qquad \frac{\partial b_3}{\partial q} = b_1 + p\frac{\partial b_2}{\partial q}$$

gelten. Damit wird offensichtlich, dass mit der Identifikation

$$\boxed{\frac{\partial b_j}{\partial q} = c_{j-2}, \quad j = 2, 3, \ldots, n,} \tag{4.96}$$

diese partiellen Ableitungen dieselbe Rekursionsformel (4.94) erfüllen; damit gilt

$$\frac{\partial b_j}{\partial p} = \frac{\partial b_{j+1}}{\partial q} = c_{j-1}, \quad j = 1, 2, \ldots, n-1.$$

Im Speziellen erhalten wir nach (4.93) und (4.96) für die im Verfahren von Newton wichtigen Ableitungen

$$\frac{\partial b_{n-1}}{\partial p} = c_{n-2}; \quad \frac{\partial b_{n-1}}{\partial q} = c_{n-3}; \quad \frac{\partial b_n}{\partial p} = c_{n-1}; \quad \frac{\partial b_n}{\partial q} = c_{n-2}. \tag{4.97}$$

Damit sind alle Elemente bereitgestellt, die für einen Iterationsschritt zur Lösung des Systems (4.90) nötig sind. Durch (4.97) sind die vier Matrixelemente der Funktionalmatrix $\mathbf{\Phi}$ gegeben. Aus der allgemeinen Rechenvorschrift (4.50) erhalten wir durch entsprechende Substitution

$$\begin{aligned} p^{(k+1)} &= p^{(k)} + \frac{b_n c_{n-3} - b_{n-1} c_{n-2}}{c_{n-2}^2 - c_{n-1} c_{n-3}}, \\ q^{(k+1)} &= q^{(k)} + \frac{b_{n-1} c_{n-1} - b_n c_{n-2}}{c_{n-2}^2 - c_{n-1} c_{n-3}}. \end{aligned} \tag{4.98}$$

In (4.98) sind die auftretenden b- und c-Werte für $p^{(k)}$ und $q^{(k)}$ zu berechnen. Der Nenner $c_{n-2}^2 - c_{n-1}c_{n-3}$ ist gleich der Determinante der Funktionalmatrix $\mathbf{\Phi}$. Ist die Determinante gleich null, so ist (4.98) nicht anwendbar. In diesem Fall sind die Näherungen $p^{(k)}$ und $q^{(k)}$ beispielsweise durch Addition von Zufallszahlen zu ändern. Weiter ist es möglich, dass die Determinante zwar nicht verschwindet, aber betragsmäßig klein ist. Das hat zur Folge, dass dem Betrag nach sehr große Werte $p^{(k+1)}$ und $q^{(k+1)}$ entstehen können, welche unmöglich brauchbare Näherungen für die Koeffizienten eines quadratischen Teilers des Polynoms darstellen können. Denn es ist zu beachten, dass die Beträge der Nullstellen eines Polynoms $P_n(x)$ (4.71) beschränkt sind beispielsweise durch

$$|z_i| \leq R := \max\left\{\left|\frac{a_n}{a_0}\right|, 1 + \left|\frac{a_1}{a_0}\right|, 1 + \left|\frac{a_2}{a_0}\right|, \ldots, 1 + \left|\frac{a_{n-1}}{a_0}\right|\right\}. \tag{4.99}$$

Die Schranke (4.99) lässt sich mit der so genannten Begleitmatrix, [Zur 65], deren charakteristisches Polynom $a_0^{-1}P_n(x)$ ist, herleiten. Diese Matrix enthält in der letzten Spalte im Wesentlichen die Koeffizienten von $a_0^{-1}P_n(x)$, in der Subdiagonalen Elemente gleich Eins und sonst lauter Nullen. Die Zeilensummennorm dieser Matrix stellt eine obere Schranke für die Beträge der Eigenwerte und somit für die Nullstellen von $P_n(x)$ dar. Nach (4.85) und (4.86) ist insbesondere $q = -(u^2 + v^2) = -|z_1|^2$ im Fall eines konjugiert komplexen Nullstellenpaares oder aber es ist $|q| = |z_1| \cdot |z_2|$ für zwei reelle Nullstellen. Deshalb ist es angezeigt zu prüfen, ob $|q^{(k+1)}| \leq R^2$ gilt. Andernfalls muss für $p^{(k+1)}$ und $q^{(k+1)}$ eine entsprechende Reduktion vorgenommen werden.

Die *Methode von Bairstow* zur Bestimmung eines quadratischen Teilers $x^2 - px - q$ eines Polynoms $P_n(x)$ mit reellen Koeffizienten vom Grad $n > 2$ besteht zusammengefasst aus den folgenden Teilschritten einer einzelnen Iteration:

1. Zu gegebenen Näherungen $p^{(k)}$ und $q^{(k)}$ berechne man die Werte b_j nach (4.89) und die Werte c_j nach (4.94).
2. Falls die Determinante der Funktionalmatrix $\mathbf{\Phi}$ von null verschieden ist, können die iterierten Werte $p^{(k+1)}$ und $q^{(k+1)}$ gemäß (4.98) bestimmt werden.
3. Die Iteration soll abgebrochen werden, sobald die Werte b_{n-1} und b_n dem Betrag nach

in Relation zu den a_{n-1} und a_n, aus denen sie gemäß (4.89) entstehen, genügend klein sind. Wir verwenden deshalb die Bedingung

$$|b_{n-1}| + |b_n| \leq \varepsilon(|a_{n-1}| + |a_n|). \tag{4.100}$$

Darin ist $\varepsilon > 0$ eine Toleranz, die größer als die Maschinengenauigkeit τ ist.

4. Es sind die beiden Nullstellen z_1 und z_2 des gefundenen quadratischen Teilers zu bestimmen. Erst an dieser Stelle tritt im Fall eines konjugiert komplexen Nullstellenpaares eine komplexe Zahl auf.

5. Die Deflation der beiden Nullstellen erfolgt durch Division von $P_n(x)$ durch den zuletzt erhaltenen Teiler. Die Koeffizienten des Quotientenpolynoms sind durch (4.89) gegeben.

Das Verfahren von Bairstow besitzt die Konvergenzordnung $p = 2$, denn das zu lösende System von nichtlinearen Gleichungen (4.90) wird mit der Methode von Newton behandelt. Die im Verfahren zu berechnenden Größen des Divisionsalgorithmus werden zweckmäßigerweise in einem *doppelzeiligen Horner-Schema* zusammengestellt, welches sich für eine übersichtliche Handrechnung gut eignet. Im Fall $n = 6$ ist das Schema in (4.101) angegeben.

$$\begin{array}{r|ccccccc}
 & a_0 & a_1 & a_2 & a_3 & a_4 & a_5 & a_6 \\
q) & & & qb_0 & qb_1 & qb_2 & qb_3 & qb_4 \\
p) & & pb_0 & pb_1 & pb_2 & pb_3 & pb_4 & pb_5 \\
\hline
 & b_0 & b_1 & b_2 & b_3 & b_4 & \boxed{b_5} & \boxed{b_6} \\
q) & & & qc_0 & qc_1 & qc_2 & qc_3 & \\
p) & & pc_0 & pc_1 & pc_2 & pc_3 & pc_4 & \\
\hline
 & c_0 & c_1 & c_2 & \boxed{c_3} & \boxed{c_4} & \boxed{c_5} &
\end{array} \tag{4.101}$$

Beispiel 4.12. Für das Polynom fünften Grades

$$P_5(x) = x^5 - 2x^4 + 3x^3 - 12x^2 + 18x - 12$$

lautet das doppelzeilige Horner-Schema (4.101) für die Startwerte $p^{(0)} = -2, q^{(0)} = -5$

$$\begin{array}{r|cccccc}
 & 1 & -2 & 3 & -12 & 18 & -12 \\
-5) & & & -5 & 20 & -30 & 20 \\
-2) & & -2 & 8 & -12 & 8 & 8 \\
\hline
 & 1 & -4 & 6 & -4 & \boxed{-4} & \boxed{16} \\
-5) & & & -5 & 30 & -65 & \\
-2) & & -2 & 12 & -26 & 0 & \\
\hline
 & 1 & -6 & \boxed{13} & \boxed{0} & \boxed{-69} &
\end{array}$$

Der Verlauf des Verfahrens von Bairstow ist bei Rechnung mit acht wesentlichen Dezimalstellen in Tab. 4.10 dargestellt. Der quadratische Teiler $x^2 + 1.7320508x + 4.7320507$ ergibt das konjugiert komplexe Nullstellenpaar $z_{1,2} = -0.86602540 \pm 1.9955076i$. Mit dem Quotientenpolynom $P_3(x) = x^3 - 3.7320508x^2 + 4.7320509x - 2.5358990$ kann mit der Methode von Bairstow ein weiterer quadratischer Teiler $x^2 - 1.7320506x + 1.2679494$ ermittelt werden mit dem zweiten konjugiert komplexen Nullstellenpaar $z_{3,4} = 0.86602530 \pm 0.71968714i$. Die fünfte Nullstelle ist $z_5 = 2$. △

Tab. 4.10 Methode von Bairstow.

k	0	1	2	3	4
$p^{(k)}$	-2	-1.7681159	-1.7307716	-1.7320524	-1.7320508
$q^{(k)}$	-5	-4.6923077	-4.7281528	-4.7320527	-4.7320508
b_4	-4	0.17141800	0.0457260	-0.000029	$-1.0 \cdot 10^{-6}$
b_5	16	2.2742990	-0.0455520	0.000077	0.0
c_2	13	10.066549	9.4534922	9.4641203	9.4641012
c_3	0	5.0722220	6.9160820	6.9281770	6.9282040
c_4	-69	-56.032203	-56.621988	-56.784711	-56.784610
$\Delta p^{(k)}$	0.232	0.037344	-0.0012808	$1.5880 \cdot 10^{-6}$	$1.1835 \cdot 10^{-8}$
$\Delta q^{(k)}$	0.308	-0.035845	-0.0038999	$1.9017 \cdot 10^{-6}$	$9.6999 \cdot 10^{-8}$

4.5 Software

Die NAG-Bibliotheken enthalten im Kapitel C02 Routinen zur Bestimmung sämtlicher Nullstellen eines Polynoms und im Kapitel C05 zur Lösung nichtlinearer Gleichungen. Kann der Benutzer bei einer einzelnen Gleichung ein Intervall mit Vorzeichenwechsel angeben, so findet er Routinen mit garantierter Konvergenz gegen eine einzelne Nullstelle. Die anderen Routinen können auch versagen bzw. verlangen dem Benutzer etwas Experimentierfreude ab. Für Systeme von nichtlinearen Gleichungen gibt es Routinen, welche die Jacobi-Matrix verwenden, und solche, die die Ableitungen nur angenähert berechnen. Wann immer es geht, sollte man erstere benutzen, weil sie zuverlässiger Nullstellen finden können. Da ein nichtlineares Gleichungssystem als Spezialfall eines Problems kleinster Quadrate betrachtet werden kann, kommen auch die Routinen des entsprechenden Kapitels E04 in Betracht.

Die zuletzt genannte Möglichkeit muss in MATLAB gewählt werden zur Lösung eines Systems von nichtlinearen Gleichungen. Für eine einzelne Gleichung gibt es einen einfachen Befehl. Das Ergebnis der Nullstellensuche hängt vom Startwert oder -intervall ab, welches der Benutzers eingibt.

Unsere Problemlöseumgebung PAN (`http://www.upb.de/SchwarzKoeckler/`) verfügt über ein Programm zur Lösung einer nichtlinearer Gleichung und eines zur Lösung eines nichtlinearen Gleichungssystems.

4.6 Aufgaben

4.1. Eine Fixpunktiteration $x^{(n+1)} = F(x^{(n)})$ ist definiert durch $F(x) = 1 + \dfrac{1}{x} + \left(\dfrac{1}{x}\right)^2$.

a) Man verifiziere, dass $F(x)$ für das Intervall $[1.75, 2.0]$ die Voraussetzungen des Fixpunktsatzes von Banach erfüllt. Wie groß ist die Lipschitz-Konstante L?

b) Mit $x^{(0)} = 1.825$ bestimme man die Iterierten bis $x^{(20)}$. Welche a priori und a posteriori Fehlerschranken ergeben sich? Wie groß ist die Anzahl der erforderlichen Iterationsschritte zur Gewinnung einer weiteren richtigen Dezimalstelle?

4.2. Die nichtlineare Gleichung $2x - \sin(x) = 0.5$ kann in die Fixpunktform $x = 0.5\sin(x) + 0.25 =: F(x)$ übergeführt werden. Man bestimme ein Intervall, für welches $F(x)$ die Voraussetzungen des Fixpunktsatzes von Banach erfüllt. Zur Bestimmung des Fixpunktes s verfahre man wie in Aufgabe 4.1.

4.3. Man berechne die positive Nullstelle von $f(x) = e^{2x} - \sin(x) - 2$

a) mit der Sekantenmethode, $x^{(0)} = 0.25$, $x^{(1)} = 0.35$;
b) mit der Methode von Newton, $x^{(0)} = 0.25$;
c) mit der vereinfachten Methode von Newton, $x^{(0)} = 0.25$;
d) mit der Methode von Brent, $x^{(0)} = 0$, $x^{(1)} = 1$, $x^{(2)} = 0.5$.

4.4. Wie in Aufgabe 4.3 bestimme man die kleinsten positiven Lösungen der Gleichungen

a) $\tan(x) - \tanh(x) = 0$;
b) $\tan(x) - x - 4x^3 = 0$;
c) $(1 + x^2)\tan(x) - x(1 - x^2) = 0$.

4.5. Zur Bestimmung einer Lösung der Gleichung $f(x) = 0$ kann die Iterationsvorschrift

$$x^{(k+1)} = x^{(k)} - \frac{f(x^{(k)})f'(x^{(k)})}{f'(x^{(k)})^2 - 0.5f(x^{(k)})f''(x^{(k)})}, \quad k = 0, 1, 2, \ldots$$

verwendet werden unter der Voraussetzung, dass $f(x)$ mindestens zweimal stetig differenzierbar ist. Man zeige, dass die Konvergenzordnung (mindestens) $p = 3$ ist. Wie lauten die daraus resultierenden Iterationsformeln zur Berechnung von $\sqrt{a}$ als Lösung von $f(x) = x^2 - a = 0$ und von $\sqrt[3]{a}$ zur Lösung von $f(x) = x^3 - a = 0$? Man berechne mit diesen Iterationsvorschriften $\sqrt{2}$ und $\sqrt[3]{2}$ mit den Startwerten $x^{(0)} = 1$.

4.6. Das lineare Gleichungssystem

$$\begin{array}{rcrcrcrcl} 8x_1 & + & x_2 & - & 2x_3 & - & 8 & = & 0 \\ x_1 & + & 18x_2 & - & 6x_3 & + & 10 & = & 0 \\ 2x_1 & + & x_2 & + & 16x_3 & + & 2 & = & 0 \end{array}$$

mit diagonal dominanter Matrix kann in folgende Fixpunktform übergeführt werden:

$$\begin{array}{rcrcrcrcl} x_1 & = & 0.2x_1 & - & 0.1x_2 & + & 0.2x_3 & + & 0.8 \\ x_2 & = & -0.05x_1 & + & 0.1x_2 & + & 0.3x_3 & - & 0.5 \\ x_3 & = & -0.1x_1 & - & 0.05x_2 & + & 0.2x_3 & - & 0.1 \end{array}$$

Man verifiziere, dass die beiden Systeme äquivalent sind. Dann zeige man, dass die so definierte Abbildung in ganz $\mathbb{R}^3$ kontrahierend ist und bestimme die Lipschitz-Konstante L und den Spektralradius der Jacobi-Matrix. Mit dem Startwert $\boldsymbol{x}^{(0)} = (1, -0.5, -0.3)^T$ führe man (mindestens) zehn Iterationsschritte durch und gebe die a priori und a posteriori Fehlerschranken an. An der Folge der iterierten Vektoren verifiziere man die Konvergenzrate.

4.7. Das nichtlineare Gleichungssystem

$$\begin{array}{lcccccccl} e^{xy} & + & x^2 & + & y & - & 1.2 & = & 0 \\ x^2 & + & y^2 & + & x & - & 0.55 & = & 0 \end{array}$$

ist zu lösen. Mit den Startwerten $x^{(0)} = 0.6$, $y^{(0)} = 0.5$ wende man die Methode von Newton an. Für die besseren Startwerte $x^{(0)} = 0.4$, $y^{(0)} = 0.25$ löse man das Gleichungssystem mit Hilfe des vereinfachten Newton-Verfahrens. Wie groß ist die Konvergenzrate der linear konvergenten Iterationsfolge auf Grund des Spektralradius der zugehörigen Jacobi-Matrix?

4.8. Zur Lösung des nichtlinearen Gleichungssystems

$$\begin{array}{rcccccl} 4.72\sin(2x) & - & 3.14e^y & - & 0.495 & = & 0 \\ 3.61\cos(3x) & + & \sin(y) & - & 0.402 & = & 0 \end{array}$$

verwende man mit den Startwerten $x^{(0)} = 1.5, y^{(0)} = -4.7$ das Verfahren von Newton, das vereinfachte Verfahren von Newton, das Newtonsche Einzelschrittverfahren und das SOR-Newton-Verfahren für verschiedene Werte von ω.

4.9. Die Nullstellen der Polynome

$$P_5(x) = x^5 - 2x^4 - 13x^3 + 14x^2 + 24x - 1,$$
$$P_8(x) = x^8 - x^7 - 50x^6 + 62x^5 + 650x^4 - 528x^3 - 2760x^2 + 470x + 2185$$

sollen mit der Methode von Newton-Maehly bestimmt werden.

4.10. Mit der Methode von Bairstow berechne man die (komplexen) Nullstellen der Polynome

$$P_6(x) = 3x^6 + 9x^5 + 9x^4 + 5x^3 + 3x^2 + 8x + 5,$$
$$P_8(x) = 3x^8 + 2x^7 + 6x^6 + 4x^5 + 7x^4 + 3x^3 + 5x^2 + x + 8.$$

4.11. *Effektiver Jahreszins*: Gegeben sei folgender Kreditvertrag: Am Anfang erhalte der Kunde K €. Nach einem, zwei, ..., n Jahren muss der Kunde eine gleich bleibende Rate von R € zahlen, welche sich aus der Tilgung und den Zinsen zusammensetzt:

$$R = \text{Tilgung} + \text{Zinsen} = K/n + Kq/100;$$

der Nominalzinssatz des Kreditvertrages ist also q (Prozent).
Gesucht ist nun der effektive Jahreszins $\bar{p}$, welcher wie folgt definiert ist:
Am Anfang wird ein (fiktives) Konto eingerichtet und der Auszahlungsbetrag von K € eingezahlt. Nach einem, zwei, ..., n Jahren wird der Kontostand mit $p\%$ verzinst und jeweils unmittelbar danach die Rate von R € abgebucht.
Der effektive Jahreszins ist nun der Zinssatz p, bei dem nach n Jahren der Kontostand gleich null ist, also: Sei $f(p)$ der Kontostand nach n Jahren. Dann ist $\bar{p} > 0$ definiert durch $f(\bar{p}) = 0$.

a) Man zeige:

$$\begin{aligned} f(p) &= (1+p^*)^n K - \left(\sum_{j=0}^{n-1} (1+p^*)^j\right) R \\ &= (1+p^*)^n K - \frac{(1+p^*)^n - 1}{p^*} R, \end{aligned}$$

wobei $p^* = p/100$.

b) Man formuliere das Newton-Verfahren für das Problem $f(p) = 0$.

c) Man berechne $\bar{p}$ für $K = 100000$, $n = 10$ und $q = 8$.

5 Eigenwertprobleme

Es wird zunächst das *spezielle Eigenwertproblem* betrachtet, d.h. die Aufgabe die Eigenwerte und Eigenvektoren einer reellen, quadratischen Matrix $\boldsymbol{A}$ zu berechnen:

$$\boldsymbol{A}\boldsymbol{x} = \lambda \boldsymbol{x}. \tag{5.1}$$

Daneben wird kurz auf das *allgemeine Eigenwertproblem*

$$\boldsymbol{A}\boldsymbol{x} = \lambda \boldsymbol{B}\boldsymbol{x}, \tag{5.2}$$

eingegangen, das in der Regel auf das spezielle Eigenwertproblem zurückgeführt werden kann.

Beide Aufgabenstellungen treten insbesondere in der Physik und den Ingenieurwissenschaften bei der Behandlung von Schwingungsproblemen auf. Auch ist etwa in der Statistik im Zusammenhang mit der Varianzanalyse eine Eigenwertaufgabe zu lösen. Dem Eigenwertproblem sind wir auch schon im Kapitel 2 begegnet, wo zur Berechnung der Spektralnorm (2.77) Eigenwerte benötigt werden. Die Bestimmung der Konditionszahl einer Matrix mit der Spektralnorm (Abschnitt 2.12) erfordert den größten und den kleinsten Eigenwert der Matrix. Auch bei der Lösung von gewöhnlichen Differenzialgleichungssystemen und von partiellen Differenzialgleichungen ist die Bestimmung der Eigenwerte von Matrizen für die Untersuchung des stabilen Verhaltens der Verfahren maßgebend (vgl. dazu die Kapitel 8 und 10).

Die Wahl des numerischen Verfahrens zur Behandlung des Eigenwertproblems hängt davon ab, ob alle oder nur wenige Eigenwerte bestimmt werden sollen und ob die Eigenvektoren zusätzlich berechnet werden müssen. Darüber hinaus sollte die Verfahrenswahl vom Matrixtyp abhängig gemacht werden (symmetrisch oder unsymmetrisch, voll oder schwach besetzt). Wir werden uns auf einige geeignete Methoden zur Eigenwertbestimmung beschränken, die Grundlage der in Bibliotheken verwendeten Algorithmen sind. Für ausführlichere und umfassendere Darstellungen von Eigenwertmethoden verweisen wir auf [Bun 95, Gol 96b, Jen 77, Par 98, Ste 83, Tör 88, Wil 88, Zur 97, Zur 86].

5.1 Theoretische Grundlagen

5.1.1 Das charakteristische Polynom

Gegeben sei eine reelle, quadratische Matrix $\boldsymbol{A}$ der Ordnung n. Gesucht sind ihre (i.a. komplexen) Eigenwerte λ_k und die zugehörigen Eigenvektoren $\boldsymbol{x}_k \neq 0$, so dass

$$\boldsymbol{A}\boldsymbol{x}_k = \lambda_k \boldsymbol{x}_k \quad \text{oder} \quad (\boldsymbol{A} - \lambda_k \boldsymbol{I})\boldsymbol{x}_k = \boldsymbol{0} \tag{5.3}$$

gilt. Da der Eigenvektor $\boldsymbol{x}_k$ nicht der Nullvektor sein darf, muss notwendigerweise die Determinante der Matrix $\boldsymbol{A} - \lambda_k \boldsymbol{I}$ verschwinden. Folglich muss der Eigenwert λ_k Nullstelle des *charakteristischen Polynoms*

$$P(\lambda) := (-1)^n |\boldsymbol{A} - \lambda \boldsymbol{I}| = \lambda^n + p_{n-1}\lambda^{n-1} + p_{n-2}\lambda^{n-2} + \ldots + p_1\lambda + p_0 \tag{5.4}$$

sein. Da das charakteristische Polynom den echten Grad n besitzt, hat es n Nullstellen, falls sie mit der entsprechenden Vielfachheit gezählt werden.

Auf Grund dieser Betrachtung scheint die Aufgabe der Bestimmung der Eigenwerte bereits gelöst, denn man braucht dazu nur die Koeffizienten des charakteristischen Polynoms zu berechnen, um anschließend seine Nullstellen nach einer der Methoden aus Kapitel 4 zu ermitteln. Die Eigenvektoren $\boldsymbol{x}_k$ zu den Eigenwerten λ_k ergeben sich dann als nichttriviale Lösungen der homogenen Gleichungssysteme (5.3).

Das durch die Theorie vorgezeichnete Lösungsverfahren ist aber aus numerischen Gründen für größere Ordnungen n ungeeignet, da die Bestimmung der Nullstellen dieses Polynoms instabil sein kann. Deshalb werden im Folgenden nur solche Verfahren zur Behandlung der Eigenwertaufgabe betrachtet, welche die Berechnung der Koeffizienten des charakteristischen Polynoms nicht erfordern.

5.1.2 Ähnlichkeitstransformationen

Definition 5.1. 1. Ist $\boldsymbol{T} \in \mathbb{C}^{n,n}$ eine reguläre Matrix, dann heißt

$$\boldsymbol{T}^{-1}\,\boldsymbol{A}\,\boldsymbol{T} \tag{5.5}$$

Ähnlichkeitstransformation.

2. Eine Matrix $\boldsymbol{A} \in \mathbb{R}^{n,n}$ heißt *diagonalähnlich*, wenn es eine reguläre Matrix $\boldsymbol{T} \in \mathbb{C}^{n,n}$ gibt, so dass

$$\boldsymbol{\Lambda} := \boldsymbol{T}^{-1}\,\boldsymbol{A}\,\boldsymbol{T} \tag{5.6}$$

eine Diagonalmatrix ist: $\boldsymbol{\Lambda} := \operatorname{diag}(\lambda_1, \lambda_2, \cdots, \lambda_n)$, $\boldsymbol{\Lambda} \in \mathbb{C}^{n,n}$.

Die Zahlen λ_i sind dann gerade die Eigenwerte von $\boldsymbol{A}$.

Lemma 5.2. *Ist $\boldsymbol{T} \in \mathbb{C}^{n,n}$ eine reguläre Matrix und*

$$\boldsymbol{C} := \boldsymbol{T}^{-1}\,\boldsymbol{A}\,\boldsymbol{T}, \tag{5.7}$$

dann haben $\boldsymbol{A}$ und $\boldsymbol{C}$ dieselben Eigenwerte und zu einem Eigenvektor $\boldsymbol{y} \in \mathbb{C}^n$ von $\boldsymbol{C}$ gehört der Eigenvektor $\boldsymbol{x} := \boldsymbol{T}\boldsymbol{y}$ von $\boldsymbol{A}$:

$$\boldsymbol{C}\boldsymbol{y} = \lambda\boldsymbol{y} \Rightarrow \boldsymbol{A}\boldsymbol{x} = \lambda\boldsymbol{x} \quad \textit{mit} \quad \boldsymbol{x} := \boldsymbol{T}\boldsymbol{y}. \tag{5.8}$$

Beweis.

$$\begin{aligned} P_C(\lambda) &= |\lambda \boldsymbol{I} - \boldsymbol{C}| = |\lambda \boldsymbol{I} - \boldsymbol{T}^{-1}\boldsymbol{A}\boldsymbol{T}| = |\boldsymbol{T}^{-1}(\lambda \boldsymbol{I} - \boldsymbol{A})\boldsymbol{T}| \\ &= |\boldsymbol{T}^{-1}|\,|\lambda \boldsymbol{I} - \boldsymbol{A}|\,|\boldsymbol{T}| = |\lambda \boldsymbol{I} - \boldsymbol{A}| = P_A(\lambda). \end{aligned}$$

Dabei haben wir die Determinantenrelationen $|\boldsymbol{X}\boldsymbol{Y}| = |\boldsymbol{X}|\,|\boldsymbol{Y}|$ und $|\boldsymbol{T}^{-1}| = |\boldsymbol{T}|^{-1}$ verwendet. Aus $\boldsymbol{T}^{-1}\boldsymbol{A}\boldsymbol{T}\boldsymbol{y} = \lambda\boldsymbol{y}$ folgt $\boldsymbol{A}\boldsymbol{T}\boldsymbol{y} = \lambda\boldsymbol{T}\boldsymbol{y}$ und daraus $\boldsymbol{x} = \boldsymbol{T}\boldsymbol{y}$. □

5.1.3 Symmetrische Eigenwertprobleme

Oft sind die Matrizen des Eigenwertproblems symmetrisch. Dies ist ein großer Vorteil, da dann alle Eigenwerte reell sind und ihre numerische Berechnung gut konditioniert ist, siehe Abschnitt 5.7.

Satz 5.3. *Sei $\boldsymbol{A}$ eine symmetrische Matrix der Ordnung n. Dann besitzt $\boldsymbol{A}$ nur reelle Eigenwerte, und die Eigenvektoren sind orthogonal. Ist also $\boldsymbol{X}$ die Matrix mit den Eigenvektoren als Spalten und sind diese normiert auf $\|\boldsymbol{x}_i\|_2 = 1$, so ist*

$$\boldsymbol{X}^T\boldsymbol{X} = \boldsymbol{I} \implies \boldsymbol{X}^T = \boldsymbol{X}^{-1}. \tag{5.9}$$

Dies bedeutet auch, dass $\boldsymbol{A}$ sich mit der Matrix der Eigenvektoren vermittels

$$\boldsymbol{X}^{-1}\boldsymbol{A}\boldsymbol{X} = \boldsymbol{D}. \tag{5.10}$$

auf Diagonalgestalt ähnlich *transformieren lässt, wobei die Diagonalmatrix $\boldsymbol{D}$ gerade die Eigenwerte als Diagonalelemente enthält.*

Dieses so genannte *Hauptachsentheorem* bildet die Motivation für die folgenden Verfahren, in denen die Matrix $\boldsymbol{A}$ mit orthogonalen Transformationen *ähnlich* auf Diagonalgestalt transformiert wird.

5.1.4 Elementare Rotationsmatrizen

Zur Transformation einer Matrix auf eine bestimmte Form benutzt man oft möglichst einfache Transformationsmatrizen, deren Effekt übersichtlich ist. Zu dieser Klasse gehören die orthogonalen Matrizen $\boldsymbol{U}(p, q; \varphi)$ (5.11), für die gilt:

$$\begin{aligned} u_{ii} &= 1,\ i \neq p, q, & u_{pp} &= u_{qq} = \cos\varphi, \\ u_{pq} &= \sin\varphi, & u_{qp} &= -\sin\varphi, \\ u_{ij} &= 0 \quad \text{sonst.} \end{aligned}$$

Die Orthogonalität der Matrix $\boldsymbol{U}(p, q; \varphi)$ ist offenkundig, so dass aus $\boldsymbol{U}^T\boldsymbol{U} = \boldsymbol{I}$ sofort $\boldsymbol{U}^{-1} = \boldsymbol{U}^T$ folgt. Wenn wir $\boldsymbol{U}(p, q; \varphi)$ als Darstellungsmatrix einer linearen Transformation im $\mathbb{R}^n$ auffassen, entspricht sie einer Drehung um den Winkel $-\varphi$ in der zweidimensionalen Ebene, die durch die p-te und q-te Koordinatenrichtung aufgespannt wird. Das Indexpaar (p, q) mit $1 \leq p < q \leq n$ heißt das *Rotationsindexpaar* und die Matrix $\boldsymbol{U}(p, q; \varphi)$ eine (p, q)-*Rotationsmatrix*.

$$\boldsymbol{U}(p,q;\varphi) := \begin{pmatrix} 1 & & & & & & & & & \\ & \ddots & & & & & & & & \\ & & 1 & & & & & & & \\ & & & \cos\varphi & & & \sin\varphi & & & \\ & & & & 1 & & & & & \\ & & & & & \ddots & & & & \\ & & & & & & 1 & & & \\ & & & -\sin\varphi & & & \cos\varphi & & & \\ & & & & & & & 1 & & \\ & & & & & & & & \ddots & \\ & & & & & & & & & 1 \end{pmatrix} \begin{matrix} \\ \\ \\ \leftarrow p \\ \\ \\ \\ \leftarrow q \\ \\ \\ \\ \end{matrix} \tag{5.11}$$

Die Wirkung einer (p, q)-Rotationsmatrix (5.11) auf eine Matrix $\boldsymbol{A}$ im Fall einer Ähnlichkeitstransformation $\boldsymbol{A}'' = \boldsymbol{U}^{-1}\boldsymbol{A}\boldsymbol{U} = \boldsymbol{U}^T\boldsymbol{A}\boldsymbol{U}$ stellen wir in zwei Schritten fest. Die Multiplikation der Matrix $\boldsymbol{A}$ von links mit $\boldsymbol{U}^T$ zur Matrix $\boldsymbol{A}' = \boldsymbol{U}^T\boldsymbol{A}$ bewirkt nur eine Linearkombination der p-ten und q-ten Zeilen von $\boldsymbol{A}$, während die übrigen Matrixelemente unverändert bleiben. Die Elemente von $\boldsymbol{A}' = \boldsymbol{U}^T\boldsymbol{A}$ sind gegeben durch

$$\left.\begin{aligned} a'_{pj} &= a_{pj}\cos\varphi - a_{qj}\sin\varphi \\ a'_{qj} &= a_{pj}\sin\varphi + a_{qj}\cos\varphi \\ a'_{ij} &= a_{ij} \quad \text{für } i \neq p, q \end{aligned}\right\} \quad j = 1, 2, \ldots, n. \tag{5.12}$$

Die anschließende Multiplikation der Matrix $\boldsymbol{A}'$ von rechts mit $\boldsymbol{U}$ zur Bildung von $\boldsymbol{A}'' = \boldsymbol{A}'\boldsymbol{U}$ bewirkt jetzt nur eine Linearkombination der p-ten und q-ten Spalten von $\boldsymbol{A}'$, während alle anderen Spalten unverändert bleiben. Die Elemente von $\boldsymbol{A}'' = \boldsymbol{A}'\boldsymbol{U} = \boldsymbol{U}^T\boldsymbol{A}\boldsymbol{U}$ sind gegeben durch

$$\left.\begin{aligned} a''_{ip} &= a'_{ip}\cos\varphi - a'_{iq}\sin\varphi \\ a''_{iq} &= a'_{ip}\sin\varphi + a'_{iq}\cos\varphi \\ a''_{ij} &= a'_{ij} \quad \text{für } j \neq p, q \end{aligned}\right\} \quad i = 1, 2, \ldots, n. \tag{5.13}$$

Zusammenfassend können wir festhalten, dass eine Ähnlichkeitstransformation der Matrix $\boldsymbol{A}$ mit einer (p, q)-Rotationsmatrix $\boldsymbol{U}$ nur die Elemente der p-ten und q-ten Zeilen und Spalten verändert, wie dies in Abb. 5.1 anschaulich dargestellt ist.

Die Matrixelemente in den vier Kreuzungspunkten werden sowohl nach (5.12) als auch nach (5.13) transformiert. Bevor wir die entsprechenden Formeln angeben, halten wir noch fest, dass bei einer orthogonalen Ähnlichkeitstransformation die Symmetrie erhalten bleibt. In der Tat gilt mit $\boldsymbol{A}^T = \boldsymbol{A}$ und $\boldsymbol{U}^{-1} = \boldsymbol{U}^T$ allgemein

$$\boldsymbol{A}''^T = (\boldsymbol{U}^{-1}\boldsymbol{A}\boldsymbol{U})^T = (\boldsymbol{U}^T\boldsymbol{A}\boldsymbol{U})^T = \boldsymbol{U}^T\boldsymbol{A}^T\boldsymbol{U} = \boldsymbol{U}^T\boldsymbol{A}\boldsymbol{U} = \boldsymbol{A}''.$$

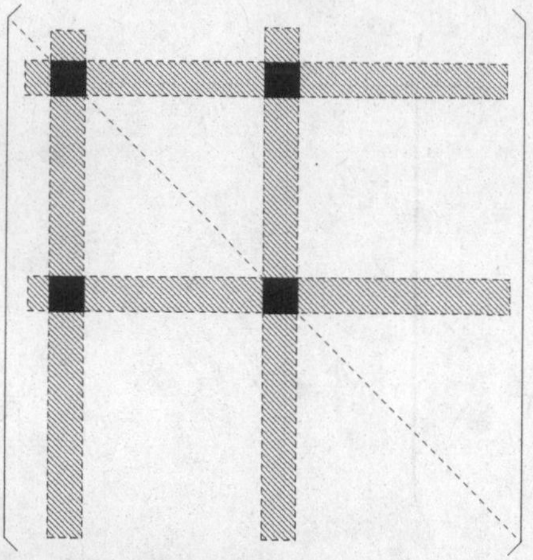

Abb. 5.1
Wirkung der Ähnlichkeitstransformation.

Nach Substitution von (5.12) in (5.13) sind die Elemente an den Kreuzungsstellen definiert durch

$$a''_{pp} = a_{pp}\cos^2\varphi - 2a_{pq}\cos\varphi\sin\varphi + a_{qq}\sin^2\varphi \tag{5.14}$$
$$a''_{qq} = a_{pp}\sin^2\varphi + 2a_{pq}\cos\varphi\sin\varphi + a_{qq}\cos^2\varphi \tag{5.15}$$
$$a''_{pq} = a''_{qp} = (a_{pp} - a_{qq})\cos\varphi\sin\varphi + a_{pq}(\cos^2\varphi - \sin^2\varphi) \tag{5.16}$$

Solche elementaren orthogonalen Ähnlichkeitstransformationen wurden von *Jacobi* 1846 [Jac 46] zur sukzessiven Diagonalisierung einer symmetrischen Matrix verwendet. Sie werden deshalb *Jacobi-Rotationen* genannt oder, um das Rotationsindexpaar hervorzuheben, (p, q)-Drehungen.

Die tatsächliche Ausführung einer Jacobi-Rotation kann unter Berücksichtigung der Symmetrie mit den Matrixelementen in und unterhalb der Diagonalen erfolgen. Deshalb sind nach Abb. 5.1 insgesamt $2(n-2)$ Elemente gemäß (5.12) und (5.13) und dazu die drei Elemente an den Kreuzungsstellen umzurechnen. Beachtet man noch die Relation $a''_{pp} + a''_{qq} = a_{pp} + a_{qq}$, so sind nur etwas mehr als $4n$ Multiplikationen erforderlich.

5.2 Das klassische Jacobi-Verfahren

In diesem Abschnitt betrachten wir das Problem, für eine reelle *symmetrische Matrix* $\boldsymbol{A}$ alle Eigenwerte und die zugehörigen Eigenvektoren zu berechnen.

Auf Grund des Hauptachsentheorems lässt sich jede symmetrische Matrix $\boldsymbol{A}$ durch eine orthogonale Ähnlichkeitstransformation diagonalisieren. Die Idee von *Jacobi* besteht darin, diese Transformation durch eine Folge von elementaren Rotationen durchzuführen.

Eine naheliegende Strategie besteht darin, in einem einzelnen Transformationsschritt das momentan absolut größte Paar von Außendiagonalelementen $a_{pq} = a_{qp}$ zum Verschwinden zu bringen. Dies soll durch eine (p, q)-Drehung erfolgen, so dass also a_{pq} und a_{qp} in den außendiagonalen Kreuzungsstellen liegen (vgl. Abb. 5.1). Um unnötige Indizes zu vermeiden, betrachten wir einen Schritt der Transformationsfolge. Nach (5.16) ergibt sich folgende Bedingungsgleichung für den Drehwinkel φ

$$(a_{pp} - a_{qq}) \cos\varphi \sin\varphi + a_{qp}(\cos^2\varphi - \sin^2\varphi) = 0. \tag{5.17}$$

In (5.17) ist mit a_{qp} berücksichtigt, dass nur mit der unteren Hälfte der Matrix $\boldsymbol{A}$ gearbeitet werden soll. Mit den trigonometrischen Identitäten

$$\sin(2\varphi) = 2\cos\varphi\sin\varphi \quad \text{und} \quad \cos(2\varphi) = \cos^2\varphi - \sin^2\varphi$$

lautet (5.17)

$$\cot(2\varphi) = \frac{\cos^2\varphi - \sin^2\varphi}{2\cos\varphi\sin\varphi} = \frac{a_{qq} - a_{pp}}{2a_{qp}} =: \Theta. \tag{5.18}$$

Da $a_{qp} \neq 0$ ist, hat der Quotient Θ stets einen endlichen Wert. Für die Jacobi-Rotation werden aber nur die Werte von $\cos\varphi$ und $\sin\varphi$ benötigt, nicht der des Winkels φ. Diese Werte können aus (5.18) numerisch sicher wie folgt berechnet werden. Mit $t := \tan\varphi$ ergibt sich aus (5.18)

$$\frac{1 - t^2}{2t} = \Theta \quad \text{oder} \quad t^2 + 2\Theta t - 1 = 0 \tag{5.19}$$

eine quadratische Gleichung für t mit den beiden Lösungen

$$t_{1,2} = -\Theta \pm \sqrt{\Theta^2 + 1} = \frac{1}{\Theta \pm \sqrt{\Theta^2 + 1}}. \tag{5.20}$$

Wir wählen die betragskleinere der beiden Lösungen und setzen fest

$$\boxed{t = \tan\varphi = \begin{cases} \dfrac{1}{\Theta + \operatorname{sgn}(\Theta)\sqrt{\Theta^2 + 1}} & \text{für } \Theta \neq 0 \\ 1 & \text{für } \Theta = 0 \end{cases}} \tag{5.21}$$

Damit wird erreicht, dass einerseits im Nenner von (5.21) keine Auslöschung stattfindet und dass andererseits $-1 < \tan\varphi \leq 1$ gilt, so dass der Drehwinkel φ auf das Intervall $-\pi/4 < \varphi \leq \pi/4$ beschränkt ist. Aus dem jetzt bekannten Wert für $\tan\varphi$ ergeben sich schließlich

$$\boxed{\cos\varphi = \frac{1}{\sqrt{1 + t^2}}, \qquad \sin\varphi = t\cos\varphi} \tag{5.22}$$

Damit sind die Elemente der Jacobi-Rotation festgelegt, und die Transformation der Matrix $\boldsymbol{A}$ in $\boldsymbol{A}'' = \boldsymbol{U}^T\boldsymbol{A}\boldsymbol{U}$ kann nach den Formeln (5.12) und (5.13) erfolgen. Für die Diagonalelemente der transformierten Matrix $\boldsymbol{A}''$ ergeben sich infolge des aus der Gleichung (5.17) bestimmten Drehwinkels φ bedeutend einfachere Darstellungen. Aus (5.14) folgt nämlich mit (5.18)

$$\begin{aligned} a''_{pp} &= a_{pp} - 2a_{qp}\cos\varphi\sin\varphi + (a_{qq} - a_{pp})\sin^2\varphi \\ &= a_{pp} - a_{qp}\left\{2\cos\varphi\sin\varphi - \frac{\cos^2\varphi - \sin^2\varphi}{\cos\varphi\sin\varphi}\sin^2\varphi\right\} \\ &= a_{pp} - a_{qp}\tan\varphi. \end{aligned}$$

Also gelten die beiden Darstellungen

$$\boxed{a''_{pp} = a_{pp} - a_{qp}\tan\varphi, \qquad a''_{qq} = a_{qq} + a_{qp}\tan\varphi} \tag{5.23}$$

Mit den Formeln (5.23) wird nicht nur die Zahl der Multiplikationen verkleinert, sondern es wird vor allem auch der Rundungsfehler in den Diagonalelementen verringert. Desgleichen lassen sich die Formeln (5.12) und (5.13) so umformen, dass sie bessere Eigenschaften hinsichtlich Rundungsfehlern aufweisen [Rut 66]. Dies gilt insbesondere für betragskleine Drehwinkel φ. Um die modifizierten Darstellungen der transformierten Matrixelemente zu erhalten, verwenden wir die Identität für

$$\cos\varphi = \frac{\cos\varphi + \cos^2\varphi}{1+\cos\varphi} = \frac{1+\cos\varphi - \sin^2\varphi}{1+\cos\varphi} = 1 - \frac{\sin^2\varphi}{1+\cos\varphi}.$$

Mit dem Wert

$$\boxed{r := \frac{\sin\varphi}{1+\cos\varphi}\left(= \tan\left(\frac{\varphi}{2}\right)\right)} \tag{5.24}$$

ergeben sich aus (5.12) und (5.13)

$$\boxed{\left.\begin{aligned} a'_{pj} &= a_{pj} - \sin\varphi[a_{qj} + r a_{pj}] \\ a'_{qj} &= a_{qj} + \sin\varphi[a_{pj} - r a_{qj}] \end{aligned}\right\} j = 1, 2, \ldots, n,} \tag{5.25}$$

$$\boxed{\left.\begin{aligned} a''_{ip} &= a'_{ip} - \sin\varphi[a'_{iq} + r a'_{ip}] \\ a''_{iq} &= a'_{iq} + \sin\varphi[a'_{ip} - r a'_{iq}] \end{aligned}\right\} i = 1, 2, \ldots, n.} \tag{5.26}$$

Man beachte, dass die Zahl der Multiplikationen gegenüber (5.12)/(5.13) unverändert bleibt.

Im *klassischen Jacobi-Verfahren* wird mit $\boldsymbol{A}^{(0)} = \boldsymbol{A}$ eine Folge von orthogonalähnlichen Matrizen

$$\boldsymbol{A}^{(k)} = \boldsymbol{U}_k^T \boldsymbol{A}^{(k-1)} \boldsymbol{U}_k, \quad k = 1, 2, \ldots \tag{5.27}$$

gebildet, so dass im k-ten Schritt das absolut größte Nicht-Diagonalelement $a_{qp}^{(k-1)}$ der Matrix $\boldsymbol{A}^{(k-1)}$

$$|a_{qp}^{(k-1)}| = \max_{i>j} |a_{ij}^{(k-1)}| \tag{5.28}$$

durch eine Jacobi-Rotation mit $\boldsymbol{U}_k = \boldsymbol{U}(p, q; \varphi)$ zu null gemacht wird. Obwohl die Nicht-Diagonalelemente, die mit einer bestimmten Jacobi-Rotation zum Verschwinden gebracht werden, im Allgemeinen in einem nachfolgenden Transformationsschritt wieder ungleich null werden, gilt der

Satz 5.4. *Die Folge der zueinander ähnlichen Matrizen $\boldsymbol{A}^{(k)}$ (5.27) des klassischen Jacobi-Verfahrens konvergiert gegen eine Diagonalmatrix $\boldsymbol{D}$.*

Beweis. Für die Summe der Quadrate der Nicht-Diagonalelemente der Matrix $\boldsymbol{A}^{(k)}$

$$S(\boldsymbol{A}^{(k)}) = \sum_{i=1}^{n}\sum_{\substack{j=1\\ j\neq i}}^{n}\{a_{ij}^{(k)}\}^2, \quad k=1,2,\ldots, \tag{5.29}$$

zeigen wir, dass $S(\boldsymbol{A}^{(k)})$ mit wachsendem k eine monotone Nullfolge bildet. Dazu untersuchen wir vorbereitend die Änderung von $S(\boldsymbol{A})$ im Fall einer allgemeinen Jacobi-Rotation mit dem Rotationsindexpaar (p,q). Die Summe $S(\boldsymbol{A}'') = S(\boldsymbol{U}^T\boldsymbol{A}\boldsymbol{U})$ wird dazu in Teilsummen aufgeteilt.

$$\begin{aligned} S(\boldsymbol{A}'') &= \sum_{i=1}^{n}\sum_{\substack{j=1\\ j\neq i}}^{n} a_{ij}''^2 \\ &= \sum_{\substack{i=1\\ i\neq p,q}}^{n}\ \sum_{\substack{j=1\\ j\neq i,p,q}}^{n} a_{ij}''^2 + \sum_{\substack{i=1\\ i\neq p,q}}^{n}(a_{ip}''^2 + a_{iq}''^2) + \sum_{\substack{j=1\\ j\neq p,q}}^{n}(a_{pj}''^2 + a_{qj}''^2) + 2a_{qp}''^2 \end{aligned} \tag{5.30}$$

Einerseits ändern sich bei einer (p,q)-Drehung nur die Elemente in den p-ten und q-ten Zeilen und Spalten, so dass $a_{ij}'' = a_{ij}$ für alle $i \neq p,q$ und alle $j \neq i,p,q$ gilt, und andererseits gelten wegen der Orthogonalität der Transformation

$$\begin{aligned} a_{ip}''^2 + a_{iq}''^2 &= a_{ip}^2 + a_{iq}^2 \quad (i \neq p,q), \\ a_{pj}''^2 + a_{qj}''^2 &= a_{pj}^2 + a_{qj}^2 \quad (j \neq p,q). \end{aligned}$$

Deshalb folgt aus (5.30) für eine allgemeine Jacobi-Rotation

$$S(\boldsymbol{A}'') = S(\boldsymbol{U}^T\boldsymbol{A}\boldsymbol{U}) = \{S(\boldsymbol{A}) - 2a_{qp}^2\} + 2a_{qp}''^2. \tag{5.31}$$

Im klassischen Jacobi-Verfahren gilt nach dem k-ten Schritt $a_{qp}^{(k)} = 0$, so dass aus (5.31) folgt

$$S(\boldsymbol{A}^{(k)}) = S(\boldsymbol{A}^{(k-1)}) - 2a_{qp}^{(k-1)^2}, \quad k=1,2,\ldots. \tag{5.32}$$

Die Werte $S(\boldsymbol{A}^{(k)})$ bilden mit zunehmendem k eine streng monoton abnehmende Folge, solange $\max_{i\neq j}|a_{ij}^{(k-1)}| \neq 0$ ist. Die Abnahme des Wertes $S(\boldsymbol{A}^{(k-1)})$ in der k-ten Jacobi-Rotation ist sogar maximal. Es bleibt noch zu zeigen, dass $S(\boldsymbol{A}^{(k)})$ eine Nullfolge bildet. Wegen (5.28) gilt

$$S(\boldsymbol{A}^{(k-1)}) \leq (n^2-n)a_{qp}^{(k-1)^2},$$

und deshalb folgt für $S(\boldsymbol{A}^{(k)})$ aus (5.32) die Abschätzung

$$S(\boldsymbol{A}^{(k)}) = S(\boldsymbol{A}^{(k-1)}) - 2a_{qp}^{(k-1)^2} \leq \left\{1 - \frac{2}{n^2-n}\right\} S(\boldsymbol{A}^{(k-1)}). \tag{5.33}$$

Da die Abschätzung (5.33) unabhängig von $a_{qp}^{(k-1)^2}$ ist, ergibt ihre rekursive Anwendung

$$S(\boldsymbol{A}^{(k)}) \leq \left\{1 - \frac{2}{n^2-n}\right\}^k S(\boldsymbol{A}^{(0)}). \tag{5.34}$$

Für $n = 2$ ist $1 - 2/(n^2-n) = 0$ im Einklang mit der Tatsache, dass mit $S(\boldsymbol{A}^{(1)}) = 0$ eine einzige Jacobi-Rotation in diesem Fall zur Diagonalisierung der Matrix der Ordnung zwei genügt. Für $n > 2$ ist $1 - 2/(n^2-n) < 1$ und somit gilt

$$\lim_{k\to\infty} S(\boldsymbol{A}^{(k)}) = 0.$$

□

Das Produkt der Rotationsmatrizen

$$\boldsymbol{V}_k := \boldsymbol{U}_1\boldsymbol{U}_2\cdots\boldsymbol{U}_k, \quad k = 1, 2, \ldots, \tag{5.35}$$

ist eine orthogonale Matrix, für die

$$\boldsymbol{A}^{(k)} = \boldsymbol{U}_k^T\boldsymbol{U}_{k-1}^T\ldots\boldsymbol{U}_2^T\boldsymbol{U}_1^T\boldsymbol{A}^{(0)}\boldsymbol{U}_1\boldsymbol{U}_2\ldots\boldsymbol{U}_{k-1}\boldsymbol{U}_k = \boldsymbol{V}_k^T\boldsymbol{A}\boldsymbol{V}_k \tag{5.36}$$

gilt. Nach Satz 5.4 stellt die Matrix $\boldsymbol{A}^{(k)}$ für hinreichend großes k mit beliebiger Genauigkeit eine Diagonalmatrix $\boldsymbol{D}$ dar, d.h. es gilt

$$\boldsymbol{A}^{(k)} = \boldsymbol{V}_k^T\boldsymbol{A}\boldsymbol{V}_k \approx \boldsymbol{D}.$$

Die Diagonalelemente von $\boldsymbol{A}^{(k)}$ stellen Approximationen der Eigenwerte λ_j von $\boldsymbol{A}$ dar. Die Spalten von $\boldsymbol{V}_k$ sind Näherungen der zugehörigen orthonormierten Eigenvektoren $\boldsymbol{x}_j$. Insbesondere erhält man auch im Fall von mehrfachen Eigenwerten ein vollständiges System von orthonormierten Näherungen der Eigenvektoren. Auf Grund der Abschätzung (5.34) nimmt die Wertefolge $S(\boldsymbol{A}^{(k)})$ mindestens wie eine geometrische Folge mit dem Quotienten $q = 1-2/(n^2-n)$ ab, d.h. die Konvergenz ist mindestens linear. Damit lässt sich die Anzahl der erforderlichen Jacobi-Rotationen zumindest abschätzen, um etwa die Bedingung

$$S(\boldsymbol{A}^{(k)})/S(\boldsymbol{A}^{(0)}) \leq \varepsilon^2 \tag{5.37}$$

zu erfüllen. Bezeichnen wir mit $N = (n^2-n)/2$ die Anzahl der Nicht-Diagonalelemente der unteren Hälfte der Matrix $\boldsymbol{A}$, so ist (5.37) sicher erfüllt, falls gilt

$$\left[1 - \frac{1}{N}\right]^k \leq \varepsilon^2.$$

Aufgelöst nach k erhalten wir daraus mit dem natürlichen Logarithmus für größere Werte von N

$$k \geq \frac{2\ln(\varepsilon)}{\ln\left(1 - \frac{1}{N}\right)} \approx 2N\ln\left(\frac{1}{\varepsilon}\right) = (n^2-n)\ln\left(\frac{1}{\varepsilon}\right). \tag{5.38}$$

Da eine Jacobi-Rotation rund $4n$ Multiplikationen erfordert, liefert (5.38) mit $\varepsilon = 10^{-\alpha}$ eine Schätzung des Rechenaufwandes Z_{Jacobi} zur Diagonalisierung einer symmetrischen Matrix $\boldsymbol{A}$ der Ordnung n mit dem klassischen Jacobi-Verfahren von

$$Z_{\text{Jacobi}} = 4nk \approx 4n(n^2-n)\alpha\ln(10) \approx 9.21\alpha(n^3-n^2) \tag{5.39}$$

Multiplikationen. Der Aufwand steigt mit der dritten Potenz der Ordnung n, wobei der Faktor 9.21α von der geforderten Genauigkeit abhängt. Die Schätzung des Rechenaufwandes (5.39) ist zu pessimistisch, denn die Wertefolge der $S(\boldsymbol{A}^{(k)})$ konvergiert sogar *quadratrisch* gegen null, sobald die Nicht-Diagonalelemente betragsmäßig genügend klein bezüglich der minimalen Differenz von zwei Eigenwerten geworden sind [Hen 58, Sch 61, Sch 64]. Falls für die Eigenwerte

$$\min_{i \neq j} |\lambda_i - \lambda_j| =: 2\delta > 0 \tag{5.40}$$

gilt, und im klassischen Jacobi-Verfahren der Zustand erreicht worden ist, dass

$$S(\boldsymbol{A}^{(k)}) < \frac{1}{4}\delta^2 \tag{5.41}$$

zutrifft, dann ist nach $N = (n^2 - n)/2$ weiteren Jacobi-Rotationen

$$S(\boldsymbol{A}^{(k+N)}) \leq \left(\frac{1}{2}n - 1\right) S(\boldsymbol{A}^{(k)})^2/\delta^2. \tag{5.42}$$

Eine zu (5.42) analoge Aussage über die quadratische Konvergenz kann auch für den Fall von doppelten Eigenwerten gezeigt werden [Sch 61, Sch 64]. Die asymptotisch quadratische Konvergenz reduziert selbstverständlich den totalen Rechenaufwand wesentlich. Er bleibt aber doch proportional zu n^3, wobei aber der Proportionalitätsfaktor im Vergleich zu (5.39) kleiner ist.

Eine Aussage über den absoluten Fehler der Approximation der Eigenwerte λ_j von $\boldsymbol{A}$ durch die Diagonalelemente $a_{ii}^{(k)}$ der Matrix $\boldsymbol{A}^{(k)}$ liefert der in [Hen 58] bewiesene

Satz 5.5. *Die Eigenwerte λ_j der symmetrischen Matrix $\boldsymbol{A} = \boldsymbol{A}^{(0)}$ seien in aufsteigender Reihenfolge $\lambda_1 \leq \lambda_2 \leq \ldots \leq \lambda_n$ angeordnet. Die der Größe nach geordneten Diagonalelemente $a_{ii}^{(k)}$ bezeichnen wir mit $d_j^{(k)}$, so dass $d_1^{(k)} \leq d_2^{(k)} \leq \ldots \leq d_n^{(k)}$ gilt. Dann erfüllen die Eigenwerte λ_j die Fehlerabschätzung*

$$|d_j^{(k)} - \lambda_j| \leq \sqrt{S(\boldsymbol{A}^{(k)})}, \quad j = 1, 2, \ldots, n; \; k = 0, 1, 2, \ldots. \tag{5.43}$$

Um die aufwändige Berechnung von $S(\boldsymbol{A}^{(k)})$ zu vermeiden, schätzen wir die Summe mit Hilfe des absolut größten Nicht-Diagonalelementes $a_{qp}^{(k)}$ von $\boldsymbol{A}^{(k)}$ durch $S(\boldsymbol{A}^{(k)}) \leq (n^2 - n)\{a_{qp}^{(k)}\}^2 < n^2\{a_{qp}^{(k)}\}^2$ ab. Dies liefert die gegenüber (5.43) im Allgemeinen bedeutend schlechtere Abschätzung

$$|d_j^{(k)} - \lambda_j| < n|a_{qp}^{(k)}|, \quad j = 1, 2, \ldots, n; \; k = 0, 1, 2, \ldots. \tag{5.44}$$

Sie ist als einfaches Abbruchkriterium anwendbar.

Die gleichzeitige Berechnung der Eigenvektoren der Matrix $\boldsymbol{A}$ ist bereits durch (5.35) und (5.36) vorgezeichnet. Die j-te Spalte von $\boldsymbol{V}_k$ enthält eine Näherung des normierten Eigenvektors zur Eigenwertnäherung $a_{jj}^{(k)}$. Die so erhaltenen Approximationen der Eigenvektoren bilden innerhalb der numerischen Genauigkeit stets ein System von paarweise orthogonalen und normierten Vektoren. Dies trifft auf Grund der Konstruktion auch im Fall von mehrfachen Eigenwerten zu. Da die Konvergenz der Matrixfolge $\boldsymbol{V}_k$ komplizierteren Gesetzen gehorcht als die Konvergenz der Diagonalelemente $a_{jj}^{(k)}$ gegen die Eigenwerte, werden die Eigenvektoren in der Regel weniger gut approximiert [Wil 88]. Die Matrixfolge $\boldsymbol{V}_k$ berechnet sich rekursiv durch sukzessive Multiplikation der Rotationsmatrizen gemäß der Vorschrift

$$\boldsymbol{V}_0 = \boldsymbol{I}; \qquad \boldsymbol{V}_k = \boldsymbol{V}_{k-1}\boldsymbol{U}_k \quad k = 1, 2, \ldots. \tag{5.45}$$

Für die Matrizen $\boldsymbol{V}_k$ ist eine volle $(n \times n)$-Matrix vorzusehen, weil sie ja nicht symmetrisch sind. Ist $\boldsymbol{U}_k$ eine (p, q)-Rotationsmatrix, bewirkt die Multiplikation $\boldsymbol{V}_{k-1}\boldsymbol{U}_k$ nur eine Linearkombination der p-ten und q-ten Spalten von $\boldsymbol{V}_{k-1}$ gemäß den Formeln (5.13) oder (5.26). Der Rechenaufwand für diese Operation beträgt $4n$ wesentliche Operationen. Werden also die Eigenvektoren mitberechnet, so verdoppelt sich der Gesamtaufwand des klassischen Jacobi-Verfahrens.

Beispiel 5.1. Die Eigenwerte und Eigenvektoren der Matrix

$$\boldsymbol{A}^{(0)} = \begin{pmatrix} 20 & -7 & 3 & -2 \\ -7 & 5 & 1 & 4 \\ 3 & 1 & 3 & 1 \\ -2 & 4 & 1 & 2 \end{pmatrix} \quad \text{mit } S(\boldsymbol{A}^{(0)}) = 160$$

werden mit dem klassischen Jacobi-Verfahren berechnet. Da die Matrix sechs Elemente unterhalb der Diagonale enthält, sollen immer sechs Schritte ohne Zwischenergebnis ausgeführt werden. Nach sechs Rotationen lautet die resultierende Matrix

$$\boldsymbol{A}^{(6)} \doteq \begin{pmatrix} 23.524454 & 0.000000 & -0.005235 & 0.268672 \\ 0.000000 & 6.454132 & -0.090526 & -0.196317 \\ -0.005235 & -0.090526 & 1.137646 & -0.288230 \\ 0.268672 & -0.196317 & -0.288230 & -1.116232 \end{pmatrix}$$

Die Summe der Quadrate der Nicht-Diagonalelemente ist $S(\boldsymbol{A}^{(6)}) \doteq 0.404$. In den nachfolgenden drei×sechs Rotationen werden $S(\boldsymbol{A}^{(12)}) \doteq 3.648 \cdot 10^{-6}$, $S(\boldsymbol{A}^{(18)}) \doteq 9.0 \cdot 10^{-23}$ und $S(\boldsymbol{A}^{(24)}) \doteq 1.5 \cdot 10^{-32}$. Die sehr rasche Konvergenz ist deutlich erkennbar und setzt in diesem Beispiel sehr früh ein, weil die Eigenwerte, entnommen aus der Diagonale von $\boldsymbol{A}^{(24)}$, $\lambda_1 \doteq 23.527386$, $\lambda_2 \doteq 6.460515$, $\lambda_3 \doteq 1.173049$ und $\lambda_4 \doteq -1.160950$ mit $\min_{i=j} |\lambda_i - \lambda_j| \doteq 2.334$ gut getrennt sind. Die Matrix $\boldsymbol{V}_{24} = \boldsymbol{I}\,\boldsymbol{U}_1\,\boldsymbol{U}_2 \ldots \boldsymbol{U}_{24}$ mit den Näherungen der Eigenvektoren lautet

$$\boldsymbol{V}_{24} \doteq \begin{pmatrix} 0.910633 & 0.260705 & -0.269948 & -0.172942 \\ -0.370273 & 0.587564 & -0.249212 & -0.674951 \\ 0.107818 & 0.549910 & 0.819957 & 0.116811 \\ -0.148394 & 0.533292 & -0.438967 & 0.707733 \end{pmatrix}.$$

Eigenwerte und Eigenvektoren ändern sich in den letzten sechs Schritten innerhalb der gezeigten Stellen nicht mehr. △

Das *zyklische Jacobi-Verfahren* erspart sich den aufwändigen Suchprozess zur Ermittlung des absolut größten Nicht-Diagonalelementes, der $N = (n^2 - n)/2$ Vergleichsoperationen erfordert.

Da eine Jacobi-Rotation nur $4n$ Multiplikationen benötigt, steht der Aufwand des Suchprozesses, zumindest für größere Ordnungen n, in einem ungünstigen Verhältnis zu demjenigen der eigentlichen Transformation. Deswegen werden beim zyklischen Jacobi-Verfahren die N Nicht-Diagonalelemente unterhalb der Diagonale in systematischer und immer gleich bleibender Reihenfolge in einem Zyklus von N Rotationen je einmal zum Verschwinden gebracht.

Auch das zyklische Jacobi-Verfahren erzeugt eine Folge von Matrizen $\boldsymbol{A}^{(k)}$, die gegen die Diagonalmatrix der Eigenwerte konvergiert. Der Nachweis der Konvergenz ist aber bei weitem nicht mehr so elementar wie im Fall des klassischen Jacobi-Verfahrens.

5.3 Die Vektoriteration

5.3.1 Die einfache Vektoriteration nach von Mises

Es soll nur der einfachste Fall beschrieben werden: $\boldsymbol{A}$ sei eine reguläre Matrix der Ordnung n mit nur reellen Eigenwerten und einem System von n linear unabhängigen Eigenvektoren $\boldsymbol{x}_i$, $i = 1, \ldots n$. λ_1 sei ein einfacher Eigenwert mit

$$|\lambda_1| > |\lambda_2| \geq \cdots \geq |\lambda_n|. \tag{5.46}$$

Im Algorithmus (5.47) wird die Bestimmung des betragsgrößten Eigenwertes λ_1 und des zugehörigen Eigenvektors $\boldsymbol{x}_1$ beschrieben.

(1) Wähle ein $\boldsymbol{z}^{(0)} \in \mathbb{R}^n$ mit $\|\boldsymbol{z}^{(0)}\|_2 = 1$, setze $i := 0$.

(2) Berechne $\boldsymbol{u}^{(i)} := \boldsymbol{A}\boldsymbol{z}^{(i)}$, den Index k mit

$$|u_k^{(i)}| = \max_j |u_j^{(i)}|,$$

$$s_i := \operatorname{sign}\left(\frac{z_k^{(i)}}{u_k^{(i)}}\right)$$

$$\boldsymbol{z}^{(i+1)} := s_i \frac{\boldsymbol{u}^{(i)}}{\|\boldsymbol{u}^{(i)}\|_2} \quad \text{und}$$

$$\lambda_1^{(i)} := s_i \, \|\boldsymbol{u}^{(i)}\|_2 \tag{5.47}$$

(3) Wenn

$$\|\boldsymbol{z}^{(i+1)} - \boldsymbol{z}^{(i)}\|_2 < \varepsilon \text{ , dann gehe nach (5).}$$

(4) Setze $i := i + 1$ und gehe nach (2).

(5) Setze

$$\tilde{\lambda}_1 := \lambda_1^{(i)}$$

$$\tilde{\boldsymbol{x}}_1 = \boldsymbol{z}^{(i+1)}.$$

$\tilde{\lambda}_1$ und $\tilde{\boldsymbol{x}}_1$ sind Näherungen für den gesuchten Eigenwert und zugehörigen Eigenvektor.

Wann, warum und wie dieses Verfahren konvergiert, sagt

Satz 5.6. *Für den Startvektor $\boldsymbol{z}^{(0)}$ der Vektoriteration gelte:*

$$\boldsymbol{z}^{(0)} = \sum_{j=1}^{n} c_j \boldsymbol{x}_j \quad \text{mit} \quad c_1 \neq 0, \tag{5.48}$$

wo $\{\boldsymbol{x}_j\}$ das System der linear unabhängigen Eigenvektoren ist.
Dann konvergieren nach Algorithmus (5.47)

$$\begin{array}{lrcll} & s_i\,\|\boldsymbol{u}^{(i)}\|_2 & \longrightarrow & \lambda_1 & \textit{mit}\ \ i\to\infty \\ \textit{und} & & & & \\ & \boldsymbol{z}^{(i)} & \longrightarrow & \boldsymbol{x}_1 & \textit{mit}\ \ i\to\infty. \end{array} \tag{5.49}$$

Die Konvergenz ist linear mit der Konvergenzrate $|\lambda_2|/|\lambda_1|$.

Im Algorithmus verursachen die Matrix-Vektor-Multiplikationen in (2) den Hauptaufwand. Dieser Aufwand kann bei schwach besetztem $\boldsymbol{A}$ stark verringert werden, wenn die Elemente von $\boldsymbol{A}$ entsprechend gespeichert sind. Deswegen ist dieser Algorithmus für den Fall großer, schwach besetzter Matrizen geeignet, einen oder mehrere Eigenwerte zu berechnen. Im Fall mehrerer Eigenwerte wird der Algorithmus nach einer Idee von F. L. Bauer verallgemeinert, siehe [Rut 69] oder [Köc 94].

Beispiel 5.2. Sei

$$\boldsymbol{A} = \begin{pmatrix} + & \times & \cdot & \cdot & \cdot & \times & \cdot & \cdot & \cdot & \cdot & \cdot & \cdot \\ \times & + & \times & \cdot & \cdot & \cdot & \times & \cdot & \cdot & \cdot & \cdot & \cdot \\ \cdot & \times & + & \times & \cdot & \cdot & \cdot & \times & \cdot & \cdot & \cdot & \cdot \\ \cdot & \cdot & \times & + & \times & \cdot & \cdot & \cdot & \times & \cdot & \cdot & \cdot \\ \cdot & \cdot & \cdot & \times & + & \cdot & \cdot & \cdot & \cdot & \times & \cdot & \cdot \\ \times & \cdot & \cdot & \cdot & \cdot & + & \times & \cdot & \cdot & \cdot & \times & \cdot \\ \cdot & \times & \cdot & \cdot & \cdot & \times & + & \times & \cdot & \cdot & \cdot & \times \\ \cdot & \cdot & \times & \cdot & \cdot & \cdot & \times & + & \times & \cdot & \cdot & \cdot \\ \cdot & \cdot & \cdot & \times & \cdot & \cdot & \cdot & \times & + & \times & \cdot & \cdot \\ \cdot & \cdot & \cdot & \cdot & \times & \cdot & \cdot & \cdot & \times & + & \cdot & \cdot \\ \cdot & \cdot & \cdot & \cdot & \cdot & \times & \cdot & \cdot & \cdot & \cdot & + & \times \\ \cdot & \cdot & \cdot & \cdot & \cdot & \cdot & \times & \cdot & \cdot & \cdot & \times & + \end{pmatrix}$$

mit den folgenden Abkürzungen: $+ \equiv 0.1111$, $\times \equiv -0.0278$, $\cdot \equiv 0$.
Von einer solchen Matrix würde man normalerweise nur die Elemente ungleich null in der Form `(i, j, a(i,j))` speichern. Wir suchen den absolut größten Eigenwert und den zugehörigen Eigenvektor. Wir erwarten auf Grund von Problem-Vorkenntnissen, dass aufeinander folgende Komponenten dieses Eigenvektors entgegengesetzte Vorzeichen aufweisen. Deshalb wählen wir als Startvektor

$$\boldsymbol{z}^{(0)} := \frac{1}{\sqrt{12}}(-1,1,-1,1,-1,1,-1,1,-1,1,-1,1)^T, \ \ \|\boldsymbol{z}^{(0)}\|_2 = 1.$$

Er liefert die Folge von iterierten Vektoren

$$\boldsymbol{u}^{(0)} := \boldsymbol{A}\boldsymbol{z}^{(0)} \to \boldsymbol{z}^{(1)} = \frac{\boldsymbol{u}^{(0)}}{\|\boldsymbol{u}^{(0)}\|_2} \to \boldsymbol{u}^{(1)} := \boldsymbol{A}\boldsymbol{z}^{(1)} \to \boldsymbol{z}^{(2)} = \frac{\boldsymbol{u}^{(1)}}{\|\boldsymbol{u}^{(1)}\|_2} \to \cdots,$$

deren Zahlenwerte in Tab. 5.1 stehen.

Die Folge $\lambda_1^{(i)}$ der Approximationen für den größten Eigenwert λ_1 nach Schritt (2) des Algorithmus (5.47) konvergiert nach Satz 5.6 linear mit der asymptotischen Konvergenzrate $|\lambda_2|/|\lambda_1| = 0.9065$, also sehr langsam:

Tab. 5.1 Vektorsequenz zur Potenzmethode.

$u^{(0)}$	$z^{(1)}$	$u^{(1)}$	$z^{(2)}$	$\cdots$	$z^{(12)}$	x_1
−0.0481	−0.2587	−0.0455	−0.2418	$\cdots$	−0.2235	−0.2290
0.0561	0.3018	0.0587	0.3119	$\cdots$	0.3482	0.3569
−0.0561	−0.3018	−0.0587	−0.3119	$\cdots$	−0.3510	−0.3527
0.0561	0.3018	0.0575	0.3055	$\cdots$	0.2858	0.2742
−0.0481	−0.2587	−0.0443	−0.2354	$\cdots$	−0.1632	−0.1489
0.0561	0.3018	0.0575	0.3055	$\cdots$	0.2916	0.2961
−0.0642	−0.3449	−0.0707	−0.3755	$\cdots$	−0.4277	−0.4361
0.0561	0.3018	0.0599	0.3182	$\cdots$	0.3734	0.3749
−0.0561	−0.3018	−0.0575	−0.3055	$\cdots$	−0.2919	−0.2804
0.0481	0.2587	0.0443	0.2354	$\cdots$	0.1647	0.1505
−0.0481	−0.2587	−0.0443	−0.2354	$\cdots$	−0.1790	−0.1795
0.0481	0.2587	0.0455	0.2418	$\cdots$	0.2133	0.2158

Schritt Nr.	1	2	3	4	5	6
$\lambda_1^{(i)}$	0.1860	0.1882	0.1892	0.1897	0.1900	0.1901
	7	8	9	10	11	12
	0.1902	0.1903	0.1903	0.1903	0.1904	0.1904

Nach zwölf Schritten bekommen wir eine auf 4 wesentliche Stellen genaue Approximation des Eigenwerts $\lambda_1 \approx \lambda_1^{(12)} = 0.1904$. Die zugehörige Eigenvektorapproximation $z^{(12)}$ und der korrekte Eigenvektor x_1 sind auch in Tab. 5.1 zu finden. Die Konvergenz wäre noch langsamer gewesen, wenn wir einen anderen Startvektor gewählt hätten wie z.B.

$$z^{(0)} := (1,1,1,1,1,1,1,1,1,1,1,1)^T/\sqrt{12}. \qquad \triangle$$

5.3.2 Die inverse Vektoriteration

Soll nicht der größte Eigenwert, sondern irgendein Eigenwert λ_k und der zugehörige Eigenvektor x_k bestimmt werden, so können diese mit Hilfe der *inversen Vektoriteration* berechnet werden. Ist $\bar{\lambda}$ ein Näherungswert für den Eigenwert λ_k mit

$$0 < |\lambda_k - \bar{\lambda}| =: \varepsilon \ll \delta := \min_{i \neq k} |\lambda_i - \bar{\lambda}|, \tag{5.50}$$

dann wird ausgehend von einem geeigneten Startvektor $z^{(0)}$ die Folge von Vektoren $z^{(\nu)}$ auf Grund der Vorschrift

$$(A - \bar{\lambda} I) z^{(\nu)} = z^{(\nu-1)}, \quad \nu = 1, 2, \ldots, \tag{5.51}$$

gebildet. Wenn wir wieder voraussetzen, dass die Matrix A ein System von n linear unabhängigen Eigenvektoren $x_1, x_2, \ldots, x_n$ besitzt, hat $z^{(0)}$ die eindeutige Darstellung

$$z^{(0)} = \sum_{i=1}^{n} c_i x_i. \tag{5.52}$$

Für die iterierten Vektoren $\boldsymbol{z}^{(\nu)}$ gilt dann wegen $(\boldsymbol{A}-\bar{\lambda}\boldsymbol{I})\boldsymbol{x}_i = (\lambda_i - \bar{\lambda})\boldsymbol{x}_i$

$$\boldsymbol{z}^{(\nu)} = \sum_{i=1}^{n} \frac{c_i}{(\lambda_i - \bar{\lambda})^\nu}\boldsymbol{x}_i. \tag{5.53}$$

Ist weiter in der Entwicklung (5.52) der Koeffizient $c_k \neq 0$, dann folgt für $\boldsymbol{z}^{(\nu)}$ aus (5.53)

$$\boldsymbol{z}^{(\nu)} = \frac{1}{(\lambda_k - \bar{\lambda})^\nu}\left[c_k\boldsymbol{x}_k + \sum_{\substack{i=1\\i\neq k}}^{n} c_i \left(\frac{\lambda_k - \bar{\lambda}}{\lambda_i - \bar{\lambda}}\right)^\nu \boldsymbol{x}_i\right] \tag{5.54}$$

eine rasche lineare Konvergenz mit der Konvergenzrate $K = \varepsilon/\delta$ gegen den Eigenvektor $\boldsymbol{x}_k$, falls wie im Algorithmus (5.47) nach jedem Iterationsschritt der resultierende Vektor $\boldsymbol{z}^{(\nu)}$ normiert wird. Die Konvergenz wird gemäß (5.50) und (5.54) durch die gegenseitige Lage der Eigenwerte und die Güte der Näherung $\bar{\lambda}$ bestimmt. Außerdem hängt sie vom Startvektor $\boldsymbol{z}^{(0)}$ ab.

Die Lösung des linearen Gleichungssystems (5.51) nach $\boldsymbol{z}^{(\nu)}$ erfolgt mit dem Gauß-Algorithmus unter Verwendung der relativen Spaltenmaximumstrategie. Wenn es sich bei $\boldsymbol{A}-\bar{\lambda}\boldsymbol{I}$ um eine Hessenberg-Matrix handelt wie in Abschnitt 5.4.1, wird mit Vorteil die im Abschnitt 2.3.3 entwickelte Rechentechnik für tridiagonale Gleichungssysteme angewandt. Werden die Zeilenvertauschungen wie dort vor Ausführung des betreffenden Eliminationsschrittes vorgenommen, dann entsteht in Analogie zu (2.122) ein Schlussschema mit Hessenberg-Struktur. Die resultierende Rechtsdreiecksmatrix ist selbstverständlich ausgefüllt mit von null verschiedenen Elementen. Das Vorgehen vereinfacht sowohl die Eliminationsschritte, d.h. im Wesentlichen die Zerlegung, als auch die Vorwärtssubstitution.

Die Matrix $\boldsymbol{A}-\bar{\lambda}\boldsymbol{I}$ ist fast singulär, weil $\bar{\lambda}$ eine gute Näherung eines Eigenwertes darstellt. Folglich ist das Gleichungssystem (5.51) schlecht konditioniert. Deshalb ist zu erwarten, dass der berechnete Vektor $\tilde{\boldsymbol{z}}^{(\nu)}$ einen großen relativen Fehler gegenüber dem exakten Vektor $\boldsymbol{z}^{(\nu)}$ aufweist. Es zeigt sich, dass der Fehler $\tilde{\boldsymbol{z}}^{(\nu)} - \boldsymbol{z}^{(\nu)}$ eine dominante Komponente in Richtung des betragskleinsten Eigenwertes von $\boldsymbol{A}-\bar{\lambda}\boldsymbol{I}$ besitzt. Nun ist aber $\lambda_k - \bar{\lambda}$ der betragskleinste Eigenwert von $\boldsymbol{A}-\bar{\lambda}\boldsymbol{I}$; deshalb ist der Fehler in der Lösung im Wesentlichen proportional zu $\boldsymbol{x}_k$, d.h. in der gewünschten Richtung. Diese Feststellung macht die inverse Vektoriteration überhaupt erst zu einem brauchbaren Verfahren zur Eigenvektorberechnung.

5.4 Transformationsmethoden

Die numerische Behandlung der Eigenwertaufgabe wird stark vereinfacht, falls die gegebene Matrix $\boldsymbol{A}$ durch eine orthogonale Ähnlichkeitstransformation zuerst auf eine geeignete Form gebracht wird. Im Folgenden behandeln wir diesen vorbereitenden Schritt, wobei wir in erster Linie die Transformation einer unsymmetrischen Matrix $\boldsymbol{A}$ auf Hessenberg-Form betrachten; das ist eine um eine Nebendiagonale erweiterte Dreiecksmatrix. Die Anwendung derselben Transformation auf eine symmetrische Matrix liefert eine Tridiagonalmatrix. Auf die Matrizen in der einfacheren Form werden dann andere Verfahren zur Berechnung von Eigenwerten und Eigenvektoren angewendet.

5.4.1 Transformation auf Hessenberg-Form

Eine gegebene *unsymmetrische* Matrix $\boldsymbol{A}$ der Ordnung n soll durch eine Ähnlichkeitstransformation auf eine obere *Hessenberg-Matrix*

$$\boldsymbol{H} = \begin{pmatrix} h_{11} & h_{12} & h_{13} & h_{14} & \dots & h_{1n} \\ h_{21} & h_{22} & h_{23} & h_{24} & \dots & h_{2n} \\ 0 & h_{32} & h_{33} & h_{34} & \dots & h_{3n} \\ 0 & 0 & h_{43} & h_{44} & \dots & h_{4n} \\ \vdots & \vdots & \ddots & \ddots & \ddots & \vdots \\ 0 & 0 & \dots & 0 & h_{n,n-1} & h_{nn} \end{pmatrix} \tag{5.55}$$

gebracht werden, für deren Elemente gilt

$$h_{ij} = 0 \quad \text{für alle } i > j + 1. \tag{5.56}$$

Die gewünschte Transformation wird erreicht durch eine geeignete Folge von Jacobi-Rotationen, wobei in jedem Schritt ein Matrixelement zu null gemacht wird. Dabei wird darauf geachtet, dass ein einmal annuliertes Matrixelement durch nachfolgende Drehungen den Wert null beibehält. Im Gegensatz zu den Jacobi-Verfahren müssen die Rotationsindexpaare so gewählt werden, dass das zu annullierende Element nicht im außendiagonalen Kreuzungspunkt der veränderten Zeilen und Spalten liegt. Zur Unterscheidung spricht man deshalb auch von *Givens-Rotationen* [Par 98]. Zur Durchführung der Transformation existieren zahlreiche Möglichkeiten. Es ist naheliegend, die Matrixelemente unterhalb der Nebendiagonale spaltenweise in der Reihenfolge

$$a_{31}, a_{41}, \dots, a_{n1}, a_{42}, a_{52}, \dots, a_{n2}, \dots, a_{n,n-2} \tag{5.57}$$

zu eliminieren. Mit den korrespondierenden Rotationsindexpaaren

$$(2,3), (2,4), \dots, (2,n), (3,4), (3,5), \dots, (3,n), \dots, (n-1,n) \tag{5.58}$$

und noch geeignet festzulegenden Drehwinkeln φ wird das Ziel erreicht werden. Zur Elimination des aktuellen Elementes $a_{ij} \neq 0$ mit $i \geq j+2$ wird gemäß (5.57) und (5.58) eine $(j+1, i)$-Drehung angewandt. Das Element a_{ij} wird durch diese Rotation nur von der Zeilenoperation betroffen. Die Forderung, dass das transformierte Element a'_{ij} verschwinden soll, liefert nach (5.12) wegen $p = j+1 < i = q$ die Bedingung

$$a'_{ij} = a_{j+1,j} \sin\varphi + a_{ij} \cos\varphi = 0. \tag{5.59}$$

Zusammen mit der Identität $\cos^2\varphi + \sin^2\varphi = 1$ ist das Wertepaar $\cos\varphi$ und $\sin\varphi$, abgesehen von einem frei wählbaren Vorzeichen, bestimmt. Aus einem bald ersichtlichen Grund soll der Drehwinkel φ auf das Intervall $[-\pi/2, \pi/2]$ beschränkt werden. Deshalb werden die Werte wie folgt festgelegt.

$$\begin{array}{|lll|} \hline \text{Falls} & a_{j+1,j} \neq 0: & \\ & \cos\varphi = \dfrac{|a_{j+1,j}|}{\sqrt{a_{j+1,j}^2 + a_{ij}^2}}, & \sin\varphi = \dfrac{-\text{sgn}\,(a_{j+1,j})\,a_{ij}}{\sqrt{a_{j+1,j}^2 + a_{ij}^2}} \\ \text{Falls} & a_{j+1,j} = 0: & \\ & \cos\varphi = 0, & \sin\varphi = 1 \\ \hline \end{array} \tag{5.60}$$

Nun bleibt noch zu verifizieren, dass mit der Rotationsreihenfolge (5.58) die Transformation einer Matrix $\boldsymbol{A}$ auf Hessenberg-Form (5.55) erreicht wird. Dazu ist zu zeigen, dass die bereits erzeugten Nullelemente durch spätere Drehungen unverändert bleiben. Für die erste Spalte ist dies offensichtlich, denn jede der $(2, i)$-Rotationen betrifft nur die zweiten und i-ten Zeilen und Spalten, wobei genau das Element a_{i1} eliminiert wird. Für die Transformation der weiteren Spalten zeigen wir dies durch einen Induktionsschluss. Dazu nehmen wir an, dass die ersten r Spalten bereits auf die gewünschte Form gebracht worden seien. Zur Elimination der Elemente $a_{i,r+1}$ der $(r + 1)$-ten Spalte mit $i \geq r + 3$ werden sukzessive $(r + 2, i)$-Drehungen angewandt. Unter der getroffenen Voraussetzung werden in den ersten r Spalten durch die Zeilenoperation nur Nullelemente miteinander linear kombiniert, so dass diese unverändert bleiben. Da $i > r + 2$ ist, werden in der Spaltenoperation nur Spalten mit Indizes größer als $(r + 1)$ verändert. Somit wird mit insgesamt $N^* = (n - 1)(n - 2)/2$ Givens-Rotationen die Ähnlichkeitstransformation von $\boldsymbol{A}$ auf eine obere Hessenberg-Matrix $\boldsymbol{H}$ erzielt. Um den dazu erforderlichen Rechenaufwand zu bestimmen, sehen wir uns noch die Transformation des Elementes $a_{j+1,j}$ näher an. Nach (5.12) und mit (5.60) ergibt sich

$$a'_{j+1,j} = \frac{a_{j+1,j}|a_{j+1,j}| + \text{sgn}(a_{j+1,j})a_{ij}^2}{\sqrt{a_{j+1,j}^2 + a_{ij}^2}} = \text{sgn}(a_{j+1,j})\sqrt{a_{j+1,j}^2 + a_{ij}^2}.$$

Werden die Formeln (5.60) modifiziert zu

$$\begin{array}{|lll|} \hline \text{Falls} & a_{j+1,j} \neq 0: & w := \text{sgn}(a_{j+1,j})\sqrt{a_{j+1,j}^2 + a_{ij}^2}, \\ & \cos\varphi = \dfrac{a_{j+1,j}}{w}, & \sin\varphi = \dfrac{-a_{ij}}{w} \\ \text{Falls} & a_{j+1,j} = 0: & w := -a_{ij}, \\ & \cos\varphi = 0, & \sin\varphi = 1, \\ \hline \end{array} \tag{5.61}$$

dann ist $a'_{j+1,j} = w$, und die Berechnung dieses neuen Elementes erfordert keine Operation. Eine Givens-Rotation zur Elimination des Elementes a_{ij} der j-ten Spalte benötigt vier multiplikative Operationen und eine Quadratwurzel gemäß (5.61), dann $4(n-j)$ Multiplikationen für die Zeilenoperation (5.12) und schließlich $4n$ Multiplikationen für die Spaltenoperation (5.13). Zur Behandlung der j-ten Spalte sind somit $4(n-j-1)(2n-j+1)$ Multiplikationen und $(n-j-1)$ Quadratwurzeln erforderlich. Die Summation über j von 1 bis $(n-2)$ ergibt einen Rechenaufwand von

$$Z_{\text{HessG}} = (n-2)(n-1)\left(\frac{10}{3}n + 2\right) = \frac{10}{3}n^3 - 8n^2 + \frac{2}{3}n + 4 \tag{5.62}$$

Multiplikationen und $N^* = (n-1)(n-2)/2$ Quadratwurzeln.

Da wir im Folgenden die Eigenwertaufgabe für die Hessenberg-Matrix $\boldsymbol{H}$ lösen werden, müssen wir uns dem Problem zuwenden, wie die Eigenvektoren von $\boldsymbol{A}$ aus denjenigen von $\boldsymbol{H}$ erhalten werden können. Für $\boldsymbol{H}$ gilt die Darstellung

$$\begin{aligned}\boldsymbol{H} &= \boldsymbol{U}_{N^*}^T \ldots \boldsymbol{U}_2^T \boldsymbol{U}_1^T \boldsymbol{A} \boldsymbol{U}_1 \boldsymbol{U}_2 \ldots \boldsymbol{U}_{N^*} = \boldsymbol{Q}^T \boldsymbol{A} \boldsymbol{Q}, \\ \boldsymbol{Q} &= \boldsymbol{U}_1 \boldsymbol{U}_2 \ldots \boldsymbol{U}_{N^*}.\end{aligned}$$

Darin ist $\boldsymbol{U}_k$ die k-te Jacobi-Rotationsmatrix, und $\boldsymbol{Q}$ ist als Produkt der N^* orthogonalen Matrizen $\boldsymbol{U}_k$ selbst orthogonal. Die Eigenwertaufgabe $\boldsymbol{A}\boldsymbol{x} = \lambda \boldsymbol{x}$ geht mit der Matrix $\boldsymbol{Q}$ über in

$$\boldsymbol{Q}^T \boldsymbol{A} \boldsymbol{Q} \boldsymbol{Q}^T \boldsymbol{x} = \boldsymbol{H}(\boldsymbol{Q}^T \boldsymbol{x}) = \lambda(\boldsymbol{Q}^T \boldsymbol{x}),$$

d.h. zwischen den Eigenvektoren $\boldsymbol{x}_j$ von $\boldsymbol{A}$ und $\boldsymbol{y}_j$ von $\boldsymbol{H}$ besteht die Beziehung

$$\boldsymbol{y}_j = \boldsymbol{Q}^T \boldsymbol{x}_j, \quad \text{oder} \quad \boldsymbol{x}_j = \boldsymbol{Q} \boldsymbol{y}_j = \boldsymbol{U}_1 \boldsymbol{U}_2 \ldots \boldsymbol{U}_{N^*} \boldsymbol{y}_j. \tag{5.63}$$

Ein Eigenvektor $\boldsymbol{x}_j$ berechnet sich somit aus $\boldsymbol{y}_j$ durch sukzessive Multiplikation des letzteren mit den Jacobi-Rotationsmatrizen $\boldsymbol{U}_k$, jedoch in *umgekehrter* Reihenfolge, wie sie bei der Transformation von $\boldsymbol{A}$ auf Hessenberg-Form zur Anwendung gelangten. Dazu muss die Information über die einzelnen Jacobi-Matrizen zur Verfügung stehen. Es ist naheliegend, die Werte $\cos\varphi$ und $\sin\varphi$ abzuspeichern, doch sind dazu $(n-1)(n-2) \approx n^2$ Speicherplätze erforderlich. Nach einem geschickten Vorschlag [Ste 76] genügt aber ein einziger Zahlenwert, aus dem sich $\cos\varphi$ und $\sin\varphi$ mit geringem Rechenaufwand und vor allem numerisch genau wieder berechnen lassen. Man definiert den Zahlenwert

$$\varrho := \begin{cases} 1, & \text{falls } \sin\varphi = 1, \\ \sin\varphi, & \text{falls } |\sin\varphi| < \cos\varphi, \\ \operatorname{sgn}(\sin\varphi)/\cos\varphi, & \text{falls } |\sin\varphi| \geq \cos\varphi \text{ und } \sin\varphi \neq 1. \end{cases} \tag{5.64}$$

Hier wird wesentlich von der oben getroffenen Begrenzung des Drehwinkels Gebrauch gemacht, denn dadurch ist sichergestellt, dass $\cos\varphi \geq 0$ gilt. Die Berechnung von $\cos\varphi$ und $\sin\varphi$ aus ϱ erfolgt durch entsprechende Fallunterscheidungen.

Der die Rotation vollkommen charakterisierende Wert ϱ kann an die Stelle des eliminierten Matrixelementes a_{ij} gespeichert werden. Nach ausgeführter Transformation von $\boldsymbol{A}$ auf Hessenbergform $\boldsymbol{H}$ ist die Information für die Rücktransformation der Eigenvektoren unterhalb der Nebendiagonale vorhanden.

Die Transformation einer unsymmetrischen Matrix $\boldsymbol{A}$ der Ordnung n auf Hessenberg-Form besitzt die einfache algorithmische Beschreibung (5.65). Die Bereitstellung der Werte ϱ ist allerdings nicht berücksichtigt. Dabei stellt τ die Maschinengenauigkeit dar, siehe (1.7).

$$
\begin{array}{l}
\text{für } j = 1, 2, \ldots, n-2: \\
\quad \text{für } i = j+2, j+3, \ldots, n: \\
\quad\quad \text{falls } a_{ij} \neq 0: \\
\quad\quad\quad \text{falls } |a_{j+1,j}| < \tau \times |a_{ij}|: \\
\quad\quad\quad\quad w = -a_{ij};\; c = 0;\; s = 1 \\
\quad\quad\quad \text{sonst} \\
\quad\quad\quad\quad w = \operatorname{sgn}(a_{j+1,j})\sqrt{a_{j+1,j}^2 + a_{ij}^2} \\
\quad\quad\quad\quad c = a_{j+1,j}/w;\; s = -a_{ij}/w \\
\quad\quad\quad a_{j+1,j} = w;\; a_{ij} = 0 \\
\quad\quad\quad \text{für } k = j+1, j+2, \ldots, n: \\
\quad\quad\quad\quad h = c \times a_{j+1,k} - s \times a_{ik} \\
\quad\quad\quad\quad a_{ik} = s \times a_{j+1,k} + c \times a_{ik};\; a_{j+1,k} = h \\
\quad\quad\quad \text{für } k = 1, 2, \ldots, n: \\
\quad\quad\quad\quad h = c \times a_{k,j+1} - s \times a_{ki} \\
\quad\quad\quad\quad a_{ki} = s \times a_{k,j+1} + c \times a_{ki};\; a_{k,j+1} = h
\end{array}
\tag{5.65}
$$

Beispiel 5.3. Die Matrix

$$
\boldsymbol{A} = \begin{pmatrix}
7 & 3 & 4 & -11 & -9 & -2 \\
-6 & 4 & -5 & 7 & 1 & 12 \\
-1 & -9 & 2 & 2 & 9 & 1 \\
-8 & 0 & -1 & 5 & 0 & 8 \\
-4 & 3 & -5 & 7 & 2 & 10 \\
6 & 1 & 4 & -11 & -7 & -1
\end{pmatrix}
\tag{5.66}
$$

wird vermittels einer orthogonalen Ähnlichkeitstransformation auf Hessenberg-Form transformiert. Nach vier Givens-Transformationen zur Elimination der Elemente der ersten Spalte lautet die zu $\boldsymbol{A}$ ähnliche Matrix $\boldsymbol{A}^{(4)}$, falls die Matrixelemente auf sechs Dezimalstellen nach dem Komma gerundet werden.

$$
\boldsymbol{A}^{(4)} \doteq \begin{pmatrix}
7.000000 & -7.276069 & 3.452379 & -9.536895 & -5.933434 & -6.323124 \\
-12.369317 & 4.130719 & -6.658726 & 8.223249 & 0.509438 & 19.209667 \\
0 & -0.571507 & 4.324324 & 7.618758 & 9.855831 & -1.445000 \\
0 & -0.821267 & 3.340098 & -0.512443 & -0.698839 & -5.843013 \\
0 & 1.384035 & -3.643194 & 0.745037 & -0.162309 & 5.627779 \\
0 & -6.953693 & 0.630344 & -4.548600 & -3.872656 & 4.219708
\end{pmatrix}
$$

Die Fortsetzung der Transformation liefert die Hessenberg-Matrix $\boldsymbol{H}$, in welcher unterhalb der

Subdiagonale die Werte ϱ (5.64) anstelle der Nullen eingesetzt sind.

$$H \doteq \begin{pmatrix} 7.000000 & -7.276069 & -5.812049 & 0.139701 & 9.015201 & -7.936343 \\ -12.369317 & 4.130719 & 18.968509 & -1.207073 & -10.683309 & 2.415951 \\ -0.164399 & -7.160342 & 2.447765 & -0.565594 & 4.181396 & -3.250955 \\ -1.652189 & -1.750721 & -8.598771 & 2.915100 & 3.416858 & 5.722969 \\ -0.369800 & 1.706882 & -1.459149 & -1.046436 & -2.835101 & 10.979178 \\ 0.485071 & -4.192677 & 4.429714 & 1.459546 & -1.414293 & 5.341517 \end{pmatrix} \qquad (5.67)$$

△

5.4.2 Transformation auf tridiagonale Form

Wird die Folge der im letzten Abschnitt beschriebenen Ähnlichkeitstransformationen auf eine *symmetrische* Matrix $\boldsymbol{A}$ angewendet, so ist die resultierende Matrix $\boldsymbol{J} = \boldsymbol{Q}^T\boldsymbol{A}\boldsymbol{Q}$ infolge der Bewahrung der Symmetrie *tridiagonal*.

$$\boldsymbol{J} = \begin{pmatrix} \alpha_1 & \beta_1 & & & & \\ \beta_1 & \alpha_2 & \beta_2 & & & \\ & \beta_2 & \alpha_3 & \beta_3 & & \\ & & \ddots & \ddots & \ddots & \\ & & & \beta_{n-2} & \alpha_{n-1} & \beta_{n-1} \\ & & & & \beta_{n-1} & \alpha_n \end{pmatrix} \qquad (5.68)$$

Den Prozess bezeichnet man als *Methode von Givens* [Giv 54, Giv 58]. Unter Berücksichtigung der Symmetrie vereinfacht sich der oben beschriebene Algorithmus, da allein mit den Matrixelementen in und unterhalb der Diagonale gearbeitet werden kann. Die typische Situation ist in Abb. 5.2 zur Elimination eines Elementes a_{ij} ($\bullet$), $(i \geq j+2)$ dargestellt.

Aus Abb. 5.2 ergibt sich folgender Ablauf für die Durchführung der Givens-Rotation:

1. In der j-ten Spalte ist nur das Element $a_{j+1,j}$ ($\times$) zu ersetzen.
2. Es werden die drei Matrixelemente in den Kreuzungspunkten umgerechnet.
3. Behandlung der Matrixelemente zwischen den Kreuzungspunkten in der $(j+1)$-ten Spalte und der i-ten Zeile.
4. Transformation der Elemente unterhalb der i-ten Zeile, die in der i-ten und in der $(j+1)$-ten Spalte liegen.

Zur Reduktion des Rechenaufwandes schreiben wir die Formeln (5.14), (5.15) und (5.16) mit $z := (a_{pp} - a_{qq})\sin\varphi + 2a_{pq}\cos\varphi$ in der Form

$$a''_{pp} = a_{pp} - (z\,\sin\varphi), \quad a''_{qq} = a_{qq} + (z\,\sin\varphi),$$
$$a''_{qp} = -a_{qp} + z\,\cos\varphi.$$

Damit beträgt der Rechenaufwand zur Elimination von a_{ij} nur $4 + 5 + 4(n-j-2) = 4(n-j)+1$ Multiplikationen und eine Quadratwurzel. Zur Behandlung der j-ten Spalte sind somit $(n-j-1)(4n-4j+1)$ Multiplikationen und $(n-j-1)$ Quadratwurzeln nötig. Nach Summation über j von 1 bis $(n-2)$ ergibt sich der Rechenaufwand der Methode von

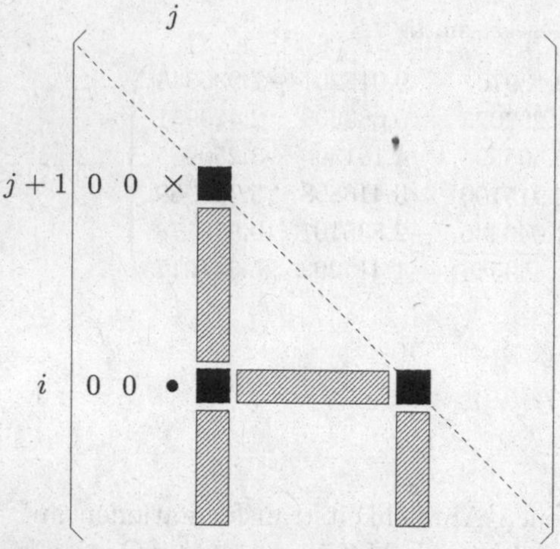

Abb. 5.2
Givens-Rotation für eine symmetrische Matrix.

Givens zu

$$Z_{\text{Givens}} = \frac{4}{3}n^3 - \frac{7}{2}n^2 + \frac{7}{6}n + 1 \tag{5.69}$$

Multiplikationen und $N^* = (n-1)(n-2)/2$ Quadratwurzeln.

Die algorithmische Beschreibung der Transformation auf tridiagonale Gestalt geht aus (5.65) dadurch hervor, dass dort die beiden letzten Schleifenanweisungen ersetzt werden durch die Anweisungen in (5.70).

$$\begin{array}{l}
d = a_{j+1,j+1} - a_{ii};\ z = d \times s + 2 \times c \times a_{i,j+1};\\
h = z \times s;\ a_{j+1,j+1} = a_{j+1,j+1} - h;\ a_{ii} = a_{ii} + h;\\
a_{i,j+1} = z \times c - a_{i,j+1}\\
\text{für } k = j+2, j+3, \ldots, i-1:\\
\quad h = c \times a_{k,j+1} - s \times a_{ik}\\
\quad a_{ik} = s \times a_{k,j+1} + c \times a_{ik};\ a_{k,j+1} = h\\
\text{für } k = i+1, i+2, \ldots, n:\\
\quad h = c \times a_{k,j+1} - s \times a_{ki}\\
\quad a_{ki} = s \times a_{k,j+1} + c \times a_{ki};\ a_{k,j+1} = h
\end{array} \tag{5.70}$$

Beispiel 5.4. Die Transformation der symmetrischen Matrix

$$\boldsymbol{A} = \begin{pmatrix} 5 & 4 & 3 & 2 & 1 \\ 4 & 6 & 0 & 4 & 3 \\ 3 & 0 & 7 & 6 & 5 \\ 2 & 4 & 6 & 8 & 7 \\ 1 & 3 & 5 & 7 & 9 \end{pmatrix}$$

auf tridiagonale Form ergibt

$$J \doteq \begin{pmatrix} 5.000000 & 5.477226 & 0 & 0 & 0 \\ 5.477226 & 13.933333 & 9.298506 & 0 & 0 \\ -0.600000 & 9.298506 & 9.202474 & -2.664957 & 0 \\ -0.371391 & -3.758508 & -2.664957 & 4.207706 & 2.154826 \\ -0.182574 & -1.441553 & 0.312935 & 2.154826 & 2.656486 \end{pmatrix}. \tag{5.71}$$

Unterhalb der Subdiagonale sind wieder die Werte ϱ (5.64) der Givens-Rotationen eingesetzt, die allenfalls für eine Rücktransformation der Eigenvektoren von $\boldsymbol{J}$ in diejenigen von $\boldsymbol{A}$ gebraucht werden. △

5.4.3 Schnelle Givens-Transformation

Wir betrachten die Multiplikation einer Matrix $\boldsymbol{A}$ mit einer (p, q)-Rotationsmatrix $\boldsymbol{U}(p, q; \varphi)$ (5.11) $\boldsymbol{A}' = \boldsymbol{U}^T \boldsymbol{A}$. Da nur die Matrixelemente der p-ten und q-ten Zeilen geändert werden, richten wir unser Augenmerk darauf und schreiben zur Vereinfachung $c = \cos\varphi$, $s = \sin\varphi$. Nach den Formeln (5.12) sind zur Berechnung eines Paares von geänderten Matrixelementen

$$\begin{aligned} a'_{pj} &= ca_{pj} - sa_{qj} \\ a'_{qj} &= sa_{pj} + ca_{qj} \end{aligned} \tag{5.72}$$

vier Multiplikationen erforderlich. Es gelingt aber nach einer Idee von *Gentleman* [Gen 73, Ham 74, Rat 82] die Zahl der Operationen im Wesentlichen auf die Hälfte zu reduzieren, indem man sowohl die Matrix $\boldsymbol{A}$ als auch die transformierte Matrix $\boldsymbol{A}'$ mit geeignet zu wählenden regulären Diagonalmatrizen $\boldsymbol{D}$ und $\boldsymbol{D}'$ in der faktorisierten Form ansetzt

$$\boldsymbol{A} = \boldsymbol{D}\tilde{\boldsymbol{A}}, \qquad \boldsymbol{A}' = \boldsymbol{D}'\tilde{\boldsymbol{A}}', \qquad \boldsymbol{D} = \operatorname{diag}(d_1, d_2, \ldots, d_n). \tag{5.73}$$

Dabei wird für den Iterationsprozess $\boldsymbol{A}^{(0)} \to \boldsymbol{A}^{(1)} \to \boldsymbol{A}^{(2)} \cdots$ die Diagonalmatrix $\boldsymbol{D} = \boldsymbol{D}_0 = \boldsymbol{I}$ gesetzt. Aus (5.72) erhalten wir so die neue Darstellung

$$\begin{aligned} d'_p\, \tilde{a}'_{pj} &= c\, d_p\, \tilde{a}_{pj} - s\, d_q\, \tilde{a}_{qj} \\ d'_q\, \tilde{a}'_{qj} &= s\, d_p\, \tilde{a}_{pj} + c\, d_q\, \tilde{a}_{qj} \end{aligned} \tag{5.74}$$

Um die Elemente $\tilde{a}'_{pj}$ und $\tilde{a}'_{qj}$ mit nur zwei Multiplikationen berechnen zu können, existieren im Wesentlichen die folgenden vier Möglichkeiten zur Festlegung der Diagonalelemente d'_p und d'_q.

$$\begin{array}{lll} \text{a) } d'_p = c\, d_p & \text{und} & d'_q = c\, d_q \\ \text{b) } d'_p = s\, d_q & \text{und} & d'_q = s\, d_p \\ \text{c) } d'_p = c\, d_p & \text{und} & d'_q = s\, d_p \\ \text{d) } d'_p = s\, d_q & \text{und} & d'_q = c\, d_q \end{array} \tag{5.75}$$

Im Folgenden verwenden wir den Fall a) von (5.75), falls $|c| \geq |s|$ ist, sonst den Fall b). Dies geschieht im Hinblick darauf, dass stets eine Folge von Multiplikationen mit Rotationsmatrizen anzuwenden sein wird, so dass entsprechende Diagonalelemente in $\boldsymbol{D}$ mit c oder s zu multiplizieren sein werden. Wir erhalten somit

$$\text{Fall a)} \qquad \begin{aligned} \tilde{a}'_{pj} &= \tilde{a}_{pj} - \left(\frac{sd_q}{cd_p}\right)\tilde{a}_{qj} \\ \tilde{a}'_{qj} &= \left(\frac{sd_p}{cd_q}\right)\tilde{a}_{pj} + \tilde{a}_{qj} \end{aligned} \tag{5.76}$$

$$\text{Fall b)} \qquad \begin{aligned} \tilde{a}'_{pj} &= \left(\frac{cd_p}{sd_q}\right)\tilde{a}_{pj} - \tilde{a}_{qj} \\ \tilde{a}'_{qj} &= \tilde{a}_{pj} + \left(\frac{cd_q}{sd_p}\right)\tilde{a}_{qj} \end{aligned} \tag{5.77}$$

Mit(5.76) oder (5.77) ist bereits der entscheidende Schritt vollzogen worden, die neuen Elemente $\tilde{a}'_{pj}$ und $\tilde{a}'_{qj}$ der diagonalskalierten Matrix $\tilde{\boldsymbol{A}}'$ nach Vorbereitung der einschlägigen Multiplikatoren mit zwei Multiplikationen zu berechnen. Wir gehen noch einen Schritt weiter und beachten, dass eine Multiplikation von $\boldsymbol{A}$ mit $\boldsymbol{U}^T$ das Ziel hat, das Matrixelement $a_{qk} \neq 0$ mit einem bestimmten Index k zum Verschwinden zu bringen. Nach (5.74) soll dann

$$d'_q\,\tilde{a}'_{qk} = s\,d_p\,\tilde{a}_{pk} + c\,d_q\,\tilde{a}_{qk} = 0$$

sein, also

$$T := \cot\varphi = \frac{c}{s} = -\frac{d_p\tilde{a}_{pk}}{d_q\tilde{a}_{qk}}. \tag{5.78}$$

Mit (5.78) gilt dann aber für die beiden Multiplikatoren in (5.77)

$$-\frac{cd_p}{sd_q} = \frac{d_p^2\tilde{a}_{pk}}{d_q^2\tilde{a}_{qk}} =: f_1, \qquad -\frac{cd_q}{sd_p} = \frac{\tilde{a}_{pk}}{\tilde{a}_{qk}} =: f_2, \tag{5.79}$$

während die beiden Multiplikatoren in (5.76) die Kehrwerte von (5.79) sind. Aus (5.79) erkennt man aber, dass zur Bestimmung der Multiplikatoren f_1 und f_2 gar nicht die Diagonalelemente d_p und d_q benötigt werden, sondern ihre Quadrate d_p^2 und d_q^2. Deshalb führt man diese Werte mit und ersetzt (5.75) durch

$$\begin{aligned} &\text{a)}\ (d'_p)^2 = c^2(d_p)^2 \quad \text{und} \quad (d'_q)^2 = c^2(d_q)^2 \\ &\text{b)}\ (d'_p)^2 = s^2(d_q)^2 \quad \text{und} \quad (d'_q)^2 = s^2(d_p)^2 \end{aligned} \tag{5.80}$$

Die in (5.80) benötigten Werte c^2 oder s^2 lassen sich entweder aus $T^2 = \cot^2\varphi$ oder aus seinem Kehrwert $t^2 = \tan^2\varphi$ auf Grund von trigonometrischen Identitäten berechnen. Die Entscheidung, ob Fall a) oder b) vorliegt, erfolgt auf Grund des nach (5.79) berechneten Wertes von $T^2 = f_1 f_2$, welcher unter der getroffenen Voraussetzung $\tilde{a}_{qk} \neq 0$ problemlos gebildet werden kann. Mit $T^2 \geq 1$ liegt der Fall a) vor, und es sind für die jetzt gültigen

Multiplikatoren die Kehrwerte zu bilden. Mit dieser Fallunterscheidung erhalten wir

$$\boxed{\begin{array}{ll} \text{a) } t^2 = 1/T^2; & c^2 = \cos^2\varphi = \dfrac{1}{1+t^2} \\ \text{b) } T^2 = f_1 f_2; & s^2 = \sin^2\varphi = \dfrac{1}{1+T^2} \end{array}} \tag{5.81}$$

Mit dieser Modifikation ist gleichzeitig die Berechnung der Quadratwurzel in (5.61) eliminiert worden. Die *schnelle Givens-Transformation* beruht also darauf, die *Quadrate* der Diagonalelemente von $\boldsymbol{D}$ der faktorisierten Matrix $\boldsymbol{A} = \boldsymbol{D}\tilde{\boldsymbol{A}}$ nachzuführen und die Matrix $\tilde{\boldsymbol{A}}$ umzurechnen, so dass $\boldsymbol{D}'\tilde{\boldsymbol{A}}'$ gleich der transformierten Matrix $\boldsymbol{A}'$ ist. Wird die transformierte Matrix nach einer Folge von Givens-Transformationen benötigt, ist die faktorisierte Darstellung noch auszumultiplizieren. Dazu sind n Quadratwurzeln und eine der Form der transformierten Matrix entsprechende Zahl von Multiplikationen nötig.

Nun wenden wir uns den Givens-Rotationen als Ähnlichkeitstransformationen zu. Da sowohl eine Multiplikation von links als auch eine Multiplikation von rechts erfolgt, sind die Matrizen in der folgenden faktorisierten Form anzusetzen

$$\boldsymbol{A} = \boldsymbol{D}\tilde{\boldsymbol{A}}\boldsymbol{D}, \quad \boldsymbol{A}'' = \boldsymbol{D}'\tilde{\boldsymbol{A}}''\boldsymbol{D}', \quad \boldsymbol{D} = \operatorname{diag}(d_1, d_2, \ldots, d_n). \tag{5.82}$$

Den ersten Teilschritt der Transformation $\boldsymbol{A}' = \boldsymbol{U}^T\boldsymbol{A}$ mit der Darstellung $\boldsymbol{A}' = \boldsymbol{D}'\tilde{\boldsymbol{A}}'\boldsymbol{D}$, wo die rechts stehende Diagonalmatrix $\boldsymbol{D}$ diejenige aus der Faktorisierung von $\boldsymbol{A}$ ist, können wir von oben unverändert übernehmen. Denn die Diagonalelemente von $\boldsymbol{D}$ treten in den zu (5.74) analogen Formeln beidseitig auf und kürzen sich deshalb weg. Für den zweiten Teilschritt erhalten wir aus (5.13) und (5.82)

$$a''_{ip} = d'_i\,\tilde{a}''_{ip}\,d'_p = c\,a'_{ip} - s\,a'_{iq} = c\,d'_i\,\tilde{a}'_{ip}d_p - s\,d'_i\,\tilde{a}'_{iq}\,d_q$$

$$a''_{iq} = d'_i\,\tilde{a}''_{iq}\,d'_q = s\,a'_{ip} + c\,a'_{iq} = s\,d'_i\,\tilde{a}'_{ip}\,d_p + c\,d'_i\,\tilde{a}'_{iq}\,d_q$$

Hier kürzen sich für jeden Index i die Diagonalelemente d'_i weg, so dass sich daraus für die beiden Fälle a) und b) die zu (5.76) und (5.77) analogen Formeln ergeben.

$$\boxed{\begin{array}{llcl} \text{Fall a)} & \tilde{a}''_{ip} & = & \tilde{a}'_{ip} - \left(\dfrac{sd_q}{cd_p}\right)\tilde{a}'_{iq} = \tilde{a}'_{ip} + f_1\tilde{a}'_{iq} \\ & \tilde{a}''_{iq} & = & \left(\dfrac{sd_p}{cd_q}\right)\tilde{a}'_{ip} + \tilde{a}'_{iq} = -f_2\tilde{a}'_{ip} + \tilde{a}'_{iq} \\ \text{Fall b)} & \tilde{a}''_{ip} & = & \left(\dfrac{cd_p}{sd_q}\right)\tilde{a}'_{ip} - \tilde{a}'_{iq} = -f_1\tilde{a}'_{ip} - \tilde{a}'_{iq} \\ & \tilde{a}''_{iq} & = & \tilde{a}'_{ip} + \left(\dfrac{cd_q}{sd_p}\right)\tilde{a}'_{iq} = \tilde{a}'_{ip} - f_2\tilde{a}'_{iq} \end{array}} \tag{5.83}$$

Die schnelle Version der Givens-Rotationen wenden wir an, um eine unsymmetrische Matrix $\boldsymbol{A}$ auf Hessenberg-Form zu transformieren. Die Behandlung des Elementes a_{ij} mit $i \geq j+2$ der j-ten Spalte benötigt die aufeinander folgende Berechnung der Werte f_1 und f_2 nach (5.79) und von $T^2 = f_1 f_2$ (vier wesentliche Operationen). Nach einer Fallunterscheidung sind allenfalls die Kehrwerte dieser drei Werte zu bilden (drei wesentliche Operationen).

Die Berechnung von c^2 oder s^2 und die Nachführung der beiden Diagonalelemente nach (5.80) erfordert drei Operationen. Bis zu dieser Stelle beträgt die Zahl der multiplikativen Rechenoperationen entweder 7 oder 10. Unter der Annahme, die beiden Fälle seien etwa gleich häufig, setzen wir die Zahl der Operationen für das Folgende mit 9 fest. Eine weitere Multiplikation tritt auf zur Berechnung von $\tilde{a}'_{j+1,j}$ nach (5.76) oder (5.77), und die Zeilen- und Spaltenoperationen benötigen zusammen $2(n-j+n)$ Multiplikationen. Für die Elimination der Elemente a_{ij} der j-ten Spalte ist der Aufwand $(n-j-1)(4n-2j+10)$, und nach Summation über j von 1 bis $(n-2)$ ergibt sich so die Zahl von $\frac{5}{3}n^3 - \frac{35}{3}n + 10$ Operationen.

Aus der faktorisierten Darstellung erhalten wir die gesuchte Hessenberg-Matrix $\boldsymbol{H}$ bei $(n^2+3n-2)/2$ von null verschiedenen Matrixelementen mit weiteren (n^2+3n-2) Multiplikationen und n Quadratwurzeln. Der totale Rechenaufwand zur Transformation von $\boldsymbol{A}$ auf Hessenberg-Form mit den schnellen Givens-Rotationen beträgt damit

$$Z_{\text{HessSG}} = \frac{5}{3}n^3 + n^2 - \frac{26}{3}n + 8. \tag{5.84}$$

Im Vergleich zu (5.62) reduziert sich die Zahl der Multiplikationen für große Ordnungen n tatsächlich auf die Hälfte, und die Anzahl der Quadratwurzeln sinkt von $N^* = (n-1)(n-2)/2$ auf n.

Die schnelle Givens-Transformation hat den kleinen Nachteil, dass die Information über die ausgeführten Rotationen nicht mehr in je einer einzigen Zahl ϱ (5.64) zusammengefasst werden kann, vielmehr sind jetzt zwei Werte nötig.

Obwohl die auf die skalierten Matrizen $\tilde{\boldsymbol{A}}$ angewandten Transformationen nicht mehr orthogonal sind, zeigt eine Analyse der Fehlerfortpflanzung, dass die schnelle Version der Givens-Rotationen im Wesentlichen die gleichen guten Eigenschaften hat wie die normale Givens-Transformation [Par 98, Rat 82].

Die algorithmische Beschreibung der schnellen Givens-Transformation ist weitgehend analog zu (5.65). Die Bestimmung der Faktoren f_1 und f_2 und die problemgerechte Wahl und Ausführung der Fälle a) oder b) erfordern entsprechende Erweiterungen.

Beispiel 5.5. Die Matrix $\boldsymbol{A}$ (5.66) der Ordnung $n = 6$ soll mit Hilfe der schnellen Givens-Transformation auf Hessenberg-Form transformiert werden. Zur Elimination von a_{31} ist wegen $\boldsymbol{D} = \boldsymbol{I}$ gemäß (5.79) $f_1 = f_2 = 6$, und da $T^2 = f_1 f_2 = 36 > 1$ ist, liegt Fall a) vor, d.h. es gelten $f_1 = f_2 = 1/6$ und $c^2 \doteq 0.97297297$. Nach der betreffenden Transformation ist

$$\tilde{\boldsymbol{A}}_1 \doteq \begin{pmatrix} 7.00000 & 3.66667 & 3.50000 & -11.00000 & -9.00000 & -2.00000 \\ -6.16667 & 1.72222 & -5.08333 & 7.33333 & 2.50000 & 12.16667 \\ 0 & -9.19444 & 4.44444 & 0.83333 & 8.83333 & -1.00000 \\ -8.00000 & -0.16667 & -1.00000 & 5.00000 & 0 & 8.00000 \\ -4.00000 & 2.16667 & -5.50000 & 7.00000 & 2.00000 & 10.00000 \\ 6.00000 & 1.66667 & 3.83333 & -11.00000 & -7.00000 & -1.00000 \end{pmatrix}$$

und $\boldsymbol{D}_1^2 \doteq \operatorname{diag}(1, 0.97297297, 0.97297297, 1, 1, 1)$. Die Elimination von $\tilde{a}_{41}^{(1)}$ erfolgt mit Multiplikatoren von Fall b), nämlich $f_1 = 0.75$ und $f_2 \doteq 0.770833$, und somit sind $T^2 = 0.578125$ und

$s^2 \doteq 0.63366337$. Die transformierte Matrix ist

$$\tilde{\boldsymbol{A}}_2 \doteq \begin{pmatrix} 7.00000 & 8.25000 & 3.50000 & 12.14583 & -9.00000 & -2.00000 \\ 12.62500 & 11.34375 & 4.81250 & 6.96875 & -1.87500 & -17.12500 \\ 0 & 6.06250 & 4.44444 & -9.83681 & 8.83333 & -1.00000 \\ 0 & -4.86719 & -4.31250 & -0.83116 & 2.50000 & 6.00000 \\ -4.00000 & -8.62500 & -5.50000 & -3.22917 & 2.00000 & 10.00000 \\ 6.00000 & 9.75000 & 3.83333 & 10.14583 & -7.00000 & -1.00000 \end{pmatrix}$$

mit $\boldsymbol{D}_2^2 \doteq \text{diag}(1, 0.633663, 0.972973, 0.616537, 1, 1)$. Nach zehn Transformationsschritten erhält man die gesuchte Matrix in faktorisierter Form mit

$$\tilde{\boldsymbol{A}}_{10} \doteq \begin{pmatrix} 7.00000 & 11.25000 & 6.84385 & -0.19611 & -33.40105 & -18.47911 \\ 19.12500 & 9.87500 & 34.53504 & -2.61995 & -61.19928 & -8.69770 \\ 0 & -13.03649 & 3.39400 & -0.93493 & 18.24220 & 8.91338 \\ 0 & 0 & -14.21384 & 5.74463 & 17.77116 & -18.70622 \\ 0 & 0 & 0 & -5.44254 & -38.91688 & -94.71419 \\ 0 & 0 & 0 & 0 & 12.20070 & 28.95913 \end{pmatrix}$$

und $\boldsymbol{D}_{10}^2 \doteq \text{diag}(1, 0.418301, 0.721204, 0.507448, 0.072850, 0.184450)$. Daraus ergibt sich die Hessenberg-Matrix $\boldsymbol{H} = \boldsymbol{D}_{10}\tilde{\boldsymbol{A}}_{10}\boldsymbol{D}_{10}$, welche im Wesentlichen mit (5.67) übereinstimmt. Die beiden resultierenden Matrizen unterscheiden sich nur dadurch, dass die Vorzeichen der Elemente einer Zeile und der entsprechenden Spalte verschieden sein können. △

5.5 QR-Algorithmus

Die numerisch zuverlässigste Methode zur Berechnung der Eigenwerte einer Hessenberg-Matrix $\boldsymbol{H}$ oder einer symmetrischen, tridiagonalen Matrix $\boldsymbol{J}$ besteht darin, eine Folge von orthogonal-ähnlichen Matrizen zu bilden, die gegen eine Grenzmatrix konvergieren, welche die gesuchten Eigenwerte liefert.

5.5.1 Grundlagen zur QR-Transformation

Zur Begründung und anschließenden praktischen Durchführung des Verfahrens stellen wir einige Tatsachen zusammen.

Satz 5.7. *Jede quadratische Matrix $\boldsymbol{A}$ lässt sich als Produkt einer orthogonalen Matrix $\boldsymbol{Q}$ und einer Rechtsdreiecksmatrix $\boldsymbol{R}$ in der Form*

$$\boxed{\boldsymbol{A} = \boldsymbol{QR}} \tag{5.85}$$

darstellen. Man bezeichnet die Faktorisierung (5.85) als QR-Zerlegung der Matrix $\boldsymbol{A}$.

Beweis. Die Existenz der QR-Zerlegung zeigen wir auf konstruktive Art. Zu diesem Zweck wird die Matrix $\boldsymbol{A}$ sukzessive mit geeignet zu wählenden Rotationsmatrizen $\boldsymbol{U}^T(p, q; \varphi)$

von links so multipliziert, dass die Matrixelemente unterhalb der Diagonale fortlaufend eliminiert werden. Die Elimination erfolgt etwa spaltenweise in der Reihenfolge

$$a_{21}, a_{31}, \ldots, a_{n1}, a_{32}, a_{42}, \ldots, a_{n2}, a_{43}, \ldots, a_{n,n-1} \tag{5.86}$$

mit (p, q)-Rotationsmatrizen und den entsprechenden Rotationsindexpaaren

$$(1,2), (1,3), \ldots, (1,n), (2,3), (2,4), \ldots, (2,n), (3,4), \ldots, (n-1,n). \tag{5.87}$$

Zur Elimination des Matrixelementes $a_{ij}^{(k-1)}$ in $\boldsymbol{A}^{(k-1)}$ wird eine (j,i)-Rotationsmatrix $\boldsymbol{U}_k^T = \boldsymbol{U}^T(j,i;\varphi_k)$ angewandt zur Bildung von

$$\boldsymbol{A}^{(k)} = \boldsymbol{U}_k^T \boldsymbol{A}^{(k-1)}, \quad \boldsymbol{A}^{(0)} = \boldsymbol{A}, \quad k = 1, 2, \ldots, \frac{1}{2}n(n-1). \tag{5.88}$$

Bei dieser Multiplikation werden nach Abschnitt 5.1.4 nur die j-te und i-te Zeile linear kombiniert. Insbesondere soll nach (5.12)

$$a_{ij}^{(k)} = a_{jj}^{(k-1)} \sin\varphi_k + a_{ij}^{(k-1)} \cos\varphi_k = 0 \tag{5.89}$$

sein, woraus sich die Werte $\cos\varphi_k$ und $\sin\varphi_k$ analog zu (5.61) bestimmen lassen. Ist $a_{ij}^{(k-1)} = 0$, so erfolgt selbstverständlich keine Multiplikation, und es ist $\boldsymbol{U}_k = \boldsymbol{I}$ zu setzen.

Nun bleibt zu verifizieren, dass die in (5.88) erzeugte Folge von Matrizen $\boldsymbol{A}^{(k)}$ für $N = n(n-1)/2$ eine Rechtsdreiecksmatrix $\boldsymbol{A}^{(N)} = \boldsymbol{R}$ liefert. Die ersten $(n-1)$ Multiplikationen eliminieren in offensichtlicher Weise die Elemente a_{i1} mit $2 \leq i \leq n$. Wir nehmen jetzt an, dass die ersten $(j-1)$ Spalten bereits die gewünschte Form aufweisen. Die Elimination irgendeines Elementes a_{ij} der j-ten Spalte mit $i > j$ geschieht durch Linksmultiplikation mit einer (j,i)-Rotationsmatrix. In den ersten $(j-1)$ Spalten werden nur Matrixelemente linear kombiniert, die nach Annahme verschwinden. Die bereits erzeugten Nullelemente bleiben tatsächlich erhalten, und es gilt

$$\boldsymbol{U}_N^T \boldsymbol{U}_{N-1}^T \ldots \boldsymbol{U}_2^T \boldsymbol{U}_1^T \boldsymbol{A}^{(0)} = \boldsymbol{R}.$$

Die Matrix $\boldsymbol{Q}^T := \boldsymbol{U}_N^T \boldsymbol{U}_{N-1}^T \ldots \boldsymbol{U}_2^T \boldsymbol{U}_1^T$ ist als Produkt von orthogonalen Matrizen orthogonal, und somit ist die Existenz der QR-Zerlegung $\boldsymbol{A}^{(0)} = \boldsymbol{A} = \boldsymbol{Q}\boldsymbol{R}$ nachgewiesen. □

Eine unmittelbare Folge des Beweises von Satz 5.7 ist der

Satz 5.8. *Die QR-Zerlegung einer Hessenberg-Matrix $\boldsymbol{H}$ oder einer tridiagonalen Matrix $\boldsymbol{J}$ der Ordnung n ist mit $(n-1)$ Rotationsmatrizen durchführbar.*

Beweis. Ist die gegebene Matrix $\boldsymbol{A}$ entweder von Hessenberg-Form oder tridiagonal, erfolgt die Elimination des einzigen, eventuell von null verschiedenen Elementes a_{21} der ersten Spalte unterhalb der Diagonale durch Linksmultiplikation mit der Matrix $\boldsymbol{U}^T(1,2;\varphi_1) = \boldsymbol{U}_1^T$. Dadurch bleibt die Struktur der Matrix $\boldsymbol{A}$ für die $(n-1)$-reihige Untermatrix erhalten, welche durch Streichen der ersten Zeile und Spalte von $\boldsymbol{A}^{(1)} = \boldsymbol{U}_1^T \boldsymbol{A}$ entsteht. Diese

Feststellung gilt dann zwangsläufig auch für die folgenden Eliminationsschritte. Die Linksmultiplikation von $\boldsymbol{A}$ mit der Folge von $(n-1)$ Rotationsmatrizen mit den Indexpaaren $(1,2),(2,3),\ldots,(n-1,n)$ leistet die QR-Zerlegung $\boldsymbol{A}=\boldsymbol{QR}$ mit $\boldsymbol{Q}:=\boldsymbol{U}_1\boldsymbol{U}_2\ldots\boldsymbol{U}_{n-1}$. Im Fall einer tridiagonalen Matrix $\boldsymbol{J}$ enthält die Rechtsdreiecksmatrix $\boldsymbol{R}$ in den beiden der Diagonale benachbarten oberen Nebendiagonalen im Allgemeinen von null verschiedene Elemente, denn jede Linksmultiplikation mit $\boldsymbol{U}^T(i,i+1;\varphi_i)$ erzeugt einen in der Regel nichtverschwindenden Wert an der Stelle $(i,i+2)$ für $i=1,2,\ldots,n-2$. □

Die Aussage des Satzes 5.8 ist für den nachfolgend beschriebenen Algorithmus von entscheidender Bedeutung, da die Berechnung der QR-Zerlegung einer Hessenberg-Matrix wesentlich weniger aufwändig ist als diejenige einer voll besetzten Matrix. Eine *QR-Transformation* entsteht, wenn der QR-Zerlegung von $\boldsymbol{A}$ eine Multiplikation der Matrizen $\boldsymbol{R}$ und $\boldsymbol{Q}$ folgt:

$$\boxed{QR\text{-Transformation: } \boldsymbol{A}=\boldsymbol{QR} \;\rightarrow\; \boldsymbol{A}'=\boldsymbol{RQ}} \tag{5.90}$$

Satz 5.9. *Die Matrix $\boldsymbol{A}'=\boldsymbol{RQ}$ nach (5.90) ist orthogonal-ähnlich zur Matrix $\boldsymbol{A}=\boldsymbol{QR}$.*

Beweis. Da die Matrix $\boldsymbol{Q}$ der QR-Zerlegung von $\boldsymbol{A}$ orthogonal und somit regulär ist, existiert ihre Inverse $\boldsymbol{Q}^{-1}=\boldsymbol{Q}^T$. Aus (5.90) folgt die orthogonale Ähnlichkeit der Matrizen $\boldsymbol{A}'$ und $\boldsymbol{A}$ gemäß

$$\boldsymbol{R}=\boldsymbol{Q}^{-1}\boldsymbol{A} \quad \text{und} \quad \boldsymbol{A}'=\boldsymbol{RQ}=\boldsymbol{Q}^{-1}\boldsymbol{AQ}.$$ □

Satz 5.10. *Die Hessenberg-Form einer Matrix $\boldsymbol{H}$ der Ordnung n bleibt bei einer QR-Transformation erhalten.*

Beweis. Nach Satz 5.8 ist die Matrix $\boldsymbol{Q}$ der QR-Zerlegung einer Hessenberg-Matrix $\boldsymbol{H}$ der Ordnung n gegeben als Produkt der $(n-1)$ Rotationsmatrizen

$$\boldsymbol{Q}=\boldsymbol{U}(1,2;\varphi_1)\,\boldsymbol{U}(2,3;\varphi_2)\ldots\boldsymbol{U}(n-1,n;\varphi_{n-1}). \tag{5.91}$$

Die QR-Transformierte $\boldsymbol{H}'=\boldsymbol{RQ}$ ergibt sich mit (5.91) durch fortgesetzte Multiplikation der Rechtsdreiecksmatrix $\boldsymbol{R}$ von rechts mit den Rotationsmatrizen. Die Matrix $\boldsymbol{R}\,\boldsymbol{U}(1,2;\varphi_1)$ ist keine Rechtsdreiecksmatrix mehr, denn die Linearkombinationen der ersten und zweiten Spalten erzeugt genau an der Stelle $(2,1)$ ein von null verschiedenes Matrixelement unterhalb der Diagonale. Die darauffolgende Multiplikation mit $\boldsymbol{U}(2,3;\varphi_2)$ liefert durch die Spaltenoperation genau ein weiteres von null verschiedenes Element an der Position $(3,2)$. Allgemein erzeugt die Rechtsmultiplikation mit $\boldsymbol{U}(k,k+1;\varphi_k)$ an der Stelle $(k+1,k)$ ein Matrixelement ungleich null, ohne dabei die vorhergehenden Spalten zu verändern. $\boldsymbol{H}'$ ist somit eine Hessenberg-Matrix. □

Der Rechenaufwand einer QR-Transformation für eine Hessenberg-Matrix $\boldsymbol{H}$ der Ordnung n setzt sich zusammen aus demjenigen für die Bildung der Rechtsdreiecksmatrix $\boldsymbol{R}$ und demjenigen für die Berechnung von $\boldsymbol{H}'$. Der allgemeine j-te Schritt des ersten Teils benötigt unter Verwendung von (5.61) und (5.12) insgesamt $4+4(n-j)$ Multiplikationen und eine Quadratwurzel. Die Matrixmultiplikation mit $\boldsymbol{U}(j,j+1;\varphi_j)$ im zweiten Teil erfordert

$4j+2$ Multiplikationen, falls man berücksichtigt, dass das Diagonalelement und das neu entstehende Nebendiagonalelement nur je eine Operation benötigen. Nach Summation über j von 1 bis $(n-1)$ beträgt der Aufwand

$$Z_{\text{QR-Hess}} = (4n+6)(n-1) = 4n^2 + 2n - 6 \tag{5.92}$$

Multiplikationen und $(n-1)$ Quadratwurzeln.

Satz 5.11. *Die QR-Transformierte einer symmetrischen tridiagonalen Matrix ist wieder symmetrisch und tridiagonal.*

Beweis. Da nach Satz 5.7 die Matrix $\boldsymbol{A}'$ orthogonal-ähnlich zu $\boldsymbol{A}$ ist, bleibt die Symmetrie wegen $\boldsymbol{A}'^T = (\boldsymbol{Q}^{-1}\boldsymbol{A}\boldsymbol{Q})^T = \boldsymbol{Q}^T\boldsymbol{A}^T\boldsymbol{Q}^{-1T} = \boldsymbol{Q}^{-1}\boldsymbol{A}\boldsymbol{Q} = \boldsymbol{A}'$ erhalten. Weiter ist eine tridiagonale Matrix eine spezielle Hessenberg-Matrix, und folglich ist $\boldsymbol{A}'$ nach Satz 5.10 von Hessenberg-Form. Unter Berücksichtigung der Symmetrie muss $\boldsymbol{A}'$ demzufolge tridiagonal sein. □

Als motivierende Grundlage des QR-Algorithmus dient der folgende Satz von *Schur* [Sch 09]. Da wir die Eigenwerte von reellen Matrizen berechnen wollen, wird der Satz nur in seiner reellen Form formuliert.

Satz 5.12. *Zu jeder reellen Matrix* $\boldsymbol{A}$ *der Ordnung* n *existiert eine orthogonale Matrix* $\boldsymbol{U}$ *der Ordnung* n*, so dass die zu* $\boldsymbol{A}$ *ähnliche Matrix* $\boldsymbol{R} := \boldsymbol{U}^{-1}\boldsymbol{A}\boldsymbol{U}$ *die Quasidreiecksgestalt*

$$\boldsymbol{R} := \boldsymbol{U}^{-1}\boldsymbol{A}\boldsymbol{U} = \begin{pmatrix} \boldsymbol{R}_{11} & \boldsymbol{R}_{12} & \boldsymbol{R}_{13} & \cdots & \boldsymbol{R}_{1m} \\ \boldsymbol{0} & \boldsymbol{R}_{22} & \boldsymbol{R}_{23} & \cdots & \boldsymbol{R}_{2m} \\ \boldsymbol{0} & \boldsymbol{0} & \boldsymbol{R}_{33} & \cdots & \boldsymbol{R}_{3m} \\ \vdots & \vdots & \vdots & \ddots & \vdots \\ \boldsymbol{0} & \boldsymbol{0} & \boldsymbol{0} & \cdots & \boldsymbol{R}_{mm} \end{pmatrix} \tag{5.93}$$

hat. Die Matrizen $\boldsymbol{R}_{ii}, (i = 1, 2, \ldots, m)$ *besitzen entweder die Ordnung eins oder die Ordnung zwei und haben im letzten Fall ein Paar von konjugiert komplexen Eigenwerten.*

Beweis. Der Nachweis der Existenz einer orthogonalen Matrix $\boldsymbol{U}$ erfolgt in drei Teilen.
1) Es sei λ ein reeller Eigenwert von $\boldsymbol{A}$ und $\boldsymbol{x}$ ein zugehöriger, normierter Eigenvektor mit $\|\boldsymbol{x}\|_2 = 1$. Zu $\boldsymbol{x}$ gibt es im $\mathbb{R}^n$ weitere $(n-1)$ normierte, paarweise und zu $\boldsymbol{x}$ orthogonale Vektoren, welche die Spalten einer orthogonalen Matrix $\boldsymbol{U}_1$ bilden sollen. Der Eigenvektor $\boldsymbol{x}$ stehe in der ersten Spalte von $\boldsymbol{U}_1 = (\boldsymbol{x}, \tilde{\boldsymbol{U}}_1)$, wo $\tilde{\boldsymbol{U}}_1 \in \mathbb{R}^{n,(n-1)}$ eine Matrix mit $(n-1)$ orthonormierten Vektoren darstellt. Dann gilt $\boldsymbol{A}\boldsymbol{U}_1 = (\lambda\boldsymbol{x}, \boldsymbol{A}\tilde{\boldsymbol{U}}_1)$ und weiter

$$\begin{aligned} \boldsymbol{U}_1^{-1}\boldsymbol{A}\boldsymbol{U}_1 &= \boldsymbol{U}_1^T\boldsymbol{A}\boldsymbol{U}_1 = \begin{pmatrix} \boldsymbol{x}^T \\ \tilde{\boldsymbol{U}}_1^T \end{pmatrix} (\lambda\boldsymbol{x}, \boldsymbol{A}\tilde{\boldsymbol{U}}_1) \\ &= \left(\begin{array}{c|c} \lambda & \boldsymbol{x}^T\boldsymbol{A}\tilde{\boldsymbol{U}}_1 \\ \hline \boldsymbol{0} & \tilde{\boldsymbol{U}}_1^T\boldsymbol{A}\tilde{\boldsymbol{U}}_1 \end{array}\right) =: \boldsymbol{A}_1. \end{aligned} \tag{5.94}$$

In der zu $\boldsymbol{A}$ orthogonal-ähnlichen Matrix $\boldsymbol{A}_1$ (5.94) steht der Eigenwert λ in der linken oberen Ecke. In der ersten Spalte steht darunter der Nullvektor auf Grund der Orthogonalität von $\boldsymbol{x}$ zu den Spalten von $\tilde{\boldsymbol{U}}_1$, und $\tilde{\boldsymbol{U}}_1^T \boldsymbol{A} \tilde{\boldsymbol{U}}_1$ ist eine reelle Matrix der Ordnung $(n-1)$.

2) Ist $\lambda = \alpha + i\beta$ mit $\beta \neq 0$ ein komplexer Eigenwert von $\boldsymbol{A}$ mit dem zugehörigen Eigenvektor $\boldsymbol{x} = \boldsymbol{u} + i\boldsymbol{v}$, dann ist notwendigerweise $\bar{\lambda} = \alpha - i\beta$ der dazu konjugiert komplexe Eigenwert mit dem zugehörigen konjugiert komplexen Eigenvektor $\bar{\boldsymbol{x}} = \boldsymbol{u} - i\boldsymbol{v}$. Es gilt also

$$\boldsymbol{A}(\boldsymbol{u} \pm i\boldsymbol{v}) = (\alpha \pm i\beta)(\boldsymbol{u} \pm i\boldsymbol{v}),$$

und damit für Real- und Imaginärteil

$$\boldsymbol{A}\boldsymbol{u} = \alpha\boldsymbol{u} - \beta\boldsymbol{v}, \qquad \boldsymbol{A}\boldsymbol{v} = \beta\boldsymbol{u} + \alpha\boldsymbol{v}. \tag{5.95}$$

Weil Eigenvektoren zu verschiedenen Eigenwerten linear unabhängig sind, trifft dies für $\boldsymbol{x}$ und $\bar{\boldsymbol{x}}$ zu, so dass auch die beiden Vektoren $\boldsymbol{u}$ und $\boldsymbol{v}$ linear unabhängig sind und folglich einen zweidimensionalen Unterraum im $\mathbb{R}^n$ aufspannen. Bildet man mit $\boldsymbol{u}$ und $\boldsymbol{v}$ die Matrix $\boldsymbol{Y} := (\boldsymbol{u}, \boldsymbol{v}) \in \mathbb{R}^{n,2}$, so gilt nach (5.95)

$$\boldsymbol{A}\boldsymbol{Y} = \boldsymbol{Y} \begin{pmatrix} \alpha & \beta \\ -\beta & \alpha \end{pmatrix} =: \boldsymbol{Y}\boldsymbol{\Gamma}. \tag{5.96}$$

In dem von $\boldsymbol{u}$ und $\boldsymbol{v}$ aufgespannten Unterraum gibt es zwei orthonormierte Vektoren $\boldsymbol{x}_1$ und $\boldsymbol{x}_2$, welche wir zur Matrix $\boldsymbol{X} \in \mathbb{R}^{n,2}$ zusammenfassen, und es besteht eine Beziehung

$$\boldsymbol{Y} = \boldsymbol{X}\boldsymbol{C} \quad \text{mit } \boldsymbol{C} \in \mathbb{R}^{2,2} \text{ regulär.}$$

Die Matrizengleichung (5.96) geht damit über in

$$\boldsymbol{A}\boldsymbol{X}\boldsymbol{C} = \boldsymbol{X}\boldsymbol{C}\boldsymbol{\Gamma} \quad \text{oder} \quad \boldsymbol{A}\boldsymbol{X} = \boldsymbol{X}\boldsymbol{C}\boldsymbol{\Gamma}\boldsymbol{C}^{-1} =: \boldsymbol{X}\boldsymbol{S}. \tag{5.97}$$

Die Matrix $\boldsymbol{S} = \boldsymbol{C}\boldsymbol{\Gamma}\boldsymbol{C}^{-1} \in \mathbb{R}^{2,2}$ ist ähnlich zu $\boldsymbol{\Gamma}$ und besitzt folglich das Paar von konjugiert komplexen Eigenwerten $\lambda = \alpha + i\beta$ und $\bar{\lambda} = \alpha - i\beta$.

Im $\mathbb{R}^n$ gibt es $(n-2)$ weitere orthonormierte Vektoren, die zu $\boldsymbol{x}_1$ und $\boldsymbol{x}_2$ orthogonal sind. Mit diesen n orthonormierten Vektoren bilden wir die orthogonale Matrix $\boldsymbol{U}_2 := (\boldsymbol{x}_1, \boldsymbol{x}_2, \tilde{\boldsymbol{U}}_2) = (\boldsymbol{X}, \tilde{\boldsymbol{U}}_2)$, wo $\tilde{\boldsymbol{U}}_2 \in \mathbb{R}^{n,n-2}$ eine Matrix mit orthonormierten Spaltenvektoren ist. Wegen (5.97) gilt dann

$$\begin{aligned} \boldsymbol{U}_2^{-1}\boldsymbol{A}\boldsymbol{U}_2 &= \boldsymbol{U}_2^T\boldsymbol{A}\boldsymbol{U}_2 = \begin{pmatrix} \boldsymbol{X}^T \\ \tilde{\boldsymbol{U}}_2^T \end{pmatrix} \boldsymbol{A}(\boldsymbol{X}, \tilde{\boldsymbol{U}}_2) \qquad (5.98) \\ &= \left(\begin{array}{c:c} \boldsymbol{S} & \boldsymbol{X}^T\boldsymbol{A}\tilde{\boldsymbol{U}}_2 \\ \hdashline \boldsymbol{0} & \tilde{\boldsymbol{U}}_2^T\boldsymbol{A}\tilde{\boldsymbol{U}}_2 \end{array}\right) =: \boldsymbol{A}_2. \end{aligned}$$

In der zu $\boldsymbol{A}$ orthogonal-ähnlichen Matrix $\boldsymbol{A}_2$ (5.98) steht links oben die Matrix $\boldsymbol{S}$. Darunter ist $\tilde{\boldsymbol{U}}_2^T\boldsymbol{AX} = \tilde{\boldsymbol{U}}_2^T\boldsymbol{XS} = \boldsymbol{0} \in \mathbb{R}^{(n-2),2}$ eine Nullmatrix wegen der Orthogonalität der Vektoren $\boldsymbol{x}_1$ und $\boldsymbol{x}_2$ zu den Spaltenvektoren von $\tilde{\boldsymbol{U}}_2$. Schließlich ist $\tilde{\boldsymbol{U}}_2^T\boldsymbol{A}\tilde{\boldsymbol{U}}_2$ eine reelle Matrix der Ordnung $(n-2)$.

3) Auf Grund der Gestalt der Matrizen $\boldsymbol{A}_1$ (5.94) und $\boldsymbol{A}_2$ (5.98) besteht die Gesamtheit der Eigenwerte von $\boldsymbol{A}$ im ersten Fall aus λ und den Eigenwerten von $\tilde{\boldsymbol{U}}_1^T\boldsymbol{A}\tilde{\boldsymbol{U}}_1$ und im zweiten Fall aus dem konjugiert komplexen Eigenwertpaar von $\boldsymbol{S}$ und den Eigenwerten von $\tilde{\boldsymbol{U}}_2^T\boldsymbol{A}\tilde{\boldsymbol{U}}_2$. Die orthogonal-ähnliche Transformation kann analog auf die Untermatrix $\tilde{\boldsymbol{A}}_i := \tilde{\boldsymbol{U}}_i^T\boldsymbol{A}\tilde{\boldsymbol{U}}_i$ der Ordnung $(n-i)$ mit $i=1$ oder $i=2$ mit einem weiteren Eigenwert oder Eigenwertpaar angewandt werden. Ist $\tilde{\boldsymbol{V}}_i \in \mathbb{R}^{(n-i),(n-i)}$ die orthogonale Matrix, welche $\tilde{\boldsymbol{A}}_i$ in die Form von (5.94) oder (5.98) transformiert, so ist

$$\boldsymbol{V} := \left(\begin{array}{c|c} \boldsymbol{I}_i & \boldsymbol{0} \\ \hline \boldsymbol{0} & \tilde{\boldsymbol{V}}_i \end{array}\right) \in \mathbb{R}^{n,n}$$

diejenige orthogonale Matrix, welche mit $\boldsymbol{V}^T\boldsymbol{A}_i\boldsymbol{V}$ die gegebene Matrix $\boldsymbol{A}$ einen Schritt weiter auf Quasidreiecksgestalt transformiert. Die konsequente Fortsetzung der Transformation liefert die Aussage des Satzes, wobei $\boldsymbol{U}$ als Produkt der orthogonalen Matrizen gegeben ist. □

Der Satz von Schur gilt unabhängig von der Vielfachheit der Eigenwerte der Matrix $\boldsymbol{A}$. Die Eigenwerte von $\boldsymbol{A}$ sind aus den Untermatrizen $\boldsymbol{R}_{ii}$ der Quasidreiecksmatrix $\boldsymbol{R}$ entweder direkt ablesbar oder leicht berechenbar. Satz 5.12 enthält eine reine Existenzaussage, und der Beweis ist leider nicht konstruktiv, da er von der Existenz eines Eigenwertes und eines zugehörigen Eigenvektors Gebrauch macht, die ja erst zu bestimmen sind.

Um Fehlinterpretationen vorzubeugen, sei darauf hingewiesen, dass die Spalten der orthogonalen Matrix $\boldsymbol{U}$ in (5.93) im Allgemeinen nichts mit den Eigenvektoren von $\boldsymbol{A}$ zu tun haben. Für einen komplexen Eigenwert von $\boldsymbol{A}$ ist dies ganz offensichtlich, da die aus (5.93) hervorgehende Matrizengleichung $\boldsymbol{AU} = \boldsymbol{UR}$ reelle Matrizen enthält.

5.5.2 Praktische Durchführung, reelle Eigenwerte

Durch sukzessive Anwendung der QR-Transformation (5.90) bilden wir nach Satz 5.9 eine Folge von orthogonal-ähnlichen Matrizen mit dem Ziel, die Aussage des Satzes von Schur konstruktiv zu realisieren. Um den Rechenaufwand zu reduzieren und wegen Satz 5.10 wird die QR-Transformation nur auf eine Hessenberg-Matrix $\boldsymbol{H} = \boldsymbol{H}_1$ angewandt und die Folge der ähnlichen Matrizen gemäß folgender Rechenvorschrift konstruiert.

$$\boxed{\boldsymbol{H}_k = \boldsymbol{Q}_k\boldsymbol{R}_k, \qquad \boldsymbol{H}_{k+1} = \boldsymbol{R}_k\boldsymbol{Q}_k, \quad k = 1, 2, \ldots} \tag{5.99}$$

Mit (5.99) ist der einfache *QR-Algorithmus von Francis* [Fra 62] erklärt. Für die Folge der Matrizen $\boldsymbol{H}_k$ kann folgende Konvergenzeigenschaft gezeigt werden [Fra 62, Par 98, Wil 88].

Satz 5.13. *Es seien λ_i die Eigenwerte von $\boldsymbol{H}$ mit der Eigenschaft $|\lambda_1| > |\lambda_2| > \ldots > |\lambda_n|$. Weiter seien $\boldsymbol{x}_i$ die Eigenvektoren von $\boldsymbol{H}$, die als Spalten in der regulären Matrix $\boldsymbol{X} \in \mathbb{R}^{n,n}$ zusammengefasst seien. Falls für $\boldsymbol{X}^{-1}$ die LR-Zerlegung existiert, dann konvergieren die Matrizen $\boldsymbol{H}_k$ für $k \to \infty$ gegen eine Rechtsdreiecksmatrix, und es gilt $\lim\limits_{k\to\infty} h_{ii}^{(k)} = \lambda_i$, $i = 1, 2, \ldots, n$.*

Hat die Matrix $\boldsymbol{H}$ Paare von konjugiert komplexen Eigenwerten, derart dass ihre Beträge und die Beträge der reellen Eigenwerte paarweise verschieden sind, und existiert die (komplexe) LR-Zerlegung von $\boldsymbol{X}^{-1}$, dann konvergieren die Matrizen $\boldsymbol{H}_k$ gegen eine Quasidreiecksmatrix (5.93).

Satz 5.13 garantiert zwar unter den einschränkenden Voraussetzungen die Konvergenz der Matrizenfolge $\boldsymbol{H}_k$ (5.99) gegen eine Quasidreiecksmatrix, doch kann die Konvergenz derjenigen Matrixelemente $h_{i+1,i}^{(k)}$, die überhaupt gegen null konvergieren, sehr langsam sein. Somit kann der einfache QR-Algorithmus wegen der großen Zahl von Iterationsschritten zu aufwändig sein. Der QR-Algorithmus steht in enger Beziehung zur inversen Vektoriteration, siehe Abschnitt 5.3.2, und eine darauf beruhende Analyse des Konvergenzverhaltens der Subdiagonalelemente zeigt, dass asymptotisch für hinreichend großes k gilt

$$|h_{i+1,i}^{(k)}| \approx \left|\frac{\lambda_{i+1}}{\lambda_i}\right|^k, \quad i = 1, 2, \ldots, n-1. \tag{5.100}$$

Die Beträge der Subdiagonalelemente $h_{i+1,i}^{(k)}$ konvergieren für $|\lambda_{i+1}/\lambda_i| < 1$ wie geometrische Folgen gegen null. Die lineare Konvergenz wird bestimmt durch den Quotienten der Beträge aufeinanderfolgender Eigenwerte, welcher natürlich beliebig nahe bei Eins sein kann. Für ein konjugiert komplexes Paar $\lambda_i, \lambda_{i+1} = \bar{\lambda}_i$ kann $h_{i+1,i}^{(k)}$ wegen (5.100) nicht gegen null konvergieren.

Die Konvergenzaussage (5.100) liefert aber den Hinweis, dass die lineare Konvergenz für bestimmte Subdiagonalelemente durch eine geeignete *Spektralverschiebung* wesentlich verbessert werden kann. Wir wollen vorerst den Fall betrachten, dass $\boldsymbol{H}$ nur reelle Eigenwerte hat und das Vorgehen im Fall von komplexen Eigenwerten später behandeln. Mit $\sigma \in \mathbb{R}$ hat die Matrix $\boldsymbol{H} - \sigma\boldsymbol{I}$ die um σ verschobenen Eigenwerte $\lambda_i - \sigma$, $i = 1, 2, \ldots, n$. Sie seien jetzt so indiziert, dass $|\lambda_1 - \sigma| > |\lambda_2 - \sigma| > \ldots > |\lambda_n - \sigma|$ gilt. Für die Matrizenfolge $\tilde{\boldsymbol{H}}_k$ (5.99) mit $\tilde{\boldsymbol{H}}_1 = \boldsymbol{H} - \sigma\boldsymbol{I}$ folgt aus (5.100)

$$|\tilde{h}_{i+1,i}^{(k)}| \approx \left|\frac{\lambda_{i+1} - \sigma}{\lambda_i - \sigma}\right|^k, \; i = 1, 2, \ldots, n-1. \tag{5.101}$$

Ist σ eine gute Näherung für λ_n mit $|\lambda_n - \sigma| \ll |\lambda_i - \sigma|, i = 1, 2, \ldots, n-1$, dann konvergiert $\tilde{h}_{n,n-1}^{(k)}$ sehr rasch gegen null, und die Matrix $\tilde{\boldsymbol{H}}_k$ zerfällt nach wenigen Iterationsschritten.

Die Technik der Spektralverschiebung wird nicht nur einmal angewandt, sondern vor Ausführung eines jeden Schrittes des QR-Algorithmus, wobei die Verschiebung σ_k auf Grund der vorliegenden Information in $\boldsymbol{H}_k$ geeignet gewählt wird. Anstelle von (5.99) definiert man mit

$$\boxed{\boldsymbol{H}_k - \sigma_k\boldsymbol{I} = \boldsymbol{Q}_k\boldsymbol{R}_k, \; \boldsymbol{H}_{k+1} = \boldsymbol{R}_k\boldsymbol{Q}_k + \sigma_k\boldsymbol{I}, \; k = 1, 2, \ldots} \tag{5.102}$$

den QR-*Algorithmus* mit *expliziter Spektralverschiebung*. Da die Spektralverschiebung in $\boldsymbol{H}_k$ bei der Berechnung von $\boldsymbol{H}_{k+1}$ wieder rückgängig gemacht wird, sind die Matrizen $\boldsymbol{H}_{k+1}$ und $\boldsymbol{H}_k$ orthogonal-ähnlich zueinander. Auf Grund der oben erwähnten Verwandtschaft des QR-Algorithmus mit der Vektoriteration ist die Wahl der Verschiebung σ_k gemäß

$$\boxed{\sigma_k = h_{nn}^{(k)}, \quad k = 1, 2, \ldots} \tag{5.103}$$

als letztes Diagonalelement von $\boldsymbol{H}_k$ angezeigt [Ste 83]. Mit dieser Festsetzung von σ_k wird erreicht, dass die Folge der Subdiagonalelemente $h_{n,n-1}^{(k)}$ schließlich *quadratisch* gegen null konvergiert [Ste 83].

Die praktische Durchführung des QR-Algorithmus (5.102) ist durch die Überlegungen in den Beweisen der Sätze 5.8 und 5.10 vollkommen vorgezeichnet, falls man zuerst die QR-Zerlegung von $\boldsymbol{H}_k - \sigma_k \boldsymbol{I}$ mit Hilfe von $(n-1)$ Rotationsmatrizen durchführt und anschließend die Matrix $\boldsymbol{H}_{k+1}$ bildet. Bei diesem Vorgehen sind die $(n-1)$ Wertepaare $c_i := \cos\varphi_i$ und $s_i := \sin\varphi_i$ der Matrizen $\boldsymbol{U}(i, i+1; \varphi_i) =: \boldsymbol{U}_i$ abzuspeichern. Das ist aber nicht nötig, wie die folgende Betrachtung zeigt. Für eine QR-Transformation gelten ja

$$\begin{aligned}
\boldsymbol{U}_{n-1}^T \quad \cdots \quad & \boldsymbol{U}_3^T \boldsymbol{U}_2^T \boldsymbol{U}_1^T (\boldsymbol{H}_k - \sigma_k \boldsymbol{I}) = \boldsymbol{Q}_k^T (\boldsymbol{H}_k - \sigma_k \boldsymbol{I}) = \boldsymbol{R}_k \\
\boldsymbol{H}_{k+1} \quad = \quad & \boldsymbol{R}_k \boldsymbol{Q}_k + \sigma_k \boldsymbol{I} = \boldsymbol{R}_k \boldsymbol{U}_1 \boldsymbol{U}_2 \boldsymbol{U}_3 \ldots \boldsymbol{U}_{n-1} + \sigma_k \boldsymbol{I} \\
= \quad & \boldsymbol{U}_{n-1}^T \ldots \boldsymbol{U}_3^T \boldsymbol{U}_2^T \boldsymbol{U}_1^T (\boldsymbol{H}_k - \sigma_k \boldsymbol{I}) \boldsymbol{U}_1 \boldsymbol{U}_2 \boldsymbol{U}_3 \ldots \boldsymbol{U}_{n-1} + \sigma_k \boldsymbol{I}
\end{aligned} \tag{5.104}$$

Infolge der Assoziativität der Matrizenmultiplikation können wir die Reihenfolge der Operationen zur Bildung von $\boldsymbol{H}_{k+1}$ gemäß (5.104) geeignet wählen. Nach Ausführung der beiden Matrizenmultiplikationen $\boldsymbol{U}_2^T \boldsymbol{U}_1^T (\boldsymbol{H}_k - \sigma_k \boldsymbol{I})$ im Verlauf der QR-Zerlegung hat die resultierende Matrix für $n = 6$ die folgende Struktur:

$$\begin{pmatrix}
\times & \times & \times & \times & \times & \times \\
0 & \times & \times & \times & \times & \times \\
0 & 0 & \times & \times & \times & \times \\
0 & 0 & \times & \times & \times & \times \\
0 & 0 & 0 & \times & \times & \times \\
0 & 0 & 0 & 0 & \times & \times
\end{pmatrix}$$

Nun ist zu beachten, dass die weiteren Multiplikationen von links mit $\boldsymbol{U}_3^T, \boldsymbol{U}_4^T, \ldots$ nur noch die dritte und die folgenden Zeilen betreffen, d.h. dass die ersten beiden Zeilen und damit auch die ersten beiden Spalten in der momentanen Matrix durch die QR-Zerlegung nicht mehr verändert werden. Die Multiplikation mit $\boldsymbol{U}_1$ von rechts, die ja Linearkombinationen der ersten und zweiten Spalten bewirkt, operiert folglich mit den hier vorhandenen, bereits endgültigen Werten der Matrix $\boldsymbol{R}_k$ der QR-Zerlegung. Sobald die Multiplikation mit $\boldsymbol{U}_3^T$ erfolgt ist, ist aus dem analogen Grund die Multiplikation mit $\boldsymbol{U}_2$ von rechts ausführbar.

Bei dieser gestaffelten Ausführung der QR-Transformation (5.104) wird im i-ten Schritt $(2 \leq i \leq n-1)$ in der i-ten und $(i+1)$-ten Zeile die QR-Zerlegung weitergeführt, während in der $(i-1)$-ten und i-ten Spalte bereits im Wesentlichen die Hessenberg-Matrix $\boldsymbol{H}_{k+1}$ aufgebaut wird. Die Subtraktion von σ_k in der Diagonale von $\boldsymbol{H}_k$ und die spätere Addition von σ_k zu den Diagonalelementen kann fortlaufend in den Prozess einbezogen werden. Falls wir die Matrix $\boldsymbol{H}_{k+1}$ am Ort von $\boldsymbol{H}_k$ aufbauen und die sich laufend verändernde Matrix mit

$\boldsymbol{H}$ bezeichnen, können wir den QR-Schritt (5.104) zu gegebenem Wert von σ algorithmisch in (5.106) formulieren. Es ist τ wieder die Maschinengenauigkeit, siehe (1.7).

Da die Subdiagonalelemente von $\boldsymbol{H}_k$ gegen null konvergieren, ist ein Kriterium notwendig, um zu entscheiden, wann ein Element $|h_{i+1,i}^{(k)}|$ als genügend klein betrachtet werden darf, um es gleich null zu setzen. Ein sicheres, auch betragskleinen Eigenwerten von $\boldsymbol{H}_1$ Rechnung tragendes Kriterium ist

$$|h_{i+1,i}^{(k)}| < \tau \max\{|h_{ii}^{(k)}|, |h_{i+1,i+1}^{(k)}|\}. \tag{5.105}$$

Sobald ein Subdiagonalelement $h_{i+1,i}^{(k)}$ die Bedingung (5.105) erfüllt, zerfällt die Hessenberg-Matrix $\boldsymbol{H}_k$. Die Berechnung der Eigenwerte von $\boldsymbol{H}_k$ ist zurückgeführt auf die Aufgabe, die Eigenwerte der beiden Untermatrizen von Hessenberg-Form zu bestimmen.

QR-Transformation
mit Shift σ und Überspeicherung der $\boldsymbol{H}_k$.

$h_{11} = h_{11} - \sigma$
für $i = 1, 2, \ldots, n$:
  falls $i < n$:
    falls $|h_{ii}| < \tau \times |h_{i+1,i}|$:
      $w = |h_{i+1,i}|;\ c = 0;\ s = \operatorname{sgn}(h_{i+1,i})$
    sonst
      $w = \sqrt{h_{ii}^2 + h_{i+1,i}^2};\ c = h_{ii}/w;\ s = -h_{i+1,i}/w$
    $h_{ii} = w;\ h_{i+1,i} = 0;\ h_{i+1,i+1} = h_{i+1,i+1} - \sigma$
    für $j = i+1, i+2, \ldots, n$: (5.106)
      $g = c \times h_{ij} - s \times h_{i+1,j}$
      $h_{i+1,j} = s \times h_{ij} + c \times h_{i+1,j};\ h_{ij} = g$
  falls $i > 1$:
    für $j = 1, 2, \ldots, i$:
      $g = \tilde{c} \times h_{j,i-1} - \tilde{s} \times h_{ji}$
      $h_{ji} = \tilde{s} \times h_{j,i-1} + \tilde{c} \times h_{ji};\ h_{j,i-1} = g$
    $h_{i-1,i-1} = h_{i-1,i-1} + \sigma$
  $\tilde{c} = c;\ \tilde{s} = s$
$h_{nn} = h_{nn} + \sigma$

Im betrachteten Fall von reellen Eigenwerten von $\boldsymbol{H}_1$ und unter der angewendeten Strategie der Spektralverschiebungen ist es am wahrscheinlichsten, dass das Subdiagonalelement $h_{n,n-1}^{(k)}$ zuerst die Bedingung (5.105) erfüllt. Die Matrix $\boldsymbol{H}_k$ zerfällt dann in eine Hessenberg-Matrix $\hat{\boldsymbol{H}}$ der Ordnung $(n-1)$ und eine Matrix der Ordnung Eins, welche notwendigerweise als Element einen Eigenwert λ enthalten muss; sie hat also die Form

$$\boldsymbol{H}_k = \left(\begin{array}{ccccc:c} \times & \times & \times & \times & \times & \times \\ \times & \times & \times & \times & \times & \times \\ 0 & \times & \times & \times & \times & \times \\ 0 & 0 & \times & \times & \times & \times \\ 0 & 0 & 0 & \times & \times & \times \\ \hdashline 0 & 0 & 0 & 0 & 0 & \lambda \end{array}\right) = \left(\begin{array}{c:c} \hat{\boldsymbol{H}} & \hat{\boldsymbol{h}} \\ \hdashline \boldsymbol{0}^T & \lambda \end{array}\right). \qquad (5.107)$$

Sobald die Situation (5.107) eingetreten ist, kann der QR-Algorithmus mit der Untermatrix $\hat{\boldsymbol{H}} \in \mathbb{R}^{(n-1),(n-1)}$ fortgesetzt werden, die ja die übrigen Eigenwerte besitzt. Darin zeigt sich ein wesentlicher Vorteil des QR-Algorithmus: Mit jedem berechneten Eigenwert reduziert sich die Ordnung der noch weiter zu bearbeitenden Matrix.

Beispiel 5.6. Zur Berechnung von Eigenwerten der Hessenberg-Matrix $\boldsymbol{H}$ (5.67) aus Beispiel 5.3 wird der QR-Algorithmus (5.106) angewandt. Die Spektralverschiebungen σ_k für die QR-Schritte werden dabei nach der Vorschrift (5.109) des folgenden Abschnittes festgelegt. Die ersten sechs QR-Schritte ergeben folgende Werte.

k	σ_k	$h_{66}^{(k+1)}$	$h_{65}^{(k+1)}$	$h_{55}^{(k+1)}$
1	2.342469183	2.358475293	$-1.65619 \cdot 10^{-1}$	5.351616732
2	2.357470399	2.894439187	$-4.69253 \cdot 10^{-2}$	0.304289831
3	2.780738412	2.984399174	$-7.64577 \cdot 10^{-3}$	1.764372360
4	2.969415975	2.999399624	$-1.04138 \cdot 10^{-4}$	5.056039373
5	2.999618708	2.999999797	$-3.90852 \cdot 10^{-8}$	3.998363523
6	3.000000026	3.000000000	$1.15298 \cdot 10^{-15}$	3.871195470

Man erkennt an den Werten σ_k und $h_{66}^{(k+1)}$ die Konvergenz gegen einen Eigenwert $\lambda_1 = 3$ und das quadratische Konvergenzverhalten von $h_{65}^{(k+1)}$ gegen null. Nach dem sechsten QR-Schritt ist die Bedingung (5.105) mit $\tau = 10^{-12}$ erfüllt. Die Untermatrix $\hat{\boldsymbol{H}}$ der Ordnung fünf in $\boldsymbol{H}_7$ lautet näherungsweise

$$\hat{\boldsymbol{H}} \doteq \begin{pmatrix} 4.991623 & 5.988209 & -3.490458 & -5.233181 & 1.236387 \\ -5.982847 & 5.021476 & 6.488094 & 7.053759 & -16.317615 \\ 0 & -0.033423 & 0.160555 & 5.243584 & 11.907163 \\ 0 & 0 & -0.870774 & 1.955150 & -1.175364 \\ 0 & 0 & 0 & -0.107481 & 3.871195 \end{pmatrix}.$$

Wir stellen fest, dass die Subdiagonalelemente von $\hat{\boldsymbol{H}}$ im Vergleich zur Matrix (5.67) betragsmäßig abgenommen haben. Deshalb stellt die Verschiebung σ_7 für den nächsten QR-Schritt bereits eine gute Näherung für einen weiteren reellen Eigenwert dar. Die wichtigsten Werte der drei folgenden QR-Schritte für $\hat{\boldsymbol{H}}$ sind

k	σ_k	$h_{55}^{(k+1)}$	$h_{54}^{(k+1)}$	$h_{44}^{(k+1)}$
7	3.935002781	4.003282759	$-2.36760 \cdot 10^{-3}$	0.782074
8	4.000557588	4.000000470	$2.91108 \cdot 10^{-7}$	-0.391982
9	4.000000053	4.000000000	$-2.29920 \cdot 10^{-15}$	-1.506178

Die Bedingung (5.105) ist bereits erfüllt, und wir erhalten den Eigenwert $\lambda_2 = 4$ und die Untermatrix der Ordnung vier

$$\hat{\hat{\boldsymbol{H}}} \doteq \begin{pmatrix} 4.993897 & 5.997724 & -10.776453 & 2.629846 \\ -6.000388 & 4.999678 & -1.126468 & -0.830809 \\ 0 & -0.003201 & 3.512604 & 2.722802 \\ 0 & 0 & -3.777837 & -1.506178 \end{pmatrix}.$$

Die Eigenwerte von $\hat{\hat{\boldsymbol{H}}}$ sind paarweise konjugiert komplex. Ihre Berechnung wird im folgenden Abschnitt im Beispiel 5.7 erfolgen. △

5.5.3 QR-Doppelschritt, komplexe Eigenwerte

Die reelle Hessenberg-Matrix $\boldsymbol{H} = \boldsymbol{H}_1$ besitze jetzt auch Paare von konjugiert komplexen Eigenwerten. Da mit den Spektralverschiebungen (5.103) $\sigma_k = h_{nn}^{(k)}$ keine brauchbaren Näherungen für komplexe Eigenwerte zur Verfügung stehen, muss ihre Wahl angepasst werden. Man betrachtet deshalb in $\boldsymbol{H}_k$ die Untermatrix der Ordnung zwei in der rechten unteren Ecke

$$\boldsymbol{C}_k := \begin{pmatrix} h_{n-1,n-1}^{(k)} & h_{n-1,n}^{(k)} \\ h_{n,n-1}^{(k)} & h_{n,n}^{(k)} \end{pmatrix}. \tag{5.108}$$

Sind die Eigenwerte $\mu_1^{(k)}$ und $\mu_2^{(k)}$ von $\boldsymbol{C}_k$ reell, so wird die Verschiebung σ_k anstelle von (5.103) häufig durch denjenigen Eigenwert $\mu_1^{(k)}$ festgelegt, welcher näher bei $h_{nn}^{(k)}$ liegt, d.h.

$$\boxed{\sigma_k = \mu_1^{(k)} \in \mathbb{R} \text{ mit } |\mu_1^{(k)} - h_{nn}^{(k)}| \leq |\mu_2^{(k)} - h_{nn}^{(k)}|, \; k = 1, 2, \ldots} \tag{5.109}$$

Falls aber die Eigenwerte von $\boldsymbol{C}_k$ konjugiert komplex sind, sollen die Spektralverschiebungen für die beiden folgenden QR-Transformationen durch die konjugiert komplexen Werte festgelegt werden.

$$\boxed{\sigma_k = \mu_1^{(k)}, \qquad \sigma_{k+1} = \mu_2^{(k)} = \bar{\sigma}_k, \qquad \mu_1^{(k)} \in \mathbb{C}} \tag{5.110}$$

Die Matrix $\boldsymbol{H}_k - \sigma_k \boldsymbol{I}$ ist mit (5.110) eine Matrix mit komplexen Diagonalelementen. Nun sind aber wegen (5.110) die beiden Werte

$$\boxed{\begin{aligned} s &:= \sigma_k + \sigma_{k+1} = h_{n-1,n-1}^{(k)} + h_{n,n}^{(k)} \\ t &:= \sigma_k \, \sigma_{k+1} = h_{n-1,n-1}^{(k)} h_{n,n}^{(k)} - h_{n-1,n}^{(k)} h_{n,n-1}^{(k)} \end{aligned}} \tag{5.111}$$

reell, und deshalb ist auch die Matrix

$$\boldsymbol{X} := \boldsymbol{H}_k^2 - s\boldsymbol{H}_k + t\boldsymbol{I} \tag{5.112}$$

reell. Damit gelingt es, einen Doppelschritt $\boldsymbol{H}_k \to \boldsymbol{H}_{k+2}$ mit reeller Rechnung und vertretbarem Aufwand durchzuführen. Auf Details wollen wir verzichten, sondern nur die algorithmischen Schritte angeben. $\boldsymbol{H}_{k+2}$ ist orthogonal-ähnlich zu $\boldsymbol{H}_k$. Für die Berechnung von $\boldsymbol{H}_{k+2} = \boldsymbol{Q}^T \boldsymbol{H}_k \boldsymbol{Q}$ sind die folgenden Tatsachen wesentlich. Erstens ist die orthogonale

Matrix $\boldsymbol{Q}$ durch die QR-Zerlegung von $\boldsymbol{X}$ definiert. Die erste Spalte von $\boldsymbol{Q}$ ist im Wesentlichen durch die erste Spalte von $\boldsymbol{X}$ festgelegt. Dann sei $\boldsymbol{Q}_0$ diejenige orthogonale Matrix, welche in der QR-Zerlegung von $\boldsymbol{X}$ nur die erste Spalte auf die gewünschte Form bringt, so dass gilt

$$\boldsymbol{Q}_0^T \boldsymbol{X} = \begin{pmatrix} r_{11} & \vdots & \boldsymbol{g}^T \\ \cdots & \cdots & \cdots \\ \boldsymbol{0} & \vdots & \hat{\boldsymbol{X}} \end{pmatrix}. \tag{5.113}$$

Im weiteren Verlauf der QR-Zerlegung mit der Folge von Givens-Rotationen (5.87) ändert sich die erste Spalte von $\boldsymbol{Q}_0$ nicht mehr. Zweitens hat die orthogonale Matrix $\tilde{\boldsymbol{Q}}$, welche eine beliebige Matrix $\boldsymbol{A}$ auf Hessenberg-Form transformiert, die Eigenschaft, dass ihre erste Spalte $\tilde{\boldsymbol{q}}_1$ gleich dem ersten Einheitsvektor $\boldsymbol{e}_1$ ist. In der Tat folgt dies auf Grund der Darstellung von $\tilde{\boldsymbol{Q}} = \boldsymbol{U}_1\boldsymbol{U}_2 \ldots \boldsymbol{U}_{N^*}$ als Produkt der Rotationsmatrizen $\boldsymbol{U}_k$ unter Berücksichtigung der Rotationsindexpaare (5.58), unter denen der Index Eins nie vorkommt. Dann ist aber in der Matrix

$$\boldsymbol{Q} := \boldsymbol{Q}_0\tilde{\boldsymbol{Q}} \tag{5.114}$$

die erste Spalte $\boldsymbol{q}_1$ gleich der ersten Spalte von $\boldsymbol{Q}_0$. Wenn wir also die gegebene Hessenberg-Matrix $\boldsymbol{H}_k$ in einem ersten Teilschritt mit der Matrix $\boldsymbol{Q}_0$ orthogonal-ähnlich in

$$\boldsymbol{B} = \boldsymbol{Q}_0^T \boldsymbol{H}_k \boldsymbol{Q}_0 \tag{5.115}$$

transformieren, und anschließend $\boldsymbol{B}$ vermittels $\tilde{\boldsymbol{Q}}$ wieder auf Hessenberg-Form gemäß

$$\boldsymbol{H}_{k+2} = \tilde{\boldsymbol{Q}}^T \boldsymbol{B}\tilde{\boldsymbol{Q}} = \tilde{\boldsymbol{Q}}^T \boldsymbol{Q}_0^T \boldsymbol{H}_k \boldsymbol{Q}_0 \tilde{\boldsymbol{Q}} = \boldsymbol{Q}^T \boldsymbol{H}_k \boldsymbol{Q} \tag{5.116}$$

bringen, dann ist auf Grund der wesentlichen Eindeutigkeit die gewünschte Transformation erreicht.

Zur Durchführung des skizzierten Vorgehens ist zuerst die Matrix $\boldsymbol{Q}_0$ durch die Elemente der ersten Spalte von $\boldsymbol{X}$ (5.112) festzulegen. Da $\boldsymbol{H}_k$ eine Hessenberg-Matrix ist, sind in der ersten Spalte von $\boldsymbol{X}$ nur die ersten drei Elemente, die wir mit x_1, x_2 und x_3 bezeichnen, ungleich null. Sie sind wegen (5.112) wie folgt definiert.

$$\boxed{\begin{aligned} x_1 &= h_{11}^2 + h_{12}h_{21} - sh_{11} + t \\ x_2 &= h_{21}[h_{11} + h_{22} - s] \\ x_3 &= h_{21}h_{32} \end{aligned}} \tag{5.117}$$

Die Matrix $\boldsymbol{Q}_0$ ist infolge dieser speziellen Struktur als Produkt von zwei Rotationsmatrizen darstellbar

$$\boldsymbol{Q}_0 = \boldsymbol{U}(1,2;\varphi_1)\boldsymbol{U}(1,3;\varphi_2) \tag{5.118}$$

mit Winkeln φ_1 und φ_2, die sich nacheinander aus den Wertepaaren (x_1, x_2) und (x_1', x_3) nach (5.89) bestimmen, wobei x_1' der durch die erste Transformation geänderte Wert von x_1 ist.

Die Ähnlichkeitstransformation (5.115) von $\boldsymbol{H}_k$ mit $\boldsymbol{Q}_0$ betrifft in $\boldsymbol{H}_k$ nur die ersten drei Zeilen und Spalten, so dass die Matrix $\boldsymbol{B}$ eine spezielle Struktur erhält. Sie ist beispielsweise für $n = 7$:

$$\boldsymbol{B} = \boldsymbol{Q}_0^T \boldsymbol{H}_k \boldsymbol{Q}_0 = \begin{pmatrix} \times & \times & \times & \times & \times & \times & \times \\ \times & \times & \times & \times & \times & \times & \times \\ \boxed{\times} & \times & \times & \times & \times & \times & \times \\ \boxed{\times} & 0 & \times & \times & \times & \times & \times \\ 0 & 0 & 0 & \times & \times & \times & \times \\ 0 & 0 & 0 & 0 & \times & \times & \times \\ 0 & 0 & 0 & 0 & 0 & \times & \times \end{pmatrix} \tag{5.119}$$

Die Hessenberg-Form ist nur in der ersten Spalte von $\boldsymbol{B}$ verloren gegangen, da dort zwei im Allgemeinen von null verschiedene Matrixelemente unterhalb der Subdiagonalen entstanden sind. Es gilt nun, die Matrix $\boldsymbol{B}$ ähnlich auf Hessenberg-Form zu transformieren, was mit geeigneten Givens-Rotationen mit Matrizen $\boldsymbol{U}_{23} = \boldsymbol{U}(2, 3; \varphi_3)$ und $\boldsymbol{U}_{24} = \boldsymbol{U}(2, 4; \varphi_4)$ erfolgt. Da dabei zuerst nur die zweiten und dritten Zeilen und Spalten und dann nur die zweiten und vierten Zeilen und Spalten linear kombiniert werden, erhält die so transformierte Matrix für $n = 7$ folgende Struktur.

$$\boldsymbol{B}_1 := \boldsymbol{U}_{24}^T \boldsymbol{U}_{23}^T \boldsymbol{B} \boldsymbol{U}_{23} \boldsymbol{U}_{24} = \begin{pmatrix} \times & \times & \times & \times & \times & \times & \times \\ \times & \times & \times & \times & \times & \times & \times \\ 0 & \times & \times & \times & \times & \times & \times \\ 0 & \boxed{\times} & \times & \times & \times & \times & \times \\ 0 & \boxed{\times} & 0 & \times & \times & \times & \times \\ 0 & 0 & 0 & 0 & \times & \times & \times \\ 0 & 0 & 0 & 0 & 0 & \times & \times \end{pmatrix} \tag{5.120}$$

Die beiden von null verschiedenen Matrixelemente in der ersten Spalte unterhalb der Subdiagonalen von $\boldsymbol{B}$ sind durch die Transformation (5.120) in zwei andere, von null verschiedene Matrixelemente in der zweiten Spalte unterhalb der Subdiagonalen von $\boldsymbol{B}_1$ übergegangen. Mit Ausnahme der zweiten Spalte hat $\boldsymbol{B}_1$ Hessenberg-Gestalt. Mit Paaren von analogen Givens-Transformationen werden die zwei die Hessenberg-Form störenden Elemente sukzessive nach rechts unten verschoben, bis die Hessenberg-Gestalt wieder hergestellt ist. Die Behandlung der $(n-2)$-ten Spalte erfordert selbstverständlich nur eine Givens-Transformation.

Damit sind die rechentechnischen Details zur Berechnung von $\boldsymbol{H}_{k+2}$ aus $\boldsymbol{H}_k$ für einen QR-Doppelschritt mit den zueinander konjugiert komplexen Spektralverschiebungen σ_k und $\sigma_{k+1} = \bar{\sigma}_k$ nach (5.110) vollständig beschrieben, mehr Einzelheiten finden sich in [Sch 97]. Die beiden Verschiebungen mit σ_k und σ_{k+1} werden bei diesem Vorgehen gar nicht explizit vorgenommen, vielmehr sind sie nur durch die Werte s und t (5.111) und dann durch die Werte x_1, x_2 und x_3 (5.117) zur Festlegung der ersten Spalte von $\boldsymbol{Q}$ verwendet worden, d.h. sie sind implizit in der orthogonalen Matrix $\boldsymbol{Q}_0$ enthalten. Deshalb nennt man den Übergang von $\boldsymbol{H}_k$ nach $\boldsymbol{H}_{k+2}$ einen *QR-Doppelschritt mit impliziter Spektralverschiebung* [Fra 62].

Der Rechenaufwand für einen solchen QR-Doppelschritt setzt sich im Wesentlichen aus demjenigen zur Berechnung von $\boldsymbol{B}$ (5.119) und demjenigen zur Transformation von $\boldsymbol{B}$ in $\boldsymbol{H}_{k+2}$ zusammen. Die Bereitstellung der Werte $c = \cos\varphi$ und $s = \sin\varphi$ der beiden Rotationsmatrizen für $\boldsymbol{Q}_0$ benötigt acht multiplikative Operationen und zwei Quadratwurzeln. Die Ausführung der beiden Givens-Transformationen erfordert $8n + 24$ Multiplikationen. Dasselbe gilt für die beiden Transformationen, die zur Behandlung der j-ten Spalte nötig sind, unabhängig von j, falls die Struktur beachtet wird. Da der letzte Schritt nur halb so aufwändig ist, beträgt der Rechenaufwand für den QR-Doppelschritt etwa

$$Z_{\text{QR-Doppel}} \cong 8n^2 + 20n - 44 \tag{5.121}$$

multiplikative Operationen und $(2n-3)$ Quadratwurzeln. Er verdoppelt sich gegenüber dem Aufwand (5.92) für einen einzelnen QR-Schritt mit expliziter Spektralverschiebung für größere n. Der Rechenaufwand für den Doppelschritt reduziert sich, falls entweder die schnelle Givens-Transformation [Rat 82] oder die *Householder-Transformation* [Gol 96b, Ste 83, Wil 86] angewandt wird. Im besten Fall wird der Aufwand $Z_{\text{QR-Doppel}} \approx 5n^2$.

Beispiel 5.7. Die beiden Eigenwerte der Untermatrix $\boldsymbol{C}_k$ (5.108) der Hessenberg-Matrix $\hat{\hat{\boldsymbol{H}}}$ von Beispiel 5.6 sind konjugiert komplex. Mit $s_1 \doteq 2.006425$ und $t_1 \doteq 4.995697$ liefert der QR-Doppelschritt mit impliziter Spektralverschiebung die Matrix

$$\hat{\hat{\boldsymbol{H}}}_2 \doteq \begin{pmatrix} 4.999999 & -5.999999 & -3.368568 & 2.979044 \\ 5.999997 & 5.000002 & -9.159566 & 4.566268 \\ 0 & 2.292 \cdot 10^{-6} & 1.775362 & -5.690920 \\ 0 & 0 & 0.808514 & 0.224637 \end{pmatrix}.$$

Nach einem weiteren QR-Doppelschritt mit $s_2 \doteq 1.999999$ und $t_2 \doteq 5.000001$ zerfällt die Hessenberg-Matrix

$$\hat{\hat{\boldsymbol{H}}}_3 \doteq \begin{pmatrix} 5.000000 & -6.000000 & -6.320708 & 5.447002 \\ 6.000000 & 5.000000 & 4.599706 & -5.847384 \\ 0 & 0 & 0.296328 & -5.712541 \\ 0 & 0 & 0.786892 & 1.703672 \end{pmatrix}.$$

Daraus berechnen sich die beiden Paare von konjugiert komplexen Eigenwerten $\lambda_{3,4} = 1 \pm 2i$ und $\lambda_{5,6} = 5 \pm 6i$. △

5.5.4 QR-Algorithmus für tridiagonale Matrizen

Im Abschnitt 5.4.1 wurde gezeigt, wie eine symmetrische Matrix $\boldsymbol{A}$ orthogonal-ähnlich auf eine symmetrische, tridiagonale Matrix

$$\boldsymbol{J} = \begin{pmatrix} \alpha_1 & \beta_1 & & & & \\ \beta_1 & \alpha_2 & \beta_2 & & & \\ & \beta_2 & \alpha_3 & \beta_3 & & \\ & & \ddots & \ddots & \ddots & \\ & & & \beta_{n-2} & \alpha_{n-1} & \beta_{n-1} \\ & & & & \beta_{n-1} & \alpha_n \end{pmatrix} \tag{5.122}$$

transformiert werden kann. Wir setzen voraus, dass die Matrix $\boldsymbol{J}$ nicht zerfällt, so dass also $\beta_i \neq 0$ für $i = 1, 2, \ldots, (n-1)$ gilt. Da nach Satz 5.11 der QR-Algorithmus eine Folge von orthogonal-ähnlichen tridiagonalen Matrizen $\boldsymbol{J}_{k+1} = \boldsymbol{Q}_k^T \boldsymbol{J}_k \boldsymbol{Q}_k$, $k = 1, 2, \ldots$, mit $\boldsymbol{J}_1 = \boldsymbol{J}$ erzeugt, ergibt sich ein sehr effizienter Algorithmus zur Berechnung aller Eigenwerte von $\boldsymbol{J}$. Als Spektralverschiebung σ_k könnte nach (5.103) $\sigma_k = \alpha_n^{(k)}$ gewählt werden. Doch bietet die Festsetzung der Verschiebung σ_k durch denjenigen der beiden reellen Eigenwerte der

Untermatrix

$$\boldsymbol{C}_k := \begin{pmatrix} \alpha_{n-1}^{(k)} & \beta_{n-1}^{(k)} \\ \beta_{n-1}^{(k)} & \alpha_n^{(k)} \end{pmatrix}, \tag{5.123}$$

welcher näher bei $\alpha_n^{(k)}$ liegt, Vorteile bezüglich der Konvergenzeigenschaften des Algorithmus. Die Eigenwerte von $\boldsymbol{C}_k$ sind gegeben durch

$$\begin{aligned} \mu_{1,2}^{(k)} &= \frac{\alpha_{n-1}^{(k)} + \alpha_n^{(k)}}{2} \pm \sqrt{d^2 + \beta_{n-1}^{(k)^2}} \\ &= \alpha_n^{(k)} + d \pm \sqrt{d^2 + \beta_{n-1}^{(k)^2}} \quad \text{mit } d = \frac{\alpha_{n-1}^{(k)} - \alpha_n^{(k)}}{2}. \end{aligned}$$

Man erhält den zu $\alpha_n^{(k)}$ näher gelegenen Eigenwert, wenn man das Vorzeichen der Wurzel gleich dem entgegengesetzten von d setzt. Ist zufällig $d = 0$, dann sind beide Eigenwerte $\mu_{1,2}^{(k)}$ gleich weit von $\alpha_n^{(k)}$ entfernt, und man wählt $\sigma_k = \alpha_n^{(k)}$, falls $\alpha_n^{(k)} \neq 0$ ist. Damit erhält die Spektralverschiebung im Normalfall die Darstellung

$$\boxed{\sigma_k = \alpha_n^{(k)} + d - \operatorname{sgn}(d)\sqrt{d^2 + \beta_{n-1}^{(k)^2}}, \quad d = \frac{1}{2}(\alpha_{n-1}^{(k)} - \alpha_n^{(k)}).} \tag{5.124}$$

Zur praktischen Durchführung des QR-Schrittes $\boldsymbol{J}_k - \sigma_k \boldsymbol{I} = \boldsymbol{Q}_k \boldsymbol{R}_k, \boldsymbol{J}_{k+1} = \boldsymbol{R}_k \boldsymbol{Q}_k + \sigma_k \boldsymbol{I}$ mit $\boldsymbol{J}_{k+1} = \boldsymbol{Q}_k^T \boldsymbol{J}_k \boldsymbol{Q}_k$ soll die Technik der *impliziten* Spektralverschiebung angewandt werden. Die Überlegungen von Abschnitt 5.5.3 werden sinngemäß und in vereinfachter Form übernommen.

Die Matrix $\boldsymbol{Q}_0$, welche in der QR-Zerlegung von $\boldsymbol{J}_k - \sigma_k \boldsymbol{I}$ die erste Spalte transformiert, ist im vorliegenden Fall eine Jacobi-Matrix $\boldsymbol{U}(1,2;\varphi_0)$, deren Werte $c = \cos\varphi_0$ und $s = \sin\varphi_0$ durch die beiden Elemente $\alpha_1 - \sigma_k$ und β_1 bestimmt sind. Mit $\boldsymbol{Q}_0$ bilden wir die orthogonal-ähnliche Matrix $\boldsymbol{B} = \boldsymbol{Q}_0^T \boldsymbol{J}_k \boldsymbol{Q}_0$, die anschließend durch weitere orthogonale Ähnlichkeitstransformationen auf tridiagonale Form gebracht werden muss. Die Matrix $\boldsymbol{B}$ besitzt eine besonders einfache Struktur, da nur die ersten beiden Zeilen und Spalten von $\boldsymbol{J}_k$ verändert werden. Ohne den oberen Indexwert k lautet $\boldsymbol{B}$ für $n = 6$

$$\boldsymbol{B} = \boldsymbol{Q}_0^T \boldsymbol{J}_k \boldsymbol{Q}_0 = \begin{pmatrix} \alpha_1' & \beta_1' & y & & & \\ \beta_1' & a_2' & \beta_2' & & & \\ y & \beta_2' & \alpha_3 & \beta_3 & & \\ & & \beta_3 & \alpha_4 & \beta_4 & \\ & & & \beta_4 & \alpha_5 & \beta_5 \\ & & & & \beta_5 & \alpha_6 \end{pmatrix}. \tag{5.125}$$

Die tridiagonale Gestalt ist nur in der ersten Spalte und ersten Zeile zerstört worden. Eine erste Givens-Rotation mit einer Jacobi-Matrix $\boldsymbol{U}_1 = \boldsymbol{U}(2,3;\varphi_1)$ eliminiert mit geeignetem Winkel φ_1 das Element y in (5.125), erzeugt aber ein neues, von null verschiedenes Paar von Matrixelementen außerhalb der drei Diagonalen. Das Resultat ist

$$\boldsymbol{U}_1^T \boldsymbol{B} \boldsymbol{U}_1 = \begin{pmatrix} \alpha_1' & \beta_1'' & & & & \\ \beta_1'' & \alpha_2'' & \beta_2'' & y' & & \\ & \beta_2'' & \alpha_3' & \beta_3' & & \\ & y' & \beta_3' & \alpha_4 & \beta_4 & \\ & & & \beta_4 & \alpha_5 & \beta_5 \\ & & & & \beta_5 & \alpha_6 \end{pmatrix}. \tag{5.126}$$

Durch jede weitere Givens-Rotation wird das störende Element nach rechts unten verschoben. Nach $(n-2)$ Transformationsschritten ist $\boldsymbol{B}$ auf tridiagonale Form gebracht und stellt damit die Matrix $\boldsymbol{J}_{k+1}$ dar.

Für die praktische Realisierung eines QR-Schrittes mit impliziter Spektralverschiebung σ für eine tridiagonale Matrix $\boldsymbol{J}$ werden die Elemente der beiden Diagonalen zweckmäßigerweise als zwei Vektoren $\boldsymbol{\alpha} = (\alpha_1, \alpha_2, \ldots, \alpha_n)^T$ und $\boldsymbol{\beta} = (\beta_1, \beta_2, \ldots, \beta_{n-1})^T$ vorgegeben, mit denen die Transformation von $\boldsymbol{J}_k$ in $\boldsymbol{J}_{k+1}$ vorgenommen wird. Weiter ist zu beachten, dass alle auszuführenden $(n-1)$ Givens-Transformationen zwei aufeinanderfolgende Zeilen und Spalten betreffen, so dass die Diagonalelemente und die zugehörigen Nebendiagonalelemente nach den Formeln (5.14), (5.15) und (5.16) umzurechnen sind. Die Darstellung (5.23) ist nicht anwendbar, da der Drehwinkel φ anders bestimmt wird. Die erwähnten Formeln werden zur Reduktion der Rechenoperationen mit $c = \cos\varphi, s = \sin\varphi$ und $q = p+1$ wie folgt umgeformt.

$$\begin{aligned} &\alpha_p'' = \alpha_p - 2\beta_p cs - (\alpha_p - \alpha_{p+1})s^2 = \alpha_p - z, \\ &\alpha_{p+1}'' = \alpha_{p+1} + 2\beta_p cs + (\alpha_p - \alpha_{p+1})s^2 = \alpha_{p+1} + z, \\ &\beta_p'' = (\alpha_p - \alpha_{p+1})cs + \beta_p(c^2 - s^2), \\ &\text{mit } z = [2\beta_p c + (\alpha_p - \alpha_{p+1})s]s. \end{aligned}$$

$$\boxed{\begin{array}{l} x = \alpha_1 - \sigma;\ y = \beta_1 \\ \text{für } p = 1, 2, \ldots, n-1: \\ \quad \text{falls } |x| \le \tau \times |y|: \\ \qquad w = -y;\ c = 0;\ s = 1 \\ \quad \text{sonst} \\ \qquad w = \sqrt{x^2 + y^2};\ c = x/w;\ s = -y/w \\ \quad d = \alpha_p - \alpha_{p+1};\ z = (2 \times c \times \beta_p + d \times s) \times s \\ \quad \alpha_p = \alpha_p - z;\ \alpha_{p+1} = \alpha_{p+1} + z \\ \quad \beta_p = d \times c \times s + (c^2 - s^2) \times \beta_p;\ x = \beta_p \\ \quad \text{falls } p > 1\text{: } \beta_{p-1} = w \\ \quad \text{falls } p < n-1\text{: } y = -s \times \beta_{p+1};\ \beta_{p+1} = c \times \beta_{p+1} \end{array}} \tag{5.127}$$

Schließlich unterscheidet sich die Bestimmung des Drehwinkels für die Transformation mit $\boldsymbol{Q}_0$ von derjenigen für die nachfolgenden Givens-Rotationen mit $\boldsymbol{U}_k$. Dies wird durch eine geeignete Definition von Variablen x und y im Algorithmus (5.127) erreicht. Die Spektralverschiebung σ sei nach (5.124) vorgegeben. Ein QR-Schritt für eine symmetrische, tridiagonale

Matrix $\boldsymbol{J}_k$ erfordert mit dem Algorithmus (5.127) etwa

$$Z_{\text{QR,trid}} \cong 15(n-1) \tag{5.128}$$

multiplikative Operationen und $(n-1)$ Quadratwurzeln. Die hohe Effizienz des Verfahrens beruht darauf, dass das letzte Außendiagonalelement $\beta_{n-1}^{(k)}$ *kubisch* gegen null konvergiert [Gou 79, Wil 68]. Das hat zur Folge, dass für größere Ordnung n im Durchschnitt zur Berechnung aller Eigenwerte nur zwei bis drei QR-Schritte nötig sind, da mit fortschreitender Rechnung die Spektralverschiebungen (5.124) hervorragende Näherungen für den nächsten Eigenwert liefern. Zudem nimmt die Ordnung der zu bearbeitenden tridiagonalen Matrizen ab.

Beispiel 5.8. Der QR-Algorithmus zur Berechnung der Eigenwerte der tridiagonalen Matrix $\boldsymbol{J}$ (5.71) aus Beispiel 5.4 ist sehr effizient. Mit den Spektralverschiebungen σ_k (5.124) liefern drei QR-Schritte Werte gemäß folgender Zusammenstellung.

k	σ_k	$\alpha_5^{(k+1)}$	$\beta_4^{(k+1)}$
1	1.141933723	1.330722500	−0.148259790
2	1.323643137	1.327045601	$1.46939 \cdot 10^{-4}$
3	1.327045590	1.327045600	$-4.388 \cdot 10^{-13}$

Die kubische Konvergenz von $\beta_4^{(k)}$ gegen null ist deutlich erkennbar. Nach diesen drei QR-Schritten zerfällt die tridiagonale Matrix. Mit $\alpha_5^{(4)}$ ist der erste Eigenwert $\lambda_1 \doteq 1.327045600$ gefunden. Die reduzierte Matrix der Ordnung vier lautet

$$\hat{\boldsymbol{J}} \doteq \begin{pmatrix} 22.354976 & 0.881561 & & \\ 0.881561 & 7.399454 & 0.819413 & \\ & 0.819413 & 1.807160 & 3.010085 \\ & & 3.010085 & 2.111365 \end{pmatrix}.$$

Die wichtigsten Werte der weiteren QR-Schritte für $\hat{\boldsymbol{J}}$ sind in der folgenden Tabelle zusammengestellt.

k	σ_k	$\alpha_4^{(k+1)}$	$\beta_3^{(k+1)}$
4	4.973188459	4.846875984	0.116631770
5	4.849265094	4.848950120	$6.52773 \cdot 10^{-6}$
6	4.848950120	4.848950120	$-1.2 \cdot 10^{-16}$

Der zweite berechnete Eigenwert ist $\lambda_2 \doteq 4.848950120$, und die verbleibende Untermatrix der Ordnung drei ist

$$\hat{\hat{\boldsymbol{J}}} \doteq \begin{pmatrix} 22.406874 & 0.003815 & \\ 0.003815 & 3.850210 & 4.257076 \\ & 4.257076 & 2.566920 \end{pmatrix},$$

aus der sich die weiteren Eigenwerte mit zwei, bzw. einem QR-Schritt in der Reihenfolge $\lambda_3 \doteq -1.096595182$, $\lambda_4 \doteq 7.513724154$ und $\lambda_5 \doteq 22.406875308$ bestimmen. △

5.5.5 Zur Berechnung der Eigenvektoren

Der QR-Algorithmus, wie er oben dargestellt worden ist, liefert die Eigenwerte einer Hessenberg-Matrix $\boldsymbol{H}$ oder einer tridiagonalen, symmetrischen Matrix $\boldsymbol{J}$. Wir behandeln jetzt noch die Aufgabe, die zugehörigen Eigenvektoren zu bestimmen.

Das Produkt von allen orthogonalen Matrizen $\boldsymbol{Q}_k, k = 1, 2, \dots, M$, die im Verlauf des QR-Algorithmus auftreten, ist eine orthogonale Matrix

$$\boldsymbol{Q} := \boldsymbol{Q}_1 \boldsymbol{Q}_2 \dots \boldsymbol{Q}_M, \tag{5.129}$$

welche $\boldsymbol{H}$ auf eine Quasidreiecksmatrix $\boldsymbol{R} = \boldsymbol{Q}^T \boldsymbol{H} \boldsymbol{Q}$ (5.93), bzw. $\boldsymbol{J}$ auf eine Diagonalmatrix $\boldsymbol{D} = \boldsymbol{Q}^T \boldsymbol{J} \boldsymbol{Q}$ transformiert. Mit dieser Matrix $\boldsymbol{Q}$ wird die Eigenwertaufgabe $\boldsymbol{H}\boldsymbol{x} = \lambda \boldsymbol{x}$, bzw. $\boldsymbol{J}\boldsymbol{x} = \lambda \boldsymbol{x}$ übergeführt in

$$\boldsymbol{R}\boldsymbol{y} = \lambda \boldsymbol{y}, \quad \text{bzw.} \quad \boldsymbol{D}\boldsymbol{y} = \lambda \boldsymbol{y} \quad \text{mit} \quad \boldsymbol{y} = \boldsymbol{Q}^T \boldsymbol{x}. \tag{5.130}$$

Bei bekanntem Eigenwert λ_k ist der zugehörige Eigenvektor $\boldsymbol{y}_k$ von $\boldsymbol{R}$ einfach berechenbar. Im Fall der Matrix $\boldsymbol{D}$ ist $\boldsymbol{y}_k = \boldsymbol{e}_k$, falls λ_k das k-te Diagonalelement von $\boldsymbol{D}$ ist. Der Eigenvektor $\boldsymbol{x}_k$ von $\boldsymbol{H}$ ist wegen (5.130) gegeben durch $\boldsymbol{x}_k = \boldsymbol{Q}\boldsymbol{y}_k$, derjenige von $\boldsymbol{J}$ ist gleich der k-ten Spalte von $\boldsymbol{Q}$.

Eine erste Methode zur Berechnung der Eigenvektoren besteht darin, die Matrix $\boldsymbol{Q}$ (5.129) explizit als Produkt von sämtlichen $\boldsymbol{Q}_k$ zu bilden. Jede der Matrizen $\boldsymbol{Q}_k$ ist selbst wieder das Produkt von einfachen Rotationsmatrizen, so dass sich $\boldsymbol{Q}$ analog zu (5.45) rekursiv aufbauen lässt. Der Rechenaufwand für einen einzelnen QR-Schritt erhöht sich sehr stark, denn die Multiplikation von rechts mit einer Rotationsmatrix ist stets für die ganzen Spalten von $\boldsymbol{Q}$ auszuführen, auch dann, wenn nach Berechnung von einigen Eigenwerten die Ordnung der zu behandelnden Matrix $\boldsymbol{H}$ oder $\boldsymbol{J}$ kleiner als n ist. Das skizzierte Vorgehen hat den Vorteil, dass in $\boldsymbol{Q}$ für die tridiagonale, symmetrische Matrix $\boldsymbol{J}$ stets n orthonormierte Eigenvektoren geliefert werden.

Um die aufwändige Berechnung der Matrix $\boldsymbol{Q}$ zu vermeiden, können die Eigenvektoren $\boldsymbol{x}_k$ auch mit der *inversen Vektoriteration* nach Abschnitt 5.3.2 bestimmt werden. Der Startvektor $\boldsymbol{z}^{(0)}$ kann nach einem Vorschlag von *Wilkinson* als Lösung des Gleichungssystems

$$\tilde{\boldsymbol{R}} \boldsymbol{z}^{(0)} = \boldsymbol{e}, \qquad \boldsymbol{e} = (1, 1, \dots, 1)^T \tag{5.131}$$

gefunden werden mit der vom Näherungswert $\bar{\lambda}$ für λ_k abhängigen Rechtsdreiecksmatrix $\tilde{\boldsymbol{R}}$, welche im Gauß-Algorithmus bei der Zerlegung von $(\boldsymbol{H} - \bar{\lambda}\boldsymbol{I})$, bzw. von $(\boldsymbol{J} - \bar{\lambda}\boldsymbol{I})$ unter Verwendung der relativen Spaltenmaximumstrategie entsteht. Der Vektor $\boldsymbol{z}^{(0)}$ wird aus (5.131) durch Rücksubstitution gewonnen. Dies entspricht einem halben Iterationsschritt der inversen Vektoriteration.

Die Eigenvektorbestimmung nach der zweiten Methode erfordert im Wesentlichen eine Zerlegung von $(\boldsymbol{H} - \bar{\lambda}\boldsymbol{I})$ für jeden Eigenwert. Eine Zerlegung für eine Hessenberg-Matrix $\boldsymbol{H}$ der Ordnung n erfordert etwa $n^2/2$, die Vorwärtssubstitution etwa n und die Rücksubstitution etwa $n^2/2$ multiplikative Operationen. Unter der meistens zutreffenden Annahme, dass zwei Iterationsschritte der inversen Vektoriteration genügen, beträgt der Rechenaufwand zur Bestimmung von allen n Eigenvektoren etwa $2n^3$ Operationen. Für eine tridiagonale Matrix $\boldsymbol{J}$ ist der Rechenaufwand sogar nur proportional zu n^2.

Ist die Matrix $\boldsymbol{H}$ bzw. $\boldsymbol{J}$ durch eine Ähnlichkeitstransformation aus einer Matrix $\boldsymbol{A}$ entstanden, sind die Eigenvektoren gemäß Abschnitt 5.4.1 in diejenigen von $\boldsymbol{A}$ zurückzutransformieren.

5.6 Das allgemeine Eigenwertproblem

Wir betrachten jetzt für zwei Matrizen $\boldsymbol{A}, \boldsymbol{B}$ der Ordnung n das Problem

$$\boldsymbol{A}\boldsymbol{x} = \lambda \boldsymbol{B}\boldsymbol{x}. \tag{5.132}$$

Dieses Problem kann auf das spezielle Eigenwertproblem zurückgeführt werden, wenn $\boldsymbol{B}$ regulär, also invertierbar ist:

$$\boldsymbol{A}\boldsymbol{x} = \lambda \boldsymbol{B}\boldsymbol{x} \Longleftrightarrow \boldsymbol{B}^{-1}\boldsymbol{A}\boldsymbol{x} = \lambda \boldsymbol{x}. \tag{5.133}$$

Diese Vorgehensweise ist aber bei schlecht konditioniertem $\boldsymbol{B}$ nicht empfehlenswert. Sind $\boldsymbol{A}$ und $\boldsymbol{B}$ symmetrisch, so kann außerdem die Symmetrie bei $\boldsymbol{B}^{-1}\boldsymbol{A}$ verlorengehen. Eine symmetrie- und stabilitätserhaltende Transformation ist möglich, wenn $\boldsymbol{A}$ oder $\boldsymbol{B}$ symmetrisch und positiv definit ist, siehe Abschnitt 5.6.1. Sind beide Matrizen symmetrisch, aber nicht notwendig positiv definit, so hilft der folgende Satz, dessen konstruktiver Beweis einen Algorithmus liefert, der mehrere Singulärwertzerlegungen benutzt, [Rao 71]:

Satz 5.14. *Sind $\boldsymbol{A}, \boldsymbol{B}$ zwei symmetrische, positiv semidefinite Matrizen der Ordnung n, dann gibt es eine reguläre Matrix $\boldsymbol{T}$ derart, dass $\boldsymbol{T}^{-1}\boldsymbol{A}\boldsymbol{T}$ und $\boldsymbol{T}^{-1}\boldsymbol{B}\boldsymbol{T}$ diagonal sind.*

Für den unsymmetrischen Fall ohne Regularitätsvoraussetzung an $\boldsymbol{A}$ oder $\boldsymbol{B}$ ist der QZ-Algorithmus zu empfehlen, siehe etwa [Mol 73].

5.6.1 Der symmetrisch positiv definite Fall

Bei vielen Anwendungen sind beide Matrizen $\boldsymbol{A}$ und $\boldsymbol{B}$ symmetrisch und mindestens eine ist positiv definit. Dann lässt sich das allgemeine Eigenwertproblem numerisch stabil auf das spezielle Eigenwertproblem zurückführen. Hier soll o.B.d.A. diese Eigenschaften für $\boldsymbol{B}$ vorausgesetzt werden. Dann existiert die Cholesky-Zerlegung (siehe Abschnitt 2.3.1) von $\boldsymbol{B}$

$$\boldsymbol{B} = \boldsymbol{L}\boldsymbol{L}^T. \tag{5.134}$$

Die Zerlegung (5.134) von $\boldsymbol{B}$ wird in (5.132) eingesetzt, die Gleichung von links mit $\boldsymbol{L}^{-1}$ multipliziert und noch die Identität $\boldsymbol{I} = \boldsymbol{L}^{-T}\boldsymbol{L}^T$ eingefügt:

$$(\boldsymbol{L}^{-1}\boldsymbol{A}\boldsymbol{L}^{-T})(\boldsymbol{L}^T\boldsymbol{x}) = \lambda(\boldsymbol{L}^{-1}\boldsymbol{L})(\boldsymbol{L}^T\boldsymbol{x}) \tag{5.135}$$

Mit den Substitutionen

$$\boldsymbol{C} = \boldsymbol{L}^{-1}\boldsymbol{A}\boldsymbol{L}^{-T}, \quad \boldsymbol{y} = \boldsymbol{L}^T\boldsymbol{x} \tag{5.136}$$

wird (5.135) in der Tat ein spezielles Eigenwertproblem

$$\boldsymbol{C}\boldsymbol{y} = \lambda \boldsymbol{y} \tag{5.137}$$

mit der symmetrischen Matrix $\boldsymbol{C}$, deren Eigenvektoren $\boldsymbol{y}_j$ wegen (5.136) mit den Eigenvektoren $\boldsymbol{x}_j$ von (5.132) zusammenhängen. Die Symmetrie von $\boldsymbol{C}$ bestätigt man unter Benutzung der Symmetrie von $\boldsymbol{A}$ durch

$$\boldsymbol{C}^T = (\boldsymbol{L}^{-1}\boldsymbol{A}\boldsymbol{L}^{-T})^T = \boldsymbol{L}^{-1}\boldsymbol{A}^T\boldsymbol{L}^{-T} = \boldsymbol{L}^{-1}\boldsymbol{A}\boldsymbol{L}^{-T} = \boldsymbol{C}. \tag{5.138}$$

Die Eigenvektoren $\boldsymbol{y}_j$ einer symmetrischen Matrix $\boldsymbol{C}$ bilden bei entsprechender Normierung ein Orthonormalsystem, d.h.

$$\boldsymbol{y}_j^T\boldsymbol{y}_k = \delta_{jk}, \quad j,k = 1,2,\ldots,n. \tag{5.139}$$

Wegen der Relation (5.136) bilden die Eigenvektoren $\boldsymbol{x}_j$ der allgemeinen Eigenwertaufgabe (5.132) ein System von orthonormierten Vektoren im verallgemeinerten Sinn bezüglich der positiv definiten Matrix $\boldsymbol{B}$. Sie erfüllen die Beziehungen

$$\boldsymbol{y}_j^T\boldsymbol{y}_k = \boldsymbol{x}_j^T\boldsymbol{L}\boldsymbol{L}^T\boldsymbol{x}_k = \boldsymbol{x}_j^T\boldsymbol{B}\boldsymbol{x}_k = \delta_{jk}, \quad j,k = 1,2,\ldots,n. \tag{5.140}$$

Mit dieser Normierung der Eigenvektoren $\boldsymbol{x}_j$ folgt aus der Eigenwertbeziehung $\boldsymbol{A}\boldsymbol{x}_k = \lambda_k\boldsymbol{B}\boldsymbol{x}_k$ nach Multiplikation mit $\boldsymbol{x}_j^T$ von links unter Benutzung von (5.140) überdies

$$\boldsymbol{x}_j^T\boldsymbol{A}\boldsymbol{x}_k = \lambda_k\delta_{jk}, \quad j,k = 1,2,\ldots n. \tag{5.141}$$

Das bedeutet, dass die Eigenvektoren zu verschieden indizierten Eigenwerten - die Eigenwerte dürfen dabei gleich sein - sowohl bezüglich $\boldsymbol{B}$ als auch bezüglich $\boldsymbol{A}$ im verallgemeinerten Sinn orthogonal sind.

Die tatsächliche Reduktion von (5.132) in (5.137) erfordert nach erfolgter Cholesky-Zerlegung von $\boldsymbol{B}$ die Berechnung der Matrix $\boldsymbol{C}$ nach (5.136). Dazu sind die Inversion der Linksdreiecksmatrix $\boldsymbol{L}$ und die beiden Matrizenmultiplikationen gar nicht nötig. Vielmehr lässt sich die Matrix $\boldsymbol{C}$ am effizientesten und mit kleinstem Speicherbedarf wie folgt berechnen. Die Hilfsmatrix $\boldsymbol{H} = \boldsymbol{A}\boldsymbol{L}^{-T}$ wird aus $\boldsymbol{H}\boldsymbol{L}^T = \boldsymbol{A}$ spaltenweise bestimmt. Für $n = 4$ lautet diese Matrizengleichung in reduzierter Form

$$\begin{pmatrix} h_{11} & & & \\ h_{21} & h_{22} & & \\ h_{31} & h_{32} & h_{33} & \\ h_{41} & h_{42} & h_{43} & h_{44} \end{pmatrix}\begin{pmatrix} l_{11} & l_{21} & l_{31} & l_{41} \\ & l_{22} & l_{32} & l_{42} \\ & & l_{33} & l_{43} \\ & & & l_{44} \end{pmatrix} = \begin{pmatrix} a_{11} & & & \\ a_{21} & a_{22} & & \\ a_{31} & a_{32} & a_{33} & \\ a_{41} & a_{42} & a_{43} & a_{44} \end{pmatrix}. \tag{5.142}$$

In (5.142) wurde in der Matrix $\boldsymbol{A}$ angedeutet, dass aus Symmetriegründen nur die übliche untere Hälfte von $\boldsymbol{A}$ gespeichert und verwendet wird. Obwohl die Matrix $\boldsymbol{H}$ nicht symmetrisch ist, genügt es, wie im zweiten Teilschritt der Reduktion ersichtlich sein wird, nur die Elemente in und unterhalb der Diagonale wirklich zu berechnen. Für diese Elemente ergibt sich wie bei der Vorwärtssubstitution

$$\boxed{\begin{array}{l} h_{ik} = \left\{ \dfrac{a_{ik} - \sum_{j=1}^{k-1} h_{ij}l_{kj}}{l_{kk}} \right\} \\ k = 1,2,\ldots,n; \quad i = k, k+1,\ldots,n. \end{array}} \tag{5.143}$$

Für $k = 1$ ist selbstverständlich die Summe leer.

Die gesuchte Matrix $\boldsymbol{C} = \boldsymbol{L}^{-1}\boldsymbol{H}$ ist symmetrisch, weshalb nur die eine Hälfte aus der Matrizengleichung $\boldsymbol{LC} = \boldsymbol{H}$ berechnet werden muss. Für $n = 4$ lautet die Bestimmungsgleichung

$$\begin{pmatrix} l_{11} & & & \\ l_{21} & l_{22} & & \\ l_{31} & l_{32} & l_{33} & \\ l_{41} & l_{42} & l_{43} & l_{44} \end{pmatrix} \begin{pmatrix} c_{11} & & & \\ c_{21} & c_{22} & & \\ c_{31} & c_{32} & c_{33} & \\ c_{41} & c_{42} & c_{43} & c_{44} \end{pmatrix} = \begin{pmatrix} h_{11} & & & \\ h_{21} & h_{22} & & \\ h_{31} & h_{32} & h_{33} & \\ h_{41} & h_{42} & h_{43} & h_{44} \end{pmatrix}. \tag{5.144}$$

In (5.144) ist in $\boldsymbol{H}$ angedeutet, dass nur die Elemente in und unterhalb der Diagonale bekannt sind. Diese genügen aber vollkommen, um die wesentlichen Elemente von $\boldsymbol{C}$ in und unterhalb der Diagonale zeilenweise sukzessive zu berechnen, wobei im Prozess der Vorwärtssubstitution zu berücksichtigen ist, dass die Elemente von $\boldsymbol{C}$ oberhalb der Diagonale nicht verfügbar sind und durch die dazu symmetrischen Elemente zu ersetzen sind.

$$\boxed{\begin{array}{l} c_{ik} = \left\{ \dfrac{h_{ik} - \sum_{j=1}^{k-1} l_{ij}c_{kj} - \sum_{j=k}^{i-1} l_{ij}c_{jk}}{l_{ii}} \right\} \\ i = 1, 2, \ldots, n; \quad k = 1, 2, \ldots, i. \end{array}} \tag{5.145}$$

Hier sind wieder einige Summen leer.

Was den Speicherbedarf anbetrifft, kann die Cholesky-Matrix $\boldsymbol{L}$ am Platz von $\boldsymbol{B}$ aufgebaut und gespeichert werden. Die Hilfsmatrix $\boldsymbol{H}$ kann nach (5.143) genau so an die Stelle von $\boldsymbol{A}$ gespeichert werden, da das Element a_{ik} nur zur Berechnung des betreffenden Elementes h_{ik} mit den gleichen Indizes gebraucht wird. Dieselbe Bemerkung gilt für (5.145), so dass die Matrix $\boldsymbol{C}$, genauer gesagt ihre untere Hälfte, am Platz von $\boldsymbol{H}$ und damit von $\boldsymbol{A}$ aufgebaut werden kann. Damit benötigt der ganze Reduktionsalgorithmus überhaupt keinen zusätzlichen Speicherplatz.

Beispiel 5.9.

$$\boldsymbol{A} = \begin{pmatrix} 192 & -56 & -80 \\ -56 & 75 & -34 \\ -80 & -34 & 165 \end{pmatrix}, \quad \boldsymbol{B} = \begin{pmatrix} 64 & -8 & -8 \\ -8 & 17 & -3 \\ -8 & -3 & 66 \end{pmatrix}.$$

$\boldsymbol{B}$ ist symmetrisch positiv definit und die Cholesky-Zerlegung $\boldsymbol{B} = \boldsymbol{L}\boldsymbol{L}^T$ ergibt

$$\boldsymbol{L} = \begin{pmatrix} 8 & 0 & 0 \\ -1 & 4 & 0 \\ -1 & -1 & 8 \end{pmatrix}$$

Die Lösung der Gleichung (5.142)/(5.143) ergibt die untere Hälfte von $\boldsymbol{H}$

$$\boldsymbol{H} = \begin{pmatrix} 24 & & \\ -7 & 17 & \\ -10 & -11 & 18 \end{pmatrix}.$$

Jetzt liefert die Lösung von (5.144)/(5.145) für das spezielle Eigenwertproblem $\boldsymbol{Cx} = \lambda\boldsymbol{x}$ die Matrix

$$\boldsymbol{C} = \boldsymbol{L}^{-1}\boldsymbol{A}(\boldsymbol{L}^T)^{-1} = \begin{pmatrix} 3 & -1 & -1 \\ -1 & 4 & -1 \\ -1 & -1 & 2 \end{pmatrix}.$$

△

5.7 Eigenwertschranken, Kondition, Stabilität

Definition 5.15. 1. Als *Spektralradius* $\rho(\boldsymbol{A})$ bezeichnet man den betragsmäßig größten Eigenwert von $\boldsymbol{A}$.
2. Als *Spektrum* $\sigma(\boldsymbol{A})$ bezeichnet man die Menge aller Eigenwerte von $\boldsymbol{A}$

$$\sigma(\boldsymbol{A}) := \{\lambda_1, \lambda_2, \ldots, \lambda_n\} \tag{5.146}$$

3. Als *Modalmatrix* wird eine Matrix mit Eigenvektoren als Spalten bezeichnet.

Lemma 5.16. *Ist die Matrixnorm* $\|\cdot\|$ *submultiplikativ, so gilt für jeden Eigenwert* λ *von* $\boldsymbol{A}$

$$|\lambda| \leq \|\boldsymbol{A}\| \quad \textit{und damit} \quad \rho(\boldsymbol{A}) \leq \|\boldsymbol{A}\|. \tag{5.147}$$

Satz 5.17. Satz von Gerschgorin: *Sei*

$$K_i := \{z \in \mathbb{C} \;\Big|\; |z - a_{ii}| \leq r_i := \sum_{\substack{k=1\\k\neq i}}^{n} |a_{ik}|\}. \tag{5.148}$$

Dann gilt:

(i) Jeder Eigenwert von $\boldsymbol{A}$ *liegt in* $\bigcup_{i=1}^{n} K_i$.
(ii) Sei $J \subset \{1, \ldots, n\}$ *eine Indexmenge, für die gilt:* $|J| = m < n$,
sei $K = \bigcup_{i\in J} K_i$ *und es gelte* $K \cap \bigcup_{i\notin J} K_i = \phi$.

Dann enthält K *genau* m *Eigenwerte von* $\boldsymbol{A}$ *unter Berücksichtigung ihrer Vielfachheiten.*
In (5.148) können Zeilensummen durch Spaltensummen ersetzt werden, da

$$\sigma(\boldsymbol{A}) = \sigma(\boldsymbol{A}^T).$$

Beweis. (i)
Sei $\lambda \in \sigma(\boldsymbol{A})$, $\boldsymbol{x}$ zugehöriger Eigenvektor: $\boldsymbol{Ax} = \lambda\boldsymbol{x}$. Das lautet komponentenweise

$$(\lambda - a_{ii})x_i = \sum_{\substack{k=1\\i\neq k}}^{n} a_{ik}x_k, \qquad i = 1, \ldots, n,$$

$$\Rightarrow |\lambda - a_{ii}|\,|x_i| \leq r_i \max_{i\neq k}|x_k|, \qquad i = 1, \ldots, n.$$

Wähle jetzt ein i, für das gilt

$$|x_i| := \max_{k=1,\ldots,n} |x_k| \quad \Rightarrow \quad |x_i| \geq \max_{k\neq i}|x_k|$$

$$\Rightarrow |\lambda - a_{ii}| \leq r_i, \quad \Rightarrow \quad \lambda \in K_i \Rightarrow \lambda \in \cup K_i.$$

D.h. für jedes Eigenpaar $(\lambda, \boldsymbol{x})$ gibt es mindestens ein i mit $|\lambda - a_{ii}| \leq r_i$. Der Index i hängt von der Betrags-maximalen Komponente x_i des Eigenvektors $\boldsymbol{x}$ ab.

(ii)

Sei $\boldsymbol{D} = \text{diag}(a_{11}, a_{22}, \ldots, a_{nn})$, $\boldsymbol{E} := \boldsymbol{A} - \boldsymbol{D}$. Sei weiter

$$\boldsymbol{A}(\varepsilon) := \boldsymbol{D} + \varepsilon \boldsymbol{E} \qquad (\boldsymbol{A}(1) = \boldsymbol{A}),$$

und $p(\lambda, \varepsilon) := \det(\boldsymbol{A}(\varepsilon) - \lambda \boldsymbol{I})$ das charakteristische Polynom von $\boldsymbol{A}(\varepsilon)$. Die Koeffizienten von p sind offensichtlich stetig von ε abhängig, damit auch die Nullstellen $\lambda_i(\varepsilon)$. Also bilden die Werte $\lambda_i(\varepsilon), 1 \geq \varepsilon \geq 0$, eine zusammenhängende Kurve in $\mathbb{C}$. Für $\varepsilon = 0$ ist $\boldsymbol{A}(0) = \boldsymbol{D}$, d.h. $\lambda = a_{ii}$ und der Kreis K_i schrumpft zum Punkt a_{ii} zusammen. Die m Eigenwerte λ_i zu der Indexmenge, die K bildet, bleiben in den entsprechenden Kreisen $K_i, i \in J$, mit wachsendem $\varepsilon > 0$ und können K nicht verlassen, da $K(\varepsilon)$ mit $\bigcup_{i \notin J} K_i(\varepsilon)$ disjunkt bleibt $\forall \varepsilon \leq 1$. Also gilt $\lambda_i(1) \in K$ für $i \in J$. □

Beispiel 5.10. Gegeben sei die symmetrische Tridiagonalmatrix

$$\boldsymbol{A} = \begin{pmatrix} 4 & 1 & & & & \\ 1 & 4 & 1 & & & \\ & 1 & 4 & 1 & & \\ & & \ddots & \ddots & \ddots & \\ & & & 1 & 4 & 1 \\ & & & & 1 & 4 \end{pmatrix}.$$

$\boldsymbol{A}$ besitzt nur reelle Eigenwerte und diese liegen nach dem Satz von Gerschgorin alle im Intervall $[2, 6]$, das ja die reelle Teilmenge von $\bigcup_{i=1}^{n} K_i$ ist.

Nun sind aber $(\lambda_i)^{-1}$ die Eigenwerte von $\boldsymbol{A}^{-1}$, also gilt für deren Spektrum

$$\sigma(\boldsymbol{A}^{-1}) \subset \left[\frac{1}{6}, \frac{1}{2}\right].$$

Mit diesen beiden Aussagen kann jetzt die Kondition der Matrix $\boldsymbol{A}$ zur Lösung des linearen Gleichungssystems $\boldsymbol{A}\boldsymbol{x} = \boldsymbol{b}$ abgeschätzt werden:

$$\text{cond}_2(\boldsymbol{A}) \leq 3$$

Also ist das Problem gut konditioniert. △

Satz 5.18. *Die Matrix* $\boldsymbol{A}$ *sei diagonalähnlich,* $\|\cdot\|$ *sei eine zugeordnete Norm und* $\boldsymbol{T}$ *die Modalmatrix von* $\boldsymbol{A}$*:*

$$\boldsymbol{T}^{-1}\boldsymbol{A}\boldsymbol{T} = \boldsymbol{D} = \text{diag}(\lambda_1, \lambda_2, \ldots, \lambda_n). \tag{5.149}$$

Sei $\lambda \in \sigma(\boldsymbol{A} + \boldsymbol{E})$ *ein Eigenwert der gestörten Matrix* $\boldsymbol{A} + \boldsymbol{E}$*.*

Dann gilt

$$\min_{\lambda_i \in \sigma(\boldsymbol{A})} |\lambda_i - \lambda| \leq \|\boldsymbol{T}\| \, \|\boldsymbol{T}^{-1}\| \, \|\boldsymbol{E}\| \tag{5.150}$$

Beweis. Sei $\lambda \neq \lambda_i$ für alle i, sonst ist (5.150) trivial.

Sei $\boldsymbol{x}$ Eigenvektor zu λ von $\boldsymbol{A}+\boldsymbol{E}$:

$$\begin{aligned}
&(\boldsymbol{A}+\boldsymbol{E})\boldsymbol{x} = \lambda\boldsymbol{x} \Rightarrow (\boldsymbol{A}-\lambda\boldsymbol{I})\boldsymbol{x} = -\boldsymbol{E}\boldsymbol{x}\\
\Rightarrow\ &(\boldsymbol{T}\boldsymbol{D}\boldsymbol{T}^{-1}-\lambda\boldsymbol{I})\boldsymbol{x} = -\boldsymbol{E}\boldsymbol{x}\\
\Rightarrow\ &\boldsymbol{T}(\boldsymbol{D}-\lambda\boldsymbol{I})\boldsymbol{T}^{-1}\boldsymbol{x} = -\boldsymbol{E}\boldsymbol{x}\\
\Rightarrow\ &(\boldsymbol{D}-\lambda\boldsymbol{I})\boldsymbol{T}^{-1}\boldsymbol{x} = -\boldsymbol{T}^{-1}\boldsymbol{E}\underbrace{\boldsymbol{T}\boldsymbol{T}^{-1}}_{\boldsymbol{I}}\boldsymbol{x}.
\end{aligned}$$

Wegen $\lambda \neq \lambda_i$ ist $(\boldsymbol{D}-\lambda\boldsymbol{I})$ regulär:

$$\begin{aligned}
&(\boldsymbol{D}-\lambda\boldsymbol{I})^{-1} = \operatorname{diag}\{(\lambda_1-\lambda)^{-1},\ldots,(\lambda_n-\lambda)^{-1}\}\\
\Rightarrow\ &\boldsymbol{T}^{-1}\boldsymbol{x} = -(\boldsymbol{D}-\lambda\boldsymbol{I})^{-1}(\boldsymbol{T}^{-1}\boldsymbol{E}\boldsymbol{T})\boldsymbol{T}^{-1}\boldsymbol{x}\\
\Rightarrow\ &\|\boldsymbol{T}^{-1}\boldsymbol{x}\| \le \|(\boldsymbol{D}-\lambda\boldsymbol{I})^{-1}\|\ \|\boldsymbol{T}^{-1}\boldsymbol{E}\boldsymbol{T}\|\ \|\boldsymbol{T}^{-1}\boldsymbol{x}\|\\
\Rightarrow\ &1 \le \max_i |(\lambda_i-\lambda)^{-1}|\ \|\boldsymbol{T}^{-1}\|\ \|\boldsymbol{E}\|\ \|\boldsymbol{T}\|\\
\Rightarrow\ &\min_i |\lambda_i-\lambda| \le \|\boldsymbol{T}^{-1}\|\ \|\boldsymbol{E}\|\ \|\boldsymbol{T}\|.
\end{aligned}$$

□

Es ist also folgende Definition sinnvoll:

Definition 5.19. Sei $\boldsymbol{A}$ diagonalähnlich, $\boldsymbol{T}$ Modalmatrix von $\boldsymbol{A}$. Dann heißt

$$\text{EW-cond}(\boldsymbol{A}) := \|\boldsymbol{T}^{-1}\|\ \|\boldsymbol{T}\| \quad (= \operatorname{cond}(\boldsymbol{T})) \tag{5.151}$$

Konditionszahl des Eigenwertproblems von $\boldsymbol{A}$.

Lemma 5.20. *Wenn $\boldsymbol{A}$ eine symmetrische Matrix ist, dann ist ihre Modalmatrix orthogonal, und es folgt mit (5.151) aus (5.150)*

$$\textit{EW-cond}_2(\boldsymbol{A}) = 1, \implies \min_{\lambda_i\in\sigma(\boldsymbol{A})} |\lambda_i-\lambda| \le \|\boldsymbol{E}\|_2 \tag{5.152}$$

Für eine symmetrische Matrix ist daher das Eigenwertproblem immer gut konditioniert.

Die Abschätzungen (5.150) und (5.152) sind Aussagen über den absoluten Fehler der Eigenwerte auf Grund von Datenfehlern in der Matrix $\boldsymbol{A}$. Bei stark unterschiedlich großen Eigenwerten bewirken diese Datenfehler einen größeren relativen Fehler bei den kleineren Eigenwerten. Hinzu kommen *Rundungsfehlereinflüsse*, deshalb sind *numerisch stabile Verfahren* äußerst wichtig.

Beispiel 5.11. Hilbert-Matrix, $n = 3$

$$\boldsymbol{A} = \begin{pmatrix} 1 & 1/2 & 1/3\\ 1/2 & 1/3 & 1/4\\ 1/3 & 1/4 & 1/5 \end{pmatrix}$$

$$\boldsymbol{A}+\boldsymbol{E} = \begin{pmatrix} 1.000 & 0.5000 & 0.3333\\ 0.5000 & 0.3333 & 0.2500\\ 0.3333 & 0.2500 & 0.2000 \end{pmatrix}$$

Also

$$\boldsymbol{E} = \begin{pmatrix} 0 & 0 & -0.0000\overline{3} \\ 0 & -0.0000\overline{3} & 0 \\ -0.0000\overline{3} & 0 & 0 \end{pmatrix}, \|\boldsymbol{E}\|_2 = 0.0000\overline{3}$$

$$\begin{aligned} \sigma(\boldsymbol{A}) &\doteq \{1.408319, \quad 0.1223271, \ 0.002687340\} \\ \sigma(\boldsymbol{A}+\boldsymbol{E}) &\doteq \{1.408294, \quad 0.1223415, \ 0.002664489\} \\ \lambda_i - \tilde{\lambda}_i &\doteq \quad 0.000025, \ -0.000014, \quad 0.000023 \end{aligned}$$

d.h. die absoluten Fehler liegen alle in derselben Größenordnung wie $\|\boldsymbol{E}\|_2$.
Für die relativen Fehler gilt das natürlich nicht:

$$\frac{\lambda_i - \tilde{\lambda}_i}{\lambda_i} = 0.000018, \ -0.00012, \ 0.0085.$$

△

Lemma 5.21. *Für eine orthogonale Matrix* $\boldsymbol{U}$ *gilt*

$$\|\boldsymbol{U}\boldsymbol{x}\|_2 = \|\boldsymbol{x}\|_2. \tag{5.153}$$

Satz 5.22. *Sei* $\boldsymbol{A}$ *symmetrisch,* $(\lambda, \boldsymbol{x})$ *eine Eigenpaar-Näherung mit* $\|\boldsymbol{x}\|_2 = 1$ *und dem Residuum* $\boldsymbol{\eta} := \boldsymbol{A}\boldsymbol{x} - \lambda\boldsymbol{x}$.

Dann gilt:

$$\min_{\lambda_i \in \sigma(\boldsymbol{A})} |\lambda - \lambda_i| \le \|\boldsymbol{\eta}\|_2 \tag{5.154}$$

Beweis. Sei $\lambda \neq \lambda_i$ für $i = 1, \ldots, n$, sonst ist der Beweis trivial. Da $\boldsymbol{A}$ symmetrisch ist, gibt es nach Satz 5.3 eine orthogonale Matrix $\boldsymbol{U}$ derart, dass

$$\boldsymbol{U}^T\boldsymbol{A}\boldsymbol{U} = \operatorname{diag}(\lambda_1, \ldots, \lambda_n) =: \boldsymbol{D}.$$

Damit folgt

$$\boldsymbol{U}^T\boldsymbol{\eta} = \boldsymbol{U}^T\boldsymbol{A}\boldsymbol{x} - \lambda\boldsymbol{U}^T\boldsymbol{x} = \boldsymbol{U}^T\boldsymbol{U}\boldsymbol{D}\boldsymbol{U}^T\boldsymbol{x} - \lambda\boldsymbol{U}^T\boldsymbol{x} = (\boldsymbol{D} - \lambda\boldsymbol{I})\boldsymbol{U}^T\boldsymbol{x}.$$

Wegen $\lambda \neq \lambda_i$ ist also $(\boldsymbol{D} - \lambda\boldsymbol{I})^{-1}\boldsymbol{U}^T\boldsymbol{\eta} = \boldsymbol{U}^T\boldsymbol{x}$. Mit $\|\boldsymbol{x}\|_2 = 1$ und Lemma 5.21 folgt

$$\begin{aligned} 1 &= \|\boldsymbol{x}\|_2 = \|\boldsymbol{U}^T\boldsymbol{x}\|_2 = \|(\boldsymbol{D} - \lambda\boldsymbol{I})^{-1}\boldsymbol{U}^T\boldsymbol{\eta}\|_2 \le \|(\boldsymbol{D} - \lambda\boldsymbol{I})^{-1}\|_2\|\boldsymbol{\eta}\|_2 \\ &= \max_{\lambda_i \in \sigma(\boldsymbol{A})} \frac{1}{|\lambda - \lambda_i|}\|\boldsymbol{\eta}\|_2 = \frac{1}{\min_{\lambda_i \in \sigma(\boldsymbol{A})} |\lambda - \lambda_i|}\|\boldsymbol{\eta}\|_2 \end{aligned}$$

Daraus folgt

$$\min_{\lambda_i \in \sigma(\boldsymbol{A})} |\lambda - \lambda_i| \le \|\boldsymbol{\eta}\|_2.$$

□

Viele numerische Verfahren zur Eigenwertbestimmung arbeiten mit orthogonalen Ähnlichkeitstransformationen. Deshalb ist es wichtig, dass dadurch die Kondition des Eigenwertproblems nicht verschlechtert wird. Das zeigt das folgende Lemma.

Lemma 5.23. *Sei* $\boldsymbol{A}$ *diagonalähnlich, seien weiter* $\boldsymbol{U}$ *eine orthogonale Matrix,* λ *ein einfacher Eigenwert von* $\boldsymbol{A}$ *und* $\boldsymbol{x}$ *der zugehörige Eigenvektor mit* $\|\boldsymbol{x}\|_2 = 1$. *Dann gilt:*

1. λ *ist auch einfacher Eigenwert von* $\boldsymbol{U}^T\boldsymbol{A}\boldsymbol{U}$ *und* $\boldsymbol{y} = \boldsymbol{U}^T\boldsymbol{x}$ *Eigenvektor zu* λ *von* $\boldsymbol{U}^T\boldsymbol{A}\boldsymbol{U}$ *und es gilt* $\|\boldsymbol{y}\|_2 = 1$.

2.

$$EW\text{-}cond_2(\boldsymbol{A}) = EW\text{-}cond_2(\boldsymbol{U}^T\boldsymbol{A}\boldsymbol{U})$$

Beweis. Übung. □

5.8 Anwendung: Membranschwingungen

Wir betrachten ein Gebiet G in der Ebene $\mathbb{R}^2$, in welchem eine ideal elastische Membran liegen soll, die am Rand dieses Gebietes fest eingespannt ist. Wir wollen die beiden kleinsten Eigenfrequenzen dieser Membran angenähert berechnen. Wenn wir uns die Membran als ein über eine Trommel gespanntes Fell vorstellen, dann entsprechen diese Eigenfrequenzen dem Grund- und dem ersten Oberton. Zur Berechnung diskretisieren wir die zugehörige partielle Differenzialgleichung

$$\begin{aligned} -\frac{\partial^2 u}{\partial x^2} - \frac{\partial^2 u}{\partial y^2} &= \lambda u \quad \text{für} \quad (x,y) \in G, \\ u(x,y) &= 0 \quad \text{für} \quad (x,y) \in \Gamma. \end{aligned} \tag{5.155}$$

Dabei ist G das Gebiet der Membran, Γ sein Rand. Als Kochrezept für die Diskretisierung kann folgende Vorgehensweise gewählt werden (Einzelheiten findet man in Kapitel 10):

Die inneren Punkte der Diskretisierung werden durchnummeriert, z.B. von links nach rechts und von oben nach unten wie in unserem Beispiel, siehe Abb. 5.3. Jeder innere Punkt bestimmt die Elemente einer Zeile von $\boldsymbol{A}$. Wenn seine Nummer k ist mit den inneren Nachbarpunkten p, q, r and s, dann bekommen wir den so genannten *Differenzenstern:*

$$\begin{aligned} a_{kk} &= 4 \\ a_{kp} &= a_{kq} = a_{kr} = a_{ks} = -1 \\ a_{kj} &= 0\text{ , sonst.} \end{aligned}$$

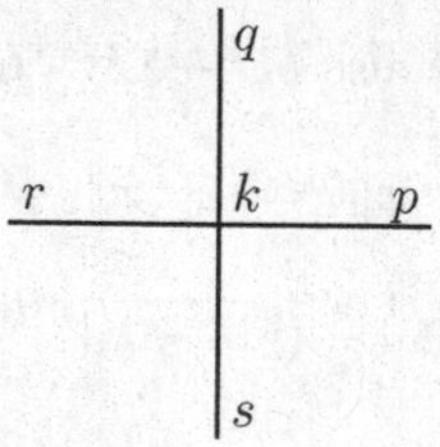

Nachbarpunkte auf dem Rand werden wegen der Null-Randwerte in (5.155) nicht berücksichtigt. Sie bekommen auch keine Nummer zugeteilt. Die Matrix wird dann noch durch h^2, das Quadrat der Gitterweite, dividiert.

Als Beispiel wollen wir das Gebiet aus Abb. 5.3 nehmen. Die dort dargestellte Diskretisierung (Gitterweite $h = 1$) führt auf das Eigenwertproblem $\boldsymbol{A}\boldsymbol{x} = \lambda\boldsymbol{x}$ mit der in (5.156) symbolisch dargestellten Matrix $\boldsymbol{A}$ (mit $\times \equiv -1$, $+ \equiv 4$ und $\cdot \equiv 0$).

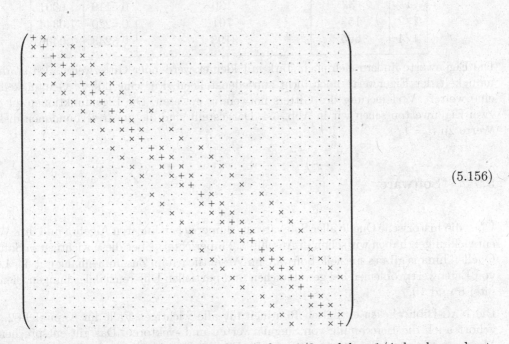

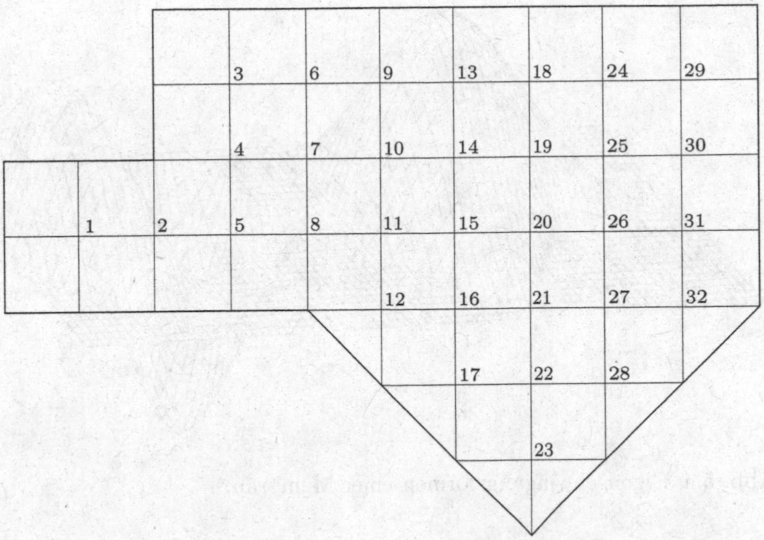

Abb. 5.3 Eine grob diskretisierte Membran.

$$\left(\begin{array}{cccccccccccccccccccccccccccccccc}
+&\times&\cdot&\cdot&\cdot&\cdot&\cdot&\cdot&\cdot&\cdot&\cdot&\cdot&\cdot&\cdot&\cdot&\cdot&\cdot&\cdot&\cdot&\cdot&\cdot&\cdot&\cdot&\cdot&\cdot&\cdot&\cdot&\cdot&\cdot&\cdot&\cdot&\cdot\\
\times&+&\cdot&\cdot&\times&\cdot&\cdot&\cdot&\cdot&\cdot&\cdot&\cdot&\cdot&\cdot&\cdot&\cdot&\cdot&\cdot&\cdot&\cdot&\cdot&\cdot&\cdot&\cdot&\cdot&\cdot&\cdot&\cdot&\cdot&\cdot&\cdot&\cdot\\
\cdot&\cdot&+&\times&\cdot&\times&\cdot&\cdot&\cdot&\cdot&\cdot&\cdot&\cdot&\cdot&\cdot&\cdot&\cdot&\cdot&\cdot&\cdot&\cdot&\cdot&\cdot&\cdot&\cdot&\cdot&\cdot&\cdot&\cdot&\cdot&\cdot&\cdot\\
\cdot&\cdot&\times&+&\times&\cdot&\times&\cdot&\cdot&\cdot&\cdot&\cdot&\cdot&\cdot&\cdot&\cdot&\cdot&\cdot&\cdot&\cdot&\cdot&\cdot&\cdot&\cdot&\cdot&\cdot&\cdot&\cdot&\cdot&\cdot&\cdot&\cdot\\
\cdot&\times&\cdot&\times&+&\cdot&\cdot&\times&\cdot&\cdot&\cdot&\cdot&\cdot&\cdot&\cdot&\cdot&\cdot&\cdot&\cdot&\cdot&\cdot&\cdot&\cdot&\cdot&\cdot&\cdot&\cdot&\cdot&\cdot&\cdot&\cdot&\cdot\\
\cdot&\cdot&\times&\cdot&\cdot&+&\times&\cdot&\times&\cdot&\cdot&\cdot&\cdot&\cdot&\cdot&\cdot&\cdot&\cdot&\cdot&\cdot&\cdot&\cdot&\cdot&\cdot&\cdot&\cdot&\cdot&\cdot&\cdot&\cdot&\cdot&\cdot\\
\cdot&\cdot&\cdot&\times&\cdot&\times&+&\times&\cdot&\times&\cdot&\cdot&\cdot&\cdot&\cdot&\cdot&\cdot&\cdot&\cdot&\cdot&\cdot&\cdot&\cdot&\cdot&\cdot&\cdot&\cdot&\cdot&\cdot&\cdot&\cdot&\cdot\\
\cdot&\cdot&\cdot&\cdot&\times&\cdot&\times&+&\cdot&\cdot&\times&\cdot&\cdot&\cdot&\cdot&\cdot&\cdot&\cdot&\cdot&\cdot&\cdot&\cdot&\cdot&\cdot&\cdot&\cdot&\cdot&\cdot&\cdot&\cdot&\cdot&\cdot\\
\cdot&\cdot&\cdot&\cdot&\cdot&\times&\cdot&\cdot&+&\times&\cdot&\cdot&\times&\cdot&\cdot&\cdot&\cdot&\cdot&\cdot&\cdot&\cdot&\cdot&\cdot&\cdot&\cdot&\cdot&\cdot&\cdot&\cdot&\cdot&\cdot&\cdot\\
\cdot&\cdot&\cdot&\cdot&\cdot&\cdot&\times&\cdot&\times&+&\times&\cdot&\cdot&\times&\cdot&\cdot&\cdot&\cdot&\cdot&\cdot&\cdot&\cdot&\cdot&\cdot&\cdot&\cdot&\cdot&\cdot&\cdot&\cdot&\cdot&\cdot\\
\cdot&\cdot&\cdot&\cdot&\cdot&\cdot&\cdot&\times&\cdot&\times&+&\times&\cdot&\cdot&\times&\cdot&\cdot&\cdot&\cdot&\cdot&\cdot&\cdot&\cdot&\cdot&\cdot&\cdot&\cdot&\cdot&\cdot&\cdot&\cdot&\cdot\\
\cdot&\cdot&\cdot&\cdot&\cdot&\cdot&\cdot&\cdot&\cdot&\cdot&\times&+&\cdot&\cdot&\cdot&\times&\cdot&\cdot&\cdot&\cdot&\cdot&\cdot&\cdot&\cdot&\cdot&\cdot&\cdot&\cdot&\cdot&\cdot&\cdot&\cdot\\
\cdot&\cdot&\cdot&\cdot&\cdot&\cdot&\cdot&\cdot&\times&\cdot&\cdot&\cdot&+&\times&\cdot&\cdot&\cdot&\times&\cdot&\cdot&\cdot&\cdot&\cdot&\cdot&\cdot&\cdot&\cdot&\cdot&\cdot&\cdot&\cdot&\cdot\\
\cdot&\cdot&\cdot&\cdot&\cdot&\cdot&\cdot&\cdot&\cdot&\times&\cdot&\cdot&\times&+&\times&\cdot&\cdot&\cdot&\times&\cdot&\cdot&\cdot&\cdot&\cdot&\cdot&\cdot&\cdot&\cdot&\cdot&\cdot&\cdot&\cdot\\
\cdot&\cdot&\cdot&\cdot&\cdot&\cdot&\cdot&\cdot&\cdot&\cdot&\times&\cdot&\cdot&\times&+&\times&\cdot&\cdot&\cdot&\times&\cdot&\cdot&\cdot&\cdot&\cdot&\cdot&\cdot&\cdot&\cdot&\cdot&\cdot&\cdot\\
\cdot&\cdot&\cdot&\cdot&\cdot&\cdot&\cdot&\cdot&\cdot&\cdot&\cdot&\times&\cdot&\cdot&\times&+&\times&\cdot&\cdot&\cdot&\times&\cdot&\cdot&\cdot&\cdot&\cdot&\cdot&\cdot&\cdot&\cdot&\cdot&\cdot\\
\cdot&\cdot&\cdot&\cdot&\cdot&\cdot&\cdot&\cdot&\cdot&\cdot&\cdot&\cdot&\cdot&\cdot&\cdot&\times&+&\cdot&\cdot&\cdot&\cdot&\times&\cdot&\cdot&\cdot&\cdot&\cdot&\cdot&\cdot&\cdot&\cdot&\cdot\\
\cdot&\cdot&\cdot&\cdot&\cdot&\cdot&\cdot&\cdot&\cdot&\cdot&\cdot&\cdot&\times&\cdot&\cdot&\cdot&\cdot&+&\times&\cdot&\cdot&\cdot&\cdot&\times&\cdot&\cdot&\cdot&\cdot&\cdot&\cdot&\cdot&\cdot\\
\cdot&\cdot&\cdot&\cdot&\cdot&\cdot&\cdot&\cdot&\cdot&\cdot&\cdot&\cdot&\cdot&\times&\cdot&\cdot&\cdot&\times&+&\times&\cdot&\cdot&\cdot&\cdot&\times&\cdot&\cdot&\cdot&\cdot&\cdot&\cdot&\cdot\\
\cdot&\cdot&\cdot&\cdot&\cdot&\cdot&\cdot&\cdot&\cdot&\cdot&\cdot&\cdot&\cdot&\cdot&\times&\cdot&\cdot&\cdot&\times&+&\times&\cdot&\cdot&\cdot&\cdot&\times&\cdot&\cdot&\cdot&\cdot&\cdot&\cdot\\
\cdot&\cdot&\cdot&\cdot&\cdot&\cdot&\cdot&\cdot&\cdot&\cdot&\cdot&\cdot&\cdot&\cdot&\cdot&\times&\cdot&\cdot&\cdot&\times&+&\times&\cdot&\cdot&\cdot&\cdot&\times&\cdot&\cdot&\cdot&\cdot&\cdot\\
\cdot&\cdot&\cdot&\cdot&\cdot&\cdot&\cdot&\cdot&\cdot&\cdot&\cdot&\cdot&\cdot&\cdot&\cdot&\cdot&\times&\cdot&\cdot&\cdot&\times&+&\times&\cdot&\cdot&\cdot&\cdot&\times&\cdot&\cdot&\cdot&\cdot\\
\cdot&\cdot&\cdot&\cdot&\cdot&\cdot&\cdot&\cdot&\cdot&\cdot&\cdot&\cdot&\cdot&\cdot&\cdot&\cdot&\cdot&\cdot&\cdot&\cdot&\cdot&\times&+&\cdot&\cdot&\cdot&\cdot&\cdot&\cdot&\cdot&\cdot&\cdot\\
\cdot&\cdot&\cdot&\cdot&\cdot&\cdot&\cdot&\cdot&\cdot&\cdot&\cdot&\cdot&\cdot&\cdot&\cdot&\cdot&\cdot&\times&\cdot&\cdot&\cdot&\cdot&\cdot&+&\times&\cdot&\cdot&\cdot&\times&\cdot&\cdot&\cdot\\
\cdot&\cdot&\cdot&\cdot&\cdot&\cdot&\cdot&\cdot&\cdot&\cdot&\cdot&\cdot&\cdot&\cdot&\cdot&\cdot&\cdot&\cdot&\times&\cdot&\cdot&\cdot&\cdot&\times&+&\times&\cdot&\cdot&\cdot&\times&\cdot&\cdot\\
\cdot&\cdot&\cdot&\cdot&\cdot&\cdot&\cdot&\cdot&\cdot&\cdot&\cdot&\cdot&\cdot&\cdot&\cdot&\cdot&\cdot&\cdot&\cdot&\times&\cdot&\cdot&\cdot&\cdot&\times&+&\times&\cdot&\cdot&\cdot&\times&\cdot\\
\cdot&\cdot&\cdot&\cdot&\cdot&\cdot&\cdot&\cdot&\cdot&\cdot&\cdot&\cdot&\cdot&\cdot&\cdot&\cdot&\cdot&\cdot&\cdot&\cdot&\times&\cdot&\cdot&\cdot&\cdot&\times&+&\times&\cdot&\cdot&\cdot&\times\\
\cdot&\cdot&\cdot&\cdot&\cdot&\cdot&\cdot&\cdot&\cdot&\cdot&\cdot&\cdot&\cdot&\cdot&\cdot&\cdot&\cdot&\cdot&\cdot&\cdot&\cdot&\times&\cdot&\cdot&\cdot&\cdot&\times&+&\cdot&\cdot&\cdot&\cdot\\
\cdot&\cdot&\cdot&\cdot&\cdot&\cdot&\cdot&\cdot&\cdot&\cdot&\cdot&\cdot&\cdot&\cdot&\cdot&\cdot&\cdot&\cdot&\cdot&\cdot&\cdot&\cdot&\cdot&\times&\cdot&\cdot&\cdot&\cdot&+&\times&\cdot&\cdot\\
\cdot&\cdot&\cdot&\cdot&\cdot&\cdot&\cdot&\cdot&\cdot&\cdot&\cdot&\cdot&\cdot&\cdot&\cdot&\cdot&\cdot&\cdot&\cdot&\cdot&\cdot&\cdot&\cdot&\cdot&\times&\cdot&\cdot&\cdot&\times&+&\times&\cdot\\
\cdot&\cdot&\cdot&\cdot&\cdot&\cdot&\cdot&\cdot&\cdot&\cdot&\cdot&\cdot&\cdot&\cdot&\cdot&\cdot&\cdot&\cdot&\cdot&\cdot&\cdot&\cdot&\cdot&\cdot&\cdot&\times&\cdot&\cdot&\cdot&\times&+&\times\\
\cdot&\cdot&\cdot&\cdot&\cdot&\cdot&\cdot&\cdot&\cdot&\cdot&\cdot&\cdot&\cdot&\cdot&\cdot&\cdot&\cdot&\cdot&\cdot&\cdot&\cdot&\cdot&\cdot&\cdot&\cdot&\cdot&\times&\cdot&\cdot&\cdot&\times&+
\end{array}\right) \tag{5.156}$$

Wir haben das Beispiel für drei Gitter mit $h = 1$, $h = 1/2$ und $h = 1/4$ durchgerechnet. Das ergibt schwach besetzte Matrizen mit den Ordnungen $n = 32$ für $h = 1$ wie in (5.156), $n = 153$ für $h = 1/2$ und $n = 665$ für $h = 1/4$.

Die folgende Tabelle gibt eine Übersicht über die drei gerechneten Beispiele:

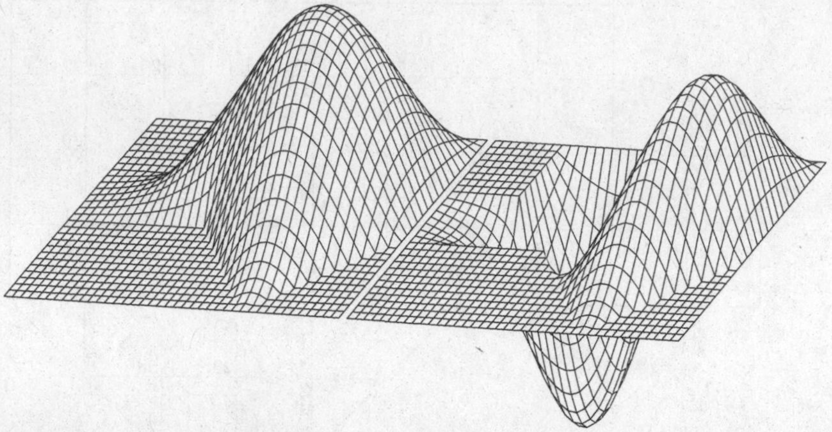

Abb. 5.4 Eigenschwingungsformen einer Membran.

h	Ordnung n	Anzahl Matrixelemente $\neq 0$	λ_1	λ_2
1	32	130	0.5119	1.0001
1/2	153	701	0.5220	1.0344
1/4	665	3193	0.5243	1.0406

Die Eigenwerte ändern sich noch stark mit kleiner werdender Gitterweite; also ist die Genauigkeit der Eigenwerte noch nicht zufriedenstellend. Für eine höhere Genauigkeit wäre eine weitere Verfeinerung des Gitters notwendig gewesen. Die Eigenfunktionen zu diesen zwei Eigenwerten sehen wir in Abb. 5.4. Dargestellt sind die linear verbundenen diskreten Werte zu $h = 1/4$.

5.9 Software

Über die historische Quelle aller Software zur numerischen linearen Algebra und ihre Weiterentwicklungen haben wir schon in Abschnitt 2.6 berichtet. Über diese wichtigsten Software-Quellen hinaus gibt es spezielle Software im Wesentlichen im Zusammenhang mit der Lösung von Eigenwertproblemen bei gewöhnlichen und partiellen Differenzialgleichungen, siehe Kapitel 8 und 10.

Die NAG-Bibliotheken enthalten Routinen für alle wichtigen Fälle im Kapitel F02. Dazu gehört auch die Berechnung von Singulärwerten und -vektoren. Das gilt entsprechend für MATLAB. Ein spezielles FORTRAN-Paket für Eigenwertprobleme von großen, schwach besetzten Matrizen ist ARPACK. Es benutzt ein iteratives Verfahren von Arnoldi, [Leh 96, Leh 98]. Der MATLAB-Befehl `eigs` verwendet dieses Paket. Darüber hinaus verfügt MATLAB über einige Befehle zur Berechnung von Eigen- und Singulärwerten und -vektoren von schwach besetzten Matrizen, siehe auch Abschnitt 11.7.

Eine Gruppe von Autoren, darunter einige der LAPACK-Autoren, hat so genannte Templates für Eigenwertprobleme [Bai 00] entwickelt. *Templates*, deutsch auch *Masken* genannt, sind makrosprachlich beschriebene Algorithmen. Vorbildliche Templates beschreiben neben dem Algorithmus die Fälle für seinen effizienten Einsatz, die notwendigen Eingabeparameter, eine Schätzung der Rechenzeit und des Speicherplatzbedarfs sowie alternative Verfahren. Hinzu sollten Beispiele für einfache und schwierige Fälle kommen, Hinweise auf Implementierungen in verschiedenen Programmiersprachen und Literaturhinweise.
Unsere Problemlöseumgebung PAN (`http://www.upb.de/SchwarzKoeckler/`) verfügt über vier Programme zur Lösung von nicht notwendig symmetrischen, von symmetrischen, von symmetrischen, schwach besetzten und von allgemeinen Eigenwertproblemen.

5.10 Aufgaben

5.1. Die Matrix

$$\boldsymbol{A} = \begin{pmatrix} 1 & -6 \\ -6 & -4 \end{pmatrix}$$

soll durch eine Jacobi-Rotation auf Diagonalgestalt transformiert werden. Welches sind die Eigenwerte und Eigenvektoren?

5.2. An der symmetrischen Matrix

$$\boldsymbol{A} = \begin{pmatrix} 2 & 3 & -4 \\ 3 & 6 & 2 \\ -4 & 2 & 10 \end{pmatrix}$$

führe man einen Schritt des klassischen Jacobi-Verfahren aus. Um welchen Wert nimmt $S(\boldsymbol{A})$ ab? Die Matrix $\boldsymbol{A}$ ist sodann mit dem Verfahren von Givens auf tridiagonale Form zu transformieren. Warum entsteht im Vergleich zum vorhergehenden Ergebnis eine andere tridiagonale Matrix? Wie groß ist in diesem Fall die Abnahme von $S(\boldsymbol{A})$? Zur Transformation von $\boldsymbol{A}$ auf tridiagonale Gestalt wende man auch noch die schnelle Givens-Transformation an.

5.3. Programmieren Sie die wichtigsten Algorithmen dieses Kapitels. Bestimmen Sie mit dem klassischen Jacobi-Verfahren, dann mit Hilfe der Transformation auf tridiagonale Form und mit dem QR-Algorithmus sowie inverser Vektoriteration die Eigenwerte und Eigenvektoren von folgenden symmetrischen Matrizen.

$$\boldsymbol{A}_1 = \begin{pmatrix} 3 & -2 & 4 & 5 \\ -2 & 7 & 3 & 8 \\ 4 & 3 & 10 & 1 \\ 5 & 8 & 1 & 6 \end{pmatrix}, \quad \boldsymbol{A}_2 = \begin{pmatrix} 5 & -5 & 5 & 0 \\ -5 & 16 & -8 & 7 \\ 5 & -8 & 16 & 7 \\ 0 & 7 & 7 & 21 \end{pmatrix}$$

$$\boldsymbol{A}_3 = \begin{pmatrix} 1 & 1 & 1 & 1 & 1 & 1 \\ 1 & 2 & 3 & 4 & 5 & 6 \\ 1 & 3 & 6 & 10 & 15 & 21 \\ 1 & 4 & 10 & 20 & 35 & 56 \\ 1 & 5 & 15 & 35 & 70 & 126 \\ 1 & 6 & 21 & 56 & 126 & 262 \end{pmatrix}, \quad \boldsymbol{A}_4 = \begin{pmatrix} 19 & 5 & -12 & 6 & 7 & 16 \\ 5 & 13 & 9 & -18 & 12 & 4 \\ -12 & 9 & 18 & 4 & 6 & 14 \\ 6 & -18 & 4 & 19 & 2 & -16 \\ 7 & 12 & 6 & 2 & 5 & 15 \\ 16 & 4 & 14 & -16 & 15 & 13 \end{pmatrix}$$

5.4. Für die Hessenberg-Matrix

$$\boldsymbol{H} = \begin{pmatrix} 2 & -5 & -13 & -25 \\ 4 & 13 & 29 & 60 \\ 0 & -2 & -15 & -48 \\ 0 & 0 & 5 & 18 \end{pmatrix}$$

berechne man mit der inversen Vektoriteration zwei reelle Eigenwerte und die zugehörigen Eigenvektoren. Dazu verwende man einmal den Startwert $\lambda^{(0)} = 2.5$, im anderen Fall den Startwert $\lambda^{(0)} = 7.5$.

5.5. Man bestimme mit der Transformation auf Hessenberg-Form, der QR-Transformation und der inversen Vektoriteration die Eigenwerte und Eigenvektoren von folgenden unsymmetrischen Matrizen.

$$\boldsymbol{A}_1 = \begin{pmatrix} -3 & 9 & 0 & 1 \\ 1 & 6 & 0 & 0 \\ -23 & 23 & 4 & 3 \\ -12 & 15 & 1 & 3 \end{pmatrix}, \quad \boldsymbol{A}_2 = \begin{pmatrix} 1 & 2 & 3 & 4 & 5 & 6 \\ 6 & 1 & 2 & 3 & 4 & 5 \\ 5 & 6 & 1 & 2 & 3 & 4 \\ 4 & 5 & 6 & 1 & 2 & 3 \\ 3 & 4 & 5 & 6 & 1 & 2 \\ 2 & 3 & 4 & 5 & 6 & 1 \end{pmatrix},$$

$$\boldsymbol{A}_3 = \begin{pmatrix} 28 & 17 & -16 & 11 & 9 & -2 & -27 \\ -1 & 29 & 7 & -6 & -2 & 28 & 1 \\ -11 & -1 & 12 & 3 & -8 & 10 & 11 \\ -6 & -11 & 12 & 8 & -12 & -5 & 6 \\ -3 & 1 & -4 & 3 & 8 & 4 & 3 \\ 14 & 16 & -7 & 6 & 2 & 4 & -14 \\ -37 & -18 & -9 & 5 & 7 & 26 & 38 \end{pmatrix},$$

$$\boldsymbol{A}_4 = \begin{pmatrix} 3 & -5 & 4 & -2 & 0 & 8 & 1 \\ 4 & 2 & -1 & 7 & 6 & 2 & 9 \\ -5 & 8 & -2 & 3 & 1 & 4 & 2 \\ -6 & -4 & 2 & 5 & -8 & 1 & -3 \\ 1 & -2 & 7 & 5 & 2 & 8 & 4 \\ 8 & 1 & -7 & 6 & 4 & 0 & -1 \\ -1 & -8 & -9 & -1 & 3 & -3 & 2 \end{pmatrix}.$$

Die Eigenwerte der Matrizen $\boldsymbol{A}_1$ und $\boldsymbol{A}_3$ sind sämtlich reell.

5.6. Es sei $\boldsymbol{H}$ eine nichtreduzierte Hessenberg-Matrix der Ordnung n. Man zeige mit Hilfe der Transformationsformeln der einzelnen Schritte, dass in der QR-Zerlegung $\boldsymbol{H} = \boldsymbol{QR}$ für die Diagonalelemente von $\boldsymbol{R}$

$$|r_{ii}| \geq |h_{i+1,i}| \quad \text{für } i = 1, 2, \ldots, n-1$$

gilt. Falls $\bar{\lambda}$ eine gute Näherung eines Eigenwertes von $\boldsymbol{H}$ ist, folgere man daraus, dass in der QR-Zerlegung von $(\boldsymbol{H} - \bar{\lambda}\boldsymbol{I}) = \boldsymbol{QR}$ höchstens r_{nn} betragsmäßig sehr klein sein kann.

5.7. Für die Matrizen der Aufgaben 5.3 und 5.5 untersuche man experimentell den Einfluss der reellen Spektralverschiebungen σ_k nach (5.103) oder (5.109) auf die Zahl der Iterationsschritte des QR-Algorithmus.

5.8. Man entwickle den Algorithmus für einen QR-Schritt mit impliziter, reeller Spektralverschiebung σ für eine Hessenberg-Matrix und schreibe dazu ein Programm.

5.9. Man beweise Lemma 5.23.

5.10. Man benutze Satz 5.22, um Abschätzungen $|\lambda - \lambda_i|$ für alle drei Eigenwerte der Matrix

$$\boldsymbol{A} = \begin{pmatrix} 3 & 1 & 2 \\ 1 & 3.5 & 2 \\ 2 & 2 & 4 \end{pmatrix}$$

zu finden. Für die Modalmatrix $\boldsymbol{T}$ von $\boldsymbol{A}$ liegt eine Näherung vor:

$$\tilde{\boldsymbol{T}} = \begin{pmatrix} -0.58 & -0.62 & 0.48 \\ -0.36 & 0.77 & 0.55 \\ 0.73 & -0.15 & 0.68 \end{pmatrix}.$$

5.11. Der Klang der Trommel

Man bestimme wie in der Anwendung 5.8 die Matrix (der Ordnung $n = 21$) zu der in Abb. 5.5 gezeichneten Trommel.

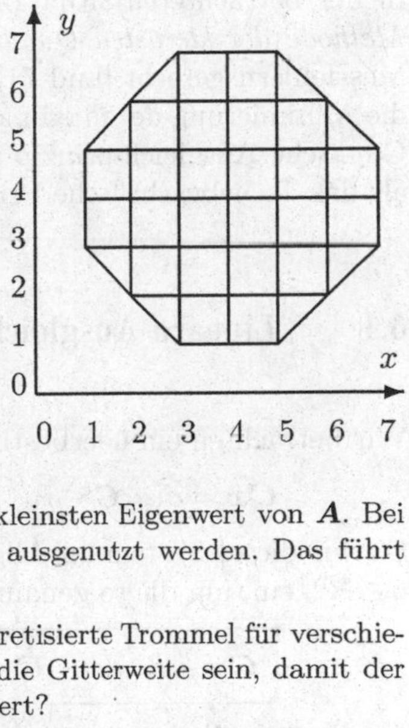

Abb. 5.5
Eine diskretisierte Trommel.

Der Grundton der Trommel ist näherungsweise proportional zum kleinsten Eigenwert von $\boldsymbol{A}$. Bei der Lösung des Problems können alle Symmetrien des Problems ausgenutzt werden. Das führt schließlich zu einem Eigenwertproblem der Ordnung $n = 5$.

Schreiben Sie ein Programm, das das Eigenwertproblem für die diskretisierte Trommel für verschiedene Gitterweiten $h_i := 2^{-i}$, $i = 0, 1, 2, \ldots$, löst. Wie klein muss die Gitterweite sein, damit der kleinste Eigenwert sich in drei wesentlichen Stellen nicht mehr ändert?

6 Ausgleichsprobleme, Methode der kleinsten Quadrate

In manchen Wissenschaftszweigen, wie etwa Experimentalphysik und Biologie, stellt sich die Aufgabe, unbekannte Parameter einer Funktion, die entweder auf Grund eines Naturgesetzes oder von Modellannahmen gegeben ist, durch eine Reihe von Messungen oder Beobachtungen zu bestimmen. Die Anzahl der vorgenommenen Messungen ist in der Regel bedeutend größer als die Zahl der Parameter, um dadurch den unvermeidbaren Beobachtungsfehlern Rechnung zu tragen. Die resultierenden, überbestimmten Systeme von linearen oder nichtlinearen Gleichungen für die unbekannten Parameter sind im Allgemeinen nicht exakt lösbar, sondern man kann nur verlangen, dass die in den einzelnen Gleichungen auftretenden Abweichungen oder Residuen in einem zu präzisierenden Sinn minimal sind. In der betrachteten Situation wird aus wahrscheinlichkeitstheoretischen Gründen nur die *Methode der kleinsten Quadrate von Gauß* der Annahme von statistisch normalverteilten Messfehlern gerecht [Lud 71]. Für die Approximation von Funktionen kommt auch noch die Minimierung der maximalen Abweichung nach Tschebyscheff in Betracht [Übe 95]. Das Gaußsche Ausgleichsprinzip führt allerdings auf einfacher durchführbare Rechenverfahren als das Tschebyscheffsche Prinzip.

6.1 Lineare Ausgleichsprobleme, Normalgleichungen

Wir betrachten ein überbestimmtes System von N linearen Gleichungen in n Unbekannten

$$\boldsymbol{C}\boldsymbol{x} = \boldsymbol{d}, \quad \boldsymbol{C} \in \mathbb{R}^{N,n}, \ \boldsymbol{d} \in \mathbb{R}^N, \ \boldsymbol{x} \in \mathbb{R}^n, \ N > n. \tag{6.1}$$

Da wir dieses System im Allgemeinen nicht exakt lösen können, führen wir das Residuum $r \in \mathbb{R}^N$ ein, um die so genannten *Fehlergleichungen*

$$\boxed{\boldsymbol{C}\boldsymbol{x} - \boldsymbol{d} = \boldsymbol{r}, \quad \boldsymbol{C} \in \mathbb{R}^{N,n}, \ \boldsymbol{x} \in \mathbb{R}^n, \ \boldsymbol{d}, \boldsymbol{r} \in \mathbb{R}^N} \tag{6.2}$$

zu erhalten, die komponentenweise

$$\sum_{k=1}^{n} c_{ik} x_k - d_i = r_i, \quad i = 1, 2, \ldots, N, \ n < N, \tag{6.3}$$

lauten. Für das Folgende setzen wir voraus, dass die Matrix $\boldsymbol{C}$ den *Maximalrang* n besitzt, d.h. dass ihre Spalten linear unabhängig sind. Die Unbekannten x_k der Fehlergleichungen sollen nach dem Gaußschen Ausgleichsprinzip so bestimmt werden, dass die *Summe der Quadrate der Residuen* r_i minimal ist. Diese Forderung ist äquivalent dazu, das Quadrat der euklidischen Norm des Residuenvektors zu minimieren. Aus (6.2) ergib sich dafür

$$\begin{aligned} \boldsymbol{r}^T\boldsymbol{r} &= (\boldsymbol{C}\boldsymbol{x}-\boldsymbol{d})^T(\boldsymbol{C}\boldsymbol{x}-\boldsymbol{d}) = \boldsymbol{x}^T\boldsymbol{C}^T\boldsymbol{C}\boldsymbol{x} - \boldsymbol{x}^T\boldsymbol{C}^T\boldsymbol{d} - \boldsymbol{d}^T\boldsymbol{C}\boldsymbol{x} + \boldsymbol{d}^T\boldsymbol{d} \\ &= \boldsymbol{x}^T\boldsymbol{C}^T\boldsymbol{C}\boldsymbol{x} - 2(\boldsymbol{C}^T\boldsymbol{d})^T\boldsymbol{x} + \boldsymbol{d}^T\boldsymbol{d}. \end{aligned} \tag{6.4}$$

Das Quadrat der euklidischen Länge von $\boldsymbol{r}$ ist nach (6.4) darstellbar als quadratische Funktion $\boldsymbol{F(x)}$ der n Unbekannten x_k. Zur Vereinfachung der Schreibweise definieren wir

$$\boxed{\boldsymbol{A} := \boldsymbol{C}^T\boldsymbol{C}, \quad \boldsymbol{b} := \boldsymbol{C}^T\boldsymbol{d}, \quad \boldsymbol{A} \in \mathbb{R}^{n,n}, \quad \boldsymbol{b} \in \mathbb{R}^n.} \tag{6.5}$$

Weil $\boldsymbol{C}$ Maximalrang hat, ist die symmetrische Matrix $\boldsymbol{A}$ *positiv definit*, denn für die zugehörige quadratische Form gilt

$$\begin{aligned} Q(\boldsymbol{x}) &= \boldsymbol{x}^T\boldsymbol{A}\boldsymbol{x} = \boldsymbol{x}^T\boldsymbol{C}^T\boldsymbol{C}\boldsymbol{x} = (\boldsymbol{C}\boldsymbol{x})^T(\boldsymbol{C}\boldsymbol{x}) \geq 0 \text{ für alle } \boldsymbol{x} \in \mathbb{R}^n, \\ Q(\boldsymbol{x}) &= 0 \Leftrightarrow (\boldsymbol{C}\boldsymbol{x}) = \boldsymbol{0} \Leftrightarrow \boldsymbol{x} = \boldsymbol{0}. \end{aligned}$$

Mit (6.5) lautet die zu minimierende quadratische Funktion $F(\boldsymbol{x})$

$$\boxed{F(\boldsymbol{x}) := \boldsymbol{r}^T\boldsymbol{r} = \boldsymbol{x}^T\boldsymbol{A}\boldsymbol{x} - 2\boldsymbol{b}^T\boldsymbol{x} + \boldsymbol{d}^T\boldsymbol{d}.} \tag{6.6}$$

Die notwendige Bedingung dafür, dass $F(\boldsymbol{x})$ ein Minimum annimmt, besteht darin, dass ihr Gradient $\nabla F(\boldsymbol{x})$ verschwindet. Die i-te Komponente des Gradienten $\nabla F(\boldsymbol{x})$ berechnet sich aus der expliziten Darstellung von (6.6) zu

$$\frac{\partial F(\boldsymbol{x})}{\partial x_i} = 2\sum_{k=1}^{n} a_{ik}x_k - 2b_i, \quad i = 1, 2, \ldots, n. \tag{6.7}$$

Nach Division durch 2 ergibt sich somit aus (6.7) als notwendige Bedingung für ein Minimum von $F(\boldsymbol{x})$ das lineare Gleichungssystem

$$\boxed{\boldsymbol{A}\boldsymbol{x} = \boldsymbol{b}} \tag{6.8}$$

für die Unbekannten $x_1, x_2, \ldots, x_n$. Man nennt (6.8) die *Normalgleichungen* zu den Fehlergleichungen (6.2). Da die Matrix $\boldsymbol{A}$ wegen der getroffenen Voraussetzung für $\boldsymbol{C}$ positiv definit ist, sind die Unbekannten x_k durch die Normalgleichungen (6.8) eindeutig bestimmt und lassen sich mit der Methode von Cholesky berechnen. Die Funktion $F(\boldsymbol{x})$ wird durch diese Werte auch tatsächlich minimiert, denn die Hessesche Matrix von $F(\boldsymbol{x})$, gebildet aus den zweiten partiellen Ableitungen, ist die positiv definite Matrix $2\boldsymbol{A}$.

Die klassische Behandlung der Fehlergleichungen (6.2) nach dem Gaußschen Ausgleichsprinzip besteht somit aus den folgenden, einfachen Lösungsschritten.

$$\boxed{\begin{array}{llll} 1.\ \boldsymbol{A} &= \boldsymbol{C}^T\boldsymbol{C}, & \boldsymbol{b} = \boldsymbol{C}^T\boldsymbol{d} & \text{(Normalgleichungen } \boldsymbol{A}\boldsymbol{x} = \boldsymbol{b}\text{)} \\ 2.\ \boldsymbol{A} &= \boldsymbol{L}\boldsymbol{L}^T & & \text{(Cholesky-Zerlegung)} \\ \quad \boldsymbol{L}\boldsymbol{y} &= \boldsymbol{b}, & \boldsymbol{L}^T\boldsymbol{x} = \boldsymbol{y} & \text{(Vorwärts-/Rücksubstitution)} \\ [3.\ \boldsymbol{r} &= \boldsymbol{C}\boldsymbol{x} - \boldsymbol{d} & & \text{(Residuenberechnung)]} \end{array}} \tag{6.9}$$

Für die Berechnung der Matrixelemente a_{ik} und der Komponenten b_i der Normalgleichungen erhält man eine einprägsame Rechenvorschrift, falls die Spaltenvektoren $\boldsymbol{c}_i$ der Matrix $\boldsymbol{C}$

eingeführt werden. Dann gelten die Darstellungen

$$a_{ik} = \boldsymbol{c}_i^T \boldsymbol{c}_k, \qquad b_i = \boldsymbol{c}_i^T \boldsymbol{d}, \quad i,k = 1,2,\ldots,n, \tag{6.10}$$

so dass sich a_{ik} als Skalarprodukt des i-ten und k-ten Spaltenvektors von $\boldsymbol{C}$ und b_i als Skalarprodukt des i-ten Spaltenvektors $\boldsymbol{c}_i$ und der rechten Seite $\boldsymbol{d}$ der Fehlergleichungen bestimmt. Aus Symmetriegründen sind in $\boldsymbol{A}$ nur die Elemente in und unterhalb der Diagonalen zu berechnen. Der Rechenaufwand zur Aufstellung der Normalgleichungen beträgt somit $Z_{\text{Normgl}} = nN(n+3)/2$ Multiplikationen. Zur Lösung von N Fehlergleichungen (6.3) in n Unbekannten mit dem Algorithmus (6.9) einschließlich der Berechnung der Residuen sind wegen (2.102)

$$\boxed{Z_{\text{Fehlergl}} = \frac{1}{2}nN(n+5) + \frac{1}{6}n^3 + \frac{3}{2}n^2 + \frac{1}{3}n \approx \frac{n^2N}{2} + O(n^3)} \tag{6.11}$$

multiplikative Operationen und n Quadratwurzeln erforderlich.

Beispiel 6.1. Zu bestimmten, nicht äquidistanten Zeitpunkten t_i wird eine physikalische Größe z gemäß (6.12) beobachtet.

$i =$	1	2	3	4	5	6	7
$t_i =$	0.04	0.32	0.51	0.73	1.03	1.42	1.60
$z_i =$	2.63	1.18	1.16	1.54	2.65	5.41	7.67

(6.12)

Es ist bekannt, dass z eine quadratische Funktion der Zeit t ist, und es sollen ihre Parameter nach der Methode der kleinsten Quadrate bestimmt werden. Mit dem Ansatz

$$z(t) = \alpha_0 + \alpha_1 t + \alpha_2 t^2 \tag{6.13}$$

lautet die i-te Fehlergleichung

$$\alpha_0 + \alpha_1 t_i + \alpha_2 t_i^2 - z_i = r_i, \quad i = 1,2,\ldots,7,$$

und damit das Gleichungssystem (6.1)

$$\begin{pmatrix} 1 & 0.04 & 0.0016 \\ 1 & 0.32 & 0.1024 \\ 1 & 0.51 & 0.2601 \\ 1 & 0.73 & 0.5329 \\ 1 & 1.03 & 1.0609 \\ 1 & 1.42 & 2.0164 \\ 1 & 1.60 & 2.5600 \end{pmatrix} \begin{pmatrix} \alpha_0 \\ \alpha_1 \\ \alpha_2 \end{pmatrix} = \begin{pmatrix} 2.63 \\ 1.18 \\ 1.16 \\ 1.54 \\ 2.65 \\ 5.41 \\ 7.67 \end{pmatrix} \tag{6.14}$$

Daraus ergeben sich bei sechsstelliger Rechnung die Normalgleichungen

$$\begin{pmatrix} 7.00000 & 5.65000 & 6.53430 \\ 5.65000 & 6.53430 & 8.60652 \\ 6.53430 & 8.60652 & 12.1071 \end{pmatrix} \begin{pmatrix} \alpha_0 \\ \alpha_1 \\ \alpha_2 \end{pmatrix} = \begin{pmatrix} 22.2400 \\ 24.8823 \\ 34.6027 \end{pmatrix} \tag{6.15}$$

Die Cholesky-Zerlegung und die Vorwärts- und Rücksubstitution ergeben

$$\boldsymbol{L} = \begin{pmatrix} 2.64575 & & \\ 2.13550 & 1.40497 & \\ 2.46973 & 2.37187 & 0.617867 \end{pmatrix}, \quad \boldsymbol{y} = \begin{pmatrix} 8.40593 \\ 4.93349 \\ 3.46466 \end{pmatrix}, \qquad \boldsymbol{\alpha} = \begin{pmatrix} 2.74928 \\ -5.95501 \\ 5.60745 \end{pmatrix}. \tag{6.16}$$

Die resultierende quadratische Funktion

$$z(t) = 2.74928 - 5.95501\,t + 5.60745\,t^2 \tag{6.17}$$

hat den Residuenvektor $\boldsymbol{r} \doteq (-0.1099, 0.2379, 0.0107, -0.1497, -0.0854, 0.1901, -0.0936)^T$. Die Messpunkte und der Graph der quadratischen Funktion sind in Abb. 6.1 dargestellt. Die Residuen r_i sind die Ordinatendifferenzen zwischen der Kurve $z(t)$ und den Messpunkten und können als Korrekturen der Messwerte interpretiert werden, so dass die korrigierten Messpunkte auf die Kurve zu liegen kommen. △

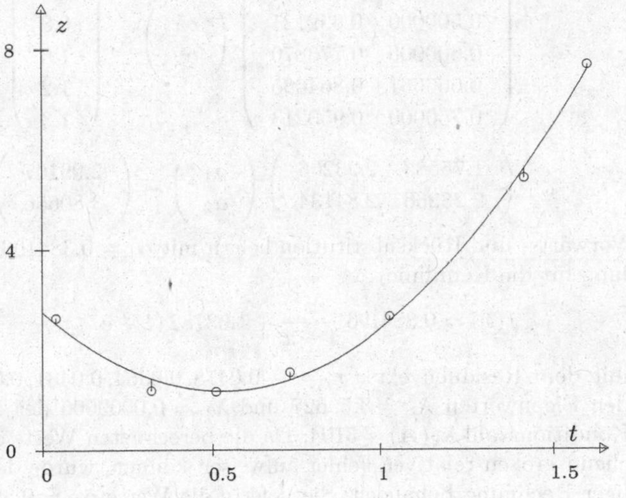

Abb. 6.1 Ausgleichung mit quadratischer Funktion.

Für die Lösungsmethode der Normalgleichungen besteht eine numerische Problematik darin, dass die Konditionszahl der Matrix $\boldsymbol{A}$ der Normalgleichungen sehr groß sein kann. Die berechnete Lösung $\tilde{\boldsymbol{x}}$ kann in diesem Fall einen entsprechend großen relativen Fehler aufweisen (vgl. Abschnitt 2.2.1). Da die Matrixelemente a_{ik} und die Komponenten b_i des Konstantenvektors als Skalarprodukte (6.10) zu berechnen sind, sind Rundungsfehler unvermeidlich. Die Matrix $\boldsymbol{A}$ der Normalgleichungen (6.15) besitzt die Konditionszahl $\kappa_2(\boldsymbol{A}) = \lambda_{\max}/\lambda_{\min} \doteq 23.00/0.09000 \doteq 256$. Bei sechsstelliger Rechnung sind nach Abschnitt 2.2.1 in der Lösung $\tilde{\boldsymbol{\alpha}}$ nur die drei ersten Ziffern garantiert richtig. Eine zwölfstellige Rechnung liefert in der Tat für $z(t)$ mit den auf sieben Ziffern gerundeten Koeffizienten

$$z(t) \doteq 2.749198 - 5.954657\,t + 5.607247\,t^2. \tag{6.18}$$

Beispiel 6.2. Zur Illustration der möglichen schlechten Kondition von Normalgleichungen betrachten wir ein typisches Ausgleichsproblem. Zur analytischen Beschreibung der Kennlinie eines nichtlinearen Übertragungselementes $y = f(x)$ sind für exakte Eingangsgrößen x_i die Ausgangsgrößen y_i beobachtet worden.

$x =$	0.2	0.5	1.0	1.5	2.0	3.0
$y =$	0.3	0.5	0.8	1.0	1.2	1.3

(6.19)

Das Übertragungselement verhält sich für kleine x linear, und die Kennlinie besitzt für große x eine horizontale Asymptote. Um diesem Verhalten Rechnung zu tragen, soll für $f(x)$ der Ansatz

$$f(x) = \alpha_1 \frac{x}{1+x} + \alpha_2 (1 - e^{-x}) \tag{6.20}$$

mit den beiden zu bestimmenden Parametern α_1 und α_2 verwendet werden. Bei sechsstelliger Rechnung lauten das überbestimmte System (6.1), die Normalgleichungen und die Linksdreiecksmatrix $\boldsymbol{L}$ der Cholesky-Zerlegung

$$\begin{pmatrix} 0.166667 & 0.181269 \\ 0.333333 & 0.393469 \\ 0.500000 & 0.632121 \\ 0.600000 & 0.776870 \\ 0.666667 & 0.864665 \\ 0.750000 & 0.950213 \end{pmatrix} \begin{pmatrix} \alpha_1 \\ \alpha_2 \end{pmatrix} = \begin{pmatrix} 0.3 \\ 0.5 \\ 0.8 \\ 1.0 \\ 1.2 \\ 1.3 \end{pmatrix}, \tag{6.21}$$

$$\begin{pmatrix} 1.75583 & 2.23266 \\ 2.23266 & 2.84134 \end{pmatrix} \begin{pmatrix} \alpha_1 \\ \alpha_2 \end{pmatrix} = \begin{pmatrix} 2.99167 \\ 3.80656 \end{pmatrix}, \quad \boldsymbol{L} = \begin{pmatrix} 1.32508 & \\ 1.68492 & 0.0487852 \end{pmatrix}.$$

Vorwärts- und Rücksubstitution liefern mit $\alpha_1 = 0.384196$ und $\alpha_2 = 1.03782$ die gesuchte Darstellung für die Kennlinie

$$f(x) = 0.384196 \frac{x}{1+x} + 1.03782 (1 - e^{-x}) \tag{6.22}$$

mit dem Residuenvektor $\boldsymbol{r} \doteq (-0.0478, 0.0364, 0.0481, 0.0368, -0.0465, -0.0257)^T$. Aus den beiden Eigenwerten $\lambda_1 \doteq 4.59627$ und $\lambda_2 \doteq 0.0009006$ der Matrix der Normalgleichungen folgt die Konditionszahl $\kappa_2(\boldsymbol{A}) \doteq 5104$. Da die berechneten Werte der Parameter α_1 und α_2 einen entsprechend großen relativen Fehler aufweisen können, wurde das Fehlergleichungssystem mit zwölfstelliger Rechnung behandelt. Sie lieferte die Werte $\alpha_1 \doteq 0.382495$ und $\alpha_2 \doteq 1.03915$, für welche die Residuen aber mit den oben angegebenen Werten übereinstimmen. Das Resultat zeigt die große Empfindlichkeit der Parameter α_1 und α_2. △

6.2 Methoden der Orthogonaltransformation

Die aufgezeigte Problematik der Normalgleichungen infolge möglicher schlechter Kondition verlangt nach numerisch sicheren Verfahren zur Lösung der Fehlergleichungen nach der Methode der kleinsten Quadrate. Die Berechnung der Normalgleichungen ist zu vermeiden, und die gesuchte Lösung ist durch eine direkte Behandlung der Fehlergleichungen zu bestimmen. Im Folgenden werden zwei Varianten beschrieben.

6.2.1 Givens-Transformation

Als wesentliche Grundlage für die Verfahren dient die Tatsache, dass die Länge eines Vektors unter orthogonalen Transformationen invariant bleibt, siehe Lemma 5.21. Zur Lösung der Fehlergleichungen $\boldsymbol{Cx} - \boldsymbol{d} = \boldsymbol{r}$ nach dem Gaußschen Ausgleichsprinzip dürfen sie mit einer orthogonalen Matrix $\boldsymbol{Q} \in \mathbb{R}^{N,N}$ transformiert werden, ohne dadurch die Summe der Quadrate der Residuen zu verändern. Somit wird das Fehlergleichungssystem (6.2) ersetzt durch das äquivalente System

$$\boldsymbol{Q}^T\boldsymbol{Cx} - \boldsymbol{Q}^T\boldsymbol{d} = \boldsymbol{Q}^T\boldsymbol{r} =: \hat{\boldsymbol{r}}. \tag{6.23}$$

Die orthogonale Matrix $\boldsymbol{Q}$ wird in (6.23) so gewählt werden, dass die Matrix $\boldsymbol{Q}^T\boldsymbol{C}$ eine spezielle Gestalt aufweist. In Verallgemeinerung des Satzes 5.7 gilt der

Satz 6.1. *Zu jeder Matrix $\boldsymbol{C} \in \mathbb{R}^{N,n}$ mit Maximalrang $n < N$ existiert eine orthogonale Matrix $\boldsymbol{Q} \in \mathbb{R}^{N,N}$ derart, dass*

$$\boldsymbol{C} = \boldsymbol{Q}\hat{\boldsymbol{R}} \quad \textit{mit } \hat{\boldsymbol{R}} = \begin{pmatrix} \boldsymbol{R} \\ \boldsymbol{0} \end{pmatrix}, \quad \boldsymbol{R} \in \mathbb{R}^{n,n}, \quad \boldsymbol{0} \in \mathbb{R}^{(N-n),n} \tag{6.24}$$

gilt, wo $\boldsymbol{R}$ eine reguläre Rechtsdreiecksmatrix und $\boldsymbol{0}$ eine Nullmatrix darstellen.

Beweis. Analog zur Beweisführung von Satz 5.7 erkennt man, dass die sukzessive Multiplikation der Matrix $\boldsymbol{C}$ von links mit Rotationsmatrizen $\boldsymbol{U}^T(p, q; \varphi)$ mit den Rotationsindexpaaren

$$(1,2), (1,3), \ldots, (1,N), (2,3), (2,4), \ldots, (2,N), (3,4), \ldots, (n,N) \tag{6.25}$$

und nach (5.89) gewählten Drehwinkeln die aktuellen Matrixelemente in der Reihenfolge

$$c_{21}, c_{31}, \ldots, c_{N1}, c_{32}, c_{42}, \ldots, c_{N2}, c_{43}, \ldots, c_{Nn} \tag{6.26}$$

eliminiert. Nach $N^* = n(2N - n - 1)/2$ Transformationsschritten gilt (6.24) mit

$$\boldsymbol{U}_{N^*}^T \ldots \boldsymbol{U}_2^T\boldsymbol{U}_1^T\boldsymbol{C} = \boldsymbol{Q}^T\boldsymbol{C} = \hat{\boldsymbol{R}}, \quad \text{oder} \quad \boldsymbol{C} = \boldsymbol{Q}\hat{\boldsymbol{R}}. \tag{6.27}$$

Da die orthogonale Matrix $\boldsymbol{Q}$ regulär ist, sind der Rang von $\boldsymbol{C}$ und von $\hat{\boldsymbol{R}}$ gleich n, und folglich ist die Rechtsdreiecksmatrix $\boldsymbol{R}$ regulär. □

Mit der nach Satz 6.1 gewählten Matrix $\boldsymbol{Q}$ lautet (6.23)

$$\hat{\boldsymbol{R}}\boldsymbol{x} - \hat{\boldsymbol{d}} = \hat{\boldsymbol{r}}, \quad \hat{\boldsymbol{d}} = \boldsymbol{Q}^T\boldsymbol{d}. \tag{6.28}$$

Das orthogonal transformierte Fehlergleichungssystem (6.28) hat wegen (6.24) die Form

$$\begin{array}{rcl} r_{11}x_1 + r_{12}x_2 + \ldots + r_{1n}x_n - \hat{d}_1 & = & \hat{r}_1 \\ r_{22}x_2 + \ldots + r_{2n}x_n - \hat{d}_2 & = & \hat{r}_2 \\ \ddots \quad \vdots \qquad \vdots & & \vdots \\ r_{nn}x_n - \hat{d}_n & = & \hat{r}_n \\ - \hat{d}_{n+1} & = & \hat{r}_{n+1} \\ \vdots & & \vdots \\ - \hat{d}_N & = & \hat{r}_N \end{array} \tag{6.29}$$

Die Methode der kleinsten Quadrate verlangt nun, dass die Summe der Quadrate der transformierten Residuen $\hat{r}_i$ minimal sei. Die Werte der letzten $(N-n)$ Residuen sind durch die zugehörigen $\hat{d}_i$ unabhängig von den Unbekannten x_k vorgegeben. Die Summe der Residuenquadrate ist genau dann minimal, falls $\hat{r}_1 = \hat{r}_2 = \ldots = \hat{r}_n = 0$ gilt, und sie ist gleich der Summe der Quadrate der letzten $(N-n)$ Residuen $\hat{r}_j$. Folglich sind die Unbekannten x_k gemäß (6.29) gegeben durch das lineare Gleichungssystem

$$\boldsymbol{Rx} = \hat{\boldsymbol{d}}_1, \tag{6.30}$$

worin $\hat{\boldsymbol{d}}_1 \in \mathbb{R}^n$ den Vektor bedeutet, welcher aus den n ersten Komponenten von $\hat{\boldsymbol{d}} = \boldsymbol{Q}^T\boldsymbol{d}$ gebildet wird. Den Lösungsvektor $\boldsymbol{x}$ erhält man aus (6.30) durch Rücksubstitution.

Falls man sich nur für die Unbekannten x_k des Fehlergleichungssystems $\boldsymbol{Cx} - \boldsymbol{d} = \boldsymbol{r}$ interessiert, ist der Algorithmus bereits vollständig beschrieben. Sollen auch die Residuen r_i berechnet werden, können dieselben im Prinzip durch Einsetzen in die gegebenen Fehlergleichungen ermittelt werden. Dieses Vorgehen erfordert, dass die Matrix $\boldsymbol{C}$ und der Vektor $\boldsymbol{d}$ noch verfügbar sind. Es ist in Bezug auf den Speicherbedarf ökonomischer, den Residuenvektor $\boldsymbol{r}$ wegen (6.23) und (6.27) aus $\hat{\boldsymbol{r}}$ gemäß

$$\boldsymbol{r} = \boldsymbol{Q}\hat{\boldsymbol{r}} = \boldsymbol{U}_1\boldsymbol{U}_2 \ldots \boldsymbol{U}_{N^*}\hat{\boldsymbol{r}} \tag{6.31}$$

zu berechnen. Die Information für die einzelnen Rotationsmatrizen $\boldsymbol{U}_k$ kann in den ϱ-Werten (5.64) an der Stelle der eliminierten Matrixelemente c_{ij} gespeichert werden. Die ersten n Komponenten des Residuenvektors $\hat{\boldsymbol{r}}$ sind gleich null, und die letzten $(N-n)$ Komponenten sind durch die entsprechenden $\hat{d}_j$ definiert. Der gesuchte Residuenvektor $\boldsymbol{r}$ entsteht somit aus $\hat{\boldsymbol{r}}$ durch sukzessive Multiplikation mit den Rotationsmatrizen $\boldsymbol{U}_k$ in der umgekehrten Reihenfolge wie sie bei der Transformation von $\boldsymbol{C}$ in $\hat{\boldsymbol{R}}$ angewandt wurden. Zusammenfassend besteht die Behandlung von Fehlergleichungen (6.2) nach dem Gaußschen Ausgleichsprinzip mit Hilfe der Orthogonaltransformation mit Givens-Rotationen aus folgenden Schritten.

$$\begin{array}{ll} 1.\ \boldsymbol{C} = \boldsymbol{Q}\hat{\boldsymbol{R}} & (QR\text{-Zerlegung, Givens-Rotationen}) \\ 2.\ \hat{\boldsymbol{d}} = \boldsymbol{Q}^T\boldsymbol{d} & (\text{Transformation von } \boldsymbol{d}) \\ 3.\ \boldsymbol{Rx} = \hat{\boldsymbol{d}}_1 & (\text{Rücksubstitution}) \\ [\ 4.\ \boldsymbol{r} = \boldsymbol{Q}\hat{\boldsymbol{r}} & (\text{Rücktransformation von } \hat{\boldsymbol{r}})\ ] \end{array} \tag{6.32}$$

Der erste und der zweite Schritt von (6.32) werden im Allgemeinen gleichzeitig ausgeführt, falls nur ein Fehlergleichungssystem zu lösen ist. Sobald aber mehrere Systeme (6.2) mit derselben Matrix $\boldsymbol{C}$, aber verschiedenen Vektoren $\boldsymbol{d}$ nacheinander zu behandeln sind, so ist es zweckmäßig die beiden Schritte zu trennen. Für die Ausführung des zweiten Schrittes muss die Information über die Rotationen verfügbar sein. Der Rechenaufwand für den Rechenprozess (6.32) beträgt

$$\boxed{Z_{\text{FGlGivens}} = 2nN(n+6) - \frac{2}{3}n^3 - \frac{13}{2}n^2 - \frac{35}{6}n \approx 2n^2N + O(n^3)} \tag{6.33}$$

multiplikative Operationen und $n(2N-n-1)$ Quadratwurzeln. Im Vergleich zu (6.11) ist er um einen Faktor zwischen 2 und 4 größer, abhängig vom Verhältnis von N zu n. Der Mehraufwand rechtfertigt sich dadurch, dass die berechnete Lösung $\tilde{\boldsymbol{x}}$ der Fehlergleichungen bei gleicher Rechengenauigkeit einen bedeutend kleineren relativen Fehler aufweist.

Ausgleichslösung der Fehlergleichungen (6.3) mit Givens-Rotationen

$$\begin{array}{l}
\text{Für } j = 1, 2, \ldots, n: \\
\quad \text{für } i = j+1, j+2, \ldots, N: \\
\quad\quad \text{falls } c_{ij} \neq 0: \\
\quad\quad\quad \text{falls } |c_{jj}| < \tau \times |c_{ij}|: \\
\quad\quad\quad\quad w = -c_{ij};\ \gamma = 0;\ \sigma = 1;\ \varrho = 1, \\
\quad\quad\quad \text{sonst} \\
\quad\quad\quad\quad w = \operatorname{sgn}(c_{jj}) \times \sqrt{c_{jj}^2 + c_{ij}^2} \\
\quad\quad\quad\quad \gamma = c_{jj}/w;\ \sigma = -c_{ij}/w \\
\quad\quad\quad\quad \text{falls } |\sigma| < \gamma: \varrho = \sigma, \text{ sonst } \varrho = \operatorname{sgn}(\sigma)/\gamma \\
\quad\quad\quad c_{jj} = w;\ c_{ij} = \varrho \\
\quad\quad\quad \text{für } k = j+1, j+2, \ldots, n: \\
\quad\quad\quad\quad h = \gamma \times c_{jk} - \sigma \times c_{ik} \\
\quad\quad\quad\quad c_{ik} = \sigma \times c_{jk} + \gamma \times c_{ik};\ c_{jk} = h \\
\quad\quad\quad h = \gamma \times d_j - \sigma \times d_i;\ d_i = \sigma \times d_j + \gamma \times d_i;\ d_j = h \\
\text{Für } i = n, n-1, \ldots, 1: \\
\quad s = d_i;\ r_i = 0 \\
\quad \text{für } k = i+1, i+2, \ldots, n: \\
\quad\quad s = s - c_{ik} \times x_k \\
\quad x_i = s/c_{ii} \\
\text{Für } i = n+1, n+2, \ldots, N: \\
\quad r_i = -d_i \\
\text{Für } j = n, n-1, \ldots, 1: \\
\quad \text{für } i = N, N-1, \ldots, j+1: \\
\quad\quad \varrho = c_{ij} \\
\quad\quad \text{falls } \varrho = 1: \gamma = 0;\ \sigma = 1, \\
\quad\quad \text{sonst} \\
\quad\quad\quad \text{falls } |\varrho| < 1: \sigma = \varrho;\ \gamma = \sqrt{1-\sigma^2}, \\
\quad\quad\quad \text{sonst } \gamma = 1/|\varrho|;\ \sigma = \operatorname{sgn}(\varrho) \times \sqrt{1-\gamma^2} \\
\quad\quad h = \gamma \times r_j + \sigma \times r_i;\ r_i = -\sigma \times r_j + \gamma \times r_i;\ r_j = h
\end{array} \tag{6.34}$$

Die Berechnung der Lösung $\boldsymbol{x}$ eines Fehlergleichungssystems $\boldsymbol{C}\boldsymbol{x} - \boldsymbol{d} = \boldsymbol{r}$ mit dem Verfahren (6.32) besitzt die algorithmische Beschreibung (6.34). Dabei wird angenommen, dass die Matrix $\hat{\boldsymbol{R}}$ an der Stelle von $\boldsymbol{C}$ aufgebaut wird und die Werte ϱ (5.64) am Platz der eliminierten Matrixelemente c_{ij} gespeichert werden. Die beiden Schritte 1 und 2 von (6.32) werden gleichzeitig ausgeführt. Zur Vermeidung eines Namenkonfliktes bedeuten $\gamma = \cos\varphi$ und $\sigma = \sin\varphi$. Schließlich ist τ die Maschinengenauigkeit, also die kleinste positive Zahl des Rechners mit $1 + \tau \neq 1$.

Beispiel 6.3. Das Fehlergleichungssystem (6.14) von Beispiel 6.1 wird mit der Methode der Orthogonaltransformation (6.32) behandelt. Bei sechsstelliger Rechnung lauten die Matrix $\hat{\boldsymbol{R}}$ der QR-Zerlegung von $\boldsymbol{C}$ mit den ϱ-Werten anstelle der Nullen, der transformierte Vektor $\hat{\boldsymbol{d}}$ und der Residuenvektor $\boldsymbol{r}$

$$\hat{\boldsymbol{R}} = \begin{pmatrix} 2.64575 & 2.13549 & 2.46973 \\ -1.41421 & 1.40497 & 2.37187 \\ -0.577351 & -1.68878 & 0.617881 \\ -0.500000 & -1.51616 & -2.53186 \\ -0.447213 & -1.49516 & -2.19433 \\ -0.408248 & -1.46945 & -1.98963 \\ -0.377965 & -0.609538 & -0.635138 \end{pmatrix}, \quad \hat{\boldsymbol{d}} = \begin{pmatrix} 8.40594 \\ 4.93353 \\ 3.46460 \\ -0.128686 \\ -0.234145 \\ -0.211350 \\ 0.165290 \end{pmatrix}, \quad \boldsymbol{r} = \begin{pmatrix} -0.110017 \\ 0.237881 \\ 0.0108260 \\ -0.149594 \\ -0.0853911 \\ 0.190043 \\ -0.0937032 \end{pmatrix}$$

Der Lösungsvektor $\boldsymbol{\alpha} = (2.74920, -5.95463, 5.60723)^T$ ergibt sich aus der Rücksubstitution mit der Matrix $\boldsymbol{R}$ und den ersten drei Komponenten von $\hat{\boldsymbol{d}}$. Er stimmt mit der exakten Lösung (6.18) bis auf höchstens drei Einheiten der letzten Ziffer überein und weist einen um den Faktor 9 kleineren relativen Fehler auf als (6.17). △

Beispiel 6.4. Die Methode der Orthogonaltransformation liefert auch für das Fehlergleichungssystem (6.21) von Beispiel 6.2 eine Näherungslösung mit kleinerem Fehler. Die wesentlichen Ergebnisse sind bei sechsstelliger Rechnung

$$\hat{\boldsymbol{R}} = \begin{pmatrix} 1.32508 & 1.68492 \\ -2.23607 & 0.0486849 \\ -1.67332 & -2.47237 \\ -0.693334 & -0.653865 \\ -0.610277 & -0.403536 \\ -0.566004 & 0.0862074 \end{pmatrix}, \quad \hat{\boldsymbol{d}} = \begin{pmatrix} 2.25773 \\ 0.0505901 \\ 0.0456739 \\ 0.0314087 \\ 0.0778043 \\ 0.0313078 \end{pmatrix}, \quad \boldsymbol{r} = \begin{pmatrix} -0.0478834 \\ 0.0363745 \\ 0.0481185 \\ 0.0367843 \\ -0.0464831 \\ -0.0257141 \end{pmatrix}.$$

Die resultierenden Parameter $\alpha_1 = 0.382528$ und $\alpha_2 = 1.03913$ sind jetzt auf vier Dezimalstellen nach dem Komma richtig. △

Wie die Zahlenbeispiele vermuten lassen, besteht zwischen der klassischen Methode der Normalgleichungen und der Methode der Orthogonaltransformation ein Zusammenhang. So wird die Matrix $\boldsymbol{C}$ der Fehlergleichungen nach (6.24) zerlegt in $\boldsymbol{C} = \boldsymbol{Q}\hat{\boldsymbol{R}}$, und somit gilt für die Matrix $\boldsymbol{A}$ der Normalgleichungen wegen der Orthogonalität von $\boldsymbol{Q}$ und der Struktur von $\hat{\boldsymbol{R}}$

$$\boldsymbol{A} = \boldsymbol{C}^T\boldsymbol{C} = \hat{\boldsymbol{R}}^T\boldsymbol{Q}^T\boldsymbol{Q}\hat{\boldsymbol{R}} = \hat{\boldsymbol{R}}^T\hat{\boldsymbol{R}} = \boldsymbol{R}^T\boldsymbol{R}. \tag{6.35}$$

Die Cholesky-Zerlegung $\boldsymbol{A} = \boldsymbol{L}\boldsymbol{L}^T$ einer symmetrischen, positiv definiten Matrix ist eindeutig, falls die Diagonalelemente von $\boldsymbol{L}$ positiv gewählt werden. Folglich muss wegen (6.35) die Matrix $\boldsymbol{R}$ im Wesentlichen mit $\boldsymbol{L}^T$ übereinstimmen, d.h. bis auf eventuell verschiedene Vorzeichen von Zeilen in $\boldsymbol{R}$. Obwohl theoretisch die beiden Verfahren im Wesentlichen die gleichen Dreiecksmatrizen liefern, besteht numerisch doch ein entscheidender Unterschied für deren Berechnung.

Um eine plausible Erklärung dafür zu erhalten, betrachten wir zuerst die Entstehung der Diagonalelemente von $\boldsymbol{R}$. Die Folge von orthogonalen Givens-Transformationen lässt die euklidischen Normen der Spaltenvektoren $\boldsymbol{c}_j$ von $\boldsymbol{C}$ invariant. Nach Elimination der Elemente der ersten Spalte gilt somit $|r_{11}| = \|\boldsymbol{c}_1\|_2$. Weil das geänderte Element c'_{12} während der Elimination der Elemente der zweiten Spalte unverändert stehen bleibt, folgt für das zweite Diagonalelement $|r_{22}| = \|\boldsymbol{c}'_2 - c'_{12}\boldsymbol{e}_1\|_2 \leq \|\boldsymbol{c}_2\|_2$. Allgemein gilt $|\boldsymbol{r}_{jj}| \leq \|\boldsymbol{c}_j\|_2$, $j = 1, 2, \ldots, n$. Wichtig ist nun die Tatsache, dass die Diagonalelemente $\boldsymbol{r}_{jj}$ aus den Vektoren $\boldsymbol{c}_j$ als euklidische Normen von Teilvektoren nach orthogonalen Transformationen entstehen.

Die Diagonalelemente l_{jj} von $\boldsymbol{L}$ der Cholesky-Zerlegung von $\boldsymbol{A} = \boldsymbol{C}^T\boldsymbol{C}$ entstehen aus den Diagonalelementen a_{jj}, nachdem von a_{jj} Quadrate von Matrixelementen l_{jk} subtrahiert worden sind. Nach (6.10) ist aber $a_{jj} = \boldsymbol{c}_j^T\boldsymbol{c}_j = \|\boldsymbol{c}_j\|_2^2$ gleich dem Quadrat der euklidischen Norm des Spaltenvektors $\boldsymbol{c}_j$. Im Verlauf der Cholesky-Zerlegung von $\boldsymbol{A}$ wird folglich solange mit den Quadraten der Norm gerechnet, bis mit dem Ziehen der Quadratwurzel mit l_{jj} die Norm eines Vektors erscheint. Da nun das *Quadrat* der Norm im Verfahren von Cholesky verkleinert wird, kann bei endlicher Rechengenauigkeit im Fall einer starken Reduktion des Wertes der relative Fehler infolge Auslöschung bedeutend größer sein als im Fall der Orthogonaltransformation, bei der mit den Vektoren $\boldsymbol{c}_j$ selbst gearbeitet wird. Deshalb ist die Matrix $\boldsymbol{R}$ numerisch genauer als die Matrix $\boldsymbol{L}$ der Cholesky-Zerlegung.

Schließlich berechnet sich die Lösung $\boldsymbol{x}$ der Fehlergleichungen aus dem Gleichungssystem (6.30) mit der genaueren Rechtsdreiecksmatrix $\boldsymbol{R}$ und dem Vektor $\hat{\boldsymbol{d}}_1$. Dieser ist aus $\boldsymbol{d}$ durch eine Folge von Orthogonaltransformationen entstanden, die sich durch gute numerische Eigenschaften auszeichnen. Der Vektor $\hat{\boldsymbol{d}}_1$ ist theoretisch im Wesentlichen gleich dem Vektor $\boldsymbol{y}$, der sich durch Vorwärtssubstitution aus $\boldsymbol{L}\boldsymbol{y} = \boldsymbol{b}$ ergibt, der aber mit $\boldsymbol{L}$ bereits ungenauer ist als $\hat{\boldsymbol{d}}_1$.

Der Rechenaufwand des Verfahrens (6.32) kann reduziert werden, falls die schnelle Givens-Transformation von Abschnitt 5.4.3 angewandt wird. Nach der dort ausführlich dargestellten Methode erhalten wir wegen (6.28) sowohl die transformierte Matrix $\hat{\boldsymbol{R}}$ als auch die transformierten Vektoren $\hat{\boldsymbol{d}}$ und $\hat{\boldsymbol{r}}$ in faktorisierter Form

$$\hat{\boldsymbol{R}} = \boldsymbol{D}\hat{\hat{\boldsymbol{R}}}, \quad \hat{\boldsymbol{d}} = \boldsymbol{D}\hat{\hat{\boldsymbol{d}}}, \quad \hat{\boldsymbol{r}} = \boldsymbol{D}\hat{\hat{\boldsymbol{r}}}, \quad \boldsymbol{D} \in \mathbb{R}^{N,N}. \tag{6.36}$$

Da die Matrix $\boldsymbol{D}$ regulär ist, ist sie für die Berechnung der Lösung $\boldsymbol{x}$ aus dem zu (6.29) analogen Fehlergleichungssystem irrelevant, so dass die explizite Bildung von $\hat{\boldsymbol{R}}$ und $\hat{\boldsymbol{d}}$ nicht nötig ist. Ist $\tilde{\boldsymbol{R}}$ die Rechtsdreiecksmatrix in $\hat{\hat{\boldsymbol{R}}}$ und $\hat{\hat{\boldsymbol{d}}}_1$ der Vektor, gebildet aus den n ersten Komponenten von $\hat{\hat{\boldsymbol{d}}}$, so berechnet sich $\boldsymbol{x}$ aus

$$\tilde{\boldsymbol{R}}\boldsymbol{x} = \hat{\hat{\boldsymbol{d}}}_1. \tag{6.37}$$

Zur Bestimmung des Residuenvektors $\boldsymbol{r}$ aus $\hat{\boldsymbol{r}}$ in Analogie zu (6.31) wäre die Information über die Transformationen erforderlich. Da aber pro Schritt zwei Zahlenwerte nötig sind, ist es wohl sinnvoller, $\boldsymbol{r}$ aus den gegebenen Fehlergleichungen $\boldsymbol{Cx} - \boldsymbol{d} = \boldsymbol{r}$ zu berechnen. Falls man sich nur für die Summe der Quadrate der Residuen interessiert, kann sie direkt auf den letzten $(N - n)$ Komponenten von $\hat{\hat{\boldsymbol{d}}}$ und den zugehörigen Diagonalelementen von $\boldsymbol{D}$ bestimmt werden.

Der Rechenaufwand zur Elimination der aktuellen Matrixelemente c_{ij}, $i = j+1, j+2, \ldots, N$, der j-ten Spalte beträgt nach Abschnitt 5.4.3 unter Einschluss der Transformation der beiden Komponenten im Vektor $\boldsymbol{d}$ insgesamt $(N - j)(2n - 2j + 12)$ Operationen. Nach Summation über j von 1 bis n ergibt sich der totale Rechenaufwand zur Bestimmung der Lösung $\boldsymbol{x}$ und des Residuenvektors $\boldsymbol{r}$ zu

$$\boxed{Z_{\text{FGISG}} = nN(n + 12) - \frac{1}{3}n^3 - \frac{11}{2}n^2 - \frac{31}{6}n.} \tag{6.38}$$

Im Vergleich zu (6.33) reduziert sich die Zahl der multiplikativen Operationen für große Werte von n und N tatsächlich auf die Hälfte. Zudem entfallen im Fall der schnellen Givens-Transformationen alle Quadratwurzeln. Für kleine n und N überwiegt der Term $12nN$ so stark, dass die schnelle Version sogar aufwändiger sein kann. Dies trifft zu in den Beispielen 6.3 und 6.4.

6.2.2 Spezielle Rechentechniken

Fehlergleichungssysteme aus der Landes- oder Erdvermessung haben die Eigenschaft, dass die Matrix $\boldsymbol{C}$ *schwach besetzt* ist, denn jede Fehlergleichung enthält nur wenige der Unbekannten, und ihre Anzahl ist klein im Verhältnis zu n. Die Methode der Orthogonaltransformation in der normalen oder schnellen Version der Givens-Transformation nutzt die schwache Besetzung von $\boldsymbol{C}$ sicher einmal dadurch aus, dass Rotationen zu verschwindenden Matrixelementen c_{ij} unterlassen werden. Dann ist aber auf Grund der Reihenfolge (6.26) offensichtlich, dass die Matrixelemente c_{ij} der i-ten Zeile mit $i > j$, welche in der gegebenen Matrix $\boldsymbol{C}$ gleich null sind und links vom ersten, von null verschiedenen Matrixelement liegen, im Verlauf des Eliminationsprozesses unverändert bleiben. Um diese Tatsache zu verwerten, bezeichnen wir mit

$$f_i(\boldsymbol{C}) := \min\{j \mid c_{ij} \neq 0, j = 1, 2, \ldots, n\}, \quad i = 1, 2, \ldots, N, \tag{6.39}$$

den Index des ersten von null verschiedenen Matrixelementes von $\boldsymbol{C}$ in der i-ten Zeile. Da in den ersten n Zeilen von $\boldsymbol{C}$ die reguläre Rechtsdreiecksmatrix $\boldsymbol{R}$ entsteht, setzen wir voraus, dass

$$f_i(\boldsymbol{C}) \leq i \quad \text{für } i = 1, 2, \ldots, n \tag{6.40}$$

gilt. Durch geeignete Vertauschungen der Fehlergleichungen und allenfalls durch eine Umnummerierung der Unbekannten kann (6.40) stets erfüllt werden. Unter dieser Voraussetzung ist die orthogonale Transformation von $\boldsymbol{C}$ mit denjenigen Matrixelementen c_{ij} ausführbar, deren Indexpaare (i, j) der *Hülle* von $\boldsymbol{C}$ angehören, welche wie folgt definiert ist,

$$\text{Env}(\boldsymbol{C}) := \{(i, j) \mid f_i(\boldsymbol{C}) \leq j \leq n;\ i = 1, 2, \ldots, N\}. \tag{6.41}$$

Zur ökonomischen Speicherung der relevanten Matrixelemente ist es naheliegend, dieselben zeilenweise in einem eindimensionalen Feld anzuordnen, wobei die einzelnen Zeilen je mit dem ersten, von null verschiedenen Element beginnen. Für die Matrix $\boldsymbol{C} \in \mathbb{R}^{6,4}$

$$\boldsymbol{C} = \begin{pmatrix} c_{11} & 0 & c_{13} & c_{14} \\ 0 & c_{22} & 0 & c_{24} \\ 0 & c_{32} & c_{33} & 0 \\ 0 & 0 & c_{43} & c_{44} \\ 0 & 0 & c_{53} & c_{54} \\ c_{61} & 0 & 0 & c_{64} \end{pmatrix} \quad \text{mit} \quad \begin{aligned} f_1 &= 1 \\ f_2 &= 2 \\ f_3 &= 2 \\ f_4 &= 3 \\ f_5 &= 3 \\ f_6 &= 1 \end{aligned} \tag{6.42}$$

sieht diese Anordnung konkret so aus:

$\boldsymbol{C}$:	$c_{11}\,c_{12}\,c_{13}\,c_{14}$	$c_{22}\,c_{23}\,c_{24}$	$c_{32}\,c_{33}\,c_{34}$	$c_{43}\,c_{44}$	$c_{53}\,c_{54}$	$c_{61}\,c_{62}\,c_{63}\,c_{64}$

(6.43)

Für die in $\boldsymbol{C}$ verschwindenden Matrixelemente, deren Indizes der Hülle angehören, sind Plätze vorzusehen, da sie im Verlauf des Rechenprozesses ungleich null werden können. Um den Zugriff zu den Matrixelementen c_{ij} in der Anordnung (6.43) zu ermöglichen, ist ein Zeigervektor $\boldsymbol{z} \in \mathbb{R}^N$ nötig, dessen i-te Komponente den Platz des letzten Matrixelementes c_{in} der i-ten Zeile angibt. Für (6.43) lautet er

$$\boldsymbol{z} = (4, 7, 10, 12, 14, 18)^T.$$

Das Matrixelement c_{ij} mit $(i,j) \in \text{Env}\ (\boldsymbol{C})$ steht in einer allgemeinen Anordnung der Art (6.43) am Platz k mit der Zuordnung

$$(i,j) \in \text{ Env}\ (\boldsymbol{C}) \to k = z_i + j - n. \tag{6.44}$$

Die Transformation von $\boldsymbol{C}$ in die Matrix $\hat{\boldsymbol{R}}$ ist ohne Test durchführbar, falls die Matrixelemente c_{ij} mit $(i,j) \in \text{Env}\ (\boldsymbol{C})$ *zeilenweise* anstatt spaltenweise eliminiert werden. Man verifiziert analog zum Beweis von Satz 5.7, dass die entsprechende Folge von Rotationen zur zeilenweisen Elimination die gewünschte Transformation leistet. Der benötigte Index des ersten von null verschiedenen Matrixelementes der i-ten Zeile ist gegeben durch

$$f_i(\boldsymbol{C}) = n - z_i + z_{i-1} + 1, \quad i = 2, 3, \ldots, N. \tag{6.45}$$

Mit diesen Angaben kann der Algorithmus (6.34) leicht der neuen Situation angepasst werden. Die Schleifenanweisungen für i und j sind zu vertauschen, der Startwert für j ist durch $f_i(\boldsymbol{C})$ (6.45) und die Indizes der Matrixelemente c_{ij} sind gemäß (6.44) zu ersetzen.

Wir wollen noch eine Variante der Methode der Orthogonaltransformation [Geo 80] beschreiben, bei der nicht die ganze Matrix $\boldsymbol{C}$ gespeichert werden muss. Sie minimiert insofern den Speicherplatzbedarf für Fälle, bei denen entweder die Fehlergleichungen sukzessive gebildet oder von einem externen Speichermedium abgerufen werden.

Um das Vorgehen zu erklären, soll die Transformation von $\boldsymbol{C}$ in $\hat{\boldsymbol{R}}$ zeilenweise erfolgen, und der Vektor $\hat{\boldsymbol{d}}$ soll gleichzeitig aus $\boldsymbol{d}$ berechnet werden. Wir untersuchen die Behandlung der i-ten Fehlergleichung und ihren Beitrag zum schließlich resultierenden Gleichungssystem (6.30). Die erste Fehlergleichung liefert die Startwerte der ersten Zeile von $\boldsymbol{R}$ und der ersten Komponente von $\hat{\boldsymbol{d}}_1$. Für $2 \leq i \leq n$ sind höchstens $(i-1)$ Rotationen zur Elimination der ersten $(i-1)$ Elemente c_{ij}, $j = 1, 2, \ldots, i-1$, auszuführen. Die verbleibende transformierte Gleichung ergibt die Startwerte der i-ten Zeile von $\boldsymbol{R}$ und der i-ten Komponente von $\hat{\boldsymbol{d}}_1$. In den weiteren Fehlergleichungen $(i > n)$ sind alle n Koeffizienten c_{ij} durch entsprechende Rotationen zu eliminieren mit Hilfe der n Zeilen der entstehenden Matrix $\boldsymbol{R}$. Da eine solche

i-te Fehlergleichung nach ihrer Bearbeitung unverändert bleibt, wird sie nicht mehr benötigt. Der (transformierte) konstante Term $\hat{d}_i$ liefert gemäß (6.29) höchstens seinen Beitrag zur Summe der Residuenquadrate. Somit lassen sich die einzelnen Fehlergleichungen unabhängig voneinander bearbeiten, und das Gleichungssystem (6.30) wird sukzessive aufgebaut. Für die Realisierung benötigt man nur den Speicherplatz für die Rechtsdreiecksmatrix $\boldsymbol{R}$, den Vektor $\hat{\boldsymbol{d}}_1$ und eine Fehlergleichung. Bei entsprechender Speicherung von $\boldsymbol{R}$ beträgt der Speicherbedarf also nur etwa $S \approx \frac{1}{2}n(n+1) + 2n$ Plätze.

Der Algorithmus (6.46) für diese Methode legt fest, dass für die Matrix $\boldsymbol{R} = (r_{ij})$ zur besseren Verständlichkeit die übliche Indizierung verwendet wird, die Komponenten des Vektors $\hat{\boldsymbol{d}}$ mit d_i bezeichnet werden und in der i-ten Fehlergleichung

$$c_1x_1 + c_2x_2 + \ldots + c_nx_n - \tilde{d} = r$$

der Index i weggelassen wird, da ihre Koeffizienten sukzessive zu definieren sind. Die Rücksubstitution zur Lösung von $\boldsymbol{Rx} = \hat{\boldsymbol{d}}_1$ kann aus (6.34) übernommen werden.

$$
\begin{array}{l}
\text{Für } i = 1, 2, \ldots, N: \\
\quad \text{Eingabe von } c_1, c_2, \ldots, c_n, \tilde{d} \\
\quad \text{für } j = 1, 2, \ldots, \min(i-1, n): \\
\quad\quad \text{falls } c_j \neq 0: \\
\quad\quad\quad \text{falls } |r_{jj}| < \tau \times |c_j|: \\
\quad\quad\quad\quad w = -c_j; \gamma = 0; \sigma = 1 \\
\quad\quad\quad \text{sonst} \\
\quad\quad\quad\quad w = \text{ sgn }(r_{jj}) \times \sqrt{r_{jj}^2 + c_j^2} \\
\quad\quad\quad\quad \gamma = r_{jj}/w; \sigma = -c_j/w \\
\quad\quad\quad r_{jj} = w \\
\quad\quad\quad \text{für } k = j+1, j+2, \ldots, n: \\
\quad\quad\quad\quad h = \gamma \times r_{jk} - \sigma \times c_k \\
\quad\quad\quad\quad c_k = \sigma \times r_{jk} + \gamma \times c_k; r_{jk} = h \\
\quad\quad\quad h = \gamma \times d_j - \sigma \times \tilde{d}; \tilde{d} = \sigma \times d_j + \gamma \times \tilde{d}; d_j = h \\
\quad \text{falls } i \leq n: \\
\quad\quad \text{für } k = i, i+1, \ldots, n: \\
\quad\quad\quad r_{ik} = c_k \\
\quad\quad d_i = \tilde{d}
\end{array}
\tag{6.46}
$$

6.2.3 Householder-Transformation

Zur orthogonalen Transformation des Fehlergleichungssystems $\boldsymbol{Cx} - \boldsymbol{d} = \boldsymbol{r}$ in das dazu äquivalente System (6.28) $\hat{\boldsymbol{R}}\boldsymbol{x} - \hat{\boldsymbol{d}} = \hat{\boldsymbol{r}}$ werden anstelle der Rotationsmatrizen auch so genannte *Householder-Matrizen* [Hou 58]

$$\boldsymbol{U} := \boldsymbol{I} - 2\boldsymbol{w}\boldsymbol{w}^T \quad \text{mit} \quad \boldsymbol{w}^T\boldsymbol{w} = 1, \quad \boldsymbol{w} \in \mathbb{R}^N, \quad \boldsymbol{U} \in \mathbb{R}^{N,N} \tag{6.47}$$

verwendet. Die in (6.47) definierte Matrix $\boldsymbol{U}$ ist symmetrisch und *involutorisch*, denn es gilt unter Benutzung der Normierungseigenschaft von $\boldsymbol{w}$

$$\boldsymbol{U}\boldsymbol{U} = (\boldsymbol{I} - 2\boldsymbol{w}\boldsymbol{w}^T)(\boldsymbol{I} - 2\boldsymbol{w}\boldsymbol{w}^T) = \boldsymbol{I} - 2\boldsymbol{w}\boldsymbol{w}^T - 2\boldsymbol{w}\boldsymbol{w}^T + 4\boldsymbol{w}\boldsymbol{w}^T\boldsymbol{w}\boldsymbol{w}^T = \boldsymbol{I}.$$

Daraus folgt mit $\boldsymbol{U}^T = \boldsymbol{U}$, dass $\boldsymbol{U}$ *orthogonal* ist. Die Householder-Matrix $\boldsymbol{U}$, aufgefasst als Darstellung einer linearen Abbildung im $\mathbb{R}^N$, entspricht einer *Spiegelung* an einer bestimmten Hyperebene. Um dies einzusehen, sei $\boldsymbol{s} \in \mathbb{R}^N$ ein beliebiger Vektor, der orthogonal zu $\boldsymbol{w}$ ist. Sein Bildvektor

$$\boldsymbol{s}' := \boldsymbol{U}\boldsymbol{s} = (\boldsymbol{I} - 2\boldsymbol{w}\boldsymbol{w}^T)\boldsymbol{s} = \boldsymbol{s} - 2\boldsymbol{w}(\boldsymbol{w}^T\boldsymbol{s}) = \boldsymbol{s}$$

ist identisch mit $\boldsymbol{s}$. Der Bildvektor eines Vektors $\boldsymbol{z} \in \mathbb{R}^N$, der mit $\boldsymbol{z} = c\boldsymbol{w}$ proportional zu $\boldsymbol{w}$ ist,

$$\boldsymbol{z}' := \boldsymbol{U}\boldsymbol{z} = c\boldsymbol{U}\boldsymbol{w} = c(\boldsymbol{I} - 2\boldsymbol{w}\boldsymbol{w}^T)\boldsymbol{w} = c(\boldsymbol{w} - 2\boldsymbol{w}(\boldsymbol{w}^T\boldsymbol{w})) = -c\boldsymbol{w} = -\boldsymbol{z}$$

ist entgegengesetzt zu $\boldsymbol{z}$. Ein beliebiger Vektor $\boldsymbol{x} \in \mathbb{R}^N$ ist eindeutig als Summe $\boldsymbol{x} = \boldsymbol{s} + \boldsymbol{z}$ eines Vektors $\boldsymbol{s}$ und eines Vektors $\boldsymbol{z}$ mit den genannten Eigenschaften darstellbar. Für sein Bild gilt deshalb

$$\boldsymbol{x}' := \boldsymbol{U}\boldsymbol{x} = \boldsymbol{U}(\boldsymbol{s} + \boldsymbol{z}) = \boldsymbol{s} - \boldsymbol{z},$$

d.h. der Vektor $\boldsymbol{x}$ wird an der zu $\boldsymbol{w}$ orthogonalen Hyperebene durch den Nullpunkt gespiegelt.

Mit Householder-Matrizen (6.47) können bei entsprechender Wahl des normierten Vektors $\boldsymbol{w}$ im Bildvektor $\boldsymbol{x}' = \boldsymbol{U}\boldsymbol{x}$ eines beliebigen Vektors $\boldsymbol{x} \in \mathbb{R}^N$ bestimmte Komponenten gleichzeitig gleich null gemacht werden. Selbstverständlich ist das Quadrat der euklidischen Länge der beiden Vektoren $\boldsymbol{x}$ und $\boldsymbol{x}'$ gleich. Auf Grund dieser Tatsache wird es möglich sein, vermittels einer Folge von n Transformationsschritten die Matrix $\boldsymbol{C} \in \mathbb{R}^{N,n}$ in die gewünschte Form $\hat{\boldsymbol{R}}$ (6.24) zu überführen, wobei in jedem Schritt mit Hilfe einer Householder-Matrix eine ganze Spalte behandelt wird.

Im ersten Transformationssschritt soll eine Householder-Matrix $\boldsymbol{U}_1 := \boldsymbol{I} - 2\boldsymbol{w}_1\boldsymbol{w}_1^T$ so angewandt werden, dass in der Matrix $\boldsymbol{C}' = \boldsymbol{U}_1\boldsymbol{C}$ die erste Spalte gleich einem Vielfachen des ersten Einheitsvektors $\boldsymbol{e}_1 \in \mathbb{R}^N$ wird. Bezeichnen wir den ersten Spaltenvektor von $\boldsymbol{C}$ mit $\boldsymbol{c}_1$, dann soll

$$\boldsymbol{U}_1\boldsymbol{c}_1 = \gamma\boldsymbol{e}_1 \tag{6.48}$$

gelten, wobei für die Konstante γ infolge der Invarianz der euklidischen Länge der Vektoren

$$|\gamma| = \|\boldsymbol{c}_1\|_2 \tag{6.49}$$

gilt. Da der Bildvektor $\boldsymbol{c}_1' = \gamma\boldsymbol{e}_1$ aus $\boldsymbol{c}_1$ durch Spiegelung an der zu $\boldsymbol{w}_1$ orthogonalen Hyperebene hervorgeht, muss der Vektor $\boldsymbol{w}_1$ die Richtung der Winkelhalbierenden der Vektoren $\boldsymbol{c}_1$ und $-\boldsymbol{c}_1' = -\gamma\boldsymbol{e}_1$ aufweisen, und somit muss $\boldsymbol{w}_1$ proportional zum Vektor $\boldsymbol{c}_1 - \gamma\boldsymbol{e}_1$ sein. Das Vorzeichen von γ ist aber durch (6.49) nicht festgelegt, und so kann als Richtung von $\boldsymbol{w}_1$ ebenso gut der Vektor $\boldsymbol{c}_1 + \gamma\boldsymbol{e}_1$ verwendet werden, der zum erstgenannten orthogonal ist.

Der gespiegelte Bildvektor von $\boldsymbol{c}_1$ ist in diesem Fall entgegengesetzt zu demjenigen des ersten Falles. Die Freiheit in der Wahl der Richtung von $\boldsymbol{w}_1$ wird so ausgenutzt, dass bei der Berechnung der ersten Komponente des Richtungsvektors

$$\boldsymbol{h} := \boldsymbol{c}_1 + \gamma \boldsymbol{e}_1 \tag{6.50}$$

keine Auslöschung stattfindet. Dies führt zu folgender Festsetzung von γ in (6.50)

$$\gamma := \begin{cases} \|\boldsymbol{c}_1\|_2 & \text{falls } c_{11} \geq 0 \\ -\|\boldsymbol{c}_1\|_2 & \text{falls } c_{11} < 0 \end{cases} \tag{6.51}$$

Zur Normierung von $\boldsymbol{h}$ zum Vektor $\boldsymbol{w}_1$ benötigen wir sein Längenquadrat. Dafür gilt nach (6.50) und wegen (6.49) und (6.51)

$$\begin{aligned} \boldsymbol{h}^T\boldsymbol{h} &= \boldsymbol{c}_1^T\boldsymbol{c}_1 + 2\gamma\boldsymbol{c}_1^T\boldsymbol{e}_1 + \gamma^2\boldsymbol{e}_1^T\boldsymbol{e}_1 = \gamma^2 + 2\gamma c_{11} + \gamma^2 \\ &= 2\gamma(\gamma + c_{11}) =: \beta^2 > 0. \end{aligned} \tag{6.52}$$

Mit der Normierungskonstanten $\beta > 0$ ergibt sich so der Vektor

$$\boldsymbol{w}_1 = \boldsymbol{h}/\beta, \tag{6.53}$$

wobei zu beachten sein wird, dass sich $\boldsymbol{h}$ von $\boldsymbol{c}_1$ nur in der ersten Komponente unterscheidet. Die Berechnung der Komponenten von $\boldsymbol{w}_1$ fassen wir wie folgt zusammen:

$$\boxed{\begin{aligned} &\gamma = \sqrt{\sum_{i=1}^{N} c_{i1}^2}; \qquad \text{falls } c_{11} < 0 : \gamma = -\gamma \\ &\beta = \sqrt{2\gamma(\gamma + c_{11})} \\ &w_1 = (c_{11} + \gamma)/\beta \\ &\text{für } k = 2, 3, \ldots, N: \quad w_k = c_{k1}/\beta \end{aligned}} \tag{6.54}$$

Damit ist die Householder-Matrix $\boldsymbol{U}_1 = \boldsymbol{I} - 2\boldsymbol{w}_1\boldsymbol{w}_1^T$ festgelegt, und die Berechnung der im ersten Schritt transformierten Matrix $\boldsymbol{C}' = \boldsymbol{U}_1\boldsymbol{C}$ kann erfolgen. Für die erste Spalte von $\boldsymbol{C}'$ ergibt sich

$$\begin{aligned} \boldsymbol{U}_1\boldsymbol{c}_1 &= (\boldsymbol{I} - 2\boldsymbol{w}_1\boldsymbol{w}_1^T)\boldsymbol{c}_1 = \boldsymbol{c}_1 - 2\boldsymbol{w}_1\boldsymbol{w}_1^T\boldsymbol{c}_1 \\ &= \boldsymbol{c}_1 - 2(\boldsymbol{c}_1 + \gamma\boldsymbol{e}_1)(\boldsymbol{c}_1 + \gamma\boldsymbol{e}_1)^T\boldsymbol{c}_1/\beta^2 \\ &= \boldsymbol{c}_1 - 2(\boldsymbol{c}_1 + \gamma\boldsymbol{e}_1)(\gamma^2 + \gamma c_{11})/\beta^2 = -\gamma\boldsymbol{e}_1. \end{aligned} \tag{6.55}$$

Somit gilt für die erste Komponente $c'_{11} = -\gamma$ und für die übrigen der ersten Spalte $c'_{k1} = 0$ für $k = 2, 3, \ldots, N$. Die anderen Elemente der transformierten Matrix $\boldsymbol{C}'$ sind gegeben durch

$$\begin{aligned} c'_{ij} = \sum_{k=1}^{N}(\delta_{ik} - 2w_iw_k)c_{kj} = c_{ij} - 2w_i\sum_{k=1}^{N} w_kc_{kj} =: c_{ij} - w_ip_j, \\ i = 1, 2, \ldots, N; \quad j = 2, 3, \ldots, n, \end{aligned} \tag{6.56}$$

mit den nur von j abhängigen Hilfsgrößen

$$p_j := 2\sum_{k=1}^{N} w_kc_{kj}, \quad j = 2, 3, \ldots, n. \tag{6.57}$$

Die Elemente ungleich null von $\boldsymbol{C}'$ berechnen sich damit gemäß

$$\left.\begin{aligned} c'_{11} &= -\gamma \\ p_j &= 2\sum_{k=1}^{N} w_k c_{kj} \\ c'_{ij} &= c_{ij} - w_i p_j, \quad i = 1, 2, \ldots, N, \end{aligned}\right\} \quad j = 2, 3, \ldots n. \tag{6.58}$$

Die Transformation der Matrix $\boldsymbol{C}'$ wird mit einer Householder-Matrix $\boldsymbol{U}_2 := \boldsymbol{I} - 2\boldsymbol{w}_2\boldsymbol{w}_2^T$ fortgesetzt mit dem Ziel, die Matrixelemente c'_{k2} mit $k \geq 3$ zu null zu machen und dabei die erste Spalte unverändert zu lassen. Beide Forderungeh erreicht man mit einem Vektor $\boldsymbol{w}_2 = (0, w_2, w_3, \ldots, w_N)^T$, dessen erste Komponente gleich null ist. Die Matrix $\boldsymbol{U}_2$ hat dann die Gestalt

$$\boldsymbol{U}_2 = \boldsymbol{I} - 2\boldsymbol{w}_2\boldsymbol{w}_2^T = \begin{pmatrix} 1 & 0 & 0 & \ldots & 0 \\ 0 & 1-2w_2^2 & -2w_2w_3 & \ldots & -2w_2w_N \\ 0 & -2w_2w_3 & 1-2w_3^2 & \ldots & -2w_3w_N \\ \vdots & \vdots & \vdots & & \vdots \\ 0 & -2w_2w_N & -2w_3w_N & \ldots & 1-2w_N^2 \end{pmatrix}, \tag{6.59}$$

so dass in der Matrix $\boldsymbol{C}'' = \boldsymbol{U}_2\boldsymbol{C}'$ nicht nur die erste Spalte von $\boldsymbol{C}'$ unverändert bleibt sondern auch die erste Zeile. Die letzten $(N-1)$ Komponenten von $\boldsymbol{w}_2$ werden analog zum ersten Schritt aus der Bedingung bestimmt, dass der Teilvektor $(c'_{22}, c'_{32}, \ldots, c'_{N2})^T \in \mathbb{R}^{N-1}$ in ein Vielfaches des Einheitsvektors $\boldsymbol{e}_1 \in \mathbb{R}^{N-1}$ transformiert wird. Die sich ändernden Matrixelemente ergeben sich mit entsprechenden Modifikationen analog zu (6.58).

Sind allgemein die ersten $(l-1)$ Spalten von $\boldsymbol{C}$ mit Hilfe von Householder-Matrizen $\boldsymbol{U}_1$, $\boldsymbol{U}_2, \ldots \boldsymbol{U}_{l-1}$ auf die gewünschte Form transformiert worden, erfolgt die Behandlung der l-ten Spalte mit $\boldsymbol{U}_l = \boldsymbol{I} - 2\boldsymbol{w}_l\boldsymbol{w}_l^T$, wo in $\boldsymbol{w}_l = (0, 0, \ldots, 0, w_l, w_{l+1}, \ldots, w_N)^T$ die ersten $(l-1)$ Komponenten gleich null sind. Im zugehörigen Transformationsschritt bleiben die ersten $(l-1)$ Spalten und Zeilen der momentanen Matrix $\boldsymbol{C}$ deshalb unverändert.

Nach n Transformationssschritten ist das Ziel (6.28) mit

$$\boldsymbol{U}_n\boldsymbol{U}_{n-1}\ldots\boldsymbol{U}_2\boldsymbol{U}_1\boldsymbol{C} = \hat{\boldsymbol{R}}, \quad \boldsymbol{U}_n\boldsymbol{U}_{n-1}\ldots\boldsymbol{U}_2\boldsymbol{U}_1\boldsymbol{d} = \hat{\boldsymbol{d}} \tag{6.60}$$

erreicht. Der gesuchte Lösungsvektor $\boldsymbol{x}$ ergibt sich aus dem System (6.30) durch Rücksubstitution.

Ist auch der Residuenvektor $\boldsymbol{r}$ gewünscht, so gilt zunächst

$$\boldsymbol{U}_n\boldsymbol{U}_{n-1}\ldots\boldsymbol{U}_2\boldsymbol{U}_1\boldsymbol{r} = \hat{\boldsymbol{r}} = (0, 0, \ldots, 0, \hat{d}_{n+1}, \hat{d}_{n+2}, \ldots, \hat{d}_N)^T. \tag{6.61}$$

Infolge der Symmetrie und Orthogonalität der Householder-Matrizen $\boldsymbol{U}_l$ folgt daraus

$$\boldsymbol{r} = \boldsymbol{U}_1\boldsymbol{U}_2\ldots\boldsymbol{U}_{n-1}\boldsymbol{U}_n\hat{\boldsymbol{r}}. \tag{6.62}$$

Der bekannte Residuenvektor $\hat{\boldsymbol{r}}$ ist sukzessive mit den Matrizen $\boldsymbol{U}_n$, $\boldsymbol{U}_{n-1}, \ldots, \boldsymbol{U}_1$ zu multiplizieren. Die typische Multiplikation eines Vektors $\boldsymbol{y} \in \mathbb{R}^N$ mit $\boldsymbol{U}_l$ erfordert gemäß

$$\boldsymbol{y}' = \boldsymbol{U}_l\boldsymbol{y} = (\boldsymbol{I} - 2\boldsymbol{w}_l\boldsymbol{w}_l^T)\boldsymbol{y} = \boldsymbol{y} - 2(\boldsymbol{w}_l^T\boldsymbol{y})\boldsymbol{w}_l \tag{6.63}$$

die Bildung des Skalarproduktes $\boldsymbol{w}_l^T\boldsymbol{y} =: a$ und die anschließende Subtraktion des $(2a)$-fachen des Vektors $\boldsymbol{w}_l$ von $\boldsymbol{y}$. Da in $\boldsymbol{w}_l$ die ersten $(l-1)$ Komponenten gleich null sind, erfordert dieser Schritt $2(N-l+1)$ Multiplikationen. Die Rücktransformation von $\hat{\boldsymbol{r}}$ in $\boldsymbol{r}$ nach (6.62) benötigt also insgesamt $Z_{\text{Rück}} = n(2N-n+1)$ Operationen.

Zur tatsächlichen Ausführung der Berechnung von $\boldsymbol{r}$ sind die Vektoren $\boldsymbol{w}_1, \boldsymbol{w}_2, \ldots, \boldsymbol{w}_n$ nötig, welche die Householder-Matrizen definieren. Die Komponenten von $\boldsymbol{w}_l$ können in der Matrix $\boldsymbol{C}$ in der l-ten Spalte an die Stelle von c_{ll} und an Stelle der eliminierten Matrixelemente c_{il} gesetzt werden. Da die Diagonalelemente $r_{ii} = c_{ii}$ der Rechtsdreiecksmatrix $\boldsymbol{R}$ ohnehin bei der Rücksubstitution eine spezielle Rolle spielen, werden sie in einem Vektor $\boldsymbol{t} \in \mathbb{R}^n$ gespeichert.

In der algorithmischen Formulierung (6.65) der Householder-Transformation zur Lösung eines Fehlergleichungssystems $\boldsymbol{Cx} - \boldsymbol{d} = \boldsymbol{r}$ sind die orthogonale Transformation von $\boldsymbol{C}$ und dann die sukzessive Berechnung von $\hat{\boldsymbol{d}}$, des Lösungsvektors $\boldsymbol{x}$ und des Residuenvektors $\boldsymbol{r}$ getrennt nebeneinander dargestellt. Das erlaubt, nacheinander verschiedene Fehlergleichungen mit derselben Matrix $\boldsymbol{C}$, aber unterschiedlichen Vektoren $\boldsymbol{d}$ zu lösen. Die von null verschiedenen Komponenten der Vektoren $\boldsymbol{w}_l$ werden in den entsprechenden Spalten von $\boldsymbol{C}$ gespeichert. Deshalb ist einerseits kein Vektor $\boldsymbol{w}$ nötig, andererseits erfahren die Formeln (6.58) eine Modifikation. Weiter ist es nicht nötig, die Werte p_j in (6.58) zu indizieren. Die Berechnung des Vektors $\hat{\boldsymbol{d}}$ aus $\boldsymbol{d}$ gemäß (6.60) erfolgt nach den Formeln (6.63). Dasselbe gilt natürlich für den Residuenvektor $\boldsymbol{r}$.

Die Methode der Householder-Transformation löst die Aufgabe mit dem kleinsten Rechenaufwand. Im Algorithmus (6.65) links erfordert der l-te Schritt $(N-l+1)+3+(N-l)+2(n-l)(N-l+1) = 2(N-l+1)(n-l+1)+2$ multiplikative Operationen und 2 Quadratwurzeln. Summation über l von 1 bis n ergibt als Rechenaufwand für die orthogonale Transformation von $\boldsymbol{C}$

$$Z_{\text{Householder}} = Nn(n+1) - \frac{1}{3}n(n^2-7)$$

multiplikative Operationen und $2n$ Quadratwurzeln. Der Aufwand zur Berechnung von $\hat{\boldsymbol{d}}$ ist gleich groß wie zur Rücktransformation des Residuenvektors. Deshalb werden im Algorithmus (6.65) rechts

$$2n(2N-n+1) + \frac{1}{2}n(n+1) = 4Nn - \frac{3}{2}n^2 + \frac{5}{2}n$$

Multiplikationen benötigt, und der Gesamtaufwand beträgt

$$\boxed{Z_{\text{FGlHouseholder}} = nN(n+5) - \frac{1}{3}n^3 - \frac{3}{2}n^2 + \frac{35}{6}n} \tag{6.64}$$

multiplikative Operationen und $2n$ Quadratwurzeln. Im Vergleich zu (6.33) ist der Aufwand an wesentlichen Operationen tatsächlich nur etwa halb so groß, und die Zahl der Quadratwurzeln ist bedeutend kleiner. Auch im Vergleich zur Methode der schnellen Givens-Transformation ist die Zahl der Operationen günstiger.

Die praktische Durchführung der Householder-Transformation setzt voraus, dass die Matrix $\boldsymbol{C}$ gespeichert ist. Die Behandlung von schwach besetzten Fehlergleichungssystemen erfordert aber zusätzliche Überlegungen, um das Auffüllen der Matrix mit Elementen ungleich null, das sog. fill-in, gering zu halten [Duf 76, Gil 76, Gol 80, Gol 96b]. Schließlich ist es mit dieser Methode – im Gegensatz zur Givens-Transformation – nicht möglich die Matrix $\boldsymbol{R}$

Die Methode der Householder-Transformation

$$
\begin{array}{l}
\text{Für } l = 1, 2, \ldots, n: \\
\quad \gamma = 0 \\
\quad \text{für } i = l, l+1, \ldots, N: \\
\qquad \gamma = \gamma + c_{il}^2 \\
\quad \gamma = \sqrt{\gamma} \\
\quad \text{falls } c_{ll} < 0: \gamma = -\gamma \\
\quad \beta = \sqrt{2 \times \gamma \times (\gamma + c_{ll})} \\
\quad t_l = -\gamma \\
\quad c_{ll} = (c_{ll} + \gamma)/\beta \\
\quad \text{für } k = l+1, l+2, \ldots, N: \\
\qquad c_{kl} = c_{kl}/\beta \\
\quad \text{für } j = l+1, l+2, \ldots, n: \\
\qquad p = 0 \\
\qquad \text{für } k = l, l+1, \ldots, N: \\
\qquad\quad p = p + c_{kl} \times c_{kj} \\
\qquad p = p + p \\
\qquad \text{für } i = l, l+1, \ldots, N: \\
\qquad\quad c_{ij} = c_{ij} - p \times c_{il}
\end{array}
\qquad
\begin{array}{l}
\text{Für } l = 1, 2, \ldots, n: \\
\quad s = 0 \\
\quad \text{für } k = l, l+1, \ldots, N: \\
\qquad s = s + c_{kl} \times d_k \\
\quad s = s + s \\
\quad \text{für } k = l, l+1, \ldots, N: \\
\qquad d_k = d_k - s \times c_{kl} \\
\text{für } i = n, n-1, \ldots, 1: \\
\quad s = d_i;\ r_i = 0 \\
\quad \text{für } k = i+1, i+2, \ldots, n: \\
\qquad s = s - c_{ik} \times x_k \\
\quad x_i = s/t_i \\
\text{für } i = n+1, n+2, \ldots, N: \\
\quad r_i = d_i \\
\text{für } l = n, n-1, \ldots, 1: \\
\quad s = 0 \\
\quad \text{für } k = l, l+1, \ldots, N: \\
\qquad s = s + c_{kl} \times r_k \\
\quad s = s + s \\
\quad \text{für } k = l, l+1, \ldots, N: \\
\qquad r_k = r_k - s \times c_{kl}
\end{array}
\tag{6.65}
$$

sukzessive durch Bearbeitung der einzelnen Fehlergleichungen aufzubauen.

Beispiel 6.5. Die Householder-Transformation liefert für das Fehlergleichungssystem (6.21) bei sechsstelliger Rechnung die transformierte Matrix $\tilde{\boldsymbol{C}}$, welche die Vektoren $\boldsymbol{w}_i$ enthält und das Nebendiagonalelement von $\hat{\boldsymbol{R}}$, den orthogonal transformierten Vektor $\hat{\boldsymbol{d}}$ und den Vektor $\boldsymbol{t}$ mit den Diagonalelementen von $\boldsymbol{R}$.

$$
\tilde{C} = \begin{pmatrix} 0.750260 & -1.68491 \\ 0.167646 & -0.861177 \\ 0.251470 & 0.0789376 \\ 0.301764 & 0.313223 \\ 0.335293 & 0.365641 \\ 0.377205 & 0.142624 \end{pmatrix}, \quad \hat{\boldsymbol{d}} = \begin{pmatrix} -2.25773 \\ 0.0505840 \\ \hline -0.0684838 \\ -0.0731628 \\ 0.00510470 \\ -0.00616310 \end{pmatrix}, \quad \boldsymbol{t} = \begin{pmatrix} -1.32508 \\ 0.0486913 \end{pmatrix}
$$

Rücksubstitution ergibt die Parameterwerte $\alpha_1 = 0.382867$ und $\alpha_2 = 1.03887$, welche nur auf drei Dezimalstellen nach dem Komma richtig sind. Die Abweichungen haben eine Größe, die auf Grund einer Fehleranalyse zu erwarten ist [Kau 79, Law 66]. △

6.3 Singulärwertzerlegung

Im Satz 6.1 wurde mit (6.24) eine Zerlegung der Matrix $\boldsymbol{C} \in \mathbb{R}^{N,n}$ unter der Voraussetzung, dass $\boldsymbol{C}$ den Maximalrang $n < N$ hat, eingeführt, um sie zur Lösung der Fehlergleichungen anzuwenden. Wir werden jetzt eine allgemeinere orthogonale Zerlegung einer Matrix kennenlernen, wobei die Voraussetzung über den Maximalrang fallengelassen wird. Diese Zerlegung gestattet, die Lösungsmenge des Fehlergleichungssystems in dieser allgemeineren Situation zu beschreiben und insbesondere eine Lösung mit einer speziellen Eigenschaft zu charakterisieren und festzulegen. Als Vorbereitung verallgemeinern wir die Aussage des Satzes 6.1, die wir im Hinblick auf ihre Anwendung nur für die betreffende Situation $\text{Rang}(\boldsymbol{C}) = r < n < N$ formulieren. Die Aussagen der folgenden Sätze gelten auch für $r = n$ oder $n = N$, wobei dann Matrizenblöcke dementsprechend entfallen können.

Satz 6.2. *Zu jeder Matrix $\boldsymbol{C} \in \mathbb{R}^{N,n}$ mit Rang $r < n < N$ existieren zwei orthogonale Matrizen $\boldsymbol{Q} \in \mathbb{R}^{N,N}$ und $\boldsymbol{W} \in \mathbb{R}^{n,n}$ derart, dass*

$$\boldsymbol{Q}^T \boldsymbol{C} \boldsymbol{W} = \hat{\boldsymbol{R}} \quad \text{mit } \hat{\boldsymbol{R}} = \left(\begin{array}{c|c} \boldsymbol{R} & \boldsymbol{0}_1 \\ \hline \boldsymbol{0}_2 & \boldsymbol{0}_3 \end{array}\right), \quad \hat{\boldsymbol{R}} \in \mathbb{R}^{N,n}, \boldsymbol{R} \in \mathbb{R}^{r,r} \tag{6.66}$$

gilt, wo $\boldsymbol{R}$ eine reguläre Rechtsdreiecksmatrix der Ordnung r und die $\boldsymbol{0}_i$, $i = 1, 2, 3$, Nullmatrizen darstellen mit $\boldsymbol{0}_1 \in \mathbb{R}^{r,n-r}$, $\boldsymbol{0}_2 \in \mathbb{R}^{N-r,r}$, $\boldsymbol{0}_3 \in \mathbb{R}^{N-r,n-r}$.

Beweis. Es sei $\boldsymbol{P} \in \mathbb{R}^{N,N}$ eine Permutationsmatrix, so dass in $\boldsymbol{C}' = \boldsymbol{PC}$ die ersten r Zeilenvektoren linear unabhängig sind. Wird die Matrix $\boldsymbol{C}'$ sukzessive von rechts mit Rotationsmatrizen $\boldsymbol{U}(p, q; \varphi) \in \mathbb{R}^{n,n}$ mit den Rotationsindexpaaren

$$(1,2), (1,3), \ldots, (1,n), (2,3), (2,4), \ldots, (2,n), \ldots, (r, r+1), \ldots, (r, n)$$

mit geeignet, analog zu (5.89) bestimmten Drehwinkeln multipliziert, so werden die aktuellen Matrixelemente der ersten r Zeilen in der Reihenfolge

$$c'_{12}, c'_{13}, \ldots, c'_{1n}, c'_{23}, c'_{24}, \ldots, c'_{2n}, \ldots, c'_{r,r+1}, \ldots ; c'_{rn}$$

eliminiert. Bezeichnen wir das Produkt dieser Rotationsmatrizen mit $\boldsymbol{W} \in \mathbb{R}^{n,n}$, so besitzt die transformierte Matrix die Gestalt

$$\begin{gathered} \boldsymbol{C}'\boldsymbol{W} = \boldsymbol{PCW} = \boldsymbol{C}'' = \left(\begin{array}{c|c} \boldsymbol{L} & \boldsymbol{0}_1 \\ \hline \boldsymbol{X} & \boldsymbol{0}_2 \end{array}\right), \\ \boldsymbol{0}_1 \in \mathbb{R}^{r,(n-r)}, \quad \boldsymbol{0}_2 \in \mathbb{R}^{(N-r),(n-r)}, \end{gathered} \tag{6.67}$$

wo $\boldsymbol{L} \in \mathbb{R}^{r,r}$ eine reguläre Linksdreiecksmatrix, $\boldsymbol{X} \in \mathbb{R}^{(N-r),r}$ eine im Allgemeinen von null verschiedene Matrix und $\boldsymbol{0}_1, \boldsymbol{0}_2$ Nullmatrizen sind. Auf Grund der getroffenen Annahme für $\boldsymbol{C}'$ müssen auch in C'' die ersten r Zeilen linear unabhängig sein, und folglich ist $\boldsymbol{L}$ regulär. Da der Rang von $\boldsymbol{C}''$ gleich r ist, muss notwendigerweise $\boldsymbol{0}_2$ eine Nullmatrix sein.

Nach Satz 6.1 existiert zu $\boldsymbol{C}''$ eine orthogonale Matrix $\boldsymbol{Q}_1 \in \mathbb{R}^{N,N}$, so dass $\boldsymbol{Q}_1^T\boldsymbol{C}'' = \hat{\boldsymbol{R}}$ die Eigenschaft (6.66) besitzt. Auf Grund jener konstruktiven Beweisführung genügt es, die ersten r Spalten zu behandeln, und die Nullelemente in den letzten $(n-r)$ Spalten von $\boldsymbol{C}''$ werden nicht zerstört. Die orthogonale Matrix $\boldsymbol{Q}$ ist gegeben durch $\boldsymbol{Q}^T = \boldsymbol{Q}_1^T\boldsymbol{P}$. □

Satz 6.3. *Zu jeder Matrix $\boldsymbol{C} \in \mathbb{R}^{N,n}$ mit Rang $r \leq n < N$ existieren zwei orthogonale Matrizen $\boldsymbol{U} \in \mathbb{R}^{N,N}$ und $\boldsymbol{V} \in \mathbb{R}^{n,n}$ derart, dass die* Singulärwertzerlegung

$$\boldsymbol{C} = \boldsymbol{U}\hat{\boldsymbol{S}}\boldsymbol{V}^T \quad \textit{mit } \hat{\boldsymbol{S}} = \left(\frac{\boldsymbol{S}}{\boldsymbol{0}}\right), \quad \hat{\boldsymbol{S}} \in \mathbb{R}^{N,n}, \boldsymbol{S} \in \mathbb{R}^{n,n} \tag{6.68}$$

gilt, wo $\boldsymbol{S}$ eine Diagonalmatrix mit nichtnegativen Diagonalelementen s_i ist, die eine nicht-zunehmende Folge mit $s_1 \geq s_2 \geq \ldots \geq s_r > s_{r+1} = \ldots = s_n = 0$ bilden, und $\boldsymbol{0}$ eine Nullmatrix darstellt.

Beweis. Wir betrachten zuerst den Fall $r = n$, um anschließend die allgemeinere Situation $r < n$ zu behandeln. Für $r = n$ ist die Matrix $\boldsymbol{A} := \boldsymbol{C}^T\boldsymbol{C} \in \mathbb{R}^{n,n}$ symmetrisch und positiv definit. Ihre reellen und positiven Eigenwerte s_i^2 seien in nicht zunehmender Reihenfolge $s_1^2 \geq s_2^2 \geq \ldots \geq s_n^2 > 0$ indiziert. Nach dem Hauptachsentheorem existiert eine orthogonale Matrix $\boldsymbol{V} \in \mathbb{R}^{n,n}$, so dass

$$\boldsymbol{V}^T\boldsymbol{A}\boldsymbol{V} = \boldsymbol{V}^T\boldsymbol{C}^T\boldsymbol{C}\boldsymbol{V} = \boldsymbol{D} \text{ mit } \boldsymbol{D} = \operatorname{diag}(s_1^2, s_2^2, \ldots, s_n^2) \tag{6.69}$$

gilt. Weiter sei $\boldsymbol{S}$ die reguläre Diagonalmatrix mit den positiven Werten s_i in der Diagonale. Dann definieren wir die Matrix

$$\hat{\boldsymbol{U}} := \boldsymbol{C}\boldsymbol{V}\boldsymbol{S}^{-1} \in \mathbb{R}^{N,n}, \tag{6.70}$$

die unter Berücksichtigung von (6.69) wegen $\hat{\boldsymbol{U}}^T\hat{\boldsymbol{U}} = \boldsymbol{S}^{-1}\boldsymbol{V}^T\boldsymbol{C}^T\boldsymbol{C}\boldsymbol{V}\boldsymbol{S}^{-1} = \boldsymbol{I}_n$ orthonormierte Spaltenvektoren enthält. Im $\mathbb{R}^N$ lassen sie sich zu einer orthonormierten Basis ergänzen, und so können wir $\hat{\boldsymbol{U}}$ zu einer orthogonalen Matrix $\boldsymbol{U} := (\hat{\boldsymbol{U}}, \boldsymbol{Y}) \in \mathbb{R}^{N,N}$ erweitern, wobei $\boldsymbol{Y}^T\hat{\boldsymbol{U}} = \boldsymbol{Y}^T\boldsymbol{C}\boldsymbol{V}\boldsymbol{S}^{-1} = \boldsymbol{0}$ ist. In diesem Fall erhalten wir mit

$$\boldsymbol{U}^T\boldsymbol{C}\boldsymbol{V} = \left(\frac{\boldsymbol{S}^{-1}\boldsymbol{V}^T\boldsymbol{C}^T}{\boldsymbol{Y}^T}\right)\boldsymbol{C}\boldsymbol{V} = \left(\frac{\boldsymbol{S}^{-1}\boldsymbol{V}^T\boldsymbol{C}^T\boldsymbol{C}\boldsymbol{V}}{\boldsymbol{Y}^T\boldsymbol{C}\boldsymbol{V}}\right) = \left(\frac{\boldsymbol{S}}{\boldsymbol{0}}\right) = \hat{\boldsymbol{S}} \tag{6.71}$$

die Aussage (6.68). Dieses Teilresultat wenden wir an, um (6.68) im Fall $r < n$ zu zeigen. Nach Satz 6.2 existieren orthogonale Matrizen $\boldsymbol{Q}$ und $\boldsymbol{W}$, so dass $\boldsymbol{Q}^T\boldsymbol{C}\boldsymbol{W} = \hat{\boldsymbol{R}}$ gilt mit der Marix $\hat{\boldsymbol{R}}$ gemäß (6.66). Die Teilmatrix $\boldsymbol{R}$ von $\hat{\boldsymbol{R}}$, gebildet aus den ersten r Spalten, hat den Maximalrang r, und folglich existieren zwei orthogonale Matrizen $\tilde{\boldsymbol{U}}$ und $\tilde{\boldsymbol{V}}$, so dass

$$\left(\frac{\boldsymbol{R}}{\boldsymbol{0}}\right) = \tilde{\boldsymbol{U}}\tilde{\boldsymbol{S}}\tilde{\boldsymbol{V}}^T = \tilde{\boldsymbol{U}}\left(\frac{\boldsymbol{S}_1}{\boldsymbol{0}}\right)\tilde{\boldsymbol{V}}^T,$$
$$\tilde{\boldsymbol{U}} \in \mathbb{R}^{N,N}, \tilde{\boldsymbol{V}} \in \mathbb{R}^{r,r}, \tilde{\boldsymbol{S}} \in \mathbb{R}^{N,r}, \boldsymbol{S}_1 \in \mathbb{R}^{r,r}$$

gilt. Die Matrix $\tilde{\boldsymbol{S}}$ erweitern wir durch $(n-r)$ Nullvektoren und die Matrix $\tilde{\boldsymbol{V}}$ zu einer orthogonalen Matrix gemäß

$$\hat{\boldsymbol{S}} := \left(\begin{array}{c|c} \boldsymbol{S}_1 & \boldsymbol{0} \\ \hline \boldsymbol{0} & \boldsymbol{0} \end{array}\right) \in \mathbb{R}^{N,n}, \quad \hat{\boldsymbol{V}} := \left(\begin{array}{c|c} \tilde{\boldsymbol{V}} & \boldsymbol{0} \\ \hline \boldsymbol{0} & \boldsymbol{I}_{n-r} \end{array}\right) \in \mathbb{R}^{n,n},$$

wo $\boldsymbol{I}_{n-r}$ die $(n-r)$-reihige Einheitsmatrix darstellt. Mit den orthogonalen Matrizen

$$\boldsymbol{U} := \boldsymbol{Q}\tilde{\boldsymbol{U}} \in \mathbb{R}^{N,N} \quad \text{und} \quad \boldsymbol{V} := \boldsymbol{W}\hat{\boldsymbol{V}} \in \mathbb{R}^{n,n}$$

ergibt sich

$$\begin{aligned} \boldsymbol{U}^T\boldsymbol{C}\boldsymbol{V} = \tilde{\boldsymbol{U}}^T\boldsymbol{Q}^T\boldsymbol{C}\boldsymbol{W}\hat{\boldsymbol{V}} &= \tilde{\boldsymbol{U}}^T \left(\begin{array}{c|c} \boldsymbol{R} & \boldsymbol{0} \\ \hline \boldsymbol{0} & \boldsymbol{0} \end{array}\right) \left(\begin{array}{c|c} \tilde{\boldsymbol{V}} & \boldsymbol{0} \\ \hline \boldsymbol{0} & \boldsymbol{I} \end{array}\right) \\ &= \left(\begin{array}{c|c} \boldsymbol{S}_1 & \boldsymbol{0} \\ \hline \boldsymbol{0} & \boldsymbol{0} \end{array}\right) = \hat{\boldsymbol{S}}. \end{aligned} \tag{6.72}$$

Dies ist im Wesentlichen die Behauptung (6.68), die aus (6.72) durch eine entsprechende Partitionierung von $\hat{\boldsymbol{S}}$ hervorgeht. □

Die s_i heißen die *singulären Werte* der Matrix $\boldsymbol{C}$. Bezeichnen wir weiter mit $\boldsymbol{u}_i \in \mathbb{R}^N$ und $\boldsymbol{v}_i \in \mathbb{R}^n$ die Spaltenvektoren von $\boldsymbol{U}$ und $\boldsymbol{V}$, so folgen aus (6.68) die Relationen

$$\boldsymbol{C}\boldsymbol{v}_i = s_i\boldsymbol{u}_i \quad \text{und} \quad \boldsymbol{C}^T\boldsymbol{u}_i = s_i\boldsymbol{v}_i, \quad i = 1, 2, \ldots, n. \tag{6.73}$$

Die $\boldsymbol{v}_i$ heißen *Rechtssingulärvektoren* und die $\boldsymbol{u}_i$ *Linkssingulärvektoren* der Matrix $\boldsymbol{C}$.

Die Singulärwertzerlegung (6.68) eröffnet eine weitere Möglichkeit, ein System von Fehlergleichungen $\boldsymbol{C}\boldsymbol{x} - \boldsymbol{d} = \boldsymbol{r}$ durch ein orthogonal transformiertes, äquivalentes System zu ersetzen. Mit $\boldsymbol{V}\boldsymbol{V}^T = \boldsymbol{I}$ können wir schreiben

$$\boldsymbol{U}^T\boldsymbol{C}\boldsymbol{V}\boldsymbol{V}^T\boldsymbol{x} - \boldsymbol{U}^T\boldsymbol{d} = \boldsymbol{U}^T\boldsymbol{r} = \hat{\boldsymbol{r}}. \tag{6.74}$$

Dann führen wir die Hilfsvektoren

$$\boldsymbol{y} := \boldsymbol{V}^T\boldsymbol{x} \in \mathbb{R}^n, \quad \boldsymbol{b} := \boldsymbol{U}^T\boldsymbol{d} \in \mathbb{R}^N \quad \text{mit } b_i = \boldsymbol{u}_i^T\boldsymbol{d} \tag{6.75}$$

ein. Dann lautet aber (6.74) auf Grund der Singulärwertzerlegung sehr speziell

$$\begin{aligned} s_iy_i - b_i &= \hat{r}_i, \quad i = 1, 2, \ldots, r, \\ -b_i &= \hat{r}_i, \quad i = r+1, r+2, \ldots, N. \end{aligned} \tag{6.76}$$

Da die letzten $(N-r)$ Residuen $\hat{r}_i$ unabhängig von den (neuen) Unbekannten sind, ist die Summe der Quadrate der Residuen genau dann minimal, falls $\hat{r}_i = 0$, $i = 1, 2, \ldots, r$, gilt, und sie hat folglich den eindeutigen Wert

$$\varrho_{\min} := \boldsymbol{r}^T\boldsymbol{r} = \sum_{i=r+1}^{N} \hat{r}_i^2 = \sum_{i=r+1}^{N} b_i^2 = \sum_{i=r+1}^{N} (\boldsymbol{u}_i^T\boldsymbol{d})^2. \tag{6.77}$$

Die ersten r Unbekannten y_i sind nach (6.76) gegeben durch

$$y_i = b_i/s_i, \quad i = 1, 2, \ldots, r, \tag{6.78}$$

während die restlichen $(n-r)$ Unbekannten frei wählbar sind. Der Lösungsvektor $\boldsymbol{x}$ der Fehlergleichungen besitzt nach (6.75) somit die Darstellung

$$\boldsymbol{x} = \sum_{i=1}^{r} \frac{\boldsymbol{u}_i^T \boldsymbol{d}}{s_i} \boldsymbol{v}_i + \sum_{i=r+1}^{n} y_i \boldsymbol{v}_i \tag{6.79}$$

mit den $(n-r)$ freien Parametern $y_{r+1}, y_{r+2}, \ldots, y_n$. Hat die Matrix $\boldsymbol{C}$ nicht Maximalrang, ist die *allgemeine Lösung* als Summe einer partikulären Lösung im Unterraum der r Rechtssingulärvektoren $\boldsymbol{v}_i$ zu den *positiven* singulären Werten s_i und einem beliebigen Vektor aus dem Nullraum der Matrix $\boldsymbol{C}$ darstellbar. Denn nach (6.73) gilt für die verschwindenden singulären Werte $\boldsymbol{C}\boldsymbol{v}_i = \boldsymbol{0}$, $i = r+1, r+2, \ldots, n$.

In der Lösungsmenge des Fehlergleichungssystems existiert eine spezielle Lösung x^* mit minimaler euklidischer Norm. Infolge der Orthogonalität der Rechtssingulärvektoren v_i ist sie durch $y_{r+1} = y_{r+2} = \ldots = y_n = 0$ gekennzeichnet und ist gegeben durch

$$\boldsymbol{x}^* = \sum_{i=1}^{r} \frac{\boldsymbol{u}_i^T \boldsymbol{d}}{s_i} \boldsymbol{v}_i, \quad \|\boldsymbol{x}^*\|_2 = \min_{\boldsymbol{C}\boldsymbol{x}-\boldsymbol{d}=\boldsymbol{r}} \|\boldsymbol{x}\|_2. \tag{6.80}$$

Die Singulärwertzerlegung der Matrix $\boldsymbol{C}$ liefert einen wesentlichen Einblick in den Aufbau der allgemeinen Lösung $\boldsymbol{x}$ (6.79) oder der speziellen Lösung $\boldsymbol{x}^*$, der für die problemgerechte Behandlung von heiklen Fehlergleichungen wegweisend sein kann. In statistischen Anwendungen treten häufig Fehlergleichungen auf, deren Normalgleichungen eine extrem schlechte Kondition haben. Da ja im Fall $r = n$ die singulären Werte s_i die Quadratwurzeln der Eigenwerte der Normalgleichungsmatrix $\boldsymbol{A} = \boldsymbol{C}^T\boldsymbol{C}$ sind, existieren sehr kleine singuläre Werte. Aber auch im Fall $r < n$ stellt man oft fest, dass sehr kleine positive singuläre Werte auftreten. Da sie in (6.80) im Nenner stehen, können die kleinsten der positiven singulären Werte sehr große und eventuell unerwünschte Beiträge zum Lösungsvektor $\boldsymbol{x}^*$ bewirken. Anstelle von (6.80) kann es deshalb sinnvoll sein, die Folge von Vektoren

$$\boldsymbol{x}^{(k)} := \sum_{i=1}^{k} \frac{\boldsymbol{u}_i^T \boldsymbol{d}}{s_i} \boldsymbol{v}_i, \quad k = 1, 2, \ldots, r, \tag{6.81}$$

zu betrachten. Man erhält sie formal mit $y_{k+1} = \ldots = y_r = 0$, so dass wegen (6.76) die zugehörigen Summen der Quadrate der Residuen

$$\varrho^{(k)} := \sum_{i=k+1}^{N} \hat{r}_i^2 = \varrho_{\min} + \sum_{i=k+1}^{r} b_i^2 = \varrho_{\min} + \sum_{i=k+1}^{r} (\boldsymbol{u}_i^T \boldsymbol{d})^2 \tag{6.82}$$

mit zunehmendem k eine monotone, nichtzunehmende Folge bildet mit $\varrho^{(r)} = \varrho_{\min}$. Die euklidische Norm $\|\boldsymbol{x}^{(k)}\|_2$ hingegen nimmt mit wachsendem k zu. Die Vektoren $\boldsymbol{x}^{(k)}$ können deshalb als Näherungen für $\boldsymbol{x}^*$ betrachtet werden. Je nach Aufgabenstellung oder Zielsetzung ist entweder jene Näherung $\boldsymbol{x}^{(k)}$ problemgerecht, für welche $\varrho^{(k)} - \varrho_{\min}$ eine vorgegebene Schranke nicht übersteigt, oder in welcher alle Anteile weggelassen sind, die zu singulären

Werten gehören, die eine Schranke unterschreiten [Gol 96b, Law 95]. Dies stellt auch eine Möglichkeit zur Regularisierung inkorrekt gestellter Probleme dar. Eine andere Möglichkeit haben wir in (4.67) kennen gelernt.

Das Rechenverfahren ist bei bekannter Singulärwertzerlegung von $\boldsymbol{C} = \boldsymbol{U}\hat{\boldsymbol{S}}\boldsymbol{V}^T$ (6.68) durch (6.80) oder (6.81) vorgezeichnet. Die algorithmische Durchführung der Singulärwertzerlegung kann hier nicht im Detail entwickelt werden. Sie besteht im Wesentlichen aus zwei Schritten. Zuerst wird die Matrix $\boldsymbol{C}$ in Analogie zu (6.66) mit zwei orthogonalen Matrizen $\boldsymbol{Q}$ und $\boldsymbol{W}$ so transformiert, dass $\boldsymbol{R}$ nur in der Diagonale und in der Nebendiagonale von null verschiedene Elemente aufweist, also eine *bidiagonale Matrix* ist. Die Matrix $\hat{\boldsymbol{R}}$ wird dann mit einer Variante des QR-Algorithmus weiter iterativ in die Matrix $\hat{\boldsymbol{S}}$ übergeführt [Cha 82, Gol 65, Gol 96b, Kie 88, Law 95].

Beispiel 6.6. Die Matrix $\boldsymbol{C} \in \mathbb{R}^{7,3}$ in (6.14) besitzt eine Singulärwertzerlegung in den Matrizen

$$\boldsymbol{U} \doteq \begin{pmatrix} 0.103519 & -0.528021 & -0.705006 & 0.089676 & 0.307578 & 0.171692 & -0.285166 \\ 0.149237 & -0.485300 & -0.074075 & -0.259334 & -0.694518 & -0.430083 & 0.046303 \\ 0.193350 & -0.426606 & 0.213222 & -0.003650 & 0.430267 & -0.101781 & 0.734614 \\ 0.257649 & -0.328640 & 0.403629 & 0.513837 & -0.295124 & 0.544000 & -0.125034 \\ 0.368194 & -0.143158 & 0.417248 & -0.597155 & 0.297387 & 0.046476 & -0.471858 \\ 0.551347 & 0.187483 & 0.010556 & 0.496511 & 0.152325 & -0.589797 & -0.207770 \\ 0.650918 & 0.374216 & -0.338957 & -0.239885 & -0.197914 & 0.359493 & 0.308912 \end{pmatrix}$$

und

$$\boldsymbol{V} \doteq \begin{pmatrix} 0.474170 & -0.845773 & -0.244605 \\ 0.530047 & 0.052392 & 0.846348 \\ 0.703003 & 0.530965 & -0.473142 \end{pmatrix}$$

und den singulären Werten $s_1 \doteq 4.796200$, $s_2 \doteq 1.596202$, $s_3 \doteq 0.300009$. Der Vektor $\boldsymbol{b}$ (6.75) ist $\boldsymbol{b} \doteq (-10.02046, -0.542841, 2.509634, 0.019345, -0.128170, -0.353416, 0.040857)^T$, so dass sich mit $y_1 \doteq 2.089251$, $y_2 \doteq 0.340083$, $y_3 \doteq -8.365203$ die Komponenten des Lösungsvektors aus den Spalten von $\boldsymbol{V}$ berechnen lassen. Ihre Werte sind $\alpha_0 \doteq 2.749198$, $\alpha_1 \doteq -5.954657$ und $\alpha_2 \doteq 5.607247$. △

6.4 Nichtlineare Ausgleichsprobleme

Zur Behandlung von überbestimmten Systemen nichtlinearer Gleichungen nach der Methode der kleinsten Quadrate existieren zwei grundlegend verschiedene Verfahren, deren Prinzip dargestellt werden wird. Zahlreiche Varianten sind für spezielle Problemstellungen daraus entwickelt worden.

6.4.1 Gauß-Newton-Methode

Wir betrachten das überbestimmte System von N nichtlinearen Gleichungen zur Bestimmung der n Unbekannten $x_1, x_2, \ldots, x_n$ aus den beobachteten N Messwerten $l_1, l_2, \ldots, l_N$

$$\boxed{f_i(x_1, x_2, \ldots, x_n) - l_i = r_i, \quad i = 1, 2, \ldots, N,} \tag{6.83}$$

wo r_i wieder die Residuen-Werte sind. In (6.83) ist angenommen, dass die in den Unbekannten x_j nichtlinearen Funktionen f_i vom Index i der Fehlergleichung abhängig seien, obwohl dies in vielen Fällen nicht zutrifft.

Die notwendigen Bedingungen zur Minimierung der Funktion

$$F(\boldsymbol{x}) := \boldsymbol{r}^T \boldsymbol{r} = \sum_{i=1}^{N} [f_i(x_1, x_2, \ldots, x_n) - l_i]^2 \tag{6.84}$$

sind für $j = 1, 2, \ldots, n$

$$\frac{1}{2} \frac{\partial F(\boldsymbol{x})}{\partial x_j} = \sum_{i=1}^{N} [f_i(x_1, x_2, \ldots, x_n) - l_i] \frac{\partial f_i(x_1, x_2, \ldots, x_n)}{\partial x_j} = 0. \tag{6.85}$$

Sie ergeben ein System von n nichtlinearen Gleichungen für die Unbekannten $x_1, x_2, \ldots x_n$. Seine analytische Lösung ist meistens unmöglich und seine numerische Lösung aufwändig.

Deshalb werden die nichtlinearen Fehlergleichungen (6.83) zuerst *linearisiert.* Wir nehmen an, für die gesuchten Werte der Unbekannten seien Näherungen $x_1^{(0)}, x_2^{(0)}, \ldots, x_n^{(0)}$ geeignet vorgegeben. Dann verwenden wir den *Korrekturansatz*

$$x_j = x_j^{(0)} + \xi_j, \quad j = 1, 2, \ldots, n, \tag{6.86}$$

so dass die i-te Fehlergleichung von (6.83) im Sinn einer Approximation ersetzt werden kann durch

$$\sum_{j=1}^{n} \frac{\partial f_i(x_1^{(0)}, x_2^{(0)}, \ldots, x_n^{(0)})}{\partial x_j} \xi_j + f_i(x_1^{(0)}, x_2^{(0)}, \ldots, x_n^{(0)}) - l_i = \varrho_i^{(0)}. \tag{6.87}$$

Da in den linearisierten Fehlergleichungen andere Residuenwerte auftreten, bezeichnen wir sie mit ϱ_i. Wir definieren die Größen

$$c_{ij}^{(0)} := \frac{\partial f_i(x_1^{(0)}, x_2^{(0)}, \ldots, x_n^{(0)})}{\partial x_j}, \quad d_i^{(0)} := l_i - f_i(x_1^{(0)}, x_2^{(0)}, \ldots, x_n^{(0)}), \tag{6.88}$$
$$i = 1, 2, \ldots, N; \; j = 1, 2, \ldots, n,$$

so dass (6.87) mit $\boldsymbol{C}^{(0)} = (c_{ij}^{(0)}) \in \mathbb{R}^{N,n}$, $\boldsymbol{d}^{(0)} = (d_1^{(0)}, d_2^{(0)}, \ldots, d_N^{(0)})^T$ ein lineares Fehlergleichungssystem $\boldsymbol{C}^{(0)} \boldsymbol{\xi} - \boldsymbol{d}^{(0)} = \boldsymbol{\varrho}^{(0)}$ für den Korrekturvektor $\boldsymbol{\xi} = (\xi_1, \xi_2, \ldots, \xi_n)^T$ darstellt. Dieser kann mit den Verfahren von Abschnitt 6.2 oder 6.3 bestimmt werden. Der Korrekturvektor $\boldsymbol{\xi}^{(1)}$ als kleinste-Quadrate-Lösung des linearisierten Fehlergleichungssystems (6.87) kann im Allgemeinen nach (6.86) nicht zu der Lösung des nichtlinearen Fehlergleichungssystems (6.83) führen. Vielmehr stellen die Werte

$$x_j^{(1)} := x_j^{(0)} + \xi_j^{(1)}, \quad j = 1, 2, \ldots, n, \tag{6.89}$$

im günstigen Fall bessere Näherungen für die Unbekannten x_j dar, die iterativ weiter verbessert werden können. Das Iterationsverfahren bezeichnet man als *Gauß-Newton-Methode*, da die Korrektur $\boldsymbol{\xi}^{(1)}$ aus (6.87) nach dem Gaußschen Prinzip ermittelt wird und sich die Fehlergleichungen (6.87) im Sonderfall $N = n$ auf die linearen Gleichungen reduzieren, die in der Methode von Newton zur Lösung von nichtlinearen Gleichungen auftreten. Die Matrix $\boldsymbol{C}^{(0)}$, deren Elemente in (6.88) erklärt sind, ist die *Jacobi-Matrix* der Funktionen $f_i(x_1, x_2, \ldots, x_n)$ am Punkt $\boldsymbol{x}^{(0)} \in \mathbb{R}^n$.

Beispiel 6.7. Zur Bestimmung der Abmessungen einer Pyramide mit quadratischem Grundriss sind die Seite a der Grundfläche, ihre Diagonale d, die Höhe H, die Pyramidenkante s und die Höhe h einer Seitenfläche gemessen worden, siehe Abb. 6.2. Die Messwerte sind (in Längeneinheiten) $a = 2.8$, $d = 4.0$, $H = 4.5$, $s = 5.0$ und $h = 4.7$. Die Unbekannten des Problems sind die Länge x_1 der Grundkante und die Höhe x_2 der Pyramide. Das System von fünf teilweise nichtlinearen Fehlergleichungen lautet hier

$$\begin{aligned}
x_1 - a &= r_1, & f_1(x_1, x_2) &:= x_1 \\
\sqrt{2}x_1 - d &= r_2, & f_2(x_1, x_2) &:= \sqrt{2}x_1 \\
x_2 - H &= r_3, & f_3(x_1, x_2) &:= x_2 \\
\sqrt{\frac{1}{2}x_1^2 + x_2^2} - s &= r_4, & f_4(x_1, x_2) &:= \sqrt{\frac{1}{2}x_1^2 + x_2^2} \\
\sqrt{\frac{1}{4}x_1^2 + x_2^2} - h &= r_5, & f_5(x_1, x_2) &:= \sqrt{\frac{1}{4}x_1^2 + x_2^2}
\end{aligned} \tag{6.90}$$

Die Messwerte a und H stellen brauchbare Näherungen der Unbekannten dar, und wir setzen $x_1^{(0)} = 2.8$, $x_2^{(0)} = 4.5$. Mit diesen Startwerten erhalten wir bei sechsstelliger Rechnung

$$\boldsymbol{C}^{(0)} \doteq \begin{pmatrix} 1.00000 & 0 \\ 1.41421 & 0 \\ 0 & 1.00000 \\ 0.284767 & 0.915322 \\ 0.148533 & 0.954857 \end{pmatrix}, \quad \boldsymbol{d}^{(0)} \doteq \begin{pmatrix} 0 \\ 0.04021 \\ 0 \\ 0.08370 \\ -0.01275 \end{pmatrix} = -\boldsymbol{r}^{(0)},$$

daraus mit der Methode von Householder den Korrekturvektor $\boldsymbol{\xi}^{(1)} \doteq (0.0227890, 0.0201000)^T$ und die Näherungen $x_1^{(1)} \doteq 2.82279$, $x_2^{(1)} \doteq 4.52010$. Mit diesen Werten resultieren die Matrix $\boldsymbol{C}^{(1)}$ und

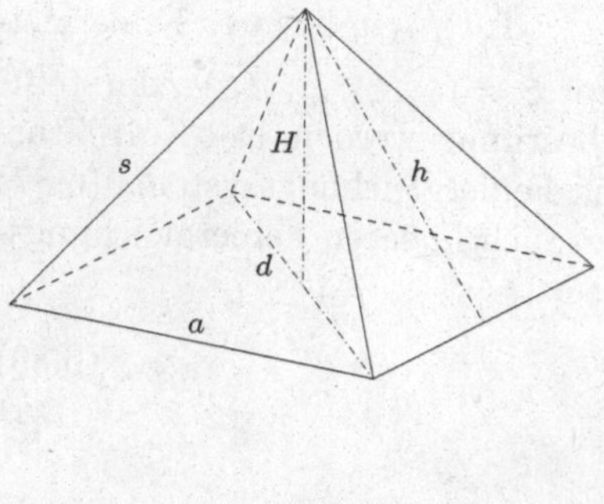

Abb. 6.2
Pyramide.

der Konstantenvektor $\boldsymbol{d}^{(1)}$

$$\boldsymbol{C}^{(1)} \doteq \begin{pmatrix} 1.00000 & 0 \\ 1.41421 & 0 \\ 0 & 1.00000 \\ 0.285640 & 0.914780 \\ 0.149028 & 0.954548 \end{pmatrix}, \quad \boldsymbol{d}^{(1)} \doteq \begin{pmatrix} -0.02279 \\ 0.00798 \\ -0.02010 \\ 0.05881 \\ -0.03533 \end{pmatrix} = -\boldsymbol{r}^{(1)}.$$

Der resultierende Korrekturvektor ist $\boldsymbol{\xi}^{(2)} \doteq (0.00001073, -0.00001090)^T$, so dass $x_1^{(2)} \doteq 2.82280$, $x_2^{(2)} \doteq 4.52009$ sind. Die begonnene Iteration wird solange fortgesetzt, bis eine Norm des Korrekturvektors $\boldsymbol{\xi}^{(k)}$ genügend klein ist. Wegen der raschen Konvergenz bringt der nächste Schritt in diesem Beispiel bei der verwendeten Rechengenauigkeit keine Änderung der Näherungslösung. Die Vektoren $-\boldsymbol{d}^{(k)}$ sind gleich den Residuenvektoren des nichtlinearen Fehlergleichungssystems (6.90). Ihre euklidischen Normen $\|\boldsymbol{r}^{(0)}\| \doteq 9.373 \cdot 10^{-2}$, $\|\boldsymbol{r}^{(1)}\| \doteq 7.546 \cdot 10^{-2}$ und $\|\boldsymbol{r}^{(2)}\| \doteq 7.546 \cdot 10^{-2}$ nehmen nur innerhalb der angegebenen Ziffern monoton ab. △

Beispiel 6.8. Die Standortbestimmung eines Schiffes kann beispielsweise durch Radiopeilung erfolgen, indem die Richtungen zu bekannten Sendestationen ermittelt werden. Zur Vereinfachung der Aufgabenstellung wollen wir annehmen, dass die Erdkrümmung nicht zu berücksichtigen und dass eine feste Richtung bekannt sei. In einem rechtwinkligen Koordinatensystem sind somit die unbekannten Koordinaten x und y eines Punktes P zu bestimmen, falls mehrere Winkel α_i gemessen werden, unter denen Sender S_i mit bekannten Koordinaten (x_i, y_i) angepeilt werden (vgl. Abb. 6.3).

Die i-te Fehlergleichung für die Unbekannten x und y lautet

$$\arctan\left(\frac{y - y_i}{x - x_i}\right) - \alpha_i = r_i.$$

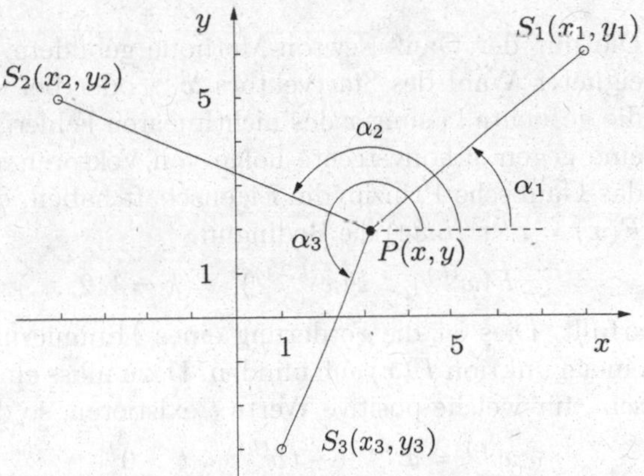

Abb. 6.3 Ortsbestimmung durch Radiopeilung.

Für die Linearisierung ist zu beachten, dass die Winkel im Bogenmaß zu verstehen sind, und dass sie zudem auf das Intervall des Hauptwertes der arctan-Funktion reduziert werden. Mit den Näherungen $x^{(k)}, y^{(k)}$ lautet die i-te linearisierte Fehlergleichung für die Korrekturen ξ und η

$$\frac{-(y^{(k)} - y_i)}{(x^{(k)} - x_i)^2 + (y^{(k)} - y_i)^2}\xi + \frac{x^{(k)} - x_i}{(x^{(k)} - x_i)^2 + (y^{(k)} - y_i)^2}\eta + \arctan\left(\frac{y^{(k)} - y_i}{x^{(k)} - x_i}\right) - \alpha_i = \varrho_i$$

Die Daten, die der Abb. 6.3 zu Grunde liegen, sind

i	x_i	y_i	α_1	Hauptwert
1	8	6	42°	0.733038
2	−4	5	158°	−0.383972
3	1	−3	248°	1.18682

Für die geschätzten Standortkoordinaten $x^{(0)} = 3$, $y^{(0)} = 2$ resultieren die Matrix $\boldsymbol{C}^{(0)}$ und der Vektor $\boldsymbol{d}^{(0)}$ bei sechsstelliger Rechnung

$$\boldsymbol{C}^{(0)} \doteq \begin{pmatrix} 0.0975610 & -0.121951 \\ 0.0517241 & 0.120690 \\ -0.172414 & 0.0689655 \end{pmatrix}, \quad \boldsymbol{d}^{(0)} \doteq \begin{pmatrix} 0.058297 \\ 0.020919 \\ -0.003470 \end{pmatrix}.$$

Der weitere Verlauf der Iteration ist in der folgenden Tabelle dargestellt.

k	$x^{(k)}$	$y^{(k)}$	$\boldsymbol{r}^{(k)T}\boldsymbol{r}^{(k)}$	$\xi^{(k+1)}$	$\eta^{(k+1)}$
0	3.00000	2.00000	$3.84819 \cdot 10^{-3}$	0.148633	−0.0648092
1	3.14863	1.93519	$2.42227 \cdot 10^{-3}$	0.00721119	0.00834256
2	3.15584	1.94353	$2.42007 \cdot 10^{-3}$	0.00021494	−0.00014632
3	3.15605	1.94338	$2.42029 \cdot 10^{-3}$	0.00000367	0.00001563
4	3.15605	1.94340			

△

6.4.2 Minimierungsverfahren

Die mit der Gauß-Newton-Methode gebildete Folge der Vektoren $\boldsymbol{x}^{(k)}$ braucht bei ungeeigneter Wahl des Startvektors $\boldsymbol{x}^{(0)}$ oder bei kritischen Ausgleichsproblemen nicht gegen die gesuchte Lösung $\boldsymbol{x}$ des nichtlinearen Fehlergleichungssystems zu konvergieren. Um stets eine gegen $\boldsymbol{x}$ konvergente Folge von Vektoren $\boldsymbol{x}^{(k)}$ zu konstruieren, soll sie, geleitet durch das Gaußsche Prinzip, die Eigenschaft haben, dass die Summe der Quadrate der Residuen $F(\boldsymbol{x}) = \boldsymbol{r}^T\boldsymbol{r}$ (6.84) die Bedingung

$$F(\boldsymbol{x}^{(k)}) < F(\boldsymbol{x}^{(k-1)}), \quad (k = 1, 2, \ldots) \tag{6.91}$$

erfüllt. Dies ist die Forderung eines Minimierungsverfahrens und bedeutet, das Minimum einer Funktion $F(\boldsymbol{x})$ aufzufinden. Dazu muss eine so genannte *Abstiegsrichtung* $\boldsymbol{v}^{(k)}$ bekannt sein, für welche positive Werte t existieren, so dass mit

$$\boldsymbol{x}^{(k)} = \boldsymbol{x}^{(k-1)} + t\boldsymbol{v}^{(k)}, \quad t > 0 \tag{6.92}$$

die Bedingung (6.91) erfüllt ist. Eine Abstiegsrichtung $\boldsymbol{v}^{(k)}$ stellt der negative Gradient der Funktion $F(\boldsymbol{x})$ im Punkt $\boldsymbol{x}^{(k-1)}$ dar. Nach (6.85), (6.83) und (6.88) ist diese Richtung berechenbar als

$$\boldsymbol{v}^{(k)} = -\boldsymbol{C}^{(k-1)T}\boldsymbol{r}^{(k-1)}, \tag{6.93}$$

wo $\boldsymbol{C}^{(k-1)}$ die Jacobi-Matrix und $\boldsymbol{r}^{(k-1)}$ den Residuenvektor für $\boldsymbol{x}^{(k-1)}$ darstellen. Wird der Parameter t so bestimmt, dass

$$F(\boldsymbol{x}^{(k)}) = \min_t F(\boldsymbol{x}^{(k-1)} + t\boldsymbol{v}^{(k)}) \tag{6.94}$$

gilt, spricht man von der *Methode des steilsten Abstiegs.* Die in (6.94) zu minimierende Funktion ist nichtlinear in der Unbekannten t. Der Wert von t wird aus Gründen des Rechenaufwandes in der Regel nur näherungsweise mit Hilfe eines Suchverfahrens ermittelt [Bre 02, Jac 72]. Die lokal optimale Suchrichtung (6.93) liefert eine Folge von Näherungen $\boldsymbol{x}^{(k)}$, welche in der Regel sehr langsam gegen die Lösung $\boldsymbol{x}$ konvergiert. Aus diesem Grund erweist sich die Methode des steilsten Abstiegs oft als sehr ineffizient.

Satz 6.4. *Der Korrekturvektor $\boldsymbol{\xi}^{(k+1)}$ der Gauß-Newton-Methode für die Näherung $\boldsymbol{x}^{(k)}$ stellt stets eine Abstiegsrichtung dar, solange $\nabla F(\boldsymbol{x}^{(k)}) \neq \boldsymbol{0}$ ist.*

Beweis. Es ist zu zeigen, dass der Korrekturvektor $\boldsymbol{\xi}^{(k+1)}$ als Lösung der linearisierten Fehlergleichungen $\boldsymbol{C}^{(k)}\boldsymbol{\xi}^{(k+1)} - \boldsymbol{d}^{(k)} = \boldsymbol{\varrho}^{(k)}$ mit dem Gradienten $\nabla F(\boldsymbol{x}^{(k)})$ einen stumpfen Winkel bildet. Zur Vereinfachung der Schreibweise lassen wir im Folgenden die oberen Indizes weg. Somit ist zu zeigen, dass $(\nabla F)^T\boldsymbol{\xi} < 0$ gilt. Wir verwenden die Singulärwertzerlegung (6.68) der Matrix $\boldsymbol{C} = \boldsymbol{U}\hat{\boldsymbol{S}}\boldsymbol{V}^T$, um den allgemeinen Fall zu erfassen. Da $\boldsymbol{d} = -\boldsymbol{r}$ ist, hat der Gradient ∇F die Darstellung

$$\nabla F = -2\boldsymbol{C}^T\boldsymbol{d} = -2\boldsymbol{V}(\hat{\boldsymbol{S}}^T\boldsymbol{U}^T\boldsymbol{d}) = -2\sum_{j=1}^{r} s_j(\boldsymbol{u}_j^T\boldsymbol{d})\boldsymbol{v}_j. \tag{6.95}$$

Der Korrekturvektor $\boldsymbol{\xi}^*$ mit minimaler euklidischer Länge ist nach (6.80)

$$\boldsymbol{\xi}^* = \sum_{i=1}^{r}\frac{(\boldsymbol{u}_i^T\boldsymbol{d})}{s_i}\boldsymbol{v}_i,$$

und somit ist wegen der Orthonormierung der Vektoren $\boldsymbol{v}_i$

$$(\nabla F)^T\boldsymbol{\xi}^* = -2\sum_{j=1}^{r}(\boldsymbol{u}_j^T\boldsymbol{d})^2 < 0,$$

da in (6.95) nicht alle Skalare $\boldsymbol{u}_j^T\boldsymbol{d}$ verschwinden können, solange $\nabla F \neq \boldsymbol{0}$ ist. □

Mit der Gauß-Newton-Methode ergibt sich auf Grund von Satz 6.4 ein Minimierungsalgorithmus. Nach Wahl eines Startvektors $\boldsymbol{x}^{(0)}$ führen wir für $k = 0, 1, \ldots$ die folgenden Schritte durch: Aus den linearisierten Fehlergleichungen $\boldsymbol{C}^{(k)}\boldsymbol{\xi}^{(k+1)} - \boldsymbol{d}^{(k)} = \boldsymbol{\varrho}^{(k)}$ wird der Korrekturvektor $\boldsymbol{\xi}^{(k+1)}$ als Abstiegsrichtung berechnet. Um eine Abnahme des Funktionswertes $F(\boldsymbol{x}^{(k+1)})$ gegenüber $F(\boldsymbol{x}^{(k)})$ zu erzielen, prüft man für die Folge der Parameterwerte $t = 1, 1/2, 1/4, \ldots$ mit den Vektoren $\boldsymbol{y} := \boldsymbol{x}^{(k)} + t\boldsymbol{\xi}^{(k+1)}$, ob die Bedingung $F(\boldsymbol{y}) < F(\boldsymbol{x}^{(k)})$ erfüllt ist. Ist dies der Fall, dann setzen wir $\boldsymbol{x}^{(k+1)} = \boldsymbol{y}$, und es folgt ein Test auf Konvergenz. Man beachte, dass zur Berechnung von $F(\boldsymbol{y})$ der zu $\boldsymbol{y}$ gehörende Residuenvektor $\boldsymbol{r}$ berechnet werden muss. Sobald $\boldsymbol{y}$ ein akzeptabler Vektor ist, ist für die Fehlergleichungen des nächsten Iterationsschrittes bereits $\boldsymbol{d}^{(k+1)} = -\boldsymbol{r}^{(k+1)}$ bekannt.

Durch die garantierte Abnahme der nach unten beschränkten Summe der Quadrate der Residuen ist die Konvergenz der Folge $\boldsymbol{x}^{(k)}$ sichergestellt. Bei ungünstiger Wahl des Startvektors $\boldsymbol{x}^{(0)}$ kann die Konvergenz zu Beginn der Iteration sehr langsam sein. In der Nähe des Lösungsvektors $\boldsymbol{x}$ ist die Konvergenz annähernd quadratisch [Fle 00].

Eine effizientere Methode stammt von *Marquardt* [Mar 63]. Um eine günstigere Abstiegsrichtung zu bestimmen, betrachtet er die Aufgabe, mit $\boldsymbol{C} = \boldsymbol{C}^{(k)}$ und $\boldsymbol{d} = \boldsymbol{d}^{(k)}$ den Vektor $\boldsymbol{v}$ als Lösung des Extremalproblems

$$\|\boldsymbol{C}\boldsymbol{v} - \boldsymbol{d}\|_2^2 + \lambda^2\|\boldsymbol{v}\|_2^2 = \text{ Min!}, \quad \lambda > 0, \tag{6.96}$$

zu bestimmen. Bei gegebenem Wert des Parameters λ ist $\boldsymbol{v}$ die Lösung des Systems von Fehlergleichungen nach der Methode der kleinsten Quadrate

$$\begin{aligned} \tilde{\boldsymbol{C}}\boldsymbol{v} - \tilde{\boldsymbol{d}} = \tilde{\boldsymbol{\varrho}} \text{ mit } \tilde{C} := \left(\frac{\boldsymbol{C}}{\lambda\boldsymbol{I}}\right) \in \mathbb{R}^{(N+n),n}, \\ \tilde{\boldsymbol{d}} := \left(\frac{\boldsymbol{d}}{\boldsymbol{0}}\right) \in \mathbb{R}^{N+n}, \tilde{\boldsymbol{\varrho}} \in \mathbb{R}^{N+n}. \end{aligned} \tag{6.97}$$

Für jedes $\lambda > 0$ hat die Matrix $\tilde{\boldsymbol{C}}$ den Maximalrang n unabhängig von Rang $\boldsymbol{C}$. Im Vergleich zur Gauß-Newton-Methode wurde jenes Fehlergleichungssystem (6.87) um n Gleichungen erweitert und auf diese Weise regularisiert. Der Lösungsvektor $\boldsymbol{v}$ besitzt folgende Eigenschaften.

Satz 6.5. *Der Vektor* $\boldsymbol{v} = \boldsymbol{v}^{(k+1)}$ *als Lösung von (6.96) ist eine Abstiegsrichtung, solange* $\nabla F(\boldsymbol{x}^{(k)}) \neq \boldsymbol{0}$ *ist.*

Beweis. Da $\tilde{\boldsymbol{C}}$ Maximalrang hat, kann $\boldsymbol{v}$ als Lösung von (6.97) formal mit Hilfe der zugehörigen Normalgleichungen dargestellt werden in der Form

$$\boldsymbol{v} = (\tilde{\boldsymbol{C}}^T\tilde{\boldsymbol{C}})^{-1}(\tilde{\boldsymbol{C}}^T\tilde{\boldsymbol{d}}) = (\tilde{\boldsymbol{C}}^T\tilde{\boldsymbol{C}})^{-1}(\boldsymbol{C}^T\boldsymbol{d}) = -\frac{1}{2}(\tilde{\boldsymbol{C}}^T\tilde{\boldsymbol{C}})^{-1}(\nabla F). \tag{6.98}$$

Folglich ist

$$(\nabla F)^T\boldsymbol{v} = -\frac{1}{2}(\nabla F)^T(\tilde{\boldsymbol{C}}^T\tilde{\boldsymbol{C}})^{-1}(\nabla F) < 0, \qquad \text{falls } \nabla F \neq \boldsymbol{0},$$

denn die Matrix $(\tilde{\boldsymbol{C}}^T\tilde{\boldsymbol{C}})^{-1}$ ist symmetrisch und positiv definit, und somit bilden ∇F und $\boldsymbol{v}$ einen stumpfen Winkel. □

Satz 6.6. *Die euklidische Norm* $\|\boldsymbol{v}\|_2$ *des Vektors* $\boldsymbol{v}$ *als Lösung von (6.96) ist mit zunehmendem* λ *eine monoton abnehmende Funktion.*

Beweis. Die Matrix $\boldsymbol{A}$ der Normalgleichungen zu (6.97) ist wegen der speziellen Struktur von $\tilde{\boldsymbol{C}}$ gegeben durch

$$\boldsymbol{A} = \tilde{\boldsymbol{C}}^T\tilde{\boldsymbol{C}} = \boldsymbol{C}^T\boldsymbol{C} + \lambda^2\boldsymbol{I}.$$

Zur symmetrischen, positiv semidefiniten Matrix $\boldsymbol{C}^T\boldsymbol{C}$ existiert eine orthogonale Matrix $\boldsymbol{U} \in \mathbb{R}^{n,n}$, so dass gelten

$$\begin{aligned} &\boldsymbol{U}^T\boldsymbol{C}^T\boldsymbol{C}\boldsymbol{U} = \boldsymbol{D} \quad \text{und} \quad \boldsymbol{U}^T\boldsymbol{A}\boldsymbol{U} = \boldsymbol{D} + \lambda^2\boldsymbol{I}, \\ &\boldsymbol{D} = \operatorname{diag}(d_1, d_2, \ldots, d_n), \quad d_i \geq 0. \end{aligned} \tag{6.99}$$

Aus (6.98) und (6.99) folgt für das Quadrat der euklidischen Norm

$$\begin{aligned} \|\boldsymbol{v}\|_2^2 &= \boldsymbol{v}^T\boldsymbol{v} = \boldsymbol{d}^T\boldsymbol{C}\boldsymbol{U}(\boldsymbol{D} + \lambda^2\boldsymbol{I})^{-1}\boldsymbol{U}^T\boldsymbol{U}(\boldsymbol{D} + \lambda^2\boldsymbol{I})^{-1}\boldsymbol{U}^T\boldsymbol{C}^T\boldsymbol{d} \\ &= \sum_{j=1}^{n} \frac{h_j^2}{(d_j + \lambda^2)^2} \quad \text{mit } \boldsymbol{h} := \boldsymbol{U}^T\boldsymbol{C}^T\boldsymbol{d} = (h_1, h_2, \ldots, h_n)^T \end{aligned}$$

und damit die Behauptung. □

Im *Verfahren von Marquardt* zur Minimierung der Summe der Quadrate der Residuen wird die euklidische Norm des Vektors $\boldsymbol{v}^{(k+1)}$ durch den Parameter λ so gesteuert, dass mit

$$\boldsymbol{x}^{(k+1)} = \boldsymbol{x}^{(k)} + \boldsymbol{v}^{(k+1)}, \quad F(\boldsymbol{x}^{(k+1)}) < F(\boldsymbol{x}^{(k)}), \quad k = 0, 1, 2, \ldots, \tag{6.100}$$

gilt. Die Wahl des Wertes λ erfolgt auf Grund des Rechenablaufes. Ist die Bedingung (6.100) für das momentane λ erfüllt, dann soll λ für den nachfolgenden Schritt verkleinert werden, beispielsweise halbiert. Ist aber (6.100) für das momentane λ nicht erfüllt, soll λ solange vergrößert, beispielsweise verdoppelt werden, bis ein Vektor $v^{(k+1)}$ resultiert, für den die Bedingung gilt. Selbstverständlich muss mit dem Startvektor $\boldsymbol{x}^{(0)}$ auch ein Startwert $\lambda^{(0)}$ vorgegeben werden. Ein problemabhängiger Vorschlag ist

$$\lambda^{(0)} = \|\boldsymbol{C}^{(0)}\|_F/\sqrt{nN} = \sqrt{\frac{1}{nN}\sum_{i,j}(c_{ij}^{(0)})^2}$$

mit der Frobenius-Norm der Matrix $\boldsymbol{C}^{(0)}$ zum Startvektor $\boldsymbol{x}^{(0)}$.

Ein Iterationsschritt des Verfahrens von Marquardt erfordert die Berechnung des Vektors $\boldsymbol{v}^{(k+1)}$ aus dem Fehlergleichungssystem (6.97) für möglicherweise mehrere Werte des Parameters λ. Um diesen Schritt möglichst effizient zu gestalten, erfolgt die Behandlung von (6.97) in zwei Teilen [Gol 73]. In einem vorbereitenden Teilschritt werden die ersten N, von λ unabhängigen Fehlergleichungen mit einer orthogonalen Matrix $\boldsymbol{Q}_1$ so transformiert, dass

$$\begin{aligned} &\boldsymbol{Q}_1^T\tilde{\boldsymbol{C}} = \begin{pmatrix} \boldsymbol{R}_1 \\ \boldsymbol{0}_1 \\ \lambda\boldsymbol{I} \end{pmatrix}, \quad \boldsymbol{Q}_1^T\tilde{\boldsymbol{d}} = \begin{pmatrix} \hat{\boldsymbol{d}}_1 \\ \hat{\boldsymbol{d}}_2 \\ \boldsymbol{0} \end{pmatrix}, \\ &\boldsymbol{R}_1 \in \mathbb{R}^{n,n}, \boldsymbol{0}_1 \in \mathbb{R}^{(N-n),n} \end{aligned} \tag{6.101}$$

gilt. Unter der Annahme, dass $\boldsymbol{C}$ Maximalrang hat, ist $\boldsymbol{R}_1$ eine reguläre Rechtsdreiecksmatrix, und die Transformation kann entweder mit der Methode von Givens oder Householder erfolgen. Auf jeden Fall bleiben die letzten n Fehlergleichungen unverändert. Ausgehend von (6.101) wird zu gegebenem λ mit einer orthogonalen Matrix $\boldsymbol{Q}_2$ die Transformation beendet, um die Matrizen und Vektoren

$$\boldsymbol{Q}_2^T\boldsymbol{Q}_1^T\tilde{\boldsymbol{C}} = \begin{pmatrix} \boldsymbol{R}_2 \\ \boldsymbol{0}_1 \\ \boldsymbol{0}_2 \end{pmatrix}, \quad \boldsymbol{Q}_2^T\boldsymbol{Q}_1^T\tilde{\boldsymbol{d}} = \begin{pmatrix} \hat{\hat{\boldsymbol{d}}}_1 \\ \hat{\boldsymbol{d}}_2 \\ \hat{\boldsymbol{d}}_3 \end{pmatrix}, \qquad (6.102)$$
$$\boldsymbol{R}_2, \boldsymbol{0}_2 \in \mathbb{R}^{n,n}$$

zu erhalten. Der gesuchte Vektor $\boldsymbol{v}^{(k+1)}$ ergibt sich aus $\boldsymbol{R}_2\boldsymbol{v}^{(k+1)} - \hat{\hat{\boldsymbol{d}}}_1 = \boldsymbol{0}$ mit der stets regulären Rechtsdreiecksmatrix $\boldsymbol{R}_2$ durch Rücksubstitution. Muss der Wert λ vergrößert werden, so ist nur der zweite Teilschritt zu wiederholen. Dazu sind $\boldsymbol{R}_1$ und $\hat{\boldsymbol{d}}_1$ als Ergebnis des ersten Teils abzuspeichern. Da die Nullmatrix $\boldsymbol{0}_1$ und der Teilvektor $\hat{\boldsymbol{d}}_2$ (6.101) für den zweiten Teilschritt bedeutungslos sind, kann er sowohl speicherökonomisch als auch sehr effizient durchgeführt werden. Die sehr spezielle Struktur der noch zu behandelnden Fehlergleichungen des zweiten Teilschrittes weist auf die Anwendung der Givens-Transformation hin. Die im Abschnitt 6.2.2 dargelegte Rechentechnik erfordert den kleinsten Speicherbedarf. Soll hingegen die Householder-Transformation angewandt werden, ist der zweite Teilschritt mit einer Hilfsmatrix $\boldsymbol{C}_H \in \mathbb{R}^{(2n),n}$ und einem Hilfsvektor $\boldsymbol{d}_H \in \mathbb{R}^{2n}$ durchführbar, wobei auch hier die sehr spezielle Struktur zur Erhöhung der Effizienz berücksichtigt werden kann.
In manchen praktischen Aufgabenstellungen der Naturwissenschaften liegt den Fehlergleichungen eine bestimmte Funktion

$$f(x) = \sum_{j=1}^{\mu} a_j\varphi_j(x; \alpha_1, \alpha_2, \ldots, \alpha_\nu)$$

zu Grunde, in welcher die unbekannten Parameter $a_1, a_2, \ldots, a_\mu$; $\alpha_1, \alpha_2, \ldots, \alpha_\nu$ aus einer Anzahl von N Beobachtungen der Funktion $f(x)$ für N verschiedene Argumente x_i zu bestimmen sind. Dabei sind die Funktionen $\varphi_j(x; \alpha_1, \alpha_2, \ldots, \alpha_\nu)$ in den α_k nichtlinear. In den resultierenden Fehlergleichungen verhalten sich die a_j bei festen α_k linear und umgekehrt die α_k bei festgehaltenen a_j nichtlinear. In diesem Sinn existieren zwei Klassen von unbekannten Parametern, und zur effizienten Behandlung solcher Probleme ist ein spezieller Algorithmus entwickelt worden [Gol 73].

6.5 Software

Die Themen dieses Kapitels sind einerseits dem Bereich *Numerische lineare Algebra*, andererseits dem der *Optimierung* bzw. genauer dem der *Minimierung positiver Funktionen* zuzuordnen. Software zu den Verfahren findet man dementsprechend in unterschiedlichen Bereichen. Alle beschriebenen Methoden sind wieder in den großen numerischen Bibliotheken realisiert. In der NAG-Bibliothek sind die Verfahren, die mit orthogonalen Transformationen arbeiten, in den Kapiteln F02 und F08 zu finden, in F02 auch Black-box-Routinen zur Singulärwertzerlegung (SVD). Verfahren zum Minimieren und Maximieren von Funktionen und damit auch zur Methode der kleinsten Quadrate sind im Kapitel E04 zusammengefasst.

In MATLAB wird ein lineares Gleichungssystem $\boldsymbol{Ax} = \boldsymbol{b}$ durch den einfachen Befehl `x=A\b` gelöst. Ist das Gleichungssystem unter- oder überbestimmt, dann wird automatisch die Lösung kleinster Quadrate berechnet. Mit dem Befehl `lsqnonneg` berechnet MATLAB eine nicht negative Lösung des Problems kleinster Quadrate. Die Lösungen der beiden zuletzt genannten Probleme können sich stark unterscheiden.

Eine spezielle Sammlung von FORTRAN90-Routinen zum Problem der kleinsten Quadrate ist im Zusammenhang mit [Law 95] erschienen[1].

Unsere Problemlöseumgebung PAN (`http://www.upb.de/SchwarzKoeckler/`) verfügt über ein Programm zur Singulärwertzerlegung und eines zur Lösung allgemeiner linearer Gleichungssysteme, deren Koeffizientenmatrix singulär oder rechteckig sein kann, mit der Methode der kleinsten Quadrate.

6.6 Aufgaben

Aufgabe 6.1. An einem Quader werden die Längen seiner Kanten und die Umfänge senkrecht zur ersten und zweiten Kante gemessen. Die Messwerte sind:

Kante 1: 26 mm; Kante 2: 38 mm; Kante 3: 55 mm;
Umfang $\perp$ Kante 1: 188 mm; Umfang $\perp$ Kante 2: 163 mm.

Wie groß sind die ausgeglichenen Kantenlängen nach der Methode der kleinsten Quadrate?

Aufgabe 6.2. Um Amplitude A und Phasenwinkel ϕ einer Schwingung $x = A\sin(2t + \phi)$ zu bestimmen, sind an vier Zeitpunkten t_k die Auslenkungen x_k beobachtet worden.

$t_k =$	0	$\pi/4$	$\pi/2$	$3\pi/4$
$x_k =$	1.6	1.1	-1.8	-0.9

Um ein lineares Fehlergleichungssystem zu erhalten, sind auf Grund einer trigonometrischen Formel neue Unbekannte einzuführen.

Aufgabe 6.3. Die Funktion $y = \sin(x)$ ist im Intervall $[0, \pi/4]$ durch ein Polynom $P(x) = a_1 x + a_3 x^3$ zu approximieren, das wie $\sin(x)$ ungerade ist. Die Koeffizienten a_1 und a_3 sind nach der Methode der kleinsten Quadrate für die diskreten Stützstellen $x_k = k\pi/24$, $k = 1, 2, \ldots, 6$, zu bestimmen. Mit dem gefundenen Polynom $P(x)$ zeichne man den Graphen der Fehlerfunktion $r(x) := P(x) - \sin(x)$.

Aufgabe 6.4. Man schreibe oder benutze Programme zur Lösung von linearen Fehlergleichungssystemen, um mit Hilfe der Normalgleichungen und der beiden Varianten der Orthogonaltransformation die Funktionen

a) $f(x) = \cos(x)$, $x \in [0, \pi/2]$; b) $f(x) = e^x$, $x \in [0, 1]$

durch Polynome n-ten Grades $P_n(x) = a_0 + a_1 x + a_2 x^2 + \ldots + a_n x^n$ für $n = 2, 3, \ldots, 8$ so zu approximieren, dass die Summe der Quadrate der Residuen an $N = 10, 20$ äquidistanten Stützstellen minimal ist. Zur Erklärung der verschiedenen Ergebnisse berechne man Schätzwerte der

[1] `http://orion.math.iastate.edu/burkardt/f_src/lawson/lawson.html`

Konditionszahlen der Normalgleichungsmatrix $\boldsymbol{A}$ mit Hilfe der Inversen der Rechtsdreiecksmatrix $\boldsymbol{R}$ unter Benutzung von $\|\boldsymbol{A}^{-1}\|_F \leq \|\boldsymbol{R}^{-1}\|_F \|\boldsymbol{R}^{-T}\|_F = \|\boldsymbol{R}^{-1}\|_F^2$, wo $\|\cdot\|_F$ die Frobenius-Norm bedeutet.

Aufgabe 6.5. An einem Quader misst man die Kanten der Grundfläche $a = 21$ cm, $b = 28$ cm und die Höhe $c = 12$ cm. Weiter erhält man als Messwerte für die Diagonale der Grundfläche $d = 34$ cm, für die Diagonale der Seitenfläche $e = 24$ cm und für die Körperdiagonale $f = 38$ cm. Zur Bestimmung der Längen der Kanten des Quaders nach der Methode der kleinsten Quadrate verwende man das Verfahren von Gauß-Newton und Minimierungsmethoden.

Aufgabe 6.6. Um den Standort eines illegalen Senders festzustellen, werden fünf Peilwagen eingesetzt, mit denen die Richtungen zum Sender ermittelt werden. Die Aufstellung der Peilwagen ist in einem (x, y)-Koordinatensystem gegeben, und die Richtungswinkel α sind von der positiven x-Achse im Gegenuhrzeigersinn angegeben.

Peilwagen	1	2	3	4	5
x-Koordinate	4	18	26	13	0
y-Koordinate	1	0	15	16	14
Richtungswinkel α	45°	120°	210°	270°	330°

Die Situation ist an einer großen Zeichnung darzustellen. Welches sind die mutmaßlichen Koordinaten des Senders nach der Methode der kleinsten Quadrate? Als Startwert für das Verfahren von Gauß-Newton und für Minimierungsmethoden wähle man beispielsweise $P_0(12.6, 8.0)$.

Aufgabe 6.7. Die Konzentration $z(t)$ eines Stoffes in einem chemischen Prozess gehorcht dem Gesetz

$$z(t) = a_1 + a_2 e^{\alpha_1 t} + a_3 e^{\alpha_2 t}, \quad a_1, a_2, a_3, \alpha_1, \alpha_2 \in \mathbb{R}, \quad \alpha_1, \alpha_2 < 0.$$

Zur Bestimmung der Parameter a_1, a_2, a_3, α_1, α_2 liegen für $z(t)$ folgende Messwerte z_k vor.

$t_k =$	0	0.5	1.0	1.5	2.0	3.0	5.0	8.0	10.0
$z_k =$	3.85	2.95	2.63	2.33	2.24	2.05	1.82	1.80	1.75

Als Startwerte verwende man beispielsweise $a_1^{(0)} = 1.75$, $a_2^{(0)} = 1.20$, $a_3^{(0)} = 0.8$, $\alpha_1^{(0)} = -0.5$, $\alpha_2^{(0)} = -2$ und behandle die nichtlinearen Fehlergleichungen mit dem Verfahren von Gauß-Newton und mit Minimierungsmethoden.

7 Numerische Integration

Integralberechnungen sind meistens Teil einer umfassenderen mathematischen Problemstellung. Dabei sind die auftretenden Integrationen oft nicht analytisch ausführbar, oder ihre analytische Durchführung stellt im Rahmen der Gesamtaufgabe eine praktische Schwierigkeit dar. In solchen Fällen wird der zu berechnende Integralausdruck angenähert ausgewertet durch numerische Integration, die auch numerische Quadratur genannt wird. Zu den zahlreichen Anwendungen der numerischen Quadratur gehören die Berechnung von Oberflächen, Volumina, Wahrscheinlichkeiten und Wirkungsquerschnitten, die Auswertung von Integraltransformationen und Integralen im Komplexen, die Konstruktion von konformen Abbildungen für Polygonbereiche nach der Formel von Schwarz-Christoffel [Hen 97], die Behandlung von Integralgleichungen etwa im Zusammenhang mit der Randelementemethode und schließlich die Methode der finiten Elemente, siehe etwa [Sch 91b] oder Abschnitt 10.3.

Wir behandeln in diesem Kapitel die Berechnung eines bestimmten Integrals I, das durch eine Summe – die numerische *Quadraturformel* $\tilde{I}$ – approximiert wird

$$I = \int_a^b f(x)\,dx \quad \longrightarrow \quad \tilde{I} = \sum_{i=1}^{n} w_i f(x_i), \tag{7.1}$$

wobei die Wahl der Koeffizienten oder Integrationsgewichte w_i und der Stützstellen x_i die Regel festlegen. Für einige Regeln wird von 0 bis n summiert.

Es gibt numerische Verfahren, die als Ergebnis die Entwicklung des Integranden in eine Potenzreihe liefern. Die Potenzreihe kann dann analytisch integriert werden. Dadurch ist auch die unbestimmte Integration möglich. Sie entspricht der Lösung einer Differenzialgleichung, siehe Lemma 8.3. Eine Stammfunktion kann daher auch mit den Methoden des Kapitels 8 berechnet werden.

Die "Integration von Tabellendaten" wird hier nicht behandelt. Durch eine Wertetabelle kann eine interpolierende oder approximierende Funktion gelegt werden, die dann exakt integriert wird, siehe Kapitel 3.

Zur Berechnung bestimmter Integrale stehen mehrere Verfahrensklassen zur Verfügung. Das einfachste und bekannteste Verfahren ist sicher die Trapezregel, die zur Klasse der Newton-Cotes-Regeln gehört. Die Trapezregel ist eine einfache Quadraturmethode mit niedriger Genauigkeitsordnung, die aber für spezielle Integranden, etwa periodische Funktionen, durchaus gut geeignet ist. Die Romberg-Quadratur nutzt die Fehlerentwicklung der Trapezregel zur Genauigkeitssteigerung aus. Am wichtigsten für das Verständnis der Algorithmen, die in Softwaresystemen verwendet werden, ist die Klasse der Gauß-Regeln. In dieser Klasse können auch viele Spezialfälle wie Singularitäten behandelt werden. Die Integration von Funktionen mit Singularitäten oder über unbeschränkte Bereiche kann auch mit

Hilfe von Transformationen erleichtert werden. Optimale Black-box-Methoden mit automatischer Steuerung der Genauigkeit erhält man durch adaptive Methoden, die meistens zwei Verfahren einer Klasse kombinieren.

Auch auf mehrdimensionale Integrationen gehen wir kurz ein.

Sollen numerische Integrationsregeln verglichen werden, so wird der Aufwand in *Anzahl Funktionsauswertungen* gemessen, da dieser rechnerische Aufwand den der anderen Rechenoperationen in allen wichtigen Fällen dominiert.

7.1 Newton-Cotes-Formeln

Dies ist die einfachste Idee: Um das Integral I zu berechnen, wird die Funktion f durch ein interpolierendes Polynom p ersetzt und dieses wird exakt integriert.

7.1.1 Konstruktion von Newton-Cotes-Formeln

Zu $m+1$ Stützstellen werden die Werte $(x_i,\ f(x_i))$, $i = 0, 1, \ldots, m$, mit Lagrange interpoliert

$$p_m(x) = \sum_{i=0}^{m} f(x_i) L_i(x). \tag{7.2}$$

Dabei sind $L_i(x)$ die Lagrange-Polynome der Ordnung m, siehe Abschnitt 3.1.2. Damit wird als Integralnäherung

$$\begin{aligned} \tilde{I}_m &= (b-a) \sum_{i=0}^{m} w_i\, f(x_i) \quad \text{mit} \\ w_i &= \frac{1}{b-a} \int_a^b L_i(x)\, dx \end{aligned} \tag{7.3}$$

berechnet. Für den Fall äquidistanter Stützstellen

$$x_i = a + i\,h \quad \text{mit } h = \frac{b-a}{m} \tag{7.4}$$

ergeben sich die w_i mit der Substitution $s = (x-a)/h$ zu

$$w_i = \frac{1}{b-a} \int_a^b \prod_{\substack{j=0 \\ j \neq i}}^{m} \frac{(x-x_j)}{(x_i - x_j)}\, dx = \frac{1}{m} \int_0^m \prod_{\substack{j=0 \\ j \neq i}}^{m} \frac{(s-j)}{(i-j)}\, ds. \tag{7.5}$$

Beispiel 7.1. Konstruktion der Simpson-Regel

Hier sind $m = 2$, $x_0 = a$, $x_1 = (a+b)/2$, $x_2 = b$, $h = (b-a)/2$. Damit ergeben sich die Koeffizienten w_i zu

$$\begin{aligned} w_0 &= \frac{1}{2} \int_0^2 \frac{(s-1)\,(s-2)}{2}\, ds = \frac{1}{6}, \\ w_1 &= \frac{1}{2} \int_0^2 \frac{s\,(s-2)}{-1}\, ds = \frac{4}{6}, \end{aligned} \tag{7.6}$$

$$w_2 \;=\; \frac{1}{2}\int_0^2 \frac{s\,(s-1)}{2}\,ds = \frac{1}{6}.$$

Das ergibt die unten aufgeführte Simpson-Regel. △

Auf Grund der Definition (7.3) ist klar, dass $\tilde{I}_m$ den exakten Wert des Integrals liefert, falls f ein Polynom vom Höchstgrad m ist. Andernfalls stellt $\tilde{I}_m$ eine Näherung für I mit einem vom Integranden abhängigen Fehler

$$E_m[f] := \tilde{I}_m - I = (b-a)\sum_{i=0}^{m} w_i\, f(x_i) - \int_a^b f(x)\,dx \tag{7.7}$$

dar. In bestimmten Fällen ist die Quadraturformel (7.3) auch noch exakt für Polynome höheren Grades. Als Maß für die Güte der Genauigkeit einer Quadraturformel wird folgender Begriff eingeführt.

Definition 7.1. Eine Quadraturformel besitzt den *Genauigkeitsgrad* $m \in \mathbb{N}^*$, wenn sie alle Polynome vom Höchstgrad m exakt integriert, und m die größtmögliche Zahl mit dieser Eigenschaft ist.

Da $E_m[f]$ ein lineares Funktional in f ist, besitzt eine Quadraturformel genau dann den Genauigkeitsgrad m, wenn

$$E[x^j] = 0 \quad \text{für} \quad j = 0, 1, \ldots, m \quad \text{und} \quad E[x^{m+1}] \neq 0 \tag{7.8}$$

gilt. Aus den bisherigen Betrachtungen folgt zusammenfassend

Satz 7.2. *Zu beliebig vorgegebenen $(m+1)$ paarweise verschiedenen Stützstellen $x_i \in [a,b]$ existiert eine eindeutig bestimmte Newton-Cotes-Formel (7.3), deren Genauigkeitsgrad mindestens m ist.*

Der Quadraturfehler $E_m[f] := \tilde{I}_m - I$ einer Newton-Cotes-Formel m-ten Grades zu $m+1$ Stützstellen hat für eine $(m+1)$ mal stetig differenzierbare Funktion $f(x)$ wegen (3.5) die Darstellung

$$E_m[f] = \frac{1}{(m+1)!}\int_a^b f^{(m+1)}(\xi(x))\,\omega(x)\,dx \quad \text{mit } \omega(x) = \prod_{i=0}^{m}(x - x_i). \tag{7.9}$$

Die Methode der Newton-Cotes-Regeln ist nur für kleine Werte von m stabil; es werden deshalb hier nur die Formeln für $m = 1$ und $m = 2$ angegeben:

$$\text{Trapezregel:} \quad \int_a^b f(x)\,dx \approx \frac{b-a}{2}(f(a) + f(b)), \tag{7.10}$$

$$\text{Simpson-Regel:} \quad \int_a^b f(x)\,dx \approx \frac{b-a}{6}(f(a) + 4f(\frac{a+b}{2}) + f(b)). \tag{7.11}$$

Soll die Genauigkeit erhöht werden, so werden diese einfachen Näherungsformeln mehrfach aneinandergesetzt. Sei zu gegebenem n

$$h = \frac{b-a}{n} \quad \text{und} \quad x_j = a + j\,h, \;\; j = 0, 1, \ldots, n. \tag{7.12}$$

Dann liefert das Aneinanderhängen von n Trapezregeln die Näherungsformel

$$\tilde{I} = T(h) = \frac{h}{2}\left[f(x_0) + 2f(x_1) + \cdots 2f(x_{n-1}) + f(x_n)\right], \tag{7.13}$$

Für gerades n können $n/2$ Simpson-Regeln zusammengefügt werden:

$$\begin{aligned}\tilde{I} = S(h) = \; & \frac{h}{3}\left[f(x_0) + 4f(x_1) + 2f(x_2) + \cdots + \right. \\ & \left. + 2f(x_{n-2}) + 4f(x_{n-1}) + f(x_n)\right].\end{aligned} \tag{7.14}$$

Sind Schranken für die 2. bzw. 4. Ableitung der zu integrierenden Funktion bekannt, so lässt sich der Fehler dieser Regeln abschätzen

$$|I - T(h)| \leq \frac{|b-a|}{12} h^2 \max_{x \in [a,b]} |f''(x)|, \tag{7.15}$$

$$|I - S(h)| \leq \frac{|b-a|}{180} h^4 \max_{x \in [a,b]} |f^{(4)}(x)|. \tag{7.16}$$

Der Beweis dieser Abschätzungen erfordert umfangreiche Hilfsmittel, man findet ihn etwa in [Häm 91].

Beispiel 7.2.

$$I = \int_0^{\pi/2} \frac{5.0}{e^\pi - 2} \exp(2x) \cos(x)\, dx = 1.0. \tag{7.17}$$

Abb. 7.1 links zeigt den Integranden und die Trapezfläche als Näherung für das Integral mit $n = 4$. Die Ergebnisse für Trapez- und Simpson-Regel sind in der folgenden Tabelle festgehalten:

Regel	h	$\tilde{I}$	$\tilde{I} - I$	(7.15)/(7.16)
Trapez	$\pi/8$	0.926	−0.074	0.12
Simpson	$\pi/8$	0.9925	−0.0075	0.018

△

7.1.2 Verfeinerung der Trapezregel

Eine anschauliche Approximation des Integrals (7.1), welche der Riemannschen Summe entspricht, bildet die *Mittelpunktsumme*

$$M(h) := h \sum_{j=0}^{n-1} f\left(x_{j+\frac{1}{2}}\right), \quad x_{j+\frac{1}{2}} := a + \left(j + \frac{1}{2}\right) h. \tag{7.18}$$

$M(h)$ stellt die Fläche unterhalb der Treppenkurve in Abb. 7.1 rechts dar. Aus (7.13) und (7.18) folgt unmittelbar die Relation

$$T(h/2) = \frac{1}{2}[T(h) + M(h)]. \tag{7.19}$$

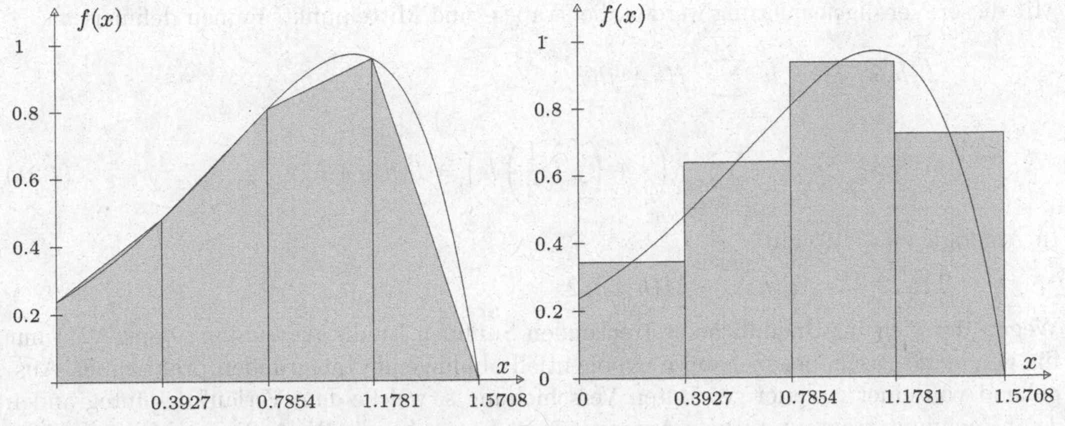

Abb. 7.1 Trapez- und Mittelpunktregel für Beispiel 7.2 ($n = 4$).

Die Beziehung (7.19) erlaubt die Verbesserung der Trapezapproximationen durch sukzessive Halbierung der Schrittlänge in der Weise, dass zur bereits berechneten Näherung $T(h)$ noch $M(h)$ berechnet wird. Bei jeder Halbierung der Schrittweite wird der Rechenaufwand, gemessen mit der Anzahl der Funktionsauswertungen, etwa verdoppelt, doch werden die schon berechneten Funktionswerte auf ökonomische Weise wieder verwendet. Die sukzessive Halbierung der Schrittweite kann beispielsweise dann abgebrochen werden, wenn sich $T(h)$ und $M(h)$ um weniger als eine gegebene Toleranz $\varepsilon > 0$ unterscheiden. Dann ist der Fehler $|T(h/2) - I|$ im Allgemeinen höchstens gleich ε.

Die Berechnung der Trapezsummen $T(h)$ bei sukzessiver Halbierung der Schrittweite h fassen wir im folgenden Algorithmus zusammen. Es sind ε die vorzugebende Toleranz, $f(x)$ der Integrand und a, b die Integrationsgrenzen.

$$\begin{array}{l} h = b - a;\ n = 1;\ T = h \times (f(a) + f(b))/2 \\ \text{für } k = 1, 2, \ldots, 10: \\ \quad M = 0 \\ \quad \text{für } j = 0, 1, \ldots, n-1: \\ \quad\quad M = M + f(a + (j + 0.5) \times h) \\ \quad M = h \times M;\ T = (T + M)/2;\ h = h/2;\ n = 2 \times n \\ \quad \text{falls } |T - M| < \varepsilon: \quad \text{STOP} \end{array} \tag{7.20}$$

Ohne weitere Maßnahmen konvergieren die Trapezsummen im Allgemeinen recht langsam gegen den Integralwert I. Falls aber $f(x)$ periodisch und analytisch auf $\mathbb{R}$ ist, und falls $(b-a)$ gleich der Periode ist, dann bedarf der Algorithmus (7.20) keiner weiteren Verbesserung mehr (vgl. Abschnitt 7.3).

Die Trapezregel erweist sich auch als günstig zur genäherten Berechnung von Integralen über $\mathbb{R}$ von genügend rasch abklingenden Funktionen $f(x)$. Dazu werden die Definitionen (7.13) und (7.18) für das beidseitig unbeschränkte Intervall verallgemeinert, und es wird zusätzlich eine frei wählbare Verschiebung s eingeführt.

Mit dieser Verallgemeinerung werden die Trapez- und Mittelpunktsummen definiert als

$$T(h,s) := h \sum_{j=-\infty}^{\infty} f(s+jh);$$

$$M(h,s) := h \sum_{j=-\infty}^{\infty} f\left(s+\left(j+\frac{1}{2}\right)h\right) = T(h, s+h/2). \tag{7.21}$$

In Analogie zu (7.19) gilt

$$T(h/2, s) = [T(h,s) + M(h,s)]/2.$$

Wegen der sich ins Unendliche erstreckenden Summen ist die Anwendung von (7.21) nur für genügend rasch, beispielsweise exponentiell abklingende Integranden praktikabel. Ausgehend von einer geeignet gewählten Verschiebung s, welche dem Verlauf des Integranden $f(x)$ Rechnung trägt, und einem Anfangsschritt h_0 werden die Werte T und M zweckmäßig mit $j = 0$ beginnend und dann mit zunehmendem $|j|$ nach jeder Seite hin aufsummiert. Die (unendliche) Summation über j muss abgebrochen werden, sobald die Beträge der Funktionswerte kleiner als eine vorgegebene Abbruchtoleranz δ werden. Damit ergibt sich der folgende modifizierte Algorithmus zur Berechnung der Trapezsummen für das uneigentliche Integral

$$I = \int_{-\infty}^{\infty} f(x)\,dx$$

einer genügend rasch abklingenden Funktion $f(x)$.

$$\begin{array}{ll}
 & h = h_0;\ T = f(s);\ j = 1;\ z = 0 \\
\text{ST:} & f1 = f(s + j \times h);\ f2 = f(s - j \times h); \\
 & T = T + f1 + f2;\ j = j + 1 \\
 & \text{falls } |f1| + |f2| > \delta : z = 0;\ \text{gehe nach ST} \\
 & z = z + 1;\ \text{falls } z = 1 :\ \text{gehe nach ST} \\
 & T = h \times T \\
 & \text{für } k = 1, 2, \ldots, 10 : \\
 & \quad M = f(s + 0.5 \times h);\ j = 1;\ z = 0 \\
\text{SM:} & \quad f1 = f(s + (j + 0.5) \times h); \\
 & \quad f2 = f(s - (j - 0.5) \times h) \\
 & \quad M = M + f1 + f2;\ j = j + 1 \\
 & \quad \text{falls } |f1| + |f2| > \delta : z = 0;\ \text{gehe nach SM} \\
 & \quad z = z + 1;\ \text{falls } z = 1 :\ \text{gehe nach SM} \\
 & \quad M = h \times M;\ T = (T + M)/2;\ h = h/2 \\
 & \quad \text{falls } |T - M| < \varepsilon :\ \text{STOP}
\end{array} \tag{7.22}$$

Um unnötige Funktionsauswertungen im Fall eines asymmetrisch abklingenden Integranden zu vermeiden, könnte der Algorithmus (7.22) so verbessert werden, dass die Summationen nach oben und unten getrennt ausgeführt werden.

Beispiel 7.3. Zur genäherten Berechnung von

$$I = \int_{-\infty}^{\infty} e^{-0.25x^2} \cos(2x)\, dx$$

mit oszillierendem, aber rasch abnehmendem Integranden mit dem Algorithmus (7.22) ergeben sich Trapezsummen gemäß Tab. 7.1. Mit der Startschrittweite $h_0 = 2$ ist die Zahl Z der Funktionsauswertungen für drei verschiedene Werte von s angegeben. Die verwendeten Toleranzen sind $\delta = 10^{-14}$ und $\varepsilon = 10^{-8}$. Das Verhalten des Algorithmus ist von der Wahl von s praktisch unabhängig. In allen drei Fällen stimmen bei Rechnung mit sechzehn wesentlichen Dezimalstellen die letzten Werte für die Trapez- und die Mittelpunktregel in vierzehn wesentlichen Stellen überein. △

Tab. 7.1 Uneigentliches Integral mit oszillierenden Integranden.

	$s = 0$	Z	$s = 0.12$	Z	$s = 0.3456$	Z
T	1.0279082242	15	0.9602843084	15	0.5139297286	15
M	−0.8980536479	17	−0.8304297538	17	−0.3840752730	17
T	0.0649272881		0.0649272773		0.0649272278	
M	0.0649272112	27	0.0649272215	27	0.0649272710	29
T	0.0649272494		0.0649272494		0.0649272494	
M	0.0649272494	51	0.0649272494	51	0.0649272494	51
T	0.0649272494		0.0649272494		0.0649272494	

7.2 Romberg-Integration

Eine erhebliche Verkleinerung des Fehlers von Trapez- oder Simpson-Regel hat Romberg erreicht, indem er Richardsons *Extrapolation auf* $h^2 = 0$ anwandte. Er hat ausgenutzt, dass sich der Fehler (7.9) für die Trapezregel $T(h)$ in eine Potenzreihe in h^2 (statt nur in h) entwickeln lässt. Mit den Bernoulli-Zahlen B_k ($B_0 = 1$, $B_1 = -1/2$, $B_2 = 1/6$, $B_3 = B_5 = B_7 = \ldots = 0$, $B_4 = -1/30$, $B_6 = 1/42$, $B_8 = -1/30$, $B_{10} = 5/66, \ldots$) ergibt sich

$$T(h) - I = \sum_{k=1}^{\infty} \frac{B_{2k}}{(2k)!} h^{2k} \left[f^{(2k-1)}(b) - f^{(2k-1)}(a)\right]. \tag{7.23}$$

Wegen des oft starken Wachstums der Ableitungen $f^{(2k-1)}(x)$ mit zunehmendem k konvergiert diese Reihe im Allgemeinen nicht, sodass (7.23) ungültig ist. In den meisten Fällen kann jedoch gezeigt werden, dass jede endliche Partialsumme in (7.23) für $h \to 0$ zu $T(h) - I$ asymptotisch ist. In diesen Fällen gilt die so genannte *Euler-MacLaurinsche Summenformel* in der Form

$$T(h) - I = c_1 h^2 + c_2 h^4 + \cdots + c_N h^{2N} + R_{N+1}(h) \tag{7.24}$$

für jedes feste N. Dabei sind die Koeffizienten dieser Fehlerentwicklung unabhängig von h und es ist $R_{N+1}(h) = O(h^{2N+2})$. Das bedeutet, dass für Trapezregelauswertungen mit verschiedenen Schrittweiten die Koeffizienten der Fehlerentwicklung gleich bleiben. Rechnet man z.B. mit zwei Schrittweiten h und H, so können die Werte $T(h)$ und $T(H)$ so kombiniert werden, dass in der Fehlerentwicklung der Kombination der h^2-Term verschwindet. Für $H = 2h$ entsteht die Regel

$$\tilde{I} := \frac{1}{3}\left(4T(h) - T(H)\right) \quad \text{mit} \quad \tilde{I} - I = O(h^4). \tag{7.25}$$

Offenbar ergibt diese Kombination gerade die Simpson-Regel. Das Verfahren kann systematisch fortgesetzt werden. Werden mehr als zwei Schrittweiten benutzt, dann ergibt sich ein Dreiecksschema. Dazu werden zunächst die Trapezregeln definiert als $T_{k,0} := T(h_k)$. Für die Schrittweitenwahl

$$h_k := \frac{b-a}{2^k}, \quad k = 0, 1, \cdots, m, \tag{7.26}$$

lassen sich die Trapezregeln $T_{k,0}$, $k > 0$, mit Hilfe der Vorgängerregel $T_{k-1,0}$ leicht rekursiv berechnen:

$$T_{k,0} = \frac{1}{2}T_{k-1,0} + h_k[f(a+h_k) + f(a+3h_k) + \cdots + f(b-3h_k) + f(b-h_k)] \tag{7.27}$$

Extrapolation auf $h^2 = 0$ ergibt das rekursive Dreiecksschema

$$T_{k,j} := \frac{4^j T_{k,j-1} - T_{k-1,j-1}}{4^j - 1} \quad \begin{cases} j = 1, 2, \ldots, m, \\ k = j, j+1, \ldots, m. \end{cases} \tag{7.28}$$

Der zuletzt berechnete Wert $T_{m,m}$ ist in der Regel am genauesten, es gilt die Fehlerabschätzung

$$|T_{k,j} - I| \leq \frac{(b-a)^{2j+3}\,|B_{2j+2}|}{4^{k-j}\,2^{j(j+1)}\,(2j+2)!} \max_{x\in[a,b]} |f^{(2j+2)}(x)| \tag{7.29}$$

mit den Bernoulli-Zahlen B_{2j+2} wie in (7.23).

Beispiel 7.4. Anwendung dieses Algorithmus auf Beispiel 7.2 ergibt das Schema

k	h_k	$T_{k,0}$	$T_{k,1}$	$T_{k,2}$	$T_{k,3}$
0	$\pi/2$	0.18			
1	$\pi/4$	0.72	0.9044		
2	$\pi/8$	0.93	0.9925	0.998386	
3	$\pi/16$	0.98	0.9995	0.999974	0.999999

Für den auf sechs Stellen genauen Wert $T_{3,3}$ liefert die Fehlerabschätzung die obere Schranke

$$|T_{3,3} - I| \leq 3 \cdot 10^{-5}.$$

Der Wert $T_{2,2} = 0.998386$, der sich aus den ersten drei Zeilen des Dreiecksschemas ergibt, benötigt ebenso fünf Funktionsauswertungen wie die Simpson-Regel in Beispiel 7.2, die aber einen fast fünfmal so großen Fehler aufweist. Bei neun Funktionsauswertungen ist der Fehler der Simpson-Regel $T_{3,1}$ 500 mal so groß wie der der Romberg-Integration $T_{3,3}$. △

Zur Genauigkeitssteuerung wird oft die obere Diagonale mit den Werten $T_{k,k}$ benutzt, indem für eine vorgegebene Toleranz ε auf $|T_{k,k} - T_{k-1,k-1}| < \varepsilon$ abgefragt wird. Im Allgemeinen konvergiert diese Diagonale *superlinear*. Wegen (7.23)/(7.24) geht dem Romberg-Algorithmus bei Funktionen mit Singularitäten, Sprungstellen oder Sprüngen in einer Ableitung die Grundlage verloren. Dementsprechend schlechter sind dann die Ergebnisse.

Beispiel 7.5. Die zweite Ableitung des scheinbar harmlosen Integranden von

$$I = \int_0^1 x^{3/2}\, dx = 0.4 \tag{7.30}$$

besitzt an der Stelle $x = 0$ eine Singularität. Die Romberg-Quadratur ergibt das Schema

k	h_k	$T_{k,0}$	$T_{k,1}$	$T_{k,2}$	$T_{k,3}$	$T_{k,4}$
0	1	0.50000000				
1	0.5	0.42677670	0.40236893			
2	0.25	0.40701811	0.40043191	0.40030278		
3	0.125	0.40181246	0.40007724	0.40005361	0.40004965	
4	0.0625	0.40046340	0.40001371	0.40000948	0.40000878	0.40000862

Hier bringt nur die zweite Spalte mit den $T_{k,1}$ – das sind die Simpson-Regeln – noch eine wesentliche Verbesserung gegenüber den Trapezregeln $T_{k,0}$, allerdings auch nicht mit einem Fehler $O(h^4)$ wie bei mindestens viermal stetig differenzierbaren Funktionen. Das liegt daran, dass wegen der Singularität der zweiten Ableitung die Reihenentwicklung des Fehlers (7.24) nach $c_1 h^2$ ungültig wird. △

Das Romberg-Verfahren besitzt den Vorteil einfach durchführbar zu sein, doch es ist zu aufwändig, wenn Integrale mit hoher Genauigkeit berechnet werden müssen. Beim Romberg-Verfahren verdoppelt sich der Aufwand bei jedem Halbierungsschritt. Die Situation kann etwas verbessert werden, wenn andere Schrittweitenfolgen benutzt werden, siehe etwa [Sto 02]. Der damit erzielbare Genauigkeitsgewinn wird aber von anderen Verfahrensklassen wie z.B. den Gauß-Regeln weit übertroffen, siehe Abschnitt 7.4.

7.3 Transformationsmethoden

In diesem Abschnitt behandeln wir solche Integrale, für welche im Fehlergesetz (7.24) der Trapezregel alle Terme endlicher Ordnung verschwinden. Das übrig bleibende Restglied ist dann exponentiell klein. Integrale mit dieser Eigenschaft treten nicht allzu selten auf und haben wichtige Anwendungen. Zudem können Integrale mit analytischen Integranden $f(x)$ durch geeignete Transformationen auf die erwähnten Fälle zurückgeführt werden.

7.3.1 Periodische Integranden

Ein erster Fall, wo in (7.24) alle c_k verschwinden, liegt vor, wenn der in $\mathbb{R}$ analytische Integrand $f(x)$ τ-periodisch ist,

$$f(x+\tau) = f(x) \quad \text{für alle } x \in \mathbb{R},$$

und sich die Integration über eine volle Periode erstreckt. Ohne Einschränkung der Allgemeinheit setzen wir $a = 0$, $b = \tau$. Dann gilt

$$f^{(2k-1)}(b) - f^{(2k-1)}(a) = 0, \quad k = 1, 2, \ldots. \tag{7.31}$$

Für jedes N ist im Fehlergesetz (7.24) nur das Restglied vorhanden. Anstatt das Restglied in (7.24) für periodische Funktionen zu untersuchen, ist es einfacher, direkt den Fehler der Trapezsummen durch die Fourier-Reihe von $f(x)$ auszudrücken. In komplexer Schreibweise mit $i^2 = -1$ sei also

$$f(x) = \sum_{k=-\infty}^{\infty} f_k e^{ikx\frac{2\pi}{\tau}} \tag{7.32}$$

mit den komplexen Fourier-Koeffizienten

$$f_k := \frac{1}{\tau} \int_0^{\tau} f(x) e^{-ikx\frac{2\pi}{\tau}}\, dx. \tag{7.33}$$

Wegen $f(\tau) = f(0)$ schreibt sich die Trapezsumme (7.13) bei n Teilintervallen als

$$T(h) = h \sum_{j=0}^{n-1} f(jh), \quad h = \frac{\tau}{n}, \quad n \in \mathbb{N}^*. \tag{7.34}$$

Setzen wir die Fourier-Reihe (7.32) in (7.34) ein und vertauschen die Summations-Reihenfolge, ergibt sich

$$T(h) = \frac{\tau}{n} \sum_{k=-\infty}^{\infty} f_k \sum_{j=0}^{n-1} e^{ijk\frac{2\pi}{n}}.$$

Von der Summe über k bleiben nur die Terme mit $k = nl$, $l \in \mathbb{Z}$, übrig, weil

$$\sum_{j=0}^{n-1} e^{ijk\frac{2\pi}{n}} = \begin{cases} n, & \text{für } k \equiv 0 \pmod{n} \\ 0, & \text{sonst} \end{cases},$$

und wir erhalten

$$T(h) = \tau \sum_{l=-\infty}^{\infty} f_{nl}. \tag{7.35}$$

Speziell gilt gemäß (7.33) $\tau f_0 = \int_0^{\tau} f(x)\, dx = I$, und somit ergibt sich aus (7.35) das Fehlergesetz

$$T(h) - I = \tau(f_n + f_{-n} + f_{2n} + f_{-2n} + \ldots). \tag{7.36}$$

Zur weiteren Diskussion benutzen wir aus der komplexen Analysis den folgenden [Hen 91]

Satz 7.3. *Sei $f(z)$ τ-periodisch und analytisch im Streifen $|Im(z)| < \omega$, $0 < \omega < \infty$, wobei der Rand des Streifens Singularitäten von $f(z)$ enthält. Dann klingen die Fourier-Koeffizienten f_k (7.33) von $f(z)$ ab wie eine geometrische Folge gemäß*

$$|f_k| = O\left(e^{-|k|(\omega-\varepsilon)\frac{2\pi}{\tau}}\right), \quad k \to \infty, \quad \varepsilon > 0.$$

Für Funktionen $f(x)$, welche die Voraussetzungen des Satzes 7.3 erfüllen, folgt aus (7.36) wegen $h = \tau/n$

$$\boxed{|T(h) - I| = O\left(e^{-(\omega-\varepsilon)\frac{2\pi}{h}}\right), \quad h > 0, \varepsilon > 0.} \tag{7.37}$$

Somit nimmt der Fehler der Trapezsumme $T(h)$ mit abnehmender Schrittlänge h *exponentiell* ab. Für hinreichend kleines h bewirkt die Halbierung der Schrittlänge etwa die Quadrierung des Fehlers. Die Anzahl der richtigen Dezimalstellen nimmt also etwa proportional zum geleisteten Rechenaufwand zu.

Der Algorithmus (7.20) eignet sich gut zur genäherten Berechnung von solchen Integralen. Um dem Konvergenzverhalten Rechnung zu tragen, kann als Abbruchkriterium in (7.20) die Bedingung $|T - M| < \sqrt{\varepsilon}$ verwendet werden, falls die zuletzt berechnete Trapezsumme etwa den Fehler ε gegenüber I aufweisen darf.

Integrale der diskutierten Art treten in der Praxis recht häufig auf. Zu nennen wären beispielsweise die Berechnung der Oberfläche eines Ellipsoides, die Integraldarstellung der Bessel-Funktionen, die Berechnung der reellen Fourier-Koeffizienten und die Bestimmung von Mittelwerten und Perioden.

Beispiel 7.6. Der Umfang U einer Ellipse mit den Halbachsen A und B mit $0 < B < A$ ist gegeben durch

$$U = \int_0^{2\pi} \sqrt{A^2 \sin^2\varphi + B^2 \cos^2\varphi}\, d\varphi = 4A \int_0^{\pi/2} \sqrt{1 - e^2 \cos^2\varphi}\, d\varphi. \tag{7.38}$$

wo $e := \sqrt{A^2 - B^2}/A$ ihre Exzentrizität ist. Wir berechnen die Trapezsummen mit den Schrittlängen $h = 2\pi/n$, $(n = 8, 16, 24, \ldots, 64)$ für $A = 1$, $B = 0.25$ und damit $e \doteq 0.968246$. In Tab. 7.2 sind die Ergebnisse zusammengestellt.

Die q-Werte sind die Quotienten von aufeinander folgenden Fehlern. Zur besseren Illustration des Konvergenzverhaltens wurde die Zahl n der Teilintervalle in arithmetischer Folge mit der Differenz $d = 8$ erhöht. Gemäß (7.37) verhalten sich dann die Fehler etwa wie eine geometrische Folge mit dem Quotienten $e^{-d\omega} = e^{-8\omega}$. Der Integrand (7.38) hat bei $\varphi = \pm i\omega$ mit $\cosh(\omega) = 4/\sqrt{15}$ Verzweigungspunkte und ist damit nur analytisch im Streifen $|\text{Im}(\varphi)| < 0.2554128$. Nach Satz 7.3 und (7.37) folgt daraus $\lim_{n\to\infty} |q_n| = e^{-8\omega} \doteq 0.1296$ in guter Übereinstimmung mit den festgestellten Quotienten in Tab. 7.2. Infolge des kleinen Wertes von ω für das gewählte Achsenverhältnis ist die Konvergenz der Trapezsummen relativ langsam. Für ein Achsenverhältnis $A/B = 2$ liefern bereits $n = 32$ Teilintervalle, d.h. acht Teilintervalle der Viertelperiode zehnstellige Genauigkeit. △

Tab. 7.2 Trapezsummen für periodischen Integranden.

n	$T\left(\frac{2\pi}{n}\right)$	q_n
8	4.2533048630	
16	4.2877583000	0.0405
24	4.2891119296	0.0681
32	4.2892026897	0.0828
40	4.2892101345	0.0919
48	4.2892108138	0.0980
56	4.2892108800	0.1024
64	4.2892108868	0.1057

7.3.2 Integrale über $\mathbb{R}$

Den zweiten Spezialfall des Fehlergesetzes (7.24) erhalten wir für uneigentliche Integrale der Form

$$I = \int_{-\infty}^{\infty} f(x)\,dx. \tag{7.39}$$

Dabei sei $f(x)$ absolut integrierbar und auf der ganzen reellen Achse analytisch. Zudem soll $f^{(k)}(a) \to 0$ für $a \to \pm\infty$, $k = 0, 1, 2, \ldots$, gelten. Der formale Grenzübergang $a \to -\infty$ und $b \to \infty$ in (7.23) lässt erwarten, dass die Trapezintegration (7.22) für die Berechnung des Integrals (7.39) ebenfalls besonders gute Approximationen liefert. Dies ist in der Tat der Fall, denn das Fehlergesetz wird jetzt durch die *Poissonsche Summenformel* geliefert. Wir begnügen uns mit einer formalen Diskussion und verweisen für eine strenge Behandlung auf [Hen 91]. Die zu (7.39) definierte Trapezsumme (7.21)

$$T(h, s) := h \sum_{j=-\infty}^{\infty} f(jh + s) \tag{7.40}$$

ist als Funktion von s periodisch mit der Periode h und kann deshalb als Fourier-Reihe

$$T(h, s) = \sum_{k=-\infty}^{\infty} t_k e^{iks\frac{2\pi}{h}} \tag{7.41}$$

mit den Fourier-Koeffizienten

$$t_k = \frac{1}{h} \int_0^h T(h, s) e^{-iks\frac{2\pi}{h}}\,ds \tag{7.42}$$

geschrieben werden. Einsetzen von (7.40) in (7.42) ergibt nach Vertauschung von Integration und Summation

$$t_k = \sum_{j=-\infty}^{\infty} \int_0^h f(jh + s) e^{-iks\frac{2\pi}{h}}\,ds = \int_{-\infty}^{\infty} f(s) e^{-iks\frac{2\pi}{h}}\,ds.$$

Führen wir das Fourier-Integral

$$g(t) := \int_{-\infty}^{\infty} f(s)e^{-ist}ds \tag{7.43}$$

des Integranden $f(s)$ ein, so erhalten wir aus (7.41) die *Poissonsche Summenformel*

$$T(h,s) = \mathrm{HW}\left\{\sum_{k=-\infty}^{\infty} g\left(k\frac{2\pi}{h}\right)e^{isk\frac{2\pi}{h}}\right\}, \tag{7.44}$$

wobei HW für den Hauptwert steht, der bei symmetrischer Bildung der unendlichen Summe resultiert. Nun ist speziell $g(0) = I$, und somit folgt aus (7.44)

$$T(h,s) - I = \mathrm{HW}\left\{\sum_{k\neq 0} g\left(k\frac{2\pi}{h}\right)e^{isk\frac{2\pi}{h}}\right\}. \tag{7.45}$$

Für das Verhalten des Fehlers bei $h \to 0$ ist das Verhalten des Fourier-Integrals (7.43) bei $t \to \infty$ maßgebend. Dazu gilt

Satz 7.4. *Sei $f(z)$ eine über $\mathbb{R}$ integrierbare, im Streifen $|Im(z)| < \omega$, $0 < \omega < \infty$, analytische Funktion, wobei der Rand des Streifens Singularitäten von $f(z)$ enthält. Dann gilt für das Fourier-Integral (7.43) asymptotisch $|g(t)| = O(e^{-|t|(\omega-\varepsilon)})$ für $|t| \to \infty$ und jedes $\varepsilon > 0$.*

Auf Grund von Satz 7.4 folgt aus (7.45)

$$\boxed{|T(h,s) - I| = O\left(e^{-(\omega-\varepsilon)\frac{2\pi}{h}}\right), \quad h > 0, \varepsilon > 0.} \tag{7.46}$$

In formaler Übereinstimmung mit (7.37) ist der Fehler der Trapezsumme wiederum für $h \to 0$ exponentiell klein.

Beispiel 7.7. Für $f(x) = e^{-x^2/2}$ sind

$$I = \int_{-\infty}^{\infty} e^{-x^2/2}\,dx = \sqrt{2\pi} \doteq 2.50662827463, \quad g(t) = \sqrt{2\pi}e^{-t^2/2}. \tag{7.47}$$

Mit dem Verfahren (7.22) erhalten wir $T(2,0) = 2.542683044$, $T(1,0) = 2.506628288$, $T\left(\frac{1}{2},0\right) = 2.506628275$. Da der Integrand sehr rasch abklingt, liefert die Summation im Intervall $[-7,7]$ schon zehnstellige Genauigkeit. Bei hinreichend hoher Rechengenauigkeit wäre gemäß (7.45) und (7.47) der Fehler in $T\left(\frac{1}{2},0\right)$ betragsmäßig kleiner als $3 \cdot 10^{-34}$. △

Die rasche Konvergenz von $T(h,s)$ bezüglich Verkleinerung von h besteht nach (7.46) auch in Fällen von langsam abklingendem $f(x)$. Allerdings wird dann die Berechnung von $T(h,s)$ nach (7.22) sehr aufwändig.

Beispiel 7.8. Für die Funktion $f(x) = 1/(1+x^2)$ ist das Fourier-Integral (7.43) $g(t) = \pi e^{-|t|}$. Somit besitzen die Trapezsummen für das uneigentliche Integral nach (7.44) die explizite Darstellung

$$T(h,s) = \pi + 2\pi \sum_{k=1}^{\infty} e^{-k\frac{2\pi}{h}} \cos\left(sk\frac{2\pi}{h}\right).$$

Aus dieser expliziten Formel berechnen sich die Werte $T(2,0) = 3.4253772$, $T(1,0) = 3.1533481$, $T\left(\frac{1}{2},0\right) = 3.141614566$, $T\left(\frac{1}{4},0\right) = 3.141592654$. Die rasche Konvergenz der Trapezsummen gegen den Wert $I = \pi$ besteht auch hier, doch wären zur Berechnung von $T(h,0)$ nach (7.22) mit derselben Genauigkeit rund 10^{10} Terme nötig. △

7.3.3 Variablensubstitution

Die klassische Technik der Variablensubstitution soll im folgenden dazu eingesetzt werden, das Integral (7.1) so zu transformieren, dass es mit einer schnell konvergenten Quadraturmethode ausgewertet werden kann. Wir definieren die Substitution durch

$$x = \varphi(t), \qquad \varphi'(t) > 0, \tag{7.48}$$

wo $\varphi(t)$ eine geeignet gewählte, einfach berechenbare und streng monotone, analytische Funktion ist. Ihre Inverse bildet das Integrationsintervall $[a,b]$ bijektiv auf das Intervall $[\alpha,\beta]$ mit $\varphi(\alpha) = a$, $\varphi(\beta) = b$ ab. Damit erhalten wir

$$I = \int_a^b f(x)\,dx = \int_\alpha^\beta F(t)dt \quad \text{mit } F(t) := f(\varphi(t))\varphi'(t). \tag{7.49}$$

Hauptanwendungen der Variablensubstitution sind die Behandlung von Integralen mit singulärem Integranden und von Integralen über unbeschränkte Intervalle mit schwach abklingenden Integranden. Die ersten Ansätze dieser Methoden gehen zurück auf [Goo 49, Sag 64, Sch 69, Ste 73a, Tak 73]. Im Folgenden stellen wir einige der wichtigsten Substitutionen vor.

a) *Algebraische Substitution.* Als Modell eines Integrals mit einer algebraischen Randsingularität betrachten wir

$$I = \int_0^1 x^{p/q} f(x)\,dx, \quad q = 2,3,\ldots; \quad p > -q, \quad p \in \mathbb{Z}, \tag{7.50}$$

wobei $f(x)$ in $[0,1]$ analytisch sei. Die Bedingung für p und q garantiert die Existenz von I. Die Variablensubstitution

$$x = \varphi(t) = t^q, \qquad \varphi'(t) = qt^{q-1} > 0 \text{ in } (0,1)$$

führt (7.50) über in das Integral

$$I = q\int_0^1 t^{p+q-1} f(t^q)dt,$$

welches wegen $p + q - 1 \geq 0$ existiert und keine Singularität aufweist. Es kann mit dem Romberg-Verfahren oder der Gauß-Integration (vgl. Abschnitt 7.4) effizient ausgewertet werden. Das Integral $I = \int_0^1 x^{3/2}\,dx$ von Beispiel 7.5 geht durch die Substitution $x = t^2$ in das Integral $I = 2\int_0^1 t^4 dt$ mit polynomialem Integranden über, das auch numerisch problemlos zu berechnen ist.

b) tanh-*Substitution.* Sind integrierbare Singularitäten von unbekannter, eventuell von logarithmischer Natur an den beiden Intervallenden vorhanden, soll $\varphi(t)$ in (7.48) so gewählt werden, dass das Integrationsintervall auf die ganze reelle Achse ($\alpha = -\infty, \beta = \infty$) abgebildet wird. Um exponentielles Abklingen des transformierten Integranden zu begünstigen, soll $\varphi(t)$ asymptotisch exponentiell gegen die Grenzwerte a und b streben. Für das Integral

$$I = \int_{-1}^{1} f(x)\,dx$$

erfüllt beispielsweise die Substitution

$$x = \varphi(t) = \tanh(t), \qquad \varphi'(t) = \frac{1}{\cosh^2(t)} \tag{7.51}$$

die gestellten Bedingungen. Das transformierte Integral ist

$$I = \int_{-\infty}^{\infty} F(t)dt \quad \text{mit} \quad F(t) = \frac{f(\tanh(t))}{\cosh^2(t)}. \tag{7.52}$$

Wegen des sehr rasch anwachsenden Nenners wird der Integrand $F(t)$ für $t \to \pm\infty$ meistens exponentiell abklingen, so dass das Integral (7.52) mit der Trapezregel (7.22) effizient berechnet werden kann. Die numerische Auswertung von $F(t)$ muss aber sehr sorgfältig erfolgen. Denn für große Werte von $|t|$ kann im Rahmen der Genauigkeit des Rechners $\tanh(t) = \pm 1$ resultieren. Hat $f(x)$ Randsingularitäten, könnte $F(t)$ für große $|t|$ aus diesem Grund nicht berechnet werden. Um diese numerische Schwierigkeit zu beheben, können beispielsweise die Relationen

$$\tanh(t) = -1 + e^t / \cosh(t) = -1 + \xi, \quad t \le 0,$$
$$\tanh(t) = 1 - e^{-t} / \cosh(t) = 1 - \eta, \quad t \ge 0.$$

zusammen mit lokal gültigen Entwicklungen für $f(-1+\xi)$ und $f(1-\eta)$ verwendet werden. Eine weitere Schwierigkeit der tanh-Substitution besteht darin, dass sehr große Zahlen erzeugt werden, so dass sie auf Rechnern mit kleinem Exponentenbereich versagen kann.
Durch die Substitution (7.51) wird nicht in jedem Fall garantiert, dass der transformierte Integrand $F(t)$ beidseitig exponentiell abklingt. Ein Beispiel dazu ist

$$f(x) = \frac{x^2}{(1-x^2)\mathrm{Artanh}^2(\mathrm{x})} \text{ mit } F(t) = \frac{\tanh^2(t)}{t^2}.$$

c) sinh-*Substitution.* Wir betrachten Integrale mit unbeschränktem Integrationsintervall, die wegen zu langsamen Abklingens von $f(x)$ die Berechnung von zu vielen Termen in der Trapezregel erfordern. In diesen Fällen eignet sich die Variablensubstitution

$$x = \varphi(t) = \sinh(t), \tag{7.53}$$

so dass wir

$$I = \int_{-\infty}^{\infty} f(x)\,dx = \int_{-\infty}^{\infty} F(t)dt \quad \text{mit } F(t) = f(\sinh(t))\cosh(t) \tag{7.54}$$

erhalten. Nach einer endlichen Anzahl von sinh-Substitutionen nach (7.53) resultiert ein beidseitig exponentiell abklingender Integrand, auf den die Trapezregel (7.22) effizient anwendbar ist. Meistens genügt ein Substitutionsschritt. Nur in sehr speziellen Fällen von integrierbaren Funktionen kann die gewünschte Eigenschaft nicht mit einer endlichen Anzahl von sinh-Substitutionen erreicht werden [Sze 62].

Beispiel 7.9. Mit der *sinh*-Substitution ergibt sich für das Integral von Beispiel 7.8

$$I = \int_{-\infty}^{\infty} \frac{dx}{1+x^2} = \int_{-\infty}^{\infty} \frac{dt}{\cosh(t)} = \pi.$$

Die Trapezsummen sind

$T(2,0)$	$T(1,0)$	$T(1/2,0)$	$T(1/4,0)$
3.232618532	3.142242660	3.141592687	3.141592654

Um die Trapezsummen mit zehnstelliger Genauigkeit zu erhalten, sind nur Werte $|t| \leq 23$ zu berücksichtigen. Die Trapezsumme $T(1/2,0)$ ist bereits eine in acht Stellen genaue Näherung für I, und $T(1/4,0)$ wäre bei hinreichend genauer Rechnung sogar in sechzehn Stellen genau. △

d) exp-*Substitution.* Integrale mit halbunendlichen Intervallen (a, ∞) lassen sich vermittels der einfachen Substitution

$$x = \varphi(t) = a + e^t$$

überführen in

$$I = \int_{a}^{\infty} f(x)\,dx = \int_{-\infty}^{\infty} f(a+e^t)e^t dt.$$

Ein Nachteil der Substitutionsmethode mag sein, dass ein Quadraturverfahren erst angewendet werden kann, nachdem von Hand Umformungen ausgeführt worden sind. Wir zeigen nun, dass bei gegebener Abbildung $x = \varphi(t)$ die Substitution rein numerisch, d.h. mit Werten von $\varphi(t)$ und $\varphi'(t)$ ausgeführt werden kann. Zu diesem Zweck nehmen wir an, dass die genäherte Berechnung des transformierten Integrals (7.49) mit einer n-Punkte-Quadraturformel (7.1) mit Knoten t_j, Gewichten v_j und Restglied R_{n+1} erfolgt.

$$I = \int_{\alpha}^{\beta} F(t)dt = \sum_{j=1}^{n} v_j F(t_j) + R_{n+1} \tag{7.55}$$

Auf Grund der Definition von $F(t)$ in (7.49) lässt sich (7.55) auch als Quadraturformel für das ursprüngliche Integral interpretieren mit Knoten x_j und Gewichten w_j, nämlich

$$\tilde{I} = \sum_{j=1}^{n} w_j f(x_j), \quad x_j := \varphi(t_j), \quad w_j := v_j \varphi'(t_j), \quad j = 1, 2, \ldots, n. \tag{7.56}$$

Am einfachsten ist es, die Werte von x_j und w_j direkt zu berechnen, wenn sie gebraucht werden. Dies ist wegen der Wahl von $\varphi(t)$ als einfache Funktion meistens sehr effizient möglich. Um die Rechnung noch effizienter zu gestalten, kann aber auch eine Tabelle x_j und w_j bereitgestellt werden, auf die bei der Anwendung der Quadraturformel (7.56) zugegriffen wird. Weitere und insbesondere speziellere Realisierungen dieser Idee findet man in [Iri 70, Mor 78, Tak 74].

7.4 Gauß-Integration

Bei den bisher betrachteten Quadraturformeln sind wir stets von vorgegebenen (meistens äquidistanten) Stützstellen ausgegangen. Ein Ansatz, der auf Gauß zurückgeht, benutzt *sowohl* die Integrationsgewichte *als auch* die Stützstellen zur Konstruktion der Quadraturformel und übertrifft damit für glatte Funktionen noch den hohen Genauigkeitsgrad der Romberg-Integration. In seiner allgemeinen Formulierung erlaubt er darüberhinaus die Entwicklung von Quadraturformeln für spezielle Klassen von Integranden. Wir beschränken uns zunächst auf das Intervall $[-1, 1]$. Diese Festlegung geschieht wegen gewisser Eigenschaften der Legendre-Polynome, die hier ausgenutzt werden. Jedes endliche Intervall $[a, b]$ lässt sich mit Hilfe einer linearen Transformation auf das Intervall $[-1, 1]$ transformieren, sodass die Entwicklung der Quadraturformeln für $[-1, 1]$ keine Einschränkung darstellt.

Bestimme für die numerische Integrationsformel

$$\int_{-1}^{1} f(x)\,dx = \sum_{i=1}^{n} w_i f(x_i) + E_n[f] = Q_n + E_n[f], \qquad x_i \in [-1, 1] \tag{7.57}$$

die Integrationsgewichte w_i und die Stützstellen x_i so, dass ein Polynom möglichst hohen Grades exakt integriert wird.

Die Newton-Cotes-Formeln integrieren bei n Stützstellen ein Polynom $(n-1)$-ten Höchstgrades exakt; die Gauß-Integration schafft das bis zum Polynomgrad $2n-1$.

Beispiel 7.10. : $n = 2$

$$\int_{-1}^{1} f(x)\,dx \approx \sum_{i=1}^{2} w_i f(x_i). \tag{7.58}$$

Zur Konstruktion dieser Gauß-Formel müssen x_1, x_2, w_1 und w_2 so bestimmt werden, dass für jedes Polynom 3. Grades $p(x)$

$$\int_{-1}^{1} p(x)\,dx = \int_{-1}^{1} (a_0 + a_1 x + a_2 x^2 + a_3 x^3)\,dx = w_1 p(x_1) + w_2 p(x_2) \tag{7.59}$$

gilt. Integration und Koeffizientenvergleich ergeben

$$\begin{aligned} w_1 &= 1, & w_2 &= 1, \\ x_1 &= \frac{-1}{\sqrt{3}}, & x_2 &= \frac{1}{\sqrt{3}}. \end{aligned}$$

Das ergibt die Quadraturformel

$$\int_{-1}^{1} f(x)\,dx \approx f(\frac{-1}{\sqrt{3}}) + f(\frac{1}{\sqrt{3}}). \tag{7.60}$$

Diese Formel lässt sich leicht auf ein allgemeines Intervall transformieren:

$$\begin{aligned} \int_a^b f(x)\,dx &\approx \frac{b-a}{2}\,(f(u_1) + f(u_2)) \quad \text{mit} \\ u_i &= \frac{a+b}{2} + \frac{b-a}{2} x_i, \quad i = 1, 2. \end{aligned} \tag{7.61}$$

△

Satz 7.5. *Der Genauigkeitsgrad einer Quadraturformel (7.57) mit n Knoten ist höchstens* $(2n-1)$.

Beweis. Wir betrachten das Polynom vom Grad $2n$

$$q(x) := \prod_{k=1}^{n} (x - x_k)^2,$$

welches mit den n paarweise verschiedenen Integrationsstützstellen der Quadraturformel gebildet wird. Für das nicht identisch verschwindende Polynom gilt $q(x) \geq 0$ für alle $x \in [-1, 1]$, und folglich ist

$$I = \int_{-1}^{1} q(x)\, dx > 0.$$

Die Quadraturformel (7.57) ergibt jedoch wegen $q(x_k) = 0$, $k = 1, 2, \ldots, n$, den Wert $Q = 0$, d.h. es ist $E[q] \neq 0$, und ihr Genauigkeitsgrad muss kleiner als $2n$ sein. □

Satz 7.6. *Es existiert genau eine Quadraturformel*

$$Q = \sum_{k=1}^{n} w_k f(x_k), \quad x_k \in [-1, 1], \tag{7.62}$$

mit n Integrationsstützstellen x_k, *die den maximalen Genauigkeitsgrad* $(2n-1)$ *besitzt. Die Stützstellen* x_k *sind die Nullstellen des n-ten Legendre-Polynoms* $P_n(x)$ *(3.233), und die Integrationsgewichte sind gegeben durch*

$$w_k = \int_{-1}^{1} \prod_{\substack{j=1 \\ j \neq k}}^{n} \left(\frac{x - x_j}{x_k - x_j} \right)^2 dx > 0, \quad k = 1, 2, \ldots, n. \tag{7.63}$$

Beweis. Die verschiedenen Aussagen beweisen wir in drei Teilen.

a) Zuerst befassen wir uns mit der Existenz einer Quadraturformel vom Genauigkeitsgrad $(2n-1)$. Zu diesem Zweck benutzen wir die Tatsache, dass das Legendre-Polynom $P_n(x)$ nach Satz 3.39 n einfache Nullstellen $x_1, x_2, \ldots, x_n$ im Innern des Intervalls $[-1, 1]$ besitzt. Zu diesen n paarweise verschiedenen Stützstellen existiert nach Satz 7.2 eine eindeutig bestimmte Newton-Cotes-Formel, deren Genauigkeitsgrad mindestens gleich $(n-1)$ ist.

Es sei $p(x)$ ein beliebiges Polynom, dessen Grad höchstens gleich $(2n-1)$ ist. Wird $p(x)$ durch das n-te Legendre-Polynom $P_n(x)$ dividiert mit Rest, so erhalten wir folgende Darstellung

$$p(x) = q(x) P_n(x) + r(x) \tag{7.64}$$

mit Grad $(q(x)) \leq n-1$ und Grad $(r(x)) \leq n-1$. Damit ergibt sich

$$\int_{-1}^{1} p(x)\,dx = \int_{-1}^{1} q(x)P_n(x)\,dx + \int_{-1}^{1} r(x)\,dx = \int_{-1}^{1} r(x)\,dx, \tag{7.65}$$

da ja das Legendre-Polynom $P_n(x)$ auf Grund der Orthogonalitätseigenschaften (3.234) zu allen Legendre-Polynomen kleineren Grades $P_0(x)$, $P_1(x)$, …, $P_{n-1}(x)$ und folglich zu $q(x)$ orthogonal ist.

Für die Newton-Cotes-Formel zu den Stützstellen x_k mit den zugehörigen Gewichten w_k gilt für das Polynom $p(x)$ wegen (7.64), wegen $P_n(x_k) = 0$ und gemäß (7.65)

$$\begin{aligned}\sum_{k=1}^{n} w_k p(x_k) &= \sum_{k=1}^{n} w_k q(x_k) P_n(x_k) + \sum_{k=1}^{n} w_k r(x_k) = \sum_{k=1}^{n} w_k r(x_k) \\ &= \int_{-1}^{1} r(x)\,dx = \int_{-1}^{1} p(x)\,dx.\end{aligned} \tag{7.66}$$

Die zweitletzte Gleichung in (7.66) beruht auf der Tatsache, dass die Newton-Cotes-Formel mindestens den Genauigkeitsgrad $(n-1)$ besitzt. Somit ist gezeigt, dass die Quadraturformel (7.62) für jedes Polynom vom Grad kleiner $2n$ exakt ist. Wegen Satz 7.5 ist der Genauigkeitsgrad maximal.

b) Die Integrationsgewichte w_k der Newton-Cotes-Formel sind wegen des gegenüber (7.3) leicht geänderten Ansatzes gegeben durch

$$w_k = \int_{-1}^{1} L_k(x)\,dx = \int_{-1}^{1} \prod_{\substack{j=1\\ j\neq k}}^{n} \left(\frac{x-x_j}{x_k-x_j}\right) dx, \quad k = 1, 2, \ldots, n, \tag{7.67}$$

wo $L_k(x)$ das Lagrange-Polynom zu den Stützstellen x_1, …, x_n mit $L_k(x_j) = \delta_{kj}$ vom Grad $(n-1)$ darstellt. Diese Darstellung führt nicht weiter. Deshalb nutzen wir die bereits bewiesene Tatsache aus, dass die zu den Stützstellen x_k gehörige Newton-Cotes-Formel den Genauigkeitsgrad $(2n-1)$ besitzt, und deshalb für das Polynom $L_k^2(x)$ vom Grad $(2n-2)$ den exakten Wert liefert. Folglich gilt für $k = 1, 2, \ldots, n$

$$0 < \int_{-1}^{1} L_k^2(x)\,dx = \int_{-1}^{1} \prod_{\substack{j=1\\ j\neq k}}^{n} \left(\frac{x-x_j}{x_k-x_j}\right)^2 dx = \sum_{\mu=1}^{n} w_\mu L_k^2(x_\mu) = w_k. \tag{7.68}$$

Damit ist (7.63) bewiesen. Insbesondere folgt aus dieser Darstellung, dass die Gewichte w_k für jedes $n \in \mathbb{N}^*$ positiv sind.

c) Um die Eindeutigkeit der Quadraturformel zu beweisen, nehmen wir an, es existiere eine weitere Formel

$$Q^* := \sum_{k=1}^{n} w_k^* f(x_k^*), \quad x_k^* \neq x_j^* \text{ für alle } k \neq j, \tag{7.69}$$

deren Genauigkeitsgrad ebenfalls gleich $(2n-1)$ ist. Auf Grund der Betrachtungen im Teil b) gilt auch für (7.69), dass die Gewichte $w_k^* > 0$, $k = 1, 2, \ldots, n$, sind. Wir wollen zeigen, dass die Integrationsstützstellen x_k^* unter den genannten Bedingungen bis auf eine Permutation mit den x_k von (7.62) übereinstimmen. Dazu betrachten wir das Hilfspolynom

$$h(x) := L_k^*(x) P_n(x), \quad L_k^*(x) := \prod_{\substack{j=1 \\ j\neq k}}^{n} \left(\frac{x - x_j^*}{x_k^* - x_j^*} \right), \quad \text{Grad}(h(x)) = 2n - 1.$$

Wegen unserer Annahme liefert die Quadraturformel (7.69) den exakten Wert des Integrals für $h(x)$, und somit gilt für $k = 1, 2, \ldots, n$

$$\begin{aligned} 0 = \int_{-1}^{1} h(x)\, dx = \int_{-1}^{1} L_k^*(x) P_n(x)\, dx &= \sum_{\mu=1}^{n} w_\mu^* L_k^*(x_\mu^*) P_n(x_\mu^*) \\ &= w_k^* P_n(x_k^*), \end{aligned} \tag{7.70}$$

denn das zweite Integral ist infolge der Orthogonalität von $P_n(x)$ zu allen Polynomen vom Grad kleiner als n gleich null. Da aber $w_k^* > 0$ ist, muss $P_n(x_k^*) = 0, k = 1, 2, \ldots, n$, gelten, d.h. die Integrationsstützstellen x_k^* von (7.69) müssen notwendigerweise die Nullstellen des n-ten Legendre-Polynoms $P_n(x)$ sein. Sie sind damit eindeutig festgelegt. Für die zugehörige Quadraturformel sind auch die Gewichte durch (7.67) eindeutig bestimmt. □

Die nach Satz 7.6 charakterisierten Integrationsmethoden mit maximalem Genauigkeitsgrad heißen *Gaußsche Quadraturformeln.* Für ihre hohe Genauigkeit muss man zwei Nachteile in Kauf nehmen:

- Die Bestimmung der Koeffizienten und Stützstellen hängt vom Integrationsintervall ab.
- Es ergeben sich für jedes n andere Koeffizienten und Stützstellen.

Der erste Nachteil lässt sich leicht durch die lineare Transformation

$$t = \frac{b-a}{2} x + \frac{a+b}{2} \tag{7.71}$$

ausräumen. Es ist

$$I = \int_a^b f(t) dt = \frac{b-a}{2} \int_{-1}^{1} f\left(\frac{b-a}{2} x + \frac{a+b}{2} \right) dx,$$

und die Quadraturformel erhält damit die Gestalt

$$Q = \frac{b-a}{2} \sum_{k=1}^{n} w_k f\left(\frac{b-a}{2} x_k + \frac{a+b}{2} \right). \tag{7.72}$$

Die Rechenschritte fassen wir im Algorithmus Tab. 7.3 zusammen.

Tab. 7.3 Gauß-Legendre-Integration über das Intervall $[a, b]$.

(1) Stützstellen-Transformation

Für $i = 1, \cdots, n$

$$t_i = \frac{a+b}{2} + \frac{b-a}{2} x_i$$

(2) Transformiertes Integral

$$\hat{I} := \sum_{i=1}^{n} w_i f(t_i)$$

(3) Transformation auf $[-1, 1]$

$$\tilde{I} = \hat{I}\,\frac{b-a}{2}$$

Der zweite Nachteil wiegt schwerer. Zur rechnerischen Anwendung der Gaußschen Quadraturformeln werden die für jedes n unterschiedlichen Stützstellen x_k und Gewichte w_k als Zahlen in ausreichender Genauigkeit (meist 15 Dezimalstellen) benötigt. Um die Genauigkeit über n steuern zu können, müssen also sehr viele Zahlen verwaltet oder jeweils neu berechnet werden. Sie sind in einschlägigen Tabellen oder Programmbibliotheken enthalten. Nun kann zunächst berücksichtigt werden, dass die von null verschiedenen Stützstellen x_k paarweise symmetrisch zum Nullpunkt liegen. Wegen (7.63) sind die Gewichte für diese Paare gleich. Deshalb genügt die Angabe der nichtnegativen Knoten x_k und ihrer Gewichte w_k. In der Regel werden die Stützstellen x_k in absteigender Reihenfolge $1 > x_1 > x_2 > \ldots$ tabelliert [Abr 71, Sch 76, Str 74, Str 66].

Wir wollen aber hier noch eine numerisch stabile Methode darstellen, um die Nullstellen x_k des n-ten Legendre-Polynoms und die Integrationsgewichte w_k zu berechnen [Gau 70, Gol 69]. Als Grundlage dient der

Satz 7.7. *Das n-te Legendre-Polynom $P_n(x), n \geq 1$ ist gleich der Determinante n-ter Ordnung*

$$P_n(x) = \begin{vmatrix} a_1 x & b_1 & & & & \\ b_1 & a_2 x & b_2 & & & \\ & b_2 & a_3 x & b_3 & & \\ & & \ddots & \ddots & \ddots & \\ & & & b_{n-2} & a_{n-1} x & b_{n-1} \\ & & & & b_{n-1} & a_n x \end{vmatrix}, \quad \begin{aligned} a_k &= \frac{2k-1}{k}, \\ b_k &= \sqrt{\frac{k}{k+1}}, \\ n &= 1, 2, 3, \ldots \end{aligned} \tag{7.73}$$

Beweis. Wir zeigen, dass die Determinanten für drei aufeinanderfolgende Werte von n die Rekursionsformel (3.239) der Legendre-Polynome erfüllen. Dazu wird die Determinante

(7.73) nach der letzten Zeile entwickelt und wir erhalten

$$P_n(x) = a_n x P_{n-1}(x) - b_{n-1}^2 P_{n-2}(x), \quad n \geq 3. \tag{7.74}$$

Ersetzen wir darin n durch $(n+1)$ und beachten die Definition der a_k und b_k, folgt in der Tat die bekannte Rekursionsformel (3.239), die mit $P_0(x) = 1$ auch für $n = 1$ gilt. □

Nach Satz 7.6 sind die x_k die Nullstellen der Determinante (7.73). Diese können als Eigenwerte einer symmetrischen, tridiagonalen Matrix $\boldsymbol{J}_n$ erhalten werden. Um dies einzusehen, eliminieren wir die verschiedenen Koeffizienten a_i in der Diagonale derart, dass die Symmetrie der Determinante erhalten bleibt. Dazu werden die k-te Zeile und Spalte durch $\sqrt{a_k} = \sqrt{(2k-1)/k}$ dividiert, und aus (7.73) folgt

$$P_n(x) = \begin{vmatrix} x & \beta_1 & & & & \\ \beta_1 & x & \beta_2 & & & \\ & \beta_2 & x & \beta_3 & & \\ & \ddots & \ddots & \ddots & & \\ & & \beta_{n-2} & x & \beta_{n-1} \\ & & & \beta_{n-1} & x \end{vmatrix} \cdot \prod_{k=1}^{n} a_k. \tag{7.75}$$

Die Nebendiagonalelemente in (7.75) sind für $k = 1, 2, \ldots, n-1$

$$\beta_k = \frac{b_k}{\sqrt{a_k a_{k+1}}} = \sqrt{\frac{k \cdot k \cdot (k+1)}{(k+1)(2k-1)(2k+1)}} = \frac{k}{\sqrt{4k^2-1}}. \tag{7.76}$$

Da die Nullstellen $x_k \neq 0$ von $P_n(x)$ paarweise entgegengesetztes Vorzeichen haben, sind sie die Eigenwerte der symmetrischen, tridiagonalen Matrix

$$\boldsymbol{J}_n = \begin{pmatrix} 0 & \beta_1 & & & & \\ \beta_1 & 0 & \beta_2 & & & \\ & \beta_2 & 0 & \beta_3 & & \\ & \ddots & \ddots & \ddots & & \\ & & \beta_{n-2} & 0 & \beta_{n-1} \\ & & & \beta_{n-1} & 0 \end{pmatrix} \in \mathbb{R}^{n,n}, \tag{7.77}$$

die mit dem QR-Algorithmus (vgl. Abschnitt 5.5) stabil und effizient berechnet werden können. Aber auch die Integrationsgewichte w_k lassen sich mit Hilfe der Eigenwertaufgabe für $\boldsymbol{J}_n$ berechnen. Um diese Verbindung herzustellen, verifizieren wir, dass

$$\begin{aligned} \boldsymbol{z}^{(k)} &:= (\alpha_0\sqrt{a_1}P_0(x_k),\, \alpha_1\sqrt{a_2}P_1(x_k),\, \alpha_2\sqrt{a_3}P_2(x_k), \ldots,\, \alpha_{n-1}\sqrt{a_n}P_{n-1}(x_k))^T \in \mathbb{R}^n \\ &\quad \text{mit } \alpha_0 := 1,\ \alpha_j := 1 \Big/ \prod_{l=1}^{j} b_l, \quad j = 1, 2, \ldots, n-1, \end{aligned} \tag{7.78}$$

für $k = 1, 2, \ldots, n$ Eigenvektor von $\boldsymbol{J}_n$ zum Eigenwert x_k ist. Für die erste Komponente von $\boldsymbol{J}_n \boldsymbol{z}^{(k)}$ gilt wegen (7.73), (7.76) und (7.78)

$$\alpha_1 \beta_1 \sqrt{a_2} P_1(x_k) = x_k = x_k \{\alpha_0 \sqrt{a_1} P_0(x_k)\}.$$

Für die i-te Komponente, $1 < i < n$, erhalten wir nach mehreren Substitutionen und wegen (7.74)

$$\begin{aligned} &\alpha_{i-2}\beta_{i-1}\sqrt{a_{i-1}}P_{i-2}(x_k) + \alpha_i\beta_i\sqrt{a_{i+1}}P_i(x_k) \\ &= \frac{\alpha_{i-1}}{\sqrt{a_i}}\{P_i(x_k) + b_{i-1}^2 P_{i-2}(x_k)\} = x_k\{\alpha_{i-1}\sqrt{a_i}P_{i-1}(x_k)\}. \end{aligned}$$

Diese Beziehung bleibt auch für die letzte Komponente mit $i = n$ wegen $P_n(x_k) = 0$ gültig.

Weiter benutzen wir die Tatsachen, dass die Legendre-Polynome $P_0(x)$, $P_1(x)$, ..., $P_{n-1}(x)$ durch die Gaußsche Quadratformel exakt integriert werden und dass die Orthogonalitätseigenschaft (3.234) gilt.

$$\begin{aligned} \int_{-1}^{1} P_0(x)P_i(x)\,dx &= \int_{-1}^{1} P_i(x)\,dx \\ &= \sum_{k=1}^{n} w_k P_i(x_k) = \begin{cases} 2 & \text{für } i = 0, \\ 0 & \text{für } i = 1, 2, \ldots, n-1. \end{cases} \end{aligned} \tag{7.79}$$

Die Gewichte w_k erfüllen somit das Gleichungssystem (7.79). Wenn wir die erste Gleichung mit $\alpha_0\sqrt{a_1} = 1$, und die j-te Gleichung, $j = 2, 3, \ldots, n$, mit $\alpha_{j-1}\sqrt{a_j} \neq 0$ multiplizieren, dann enthält die Matrix $\boldsymbol{C}$ des resultierenden Systems

$$\boldsymbol{C}\boldsymbol{w} = 2\boldsymbol{e}_1, \quad \boldsymbol{w} := (w_1, w_2, \ldots, w_n)^T, \quad \boldsymbol{e}_1 = (1, 0, 0, \ldots, 0)^T \tag{7.80}$$

als Spalten die Eigenvektoren $\boldsymbol{z}^{(k)}$ (7.78). Als Eigenvektoren der symmetrischen Matrix $\boldsymbol{J}_n$ zu paarweise verschiedenen Eigenwerten sind sie paarweise orthogonal. Multiplizieren wir (7.80) von links mit $\boldsymbol{z}^{(k)^T}$, so ergibt sich

$$(\boldsymbol{z}^{(k)^T}\boldsymbol{z}^{(k)})w_k = 2\boldsymbol{z}^{(k)^T}\boldsymbol{e}_1 = 2z_1^{(k)} = 2, \tag{7.81}$$

wo $z_1^{(k)} = 1$ die erste Komponente des nicht normierten Eigenvektors $\boldsymbol{z}^{(k)}$ (7.78) ist. Mit dem normierten Eigenvektor $\tilde{\boldsymbol{z}}^{(k)}$ folgt aus (7.81)

$$\boxed{w_k = 2(\tilde{z}_1^{(k)})^2, \quad k = 1, 2, \ldots, n.} \tag{7.82}$$

Aus (7.81) oder (7.82) folgt wiederum, dass die Gewichte w_k der Gaußschen Quadraturformel für alle $n \in \mathbb{N}^*$ positiv sind.

In Tab. 7.4 sind für n = 1, 2, 3, 4, 5 die Stützstellen und Gewichte angegeben.

Beispiel 7.11. Um den hohen Genauigkeitsgrad der Gaußschen Quadraturformel darzulegen, berechnen wir

$$I_1 = \int_0^1 \frac{4}{1+x^2}\,dx = \pi, \quad I_2 = \int_0^{\pi/2} x\cos(x)\,dx = \frac{\pi}{2} - 1$$

für einige Werte von n. In Tab. 7.5 sind die Ergebnisse mit den Quadraturfehlern zusammengestellt. Die Rechnung erfolgte vierzehnstellig mit entsprechend genauen Knoten x_k und Gewichten w_k. △

Beispiel 7.12. Wir wollen Beispiel 7.2 aufgreifen, mit der Gauß-Legendre-Regel zwei Näherungen für das Integral berechnen und dann in einer Tabelle die Integrationsregeln vergleichen, die wir

Tab. 7.4 Knoten und Gewichte der Gaußschen Integration.

$n = 2$	$x_1 \doteq 0.57735026918963,$	$w_1 = 1$
$n = 3$	$x_1 \doteq 0.77459666924148,$ $x_2 = 0,$	$w_1 \doteq 0.55555555555556$ $w_2 \doteq 0.88888888888889$
$n = 4$	$x_1 \doteq 0.86113631159405,$ $x_2 \doteq 0.33998104358486,$	$w_1 \doteq 0.34785484513745$ $w_2 \doteq 0.65214515486255$
$n = 5$	$x_1 \doteq 0.90617984593866,$ $x_2 \doteq 0.53846931010568,$ $x_3 = 0,$	$w_1 \doteq 0.23692688505619$ $w_2 \doteq 0.47862867049937$ $w_3 \doteq 0.56888888888889$

Tab. 7.5 Gauß-Integration.

n	I_1		I_2	
	Q_n	E_n	Q_n	E_n
2	3.1475409836	−0.0059483300	0.563562244208	0.007234082587
3	3.1410681400	0.0005245136	0.570851127976	−0.000054801181
4	3.1416119052	−0.0000192517	0.570796127158	0.000000199637
5	3.1415926399	0.0000000138	0.570796327221	−0.000000000426

bisher kennengelernt haben. Wir benutzen bei jeder Regel 3 bzw. 5 Funktionsauswertungen. Damit kommen wir zu den Ergebnissen in Tab. 7.6:

Tab. 7.6 Vergleich der Integrationsregeln.

Anz.Fktsausw.	Trapez	Simpson	Romberg	Gauß-Legendre
3	0.72473	0.90439	0.90439	1.001545
5	0.925565	0.992511	0.998386	0.99999986

Da der exakte Integralwert 1.0 ist, haben wir auf die Angabe des jeweiligen Fehlers verzichtet. Die Überlegenheit der Gauß-Integration ist unübersehbar. △

Eine leichte Verallgemeinerung der Problemstellung macht aus der Gauß-Integration ein mächtiges Instrument zur Integration auch schwieriger Integranden, z.B. mit speziellen Singularitäten oder über unendliche Intervalle. Es wird eine Gewichtsfunktion in das Integral eingeführt. Das ergibt die Problemstellung:

Gegeben: Ein Intervall $[a, b]$ und eine Gewichtsfunktion ω.
Bestimme: Integrationsgewichte w_k und Stützstellen x_k, $k = 1, \cdots, n$, so, dass die Quadraturformel

$$\sum_{k=1}^{n} w_k f(x_k) \quad \text{für} \quad \int_a^b f(x)\omega(x)\,dx \tag{7.83}$$

den Genauigkeitsgrad $2n - 1$ hat.

Wenn die Legendre-Polynome durch ein dem Intervall $[a, b]$ und der Gewichtsfunktion $\omega(x)$ zugeordnetes orthogonales Polynomsystem ersetzt werden, dann gilt die Aussage von Satz 7.6, dass eine eindeutige Quadraturformel existiert, und dass die Integrationsstützstellen die Nullstellen des n-ten orthogonalen Polynoms sind. Die Gewichte w_k sind Lösungen eines linearen Gleichungssystem, etwa wie in der Konstruktion von Satz 7.7. Die vielen möglichen Integrationsregeln erhalten einen Doppelnamen wie "Gauß-Laguerre-Integration", dessen zweiter Teil auf den Namen des entsprechenden orthogonalen Polynomsystems hinweist. Die wichtigsten Systeme sind in Tab. 7.7 enthalten,

Tab. 7.7 Orthogonale Polynomsysteme.

Polynomsystem	Gewichtsfunktion $\omega(x)$	Norm-Intervall
Legendre: P_n	1	$[-1, 1]$
Tschebyscheff 1. Art : T_n	$(1-x^2)^{-1/2}$	$[-1, 1]$
Tschebyscheff 2. Art : U_n	$(1-x^2)^{1/2}$	$[-1, 1]$
Laguerre: L_n	e^{-x}	$[0, \infty]$
Hermite: H_n	e^{-x^2}	$[-\infty, \infty]$

Beispiel 7.13. Wir greifen noch einmal Beispiel 7.5: $I = \int_0^1 x^{3/2}\,dx = 0.4$ auf, bei dem die zweite Ableitung des Integranden im Nullpunkt singulär wird. Auch die Qualität der Gauß-Legendre-Quadratur lässt bei Integranden mit Singularitäten nach. Sie liefert aber immer noch bessere Werte als die bisher kennen gelernten Verfahren. Die Genauigkeit könnte durch eine spezielle Regel mit einer Gewichtsfunktion $\omega(x)$ verbessert werden, die die Singularität enthält, sodass $f(x)$ eine glatte Funktion ohne Singularität ist. Darauf wollen wir verzichten. Wir vergleichen wieder Trapez-, Simpson- und Gauß-Legendre-Quadratur für drei und fünf Funktionsauswertungen.

Tab. 7.8 Vergleich der Integrationsregeln bei singulärer zweiter Ableitung.

Anz.Fktsausw.	Trapez	Simpson	Gauß-Legendre
3	0.42677670	0.40236893	0.39981241
5	0.40701811	0.40043191	0.39998245

Der Fehler der Gauß-Legendre-Quadratur ist um den Faktor 12 bzw. 24 kleiner als der der Simpson-Regel, deren Genauigkeit durch die Romberg-Quadratur nicht wesentlich gesteigert werden kann, wie Beispiel 7.5 gezeigt hat. △

7.4.1 Eingebettete Gauß-Regeln

Ein Nachteil der Gauß-Integration sind die unterschiedlichen Stützstellen für jedes n. Für gewisse feste Folgen von Werten von n gelingt es aber, unter geringem Genauigkeitsverlust *eingebettete* Datensätze zu bekommen. Solche Folgen von Integrationsregeln werden auch *optimal* genannt.

Hier ist zunächst die Gauß-Kronrod-Quadratur zu erwähnen: Ausgehend von gewissen n-Punkte-Gauß-Formeln ist es Kronrod gelungen, optimale $2n + 1$-Punkte-Formeln durch Hinzufügen von $n + 1$ Punkten zu konstruieren:

$$\tilde{I}_1 := \sum_{i=1}^{n} w_i f(x_i) \longrightarrow \tilde{I}_2 := \tilde{I}_1 + \sum_{j=1}^{n+1} v_j f(y_j). \tag{7.84}$$

Die kombinierte Regel integriert Polynome bis zum Grad $3n+1$ exakt statt $4n+1$ für eine unabhängige $2n+1$-Punkte-Formel. Einzelheiten zu diesen Algorithmen und die Stützwerte und Koeffizienten für die Regelpaare mit $n = 7, 10, 15, 20, 25$ und 30 kann man in [Pie 83] finden. Die Originalarbeit von Kronrod [Kro 66] geht auf theoretische Untersuchungen von Szegö zurück.

Patterson, [Pat 69], hat eine Folge von eingebetteten Gauß-Legendre-Regeln mit (1, 3, 7, 15, 31, 63, 127, 255, 511) Punkten angegeben. Sie integrieren Polynome bis zum Grad (1, 5, 11, 23, 47, 95, 191, 383, 767) exakt.

In Beispiel 7.15 werden beide Methoden adaptiv angewendet.

7.5 Adaptive Integration

Softwaresysteme müssen Quadraturformeln enthalten, die sich mit Hilfe einer Genauigkeitskontrolle selbst steuern. Dabei muss die starre Aufteilung des Integrationsintervalls $[a, b]$ in äquidistante Teilintervalle wie bei der Romberg-Quadratur ebenso aufgegeben werden wie die Anwendung immer genauerer Regeln auf das ganze Intervall wie bei der Gauß-Quadratur. Vielmehr wird das Intervall $[a, b]$ auf Grund von bestimmten Kriterien *adaptiv* (angepasst) in Teilintervalle aufgeteilt. Ein Integral über ein kurzes Intervall kann ohnehin genauer und schneller berechnet werden als ein entsprechendes Integral über ein langes Intervall. Deshalb ist es immer vorteilhaft, vor der Anwendung einer Quadraturformel das Integrationsintervall $[a, b]$ geeignet zu unterteilen und dann die Teilintegrale aufzusummieren. Adaptive Verfahren unterteilen $[a, b]$ fortgesetzt solange, bis in jedem Teilintervall mit der zu Grunde gelegten Quadraturformel die geforderte Genauigkeit erreicht wird. Dabei wird die Unterteilung automatisch dort feiner, wo $f(x)$ stark variiert, und gröber in Intervallen geringer Variation, wie in den Beispielen 7.14 und 7.15 unten gut zu sehen ist. Die Entscheidung, ob ein Teilintervall weiter unterteilt werden soll, erfolgt auf Grund des Vergleichs von zwei verschiedenen Näherungswerten $\tilde{I}_1$ und $\tilde{I}_2$ für dasselbe Teilintegral.

Um das Prinzip darzulegen, verwenden wir als Näherung $\tilde{I}_1$ den Trapezwert für das Teilintervall $[a_j, b_j]$

$$\tilde{I}_1 = \frac{1}{2} h_j [f(a_j) + f(b_j)], \quad h_j := b_j - a_j.$$

Für $\tilde{I}_2$ wird der Simpson-Wert

$$\tilde{I}_2 = \frac{1}{3} [\tilde{I}_1 + 2h_j\, f(m_j)], \quad m_j := \frac{1}{2}(a_j + b_j),$$

unter Verwendung der schon berechneten Trapezformel $\tilde{I}_1$ berechnet.

Der Abbruch für die lokale Intervallhalbierung kann über zwei Genauigkeitsschranken ε für die absolute und δ für die relative Genauigkeit gesteuert werden. Sei $I_S > 0$ eine grobe Schätzung für den Absolutbetrag des zu berechnenden Integralwertes. Dann wird die lokale Intervallhalbierung abgebrochen, falls

$$|\tilde{I}_1 - \tilde{I}_2| \leq \max(\varepsilon, \delta I_S), \tag{7.85}$$

d.h. wenn die relative oder die absolute Genauigkeitsforderung schätzungsweise erfüllt ist. Meistens wird (7.85) durch eine Abfrage ersetzt, die die aktuelle Intervallbreite in der Weise berücksichtigt, dass die Abfragesumme die geforderte Toleranz ergibt, also

$$|\tilde{I}_1 - \tilde{I}_2| \leq \frac{b_j - a_j}{b - a} \max(\varepsilon, \delta I_S), \tag{7.86}$$

Gander schlägt in [Gan 92] eine Genauigkeitssteuerung vor, die die Maschinengenauigkeit τ mit berücksichtigt. Soll ein Näherungswert für $I \neq 0$ nur mit der *relativen Genauigkeit* $\delta > 0$ bestimmt werden, dann erreicht man dies dadurch, dass für einen groben Schätzwert I_S ein Steuerungswert $I_\delta := \delta I_S / \tau$ gesetzt wird. Die lokale Intervallhalbierung wird abgebrochen, wenn in Maschinenarithmetik

$$\tilde{I}_1 + I_\delta = \tilde{I}_2 + I_\delta \tag{7.87}$$

gilt.

Die eleganteste und kompakteste algorithmische Beschreibung der adaptiven Quadratur ergibt sich vermittels rekursiver Definition eines Unterprogramms [Gan 92]. Wenn wir von dieser Möglichkeit absehen, dann erfordert die algorithmische Realisierung die Abspeicherung der Teilpunkte a_j und der zugehörigen Funktionswerte $f_j = f(a_j)$ als Vektoren, um sie wiederverwenden zu können. Zudem wird die Information über die Teilintervalle, über welche die Integrale noch zu berechnen sind, benötigt. Dazu wird im Algorithmus Tab. 7.9 ein Indexvektor $\boldsymbol{u}$ verwendet, welcher die Indizes p der laufend generierten Teilpunkte a_p enthält, mit denen die Integrationsintervalle erklärt werden können. Die Zahl der Komponenten des Vektors $\boldsymbol{u}$ variiert im Verlauf des Algorithmus Tab. 7.9, während jene der Vektoren $\boldsymbol{a}$ und $\boldsymbol{f}$ monoton zunimmt.

Tab. 7.9 Algorithmus zur adaptiven Trapez-Simpson-Quadratur.

Start:	$a_0 = a;\ a_1 = b;\ f_0 = f(a);\ f_1 = f(b);\ I = 0$
	$j = 0;\ k = 1;\ p = 1;\ l = 1;\ u_1 = 1$
HALB:	$h = a_k - a_j;\ m = (a_j + a_k)/2;\ fm = f(m)$
	$I1 = h \times (f_j + f_k)/2;\ I2 = (I1 + 2 \times h \times fm)/3$
	falls $I_\delta + I1 \neq I_\delta + I2$:
	$\quad p = p + 1;\ a_p = m;\ f_p = fm;\ k = p$
	$\quad l = l + 1;\ u_l = p$; gehe nach HALB
	sonst
	$\quad I = I + I2;\ j = u_l;\ l = l - 1;\ k = u_l$
	falls $l > 0$: gehe nach HALB

(7.88)

Beispiel 7.14. Das singuläre Integral von Beispiel 7.5 wird mit dem Algorithmus Tab. 7.9 behandelt. Mit dem Steuerungswert $I_\delta = 0.5\,\delta/\tau$ und der Maschinengenauigkeit $\tau \doteq 2.22 \cdot 10^{-16}$ erhält man die Resultate der Tab. 7.10. N ist die Anzahl der Auswertungen des Integranden. Für $\delta = 10^{-5}$ sind auch die Teilintervallgrenzen in Tab. 7.10 zu sehen. Der Einfluss der Singularität links ist deutlich zu erkennen. △

Tab. 7.10 Adaptive Quadratur mit Intervalleinteilung für $\delta = 10^{-5}$.

$\delta =$	10^{-3}	10^{-4}	10^{-5}	10^{-6}	10^{-7}
$\tilde{I} =$	0.4000002562	0.4000000357	0.4000000167	0.4000000025	0.4000000001
$N =$	25	69	125	263	651

Adaptive Methoden zeichnen sich dadurch aus, dass sie für fast beliebige Integranden, die beispielsweise nur stückweise stetig oder sogar unbeschränkt sind, annehmbare Integralwerte liefern. Die adaptive Quadratur ist natürlich effizienter, falls Quadraturformeln mit höheren Fehlerordnungen kombiniert werden wie etwa die eingebetteten Gauß-Regeln aus Abschnitt 7.4.1, die in Beispiel 7.15 verwendet werden. Dabei wird in Kauf genommen, dass die Anzahl der Funktionsauswertungen meist recht hoch ist. Wir wollen an einem weiteren Beispiel die adaptive Anwendung des Kronrod-Paares (10,21) demonstrieren und mit der globalen Steuerung des Patterson-Verfahrens ohne adaptive Unterteilung des Intervalls vergleichen, siehe Abschnitt 7.4.1.

Beispiel 7.15. Wir definieren eine Funktionen mit stark unterschiedlicher Variation und einer Unstetigkeitsstelle:

$$f(x) = \begin{cases} \sin(30\,x)\exp(3\,x) & \text{falls } x < 13\pi/60 \\ 5\exp(-(x - 13\pi/60)) & \text{falls } x \geq 13\pi/60 \end{cases}$$

Mit dieser Funktion wollen wir das Integral

$$I = \int_0^3 f(x)\,dx \doteq 4.56673516941143$$

bestimmen, siehe Abb. 7.2.

Zur Genauigkeitssteuerung wird bei der Kronrod-Quadratur die Differenz zwischen den beiden Regeln in jedem Teilintervall genommen. Bei der Patterson-Quadratur ist es auch die Differenz zweier aufeinanderfolgender Regeln, aber über das ganze Intervall, die die automatische Steuerung kontrolliert. Beide Regeln sind in den NAG-Bibliotheken [NAGa, NAGb] realisiert und können mit relativen und absoluten Genauigkeitsschranken gesteuert werden.

Als relative und absolute Genauigkeitsschranke haben wir $\delta = 1.0 \cdot 10^{-9}$ gewählt. Die Kronrod-Regel-Kombination ergibt folgendes Ergebnis:

Gauß-Kronrod	Fehler	Fehlerschätzung
4.5667351695951	$1.84 \cdot 10^{-10}$	$1.32 \cdot 10^{-9}$

Funktion und adaptive Intervallunterteilung für I werden in Abb. 7.2 wiedergegeben.

Von den 29 Punkten, die die adaptive Intervallunterteilung für I erzeugt, liegen 21 im Intervall $[0.67, 0.7]$, einer kleinen Umgebung der Unstetigkeitsstelle $\bar{x} \doteq 0.6806784$. Die Ergebnisse sind sehr zufriedenstellend. Die Fehlerschätzung ist nur sehr wenig größer als der wirkliche Fehler. Berechnet man zum Vergleich das Integral I mit der globalen Patterson-Quadratur, so reichen 511 Punkte nicht einmal für eine Genauigkeit von $1.0 \cdot 10^{-3}$ aus. Für eine relative und absolute Genauigkeitsforderung von $1.0 \cdot 10^{-2}$ bekommt man den Integralwert $I_P = 4.556027$ zusammen mit einer Fehlerschätzung von 0.02421 für den absoluten Fehler, die den wahren Fehler etwa um den Faktor 2 unterschätzt. Für die stark unterschiedliche Variation des Integranden und die Sprungstelle im Integrationsbereich ist die globale Steuerung also nicht geeignet.

Da ist es naheliegend, dass der Anwender selbst eine Intervallaufteilung vornimmt: Wir wollen zwei Patterson-Integrationen auf die Intervalle $[0, 13\pi/60]$ und $[13\pi/60, 3]$ anwenden und addieren, also ohne Unstetigkeitstelle rechnen. Die Genauigkeit dieser Summe ist bei weniger Funktionsauswertungen als Kronrod noch wesentlich genauer:

Gauß-Patterson	Fehler	Fehlerschätzung
4.5667351694115	$1 \cdot 10^{-13}$	$6 \cdot 10^{-12}$

△

Abschließend verweisen wir auf die Tatsache, dass es kein absolut sicher arbeitendes Blackbox-Verfahren zur automatischen Quadratur geben kann. Die Fehlerkontrolle kann versagen, wenn auch nur in sehr wenigen, aber nicht unbedingt exotischen Fällen, wie Lyness in [Lyn 83] zeigt. Numerische Integration ist oft Teil einer größeren Aufgabenstellung wie z.B.

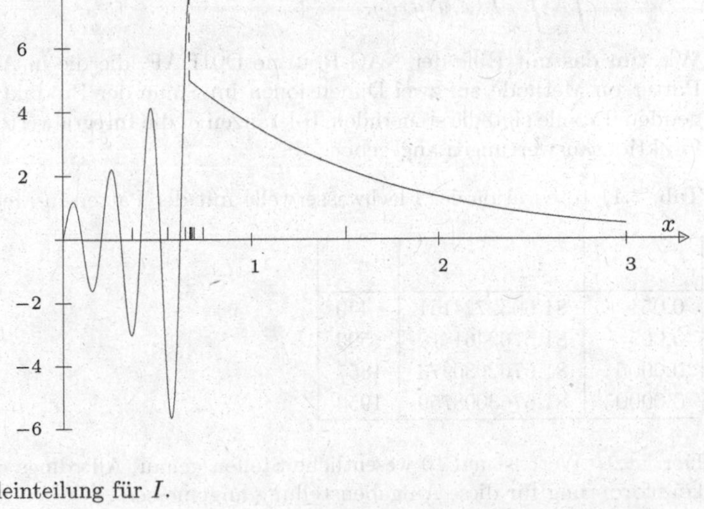

Abb. 7.2 Integrand und Intervalleinteilung für I.

einer Optimierungsaufgabe. Dann müssen Quadraturen ähnlicher Integranden sehr oft, z.B. mehrere tausend Male, ausgeführt werden. In solchen Fällen ist sorgfältig zu prüfen, ob nicht eine Quadratur mit fester Stützstellenzahl einer adaptiven Quadratur vorzuziehen ist. Das gilt besonders für mehrdimensionale Quadraturen.

7.6 Mehrdimensionale Integration

7.6.1 Produktintegration

Für die mehrdimensionale Integration bietet sich zunächst die Verwendung von Produktregeln an, die aus eindimensionalen Regeln gewonnen werden können. Für ein zweidimensionales Integral der Form

$$I := \int_a^b \int_c^d f(x,y)\,dxdy \tag{7.89}$$

kommen wir mit den n bzw. m eindimensionalen Stützwerten und Koeffizienten (x_i, w_i) für das Intervall $[a,b]$ und (y_j, v_j) für das Intervall $[c,d]$ zu der Regel

$$I \approx \sum_{i=1}^n w_i \int_c^d f(x_i, y)\,dy \approx \sum_{i=1}^n \sum_{j=1}^m w_i v_j\, f(x_i, y_j). \tag{7.90}$$

Diese Anwendung der Produktregel lässt sich leicht auf den Fall variabler Grenzen des inneren Integrals verallgemeinern:

$$I = \int_a^b \int_{\phi_1(y)}^{\phi_2(y)} f(x,y)\,dxdy. \tag{7.91}$$

Beispiel 7.16. Wir wollen das Volumen der zusammentreffenden Flachwasserwellen aus Beispiel 3.9 bestimmen. Dazu müssen wir die zweidimensionale Funktion $F(x,y)$ (3.88) integrieren:

$$\int_{-8}^7 \int_{-8}^7 F(x,y)\,dxdy.$$

Wir tun das mit Hilfe der NAG-Routine D01DAF, die die in Abschnitt 7.4.1 kurz beschriebene Patterson-Methode auf zwei Dimensionen im Sinne der Produktregel verallgemeinert. In der folgenden Tabelle sind die steuernden Toleranzen δ, die Integralwerte und die Anzahl der notwendigen Funktionsauswertungen angegeben.

Tab. 7.11 Integration der Flachwasserwelle mit der Patterson-Methode.

δ	I	n
0.05	81.6632724161	449
0.005	81.6762461810	593
0.0005	81.6762980973	1857
0.00005	81.6763008759	1953

Der letzte Wert ist auf 10 wesentliche Stellen genau. Allerdings erscheint eine geringere Genauigkeitsforderung für diese Aufgabenstellung angemessen. △

7.6.2 Integration über Standardgebiete

Unregelmäßige Gebiete, wie sie bei der Lösung von partiellen Differenzialgleichungen vorkommen, werden oft mit einer Menge von transformierten Standardgebieten überdeckt. Das sind z.B. bei der Methode der finiten Elemente oft Dreiecke, siehe Abschnitt 10.3. Hier ist also die Auswertung von Integralen auf vielen kleinen Gebieten der gleichen einfachen Form – Dreiecke, Vierecke, Tetraeder etc. – notwendig. Die zu integrierende Funktion ist glatt, und eine mehrdimensionale Gauß-Regel wird schon mit wenigen Punkten eine Genauigkeit erreichen, die die der übrigen bei der Problemlösung angewendeten numerischen Methoden übersteigt. Wir wollen eine Gauß-Regel mit sieben Stützstellen für das Standarddreieck $T_0 = \{(0,0),\ (1,0),\ (0,1)\}$ angeben, welche die exakten Integralwerte für Polynome bis zum Grad fünf liefert [Sch 91b].

$$\int_{T_0} f(x,y)\,dxdy \approx \sum_{i=1}^{7} w_i\, f(\xi_i,\, \eta_i) \tag{7.92}$$

Die Integrationsstützpunkte $R_i = (\xi_i,\, \eta_i)$, $i = 1, \ldots, 7$, liegen auf den drei Mittellinien, der erste im Schwerpunkt des Dreiecks T_0, siehe Tab. 7.12 und Abb. 7.3.

Tab. 7.12 Integrationsstützpunkte R_i im Einheitsdreieck T_0.

i	ξ_i	η_i	w_i
1	$1/3 \doteq 0.333\,333\,333$	$0.333\,333\,333$	$9/80 = 0.1125$
2	$(6+\sqrt{(15)})/21 \doteq 0.470\,142\,064$	$0.470\,142\,064$	$(155+\sqrt{(15)})/2400$
3	$(9-2\sqrt{(15)})/21 \doteq 0.059\,715\,872$	$0.470\,142\,064$	$\doteq$
4	$(6+\sqrt{(15)})/21 \doteq 0.470\,142\,064$	$0.059\,715\,872$	$0.066\,197\,0764$
5	$(6-\sqrt{(15)})/21 \doteq 0.101\,286\,507$	$0.101\,286\,507$	$(155-\sqrt{(15)})/2400$
6	$(9+2\sqrt{(15)})/21 \doteq 0.797\,426\,985$	$0.101\,286\,507$	$\doteq$
7	$(6-\sqrt{(15)})/21 \doteq 0.101\,286\,507$	$0.797\,426\,985$	$0.062\,969\,5903$

Beispiel 7.17. Wie in Beispiel 7.16 soll die Flachwasserwelle aus Beispiel 3.9 integriert werden, indem das quadratische Gebiet $(-8,7)\times(-8,7)$ gleichmäßig in rechtwinklige Dreiecke zerlegt, jedes Dreieck auf das Einheitsdreieck T_0 transformiert und dort die Regel (7.92) angewendet wird.

Tab. 7.13 Gauß-Integration der Flachwasserwelle über eine Dreieckszerlegung.

# Dreiecke	I	n
32	81.553221963	224
128	81.679291706	896
512	81.676329426	3584
2048	81.676301173	14336
8192	81.676300880	57344

Die Ergebnisse in Tab. 7.13 zeigen bei diesem Beispiel die höhere Genauigkeit der Patterson-Quadratur (Tab. 7.11) bei gleichem Aufwand. Ist das Gebiet weder rechteckig noch in einer Form,

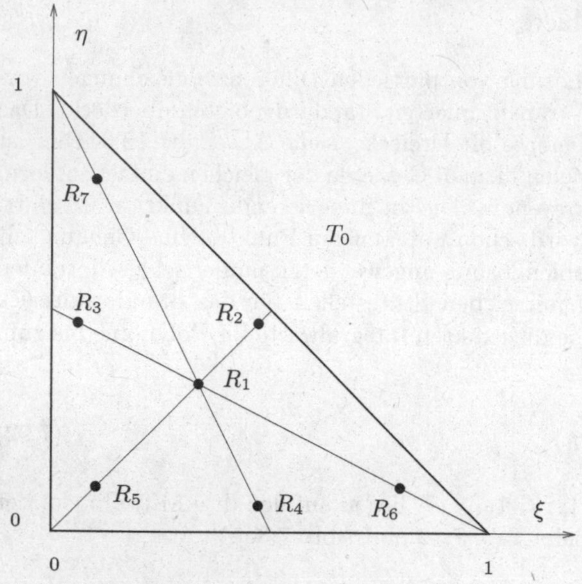

Abb. 7.3 Integrationsstützpunkte R_i im Einheitsdreieck T_0 für Regel (7.92).

die die Darstellung (7.91) für das Integral erlaubt, ist eine Dreieckszerlegung und Anwendung von Regel (7.92) allerdings eine der wenigen guten Möglichkeiten. △

Neben den beiden beschriebenen Verfahrensklassen spielt noch die stochastische Monte-Carlo-Methode eine gewisse Rolle. Sie liefert jedoch nur eine sehr begrenzte Genauigkeit und ist abhängig von einem guten Zufallsgenerator. Allerdings bleibt sie bei hohen Raumdimensionen oft die einzige Möglichkeit.

7.7 Software

Ein frei erhältliches FORTRAN90-Paket für die eindimensionale numerische Integration ist QUADPACK[1], das auf [Pie 83] basiert. Seine Routinen haben auch in größere Pakete Eingang gefunden wie z.B. in das frei erhältliche Paket SLATEC[2] mit über 1400 Routinen zu numerischen und statistischen Methoden.

Alle wichtigen Verfahren, also insbesondere die Gauß-Methoden für endliche oder halbunendliche Intervalle oder über ganz $\mathbb{R}$ sowie mit verschiedenen Gewichtsfunktionen zur Berücksichtigung des Abklingverhaltens oder von Singularitäten, sind in den großen numerischen Bibliotheken NAG und IMSL zu finden.

Bibliotheksroutinen zur adaptiven Quadratur nach Gauß-Kronrod mit den Regelpaaren

[1] `http://orion.math.iastate.edu/burkardt/f_src/quadpack/quadpack.html`
[2] `http://www.netlib.org/slatec/`

für die 7-15-Punkte- und die 10-21-Punkte-Kombination findet man im Kapitel D01 der NAG-Bibliotheken [NAGa, NAGb]. Auch die ein- und mehrdimensionalen Patterson-Regeln zu der im Abschnitt 7.4.1 erwähnten Punktanzahl-Folge findet man in den Routinen von Kapitel D01 der NAG-Bibliotheken.

MATLAB kennt zwei Befehle zur eindimensionalen Quadratur, die die Simpson-Regel bzw. eine adaptive Gauß-Integration benutzen. Die zweidimensionale Integration ist auf ein Rechteck mit Benutzung einer Simpson-Produktregel beschränkt.

Unsere Problemlöseumgebung PAN (`http://www.upb.de/SchwarzKoeckler/`) verfügt über zwei Programme zur eindimensionalen numerischen Gauss-Kronrod- und Patterson-Quadratur und über ein Programme zur zweidimensionalen numerischen Patterson-Quadratur.

7.8 Aufgaben

Aufgabe 7.1. Seien $a \leq b < c$ die Halbachsen eines Ellipsoides. Seine Oberfläche A ist gegeben durch das Integral einer periodischen Funktion

$$\begin{aligned} A &= ab \int_0^{2\pi} \left[1 + \left(\frac{1}{w} + w \right) \arctan(w) \right] d\varphi, \\ w &= \sqrt{\frac{c^2 - a^2}{a^2} \cos^2 \varphi + \frac{c^2 - b^2}{b^2} \sin^2 \varphi}. \end{aligned}$$

Wegen der Symmetrie genügt die Integration über eine Viertelperiode. Falls $a \geq b > c$, gilt in reeller Form

$$A = ab \int_0^{2\pi} \left[1 + \left(\frac{1}{v} - v \right) \text{Artanh(v)} \right] d\varphi, \quad v = iw.$$

Man berechne A mit Trapezregeln. Man beginne mit einer Schrittweite $h = \pi/4$ und halbiere h solange, bis zwei aufeinanderfolgende Trapezregel-Ergebnisse sich um weniger als eine vorgegebene Schranke ε unterscheiden.

Aufgabe 7.2. Man transformiere die folgenden Integrale so, dass sie vermittels Algorithmus (7.22) für Integrale über $\mathbb{R}$ effizient berechnet werden können.

a) $$\int_0^1 x^{0.21} \sqrt{\ln\left(\frac{1}{x}\right)}\, dx = \sqrt{\pi}/2.662$$

b) $$\int_0^1 \frac{dx}{(3-2x)x^{3/4}(1-x)^{1/4}} = \pi\sqrt{2} \cdot 3^{-3/4}$$

c) $$\int_0^\infty x^{-0.7} e^{-0.4x} \cos(2x)\, dx = \Gamma(0.3)\, \text{Re}[(0.4 + 2\,i)^{-0.3}]$$

d) $$\int_0^\infty \frac{dx}{x^{1-\alpha} + x^{1+\beta}} = \frac{\omega}{\sin(\alpha\omega)}, \quad \omega = \frac{\pi}{\alpha + \beta}, a > 0, \beta > 0$$

e) $$\int_{-\infty}^{\infty} \frac{dx}{(1+x^2)^{5/4}} = \left(\frac{\pi}{2}\right)^{3/2} \Gamma(1.25)^{-2}$$

f) $$\int_{-\infty}^{\infty} \frac{dx}{x^2+e^{4x}} \doteq 3.1603228697485$$

Aufgabe 7.3. Man forme das Integral von Beispiel 7.9 mit weiteren sinh-Transformationen $t = t_1 = \sinh(t_2), \ldots$ um und vergleiche die Effizienz von Algorithmus (7.22) für die entsprechenden Integrale.

Aufgabe 7.4. Der adaptive Quadraturalgorithmus (7.88) funktioniert sogar für viele unstetige Integranden, beispielsweise für

$$I = \int_1^x \frac{[\xi]}{\xi} d\xi = [x]\ln(x) - \ln([x]!), \quad x > 1,$$

wobei $[x]$ die größte ganze Zahl kleiner oder gleich x bedeutet. Für das durch die Substitution $\xi = e^t$ entstehende Integral

$$I = \int_0^{\ln x} [e^t] dt$$

versagt jedoch der Algorithmus (7.88), indem er im Allgemeinen zu früh abbricht. Was ist der Grund dafür?

Aufgabe 7.5. Man berechne die folgenden Integrale mit der Trapez- und der Simpson-Regel. Man verbessere die Ergebnisse durch Anwendung des Romberg-Verfahrens und der Gauß-Legendre-Quadratur mit $n = 4, 5, 6, 7, 8$ Knoten. Man vergleiche die Genauigkeit der Näherungswerte für die gleiche Anzahl von Funktionsauswertungen. Schließlich wende man eine adaptive Quadraturmethode an, um die gleiche Genauigkeit zu erzielen und zähle dabei die Funktionsauswertungen.

a) $$\int_0^3 \frac{x}{1+x^2} dx = \frac{1}{2}\ln(10);$$ *b)* $$\int_0^{0.95} \frac{dx}{1-x} = \ln(20);$$

c) $$\frac{1}{\pi}\int_0^{\pi} \cos(x\sin\varphi) d\varphi = J_0(x) \quad \text{(Bessel-Funktion)}$$

$J_0(1) \doteq 0.7651976866$, $J_0(3) \doteq -0.2600519549$, $J_0(5) \doteq -0.1775967713$;

d) $$\int_0^{\pi/2} \frac{d\varphi}{\sqrt{1 - m\sin^2\varphi}} = K(m) \text{ (vollständiges elliptisches Integral erster Art)}$$

$K(0.5) \doteq 1.8540746773$, $K(0.8) \doteq 2.2572053268$, $K(0.96) \doteq 3.0161124925$.

Aufgabe 7.6. Man berechne die Knoten x_k und Gewichte w_k der Gaußschen Quadraturformeln für $n = 5, 6, 8, 10, 12, 16, 20$, indem man den QR-Algorithmus und die inverse Vektoriteration auf die tridiagonalen Matrizen $\boldsymbol{J}_n$ (7.77) anwendet.

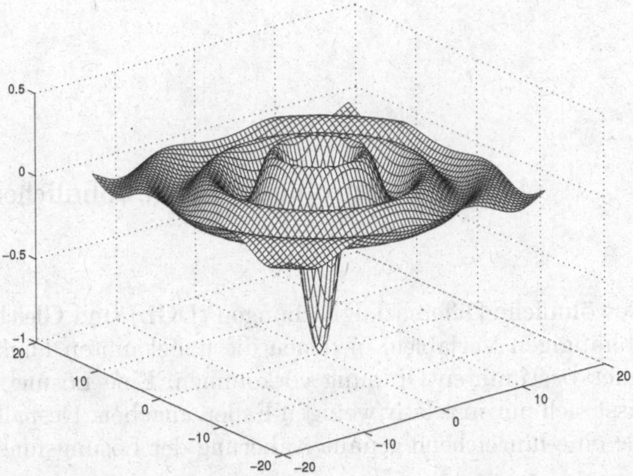

Abb. 7.4 Wir werfen einen Stein ins Wasser.

Aufgabe 7.7. Man verallgemeinere den Algorithmus (7.88) zur adaptiven Quadratur auf eine Produktintegration über ein Rechteck im $\mathbb{R}^2$.

Mit dieser Produktintegration berechne man eine Näherung für das Integral

$$\iint_G f(x, y)\, dx\, dy \quad \text{mit} \quad f(x, y) = \frac{-\sin r}{r},$$

wo $r := \sqrt{x^2 + y^2} + \varepsilon$ der Abstand vom Ursprung ist, der zur Vermeidung von Division durch null um ε verschoben wird. Man wähle z.B. $\varepsilon = 10^{-12}$.

Das Integrationsgebiet sei das Quadrat $G = [-16, 16] \times [-16, 16]$. Die zu integrierende Funktion sieht aus wie von einem Stein verursachte Wasserwellen, siehe Abb. 7.4.

Aufgabe 7.8. Die Funktion $f(x, y)$ aus Aufgabe 7.7 soll über das Gebiet der Trommel aus Aufgabe 5.11 integriert werden. Dazu verschiebe man den Punkt (4, 4) in den Ursprung und zerlege das Gebiet gleichmäßig in Dreiecke. Man programmiere die Transformation der Dreiecke auf das Standarddreieck $T_0 = \{(0, 0), (1, 0), (0, 1)\}$ und benutze dann die Integration aus Abschnitt 7.6.2.

Die Integration wird adaptiv, wenn die Dreiecke systematisch verkleinert und die Ergebnisse für zwei Verfeinerungsstufen verglichen werden. Dieser adaptive Integrationsvorgang wird abgebrochen, wenn die Differenz zwischen zwei Verfeinerungsstufen kleiner als eine vorgegebene Schranke wird.

8 Anfangswertprobleme bei gewöhnlichen Differenzialgleichungen

Gewöhnliche Differenzialgleichungen (DGL) sind Gleichungen für Funktionen von einer unabhängigen Variablen, in denen die unbekannten Funktionen und ihre Ableitungen bis zu einer bestimmten Ordnung vorkommen. Eine Lösung in geschlossener, analytischer Form lässt sich nur in relativ wenigen Fällen angeben. Deshalb sind numerische Verfahren gefragt, die eine hinreichend genaue Näherung der Lösungsfunktion liefern.

Für Anfangswertaufgaben bei gewöhnlichen Differenzialgleichungen gibt es eine reizvolle Vielfalt von Anwendungen. Dazu gehören chemische Reaktionen, Bevölkerungsentwicklungsmodelle und Wettbewerbsmodelle in den Wirtschaftswissenschaften, physiologische Indikatormodelle in der Medizin, Dopingtests und Schädlingsbekämpfung in der Pharmakologie, Epidemieverlauf, Artenverhalten und Symbiosemodelle in der Biologie. Zur Berechnung einer Lösung muss immer der Anfangszustand des jeweiligen Systems bekannt sein.

Wir beginnen mit einem einführenden Abschnitt, in dem wir neben der Problemstellung einige einfache Verfahren mit ihren Eigenschaften exemplarisch vorstellen. Danach beschäftigen wir uns mit der Theorie der Einschrittverfahren, stellen die wichtigen Runge-Kutta-Verfahren ausführlich vor und gehen auf die für die Praxis wichtige Schrittweitensteuerung ein. Ein weiterer Abschnitt beschäftigt sich in ähnlicher Weise mit den Mehrschrittverfahren. Schließlich widmen wir uns dem Begriff der Stabilität, dessen Wichtigkeit an so genannten steifen Differenzialgleichungen deutlich wird.

Wir befassen uns nicht mit Fragen der Existenz und Eindeutigkeit von Lösungen der Differenzialgleichungen, sondern setzen stillschweigend voraus, dass die betreffenden Voraussetzungen erfüllt sind [Ama 95, Col 90, Heu 09, Wal 00]. Weiterführende Darstellungen numerischer Verfahren für Anfangswertprobleme sind in [Aik 85, Alb 85, But 87, Deu 08a, Fat 88, Fox 88, Gea 71, Gri 72, Hai 93, Hai 96, Hen 62, Jai 84, Lam 91, Lap 71, Sew 05, Sha 94, Sha 84, Ste 73b, Str 95] zu finden.

Mit Randwertproblemen werden wir uns in Kapitel 9 befassen.

8.1 Einführung

8.1.1 Problemklasse und theoretische Grundlagen

Es soll das Anfangswertproblem (A)

$$\text{(A)}: \quad \begin{array}{rcll} y'(x) & = & f(x, y(x)) & \text{(DGL)}, \\ y(a) & = & y_0 & \text{(AB)}, \end{array} \tag{8.1}$$

für $x \in [a, b]$ gelöst werden. Dazu sei die gegebene Funktion auf der rechten Seite stetig ($f \in C([a, b] \times \mathbb{R}^n, \mathbb{R}^n)$) und die gesuchte Funktion $y(x)$ stetig differenzierbar ($y \in C^1([a, b], \mathbb{R}^n)$). Weiter ist der Vektor der Anfangsbedingungen $y_0 \in \mathbb{R}^n$ gegeben.

$y' = f(x, y)$ ist also ein Differenzialgleichungssystem erster Ordnung für eine vektorwertige Funktion y, die von einer skalaren Variablen x abhängt:

$$\begin{array}{rcl} y_1'(x) & = & f_1(x, y_1(x), y_2(x), \ldots, y_n(x)), \\ y_2'(x) & = & f_2(x, y_1(x), y_2(x), \ldots, y_n(x)), \\ & \vdots & \\ y_n'(x) & = & f_n(x, y_1(x), y_2(x), \ldots, y_n(x)), \\ y(a) & = & y_0 = (y_{10}, y_{20}, \ldots, y_{n0})^T. \end{array} \tag{8.2}$$

Das Differenzialgleichungssystem heißt *explizit*, weil die höchste Ableitung (hier die erste) isoliert auf der linken Seite auftritt. Auf *implizite* Differenzialgleichungen, die nicht in explizite auflösbar sind, werden wir nicht eingehen.

Viele der angeführten Beispiele werden in [Heu 09] ausführlicher beschrieben, weitere sind in [Col 66] oder in [Sto 02] zu finden.

Lemma 8.1. *Jedes explizite System von n Differenzialgleichungen m-ter Ordnung läßt sich in ein äquivalentes System 1. Ordnung mit $m \cdot n$ Gleichungen umformen.*

Beweis. Wir beweisen exemplarisch, dass sich eine einzelne Differenzialgleichung n-ter Ordnung in ein System mit n Differenzialgleichungen 1. Ordnung umformen läßt (der Rest ist einfache Kombinatorik).

Sei also eine Differenzialgleichung (mit $z^{(k)} = k$-te Ableitung von z)

$$z^{(n)} = g(x, z, z', \ldots, z^{(n-1)}), \tag{8.3}$$

gegeben mit den Anfangswerten

$$z(a) = z_0, \quad z'(a) = z_0', \quad \ldots, \quad z^{(n-1)}(a) = z_0^{(n-1)}.$$

Definiere eine Vektorfunktion

$$\begin{array}{rcl} y(x) & := & (y_1(x),\ y_2(x),\ \ldots,\ y_n(x))^T \\ & := & \left(z(x),\ z'(x),\ \ldots,\ z^{(n-1)}(x)\right)^T. \end{array} \tag{8.4}$$

Dann gilt offenbar

$$\begin{aligned} y_1'(x) &= y_2(x), \\ y_2'(x) &= y_3(x), \\ &\vdots \\ y_{n-1}'(x) &= y_n(x), \\ y_n'(x) &= g(x, z, z', \ldots, z^{(n-1)}) \\ &= g(x, y_1, y_2, \ldots, y_n) \end{aligned} \tag{8.5}$$

und

$$y(a) = y_0 = \left(z_0,\ z_0',\ \ldots\ ,\ z_0^{(n-1)}\right)^T. \tag{8.6}$$

(8.5) stellt mit (8.6) ein System der Form (8.1) dar, dessen Vektorlösung $y(x)$ auch die skalare Lösung $z(x) = y_1(x)$ von (8.3) liefert. □

Einige Vorbemerkungen für dieses Kapitel:

1. Die Beschränkung auf Differenzialgleichungen 1. Ordnung erlaubt eine einheitliche Darstellung. Dadurch ist es unerlässlich, numerische Verfahren für Systeme zu formulieren, weil dies erst die Behandlung von Differenzialgleichungen höherer Ordnung erlaubt. Auch die meisten Softwaresysteme beschränken sich formal auf die numerische Lösung von Systemen 1. Ordnung. Differenzialgleichungen höherer Ordnung müssen dann für die rechnerische Lösung in ein System 1. Ordnung umformuliert werden. Da das Verständnis der Aussagen für einzelne Gleichungen meistens leicht auf die Behandlung von Systemen übertragbar ist, verzichten wir in diesem Kapitel auf die fett gedruckte Darstellung von Vektorfunktionen.
2. Für die numerische Lösung setzen wir ohne Beschränkung der Allgemeinheit Existenz und Eindeutigkeit einer stetig differenzierbaren Lösung $y(x)$ voraus. Interessante numerische Probleme liegen aber auch bei Wegfall der Eindeutigkeit vor, es entstehen dann z.B. Verzweigungsprobleme.
3. $\|\cdot\|$ sei eine Norm im $\mathbb{R}^n$, $\|\cdot\|$ sei dann für Matrizen eine verträgliche, submultiplikative Matrixnorm mit $\|\boldsymbol{I}\| = 1$, in der Regel wird dies die zugeordnete Norm sein.

Definition 8.2. *Globale Lipschitz-Bedingung:*

Es gebe eine Konstante $L \in \mathbb{R}$, die so genannte *Lipschitz-Konstante*, so dass

$$\|f(x,y) - f(x,\tilde{y})\| \leq L\|y - \tilde{y}\| \quad \forall (x,y), (x,\tilde{y}). \tag{8.7}$$

Ohne Beweis wollen wir die folgenden Grundtatsachen aus der Theorie der Anfangswertprobleme angeben.

Lemma 8.3. *Das Anfangswertproblem (8.1) ist äquivalent zu dem System von Integralgleichungen*

$$y(x) = y_0 + \int_a^x f(\xi, y(\xi))d\xi. \tag{8.8}$$

Satz 8.4. *Die globale Lipschitz-Bedingung (8.7) sei erfüllt.*

Dann hängt die Lösung von (8.1) stetig von den Anfangswerten y_0 ab; oder:

Sind $y(x)$ und $\tilde{y}(x)$ Lösungen von

$$\begin{array}{rcl|rcl} y' & = & f(x,y) & \tilde{y}' & = & f(x,\tilde{y}) \\ y(a) & = & y_0 & \tilde{y}(a) & = & \tilde{y}_0, \end{array}$$

so gilt unter der globalen Lipschitz-Bedingung (8.7)

$$\|y(x) - \tilde{y}(x)\| \le e^{L|x-a|}\|y_0 - \tilde{y}_0\|. \tag{8.9}$$

(8.9) ist auch eine numerische Abschätzung über die Lösungsabweichung $y - \tilde{y}$ bei Datenfehlern $y_0 - \tilde{y}_0$ in den Anfangswerten. Danach pflanzt sich jede Lösungsverfälschung mit wachsendem x desto stärker fort, je größer die Lipschitz-Konstante L ist und je größer der Abstand vom Anfangspunkt ist.

8.1.2 Möglichkeiten numerischer Lösung

Um einen ersten Eindruck von numerischen Lösungsmöglichkeiten zu bekommen, soll die Anfangswertaufgabe

$$\begin{aligned} y'(x) &= f(x, y(x)), \\ y(a) &= y_0, \end{aligned}$$

diskretisiert werden. Wir suchen Näherungen $u_j \approx y(x_j)$ an festen, zunächst äquidistanten Stellen x_j in einem Intervall $[a, b]$.

$$x_j = a + jh, \quad j = 0, 1 \ldots, N, \quad h = \frac{b-a}{N}. \tag{8.10}$$

Dazu können z.B. die Ableitungen durch Differenzen ersetzt werden. Wir wollen diese Vorgehensweise an einfachen Verfahren exemplarisch betrachten. Dabei sei die Existenz der für die Herleitung benötigten höheren Ableitungen jeweils vorausgesetzt.

Das explizite Euler- oder Polygonzug-Verfahren

Ersetze $y'(x_{j-1})$ durch die Vorwärtsdifferenz:

$$\begin{aligned} y'(x_{j-1}) &= \frac{y(x_j) - y(x_{j-1})}{h} + O(h) \quad \Longrightarrow \qquad (8.11) \\ y(x_j) &= y(x_{j-1}) + hf(x_{j-1}, y(x_{j-1})) + O(h^2). \end{aligned}$$

Das ergibt mit Berücksichtigung des bekannten Anfangswertes das Verfahren

$$\begin{aligned} u_0 &= y_0 \\ u_j &= u_{j-1} + h\, f(x_{j-1}, u_{j-1}), \quad j = 1, 2, \ldots, N. \end{aligned} \tag{8.12}$$

Mit diesem einfachsten Verfahren kann man also von links nach rechts schrittweise Lösungsnäherungen mit geringem Aufwand berechnen. Wegen (8.11) ist der Fehler $\|u_j - y(x_j)\|$ des expliziten Euler-Verfahren von der Größenordnung $O(h)$, man spricht von der Fehlerordnung $p = 1$, siehe Abschnitt 8.2.1.

Das implizite Euler-Verfahren

Hier wird statt (8.11) die Rückwärtsdifferenz bei x_j genommen:

$$y'(x_j) = \frac{y(x_j) - y(x_{j-1})}{h} + O(h) \approx \frac{u_j - u_{j-1}}{h}. \tag{8.13}$$

Das liefert das Verfahren:

$$\begin{aligned} u_0 &= y_0 \\ u_j &= u_{j-1} + hf(x_j, u_j), \quad j = 1, 2, \ldots, N. \end{aligned} \tag{8.14}$$

Die Lösungen u_j können hier nur über die Lösung eines im Allgemeinen nichtlinearen Gleichungssystems gewonnen werden, da die von Schritt zu Schritt zu bestimmenden Werte u_j sowohl links als auch rechts im Argument der Funktion f vorkommt. Wegen (8.13) ist die Größenordnung des Fehlers beim impliziten Euler-Verfahren wie beim expliziten Euler-Verfahren $O(h)$.

Beide Euler-Verfahren gewinnt man auch über eine Taylor-Reihen-Approximation.

Die Trapezmethode

Aus (8.8) folgt, dass

$$y(x_{j+1}) = y(x_j) + \int_{x_j}^{x_{j+1}} f(x, y(x))\, dx. \tag{8.15}$$

Wird dieses Integral mit der Trapezregel (7.10) integriert, so ergibt sich die *Trapezmethode*

$$u_{j+1} = u_j + \frac{h}{2}\{f(x_j, u_j) + f(x_{j+1}, u_{j+1})\}. \tag{8.16}$$

Sie ist implizit, weil jeder Integrationsschritt die Lösung eines im Allgemeinen nichtlinearen Gleichungssystems nach der unbekannten Näherung u_{j+1} verlangt. Da nach (7.15)

$$y(x_{j+1}) = y(x_j) + \frac{h}{2}\{f(x_j, y(x_j)) + f(x_{j+1}, y(x_{j+1}))\} + O(h^3) \tag{8.17}$$

gilt, ist die Trapezmethode um eine h-Potenz genauer als die Euler-Verfahren, hat also die Fehlerordnung $p = 2$. Darüber hinaus zeigt sie ein gutes Stabilitätsverhalten, wie wir in Beispiel 8.2 sehen und in Abschnitt 8.4.2 verstehen werden.

Da bei den Verfahren (8.12), (8.14) und (8.16) die Lösung u_j nur aus Werten u_{j-1} berechnet wird, heißen solche Verfahren *Einschrittverfahren* (ESV).

Ein Mehrschrittverfahren: die Mittelpunktregel

Wird in der Differenzialgleichung $y'(x)$ an der Stelle x_{j+1} durch den zentralen Differerenzenquotienten (3.29) ersetzt, so ergibt sich die Approximation

$$\frac{y(x_{j+2}) - y(x_j)}{2h} = f(x_{j+1}, y(x_{j+1})) + O(h^2). \tag{8.18}$$

Das führt auf das *Zweischritt-Verfahren*

$$u_{j+2} = u_j + 2hf(x_{j+1}, u_{j+1}), \quad j = 0, 1, \ldots, N-1. \tag{8.19}$$

Um dieses Verfahren zu starten, reicht der Anfangswert y_0 nicht aus, da jeder Schritt zwei zurückliegende Werte benötigt. Es wird deshalb ein Einschrittverfahren zur Berechnung von u_1 verwendet, z.B. das explizite Euler-Verfahren. Das ergibt

$$\begin{aligned} u_0 &= y_0, \\ u_1 &= u_0 + h\,f(x_0, u_0), \\ u_2 &= u_0 + 2h\,f(x_1, u_1), \\ &\ldots\,. \end{aligned}$$

Dieses Verfahren hätte man ebenso aus der Integraldarstellung (8.8) bekommen können, etwa für x_2

$$\begin{aligned} y(x_2) &= y_0 + \int\limits_a^{a+2h} f(\xi, y(\xi))d\xi \\ &= y_0 + 2hf(x_1, y(x_1)) + O(h^2). \end{aligned}$$

Hier wird die Mittelpunktregel zur numerischen Integration verwendet. Das gibt dem Verfahren seinen Namen. Es hat wegen (8.18) die Fehlerordnung $p = 2$.

Beispiel 8.1. Wir wollen die Anfangswertaufgabe

$$y' = -2\,x\,y^2, \qquad y(0) = 1, \tag{8.20}$$

mit den beiden Euler-Verfahren und der Mittelpunktregel und mit der Schrittweite $h = 0.1$ behandeln. Sie hat die exakte Lösung $y(x) = 1/(x^2 + 1)$. Mit dem expliziten Euler-Verfahren erhalten wir

$$\begin{aligned} u_0 &= 1, \\ u_1 &= u_0 + h\,f(x_0, u_0) = 1 + 0.1 \cdot 0 = 1, \\ u_2 &= u_1 + h\,f(x_1, u_1) = 1 + 0.1 \cdot (-0.2) = 0.98, \\ &\ldots\,. \end{aligned}$$

Die Lösungspunkte sind in Abb. 8.1 durch eine gestrichelte Linie verbunden. Es ist sogar graphisch zu sehen, dass die numerische Lösung der exakten Lösung mit einem Fehler $O(h)$ 'hinterherläuft'.

Mit dem impliziten Euler-Verfahren erhalten wir

$$\begin{aligned} u_0 &= 1 \\ u_1 &= u_0 + 0.1\,f(x_1, u_1) \\ \Longrightarrow u_1 &= 1 - 0.02\,u_1^2 \\ \Longrightarrow u_1^2 + 50u_1 &= 50 \\ \Longrightarrow u_1 &= 0.98076211, \quad \text{die andere Lösung kommt nicht in Betracht.} \\ u_2 &= u_1 + 0.1\,f(x_2, u_2) \\ &\ldots \end{aligned}$$

Hier haben wir die Lösungspunkte in Abb. 8.1 durch eine Strichpunktlinie verbunden. Diese wesentlich aufwändiger zu berechnende Lösung ist auch nicht besser.

Jetzt soll die Mittelpunktregel auf die Anfangswertaufgabe (8.20) angewendet werden. Für den ersten Schritt zur Berechnung von u_1 wird das explizite Euler-Verfahren verwendet. Damit bekommen wir die Werte

$$\begin{aligned} u_0 &= 1 \\ u_1 &= 1 \\ u_2 &= u_0 + 0.2\, f(x_1, u_1) = 1 + 0.2 \cdot (-0.2) = 0.96 \\ &\ldots \end{aligned}$$

Die in Abb. 8.1 durch eine gepunktete Linie verbundenen Lösungspunkte sind entsprechend der höheren Fehlerordnung (zumindest im betrachteten Intervall) eine bessere Näherung. △

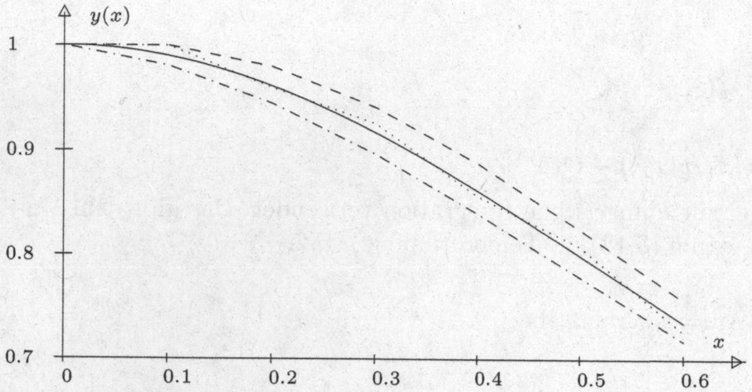

Abb. 8.1 Drei Beispielverfahren.

Beispiel 8.2. Um die Problematik der Stabilität von Verfahren gleicher Ordnung anzuschneiden, vergleichen wir die Trapezmethode (8.16) mit der Mittelpunktregel (8.19), indem wir beide auf das Anfangswertproblem

$$y' = -y, \quad y(0) = 1,$$

anwenden. Wir verwenden die Schrittweite $h = 0.1$ und rechnen von $x = 0$ bis $x = 7$. In Abb. 8.2 sind die Ergebnisse der beiden Regeln für $x \in [2, 7]$ gezeichnet. Die Trapezregelwerte sind zeichnerisch kaum von der wahren Lösung $y(x) = \exp(-x)$ zu unterscheiden, während die Mittelpunktregel mit wachsendem x immer stärker oszilliert. △

Anwendung der Euler-Verfahren auf ein Modellproblem

Zur Untersuchung von Stabilitätseigenschaften ist das Modellproblem

$$y'(x) = \lambda\, y(x), \quad y(0) = 1, \quad \lambda \in \mathbb{R}, \tag{8.21}$$

sehr geeignet, bei dem in späteren Untersuchungen auch komplexe Werte für λ eine Rolle spielen werden. Es hat die exakte Lösung $y(x) = e^{\lambda x}$. Über den Parameter λ kann das Lösungsverhalten gesteuert werden, für $\lambda < 0$ ergeben sich abklingende, für $\lambda > 0$ anwachsende Lösungen. Der zweite Vorteil dieses einfachen Testproblems ist, dass für viele Verfahren die Näherungslösungen in ihrer Abhängigkeit von λ und h exakt dargestellt werden können und

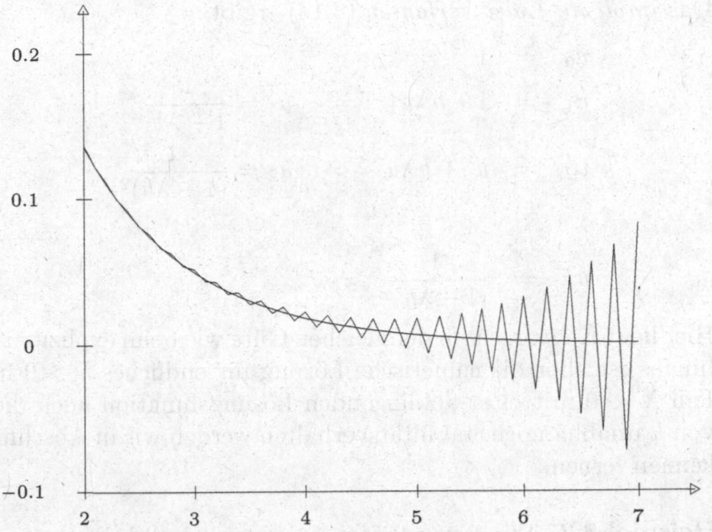

Abb. 8.2 Mittelpunktregel gegen Trapezmethode.

damit das Verhalten der Verfahren für unterschiedliche Parameterwerte untersucht werden kann. Das wollen wir für die beiden Euler-Verfahren ansehen.

Das *explizite Euler-Verfahren* (8.12) ergibt die Näherungswerte

$$\begin{aligned} u_0 &= 1 \\ u_1 &= 1 + \lambda h = e^{\lambda h} + O(h^2) \\ u_2 &= u_1 + h\, f(x_1, u_1) = 1 + \lambda h + h\lambda(1+\lambda h) = 1 + 2\lambda h + (\lambda h)^2 \\ &= (1+\lambda h)^2 \\ &\vdots \\ u_j &= (1+\lambda h)^j \end{aligned}$$

Hieraus können wir die Konvergenz des Verfahrens ablesen: Für ein festes $\bar{x} \in \mathbb{R}$ lassen wir $h \to 0$ und $j \to \infty$ gehen, sodass immer $\bar{x} = j \cdot h$ gilt, also $h = \frac{\bar{x}}{j}$. Dann gilt für den Näherungswert u_j von $y(\bar{x})$:

$$u_j = u_j(h) = (1 + \lambda \frac{\bar{x}}{j})^j \longrightarrow e^{\lambda \bar{x}} \quad \text{mit} \quad j \to \infty$$

Dieses Konvergenzverhalten muß aber die Näherungslösung für festes $h > 0$ nicht widerspiegeln. Ist z.B. $\lambda < 0$ so stark negativ, dass $|1 + \lambda h| > 1$, dann wächst $|u_j|$ oszillatorisch, während ja die exakte Lösung $e^{\lambda h}$ abklingt, d.h. das Verfahren wird numerisch instabil, siehe Beispiel 8.3.

Hier wird die Diskrepanz deutlich zwischen der Tatsache der Konvergenz, die ja eine asymptotische Aussage darstellt, und einer numerischen Instabilität, die für gewisse Zahlenwerte $h > 0$ auftritt.

Das *implizite Euler-Verfahren* (8.14) ergibt

$$
\begin{aligned}
u_0 &= 1 \\
u_1 &= 1 + h\lambda u_1 \quad \Rightarrow \quad u_1 = \frac{1}{1-\lambda h} \\
u_2 &= u_1 + h\lambda u_2 \quad \Rightarrow \quad u_2 = \frac{1}{(1-\lambda h)^2} \\
&\vdots \\
u_j &= \frac{1}{(1-\lambda h)^j}
\end{aligned}
$$

Hier liegt Konvergenz in der gleichen Güte wie beim expliziten Euler-Verfahren vor. Darüber hinaus ist aber die numerische Lösung für endliches $h > 0$ immer stabil, da im wichtigen Fall $\lambda < 0$ mit einer abklingenden Lösungsfunktion auch die Werte u_j abklingen. Dieses von h unabhängige Stabilitätsverhalten werden wir in Abschnitt 8.4.2 als *absolute Stabilität* kennen lernen.

Beispiel 8.3. Wir demonstrieren das unterschiedliche Verhalten der beiden Euler-Verfahren an zwei Testrechnungen für das Modellproblem (8.21) mit unterschiedlichen Werten für λ. Als Schrittweite wählen wir in beiden Fällen $h = 0.1$. Der senkrechte Strich innerhalb der angegebenen Zahlen trennt die nach entsprechender Rundung korrekten von den fehlerhaften Ziffern.

<table>
<tr><th colspan="4">$\lambda = -1$</th><th colspan="3">$\lambda = -21$</th></tr>
<tr><th>x</th><th>Euler explizit</th><th>Euler implizit</th><th>$y(x) = e^{-x}$</th><th>Euler explizit</th><th>Euler implizit</th><th>$y(x) = e^{-21x}$</th></tr>
<tr><td>0</td><td>1.0</td><td>1.0</td><td>1.0</td><td>1.0</td><td>1.0</td><td>1.0</td></tr>
<tr><td>0.1</td><td>0.9</td><td>0.9|09</td><td>0.904837</td><td>−1.1</td><td>0.32258</td><td>0.1224564</td></tr>
<tr><td>0.2</td><td>0.8|1</td><td>0.8|26</td><td>0.8187307</td><td>1.21</td><td>0.10406</td><td>0.015</td></tr>
<tr><td>0.3</td><td>0.7|29</td><td>0.7|51</td><td>0.74081822</td><td>−1.331</td><td>0.03357</td><td>$1.8 \cdot 10^{-3}$</td></tr>
<tr><td>0.4</td><td>0.6|56</td><td>0.6|83</td><td>0.67032005</td><td>1.4641</td><td>$1.1 \cdot 10^{-2}$</td><td>$2.2 \cdot 10^{-4}$</td></tr>
<tr><td>0.5</td><td>0.5|90</td><td>0.6|21</td><td>0.60653066</td><td>−1.6105</td><td>$3.5 \cdot 10^{-3}$</td><td>$2.8 \cdot 10^{-5}$</td></tr>
<tr><td>0.6</td><td>0.5|31</td><td>0.|564</td><td>0.54881164</td><td>1.77</td><td>$1.1 \cdot 10^{-3}$</td><td>$3.4 \cdot 10^{-6}$</td></tr>
<tr><td>0.7</td><td>0.4|78</td><td>0.5|13</td><td>0.49658530</td><td>−1.95</td><td>$3.6 \cdot 10^{-4}$</td><td>$4.1 \cdot 10^{-7}$</td></tr>
<tr><td>0.8</td><td>0.4|30</td><td>0.|467</td><td>0.44932896</td><td>2.14</td><td>$1.2 \cdot 10^{-4}$</td><td>$5.1 \cdot 10^{-8}$</td></tr>
<tr><td>0.9</td><td>0.3|87</td><td>0.4|24</td><td>0.40656966</td><td>−2.36</td><td>$3.8 \cdot 10^{-5}$</td><td>$6.2 \cdot 10^{-9}$</td></tr>
<tr><td>1.0</td><td>0.|349</td><td>0.3|85</td><td>0.36787944</td><td>2.6</td><td>$1.2 \cdot 10^{-5}$</td><td>$7.6 \cdot 10^{-10}$</td></tr>
</table>

△

8.2 Einschrittverfahren

8.2.1 Konsistenz, Stabilität und Konvergenz

Es seien jetzt allgemeiner als in (8.10)

$$a = x_0 < x_1 < x_2 < \cdots < x_N = b, \tag{8.22}$$

$$h_j := x_{j+1} - x_j, \quad h_{\max} = \max_j h_j.$$

Die Differenzialgleichung (8.1) wird durch ein Einschrittverfahren der Form

$$(\mathrm{A}_h): \quad \begin{array}{rcl} u_0 & = & \tilde{y}_0 \\ u_{j+1} & = & u_j + h_j f_h(x_j, u_j, x_{j+1}, u_{j+1}) \end{array} \tag{8.23}$$

gelöst. f_h heißt Verfahrensfunktion. Im Folgenden werden wir, wenn es der Zusammenhang erlaubt, oft h statt h_j oder $h_{\max}$ verwenden.

Definition 8.5. *Lokaler Abschneide- oder Diskretisierungsfehler*

zum Verfahren (8.23) ist

$$\tau_h(x_j) := \frac{1}{h}(y(x_j + h) - y(x_j)) - f_h(x_j, y(x_j), x_j + h, y(x_j + h)). \tag{8.24}$$

Nach Multiplikation mit h gibt der lokale Abschneidefehler an, wie das Verfahren bei Ausführung eines Schrittes, also *lokal*, die Lösung verfälscht. Für ein explizites Verfahren ist dies leicht daran zu sehen, dass $h\,\tau_h(x_j) = y(x_j + h) - u_{j+1}$, falls $u_j = y(x_j)$.

Definition 8.6. *Konsistenz*

Das Einschrittverfahren (A_h) (8.23) heißt *konsistent* mit (A) (8.1), wenn

$$\left. \begin{array}{l} u_0 \to y_0 \\ \max\limits_{x_j} \|\tau_h(x_j)\| \to 0 \end{array} \right\} \quad \text{mit} \quad h_{\max} \to 0. \tag{8.25}$$

Definition 8.7. *Konsistenzordnung*

Das Einschrittverfahren (A_h) hat die Konsistenzordnung p, falls es eine Konstante K gibt mit

$$\left. \begin{array}{l} \|y_0 - \tilde{y}_0\| \leq K h_{\max}^p \\ \max\limits_{x_j} \|\tau_h(x_j)\| \leq K h_{\max}^p \end{array} \right\} \quad \text{mit} \quad h_{\max} \to 0. \tag{8.26}$$

Definition 8.8. *Globaler Abschneide- oder Diskretisierungsfehler*

$$e_h(x_j) := u_j - y(x_j). \tag{8.27}$$

Definition 8.9. *Konvergenz*

Das Verfahren (A_h) heißt *konvergent*, falls

$$\max_{x_j} \|u_j - y(x_j)\| \to 0 \quad \text{mit} \quad h_{\max} \to 0. \tag{8.28}$$

Es besitzt die *Konvergenzordnung* p, falls es eine Konstante K gibt mit

$$\max_{x_j} \|u_j - y(x_j)\| \leq K\, h_{\max}^p \quad \text{mit} \quad h_{\max} \to 0. \tag{8.29}$$

Wir sehen, dass die Konvergenzordnung über den globalen Abschneidefehler definiert wird. Es stellt sich aber heraus, dass im Falle der Konvergenz die Konvergenz- gleich der Konsistenzordnung ist.

Konsistenz ist nur eine *lokale* Aussage. *Konvergenz* ist eine *globale* Aussage, aber oft nur schwer zu zeigen. Verbindungsglied ist die *asymptotische Stabilität,* die das Verhalten der Lösung u_j als Näherung von $y(\bar{x})$ bei festem $\bar{x}$ mit $h \to 0$ betrachtet; alle Standardverfahren erfüllen diese Voraussetzung, die asymptotische Stabilität ist also im Wesentlichen von theoretischem Interesse. Wir wollen sie hier nicht definieren, weil sie immer vorliegt, wenn die im Folgenden definierte Lipschitz-Bedingung (L) erfüllt ist.

Voraussetzung 8.10. (L): Lipschitz-Bedingung an f_h.

$$\begin{aligned} \|f_h(x_j, u_j, x_{j+1}, u_{j+1}) \; - \; & f_h(x_j, \tilde{u}_j, x_{j+1}, \tilde{u}_{j+1})\| \\ \leq \; & L \max(\|u_j - \tilde{u}_j\|, \|u_{j+1} - \tilde{u}_{j+1}\|) \end{aligned} \tag{8.30}$$

Der Term $\|u_{j+1} - \tilde{u}_{j+1}\|$ auf der rechten Seite kommt nur für implizite Verfahren zum Tragen. Deshalb wird hin und wieder auf seine Berücksichtigung verzichtet ebenso wie auf die Variablen x_{j+1} und u_{j+1} in f_h.

Satz 8.11. Konsistenz & Stabilität $\Longrightarrow$ Konvergenz

Das durch die Verfahrensfunktion f_h definierte Verfahren sei konsistent und die Lipschitz-Bedingung (L) (8.30) sei erfüllt.

1. Dann gilt an jeder Stelle x_k

$$\|u_k - y(x_k)\| \; \leq \; \left[\|y_0 - \tilde{y}_0\| + \sum_{j=0}^{k-1} h_j \|\tau_h(x_j)\| \right] e^{L(x_k - a)}. \tag{8.31}$$

2. Es gilt Konvergenz für jeden Punkt $\bar{x} = x_{j(h)} \in [a, b]$:

$$\|u_j - y(\bar{x})\| \to 0 \text{ für } \left\{ \begin{array}{l} \bar{x} = x_{j(h)} \text{ fest} \\ h_{\max} \to 0 \\ j \to \infty \end{array} \right. . \tag{8.32}$$

Definition 8.12. Es sei

$$E_L(x) := \left\{ \begin{array}{ll} \dfrac{e^{Lx} - 1}{L} & \text{für } \; L > 0, \\ x & \text{für } \; L = 0. \end{array} \right. \tag{8.33}$$

Dann heißt $E_L(x)$ *Lipschitz-Funktion.*

Satz 8.13. *Für das Einschrittverfahren gelte (L) und es sei konsistent mit der Ordnung p, d.h. es gibt ein $M \geq 0$ mit*

$$\|\tau_h(x_j)\| \leq M\, h^p \qquad \forall x_j. \tag{8.34}$$

Dann gilt für den globalen Diskretisierungsfehler $e_j := e_h(x_j)$

$$\|e_j\| = \|u_j - y(x_j)\| \leq M\, h_{\max}^p\, E_L(x_j - a) + \|\tilde{y}_0 - y_0\| e^{L\,(x_j - a)}. \tag{8.35}$$

Der Gesamtfehler eines numerischen Verfahrens zur Lösung eines Anfangswertproblems setzt sich aus dem Diskretisierungsfehler des Verfahrens und aus dem Rundungsfehler, der sich von Schritt zu Schritt fortpflanzt, zusammen. Auch, wenn vom Rechenaufwand abgesehen werden kann, muss ein sehr kleines h nicht die optimale Wahl sein. Optimal ist dasjenige h, das den Gesamtfehler minimiert. In Abb. 8.3 wird die Situation für ein realistisches Verfahren und Beispiel dargestellt.

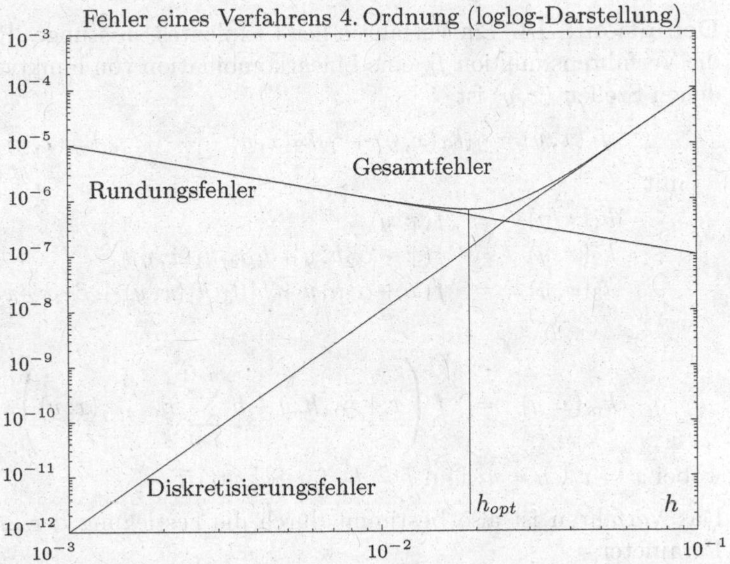

Abb. 8.3 Zusammensetzung des Gesamtfehlers.

8.2.2 Runge-Kutta-Verfahren

Die systematische Herleitung von Einschrittverfahren höherer Ordnung geht auf Runge und Kutta zurück, die vor mehr als hundert Jahren spezielle Methoden dritter und vierter Ordnung entwickelten, [Run 95, Kut 01]. Dabei wird die Verfahrensfunktion $f_h(x,y)$ als Linearkombination von m Funktionen $k_l(x,y)$ angesetzt. Es wird dementsprechend von einem m-stufigen Runge-Kutta-Verfahren gesprochen. Die $k_l(x,y)$ stellen Funktionsauswertungen der rechten Seite $f(x,y)$ an festzulegenden Stellen im Intervall $[x_j, x_{j+1}]$ und den zugehörigen y-Werten dar. Damit lautet das allgemeine Runge-Kutta-Verfahren

$$\begin{aligned} u_{j+1} &= u_j + h_j \sum_{l=1}^{m} \gamma_l k_l(x_j, u_j) \quad \text{mit} \\ k_l(x,y) &= f\left(x + \alpha_l h_j, y + h_j \sum_{r=1}^{m} \beta_{lr} k_r(x,y)\right). \end{aligned} \tag{8.36}$$

Diese allgemeine Formulierung enthält die $2m + m^2$ freien Parameter γ_l, α_l und β_{lr}. Alle auszuwertenden Funktionen k_l stehen in den Verfahrensgleichungen auf der linken und der rechten Seite. Das bedeutet, dass in jedem Schritt ein nichtlineares Gleichungssystem der Ordnung $m \cdot n$ aufzulösen ist. Wir wollen deshalb auf die Allgemeinheit dieser Formulierung verzichten und uns mit Familien expliziter und (halb)-impliziter Runge-Kutta-Verfahren beschäftigen, die wesentlich weniger freie Parameter enthalten.

8.2.3 Explizite Runge-Kutta-Verfahren

Definition 8.14. Ein Verfahren heißt explizites, m-stufiges Runge-Kutta-Verfahren, wenn die Verfahrensfunktion f_h eine Linearkombination von Funktionswerten $f(x,y)$ an verschiedenen Stellen (x,y) ist

$$f_h(x,y) = \gamma_1 k_1(x,y) + \gamma_2 k_2(x,y) + \cdots + \gamma_m k_m(x,y) \tag{8.37}$$

mit

$$\begin{aligned} k_1(x,y) &= f(x,y) \\ k_2(x,y) &= f(x+\alpha_2 h, y + h\beta_{21}k_1(x,y)) \\ k_3(x,y) &= f(x+\alpha_3 h, y + h[\beta_{31}k_1(x,y) + \beta_{32}k_2(x,y)]) \\ &\vdots \\ k_m(x,y) &= f\left(x+\alpha_m h, y + h\sum_{j=1}^{m-1}\beta_{m,j}k_j(x,y)\right), \end{aligned} \tag{8.38}$$

wobei $x = x_j$, $y = u_j$ und $h = h_j$ für Schritt j.

Das Verfahren ist also bestimmt durch die Festlegung der $2m - 1 + m(m-1)/2$ reellen Parameter

$$\gamma_1, \gamma_2, \ldots, \gamma_m, \alpha_2, \alpha_3, \ldots, \alpha_m, \beta_{21}, \beta_{31}, \beta_{32}, \beta_{41}, \ldots, \beta_{m,m-1}.$$

Beispiel 8.4. Ein zweistufiges explizites Runge-Kutta-Verfahren ist das Heun-Verfahren:

$$u_{j+1} = u_j + h_j\left(\frac{1}{2}f(x_j,u_j) + \frac{1}{2}f(x_{j+1}, u_j + h_j f(x_j,u_j))\right). \tag{8.39}$$

Hier sind also $\gamma_1 = \gamma_2 = 1/2$, $\alpha_2 = \beta_{21} = 1$ und damit

$$f_h(x,y) := \frac{1}{2}k_1(x,y) + \frac{1}{2}k_2(x,y) = \frac{1}{2}f(x,y) + \frac{1}{2}f(x+h, y+hf(x,y)).$$ △

Beispiel 8.5. Das einstufige explizite Runge-Kutta-Verfahren:

$$f_h(x,y) = \gamma_1 k_1(x,y) = \gamma_1 f(x,y)$$

ist genau dann konsistent, wenn $\gamma_1 = 1$ ist. Das ist das explizite Euler-Verfahren. Alle anderen Werte für γ_1 liefern keine Konsistenz. △

Allgemeine Koeffizienten-Bedingungen

Um ein Runge-Kutta-Verfahren zu konstruieren, müssen die Koeffizienten γ_l, α_l und β_{lr} so bestimmt werden, dass die Lipschitz-Bedingung (8.30) erfüllt ist, das Verfahren konsistent ist nach (8.25), und darüber hinaus eine möglichst hohe Konsistenzordnung erreicht wird. Aus diesen Forderungen ergeben sich zwei Bedingungen:

1. Für die Konsistenz muss der Gesamtzuwachs in einem Schritt hf sein, d.h.

$$\gamma_1 + \gamma_2 + \cdots + \gamma_m = 1. \tag{8.40}$$

Das werden wir in Lemma 8.15 beweisen.
2. Zum Erreichen einer möglichst hohen Konvergenzordnung sollte jedes $k_l(x,y)$ wenigstens eine h^2-Approximation von $y'(x+\alpha_l h)$ sein. Daraus folgt die Forderung

$$\alpha_i = \sum_{l=1}^{i-1} \beta_{il}, \quad i = 2, \ldots, m. \tag{8.41}$$

Das wollen wir beispielhaft für $l = 2$ zeigen:

$$\begin{aligned} y'(x+\alpha_2 h) &= f(x+\alpha_2 h, y(x+\alpha_2 h)) \\ &= f(x+\alpha_2 h, y(x) + \alpha_2 h f + O(h^2)) \\ &= f(x+\alpha_2 h, y + \alpha_2 h f) + O(h^2) f_y. \end{aligned}$$

Ist $f \in C^1$ und $\|f_y\| < L < \infty$, dann liefert $\beta_{21} = \alpha_2$ die gewünschte h^2-Approximation von $y'(x+\alpha_2 h)$. $\|f_y\| < L < \infty$ folgt aber aus der globalen Lipschitz-Bedingung (8.7). Die restlichen Bedingungen ergeben sich entsprechend, wenn auch mit wesentlich komplexerer Rechnung.

Lemma 8.15. *Das m-stufige explizite Runge-Kutta-Verfahren mit der Verfahrensfunktion f_h nach (8.37) ist konsistent mit (8.1), falls (8.40) erfüllt ist.*

Beweis. Es gilt

$$\|f - f_h\| = \|f(x_j, y(x_j)) - \sum_{l=1}^{m} \gamma_l k_l(x_j, y(x_j))\| \to 0 \;\text{ mit }\; h_j \to 0,$$

weil mit $h_j \to 0$ jedes $k_l \to f(x_j, y(x_j))$ und damit wegen (8.40) auch die Linearkombination $\sum \gamma_l k_l \to f(x_j, y(x_j))$.
Es bleibt zu zeigen, dass aus $\max_j \|f_h(x_j, y(x_j)) - f(x_j, y(x_j))\| \to 0$ mit $h \to 0$ Konsistenz folgt. Dazu benutzen wir

$$\int_0^h y'(x_j+t)dt = y(x_j+h) - y(x_j) \;\text{ und }\; \int_0^h y'(x_j)dt = y'(x_j)\int_0^h dt = hy'(x_j).$$

Daraus folgt

$$\max_j \|\frac{1}{h}(y(x_j+h) - y(x_j)) - y'(x_j)\| = \max_j \|\frac{1}{h}\int_0^h [y'(x_j+t) - y'(x_j)]\, dt\|$$

$$\leq \max_j \max_{0 \le t \le h} \|y'(x_j+t) - y'(x_j)\| \to 0 \;\text{ mit } h \to 0 \;\; (y \in C^1).$$

Nun ist aber

$$\max_j \|\tau_h(x_j)\| = \max_j \|\frac{1}{h}(y(x_j+h) - y(x_j)) - f_h(x_j, y(x_j))\|$$

$$= \max_j \|\frac{1}{h}(y(x_j+h) - y(x_j)) \underbrace{-y'(x_j) + f(x_j, y(x_j))}_{\text{Einschub} = 0} - f_h(x_j, y(x_j))\|.$$

Mit dem ersten Teil des Beweises bekommt man also

$$\lim_{h\to 0}\max_j \|\tau_h(x_j)\| \;=\; \lim_{h\to 0}\max_j \|f(x_j,y(x_j)) - f_h(x_j,y(x_j))\|.$$

Daraus folgt, dass die Konvergenz von $\max\|\tau_h(x_j)\|$ asymptotisch äquivalent ist mit der von $\max\|f-f_h\|$. □

Im folgenden Satz wollen wir die Konstruktion aller zweistufigen Runge-Kutta-Verfahren maximaler Konsistenzordnung herleiten. Er ist ein Beispiel für die Konstruktion von Runge-Kutta-Verfahren, das ahnen lässt, wie der Aufwand für die Bestimmung der Parameter mit wachsendem m anwächst.

Wir beschränken uns in der Darstellung auf eine skalare Differenzialgleichung. Die Aussage gilt aber ebenso für Systeme.

Satz 8.16. *Seien $n=1$ und $f\in C^3([a,b]\times\mathbb{R},\mathbb{R})$.*

(i) Der lokale Abschneidefehler für ein explizites, zweistufiges Runge-Kutta-Verfahren lautet:

$$\begin{aligned}\tau_h(x_j) &= (1-\gamma_1-\gamma_2)f + \\ &\quad \frac{1}{2}h_j\,[\,(1-2\alpha_2\,\gamma_2)\,f_x + (1-2\beta_{21}\,\gamma_2)\,ff_y\,] + O(h_j^2)\ ,\end{aligned} \tag{8.42}$$

d.h. es ist konsistent mit der Ordnung 2, falls

$$\gamma_1+\gamma_2=1,\quad \alpha_2=\beta_{21}=\frac{1}{2\gamma_2},\quad \gamma_2\neq 0. \tag{8.43}$$

Also gibt es unendlich viele explizite Runge-Kutta-Verfahren 2. Ordnung.

(ii) Es gibt kein konsistentes zweistufiges Runge-Kutta-Verfahren 3. Ordnung.

Beweis. Wir setzen $x:=x_j$, $u:=u_j$, $h:=h_j$, $\nu:=\alpha_2$ und $\mu:=\beta_{21}$. (8.42) folgt aus einem Vergleich der Taylor-Reihen von $f_h(x,u)$ und von $(y(x+h)-y(x))/h$ für den lokalen Diskretisierungsfehler $\tau_h(x)$:

$$\begin{aligned} f_h(x,u) &= \gamma_1 f(x,u) + \gamma_2[f+\nu h f_x + \mu h f f_y \\ &\quad +\frac{1}{2}\{\nu^2h^2 f_{xx} + 2\nu\mu h^2 f f_{xy} + \mu^2 h^2 f^2 f_{yy}\}] + O(h^3), \\ \frac{1}{h}(y(x+h)-y(x)) &= f(x,y) + \frac{h}{2}Df + \frac{h^2}{6}D^2 f + O(h^3) \\ &= f + \frac{h}{2}(f_x + ff_y) + \frac{h^2}{6}(D(f_x+ff_y)) + O(h^3) \\ &= f + \frac{h}{2}(f_x+ff_y) + \\ &\quad \frac{h^2}{6}(f_{xx} + 2f_{xy}f + f_xf_y + ff_y^2 + f^2f_{yy}) + O(h^3), \end{aligned}$$

also

$$\tau_h(x) \;=\; (1-\gamma_1-\gamma_2)f + \frac{h}{2}[(1-2\gamma_2\nu)f_x + (1-2\gamma_2\mu)ff_y]$$

$$+\frac{h^2}{6}[(1-3\nu^2\gamma_2)f_{xx}+(2-6\nu\mu\gamma_2)ff_{xy}$$
$$+(1-3\mu^2\gamma_2)f^2f_{yy}+f_xf_y+ff_y^2]+\ O(h^3).$$

Damit folgt (8.42). Es folgt auch (ii), weil als ein Faktor von h^2 der Ausdruck $(f_xf_y+ff_y^2)$ auftritt, der unabhängig von den Parametern $\mu,\nu,\gamma_1,\gamma_2$ ist. □

Beispiel 8.6. Runge-Kutta-Verfahren 2. Ordnung:

1. Die verbesserte Polygonzug-Methode (Euler-Collatz-Verfahren)

$$\gamma_2=1\Rightarrow\gamma_1=0\,,\quad \alpha_2=\beta_{21}=\frac{1}{2}$$
$$\Rightarrow\qquad f_h(x,y)=f(x+\frac{h}{2},y+\frac{1}{2}hf(x,y))$$

2. Das Verfahren von Heun, siehe Beispiel 8.4.
3. "Optimales Verfahren": Will man möglichst viele h^2-Terme in $\tau_h(x)$ unabhängig vom Vorzeichen verschwinden lassen, so kommt man zu

$$\gamma_2=\frac{3}{4}\Rightarrow\gamma_1=\frac{1}{4}\,,\quad \alpha_2=\beta_{21}=\frac{2}{3}\,;$$
$$\Rightarrow\qquad f_h(x,y)=\frac{1}{4}f(x,y)+\frac{3}{4}f\left(x+\frac{2}{3}h,y+\frac{2}{3}hf(x,y)\right).$$

Es bleibt nur $f_xf_y+ff_y^2$ im h^2-Term von $\tau_h(x)$ übrig. △

Wir haben gesehen, dass man mit Stufe 2 Ordnung 2 erreichen kann; die allgemein erreichbaren Konsistenzordnungen für die Stufen $m=1,\ldots,10$ und die Anzahl der für die Parameter entstehenden nichtlinearen Gleichungen entnimmt man der folgenden Tabelle, [But 65]. Ab Stufe 8 verdoppelt sich die Anzahl der Bedingungen mindestens pro Stufe.

m	1	2	3	4	5	6	7	8	9	$m\geq 10$
Erreichbare Konsistenzordnung p	1	2	3	4	4	5	6	6	7	$\leq m-2$
Anzahl Bedingungen zur Parameterbestimmung	1	2	4	8	8	17	37	37	85	≥ 200

Wegen des Stufensprungs zwischen den Ordnungen $p=4$ und $p=5$ werden Verfahren der Ordnung und Stufe $m=p=4$ besonders häufig angewendet. Für die vielen in der Literatur beschriebenen Verfahren 4. Ordnung [Gea 71, Gri 72, But 63] gilt wie für die in Beispiel 8.6 genannten Verfahren 2. Ordnung, dass Vorteile eines Verfahrens gegenüber einem anderen immer vom Beispiel abhängen. Mit anderen Worten: Alle Verfahren derselben Stufe und Ordnung sind von gleicher Güte. Wichtig ist allerdings der Gesichtspunkt der Verfahrenssteuerung, siehe Abschnitt 8.2.5.

Deswegen soll hier nur noch das so genannte klassische Runge-Kutta-Verfahren 4. Ordnung angegeben werden, das gegenüber anderen Verfahren den schönen Vorteil hat, das man es sich gut merken kann.

Das klassische Runge-Kutta-Verfahren (1895, 1901)

$$\begin{aligned}
k_1 &:= f(x_j, u_j) \\
k_2 &:= f(x_j + \frac{h_j}{2}, u_j + \frac{h_j}{2} k_1) \\
k_3 &:= f(x_j + \frac{h_j}{2}, u_j + \frac{h_j}{2} k_2) \\
k_4 &:= f(x_j + h_j, u_j + h_j k_3) \\
u_{j+1} &= u_j + \frac{h_j}{6}(k_1 + 2k_2 + 2k_3 + k_4)
\end{aligned} \tag{8.44}$$

8.2.4 Halbimplizite Runge-Kutta-Verfahren

Die allgemeine Form (8.36) der Runge-Kutta-Verfahren wird auch *voll implizit* genannt. Da solche Verfahren schwierig herzuleiten sind und ihre Durchführung sehr aufwändig ist, werden sie nur bei Problemen angewendet, die besondere Stabilitätsvorkehrungen erfordern, z.B. bei steifen Systemen, auf die wir in Abschnitt 8.4.4 eingehen werden. Hier wollen wir nur kurz halbimplizite Runge-Kutta-Verfahren definieren und ein Beispiel geben.

Das Verfahren (8.36) heißt *halbimplizit*, wenn $\beta_{lr} = 0$ für $r > l$:

$$\begin{aligned}
u_{j+1} &= u_j + h_j \sum_{l=1}^{m} \gamma_l k_l(x_j, u_j) \quad \text{mit} \\
k_l(x, y) &= f(x + \alpha_l h, y + h \sum_{r=1}^{l} \beta_{lr} k_r(x, y))
\end{aligned} \tag{8.45}$$

Dann zerfällt das nichtlineare Gleichungssystem, das in jedem Schritt zu lösen ist, in m Systeme n-ter Ordnung, die sukzessiv gelöst werden können.

Beispiel 8.7. (Gauß-Form mit $m = 1$) $\alpha_1 = \beta_{11} = \frac{1}{2}$ und $\gamma_1 = 1$ liefern

$$u_{j+1} = u_j + h_j k_1, \quad k_1 = f\left(x_j + \frac{h_j}{2}, u_j + \frac{h_j}{2} k_1\right). \tag{8.46}$$

Der Beweis des folgenden Lemmas ist eine Übungsaufgabe.

Lemma 8.17. *1. Das Verfahren (8.46) hat die Konsistenzordnung $p = 2$.*
2. $f(x, y)$ sei zweimal stetig differenzierbar mit $\|f_y\| \leq L$. Weiter gelte $L\,h/2 < 1$. Dann genügt ein Schritt des Newton-Verfahrens zum Erhalt der Konsistenzordnung $p = 2$, wenn für die Lösung des nichtlinearen Gleichungssystems (8.46) für k_1 der Startwert $k_1^{(0)} = f(x_j, u_j)$ gewählt wird, d.h. dann ist $k_1^{(1)} - k_1 = O(h^2)$.

Wir wollen die für (8.46) notwendige Vorgehensweise an einem konkreten Beispiel durchspielen. Auf die Differenzialgleichung

$$y' = y^2, \quad y(0) = -1 \quad \text{mit der exakten Lösung} \quad y(x) = \frac{-1}{1+x}$$

soll ein Schritt des Verfahrens (8.46) mit $h = h_0 = 0.1$ angewendet werden:

$$\begin{aligned} u_0 &= -1, \\ u_1 &= -1 + hk_1 \quad \text{mit } k_1 = (u_0 + \frac{h}{2}k_1)^2. \end{aligned} \tag{8.47}$$

Dann ergibt die Auflösung von (8.47) nach Division durch 0.05^2

$$g(k_1) := k_1^2 - 440k_1 + 400 = 0 \;\Rightarrow\; k_1 = \begin{cases} 0.910977 \\ 439.1 \end{cases}.$$

Natürlich muss die obere Lösung genommen werden. Das ergibt

$$\begin{aligned} u_1 &= -1 + 0.0910977 = -0.908|9023 \quad \text{im Vergleich zu} \\ y(x_1) &= 0.\overline{9090}. \end{aligned}$$

Was würde ein Schritt Newton-Verfahren ergeben?

$$\begin{aligned} g(k_1) &= 0, \quad g'(k_1) = 2k_1 - 440, \\ k_1^{(0)} &= f(x_0, u_0) = (-1)^2 = 1 \\ \Longrightarrow k_1^{(1)} &= 1 - \frac{1^2 - 440 + 400}{2 - 440} = 0.91096 \\ \Longrightarrow \ u_1 &= -1 + 0.091096 = -0.908|904. \end{aligned}$$

Also liefert hier ein Schritt Newton-Verfahren für (8.47) die gleiche Genauigkeit für u_1 wie die exakte Lösung der nichtlinearen Gleichung (8.47). △

Die beim impliziten Runge-Kutta-Verfahren in der allgemeinen Form (8.36) entstehenden nichtlinearen Gleichungen können auch mit einem *Einzelschrittverfahren*

$$\begin{aligned} &k_i^{(0)} \quad \text{beliebig (siehe aber unten),} \\ &\text{für} \quad r = 1, 2, \ldots : \\ &k_i^{(r)} = f\left(x + \alpha_i h_j, y + h_j \sum_{l=1}^{i-1} \beta_{il} k_l^{(r)} + h_j \sum_{l=i}^{m} \beta_{il} k_l^{(r-1)}\right), \; i = 1, \ldots, m, \end{aligned} \tag{8.48}$$

gelöst werden. Dies entspricht dem Gauß-Seidel-Verfahren bei der iterativen Lösung von linearen Gleichungssystemen, siehe Kapitel 11. Unter milden Voraussetzungen konvergiert $k_i^{(r)} \to k_i$ mit $r \to \infty$ für $i = 1, \ldots, m$, und es genügen p Schritte des Verfahrens, um die Konsistenzordnung p des Runge-Kutta-Verfahrens zu erhalten, [Gri 72]. Aber diese theoretische Aussage erweist sich praktisch als brauchbar nur für sehr kleine h und vernünftige Startwerte $k_i^{(0)}$. Deshalb ist meistens das Newton-Verfahren vorzuziehen.

8.2.5 Eingebettete Verfahren und Schrittweitensteuerung

Im Verlauf der numerischen Behandlung eines Differenzialgleichungssystems kann sich der Diskretisierungsfehler mit wachsendem x stark ändern. Deshalb spielt eine dem Problem angepasste Wahl der Schrittweite h_j eine wichtige Rolle. Grundsätzlich soll die Schrittweite über eine Fehlerschätzung gesteuert werden. Da die Abschätzungen des globalen Fehlers wie (8.35) oder (8.31) schwer zu bestimmen sind und darüber hinaus den tatsächlichen Fehler meistens stark überschätzen, ist eine Schätzung

$$T(x,h) \doteq |\tau_h(x)| \tag{8.49}$$

des Betrags des lokalen Fehlers günstiger. Dafür gibt es unterschiedliche Methoden:

1. Schätzungen T für τ_h, die vom speziellen Verfahren abhängen.
So geben z.B. Ceschino und Kuntzmann in [Ces 66] eine Schätzung des lokalen Abschneidefehlers für beliebige Runge-Kutta-Verfahren 4. Ordnung an.
2. Parallelrechnung mit zwei Schrittweiten h und qh und Schätzung des lokalen Diskretisierungsfehler mit Hilfe der beiden Ergebnisse

$$T(x,h) := \left|\frac{u(qh) - u(h)}{q^p - 1}\right|. \tag{8.50}$$

Hier bietet sich die zusätzliche Möglichkeit, das Ergebnis durch Extrapolation zu verbessern etwa wie in Abschnitt 3.1.6 dargestellt, siehe auch [Sto 02].
3. Parallelrechnung mit zwei Verfahren verschiedener Ordnung oder Stufe. Zur Aufwandsersparnis werden dabei *eingebettete Verfahren* verwendet. Das sind Verfahren, bei denen die Koeffizienten gemeinsamer Stufe übereinstimmen, sodass dann die Werte k_l nur einmal berechnet werden müssen.

Wir wollen zunächst auf die letzte Möglichkeit näher eingehen. Eine vierstufige Runge-Kutta-Methode 4. Ordnung, die in eine sechsstufigen Methode 5. Ordnung eingebettet wird, wurde von England [Eng 69] vorgeschlagen. Fehlberg [Feh 69a] hat diese Idee zu mehreren besseren Varianten weiterentwickelt, bei der der lokale Diskretisierungsfehler gegenüber England deutlich verringert werden kann. Eine dieser von Fehlberg vorgeschlagenen Methoden mit einfachen Zahlenwerten lautet

$$\begin{aligned}
k_1 &= f(x_j, u_j)\\
k_2 &= f\left(x_j + \frac{2}{9}h, u_j + \frac{2}{9}hk_1\right)\\
k_3 &= f\left(x_j + \frac{1}{3}h, u_j + \frac{1}{12}hk_1 + \frac{1}{4}hk_2\right)\\
k_4 &= f\left(x_j + \frac{3}{4}h, u_j + \frac{69}{128}hk_1 - \frac{243}{128}hk_2 + \frac{135}{64}hk_3\right)\\
k_5 &= f\left(x_j + h, u_j - \frac{17}{12}hk_1 + \frac{27}{4}hk_2 - \frac{27}{5}hk_3 + \frac{16}{15}hk_4\right)\\
u_{j+1} &= u_j + h\left\{\frac{1}{9}k_1 + \frac{9}{20}k_3 + \frac{16}{45}k_4 + \frac{1}{12}k_5\right\}
\end{aligned} \tag{8.51}$$

Dieses fünfstufige Verfahren 4. Ordnung wird eingebettet mit der Erweiterung

$$\begin{aligned}
k_6 &= f\left(x_j + \frac{5}{6}h, u_j + \frac{65}{432}hk_1 - \frac{5}{16}hk_2 + \frac{13}{16}hk_3 + \frac{4}{27}hk_4 + \frac{5}{144}hk_5\right)\\
\hat{u}_{j+1} &= u_j + h\left\{\frac{47}{450}k_1 + \frac{12}{25}k_3 + \frac{32}{225}k_4 + \frac{1}{30}k_5 + \frac{6}{25}k_6\right\}.
\end{aligned} \tag{8.52}$$

Schätzwert des lokalen Fehlers der Methode (8.51) ist der Betrag der Differenz $\hat{u}_{j+1} - u_{j+1}$

$$T(x_{j+1}, h) = \frac{h}{300}\left|-2k_1 + 9k_3 - 64k_4 - 15k_5 + 72k_6\right|. \tag{8.53}$$

In [But 87, Feh 64, Feh 68, Feh 69b, Feh 70] sind weitere Kombinationen expliziter Runge-Kutta-Verfahren verschiedener Ordnung mit eingebauter Schrittweitensteuerung angegeben. Eine anders geartete Methode der automatischen Schrittweitensteuerung stammt von Zonneveld [Str 74, Zon 79]. Der lokale Diskretisierungsfehler wird mit Hilfe einer weiteren Funktionsauswertung so abgeschätzt, dass aus den berechneten k_i-Werten eine geeignete Linearkombination gebildet wird. Eine weitere interessante Idee besteht auch darin, den lokalen Fehler auf Grund einer eingebetteten Methode niedrigerer Ordnung zu schätzen [Dor 78, Dor 80, Hai 93].

Die Schätzung T des lokalen Fehlers kann auf unterschiedliche Weise zur Schrittweitensteuerung benutzt werden. Es wird eine Strategie benötigt, wann die Schrittweite beibehalten, vergrößert oder verkleinert wird. Eine mögliche Strategie haben wir in Abb. 8.4 veranschaulicht. Steuerungsparameter sind neben der Schätzung T die Fehlertoleranzen ε und $\varepsilon/20$ sowie der Faktor (hier 2), um den die Schrittweite vergrößert bzw. verkleinert wird.

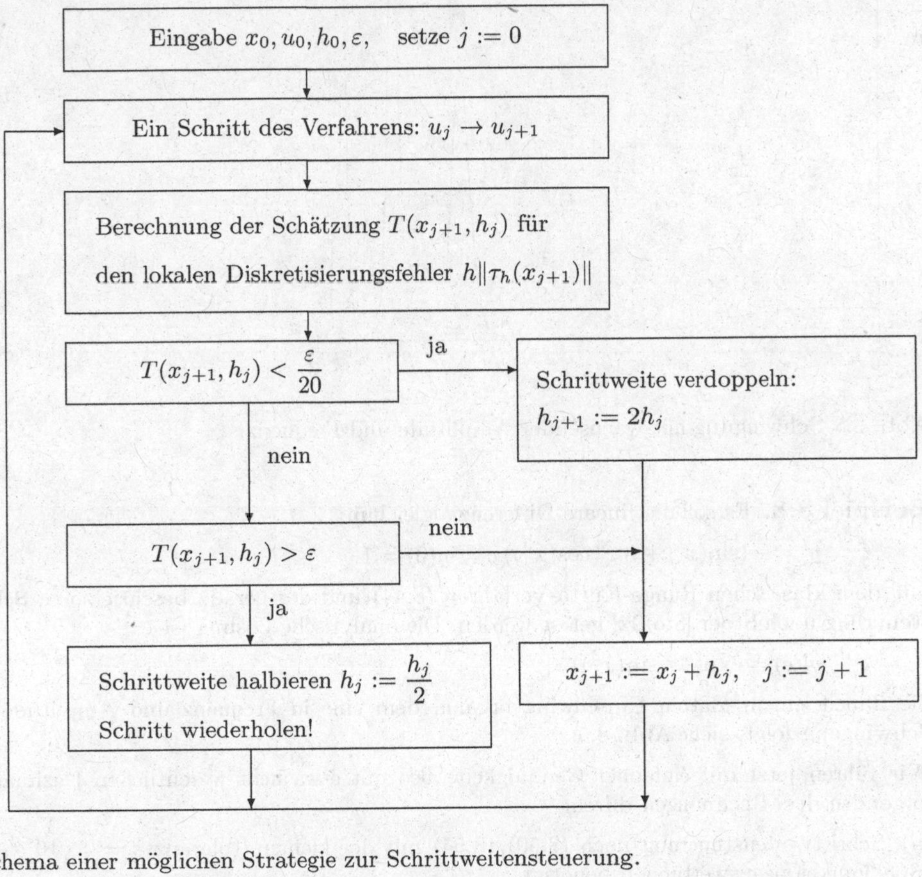

Abb. 8.4 Schema einer möglichen Strategie zur Schrittweitensteuerung.

Alternativ gibt es die Möglichkeit, die Schrittweite auf Grund des Fehlerschätzers nach jedem Schritt neu zu berechnen. Muss im Strategie-Schema der Schritt wiederholt werden, so wird die Schrittweite nicht halbiert wie in Abb. 8.4, sondern nach der Schätzformel neu festgelegt. Konkreter schlägt Stoer [Sto 02] folgendes Vorgehen vor: Der Fehler wird durch Parallelrechnung mit h und $h/2$ nach (8.50) geschätzt. Im Fall der Schrittwiederholung wird die neue Schrittweite festgelegt als

$$h_{\text{neu}} = \frac{h_{\text{alt}} \sqrt[p+1]{\varepsilon}}{\sqrt[p+1]{2^p T}} \tag{8.54}$$

mit der vorgegebenen Toleranz ε und der Fehlerschätzung T. Der Schrittweiten-Schätzer (8.54) beruht auf einer Schätzung des globalen Fehlers, siehe [Sto 02].

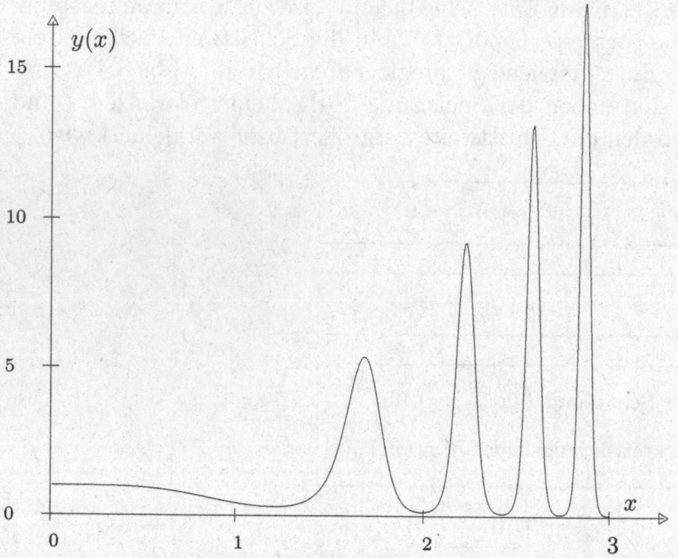

Abb. 8.5 Schwingung mit wachsender Amplitude und Frequenz.

Beispiel 8.8. Es soll die lineare Differenzialgleichung

$$y' = -(\sin(x^3) + 3\,x^3\cos(x^3))\,y, \quad y(0) = 1 \tag{8.55}$$

mit dem klassischen Runge-Kutta-Verfahren (8.44) und der gerade beschriebenen Schrittweitensteuerung nach Stoer [Sto 02] gelöst werden. Die analytische Lösung ist

$$y(x) = \exp(-x\,\sin(x^3)).$$

Sie ähnelt einem glatten Einschwingvorgang, dem eine in Frequenz und Amplitude wachsende Schwingung folgt, siehe Abb. 8.5.

Wir führen jetzt mit einfacher Genauigkeit, also mit etwa acht wesentlichen Dezimalstellen, die folgenden drei Rechnungen durch:

(a) Schrittweitensteuerung nach (8.50)/(8.54) mit der kleinen Toleranz $\varepsilon = 1 \cdot 10^{-7}$. Es werden 4368 Funktionsauswertungen benötigt.

(b) Wir verbrauchen dieselbe Zahl von 4368 Funktionsauswertungen, rechnen aber mit äquidistanter Schrittweite.

(c) Wir rechnen wieder mit äquidistanter Schrittweite, machen die Schrittweite aber so klein, dass der Fehler am Endpunkt etwa gleich dem aus der ersten Rechnung ist.

Die Ergebnisse haben wir in der folgenden Tabelle zusammengefasst. Sie zeigen deutlich, dass man ohne Schrittweitensteuerung bei einem Beispiel wie diesem entweder den 20-fachen Fehler oder den doppelten Aufwand in Kauf nehmen muss.

Methode	# Fkts.ausw.	$\lvert u_{x=3} - y(3)\rvert$	$h_{\min}$	$h_{\max}$
(a)	4368	$0.145 \cdot 10^{-4}$	$2.7 \cdot 10^{-3}$	0.5
(b)	4368	$3.170 \cdot 10^{-4}$	$8.2 \cdot 10^{-3}$	$8.2 \cdot 10^{-3}$
(c)	8784	$0.144 \cdot 10^{-4}$	$4.1 \cdot 10^{-3}$	$4.1 \cdot 10^{-3}$

△

8.3 Mehrschrittverfahren

In Abschnitt 8.1.1 haben wir mit der Mittelpunktregel $u_{j+2} = u_j + 2hf_{j+1}$ schon ein Mehrschrittverfahren kennen gelernt. Jetzt sollen diese systematischer behandelt werden. Dabei werden wir zunächst auf eine Familie von expliziten und impliziten Methoden eingehen, bevor wir zur allgemeinen Konvergenztheorie und Verfahrenskonstruktion kommen.

Allgemein betrachten wir m-Schritt-Verfahren. Dabei ist m die Anzahl der Werte u_{j+i}, $i = 0, 1, \ldots, m-1$, die an den als äquidistant vorausgesetzten Stellen x_{j+i} vorliegen müssen. Sie werden zur Berechnung des neuen Wertes u_{j+m} verwendet. u_{j+m} stellt eine Näherung für $y(x_{j+m})$ dar.

8.3.1 Verfahren vom Adams-Typ

Zur Herleitung einer wichtigen Klasse von Mehrschrittverfahren, den Verfahren vom Adams-Typ, wird folgende Integraldarstellung der exakten Lösung benutzt:

$$y(x_{j+m}) = y(x_{j+m-1}) + \int_{x_{j+m-1}}^{x_{j+m}} f(x, y(x))\, dx. \tag{8.56}$$

Das Integral in (8.56) wird numerisch approximiert, indem f (komponentenweise) durch ein Polynom P vom Höchstgrad r interpoliert wird

$$P(x_{j+k}) \;=\; f(x_{j+k}, u_{j+k}), \quad k = 0, 1, \ldots, r,$$

und dieses exakt integriert wird

mit	$r = m$	$\Longrightarrow$	implizites oder Interpolationsverfahren,
oder	$r = m - 1$	$\Longrightarrow$	explizites oder Extrapolationsverfahren.

Die so gewonnenen expliziten Verfahren bilden die Familie der *Adams-Bashforth-Methoden*, die impliziten die der *Adams-Moulton-Methoden.*

Adams-Bashforth für $m = 2$

Das Polynom $P(x)$ entsteht durch lineare Interpolation der beiden Punkte $(x_j,\, f_j)$ und $(x_{j+1},\, f_{j+1})$. Wir transformieren das Intervall $x \in [x_j,\, x_{j+2}]$ auf $t \in [0,\, 2]$. Dann ergibt sich

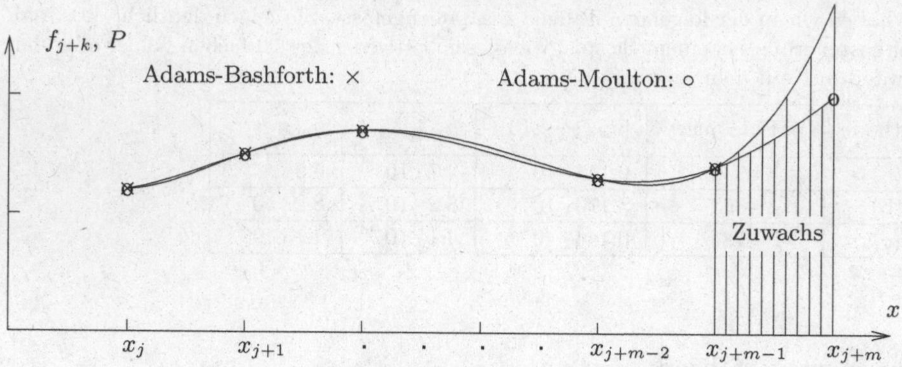

Abb. 8.6 Konstruktion der Adams-Methoden.

mit der Vorwärtsdifferenz $\Delta f_j = f_{j+1} - f_j$

$$P(x) = P(x_j + th) = f_j + t\Delta f_j. \tag{8.57}$$

Integration dieses Polynoms

$$\int_{x_{j+1}}^{x_{j+2}} P(x)\,dx = h \int_1^2 P(x_j + th)\,dt = h\left[t\,f_j + \frac{t^2}{2}\Delta f_j\right]_1^2 = h\,\left[\frac{3}{2}f_{j+1} - \frac{1}{2}f_j\right]$$

ergibt mit (8.56) das Verfahren

$$u_{j+2} = u_{j+1} + \frac{h}{2}(3f_{j+1} - f_j). \tag{8.58}$$

Bevor wir uns im Abschnitt 8.3.2 genauer mit der Theorie der Mehrschrittverfahren auseinander setzen, wollen wir für das einfache Verfahren (8.58) den lokalen Diskretisierungsfehler (8.24) berechnen.

$$\begin{aligned}
\tau_h(x_{j+2}) &:= \frac{1}{h}\{y(x_{j+2}) - y(x_{j+1})\} - \frac{1}{2}\{3f(x_{j+1}, y(x_{j+1})) - f(x_j, y(x_j))\} \\
&= \frac{1}{h}(y(x_{j+2}) - y(x_{j+1})) - \frac{1}{2}\{3y'(x_{j+1}) - y'(x_j)\} \\
&= y'(x_{j+1}) + \frac{h}{2}y''(x_{j+1}) + \frac{h^2}{6}y^{(3)}(x_{j+1}) + O(h^3) \\
&- \frac{1}{2}\left\{3y'(x_{j+1}) - \left[y'(x_{j+1}) - hy''(x_{j+1}) + \frac{h^2}{2}y^{(3)}(x_{j+1}) + O(h^3)\right]\right\} \\
&= \frac{5}{12}h^2 y^{(3)}(x_{j+1}) + O(h^3) \\
&=: C_3\,h^2 y^{(3)}(x_{j+1}) + O(h^3)
\end{aligned} \tag{8.59}$$

Damit ist gezeigt, dass das Verfahren (8.58) die Ordnung $p = 2$ hat. Der Faktor $C_3 = 5/12$ heißt *Fehlerkonstante* des Verfahrens, siehe Abschnitt 8.3.2.

Adams-Moulton für $m = 2$

$P(x)$ entsteht jetzt durch Interpolation von (x_j, f_j), (x_{j+1}, f_{j+1}), (x_{j+2}, f_{j+2}). Das Newtonsche Interpolationsschema ergibt wegen der äquidistanten Stützstellen

$$\begin{aligned} P(x) &= f_j + (x - x_j)\Delta f_j + (x - x_j)(x - x_{j+1})\frac{\Delta^2 f_j}{2} \\ \text{oder} & \\ P(x_j + th) &= f_j + t\Delta f_j + \frac{t(t-1)}{2}\Delta^2 f_j. \end{aligned} \tag{8.60}$$

Der Zuwachs berechnet sich wieder durch Integration dieses Polynoms

$$\begin{aligned} \int_{x_{j+1}}^{x_{j+2}} P(x)\,dx &= h\int_1^2 P(x_j + th)\,dt = h\left[f_j t + \Delta f_j \frac{t^2}{2} + \Delta^2 f_j\left(\frac{t^3}{6} - \frac{t^2}{4}\right)\right]_1^2 \\ &= h\left[f_j + \frac{3}{2}(f_{j+1} - f_j) + \left(\frac{7}{6} - \frac{3}{4}\right)(f_{j+2} - 2f_{j+1} + f_j)\right] \\ &= \frac{h}{12}\left[-f_j + 8f_{j+1} + 5f_{j+2}\right]. \end{aligned}$$

Das ergibt das Verfahren

$$u_{j+2} = u_{j+1} + \frac{h}{12}\left[-f_j + 8f_{j+1} + 5f_{j+2}\right]. \tag{8.61}$$

Seinen lokalen Diskretisierungsfehler rechnen wir ganz analog zu (8.59) aus.

$$\begin{aligned} \tau_h(x_{j+2}) &:= \frac{1}{h}\{y(x_{j+2}) - y(x_{j+1})\} - \frac{1}{12}\{-y'(x_j) + 8y'(x_{j+1}) + 5y'(x_{j+2})\} \\ &= y'(x_{j+1}) + \frac{h}{2}y''(x_{j+1}) + \frac{h^2}{6}y^{(3)}(x_{j+1}) + \frac{h^3}{24}y^{(4)}(x_{j+1}) + O(h^4) \\ &- \frac{1}{12}\Big\{-y'(x_{j+1}) + hy''(x_{j+1}) - \frac{h^2}{2}y^{(3)}(x_{j+1}) + \frac{h^3}{6}y^{(4)}(x_{j+1}) \\ &+ 8y'(x_{j+1}) \\ &+ 5\left[y'(x_{j+1}) + hy''(x_{j+1}) + \frac{h^2}{2}y^{(3)}(x_{j+1}) + \frac{h^3}{6}y^{(4)}(x_{j+1})\right] + O(h^4)\Big\} \\ &= -\frac{h^3}{24}y^{(4)}(x_{j+1}) + O(h^4) \end{aligned} \tag{8.62}$$

Das Adams-Moulton-Verfahren mit $m = 2$ hat also die Ordnung $p = m + 1 = 3$ und die Fehlerkonstante $C_3 = -\frac{1}{24}$.

Adams-Verfahren höherer Ordnung

Diese ergeben sich völlig analog, wobei die Interpolation wegen der äquidistanten Stützstellen mit Vorwärtsdifferenzen besonders einfach durchzuführen ist. Wir geben noch die expliziten Drei- bis Sechsschrittverfahren an.

$$u_{j+3} = u_{j+2} + \frac{h}{12}\{23f_{j+2} - 16f_{j+1} + 5f_j\}, \tag{8.63}$$

$$u_{j+4} = u_{j+3} + \frac{h}{24}\{55f_{j+3} - 59f_{j+2} + 37f_{j+1} - 9f_j\}, \tag{8.64}$$

$$u_{j+5} = u_{j+4} + \frac{h}{720}\{1901f_{j+4} - 2774f_{j+3} + 2616f_{j+2} - 1274f_{j+1} + 251f_j\}, \tag{8.65}$$

$$\begin{aligned} u_{j+6} = u_{j+5} + \frac{h}{1440}\{&4277f_{j+5} - 7923f_{j+4} + 9982f_{j+3} \\ &- 7298f_{j+2} + 2877f_{j+1} - 475f_j\}. \end{aligned} \tag{8.66}$$

Jedes explizite m-Schrittverfahren vom Typ Adams-Bashforth hat die Ordnung $p = m$. Dabei erfordern alle diese Verfahren pro Schritt nur eine Funktionsauswertung. Zudem erlaubt die Kombination von zwei Verfahren verschiedener Ordnung eine praktisch kostenlose Schätzung des lokalen Diskretisierungsfehlers. So ergibt sich beispielsweise für das Vierschrittverfahren (8.64) in Kombination mit (8.65) der Schätzwert

$$T(x_{j+4}, h) = \frac{h}{720}\{251f_{j+3} - 1004f_{j+2} + 1506f_{j+1} - 1004f_j + 251f_{j-1}\}, \tag{8.67}$$

der zur Schrittweitensteuerung verwendet werden kann. Der lokale Diskretisierungsfehler einer Adams-Bashforth-Methode ist stets bedeutend größer als der eines Runge-Kutta-Verfahrens gleicher Ordnung.

Als implizite Drei-,Vier- und Fünfschrittverfahren vom Typ Adams-Moulton ergeben sich

$$u_{j+3} = u_{j+2} + \frac{h}{24}\{9f(x_{j+3}, u_{j+3}) + 19f_{j+2} - 5f_{j+1} + f_j\} \tag{8.68}$$

$$\begin{aligned} u_{j+4} = u_{j+3} + \frac{h}{720}\{&251f(x_{j+4}, u_{j+4}) \\ &+ 646f_{j+3} - 264f_{j+2} + 106f_{j+1} - 19f_j\} \end{aligned} \tag{8.69}$$

$$\begin{aligned} u_{j+5} = u_{j+4} + \frac{h}{1440}\{&475f(x_{j+5}, u_{j+5}) + 1427f_{j+4} - 798f_{j+3} \\ &+ 482f_{j+2} - 173f_{j+1} + 27f_j\}. \end{aligned} \tag{8.70}$$

Jedes implizite m-Schrittverfahren vom Typ Adams-Moulton hat die Ordnung $p = m + 1$.

Die Berechnung von u_{j+m} aus der impliziten Gleichung in jedem Integrationsschritt wird mit der Prädiktor-Korrektor-Technik vermieden. Eine Startnäherung $u_{j+m}^{(0)}$ für eine implizite m-Schrittmethode von Adams-Moulton wird mit der expliziten m-Schrittmethode von Adams-Bashforth bestimmt. Die implizite Formel wird nur dazu verwendet, diese Startnäherung mit einem einzigen Schritt der Fixpunkt-Iteration zu verbessern. Eine solche Kombination von zwei Dreischrittverfahren zu einer *Prädiktor-Korrektor-Verfahren* lautet

$$\begin{aligned} u_{j+3}^{(P)} &= u_{j+2} + \frac{h}{12}\{23f_{j+2} - 16f_{j+1} + 5f_j\}, \\ u_{j+3} &= u_{j+2} + \frac{h}{24}\{9f(x_{j+3}, u_{j+3}^{(P)}) + 19f_{j+2} - 5f_{j+1} + f_j\}. \end{aligned} \tag{8.71}$$

Dieses *Adams-Bashforth-Moulton-Verfahren*, kurz als A-B-M-Verfahren bezeichnet, besitzt die Ordnung $p = 4$. Es kann gezeigt werden, dass eine Prädiktor-Korrektor-Methode, die durch Kombination eines expliziten m-Schritt-Prädiktors der Ordnung m mit einem impliziten m-Schritt-Korrektor der Ordnung $m + 1$ erklärt ist, die Ordnung $p = m + 1$ besitzt

[Gri 72, Lam 91]. Die entsprechende Analyse zeigt, dass der Koeffizient $C_{m+2}^{(PC)}$ von h^{m+2} des Hauptanteils des lokalen Diskretisierungsfehlers als Linearkombination der Konstanten $C_{m+1}^{(P)}$ und $C_{m+2}^{(C)}$ der beiden Verfahren gegeben ist, wobei problembedingt verschiedene Ableitungen von $y(x)$ zur Bildung von $C_{m+2}^{(PC)}$ auftreten. Da die Koeffizienten $C_{m+1}^{(AB)}$ der Adams-Bashforth-Verfahren betragsmäßig bedeutend größer als die Konstanten $C_{m+2}^{(AM)}$ der Adams-Moulton-Methoden sind (vgl. Tab. 8.3), wird die Größe des lokalen Diskretisierungsfehlers der Prädiktor-Korrektor-Methode im Wesentlichen durch den Hauptanteil der expliziten Prädiktor-Methode bestimmt.

Die Situation wird verbessert, wenn als Prädiktorformel eine Adams-Bashforth-Methode mit der gleichen Ordnung wie die Korrektorformel verwendet wird. Wir kombinieren somit zwei Verfahren mit verschiedener Schrittzahl. Als Beispiel formulieren wir das Prädiktor-Korrektor-Verfahren, welches aus der expliziten Vierschrittmethode von Adams-Bashforth (8.64) als Prädiktor und aus der impliziten Dreischrittmethode von Adams-Moulton (8.68) besteht.

$$\begin{aligned} u_{j+4}^{(P)} &= u_{j+3} + \frac{h}{24}\{55f_{j+3} - 59f_{j+2} + 37f_{j+1} - 9f_j\} \\ u_{j+4} &= u_{j+3} + \frac{h}{24}\{9f(x_{j+4}, u_{j+4}^{(P)}) + 19f_{j+3} - 5f_{j+2} + f_{j+1}\} \end{aligned} \tag{8.72}$$

Das Integrationsverfahren (8.72) besitzt wie (8.71) die Ordnung $p = 4$. Die Analyse des Diskretisierungsfehlers zeigt aber, dass der Koeffizient des Hauptanteils $C_5^{(PC)} = -\frac{19}{720} = C_5^{(AM)}$ ist. Bei solchen Kombinationen von Prädiktor-Korrektor-Verfahren ist stets der Koeffizient des Hauptanteils der Korrektorformel maßgebend [Gri 72, Lam 91]. Der lokale Diskretisierungsfehler der Methode (8.72) ist deshalb kleiner als derjenige von (8.71). Die praktische Anwendung der Prädiktor-Korrektor-Methode (8.72) erfordert selbstverständlich vier Startwerte u_0, u_1, u_2, u_3, weil dem Prädiktor ein Vierschrittverfahren zu Grunde liegt.

Tab. 8.1 Runge-Kutta-Methode und A-B-M-Verfahren.

		Runge-Kutta	A-B-M (8.71)		A-B-M (8.72)	
x_j	$y(x_j)$	u_j	$u_j^{(P)}$	u_j	$u_j^{(P)}$	u_j
1.0	0	0				
1.1	0.2626847	0.2626829				
1.2	0.5092384	0.5092357				
1.3	0.7423130	0.7423100				
1.4	0.9639679	0.9639648	0.9641567	0.9639538	0.9638945	0.9639751
1.5	1.1758340	1.1758309	1.1759651	1.1758147	1.1757894	1.1758460
1.6	1.3792243	1.3792213	1.3793138	1.3792027	1.3792028	1.3792382
1.7	1.5752114	1.5752087	1.5752742	1.5751894	1.5751995	1.5752258
1.8	1.7646825	1.7646799	1.7647268	1.7646610	1.7646775	1.7646965
1.9	1.9483792	1.9483769	1.9484106	1.9483588	1.9483785	1.9483924
2.0	2.1269280	2.1269258	2.1269503	2.1269089	2.1269298	2.1269401

Beispiel 8.9. Wir behandeln die Anfangswertaufgabe $y' = xe^{x-y}$, $y(1) = 0$, mit den beiden A-B-M-Methoden (8.71) und (8.72) und wählen die Schrittweite $h = 0.1$. Um die beiden Verfahren unter gleichen Bedingungen vergleichen zu können, werden in beiden Fällen die drei Startwerte u_1, u_2, u_3 mit der klassischen Runge-Kutta-Methode (8.44) berechnet. Tab. 8.1 enthält die Näherungswerte, die sowohl mit dem Runge-Kutta-Verfahren vierter Ordnung (8.44) als auch mit den beiden Prädiktor-Korrektor-Methoden erhalten worden sind, wobei für diese Verfahren auch die Prädiktorwerte $u_j^{(P)}$ angegeben sind. Die Mehrschrittmethoden arbeiten etwas ungenauer als das Runge-Kutta-Verfahren. △

8.3.2 Konvergenztheorie und Verfahrenskonstruktion

Definition 8.18. (A_h): *Lineares Mehrschrittverfahren (MSV)*

(i) Zur Lösung von (8.1) im Intervall $[a, b]$ sei eine konstante Schrittweite $h > 0$ gegeben mit

$$x_j = a + jh, \quad j = 0, 1 \ldots, N, \quad h = \frac{b-a}{N}.$$

(ii) Start- oder Anlaufrechnung
Es sei ein besonderes Verfahren (meistens ein Einschrittverfahren) gegeben, das die Werte

$$u_0, u_1, \ldots, u_{m-1}$$

an den Stellen $x_0, x_1, \ldots, x_{m-1}$ berechnet.

(iii) Es seien reelle Zahlen $a_0, a_1, \ldots, a_m$ und $b_0, b_1, \ldots, b_m$ gegeben mit $a_m = 1$. Bekannt seien die Werte $u_j,\ u_{j+1},\ \ldots,\ u_{j+m-1}$.
Gesucht ist die Lösung u_{j+m} der Gleichungssysteme

$$\begin{aligned} \frac{1}{h}\sum_{k=0}^{m} a_k u_{j+k} &= f_h(x_j, u_j, u_{j+1}, \ldots, u_{j+m}), \quad j = 0, 1, \ldots, N-m, \\ \text{mit} \quad f_h &:= \sum_{k=0}^{m} b_k f(x_{j+k}, u_{j+k}) =: \sum_{k=0}^{m} b_k f_{j+k}. \end{aligned} \tag{8.73}$$

(iv) Das Mehrschrittverfahren heißt *explizit*, falls $b_m = 0$, und *implizit*, falls $b_m \neq 0$.

Explizite Mehrschrittverfahren lassen sich nach u_{j+m} auflösen:

$$u_{j+m} = -\sum_{k=0}^{m-1} a_k u_{j+k} + h\sum_{k=0}^{m-1} b_k f_{j+k}. \tag{8.74}$$

Bei *impliziten Mehrschrittverfahren* muß man wie bei Einschrittverfahren das i.a. nichtlineare Gleichungssystem

$$u_{j+m} = g(u_{j+m})$$

lösen mit

$$g(u_{j+m}) := -\sum_{k=0}^{m-1} a_k u_{j+k} + h\sum_{k=0}^{m} b_k f_{j+k}.$$

Dazu reichen oft wenige Schritte des Einzelschrittverfahrens (wie (8.48)) oder der sukzessiven Iteration aus:

$$u_{j+m}^{(0)} = u_{j+m-1},$$

$$u_{j+m}^{(l)} = g(u_{j+m}^{(l-1)}), \quad l = 1, 2, \ldots.$$

Diese Folge konvergiert, wenn

$$q := h|b_m|L < 1,$$

wo L Lipschitz-Konstante von f bezüglich y ist. Die Anzahl der benötigten Schritte kann vermindert werden, wenn statt des Startwertes $u_{j+m}^{(0)} = u_{j+m-1}$ ein expliziter Euler-Schritt von u_{j+m-1} zu $u_{j+m}^{(0)}$ vollzogen wird, also

$$u_{j+m}^{(0)} = u_{j+m-1} + hf(x_{j+m-1}, u_{j+m-1}).$$

Definition 8.19. 1. Sei (A_h) ein Mehrschrittverfahren mit eindeutig bestimmter Lösung. Der *lokale Abschneidefehler* wird in Analogie zu (8.24) definiert als

$$\tau_h(x_{j+m}) := \frac{1}{h}\sum_{k=0}^{m} a_k y(x_{j+k}) - \sum_{k=0}^{m} b_k f(x_{j+k}, y(x_{j+k})), \qquad (8.75)$$
$$j = 0, 1, \ldots, N-m.$$

mit den Startwerten

$$\tau_h(x_j) := u_j - y(x_j) \text{ für } j = 0, 1, \ldots, m-1.$$

2. (A_h) heißt *konsistent* mit (*A*), wenn

$$\max_j \|\tau_h(x_j)\| \to 0 \quad \text{für } h \to 0, \quad j = 0, 1, \ldots, N. \qquad (8.76)$$

3. (A_h) besitzt die *Konsistenzordnung p*, wenn es ein $K \in \mathbb{R}$ gibt mit

$$\max_j \|\tau_h(x_j)\| \leq K h^p \text{ mit } h \to 0, \quad j = 0, 1, \ldots, N.$$

4. *1. und 2. erzeugendes oder charakteristisches Polynom* des Mehrschrittverfahrens (A_h) sind

$$\begin{aligned} \varrho(\zeta) &:= \sum_{j=0}^{m} a_j \zeta^j, \\ \sigma(\zeta) &:= \sum_{j=0}^{m} b_j \zeta^j. \end{aligned} \qquad (8.77)$$

Satz 8.20. *(A_h) hat mindestens die Konsistenzordnung $p = 1$, falls $f \in C^1$, $u_j \to y_0$ mit $h \to 0$ für $j = 0, 1, \ldots, m-1$ und*

$$\varrho(1) = 0, \qquad \varrho'(1) = \sigma(1). \qquad (8.78)$$

Beweis. Taylor-Entwicklung von τ_h um x_j:

$$\begin{aligned} \tau_h(x_{j+m}) &= \frac{1}{h}\sum_{k=0}^{m} a_k y(x_{j+k}) - \sum_{k=0}^{m} b_k f(x_{j+k}, y(x_{j+k})) \\ &= \frac{1}{h}\sum_{k=0}^{m} a_k y(x_{j+k}) - \sum_{k=0}^{m} b_k y'(x_{j+k}) \\ &= \frac{1}{h}\sum_{k=0}^{m} a_k \left[y(x_j) + k\,h\,y'(x_j) + \frac{1}{2}(k\,h)^2\, y''(\xi_{j+k})\right] \end{aligned}$$

$$-\sum_{k=0}^{m} b_k \left[y'(x_j) + k\,h\,y''(\eta_{j+k})\right]$$

mit Zwischenstellen $\xi_j, \ldots, \xi_{j+m}, \eta_j, \ldots, \eta_{j+m} \in [a, b]$

$$= \frac{1}{h} y(x_j) \sum_{k=0}^{m} a_k + y'(x_j) \left[\sum_{k=0}^{m} k\,a_k - \sum_{k=0}^{m} b_k\right] + h \underbrace{\left[\sum_{k=0}^{m} \frac{k^2}{2} a_k\, y''(\xi_{j+k}) - \sum_{k=0}^{m} k\, b_k y''(\eta_{j+k})\right]}_{(*)}$$

$$= \frac{1}{h} y(x_j)\varrho(1) + y'(x_j)[\varrho'(1) - \sigma(1)] + O(h)$$

$$= O(h).$$

(*): Dieser Ausdruck ist beschränkt, weil y'' mit $f \in C^1$ im kompakten Intervall $[a, b]$ beschränkt ist. □

Eine Verallgemeinerung dieser Vorgehensweise liefert:

Lemma 8.21. *1. (A_h) besitzt* genau *die Konsistenzordnung p für alle $f \in C^p$, wenn die sog.* Fehlerkonstanten

$$\begin{aligned} C_0 &= a_0 + a_1 + \cdots + a_m, \\ C_1 &= a_1 + 2\,a_2 + \cdots + m\,a_m - (b_0 + b_1 + b_2 + \cdots + b_m) \quad \textit{und} \\ C_i &= \frac{1}{i!}(a_1 + 2^i a_2 + \cdots + m^i a_m) \\ &\quad - \frac{1}{(i-1)!}(b_1 + 2^{i-1} b_2 + \cdots + m^{i-1} b_m), \qquad i = 2, \ldots, p, \end{aligned} \tag{8.79}$$

verschwinden, aber

$$C_{p+1} = \frac{1}{(p+1)!} \left(\sum_{k=0}^{m} a_k\, k^{p+1} - (p+1) \sum_{k=0}^{m} b_k\, k^p\right) \neq 0. \tag{8.80}$$

2. $C_i = 0 \iff D_i(t) = 0, \quad t \in \mathbb{R}$, wo $D_0 = C_0$ und

$$\begin{aligned} D_i(t) &= \frac{1}{i!}((-t)^i a_0 + (1-t)^i a_1 + \cdots + (m-t)^i a_m) \\ &\quad - \frac{1}{(i-1)!}\left\{(-t)^{i-1} b_0 + (1-t)^{i-1} b_1 + \cdots + (m-t)^{i-1} b_m\right\}. \end{aligned} \tag{8.81}$$

Beweis. (8.79) ist die rechnerische Weiterentwicklung der Taylor-Reihen-Betrachtung aus Satz 8.20. D_i sind die Taylor-Koeffizienten von $\tau_h(x_j + th)$. Deshalb muss für (8.81) die Taylor-Reihe um $x_j + t\,h$ entwickelt werden. Den ausführlichen Beweis findet man wie den des nächsten Lemmas in [Lam 91]. □

Lemma 8.22. *Der lokale Diskretisierungsfehler eines Mehrschrittverfahrens mit der Fehlerkonstante C_{p+1} nach (8.80) ist*

$$\tau_h(x_{j+m}) = C_{p+1}\, h^p\, y^{(p+1)}(x_j) + O(h^{p+1}). \tag{8.82}$$

Die Näherungswerte u_j einer linearen m-Schrittmethode (8.73) erfüllen für das Modellproblem (8.21) die lineare, homogene *Differenzengleichung* m-ter Ordnung

$$\sum_{k=0}^{m}(a_k - h\lambda b_k)\, u_{j+k} = 0. \tag{8.83}$$

Für $m = 3$ lautet sie

$$(a_0 - h\lambda b_0)u_j + (a_1 - h\lambda b_1)u_{j+1} + (a_2 - h\lambda b_2)u_{j+2} + (a_3 - h\lambda b_3)u_{j+3} = 0. \tag{8.84}$$

Für eine feste Schrittweite h sind ihre Koeffizienten konstant. Der folgenden Betrachtung legen wir die Differenzengleichung 3-ter Ordnung (8.84) zu Grunde. Ihre allgemeine Lösung bestimmt man mit dem Potenzansatz $u_{j+k} = \zeta^k$, $\zeta \neq 0$. Nach seiner Substitution in (8.84) erhalten wir für ζ die algebraische Gleichung dritten Grades

$$(a_0 - h\lambda b_0) + (a_1 - h\lambda b_1)\zeta + (a_2 - h\lambda b_2)\zeta^2 + (a_3 - h\lambda b_3)\zeta^3 = 0, \tag{8.85}$$

welche sich mit den beiden charakteristischen Polynomen (8.77) in der allgemeinen Form

$$\phi(\zeta) := \varrho(\zeta) - h\lambda\sigma(\zeta) = 0 \tag{8.86}$$

schreiben lässt. (8.85) und (8.86) bezeichnet man als die charakteristische Gleichung der entsprechenden Differenzengleichung. (8.85) besitzt drei Lösungen ζ_1, ζ_2, ζ_3, die wir zunächst paarweise verschieden voraussetzen wollen. Dann bilden ζ_1^k, ζ_2^k und ζ_3^k ein Fundamentalsystem von unabhängigen Lösungen der Differenzengleichung (8.84). Auf Grund der Linearität von (8.84) lautet ihre allgemeine Lösung

$$u_{j+k} = c_1\zeta_1^k + c_2\zeta_2^k + c_3\zeta_3^k, \quad c_1,\, c_2,\, c_3 \text{ beliebig.} \tag{8.87}$$

Die Konstanten ergeben sich aus den drei Startwerten u_0, u_1, u_2, die ja für die Anwendung einer 3-Schrittmethode bekannt sein müssen. Die Bedingungsgleichungen lauten

$$\begin{array}{ccccccc} c_1 & + & c_2 & + & c_3 & = & u_0 \\ \zeta_1 c_1 & + & \zeta_2 c_2 & + & \zeta_3 c_3 & = & u_1 \\ \zeta_1^2 c_1 & + & \zeta_2^2 c_2 & + & \zeta_3^2 c_3 & = & u_2 \end{array} \tag{8.88}$$

Unter der getroffenen Annahmen $\zeta_i \neq \zeta_j$ für $i \neq j$ ist das lineare Gleichungssystem (8.88) eindeutig lösbar, da seine *Vandermondesche Determinante* ungleich null ist. Mit den so bestimmten Koeffizienten c_i erhalten wir eine explizite Darstellung für die Näherungswerte u_j $(j \geq 3)$ des Modellproblems (8.21). Speziell kann das qualitative Verhalten der Werte u_j auf Grund von (8.87) für $h \to 0$ und $j \to \infty$ diskutiert werden. Für den wichtigen Fall $\lambda < 0$ in (8.21) ist die Lösung $y(x)$ exponentiell abklingend. Dies soll auch für die berechneten Werte u_j zutreffen, ganz besonders für beliebig kleine Schrittweiten $h > 0$. Wegen (8.87) ist dies genau dann erfüllt, wenn alle Lösungen ζ_i der charakteristischen Gleichung (8.86) betragsmäßig kleiner als Eins sind. Da für $h \to 0$ die Lösungen ζ_i von $\phi(\zeta) = 0$ wegen (8.86) in die Nullstellen des ersten charakteristischen Polynoms $\varrho(\zeta)$ übergehen, dürfen dieselben folglich nicht außerhalb des abgeschlossenen Einheitskreises der komplexen Ebene liegen. Diese notwendige Bedingung für die Brauchbarkeit eines Mehrschrittverfahrens zur Integration des Modellproblems gilt bis jetzt nur unter der Voraussetzung paarweise verschiedener Lösungen ζ_i von (8.86).

Falls beispielsweise für ein Sechsschrittverfahren die Lösungen ζ_1, $\zeta_2 = \zeta_3$, $\zeta_4 = \zeta_5 = \zeta_6$ sind, dann hat die allgemeine Lösung der Differenzengleichung die Form [Hen 62, Hen 72]

$$u_{j+k} = c_1\,\zeta_1^k + c_2\,\zeta_2^k + c_3\,k\,\zeta_2^k, + c_4\,\zeta_4^k + c_5\,k\,\zeta_4^k + c_6\,k\,(k-1)\,\zeta_4^k. \tag{8.89}$$

Aus dieser Darstellung schließt man wieder, dass u_{j+k} genau dann mit zunehmendem k abklingt, wenn alle Lösungen ζ_i betragsmäßig kleiner Eins sind. Diese Feststellungen führen zu folgender

Definition 8.23. 1. Ein lineares Mehrschrittverfahren erfüllt die *Wurzelbedingung (P)*, wenn für die Nullstellen ζ_j, $j = 1, \ldots, m$, des 1. erzeugenden Polynoms $\varrho(\zeta)$

$$|\zeta_j| \le 1 \quad \text{für alle} \quad j = 1, \ldots, m \tag{8.90}$$

gilt und die *wesentlichen Wurzeln* ζ_j mit $|\zeta_j| = 1$ einfach sind.
2. Ein lineares Mehrschrittverfahren heißt *Lipschitz-stabil* (L-stabil, asymptotisch stabil, Null-stabil, Dahlquist-stabil), falls (P) erfüllt ist.

Einige Tatsachen wollen wir ohne Beweis anmerken:

1. Es kann wie bei den Einschrittverfahren gezeigt werden [Hen 82, Gri 72], dass aus Konsistenz und L-Stabilität Konvergenz folgt.
2. Es ist auch wieder die Konvergenzordnung gleich der Konsistenzordnung.
3. Für ein konsistentes, stabiles m-Schrittverfahren (A_h) mit der Konsistenzordnung p gilt

$$\begin{array}{ll} p \le m+1, & \text{falls } m \text{ ungerade,} \\ p \le m+2, & \text{falls } m \text{ gerade. Dann gilt für } i = 1, \ldots m: \\ & |\zeta_i| = 1, \text{ falls } p = m+2. \end{array} \tag{8.91}$$

Beispiel 8.10. Konstruktion eines Vierschritt-Verfahrens der Ordnung 6

Wegen (8.91) muss $\varrho(\zeta)$ vier Nullstellen mit $|\zeta_i| = 1$ haben. Als Ansatz versuchen wir

$$\zeta_1 = 1,\ \zeta_2 = -1,\ \zeta_3 = e^{i\varphi},\ \zeta_4 = e^{-i\varphi},\ 0 < \varphi < \pi. \tag{8.92}$$

$$\begin{aligned} \Rightarrow \varrho(\zeta) &= (\zeta-1)(\zeta+1)(\zeta-e^{i\varphi})(\zeta-e^{-i\varphi}) \text{ wegen } a_4 = 1 \\ \Rightarrow \varrho(\zeta) &= \zeta^4 - 2\cos\varphi\,\zeta^3 + 2\cos\varphi\,\zeta - 1. \end{aligned}$$

Setze $\mu := \cos\varphi$. Dann sind $a_4 = 1$ (wegen Def. 8.18 (iii)), $a_3 = -2\mu$, $a_2 = 0$, $a_1 = 2\mu$, $a_0 = -1$. $p = 6$ erfüllen wir mit Hilfe von (8.81) durch Lösung von $D_i(t) = 0$ mit $t = 2$. Damit nutzen wir die vorliegende Symmetrie aus.

$$\begin{aligned} D_0(2) &= a_0 + a_1 + a_2 + a_3 + a_4 = 0 \quad \text{(ist erfüllt, s.o.)}, \\ D_1(2) &= -2a_0 - a_1 + a_3 + 2a_4 - (b_0 + b_1 + b_2 + b_3 + b_4) \stackrel{!}{=} 0, \\ D_2(2) &= \underbrace{\frac{1}{2}(4a_0 + a_1 + a_3 + 4a_4)}_{=\,0 \text{ für alle geraden } i} - (-2b_0 - b_1 + b_3 + 2b_4) \stackrel{!}{=} 0, \\ D_3(2) &= \frac{1}{6}(-8a_0 - a_1 + a_3 + 8a_4) - \frac{1}{2!}(4b_0 + b_1 + b_3 + 4b_4), \\ &= \frac{8}{3} - \frac{2}{3}\mu - \frac{1}{2}(4b_0 + b_1 + b_3 + 4b_4) \stackrel{!}{=} 0, \\ D_4(2) &= -\frac{1}{3!}(-8b_0 - b_1 + b_3 + 8b_4) \stackrel{!}{=} 0, \end{aligned}$$

$$D_5(2) = \frac{2}{5!}(2^5 - 2\mu) - \frac{1}{4!}(16b_0 + b_1 + b_3 + 16b_4) \stackrel{!}{=} 0,$$
$$D_6(2) = -\frac{1}{5!}(-32b_0 - b_1 + b_3 + 32b_4) \stackrel{!}{=} 0.$$

Die Gleichungen reduzieren sich, wenn man zur Symmetrie-Ausnutzung fordert

$$b_0 = b_4, \quad b_1 = b_3 \quad \Rightarrow \quad D_2 = D_4 = D_6 = 0.$$

Dann ergeben sich aus $D_3 \stackrel{!}{=} 0$ und $D_5 \stackrel{!}{=} 0$

$$4b_0 + b_1 = \frac{1}{3}(8 - 2\mu), \quad 16b_0 + b_1 = \frac{2}{5!} \cdot \frac{4!}{2}(32 - 2\mu).$$

Daraus folgt

$$b_0 = \frac{1}{45}(14 + \mu) = b_4, \quad b_1 = \frac{1}{45}(64 - 34\mu) = b_3.$$

Damit folgt aus $D_1 \stackrel{!}{=} 0$

$$b_2 = -\frac{1}{45}(28 + 2\mu + 128 - 68\mu) + 4 - 4\mu = \frac{1}{15}(8 - 38\mu).$$

Damit sind für unseren Ansatz (8.92) alle Bedingungen für ein Verfahren der Ordnung $p = 6$ erfüllt, und der Parameter φ ist sogar noch frei wählbar. Die einfachste Wahl ist $\varphi = \pi/2$ mit $\cos\varphi = 0 = \mu$. Das ergibt die Methode

$$u_{j+4} = u_j + \frac{h}{45}(14f_j + 64f_{j+1} + 24f_{j+2} + 64f_{j+3} + 14f_{j+4}) \tag{8.93}$$

mit der Fehlerkonstante

$$C_{p+1} = D_{p+1}(2) = \frac{1}{7!}(-2^7 a_0 - a_1 + a_3 + 2^7 a_4) - \frac{1}{6!}(2^6 b_0 + b_1 + b_3 + 2^6 b_4)$$
$$= \frac{2 \cdot 2^7}{7!} - \frac{2}{6!}(2^6 \cdot \frac{14}{45} + \frac{64}{45}) = -\frac{16}{1890}. \tag{8.94}$$

Dieses Verfahren erhalten wir auch, wenn wir das Integral in

$$y(x_{j+4}) = y(x_j) + \int_{x_j}^{x_{j+4}} f(x, y(x))\, dx \tag{8.95}$$

numerisch integrieren, indem wir f durch das Interpolationspolynom durch die Punkte $(x_j,\ f_j)$, $(x_{j+1},\ f_{j+1})$, $(x_{j+2},\ f_{j+2})$, $(x_{j+3},\ f_{j+3})$, $(x_{j+4},\ f_{j+4})$ ersetzen und dieses exakt integrieren. △

Beispiel 8.11. Das explizite lineare Zweischrittverfahren

$$u_{j+2} = (1+\alpha)u_{j+1} - \alpha u_j + \frac{h}{2}[(3-\alpha)f_{j+1} - (1+\alpha)f_j] \tag{8.96}$$

ist nach Satz 8.20 konsistent für alle $\alpha \in \mathbb{R}$, denn es sind $\varrho(\zeta) = \zeta^2 - (1+\alpha)\zeta + \alpha$, also $\varrho(1) = 0$, $\sigma(\zeta) = \frac{1}{2}((3-\alpha)\,\zeta - 1 - \alpha)$ und damit $\varrho'(1) = 1 - \alpha = \sigma(1)$. Das Anfangswertproblem

$$y' = 4x\sqrt{y} \ \text{ in } [a,b] = [0,2], \quad y(0) = 1,$$

hat die exakte Lösung $y(x) = (1+x^2)^2$. Wir nehmen als Startwerte $u_0 = y_0 = 1$ und $u_1 = y(h) = (1+h^2)^2$. Wir betrachten (aus [Lam 91]) numerische Lösungen für $\alpha = 0$ und $\alpha = -5$ mit $h = 0.1$ in Tab. 8.2 mit auf sechs wesentliche Stellen gerundeten Zahlenwerten. Die Lösung für $\alpha = -5$ ist auch für kleinere Werte von h völlig falsch trotz der exakten Startwerte. Das liegt an der Verletzung der Wurzelbedingung (8.90) für $\alpha = -5$. Die Konsistenz allein ist eben nicht hinreichend für die Konvergenz.

△

Tab. 8.2 Ergebnisse der Methode (8.96).

x	$y(x)$	$u_j(\alpha = 0)$	$u_j(\alpha = -5)$
0	1.00000	1.00000	1.00000
0.1	1.02010	1.02010	1.02010
0.2	1.08160	1.08070	1.08120
0.3	1.18810	1.18524	1.18924
0.4	1.34560	1.33963	1.38887
0.5	1.56250	1.55209	1.59299
⋮	⋮	⋮	⋮
1.0	4.00000	3.94069	−68.6398
1.1	4.88410	4.80822	+367.263
⋮	⋮	⋮	⋮
2.0	25.0000	24.6325	$-6.96 \cdot 10^8$

Beispiel 8.12. Wir wollen jetzt eine implizite Dreischrittmethode maximaler Ordnung mit $b_0 = b_1 = b_2 = 0$ konstruieren. Die vier verbleibenden Parameter a_0, a_1, a_2 und b_3 werden erlauben, eine Methode der Ordnung drei zu konstruieren, falls sie die Gleichungen

$$\begin{aligned} C_0 &= a_0 + a_1 + a_2 + 1 = 0 \\ C_1 &= a_1 + 2a_2 - b_3 + 3 = 0 \\ 2C_2 &= a_1 + 4a_2 - 6b_3 + 9 = 0 \\ 6C_3 &= a_1 + 8a_2 - 27b_3 + 27 = 0 \end{aligned}$$

erfüllen. Als Lösung ergeben sich $a_0 = -2/11$, $a_1 = 9/11$, $a_2 = -18/11$, $b_3 = 6/11$, und die resultierende implizite Dreischrittmethode lautet

$$u_{j+3} = \frac{18}{11}u_{j+2} - \frac{9}{11}u_{j+1} + \frac{2}{11}u_j + \frac{6}{11}hf(x_{j+3}, u_{j+3}).$$

Sie wird nach Multiplikation mit 11/6 üblicherweise wie folgt geschrieben.

$$\boxed{\frac{11}{6}u_{j+3} - 3u_{j+2} + \frac{3}{2}u_{j+1} - \frac{1}{3}u_j = hf(x_{j+3}, u_{j+3})} \tag{8.97}$$

Das Verfahren (8.97) ist ein Repräsentant aus der Klasse der *Rückwärtsdifferenziationsmethoden*, die kurz BDF-Methoden (backward differentiation formulae) genannt werden [Gea 71, Hai 93, Hen 62]. Der Name erklärt sich so, dass die linke Seite von (8.97) das h-fache einer Formel der numerischen Differenziation für die erste Ableitung von $y(x)$ an der Stelle x_{j+3} ist (vgl. Abschnitt 3.1.6). Die Differenzialgleichung $y' = f(x, y)$ wird unter Verwendung einer Differenziationsformel an der Stelle x_{j+3} mit Hilfe von zurückliegenden Funktionswerten approximiert. Diese speziellen impliziten m-Schrittverfahren können auch direkt auf diese Weise hergeleitet werden, sie sind allgemein durch $b_0 = b_1 = \ldots = b_{m-1} = 0$ charakterisiert und besitzen die Ordnung $p = m$. Die BDF-Methoden der Ordnungen $p = m = 1$ (das ist gerade das implizite Euler-Verfahren (8.14)) bis $p = m = 6$ sind besonders zur Lösung mild steifer Differenzialgleichungssysteme geeignet (Abschnitt 8.4.4 und [Hai 96]). BDF-Methoden mit $m > 6$ sind unbrauchbar, siehe auch Abschnitt 8.4.3. △

Für die Verfahren vom Adams-Typ gilt, dass ein m-stufiges implizites Verfahren trotz gleicher Ordnung besser ist als ein $(m+1)$-stufiges explizites Verfahren, da es eine kleinere Fehlerkonstante (Tab. 8.3) und größere Stabilität (Abschnitt 8.4.3) besitzt.

Tab. 8.3 Ordnungen und Fehlerkonstanten der Adams-Methoden.

	Adams-Bashforth (explizit)					Adams-Moulton (implizit)			
m	2	3	4	5	6	2	3	4	5
p	2	3	4	5	6	3	4	5	6
C_{p+1}	$\frac{5}{12}$	$\frac{3}{8}$	$\frac{251}{720}$	$\frac{95}{288}$	$\frac{19087}{60480}$	$-\frac{1}{24}$	$-\frac{19}{720}$	$-\frac{3}{160}$	$-\frac{863}{60480}$

Start- oder Anlaufrechnung

Um ein m-Schrittverfahren überhaupt anwenden zu können, sind neben dem Anfangswert $y_0 = u_0$ noch $(m-1)$ weitere Startwerte $u_1, u_2, \ldots, u_{m-1}$ nötig. Die einfachste Möglichkeit zu ihrer Berechnung ist die Verwendung eines Einschrittverfahrens derselben Ordnung.

Eine bessere Möglichkeit ergibt sich, wenn vom Startpunkt (x_0, y_0) ausgehend die Möglichkeit besteht, mit negativer Schrittweite zu rechnen. Es können dann mit den Schrittweiten h und $-h$ m Startwerte symmetrisch zu x_0

$$\ldots, u_{-2}, u_{-1}, u_0 = y_0, u_1, u_2, \ldots$$

berechnet werden, und das Mehrschrittverfahren startet 'weiter links' im Intervall $[a, b]$.

Eine noch bessere Möglichkeit ist der sukzessive Aufbau der Startwerte mit Mehrschrittverfahren wachsender Ordnung [Gri 72].

Schrittweitensteuerung

Wie bei Einschrittverfahren, siehe Abschnitt 8.2.5, sollte auch bei Mehrschrittverfahren die Schrittweite variabel gesteuert werden, am einfachsten wieder, indem parallel mit zwei Verfahren unterschiedlicher Ordnung gerechnet wird und dann die Differenz als Schätzer wie (8.67) gewählt wird. Problematischer als bei Einschrittverfahren ist der Wechsel der Schrittweite. Ein Einschrittverfahren benötigt nur den letzten u-Wert, während ein m-Schritt-Verfahren m zurück liegende Werte zur Berechnung von u_{j+m} benötigt.

Bei einer *Schrittweiten-Verdoppelung* müssen $m-2$ zusätzliche u- und f-Werte gespeichert bleiben. Nach einer Verdoppelung müssen $m-1$ Schritte ohne erneute Verdoppelung durchgeführt werden.

Bei einer *Schrittweiten–Halbierung* müssen $\left[\frac{m+1}{2}\right]$ Zwischenwerte berechnet werden, die mindestens die Genauigkeit des Verfahrens besitzen. Zur Berechnung dieser Zwischenwerte kommen zwei Methoden in Betracht:

1. Es wird das Verfahren der Anlaufrechnung verwendet.

2. Die Zwischenwerte werden durch Interpolation berechnet, wobei sehr genaue Interpolationsmethoden verwendet werden müssen, um die Ordnung des Mehrschrittverfahrens zu erhalten. Speziell für Vierschritt-Verfahren besitzen die Interpolationsformeln [Kei 56]

$$\begin{aligned} u_{j+m-\frac{3}{2}} &= \frac{1}{256}(80u_{j+3}+135u_{j+2}+40u_{j+1}+u_j) \\ &+ \frac{h}{256}(-15f_{j+3}+90f_{j+2}+15f_{j+1}), \\ u_{j+m-\frac{5}{2}} &= \frac{1}{256}(12u_{j+3}+135u_{j+2}+108u_{j+1}+u_j) \\ &+ \frac{h}{256}(-3f_{j+3}-54f_{j+2}+27f_{j+1}) \end{aligned} \tag{8.98}$$

die Genauigkeit $O(h^7)$.

Es gibt noch zwei wesentlich verfeinerte Methoden zur Genauigkeitssteuerung.

1. Verfahren mit *variabler* Schrittweite nach Krogh, bei denen für jeden Schritt die Koeffizienten des Verfahrens neu berechnet werden [Hai 93].
2. Verfahren variabler Ordnung und Schrittweite wie die BDF-Verfahren, bei denen beide Größen kombiniert gesteuert werden.

8.4 Stabilität

Bei der Wahl eines bestimmten Verfahrens zur genäherten Lösung eines Differenzialgleichungssystems erster Ordnung sind die Eigenschaften der gegebenen Differenzialgleichungen und der resultierenden Lösungsfunktionen zu berücksichtigen. Tut man dies nicht, können die berechneten Näherungslösungen mit den exakten Lösungsfunktionen sehr wenig zu tun haben oder schlicht sinnlos sein. Es geht im Folgenden um die Analyse von Instabilitäten, die bei unsachgemäßer Anwendung von Verfahren auftreten können, und die es zu vermeiden gilt [Dah 85, Rut 52].

8.4.1 Inhärente Instabilität

Wir untersuchen die Abhängigkeit der Lösung $y(x)$ vom Anfangswert $y(x_0) = y_0$ anhand einer Klasse von Differenzialgleichungen, deren Lösungsmenge geschlossen angegeben werden kann. Die Anfangswertaufgabe laute

$$y'(x) = \lambda\{y(x) - F(x)\} + F'(x), \quad y(x_0) = y_0, \tag{8.99}$$

wo $F(x)$ mindestens einmal stetig differenzierbar sei. Da $y_{\text{hom}}(x) = Ce^{\lambda x}$ die allgemeine Lösung der homogenen Differenzialgleichung und $y_{\text{part}}(x) = F(x)$ eine partikuläre Lösung der inhomogenen Differenzialgleichung ist, lautet die Lösung von (8.99)

$$y(x) = \{y_0 - F(x_0)\}e^{\lambda(x-x_0)} + F(x). \tag{8.100}$$

Für den speziellen Anfangswert $y_0 = F(x_0)$ ist $y(x) = F(x)$, und der Anteil der Exponentialfunktion ist nicht vorhanden. Für den leicht geänderten Anfangswert $\hat{y}_0 = F(x_0) + \varepsilon$, wo

ε eine betragsmäßig kleine Größe darstellt, lautet die Lösungsfunktion

$$\hat{y}(x) = \varepsilon e^{\lambda(x-x_0)} + F(x). \tag{8.101}$$

Ist $\lambda \in \mathbb{R}, \lambda > 0$, nimmt der erste Summand in $\hat{y}(x)$ mit zunehmendem x exponentiell zu, so dass sich die benachbarte Lösung $\hat{y}(x)$ von $y(x)$ mit zunehmendem x immer mehr entfernt. Es besteht somit eine starke Empfindlichkeit der Lösung auf kleine Änderungen ε des Anfangswertes. Die Aufgabenstellung kann als schlecht konditioniert bezeichnet werden. Da die Empfindlichkeit der Lösungsfunktion durch die gegebene Anfangswertaufgabe bedingt ist, bezeichnet man diese Phänomen als *inhärente Instabilität.* Sie ist unabhängig von der verwendeten Methode zur genäherten Lösung von (8.99). Sie äußert sich so, dass sich die berechneten Näherungswerte u_n entsprechend zu (8.101) von den exakten Werten $y(x_n) = F(x_n)$ in exponentieller Weise entfernen. Wenn überhaupt, dann ist die inhärente Instabilität nur so in den Griff zu bekommen, dass mit Methoden hoher Fehlerordnung und mit hoher Rechengenauigkeit gearbeitet wird, um sowohl die Diskretisierungs- als auch die Rundungsfehler genügend klein zu halten.

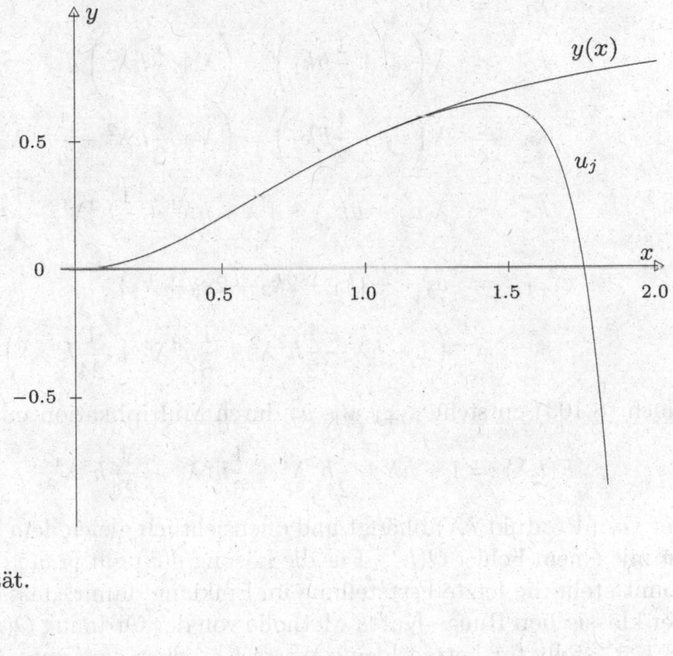

Abb. 8.7 Zur inhärenten Instabilität.

Beispiel 8.13. Wir betrachten die Anfangswertaufgabe

$$y'(x) = 10\left\{y(x) - \frac{x^2}{1+x^2}\right\} + \frac{2x}{(1+x^2)^2}, \quad y(0) = y_0 = 0,$$

vom Typus (8.99) mit der Lösung $y(x) = x^2/(1+x^2)$. Mit dem klassischen Runge-Kutta-Verfahren vierter Ordnung (8.44) ergeben sich bei einer Schrittweite $h = 0.01$ die Näherungen u_j, welche zusammen mit $y(x)$ in Abb. 8.7 dargestellt sind. Die inhärente Instabilität wird sehr deutlich. $\triangle$

8.4.2 Absolute Stabilität bei Einschrittverfahren

Während wir im letzten Abschnitt gesehen haben, dass ein Differenzialgleichungsproblem instabil sein kann mit den entsprechenden Auswirkungen auf die numerische Lösung, wollen wir uns jetzt der so genannten *Stabilität für endliche* h zuwenden. Dabei geht es um die Vermeidung von numerischer Instabilität, die wir schon in den einleitenden Beispielen 8.1 und 8.2 kennen gelernt haben. Um die Stabilität für endliche h zu charakterisieren, sind zahlreiche Begriffe und Definitionen eingeführt worden. Wir wollen uns auf den wichtigsten Begriff, den der *absoluten Stabilität*, beschränken.

Die Betrachtungen werden wieder am linearen Modellproblem

$$y'(x) = \lambda y(x), \quad y(0) = 1, \quad \lambda \in \mathbb{R} \text{ oder } \lambda \in \mathbb{C} \tag{8.102}$$

mit der bekannten Lösung $y(x) = e^{\lambda x}$ durchgeführt. Als typischen Vertreter der Einschrittmethoden betrachten wir das klassische Runge-Kutta-Verfahren (8.44) vierter Ordnung und bestimmen seine Wirkungsweise für die Anfangswertaufgabe (8.102). Wir erhalten sukzessive

$$\begin{aligned}
k_1 &= \lambda u_j \\
k_2 &= \lambda\left(u_j + \frac{1}{2}hk_1\right) = \left(\lambda + \frac{1}{2}h\lambda^2\right)u_j \\
k_3 &= \lambda\left(u_j + \frac{1}{2}hk_2\right) = \left(\lambda + \frac{1}{2}h\lambda^2 + \frac{1}{4}h^2\lambda^3\right)u_j \\
k_4 &= \lambda(u_j + hk_3) = \left(\lambda + h\lambda^2 + \frac{1}{2}h^2\lambda^3 + \frac{1}{4}h^3\lambda^4\right)u_j \\
u_{j+1} &= u_j + \frac{h}{6}\{k_1 + 2k_2 + 2k_3 + k_4\} \\
&= \left(1 + h\lambda + \frac{1}{2}h^2\lambda^2 + \frac{1}{6}h^3\lambda^3 + \frac{1}{24}h^4\lambda^4\right)u_j
\end{aligned} \tag{8.103}$$

Nach (8.103) entsteht u_{j+1} aus u_j durch Multiplikation mit dem Faktor

$$F(h\lambda) := 1 + h\lambda + \frac{1}{2}h^2\lambda^2 + \frac{1}{6}h^3\lambda^3 + \frac{1}{24}h^4\lambda^4, \tag{8.104}$$

der vom Produkt $h\lambda$ abhängt und offensichtlich gleich dem Beginn der Taylor-Reihe für $e^{h\lambda}$ ist mit einem Fehler $O(h^5)$. Für die Lösung $y(x)$ gilt ja $y(x_{j+1}) = y(x_j + h) = e^{h\lambda}y(x_j)$, und somit steht die letzte Feststellung im Einklang damit, dass der lokale Diskretisierungsfehler der klassischen Runge-Kutta-Methode von der Ordnung $O(h^4)$ ist. Der Multiplikator $F(h\lambda)$ (8.104) stellt für betragskleine Werte $h\lambda$ sicher eine gute Approximation für $e^{h\lambda}$ dar. Für den wichtigen Fall abklingender Lösung $\lambda < 0$ sollen die Näherungswerte u_j mit $y(x_j)$ abklingen. Das ist aber nur der Fall, wenn $|F(h\lambda)| < 1$ ist. Für das Polynom vierten Grades $F(h\lambda)$ gilt $\lim_{h\lambda \to -\infty} F(h\lambda) = +\infty$. Deshalb kann $|F(h\lambda)| < 1$ nicht für alle negativen Werte von $h\lambda$ erfüllt sein.

Systeme von Differenzialgleichungen besitzen oft auch oszillierende, exponentiell abklingende Komponenten, welche komplexen Werten von λ entsprechen. Für die jetzt komplexwertige Lösung $y(x)$ gilt wiederum $y(x_{j+1}) = e^{h\lambda}y(x_j)$. Der komplexe Faktor $e^{h\lambda}$ ist im interessierenden Fall mit $Re(\lambda) < 0$ betragsmäßig kleiner Eins. Damit die berechneten Näherungswerte u_j wenigstens wie $y(x_j)$ dem Betrag nach abnehmen, muss wiederum die notwendige und hinreichende Bedingung $|F(h\lambda)| < 1$ erfüllt sein.

Analoge Bedingungen gelten für alle expliziten Runge-Kutta-Verfahren. Eine einfache Rechnung zeigt, dass bei Anwendung eines expliziten p-stufigen Runge-Kutta-Verfahrens der Fehlerordnung $p \leq 4$ auf das Modellproblem (8.21) der Faktor $F(h\lambda)$ stets gleich den ersten $(p+1)$ Termen der Taylor-Reihe von $e^{h\lambda}$ ist. Runge-Kutta-Verfahren höherer Ordnung p erfordern aber $m > p$ Stufen, so dass $F(h\lambda)$ ein Polynom vom Grad m wird, welches in den ersten $(p+1)$ Termen mit der Taylor-Reihe von $e^{h\lambda}$ übereinstimmt. Die Koeffizienten bis zur Potenz m sind vom Verfahren abhängig. Die notwendige und hinreichende Bedingung erfasst man mit der

Definition 8.24. 1. Für ein Einschrittverfahren, welches für das Modellproblem (8.21) auf $u_{j+1} = F(h\lambda)u_j$ führt, heißt die Menge

$$B := \{\mu \in \mathbb{C} |\ |F(\mu)| < 1\} \tag{8.105}$$

mit $\mu = h\lambda$ *Gebiet der absoluten Stabilität.*
2. Ein Verfahren, für das das Gebiet B der absoluten Stabilität die gesamte linke Halbebene umfasst, heißt *absolut stabil.*

Die Schrittweite h ist so zu wählen, dass für $Re(\lambda) < 0$ stets $h\lambda \in B$ gilt. Andernfalls liefert das Verfahren unsinnige Ergebnisse, es arbeitet instabil. Diese *Stabilitätsbedingung* ist speziell bei der Integration von Differenzialgleichungssystemen zu beachten, denn die Schrittweite h ist so zu bemessen, dass für alle λ_j mit $Re(\lambda_j) < 0$ (die sog. Abklingkonstanten) die Bedingungen $h\lambda_j \in B$ erfüllt sind.

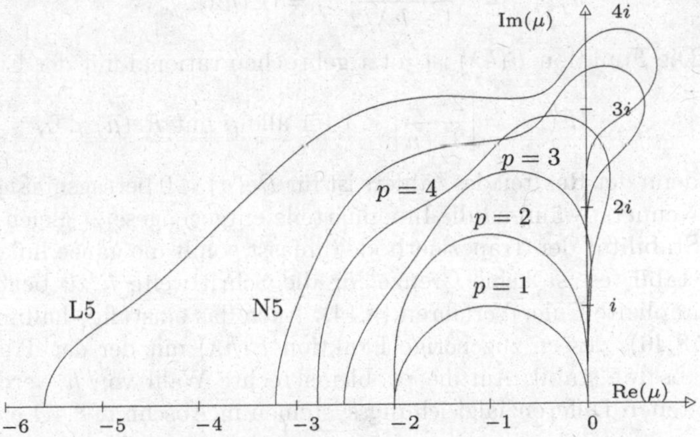

Abb. 8.8 Stabilitätsgebiete für explizite Runge-Kutta-Methoden.

In Abb. 8.8 sind die Berandungen der Gebiete der absoluten Stabilität für explizite Runge-Kutta-Verfahren der Ordnungen $p = 1, 2, 3, 4, 5$ für die obere Hälfte der komplexen Ebene dargestellt, denn die Gebiete sind symmetrisch bezüglich der reellen Achse. Im Fall $p = 5$ ist die spezielle Runge-Kutta-Methode von *Nyström* [Gri 72] zu Grunde gelegt mit der Eigenschaft, dass $F(h\lambda)$ mit den ersten sechs Termen der Taylor-Reihe von $e^{h\lambda}$ übereinstimmt. Die Randkurve wurde mit N5 beschriftet.

Die Stabilitätsgebiete werden mit zunehmender Ordnung größer. Das Stabilitätsgebiet der Methode von Euler ist das Innere des Kreises vom Radius Eins mit Mittelpunkt $\mu = -1$. Ein Maß für die Größe des Stabilitätsgebietes ist das *Stabilitätsintervall* für reelle negative Werte μ. Tab. 8.4 enthält die Angaben über die Stabilitätsintervalle der Methoden der Ordnungen $p = 1, 2, 3, 4, 5$, wobei im letzten Fall wieder die Methode von Nyström angenommen ist.

Tab. 8.4 Stabilitätsintervalle von Runge-Kutta-Verfahren.

$p =$	1	2	3	4	5
Intervall	$(-2.0, 0)$	$(-2.0, 0)$	$(-2.51, 0)$	$(-2.78, 0)$	$(-3.21, 0)$

Lawson [Law 66] hat ein sechsstufiges Runge-Kutta-Verfahren fünfter Ordnung mit dem besonders großen Stabilitätsintervall $(-5.6, 0)$ angegeben. Der Rand des zugehörigen Stabilitätsgebiets wurde in Abb. 8.8 mit L5 beschriftet.

Nun betrachten wir die impliziten Einschrittverfahren, zu denen die Trapezmethode und die impliziten Runge-Kutta-Verfahren gehören. Die Trapezmethode (8.16) ergibt für das Modellproblem (8.21) die explizite Rechenvorschrift

$$\begin{aligned} u_{j+1} &= u_j + \frac{h}{2}\{\lambda u_j + \lambda u_{j+1}\}, \quad \text{also} \\ u_{j+1} &= \frac{1 + h\lambda/2}{1 - h\lambda/2} u_j =: F(h\lambda) u_j. \end{aligned} \tag{8.106}$$

Die Funktion $F(h\lambda)$ ist jetzt gebrochen rational mit der Eigenschaft

$$|F(\mu)| = \left|\frac{2+\mu}{2-\mu}\right| < 1 \text{ für alle } \mu \text{ mit } Re(\mu) < 0, \tag{8.107}$$

denn der Realteil des Zählers ist für $Re(\mu) < 0$ betragsmäßig stets kleiner als der Realteil des Nenners, während die Imaginärteile entgegengesetzt gleich sind. Das Gebiet der absoluten Stabilität der Trapezmethode umfasst somit die ganze linke Halbebene, sie ist also absolut stabil; es ist keine Grenze für die Schrittweite h zu beachten. Das Gleiche gilt für das implizite Euler-Verfahren (8.14). Auch das einstufige halbimplizite Runge-Kutta-Verfahren (8.46), dessen zugehörige Funktion $F(h\lambda)$ mit der der Trapezmethode übereinstimmt, ist absolut stabil. Auf die problemgerechte Wahl von h werden wir im Zusammenhang mit steifen Differenzialgleichungssystemen in Abschnitt 8.4.4 eingehen.

8.4.3 Absolute Stabilität bei Mehrschrittverfahren

Das Problem der *Stabilität für endliche h* stellt sich auch bei den linearen Mehrschrittverfahren. Nach den Überlegungen von Abschnitt 8.3.2, welche zur Definition der Wurzelbedingung bzw. der L-Stabilität führten, erfüllen die Näherungswerte u_{j+k} für das Modellproblem

(8.21) einer allgemeinen Mehrschrittmethode (8.73) die lineare Differenzengleichung (8.83) m-ter Ordnung. Ihre allgemeine Lösung ergibt sich mit den m Wurzeln $\zeta_1, \zeta_2, \ldots, \zeta_m$ der charakteristischen Gleichung $\phi(\zeta) = \varrho(\zeta) - h\lambda\sigma(\zeta) = 0$ als

$$u_{j+k} = c_1\,\zeta_1^k + c_2\,\zeta_2^k + \ldots + c_m\,\zeta_m^k, \tag{8.108}$$

wobei die ζ_i vereinfachend als paarweise verschieden angenommen sind. Die allgemeine Lösung (8.108) klingt im allein interessierenden Fall $\mathrm{Re}(\lambda) < 0$ genau dann ab, wenn alle Wurzeln ζ_i betragsmäßig kleiner als Eins sind. Dies gilt auch dann, wenn mehrfache ζ_i vorkommen, vgl. (8.89).

Definition 8.25. 1. Zu einer linearen Mehrschrittmethode (8.73) heißt die Menge der komplexen Werte $\mu = h\lambda$, für welche die charakteristische Gleichung $\phi(\zeta) = \varrho(\zeta) - \mu\sigma(\zeta) = 0$ nur Lösungen $\zeta_j \in \mathbb{C}$ im Innern des Einheitskreises besitzt, *Gebiet B der absoluten Stabilität*

.

2. Ein Mehrschrittverfahren, für welches das Gebiet B der absoluten Stabilität die gesamte linke Halbebene umfasst, heißt *absolut stabil.*

Die explizite Vierschrittmethode von *Adams-Bashforth* (8.64) hat die charakteristische Gleichung (nach Multiplikation mit 24)

$$24\phi(\zeta) = 24\zeta^4 - (24 + 55\mu)\zeta^3 + 59\mu\zeta^2 - 37\mu\zeta + 9\mu = 0. \tag{8.109}$$

Der Rand des Stabilitätsgebietes für Mehrschrittmethoden kann als geometrischer Ort der Werte $\mu \in \mathbb{C}$ ermittelt werden, für welchen $|\zeta| = 1$ ist. Dazu genügt es, mit $\zeta = e^{i\theta}, 0 \le \theta \le 2\pi$ den Einheitskreis zu durchlaufen und die zugehörigen Werte μ zu berechnen. Im Fall der charakteristischen Gleichung (8.109) führt dies für μ auf die explizite Darstellung

$$\mu = \frac{24\zeta^4 - 24\zeta^3}{55\zeta^3 - 59\zeta^2 + 37\zeta - 9} = \frac{\varrho(\zeta)}{\sigma(\zeta)}, \quad \zeta = e^{i\theta}, \quad 0 \le \theta \le 2\pi.$$

Der Rand des Stabilitätsgebietes ist offensichtlich symmetrisch zur reellen Achse. Deshalb ist er für die Vierschrittmethode von Adams-Bashforth (8.64) in Abb. 8.9 nur für die obere Halbebene dargestellt und mit AB4 gekennzeichnet. Das Stabilitätsintervall $(-0.3, 0)$ ist im Vergleich zu den Runge-Kutta-Verfahren vierter Ordnung etwa neunmal kleiner. Die expliziten Adams-Bashforth-Methoden besitzen allgemein sehr kleine Gebiete absoluter Stabilität.

Die zur impliziten Vierschrittmethode von *Adams-Moulton* (8.69) gehörende charakteristische Gleichung ist nach Multiplikation mit 720

$$(720 - 251\mu)\zeta^4 - (720 + 646\mu)\zeta^3 + 264\mu\zeta^2 - 106\mu\zeta + 19\mu = 0. \tag{8.110}$$

Der zugehörige Rand des Gebietes der absoluten Stabilität ist in Abb. 8.9 eingezeichnet und mit AM4 beschriftet. Im Vergleich zur expliziten Vierschrittmethode ist das Stabilitätsgebiet bedeutend größer, das Stabilitätsintervall ist $(-1.836, 0)$. Obwohl die Methode implizit ist, ist das Stabilitätsgebiet endlich, und das Verfahren ist nicht absolut stabil.

Das Gebiet der absoluten Stabilität der impliziten Dreischrittmethode von Adams-Moulton (8.68) mit der Ordnung $p = 4$, dessen Rand in Abb. 8.9 mit AM3 bezeichnet ist, ist noch größer. Das Stabilitätsintervall $(-3.0, 0)$ ist sogar größer als dasjenige des klassischen Runge-Kutta-Verfahrens gleicher Ordnung.

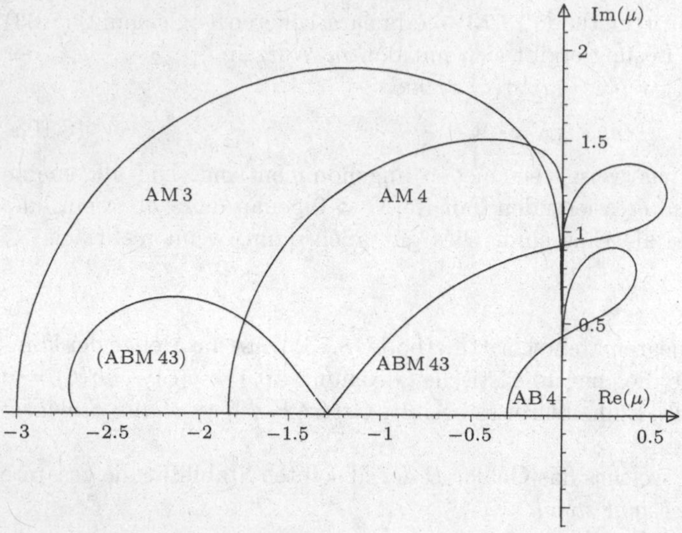

Abb. 8.9 Gebiete absoluter Stabilität für verschiedene Mehrschrittmethoden.

Oft wird die Adams-Moulton-Methode in Verbindung mit der Adams-Bashforth-Methode als Prädiktor-Korrektor-Verfahren verwendet. Das Verfahren (8.72) liefert für das Modellproblem den folgenden Prädiktor- und Korrektorwert

$$u_{j+4}^{(P)} = u_{j+3} + \frac{h\lambda}{24}\{55u_{j+3} - 59u_{j+2} + 37u_{j+1} - 9u_j\}$$

$$u_{j+4} = u_{j+3} + \frac{h\lambda}{24}\left[9\left\{u_{j+3} + \frac{h\lambda}{24}(55u_{j+3} - 59u_{j+2} + 37u_{j+1} - 9u_j)\right\} + 19u_{j+3} - 5u_{j+2} + u_{j+1}\right].$$

Durch Addition von $9u_{j+4}$ und anschließender Subtraktion desselben Wertes in der eckigen Klammer erhalten wir die Differenzengleichung

$$\begin{aligned} &u_{j+4} - u_{j+3} - \frac{h\lambda}{24}\{9u_{j+4} + 19u_{j+3} - 5u_{j+2} + u_{j+1}\} \\ &+\frac{9h\lambda}{24}\left\{u_{j+4} - u_{j+3} - \frac{h\lambda}{24}(55u_{j+3} - 59u_{j+2} + 37u_{j+1} - 9u_j)\right\} = 0. \end{aligned} \tag{8.111}$$

In (8.111) erscheinen die Koeffizienten der ersten und zweiten charakteristischen Polynome $\varrho_{\mathrm{AM}}(\zeta)$, $\sigma_{\mathrm{AM}}(\zeta)$, bzw. $\varrho_{\mathrm{AB}}(\zeta)$, $\sigma_{\mathrm{AB}}(\zeta)$ der beiden zu Grunde liegenden Verfahren. Die zu (8.111) gehörende charakteristische Gleichung lautet

$$\phi_{\mathrm{ABM}}(\zeta) = \zeta[\varrho_{\mathrm{AM}}(\zeta) - \mu\sigma_{\mathrm{AM}}(\zeta)] + b_3^{(\mathrm{AM})}\mu\{\varrho_{\mathrm{AB}}(\zeta) - \mu\sigma_{\mathrm{AB}}(\zeta)\} = 0. \tag{8.112}$$

$b_3^{(\mathrm{AM})} = 9/24$ bedeutet den Koeffizienten b_3 der impliziten Dreischrittmethode von Adams-Moulton. Die charakteristische Gleichung (8.112) ist typisch für alle Prädiktor-Korrektor-Methoden. Sie kann wie oben zur Bestimmung des Randes des Gebietes absoluter Stabilität verwendet werden mit dem Unterschied, dass sie für einen Wert $\zeta = e^{i\theta}$ eine quadratische

Gleichung für μ mit zwei Lösungen darstellt. In Abb. 8.9 ist der Rand des Stabilitätsgebietes für das A-B-M-Verfahren (8.72) wiedergegeben. Er ist mit ABM43 bezeichnet um zu verdeutlichen, dass das explizite Vierschrittverfahren von Adams-Bashforth mit dem impliziten Dreischrittverfahren von Adams-Moulton kombiniert ist. Das Stabilitätsgebiet ist gegenüber der Adams-Moulton-Methode (AM3) kleiner, da der Prädiktor-Korrektorwert anstelle der exakten Lösung u_{k+1} der impliziten Gleichung verwendet wird. Das Stabilitätsintervall des Verfahrens (8.72) ist $(-1.28, 0)$.

Die Gebiete absoluter Stabilität einiger Rückwärtsdifferentiationsmethoden wie beispielsweise (8.97) sind für bestimmte Anwendungen recht bedeutungsvoll. Die einfachste Einschrittmethode aus dieser Klasse ist das implizite oder *Rückwärts-Euler-Verfahren*, das ja absolut stabil ist. Die Zweischrittmethode der BDF-Verfahren lautet

$$\boxed{\frac{3}{2}u_{j+2} - 2u_{j+1} + \frac{1}{2}u_j = hf(x_{j+2}, u_{j+2}).} \tag{8.113}$$

Für sie führt das Modellproblem auf die charakteristische Gleichung $\phi(\zeta) = (3/2 - \mu)\zeta^2 - 2\zeta + 1/2 = 0$. Der Rand des zugehörigen Gebietes absoluter Stabilität ist gegeben durch

$$\mu = \frac{3\zeta^2 - 4\zeta + 1}{2\zeta^2}, \quad \zeta = e^{i\Theta}, \quad 0 \le \Theta \le 2\pi,$$

und liegt in der rechten komplexen Halbebene. Die Randkurve ist in Abb. 8.10 aus Symmetriegründen nur in der oberen Halbebene wiedergegeben und ist mit BDF2 gekennzeichnet. Da weiter die beiden Nullstellen der charakteristischen Gleichung $\phi(\zeta) = 0$ für alle $\mu \in \mathbb{R}$ mit $\mu < 0$ betragsmäßig kleiner als Eins sind, gehört die ganze linke komplexe Halbebene zum Gebiet absoluter Stabilität. Die Zweischritt-BDF-Methode (8.113) ist also auch absolut stabil.

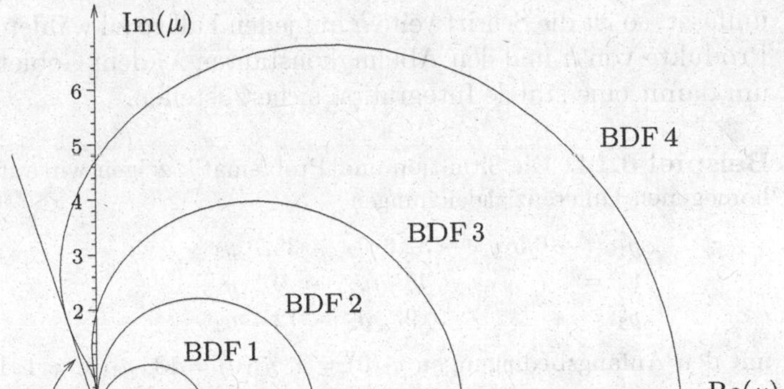

Abb. 8.10 Gebiete absoluter Stabilität von BDF-Methoden.

Für die Dreischritt-BDF-Methode (8.97) wird der Rand des Gebietes absoluter Stabilität gegeben durch

$$\mu = \frac{11\zeta^3 - 18\zeta^2 + 9\zeta - 2}{6\zeta^3}, \quad \zeta = e^{i\Theta}, \quad 0 \le \Theta \le 2\pi.$$

Die Randkurve, welche in Abb. 8.10 mit BDF3 bezeichnet ist, verläuft teilweise in der linken komplexen Halbebene. Da aber für $\mu \in \mathbb{R}$ mit $\mu < 0$ die drei Nullstellen der charakteristischen Gleichung $\phi(\zeta) = (11 - 6\mu)\zeta^3 - 18\zeta^2 + 9\zeta - 2 = 0$ betragsmäßig kleiner als Eins sind, umfasst das Gebiet der absoluten Stabilität doch fast die ganz linke komplexe Halbebene. Dieser Situation wird so Rechnung getragen, dass man einen maximalen Winkelbereich mit dem halben Öffnungswinkel $\alpha > 0$ definiert, dessen Spitze im Nullpunkt liegt, der Teilbereich des Gebietes absoluter Stabilität ist, und bezeichnet ein Mehrschrittverfahren mit dieser Eigenschaft als $A(\alpha)$-*stabil*. Der Winkel der BDF-Methode (8.97) beträgt etwa 88°, so dass das Verfahren $A(88°)$-stabil ist. Die Vierschritt-BDF-Methode lautet

$$\boxed{\frac{25}{12}u_{j+4} - 4u_{j+3} + 3u_{j+2} - \frac{4}{3}u_{j+1} + \frac{1}{4}u_j = hf(x_{j+4}, u_{j+4}).} \tag{8.114}$$

Die Randkurve des Gebietes absoluter Stabilität ist in Abb. 8.10 eingezeichnet und mit BDF4 gekennzeichnet. Der Winkelbereich besitzt jetzt einen halben Öffnungswinkel von etwa 72°, so dass die Methode (8.114) noch $A(72°)$-stabil ist.

Die BDF-Methoden fünfter und sechster Ordnung besitzen noch kleinere Winkelbereiche innerhalb des Gebietes absoluter Stabilität, und BDF-Methoden noch höherer Ordnung sind nicht mehr L-stabil und somit für den praktischen Einsatz unbrauchbar [Gea 71, Gri 72].

8.4.4 Steife Differenzialgleichungen

Die Lösungsfunktionen von Differenzialgleichungssystemen, welche physikalische, chemische oder biologische Vorgänge beschreiben, haben oft die Eigenschaft, dass sie sich aus stark verschieden rasch exponentiell abklingenden Anteilen zusammensetzen. Wird ein Verfahren angewendet, dessen Gebiet absoluter Stabilität nicht die ganze linke komplexe Halbebene umfasst, so ist die Schrittweite h auf jeden Fall so zu wählen, dass die komplexen Werte μ als Produkte von h und den Abklingkonstanten λ_j dem Gebiet absoluter Stabilität angehören, um damit eine stabile Integration sicherzustellen.

Beispiel 8.14. Die Situation und Problematik zeigen wir auf am System von drei linearen und homogenen Differenzialgleichungen

$$\begin{aligned} y_1' &= -0.5\, y_1 + 32.6\, y_2 + 35.7\, y_3 \\ y_2' &= - 48\, y_2 + 9\, y_3 \\ y_3' &= 9\, y_2 - 72\, y_3 \end{aligned} \tag{8.115}$$

mit den Anfangsbedingungen $y_1(0) = 4$, $y_2(0) = 13$, $y_3(0) = 1$. Der Lösungsansatz

$$y_1(x) = a_1 e^{\lambda x}, \quad y_2(x) = a_2 e^{\lambda x}, \quad y_3(x) = a_3 e^{\lambda x}$$

führt nach Substitution in (8.115) auf das Eigenwertproblem

$$\begin{aligned} (-0.5 - \lambda)\, a_1 + 32.6\, a_2 + 35.7\, a_3 &= 0 \\ (-48 - \lambda)\, a_2 + 9\, a_3 &= 0 \\ 9\, a_2 + (-72 - \lambda)\, a_3 &= 0. \end{aligned} \tag{8.116}$$

Daraus ist ein nichttriviales Wertetripel $(a_1, a_2, a_3)^T =: \boldsymbol{a}$ als Eigenvektor der Koeffizientenmatrix $\boldsymbol{A}$ des Differenzialgleichungssystems (8.115) zu bestimmen. Die drei Eigenwerte von (8.116) sind $\lambda_1 = -0.5$, $\lambda_2 = -45$, $\lambda_3 = -75$. Zu jedem Eigenwert gehört eine Lösung von (8.115), und die allgemeine Lösung stellt sich als Linearkombination dieser drei Basislösungen dar. Nach Berücksichtigung der Anfangsbedingung lauten die Lösungsfunktionen

$$\begin{aligned} y_1(x) &= 15\,e^{-0.5x} - 12\,e^{-45x} + e^{-75x} \\ y_2(x) &= 12\,e^{-45x} + e^{-75x} \\ y_3(x) &= 4\,e^{-45x} - 3\,e^{-75x} \end{aligned} \tag{8.117}$$

Die stark unterschiedlichen Abklingkonstanten der Lösungskomponenten sind durch die Eigenwerte λ_j gegeben. Zur numerischen Integration von (8.115) soll die klassische Runge-Kutta-Methode (8.44) vierter Ordnung verwendet werden. Um die am raschesten exponentiell abklingende Komponente e^{-75x} mit mindestens vierstelliger Genauigkeit zu erfassen, ist mit einer Schrittweite $h_1 = 0.0025$ zu arbeiten. Diese Schrittweite bestimmt sich aus der Forderung, dass e^{-75h_1} mit $F(-75h_1)$ gemäß (8.104) auf fünf Stellen übereinstimmt. Integrieren wir (8.115) über 60 Schritte bis zur Stelle $x_1 = 0.150$, dann ist $e^{-75 \cdot 0.150} = e^{-11.25} \doteq 0.000013$ gegenüber $e^{-45 \cdot 0.150} = e^{-6.75} \doteq 0.001171$ bedeutend kleiner. Diese rasch abklingende und bereits kleine Komponente braucht ab dieser Stelle nicht mehr so genau integriert zu werden, und wir können die Schrittweite vergrößern. Damit jetzt die Komponente e^{-45x} mit einer vergleichbaren Genauigkeit behandelt wird, müssen wir die Schrittweite $h_2 = 0.005$ wählen. Nach weiteren 30 Schritten erreichen wir $x_2 = x_1 + 30h_2 = 0.300$. Jetzt ist auch $e^{-45 \cdot 0.300} = e^{-13.5} \doteq 0.0000014$ sehr klein geworden, so dass wir die Schrittweite nochmals vergrößern können. Betrachten wir die sehr langsam abklingende Komponente $e^{-0.5x}$ für sich allein, so würde das Runge-Kutta-Verfahren (8.44) diese mit einer Schrittweite $\tilde{h} = 0.4$ mit der geforderten Genauigkeit wiedergeben. Doch verletzt diese Schrittweite wegen $\tilde{\mu} = -75\tilde{h} = -30$ die Bedingung bei weitem, dass $\tilde{\mu}$ im Intervall der absoluten Stabilität $(-2.78, 0)$ liegen muss! Die maximal verwendbare Schrittweite h^* muss der Ungleichung $h^* \leq 2.78/75 \doteq 0.037$ genügen. Mit $h_3 = 0.035$ sind für eine Integration von (8.115) bis $x = 24$, wo $|y_1(x)| \leq 0.0001$ wird, weitere 678 Integrationsschritte nötig. In Abb. 8.11 ist die euklidische Norm des globalen Fehlers $\|e_j\| = \|u_j - y(x_j)\|$ mit logarithmischem Maßstab in Abhängigkeit von x im Intervall $[0, 1.2]$ dargestellt, falls die oben beschriebenen Schrittweiten gewählt werden. Jede Schrittweitenvergrößerung bewirkt einen vorübergehenden sprunghaften Anstieg der Norm des globalen Fehlers, da jeweils eine betreffende Lösungskomponente mit einem größeren Fehler integriert wird. Das langsame, im logarithmischen Maßstab praktisch lineare Anwachsen von $\|e_j\|$ ab etwa $x = 0.6$ entspricht dem Fehlerwachstum (8.35) für den globalen Fehler. Wird ab $x_2 = 0.3$ statt h_3 die Schrittweite $\tilde{h}_3 = 0.045$ gewählt, welche der Bedingung der absoluten Stabilität wegen $-75 \cdot 0.045 = -3.35 < -2.78$ nicht genügt, zeigt die Norm des globalen Fehlers die Instabilität des Runge-Kutta-Verfahrens an. △

Ein lineares, inhomogenes Differenzialgleichungssystem

$$y'(x) = \boldsymbol{A}y(x) + b(x), \quad \boldsymbol{A} \in \mathbb{R}^{n,n}, y, b \in \mathbb{R}^n \tag{8.118}$$

heißt *steif*, falls die Eigenwerte $\lambda_j, j = 1, 2, \ldots, n$, der Matrix $\boldsymbol{A}$ sehr unterschiedliche negative Realteile aufweisen. Als Maß der *Steifheit* S des Differenzialgleichungssystems (8.118) gilt der Quotient der Beträge der absolut größten und kleinsten Realteile der Eigenwerte

$$S := \max_j |Re(\lambda_j)| / \min_j |Re(\lambda_j)| \quad \text{für alle } \lambda_j \text{ mit } Re(\lambda_j) < 0. \tag{8.119}$$

Für das Differenzialgleichungssystem (8.115) ist $S = 150$. Es ist nicht besonders steif, denn in manchen Fällen erreicht S Werte zwischen 10^3 und 10^6. Um solche Systeme mit einer nicht allzu kleinen Schrittweite integrieren zu können, kommen nur Verfahren in Betracht, deren Gebiet der absoluten Stabilität entweder die ganze linke Halbebene $Re(\mu) < 0$ umfasst oder aber zumindest $A(\alpha)$-stabil sind. Absolut stabil sind die Trapezmethode (8.16) und die impliziten Runge-Kutta-Verfahren (8.14) und (8.46), während die impliziten m-Schritt-

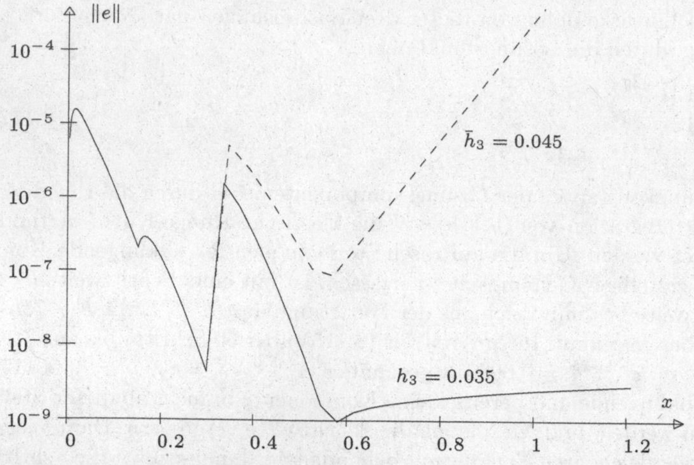

Abb. 8.11 Stabile und instabile Integration eines Differenzialgleichungssystems.

BDF-Methoden für $m = 1$ bis $m = 6$ wenigstens $A(\alpha)$-stabil sind. Alle diese Methoden erfordern aber in jedem Integrationsschritt die Lösung eines Gleichungssystems nach den Unbekannten.

Das Problem der Steifheit existiert ausgeprägt bei nichtlinearen Differenzialgleichungssystemen für n Funktionen

$$y'(x) = f(x, y(x)), \quad y(x) \in \mathbb{R}^n. \tag{8.120}$$

Hier kann die Steifheit nur *lokal* vermittels einer Linearisierung zu erfassen versucht werden. Dabei übernimmt die *Funktional-* oder *Jacobi-Matrix*

$$\boldsymbol{J}(x,y) := f_y = \begin{pmatrix} \frac{\partial f_1}{\partial y_1} & \frac{\partial f_1}{\partial y_2} & \cdots & \frac{\partial f_1}{\partial y_n} \\ \frac{\partial f_2}{\partial y_1} & \frac{\partial f_2}{\partial y_2} & \cdots & \frac{\partial f_2}{\partial y_n} \\ \vdots & \vdots & & \vdots \\ \frac{\partial f_n}{\partial y_1} & \frac{\partial f_n}{\partial y_2} & \cdots & \frac{\partial f_n}{\partial y_n} \end{pmatrix} \in \mathbb{R}^{n,n} \tag{8.121}$$

die Rolle der Matrix $\boldsymbol{A}$ im linearen Problem (8.118). Das nichtlineare Differenzialgleichungssystem (8.120) wird als *steif* bezeichnet, falls die Eigenwerte λ_i der Jacobi-Matrix $\boldsymbol{J}(x,y)$ (8.121) sehr unterschiedliche negative Realteile haben und somit der Wert S (8.119) groß ist. Das Maß der so definierten Steifheit von (8.120) ist jetzt abhängig von x und y, so dass sich S im Verlauf der Integration mit x_k und der aktuellen berechneten Lösung u_k und abhängig von den Anfangsbedingungen stark ändern kann. An dieser Stelle sei aber darauf hingewiesen, dass Beispiele von Differenzialgleichungssystemen und Lösungen konstruiert werden können, für welche die Eigenwerte der Jacobi-Matrix (8.121) irreführende Informationen bezüglich der Steifheit liefern [Aik 85, Dek 84, Lam 91].

Beispiel 8.15. Wir betrachten das nichtlineare Anfangswertproblem

$$\begin{aligned} \dot{y}_1 &= -0.1y_1 + 100y_2y_3, & y_1(0) &= 4, \\ \dot{y}_2 &= 0.1y_1 - 100y_2y_3 - 500y_2^2, & y_2(0) &= 2, \\ \dot{y}_3 &= 500y_2^2 - 0.5y_3, & y_3(0) &= 0.5. \end{aligned} \tag{8.122}$$

Tab. 8.5 Integration eines steifen Differenzialgleichungssystems.

t_j	$u_{1,j}$	$u_{2,j}$	$u_{3,j}$	λ_1	λ_2	λ_3	S	h
0	4.0000	2.0000	0.5000	–0.00025	–219.06	–1831.5	$7.4 \cdot 10^6$	0.0002
0.001	4.1379	0.9177	1.4438	–0.00054	–86.950	–975.74	$1.8 \cdot 10^6$	
0.002	4.2496	0.5494	1.6996	–0.00090	–45.359	–674.62	$7.5 \cdot 10^5$	
0.003	4.3281	0.3684	1.8013	–0.00133	–26.566	–522.56	$3.9 \cdot 10^5$	
0.004	4.3846	0.2630	1.8493	–0.00184	–16.588	–431.91	$2.4 \cdot 10^5$	
0.005	4.4264	0.1952	1.8743	–0.00243	–10.798	–372.48	$1.5 \cdot 10^5$	0.0010
0.006	4.4581	0.1489	1.8880	–0.00310	–7.2503	–331.06	$1.1 \cdot 10^5$	
0.008	4.5016	0.0914	1.9001	–0.00465	–3.5318	–278.45	$6.0 \cdot 10^4$	
0.010	4.5287	0.0588	1.9038	–0.00620	–1.9132	–247.81	$4.0 \cdot 10^4$	0.0025
0.020	4.5735	0.0097	1.8985	–0.00444	–0.5477	–199.60	$4.5 \cdot 10^4$	
0.030	4.5795	0.0035	1.8892	–0.00178	–0.5063	–192.48	$1.1 \cdot 10^5$	
0.040	4.5804	0.0026	1.8799	–0.00134	–0.5035	–190.65	$1.4 \cdot 10^5$	
0.050	4.5805	0.0025	1.8705	–0.00128	–0.5032	–189.60	$1.5 \cdot 10^5$	0.0050
0.10	4.5803	0.0025	1.8245	–0.00134	–0.5034	–185.03	$1.4 \cdot 10^5$	
0.15	4.5800	0.0025	1.7796	–0.00140	–0.5036	–180.60	$1.3 \cdot 10^5$	
0.20	4.5798	0.0026	1.7358	–0.00147	–0.5039	–176.29	$1.2 \cdot 10^5$	
0.25	4.5796	0.0027	1.6931	–0.00154	–0.5042	–172.08	$1.1 \cdot 10^5$	0.010
0.50	4.5782	0.0030	1.4951	–0.00196	–0.5060	–152.63	$7.8 \cdot 10^4$	
0.75	4.5765	0.0034	1.3207	–0.00247	–0.5086	–135.56	$5.5 \cdot 10^4$	
1.00	4.5745	0.0038	1.1670	–0.00311	–0.5124	–120.63	$3.9 \cdot 10^4$	0.020
2.00	4.5601	0.0061	0.7177	–0.00710	–0.5482	–77.88	$1.1 \cdot 10^4$	
5.00	4.3899	0.0134	0.2590	–0.01749	–0.9863	–38.92	$2.2 \cdot 10^3$	0.050
10.00	3.8881	0.0141	0.2060	–0.01854	–1.1115	–34.14	$1.8 \cdot 10^3$	

Das System (8.122) beschreibt die kinetische Reaktion von drei chemischen Substanzen Y_1, Y_2, Y_3 nach dem Massenwirkungsgesetz, wobei die drei unbekannten Funktionen $y_1(t)$, $y_2(t)$, $y_3(t)$ die entsprechenden Konzentrationen der Substanzen zum Zeitpunkt t bedeuten. Die Reaktionen laufen mit sehr unterschiedlichen Zeitkonstanten ab, was in den verschieden großen Koeffizienten in (8.122) zum Ausdruck kommt. Die Jacobi-Matrix $\boldsymbol{J}(t, y)$ des Systems (8.122) lautet

$$\boldsymbol{J}(t, y) = \begin{pmatrix} -0.1 & 100y_3 & 100y_2 \\ 0.1 & -100y_3 - 1000y_2 & -100y_2 \\ 0 & 1000y_2 & -0.5 \end{pmatrix}. \tag{8.123}$$

Die Matrixelemente von $\boldsymbol{J}$ sind vom Ablauf der chemischen Reaktion abhängig; deshalb sind die

Eigenwerte λ_i von $\boldsymbol{J}(t, y)$ zeitabhängig. Zur Startzeit $t = 0$ sind die Eigenwerte von

$$\boldsymbol{J}(0, y_0) = \begin{pmatrix} -0.1 & 50 & 200 \\ 0.1 & -2050 & -200 \\ 0 & 2000 & -0.5 \end{pmatrix}$$

$\lambda_1 \doteq -0.000249$, $\lambda_2 \doteq -219.0646$, $\lambda_3 \doteq -1831.535$. Folglich ist $S \doteq 7.35 \cdot 10^6$, und das Differenzialgleichungssystem (8.122) ist zum Zeitpunkt $t = 0$ sehr steif. Um das Problem der Steifheit zu illustrieren, integrieren wir (8.122) mit Hilfe der klassischen Runge-Kutta-Methode (8.44) vierter Ordnung. Der absolut größte, negative Eigenwert λ_3 verlangt eine kleine Schrittweite $h = 0.0002$, damit die zugehörige rasch abklingende Lösungskomponente mit einem lokalen, relativen Diskretisierungsfehler von etwa 10^{-4} integriert wird. Nach 25 Integrationsschritten hat die Steifheit des Systems abgenommen (vgl. Tab. 8.5), und da jetzt $\lambda_3 \doteq -372.48$ ist, kann die Schrittweite auf $h = 0.001$ vergrößert werden, denn die rasch abklingende und bereits mit einem kleinen Anteil beteiligte Komponente kann schon mit geringerer (relativer) Genauigkeit behandelt werden. Dasselbe gilt auch für die weitere Integration, deren Resultat in Tab. 8.5 zusammengestellt ist. Angegeben sind auszugsweise zu ausgewählten Zeitpunkten die berechneten Näherungswerte der drei Lösungsfunktionen, die aus der Jacobi-Matrix $\boldsymbol{J}$ resultierenden Eigenwerte λ_1, λ_2, λ_3, das Maß S der Steifheit und die verwendeten Schrittweiten. Nach einer raschen Abnahme nimmt S vorübergehend wieder etwas zu, um dann mit wachsender Zeit t monoton abzunehmen. Ab $t = 0.25$ wird die Schrittweite h durch das Stabilitätsintervall der verwendeten expliziten Runge-Kutta-Methode beschränkt. △

8.5 Anwendung: Lotka-Volterras Wettbewerbsmodell

Das Lotka–Volterrasche System besteht aus autonomen[1] Differenzialgleichungen mit quadratischer, also nichtlinearer rechter Seite. Es beschreibt sowohl das Wettbewerbs- als auch das Räuber-Beute-Modell [Heu 09], für die wir zwei Fälle diskutieren wollen.

Kampf um Ressourcen

Wenn eine Population $P = P(t)$ von einer beschränkten Ressource R lebt, so entwickelt sie sich nach dem Wachstumsgesetz

$$\dot{P} = \alpha P - \beta P^2, \quad \alpha,\ \beta > 0. \tag{8.124}$$

Konkurrieren zwei Populationen $P_1(t)$ und $P_2(t)$ um die gleiche beschränkte Ressource, so findet ein Wettbewerb statt; jede Population behindert das Wachstum der anderen. Ihre Bestände entwickeln sich dann aus den Anfangsbeständen P_{10} und P_{20} nach dem System

$$\dot{P}_k = \alpha_k P_k - \beta_k P_k^2 - \gamma_k P_1 P_2, \quad \alpha_k,\ \beta_k,\ \gamma_k > 0, \ \ (k = 1, 2). \tag{8.125}$$

Der hinzugekommene gemischte Term $\gamma_k P_1 P_2$ stellt also den Einfluss der Konkurrenz dar. Wir wollen das konkrete System

$$\begin{aligned} \dot{P}_1 &= 0.004\, P_1\,(50 - P_1 - 0.75\, P_2) \\ \dot{P}_2 &= 0.001\, P_2\,(100 - P_2 - 3\, P_1) \end{aligned} \tag{8.126}$$

[1] Die rechte Seite ist nicht explizit von t abhängig.

untersuchen. Hier ist es zunächst interessant, die so genannten stationären Punkte zu bestimmen. Das sind die Gleichgewichtszustände der Populationen, in denen die Lösung der Differenzialgleichung zeitunabhängig ist, also konstant bleibt.

Ist $P_2 = 0$, so gilt $\dot{P}_1 = 0.004\, P_1\,(50 - P_1)$, d.h., die erste Population wächst oder schrumpft bis zum Grenzwert $P_1 = 50$ (oder 0) und bleibt dann konstant.

Ist $P_1 = 0$, so gilt $\dot{P}_2 = 0.001\, P_2\,(100 - P_2)$, und der entsprechende Grenzwert für die zweite Population ist $P_2 = 100$ (oder 0).

Ein stationärer Punkt ist offensichtlich auch der Trivialzustand $(P_1, P_2) = (0, 0)$. Einen weiteren stationären Punkt findet man, indem man die Klammerausdrücke der rechten Seite von (8.126) gleich null setzt:

$$\begin{array}{rcrcr} P_1 & + & 0.75\ P_2 & = & 50, \\ 3\ P_1 & + & P_2 & = & 100. \end{array}$$

Das ergibt den Punkt (20,40). Es ist wichtig zu wissen, ob diese stationären Punkte lokal stabil sind, d.h., ob sie die Lösung anziehen oder abstoßen (instabil). Lokal stabil ist ein stationärer Punkt, wenn die Eigenwerte der Jacobi-Matrix $J(P_1,\, P_2)$ (8.121) negative Realteile besitzen. Im symmetrischen Fall müssen also alle Eigenwerte negativ sein. Es ist hier

$$\boldsymbol{J}(P_1,\, P_2) = \begin{pmatrix} 0.2 - 0.008P_1 - 0.003P_2 & -0.003P_1 \\ -0.003P_1 & 0.1 - 0.003P_1 - 0.002P_2 \end{pmatrix}.$$

Zur Überprüfung der negativen Definitheit in den stationären Punkten müssen wir also vier kleine Eigenwertprobleme – quadratische Gleichungen – lösen. Wir wollen nur die Ergebnisse wiedergeben:

Punkt	λ_1	λ_2	lokal stabil?
(0,0)	0.2	0.1	Nein
(0,100)	–0.1	–0.1	Ja
(20,40)	0.027	–0.14	Nein
(50,0)	–0.2	–0.05	Ja

Diese Verhältnisse lassen sich folgendermaßen interpretieren:
Es werden weder beide Populationen aussterben noch beide überleben, weil sowohl der stationäre Punkt (0,0) als auch (20,40) instabil sind. Welche der beiden Populationen überlebt, d.h. welcher der stabilen stationären Punkte von der Lösung des Systems angesteuert wird, hängt von den Anfangswerten – hier den Anfangspopulationen P_{10} und P_{20} – ab.

In Abb. 8.12 haben wir die stationären Punkte durch kleine Vollkreise gekennzeichnet, und wir haben die "Bahnlinien" (Phasenkurven) mehrerer Lösungen mit verschiedenen Anfangswerten (+) eingezeichnet. Sie laufen in die beiden lokal stabilen stationären Punkte (0,100) oder (50,0). Die Trennungslinie (Separatrix) zwischen Anfangswerten, die in den einen oder anderen der beiden Gleichgewichtszustände laufen, ist gut abzulesen. Auch Lösungen, die sich dem instabilen Gleichgewichtszustand (20, 40) annähern, werden von diesem abgestoßen und knicken scharf in Richtung eines stabilen Gleichgewichtszustands ab.

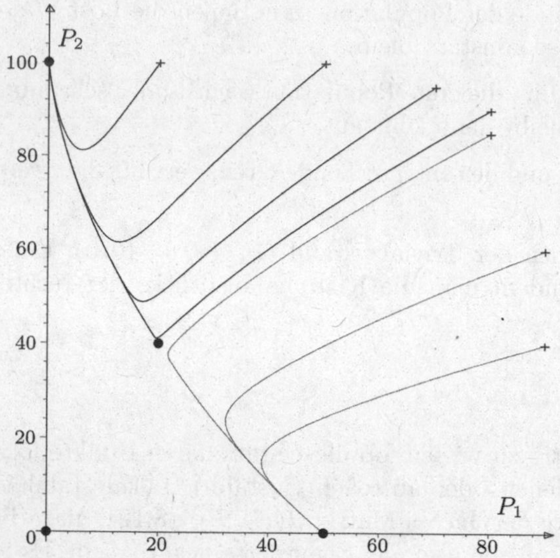

Abb. 8.12 Wettbewerbsmodell: Abhängig vom Anfangszustand stirbt eine der Populationen aus.

Räuber und Ressourcen

Wir wollen jetzt die biologischen Verhältnisse gegenüber (8.124) und (8.125) etwas ändern. P_1 repräsentiert jetzt Beutetiere, die von der begrenzten Ressource R leben. Erbeutet werden sie von Räubern, die durch P_2 repräsentiert werden und ausschließlich von den Beutetieren P_1 leben. Dabei kann man z.B. an Hasen und Füchse denken. Jetzt ergibt sich mit geeigneten Zahlen das Modellsystem

$$\begin{aligned} \dot{P}_1 &= 2\,P_1\,(1 - 0.3\,P_1 - P_2), \\ \dot{P}_2 &= P_2\,(P_1 - 1). \end{aligned} \tag{8.127}$$

Wird dieses System entsprechend der Vorgehensweise oben untersucht, so ergeben sich die stationären Punkte und zugehörigen Eigenwerte der Jacobi-Matrix wie folgt:

Punkt	λ_1	λ_2	lokal stabil?
(0,0)	2	−1	Nein
(0,1)	−1	0	Nein
(1,0)	0.8	0	Nein
(1,0.7)	$-0.3 + i\sqrt{1.49}$	$-0.3 - i\sqrt{1.49}$	Ja

Hier liegt also die biologisch glücklichere Situation vor, dass beide Populationen überleben können. Das System hat an der Stelle (1, 0.7) den einzigen stabilen Strudelpunkt. In diesem Gleichgewichtszustand landet es nach einiger Zeit von jedem Anfangswertpaar aus, das nicht genau in einem der instabilen stationären Punkte liegt. In Abb. 8.13 sehen wir zwei

Phasenkurven, die in den Anfangswerten (2, 1) bzw. (0.2, 1.5) gestartet wurden.

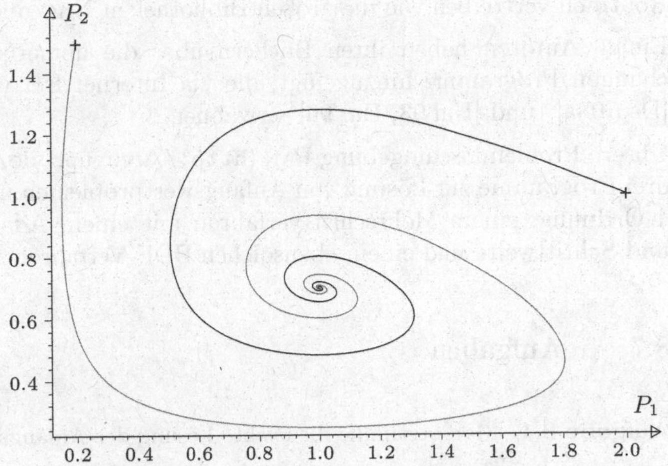

Abb. 8.13 Räuber-Beute-Modell: Beide Populationen überleben.

8.6 Software

Einige Pakete zur numerischen Lösung von Anfangswertproblemen bei gewöhnlichen Differenzialgleichungen enthalten Routinen sowohl zu Anfangs- als auch zu Randwertproblemen (siehe Kapitel 9). Andererseits wird bei den Routinen zu Anfangswertproblemen zwischen steifen und wenig oder gar nicht steifen (engl. *non-stiff and mildly stiff*) Problemen unterschieden, so z.B. bei der Klassifizierung des GAMS.

Die NAG-FORTRAN-Bibliothek enthält im Kapitel D02 insgesamt 62 Routinen zur Lösung von Anfangs- und Randwertproblemen, davon in den Unterkapiteln D02M und D02N allein 19 Routinen für steife Probleme. Mit den Routinen des Unterkapitels D02L können auch Systeme von Differenzialgleichungen zweiter Ordnung gelöst werden. Dazu werden spezielle Runge-Kutta-Nyström-Verfahren angewendet. Die NAG-C-Bibliothek enthält dagegen im gleichen Kapitel nur 20 Routinen.

MATLAB verfügt über sieben Routinen zur Lösung von Anfangswertproblemen, zwei davon benutzen explizite Runge-Kutta-Verfahren, eine ein Prädiktor-Korrektor-Schema mit Adams-Verfahren variabler Ordnung, die im Allgemeinen eine höhere Genauigkeit liefern. Für steife oder mild steife Probleme gibt es weitere vier Routinen, von denen zwei auch differentiell-algebraische Probleme lösen können; das sind Systeme, bei denen Differenzialgleichungen und nichtlineare Gleichungen gekoppelt vorkommen. MATLAB erlaubt neben einer Reihe von wichtigen Optionen auch eine Ereignis-(Event-)Steuerung, die es ermöglicht, den Lösungsprozess beim Eintritt gewisser Bedingungen zu beenden. Zudem bietet MATLAB besondere Graphik-Routinen zum Zeichnen der Lösungen von Differenzialgleichungen an.

Es gibt spezielle Pakete zur Lösung von gewöhnlichen Differenzialgleichungen wie ODE und ODEPACK, die überwiegend die gleichen Methoden anwenden oder sogar nahezu identische Routinen vertreiben wie die großen Bibliotheken NAG und IMSL.

Einige Autoren haben ihren Büchern über die numerische Lösung von Differenzialgleichungen Programme hinzugefügt, die via Internet frei verfügbar sind. Hier möchten wir [Deu 08a][2] und [Hai 93, Hai 96][3] erwähnen.

Unsere Problemlöseumgebung PAN (`http://www.upb.de/SchwarzKoeckler/`) verfügt über drei Programme zur Lösung von Anfangswertproblemen mit einem Runge-Kutta-Verfahren 4. Ordnung, einem Mehrschrittverfahren mit einem Adams-Verfahren variabler Ordnung und Schrittweite und einem ebensolchen BDF-Verfahren.

8.7 Aufgaben

Aufgabe 8.1. Man bestimme die exakte Lösung der Anfangswertaufgabe

$$y' = \frac{2x}{y^2}, \qquad y(0) = 1$$

und berechne im Intervall $[0,3]$ die Näherungslösungen

a) nach der Methode von Euler mit den Schrittweiten $h = 0.1, 0.01, 0.001$;

b) nach der verbesserten Polygonzug-Methode und der Methode von Heun mit den Schrittweiten $h = 0.1, 0.05, 0.025, 0.01$;

c) nach je einem Runge-Kutta-Verfahren der Ordnung drei und vier mit den Schrittweiten $h = 0.2, 0.1, 0.05, 0.025$.

Mit den an den Stellen $x_j = 0.2j$, $j = 1, 2, \ldots, 15$, berechneten globalen Fehlern verifiziere man die Fehlerordnungen der Methoden.

Aufgabe 8.2. Die Anfangswertaufgaben

$$\text{a)} \quad y' = \frac{1}{1+4x^2} - 8y^2, \qquad y(0) = 0; \quad x \in [0,4]$$

$$\text{b)} \quad y' = \frac{1}{1+4x^2} + 0.4y^2, \quad y(0) = 0; \quad x \in [0,4]$$

$$\text{c)} \quad y' = \frac{1-x^2-y^2}{1+x^2+xy}, \qquad y(0) = 0; \quad x \in [0,10]$$

sollen mit einer Runge-Kutta-Methode zweiter und vierter Ordnung und mit einer Schrittweitensteuerung in den angegebenen Intervallen näherungsweise so gelöst werden, dass der Schätzwert des lokalen Diskretisierungsfehlers betragsmäßig höchstens ε ($\varepsilon = 10^{-4}, 10^{-6}, 10^{-8}$) ist. Für die Steuerung der Schrittweite experimentiere man mit verschiedenen Strategien.

Aufgabe 8.3. Die kleine Auslenkung $x(t)$ eines schwingenden Pendels mit Reibung wird durch die Differenzialgleichung zweiter Ordnung

$$\ddot{x}(t) + 0.12\dot{x}(t) + 2x(t) = 0$$

---

[2] `http://www.zib.de/de/numerik/software/codelib.html`
[3] `http://www.unige.ch/~hairer/software.html`

beschrieben. Die Anfangsbedingung sei $x(0) = 1$, $\dot{x}(0) = 0$. Das zugehörige System von Differenzialgleichungen erster Ordnung ist mit der klassischen Runge-Kutta-Methode vierter Ordnung mit drei verschiedenen Schrittweiten h näherungsweise zu lösen, und die Näherungslösung x_j soll graphisch dargestellt werden. Zudem ist der globale Fehler mit Hilfe der exakten Lösung zu berechnen und sein Verhalten zu studieren. Erfolgt die genäherte Integration der beiden komplexen Lösungsanteile amplituden- und phasentreu?

Aufgabe 8.4. Das Differenzialgleichungssystem

$$\dot{x} = 1.2x - x^2 - \frac{xy}{x + 0.2}$$

$$\dot{y} = \frac{1.5xy}{x + 0.2} - y$$

beschreibt ein Räuber-Beute-Modell der Biologie, wobei $x(t)$ eine Maßzahl für die Anzahl der Beutetiere und $y(t)$ eine Maßzahl für die Anzahl der Raubtiere bedeuten. Für die zwei verschiedenen Anfangsbedingungen $x(0) = 1$, $y(0) = 0.75$ und $\bar{x}(0) = 0.75$, $\bar{y}(0) = 0.25$ ist das System mit dem klassischen Runge-Kutta-Verfahren vierter Ordnung im Intervall $0 \leq t \leq 30$ mit der Schrittweite $h = 0.1$ näherungsweise zu lösen. Die Lösung soll in der (x, y)-Phasenebene dargestellt und das gefundene Ergebnis interpretiert werden.

Als Variante löse man die Aufgabe mit automatischer Schrittweitensteuerung nach der Methode von Fehlberg.

Aufgabe 8.5. Man leite das explizite Dreischrittverfahren von Adams-Bashforth und das implizite Dreischrittverfahren von Adam-Moulton auf Grund der Integralgleichung und als Spezialfall eines allgemeinen Mehrschrittverfahrens her. Sodann zeige man, dass die Ordnung der Verfahren drei bzw. vier ist, und man verifiziere die Fehlerkonstanten der lokalen Diskretisierungsfehler in Tab. 8.3 für diese beiden Methoden.

Aufgabe 8.6. Die Differenzialgleichungen der Aufgaben 8.1 und 8.2 sind mit den Adams-Bashforth-Moulton-Methoden ABM33 (8.71) und ABM43 (8.72) näherungsweise mit der Schrittweite $h = 0.1$ zu lösen. Um die Resultate der beiden Verfahren fair vergleichen zu können, sollen mit dem klassischen Runge-Kutta-Verfahren vierter Ordnung drei Startwerte u_1, u_2, u_3 bestimmt werden.

Aufgabe 8.7. Welches sind die Gebiete der absoluten Stabilität der folgenden Mehrschrittmethoden?

a) AB3: $u_{j+1} = u_j + \frac{h}{12}[23f_j - 16f_{j-1} + 5f_{j-2}]$;

b) AM2: $u_{j+1} = u_j + \frac{h}{12}[5f(x_{j+1}, u_{j+1}) + 8f_j - f_{j-1}]$;

c) Prädiktor-Korrektor-Methode ABM32.

Für die ABM32-Methode zeige man, dass der Koeffizient des Hauptanteils des lokalen Diskretisierungsfehlers gleich demjenigen des AM2-Verfahrens ist.

Aufgabe 8.8. Zur Problematik der stabilen Integration betrachten wir das lineare homogene Differenzialgleichungssystem [Lam 91]

$$\begin{aligned} y' &= -21y_1 + 19y_2 - 20y_3, & y_1(0) &= 1, \\ y_2' &= 19y_1 - 21y_2 + 20y_3, & y_2(0) &= 0, \\ y_3' &= 40y_1 - 40y_2 - 40y_3, & y_3(0) &= -1. \end{aligned}$$

Die Eigenwerte der Matrix des Systems sind $\lambda_1 = -2$, $\lambda_{2,3} = -40 \pm 40i$. Das System soll mit der Trapezmethode und dem klassischen Runge-Kutta-Verfahren vierter Ordnung näherungsweise gelöst werden. Welche Schrittweiten h sind zu wählen, um mit den beiden Methoden im Intervall $[0, 0.3]$ eine vierstellige Genauigkeit der Näherungen zu garantieren? Dazu ist $e^{\lambda h}$ mit dem entsprechenden $F(\lambda h)$ zu vergleichen. Mit welchen Schrittweiten kann anschließend im Intervall $[0.3, 5]$ weiter integriert werden? Man überprüfe die Richtigkeit der Aussagen, indem das System numerisch gelöst wird. Welche maximale Schrittweite ist im Fall der ABM43-Methode (8.72) möglich?

Aufgabe 8.9. Das nichtlineare Differenzialgleichungssystem

$$\begin{aligned} \dot{y}_1 &= -0.01y_1 + 0.01y_2 \\ \dot{y}_2 &= y_1 - y_2 - y_1y_3 \\ \dot{y}_3 &= y_1y_2 - 100y_3 \end{aligned}$$

ist für die Anfangsbedingung $y_1(0) = 0$, $y_2(0) = 1$, $y_3(0) = 1$ in Abhängigkeit von t auf Steifheit zu untersuchen.

Aufgabe 8.10. Man zeige, dass die implizite zweistufige Runge-Kutta-Methode

$$\begin{aligned} k_1 &= f\left(x_j, u_j + \frac{1}{4}hk_1 - \frac{1}{4}hk_2\right) \\ k_2 &= f\left(x_j + \frac{2}{3}h, u_j + \frac{1}{4}hk_1 + \frac{5}{12}hk_2\right) \\ u_{j+1} &= u_j + \frac{h}{4}(k_1 + 3k_2) \end{aligned}$$

die Ordnung drei besitzt und absolut stabil ist. Die Funktion $F(\mu)$, welche für das Modellproblem (8.102) resultiert, hat im Gegensatz zu derjenigen der Trapezmethode die Eigenschaft, dass $\lim_{\mu \to -\infty} F(\mu) = 0$ gilt. Welche Konsequenzen ergeben sich daraus für rasch abklingende Komponenten von steifen Systemen? Man wende diese Methode zur numerischen Integration des Differenzialgleichungssystems von Aufgabe 8.8 an unter Verwendung einer konstanten Schrittweite h. Was kann festgestellt werden?

9 Rand- und Eigenwertprobleme bei gewöhnlichen Differenzialgleichungen

Randwertprobleme bei gewöhnlichen Differenzialgleichungen beschreiben stationäre Systeme wie die Durchbiegung eines belasteten Balkens. Eigenwertprobleme beschreiben charakteristische Eigenschaften solcher Systeme wie seine Eigenfrequenzen. In beiden Fällen müssen mindestens zwei *Randwerte* bekannt sein.

Für Rand- und Eigenwertprobleme gibt es keine so einheitliche Theorie wie für Anfangswertaufgaben. Aber auch sie spielen in den Anwendungen eine bedeutende Rolle.

Wir wollen zunächst auf die Problematik der Existenz und Eindeutigkeit von Lösungen eingehen, die auch für die numerische Behandlung von Bedeutung sind. Sie sind für Rand- und Eigenwertprobleme wesentlich schwieriger zu klären als bei Anfangswertproblemen, die wir in Kapitel 8 behandelt haben.

Nachdem wir analytische Methoden für lineare Randwertaufgaben betrachtet haben, kommen wir zu zwei wichtigen numerischen Verfahrensfamilien, die auch auf nichtlineare Probleme angewendet werden können: die Schießverfahren und die Differenzenverfahren. Für eingehendere Darstellungen verweisen wir auf [Asc 95, Kel 92, Sto 05].

9.1 Problemstellung und Beispiele

Bei Randwertaufgaben (RWA) werden neben einer zu lösenden Differenzialgleichung

$$y^{(n)} = f(x, y, y', \ldots, y^{(n-1)}) \quad \text{für } x \in (a, b) \tag{9.1}$$

Bedingungen an den beiden Randpunkten des betrachteten Lösungsintervalls vorgegeben:

$$\begin{aligned} r_1(y(a), y'(a), \ldots, y^{(n-1)}(a), y(b), y'(b), \ldots, y^{(n-1)}(b)) &= 0, \\ \vdots \qquad &\ \ \vdots \\ r_n(y(a), y'(a), \ldots, y^{(n-1)}(a), y(b), y'(b), \ldots, y^{(n-1)}(b)) &= 0. \end{aligned} \tag{9.2}$$

Zu lösen ist also normalerweise eine einzelne Differenzialgleichung höherer als erster Ordnung. Für die Behandlung in Software-Paketen oder Programm-Bibliotheken muss diese Differenzialgleichung oft in ein äquivalentes System 1. Ordnung umgeformt werden, siehe Lemma 8.1. Besonders wichtig für die Anwendungen sind Randwertaufgaben 2. Ordnung. Sie treten mit Abstand am häufigsten auf. Wir beschränken uns deshalb hauptsächlich auf die Betrachtung dieser Aufgaben.

Randwertaufgabe 2. Ordnung mit linearen Randbedingungen

Gegeben seien eine stetige Funktion $f(x, y, z)$ und reelle Zahlen α_1, α_2, β_1, β_2, γ_1 und γ_2. Gesucht ist eine im Intervall (a, b) zweimal stetig differenzierbare Funktion $y(x)$, für die gilt

$$y'' = f(x, y, y'), \tag{9.3}$$

$$\begin{aligned} r_1(y(a),\, y'(a)) &:= \alpha_1 y(a) + \alpha_2 y'(a) = \gamma_1, \quad (\alpha_1,\, \alpha_2) \neq (0,\, 0), \\ r_2(y(b),\, y'(b)) &:= \beta_1\, y(b) + \beta_2\, y'(b) = \gamma_2, \quad (\beta_1,\, \beta_2) \neq (0,\, 0). \end{aligned} \tag{9.4}$$

Über die Existenz einer Lösung kann man für dieses allgemein formulierte Problem ohne Weiteres keine Aussage machen.

Lineare Randwertaufgabe 2. Ordnung

Ist in (9.3) auch die Differenzialgleichung linear und von der Form

$$y'' + a_1(x)\, y' + a_0(x)\, y = f(x), \tag{9.5}$$

mit den Randbedingungen (9.4), dann können die Voraussetzungen für die Existenz einer eindeutigen Lösung leicht angegeben werden. Sei $(y_1(x),\, y_2(x))$ ein Fundamentalsystem der zugehörigen homogenen Differenzialgleichung $y'' + a_1(x)y' + a_0(x)y = 0$, dann ist das Randwertproblem eindeutig lösbar, falls

$$\begin{vmatrix} r_1(y_1(a),\, y_1'(a)) & r_1(y_2(a),\, y_2'(a)) \\ r_2(y_1(b),\, y_1'(b)) & r_2(y_2(b),\, y_2'(b)) \end{vmatrix} \neq 0. \tag{9.6}$$

Sturmsche Randwertaufgabe

(Charles Sturm (1803–1855))

Ist in (9.5) die Funktion a_1 stetig, so kann die Differenzialgleichung immer auf die Form

$$-(p(x)\, y')' + q(x)\, y = f(x) \tag{9.7}$$

gebracht werden mit einer in $[a, b]$ stetig differenzierbaren Funktion $p(x) > 0$. Sind die Funktionen q und f stetig, die Randbedingungen von der Form (9.4) und die Voraussetzung (9.6) erfüllt, dann existiert wieder eine eindeutige Lösung. Man nennt diese Form *selbstadjungiert* oder auch Sturmsche Randwertaufgabe. Diese Form ist auch für die numerische Lösung vorteilhaft, siehe etwa Seite 406.

Weitere Einzelheiten findet man in [Heu 09]; siehe auch Abschnitt 9.2.

Auf die Frage nach der Existenz und Eindeutigkeit von Lösungen kommen wir unten im Spezialfall linearer Probleme und bei Beispielen zurück.

Eigenwertaufgabe 2. Ordnung

Eigenwertprobleme sind Randwertprobleme, die zusätzlich einen Parameter λ in der Problemstellung enthalten. Gesucht sind Werte von λ (*Eigenwerte*), für die die Randwertaufgabe lösbar ist, und die zugehörigen Lösungen (*Eigenfunktionen*).

Gegeben seien stetige Funktionen $f(x, y, z)$ und $g(x, y, z)$. Gesucht sind Eigenwerte λ und zugeordnete, in (a, b) zweimal stetig differenzierbare Funktionen $y(x) \not\equiv 0$, für die gilt:

$$\begin{aligned} & y'' + f(x, y, y') = \lambda\, g(x, y, y'), \\ & y(a) = 0, \quad y(b) = 0. \end{aligned} \tag{9.8}$$

Unter gewissen Voraussetzungen bilden die Lösungen ein abzählbar unendliches System $(\lambda_i, y_i(x))$ aus Eigenwerten und Eigenfunktionen, das *Eigensystem* heißt.

Sturm-Liouvillesche Eigenwertaufgabe

(Joseph Liouville (1809–1882))

Sind bei gleichen Bezeichnungen die Voraussetzungen der Sturmschen Randwertaufgabe erfüllt und ist zusätzlich $v(x)$ positiv und stetig, dann hat das Eigenwertproblem

$$\begin{aligned} & -(p(x)\, y')' + q(x)\, y = \lambda\, v(x)\, y, \\ & \alpha_1 y(a) + \alpha_2 y'(a) = 0, \qquad (\alpha_1,\, \alpha_2) \neq (0,\, 0), \\ & \beta_1\, y(b) + \beta_2\, y'(b) = 0, \qquad (\beta_1,\, \beta_2) \neq (0,\, 0), \end{aligned} \tag{9.9}$$

reelle, positive und voneinander verschiedene Eigenwerte

$$0 < \lambda_1 < \lambda_2 < \lambda_3 < \ldots \to \infty$$

mit Eigenfunktionen $y_k(x)$, die $k-1$ Nullstellen in (a, b) haben (Oszillationseigenschaft).

Komplexere Problemstellungen ergeben sich durch

- höhere Ableitungen bzw. Systeme von Differenzialgleichungen,
- nichtlineare Randbedingungen,
- Differenzialgleichungen, die implizit in der höchsten Ableitung und nicht direkt nach dieser auflösbar sind.

Wir wollen mögliche Schwierigkeiten und die harmlose Normalsituation bei der Lösung von Randwertproblemen an einigen Beispielen verdeutlichen.

Beispiel 9.1. Keine oder unendlich viele Lösungen

Die Randwertaufgabe

$$y'' + \pi^2 y = 0, \qquad y(0) = 0, \quad y(1) = 1, \tag{9.10}$$

hat keine Lösung, während für

$$y'' + \pi^2 y = 0, \qquad y(0) = 0, \quad y(1) = 0, \tag{9.11}$$

unendlich viele Lösungen existieren.

Beweis. (9.10) ist eine homogene lineare Differenzialgleichung mit konstanten Koeffizienten. Ihre Fundamentallösungen $\{\sin \pi\, x,\ \cos \pi\, x\}$ erfüllen (9.6) nicht. Jede Lösung hat die Form

$$y(x) = c_1\, \sin \pi\, x + c_2\, \cos \pi\, x \tag{9.12}$$

Hier setzen wir die Randpunkte ein, um c_1 und c_2 zu bestimmen:

$$y(0) = c_2 \implies c_2 = 0, \qquad y(1) = -c_2 \implies c_2 = -1.$$

Also existiert keine Lösung.

(9.11) hat natürlich die gleichen Grundlösungen. Die Randbedingungen $y(0) = y(1) = 0$ sind mit $c_2 = 0$ erfüllt. Damit sind alle Funktionen

$$y(x) = c_1 \sin \pi x, \quad c_1 \in \mathbb{R} \text{ beliebig},$$

Lösungen der Randwertaufgabe. □

Dieses Beispiel zeigt, dass die Existenz und Eindeutigkeit von Lösungen allein von den Randbedingungen abhängen kann. Das liegt daran, dass eine Randwertaufgabe eine Problemstellung im Großen ist, wir also nicht wie bei Anfangswertproblem lokal arbeiten und argumentieren können. △

Beispiel 9.2. Mehrere Lösungen

$$y'' = y^5 - 10y + \frac{1}{2}, \qquad y(0) = 0, \quad y'(1) = -3, \tag{9.13}$$

hat zwei Lösungen, siehe Abb. 9.1.

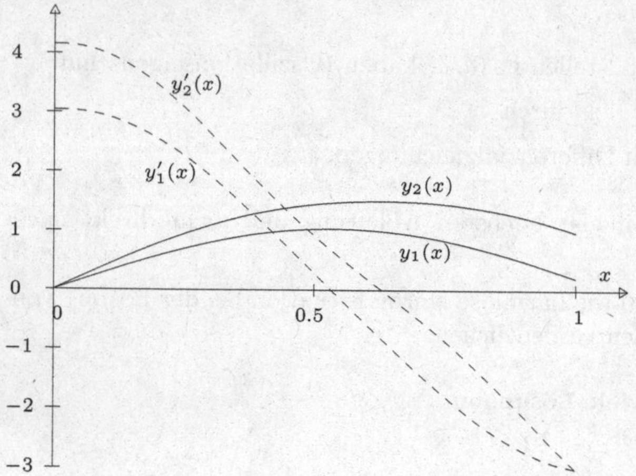

Abb. 9.1 Die Lösungen $y_1(x)$, $y_2(x)$ und ihre Ableitungen (- -).

Eine geringfügige Änderung der Koeffizienten dieser nichtlinearen Randwertaufgabe kann zu einer eindeutigen Lösung führen oder die Anzahl existierender Lösungen noch erhöhen. Die Eindeutigkeit von Lösungen kann zusätzlich von den Randbedingungen abhängen.

Verallgemeinern wir das Problem zu

$$\begin{aligned} y'' &= \eta_1 y^5 - \eta_2 y + \eta_3, \\ y(0) &= \alpha \quad y'(1) = \beta, \end{aligned} \tag{9.14}$$

so bekommen wir unterschiedlich viele Lösungen abhängig von den Werten der Parameter η_i. Die Lösung ist eindeutig für $5\,\eta_1 y^4 > \eta_2$. Die Anzahl der Lösungen wächst mit η_2. △

Beispiel 9.3. Durchbiegung eines Balkens Ein homogener, ideal elastischer Balken sei an seinen Enden frei beweglich gestützt. Er unterliege einer axialen Druckkraft P und der transversalen Belastung $h(x)$. Seine Länge sei 2, seine Biegesteifigkeit $E\,J(x)$, $-1 \le x \le 1$, mit dem Elastizitätsmodul E und dem Flächenträgheitsmoment $J(x)$. $J(x)$ ist proportional zu $D^4(x)$, wenn D der Durchmesser des Balkens ist.

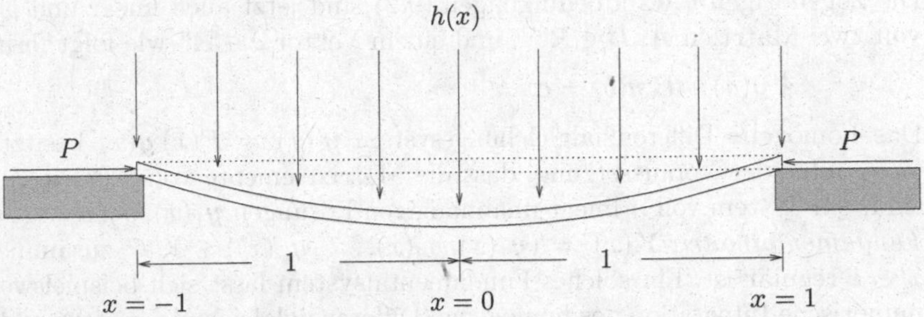

Abb. 9.2 Durchbiegung eines Balkens.

Gesucht ist das Biegemoment M, für das die Differenzialgleichung

$$M''(x) + \frac{P}{E\,J(x)} M(x) = -h(x)$$

gilt. Wegen der freien Beweglichkeit muss es an den Randpunkten verschwinden:

$$M(-1) = M(1) = 0.$$

Die Aufgabenstellung wird durch folgende Festlegungen vereinfacht:

Es sei $h(x) \equiv h$, $J(x) := \dfrac{J_0}{1+x^2}$, $P := E\,J_0$, d.h. der Balken, der an den Enden geringeren Querschnitt als in der Mitte hat, unterliegt konstanten Kräften. Jetzt liefert die Transformation $y = -\dfrac{M}{h}$ die eindeutig lösbare Sturmsche Randwertaufgabe:

$$\begin{aligned} -y''(x) - (1+x^2)\,y(x) &= 1, \\ y(-1) = y(1) &= 0. \end{aligned} \tag{9.15}$$

△

9.2 Lineare Randwertaufgaben

9.2.1 Allgemeine Lösung

Eine Randwertaufgabe heißt *linear*, wenn sowohl die Differenzialgleichung als auch die Randbedingungen linear sind. Wir wollen jetzt den allgemeinen linearen Fall systematischer betrachten und Bedingungen für die Existenz und Eindeutigkeit von Lösungen formulieren. Auch spezielle numerische Methoden für lineare Randwertaufgaben werden behandelt. Dazu legen wir ein System von n linearen Differenzialgleichungen erster Ordnung zu Grunde, siehe auch Lemma 8.1.

Ein lineares Differenzialgleichungssystem lautet

$$\boldsymbol{y}'(x) = \boldsymbol{F}(x)\,\boldsymbol{y}(x) + \boldsymbol{g}(x), \tag{9.16}$$

wo $\boldsymbol{F}(x) \in \mathbb{R}^{n,n}$ eine von x abhängige $(n \times n)$-Matrix und $\boldsymbol{y}(x)$, $\boldsymbol{g}(x) \in \mathbb{R}^n$ n-dimensionale Vektorfunktionen sind.

Die zugehörigen n Randbedingungen (9.2) sind jetzt auch linear und lassen sich mit Hilfe von zwei Matrizen $\boldsymbol{A}, \boldsymbol{B} \in \mathbb{R}^{n,n}$ und einem Vektor $\boldsymbol{c} \in \mathbb{R}^n$ wie folgt formulieren:

$$\boldsymbol{A}\,\boldsymbol{y}(a) + \boldsymbol{B}\,\boldsymbol{y}(b) = \boldsymbol{c}. \tag{9.17}$$

Das homogene Differenzialgleichungssystem $\boldsymbol{y}'(x) = \boldsymbol{F}(x)\,\boldsymbol{y}(x)$ besitzt im Intervall $I := [a, b]$ unter der Voraussetzung, dass die Matrixelemente von $\boldsymbol{F}(x)$ in I stetige Funktionen sind, ein System von n linear unabhängigen Lösungen $\boldsymbol{y}_1(x), \boldsymbol{y}_2(x), \ldots, \boldsymbol{y}_n(x)$, die man zur *Fundamentalmatrix* $\boldsymbol{Y}(x) := (\boldsymbol{y}_1(x), \boldsymbol{y}_2(x), \ldots, \boldsymbol{y}_n(x)) \in \mathbb{R}^{n,n}$ zusammenfasst, die für alle $x \in I$ regulär ist. Ein solches Fundamentalsystem lässt sich beispielsweise durch n-malige numerische Integration des homogenen Differenzialgleichungssystems unter den n speziellen Anfangsbedingungen

$$\boldsymbol{y}_k(a) = \boldsymbol{e}_k, \quad k = 1, 2, \ldots, n, \tag{9.18}$$

wo $\boldsymbol{e}_k \in \mathbb{R}^n$ den k-ten Einheitsvektor darstellt, näherungsweise bestimmen. Unter den oben genannten Voraussetzungen an $\boldsymbol{F}(x)$ folgt dann aus $\det \boldsymbol{Y}(a) = \det \boldsymbol{I} = 1$, dass $\boldsymbol{Y}(x)$ für alle $x \in I$ regulär ist [Heu 09].

Für die allgemeine Lösung eines inhomogenen Differenzialgleichungssystems (9.16) mit $\boldsymbol{g}(x) \not\equiv 0$ benötigt man eine partikuläre Lösung $\boldsymbol{y}_0(x)$ von (9.16). Dafür gibt es auf Grund der Fundamentalmatrix $\boldsymbol{Y}(x)$ eine geschlossene, formelmäßige Darstellung. Man ermittelt aber eine spezielle partikuläre Lösung $\boldsymbol{y}_0(x)$ konkret durch numerische Integration von (9.16) etwa unter der Anfangsbedingung

$$\boldsymbol{y}_0(a) = \boldsymbol{0}. \tag{9.19}$$

Die allgemeine Lösung des linearen, inhomogenen Differenzialgleichungssystems (9.16) ist dann gegeben durch

$$\boldsymbol{y}_{\text{allg}}(x) = \boldsymbol{y}_0(x) + \sum_{k=1}^{n} \alpha_k \boldsymbol{y}_k(x) = \boldsymbol{y}_0(x) + \boldsymbol{Y}(x)\,\boldsymbol{\alpha} \tag{9.20}$$

mit $\boldsymbol{\alpha} := (\alpha_1, \alpha_2, \ldots, \alpha_n)^T \in \mathbb{R}^n$ beliebig. Mit Hilfe dieser allgemeinen Lösung kann jetzt die Lösbarkeit der Randwertaufgabe untersucht werden, indem sie in die geforderten Randbedingungen (9.17) eingesetzt wird. Das liefert die Bedingungsgleichung für den unbekannten Vektor $\boldsymbol{\alpha}$

$$\boldsymbol{A}\,[\boldsymbol{y}_0(a) + \boldsymbol{Y}(a)\,\boldsymbol{\alpha}] + \boldsymbol{B}\,[\boldsymbol{y}_0(b) + \boldsymbol{Y}(b)\,\boldsymbol{\alpha}] = \boldsymbol{c},$$

oder geordnet

$$[\boldsymbol{A}\,\boldsymbol{Y}(a) + \boldsymbol{B}\,\boldsymbol{Y}(b)]\boldsymbol{\alpha} = \boldsymbol{c} - \boldsymbol{A}\boldsymbol{y}_0(a) - \boldsymbol{B}\boldsymbol{y}_0(b). \tag{9.21}$$

Die Lösbarkeit des linearen Gleichungssystems (9.21) für den Vektor $\boldsymbol{\alpha} \in \mathbb{R}^n$ mit der Koeffizientenmatrix $\boldsymbol{D} := \boldsymbol{A}\,\boldsymbol{Y}(a) + \boldsymbol{B}\,\boldsymbol{Y}(b) \in \mathbb{R}^{n,n}$ und der rechten Seite $\boldsymbol{d} := \boldsymbol{c} - \boldsymbol{A}\,\boldsymbol{y}_0(a) - \boldsymbol{B}\,\boldsymbol{y}_0(b) \in \mathbb{R}^n$ entscheidet über die Lösbarkeit der linearen Randwertaufgabe. Auf Grund von Sätzen der linearen Algebra [Bun 95, Sta 94] folgt unmittelbar

Satz 9.1. *a) Die lineare Randwertaufgabe (9.16), (9.17) besitzt eine eindeutige Lösung genau dann, wenn die Matrix* $\boldsymbol{D} := \boldsymbol{A}\boldsymbol{Y}(a) + \boldsymbol{B}\boldsymbol{Y}(b)$ *regulär ist, d.h. wenn Rang* $(\boldsymbol{D}) = n$ *ist.*
b) Die lineare Randwertaufgabe (9.16), (9.17) hat eine mehrdeutige Lösung genau dann, wenn Rang $(\boldsymbol{D}) =$ *Rang* $(\boldsymbol{D}|\boldsymbol{d}) < n$ *gilt.*
c) Die lineare Randwertaufgabe (9.16), (9.17) besitzt keine Lösung genau dann, wenn Rang $(\boldsymbol{D}) <$ *Rang* $(\boldsymbol{D}|\boldsymbol{d})$ *ist.*

Man kann übrigens leicht zeigen, dass die Aussage von Satz 9.1 unabhängig ist von der verwendeten Fundamentalmatrix $\boldsymbol{Y}(x)$ und der partikulären Lösung $\boldsymbol{y}_0(x)$. Im Fall von nichtlinearen Randwertaufgaben ist es wesentlich schwieriger, Bedingungen für die Existenz und Eindeutigkeit einer Lösung anzugeben, wie schon an Beispiel 9.2 zu sehen war.

9.2.2 Analytische Methoden

In manchen Aufgabenstellungen der Ingenieurwissenschaften treten lineare Randwertaufgaben mit einer einzelnen Differenzialgleichung n-ter Ordnung auf. Unter der Annahme, die gestellte Randwertaufgabe besitze eine eindeutige Lösung, betrachten wir die Aufgabe, in einem gegebenen Intervall $I := [a,b]$ eine Funktion $y(x)$ als Lösung einer linearen, inhomogenen Differenzialgleichung

$$L[y] := \sum_{i=0}^{n} f_i(x) y^{(i)}(x) = g(x) \tag{9.22}$$

unter den n allgemeinen Randbedingungen

$$r_i(y) := \sum_{j=1}^{n} a_{ij} y^{(j-1)}(a) + \sum_{j=1}^{n} b_{ij} y^{(j-1)}(b) = c_i, \quad i = 1, 2, \ldots, n, \tag{9.23}$$

zu bestimmen mit stetigen Funktionen $f_i, g \in C([a,b])$ und mit $f_n(x) \neq 0$ für alle $x \in [a,b]$.

Eine erste Methode setzt die theoretischen Betrachtungen, die zur Aussage des Satzes 9.1 geführt haben, in die Praxis um. Die allgemeine Lösung der Differenzialgleichung (9.22) stellt sich dar als Linearkombination

$$y(x) = y_0(x) + \sum_{k=1}^{n} \alpha_k y_k(x), \tag{9.24}$$

einer partikulären Lösung $y_0(x)$ der inhomogenen Differenzialgleichung $L[y] = g$ und den n Funktionen $y_k(x)$, welche ein Fundamentalsystem der homogenen Differenzialgleichung $L[y] = 0$ bilden. Für einfache Differenzialgleichungen (9.22) kann das System der $(n+1)$ Funktionen oft formelmäßig angegeben werden. Im allgemeinen Fall gewinnt man diese Funktionen näherungsweise durch numerische Integration des zu (9.22) äquivalenten Differenzialgleichungssystems erster Ordnung beispielsweise unter den Anfangsbedingungen

$$\begin{aligned} &y_0(a) = y_0'(a) = \ldots = y_0^{(n-1)}(a) = 0, \\ &y_k^{(j)}(a) = \left\{ \begin{array}{ll} 1 & \text{für } k = j+1 \\ 0 & \text{für } k \neq j+1 \end{array} \right\} \begin{array}{l} k = 1, 2, \ldots, n, \\ j = 0, 1, \ldots, n-1. \end{array} \end{aligned} \tag{9.25}$$

Bei diesem Vorgehen ist festzuhalten, dass die numerische Integration des Differenzialgleichungssystems automatisch die Ableitungen der Funktionen bis zur $(n-1)$-ten Ordnung mitliefert, so dass die Werte $y_k(b)$, $y_k'(b)$, ..., $y_k^{(n-1)}(b)$, $k = 0, 1, 2, \ldots, n$, zur Verfügung stehen. Bildet man mit den n Funktionen des Fundamentalsystems die *Wronsky-Matrix*

$$\boldsymbol{Y}(x) := \begin{pmatrix} y_1(x) & y_2(x) & \cdots & y_n(x) \\ y_1'(x) & y_2'(x) & \cdots & y_n'(x) \\ \vdots & \vdots & & \vdots \\ y_1^{(n-1)}(x) & y_2^{(n-1)}(x) & \cdots & y_n^{(n-1)}(x) \end{pmatrix},$$

dann resultiert für die unbekannten Koeffizienten α_k in (9.24) das lineare Gleichungssystem (9.21). Erfüllen die $(n+1)$ Funktionen $y_0(x)$, $y_1(x)$, ..., $y_n(x)$ die Anfangsbedingungen (9.25), so lautet wegen $\boldsymbol{Y}(a) = \boldsymbol{I}$ das lineare Gleichungssystem für $\boldsymbol{\alpha} := (\alpha_1, \alpha_2, \ldots, \alpha_n)^T$

$$[\boldsymbol{A} + \boldsymbol{B}\,\boldsymbol{Y}(b)]\boldsymbol{\alpha} = \boldsymbol{c} - \boldsymbol{B}\,\boldsymbol{z}_0(b) \tag{9.26}$$

mit $\boldsymbol{z}_0(b) := (y_0(b), y_0'(b), \ldots, y_0^{(n-1)}(b))^T$. Daraus ist ersichtlich, dass zur Bestimmung der Koeffizienten α_k nur die Werte der partikulären Lösung $y_0(x)$ und die Fundamentallösungen $y_1(x), y_2(x), \ldots, y_n(x)$ zusammen mit ihren ersten $(n-1)$ Ableitungen an der Stelle $x = b$ benötigt werden. Nach erfolgter Aufstellung des Gleichungssystems (9.26) und seiner Auflösung steht im Vektor $\boldsymbol{\alpha}$ die Information über die Anfangsbedingungen der gesuchten Lösungsfunktion $y(x)$ der Randwertaufgabe zur Verfügung, denn wegen (9.24) und (9.25) gelten für sie

$$y(a) = \alpha_1, \quad y'(a) = \alpha_2, \quad \ldots, \quad y^{(n-1)}(a) = \alpha_n.$$

Auf Grund dieser so festgelegten Anfangsbedingungen kann die Lösungsfunktion $y(x)$ durch eine erneute Integration des Differenzialgleichungssystems ermittelt werden. Nach durchgeführter Integration ist die Richtigkeit der Ergebnisse anhand der Randbedingungen überprüfbar. Beim skizzierten Lösungsweg müssen nur die rechten Randwerte der $(n+1)$ numerisch berechneten Funktionen $y_0(x)$, $y_1(x), \ldots, y_n(x)$ gespeichert werden.

Beispiel 9.4. Wir betrachten die lineare Randwertaufgabe

$$y'' - xy' + 4y = x \tag{9.27}$$

für das Intervall $[0, 1]$ unter den Randbedingungen

$$y(0) = 1, \qquad y(1) = 0. \tag{9.28}$$

Die äquivalente, für die numerische Behandlung geeignete Formulierung als Differenzialgleichungssystem lautet mit den Funktionen $z_1(x) := y(x)$, $z_2(x) := y'(x)$

$$\begin{aligned} z_1'(x) &= \quad z_2(x), \\ z_2'(x) &= \quad -4z_1(x) + xz_2(x) + x, \end{aligned} \qquad \text{oder: } \boldsymbol{z}' = \boldsymbol{F}\boldsymbol{z} + \boldsymbol{g} \text{ mit } \boldsymbol{F} = \begin{pmatrix} 0 & 1 \\ -4 & x \end{pmatrix}, \ \boldsymbol{g} = \begin{pmatrix} 0 \\ x \end{pmatrix} \tag{9.29}$$

mit den Randbedingungen

$$z_1(0) = 1, \quad z_1(1) = 0. \tag{9.30}$$

Für die Vektorfunktion $\boldsymbol{z}(x) := (z_1(x), z_2(x))^T$ erhalten die Randbedingungen die allgemeine Form (9.17), wenn wir die folgenden Matrizen $\boldsymbol{A}$ und $\boldsymbol{B}$ und den Vektor $\boldsymbol{c}$ definieren:

$$\boldsymbol{A} := \begin{pmatrix} 1 & 0 \\ 0 & 0 \end{pmatrix}, \qquad \boldsymbol{B} := \begin{pmatrix} 0 & 0 \\ 1 & 0 \end{pmatrix}, \qquad \boldsymbol{c} := \begin{pmatrix} 1 \\ 0 \end{pmatrix}$$

Durch numerische Integration des homogenen Differenzialgleichungssystems

$$z_1'(x) = z_2(x), \qquad z_2'(x) = -4z_1(x) + xz_2(x)$$

unter den beiden Anfangsbedingungen $\boldsymbol{z}^1(0) = \boldsymbol{e}_1$, $\boldsymbol{z}^2(0) = \boldsymbol{e}_2$ und des gegebenen inhomogenen Systems (9.29) unter der Anfangsbedingung $\boldsymbol{z}_0(0) = \boldsymbol{0}$ ergeben sich mit dem klassischen Runge-Kutta-Verfahren (8.44) bei einer Schrittweite $h = 0.02$ die folgenden Ergebnisse

$$\boldsymbol{Z}(1) = \begin{pmatrix} -0.6666666 & 0.5256212 \\ -2.6666666 & -0.3705970 \end{pmatrix}, \quad \boldsymbol{z}_0(1) = \begin{pmatrix} 0.1581263 \\ 0.4568657 \end{pmatrix}.$$

Das daraus resultierende lineare Gleichungssystem (9.26) für die Koeffizienten α_1 und α_2

$$\begin{aligned} \alpha_1 \qquad\qquad\qquad\qquad &= 1 \\ -0.6666666\,\alpha_1 + 0.5256212\,\alpha_2 &= -0.1581262 \end{aligned}$$

hat die Lösungen $\alpha_1 = 1$, $\alpha_2 = 0.9675037$. Die nachfolgende Integration von (9.29) unter der Anfangsbedingung $\boldsymbol{z}(0) = \boldsymbol{\alpha}$ liefert die gesuchte Lösung $y(x)$ der Randwertaufgabe. In Abb. 9.3 ist ihr Graph zusammen mit denen der partikulären Lösung $y_0(x)$ und der Fundamentallösungen $y_1(x)$ und $y_2(x)$ dargestellt, und die Lösung ist für spätere Vergleichszwecke auszugsweise an diskreten Stellen tabelliert.

Der Aufwand zur Lösung der betrachteten Randwertaufgabe hätte verkleinert werden können, wenn die gesuchte Lösung als Superposition einer partikulären Lösung $\tilde{y}_0(x)$ unter den Anfangsbedingungen $\tilde{y}_0(0) = 1$, $\tilde{y}_0'(0) = 0$ und einer Lösung $\tilde{y}_1(x)$ der homogenen Differenzialgleichung unter den Anfangsbedingungen $\tilde{y}_1(0) = 0$, $\tilde{y}_1'(0) = 1$ angesetzt worden wäre

$$y(x) = \tilde{y}_0(x) + \alpha\tilde{y}_1(x).$$

Für beliebiges α erfüllt die Ansatzfunktion die Randbedingung am linken Rand des Intervalls und natürlich die Differenzialgleichung. Der Koeffizient α wird auf Grund der zweiten Randbedingung bestimmt als Lösung einer linearen Gleichung.

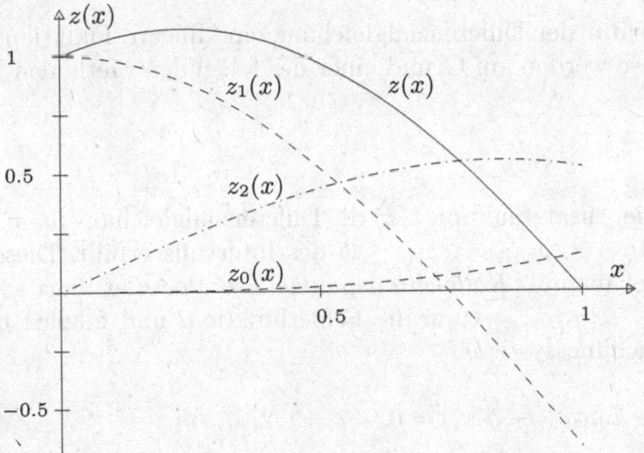

x	$y(x)$
0	1
0.1	1.076467
0.2	1.111502
0.3	1.104428
0.4	1.055404
0.5	0.965448
0.6	0.826455
0.7	0.671222
0.8	0.473465
0.9	0.247847
1.0	0

Abb. 9.3 Lösung einer linearen Randwertaufgabe.

△

9.2.3 Analytische Methoden mit Funktionenansätzen

In einer anderen Klasse von analytischen, weniger aufwändigen Methoden wird das Ziel gesetzt, wenigstens eine Näherungslösung der Randwertaufgabe (9.22), (9.23) zu bestimmen. Die Grundidee besteht darin, eine Ansatzfunktion als Linearkombination von vorgegebenen, dem Problem angepassten Funktionen zu verwenden, welche in der Regel keine Lösungen der Differenzialgleichung sind. An die Ansatzfunktionen $w_k(x)$, $k = 0, 1, 2, \ldots, m$, im Ansatz

$$z(x) = w_0(x) + \sum_{k=1}^{m} \alpha_k w_k(x) \tag{9.31}$$

werden aber Bedingungen hinsichtlich der Randbedingungen gestellt. So soll $w_0(x)$ die gegebenen Randbedingungen

$$r_i(w_0) = c_i, \quad i = 1, 2, \ldots, n, \tag{9.32}$$

erfüllen, während die anderen m Funktionen $w_k(x)$ den homogenen Randbedingungen

$$r_i(w_k) = 0, \quad i = 1, 2, \ldots, n; \quad k = 1, 2, \ldots, m, \tag{9.33}$$

genügen. Durch diese Postulate wird erreicht, dass die Funktion $z(x)$ (9.31) kraft der Linearität der Randbedingungen für beliebige Werte der α_k den Randbedingungen

$$r_i(z) = r_i\left(w_0 + \sum_{k=1}^{m} \alpha_k w_k\right) = r_i(w_0) + \sum_{k=1}^{m} \alpha_k r_i(w_k) = r_i(w_0) = c_i$$

für $i = 1, 2, \ldots, n$ genügt. Die Koeffizienten α_k sollen im Folgenden so bestimmt werden, dass die Differenzialgleichung von der Funktion $z(x)$ in einem noch zu präzisierenden Sinn möglichst gut erfüllt wird. Setzt man den Ansatz für $z(x)$ in die Differenzialgleichung (9.22) ein, so resultiert eine *Fehlerfunktion*

$$\varepsilon(x; \alpha_1, \alpha_2, \ldots, \alpha_m) := L[z] - g(x) = \sum_{k=1}^{m} \alpha_k L[w_k] + L[w_0] - g(x), \tag{9.34}$$

welche infolge der Linearität der Differenzialgleichung eine lineare Funktion bezüglich der Koeffizienten α_k ist. Diese werden auf Grund einer der folgenden Methoden bestimmt.

Kollokationsmethode

Es wird gefordert, dass die Ansatzfunktion $z(x)$ die Differenzialgleichung an m verschiedenen Stellen $a \leq x_1 < x_2 < \ldots < x_{m-1} < x_m \leq b$ des Intervalls erfüllt. Diese m diskreten Intervallstellen bezeichnet man als *Kollokationspunkte*. Das Postulat führt somit auf die m Bedingungen $\varepsilon(x_i; \alpha_1, \alpha_2, \ldots, \alpha_m) = 0$ an die Fehlerfunktion, und folglich müssen die α_k Lösung des linearen Gleichungssystems

$$\sum_{k=1}^{m} L[w_k]_{x_i} \alpha_k + L[w_0]_{x_i} - g(x_i) = 0, \quad i = 1, 2, \ldots, m, \tag{9.35}$$

sein. Die Matrixelemente des Gleichungssystems sind gleich den Differenzialausdrücken $L[w_k]$ der Ansatzfunktionen w_k, ausgewertet an den Kollokationspunkten x_i, und in die rechte Seite des Systems gehen die Ansatzfunktion w_0 und der Wert der Funktion g ein.

Die Auswertung aller Ausdrücke $L[w_k]_{x_i}$ scheint wenig attraktiv zu sein. Die Methode eignet sich aber sehr gut zur Lösung von linearen Randwertaufgaben, bei denen die Funktionen $f_i(x)$ der Differenzialgleichung (9.22) einfache Polynome sind. Dann wird man auch für die Ansatzfunktionen geeignete Polynome verwenden, so dass die Bildung von $L[w_k]$ zwar viele, aber einfache Operationen erfordert.

Teilintervallmethode

Entsprechend der Zahl m der Ansatzfunktionen $w_k(x)$ wird das Intervall $[a, b]$ in m Teilintervalle durch die Punkte $a = x_0 < x_1 < x_2 < \ldots < x_{m-1} < x_m = b$ unterteilt. Dann wird gefordert, dass der Mittelwert der Fehlerfunktion bezüglich eines jeden Teilintervalls gleich null ist. Diese Bedingung führt auf das lineare Gleichungssystem

$$\begin{aligned} &\int\limits_{x_{i-1}}^{x_i} \varepsilon(x; \alpha_1, \alpha_2, \ldots, \alpha_m)\, dx \qquad (9.36)\\ &= \sum_{k=1}^{m} \alpha_k \int\limits_{x_{i-1}}^{x_i} L[w_k]\, dx + \int\limits_{x_{i-1}}^{x_i} \{L[w_0] - g(x)\}\, dx = 0, \quad i = 1, 2, \ldots, m. \end{aligned}$$

Oft können die darin auftretenden $m(m+1)$ Integrale über die Teilintervalle analytisch – z.B. mit einem Computer-Algebra-System – berechnet werden. Ist dies nicht der Fall, so sollten sie mit Hilfe der Gauß-Quadratur (vgl. Abschnitt 7.4) numerisch ermittelt werden.

Fehlerquadratmethode

Es wird zwischen der kontinuierlichen und der diskreten Methode unterschieden ganz entsprechend der Gauß-Approximation, vgl. Abschnitt 3.6. Die Berechnung der komplizierter aufgebauten Integrale bei der kontinuierlichen Methode macht diese wenig attraktiv. Aus diesem Grund wird die *diskrete Fehlerquadratmethode* vorgezogen, die verlangt, dass die Summe der Quadrate der Fehlerfunktionen an $M > m$ verschiedenen Stellen $x_i \in [a, b]$, $i = 1, 2, \ldots M$, minimal wird.

$$\sum_{i=1}^{M} \varepsilon^2(x_i; \alpha_1, \alpha_2, \ldots, \alpha_m) = \text{min!} \quad x_i \in [a, b] \qquad (9.37)$$

Diese Forderung ist aber mit der Aufgabe äquivalent, das überbestimmte Gleichungssystem

$$\sum_{k=1}^{m} \alpha_k L[w_k]_{x_i} = g(x_i) - L[w_0]_{x_i}, \quad i = 1, 2, \ldots, M,$$

nach der Methode der kleinsten Quadrate zu behandeln, vgl. Abschnitte 6.1 und 6.2. Die Koeffizienten $c_{ik} = L[w_k]_{x_i}$ der Fehlergleichungsmatrix $\boldsymbol{C} = (c_{ik}) \in \mathbb{R}^{M,m}$ sind gleich den Differenzialausdrücken der Ansatzfunktionen w_k, ausgewertet an den Stellen x_i und die Komponenten $d_i = g(x_i) - L[w_0]_{x_i}$ des Vektors $\boldsymbol{d} = (d_1, d_2, \ldots, d_M)^T \in \mathbb{R}^m$ berechnen sich auf analoge Weise. Das Fehlergleichungssystem wird vorteilhafter Weise mit einer der Methoden der Orthogonaltransformation bearbeitet.

Galerkin-Methode

Für m Ansatzfunktionen $w_k(x)$ soll die Fehlerfunktion $\varepsilon(x;\alpha_1,\ldots,\alpha_m)$ orthogonal zu einem linearen, m-dimensionalen Unterraum $U := \text{span}\{v_1, \ldots, v_m\}$ von linear unabhängigen Funktionen $v_i : [a,b] \to \mathbb{R}$ sein:

$$\int_a^b \varepsilon(x;\alpha_1,\alpha_2,\ldots,\alpha_m)v_i(x)\,dx = 0, \quad i = 1,2,\ldots,m. \tag{9.38}$$

Das liefert ein System von m linearen Gleichungen für die α_k

$$\sum_{k=1}^{m} \alpha_k \int_a^b L[w_k]v_i(x)\,dx = \int_a^b \{g(x) - L[w_0]\}v_i(x)\,dx, \quad i = 1,2,\ldots,m. \tag{9.39}$$

Auch diese Methode erfordert die Berechnung von $m(m+1)$ Integralen.

In der Regel werden in der Galerkin-Methode die Funktionen $v_i = w_i$, $i = 1,2,\ldots,m$, gewählt, so dass die Fehlerfunktion zum linearen Unterraum $U = \text{span}\{w_1, w_2, \ldots, w_m\}$ orthogonal wird, der durch die gewählten Ansatzfunktionen aufgespannt wird.

Eine moderne Weiterentwicklung der Galerkin-Methode führte zur vielseitig anwendbaren *Methode der finiten Elemente*. Das gegebene Intervall $[a,b]$ wird zuerst in Teilintervalle unterteilt, und dann werden die Ansatzfunktionen w_k so festgesetzt, dass sie bezüglich der Intervallzerlegung nur einen relativ kleinen Träger besitzen, d.h. nur in wenigen, aneinandergrenzenden Teilintervallen von null verschiedene Werte aufweisen. Üblicherweise wird $v_i = w_i$, $i = 1,2,\ldots,m$, gewählt, und auf die Integrale wird teilweise partielle Integration angewandt, um die höchsten Ableitungen zu eliminieren. Auf Grund all dieser Maßnahmen bekommt das Gleichungssystem (9.39) Bandstruktur mit sehr kleiner Bandbreite. Für die Behandlung eines selbstadjungierten Sturm-Problems (9.7) ist die Bandmatrix symmetrisch positiv definit; sonst ist sie i.A. nicht symmetrisch. Ist die Differenzialgleichung von zweiter Ordnung, dann sind Ansatzfunktionen zulässig, die stetig und mindestens stückweise einmal stetig differenzierbar sind. Die einfachsten derartigen Funktionen sind die stückweise linearen Hutfunktionen, wie wir sie von den B-Splines kennen, siehe etwa Abb. 3.8.

Beispiel 9.5. Wir betrachten die lineare Randwertaufgabe von Beispiel 9.4

$$y'' - xy' + 4y = x$$
$$y(0) = 1, \qquad y(1) = 0.$$

Zur Illustration einiger der Näherungsmethoden wählen wir die Funktion

$$w_0(x) = 1 - x,$$

welche die gegebenen Randbedingungen erfüllt, und ferner

$$w_k(x) = x^k(1-x), \quad k = 1,2,\ldots,m,$$

welche den homogenen Randbedingungen $y(0) = y(1) = 0$ genügen. Für die benötigten Differenzialausdrücke $L[w_k] = w_k'' - xw_k' + 4w_k$ ergeben sich nach einfacher Rechnung

$$\begin{aligned} L[w_0] &= 4 - 3x, \\ L[w_1] &= -2x^2 + 3x - 2, \qquad L[w_2] = -x^3 + 2x^2 - 6x + 2, \end{aligned}$$

$$L[w_k] \quad = \quad (k-3)x^{k+1} + (4-k)x^k - k(k+1)x^{k-1} + k(k-1)x^{k-2}, \qquad k \geq 2.$$

Mit diesen Ausdrücken hat die Fehlerfunktion im Fall $m = 4$ die explizite Darstellung

$$\varepsilon(x; \alpha_1, \alpha_2, \alpha_3, \alpha_4) = \alpha_1 L[w_1] + \alpha_2 L[w_2] + \alpha_3 L[w_3] + \alpha_4 L[w_4] + L[w_0] - x.$$

Für die Kollokationsmethode soll der Einfluss der gewählten Kollokationspunkte aufgezeigt werden. Für die vier äquidistanten Kollokationspunkte $x_1 = 0.2$, $x_2 = 0.4$, $x_3 = 0.6$, $x_4 = 0.8$ berechnen sich die Unbekannten α_k aus dem Gleichungssystem

$$\begin{pmatrix} -1.48 & 0.872 & 0.728 & 0.32032 \\ -1.12 & -0.144 & 0.544 & 0.65024 \\ -0.92 & -1.096 & -0.504 & 0.07776 \\ -0.88 & -2.032 & -2.368 & -2.23232 \end{pmatrix} \begin{pmatrix} \alpha_1 \\ \alpha_2 \\ \alpha_3 \\ \alpha_4 \end{pmatrix} = \begin{pmatrix} -3.2 \\ -2.4 \\ -1.6 \\ -0.8 \end{pmatrix}$$

zu $\alpha_1 = 1.967613$, $\alpha_2 = -0.033081$, $\alpha_3 = -0.347925$, $\alpha_4 = -0.018094$. Die daraus resultierende Näherungslösung der Randwertaufgabe lautet somit

$$z(x) = (1-x)(1 + 1.967613x - 0.033081x^2 - 0.347925x^3 - 0.018094x^4).$$

Die zugehörige Fehlerfunktion berechnet sich daraus zu

$$\varepsilon(x; \alpha_k) = -0.001388 + 0.013775x - 0.043416x^2 + 0.047036x^3 - 0.018094x^5.$$

In Tab. 9.1 sind die Werte der Näherungslösung zusammen mit denjenigen der Fehlerfunktion tabelliert. Die tabellierten Näherungswerte stellen sehr gute Approximationen dar und weichen um höchstens $1 \cdot 10^{-5}$ von den exakten Werten ab. Die Fehlerfunktion $\varepsilon(x; \alpha_k)$ weist aber einen wenig ausgeglichenen Verlauf auf.

Tab. 9.1 Näherungslösungen der Randwertaufgabe.

	Kollokation, $m = 4$ äquidistant		Kollokation, $m = 4$ T-Abszissen		Fehlerquadrat-methode	
$x =$	$z(x) =$	$10^6\varepsilon =$	$\tilde{z}(x) =$	$10^6\tilde{\varepsilon} =$	$\bar{z}(x) =$	$10^6\bar{\varepsilon} =$
0	1.000000	−1388	1.000000	−286	1.000000	−242
0.1	1.076473	−398	1.076467	253	1.076464	313
0.2	1.111510	1	1.111505	265	1.111500	324
0.3	1.104436	63	1.104436	24	1.104430	72
0.4	1.055413	0	1.055416	−238	1.055410	−208
0.5	0.965457	−40	0.965462	−358	0.965456	−344
0.6	0.836465	0	0.836468	−258	0.836462	−254
0.7	0.671231	73	0.671230	29	0.671224	34
0.8	0.473474	−1	0.473467	337	0.473463	361
0.9	0.247855	−553	0.247847	350	0.247844	413
1.0	0.000000	−2087	0.000000	−428	0.000000	−300

Wählt man hingegen als Kollokationspunkte die auf das Intervall $[0, 1]$ transformierten, aufsteigend angeordneten Nullstellen des Tschebyscheff-Polynoms $T_4(x)$

$$x_1 = 0.038060, \quad x_2 = 0.308658, \quad x_3 = 0.691342, \quad x_4 = 0.961940,$$

so lautet das zugehörige Gleichungssystem

$$\begin{pmatrix} -1.888717 & 1.774482 & 0.211032 & 0.016280 \\ -1.264566 & 0.309186 & 0.738117 & 0.557923 \\ -0.881882 & -1.522574 & -1.256964 & -0.715215 \\ -0.964837 & -2.811093 & -4.442192 & -5.874624 \end{pmatrix} \begin{pmatrix} \alpha_1 \\ \alpha_2 \\ \alpha_3 \\ \alpha_4 \end{pmatrix} = \begin{pmatrix} -3.847760 \\ -2.765368 \\ -1.234632 \\ -0.152240 \end{pmatrix}.$$

Die resultierende Näherungslösung ist

$$\tilde{z}(x) = (1-x)(1 + 1.967508x - 0.032635x^2 - 0.348222x^3 - 0.018295x^4)$$

mit der Fehlerfunktion

$$\tilde{\varepsilon}(x;\alpha_k) = -0.000286 + 0.009002x - 0.041162x^2 + 0.050313x^3 + 0.018295x^5.$$

Die Fehlerfunktion ist jetzt praktisch nivelliert, die Nährungswerte weisen auch etwas kleinere Fehler auf (vgl. Tab. 9.1).

Die diskrete Fehlerquadratmethode wird mit den neun äquidistanten Stellen $x_i = (i-1)/8$, $i = 1,\ldots,9$, durchgeführt. Das Fehlergleichungssystem mit neun Fehlergleichungen für die vier Unbekannten $\alpha_1, \alpha_2, \alpha_3, \alpha_4$ liefert die Näherungslösung

$$\bar{z}(x) = (1-x)(1 + 1.967479x - 0.032642x^2 - 0.348169x^3 - 0.018344x^4)$$

mit der Fehlerfunktion

$$\bar{\varepsilon}(x;\alpha_k) = -0.000242 + 0.009272x - = 0.042342x^2 + 0.051353x^3 - 0.018344x^5.$$

Die sich aus dieser Näherungslösung ergebenden Approximationen sind ebenfalls sehr gut, und die Fehlerfunktion ist recht gleichmäßig nivelliert (vgl. Tab. 9.1). △

9.3 Schießverfahren

Die analytischen Verfahren sind für Randwertaufgaben, denen eine nichtlineare Differenzialgleichung zu Grunde liegt, nicht anwendbar, denn ihre allgemeine Lösung ist in diesem Fall nicht linear von den freien Parametern abhängig. Die Grundidee der Schießverfahren besteht darin, die Behandlung von nichtlinearen Randwertaufgaben auf Anfangswertprobleme zurückzuführen, für welche die Anfangswerte so zu bestimmen sind, dass die Lösung der Randwertaufgabe resultiert.

9.3.1 Das Einfach-Schießverfahren

Das Prinzip lässt sich am einfachsten anhand eines Differenzialgleichungssystems erster Ordnung für zwei Funktionen $y_1(x)$, $y_2(x)$

$$\boldsymbol{y}'(x) = \boldsymbol{f}(x, \boldsymbol{y}(x)), \qquad \boldsymbol{y}(x) = \begin{pmatrix} y_1(x) \\ y_2(x) \end{pmatrix} \tag{9.40}$$

unter den Randbedingungen

$$r_1(y_1(a), y_2(a)) = 0, \qquad r_2(y_1(b), y_2(b)) = 0 \tag{9.41}$$

beschreiben. Zur Vereinfachung wird angenommen, dass die Randbedingungen je nur die Werte der beiden Funktionen in den Randpunkten betreffen. Um die Aufgabenstellung als

Anfangswertaufgabe bearbeiten zu können, sind an der Stelle a die Werte von $y_1(a)$ und $y_2(a)$ vorzugeben. Die Randbedingung $r_1(y_1(a), y_2(a)) = 0$ bestimmt entweder den einen der beiden Werte oder stellt eine Relation zwischen ihnen her. Jedenfalls kann man den einen Wert problemgerecht gleich einem Wert s setzen und den anderen aus der Randbedingung bestimmen. Durch die Vorgabe von s sind damit die notwendigen Anfangsbedingungen vorhanden, und das Differenzialgleichungssystem kann numerisch im Intervall $[a, b]$ integriert werden. Die resultierende Lösung ist selbstverständlich vom gewählten Wert s abhängig, so dass wir sie mit $\boldsymbol{y}(x; s)$ bezeichnen wollen. Der Parameter s ist nun so zu bestimmen, dass die zweite Randbedingung

$$F(s) := r_2(y_1(b; s), y_2(b; s)) = 0 \tag{9.42}$$

erfüllt ist. Dies stellt eine nichtlineare Gleichung für s dar, welche durch die Lösungsfunktion der Anfangswertaufgabe und die zweite Randbedingung definiert ist. Der Parameter s ist so festzulegen, dass die zweite Randbedingung erfüllt wird. Da das Vorgehen analog zum Einschießen der Artillerie ist, spricht man vom *Schießverfahren* (engl. shooting). Die nichtlineare Gleichung $F(s) = 0$ kann mit einer der Methoden des Abschnitts 4.2 gelöst werden, z.B. mit der Sekantenmethode, um Ableitungen von $F(s)$ nach s zu vermeiden.

Liegt eine Randwertaufgabe mit n Differenzialgleichungen erster Ordnung

$$\boldsymbol{y}'(x) = \boldsymbol{f}(x, \boldsymbol{y}(x)) \tag{9.43}$$

mit den n Randbedingungen

$$r_i(\boldsymbol{y}(a), \boldsymbol{y}(b)) = 0, \quad i = 1, 2, \ldots, n, \tag{9.44}$$

vor, so wird allgemein ein Parametervektor $\boldsymbol{s} \in \mathbb{R}^n$ verwendet, man löst die Anfangswertaufgabe für das Differenzialgleichungssystem (9.43) numerisch unter der Anfangsbedingung $\boldsymbol{y}(a) = \boldsymbol{s}$ und erhält eine von $\boldsymbol{s}$ abhängige Lösung $\boldsymbol{y}(x; \boldsymbol{s})$. Eingesetzt ergeben die Randbedingungen n nichtlineare Gleichungen

$$F_i(\boldsymbol{s}) := r_i(\boldsymbol{y}(a; \boldsymbol{s}), \boldsymbol{y}(b; \boldsymbol{s})) = 0, \quad i = 1, 2, \ldots, n, \tag{9.45}$$

für den unbekannten Parametervektor $\boldsymbol{s} := (s_1, s_2, \ldots, s_n)^T$. Will man das System $\boldsymbol{F}(\boldsymbol{s}) = \boldsymbol{0}$ mit der Methode von Newton oder einer ihrer Varianten lösen, werden die partiellen Ableitungen nach den s_k benötigt. Diese sind in der Regel nur näherungsweise durch numerische Differenziation als Differenzenquotienten zu erhalten. Dabei ist aber zu beachten, dass die Änderung eines Parameters s_k um Δs_k die Integration des Differenzialgleichungssystems (9.43) erfordert, um die entsprechende Differenzenquotienten berechnen zu können.

Die Dimension des Parametervektors $\boldsymbol{s}$ kann in vielen Anwendungen um die Anzahl der Randbedingungen reduziert werden, die nur die Werte der n Funktionen im linken Randpunkt betreffen. Wir wollen also annehmen, die Randbedingungen lauten wie folgt:

$$r_i(\boldsymbol{y}(a)) = 0, \quad i = 1, 2, \ldots, r, \tag{9.46}$$

$$r_i(\boldsymbol{y}(b)) = 0, \quad i = r+1, r+2, \ldots, n. \tag{9.47}$$

Es genügt dann, einen Parametervektor $\boldsymbol{s} \in \mathbb{R}^{n-r}$ so zu wählen, dass für $\boldsymbol{y}(a; \boldsymbol{s})$ die Randbedingungen (9.46) erfüllt ist. Die Lösungsfunktion $\boldsymbol{y}(x; \boldsymbol{s})$ muss dann noch die $(n - r)$ Randbedingungen (9.47) erfüllen. Dies liefert die notwendigen $(n - r)$ nichtlinearen Gleichungen für $\boldsymbol{s}$.

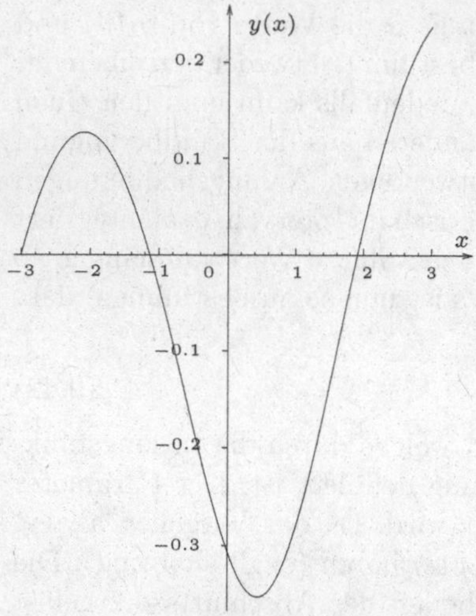

Abb. 9.4
Lösung der nichtlinearen Randwertaufgabe.

Beispiel 9.6. Wir betrachten die nichtlineare Randwertaufgabe

$$y'' + 2y'^2 + 1.5y + 0.5y^2 = 0.05x$$
$$y(-3) = 0, \quad y'(3) - 0.4y(3) = 0.$$

Als System formuliert lautet sie

$$y_1'(x) = y_2(x)$$
$$y_2'(x) = -1.5y_1(x) - 0.5y_1(x)^2 - 2y_2(x)^2 + 0.05x$$
$$r_1(\boldsymbol{y}(-3)) = y_1(-3) = 0, \qquad r_2(\boldsymbol{y}(3)) = y_2(3) - 0.4y_1(3) = 0.$$

Für das Schießverfahren wird der Parameter s als Anfangsbedingung für y_2 eingeführt, es wird also mit den Anfangsbedingungen $y_1(-3) = 0$, $y_2(-3) = s$ gerechnet. Für die gesuchte Funktion $y(x) = y_1(x)$ bedeutet dies, dass ihre Anfangssteigung variiert wird. Das Anfangswertproblem ist mit dem klassischen Runge-Kutta-Verfahren vierter Ordnung (8.44) unter Verwendung der Schrittweite $h = 0.1$ behandelt worden, welche eine hinreichende Genauigkeit der berechneten Näherungslösung garantiert. Für die Folge von Parameterwerten $s = 0,\ 0.1,\ 0.2,\ 0.3$ ist die Integration durchgeführt und der Funktionswert $F(s) := y_2(3; s) - 0.4\, y_1(3; s)$ bestimmt worden. Auf Grund des Vorzeichenwechsels von $F(s)$ für die Werte $s = 0.2$ und $s = 0.3$ ist der gesuchte Wert von s lokalisiert. Sein Wert ist iterativ mit der Sekantenmethode ermittelt worden. Der Rechengang ist in Tab. 9.2 mit auf sechs Nachkommastellen gerundeten Zahlenwerten zusammengestellt. Die für $s = 0.281475$ resultierende Lösung ist in Abb. 9.4 dargestellt. △

Beispiel 9.7. Die Behandlung der nichtlinearen Randwertaufgabe vierter Ordnung

$$y^{(4)}(x) - (1 + x^2)y''(x)^2 + 5y(x)^2 = 0$$

unter den linearen Randbedingungen

$$y(0) = 1, \quad y'(0) = 0, \quad y''(1) = -2, \quad y^{(3)}(1) = -3$$

erfolgt nach dem skizzierten Vorgehen.

Tab. 9.2 Beispiel 9.6: Sekantenmethode beim Schießverfahren.

k	$s^{(k)}$	$y_1(3; s^{(k)})$	$y_2(3; s^{(k)})$	$F(s^{(k)})$
0	0.2	0.214493	0.026286	−0.059511
1	0.3	0.238697	0.119049	0.023570
2	0.271636	0.236654	0.084201	−0.010461
3	0.280357	0.237923	0.093916	−0.001253
4	0.281544	0.238057	0.095300	0.000078
5	0.281475	0.238050	0.095219	$-3.1 \cdot 10^{-7}$
6	$\underline{0.281475 = s}$			

Mit den Substitutionen $y_1(x) = y(x)$, $y_2(x) = y'(x)$, $y_3(x) = y''(x)$, $y_4(x) = y^{(3)}(x)$ lautet die Aufgabe als System von Differenzialgleichungen erster Ordnung

$$\begin{aligned} y_1'(x) &= y_2(x), \quad y_2'(x) = y_3(x), \quad y_3'(x) = y_4(x) \\ y_4'(x) &= (1 + x^2)y_3(x)^2 - 5y_1(x)^2 \end{aligned} \tag{9.48}$$

mit den Randbedingungen

$$y_1(0) = 1, \quad y_2(0) = 0; \quad y_3(1) = -2, \quad y_4(1) = -3.$$

Da hier die Randbedingungen nur die Werte an den Intervallenden betreffen, kann mit zwei Parametern in den Anfangswerten gearbeitet werden:

$$y_1(0) = 1, \quad y_2(0) = 0; \quad y_3(0) = s, \quad y_4(0) = t.$$

Für die zugehörige Lösung $\boldsymbol{y}(x; s, t)$ lauten die zu erfüllenden Bedingungsgleichungen

$$\begin{aligned} g(s,t) &:= y_3(1; s, t) + 2 = 0 \\ h(s,t) &:= y_4(1; s, t) + 3 = 0. \end{aligned}$$

Wegen der Nichtlinearität des Differenzialgleichungssystems wird das nichtlineare System von Gleichungen für s und t mit der Methode von Newton (vgl. Abschnitt 4.3.2) gelöst. Die Elemente der Funktionalmatrix

$$\Phi(s,t) = \begin{pmatrix} g_s & g_t \\ h_s & h_t \end{pmatrix}_{(s,t)}$$

werden genähert als Differenzenquotienten ermittelt gemäß

$$\frac{\partial g(s,t)}{\partial s} \approx \frac{g(s + \Delta s, t) - g(s,t)}{\Delta s}, \quad \frac{\partial h(s,t)}{\partial s} \approx \frac{h(s + \Delta s, t) - h(s,t)}{\Delta s}.$$

Analoge Formeln gelten für die partiellen Ableitungen nach t. Um die Differenzenquotienten zu gegebenem Parameterpaar (s_k, t_k) berechnen zu können, ist das Differenzialgleichungssystem (9.48) pro Iterationsschritt dreimal zu integrieren für die drei Parameterkombinationen (s_k, t_k), $(s_k + \Delta s_k, t_k)$ und $(s_k, t_k + \Delta t_k)$. Die Parameterinkremente Δs und Δt sind problemabhängig geeignet zu wählen. Einerseits dürfen sie nicht zu klein sein, um Auslöschung im Zähler des Differenzenquotienten zu vermeiden, und andererseits nicht zu groß, um den Diskretisierungsfehler in tolerablen Grenzen zu halten. Ihre Wahl beeinflusst die Iterationsfolge dadurch, dass die Näherungen der Funktionalmatrix von den Größen Δs und Δt abhängig sind und somit verschiedene Korrekturen der einzelnen Iterationsschritte bewirken.

Die Anfangswertaufgaben sind mit dem klassischen Runge-Kutta-Verfahren (8.44) unter Verwendung der Schrittweite $h = 0.025$ numerisch integriert worden. Mit den dem Problem angepassten

Werten $\Delta s = \Delta t = 0.05$ ergeben sich für die Startwerte $s_0 = t_0 = 0$ für den ersten Iterationsschritt die folgenden Zahlwerte:

$$\begin{aligned} g(s_0, t_0) &= -0.144231, & h(s_0, t_0) &= 0.196094, \\ g(s_0 + \Delta s, t_0) &= -0.135303, & h(s_0 + \Delta s, t_0) &= 0.046900, \\ g(s_0, t_0 + \Delta t_0) &= -0.113508, & h(s_0, t_0 + \Delta t_0) &= 0.151890. \end{aligned}$$

Das resultierende lineare Gleichungssystem für die Korrekturen σ und τ lautet

$$\begin{array}{rcrcr} 0.178556\,\sigma & + & 0.614459\,\tau & = & 0.144231 \\ -2.983871\,\sigma & - & 0.884072\,\tau & = & -0.196094 \end{array}$$

mit den Lösungen $\sigma = -0.004189$, $\tau = 0.235946$. Die Näherungen für den nächsten Iterationsschritt sind somit $s_1 = -0.004189$, $t_1 = 0.235946$. Das zugehörige lineare Gleichungssystem für die Korrekturen im zweiten Iterationsschritt ist

$$\begin{array}{rcrcr} 0.241491\,\sigma & + & 0.652710\,\tau & = & -0.003440 \\ -2.893751\,\sigma & - & 0.766208\,\tau & = & -0.010520 \end{array}$$

mit den Lösungen $\sigma = 0.005577$, $\tau = -0.007333$, welche die zweiten Näherungen $s_2 = 0.001388$, $t_2 = 0.228613$ liefern. Die Fortsetzung der Iteration erzeugt die rasch konvergente Parameterfolge $s_3 = 0.001394$, $t_3 = 0.228712$, $s_4 = 0.001393$, $t_4 = 0.228714$ und damit Parameterwerte für s und t in ausreichender Genauigkeit. Mit diesen Werten ergibt sich die gesuchte Lösung der Randwertaufgabe durch eine weitere Integration des Differenzialgleichungssystems mit den jetzt vollständig bekannten Anfangsbedingungen. △

Das beschriebene Einfach-Schießverfahren besitzt in bestimmten Fällen von Randwertaufgaben eine katastrophale Schwäche, welche die numerische Bestimmung der Lösung praktisch unmöglich macht. Diese Schwierigkeiten treten dann auf, wenn die Lösung $\boldsymbol{y}(x, \boldsymbol{s})$ empfindlich auf kleine Änderungen des Parametervektors $\boldsymbol{s}$ reagiert oder das Lösungsintervall recht groß ist. In diesem Fall sind die Bedingungsgleichungen für $\boldsymbol{s}$ schwierig oder nur mit großer Unsicherheit zu lösen.

Beispiel 9.8. Die Situation soll anhand des linearen Randwertproblems

$$\begin{aligned} & y'' - 2y' - 8y = 0 \\ & y(0) = 1, \qquad y(6) = 1 \end{aligned} \tag{9.49}$$

dargelegt werden, weil an dieser Aufgabenstellung die grundsätzlichen Überlegungen vollständig analytisch durchführbar sind. Die Differenzialgleichung besitzt die allgemeine Lösung

$$y(x) = c_1 e^{4x} + c_2 e^{-2x}, \qquad c_1, c_2 \in \mathbb{R} \text{ beliebig}\,.$$

Die nach dem Schießverfahren bestimmte Lösungsschar mit dem Parameter s zu den Anfangsbedingungen $y(0) = 1$, $y'(0) = s$ lautet

$$y(x; s) = \frac{1}{6}(2 + s)e^{4x} + \frac{1}{6}(4 - s)e^{-2x}. \tag{9.50}$$

Die zweite Randbedingung liefert für s

$$\begin{aligned} y(6; s) &= \frac{1}{6}(2 + s)e^{24} + \frac{1}{6}(4 - s)e^{-12} = 1 \quad \Longrightarrow \\ s &= \frac{6 - 2e^{24} - 4e^{-12}}{e^{24} - e^{-12}} \doteq -1.999\,999\,999\,77. \end{aligned}$$

Die Lösung der Randwertaufgabe ist somit gegeben durch

$$y(x) \doteq 3.77511134906 \cdot 10^{-11} \cdot e^{4x} + 0.999999999962 \cdot e^{-2x}.$$

Da die Lösungsschar (9.50) linear von s abhängt, folgt für die Änderung bei einer Variation von s um Δs allgemein

$$\Delta y(x) := y(x; s + \Delta s) - y(x; s) = \frac{1}{6}\Delta s\{e^{4x} - e^{-2x}\},$$

und insbesondere am Intervallende $x = 6$

$$\Delta y(6) = \frac{1}{6}\Delta s\{e^{24} - e^{-12}\} \doteq \Delta s \cdot 4.415 \cdot 10^9.$$

Jede Änderung um Δs verstärkt sich um den Faktor $4.415 \cdot 10^9$ auf die Änderung des Funktionswertes am Ende des Intervalls. Rechnet man etwa mit zwölf wesentlichen Dezimalstellen und variiert s in der Gegend von -2 um die kleinstmöglichen Werte $\Delta s = 10^{-11}$, so beträgt die Änderung $\Delta y(6) \approx 0.0442$. Die Randbedingung $y(6) = 1$ kann im extremsten Fall nur mit einer Abweichung von 0.0221 erfüllt werden. △

9.3.2 Das Mehrfach-Schießverfahren

Weil das Empfindlichkeitsmaß von Lösungen auf Änderungen der Parameterwerte auf kurzen Intervallen bedeutend kleiner ist, wird dieser Tatsache beim *Mehrfach-Schießverfahren* (engl. multiple shooting) Rechnung getragen. Dazu wird das gegebene Intervall $[a, b]$ in Teilintervalle unterteilt, um in jedem Teilintervall Lösungen der Differenzialgleichung unter Anfangsbedingungen zu bestimmen, welche von Parametersätzen abhängig sind. Diese Teillösungen werden sodann durch Anpassung der Parametersätze dadurch zur Gesamtlösung der Randwertaufgabe zusammengesetzt, dass einerseits an den Intervallteilpunkten Übergangsbedingungen und andererseits die Randbedingungen erfüllt sind. Unter der Annahme, die Randwertaufgabe sei in der Form eines Differenzialgleichungssystems erster Ordnung formuliert, betreffen die Übergangsbedingungen allein die Stetigkeit der beteiligten Lösungsfunktionen. Insgesamt führt das zu einem entsprechend großen, nichtlinearen Gleichungssystem für die Parameter.

Das prinzipielle Vorgehen soll an einer konkreten Randwertaufgabe so dargelegt werden, dass die sinngemäße Verallgemeinerung offensichtlich ist. Zu lösen sei

$$\begin{aligned} y_1'(x) &= f_1(x, y_1(x), y_2(x)) \\ y_2'(x) &= f_2(x, y_1(x), y_2(x)) \end{aligned} \tag{9.51}$$

unter den speziellen Randbedingungen

$$r_1(y_1(a), y_2(a)) = 0, \qquad r_2(y_1(b), y_2(b)) = 0. \tag{9.52}$$

Das Intervall $[a, b]$ werde durch die Teilpunkte $a = x_1 < x_2 < x_3 < x_4 = b$ in drei Teilintervalle $[x_i, x_{i+1}]$, $i = 1, 2, 3$, zerlegt. In Analogie zum Einfach-Schießverfahren wird im ersten Teilintervall $[x_1, x_2]$ eine Lösung $\boldsymbol{Y}_1(x; s_1) = (Y_{11}(x; s_1), Y_{21}(x; s_1))^T$ von (9.51) bestimmt, die vom Parameter s_1 abhängt. In den anderen Teilintervallen $[x_i, x_{i+1}]$, $i = 2, 3$, werde unter den Anfangsbedingungen

$$Y_{1i}(x_i) = y_i, \qquad Y_{2i}(x_i) = s_i$$

je die zugehörige Lösung $\boldsymbol{Y}_i(x; y_i, s_i) = (Y_{1i}(x; y_i, s_i),\ Y_{2i}(x; y_i, s_i))^T$ durch numerische Integration berechnet. Unbekannt und somit zu bestimmen sind die Werte der Komponenten des Parametervektors $\boldsymbol{s} := (s_1, y_2, s_2, y_3, s_3)^T \in \mathbb{R}^5$. Die Stetigkeitsbedingungen an den inneren Teilpunkten x_2, x_3, sowie die zweite Randbedingung ergeben das Gleichungssystem

$$\begin{aligned}
g_1(s_1, y_2) &:= Y_{11}(x_2; s_1) - y_2 = 0, \\
g_2(s_1, s_2) &:= Y_{21}(x_2; s_1) - s_2 = 0, \\
g_3(y_2, s_2, y_3) &:= Y_{12}(x_3; y_2, s_2) - y_3 = 0, \\
g_4(y_2, s_2, s_3) &:= Y_{22}(x_3; y_2, s_2) - s_3 = 0, \\
g_5(y_3, s_3) &:= r_2(Y_{13}(x_4; y_3, s_3), Y_{23}(x_4; y_3, s_3)) = 0.
\end{aligned} \tag{9.53}$$

Um das nichtlineare Gleichungssystem (9.53) mit der Methode von Newton zu behandeln, muss die Funktionalmatrix zu einem iterierten Parametervektor

$$\boldsymbol{s}^{(k)} = (s_1^{(k)}, y_2^{(k)}, s_2^{(k)}, y_3^{(k)}, s_3^{(k)})^T$$

bestimmt werden. Da die einzelnen Gleichungen im betrachteten Fall höchstens von je drei Parametern abhängen, weist die Funktionalmatrix eine sehr spezielle Bandstruktur auf, und die von null verschiedenen Matrixelemente haben überdies sehr spezielle Werte und stehen in engem Zusammenhang mit den Lösungen der Differenzialgleichungen der Teilintervalle. So gelten

$$\begin{aligned}
&\frac{\partial g_1}{\partial y_2} = \frac{\partial g_2}{\partial s_2} = \frac{\partial g_3}{\partial y_3} = \frac{\partial g_4}{\partial s_3} = -1 \quad \text{und} \\
&\frac{\partial g_1}{\partial s_1} = \frac{\partial Y_{11}}{\partial s_1}, \quad \frac{\partial g_2}{\partial s_1} = \frac{\partial Y_{21}}{\partial s_1}, \quad \frac{\partial g_3}{\partial y_2} = \frac{\partial Y_{12}}{\partial y_2}, \\
&\frac{\partial g_3}{\partial s_2} = \frac{\partial Y_{12}}{\partial s_2}, \quad \frac{\partial g_4}{\partial y_2} = \frac{\partial Y_{22}}{\partial y_2}, \quad \frac{\partial g_4}{\partial s_2} = \frac{\partial Y_{22}}{\partial s_2}.
\end{aligned}$$

Die nichttrivialen partiellen Ableitungen sind im allgemeinen wieder durch Differenzenquotienten zu approximieren, die durch zusätzliche Integrationen des Differenzialgleichungssystems unter variierten Anfangsbedingungen gewonnen werden können. Die Funktionalmatrix besitzt im konkreten Fall den folgenden Aufbau:

$$\boldsymbol{\Phi} = \begin{pmatrix}
\frac{\partial g_1}{\partial s_1} & -1 & 0 & 0 & 0 \\
\frac{\partial g_2}{\partial s_1} & 0 & -1 & 0 & 0 \\
0 & \frac{\partial g_3}{\partial y_2} & \frac{\partial g_3}{\partial s_2} & -1 & 0 \\
0 & \frac{\partial g_4}{\partial y_2} & \frac{\partial g_4}{\partial s_2} & 0 & -1 \\
0 & 0 & 0 & \frac{\partial r_2}{\partial y_3} & \frac{\partial r_2}{\partial s_3}
\end{pmatrix}. \tag{9.54}$$

Die beiden Elemente der letzten Zeile von $\boldsymbol{\Phi}$ sind von der konkreten Randbedingung abhängig. Darin treten partielle Ableitungen der Lösungsfunktionen $Y_{i3}(x_4; y_3, s_3)$ auf.

Zusammenfassend halten wir fest, dass zur genäherten Berechnung von $\boldsymbol{\Phi}$ das Differenzialgleichungssystem (9.51) im ersten Teilintervall zweimal für die Parameter $s_1^{(k)}$ und $s_1^{(k)} + \Delta s_1$ zu integrieren ist, in den weiteren Teilintervallen $[x_i, x_{i+1}]$ jeweils dreimal für die Parameterkombinationen $(y_i^{(k)}, s_i^{(k)})$, $(y_i^{(k)} + \Delta y_i, s_i^{(k)})$, $(y_i^{(k)}, s_i^{(k)} + \Delta s_i)$. Auf diese Weise steigt der

Rechenaufwand sicher an, doch ist zu beachten, dass die numerische Integration nur je über die Teilintervalle zu erfolgen hat, insgesamt also nur über das ganze Intervall. Weil zudem die Empfindlichkeit der Lösungsfunktionen auf Änderungen der Anfangswerte auf den Teilintervallen geringer ist als auf dem ganzen Intervall, ist diese Problematik eliminiert, und die nichtlinearen Gleichungssysteme lassen sich weitgehend problemlos lösen.

Beispiel 9.9. Wir betrachten die wenig problematische nichtlineare Randwertaufgabe von Beispiel 9.6

$$\begin{aligned} y_1'(x) &= y_2(x), \\ y_2'(x) &= -1.5\, y_1(x) - 0.5\, y_1(x)^2 - 2\, y_2(x)^2 + 0.05\, x, \\ y_1(-3) &= 0, \quad y_2(3) - 0.4\, y_1(3) = 0. \end{aligned} \tag{9.55}$$

Wir unterteilen das Intervall $[-3, 3]$ in die drei gleich langen Teilintervalle $[-3, -1], [-1, 1], [1, 3]$. Der Parametervektor ist deshalb $\boldsymbol{s} = (s_1, y_2, s_2, y_3, s_3)^T \in \mathbb{R}^5$, und für ihn ist das nichtlineare Gleichungssystem (9.53)

$$\begin{aligned} g_1(s_1, y_2) &= Y_{11}(-1; s_1) - y_2 &= 0 \\ g_2(s_1, s_2) &= Y_{21}(-1; s_1) - s_2 &= 0 \\ g_3(y_2, s_2, y_3) &= Y_{12}(1; y_2, s_2) - y_3 &= 0 \\ g_4(y_2, s_2, s_3) &= Y_{22}(1; y_2, s_2) - s_3 &= 0 \\ g_5(y_3, s_3) &= Y_{23}(3; y_3, s_3) - 0.4\, Y_{13}(3; y_3, s_3) &= 0 \end{aligned}$$

zu lösen. Ein Problem zu seiner Lösung besteht wohl darin, der Aufgabenstellung angepasste Startwerte des Parametervektors $\boldsymbol{s}^{(0)}$ vorzugeben, damit die Methode von Newton eine konvergente, in möglichst wenigen Iterationen zur Lösung führende Folge liefert. Auf dieses Problem werden wir unten noch eingehen. Zur Berechnung der Koeffizientenmatrix (9.54) des linearen Gleichungssystems zum Newton-Verfahren ist das Differenzialgleichungssystem (9.55) insgesamt achtmal in den Teilintervallen zu lösen. Mit dem guten Startvektor $\boldsymbol{s}^{(0)} = (0.28, 0, -0.25, -0.28, 0.24)^T$ und den Parameterinkrementen $\Delta = 0.01$ lautet dann das lineare Gleichungssystem für den Korrekturvektor $\boldsymbol{\sigma} = (\sigma_1, \eta_2, \sigma_2, \eta_3, \sigma_3)^T$

$$\begin{pmatrix} 0.159218 & -1 & 0 & 0 & 0 \\ -0.891498 & 0 & -1 & 0 & 0 \\ 0 & -2.156751 & 2.366674 & -1 & 0 \\ 0 & -1.251487 & -0.327109 & 0 & -1 \\ 0 & 0 & 0 & -0.536515 & -0.509051 \end{pmatrix} \begin{pmatrix} \sigma_1 \\ \eta_2 \\ \sigma_2 \\ \eta_3 \\ \sigma_3 \end{pmatrix} = \begin{pmatrix} 0.035364 \\ 0.015244 \\ 0.029353 \\ 0.042562 \\ 0.002430 \end{pmatrix}.$$

Seine Lösung $\boldsymbol{\sigma} = (0.009177, -0.033903, -0.023425, -0.011673, 0.007530)^T$ ergibt den ersten iterierten Parametervektor $\boldsymbol{s}^{(1)} = (0.289177, -0.033903, -0.273425, -0.291673, 0.247530)^T$. Das lineare Gleichungssystem für die zugehörigen Korrekturen

$$\begin{pmatrix} 0.149176 & -1 & 0 & 0 & 0 \\ -0.896325 & 0 & -1 & 0 & 0 \\ 0 & -1.912048 & 2.372381 & -1 & 0 \\ 0 & -0.966532 & -0.410931 & 0 & -1 \\ 0 & 0 & 0 & -0.540519 & -0.500333 \end{pmatrix} \begin{pmatrix} \sigma_1 \\ \eta_2 \\ \sigma_2 \\ \eta_3 \\ \sigma_3 \end{pmatrix} = \begin{pmatrix} 0.000004 \\ 0.000002 \\ 0.009725 \\ 0.007629 \\ 0.009349 \end{pmatrix}$$

liefert $\boldsymbol{\sigma} = (-0.007654, -0.001138, 0.006863, 0.008732, -0.009349)^T$ und damit die zweite Näherung für den Parametervektor $\boldsymbol{s}^{(2)} = (0.281523, -0.035040, -0.266563, -0.282941, 0.238180)^T$. Ein weiterer Iterationsschritt führt zum Parametervektor

$$\boldsymbol{s}^{(3)} = (0.281480, -0.035122, -0.266560, -0.282786, 0.238165)^T \doteq \boldsymbol{s},$$

welcher für die gesuchte Lösung der Randwertaufgabe eine sehr gute Näherung definiert. Das Residuum der Randbedingung am rechten Rand ist kleiner als $1 \cdot 10^{-6}$. Das entspricht der Genauigkeit von Beispiel 9.6. △

Wahl der Zwischenstellen und Startwerte

Die erfolgreiche Durchführung des Mehrfach-Schießverfahrens und des zugehörigen Newton-Verfahrens hängt stark von der Wahl der Zwischenstellen x_i und Startwerte s_i und y_i ab. Hierzu kommen verschiedene Strategien in Frage.

1. Ist der Verlauf der Lösung ungefähr bekannt und das Verfahren nicht empfindlich gegenüber der Wahl der Zwischenstellen und Anfangswerte, dann können diese *'per Hand'* gewählt werden.
2. *Randwertlinearisierung:*
Spezielle Randbedingungen wie bei dem Problem

$$\begin{aligned} y'' &= f(x,y,y'), & (9.56)\\ y(a) &= \alpha, \quad y(b) = \beta, & (9.57) \end{aligned}$$

erlauben die Konstruktion einer Hilfsfunktion, und zwar der linearen Verbindung der Randwerte und deren Ableitung:

$$\begin{aligned} \eta_1(x) &= \frac{(\beta-\alpha)}{(b-a)}(x-a)+\alpha,\\ \eta_2(x) &= \eta_1'(x) = \frac{(\beta-\alpha)}{(b-a)},\\ \boldsymbol{\eta} &= \begin{pmatrix} \eta_1 \\ \eta_2 \end{pmatrix}. \end{aligned}$$

Diese Hilfsfunktion $\boldsymbol{\eta}$ kann im Algorithmus Tab. 9.3 eingesetzt werden.
3. Noch effizienter können die Zwischenstellen bestimmt werden, wenn es gelingt, das Problem zu linearisieren und eine *Näherungslösung durch Linearisierung* oder durch Einbettungsmethoden [Sto 05] zu finden. Dann kann diese Näherungslösung mit ihrer Ableitung als Hilfsfunktion $\boldsymbol{\eta}$ für den Algorithmus Tab. 9.3 gewählt werden.

Für die letzten beiden Möglichkeiten geben wir den Algorithmus Tab. 9.3 und ein Beispiel an. Abhängig von den Eigenschaften der Hilfsfunktion kann die Konstante K aus Schritt (1) des Algorithmus auch als additive Konstante gewählt werden. Dann werden die zweite und dritte Abfrage in Schritt (4) ersetzt durch

$$\|\boldsymbol{u}_j - \boldsymbol{\eta}(\widetilde{x}_j)\| \geq K.$$

Beispiel 9.10. Die Lösung der Randwertaufgabe (siehe auch [Sto 05])

$$y''(x) = 5\sinh(5y(x)), \qquad y(0)=0,\ y(1)=1.$$

ist näherungsweise gleich der Lösung der Anfangswertaufgabe

$$y''(x) = 5\sinh(5y(x)), \qquad y(0)=0,\ y'(0)=\bar{s} \quad \text{mit} \quad \bar{s} = 0.0457504614.$$

Dieses $\bar{s}$ müsste also mit dem (Mehrfach-)Schießverfahren gefunden werden. Das Problem dabei ist aber, dass die Lösung eine logarithmische Singularität bei $x \doteq 1.03$ hat, die für $s > 0.05$ in den Integrationsbereich hineinwandert. Deshalb ist das Einfach-Schießverfahren z.B. mit Schießversuchen für $s = 0.1, 0.2, \ldots$ zum Scheitern verurteilt.

Tab. 9.3 Algorithmus zur Bestimmung der Zwischenstellen.

(1)	Bestimme einen Lösungsschlauch. Wähle dazu eine Konstante $K > 1$, etwa $K = 2$, als Faktor.
(2)	Setze $x_1 := a$, $y_1 := y(a)$, $s_1 := \eta_2(a)$ und $i := 1$.
(3)	Schiesse von x_i mit den Startwerten (y_i, s_i) so lange, bis (4) eintritt, d.h. löse $\boldsymbol{y}' = \boldsymbol{f}(x, \boldsymbol{y})$ mit $y_1(x_i) = \eta_1(x_i)$, $y_2(x_i) = \eta_2(x_i)$. Das zur Lösung verwendete Anfangswertverfahren benutzt ein Gitter $\{\widetilde{x}_j\}$ und liefert zugehörige Näherungslösungen $\boldsymbol{u}_j$.
(4)	Breche dieses Verfahren ab, falls $\widetilde{x}_j \geq b$ oder $\|\boldsymbol{u}_j\| \leq \|\boldsymbol{\eta}(\widetilde{x}_j)\|/K$ oder $\|\boldsymbol{u}_j\| \geq K\|\boldsymbol{\eta}(\widetilde{x}_j)\|$.
(5)	Ist $\widetilde{x}_j \geq b$, dann sind alle Zwischenstellen bestimmt. Ende!
(6)	Setze $i := i + 1$, $x_i := \widetilde{x}_j$, $y_i := \eta_1(x_i)$, $s_i := \eta_2(x_i)$ und gehe zu (3).

Für das Mehrfachschießen nehmen wir die Verbindungsgerade der Randwerte $\eta_1(x) := x$ als Hilfsfunktion. Sie ist in Abb. 9.5 links als Strichpunkt-Linie eingezeichnet, der Lösungsschlauch für den Faktor $K = 2$ für $y_1(x)$ gepunktet und die Lösungskurven gestrichelt. Damit ergeben sich die Zwischenstellen

$$\{x_i\} = \{0, 0.37, 0.54, 0.665, 0.765, 0.85, 0.907, 0.965\}, \tag{9.58}$$

mit denen das Mehrfach-Schießverfahren das Randwertproblem gut löst. Diese Lösung ist als durchgehend gezeichnete Kurve abgebildet.

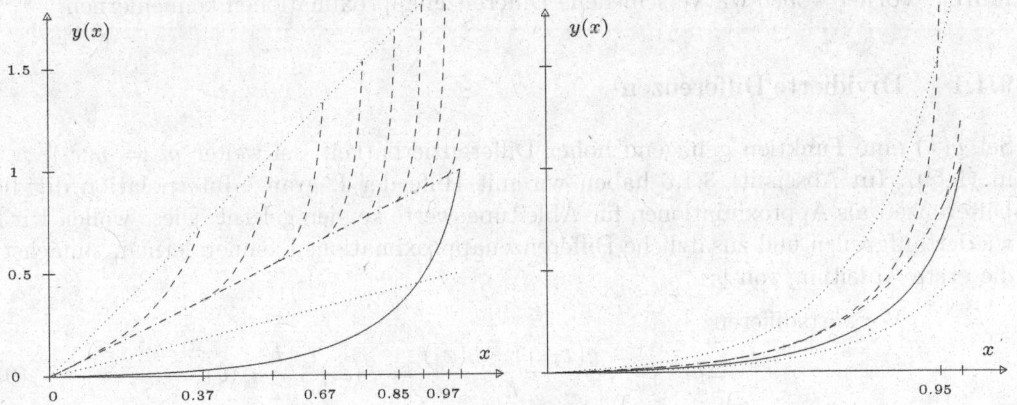

Abb. 9.5 Intervalleinteilung für das mehrfache Schießen.

In einem zweiten Versuch linearisieren wir das Randwertproblem. Es ist ja

$$\sinh(5y) = 5y + \frac{(5y)^3}{3!} + \cdots.$$

Damit lautet das linearisierte Randwertproblem

$$\tilde{y}'' = 25\tilde{y}, \quad \tilde{y}(0) = 0, \ \tilde{y}(1) = 1.$$

Es ist leicht analytisch zu lösen. Zur Bestimmung der Zwischenstellen und besserer Anfangswerte für die Startrampen nehmen wir seine Lösung $\tilde{y}(x)$ als Hilfsfunktion:

$$\eta_1(x) := \tilde{y}(x) = \frac{\sinh(5x)}{\sinh(5)}, \quad \eta_2(x) := \tilde{y}'(x) = \frac{5\cosh(5x)}{\sinh(5)}, \quad \boldsymbol{\eta}(x) = \begin{pmatrix} \eta_1(x) \\ \eta_2(x) \end{pmatrix}.$$

Hier ergibt sich nur eine Zwischenstelle $x_2 = 0.94$. In Abb. 9.5 rechts sind wieder alle Anteile des Lösungsvorganges in gleicher Weise wie links eingezeichnet. Bei besserer Wahl der Näherungslösung genügt also eine Zwischenstelle. Sie vermeidet das Hineinlaufen in die Singularität. △

9.4 Differenzenverfahren

Das Intervall $[a, b]$ wird in $n + 1$ gleich lange Intervalle $[x_i, x_{i+1}]$ aufgeteilt mit

$$\begin{aligned} x_i &:= a + i\,h, \quad i = 0, 1, \ldots, n+1, \quad \text{wo} \\ h &:= \frac{b-a}{n+1}. \end{aligned} \tag{9.59}$$

Jetzt ersetzt man für jeden inneren Punkt x_i dieses Gitters die Differenzialgleichung durch eine algebraische Gleichung mit Näherungen der Funktionswerte $y(x_i)$ als Unbekannte, indem man alle Funktionen in x_i auswertet und die Ableitungswerte durch dividierte Differenzen approximiert. So bekommt man statt einer Differenzialgleichung ein System von n Gleichungen mit den n unbekannten Werten der Lösungsfunktion $y(x_i)$. Die gegebenen Randwerte können dabei eingesetzt werden. Wir werden dies für ein Beispiel gleich durchführen. Vorher wollen wir verschiedene Differenzenapproximationen kennenlernen.

9.4.1 Dividierte Differenzen

Sei $y(x)$ eine Funktion genügend hoher Differenzierbarkeit, sei weiter $y_i := y(x_i)$, x_i wie in (9.59). Im Abschnitt 3.1.6 haben wir mit Hilfe der Lagrange-Interpolation dividierte Differenzen als Approximationen für Ableitungswerte kennen gelernt. Diese wollen wir hier wieder aufgreifen und zusätzliche Differenzenapproximationen kennen lernen, zunächst für die erste Ableitung von y:

Vorwärtsdifferenz

$$\Delta y_i := \frac{y(x_{i+1}) - y(x_i)}{h} = y'(x_i) + \frac{h}{2} y''(\zeta) \tag{9.60}$$

Rückwärtsdifferenz

$$\nabla y_i := \frac{y(x_i) - y(x_{i-1})}{h} = y'(x_i) - \frac{h}{2} y''(\zeta) \tag{9.61}$$

Zentrale Differenz

$$\delta y_i := \frac{y(x_{i+1}) - y(x_{i-1})}{2h} = y'(x_i) + \frac{h^2}{3} y'''(\zeta) \tag{9.62}$$

Dabei ist ζ jeweils eine Zwischenstelle im entsprechenden Intervall.

Man sieht, dass die zentrale Differenz für die 1. Ableitung die einzige Differenzenapproximation 2. Ordnung ist. Wir wollen jetzt für die ersten vier Ableitungen von y Differenzenapproximationen angeben, die alle diese Genauigkeit $O(h^2)$ besitzen:

$$\begin{aligned}
y'(x_i) &= \frac{y(x_{i+1}) - y(x_{i-1})}{2h} + O(h^2), \\
y''(x_i) &= \frac{y(x_{i+1}) - 2y(x_i) + y(x_{i-1})}{h^2} + O(h^2), \\
y'''(x_i) &= \frac{y(x_{i+2}) - 2y(x_{i+1}) + 2y(x_{i-1}) - y(x_{i-2})}{2h^3} + O(h^2), \\
y^{(4)}(x_i) &= \frac{y(x_{i+2}) - 4y(x_{i+1}) + 6y(x_i) - 4y(x_{i-1}) + y(x_{i-2})}{h^4} + O(h^2).
\end{aligned} \tag{9.63}$$

Näherungen höherer Ordnung lassen sich bei Einbeziehung von mehr Nachbarwerten konstruieren; hier seien noch zwei Differenzenapproximationen 4. Ordnung genannt:

$$\begin{aligned}
y'(x_i) &= \frac{y(x_{i-2}) - 8y(x_{i-1}) + 8y(x_{i+1}) - y(x_{i+2})}{12h} + O(h^4) \\
y''(x_i) &= \frac{-y(x_{i-2}) + 16y(x_{i-1}) - 30y(x_i) + 16y(x_{i+1}) - y(x_{i+2})}{12h^2} + O(h^4)
\end{aligned}$$

Weitere Differenzenapproximationen lassen sich entsprechend konstruieren [Col 66].

9.4.2 Diskretisierung der Randwertaufgabe

Zur Veranschaulichung der Differenzenverfahren wollen wir die folgende Randwertaufgabe diskretisieren:

$$\begin{aligned}
-y''(x) + q(x)y(x) &= g(x), \\
y(a) = \alpha, \quad & y(b) = \beta.
\end{aligned} \tag{9.64}$$

Mit den Funktionswerten $q_i := q(x_i)$ und $g_i := g(x_i)$ ergeben sich für die Näherungswerte $u_i \approx y(x_i)$ die linearen Gleichungen

$$\begin{aligned}
u_0 &= \alpha, \\
\frac{-u_{i+1} + 2u_i - u_{i-1}}{h^2} + q_i u_i &= g_i, \quad i = 1, \ldots, n, \\
u_{n+1} &= \beta.
\end{aligned} \tag{9.65}$$

Multipliziert man die Gleichungen mit h^2 und bringt die Randwerte auf die rechte Seite, so bekommt man das lineare Gleichungssystem

$$\boldsymbol{Au} = \boldsymbol{k} \tag{9.66}$$

mit

$$
\begin{aligned}
\boldsymbol{A} &= \begin{pmatrix} 2+q_1h^2 & -1 & 0 & \cdots & 0 \\ -1 & 2+q_2h^2 & -1 & 0 & \\ 0 & \ddots & \ddots & \ddots & \ddots \\ \vdots & \ddots & \ddots & \ddots & -1 \\ 0 & \cdots & 0 & -1 & 2+q_nh^2 \end{pmatrix}, \\
\boldsymbol{u} &= (u_1, u_2, \ldots, u_n)^T, \\
\boldsymbol{k} &= (h^2g_1+\alpha, h^2g_2, \ldots, h^2g_{n-1}, h^2g_n+\beta)^T.
\end{aligned}
$$

Leicht beweisen lässt sich

Lemma 9.2. *Das tridiagonale symmetrische Gleichungssystem (9.66) ist positiv definit, falls* $q_i \geq 0$.

Das Gleichungssystem (9.66) kann also mit einem speziellen Cholesky-Verfahren für Bandgleichungen mit dem Aufwand $O(n)$ gelöst werden, siehe Abschnitt 2.3.2.

Satz 9.3. Fehlerabschätzung
Besitzt die Randwertaufgabe (9.64) eine eindeutige, viermal stetig differenzierbare Lösung y *mit*

$$|y^{(4)}(x)| \leq M \;\; \forall x \in [a,b],$$

und ist $q(x) \geq 0$, *dann gilt*

$$|y(x_i) - u_i| \leq \frac{Mh^2}{24}(x_i - a)(b - x_i). \tag{9.67}$$

Der Satz sagt aus, dass die Fehlerordnung der Differenzenapproximation für die Lösung erhalten bleibt. Den Beweis findet man z.B. in [Sto 05].

Wie bei der Trapezregel zur numerischen Quadratur (7.24) lässt sich der Diskretisierungsfehler $u_i - y(x_i)$ des Differenzenverfahrens an einer Stelle x_i mit Hilfe von Taylor-Reihen in eine Potenzreihe in h^2 entwickeln [Sch 97]. Es ist deshalb empfehlenswert, mit zwei Schrittweiten h und $q\,h$ zu rechnen und mit *Extrapolation auf* $h^2 = 0$ die Genauigkeit der Lösung zu verbessern. Für $q = 1/2$ gilt:

$$\frac{1}{3}(4u_{2i}^{[qh]} - u_i^{[h]}) \; - \; y(x_i) = O(h^4). \tag{9.68}$$

Beispiel 9.11. Wir wollen das einführende Balkenbeispiel 9.3

$$-y''(x) - (1+x^2)\,y(x) = 1, \quad y(-1) = y(1) = 0 \tag{9.69}$$

mit der Differenzenmethode behandeln. Es hat die Form (9.64), allerdings ist $q(x) < 0$. Die Matrix $\boldsymbol{A}$ in (9.66) ist trotzdem für alle in Frage kommenden Werte von h positiv definit. Zur Verkleinerung der Ordnung des linearen Gleichungssystems kann noch die Symmetrie der Lösung ausgenutzt werden. Es ist ja offensichtlich $y(-x) = y(x)$. Die Symmetrie der Koeffizientenmatrix $\boldsymbol{A}$ kann durch

Multiplikation einer Gleichung mit dem Faktor 1/2 wieder hergestellt werden. Ohne Ausnutzung der Symmetrie ergibt sich für $h = 0.4$ nach (9.66)

$$\boldsymbol{A} = \begin{pmatrix} 1.7824 & -1.0000 & 0 & 0 \\ -1.0000 & 1.8336 & -1.0000 & 0 \\ 0 & -1.0000 & 1.8336 & -1.0000 \\ 0 & 0 & -1.0000 & 1.7824 \end{pmatrix}.$$

Wir haben die Lösung für verschiedene Werte von h mit sechzehnstelliger Genauigkeit berechnet und die Lösungswerte in Tab. 9.4 auszugsweise wiedergegeben.

Tab. 9.4 Ergebnisse des Differenzenverfahrens für (9.69).

x	$h = 0.2$	$h = 0.1$	$h = 0.05$	$h = 0.01$	$h = 0.001$
0.0	0.93815233	0.93359133	0.93243889	0.93206913	0.93205387
0.2	0.89938929	0.89492379	0.89379608	0.89343431	0.89341938
0.4	0.78321165	0.77908208	0.77804080	0.77770688	0.77769310
0.6	0.59069298	0.58728118	0.58642288	0.58614781	0.58613646
0.8	0.32604062	0.32393527	0.32340719	0.32323808	0.32323111
$\lvert u_j(0) - y(0)\rvert$	0.0061	0.0015	0.00039	0.000015	0.00000015
$\text{cond}(\boldsymbol{A}) \approx$	100	300	1500	37 282	372 8215

Der Fehlerverlauf im Intervall $(-1, 1)$ ist recht gleichmäßig, und es ist an den Fehlerwerten für $x = 0$ sehr schön zu sehen, dass der Fehler sich wie h^2 verhält. Es sind noch die Konditionszahlen des linearen Gleichungssystems mit der Matrix $\boldsymbol{A}$ geschätzt und mit angegeben worden. Es gilt [Sch 97]

$$\text{cond}\,(\boldsymbol{A}) = O(h^{-2}) = O(n^2). \tag{9.70}$$

Auf die Ergebnisse aus Tab. 9.4 wenden wir noch Richardsons Extrapolation auf $h^2 = 0$ an. So erhalten wir beispielsweise für die Werte in $x = 0$ folgende Verbesserungen:

x	$h = 0.2$	$h = 0.1$	$h = 0.05$
0.0	0.93815233	0.93359133	0.93243889
extrapoliert:	–	0.93207101	0.93205366

Der einmal extrapolierte Wert $u_{\text{extra1}}(0) = (4u_{h=0.1}(0) - u_{h=0.2}(0))/3$ erreicht schon etwa die Genauigkeit des Wertes $u_{h=0.01}(0)$. Der entsprechend dem Romberg-Verfahren (7.27) zweifach extrapolierte Wert unten rechts in der Tabelle ist genauer als $u_{h=0.001}(0)$. △

Ableitungen in den Randbedingungen

Wenn an den Rändern des Integrationsintervalls Ableitungswerte vorgeschrieben sind, dann lassen sich die Randbedingungen nicht ohne Weiteres auf die rechte Seite des Gleichungssystems (9.66) bringen. Ist etwa im rechten Randpunkt $b = x_{n+1}$ die Randbedingung

$$y'(b) + \gamma\, y(b) = \beta \tag{9.71}$$

zu erfüllen, dann ist der Wert u_{n+1} nicht vorgegeben und ist als Unbekannte zu behandeln. Die Randbedingung (9.71) wird wie die Differenzialgleichung an einer inneren Stützstelle durch eine Differenzengleichung approximiert. Dazu wird eine zusätzliche, außerhalb des Intervals $[a, b]$ liegende Stützstelle $x_{n+2} = b + h$ betrachtet mit dem Stützwert u_{n+2}. Als Differenzenapproximation von (9.71) wird dann

$$\frac{u_{n+2} - u_n}{2h} + \gamma\, u_{n+1} = \beta \tag{9.72}$$

betrachtet. (9.65) wird um die Differenzengleichungen für die Stützstelle x_{n+1} ergänzt. Dort wird dann für u_{n+2} der aus (9.72) gewonnene Wert $u_{n+2} = u_n - 2\,h\,\gamma\, u_{n+1} + 2\,h\,\beta$ eingesetzt und somit u_{n+2} eliminiert. Die dritte Gleichung in (9.65) wird dann durch

$$\frac{(2 + 2\,h\,\gamma)\, u_{n+1} - 2u_n}{h^2} + q_{n+1}u_{n+1} = g_{n+1} + \frac{2\,\beta}{h} \tag{9.73}$$

ersetzt. Sie vervollständigt die n Differenzengleichungen (9.65) zu einem System von $n + 1$ Gleichungen für die $n + 1$ Unbekannten $u_1, u_2, \ldots u_n, u_{n+1}$. Liegt eine Randbedingung mit Ableitungswert an der Stelle $a = x_0$ vor, wird entsprechend verfahren.

Das zu lösende lineare Gleichungssystem bleibt wie in Beispiel 9.11 durch Multiplikation einer oder zweier Gleichungen mit einem Faktor symmetrisch.

Nichtlineare Randwertaufgaben

Bei der Diskretisierung der Differenzialgleichung

$$\begin{aligned} y''(x) &= f(x, y, y'),\\ r_1(y(a), y'(a), y(b), y'(b)) &= 0,\\ r_2(y(a), y'(a), y(b), y'(b)) &= 0, \end{aligned} \tag{9.74}$$

entstehen nichtlineare Gleichungssysteme, die für (9.74) von der Form

$$\boldsymbol{B}\boldsymbol{u} = \boldsymbol{F}(\boldsymbol{u}) \tag{9.75}$$

sind. Dabei ist für (9.74) $\boldsymbol{B}$ eine tridiagonale Matrix und $\boldsymbol{F}$ eine nichtlineare Vektorfunktion. (9.75) kann mit dem Newton-Verfahren oder mit speziellen Relaxationsmethoden gelöst werden. Konvergiert das gewählte Iterationsverfahren, so erhält man dieselbe Fehlerordnung wie bei linearen Problemen.

Beispiel 9.12. Diskretisierung der Randwertaufgabe aus Beispiel 9.2

$$\begin{aligned} y'' &= y^5 - 10\,y + \tfrac{1}{2},\\ y\,(0) &= 0,\\ y'\,(1) &= -3. \end{aligned}$$

In die Diskretisierung dieser Randwertaufgabe nehmen wir die Werte am rechten Rand und am außerhalb des Intervalls $[0, 1]$ liegenden Punkt $x_{n+2} = 1 + h$ wie in (9.72) als unbekannte Werte mit hinein und können dann die Randbedingung rechts mit einer zentralen Differenz und damit mit der Ordnung $O(h^2)$ diskretisieren und anschliessend u_{n+2} wie in (9.73) eliminieren. Das führt zu

$$\begin{aligned} u_0 &= 0,\\ \frac{u_{i+1} - 2\,u_i + u_{i-1}}{h^2} + 10u_i &= u_i^5 + \frac{1}{2}, \quad i = 1, \ldots, n, \end{aligned}$$

$$\frac{2\,(u_n - u_{n+1})}{h^2} + 10u_{n+1} \quad = \quad u_{n+1}^5 + \frac{1}{2} + \frac{6}{h}.$$

Nach Multiplikation mit h^2 wird das für die unbekannten Werte $\boldsymbol{u} := (u_1, \ldots, u_{n+1})$ zu

$$\begin{pmatrix} -2+10h^2 & 1 & & & \\ 1 & -2+10h^2 & 1 & & \\ & \ddots & \ddots & \ddots & \\ & & 1 & -2+10h^2 & 1 \\ & & & 2 & -2+10h^2 \end{pmatrix} \boldsymbol{u} = h^2\,\boldsymbol{F}(\boldsymbol{u}).$$

Dabei ist $\boldsymbol{F}(\boldsymbol{u}) = (F_1(\boldsymbol{u}), \ldots, F_{n+1}(\boldsymbol{u}))^T$ mit

$$F_i(\boldsymbol{u}) = u_i^5 + \frac{1}{2}, \quad i = 1, \ldots, n, \quad \text{und} \quad F_{n+1}(\boldsymbol{u}) = u_{n+1}^5 + \frac{1}{2} + \frac{6}{h}.$$

Für $h = 0.01$ ergibt sich:

$$\boldsymbol{B} = \begin{pmatrix} -1.999 & 1 & & & \\ 1 & -1.999 & 1 & & \\ & \ddots & \ddots & \ddots & \\ & & 1 & -1.999 & 1 \\ & & & 2 & -1.999 \end{pmatrix}.$$

Wir setzen $\boldsymbol{u}^{[0]} = (0, \ldots, 0)^T$ und iterieren $\boldsymbol{B}\boldsymbol{u}^{[i+1]} = h^2\boldsymbol{F}\left(\boldsymbol{u}^{[i]}\right)$, $i = 0, 1, \ldots$. Diese Iterationsvorschrift benötigt 8 (17) Schritte für 4 (9) Stellen Genauigkeit. Diskretisiert man die rechte Randbedingung nur mit $O(h)$-Genauigkeit $(u_{n+1} - u_n)/h = -3$, dann wird die Konvergenz um 2 (7) Schritte langsamer.

Abhängig von der Startnäherung $\boldsymbol{u}^{[0]}$ liefert das Verfahren die kleinere der beiden Lösungen aus Beispiel 9.2 und Abb. 9.1. Die ersten vier Iterierten sind in Abb. 9.6 zu sehen. △

Differenzenverfahren für Eigenwertprobleme

Bei der Diskretisierung der speziellen Sturm-Liouvilleschen Eigenwertaufgabe

$$\begin{aligned} -y'' + q(x)\,y &= \lambda\, v(x)\, y, \\ y(a) = 0, &\quad y(b) = 0, \end{aligned} \tag{9.76}$$

entsteht das Matrix-Eigenwertproblem

$$\begin{aligned} u_0 &= 0, \\ \frac{-u_{i+1} + 2u_i - u_{i-1}}{h^2} + q_i u_i - \lambda\, v_i u_i &= 0, \quad i = 1, \ldots, n, \\ u_{n+1} &= 0. \end{aligned} \tag{9.77}$$

Sind alle Werte $v_i = v(x_i) \neq 0$, so bekommt man das spezielle Matrix-Eigenwertproblem

$$(\boldsymbol{A} - \lambda \boldsymbol{I})\,\boldsymbol{u} = 0 \quad \text{mit} \tag{9.78}$$

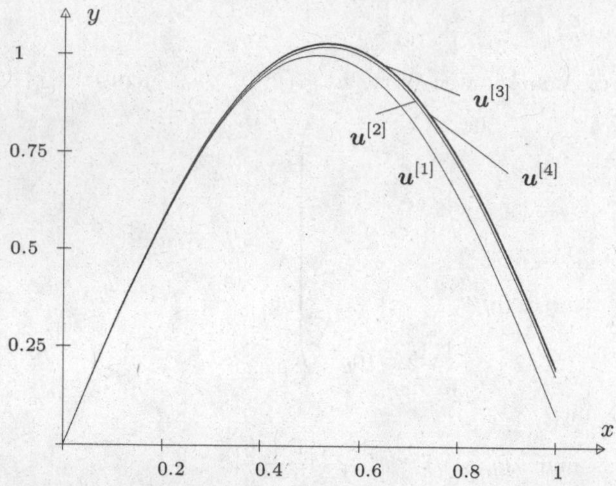

Abb. 9.6 Iterative Lösung einer nichtlinearen Randwertaufgabe.

$$A = \begin{pmatrix} \frac{2}{v_1\, h^2} + \frac{q_1}{v_1} & \frac{-1}{v_1\, h^2} & 0 & \cdots & 0 \\ \frac{-1}{v_2\, h^2} & \frac{2}{v_2\, h^2} + \frac{q_2}{v_2} & \frac{-1}{v_2\, h^2} & 0 & \\ 0 & \cdots & \cdots & \cdots & \\ \vdots & & \frac{-1}{v_{n-1}\, h^2} & \frac{2}{v_{n-1}\, h^2} + \frac{q_{n-1}}{v_{n-1}} & \frac{-1}{v_{n-1}\, h^2} \\ 0 & \cdots & 0 & \frac{-1}{v_n\, h^2} & \frac{2}{v_n\, h^2} + \frac{q_n}{v_n} \end{pmatrix}.$$

Dies ist ein Eigenwertproblem mit einer tridiagonalen Matrix, dessen Lösung in den allermeisten Fällen unproblematisch ist.

9.5 Software

In Abschnitt 8.6 haben wir schon darauf hingewiesen, dass in den großen Bibliotheken die Kapitel zu gewöhnlichen Differenzialgleichungen sowohl Routinen für Anfangs- als auch für Randwertprobleme enthalten. Zu letzteren findet man deutlich weniger einzelne Programme oder Pakete. Wir verweisen deshalb auf Abschnitt 8.6.

Hinweisen wollen wir aber noch auf den Befehl `bvp4c` in MATLAB, der Randwertprobleme mit einer Kollokationsmethode mit kubischen Splines löst [Sha 00]. `bvp4c` erlaubt zudem die Bestimmung unbekannter Problem-Parameter. Das erlaubt die Lösung von Eigenwertproblemen ebenso wie von Parameter-Identifikations-Problemen im Zusammenhang mit Randwertproblemen bei gewöhnlichen Differenzialgleichungen. Die schönen Beispiele aus [Sha 00] sind in MATLAB eingebunden (`help bvp4c`) und im Internet erhältlich.

Unsere Problemlöseumgebung PAN (`http://www.upb.de/SchwarzKoeckler/`) verfügt über zwei Programme zur Lösung von Randwertproblemen mit einer Differenzenmethode und mit einem Mehrfach-Schießverfahren.

9.6 Aufgaben

Aufgabe 9.1. Man untersuche die Lösbarkeit der linearen Randwertaufgabe

$$y'' + y = 1$$

unter den verschiedenen Randbedingungen

a) $y(0) = 0, \quad y(\pi/2) = 1,$

b) $y(0) = 0, \quad y(\pi) = 1,$

c) $y(0) = 0, \quad y(\pi) = 2,$

auf Grund der allgemeinen Theorie mit Hilfe der Fundamentalmatrix des homogenen Differenzialgleichungssystems.

Aufgabe 9.2. Gegeben sei die lineare Randwertaufgabe

$$y'' + xy' + y = 2x,$$
$$y(0) = 1, \quad y(1) = 0.$$

a) Durch numerische Integration bestimme man die allgemeine Lösung der Differenzialgleichung und daraus die Lösung der Randwertaufgabe.

b) Auf Grund von $y_0(x) = 1 - x$, welche die inhomogenen Randbedingungen erfüllt, und von $y_k(x) = x^k(1-x), k = 1, 2, \ldots, n$, welche den homogenen Randbedingungen genügen, ermittle man eine Näherungslösung nach der Kollokationsmethode im Fall $n = 4$ einmal für äquidistante Kollokationspunkte im Innern des Intervalls und dann für die nichtäquidistanten Kollokationspunkte, welche den auf das Intervall $[0, 1]$ transformierten Nullstellen des Tschebyscheff-Polynoms $T_4(x)$ entsprechen. Welchen Verlauf hat die Fehlerfunktion in den beiden Fällen?

c) Mit der Differenzenmethode bestimme man diskrete Näherungslösungen im Fall der Schrittweiten $h = 1/m$ für die Werte $m = 5$, 10, 20, 40. Durch Extrapolation der Näherungswerte an den vier gemeinsamen Stützstellen ermittle man genauere Werte, und man vergleiche sie mit den Ergebnissen aus Teilaufgabe a).

Aufgabe 9.3. Die Lösung der linearen Randwertaufgabe

$$y'' - 5y' - 24y = 0$$
$$y(0) = 1, \quad y(2) = 2$$

kann analytisch gefunden werden. Dazu bestimme man zunächst die Lösung $y(x, s)$ der Differenzialgleichung zur Anfangsbedingung $y(0) = 1$, $y'(0) = s$, $s \in \mathbb{R}$, und dann aus der zweiten Randbedingung die gesuchte Lösungsfunktion der Randwertaufgabe. Auf Grund der analytischen Darstellung von $y(x, s)$ analysiere man weiter die Empfindlichkeit des Funktionswertes an der Stelle $x = 2$ auf kleine Änderungen von s um Δs. Was bedeutet das Ergebnis für das Einfach-Schießverfahren?

Man ermittle die Lösung auch mit dem Schießverfahren und verifiziere dabei experimentell die Empfindlichkeit der Lösung.

Aufgabe 9.4. Welche Empfindlichkeit auf kleine Änderungen der Anfangssteigung $y'(0) = s$ im Rahmen des Schießverfahrens ist bei der linearen Randwertaufgabe

$$y'' - (5 + x)y' - (20 + 4x^2)y = 0$$

$$y(0) = 1, \qquad y(2) = 2$$

experimentell festzustellen? Hinweis: Es gilt $s \in [-2.7, -2.5]$.

Aufgabe 9.5. Die nichtlineare Randwertaufgabe

$$y'' = 2y^2, \qquad y(0) = 3/4, \qquad y(1) = 1/3$$

besitzt neben $y_1(x) = 3/(2 + x)^2$ eine zweite Lösung $y_2(x)$.

a) Man bestimme beide Lösungen mit der Differenzenmethode für die Schrittweiten $h = 1/2$, $1/4$, $1/8$, $1/16$. Aus den resultierenden Näherungswerten an der gemeinsamen Stelle $x = 0.5$ schließe man durch Extrapolation auf den Wert der Lösungsfunktion.

b) Auf Grund der so erhaltenen Information über beide Lösungen bestimme man sie auch mit dem Schießverfahren und vergleiche insbesondere die Näherungen an der Stelle $x = 0.5$.

Aufgabe 9.6. Man behandle die Randwertaufgabe

$$y'' = \frac{6\,(y-1)}{x^2}, \quad y(0) = 1, \quad y(1) = 0,$$

mit dem Mehrfach-Schießverfahren.

Man bestimme die Zwischenstellen und Startwerte mit Hilfe des Algorithmus Tab. 9.3. Zur Bestimmung der Funktion $\eta(x)$ linearisiere man die Randwerte und wähle den Faktor $K = 2$. Man berücksichtige das Problem der Singularität der rechten Seite der Differenzialgleichung.

Schließlich fertige man eine Zeichnung an mit $\eta(x)$, den Startrampen und der analytischen Lösung $y(x) = -x^3 + 1$.

10 Partielle Differenzialgleichungen

Zahlreiche Vorgänge oder Zustände, die man in der Physik, Chemie oder Biologie beobachten kann, lassen sich durch Funktionen in mehreren unabhängigen Variablen beschreiben, welche auf Grund von einschlägigen Naturgesetzen bestimmten partiellen Differenzialgleichungen genügen müssen. Die Vielfalt der in den Anwendungen auftretenden partiellen Differenzialgleichungen und Differenzialgleichungssysteme ist sehr groß, und ihre sachgemäße numerische Behandlung erfordert in der Regel sehr spezielle Methoden, so dass wir uns im Folgenden einschränken müssen. Wir betrachten nur die Lösung von partiellen Differenzialgleichungen zweiter Ordnung für eine unbekannte Funktion in zwei und drei unabhängigen Variablen. Die hier untersuchten partiellen Differenzialgleichungen sind zudem entweder *elliptisch* oder *parabolisch.* Im ersten Fall haben alle unabhängigen Variablen die Bedeutung von räumlichen Koordinaten, und die gesuchte Funktion beschreibt in der Regel einen *stationären* d.h. zeitunabhängigen Zustand. Man spricht hier auch von Gleichgewichtsproblemen. Im anderen Fall ist eine Variable gleich der Zeit, während die übrigen wieder Ortskoordinaten sind, und die Funktion beschreibt einen *instationären Vorgang* in Abhängigkeit der Zeit. Hier handelt es sich um Evolutions- bzw. Fortpflanzungsprobleme und speziell oft um *Diffusionsprozesse.* Mit diesen beiden Problemklassen erfassen wir eine große Zahl von praktisch relevanten Aufgabenstellungen, an denen wir einige einfache Lösungsmethoden entwickeln und ihre grundlegenden Eigenschaften diskutieren wollen. Ausführlichere Darstellungen findet man beispielsweise in [Col 66, Hac 96, Lap 99, Mar 86, Mit 80, Mor 94, Kan 95, Gro 05, Smi 85], wo auch andere Typen von partiellen Differenzialgleichungen behandelt werden. Dazu gehört besonders der dritte wichtige Typ der hyperbolischen oder Wellengleichung, auf deren Behandlung wir verzichtet haben.

10.1 Elliptische Randwertaufgaben, Differenzenverfahren

10.1.1 Problemstellung

Gesucht sei eine Funktion $u(x, y)$, welche in einem Gebiet $G \subset \mathbb{R}^2$ eine *lineare partielle Differenzialgleichung zweiter Ordnung*

$$\boxed{Au_{xx} + 2Bu_{xy} + Cu_{yy} + Du_x + Eu_y + Fu = H} \tag{10.1}$$

erfüllen soll. Dabei können die gegebenen Koeffizienten A, B, C, D, E, F und H in (10.1) stückweise stetige Funktionen von x und y sein und die Indizes an u bedeuten partielle Ableitungen ($u_x := \frac{\partial u}{\partial x}$, $u_{xx} := \frac{\partial^2 u}{\partial x^2}, \ldots$).

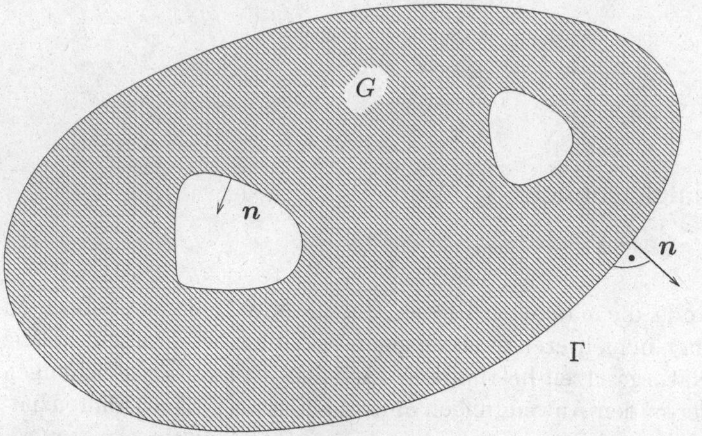

Abb. 10.1 Grundgebiet G mit Rand Γ.

In Analogie zur Klassifikation von Kegelschnittgleichungen

$$Ax^2 + 2Bxy + Cy^2 + Dx + Ey + F = 0$$

teilt man die partiellen Differenzialgleichungen (10.1) in drei Klassen ein:

Definition 10.1. Eine partielle Differenzialgleichung zweiter Ordnung (10.1) mit $A^2+B^2+C^2 \neq 0$ heißt in einem Gebiet G

a) *elliptisch*, falls $AC - B^2 > 0$ für alle $(x, y) \in G$

b) *hyperbolisch*, falls $AC - B^2 < 0$ für alle $(x, y) \in G$

c) *parabolisch*, falls $AC - B^2 = 0$ für alle$(x, y) \in G$ gilt.

Die klassischen Repräsentanten von *elliptischen Differenzialgleichungen* sind

$$-\Delta u := -u_{xx} - u_{yy} = 0 \qquad \textit{Laplace-Gleichung,} \tag{10.2}$$

$$-\Delta u = f(x,y) \qquad \textit{Poisson-Gleichung,} \tag{10.3}$$

$$-\Delta u + \varrho(x,y)\, u = f(x,y) \qquad \textit{Helmholtz-Gleichung.} \tag{10.4}$$

Die Laplace-Gleichung tritt beispielsweise auf bei Problemen aus der Elektrostatik sowie der Strömungslehre. Die Lösung der Poisson-Gleichung beschreibt die stationäre Temperaturverteilung in einem homogenen Medium oder den Spannungszustand bei bestimmten Torsionsproblemen.

Um die gesuchte Lösungsfunktion einer elliptischen Differenzialgleichung eindeutig festzulegen, müssen auf dem Rand des Grundgebietes G *Randbedingungen* vorgegeben sein. Wir wollen der Einfachheit halber annehmen, das Gebiet G sei beschränkt, und es werde durch mehrere Randkurven berandet (vgl. Abb. 10.1). Die Vereinigung sämtlicher Randkurven bezeichnen wir mit Γ. Der Rand bestehe aus stückweise stetig differenzierbaren Kurven, auf denen die vom Gebiet G ins Äußere zeigende Normalenrichtung $\boldsymbol{n}$ erklärt werden kann. Der Rand Γ werde in drei disjunkte Randteile Γ_1, Γ_2 und Γ_3 aufgeteilt, derart dass

$$\Gamma_1 \cup \Gamma_2 \cup \Gamma_3 = \Gamma \tag{10.5}$$

gilt. Dabei ist es durchaus zulässig, dass leere Teilränder vorkommen. Die problemgerechte Formulierung der Randbedingungen zu (10.1) oder speziell zu (10.2) bis (10.4) lautet dann

$$u = \varphi \text{ auf } \Gamma_1 \qquad (\textit{Dirichlet}\text{-Randbedingung}), \tag{10.6}$$

$$\frac{\partial u}{\partial \boldsymbol{n}} = \gamma \text{ auf } \Gamma_2 \qquad (\textit{Neumann}\text{-Randbedingung}), \tag{10.7}$$

$$\frac{\partial u}{\partial \boldsymbol{n}} + \alpha u = \beta \text{ auf } \Gamma_3 \qquad (\textit{Cauchy}\text{-Randbedingung}), \tag{10.8}$$

wobei φ, γ, α und β gegebene Funktionen auf den betreffenden Randteilen bedeuten. In der Regel sind sie als Funktionen der Bogenlänge s auf dem Rand erklärt. Die Bedingungen (10.6), (10.7) und (10.8) werden oft auch als erste, zweite und dritte Randbedingung bezeichnet. Sind zur elliptischen Differenzialgleichung nur Dirichletsche Randbedingungen gegeben ($\Gamma_1 = \Gamma$), dann bezeichnet man das Problem auch als *Dirichletsche Randwertaufgabe*. Ist dageben $\Gamma_2 = \Gamma$, so liegt eine *Neumannsche Randwertaufgabe* vor.

10.1.2 Diskretisierung der Aufgabe

Wir wollen die Laplace-, Poisson- oder Helmholtz-Gleichung in einem Gebiet G unter Randbedingungen (10.6) bis (10.8) näherungsweise lösen. Wir beginnen mit einfachen Aufgabenstellungen, um dann sukzessive kompliziertere Situationen in die Behandlung einzubeziehen. Das Vorgehen des *Differenzenverfahrens* lässt sich durch die folgenden, recht allgemein formulierten Lösungsschritte beschreiben.

1. *Lösungsschritt.* Die gesuchte Funktion $u(x, y)$ wird ersetzt durch ihre Werte an diskreten Punkten des Gebietes G und des Randes Γ. Für diese *Diskretisierung* von $u(x, y)$ ist es naheliegend, ein regelmäßiges quadratisches Netz mit der *Gitterweite h* über das Grundgebiet G zu legen (vgl. Abb. 10.2). Die Funktionswerte u in den *Gitterpunkten* sollen berechnet werden, soweit sie nicht schon durch Dirichletsche Randbedingungen bekannt sind. Im Fall von krummlinigen Randstücken wird es auch nötig sein, Gitterpunkte als Schnittpunkte von Netzgeraden mit dem Rand zu betrachten. In Abb. 10.2 sind die Gitterpunkte durch ausgefüllte Kreise markiert.

Den Wert der exakten Lösungsfunktion $u(x, y)$ in einem Gitterpunkt P mit den Koordinaten x_i und y_j bezeichnen wir mit $u(x_i, y_j)$. Den zugehörigen Näherungswert, den wir auf Grund der Methode erhalten werden, bezeichnen wir mit $u_{i,j}$.

Ein regelmäßiges quadratisches Netz zur Generierung der Gitterpunkte besitzt besonders angenehme und einfache Eigenschaften, die wir im Folgenden auch als wesentlich erkennen werden. In bestimmten Problemstellungen ist es angezeigt oder sogar erforderlich, ein Netz mit variablen Gitterweiten in x- und y-Richtung zu verwenden, um so entweder dem Gebiet oder dem Verhalten der gesuchten Lösungsfunktion besser gerecht zu werden, siehe Abschnitt 10.1.5. Aber auch regelmäßige Dreieck- und Sechsecknetze können sich als sehr zweckmäßig erweisen [Col 66, Mar 86].

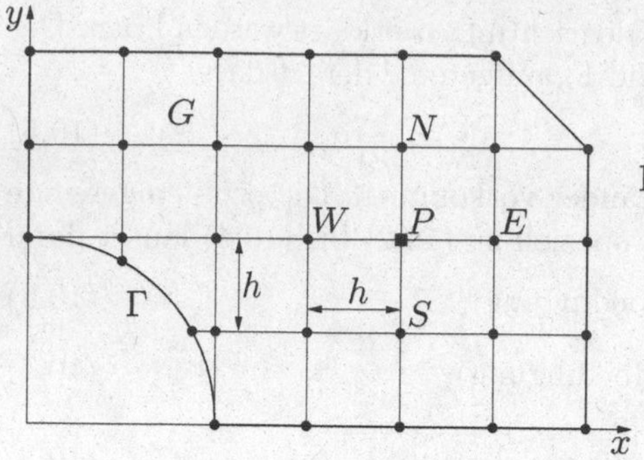

Abb. 10.2
Grundgebiet mit Netz und Gitterpunkten.

2. *Lösungsschritt.* Nach vorgenommener Diskretisierung der Funktion ist die partielle Differenzialgleichung mit Hilfe der diskreten Funktionswerte $u_{i,j}$ in den Gitterpunkten geeignet zu approximieren. Im Fall eines regelmäßigen quadratischen Netzes können die ersten und zweiten partiellen Ableitungen durch entsprechende Differenzenquotienten (siehe Abschnitt 9.4.1) angenähert werden, wobei für die ersten partiellen Ableitungen mit Vorteil zentrale Differenzenquotienten (9.63) verwendet werden. Für einen *regelmäßigen inneren Gitterpunkt* $P(x_i, y_j)$, welcher vier benachbarte Gitterpunkte im Abstand h besitzt, ist

$$u_x(x_i, y_j) \approx \frac{u_{i+1,j} - u_{i-1,j}}{2h}, \qquad u_y(x_i, y_j) \approx \frac{u_{i,j+1} - u_{i,j-1}}{2h} \tag{10.9}$$

$$\begin{aligned} u_{xx}(x_i, y_j) &\approx \frac{u_{i+1,j} - 2u_{i,j} + u_{i-1,j}}{h^2}, \\ u_{yy}(x_i, y_j) &\approx \frac{u_{i,j+1} - 2u_{i,j} + u_{i,j-1}}{h^2}, \end{aligned} \tag{10.10}$$

wobei wir die Differenzenquotienten bereits mit den Näherungswerten in den Gitterpunkten gebildet haben. Um für das Folgende eine leicht einprägsame Schreibweise ohne Doppelindizes zu erhalten, bezeichnen wir die vier Nachbarpunkte von P nach den Himmelsrichtungen mit N, W, S und E (vgl. Abb. 10.2) und definieren

$$u_P := u_{i,j}, \; u_N := u_{i,j+1}, \; u_W := u_{i-1,j}, \; u_S := u_{i,j-1}, \; u_E := u_{i+1,j}. \tag{10.11}$$

Die Poisson-Gleichung (10.3) wird damit im Gitterpunkt P approximiert durch die *Differenzengleichung*

$$\frac{-u_E + 2u_P - u_W}{h^2} + \frac{-u_N + 2u_P - u_S}{h^2} = f_P, \quad f_P := f(x_i, y_j),$$

welche nach Multiplikation mit h^2 übergeht in

$$\boxed{4u_P - u_N - u_W - u_S - u_E = h^2 f_P.} \tag{10.12}$$

Der von h^2 befreite Differenzenausdruck in (10.12) wird häufig durch einen so genannten *Differenzenstern* geometrisch symbolisiert. An ihm können die Punkte eines Gitters mit ihren Faktoren abgelesen werden, die an der Gleichung für den durch ▪ gekennzeichneten Punkt beteiligt sind. Viele solche Sterne mit Fehlerglied findet man in [Col 66], ebenso Neun-Punkte-Sterne für $-\Delta u$ und Sterne für triangulierte Gebiete.

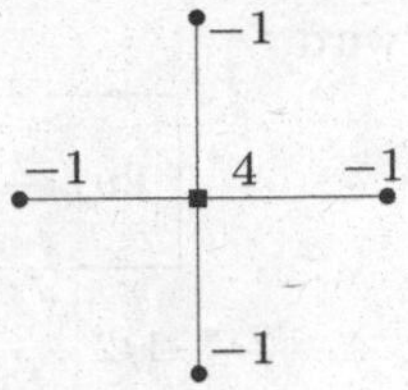

Abb. 10.3
Fünf-Punkte-Differenzenstern zu (10.12).

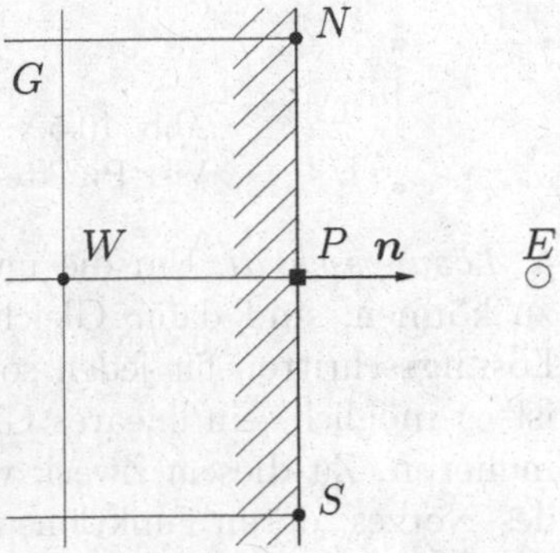

Abb. 10.4
Spezielle Neumannsche Randbedingung.

3. *Lösungsschritt.* Die gegebenen Randbedingungen der Randwertaufgabe sind jetzt zu berücksichtigen, und allenfalls ist die Differenzenapproximation der Differenzialgleichung den Randbedingungen anzupassen.

Die einfachste Situation liegt vor, falls nur Dirichletsche Randbedingungen zu erfüllen sind und das Netz so gewählt werden kann, dass nur regelmäßige innere Gitterpunkte entstehen. In diesem Fall ist die Differenzengleichung (10.12) für alle inneren Gitterpunkte, in denen der Funktionswert unbekannt ist, uneingeschränkt anwendbar, wobei die bekannten Randwerte eingesetzt werden können. Existieren jedoch unregelmäßige Gitterpunkte wie in Abb. 10.2, so sind für diese geeignete Differenzengleichungen herzuleiten. Auf die Behandlung von solchen randnahen, unregelmäßigen Gitterpunkten werden wir in Abschnitt 10.1.3 eingehen.

Neumannsche und Cauchysche Randbedingungen (10.7) und (10.8) erfordern im Allgemeinen umfangreichere Maßnahmen, die wir systematisch im Abschnitt 10.1.3 behandeln werden. An dieser Stelle wollen wir wenigstens eine einfache Situation betrachten. Wir wollen annehmen, der Rand falle mit einer Netzgeraden parallel zur y-Achse zusammen, und die Neumannsche Randbedingung verlange, dass die Normalableitung verschwinde (vgl. Abb. 10.4). Die äußere Normale $\boldsymbol{n}$ zeige in Richtung der positiven x-Achse. Mit dem vorübergehend eingeführten Hilfsgitterpunkt E und dem Wert u_E kann die Normalableitung durch den zentralen Differenzenquotienten approximiert werden. Das ergibt

$$\left.\frac{\partial u}{\partial \boldsymbol{n}}\right|_P \approx \frac{u_E - u_W}{2h} = 0 \quad \Longrightarrow \quad u_E = u_W.$$

Das Verschwinden der Normalableitung bedeutet oft, dass die Funktion $u(x, y)$ bezüglich das Randes symmetrisch ist. Wegen dieser Symmetrieeigenschaft darf die Funktion $u(x, y)$ über den Rand hinaus fortgesetzt werden, und die allgemeine Differenzengleichung (10.12) darf angewendet werden. Aus ihr erhalten wir nach Division durch 2, die später begründet wird,

$$\boxed{2u_P - \frac{1}{2}u_N - u_W - \frac{1}{2}u_S = \frac{1}{2}h^2 f_P.} \tag{10.13}$$

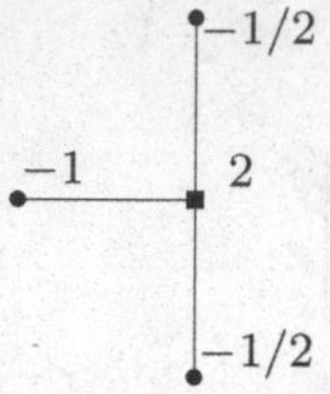

Abb. 10.5
Vier-Punkte-Differenzenstern zu (10.13).

4. *Lösungsschritt.* Um die unbekannten Funktionswerte in den Gitterpunkten berechnen zu können, sind dafür Gleichungen zu formulieren. Da nach den beiden vorangehenden Lösungsschritten für jeden solchen Gitterpunkt eine lineare Differenzengleichung vorliegt, ist es möglich, ein lineares Gleichungssystem für die unbekannten Funktionswerte zu formulieren. Zu diesem Zweck werden zur Vermeidung von Doppelindizes die Gitterpunkte des Netzes, deren Funktionswerte unbekannt sind, durchnummeriert. Die Nummerierung der Gitterpunkte muss nach bestimmten Gesichtspunkten erfolgen, damit das entstehende Gleichungssystem geeignete Strukturen erhält, welche den Lösungsverfahren angepasst sind. Das lineare Gleichungssystem stellt die *diskrete Form* der gegebenen Randwertaufgabe dar.

Beispiel 10.1. Im Grundgebiet G der Abb. 10.6 soll die Poisson-Gleichung

$$-\Delta u = 2 \text{ in } G \tag{10.14}$$

unter den Randbedingungen

$$u = 0 \quad \text{auf } DE \text{ und } EF \tag{10.15}$$

$$u = 1 \quad \text{auf } AB \text{ und } BC \tag{10.16}$$

$$\frac{\partial u}{\partial n} = 0 \quad \text{auf } CD \text{ und } FA \tag{10.17}$$

gelöst werden. Die Lösung der Randwertaufgabe beschreibt beispielsweise den Spannungszustand eines unter Torsion belasteten Balkens. Sein Querschnitt ist ringförmig und geht aus G durch fortgesetzte Spiegelung an den Seiten CD und FA hervor. Aus Symmetriegründen kann die Aufgabe im Gebiet der Abb. 10.6 gelöst werden, wobei die Neumannschen Randbedingungen (10.17) auf den beiden Randstücken CD und FA die Symmetrie beinhalten. Die betrachtete Randwertaufgabe (10.14) bis (10.17) kann auch so interpretiert werden, dass die stationäre Temperaturverteilung $u(x, y)$ in dem ringförmigen Querschnitt eines (langen) Behälters gesucht ist, falls durch eine chemische Reaktion eine konstante Wärmequelle vorhanden ist. Die Wandtemperatur des Behälters werde innen auf den (normierten) Wert $u = 1$ und außen auf den Wert $u = 0$ gesetzt.

Zur Diskretisierung der Randwertaufgabe soll das in Abb. 10.6 eingezeichnete regelmäßige Netz mit der Gitterweite $h = 0.25$ verwendet werden. Die Gitterpunkte sind entweder Randpunkte oder reguläre innere Punkte. Die Gitterpunkte mit unbekanntem Funktionswert sind durch ausgefüllte Kreise markiert, diejenigen mit nach (10.15) und (10.16) bekannten Werten durch leere Kreise.

Für alle im Innern des Grundgebietes liegenden Gitterpunkte ist die Differenzengleichung (10.12) anwendbar mit $f_P = 2$. Für die auf dem Randstück FA liegenden Gitterpunkte ist ein zu Abb. 10.5 gespiegelter Differenzenstern zu verwenden. Für die Gitterpunkte auf CD erhalten wir aus Symmetriegründen mit $u_S = u_W$ und $u_E = u_N$ aus (10.12) die Differenzengleichung (Drei-Punkte-Stern)

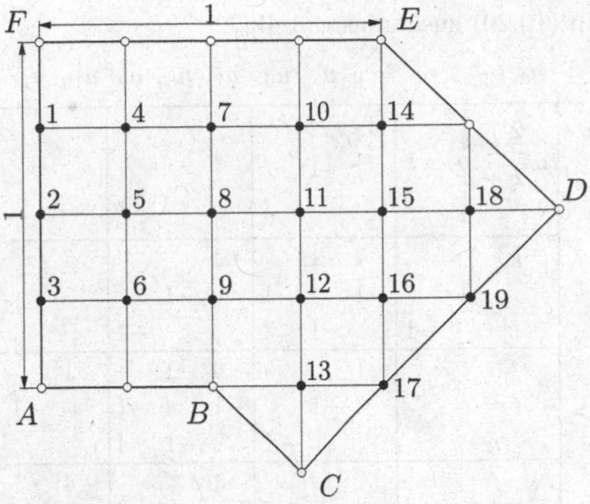

Abb. 10.6 Grundgebiet G mit Netz und Gitterpunkten, $h = 0.25$.

$4u_P - 2u_N - 2u_W = h^2 f_P$, die aus einem bald ersichtlichen Grund durch 2 dividiert wird. Wir fassen die Differenzengleichungen für diese Randwertaufgabe zusammen:

$$
\begin{array}{|lcll|}
\hline
4u_P - u_N - u_W - u_S - u_E & = & h^2 f_P & \text{im Innern} \\
2u_P - \frac{1}{2}u_N - u_E - \frac{1}{2}u_S & = & \frac{1}{2}h^2 f_P & \text{auf } FA \\
2u_P - u_N - u_W & = & \frac{1}{2}h^2 f_P & \text{auf } CD \\
\hline
\end{array}
\tag{10.18}
$$

Die Gitterpunkte mit unbekanntem Funktionswert nummerieren wir spaltenweise durch, wie dies in Abb. 10.6 erfolgt ist. Für die zugehörigen 19 Unbekannten $u_1, u_2, \ldots, u_{19}$ können wir das lineare Gleichungssystem aufstellen. Dabei werden wir die Differenzengleichungen vernünftigerweise in der Reihenfolge der nummerierten Gitterpunkte aufschreiben und dabei in den Gleichungen allfällige Dirichletsche Randbedingungen einsetzen. Auf diese Weise entsteht das lineare Gleichungssystem (10.19), das wir in der aus Kapitel 2 bekannten Tabellen-Schreibweise dargestellt haben. Dabei sind nur die von null verschiedenen Koeffizienten und die rechte Seite (r.S.) angegeben.

Die Systemmatrix $\boldsymbol{A}$ ist *symmetrisch*. Hätten wir die Differenzengleichungen für die Randpunkte mit Neumannscher Randbedingung nicht durch 2 dividiert, so wäre die Matrix $\boldsymbol{A}$ unsymmetrisch geworden. Die Matrix $\boldsymbol{A}$ ist schwach diagonal dominant und ist, wie man relativ leicht feststellen kann, irreduzibel oder nicht zerfallend. Da die Diagonalelemente positiv sind, ist $\boldsymbol{A}$ *positiv definit* [Mae 85, Sch 72], und somit besitzt das lineare Gleichungssystem (10.19) eine eindeutige Lösung. Sie kann mit dem Verfahren von Cholesky nach Abschnitt 2.3.1 oder auch iterativ (vgl. Kapitel 11) berechnet werden. Die verwendete Nummerierung der Gitterpunkte und damit der Unbekannten hat zur Folge, dass die schwach besetzte Koeffizientenmatrix $\boldsymbol{A}$ *Bandstruktur* hat mit einer Bandbreite $m = 4$. Mit der Rechen- und Speichertechnik von Abschnitt 2.3.2 kann das Gleichungssystem effizient gelöst werden. Die auf fünf Stellen nach dem Komma gerundete Lösung von (10.19) ist entsprechend der Lage der Gitterpunkte zusammen mit den gegebenen Randwerten in (10.20) zusammengestellt.

u_1	u_2	u_3	u_4	u_5	u_6	u_7	u_8	u_9	u_{10}	u_{11}	u_{12}	u_{13}	u_{14}	u_{15}	u_{16}	u_{17}	u_{18}	u_{19}	r. S.
2	$-\frac{1}{2}$		−1																0.0625
$-\frac{1}{2}$	2	$-\frac{1}{2}$		−1															0.0625
	$-\frac{1}{2}$	2			−1														0.5625
−1			4	−1		−1													0.125
	−1		−1	4	−1		−1												0.125
		−1		−1	4			−1											1.125
			−1			4	−1		−1										0.125
				−1		−1	4	−1		−1									0.125
					−1		−1	4			−1								1.125
						−1			4	−1			−1						0.125
							−1		−1	4	−1			−1					0.125
								−1		−1	4	−1			−1				0.125
											−1	4				−1			2.125
									−1				4	−1					0.125
										−1			−1	4	−1		−1		0.125
											−1			−1	4	−1		−1	0.125
												−1			−1	2			0.0625
														−1			4	−1	0.125
															−1		−1	2	0.0625

(10.19)

0	0	0	0	0		
0.41686	0.41101	0.39024	0.34300	0.24049	0	
0.72044	0.71193	0.68195	0.61628	0.49398	0.28682	0
0.91603	0.90933	0.88436	0.82117	0.70731	0.52832	
1	1	1	0.95174	0.86077		
			1			

(10.20)

△

10.1.3 Randnahe Gitterpunkte, allgemeine Randbedingungen

Wir wollen unregelmäßige innere Punkte sowie auf dem Rand liegende Gitterpunkte mit Neumannschen oder Cauchyschen Randbedingungen allgemeiner Art betrachten. Die systematische Behandlung solcher Situationen erläutern wir an typischen Beispielen, so dass die Übertragung auf andere Fälle möglich ist. Dabei geht es stets um das Problem, zu einem gegebenen Differenzialausdruck, in unserem momentan betrachteten Fall $-\Delta u$, eine geeignete Differenzenapproximation zu konstruieren.

Beispiel 10.2. Wir betrachten einen unregelmäßigen inneren Gitterpunkt P, der in der Nähe des Randes Γ so liegen möge, wie dies in Abb. 10.7 dargestellt ist. Die Randkurve Γ schneide die Netzgeraden in den Punkten W' und S', welche von P die Abstände ah und bh mit $0 < a, b \leq 1$ besitzen.

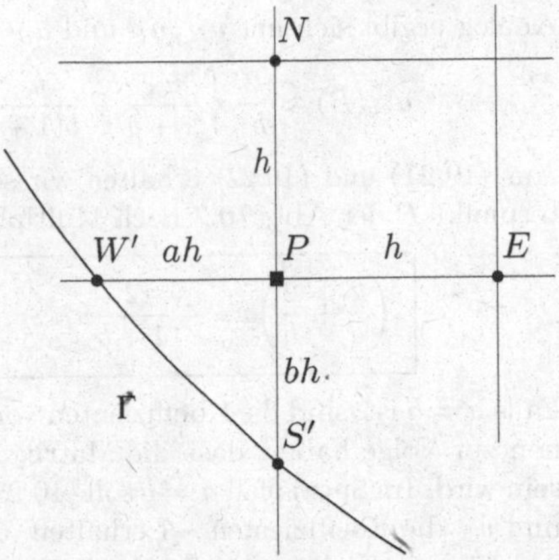

Abb. 10.7
Randnaher, unregelmäßiger Gitterpunkt.

Unser Ziel besteht darin, für die zweiten partiellen Ableitungen u_{xx} und u_{yy} im Punkt $P(x,y)$ eine Aproximation herzuleiten, die sich als Linearkombination der Werte u_P, u_E und $u_{W'}$ beziehungsweise von u_P, u_N und $u_{S'}$ darstellen lassen. Wir setzen $u(x,y)$ als genügend oft stetig differenzierbar voraus. Mit Hilfe der Taylor-Entwicklungen mit Restglied erhalten wir die folgenden Darstellungen für die Funktionswerte $u(x,y)$ in den betreffenden Punkten. Auf die Angabe des Restgliedes wird verzichtet.

$$\begin{aligned}
u(x+h,y) &= u(x,y) + hu_x(x,y) + \frac{1}{2}h^2 u_{xx}(x,y) + \frac{1}{6}h^3 u_{xxx}(x,y) + \ldots \\
u(x-ah,y) &= u(x,y) - ahu_x(x,y) + \frac{1}{2}a^2h^2 u_{xx}(x,y) - \frac{1}{6}a^3h^3 u_{xxx}(x,y) + \ldots \\
u(x,y) &= u(x,y)
\end{aligned}$$

Mit Koeffizienten c_1, c_2, c_3 bilden wir die Linearkombination der drei Darstellungen

$$\begin{aligned}
&c_1 u(x+h,y) + c_2 u(x-ah,y) + c_3 u(x,y) \\
&= (c_1+c_2+c_3)u(x,y) + (c_1 - ac_2)hu_x(x,y) + (c_1 + a^2 c_2)\frac{h^2}{2}\, u_{xx}(x,y) + \ldots
\end{aligned}$$

Aus unserer Forderung, dass die Linearkombination die zweite partielle Ableitung u_{xx} im Punkt $P(x,y)$ approximieren soll, ergeben sich notwendigerweise die drei Bedingungsgleichungen

$$c_1 + c_2 + c_3 = 0, \qquad (c_1 - ac_2)h = 0, \qquad \frac{h^2}{2}\,(c_1 + a^2 c_2) = 1.$$

Daraus folgen die Werte

$$c_1 = \frac{2}{h^2(1+a)}, \qquad c_2 = \frac{2}{h^2 a(1+a)}, \qquad c_3 = -\frac{2}{h^2 a}.$$

Zur Approximation der zweiten Ableitung $u_{xx}(P)$ verwenden wir dividierte Differenzen mit den Näherungen u_E, u_P und $u_{W'}$:

$$\begin{aligned}
u_{xx}(P) &\approx \frac{1}{(h+ah)/2}\left\{\frac{u_E - u_P}{h} + \frac{u_P - u_{W'}}{ah}\right\} \\
&= \frac{2}{h^2}\left\{\frac{u_E}{1+a} + \frac{u_{W'}}{a(1+a)} - \frac{u_P}{a}\right\}. \qquad (10.21)
\end{aligned}$$

Analog ergibt sich mit u_N, u_P und $u_{S'}$ für $u_{yy}(P)$:

$$u_{yy}(P) \approx \frac{2}{h^2}\left\{\frac{u_N}{1+b} + \frac{u_{S'}}{b(1+b)} - \frac{u_P}{b}\right\}. \tag{10.22}$$

Aus (10.21) und (10.22) erhalten wir so für die Poisson-Gleichung (10.3) im unregelmäßigen Gitterpunkt P der Abb. 10.7 nach Multiplikation mit h^2 die Differenzengleichung

$$\boxed{\left(\frac{2}{a}+\frac{2}{b}\right)u_P - \frac{2}{1+b}u_N - \frac{2}{a(1+a)}u_{W'} - \frac{2}{b(1+b)}u_{S'} - \frac{2}{1+a}u_E = h^2 f_P.} \tag{10.23}$$

Falls $a \neq b$ ist, sind die Koeffizienten von u_N und u_E in (10.23) verschieden. Dies wird im Allgemeinen zur Folge haben, dass die Matrix $\boldsymbol{A}$ des Systems von Differenzengleichungen *unsymmetrisch* sein wird. Im Spezialfall $a = b$ soll (10.23) mit dem Faktor $(1+a)/2$ multipliziert werden, so dass u_N und u_E die Koeffizienten -1 erhalten, und die Symmetrie von $\boldsymbol{A}$ wird hinsichtlich P bewahrt werden können. In diesem Fall geht die Differenzengleichung (10.23) nach Multiplikation mit $(1+a)/2$ über in

$$\boxed{a = b \quad \Longrightarrow \quad \frac{2(1+a)}{a}u_P - u_N - \frac{1}{a}u_{W'} - \frac{1}{a}u_{S'} - u_E = \frac{1}{2}(1+a)h^2 f_P.} \tag{10.24}$$

△

Beispiel 10.3. Auf einem Randstück Γ_2 sei eine Neumann-Randbedingung zu erfüllen. Wir betrachten die einfache Situation, wo der Randpunkt P ein Gitterpunkt ist. Die Randkurve Γ_2 verlaufe gemäß Abb. 10.8. Die äußere Normalenrichtung $\boldsymbol{n}$ im Punkt P bilde mit der positiven x-Richtung den Winkel ψ, definiert in der üblichen Weise im Gegenuhrzeigersinn. Wir verwenden auch den Wert der Normalableitung, um den Differenzialausdruck $-\Delta u$ im Punkt $P(x, y)$ durch eine geeignete Linearkombination zu approximieren.

Sicher werden die Funktionswerte von u in den Gitterpunkten P, W und S der Abb. 10.8 verwendet werden. Zusammen mit der Normalableitung in P sind dies vier Größen. Es ist leicht einzusehen, dass es im Allgemeinen nicht möglich ist, eine Linearkombination dieser vier Werte zu finden, welche den gegebenen Differenzialausdruck in P approximiert. Dazu sind mindestens fünf Größen notwendig, falls in keiner Taylor-Entwicklung die gemischte zweite partielle Ableitung auftritt. Andernfalls benötigen wir sechs Größen, denn der Koeffizientenvergleich liefert dann sechs Bedingungsgleichungen. Wir wählen die beiden zusätzlichen Randpunkte $R(x-h, y+bh)$ und $T(x+ah, y-h)$ mit $0 < a, b \leq 1$. Es gelten die folgenden Näherungsdarstellungen bezüglich des Punktes $P(x, y)$, wobei wir die Argumente und die Restglieder auf der rechten Seite weglassen.

$$\begin{aligned}
P:&\ u(x,y) &&= u \\
W:&\ u(x-h,y) &&= u - hu_x + \frac{h^2}{2}u_{xx} \\
S:&\ u(x,y-h) &&= u - hu_y + \frac{h^2}{2}u_{yy} \\
R:&\ u(x-h,y+bh) &&= u - hu_x + bhu_y + \frac{h^2}{2}u_{xx} - bh^2u_{xy} + \frac{h^2}{2}b^2u_{yy} \\
T:&\ u(x+ah,y-h) &&= u + ahu_x - hu_y + \frac{h^2}{2}a^2u_{xx} - ah^2u_{xy} + \frac{h^2}{2}u_{yy} \\
P:&\ \frac{\partial u(x,y)}{\partial \boldsymbol{n}} &&= u_x\cos\psi + u_y\sin\psi
\end{aligned}$$

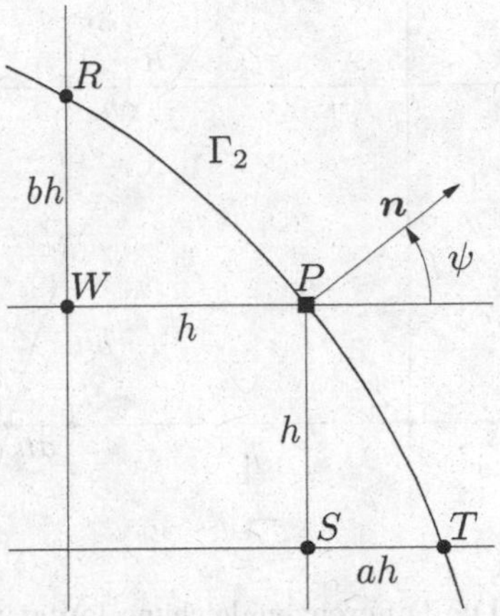

Abb. 10.8
Neumann-Randbedingung im Randpunkt P.

Eine Linearkombination dieser sechs Darstellungen mit den Koeffizienten c_P, c_W, c_S, c_R, c_T und c_n zur angenäherten Darstellung von $-\Delta u$ ergibt die sechs Bedingungsgleichungen

$$\begin{array}{llllllll}
u: & c_P + & c_W + & c_S + & c_R + & c_T & & = 0 \\
u_x: & & -\ hc_W & - & hc_R + & ahc_T & +\ c_n\cos\psi & = 0 \\
u_y: & & & -\ hc_S + & bhc_R - & hc_T & +\ c_n\sin\psi & = 0 \\
u_{xx}: & & \frac{h^2}{2}c_W & + & \frac{h^2}{2}c_R + & \frac{h^2}{2}a^2c_T & & = -1 \\
u_{xy}: & & & - & bh^2c_R - & ah^2c_T & & = 0 \\
u_{yy}: & & & \frac{h^2}{2}c_S + & \frac{h^2}{2}b^2c_R + & \frac{h^2}{2}c_T & & = -1
\end{array} \tag{10.25}$$

Das Gleichungssystem (10.25) besitzt eine eindeutige Lösung, die die Differenzenapproximation ergibt. In sie geht die Geometrie des Gebietes G in der Umgebung des Randpunktes P ein. Im konkreten Fall mit gegebenen Werten von a, b und ψ wird das lineare Gleichungssystem (10.25) numerisch gelöst. Mit den Lösungswerten für die Koeffizienten lautet dann die Differenzengleichung im Punkt P

$$\boxed{c_Pu_P + c_Wu_W + c_Su_S + c_Ru_R + c_Tu_T + c_n\left.\frac{\partial u}{\partial \boldsymbol{n}}\right|_P = f_P,} \tag{10.26}$$

die zweckmäßigerweise noch mit h^2 multipliziert wird. Die Neumann-Randbedingung im Punkt P wird so berücksichtigt, dass der vorgegebene Wert der Normalableitung in (10.26) eingesetzt wird.

Im Spezialfall $\psi = 45°$ mit $\cos\psi = \sin\psi = \frac{1}{2}\sqrt{2}$ sind die Koeffizienten c_T und c_R gleich null. Somit treten die Werte u_T und u_R von diesen beiden Randpunkten in der Differenzengleichung (10.26) nicht auf. In diesem Fall können die Koeffizienten in einfacher geschlossener Form angegeben werden, nämlich als

$$c_n = \frac{-2\sqrt{2}}{h}, \quad c_S = \frac{-2}{h^2}, \quad c_W = \frac{-2}{h^2}, \quad c_P = \frac{4}{h^2}.$$

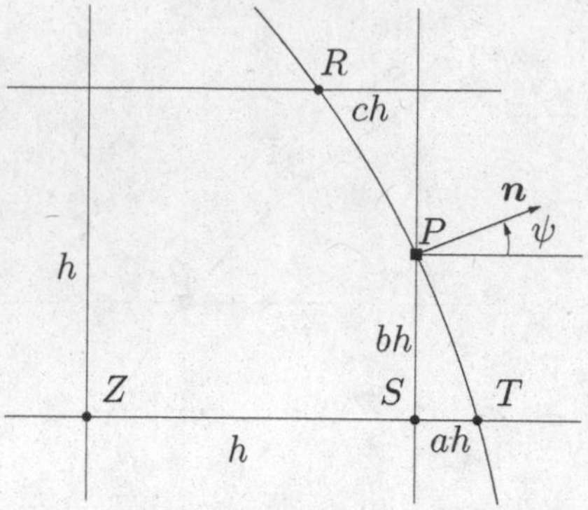

Abb. 10.9
Cauchy-Randbedingung im Randpunkt P.

Die Differenzengleichung lautet nach Multiplikation mit $h^2/2$

$$\psi = 45^\circ \quad \Longrightarrow \quad 2u_P - u_W - u_S - h\sqrt{2}\,\frac{\partial u}{\partial \boldsymbol{n}}\bigg|_P = \frac{1}{2}h^2 f_P. \tag{10.27}$$

Für den Sonderfall $\left.\dfrac{\partial u}{\partial \boldsymbol{n}}\right|_P = 0$ erhalten wir im Wesentlichen die letzte der Differenzengleichungen (10.18), die dort auf andere Weise hergeleitet wurde. △

Beispiel 10.4. Die Behandlung einer Cauchyschen Randbedingung (10.8) in einem allgemeinen Randpunkt P erfolgt analog zu derjenigen einer Neumannschen Randbedingung. Um das Vorgehen aufzuzeigen, betrachten wir die Situation von Abb. 10.9. Der Randpunkt $P(x, y)$ sei nicht Schnittpunkt von Netzgeraden. Die Richtung der äußeren Normalen bilde den Winkel ψ mit der positiven x-Achse.

Wiederum werden wir zur Approximation von $-\Delta u$ sechs Größen benötigen. Neben dem Ausdruck $\dfrac{\partial u}{\partial \boldsymbol{n}} + \alpha u$ der linken Seite der Cauchy-Randbedingung im Punkt P werden wir in naheliegender Weise die Werte von u in den Punkten P, S, R und T verwenden. Als sechste Größe wählen wir den Wert von u im zu P nächstgelegenen Gitterpunkt im Innern des Gebietes. Für $b \leq 1/2$ ist dies Z. Wir erhalten mit $B := 1 - b$ und wieder ohne Argumente und Restglieder rechts die Näherungsgleichungen

$$\begin{aligned}
P:&\ u(x,y) &&= u \\
S:&\ u(x,y-bh) &&= u - bhu_y + \frac{h^2}{2}b^2u_{yy} \\
Z:&\ u(x-h,y-bh) &&= u - hu_x - bhu_y + \frac{h^2}{2}u_{xx} + bh^2u_{xy} + \frac{h^2}{2}b^2u_{yy} \\
R:&\ u(x-ch,y+Bh) &&= u - chu_x + Bhu_y + \frac{h^2}{2}c^2u_{xx} - cBh^2u_{xy} + \frac{h^2}{2}B^2u_{yy} \\
T:&\ u(x+ah,y-bh) &&= u + ahu_x - bhu_y + \frac{h^2}{2}a^2u_{xx} - abh^2u_{xy} + \frac{h^2}{2}b^2u_{yy} \\
P:&\ \frac{\partial u}{\partial \boldsymbol{n}} + \alpha u &&= \alpha u + u_x\cos\psi + u_y\sin\psi
\end{aligned}$$

Für die Koeffizienten c_P, c_S, c_Z, c_R, c_T und c_n der Linearkombination zur Darstellung von $-\Delta u$ zu bildenden Linearkombination ergeben sich durch Koeffizientenvergleich die sechs Bedingungsgleichungen

$$\begin{array}{llllllll}
u: & c_P + & c_S + & c_Z + & c_R + & c_T + & \alpha c_n = & 0 \\
u_x: & & - & hc_Z - & chc_R + & ahc_T + & c_n \cos\psi = & 0 \\
u_y: & - & bhc_S - & bhc_Z + & Bhc_R - & bhc_T + & c_n \sin\psi = & 0 \\
u_{xx}: & & & \frac{h^2}{2}c_Z + & \frac{h^2}{2}c^2 c_R + & \frac{h^2}{2}a^2 c_T & = & -1 \\
u_{xy}: & & & bh^2 c_Z - & cBh^2 c_R - & abh^2 c_T & = & 0 \\
u_{yy}: & & \frac{h^2}{2}b^2 c_S + & \frac{h^2}{2}b^2 c_Z + & \frac{h^2}{2}B^2 c_R + & \frac{h^2}{2}b^2 c_T & = & -1
\end{array}$$

Bei zahlenmäßig gegebenen Werten für a, b, c, h und ψ ist das Gleichungssystem numerisch lösbar. Mit den erhaltenen Koeffizienten lautet die Differenzenapproximation der Poisson-Gleichung

$$\boxed{c_P u_P + c_S u_S + c_Z u_Z + c_R u_R + c_T u_T + c_n \beta = f_P,} \tag{10.28}$$

wo wir bereits für die linke Seite der Cauchy-Randbedingung den bekannten Wert β gemäß (10.8) eingesetzt haben. Die Randbedingung im Punkt P ist einerseits implizit in den Koeffizienten der u-Werte der Differenzengleichung (10.28) und andererseits im konstanten Beitrag $c_n\beta$ berücksichtigt.

In der Differenzengleichung (10.28) wird im Allgemeinen $c_Z \neq 0$ sein. Ist der Gitterpunkt Z ein regelmäßiger innerer Punkt, wie dies nach Abb. 10.9 anzunehmen ist, dann ist für ihn die Fünf-Punkte-Differenzengleichung (10.12) anwendbar. In ihr tritt der Funktionswert u_P nicht auf, und somit wird die Matrix $\boldsymbol{A}$ des Gleichungssystems auf jeden Fall *unsymmetrisch.* Denn nehmen wir an, der Punkt P erhalte die Nummer i und Z die Nummer $j \neq i$. Dann ist in der Tat das Matrixelement $a_{ij} \neq 0$, aber das dazu symmetrische $a_{ji} = 0$. △

Beispiel 10.5. Wir betrachten im Gebiet G der Abb. 10.10 die Randwertaufgabe

$$\begin{array}{ll}
-\Delta u = 2 & \text{in } G \\
u = 0 & \text{auf } CD \\
\dfrac{\partial u}{\partial \boldsymbol{n}} = 0 & \text{auf } BC \text{ und } DA \\
\dfrac{\partial u}{\partial \boldsymbol{n}} + 2u = -1 & \text{auf } AB.
\end{array} \tag{10.29}$$

Die Randkurve AB ist ein Kreisbogen mit dem Radius $r = 1$, dessen Mittelpunkt der Schnittpunkt der Verbindungsgeraden DA und CB ist. Die Randwertaufgabe kann als Wärmeleitungsproblem interpretiert werden, bei dem die stationäre Temperaturverteilung $u(x, y)$ im Querschnitt eines (langen) Behälters gesucht ist, in welchem eine konstante Wärmequellendichte vorhanden ist. Der Behälter enthält eine Röhre, in welcher Wärme entzogen wird. Aus Symmetriegründen genügt es, die Lösung im Gebiet G zu bestimmen.

Zur Diskretisierung der Aufgabe soll das in Abb. 10.10 eingezeichnete Netz mit der Gitterweite $h = 1/3$ verwendet werden. Die resultierenden Gitterpunkte sind eingezeichnet, wobei diejenigen mit unbekanntem Funktionswert durch ausgefüllte Kreise markiert und bereits spaltenweise nummeriert sind.

Für die meisten Gitterpunkte sind die Differenzengleichungen (10.18) anwendbar. Eine Sonderbehandlung erfordern die Punkte 3, 6, 7, 10 und 11. Die Differenzengleichungen für die Punkte 6

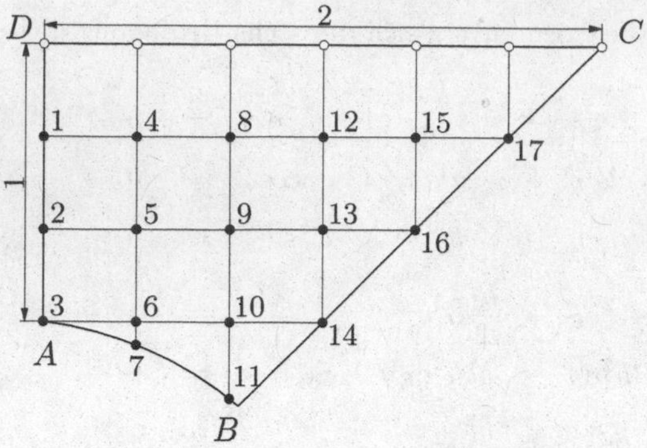

Abb. 10.10
Grundgebiet G der Randwertaufgabe mit Netz und Gitterpunkten, $h = 1/3$.

und 10 ergeben sich unmittelbar aus (10.23). Mit den einfach zu berechnenden, zur Schrittweite h relativen Abständen zwischen den Punkten 6 und 7 bzw. 10 und 11

$$b_6 = \overline{P_6P_7}/h = 3 - 2\sqrt{2} \doteq 0.171573, \qquad b_{10} = \overline{P_{10}P_{11}}/h = 3 - \sqrt{5} \doteq 0.763932$$

ergeben sich mit $a = 1$ aus (10.23) die beiden Differenzengleichungen

$$\begin{aligned} -u_3 - 1.70711u_5 + 13.65685u_6 - 9.94975u_7 - u_{10} &= \frac{2}{9} \\ -u_6 - 1.13383u_9 + 4.61803u_{10} - 1.48420u_{11} - u_{14} &= \frac{2}{9} \end{aligned} \qquad (10.30)$$

Im Punkt 3 stoßen zwei Randstücke aneinander, an denen eine Neumann-, bzw. eine Cauchy-Randbedingung zu erfüllen ist. Wir behandeln diese Situation entsprechend den Beispielen 10.3 und 10.4, wobei die wesentliche Vereinfachung vorliegt, dass im Punkt 3 bezüglich des Randstückes DA: $\dfrac{\partial u}{\partial \boldsymbol{n}} = -u_x$ und bezüglich AB: $\dfrac{\partial u}{\partial \boldsymbol{n}} = -u_y$ gilt. Es genügt hier, fünf Größen zur Approximation des Differenzialausdrucks $-\Delta u$ heranzuziehen, nämlich

$$\begin{array}{llllll|l} 3: & u(x,y) & = u & & & & c_3 \\ 2: & u(x,y+h) & = u & + hu_y + & & \frac{h^2}{2}u_{yy} + \ldots & c_2 \\ 6: & u(x+h,y) & = u + hu_x & & + \frac{h^2}{2}u_{xx} + \ldots & & c_6 \\ 3_1: & \dfrac{\partial u(x,y)}{\partial \boldsymbol{n}_1} & = \quad - u_x & & & & c_n \\ 3_2: & \dfrac{\partial u}{\partial \boldsymbol{n}_2} + 2u & = 2u & - u_y & & & c_m \end{array}$$

Durch Koeffizientenvergleich erhält man

$$c_2 = \frac{-2}{h^2}, \quad c_6 = \frac{-2}{h^2}, \quad c_n = \frac{-2}{h}, \quad c_m = \frac{-2}{h}, \quad c_3 = \frac{4}{h^2} + \frac{4}{h},$$

und damit nach Multiplikation mit $\frac{1}{2}h^2$ die Differenzengleichung

$$2(1+h)u_3 - u_2 - u_6 - h\left(\frac{\partial u}{\partial \boldsymbol{n}_1}\right) - h\left(\frac{\partial u}{\partial \boldsymbol{n}_2} + 2u\right) = h^2.$$

Unter Berücksichtigung der beiden verschiedenen Randbedingungen im Punkt 3 ergibt sich die Drei-Punkte-Differenzengleichung

$$-u_2 + 2\,(1+h)\,u_3 - u_6 = h^2 - h. \qquad (10.31)$$

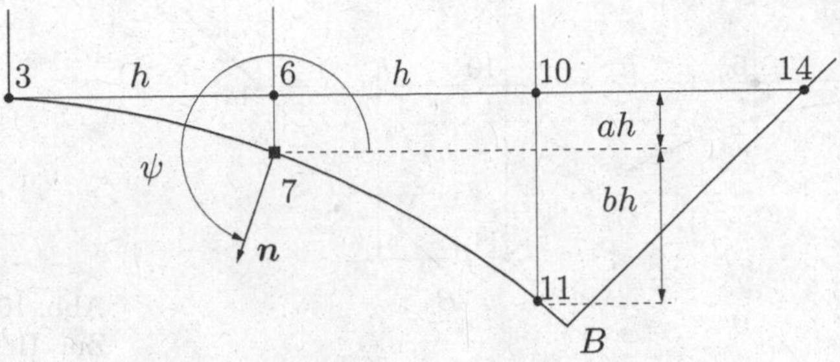

Abb. 10.11 Zur Herleitung der Differenzengleichung im Randpunkt 7.

Die Differenzengleichung (10.31) ist im Punkt A des Gebietes G unter den gegebenen Randbedingungen für beliebige Gitterweiten h gültig.

Die Herleitung der Differenzengleichungen für die Randpunkte 7 und 11 erfolgt nach dem im Beispiel 10.4 beschriebenen Vorgehen. In Abb. 10.11 ist die Situation für den Punkt 7 mit den für die Differenzengleichung verwendeten umliegenden Gitterpunkten dargestellt. Der Winkel ψ zwischen der positiven x-Richtung und der Normalenrichtung $\boldsymbol{n}$ beträgt $\psi \doteq 250.53°$, und die benötigten trigonometrischen Funktionswerte sind $\cos\psi = -1/3$ und $\sin\psi = -2\sqrt{2}/3 \doteq -0.942809$. Ferner sind $a = b_6 = 3 - 2\sqrt{2} \doteq 0.171573$ und $b = b_{10} - b_6 = 2\sqrt{2} - \sqrt{5} \doteq 0.592359$. Mit diesen Zahlenwerten können die Taylor-Entwicklungen der Funktion in den fünf Punkten sowie der Ausdruck der linken Seite der Cauchy-Randbedingung bezüglich des Punktes 7 aufgeschrieben werden. Wenn noch die zweite und dritte Gleichung durch h, die vierte und sechste Gleichung durch $h^2/2$ und die fünfte Gleichung durch h^2 dividiert werden, dann erhalten wir das folgende Gleichungssystem für die gesuchten sechs Parameter.

c_7	c_3	c_6	c_{10}	c_{11}	c_n	1
1	1	1	1	1	2	0
0	−1	0	1	1	−1	0
0	0.171573	0.171573	0.171573	−0.592359	−2.828427	0
0	1	0	1	1	0	−18
0	−0.171573	0	0.171573	−0.592359	0	0
0	0.0294373	0.0294373	0.0294373	0.350889	0	−18

Daraus resultieren die Werte $c_7 \doteq 597.59095$, $c_3 \doteq 6.33443$, $c_6 \doteq -518.25323$, $c_{10} \doteq -17.44645$, $c_{11} \doteq -6.88798$, $c_n \doteq -30.66886$. Wenn wir den vorgeschriebenen Wert -1 der Cauchy-Randbedingung berücksichtigen und die Differenzengleichung mit $h^2 = 1/9$ multiplizieren, erhalten wir für den Punkt 7 die Differenzengleichung

$$0.70383u_3 - 57.58369u_6 + 66.39899u_7 - 1.93849u_{10} - 0.76533u_{11} = -3.18543$$

Auffällig an dieser Differenzengleichung sind die betragsmäßig großen Koeffizienten der Funktionswerte u_7 und u_6. Dies wird einerseits durch den kleinen Abstand von Punkt 6 zum Punkt 7 und andererseits durch die Cauchy-Randbedingung verursacht.

Für den verbleibenden Gitterpunkt 11 sind in Abb. 10.12 diejenigen Punkte markiert, deren Funktionswerte verwendet werden zur Approximation des Differenzialausdrucks. Für den Winkel ψ gelten jetzt $\cos\psi = -2/3$ und $\sin\psi = -\sqrt{5}/3 \doteq -0.745356$. Aus dem für die gesuchten Koeffizienten

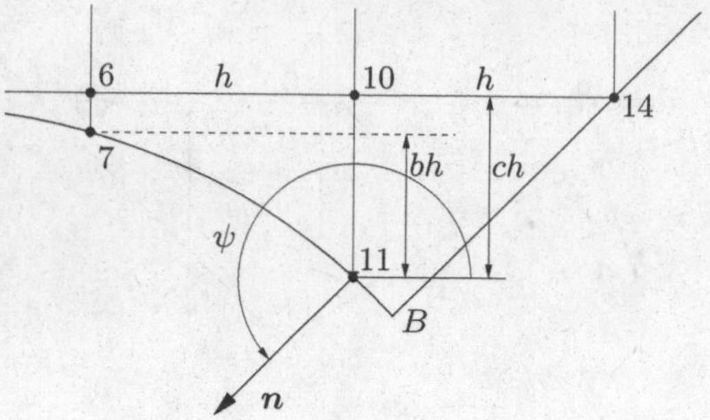

Abb. 10.12
Zur Herleitung der Differenzengleichung im Randpunkt 11.

$c_{11}, c_7, c_6, c_{10}, c_{14}$ und c_n analog hergeleiteten Gleichungssystem

c_{11}	c_7	c_6	c_{10}	c_{14}	c_n	1
1	1	1	1	1	2	0
0	−1	−1	0	1	−2	0
0	0.592359	0.763932	0.763932	0.763932	−2.236068	0
0	1	1	0	1	0	−18
0	−0.592359	−0.763932	0	0.763932	0	0
0	0.350889	0.583592	0.583592	0.583592	0	−18

ergibt sich nach Berücksichtigung der Cauchy-Randbedingung die Differenzengleichung für den Punkt 11

$$-7.04997u_6 + 6.81530u_7 + 1.29050u_{10} + 2.24016u_{11} - 1.76533u_{14} = -0.54311$$

Nach diesen Vorbereitungen für die unregelmäßigen randnahen und für die auf dem Kreisbogen liegenden Punkte kann das System der Differenzengleichungen für die Randwertaufgabe (10.29) formuliert werden. Es ist in (10.32) auf Seite 443 zu finden. Aus Platzgründen sind die nichtganzzahligen Koeffizienten auf drei Dezimalstellen angegeben. Das Gleichungssystem wurde mit voller Stellenzahl gelöst.

Die Koeffizientenmatrix des Gleichungssystems ist nicht symmetrisch und besitzt nicht einmal eine symmetrische Besetzungsstruktur, da beispielsweise $a_{73} \neq 0$, aber $a_{37} = 0$ sind. Die Matrix hat Bandstruktur, wobei die linksseitige Bandbreite wegen der elften Gleichung $m_1 = 5$ und die rechtsseitige Bandbreite $m_2 = 4$ betragen. Obwohl die Matrix nicht diagonal dominant ist (Gleichung 11!), kann das System mit dem Gauß-Algorithmus unter Verwendung der Diagonalstrategie problemlos gelöst werden. Der Prozess läuft vollständig im Band ab, so dass eine rechen- und speicherökonomische Technik in Analogie zu derjenigen von Abschnitt 2.3.2 angewandt werden kann.

Die auf vier Stellen nach dem Komma gerundete Lösung des Gleichungssystems ist in der ungefähren Anordnung der Gitterpunkte zusammen mit den Randwerten am oberen Rand in (10.33) zusammengestellt.

$$\begin{array}{lllllll}
0 & 0 & 0 & 0 & 0 & 0 & 0 \\
0.2912 & 0.3006 & 0.3197 & 0.3272 & 0.2983 & 0.2047 & \\
0.3414 & 0.3692 & 0.4288 & 0.4687 & 0.4391 & & \\
0.1137 & 0.1840 & 0.3353 & 0.4576 & & & \\
 & 0.1217 & 0.1337 & & & &
\end{array} \tag{10.33}$$

u_1	u_2	u_3	u_4	u_5	u_6	u_7	u_8	u_9	u_{10}	u_{11}	u_{12}	u_{13}	u_{14}	u_{15}	u_{16}	u_{17}	r. S.
2	−0.5		−1														0.111
−0.5	2	−0.5		−1													0.111
	−1	2.67			−1												−0.222
−1			4	−1			−1										0.222
	−1		−1	4	−1			−1									0.222
		−1		−1.71	13.7	−9.95			−1								0.222
		0.704			−57.6	66.4			−1.94	−0.765							−3.19
			−1				4	−1			−1						0.222
				−1			−1	4	−1			−1					0.222
					−1			−1.13	4.62	−1.48			−1				0.222
					−7.05	6.82			1.29	2.24			−1.77				−0.543
							−1				4	−1		−1			0.222
								−1			−1	4	−1		−1		0.222
									−1			−1	2				0.111
											−1			4	−1	−1	0.222
												−1		−1	2		0.111
														−1		2	0.111

(10.32)

Die Ergebnisse vermitteln ein anschauliches Bild von der Temperaturverteilung, die im Innern des Gebietes ein Maximum annimmt und gegen den Kreisbogen hin abnimmt infolge des Wärmeabflusses. △

Die Herleitung von Differenzengleichungen für Randpunkte mit Neumann- oder Cauchy-Randbedingung ist mühsam und fehleranfällig. Deshalb wird man die Schritte normalerweise von einem Rechner ausführen lassen. Noch eleganter ist die Benutzung leistungsfähiger Softwarepakete, die auch über die Möglichkeit graphischer Eingabe verfügen, siehe Abschnitt 10.4 oder die Beispiele 10.12 und 10.13.

10.1.4 Diskretisierungsfehler

Die berechneten Funktionswerte in den Gitterpunkten als Lösung des linearen Systems von Differenzengleichungen stellen selbstverständlich nur Näherungen für die exakten Werte der Lösungsfunktion der gestellten Randwertaufgabe dar. Um für den Fehler wenigstens qualitative Abschätzungen zu erhalten, bestimmen wir den *lokalen Diskretisierungsfehler der verwendeten Differenzenapproximation*. Der wird wie ein *Residuum* gebildet und sollte nicht verwechselt werden mit dem Diskretisierungsfehler der Lösung in einem Punkt $u_P - u(P)$. Den folgenden Betrachtungen legen wir die Poisson-Gleichung und die bisher verwendeten Differenzengleichungen zu Grunde. Analog zu den gewöhnlichen Differenzialgleichungen versteht man unter dem lokalen Diskretisierungsfehler einer Differenzengleichung den Wert, der bei Substitution der exakten Lösung $u(x,y)$ der Differenzialgleichung in die Differenzengleichung resultiert. Für die Fünf-Punkte-Differenzengleichung (10.12) eines regelmäßigen inneren Gitterpunktes $P(x,y)$ ist er definiert als

$$\begin{aligned} &d_P := \\ &\frac{1}{h^2}[-u(x,y+h) - u(x-h,y) - u(x,y-h) - u(x+h,y) + 4u(x,y)] - f(x,y). \end{aligned} \tag{10.34}$$

Für die Funktion $u(x,y)$ gelten die Taylor-Entwicklungen

$$\begin{aligned} &u(x \pm h, y) = \\ &u \pm h u_x + \frac{1}{2}h^2 u_{xx} \pm \frac{1}{6}h^3 u_{xxx} + \frac{1}{24}h^4 u_{xxxx} \pm \frac{h^5}{120}u_{xxxxx} + \frac{h^6}{720}u_{xxxxxx} \pm \ldots \\ &u(x, y \pm h) = \\ &u \pm h u_y + \frac{1}{2}h^2 u_{yy} \pm \frac{1}{6}h^3 u_{yyy} + \frac{1}{24}h^4 u_{yyyy} \pm \frac{h^5}{120}u_{yyyyy} + \frac{h^6}{720}u_{yyyyyy} \pm \ldots \end{aligned} \tag{10.35}$$

Dabei sind die Werte von u und der partiellen Ableitungen an der Stelle (x,y) zu verstehen. Nach ihrer Substitution in (10.34) ergibt sich

$$d_P = [-u_{xx} - u_{yy} - f(x,y)]_P - \frac{h^2}{12}[u_{xxxx} + u_{yyyy}]_P - \frac{h^4}{360}[u_{xxxxxx} + u_{yyyyyy}]_P + \ldots$$

Da u die Poisson-Gleichung erfüllt, verschwindet der erste Klammerausdruck. Der lokale Diskretisierungsfehler der Differenzengleichung in einem regelmäßigen inneren Gitterpunkt ist somit gegeben durch

$$d_P = -\frac{h^2}{12}[u_{xxxx} + u_{yyyy}]_P - \frac{h^4}{360}[u_{xxxxxx} + u_{yyyyyy}]_P - \ldots \tag{10.36}$$

Wenn wir im Moment nur den Hauptteil des lokalen Diskretisierungsfehlers betrachten, so besagt (10.36), dass $d_P = O(h^2)$ ist. Diese Aussage behält ihre Gültigkeit auch für einen Randpunkt mit der Neumann-Randbedingung $\partial u/\partial \boldsymbol{n} = 0$, falls der Rand entweder eine Netzgerade oder eine Diagonale des Netzes ist.

Für einen unregelmäßigen, randnahen Gitterpunkt P nach Abb. 10.7 ist auf Grund der zu (10.35) analogen Taylor-Entwicklungen und der in Beispiel 10.2 durchgeführten Herleitung sofort ersichtlich, dass in der Darstellung des lokalen Diskretisierungsfehlers die dritten partiellen Ableitungen, multipliziert mit der Gitterweite h, auftreten. Der Hauptteil des lokalen Diskretisierungsfehlers ist folglich proportional zu h, d.h. es ist $d_P = O(h)$. Dasselbe trifft auch zu für die Differenzengleichungen von Randpunkten, die wir in den Beispielen 10.3 bis 10.5 angetroffen haben, da in allen jenen Fällen die dritten partiellen Ableitungen im lokalen Diskretisierungsfehler stehen bleiben.

Hier kann wie bei Anfangswertproblemen zu gewöhnlichen Differenzialgleichungen gezeigt werden, dass der globale Diskretisierungsfehler $e_P := u(x, y) - u_P$ dieselbe Ordnung in h besitzt wie der lokale. Die *Fehlerordnung* der Fünf-Punkte-Formel (10.12) ist somit zwei. Gleichzeitig gilt damit, dass die Näherungslösungen in den Gitterpunkten für $h \to 0$ gegen die exakten Werte der Randwertaufgabe konvergieren.

Konvergenz kann auch bewiesen werden, wenn Differenzengleichungen vorkommen, deren lokaler Diskretisierungsfehler nur $O(h)$ ist.

Es sei aber nochmal betont, dass das Konvergenzverhalten nur unter der Voraussetzung gilt, dass die Lösungsfunktion in $\bar{G} = G \cup \Gamma$ mindestens viermal stetig differenzierbar ist. Dies trifft beispielsweise dann nicht zu, wenn Dirichlet-Randbedingungen unstetig sind oder das Gebiet einspringende Ecken aufweist. Partielle Ableitungen niedriger Ordnung der Lösungsfunktion besitzen an diesen Stellen eine Singularität, ein einfaches Beispiel ist der Kreissektor mit Innenwinkel $\varphi > \pi$, siehe etwa § 2 in [Bra 03] oder [Tve 02]. Solche Fälle erfordern spezielle Analysen, um das Konvergenzverhalten zu erfassen [Bra 68]. Bei der numerischen Lösung solcher Probleme ist es oft vorteilhaft, die Singularitäten durch geeignete Ansätze zu berücksichtigen [Gla 79, Mit 80].

Beispiel 10.6. Zur Steigerung der Genauigkeit der Näherungslösung der Differenzengleichungen kann man die Gitterweite h verkleinern. Auf Grund der Fehlerordnung $O(h^2)$ verkleinert sich der Fehler bei Halbierung der Gitterweite h nur etwa auf den vierten Teil. Die Zahl der Gitterpunkte und damit die Ordnung des linearen Gleichungssystems steigt etwa auf das Vierfache an. Zur Illustration behandeln wir die Randwertaufgabe (10.14) bis (10.17) von Beispiel 10.1 mit der Gitterweite $h = 0.125$ und erhalten gemäß Abb. 10.13 $n = 81$ Gitterpunkte mit unbekannten Funktionswerten. Es können die Differenzengleichungen (10.18) angewandt werden. Das Gleichungssystem erhält bei spaltenweiser Nummerierung der Gitterpunkte eine Bandstruktur mit der Bandbreite $m = 9$.

Zu Vergleichszwecken sind in (10.37) die aus dem Gleichungssystem resultierenden, auf fünf Stellen nach dem Komma gerundeten Näherungswerte an den Gitterpunkten von Abb. 10.6 in deren

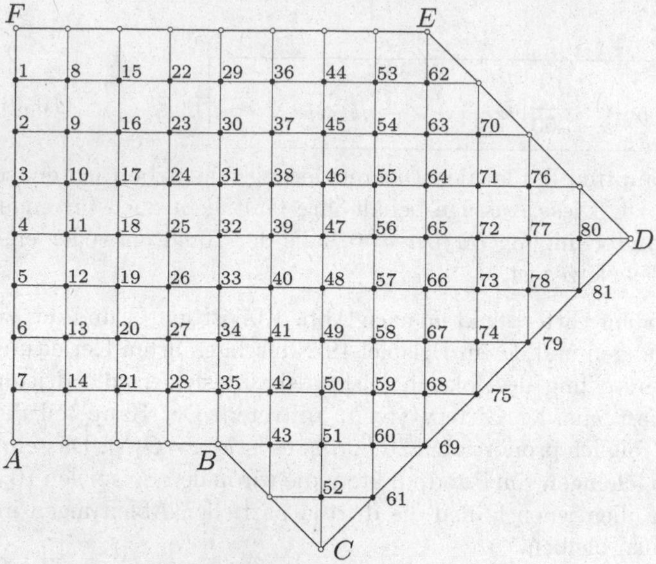

Abb. 10.13 Netz und Gitterpunkte für $h = 0.125$.

Anordnung zusammengestellt.

0	0	0	0	0			
0.41771	0.41178	0.39070	0.34227	0.23286	0		
0.72153	0.71270	0.68149	0.61400	0.48858	0.28386	0	
0.91686	0.90979	0.88268	0.81815	0.70244	0.52389		(10.37)
1	1	1	0.94836	0.85602			
			1				

Eine Gegenüberstellung mit dem Ergebnis (10.20) für die doppelt so große Gitterweite zeigt eine recht gute Übereinstimmung. Die größte Differenz beträgt maximal acht Einheiten in der dritten Dezimalstelle nach dem Komma. Wenn wir trotz der Ecken des Gebietes die Fehlerordnung zwei annehmen, dann zeigt sich auf Grund einer Extrapolation, dass (10.37) die gesuchte Lösung mit mindestens zweistelliger Genauigkeit darstellt. △

10.1.5 Ergänzungen

Jede Verkleinerung der Gitterweite h bewirkt eine starke Vergrößerung der Zahl der Unbekannten. Es kommt hinzu, dass die Konditionszahl der Matrix $\boldsymbol{A}$ des Systems von Differenzengleichungen wie h^{-2} anwächst [Hac 96]. Dies sieht man beispielhaft, wenn man die Spektralnorm von Modellproblemen berechnet, siehe etwa Beispiel 11.16. Eine andere Möglichkeit zur Erhöhung der Genauigkeit der Näherungslösung besteht darin, die Fehlerordnung der Differenzenapproximation zu erhöhen. Zur Bildung der betreffenden Differenzengleichung müssen Funktionswerte an mehr Gitterpunkten verwendet werden. Werden auch zur Bildung der rechten Seite mehrere Werte der Funktion $f(x, y)$ verwendet, so spricht man auch von *Mehrstellenoperatoren*, siehe etwa [Hac 96].

Die Diskretisierung einer allgemeinen partiellen Differenzialgleichung (10.1) vom elliptischen Typus erfolgt nach dem oben vorgezeichneten Vorgehen. Im einfachsten Fall werden die auftretenden partiellen Ableitungen gemäß (10.9) und (10.10) durch Differenzenquotienten approximiert. In einem regelmäßigen inneren Punkt verwendet man für die gemischte partielle Ableitung die Approximation

$$u_{xy}(u_i, y_j) \approx \frac{u_{i+1,j+1} - u_{i-1,j+1} - u_{i+1,j-1} + u_{i-1,j-1}}{4h^2},$$

welche aus zweimaliger Anwendung der zentralen Differenzenquotienten (10.9) resultiert. Damit erhält die einfachste Differenzenapproximation die Struktur einer Neun-Punkte-Formel, wenn in der zu lösenden partiellen Differenzialgleichung der Term u_{xy} auftritt. Wir verweisen wegen weiterer Einzelheiten wieder auf [Hac 96], wo man auch die Anwendung von Differenzenapproximationen auf elliptische Randwertaufgaben höherer Ordnung am Beispiel der *biharmonischen* oder *Plattengleichung* $\Delta^2 u = f$ findet.

Zur numerischen Lösung von elliptischen Randwertaufgaben ist es in bestimmten Situationen zweckmäßig, ein Netz mit variablen Gitterweiten in x- und y-Richtung zu verwenden, um auf diese Weise eine lokal feinere Diskretisierung zu erreichen. Dies ist angezeigt in Teilgebieten, in denen sich die Lösungsfunktion rasch ändert oder die Ableitungen eine Singularität aufweisen, beispielsweise in der Nähe einer einspringenden Ecke. Für das Gebiet G der Randwertaufgabe (10.14) bis (10.17) trägt beispielsweise das Netz von Abb. 10.14 der einspringenden Ecke B Rechnung. Die in y-Richtung in der Nähe von B gewählte Gitterweite $h = 1/16$ hat wegen der Neumann-Randbedingung längs CD eine kleine Gitterweite in einer Region zur Folge, wo es nicht erforderlich wäre.

Zur Approximation der Poisson-Gleichung sind jetzt die Funktionswerte in nicht gleichabständigen Gitterpunkten nach Abb. 10.14 zu verwenden. Aus (10.21) und (10.22) lassen sich für die zweiten partiellen Ableitungen in P die folgenden Näherungen herleiten

$$u_{xx}(P) \approx 2\left\{\frac{u_E}{h_1(h_1+h_2)} + \frac{u_W}{h_2(h_1+h_2)} - \frac{u_P}{h_1 h_2}\right\},$$

$$u_{yy}(P) \approx 2\left\{\frac{u_N}{h_3(h_3+h_4)} + \frac{u_S}{h_4(h_3+h_4)} - \frac{u_P}{h_3 h_4}\right\}.$$

Daraus folgt die Differenzengleichung für den typischen Punkt P

$$\boxed{\begin{aligned} 2\left(\frac{1}{h_1h_2} + \frac{1}{h_3h_4}\right)u_P &- \frac{2u_N}{h_3(h_3+h_4)} - \frac{2u_W}{h_2(h_1+h_2)} \\ &- \frac{2u_S}{h_4(h_3+h_4)} - \frac{2u_E}{h_1(h_1+h_2)} = f_P. \end{aligned}} \tag{10.38}$$

Der lokale Diskretisierungsfehler der Differenzengleichung (10.38) ist nur $O(h)$, falls $h = \max\{h_1, h_2, h_3, h_4\}$ und $h_1 \neq h_2$ oder $h_3 \neq h_4$ ist. Das resultierende System von Differenzengleichungen ist unsymmetrisch.

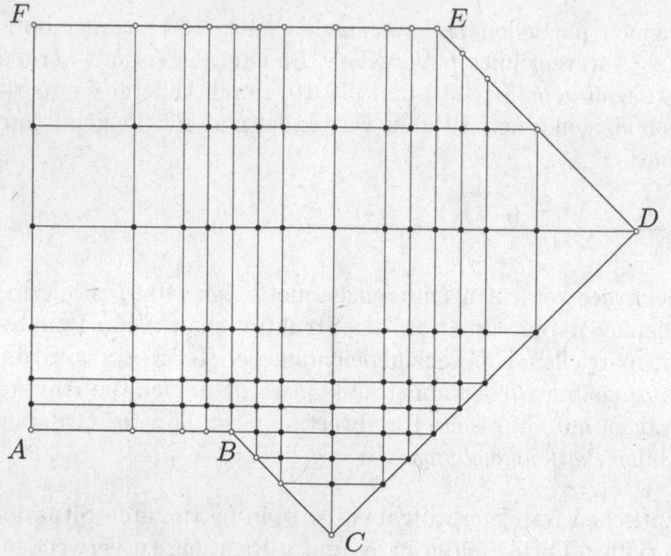

Abb. 10.14 Gebiet mit unregelmäßigem Netz.

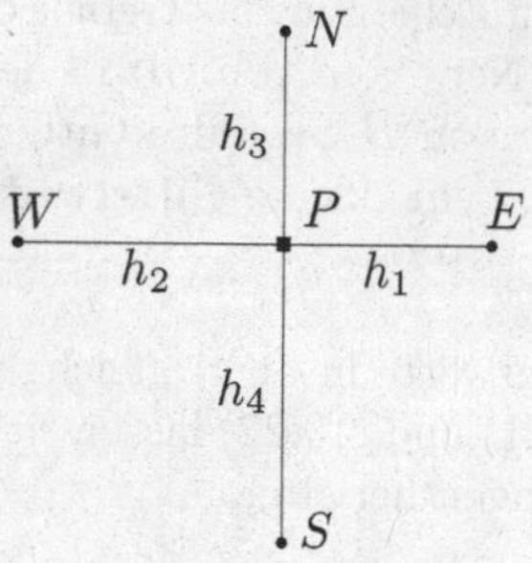

Abb. 10.15
Gitterpunkte im unregelmäßigen Netz.

10.2 Parabolische Anfangsrandwertaufgaben

Die mathematische Beschreibung von zeitabhängigen Diffusions- und Wärmeleitungsproblemen führt auf eine parabolische Differenzialgleichung für die gesuchte, von Zeit und von Ortsvariablen abhängige Funktion. Wir behandeln zuerst ausführlich den eindimensionalen Fall, beschreiben zu seiner Lösung zwei Diskretisierungsmethoden mit unterschiedlichen Eigenschaften und betrachten anschließend noch den zweidimensionalen Fall.

10.2.1 Eindimensionale Probleme, explizite Methode

Die einfachste parabolische Differenzialgleichung lautet

$$\boxed{u_t = u_{xx}} \tag{10.39}$$

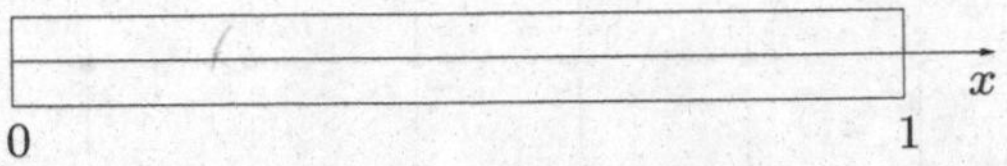

Abb. 10.16
Wärmeleitung im Stab.

für eine Funktion $u(x,t)$ der Ortsvariablen x und der Zeit t. In der Regel wird die Funktion $u(x,t)$ gesucht in einem beschränkten Intervall für x, das wir auf $(0,1)$ normieren können, und für positive Werte von t. Das Gebiet G, in welchem die Lösung zu bestimmen ist, besteht somit aus einem unendlichen Halbstreifen in der (x,t)–Ebene. Zur Differenzialgleichung (10.39) treten noch Nebenbedingungen hinzu, die man in zwei Klassen einteilt. So muss eine *Anfangsbedingung*

$$\boxed{u(x,0) = f(x), \quad 0 < x < 1,} \tag{10.40}$$

gegeben sein, welche die Werte der Lösungsfunktion zur Zeit $t = 0$ vorschreibt. Weiter müssen sowohl für $x = 0$ als auch für $x = 1$ für alle $t > 0$ *Randbedingungen* vorliegen. Entweder wird der Wert von u als Funktion der Zeit t vorgeschrieben (Dirichlet-Randbedingung) oder eine Linearkombination der partiellen Ableitung von u nach x und der Funktion u muss einen im allgemeinen zeitabhängigen Wert annehmen (Cauchy-Randbedingung). Die Randbedingungen können beispielsweise so lauten

$$\boxed{u(0,t) = \varphi(t), \qquad u_x(1,t) + \alpha(t)u(1,t) = \beta(t), \quad t > 0,} \tag{10.41}$$

wo $\varphi(t), \alpha(t)$ und $\beta(t)$ gegebenen Funktionen der Zeit sind.

Die Anfangsrandwertaufgabe (10.39) bis (10.41) wird nun analog zu den elliptischen Randwertaufgaben diskretisiert, indem zuerst über das Grundgebiet $G = [0,1] \times [0,\infty)$ ein Netz mit zwei im Allgemeinen unterschiedlichen Gitterweiten h und k in x- und t-Richtung gelegt wird. Gesucht werden dann Näherungen der Funktion $u(x,t)$ in den so definierten diskreten Gitterpunkten. Weiter wird die Differenzialgleichung durch eine Differenzenapproximation ersetzt, wobei gleichzeitig die Randbedingungen berücksichtigt werden. Mit ihrer Hilfe wird die Funktion $u(x,t)$ näherungsweise mit zunehmender Zeit t berechnet werden.

Beispiel 10.7. Wir betrachten die Wärmeleitung in einem homogenen Stab konstanten Querschnitts mit der Länge Eins. Er sei auf der ganzen Länge wärmeisoliert, so dass keine Wärmeabstrahlung stattfinden kann. An seinem linken Ende (vgl. Abb. 10.16) ändere sich die Temperatur periodisch, während das rechte Ende wärmeisoliert sei. Gesucht wird die Temperaturverteilung im Stab in Abhängigkeit des Ortes x und der Zeit t falls zur Zeit $t = 0$ die Temperaturverteilung bekannt ist.

Die Anfangsrandwertaufgabe für die Temperaturverteilung $u(x,t)$ lautet:

$$\begin{aligned} u_t &= u_{xx} && \text{für } 0 < x < 1, t > 0; \\ u(x,0) &= 0 && \text{für } 0 < x < 1; \\ u(0,t) &= \sin(\pi t), \quad u_x(1,t) = 0 && \text{für } t > 0. \end{aligned} \tag{10.42}$$

In Abb. 10.17 ist das Netz in einem Teil des Halbstreifens für die Gitterweiten $h = 1/n$ und k eingezeichnet. Die Gitterpunkte, in denen die Funktionswerte entweder durch die Anfangs- oder die Randbedingung bekannt sind, sind durch Kreise markiert, während die Gitterpunkte mit unbekannten Funktionswerten durch ausgefüllte Kreis hervorgehoben sind. Die Gitterpunkte haben die Koordinaten $x_i = ih, i = 0,1,\ldots,n$, und $t_j = jk, j = 0,1,2,\ldots$. Die Näherungswerte für die

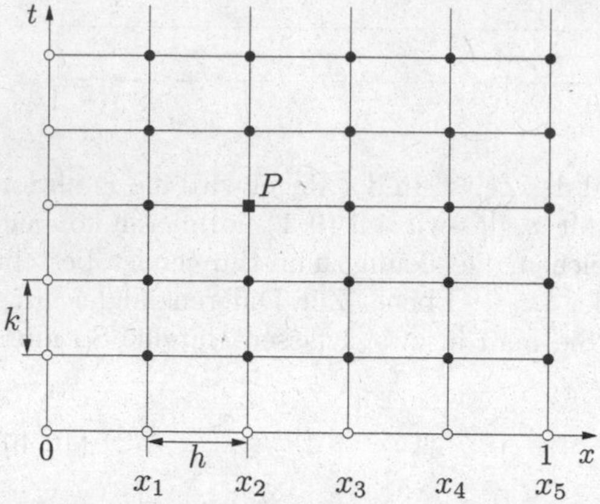

Abb. 10.17
Netz im Halbstreifen.

gesuchten Funktionswerte $u(x_i, t_j)$ bezeichnen wir mit $u_{i,j}$. Zur Approximation der partiellen Differenzialgleichung in einem inneren Punkt $P(x_i, t_j)$ ersetzen wir die erste partielle Ableitung nach t durch den so genannten Vorwärtsdifferenzenquotienten

$$u_t(P) \approx \frac{u_{i,j+1} - u_{i,j}}{k}$$

und die zweite partielle Ableitung nach x durch den zweiten Differenzenquotienten

$$u_{xx}(P) \approx \frac{u_{i+1,j} - 2u_{i,j} + u_{i-1,j}}{h^2}.$$

Durch Gleichsetzen der beiden Ausdrücke resultiert die Differenzengleichung

$$u_{i,j+1} - u_{i,j} = \frac{k}{h^2}(u_{i+1,j} - 2u_{i,j} + u_{i-1,j}),$$

oder

$$\boxed{\begin{aligned} &u_{i,j+1} = ru_{i-1,j} + (1-2r)u_{i,j} + ru_{i+1,j}, \quad r := \frac{k}{h^2}, \\ &i = 1, 2, \ldots, n-1; \quad j = 0, 1, 2, \ldots. \end{aligned}} \tag{10.43}$$

Die Berücksichtigung der Randbedingung am linken Rand ist problemlos, da für $i = 1$ in (10.43) der bekannte Wert $u_{0,j} = \sin(\pi jk)$ eingesetzt werden kann. Die Neumann-Randbedingung am rechten Rand wird durch eine Symmetriebetrachtung berücksichtigt, so dass aus (10.43) die Formel folgt

$$\boxed{u_{n,j+1} = 2ru_{n-1,j} + (1-2r)u_{n,j}, \quad j = 0, 1, 2, \ldots.} \tag{10.44}$$

Zur Zeit $t = 0$, d.h. für $j = 0$, sind die Funktionswerte $u_{i,0}$ für $i = 0, 1, \ldots, n$ durch die Anfangsbedingung bekannt. Die Rechenvorschriften (10.43) und (10.44) gestatten, die Näherungen $u_{i,j+1}$, $i = 1, 2, \ldots, n$, für festes j aus den Werten $u_{i,j}$ in expliziter Weise zu berechnen. Somit kann die Näherungslösung mit zunehmendem j, also in Zeitrichtung fortschreitend, sukzessive ermittelt werden. Die angewandte Diskretisierung der parabolischen Differenzialgleichung führt zur *expliziten Methode* von *Richardson*.

Wir berechnen Näherungslösungen der Anfangsrandwertaufgabe (10.42) vermittels (10.43) und (10.44) für feste Gitterweite $h = 0.1$ und die Zeitschrittweiten $k = 0.002$, $k = 0.005$ und $k = 0.01$. In Tab. 10.1 bis 10.3 sind die erhaltenen Ergebnisse auszugsweise zusammengestellt.

In den beiden ersten Fällen ($k = 0.002$ und $k = 0.005$) erhält man qualitativ richtige Näherungen,

Tab. 10.1 Wärmeleitung, $h = 0.1, k = 0.002, r = 0.2$; explizite Methode.

t	j	$u_{0,j}$	$u_{1,j}$	$u_{2,j}$	$u_{3,j}$	$u_{4,j}$	$u_{6,j}$	$u_{8,j}$	$u_{10,j}$
0	0	0	0	0	0	0	0	0	0
0.1	50	0.3090	0.2139	0.1438	0.0936	0.0590	0.0212	0.0069	0.0035
0.2	100	0.5878	0.4580	0.3515	0.2657	0.1980	0.1067	0.0599	0.0456
0.3	150	0.8090	0.6691	0.5476	0.4441	0.3578	0.2320	0.1611	0.1383
0.4	200	0.9511	0.8222	0.7050	0.6009	0.5107	0.3727	0.2909	0.2639

Tab. 10.2 Wärmeleitung, $h = 0.1, k = 0.005, r = 0.5$; explizite Methode.

t	j	$u_{0,j}$	$u_{1,j}$	$u_{2,j}$	$u_{3,j}$	$u_{4,j}$	$u_{6,j}$	$u_{8,j}$	$u_{10,j}$
0	0	0	0	0	0	0	0	0	0
0.1	20	0.3090	0.2136	0.1430	0.0927	0.0579	0.0201	0.0061	0.0027
0.2	40	0.5878	0.4578	0.3510	0.2650	0.1970	0.1053	0.0583	0.0439
0.3	60	0.8090	0.6689	0.5472	0.4435	0.3569	0.2306	0.1594	0.1365
0.4	80	0.9511	0.8222	0.7049	0.6006	0.5101	0.3716	0.2895	0.2624
0.5	100	1.0000	0.9007	0.8049	0.7156	0.6350	0.5060	0.4263	0.3994
0.6	120	0.9511	0.8955	0.8350	0.7736	0.7147	0.6142	0.5487	0.5260
0.7	140	0.8090	0.8063	0.7904	0.7661	0.7376	0.6804	0.6387	0.6235
0.8	160	0.5878	0.6408	0.6737	0.6916	0.6985	0.6941	0.6828	0.6776
0.9	180	0.3090	0.4147	0.4954	0.5555	0.5992	0.6510	0.6731	0.6790
1.0	200	0	0.1497	0.2718	0.3699	0.4474	0.5528	0.6076	0.6245

Tab. 10.3 Wärmeleitung, $h = 0.1, k = 0.001, r = 1.0$; explizite Methode.

t	j	$u_{0,j}$	$u_{1,j}$	$u_{2,j}$	$u_{3,j}$	$u_{4,j}$	$u_{6,j}$	$u_{8,j}$	$u_{10,j}$
0	0	0	0	0	0	0	0	0	0
0.05	5	0.1564	0.0312	0.1256	-0.0314	0.0314	0	0	0
0.10	10	0.3090	5.4638	-8.2955	8.8274	-6.7863	-2.0107	-0.1885	0

wobei im zweiten Fall wegen des größeren Wertes von k größere Fehler zu erwarten sind. Im dritten Fall mit $k = 0.01$ braucht man nur wenige Schritte durchzuführen, um zu erkennen, dass die erhaltenen Ergebnisse sinnlos sind. Die explizite Methode ist für diese Kombination von Gitterweiten h und k mit $r = 1.0$ offenbar instabil. △

Um die Eigenschaften der expliziten Methode von Richardson zu untersuchen, beginnen wir mit der Bestimmung des *lokalen Diskretisierungsfehlers* der Rechenvorschrift (10.43). Mit der Lösungsfunktion $u(x, t)$ der Aufgabe (10.42) ist dieser definiert durch

$$\begin{aligned}
d_{i,j+1} &:= u(x_i,t_{j+1}) - ru(x_{i-1},t_j) - (1-2r)u(x_i,t_j) - ru(x_{i+1},t_j) \\
&= u + ku_t + \frac{1}{2}k^2u_{tt} + \cdots \\
&\quad -r\left\{u - hu_x + \frac{1}{2}h^2u_{xx} - \frac{1}{6}h^3u_{xxx} + \frac{1}{24}h^4u_{xxxx} \mp \cdots\right\} \\
&\quad -(1-2r)u \\
&\quad -r\left\{u + hu_x + \frac{1}{2}h^2u_{xx} + \frac{1}{6}h^3u_{xxx} + \frac{1}{24}h^4u_{xxxx} + \cdots\right\} \\
&= k\{u_t - u_{xx}\} + \frac{1}{2}k^2u_{tt} - \frac{1}{2}kh^2u_{xxxx} + \cdots,
\end{aligned}$$

worin wir $k = rh^2$ verwendet haben. Der Koeffizient von k ist gleich null, weil $u(x,t)$ die Differenzialgleichung erfüllt. Somit gilt für den lokalen Diskretisierungsfehler

$$\boxed{d_{i,j+1} = \frac{1}{2}k^2u_{tt}(x_i,t_j) - \frac{1}{12}kh^2u_{xxxx}(x_i,t_j) + \cdots = O(k^2) + O(kh^2).} \tag{10.45}$$

Um weiter den *globalen Diskretisierungsfehler* $g_{i,j+1}$ des Verfahrens abschätzen zu können, verwenden wir die Tatsache, dass mit der Methode eine Integration in Zeitrichtung erfolgt. Die Rechenvorschriften (10.43) und (10.44) entsprechen der *Methode von Euler* (8.12) zur Integration eines Systems von gewöhnlichen Differenzialgleichungen. Man gelangt zu diesem System, wenn man die partielle Differenzialgleichung nur bezüglich der Ortsvariablen x diskretisiert. Die zweite partielle Ableitung ersetzen wir dabei durch den zweiten Differenzenquotienten, berücksichtigen die Randbedingungen am linken und am rechten Rand und definieren die n Funktionen $y_i(t) := u(x_i,t), (i = 1,2,\ldots,n)$, zugehörig zu den diskreten Stellen x_i. Dann lautet das System von gewöhnlichen Differenzialgleichungen erster Ordnung

$$\begin{aligned}
\dot{y}_1(t) &= \frac{1}{h^2}\{-2y_1(t) + y_2(t) + \sin(\pi t)\}, \\
\dot{y}_i(t) &= \frac{1}{h^2}\{y_{i-1}(t) - 2y_i(t) + y_{i+1}(t)\}, \quad i = 2,3,\ldots,n-1, \\
\dot{y}_n(t) &= \frac{1}{h^2}\{2y_{n-1}(t) - 2y_n(t)\}.
\end{aligned} \tag{10.46}$$

Integriert man (10.46) mit der Methode von Euler mit dem Zeitschritt k, so resultieren (10.43) und (10.44). Auf Grund dieses Zusammenhangs erkennt man, dass der globale Fehler gegenüber dem lokalen eine Potenz in k verliert. Es gilt somit $g_{i,j-1} = O(k) + O(h^2)$. Die explizite Methode von Richardson ist von erster Ordnung bezüglich der Zeitintegration und zweiter Ordnung bezüglich der Ortsdiskretisation.

Es bleibt noch das zentrale Problem der *absoluten Stabilität* (vgl. Abschnitt 8.4) der expliziten Methode abzuklären. Zu diesem Zweck schreiben wir die Rechenvorschriften (10.43) und (10.44) unter Berücksichtigung der Randbedingung am linken Rand wie folgt:

$$\boldsymbol{u}_{j+1} = \boldsymbol{A}\boldsymbol{u}_j + \boldsymbol{b}_j, \qquad j = 0,1,2,\ldots. \tag{10.47}$$

Darin bedeuten

$$A := \begin{pmatrix} 1-2r & r & & & & \\ r & 1-2r & r & & & \\ & r & 1-2r & r & & \\ & & \ddots & \ddots & \ddots & \\ & & & r & 1-2r & r \\ & & & & 2r & 1-2r \end{pmatrix}, \tag{10.48}$$

$$u_j := \begin{pmatrix} u_{1,j} \\ u_{2,j} \\ u_{3j} \\ \vdots \\ u_{n-1,j} \\ u_{n,j} \end{pmatrix}, \quad b_j := \begin{pmatrix} r\sin(\pi jk) \\ 0 \\ 0 \\ \vdots \\ 0 \\ 0 \end{pmatrix}.$$

Die Matrix $\boldsymbol{A}$ ist tridiagonal und ist durch den Parameter r von k und h abhängig. Notwendig und hinreichend für die absolute Stabilität ist die Bedingung, dass die Eigenwerte λ_ν der Matrix $\boldsymbol{A}$ betragsmäßig kleiner Eins sind. Um Aussagen über die Eigenwerte in Abhängigkeit von r zu gewinnen, setzen wir

$$\boldsymbol{A} = \boldsymbol{I} - r\boldsymbol{J} \text{ mit } \boldsymbol{J} := \begin{pmatrix} 2 & -1 & & & & \\ -1 & 2 & -1 & & & \\ & -1 & 2 & -1 & & \\ & & \ddots & \ddots & \ddots & \\ & & & -1 & 2 & -1 \\ & & & & -2 & 2 \end{pmatrix} \in \mathbb{R}^{n,n}. \tag{10.49}$$

Die Eigenwerte λ_ν von $\boldsymbol{A}$ sind durch die Eigenwerte μ_ν von $\boldsymbol{J}$ gegeben durch $\lambda_\nu = 1 - r\mu_\nu$, $\nu = 1, 2, \ldots, n$. Die Eigenwerte von $\boldsymbol{J}$ sind reell, denn $\boldsymbol{J}$ ist ähnlich zu der symmetrischen Matrix $\hat{\boldsymbol{J}} := \boldsymbol{D}^{-1}\boldsymbol{J}\boldsymbol{D}$ mit $\boldsymbol{D} := \operatorname{diag}(1, 1, \ldots, 1, \sqrt{2})$. Die Matrix $\hat{\boldsymbol{J}}$ ist positiv definit, denn der Gauß-Algorithmus für $\hat{\boldsymbol{J}}$ ist mit Diagonalstrategie mit positiven Pivotelementen durchführbar. Folglich sind die Eigenwerte von $\boldsymbol{J}$ positiv und auf Grund der Zeilenmaximumnorm höchstens gleich vier. Die Matrix $\hat{\boldsymbol{J}} - 4\boldsymbol{I}$ ist negativ definit, und somit ist der Wert vier nicht Eigenwert von $\hat{\boldsymbol{J}}$. Für die Eigenwerte von $\boldsymbol{A}$ gilt folglich wegen $r > 0$

$$1 - 4r < \lambda_\nu < 1,$$

und die Bedingung der absoluten Stabilität ist erfüllt, falls

$$\boxed{r \leq \frac{1}{2} \text{ oder } k \leq \frac{1}{2}h^2} \tag{10.50}$$

gilt. Im Beispiel 10.7 wurde mit $h = 0.1, k = 0.001$ und $r = 1$ die hinreichende Bedingung (10.50) klar verletzt, was die erhaltenen Zahlenwerte in Tab. 10.3 erklärt.

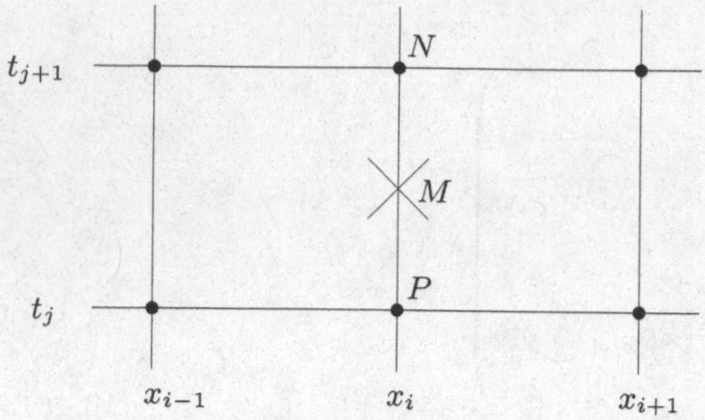

Abb. 10.18 Netzausschnitt.

Die Beschränkung des Zeitschrittes k durch (10.50) zur Sicherstellung der Stabilität der expliziten Methode ist für kleine Gitterweiten h sehr restriktiv. Zur Lösung der Anfangsrandwertaufgabe bis zu einem Zeitpunkt $T \gg 1$ ist in diesem Fall eine derart große Anzahl von Schritten notwendig, dass der gesamte Rechenaufwand prohibitiv groß werden kann. Deshalb sind andersgeartete Differenzenapproximationen mit besseren Eigenschaften hinsichtlich der absoluten Stabilität nötig.

Die Untersuchung der absoluten Stabilität erfolgte für die konkrete Aufgabe (10.42). Die Bedingung (10.50) bleibt bei der Differenzialgleichung $u_t = u_{xx}$ auch für andere Randbedingungen bestehen [Smi 85].

10.2.2 Eindimensionale Probleme, implizite Methode

Aus der Sicht der Differenzenapproximation ist bei der Herleitung der expliziten Methode nachteilig, dass die beiden verwendeten Differenzenquotienten die zugehörigen Ableitungen an verschiedenen Stellen des Gebietes G am besten approximieren. Um die Approximation unter diesem Gesichtspunkt zu verbessern, soll u_{xx} durch das arithmetische Mittel der beiden zweiten Differenzenquotienten ersetzt werden, welche zu den Punkten $P(x_i, t_j)$ und $N(x_i, t_{j+1})$ in zwei aufeinanderfolgenden Zeitschichten gebildet werden (vgl. Abb. 10.18). Damit erfolgt eine Approximation von $u_t = u_{xx}$ bezüglich des Mittelpunktes M. Mit

$$\begin{aligned} u_{xx} &\approx \frac{1}{2h^2}\{u_{i+1,j} - 2u_{i,j} + u_{i-1,j} + u_{i+1,j+1} - 2u_{i,j+1} + u_{i-1,j+1}\} \\ u_t &\approx \frac{1}{k}\{u_{i,j+1} - u_{i,j}\} \end{aligned}$$

erhalten wir durch Gleichsetzen der beiden Differenzenapproximationen, nach Multiplikation mit $2k$ und nachfolgendem Ordnen folgende Differenzengleichung für einen inneren Punkt P.

$$\boxed{\begin{aligned} &-ru_{i-1,j+1} + (2+2r)u_{i,j+1} - ru_{i+1,j+1} \\ = \;& ru_{i-1,j} + (2-2r)u_{i,j} + ru_{i+1,j}; \qquad r = \frac{k}{h^2}. \end{aligned}} \tag{10.51}$$

Für die folgenden Betrachtungen legen wir die Aufgabe (10.42) zu Grunde. Die beiden Randbedingungen führen zu den zusätzlichen Differenzengleichungen

$$\begin{aligned} &(2+2r)\,u_{1,j+1} \;-ru_{2,j+1} \\ &= (2-2r)\,u_{1,j} \quad +ru_{2,j} + r\{\sin(\pi jk) + \sin(\pi(j+1)k)\}, \end{aligned} \tag{10.52}$$

$$-2ru_{n-1,j+1} + (2+2r)\,u_{n,j+1} = 2ru_{n-1,j} + (2-2r)\,u_{n,j}. \tag{10.53}$$

Schreibt man sich die Gleichungen (10.51) bis (10.53) für einen festen Index j auf, entsteht ein lineares Gleichungssystem für die n Unbekannten $u_{1,j+1}$, $u_{2,j+1}$, ..., $u_{n,j+1}$, dessen Koeffizientenmatrix tridiagonal ist. Da in jedem Zeitschritt ein Gleichungssystem zu lösen ist, ist die dargestellte *Methode von Crank-Nicolson* implizit.

Der *lokale Diskretisierungsfehler* der Rechenvorschrift (10.51) ist definiert als

$$\begin{aligned} d_{i,j+1} :=\; & -ru(x_{i-1},t_{j+1}) + (2+2r)u(x_i,t_{j+1}) - ru(x_{i+1},t_{j+1}) \\ & -ru(x_{i-1},t_j) - (2-2r)u(x_i,t_j) \quad - ru(x_{i+1},t_j). \end{aligned}$$

Setzt man darin die Taylor-Entwicklungen bezüglich $P(x_i,t_j)$ ein, so erhält man die folgende Darstellung für $d_{i,j+1}$.

$$\begin{aligned} d_{i,j+1} =\; & 2k\{u_t - u_{xx}\} + k^2\{u_{tt} - u_{xxt}\} \\ & + \frac{1}{3}k^3u_{ttt} - \frac{1}{6}h^2ku_{xxxx} - \frac{1}{2}k^3u_{xxtt} + \frac{1}{12}k^4u_{tttt} + \ldots \end{aligned}$$

Die erste geschweifte Klammer ist gleich null, denn $u(x,t)$ ist nach Voraussetzung Lösung von $u_t = u_{xx}$. Auch die zweite geschweifte Klammer ist gleich null, denn der Ausdruck ist gleich der partiellen Ableitung nach t von $u_t - u_{xx} = 0$. Folglich gilt wegen $u_{ttt} = u_{xxtt}$

$$d_{i,j+1} = -\frac{1}{6}k^3u_{xxtt} - \frac{1}{6}h^2ku_{xxxx} + \ldots = O(k^3) + O(h^2k). \tag{10.54}$$

Die Beziehung zum *globalen Diskretisierungsfehler* $g_{i,j+1}$ der impliziten Methode von Crank-Nicolson wird hergestellt durch die Feststellung, dass die Formeln (10.51) bis (10.53) der Integration des Differenzialgleichungssystems (10.46) nach der *Trapezmethode* (8.16) mit dem Zeitschritt k entsprechen. Somit gilt $g_{i,j+1} = O(k^2) + O(h^2)$, und die implizite Methode von Crank-Nicolson ist von zweiter Ordnung bezüglich h und k.

Als nächstes zeigen wir die *absolute Stabilität* der impliziten Methode für die Aufgabe (10.42). Mit Vektoren $\boldsymbol{u}_j$ gemäß (10.48) und der Matrix $\boldsymbol{J}$ (10.49) lauten die Rechenvorschriften (10.51) bis (10.53)

$$(2\boldsymbol{I} + r\boldsymbol{J})\boldsymbol{u}_{j+1} = (2\boldsymbol{I} - r\boldsymbol{J})\boldsymbol{u}_j + \boldsymbol{b}_j, \tag{10.55}$$

wo $\boldsymbol{b}_j = r\{\sin(\pi jk) + \sin(\pi(j+1)k)\}\boldsymbol{e}_1$ ist. Die Matrix $2\boldsymbol{I} + r\boldsymbol{J}$ ist wegen $r > 0$ diagonal dominant und folglich regulär. Mit ihrer Inversen lautet (10.55) formal

$$\boldsymbol{u}_{j+1} = (2\boldsymbol{I} + r\boldsymbol{J})^{-1}(2\boldsymbol{I} - r\boldsymbol{J})\boldsymbol{u}_j + (2\boldsymbol{I} + r\boldsymbol{J})^{-1}\boldsymbol{b}_j. \tag{10.56}$$

Die Methode ist absolut stabil, falls die Eigenwerte λ_ν der Matrix

$$\boldsymbol{B} := (2\boldsymbol{I} + r\boldsymbol{J})^{-1}(2\boldsymbol{I} - r\boldsymbol{J})$$

betragsmäßig kleiner als Eins sind. Wie oben bereits festgestellt worden ist, gilt $0 < \mu_\nu < 4$ für die Eigenwerte μ_ν von $\boldsymbol{J}$, und somit sind die Eigenwerte von $\boldsymbol{B}$

$$-1 < \lambda_\nu = \frac{2 - r\mu_\nu}{2 + r\mu_\nu} < 1 \quad \text{für alle } \nu \text{ und alle } r > 0.$$

Die implizite Methode von Crank-Nicolson ist absolut stabil, denn der Wert $r = k/h^2$ unterliegt keiner Einschränkung bezüglich Stabilität. Natürlich darf k nicht beliebig groß gewählt werden, da sonst der globale Diskretisierungsfehler zu groß wird. Wegen (10.54) ist oft die Wahl $k = h$, also $r = 1/h$ durchaus sinnvoll. Die Integration in Zeitrichtung erfolgt dann in bedeutend größeren Zeitschritten als dies bei der expliziten Methode möglich wäre.

Die in jedem Zeitschritt durchzuführende Berechnung des Vektors $\boldsymbol{u}_{j+1}$ aus dem Gleichungssystem (10.55) ist nicht sehr aufwändig, weil dessen Koeffizientenmatrix $(2\boldsymbol{I} + r\boldsymbol{J})$ erstens tridiagonal und diagonal dominant und zweitens konstant für alle j ist. Deshalb ist die LR-Zerlegung nur einmal, und zwar mit Diagonalstrategie durchzuführen, wozu etwa $2n$ wesentliche Operationen nötig sind (vgl. Abschnitt 2.3.3). Für jeden Integrationsschritt sind nur die Vorwärts- und Rücksubstitution mit etwa $3n$ multiplikativen Operationen für die jeweilige rechte Seite auszuführen, deren Berechnung weitere $2n$ Multiplikationen erfordert, falls man ihre i-te Komponente in der Darstellung $\varrho u_{i,j} + r(u_{i-1,j} + u_{i+1,j})$ mit $\varrho = 2 - 2r$ ausrechnet. Ist $r = 1$, dann vereinfacht sich diese Formel wegen $\varrho = 0$. Der Rechenaufwand für einen Schritt mit der impliziten Methode von Crank-Nicolson beträgt somit

$$Z_{\text{CN}} \cong 5n$$

wesentliche Operationen. Nach (10.43) erfordert ein Schritt mit der expliziten Methode von Richardson etwa $2n$ Multiplikationen. Da aber der Zeitschritt k der impliziten Methode keiner Stabilitätsbedingung unterliegt, ist sie bedeutend effizienter, da k viel größer gewählt werden kann. Der Mehraufwand pro Schritt wird durch die geringere Zahl von Schritten bei weitem kompensiert.

Beispiel 10.8. Die Anfangsrandwertaufgabe (10.42) behandeln wir mit der impliziten Methode von Crank-Nicolson für verschiedene Kombinationen von h und k, um die oben behandelten Eigenschaften zu illustrieren. In Tab. 10.4 und 10.5 sind die Ergebnisse der Rechnung auszugsweise für $h = 0.1$ und $k = 0.01 (r = 1)$, bzw. $k = 0.1 (r = 10)$ zusammengestellt. Im ersten Fall erhalten wir eine Näherungslösung, welche mit den Ergebnissen von Tab. 10.1 oder 10.2 gut übereinstimmt, und dies trotz einer größeren Schrittweite k. Das ist eine Folge der höheren Fehlerordnung bezüglich k. Im zweiten Fall mit $r = 10$ ist die implizite Methode zwar stabil, doch sind die Diskretisierungsfehler für den Zeitschritt $k = 0.1$ erwartungsgemäß recht groß. Sie treten hauptsächlich in den Näherungswerten für die ersten diskreten Zeitwerte deutlich in Erscheinung. Der Zeitschritt k muss der zeitlichen Änderung der Randbedingung für $x = 0$ angemessen sein und zudem auch der Größe von h angepasst sein, damit die beiden Hauptteile des globalen Fehlers vergleichbar groß sind.

Zu Vergleichszwecken ist die Aufgabe mit $h = 0.05, k = 0.01$, also $r = 4.0$ behandelt worden. Das Ergebnis ist auszugsweise in Tab. 10.6 für die gleichen diskreten Stellen x_i wie in den vorhergehenden Tabellen angegeben. Die Näherungen stellen die exakte Lösung mit einer maximalen Abweichung von drei Einheiten in der vierten Dezimalstelle dar. Bei dieser feinen Ortsdiskretisation zeigt sich die Überlegenheit der impliziten gegenüber der expliziten Methode bereits deutlich. Denn bei dieser müsste $k \leq 0.00125$ gewählt werden und somit wären achtmal mehr Schritte notwendig. Da der Rechenaufwand der impliziten Methode nur 2.5mal größer ist, ist sie mehr als dreimal effizienter.

Tab. 10.4 Wärmeleitung, $h = 0.1, k = 0.01, r = 1$; implizite Methode.

t	j	$u_{0,j}$	$u_{1,j}$	$u_{2,j}$	$u_{3,j}$	$u_{4,j}$	$u_{6,j}$	$u_{8,j}$	$u_{10,j}$
0	0	0	0	0	0	0	0	0	0
0.1	10	0.3090	0.2141	0.1442	0.0942	0.0597	0.0219	0.0075	0.0039
0.2	20	0.5878	0.4582	0.3518	0.2662	0.1986	0.1076	0.0609	0.0467
0.3	30	0.8090	0.6691	0.5478	0.4445	0.3583	0.2328	0.1622	0.1395
0.4	40	0.9511	0.8222	0.7051	0.6011	0.5110	0.3733	0.2918	0.2649
0.5	50	1.0000	0.9005	0.8048	0.7156	0.6353	0.5069	0.4276	0.4008
0.6	60	0.9511	0.8952	0.8345	0.7730	0.7141	0.6140	0.5487	0.5262
0.7	70	0.8090	0.8057	0.7894	0.7649	0.7363	0.6791	0.6374	0.6224
0.8	80	0.5878	0.6401	0.6725	0.6899	0.6966	0.6918	0.6803	0.6751
0.9	90	0.3090	0.4140	0.4940	0.5535	0.5968	0.6479	0.6697	0.6754
1.0	100	0	0.1490	0.2704	0.3678	0.4448	0.5492	0.6036	0.6203

Tab. 10.5 Wärmeleitung, $h = 0.1, k = 0.1, r = 10$; implizite Methode.

t	j	$u_{0,j}$	$u_{1,j}$	$u_{2,j}$	$u_{3,j}$	$u_{4,j}$	$u_{6,j}$	$u_{8,j}$	$u_{10,j}$
0	0	0	0	0	0	0	0	0	0
0.1	1	0.3090	0.1983	0.1274	0.0818	0.0527	0.0222	0.0104	0.0073
0.2	2	0.5878	0.4641	0.3540	0.2637	0.1934	0.1025	0.0587	0.0459
0.3	3	0.8090	0.6632	0.5436	0.4422	0.3565	0.2295	0.1575	0.1344
0.4	4	0.9511	0.8246	0.7040	0.5975	0.5064	0.3684	0.2866	0.2594
0.5	5	1.0000	0.8969	0.8022	0.7132	0.6320	0.5017	0.4215	0.3946
⋮	⋮								
1.0	10	0	0.1498	0.2701	0.3672	0.4440	0.5477	0.6014	0.6179

Tab. 10.6 Wärmeleitung, $h = 0.05, k = 0.01, r = 4$; implizite Methode.

t	j	$u_{0,j}$	$u_{2,j}$	$u_{4,j}$	$u_{6,j}$	$u_{8,j}$	$u_{12,j}$	$u_{16,j}$	$u_{20,j}$
0	0	0	0	0	0	0	0	0	0
0.1	10	0.3090	0.2140	0.1439	0.0938	0.0592	0.0214	0.0071	0.0037
0.2	20	0.5878	0.4581	0.3516	0.2659	0.1982	0.1070	0.0602	0.0460
0.3	30	0.8090	0.6691	0.5477	0.4442	0.3580	0.2323	0.1615	0.1387
0.4	40	0.9511	0.8222	0.7050	0.6010	0.5108	0.3729	0.2912	0.2642
0.5	50	1.0000	0.9006	0.8048	0.7156	0.6352	0.5067	0.4273	0.4005
0.6	60	0.9511	0.8953	0.8346	0.7732	0.7143	0.6140	0.5487	0.5261
0.7	70	0.8090	0.8058	0.7897	0.7652	0.7366	0.6794	0.6377	0.6226
0.8	80	0.5878	0.6403	0.6728	0.6903	0.6971	0.6924	0.6809	0.6757
0.9	90	0.3090	0.4142	0.4943	0.5540	0.5974	0.6487	0.6705	0.6763
1.0	100	0	0.1492	0.2707	0.3684	0.4454	0.5501	0.6046	0.6214

Schließlich ist die sich periodisch wiederholende Temperaturverteilung im Stab bestimmt worden.

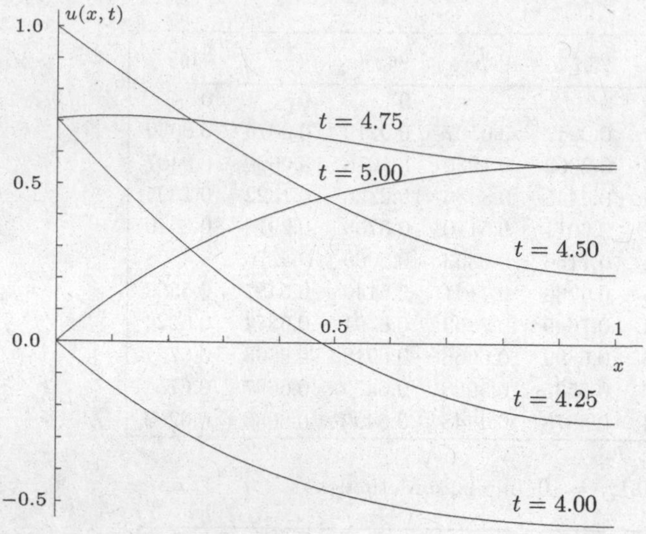

Abb. 10.19 Temperaturverteilungen im stationären Zustand.

Tab. 10.7 Zum stationären Temperaturablauf, $h = 0.05, k = 0.01, r = 4$.

t	j	$u_{0,j}$	$u_{2,j}$	$u_{4,j}$	$u_{6,j}$	$u_{8,j}$	$u_{12,j}$	$u_{16,j}$	$u_{20,j}$
2.00	200	0	−0.1403	−0.2532	−0.3425	−0.4120	−0.5040	−0.5505	−0.5644
2.25	225	0.7071	0.5176	0.3505	0.2057	0.0825	−0.1018	−0.2089	−0.2440
2.50	250	1.0000	0.8726	0.7495	0.6344	0.5301	0.3620	0.2572	0.2217
2.75	275	0.7071	0.7167	0.7099	0.6921	0.6679	0.6148	0.5739	0.5588
3.00	300	0	0.1410	0.2546	0.3447	0.4148	0.5080	0.5551	0.5693
3.25	325	−0.7071	−0.5171	−0.3497	−0.2045	−0.0810	0.1039	0.2114	0.2467
3.50	350	−1.0000	−0.8724	−0.7491	−0.6338	−0.5293	−0.3609	−0.2559	−0.2203
3.75	375	−0.7071	−0.7165	−0.7097	−0.6918	−0.6674	−0.6142	−0.5732	−0.5580
4.00	400	0	−0.1410	−0.2545	−0.3445	−0.4146	−0.5076	−0.5547	−0.5689
4.25	425	0.7071	0.5172	0.3497	0.2046	0.0811	−0.1037	−0.2112	−0.2464
4.50	450	1.0000	0.8724	0.7491	0.6338	0.5293	0.3610	0.2560	0.2204
4.75	475	0.7071	0.7165	0.7097	0.6918	0.6675	0.6142	0.5732	0.5581
5.00	500	0	0.1410	0.2545	0.3445	0.4146	0.5076	0.5547	0.5689

Dieser stationäre Zustand ist nach zwei Perioden ($t = 4$) bereits erreicht. In Tab. 10.7 sind die Temperaturnäherungen für $t \geq 2$ angegeben, und in Abb. 10.19 sind die Temperaturverteilungen für einige äquidistante Zeitpunkte einer halben Periode dargestellt. △

10.2.3 Diffusionsgleichung mit variablen Koeffizienten

Diffusionsprozesse mit ortsabhängigen Diffusionskennzahlen und Quellendichten werden beschrieben durch parabolische Differenzialgleichungen für die Konzentrationsfunktion $u(x,t)$

$$\frac{\partial u}{\partial t} = \frac{\partial}{\partial x}\left(a(x)\frac{\partial u}{\partial x}\right) + p(x)u + q(x), \quad 0 < x < 1, \quad t > 0, \tag{10.57}$$

wo $a(x) > 0$, $p(x)$ und $q(x)$ gegebene Funktionen von x sind. Zu (10.57) gehören selbstverständlich Anfangs- und Randbedingungen. Zur Diskretisierung der Aufgabe verwenden wir ein Netz nach Abb. 10.17. Den Differenzialausdruck auf der rechten Seite von (10.57) approximieren wir im Gitterpunkt $P(x_i, t_j)$ durch zweimalige Anwendung des ersten zentralen Differenzenquotienten zur Schrittweite $h/2$, wobei die Funktionswerte $a(x_i + h/2) =: a_{i+\frac{1}{2}}$ und $a(x_i - h/2) =: a_{i-\frac{1}{2}}$ auftreten.

$$\frac{\partial}{\partial x}\left(a(x)\frac{\partial u}{\partial x}\right)_P \approx \frac{1}{h^2}\left\{a_{i+\frac{1}{2}}(u_{i+1,j} - u_{i,j}) - a_{i-\frac{1}{2}}(u_{i,j} - u_{i-1,j})\right\}$$

Weiter bezeichnen wir zur Abkürzung mit $p_i := p(x_i)$, $q_i := q(x_i)$ die bekannten Werte der Funktionen. Die Differenzenapproximation nach dem impliziten Schema von Crank-Nicolson liefert für (10.57)

$$\begin{aligned}\frac{u_{i,j+1} - u_{i,j}}{k} \quad = \quad & \frac{1}{2}\left[\frac{1}{h^2}\left\{a_{i+\frac{1}{2}}(u_{i+1,j+1} - u_{i,j+1}) - a_{i-\frac{1}{2}}(u_{i,j+1} - u_{i-1,j+1})\right\}\right.\\ & + p_i u_{i,j+1} + q_i \quad + p_i u_{i,j} + q_i\\ & \left. + \frac{1}{h^2}\left\{a_{i+\frac{1}{2}}(u_{i+1,j} - u_{i,j}) - a_{i-\frac{1}{2}}(u_{i,j} - u_{i-1,j})\right\}\right].\end{aligned}$$

Nach Multiplikation mit $2k$ fassen wir zusammen und erhalten für einen inneren Punkt mit $r = k/h^2$ die Gleichung

$$\begin{aligned} & -ra_{i-\frac{1}{2}}u_{i-1,j+1} + \left\{2 + r\left(a_{i-\frac{1}{2}} + a_{i+\frac{1}{2}} - h^2 p_i\right)\right\}u_{i,j+1} - ra_{i+\frac{1}{2}}u_{i+1,j+1}\\ = \quad & ra_{i-\frac{1}{2}}u_{i-1,j} + \left\{2 - r\left(a_{i-\frac{1}{2}} + a_{i+\frac{1}{2}} - h^2 p_i\right)\right\}u_{i,j} + ra_{i+\frac{1}{2}}u_{i+1,j} + 2kq_i,\\ & i = 1, 2, \ldots, n-1; \; j = 0, 1, 2, \ldots .\end{aligned} \tag{10.58}$$

Wenn man noch die Randbedingungen berücksichtigt, resultiert aus (10.58) ein tridiagonales Gleichungssystem für die Unbekannten $u_{i,j+1}$, j fest. Die Matrix des Systems ist diagonal dominant, falls $2 - kp(x_i) > 0$ für alle Punkte x_i.

Beispiel 10.9. Zu lösen sei

$$\begin{aligned}&\frac{\partial u}{\partial t} = \frac{\partial}{\partial x}\left((1 + 2x^2)\frac{\partial u}{\partial x}\right) + 4x(1-x)u + 5\sin(\pi x), \quad 0 < x < 1;\\ &u(x,0) = 0, \quad 0 < x < 1;\\ &u(0,t) = 0, u_x(1,t) + 0.4\,u(1,t) = 0, \quad t > 0.\end{aligned} \tag{10.59}$$

Tab. 10.8 Diffusionsproblem, $h = 0.1$, $k = 0.01$, $r = 1$.

t	j	$u_{1,j}$	$u_{2,j}$	$u_{3,j}$	$u_{4,j}$	$u_{5,j}$	$u_{6,j}$	$u_{8,j}$	$u_{10,j}$
0	0	0	0	0	0	0	0	0	0
0.1	10	0.1044	0.1963	0.2660	0.3094	0.3276	0.3255	0.2888	0.2533
0.2	20	0.1591	0.3010	0.4124	0.4872	0.5265	0.5365	0.5037	0.4560
0.3	30	0.1948	0.3695	0.5085	0.6044	0.6581	0.6765	0.6470	0.5915
0.4	40	0.2185	0.4150	0.5722	0.6821	0.7454	0.7695	0.7421	0.6814
0.5	50	0.2342	0.4451	0.6145	0.7336	0.8033	0.8311	0.8052	0.7410
⋮									
1.0	100	0.2612	0.4969	0.6871	0.8222	0.9029	0.9371	0.9136	0.8435
⋮									
1.5	150	0.2647	0.5035	0.6964	0.8336	0.9157	0.9507	0.9276	0.8567
⋮									
2.0	200	0.2651	0.5044	0.6976	0.8351	0.9173	0.9525	0.9294	0.8584
⋮									
2.5	250	0.2652	0.5045	0.6978	0.8353	0.9175	0.9527	0.9296	0.8586

Die Dirichlet-Randbedingung ist in (10.58) für $i = 1$ mit $u_{0,j} = u_{0,j+1} = 0$ einfach zu berücksichtigen. Die Cauchy-Randbedingung am rechten Rand wird approximiert mit Hilfe des zentralen Differenzenquotienten unter der Annahme, dass die Funktion $u(x,t)$ auch außerhalb des Intervalls definiert ist, durch

$$\frac{u_{n+1,j} - u_{n-1,j}}{2h} + 0.4\, u_{n,j} = 0 \quad \text{oder} \quad u_{n+1,j} = u_{n-1,j} - 0.8\, h u_{n,j}.$$

Nach Elimination von $u_{n+1,j}$ und $u_{n+1,j+1}$ in (10.58) lautet die Differenzengleichung unter der Voraussetzung, dass die Funktion $a(x)$ auch außerhalb des x-Intervalls definiert ist, für die Gitterpunkte des rechten Randes

$$\begin{aligned} &-r\left(a_{n-\frac{1}{2}} + a_{n+\frac{1}{2}}\right) u_{n-1,j+1} + \left\{2 + r\left(a_{n-\frac{1}{2}} + (1+0.8h)a_{n+\frac{1}{2}} - h^2 p_n\right)\right\} u_{n,j+1} \\ &= r\left(a_{n-\frac{1}{2}} + a_{n+\frac{1}{2}}\right) u_{n-1,j} + \left\{2 - r\left(a_{n-\frac{1}{2}} + (1+0.8h)a_{n+\frac{1}{2}} - h^2 p_n\right)\right\} u_{n,j} + 2kq_n. \end{aligned}$$

Die diskrete Form der Anfangswertaufgabe (10.59) ist für $n = 10$, $h = 0.1$, $k = 0.01$ und $r = 1$ numerisch gelöst worden. Wenn wir die Matrix $\boldsymbol{A}$ des tridiagonalen Gleichungssystems analog zu (10.55) als $\boldsymbol{A} = 2\boldsymbol{I} + r\tilde{\boldsymbol{J}}$ schreiben, lautet die Matrix $\tilde{\boldsymbol{J}} \in \mathbb{R}^{10,10}$ auszugsweise

$$\tilde{\boldsymbol{J}} = \begin{pmatrix} 2.0464 & -1.045 & & & & & \\ -1.045 & 2.1636 & -1.125 & & & & \\ & -1.125 & 2.3616 & -1.245 & & & \\ & & \ddots & \ddots & \ddots & & \\ & & -2.125 & 4.5636 & -2.445 & & \\ & & & -2.445 & 5.2464 & -2.805 \\ & & & & -6.01 & 6.2664 \end{pmatrix}.$$

Auf Grund einer analogen Betrachtung, wie sie zur Abschätzung der Eigenwerte der Matrix $\boldsymbol{J}$

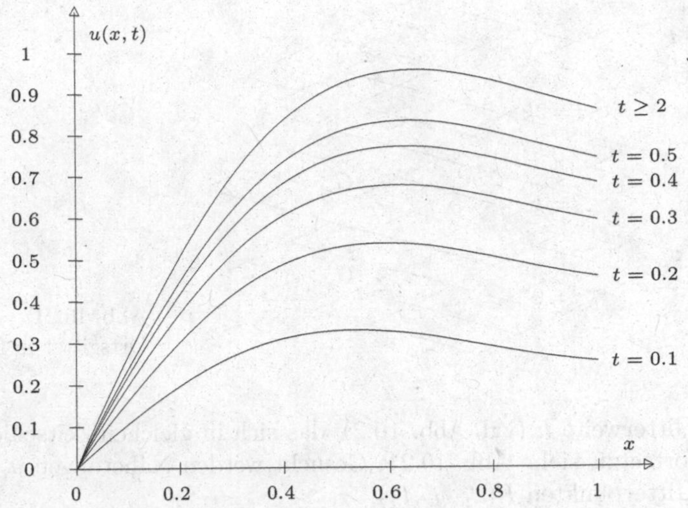

Abb. 10.20 Konzentrationsverteilung in Abhängigkeit der Zeit t.

(10.49) angewandt worden ist, folgt für die Eigenwerte μ_ν von $\tilde{\boldsymbol{J}}$

$$0 < \mu_\nu < 12.2764.$$

Für die zugehörige explizite Methode von Richardson ergibt sich daraus die Bedingung der absoluten Stabilität zu $r \leq 1/6.1382 \doteq 0.163$. Somit muss der Zeitschritt der Bedingung $k \leq 0.00163$ genügen. Für die implizite, absolut stabile Methode darf der etwa sechsmal größere Zeitschritt $k = 0.01$ verwendet werden. Die Ergebnisse sind auszugsweise in Tab. 10.8 wiedergegeben. Der stationäre Zustand wird innerhalb der angegebenen Stellenzahl bei etwa $t = 2.0$ erreicht. Die Funktion $u(x,t)$ ist in Abb. 10.20 für einige Zeitwerte dargestellt. △

10.2.4 Zweidimensionale Probleme

Die klassische parabolische Differenzialgleichung für eine Funktion $u(x,y,t)$ der zwei Ortsvariablen x, y und der Zeitvariablen t lautet

$$u_t = u_{xx} + y_{yy}. \tag{10.60}$$

Sie ist zu lösen in einem Gebiet $G \subset \mathbb{R}^2$ der (x,y)–Ebene mit dem Rand Γ für Zeiten $t > 0$. Zur Differenzialgleichung (10.60) gehört sowohl eine *Anfangsbedingung*

$$u(x,y,0) = f(x,y) \quad \text{in } G \tag{10.61}$$

als auch *Randbedingungen* auf dem Rand Γ, wie wir sie von den elliptischen Randwertaufgaben kennen. Da die Funktion $u(x,y,t)$ zeitabhängig ist, können die in den Dirichletschen, Neumannschen und Cauchyschen Randbedingungen (10.6) bis (10.8) auftretenden Funktionen auch von der Zeit t abhängen. Die Argumentmenge (x,y,t), für welche die Lösungsfunktion gesucht ist, besteht im $\mathbb{R}^3$ aus dem Halbzylinder über dem Gebiet G.

Zur Diskretisierung der Anfangsrandwertaufgabe verwenden wir ein regelmäßiges dreidimensionales Gitter, welches sich aufbaut aus einem regelmäßigen Netz im Gebiet G mit der

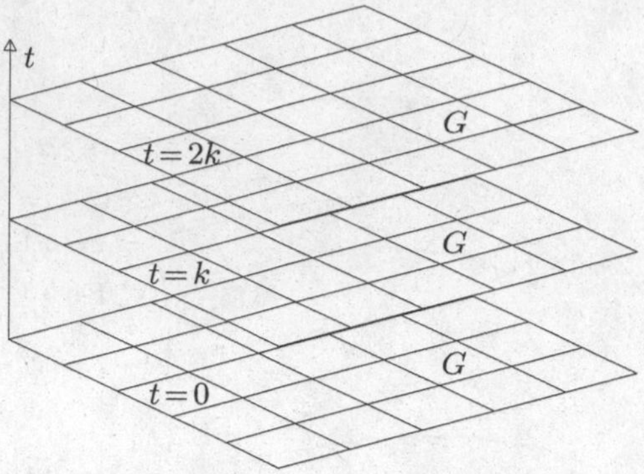

Abb. 10.21
Ortsgitter in fortschreitenden Zeitschichten.

Gitterweite h (vgl. Abb. 10.2), das sich in gleichen Zeitschichtabständen k in Zeitrichtung fortsetzt, siehe Abb. 10.21. Gesucht werden Näherungen $u_{\mu,\nu,j}$ der Funktionswerte in den Gitterpunkten $P(x_\mu, y_\nu, t_j)$.

Die Approximation von (10.60) erfolgt in zwei Teilen. Der Differenzialausdruck $u_{xx} + u_{yy}$, welcher nur partielle Ableitungen bezüglich der Ortsvariablen umfasst, wird für eine feste Zeitschicht t_j nach dem Vorgehen von Abschnitt 10.1 für jeden dieser Gitterpunkte durch einen entsprechenden Differenzenausdruck angenähert. Im einfachen Fall eines regelmäßigen inneren Gitterpunktes $P(x_\mu, y_\nu, t_j)$ setzen wir

$$(u_{xx} + u_{yy})_P \approx \frac{1}{h^2}\{u_{\mu,\nu+1,j} + u_{\mu-1,\nu,j} + u_{\mu,\nu-1,j} + u_{\mu+1,\nu,j} - 4u_{\mu,\nu,j}\}$$

während für einen randnahen oder einen auf dem Rand liegenden Gitterpunkt Approximationen gemäß Abschnitt 10.1.3 zu verwenden sind.

Die partielle Ableitung nach der Zeit t kann beispielsweise durch den Vorwärtsdifferenzenquotienten in P

$$u_t \approx \frac{1}{k}(u_{\mu,\nu,j+1} - u_{\mu,\nu,j})$$

approximiert werden. Dies führt zur *expliziten Methode von Richardson* mit der Rechenvorschrift für einen regelmäßigen inneren Gitterpunkt

$$u_{\mu,\nu,j+1} = u_{\mu,\nu,j} + r\{u_{\mu,\nu+1,j} + u_{\mu-1,\nu,j} + u_{\mu,\nu-1,j} + u_{\mu+1,\nu,j} - 4u_{\mu,\nu,j}\}. \qquad (10.62)$$

Darin haben wir wieder $r = k/h^2$ gesetzt. Um für das Folgende die Indizes zu vereinfachen, setzen wir voraus, dass die Gitterpunkte mit unbekanntem Wert u in jeder Zeitschicht von 1 bis n durchnummeriert seien, wie dies im Abschnitt 10.1.2 beschrieben ist. Dann fassen wir die Näherungswerte in der j−ten Zeitschicht mit $t_j = jk$ zum Vektor

$$\boldsymbol{u}_j := (u_{1,j}, u_{2,j}, \ldots, u_{n,j})^T \in \mathbb{R}^n \qquad (10.63)$$

zusammen, wo sich der erste Index i von $u_{i,j}$ auf die Nummer des Gitterpunktes bezieht. Dann lässt sich (10.62) zusammenfassen zu

$$\boldsymbol{u}_{j+1} = (\boldsymbol{I} - r\boldsymbol{A})\boldsymbol{u}_j + \boldsymbol{b}_j, \quad j = 0, 1, 2, \ldots. \qquad (10.64)$$

Die Matrix $\boldsymbol{A} \in \mathbb{R}^{n,n}$ ist die Koeffizientenmatrix des Gleichungssystems der Differenzengleichungen zur Lösung der Poisson-Gleichung im Gebiet G; dabei enthält der Vektor $\boldsymbol{b}_j$ von den Randbedingungen herrührende Konstanten. Die Bedingung für die absolute Stabilität der expliziten Methode besteht darin, dass die Eigenwerte der Matrix $(\boldsymbol{I}-r\boldsymbol{A})$ dem Betrag nach kleiner als Eins sind. Die daraus für r zu beachtende Bedingung kann allgemein nur für symmetrische und positiv definite Matrizen $\boldsymbol{A}$ angegeben werden. In diesem Fall gilt für die Eigenwerte λ_ν von $(\boldsymbol{I}-r\boldsymbol{A})$, falls μ_ν die Eigenwerte von $\boldsymbol{A}$ sind,

$$\lambda_\nu = 1 - r\mu_\nu, \quad \nu = 1,2,\ldots,n; \qquad \mu_\nu > 0.$$

Damit ergibt sich aus $1 - r\mu_\nu > -1$ für alle ν die Bedingung

$$r < 2/\max(\mu_\nu). \tag{10.65}$$

Für eine Matrix $\boldsymbol{A}$, welche durch die Fünf-Punkte-Formel (10.12) definiert ist wie z.B. (10.19), ist auf Grund der Zeilenmaximumnorm $\max_\nu(\mu_\nu) \le 8$, so dass die Bedingung

$$\boxed{r < \frac{1}{4}, \text{ d.h. } k < \frac{1}{4}h^2} \tag{10.66}$$

für die absolute Stabilität der expliziten Methode (10.62) zu beachten ist. Der größte Eigenwert von $\boldsymbol{A}$ ist stets kleiner als 8, weshalb in (10.66) auch Gleichheit zulässig ist. Durch $k \le \frac{1}{4}h^2$ wird aber die Größe des Zeitschrittes k sehr stark eingeschränkt. Deshalb ist wiederum das *implizite Verfahren von Crank-Nicolson* anzuwenden. In (10.62) wird die geschweifte Klammer durch das arithmetische Mittel der Ausdrücke der j–ten und $(j+1)$–ten Zeitschicht ersetzt. An die Stelle von (10.64) tritt – mit anderem $\boldsymbol{b}_j$ – die Rechenvorschrift

$$(2\boldsymbol{I}+r\boldsymbol{A})\boldsymbol{u}_{j+1} = (2\boldsymbol{I}-r\boldsymbol{A})\boldsymbol{u}_j + \boldsymbol{b}_j, \quad j = 0,1,2,\ldots. \tag{10.67}$$

Sie ist absolut stabil für symmetrische und positiv definite Matrizen $\boldsymbol{A}$ oder für unsymmetrische Matrizen $\boldsymbol{A}$, deren Eigenwerte μ_ν positiven Realteil haben, denn dann sind die Eigenwerte λ_ν von $(2\boldsymbol{I}+r\boldsymbol{A})^{-1}(2\boldsymbol{I}-r\boldsymbol{A})$ für alle $r > 0$ betragsmäßig kleiner als Eins.

Die Berechnung der Näherungswerte $\boldsymbol{u}_{j+1}$ in den Gitterpunkten der $(j+1)$-ten Zeitschicht erfordert nach (10.67) die Lösung eines linearen Gleichungssystems mit der in der Regel diagonal dominanten, und für alle Zeitschritte konstanten Matrix $(2\boldsymbol{I}+r\boldsymbol{A})$. Nach einer einmal erfolgten LR-Zerlegung ist für die bekannte rechte Seite von (10.67) die Vorwärts- und die Rücksubstitution auszuführen. Bei kleiner Gitterweite h sind die Ordnung der Matrix $(2\boldsymbol{I}+r\boldsymbol{A})$ und ihre Bandbreite recht groß, so dass sowohl ein beträchtlicher Speicherplatz als auch ein großer Rechenaufwand pro Zeitschritt notwendig sind.

Um den Aufwand hinsichtlich beider Gesichtspunkte wesentlich zu verringern, haben *Peaceman* und *Rachford* [Pea 55] eine Diskretisierung vorgeschlagen, die zum Ziel hat, in jedem Zeitschritt eine Folge von tridiagonalen Gleichungssystemen lösen zu müssen. Die Idee besteht darin, pro Schritt zwei verschiedene Differenzenapproximationen miteinander zu kombinieren. Dazu wird der Zeitschritt k halbiert, und es werden Hilfswerte $u_{\mu,\nu,j+1/2} =: u^*_{\mu\nu}$ zum Zeitpunkt $t_j + \frac{1}{2}k = t_{j+1/2}$ als Lösung der Differenzengleichungen

$$\begin{aligned}\frac{2}{k}(u^*_{\mu,\nu} - u_{\mu,\nu,j}) = {} & \frac{1}{h^2}(u^*_{\mu+1,\nu} - 2u^*_{\mu\nu} + u^*_{\mu-1,\nu}) \\ & + \frac{1}{h^2}(u_{\mu,\nu+1,j} - 2u_{\mu,\nu,j} + u_{\mu,\nu-1,j})\end{aligned} \tag{10.68}$$

definiert. Zur Approximation von u_{xx} wird der zweite Differenzenquotient mit Hilfswerten der Zeitschicht $t_{j+1/2}$ verwendet, die zweite partielle Ableitung u_{yy} wird hingegen mit Hilfe von (bekannten) Näherungswerten der Zeitschicht t_j approximiert, und die Ableitung u_t durch den gewöhnlichen ersten Differenzenquotienten, aber natürlich mit der halben Schrittweite $k/2$. Fassen wir die Hilfswerte $u^*_{\mu,\nu}$ für festes ν, d.h. die Werte, die zu Gitterpunkten längs einer zur x-Achse parallelen Netzlinie gehören, zu Gruppen zusammen, so ergibt (10.68) für sie ein tridiagonales Gleichungssystem mit der typischen Gleichung

$$\begin{aligned} & -ru^*_{\mu-1,\nu} + (2+2r)u^*_{\mu,\nu} - ru^*_{\mu+1,\nu} \\ = \; & ru_{\mu,\nu-1,j} + (2-2r)u_{\mu,\nu,j} + ru_{\mu,\nu+1,j}; \quad r = k/h^2. \end{aligned} \tag{10.69}$$

Zur Bestimmung der Gesamtheit aller Hilfswerte $u^*_{\mu,\nu}$ ist somit für jede zur x-Achse parallele Linie des Netzes ein tridiagonales Gleichungssystem zu lösen. Mit den so berechneten Hilfswerten werden die Näherungen $u_{\mu,\nu,j+1}$ der Zeitschicht t_{j+1} aus den Differenzengleichungen

$$\begin{aligned} \frac{2}{k}(u_{\mu,\nu,j+1} - u^*_{\mu,\nu}) = \; & \frac{1}{h^2}(u^*_{\mu+1,\nu} - 2u^*_{\mu,\nu} + u^*_{\mu-1,\nu}) \\ & + \frac{1}{h^2}(u_{\mu,\nu+1,j+1} - 2u_{\mu,\nu,j+1} + u_{\mu,\nu-1,j+1}) \end{aligned} \tag{10.70}$$

bestimmt. Darin ist jetzt u_{xx} mit bekannten Hilfswerten und u_{yy} durch die gesuchten Näherungswerte der $(j+1)-$ten Zeitschicht approximiert. Nun ist wichtig, dass wir in (10.70) die unbekannten Werte $u_{\mu,\nu,j+1}$ für festes μ, d.h. für Gitterpunkte, die auf einer zur y-Achse parallelen Netzlinie liegen, zusammenfassen. Für jede dieser Gruppen stellt (10.70) wiederum ein tridiagonales Gleichungssystem mit der typischen Gleichung

$$\begin{aligned} & -ru_{\mu,\nu-1,j+1} + (2+2r)u_{\mu,\nu,j+1} - ru_{\mu,\nu+1,j+1} \\ = \; & ru^*_{\mu-1,\nu} + (2-2r)u^*_{\mu,\nu} + ru^*_{\mu+1,\nu}, \quad r = k/h^2 \end{aligned} \tag{10.71}$$

dar. Damit ist wiederum eine Folge von tridiagonalen Gleichungssystemen für die Unbekannten $u_{\mu,\nu,j+1}$ in den Gitterpunkten, die zu Netzlinien parallel zur y-Achse gehören, zu lösen. Wegen des Wechsels der Richtung, in welcher die Gitterpunkte zusammengefasst werden, heisst das Verfahren von Peaceman und Rachford auch *Methode der alternierenden Richtungen.* Ihre Genauigkeit ist bei entsprechenden Bedingungen $O(h^2 + k^2)$.

Die tridiagonalen Gleichungssysteme (10.69) und (10.71) sind von der Art, wie sie bei eindimensionalen Problemen auftreten. Die Matrizen sind diagonal dominant. Der Speicherbedarf ist minimal, und der Rechenaufwand zur Lösung von allen tridiagonalen Systemen in einem Zeitschritt ist nur proportional zur Zahl der Gitterpunkte pro Zeitschicht.

Beispiel 10.10. Eine besonders einfache und durchsichtige Situation ergibt sich für ein Rechteckgebiet G gemäß Abb. 10.22, falls die Anfangswertaufgabe (10.60) unter Dirichletschen Randbedingungen zu lösen ist. Die Gitterweite h sei so wählbar, dass $h = a/(N+1) = b/(M+1)$ mit $N, M \in \mathbb{N}^*$ gilt. Es ergeben sich somit $n = N \cdot M$ innere Gitterpunkte mit unbekanntem Funktionswert. Die tridiagonalen Gleichungssysteme für die Hilfswerte u^*, die für jede Netzlinie parallel

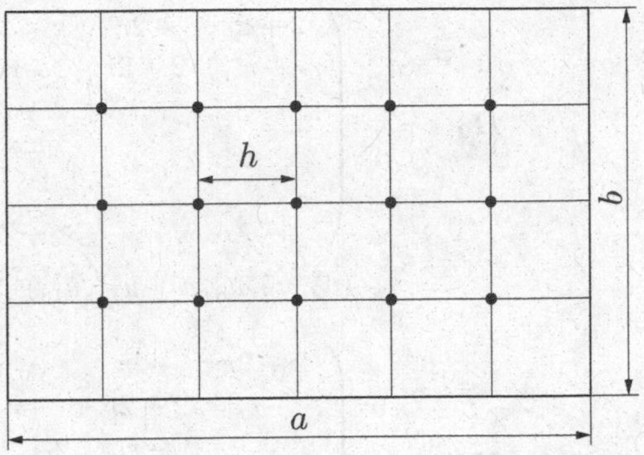

Abb. 10.22
Rechteckiges Gebiet.

zur x-Achse zu lösen sind, haben die gleiche Matrix, welche im Fall $N = 5$

$$\boldsymbol{H} := \begin{pmatrix} 2+2r & -r & & & \\ -r & 2+2r & -r & & \\ & -r & 2+2r & -r & \\ & & -r & 2+2r & -r \\ & & & -r & 2+2r \end{pmatrix}$$

lautet. Es genügt somit, bei gewähltem r für diese Matrix als Vorbereitung die LR-Zerlegung zu berechnen, um später für die Bestimmung der M Gruppen von Hilfswerten nur die Vorwärts- und Rücksubstitution auszuführen. Zur Berechnung der Näherungen u der $(j+1)$-ten Zeitschicht sind dann N tridiagonale Gleichungssysteme mit je M Unbekannten mit der festen Matrix $(M = 3)$

$$\boldsymbol{V} := \begin{pmatrix} 2+2r & -r & \\ -r & 2+2r & -r \\ & -r & 2+2r \end{pmatrix}$$

zu lösen, für die ebenfalls die LR-Zerlegung bereitzustellen ist. Werden die bekannten rechten Seiten der Gleichungssysteme (10.69) und (10.71) mit einem Minimum an Multiplikationen berechnet, sind für einen Integrationsschritt total nur etwa $10n$ wesentliche Operationen nötig. △

Beispiel 10.11. Für ein weniger einfaches Gebiet G und andere Randbedingungen besitzt die Methode der alternierenden Richtungen eine entsprechend aufwändigere Realisierung. Wir betrachten dazu die parabolische Differenzialgleichung $u_t = u_{xx} + u_{yy}$ für das Gebiet G der Abb. 10.6, Seite 433, mit den Randbedingungen (10.15) bis (10.17) und der Anfangsbedingung $u(x, y, 0) = 0$ in G. Wir verwenden die Nummerierung der Gitterpunkte von Abb. 10.6 und stellen die Matrizen der tridiagonalen Gleichungssysteme zusammen, die für die Hilfswerte zu Gitterpunkten in den vier horizontalen Linien zu lösen sind. Bei der Berücksichtigung der Randbedingungen auf den Randstücken FA und CD sind die Differenzenapproximationen nicht durch zwei zu dividieren. Zu den Matrizen sind die zugehörigen u^*-Werte angegeben.

$$\boldsymbol{H}_1 := \begin{pmatrix} 2+2r & -2r & & & \\ -r & 2+2r & -r & & \\ & -r & 2+2r & -r & \\ & & -r & 2+2r & -r \\ & & & -r & 2+2r \end{pmatrix},$$

$$(u_1^*, u_4^*, u_7^*, u_{10}^*, u_{14}^*)^T,$$

$$
\boldsymbol{H}_2 := \begin{pmatrix} 2+2r & -2r & & & & \\ -r & 2+2r & -r & & & \\ & -r & 2+2r & -r & & \\ & & -r & 2+2r & -r & \\ & & & -r & 2+2r & -r \\ & & & & -r & 2+2r \end{pmatrix},
$$

$$(u_2^*, u_5^*, u_8^*, u_{11}^*, u_{15}^*, u_{18}^*)^T,$$

$$
\boldsymbol{H}_3 := \begin{pmatrix} 2+2r & -2r & & & & \\ -r & 2+2r & -r & & & \\ & -r & 2+2r & -r & & \\ & & -r & 2+2r & -r & \\ & & & -r & 2+2r & -r \\ & & & & -2r & 2+2r \end{pmatrix},
$$

$$(u_3^*, u_6^*, u_9^*, u_{12}^*, u_{16}^*, u_{19}^*)^T,$$

$$
\boldsymbol{H}_4 := \begin{pmatrix} 2+2r & -r \\ -2r & 2+2r \end{pmatrix},
$$

$$(u_{13}^*, u_{17}^*)^T.$$

Für den zweiten Halbschritt entstehen für die sechs vertikalen Linien nun vier verschiedene tridiagonale Matrizen, denn für die ersten drei Linien sind die dreireihigen Matrizen identisch. Ihre Aufstellung sei dem Leser überlassen. △

10.3 Methode der finiten Elemente

Zur Lösung von elliptischen Randwertaufgaben betrachten wir im Folgenden die Energiemethode, welche darin besteht, eine zugehörige Variationsaufgabe näherungsweise zu lösen. Wir werden die grundlegende Idee der Methode der finiten Elemente zur Diskretisierung der Aufgabe darlegen und das Vorgehen für einen ausgewählten Ansatz vollständig darstellen. Für eine ausführliche Behandlung der Methode sei auf [Bra 03, Cia 02, Hac 96, Mit 85, Gro 05, Sch 91b, Zie 05] verwiesen, Hinweise auf rechnerische Lösungen findet man im Abschnitt 10.4 und in den Beispielen 10.12 und 10.13.

10.3.1 Grundlagen

In der (x, y)–Ebene sei ein beschränktes Gebiet G gegeben, welches begrenzt wird vom stückweise stetig differenzierbaren Rand Γ, der auch aus mehreren geschlossenen Kurven bestehen darf (vgl. Abb. 10.1). Wir betrachten den Integralausdruck

$$\begin{aligned} I(u) \quad := & \iint\limits_G \left\{ \frac{1}{2}(u_x^2 + u_y^2) + \frac{1}{2}\varrho(x,y)u^2 - f(x,y)u \right\} dxdy \\ & + \oint\limits_\Gamma \left\{ \frac{1}{2}\alpha(s)u^2 - \beta(s)u \right\} ds, \end{aligned} \tag{10.72}$$

wo $\varrho(x, y)$ und $f(x, y)$ auf G definierte Funktionen bedeuten, s die Bogenlänge auf Γ darstellt, und $\alpha(s)$ und $\beta(s)$ gegebene Funktionen der Bogenlänge sind. Zusätzlich zu (10.72) seien auf einem Teil Γ_1 des Randes Γ, der auch den ganzen Rand umfassen oder auch leer sein kann, für die Funktion $u(x, y)$ Randwerte vorgegeben.

$$u = \varphi(s) \quad \text{auf}\,\Gamma_1, \quad \Gamma_1 \subset \Gamma. \tag{10.73}$$

Wir wollen nun zeigen, dass diejenige Funktion $u(x, y)$, welche den Integralausdruck $I(u)$ unter der Nebenbedingung (10.73) stationär macht, eine bestimmte elliptische Randwertaufgabe löst unter der Voraussetzung, dass $u(x, y)$ hinreichend oft stetig differenzierbar ist. Somit wird es möglich sein, eine Extremalaufgabe für $I(u)$ (10.72) unter der Nebenbedingung (10.73) zu behandeln, um auf diese Weise die Lösung einer elliptischen Randwertaufgabe zu bestimmen. Der Integralausdruck $I(u)$ hat in den meisten Anwendungen die Bedeutung einer Energie und nimmt auf Grund von Extremalprinzipien (Hamiltonsches, Rayleighsches oder Fermatsches Prinzip) [Fun 70] nicht nur einen stationären Wert, sondern ein Minimum an. Dies trifft insbesondere dann zu, falls $\varrho(x, y) \geq 0$ in G und $\alpha(s) \geq 0$ auf Γ sind. Wegen des erwähnten Zusammenhanges spricht man auch von der *Energiemethode*.

Damit die Funktion $u(x, y)$ den Integralausdruck $I(u)$ stationär macht, muss notwendigerweise seine erste Variation verschwinden. Nach den Regeln der Variationsrechnung [Akh 88, Cou 93, Fun 70, Kli 88] erhalten wir

$$\begin{aligned} \delta I = & \iint\limits_G \{u_x\delta u_x + u_y\delta u_y + \varrho(x,y)u\delta u - f(x,y)\delta u\}\, dxdy \\ & + \oint\limits_\Gamma \{\alpha(s)u\delta u - \beta(s)\delta u\} ds. \end{aligned} \tag{10.74}$$

Da $u_x\, \delta u_x + u_y\, \delta u_y = \operatorname{grad} u \cdot \operatorname{grad} \delta u$ ist, können wir die Greensche Formel unter der Voraussetzung $u(x, y) \in C^2(G \cup \Gamma)$, $v(x, y) \in C^1(G \cup \Gamma)$

$$\iint\limits_G \operatorname{grad} u \cdot \operatorname{grad} v\, dxdy = - \iint\limits_G \{u_{xx} + u_{yy}\} v\, dxdy + \oint\limits_\Gamma \frac{\partial u}{\partial \boldsymbol{n}} v\, ds$$

anwenden, wo $\partial u/\partial \boldsymbol{n}$ die Ableitung von u in Richtung der äußeren Normalen $\boldsymbol{n}$ auf dem Rand Γ bedeutet, und erhalten aus (10.74)

$$\begin{aligned} \delta I \quad = & \iint\limits_G \{-\Delta u + \varrho(x,y)u - f(x,y)\}\delta u\, dxdy + \\ & \oint\limits_\Gamma \left(\frac{\partial u}{\partial \boldsymbol{n}} + \alpha(s)u - \beta(s) \right) \delta u\, ds. \end{aligned} \tag{10.75}$$

Die erste Variation δI muss für jede zulässige Änderung δu der Funktion u verschwinden. Mit Hilfe einer Konkurrenzeinschränkung mit $\delta u = 0$ auf Γ folgt aus (10.75) als erste Bedingung die Eulersche Differenzialgleichung

$$-\Delta u + \varrho(x,y)u = f(x,y) \quad \text{in } G. \tag{10.76}$$

Die Funktion $u(x,y)$, welche als zweimal stetig differenzierbar vorausgesetzt ist, und den Integralausdruck $I(u)$ (10.72) stationär macht, erfüllt notwendigerweise die elliptische Differenzialgleichung (10.76) in G.

Falls der Teil Γ_1 mit vorgegebenen Randwerten (10.73), wo natürlich $\delta u = 0$ sein muss, nicht den ganzen Rand Γ umfasst, folgt für den Rest Γ_2 des Randes die weitere notwendige Bedingung

$$\frac{\partial u}{\partial n} + \alpha(s)u = \beta(s) \quad \text{auf } \Gamma_2 = \Gamma \setminus \Gamma_1. \tag{10.77}$$

Die Randbedingung (10.77) ist eine *natürliche Randbedingung*, der die Lösungsfunktion $u(x,y)$ der Variationsaufgabe (10.72), (10.73) notwendigerweise genügen muss.

Falls $u(x,y) \in C^2(G \cup \Gamma)$ das Funktional (10.72) unter der Nebenbedingung (10.73) stationär macht, folgt also, dass $u(x,y)$ eine Lösung der elliptischen Differenzialgleichung (10.76) unter den Randbedingungen (10.73) und (10.77) ist. Es stellt sich natürlich die Frage nach der Existenz einer Lösung des Variationsproblems, d.h. nach der Existenz einer Funktion $u(x,y)$, welche $I(u)$ unter der Nebenbedingung (10.73) stationär macht. Diese Problematik ist verknüpft mit der Wahl des Raumes der zulässigen Funktionen zur Lösung des Variationsproblems. Beim Betrachten von $I(u)$ erkennt man, dass dieses Funktional bereits unter viel schwächeren Voraussetzungen an $u(x,y)$ definiert ist, als oben vorausgesetzt wurde. So genügt es beispielsweise, dass $u(x,y)$ stückweise stetig differenzierbar ist. Durch eine Erweiterung des Raumes der zulässigen Funktionen erhält man einen bestimmten *Sobolev-Raum*. Für diesen kann mit relativ einfachen funktionalanalytischen Hilfsmitteln die Existenz einer Lösung des Variationsproblems bewiesen werden. Als Element des Sobolev-Raumes braucht die Lösungsfunktion aber nicht zweimal stetig differenzierbar und damit auch nicht eine Lösung der elliptischen Randwertaufgabe zu sein. Sie heißt daher *schwache* Lösung. Diese Existenzaussage ist unter sehr allgemeinen Voraussetzungen an die Problemdaten $\varrho(x,y)$, $f(x,y)$, $\alpha(s)$, $\beta(s)$ und G gültig. Falls wir zusätzlich voraussetzen, dass diese Daten hinreichend glatt sind, so lässt sich, allerdings unter großen mathematischen Schwierigkeiten, zeigen, dass die Lösung der Variationsaufgabe tatsächlich auch eine Lösung des elliptischen Randwertproblems ist, das also die schwache Lösung eine *reguläre* Lösung ist.

Vom praktischen Gesichtspunkt aus ist die zuletzt geschilderte Problematik von geringer Bedeutung. Da in vielen Fällen die Variationsaufgabe die natürliche Art der Beschreibung eines physikalischen Sachverhalts darstellt, ist es nämlich überhaupt nicht notwendig auf das Randwertproblem zurückzugehen. Die Extremalaufgabe wird im Folgenden approximativ gelöst, indem eine Näherung für $u(x,y)$ in einem endlich dimensionalen Funktionenraum von bestimmten stückweise stetig differenzierbaren Funktionen ermittelt wird.

Mit der Betrachtung der Variationsaufgabe zeigt sich eine für die Anwendung der Energiemethode wesentliche Unterscheidung der Randbedingungen. Die natürliche Randbedingung (10.77), welche die Normalableitung betrifft, ist in der Formulierung als Extremalproblem implizit im Randintegral von $I(u)$ enthalten und braucht daher nicht explizit berücksichtigt

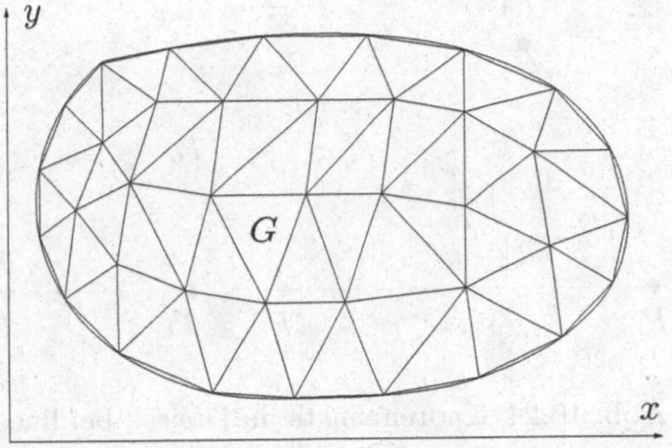

Abb. 10.23
Triangulierung eines Gebietes G.

zu werden. Durch Spezialisierung der im Integralausdruck auftretenden Funktionen erhalten wir die elliptischen Randwertaufgaben (10.2) bis (10.4).

Spezielle natürliche Randbedingungen sind

$$\frac{\partial u}{\partial \boldsymbol{n}} = \beta(s) \qquad \text{Neumann-Randbedingung } (\alpha = 0),$$

$$\frac{\partial u}{\partial \boldsymbol{n}} + \alpha(s)u = 0 \quad \text{Cauchy-Randbedingung } (\beta = 0).$$

10.3.2 Prinzip der Methode der finiten Elemente

Wir beschreiben zuerst das grundsätzliche Vorgehen der Methode und gehen anschließend auf die Detailausführung ein. Der Integralausdruck $I(u)$ (10.72) bildet den Ausgangspunkt. Als erstes wollen wir diesen in geeigneter Weise approximieren, um dann die Bedingung des Stationärwerdens unter Berücksichtigung der Dirichletschen Randbedingung (10.73) zu formulieren.

In einem ersten Lösungsschritt erfolgt eine Diskretisierung des Gebietes G in einfache Teilgebiete, den so genannten *Elementen.* Wir wollen im Folgenden nur *Triangulierungen* betrachten, in denen das Gebiet G durch Dreieckelemente so überdeckt wird, dass aneinander grenzende Dreiecke eine ganze Seite oder nur einen Eckpunkt gemeinsam haben (vgl. Abb. 10.23). Das Grundgebiet G wird durch die Gesamtfläche der Dreiecke ersetzt. Ein krummlinig berandetes Gebiet kann sehr flexibel durch eine Triangulierung approximiert werden, wobei allenfalls am Rand eine lokal feinere Einteilung angewandt werden muss. Die Triangulierung sollte keine allzu stumpfwinkligen Dreiecke enthalten, um numerische Schwierigkeiten zu vermeiden.

Im zweiten Schritt wählt man für die gesuchte Funktion $u(x, y)$ in jedem Dreieck einen bestimmten Ansatz $\tilde{u}(x, y)$. Dafür eignen sich lineare, quadratische und auch kubische Polynome in den beiden Variablen x und y

$$\tilde{u}(x,y) = c_1 + c_2x + c_3y, \tag{10.78}$$

$$\tilde{u}(x,y) = c_1 + c_2x + c_3y + c_4x^2 + c_5xy + c_6y^2, \tag{10.79}$$

$$\tilde{u}(x,y) = c_1 + c_2x + c_3y + c_4x^2 + c_5xy + c_6y^2 + c_7x^3 + c_8x^2y + c_9xy^2 + c_{10}y^3. \tag{10.80}$$

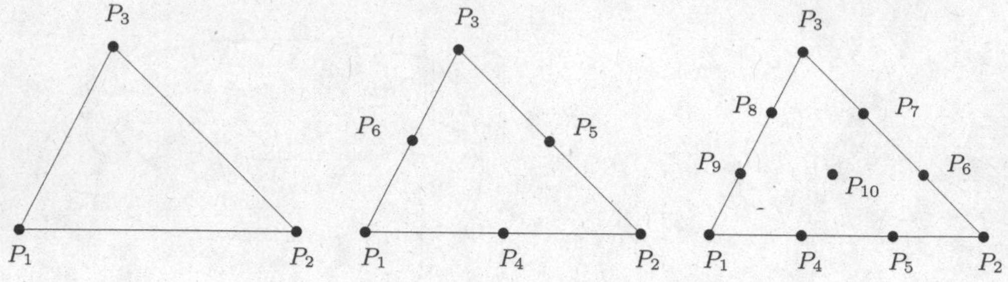

Abb. 10.24 Knotenpunkte im Dreieck bei linearem, quadratischen und kubischen Ansatz.

Diese für jedes Element gültigen Ansatzfunktionen müssen beim Übergang von einem Dreieck ins benachbarte zumindest stetig sein, damit eine für die Behandlung der Extremalaufgabe zulässige, d.h. stetige und einmal stückweise stetig differenzierbare Gesamtfunktion resultiert. Um diese Stetigkeitsbedingung zu erfüllen, sind entweder die Koeffizienten c_k in (10.78) oder (10.79) durch Funktionswerte in bestimmten *Knotenpunkten* des Dreiecks auszudrücken, oder aber man verwendet direkt einen geeigneten Ansatz für $\tilde{u}(x, y)$ mit so genannten *Basisfunktionen*, die analog zu den Lagrange-Polynomen mit entsprechenden Interpolationseigenschaften bezüglich der Knotenpunkte definiert werden.

Im Fall des linearen Ansatzes (10.78) ist die Funktion $\tilde{u}(x, y)$ im Dreieck eindeutig bestimmt durch die drei Funktionswerte in den Eckpunkten. Die Stetigkeit der linearen Ansätze beim Übergang in benachbarte Dreiecke folgt aus der Tatsache, dass sie auf den Dreiecksseiten lineare Funktionen der Bogenlänge sind, welche durch die Funktionswerte in den Endpunkten eindeutig bestimmt sind.

Die quadratische Ansatzfunktion (10.79) ist in einem Dreieck eindeutig festgelegt durch die sechs Funktionswerte in den drei Eckpunkten und den drei Mittelpunkten der Seiten. Die kubische Ansatzfunktion (10.80) wird durch ihre Werte in den Eckpunkten, in den Drittel- und Zweidrittel-Punkten auf den Dreiecksseiten und im Schwerpunkt eindeutig festgelegt. Die Ansatzfunktionen sind beim Übergang in benachbarte Elemente stetig, da sie auf der gemeinsamen Seite quadratische bzw. kubische Funktionen der Bogenlänge sind, die eindeutig bestimmt sind durch die Funktionswerte im den Interpolationspunkten.

Der dritte Schritt besteht darin, den Integralausdruck I in Abhängigkeit der Funktionswerte in den Knotenpunkten, den *Knotenvariablen*, für den gewählten Ansatz darzustellen. Dazu sind die Beiträge der einzelnen Dreieckelemente sowie der Randkanten bereitzustellen und zu addieren. Um das letztere systematisch vornehmen zu können, werden die Knotenpunkte durchnummeriert. Wir bezeichnen mit u_j den Funktionswert im Punkt mit der Nummer j. Einerseits sind die Integranden entweder quadratische oder lineare Funktionen in u und andererseits ist der Ansatz für $\tilde{u}(x, y)$ linear in den Koeffizienten c_k und deshalb linear in den Knotenvariablen u_j. Deshalb ist der Integralausdruck $I(\tilde{u}(x, y))$ eine quadratische Funktion der Knotenvariablen u_j. Sie beschreibt den Integralausdruck für einen linearen Funktionenraum, definiert durch die elementweise erklärten Funktionen, dessen Dimension gleich der Anzahl der Knotenpunkte der Gebietsdiskretisierung ist.

Im nächsten Schritt erfolgt die Berücksichtigung der Dirichletschen Randbedingung (10.73), welche in bestimmten Randknotenpunkten die Werte der betreffenden Knotenvariablen vorschreibt. Diese bekannten Größen sind im Prinzip in der quadratischen Funktion für I einzusetzen. Für die verbleibenden unbekannten Knotenvariablen $u_1, u_2, \ldots, u_n$, die wir im Vektor $\boldsymbol{u} := (u_1, u_2, \ldots, u_n)^T$ zusammenfassen, resultiert eine quadratische Funktion der Form

$$F := \frac{1}{2}\boldsymbol{u}^T \boldsymbol{A}\boldsymbol{u} - \boldsymbol{b}^T\boldsymbol{u} + d, \quad \boldsymbol{A} \in \mathbb{R}^{n,n}, \quad \boldsymbol{b} \in \mathbb{R}^n. \tag{10.81}$$

Darin ist $\boldsymbol{A}$ eine symmetrische Matrix, die positiv definit ist, falls der Integralausdruck I (10.72) einer Energie entspricht oder $\varrho(x,y) \geq 0$ und $\alpha(s) \geq 0$ sind und hinreichende Zwangsbedingungen (10.73) gegeben sind. Der Vektor $\boldsymbol{b}$ entsteht einerseits aus den linearen Anteilen von I und andererseits durch Beiträge beim Einsetzen von bekannten Werten von Knotenvariablen. Dasselbe gilt für die Konstante d in (10.81).

Die Bedingung des Stationärwerdens von F führt in bekannter Weise auf ein lineares Gleichungssystem

$$\boldsymbol{A}\boldsymbol{u} = \boldsymbol{b} \tag{10.82}$$

mit *symmetrischer* und *positiv definiter Matrix* $\boldsymbol{A}$. Nach seiner Auflösung erhält man Werte u_j, die Näherungen für die exakten Funktionswerte von $u(x,y)$ in den betreffenden Knotenpunkten darstellen. Durch den gewählten Funktionsansatz (10.78), (10.79) oder (10.80) ist der Verlauf der Näherungslösung $\tilde{u}(x,y)$ in den einzelnen Dreieckelementen definiert, so dass beispielsweise Niveaulinien der Näherungslösung konstruiert werden können.

10.3.3 Elementweise Bearbeitung

Für die gewählte Triangulierung sind die Beiträge der Integrale der einzelnen Dreieckelemente und Randstücke für den betreffenden Ansatz in Abhängigkeit der Knotenvariablen zu bestimmen. Diese Beiträge sind quadratische oder lineare Funktionen in den u_j, und wir wollen die Matrizen der quadratischen Formen und die Koeffizienten der linearen Formen herleiten. Sie bilden die wesentliche Grundlage für den Aufbau des später zu lösenden linearen Gleichungssystems (10.82). Im Folgenden betrachten wir den quadratischen Ansatz (10.79) und setzen zur Vereinfachung voraus, dass die Funktionen $\varrho(x,y), f(x,y), \alpha(s)$ und $\beta(s)$ im Integralausruck I (10.72) zumindest für jedes Element, bzw. jede Randkante konstant seien, so dass die betreffenden Werte ϱ, f, α und β vor die entsprechenden Integrale gezogen werden können.

Wir betrachten ein Dreieck T_i in allgemeiner Lage mit den sechs Knotenpunkten P_1 bis P_6 für den quadratischen Ansatz. Wir setzen fest, dass die Eckpunkte P_1, P_2 und P_3 im Gegenuhrzeigersinn nach Abb. 10.25 angeordnet sein sollen. Die Koordinaten der Eckpunkte P_j seien (x_j, y_j). Um den Wert des Integrals über ein solches Element

$$\iint_{T_i} (\tilde{u}_x^2 + \tilde{u}_y^2)\,dxdy \tag{10.83}$$

für einen der Ansätze am einfachsten zu bestimmen, wird T_i vermittels einer linearen Transformation auf ein gleichschenklig rechtwinkliges *Normaldreieck* T abgebildet (Abb. 10.25). Die zugehörige Transformation lautet

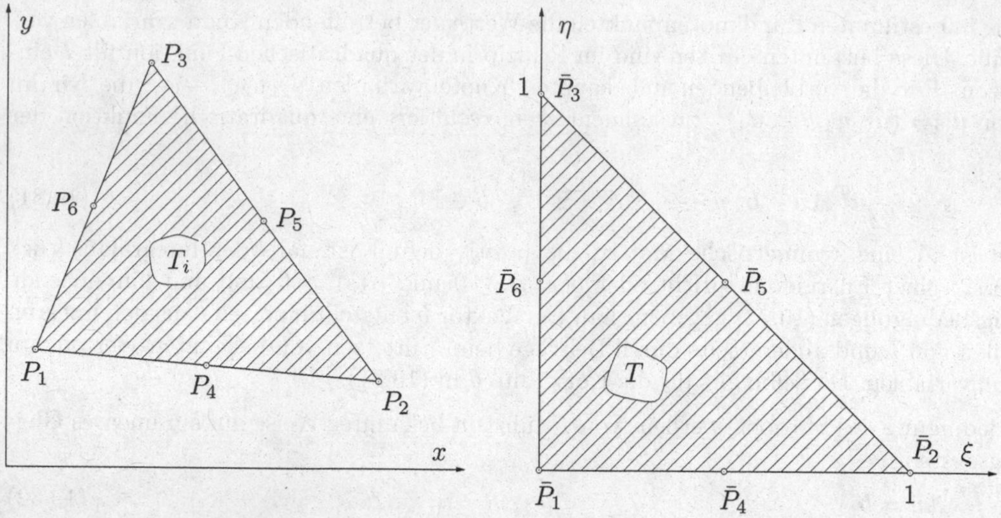

Abb. 10.25 Dreieckelement in beliebiger Lage und Normaldreieck mit Knotenpunkten für quadratischen Ansatz.

$$\begin{aligned} x &= x_1 + (x_2 - x_1)\,\xi + (x_3 - x_1)\,\eta, \\ y &= y_1 + (y_2 - y_1)\,\xi + (y_3 - y_1)\,\eta. \end{aligned} \tag{10.84}$$

Das Gebietsintegral (10.83) für T_i ist nach den Regeln der Analysis zu transformieren. Falls wir die transformierte Funktion gleich bezeichnen, gelten

$$\tilde{u}_x = \tilde{u}_\xi \xi_x + \tilde{u}_\eta \eta_x, \qquad \tilde{u}_y = \tilde{u}_\xi \xi_y + \tilde{u}_\eta \eta_y. \tag{10.85}$$

Weiter folgen auf Grund der Transformation (10.84)

$$\xi_x = \frac{y_3 - y_1}{J}, \quad \eta_x = -\frac{y_2 - y_1}{J}, \quad \xi_y = -\frac{x_3 - x_1}{J}, \quad \eta_y = \frac{x_2 - x_1}{J}, \tag{10.86}$$

wo

$$J := (x_2 - x_1)(y_3 - y_1) - (x_3 - x_1)(y_2 - y_1) > 0 \tag{10.87}$$

die Jacobi-Determinante der Abbildung (10.84) bedeutet und wegen unserer Festsetzung über die Eckpunkte gleich der doppelten Fläche des Dreiecks T_i ist. Damit ergibt sich nach Substitution von (10.85) und (10.86) in (10.83)

$$\begin{aligned} \iint_{T_i} (\tilde{u}_x^2 + \tilde{u}_y^2)\, dxdy \quad &= \quad \iint_{T} [a\tilde{u}_\xi^2 + 2b\tilde{u}_\xi \tilde{u}_\eta + c\tilde{u}_\eta^2] d\xi d\eta \\ &=: \quad aI_1 + bI_2 + cI_3 \end{aligned} \tag{10.88}$$

mit den konstanten, vom Element T_i abhängigen Koeffizienten

$$\boxed{\begin{aligned} a &= [(x_3 - x_1)^2 + (y_3 - y_1)^2]/J, \\ b &= -[(x_3 - x_1)(x_2 - x_1) + (y_3 - y_1)(y_2 - y_1)]/J, \\ c &= [(x_2 - x_1)^2 + (y_2 - y_1)^2]/J. \end{aligned}} \tag{10.89}$$

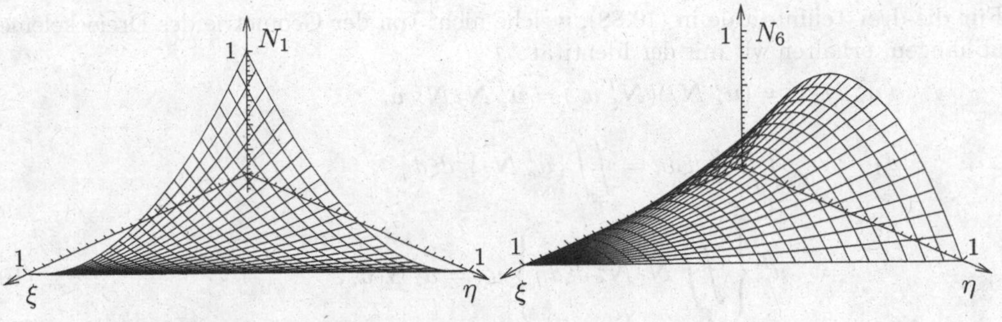

Abb. 10.26 Formfunktionen $N_1(\xi, \eta)$ und $N_6(\xi, \eta)$.

Der quadratische Ansatz (10.79) in den x, y-Variablen geht durch die lineare Transformation (10.84) in einen quadratischen Ansatz derselben Form in den $\xi, \eta-$Variablen über. Zu seiner Darstellung wollen wir *Basisfunktionen* oder sog. *Formfunktionen* verwenden, welche gestatten, $\tilde{u}(\xi, \eta)$ in Abhängigkeit der Funktionswerte u_j in den Knotenpunkten $\bar{P}_i$ des Normaldreieckelementes T anzugeben. Zu diesem Zweck definieren wir in Analogie zu den Lagrange-Polynomen (siehe Abschnitt 3.1.2) für das Normaldreieck T und die sechs Knotenpunkte $\bar{P}_j(\xi_j, \eta_j)$ die sechs Basisfunktionen $N_i(\xi, \eta)$ mit den Interpolationseigenschaften

$$N_i(\xi_j, \eta_j) = \left\{ \begin{array}{ll} 1 & \text{falls } i = j \\ 0 & \text{falls } i \neq j \end{array} \right\} \quad i, j = 1, 2, \ldots, 6. \tag{10.90}$$

Die Formfunktionen $N_i(\xi, \eta)$ können leicht angegeben werden, wenn man beachtet, dass eine solche Funktion auf einer ganzen Dreiecksseite gleich null ist, falls sie in den drei auf dieser Seite liegenden Knotenpunkten verschwinden muss. Somit sind

$$\boxed{\begin{array}{l|l} N_1(\xi, \eta) = (1 - \xi - \eta)(1 - 2\xi - 2\eta) & N_4(\xi, \eta) = 4\xi(1 - \xi - \eta) \\ N_2(\xi, \eta) = \xi(2\xi - 1) & N_5(\xi, \eta) = 4\xi\eta \\ N_3(\xi, \eta) = \eta(2\eta - 1) & N_6(\xi, \eta) = 4\eta(1 - \xi - \eta) \end{array}} \tag{10.91}$$

In Abb. 10.26 sind zwei Formfunktionen veranschaulicht.

Mit den Formfunktionen $N_i(\xi, \eta)$ (10.91) lautet die quadratische Ansatzfunktion $\tilde{u}(\xi, \eta)$ im Nomaldreieck T

$$\tilde{u}(\xi, \eta) = \sum_{i=1}^{6} u_i N_i(\xi, \eta) = \boldsymbol{u}_e^T \boldsymbol{N}(\xi, \eta), \tag{10.92}$$

wo u_i den Funktionswert im Knotenpunkt $\bar{P}_i$ bedeutet. Diese sechs Funktionswerte fassen wir im Vektor $\boldsymbol{u}_e$ des Elementes zusammen, und die Formfunktionen im Vektor $\boldsymbol{N}$:

$$\begin{aligned} \boldsymbol{u}_e &:= (u_1, u_2, \ldots, u_6)^T, \\ \boldsymbol{N}(\xi, \eta) &:= (N_1(\xi, \eta), N_2(\xi, \eta), \ldots, N_6(\xi, \eta))^T. \end{aligned}$$

Mit (10.92) sind dann die partiellen Ableitungen

$$\tilde{u}_\xi = \boldsymbol{u}_e^T \boldsymbol{N}_\xi(\xi, \eta), \qquad \tilde{u}_\eta = \boldsymbol{u}_e^T \boldsymbol{N}_\eta(\xi, \eta). \tag{10.93}$$

Für die drei Teilintegrale in (10.88), welche nicht von der Geometrie des Dreieckelementes abhängen, erhalten wir mit der Identität

$$(\boldsymbol{u}_e^T \boldsymbol{N}_\xi)^2 = (\boldsymbol{u}_e^T \boldsymbol{N}_\xi)(\boldsymbol{N}_\xi^T \boldsymbol{u}_e) = \boldsymbol{u}_e^T \boldsymbol{N}_\xi \boldsymbol{N}_\xi^T \boldsymbol{u}_e$$

$$\begin{aligned}
I_1 &:= \iint_T \tilde{u}_\xi^2 d\xi d\eta = \iint_T \{\boldsymbol{u}_e^T \boldsymbol{N}_\xi\}^2 d\xi d\eta \\
&= \boldsymbol{u}_e^T \left\{ \iint_T \boldsymbol{N}_\xi \boldsymbol{N}_\xi^T d\xi d\eta \right\} \boldsymbol{u}_e = \boldsymbol{u}_e^T \boldsymbol{S}_1 \boldsymbol{u}_e, \qquad (10.94) \\
I_2 &:= 2 \iint_T \tilde{u}_\xi \tilde{u}_\eta d\xi d\eta = \boldsymbol{u}_e^T \left\{ \iint_T [\boldsymbol{N}_\xi \boldsymbol{N}_\eta^T + \boldsymbol{N}_\eta \boldsymbol{N}_\xi^T] d\xi d\eta \right\} \boldsymbol{u}_e = \boldsymbol{u}_e^T \boldsymbol{S}_2 \boldsymbol{u}_e, \\
I_3 &:= \iint_T \tilde{u}_\eta^2 d\xi d\eta = \boldsymbol{u}_e^T \left\{ \iint_T \boldsymbol{N}_\eta \boldsymbol{N}_\eta^T d\xi d\eta \right\} \boldsymbol{u}_e = \boldsymbol{u}_e^T \boldsymbol{S}_3 \boldsymbol{u}_e.
\end{aligned}$$

Im Sinn des Matrizenproduktes stellt beispielsweise $\boldsymbol{N}_\xi \boldsymbol{N}_\xi^T$ als Produkt eines Spaltenvektors mit einem Zeilenvektor eine Matrix der Ordnung sechs dar, und das Integral ist komponentenweise zu verstehen. Um auch für I_2 darstellungsgemäß eine symmetrische Matrix als Integranden zu erhalten, ist $2\tilde{u}_\xi \tilde{u}_\eta$ in zwei Summanden aufgeteilt worden. $\boldsymbol{S}_1, \boldsymbol{S}_2$ und $\boldsymbol{S}_3$ sind symmetrische, sechsreihige Matrizen. Sie müssen einmal ausgerechnet werden für den quadratischen Ansatz und bilden dann die Grundlage zur Berechnung des Beitrages des Dreieckelementes T_i gemäß (10.88) mit den Koeffizienten (10.89). Die drei Matrizen $\boldsymbol{S}_i$ in (10.94) erhält man mit den partiellen Ableitunden der Formfunktionen nach einer längeren, aber elementaren Rechnung unter Verwendung der Integrationsformel

$$I_{p,q} := \iint_T \xi^p \eta^q d\xi d\eta = \frac{p!\,q!}{(p+q+2)!}, \quad p, q \in \mathbb{N}.$$

Wir fassen das Ergebnis zusammen in der so genannten *Steifigkeitselementmatrix* $\boldsymbol{S}_e \in \mathbb{R}^{6,6}$ (auch Steifigkeitsmatrix genannt) eines Dreieckelementes T_i mit quadratischem Ansatz.

$$\iint_{T_i} (\tilde{u}_x^2 + \tilde{u}_y^2)\, dx dy = \boldsymbol{u}_e^T \boldsymbol{S}_e \boldsymbol{u}_e$$

$$\boldsymbol{S}_e = \frac{1}{6} \begin{pmatrix}
3(a+2b+c) & a+b & b+c & -4(a+b) & 0 & -4(b+c) \\
a+b & 3a & -b & -4(a+b) & 4b & 0 \\
b+c & -b & 3c & 0 & 4b & -4(b+c) \\
-4(a+b) & -4(a+b) & 0 & 8(a+b+c) & -8(b+c) & 8b \\
0 & 4b & 4b & -8(b+c) & 8(a+b+c) & -8(a+b) \\
-4(b+c) & 0 & -4(b+c) & 8b & -8(a+b) & 8(a+b+c)
\end{pmatrix} \qquad (10.95)$$

Die Geometrie der Dreieckelemente T_i ist in den Koeffizienten a, b und c (10.89) enthalten. Zueinander ähnliche, aber beliebig gedrehte Dreieckelemente besitzen wegen (10.89) identische Steifigkeitselementmatrizen.

Für das Integral über u^2 in (10.72) ergibt sich nach seiner Transformation auf das Normaldreieck T die Darstellung

$$\begin{aligned} I_4 := \iint_{T_i} \tilde{u}^2(x,y)\,dxdy &= J\iint_T \tilde{u}^2(\xi,\eta)d\xi d\eta = J\iint_T \{\boldsymbol{u}_e^T\boldsymbol{N}\}^2 d\xi d\eta \\ &= \boldsymbol{u}_e^T\left\{J\iint_T \boldsymbol{N}\boldsymbol{N}^T d\xi d\eta\right\}\boldsymbol{u}_e = \boldsymbol{u}_e^T\boldsymbol{M}_e\boldsymbol{u}_e. \end{aligned}$$

Die Berechnung der Matrixelemente der so genannten *Massenelementmatrix* $\boldsymbol{M}_e \in \mathbb{R}^{6,6}$ eines Dreieckelementes T_i mit quadratischem Ansatz ist elementar, wenn auch aufwändig. Wir fassen wieder zusammen.

$$\begin{gathered} \iint_{T_i} \tilde{u}^2(x,y)\,dxdy = \boldsymbol{u}_e^T\boldsymbol{M}_e\boldsymbol{u}_e \\ \boldsymbol{M}_e = \frac{J}{360}\begin{pmatrix} 6 & -1 & -1 & 0 & -4 & 0 \\ -1 & 6 & -1 & 0 & 0 & -4 \\ -1 & -1 & 6 & -4 & 0 & 0 \\ 0 & 0 & -4 & 32 & 16 & 16 \\ -4 & 0 & 0 & 16 & 32 & 16 \\ 0 & -4 & 0 & 16 & 16 & 32 \end{pmatrix} \end{gathered} \tag{10.96}$$

Die Geometrie des Dreieckelementes erscheint in der Massenelementmatrix $\boldsymbol{M}_e$ allein in Form des gemeinsamen Faktors J, der doppelten Fläche des Dreiecks. Die Form des Dreiecks beeinflusst die Zahlenwerte nicht.

Das Integral in (10.72) mit einem in u linearen Term ergibt sich zu

$$\begin{aligned} I_5 := \iint_{T_i} \tilde{u}(x,y)\,dxdy &= J\iint_T \tilde{u}(\xi,\eta)d\xi d\eta \\ &= J\iint_T \boldsymbol{u}_e^T\boldsymbol{N}d\xi d\eta = \boldsymbol{u}_e^T\boldsymbol{b}_e = \boldsymbol{b}_e^T\boldsymbol{u}_e. \end{aligned}$$

Die Komponenten des *Elementvektors* $\boldsymbol{b}_e$ erhält man sehr einfach durch Integration der Formfunktionen über das Normaldreieck T. Das Ergebnis ist

$$\iint_{T_i} \tilde{u}(x,y)\,dxdy = \boldsymbol{b}_e^T\boldsymbol{u}_e, \qquad \boldsymbol{b}_e = \frac{J}{6}(0,0,0,1,1,1)^T. \tag{10.97}$$

Das Resultat (10.97) stellt eine interpolatorische Quadraturformel für ein Dreieck auf der Basis einer quadratischen Interpolation dar. Bemerkenswert ist die Tatsache, dass nur die Funktionswerte in den Seitenmittelpunkten mit dem gleichen Gewicht in die Formel eingehen, und dass die Geometrie des Dreiecks einzig in Form der doppelten Fläche erscheint.

Jetzt bleiben noch die beiden Randintegrale zu behandeln. Auf Grund unserer Triangulierung wird der Rand stets durch einen Polygonzug approximiert. Somit müssen wir uns

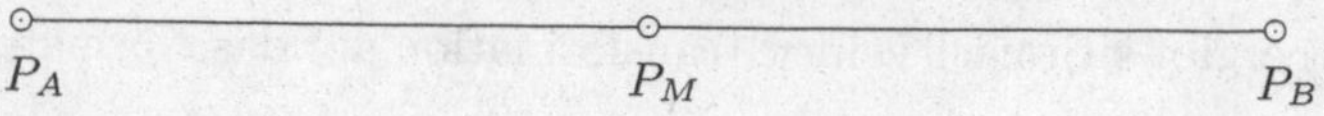

Abb. 10.27 Randkante mit Knotenpunkten.

mit der Betrachtung der Beiträge der Randintegrale für eine Dreiecksseite befassen. Die betrachtete Ansatzfunktion ist dort eine quadratische Funktion der Bogenlänge und ist durch die Funktionswerte in den drei Knotenpunkten eindeutig bestimmt. Wir betrachten deshalb eine Randkante R_i in allgemeiner Lage mit der Länge L. Ihre Endpunkte seien P_A und P_B und der Mittelpunkt P_M (Abb. 10.27). Die Funktionswerte in diesen Knotenpunkten bezeichnen wir mit u_A, u_B und u_M und fassen sie im Vektor $\boldsymbol{u}_R := (u_A, u_M, u_B)^T$ zusammen. Zur Berechnung der Randintegrale führen wir die Substitution $s = L\sigma$ durch, womit eine Abbildung auf das Einheitsintervall erfolgt. Zur Darstellung der quadratischen Funktion $\tilde{u}(\sigma)$ verwenden wir die drei Lagrange-Polynome

$$\boxed{N_1(\sigma) = (1-\sigma)(1-2\sigma), \quad N_2(\sigma) = 4\sigma(1-\sigma), \quad N_3(\sigma) = \sigma(2\sigma - 1),}$$

die man als Basis- oder *Formfunktionen* für die Randstücke bezeichnet. Wir fassen sie im Vektor $\boldsymbol{N}(\sigma) := (N_1(\sigma), N_2(\sigma), N_3(\sigma))^T \in \mathbb{R}^3$ zusammen, und erhalten so für das erste Randintegral

$$\begin{aligned} I_6 &:= \int_{R_i} \tilde{u}^2(s)ds = L\int_0^1 \tilde{u}^2(\sigma)d\sigma = L\int_0^1 \{\boldsymbol{u}_R^T\boldsymbol{N}(\sigma)\}^2 d\sigma \\ &= \boldsymbol{u}_R^T \left\{ L\int_0^1 \boldsymbol{N}\boldsymbol{N}^T d\sigma \right\} \boldsymbol{u}_R = \boldsymbol{u}_R^T\boldsymbol{M}_R\boldsymbol{u}_R. \end{aligned}$$

Als Resultat der Integration der dreireihigen Matrix erhalten wir die *Massenelementmatrix* $\boldsymbol{M}_R$ einer geradlinigen Randkante R_i mit quadratischer Ansatzfunktion

$$\boxed{\int_{R_i} \tilde{u}^2(s)ds = \boldsymbol{u}_R^T\boldsymbol{M}_R\boldsymbol{u}_R, \quad \boldsymbol{M}_R = \frac{L}{30}\begin{pmatrix} 4 & 2 & -1 \\ 2 & 16 & 2 \\ -1 & 2 & 4 \end{pmatrix}.} \tag{10.98}$$

Das zweite Randintegral ist durch die Simpson-Regel (7.11) gegeben, da $\tilde{u}(s)$ eine quadratische Funktion der Bogenlänge s und damit gleich dem Interpolationspolynom ist. Mit dem Randelementvektor $\boldsymbol{b}_R \in \mathbb{R}^3$ gilt somit

$$\boxed{\int_{R_i} \tilde{u}(s)\,ds = \boldsymbol{b}_R^T\boldsymbol{u}_R, \qquad \boldsymbol{b}_R = \frac{L}{6}(1, \quad 4, \quad 1)^T.} \tag{10.99}$$

10.3.4 Aufbau und Behandlung der linearen Gleichungen

Für die praktische Durchführung der Methode der finiten Elemente auf einem Computer ist es am zweckmäßigsten, alle N Knotenpunkte der vorgenommenen Triangulierung durchzunummerieren, also auch diejenigen, in denen die Funktionswerte durch eine Dirichletsche Randbedingung (10.73) vorgegeben sind. Die Nummerierung der Knotenpunkte sollte so erfolgen, dass die maximale Differenz zwischen Nummern, welche zu einem Element gehören, minimal ist, damit die Bandbreite der Matrix $\boldsymbol{A}$ im System (10.82) möglichst klein ist. Es existieren heuristische Algorithmen, die eine nahezu optimale Nummerierung in akzeptabler Zeit $O(N)$ systematisch finden [Duf 86, Sch 91b]. Mit dieser Nummerierung erfolgt die Summation der Beiträge der einzelnen Dreieckelemente und Randkanten zur Matrix $\boldsymbol{A}$ und rechten Seite $\boldsymbol{b}$ des Gleichungssystems (10.82) für das gesamte triangulierte Gebiet

$$\boldsymbol{A}\boldsymbol{u} = \boldsymbol{b}, \quad \boldsymbol{A} \in \mathbb{R}^{N,N}, \quad \boldsymbol{b}, \boldsymbol{u} \in \mathbb{R}^{N}. \tag{10.100}$$

Zunächst baut sich $\boldsymbol{A}$ aus den Steifigkeits- und Massenelementmatrizen und $\boldsymbol{b}$ aus den Elementvektoren entsprechend der Nummerierung auf. Die Unbekannten in (10.100) sind die Werte der N Knotenvariablen $u_1, u_2, \ldots, u_N$. Man bezeichnet diesen Schritt, in welchem $\boldsymbol{A}$ und $\boldsymbol{b}$ gebildet werden, als *Kompilationsprozess.* Die *Gesamtsteifigkeitsmatrix* $\boldsymbol{A}$ ist symmetrisch, kann aber noch singulär sein. Regulär und sogar positiv definit wird sie durch die Berücksichtigung der Randbedingungen (10.73) in den betreffenden Randknotenpunkten. Dies kann auf unterschiedliche Art und Weise erfolgen. Wir wollen hier die einfachste Methode vorschlagen. Im Knotenpunkt mit der Nummer k sei $u_k = \varphi_k$ gegeben. Das bedeutet, dass das φ_k-fache der k-ten Spalte von $\boldsymbol{A}$ vom Vektor $\boldsymbol{b}$ abzuziehen ist. Im Prinzip wären danach in $\boldsymbol{A}$ die k-te Spalte und die k-te Zeile und in $\boldsymbol{b}$ die k-te Komponente zu streichen. Den Aufwand dieser beiden Schritte erspart man sich, wenn stattdessen in $\boldsymbol{A}$ die k-te Spalte und Zeile durch Einheitsvektoren ersetzt werden, und $b_k := \varphi_k$ gesetzt wird. Sobald alle Randknotenpunkte mit Dirichletscher Randbedingung auf diese Weise behandelt wurden, entsteht ein Gleichungssystem mit positiv definiter Matrix $\boldsymbol{A} \in \mathbb{R}^{N,N}$. Allerdings enthält das Gleichungssystem eine Reihe von trivialen Gleichungen, die den Randbedingungen entsprechen. Der Lösungsvektor $\boldsymbol{u} \in \mathbb{R}^N$ enthält auf diese Weise aber auch diejenigen Knotenvariablen, deren Werte durch Dirichletsche Randbedingungen gegeben sind, was im Fall einer Weiterverarbeitung sehr zweckmäßig ist, z.B. zur Bestimmung von Niveaulinien.

Das symmetrische positiv definite Gleichungssystem $\boldsymbol{A}\boldsymbol{u} = \boldsymbol{b}$ kann mit der Methode von Cholesky unter Ausnutzung der Bandstruktur gelöst werden. Die Bandbreite von $\boldsymbol{A}$ variiert allerdings bei den meisten Anwendungen sehr stark, so dass die so genannte *hüllenorientierte* Rechentechnik Vorteile bringt. Bei größeren Gleichungssystemen wird man spezielle iterative Methoden anwenden, die wir im Kapitel 11 behandeln.

10.3.5 Beispiele

In diesem Abschnitt sollen zwei Beispiele rechnerisch behandelt werden. Dabei wollen wir die unterschiedlichen Möglichkeiten verschiedener Softwaresystem demonstrieren, siehe auch Abschnitt 10.4. Es gibt gerade in einem auch für industrielle Anwendungen so wichtigen Gebiet, wie es die Anwendungen von partiellen Differenzialgleichungen und die Lösungen mit der Methode der finiten Elemente darstellen, einen erheblichen Unterschied zwischen

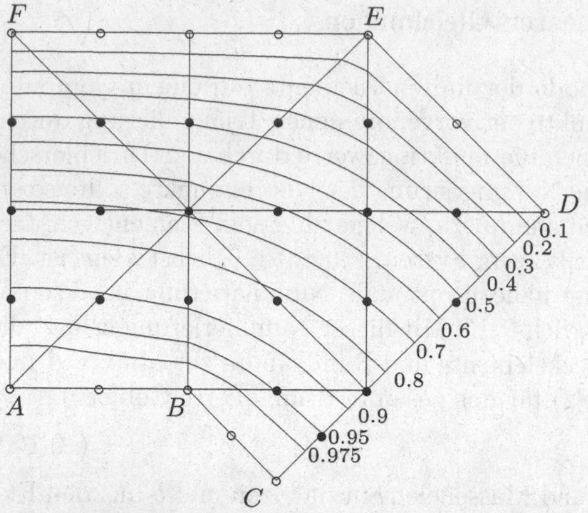

Abb. 10.28 Gebiet mit Triangulierung und Niveaulinien der Näherungslösung.

frei zugänglicher, oft durch eigene Programme ergänzter Software einerseits und teurer, aber auch komfortabler kommerzieller Software andererseits. Dabei gibt es innerhalb beider Gruppen noch erhebliche Unterschiede. So arbeitet der überwiegende Anteil der zahlreichen Programmpakete ausschließlich mit linearen Ansätzen, obwohl quadratische Ansätze in der Regel genauere Lösungen und bessere graphische Darstellungen ermöglichen. Andererseits liefern gerade die kleineren frei zugänglichen Pakete oft nur Zahlen, aber keine graphische Darstellung als Ergebnis.

Beispiel 10.12. Wir wollen zunächst ein Beispiel mit einem einfachen selbst geschriebenen Programm, wie es auch in [Sch 91a] zu finden ist, rechnen. Die berechneten Lösungswerte haben wir in MATLAB importiert und graphisch ausgewertet. Dieser einfachen Vorgehensweise stellen wir die Ergebnisses des Pakets PLTMG gegenüber.

Im Gebiet G der Abb. 10.6 soll die Randwertaufgabe (10.14) bis (10.17) mit quadratischen Ansätzen auf Dreiecken gelöst werden. Die zugehörige Formulierung als Variationsproblem lautet

$$I = \iint\limits_G \left\{ \frac{1}{2}(u_x^2 + u_y^2) - 2u \right\} dxdy \longrightarrow \text{Min!} \tag{10.101}$$

unter den Randbedingungen

$$\begin{aligned} u &= 0 \qquad \text{auf } DE \text{ und } EF, \\ u &= 1 \qquad \text{auf } AB \text{ und } BC. \end{aligned} \tag{10.102}$$

Zu Vergleichszwecken mit Beispiel 10.1 verwenden wir eine recht grobe Triangulierung des Gebietes nach Abb. 10.28 in elf Dreieckelemente. Von den insgesamt $N = 32$ Knotenpunkten haben zwölf bekannte Randwerte (als leere Kreise gekennzeichnet), so verbleiben $n = 20$ Knotenpunkte mit unbekannten Funktionswerten, die als ausgefüllte Kreise hervorgehoben sind. Da alle Dreieckelemente gleichschenklig rechtwinklig sind, sind alle Steifigkeitselementmatrizen identisch. Beginnen wir die

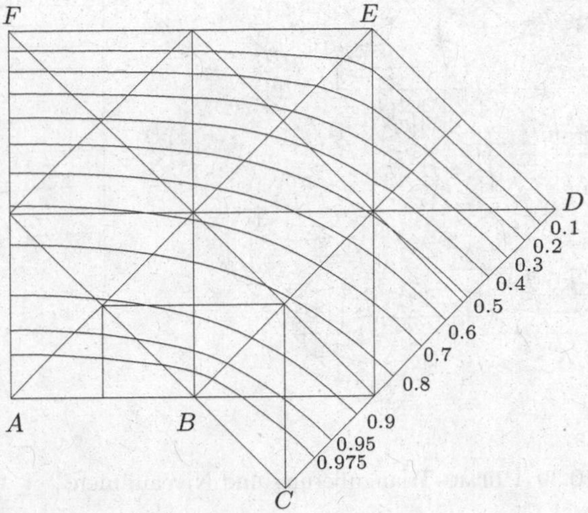

Abb. 10.29 Lokal verfeinerte Triangulierung und Niveaulinien.

Nummerierung stets im Eckpunkt mit dem rechten Winkel, so folgt wegen $a = c = 1, b = 0$

$$\boldsymbol{S}_e = \frac{1}{6}\begin{pmatrix} 6 & 1 & 1 & -4 & 0 & -4 \\ 1 & 3 & 0 & -4 & 0 & 0 \\ 1 & 0 & 3 & 0 & 0 & -4 \\ -4 & -4 & 0 & 16 & -8 & 0 \\ 0 & 0 & 0 & -8 & 16 & -8 \\ -4 & 0 & -4 & 0 & -8 & 16 \end{pmatrix}.$$

Mit $\boldsymbol{S}_e$ und dem Elementvektor $\boldsymbol{b}_e$ kann das Gleichungssystem relativ leicht aufgebaut werden. Die resultierende Näherungslösung für die Randwertaufgabe ist in (10.103) in der Anordnung der Knotenpunkte zusammengestellt. Die Diskretisierungsfehler in dieser Näherung sind vergleichbar mit denjenigen von (10.20). In Abb. 10.28 sind einige Niveaulinien der Näherungslösung $\tilde{u}(x, y)$ eingezeichnet. Man erkennt die Stetigkeit der Näherungslösung, aber auch die Unstetigkeit der ersten partiellen Ableitungen beim Übergang von einem Dreieckelement ins benachbarte. Besonders auffällig ist der Verlauf der Niveaulinien in der Nähe der einspringenden Ecke des Gebietes G. Dies ist bedingt durch die Singularität der partiellen Ableitungen der Lösungsfunktion in der Ecke.

$$\begin{array}{ccccccccc} 0 & 0 & 0 & & 0 & & 0 & & \\ 0.41761 & 0.41129 & 0.38986 & & 0.34098 & & 0.23714 & 0 & \\ 0.72286 & 0.71269 & 0.68215 & & 0.61191 & & 0.48260 & 0.28252 & 0 \\ 0.91668 & 0.90944 & 0.88338 & & 0.81692 & & 0.69997 & 0.52250 & \\ 1 & 1 & 1 & & 0.94741 & & 0.85287 & & \\ & & & 1 & & 0.95255 & & & \\ & & & & 1 & & & & \end{array} \qquad (10.103)$$

Um dieser Tatsache besser Rechnung zu tragen, ist die Randwertaufgabe mit der feineren Triangulation von Abb. 10.29 behandelt worden. In der Nähe der einspringenden Ecke ist die Einteilung zusätzlich verfeinert worden. Bei insgesamt $N = 65$ Knotenpunten sind die Funktionswerte in

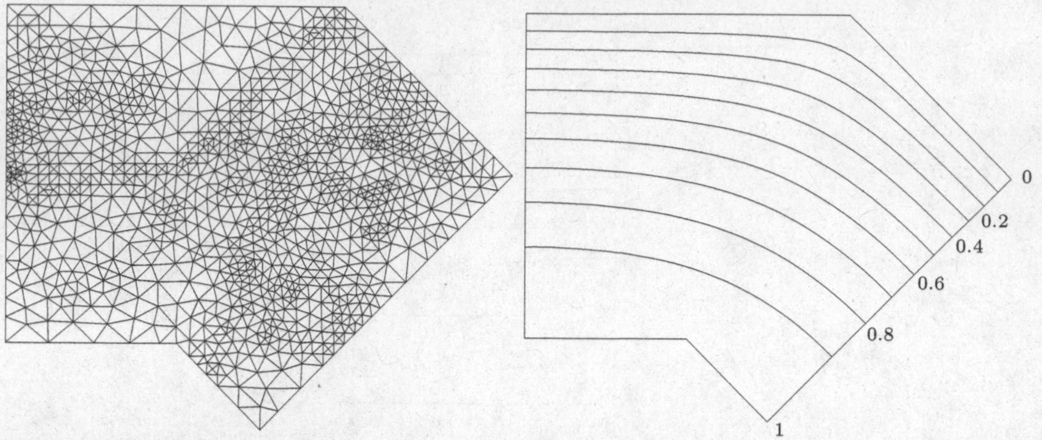

Abb. 10.30 PLTMG-Triangulierung und Niveaulinien.

$n = 49$ Knotenpunkten unbekannt. Die Niveaulinien verlaufen jetzt glatter, obwohl der Einfluss der Ecken immer noch vorhanden ist. Die Näherungswerte in denjenigen Knotenpunkten, die (10.103) entsprechen, sind in (10.104) zusammengestellt.

0	0	0	0	0			
0.41793	0.41165	0.39081	0.3396	0.22979	0		
0.72144	0.71286	0.68078	0.61282	0.48765	0.28239	0	
0.91712	0.91006	0.88167	0.81686	0.70061	0.52275		(10.104)
1	1	1	0.94683	0.85439			
			1	0.95312			
			1				

Hier wäre also eine weitere – möglichst adaptive – Verfeinerung notwendig. Wir rechnen deshalb das Beispiel noch einmal mit dem Paket PLTMG, siehe Abschnitt 10.4. Wir lassen PLTMG das Gebiet triangulieren und anschließend dreimal adaptiv verfeinern. Das resultierende Dreiecksnetz und einige Niveaulinien sind in Abb. 10.30 zu sehen. Trotz nur linearen Ansatzes sind auf Grund der feinen Triangulierung die Niveaulinien sehr glatt. Natürlich sind auch die Lösungswerte genauer.

△

Beispiel 10.13. Wir betrachten die Randwertaufgabe (10.29) von Beispiel 10.5 für das Gebiet G mit dem Kreisbogen AB als Randstück (vgl. Abb. 10.10). Die zugehörige Formulierung als Variationsproblem lautet

$$I = \iint_G \left\{ \frac{1}{2}(u_x^2 + u_y^2) - 2u \right\} dxdy + \int_{AB} \{u^2 + u\} ds \longrightarrow \text{Min!} \qquad (10.105)$$

$$u = 0 \quad \text{auf } CD.$$

Das Randintegral erstreckt sich nur über den Kreisbogen AB mit $\alpha(s) = 2$ und $\beta(s) = -1$.

Wir wollen diese Aufgabe mit dem kommerziellen Paket FEMLAB bearbeiten, siehe Abschnitt 10.4, auch um zu demonstrieren, wie komfortabel ein solches Werkzeug zur Lösung partieller Differenzialgleichungen sein kann.

Zunächst definieren wir das Grundgebiet G als Differenz eines Dreiecks und eines Kreises. Das gelingt mit fünf Mausklicks im geometrischen Eingabefenster. Dann erzeugen wir mit einem Mausklick eine Anfangstriangulierung, die 375 Knotenpunkte enthält. Das mag viel erscheinen, liegt aber an den Standard-Vorgaben des FEMLAB-Systems, die man auch leicht ändern kann. Wir definieren die Differenzialgleichung, die Randbedingungen und die Wahl der quadratischen Ansatzfunktionen über entsprechende Parameter-Eingabefenster, bestimmen eine Lösung mit einem Mausklick und bestimmen in einem Fenster mit einer großen Auswahl an Parametern, dass wir die Lösung mit Hilfe von Niveaulinien zu vorgegebenen Lösungswerten darstellen wollen. Dies ergibt die obere der Abb. 10.31. Eine adaptive Verfeinerung führt zu einer Triangulierung mit 1429 Knotenpunkten und der zugehörigen Lösung. In der Nähe der Ecken kann man deutlich die Verbesserung durch die Verfeinerung erkennen.

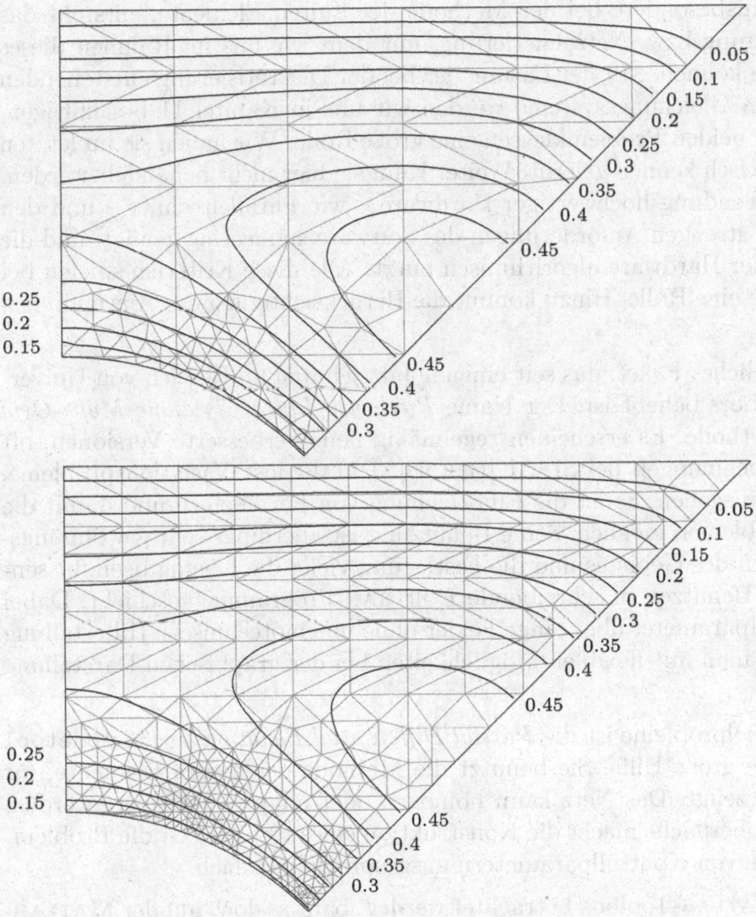

Abb. 10.31 Zwei FEMLAB-Gitter mit zugehörigen Niveaulinien.

△

10.4 Software

Die numerische Lösung partieller Differenzialgleichungen setzt sich aus vielen Anteilen zusammen. Nachdem wir in diesem Kapitel einige Methoden zur Diskretisierung partieller Differenzialgleichungen kennen gelernt haben, sollen Rüdes Grundprinzipien zur effizienten Lösung von partiellen Differenzialgleichungen einmal genannt werden, [Rüd 93]:

- Gute Diskretisierungsmethoden (verschieden hoher Ordnung).
- Schnelle Lösungsmethoden für die entstehenden Gleichungssysteme.
- Adaptivität.
- Hochwertige Informatikanteile (Hardware, Algorithmen und Software).

Bei der Diskretisierung, insbesondere bei der Methode der finiten Elemente, entsteht das Problem der Gittererzeugung bzw. Netzgenerierung, mit dem wir uns im Rahmen dieses Bandes nicht beschäftigen können. Mit der Lösung der bei der Diskretisierung entstehenden großen, schwach besetzten Gleichungssysteme werden wir uns in Kapitel 11 beschäftigen. Die Adaptivität spielt bei beiden Problemklassen eine große Rolle. Wir haben sie im letzten Beispiel 10.13 schon praktisch kennen gelernt. Weiter kann sie hier nicht behandelt werden. Dasselbe gilt für die Verwendung hochwertiger Hardware – wie Parallelrechner – und den Einsatz von Software, die strengen Anforderungen des Softwareengineering genügt, und die die Möglichkeiten spezieller Hardware algorithmisch nutzt. Alle diese Kriterien spielen bei der Auswahl von Software eine Rolle. Hinzu kommt die Berücksichtigung des Anwendungsbereichs.

PLTMG[1] ist ein frei erhältliches Paket, das seit einigen Jahrzehnten im Bereich von Universitäten und Forschungslabors beliebt ist. Der Name *Piecewise Linear Triangle Multi-Grid* verrät die verwendete Methode. Es erscheinen regelmäßig neue verbesserte Versionen, oft gefolgt von Buch-Neuerscheinungen bei SIAM [Ban 98]. PLTMG löst Variationsprobleme, die über (10.72) weit hinausgehen. So ist die Einbeziehung von Parametern und damit die Lösung von Eigenwertproblemen möglich. Seine Benutzung ist allerdings sehr gewöhnungsbedürftig, da die Definition des Gebietes und die Festlegung vieler die Lösung beeinflussender Parameter über vom Benutzer zu schreibende FORTRAN-Programme geschieht. Dabei werden die vielen Kontrollparameter über lange Felder ohne mnemotechnische Hilfestellung eingegeben. Belohnt wird man mit flexiblen Möglichkeiten bei der graphischen Darstellung der Lösung.

Für einfache lineare Beispielprobleme ist die *Partial Differential Equation Toolbox* `pdetool` des MATLAB-Systems eine große Hilfe. Sie benutzt die Methode der finiten Elemente, für die sie ein Dreiecksnetz erzeugt. Das Netz kann homogen oder adaptiv verfeinert werden. Eine graphische Benutzeroberfläche macht die Konstruktion eines Gebietes G, die Problemdefinition und die Eingabe von Kontrollparametern ausgesprochen einfach.

Auch FEMLAB kann als MATLAB-Toolbox betrachtet werden, baut es doch auf der MATLAB-Sprache und Funktionalität auf. Es ist als komfortabler Ersatz der Partial Differential Equation Toolbox gedacht und verfügt über eine bis auf Erweiterungen nahezu identische graphische Benutzeroberfläche. FEMLAB wird aus MATLAB heraus aufgerufen; die Ergebnisse können in MATLAB weiter verarbeitet werden. Es gibt aber eine stand-alone-Version, die

[1] `http://ccom.ucsd.edu/~reb/software.html`

unabhängig von MATLAB ist. Sie hat C++-basierte Löser, die wesentlich schneller sind als die der MATLAB-basierten Version. Der Leistungsumfang von FEMLAB übersteigt den von `pdetool` bei weitem, insbesondere bei Anwendungsproblemen. Es gibt zahlreiche Spezialmodule u.a. für strukturmechanische, chemische und elektromagnetische Anwendungen.

Ein eigenständiges Paket riesigen Umfangs mit starker Industrie-Orientierung ist ANSYS. Zu seinen Anwendungsmodulen zählt die Luft- und Raumfahrt, der Automobilbau, die Elektronik und die Biomedizin. Der Hersteller CAD-FEM gibt die eigene Zeitschrift *Infoplaner* heraus und hält Anwenderschulungen ab. Die graphischen Möglichkeiten von ANSYS z.B. in der Strömungsdynamik sind beeindruckend.

Die NAG-FORTRAN-Bibliothek enthält seit Mark 20 ein Kapitel D06 mit einer Reihe von Routinen zur Netzerzeugung. Natürlich kann man mit dieser Bibliothek die entstehenden schwach besetzten Gleichungssysteme optimal lösen. Es fehlt allerdings das Bindeglied des Kompilationsprozesses, den man selbst programmieren muss. Und es fehlt die Möglichkeit komfortabler graphischer Ausgabe.

Eine Reihe von Anwendungsmodulen für Wärmeleitung, Reaktions-Diffusionsgleichungen, Struktur- und Strömungsmechanik sowie Akustik stellt auch FASTFLO von CSIRO bereit. FASTFLO verfügt über bequeme graphische Ein- und Ausgabewerkzeuge und erlaubt lineare und quadratische Ansätze.

Die Aufzählung von Softwaresystemen zur Lösung von partiellen Differenzialgleichungen ließe sich noch lange fortsetzen. Stattdessen verweisen wir auf die Internetseiten

`http://homepage.usask.ca/~ijm451/finite/fe_resources/fe_resources.html`

und komfortabel, bunt und schön

`http://comp.uark.edu/~jjrencis/femur/main_menu.html`.

Bei der Suche beachte man, dass die Programme manchmal nur unter dem Namen des Herstellers statt unter dem Programmnamen verzeichnet sind, aber Strukturierung und Suchmöglichkeit erleichtern die Orientierung. Man findet grundsätzlich Links zu den Seiten der Hersteller. Wir haben deshalb auf diese Angaben hier weitgehend verzichtet.

10.5 Aufgaben

10.1. Für das Gebiet G in Abb. 10.32 sei die Randwertaufgabe gegeben:

$$-\Delta u = 1 \quad \text{in } G,$$

$$u = 1 \quad \text{auf } AB, \quad \frac{\partial u}{\partial n} = 0 \quad \text{auf BC},$$

$$u = 0 \quad \text{auf } CD, \quad \frac{\partial u}{\partial n} + 2u = 1 \quad \text{auf } DA.$$

Man löse sie näherungsweise mit dem Differenzenverfahren unter Verwendung der Fünf-Punkte-Approximation für Gitterweiten $h = 1/4, h = 1/6$ und $h = 1/8$. Wie lauten die Differenzengleichungen für die Gitterpunkte auf der Seite DA? Für welche Nummerierung der Gitterpunkte hat die Matrix des Systems von Differenzengleichungen eine minimale Bandbreite?

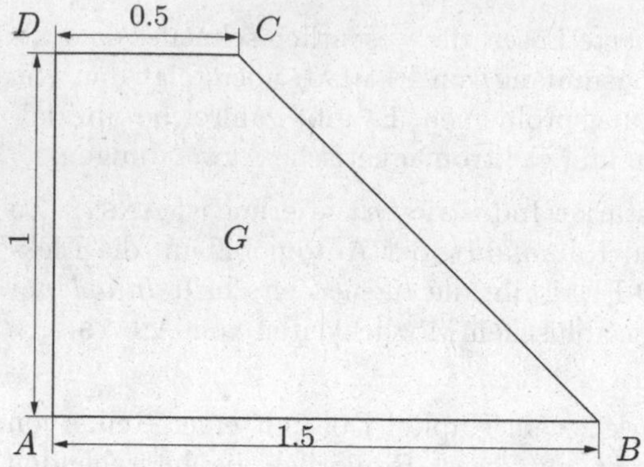

Abb. 10.32
Trapezgebiet.

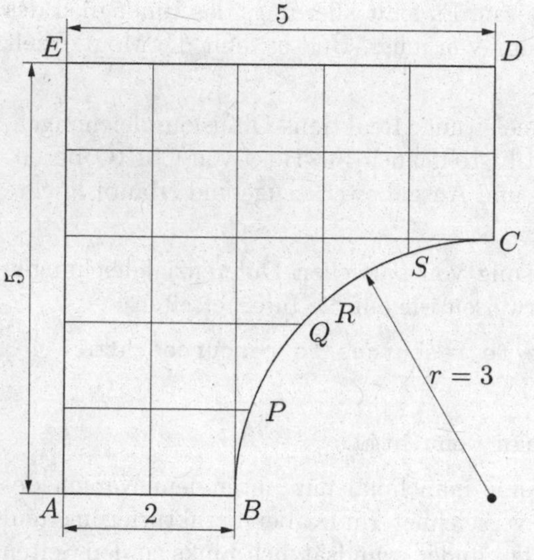

Abb. 10.33
Gebiet mit Kreisrand.

10.2. Im Gebiet G in Abb. 10.33, dessen Randstück BC ein Viertelkreis mit dem Radius $r = 3$ ist, soll die elliptische Randwertaufgabe gelöst werden:

$$-\Delta u = 10 \quad \text{in } G,$$

$$\frac{\partial u}{\partial \boldsymbol{n}} = 0 \quad \text{auf } AB, \qquad u = 4 \quad \text{auf } BC, \qquad \frac{\partial u}{\partial \boldsymbol{n}} = 0 \quad \text{auf } CD,$$

$$\frac{\partial u}{\partial \boldsymbol{n}} + 4u = 1 \quad \text{auf } DE, \qquad u = 0 \quad \text{auf } EA.$$

Wie lauten die Differenzengleichungen für die Gitterpunkte im Gitter von Abb. 10.33 mit der Gitterweite $h = 1$? Ist das System der Differenzengleichungen symmetrisch?

10.3. Im Randwertproblem von Aufgabe 10.2 ersetze man die Dirichlet-Randbedingung auf BC durch die Cauchy-Randbedingung

$$\frac{\partial u}{\partial \boldsymbol{n}} + 3u = 2.$$

Für die Randpunkte B, P, Q, R, S und C sind weitere Differenzengleichungen herzuleiten. Welche Struktur erhält das System von Differenzengleichungen? Die Berechnung seiner Lösung kann mit dem Gauß-Algorithmus mit Diagonalstrategie erfolgen.

10.4. Man löse die parabolische Anfangsrandwertaufgabe

$$u_t = u_{xx} + 1 \quad \text{für } 0 < x < 1, t > 0;$$
$$u(x,0) = 0 \quad \text{für } 0 < x < 1,$$
$$u_x(0,t) - 0.5u(0,t) = 0, \quad u_x(1,t) + 0.2u(1,t) = 0 \quad \text{für } t > 0,$$

mit der expliziten und der impliziten Methode für $h = 0.1$ und $h = 0.05$ und für verschiedene Zeitschritte k. Man leite die Bedingung der absoluten Stabilität im Fall der expliziten Methode für die obigen Randbedingungen her. Die stationäre Lösung $u(x,t)$ für $t \to \infty$ mit $u_t = 0$ ist analytisch zu bestimmen und mit den berechneten Näherungen zu vergleichen.

10.5. Ein Diffusionsproblem besitzt folgende Formulierung:

$$\frac{\partial u}{\partial t} = \frac{\partial}{\partial x}\left((x^2 - x + 1)\frac{\partial u}{\partial x}\right) + (2 - x)\sin(t), \quad 0 < x < 1, t > 0,$$
$$u(x,0) = 0, \quad 0 < x < 1,$$
$$u(0,t) = 0, \quad u_x(1,t) + 0.3u(1,t) = 0, \quad t > 0.$$

Die Diffusionskennzahl ist ortsabhängig, und die Quellendichte ist orts- und zeitabhängig. Mit der Schrittweite $h = 0.1$ bestimme man die Lösungsfunktion näherungsweise mit der expliziten und der impliziten Methode. Wie lautet die Bedingung der absoluten Stabilität für die Methode von Richardson?

10.6. Es soll die parabolische Differenzialgleichung

$$u_t = u_{xx} + u_{yy} + 1 \quad \text{in } G \times (0, \infty)$$

unter der Anfangsbedingung

$$u(x,y,0) = 0 \quad \text{in } G$$

und den zeitunabhängigen Randbedingungen

$$u = 1 \quad \text{auf } AB, \quad \frac{\partial u}{\partial \boldsymbol{n}} = 0 \quad \text{auf } BC,$$
$$u = 0 \quad \text{auf } CD, \quad \frac{\partial u}{\partial \boldsymbol{n}} + 2u = 1 \quad \text{auf } DA$$

gelöst werden, wo G das Gebiet von Abb. 10.32 ist. Man verwende dazu die explizite Methode von Richardson, das implizite Verfahren von Crank-Nicolson sowie die Methode der alternierenden Richtungen. Als Gitterweite wähle man $h = 1/4$ und $h = 1/6$. Die stationäre Lösung für $t \to \infty$ ist gleich der Lösung von Aufgabe 10.1.

10.7. Wie lauten die Steifigkeitselementmatrizen $\boldsymbol{S}_e$ im Fall des quadratischen Ansatzes für
a) ein gleichseitiges Dreieck;
b) ein rechtwinkliges Dreieck mit den Kathetenlängen $\overline{P_1P_2} = \alpha h$ und $\overline{P_1P_3} = \beta h$;
c) ein gleichschenkliges Dreieck mit der Schenkellänge h und dem Zwischenwinkel γ?
Was folgt für die Matrixelemente von $\boldsymbol{S}_e$ in den Fällen b) und c), falls $\beta \ll \alpha$, bzw. γ sehr klein ist?
Welchen Einfluss haben solche spitzwinkligen Dreieckelemente auf die Gesamtsteifigkeitsmatrix $\boldsymbol{A}$?

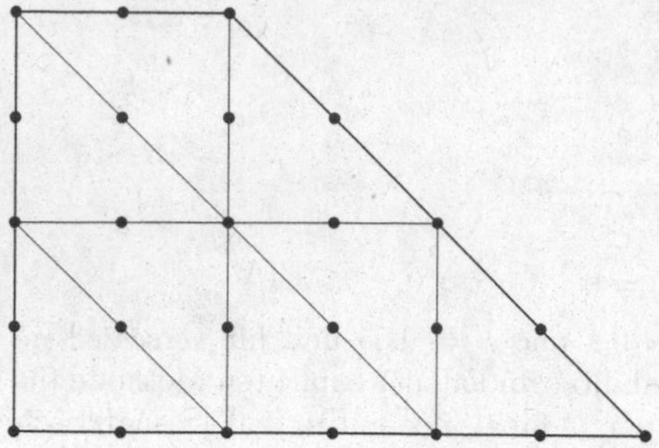

Abb. 10.34
Grobe Triangulierung des Trapezgebietes.

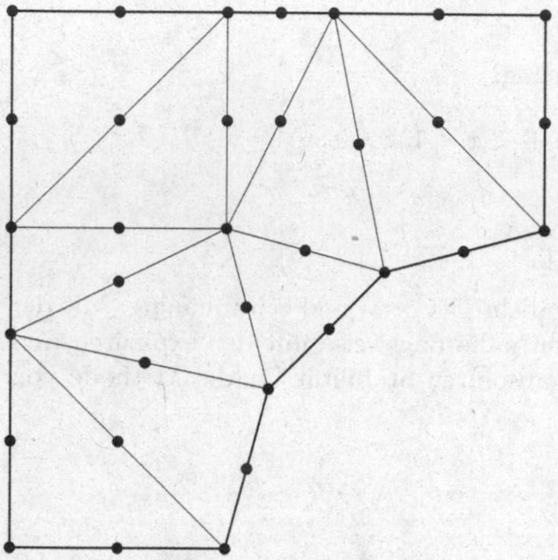

Abb. 10.35
Triangulierung des Gebietes mit Kreisrand.

10.8. Linearer Ansatz in der Methode der finiten Elemente.

a) Wie lauten die Formfunktionen für den linearen Ansatz? Mit ihrer Hilfe leite man die Elementmatrizen zur Approximation des Integralausdrucks (10.72) unter der Annahme von konstanten Funktionen $\varrho(x, y), f(x, y), \alpha(s)$ und $\beta(s)$ her.

b) Welches sind die Steifigkeitsmatrizen $\boldsymbol{S}_e$ für ein gleichschenklig rechtwinkliges Dreieck, ein gleichseitiges Dreieck, ein rechtwinkliges Dreieck mit den Kathetenlängen αh und βh sowie für ein gleichschenkliges Dreieck mit der Schenkellänge h und dem Zwischenwinkel γ? Was passiert für spitzwinklige Dreiecke?

c) Man verifiziere, dass die Methode der finiten Elemente für die Poissonsche Differenzialgleichung $-\Delta u = f(x, y)$ im Fall der linearen Elemente für jeden im Innern liegenden Knotenpunkt bei Verwendung einer regelmäßigen Triangulierung in kongruente, rechtwinklig gleichschenklige Dreiecke die Fünf-Punkte-Differenzengleichung (10.12) liefert, ganz unabhängig davon, wieviele Dreieckelemente im betreffenden Knotenpunkt zusammenstoßen.

10.9. Wie lauten die zu minimierenden Integralausdrücke zu den Randwertproblemen der Aufgaben 10.1 bis 10.3? Man löse jene Randwertaufgaben mit der Methode der finiten Elemente beispielsweise für die Triangulierungen der Abb. 10.34 und Abb. 10.35 unter Verwendung der quadratischen Ansätze.

11 Lineare Gleichungssysteme, iterative Verfahren

Die Behandlung von linearen elliptischen Randwertaufgaben mit dem Differenzenverfahren oder mit finiten Elementen führt auf die Aufgabe, lineare Gleichungssysteme mit symmetrischer oder gelegentlich unsymmetrischer Matrix für die unbekannten Funktionswerte in den Gitterpunkten zu lösen. Bei feiner Diskretisierung des Grundgebietes sind die Systeme einerseits von hoher Ordnung und besitzen andererseits die Eigenschaft, sehr schwach besetzt (engl. *sparse*) zu sein. Grundsätzlich können sie mit den direkten Methoden von Kapitel 2 gelöst werden, wobei bei geeigneter Nummerierung der Unbekannten die resultierende Bandstruktur ausgenutzt werden kann. Im Verlauf des Eliminationsprozesses erfolgt aber im Inneren des Bandes ein oft vollständiger Auffüllprozess (das sog. fill-in), bei welchem Matrixelemente, die ursprünglich gleich null sind, durch von null verschiedene Werte ersetzt werden. Dadurch kann für sehr große Gleichungssysteme neben dem Rechenaufwand insbesondere der Speicherbedarf prohibitiv groß werden. Deshalb erweisen sich iterative Verfahren zur Lösung von sehr großen, schwach besetzen linearen Gleichungssystemen als geeignete Alternativen, mit denen die schwache Besetzung voll ausgenutzt wird. Im Folgenden betrachten wir die klassischen Iterationsmethoden und zeigen einige ihrer wichtigsten Eigenschaften auf. Darauf aufbauend werden Mehrgittermethoden beschrieben, die zu den schnellsten Lösern für die genannten Probleme gehören. Dann wird die Methode der konjugierten Gradienten für symmetrische und positiv definite Gleichungssysteme ausführlich unter Einschluss der zentralen, die Konvergenz verbessernden Vorkonditionierung behandelt. Daraus wird anschließend die Methode der verallgemeinerten minimierten Residuen zur Lösung von unsymmetrischen Gleichungssystemen entwickelt. Ausführlichere Darstellungen von Iterationsmethoden findet man etwa in [Bey 98, Bra 93, Bri 00, McC 88, Hac 85, Hac 93, Hag 04, Sto 05, Var 00, Wes 04, You 71].

11.1 Diskretisierung partieller Differenzialgleichungen

Im Abschnitt 10.1.2 wurde die Diskretisierung partieller Differenzialgleichungen mit dividierten Differenzen bereits behandelt. Hier soll ein einfaches Beispiel eine typische Struktur des entstehenden linearen Gleichungssystems zeigen.

Beispiel 11.1. Der Laplace-Operator wird auf einem quadratischem Gitter (x_i, y_j) mit der Gitterweite h approximiert durch einen Fünf-Punkte-Stern (siehe Abb. 10.3)

$$-\Delta u \quad = \quad -\frac{\partial^2 u}{\partial x^2} - \frac{\partial^2 u}{\partial y^2} \tag{11.1}$$

$$\approx \quad \frac{1}{h^2}[-u(x_{i-1}, y_j) - u(x_{i+1}, y_j) + 4u(x_i, y_j) - u(x_i, y_{j-1}) - u(x_i, y_{j+1})].$$

Als Gebiet im $\mathbb{R}^2$ wählen wir jetzt das Einheitsquadrat $G := (0,1) \times (0,1)$ mit Rand Γ. Zu gegebener rechter Seite $f(x,y) \in C(G)$ ist eine Funktion $u(x,y) \in C^2(G)$ gesucht, die die Differenzialgleichung und die Randbedingung

$$\begin{aligned} -\Delta u &= f \quad \text{in} \quad G \\ u &= 0 \quad \text{auf} \quad \Gamma \end{aligned} \tag{11.2}$$

erfüllt. Mit $x_i := i\,h$, $y_j := j\,h$, $h := 1/(N+1)$, ist ein Gitter mit den Punkten $P_{ij} := (x_i, y_j)$ auf G definiert, auf dem (11.2) diskretisiert werden soll.

Mit $u_{ij} := u(x_i, y_j)$ bekommt man für alle inneren Punkte P_{ij} die Gleichungen

$$-u_{i-1,j} - u_{i+1,j} + 4u_{i,j} - u_{i,j-1} - u_{i,j+1} = h^2 f_{ij},$$

wobei in Randpunkten $u_{i,j} = 0$ gesetzt wird.

Zur eindimensionalen Nummerierung können die Punkte in der Index-Reihenfolge

$$(1,1), (2,1), (3,1), \ldots, (N,1), (1,2), (2,2), (3,2), \ldots, (N,N),$$

also geometrisch zeilenweise von unten nach oben geordnet werden:

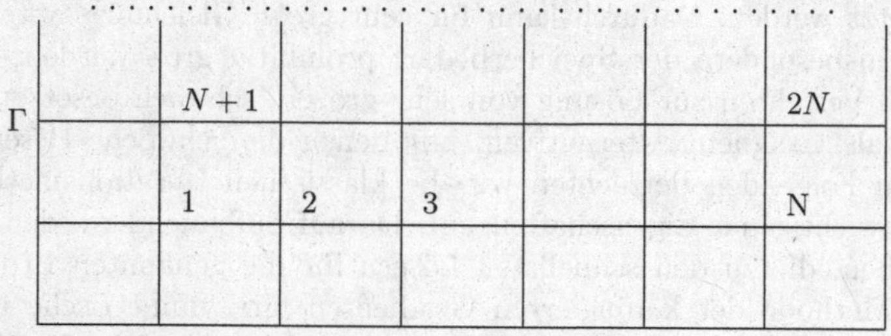

Damit ergibt sich die $N^2 \times N^2$ - Matrix

$$A = \begin{pmatrix} B & -I & 0 & \cdots & 0 \\ -I & B & -I & 0 & \\ 0 & \ddots & \ddots & \ddots & \ddots \\ & \ddots & & & -I \\ 0 & \cdots & 0 & -I & B \end{pmatrix} \tag{11.3}$$

mit den Blöcken

$$B = \begin{pmatrix} 4 & -1 & 0 & \cdots & 0 \\ -1 & 4 & -1 & 0 & \\ 0 & \ddots & \ddots & \ddots & \\ \vdots & \ddots & -1 & 4 & -1 \\ 0 & \cdots & 0 & -1 & 4 \end{pmatrix} \in \mathbb{R}^{N,N}, \quad I \in \mathbb{R}^{NN}.$$

Die Matrix hat die Bandbreite $m = N$, siehe Def. 2.19. Allerdings hat jede Zeile nur maximal fünf Elemente ungleich null. Da in Anwendungsproblemen N recht groß ist, sollten zur Lösung spezielle Iterationsverfahren angewendet werden. △

An diesem Beispiel wird deutlich, dass die Bandbreite bei diesem Problemtyp in der Größenordnung von $\sqrt{n}$ liegt, wenn n die Ordnung des linearen Gleichungssystems ist. Wird das System z.B. mit einem Band-Cholesky-Verfahren gelöst, so werden wegen des fill-in $n\sqrt{n}$ Speicherplätze benötigt und das Verfahren hat einen Aufwand $O(n^2)$.

Bei der iterativen Lösung schwach besetzter linearer Gleichungssysteme ist es das Ziel Verfahren zu entwickeln, die *asymptotisch optimal* sind, d.h.:

1. Es werden nur $O(n)$ Operationen benötigt.
2. Der Aufwand ist unabhängig von der Diskretisierungsgröße h.

Nur wenige Verfahren erfüllen diese Eigenschaft; dazu gehören die Mehrgittermethoden. Oft ist sie nur für Modellprobleme beweisbar, wird aber im Experiment für allgemeine Probleme bestätigt.

11.2 Relaxationsverfahren

In diesem Abschnitt sollen die Verfahren von Jacobi und Gauß-Seidel in relaxierter und nicht relaxierter Form entwickelt werden. Diese iterativen Verfahren konvergieren unter Voraussetzungen, die für die wichtigsten Anwendungen erfüllt sind, aber sie konvergieren viel zu langsam, um als Einzelverfahren zur Lösung großer, schwach besetzter linearer Gleichungssysteme in Frage zu kommen. Andererseits haben sie Eigenschaften, die sie als ideale Verfahrensteile für eine der schnellsten Löser-Klassen, die Mehrgitter- oder Mehrstufenmethoden, auszeichnen. Mehrgittermethoden werden im nächsten Abschnitt behandelt.

11.2.1 Konstruktion der Iterationsverfahren

Wir betrachten ein allgemeines lineares Gleichungssystem

$$\boldsymbol{A}\boldsymbol{x} = \boldsymbol{b}, \quad \boldsymbol{A} \in \mathbb{R}^{n,n}, \quad \boldsymbol{x}, \boldsymbol{b} \in \mathbb{R}^n \tag{11.4}$$

in n Unbekannten mit der *regulären* Matrix $\boldsymbol{A}$, so dass die Existenz und Eindeutigkeit der Lösung $\boldsymbol{x}$ gewährleistet ist. Damit ein Gleichungssystem (11.4) iterativ gelöst werden kann, muss es in einer ersten Klasse von Verfahren zuerst in eine äquivalente Fixpunktform übergeführt werden, z.B.

$$\boldsymbol{x}^{(k+1)} = \boldsymbol{x}^{(k)} + \boldsymbol{B}^{-1}(\boldsymbol{b} - \boldsymbol{A}\boldsymbol{x}^{(k)}) = (\boldsymbol{I} - \boldsymbol{B}^{-1}\boldsymbol{A})\boldsymbol{x}^{(k)} + \boldsymbol{B}^{-1}\boldsymbol{b}. \tag{11.5}$$

Für $\boldsymbol{B} = \boldsymbol{A}$ ist $\boldsymbol{x}^{(1)}$ für einen beliebigen Startvektor $\boldsymbol{x}^{(0)}$ die exakte Lösung. Deshalb sollte die Matrix $\boldsymbol{B}$ so gewählt werden, dass einerseits $\boldsymbol{B} \approx \boldsymbol{A}$ und andererseits die Inverse von $\boldsymbol{B}$ leicht berechenbar ist. Unter den zahlreichen möglichen Varianten werden wir im Folgenden nur einige klassische Methoden betrachten. Zu ihrer Herleitung treffen wir die Zusatzannahme, dass im zu lösenden Gleichungssystem (11.4)

$$\sum_{j=1}^{n} a_{ij}x_j = b_i, \quad i = 1, 2, \ldots, n, \tag{11.6}$$

für die Diagonalelemente von $\boldsymbol{A}$

$$\boxed{a_{ii} \neq 0, \quad i = 1, 2, \ldots, n,} \tag{11.7}$$

gilt. Die Voraussetzung (11.7) ist in der Regel bei einer zweckmäßigen Formulierung des Gleichungssystems automatisch erfüllt oder kann andernfalls durch eine geeignete Anordnung der Gleichungen erfüllt werden. Somit kann die i-te Gleichung von (11.6) nach der i-ten Unbekannten x_i aufgelöst werden.

$$x_i = -\frac{1}{a_{ii}} \left[\sum_{\substack{j=1 \\ j \neq i}}^{n} a_{ij} x_j - b_i \right], \quad i = 1, 2, \ldots, n, \tag{11.8}$$

(11.8) und (11.6) stellen offensichtlich äquivalente Beziehungen dar. Durch (11.8) wird eine lineare Abbildung des $\mathbb{R}^n$ in den $\mathbb{R}^n$ definiert, für welche der Lösungsvektor $\boldsymbol{x}$ von (11.4) ein *Fixpunkt* ist. Auf Grund dieser Tatsache können wir eine erste Iterationsvorschrift definieren gemäß

$$\boxed{x_i^{(k+1)} = -\frac{1}{a_{ii}} \left[\sum_{\substack{j=1 \\ j \neq i}}^{n} a_{ij} x_j^{(k)} - b_i \right], \quad \begin{array}{l} i = 1, 2, \ldots, n; \\ k = 0, 1, 2, \ldots . \end{array}} \tag{11.9}$$

Hier ist offenbar in (11.5) $\boldsymbol{B} = \boldsymbol{D} := \operatorname{diag}(a_{11}, a_{22}, \ldots, a_{nn})$.

Da der iterierte Vektor $\boldsymbol{x}^{(k)}$ in (11.9) als Ganzes in der rechten Seite eingesetzt wird, nennt man die Iterationsvorschrift das *Gesamtschrittverfahren*. Es ist jedoch üblich, die Methode (11.9) als *Jacobi-Verfahren* oder kurz als *J-Verfahren* zu bezeichnen.

Anstatt in der rechten Seite von (11.8) den alten iterierten Vektor einzusetzen, besteht eine naheliegende Modifikation darin, diejenigen Komponenten $x_j^{(k+1)}$, die schon neu berechnet wurden, zu verwenden. Das ergibt im Fall $n = 4$ folgende geänderte Iterationsvorschrift:

$$\begin{array}{llllll}
x_1^{(k+1)} & = -[& & a_{12}x_2^{(k)} & +a_{13}x_3^{(k)} & +a_{14}x_4^{(k)} - b_1]/a_{11} \\
x_2^{(k+1)} & = -[a_{21}x_1^{(k+1)} & & & +a_{23}x_3^{(k)} & +a_{24}x_4^{(k)} - b_2]/a_{22} \\
x_3^{(k+1)} & = -[a_{31}x_1^{(k+1)} & + & a_{32}x_2^{(k+1)} & & +a_{34}x_4^{(k)} - b_3]/a_{33} \\
x_4^{(k+1)} & = -[a_{41}x_1^{(k+1)} & + & a_{42}x_2^{(k+1)} & +a_{43}x_3^{(k+1)} & -b_4]/a_{44}
\end{array} \tag{11.10}$$

Allgemein lautet das *Einzelschrittverfahren* oder *Gauß-Seidel-Verfahren*

$$\boxed{\begin{array}{c} x_i^{(k+1)} = -\dfrac{1}{a_{ii}} \left[\displaystyle\sum_{j=1}^{i-1} a_{ij} x_j^{(k+1)} + \sum_{j=i+1}^{n} a_{ij} x_j^{(k)} - b_i \right], \\ i = 1, 2, \ldots, n; \quad k = 0, 1, 2, \ldots . \end{array}} \tag{11.11}$$

Hier ist in (11.5) $\boldsymbol{B}$ die untere Dreiecksmatrix von $\boldsymbol{A}$, wie wir unten sehen werden.

Die Reihenfolge, in welcher die Komponenten $x_i^{(k+1)}$ des iterierten Vektors $\boldsymbol{x}^{(k+1)}$ gemäß (11.11) berechnet werden, ist wesentlich, denn nur so ist diese Iterationsvorschrift explizit.

Die Rechenpraxis zeigt, und die später folgende Analyse wird dies bestätigen, dass das Konvergenzverhalten der Iterationsvektoren $\boldsymbol{x}^{(k)}$ gegen den Fixpunkt $\boldsymbol{x}$ oft ganz wesentlich verbessert werden kann, falls die Korrekturen der einzelnen Komponenten mit einem festen *Relaxationsparameter* $\omega \neq 1$ multipliziert und dann addiert werden. Falls $\omega > 1$ ist, spricht man von *Überrelaxation*, andernfalls von *Unterrelaxation*. Die geeignete Wahl des Relaxationsparameters $\omega > 0$ ist entweder abhängig von Eigenschaften des zu lösenden Gleichungssystems oder aber von speziellen Zielsetzungen, wie etwa im Zusammenhang mit der so genannten Glättung bei Mehrgittermethoden, siehe Abschnitt 11.3.

Die Korrektur der i-ten Komponente im Fall des Jacobi-Verfahrens ist gemäß (11.9) gegeben durch

$$\Delta x_i^{(k+1)} = x_i^{(k+1)} - x_i^{(k)} = -\left[\sum_{j=1}^{n} a_{ij} x_j^{(k)} - b_i\right] \Big/ a_{ii}, \quad i = 1, 2, \ldots, n,$$

und das *JOR-Verfahren*, auch *gedämpfte Jacobi-Iteration* genannt, ist definiert durch

$$\boxed{\begin{aligned} x_i^{(k+1)} &:= x_i^{(k)} + \omega \cdot \Delta x_i^{(k+1)} \\ &= x_i^{(k)} - \frac{\omega}{a_{ii}} \left[\sum_{j=1}^{n} a_{ij} x_j^{(k)} - b_i\right] \\ &= (1-\omega) x_i^{(k)} - \frac{\omega}{a_{ii}} \left[\sum_{\substack{j=1 \\ j \neq i}}^{n} a_{ij} x_j^{(k)} - b_i\right], \\ & i = 1, 2, \ldots, n; \quad k = 0, 1, 2, \ldots . \end{aligned}} \tag{11.12}$$

In Analogie dazu resultiert aus dem Einzelschrittverfahren mit den aus (11.11) folgenden Korrekturen

$$\Delta x_i^{(k+1)} = x_i^{(k+1)} - x_i^{(k)} = -\left[\sum_{j=1}^{i-1} a_{ij} x_j^{(k+1)} + \sum_{j=i}^{n} a_{ij} x_j^{(k)} - b_i\right] \Big/ a_{ii}$$

die *Methode der sukzessiven Überrelaxation* (successive overrelaxation) oder abgekürzt das *SOR-Verfahren*

$$\boxed{\begin{aligned} x_i^{(k+1)} &:= x_i^{(k)} - \frac{\omega}{a_{ii}} \left[\sum_{j=1}^{i-1} a_{ij} x_j^{(k+1)} + \sum_{j=i}^{n} a_{ij} x_j^{(k)} - b_i\right] \\ &= (1-\omega) x_i^{(k)} - \frac{\omega}{a_{ii}} \left[\sum_{j=1}^{i-1} a_{ij} x_j^{(k+1)} + \sum_{j=i+1}^{n} a_{ij} x_j^{(k)} - b_i\right], \\ & i = 1, 2, \ldots n; \quad k = 0, 1, 2, \ldots . \end{aligned}} \tag{11.13}$$

Das JOR- und das SOR-Verfahren enthalten für $\omega = 1$ als Spezialfälle das J-Verfahren beziehungsweise das Einzelschrittverfahren.

Als Vorbereitung für die nachfolgenden Konvergenzbetrachtungen sollen die Iterationsverfahren, welche komponentenweise und damit auf einem Computer unmittelbar implementierbar formuliert worden sind, auf eine einheitliche Form gebracht werden. Da die Diagonalelemente und die Nicht-Diagonalelemente der unteren und der oberen Hälfte der gegebenen Matrix $\boldsymbol{A}$ eine zentrale Rolle spielen, wird die Matrix $\boldsymbol{A}$ als Summe von drei Matrizen dargestellt gemäß

$$\boxed{\boldsymbol{A} := \boldsymbol{D} - \boldsymbol{L} - \boldsymbol{U} = \begin{pmatrix} \ddots & & -\boldsymbol{U} \\ & \boldsymbol{D} & \\ -\boldsymbol{L} & & \ddots \end{pmatrix}.} \tag{11.14}$$

Darin bedeutet $\boldsymbol{D} := \operatorname{diag}(a_{11}, a_{22}, \ldots, a_{nn}) \in \mathbb{R}^{n,n}$ eine Diagonalmatrix, gebildet mit den Diagonalelementen von $\boldsymbol{A}$, die wegen der Vorraussetzung (11.7) regulär ist. $\boldsymbol{L}$ ist eine *strikt untere Linksdreiecksmatrix* mit den Elementen $-a_{i,j}$, $i > j$, und $\boldsymbol{U}$ ist eine *strikt obere Rechtsdreiecksmatrix* mit den Elementen $-a_{i,j}$, $i < j$.

Die Iterationsvorschrift (11.9) des Gesamtschrittverfahrens ist nach Multiplikation mit a_{ii} äquivalent zu

$$\boldsymbol{D}\boldsymbol{x}^{(k+1)} = (\boldsymbol{L} + \boldsymbol{U})\boldsymbol{x}^{(k)} + \boldsymbol{b},$$

und infolge der erwähnten Regularität von $\boldsymbol{D}$ ist dies gleichwertig zu

$$\boldsymbol{x}^{(k+1)} = \boldsymbol{D}^{-1}(\boldsymbol{L} + \boldsymbol{U})\boldsymbol{x}^{(k)} + \boldsymbol{D}^{-1}\boldsymbol{b}. \tag{11.15}$$

Mit der *Iterationsmatrix*

$$\boxed{\boldsymbol{T}_{\mathrm{J}} := \boldsymbol{D}^{-1}(\boldsymbol{L} + \boldsymbol{U})} \tag{11.16}$$

und dem Konstantenvektor $\boldsymbol{c}_{\mathrm{J}} := \boldsymbol{D}^{-1}\boldsymbol{b}$ kann das J-Verfahren (11.9) formuliert werden als

$$\boxed{\boldsymbol{x}^{(k+1)} = \boldsymbol{T}_{\mathrm{J}}\boldsymbol{x}^{(k)} + \boldsymbol{c}_{\mathrm{J}}, \quad k = 0, 1, 2, \ldots.} \tag{11.17}$$

In Analogie ist die Rechenvorschrift (11.11) des Einzelschrittverfahrens äquivalent zu

$$\boldsymbol{D}\boldsymbol{x}^{(k+1)} = \boldsymbol{L}\boldsymbol{x}^{(k+1)} + \boldsymbol{U}\boldsymbol{x}^{(k)} + \boldsymbol{b},$$

beziehungsweise nach anderer Zusammenfassung gleichwertig zu

$$(\boldsymbol{D} - \boldsymbol{L})\boldsymbol{x}^{(k+1)} = \boldsymbol{U}\boldsymbol{x}^{(k)} + \boldsymbol{b}.$$

Jetzt stellt $(\boldsymbol{D} - \boldsymbol{L})$ eine Linksdreiecksmatrix mit von null verschiedenen Diagonalelementen dar und ist deshalb regulär. Folglich erhalten wir für das Einzelschrittverfahren

$$\boldsymbol{x}^{(k+1)} = (\boldsymbol{D} - \boldsymbol{L})^{-1}\boldsymbol{U}\boldsymbol{x}^{(k)} + (\boldsymbol{D} - \boldsymbol{L})^{-1}\boldsymbol{b}. \tag{11.18}$$

Mit der nach (11.18) definierten Iterationsmatrix

$$\boxed{\boldsymbol{T}_{\mathrm{ES}} := (\boldsymbol{D} - \boldsymbol{L})^{-1}\boldsymbol{U}} \tag{11.19}$$

und dem entsprechenden Konstantenvektor $\boldsymbol{c}_{\mathrm{ES}} := (\boldsymbol{D} - \boldsymbol{L})^{-1}\boldsymbol{b}$ erhält (11.18) dieselbe Form wie (11.17).

Aus dem *JOR*-Verfahren (11.12) resultiert auf ähnliche Weise die äquivalente Matrizenformulierung

$$\boldsymbol{D}\boldsymbol{x}^{(k+1)} = [(1-\omega)\boldsymbol{D} + \omega(\boldsymbol{L}+\boldsymbol{U})]\boldsymbol{x}^{(k)} + \omega\boldsymbol{b}.$$

Deshalb ergeben sich wegen

$$\boldsymbol{x}^{(k+1)} = [(1-\omega)\boldsymbol{I} + \omega\boldsymbol{D}^{-1}(\boldsymbol{L}+\boldsymbol{U})]\boldsymbol{x}^{(k)} + \omega\boldsymbol{D}^{-1}\boldsymbol{b} \tag{11.20}$$

einerseits die vom Relaxationsparameter ω abhängige Iterationsmatrix des *JOR*-Verfahrens

$$\boxed{\boldsymbol{T}_{\mathrm{JOR}}(\omega) := (1-\omega)\boldsymbol{I} + \omega\boldsymbol{D}^{-1}(\boldsymbol{L}+\boldsymbol{U})} \tag{11.21}$$

und andererseits der Konstantenvektor $\boldsymbol{c}_{JOR}(\omega) := \omega\boldsymbol{D}^{-1}\boldsymbol{b}$. Für $\omega = 1$ gelten offensichtlich $\boldsymbol{T}_{\mathrm{JOR}}(1) = \boldsymbol{T}_{\mathrm{J}}$ und $\boldsymbol{c}_{\mathrm{JOR}}(1) = \boldsymbol{c}_{\mathrm{J}}$.

Aus der zweiten Darstellung der Iterationsvorschrift (11.13) des *SOR*-Verfahrens erhalten wir nach Multiplikation mit a_{ii}

$$\boldsymbol{D}\boldsymbol{x}^{(k+1)} = (1-\omega)\boldsymbol{D}\boldsymbol{x}^{(k)} + \omega\boldsymbol{L}\boldsymbol{x}^{(k+1)} + \omega\boldsymbol{U}\boldsymbol{x}^{(k)} + \omega\boldsymbol{b},$$

oder nach entsprechender Zusammenfassung

$$(\boldsymbol{D} - \omega\boldsymbol{L})\boldsymbol{x}^{(k+1)} = [(1-\omega)\boldsymbol{D} + \omega\boldsymbol{U}]\boldsymbol{x}^{(k)} + \omega\boldsymbol{b}.$$

Darin ist $(\boldsymbol{D} - \omega\boldsymbol{L})$ unabhängig von ω eine reguläre Linksdreiecksmatrix, da ihre Diagonalelemente wegen (11.7) von null verschieden sind, und sie ist somit invertierbar. Folglich kann die Iterationsvorsschrift des SOR- Verfahrens geschrieben werden als

$$\boldsymbol{x}^{(k+1)} = (\boldsymbol{D} - \omega\boldsymbol{L})^{-1}[(1-\omega)\boldsymbol{D} + \omega\boldsymbol{U}]\boldsymbol{x}^{(k)} + \omega(\boldsymbol{D} - \omega\boldsymbol{L})^{-1}\boldsymbol{b}. \tag{11.22}$$

Die von ω abhängige Iterationsmatrix des SOR-Verfahrens ist deshalb definiert durch

$$\boxed{\boldsymbol{T}_{\mathrm{SOR}}(\omega) := (\boldsymbol{D} - \omega\boldsymbol{L})^{-1}[(1-\omega)\boldsymbol{D} + \omega\boldsymbol{U}],} \tag{11.23}$$

und der Konstantenvektor ist $\boldsymbol{c}_{\mathrm{SOR}}(\omega) := \omega(\boldsymbol{D} - \omega\boldsymbol{L})^{-1}\boldsymbol{b}$, mit denen das SOR-Verfahren auch die Gestalt (11.17) erhält. Für $\omega = 1$ gelten selbstverständlich $\boldsymbol{T}_{\mathrm{SOR}}(1) = \boldsymbol{T}_{\mathrm{ES}}$ und $\boldsymbol{c}_{\mathrm{SOR}}(1) = \boldsymbol{c}_{\mathrm{ES}}$.

Alle betrachteten Iterationsverfahren haben damit die Form einer Fixpunktiteration

$$\boldsymbol{x}^{(k+1)} = \boldsymbol{T}\boldsymbol{x}^{(k)} + \boldsymbol{c}, \quad k = 0, 1, 2, \ldots, \tag{11.24}$$

mit der speziellen Eigenschaft, dass sie *linear* und *stationär* sind. Denn die Iterationsmatrix $\boldsymbol{T}$ und der Konstantenvektor $\boldsymbol{c}$ sind nicht vom iterierten Vektor $\boldsymbol{x}^{(k)}$ und auch nicht von k abhängig. Sowohl $\boldsymbol{T}$ als auch $\boldsymbol{c}$ sind konstant, falls im JOR- und SOR-Verfahren der Relaxationsparameter ω fest gewählt wird. Zudem handelt es sich um *einstufige* Iterationsverfahren, da zur Bestimmung von $\boldsymbol{x}^{(k+1)}$ nur $\boldsymbol{x}^{(k)}$ und keine zurückliegenden Iterationsvektoren verwendet werden.

Wenn die bisher betrachteten Fixpunktiterationen zur iterativen Lösung von linearen Gleichungssystemen konvergent sind, dann konvergieren sie gegen die Lösung des Gleichungssystems $\boldsymbol{A}\boldsymbol{x} = \boldsymbol{b}$. Diese Eigenschaft wird wie folgt definiert:

Definition 11.1. Ein Gleichungssystem $\boldsymbol{Ax} = \boldsymbol{b}$ heißt *vollständig konsistent* mit einer Fixpunktgleichung $\boldsymbol{x} = \boldsymbol{Tx} + \boldsymbol{c}$, wenn jede Lösung der einen Gleichung auch Lösung der anderen ist.

11.2.2 Einige Konvergenzsätze

Zuerst wollen wir allgemein die notwendigen und hinreichenden Bedingungen dafür erkennen, dass die lineare stationäre Fixpunktgleichung (11.24) eine gegen den Fixpunkt konvergente Vektorfolge $\boldsymbol{x}^{(k)}$ erzeugt. Auf Grund dieses Ergebnisses werden dann einige Konvergenzaussagen hergeleitet, die auf bestimmten Eigenschaften der Matrix $\boldsymbol{A}$ beruhen. Für den ersten Punkt können wir den Banachschen Fixpunktsatz 4.4 heranziehen und brauchen dessen Aussagen nur auf den vorliegenden Spezialfall zu übertragen.

Die Abbildung $F : \mathbb{R}^n \to \mathbb{R}^n$ ist gemäß (11.24) definiert durch $F(\boldsymbol{x}) := \boldsymbol{Tx} + \boldsymbol{c}$ mit $\boldsymbol{T} \in \mathbb{R}^{n,n}$, $\boldsymbol{x}, \boldsymbol{c} \in \mathbb{R}^n$. $\|\cdot\|$ bezeichne eine Matrix- und eine Vektornorm, die miteinander kompatibel sind. Dann gilt für beliebige Vektoren $\boldsymbol{x}, \boldsymbol{y} \in \mathbb{R}^n$

$$\|F(\boldsymbol{x}) - F(\boldsymbol{y})\| = \|\boldsymbol{Tx} - \boldsymbol{Ty}\| = \|\boldsymbol{T}(\boldsymbol{x} - \boldsymbol{y})\| \leq \|\boldsymbol{T}\| \cdot \|\boldsymbol{x} - \boldsymbol{y}\|. \tag{11.25}$$

Die Matrixnorm $\|\boldsymbol{T}\|$ übernimmt somit die Rolle der Lipschitz-Konstanten L in (4.8), und die Abbildung ist sicher dann kontrahierend, falls $L := \|\boldsymbol{T}\| < 1$ gilt. Damit folgt aus dem Banachschen Fixpunktsatz:

Satz 11.2. *Für eine Matrixnorm $\|\boldsymbol{T}\|$ gelte $\|\boldsymbol{T}\| < 1$. Dann besitzt die Fixpunktgleichung $\boldsymbol{x} = \boldsymbol{Tx} + \boldsymbol{c}$ genau einen Fixpunkt $\boldsymbol{x} \in \mathbb{R}^n$, gegen den die Iterationsfolge $\boldsymbol{x}^{(k+1)} = \boldsymbol{Tx}^{(k)} + \boldsymbol{c}$, $k = 0, 1, 2, \ldots$, für beliebige Startvektoren $\boldsymbol{x}^{(0)} \in \mathbb{R}^n$ konvergiert. Außerdem gilt*

$$\|\boldsymbol{x}^{(k+1)} - \boldsymbol{x}\| \leq \|T\| \|\boldsymbol{x}^{(k)} - \boldsymbol{x}\|, \tag{11.26}$$

und

$$\|\boldsymbol{x}^{(k)} - \boldsymbol{x}\| \leq \frac{\|T\|^k}{1 - \|T\|} \|\boldsymbol{x}^{(1)} - \boldsymbol{x}^{(0)}\|. \tag{11.27}$$

An der hinreichenden Konvergenzaussage ist unbefriedigend, dass die Kontraktionsbedingung von der verwendeten Matrixnorm abhängig ist.

Beispiel 11.2. Für die symmetrische Matrix

$$\boldsymbol{T} = \begin{pmatrix} 0.1 & -0.4 \\ -0.4 & 0.8 \end{pmatrix}$$

ist die Zeilensummennorm (2.66) $\|\boldsymbol{T}\|_z = \|\boldsymbol{T}\|_\infty = 1.2 > 1$, während für die Spektralnorm (2.77) $\|\boldsymbol{T}\|_e = \|\boldsymbol{T}\|_2 = \max_i |\lambda_i(\boldsymbol{T})| = 0.9815 < 1$ gilt. Die Kontraktionseigenschaft der durch $\boldsymbol{T}$ definierten linearen Abbildung $F : \mathbb{R}^2 \to \mathbb{R}^2$ kann mit der Spektralnorm erkannt werden, mit der Zeilensummennorm hingegen nicht. △

Da der Spektralradius $\sigma(\boldsymbol{T}) := \max_i |\lambda_i(\boldsymbol{T})|$ für jede Matrixnorm von $\boldsymbol{T}$ eine untere Schranke bildet, ist er die entscheidende Größe für die Konvergenz der Fixpunktiteration. Mit ihm ist auch die notwendige Konvergenz-Bedingung zu formulieren.

Satz 11.3. *Eine Fixpunktiteration* $\boldsymbol{x}^{(k+1)} = \boldsymbol{T}\boldsymbol{x}^{(k)} + \boldsymbol{c}$, $k = 0, 1, 2, \ldots$, *welche zum Gleichungssystem* $\boldsymbol{A}\boldsymbol{x} = \boldsymbol{b}$ *vollständig konsistent ist, erzeugt genau dann für jeden beliebigen Startvektor* $\boldsymbol{x}^{(0)}$ *eine gegen die Lösung* $\boldsymbol{x}$ *konvergente Folge, falls* $\sigma(\boldsymbol{T}) < 1$ *ist.*

Beweis. Es soll hier genügen, den Satz für symmetrische Matrizen zu beweisen, um auf den Fall komplexer Eigenwerte und Eigenvektoren nicht eingehen zu müssen.

Nach Satz 5.3 kann eine symmetrische Matrix $\boldsymbol{T}$ mit einer orthogonalen Matrix $\boldsymbol{C}$ ähnlich auf eine Diagonalmatrix transformiert werden:

$$\boldsymbol{C}\boldsymbol{T}\boldsymbol{C}^T = \operatorname{diag}(\lambda_i) =: \boldsymbol{\Lambda}.$$

Wegen $\boldsymbol{C}^T\boldsymbol{C} = \boldsymbol{I}$ ist (11.24) äquivalent zu der Iterationsvorschrift

$$\tilde{\boldsymbol{x}}^{(k+1)} = \boldsymbol{\Lambda}\tilde{\boldsymbol{x}}^{(k)} + \tilde{\boldsymbol{c}} \tag{11.28}$$

mit $\tilde{\boldsymbol{x}}^{(k)} = \boldsymbol{C}\boldsymbol{x}^{(k)}$ und $\tilde{\boldsymbol{c}} = \boldsymbol{C}\boldsymbol{c}$. Da $\boldsymbol{\Lambda}$ eine Diagonalmatrix ist, zerfällt (11.28) in n einzelne Iterationsvorschriften

$$\tilde{x}_i^{(k+1)} = \lambda_i \tilde{x}_i^{(k)} + \tilde{c}_i, \quad i = 1, \ldots, n. \tag{11.29}$$

Da für den Spektralradius $\sigma(\boldsymbol{T}) < 1$ gilt, gilt dies auch für jeden einzelnen Eigenwert. Daraus folgt die Konvergenz der Folgen (11.29), woraus die Konvergenz der Folge (11.28) folgt, und die ist äquivalent zur Konvergenz der Folge (11.24).

Aus der vorausgesetzten Regularität der Matrix $\boldsymbol{A}$ und der vollständigen Konsistenz folgt damit die Existenz und Eindeutigkeit des Fixpunktes $\boldsymbol{x}$ der Iteration. Die Voraussetzung $\sigma(\boldsymbol{T}) < 1$ ist somit hinreichend für die Konvergenz der Iterationsfolge.

Die Notwendigkeit der Bedingung ergibt sich aus folgender Betrachtung. Aus den beiden Gleichungen $\boldsymbol{x}^{(k+1)} = \boldsymbol{T}\boldsymbol{x}^{(k)} + \boldsymbol{c}$ und $\boldsymbol{x} = \boldsymbol{T}\boldsymbol{x} + \boldsymbol{c}$ erhalten wir durch Subtraktion für den Fehler $\boldsymbol{f}^{(k)} := \boldsymbol{x}^{(k)} - \boldsymbol{x}$ die Beziehung

$$\boldsymbol{f}^{(k+1)} = \boldsymbol{T}\boldsymbol{f}^{(k)}, \quad k = 0, 1, 2, \ldots. \tag{11.30}$$

Aus der Annahme, es sei $\sigma(\boldsymbol{T}) \geq 1$ folgt aber, dass ein Eigenwert λ_i von $\boldsymbol{T}$ existiert mit $|\lambda_i| \geq 1$. Der zugehörige Eigenvektor sei $\boldsymbol{y}_i$. Für einen Startvektor $\boldsymbol{x}^{(0)}$ mit $\boldsymbol{f}^{(0)} = \boldsymbol{x}^{(0)} - \boldsymbol{x} = \alpha\boldsymbol{y}_i$ kann die Folge der Fehlervektoren $\boldsymbol{f}^{(k)} = \boldsymbol{T}^k\boldsymbol{x}^{(0)} = \alpha\lambda_1^k\boldsymbol{y}_i$ nicht gegen den Nullvektor konvergieren. □

Die a priori und a posteriori Fehlerabschätzungen (4.11) und (4.12) des Banachschen Fixpunktsatzes sowie die dazu äquivalenten Abschätzungen (11.26) und (11.27) behalten ihre Gültigkeit, falls dort L bzw. $\|\boldsymbol{T}\|$ durch $\sigma(\boldsymbol{T})$ ersetzt und die einschlägige Vektornorm verwendet wird. Deshalb ist asymptotisch die Anzahl der Iterationsschritte, die notwendig sind, um die Norm des Fehlers auf den zehnten Teil zu reduzieren, gegeben durch

$$m \geq \frac{-1}{\log_{10}\|\boldsymbol{T}\|} \approx \frac{1}{-\log_{10}\sigma(\boldsymbol{T})}.$$

Man bezeichnet $r(\boldsymbol{T}) := -\log_{10}\sigma(\boldsymbol{T})$ als *asymptotische Konvergenzrate* der Fixpunktiteration, weil ihr Wert den Bruchteil von Dezimalstellen angibt, welcher pro Schritt in der Näherung $\boldsymbol{x}^{(k)}$ an Genauigkeit gewonnen wird. Die Konstruktion von linearen Iterationsverfahren muss zum Ziel haben, Iterationsmatrizen $\boldsymbol{T}$ mit möglichst kleinem Spektralradius zu erzeugen, um damit eine rasche Konvergenz zu garantieren.

Die Iterationsmatrix $\boldsymbol{T}$ wird in den anvisierten Anwendungen eine große, kompliziert aufgebaute Matrix sein. Deshalb ist es in der Regel gar nicht möglich, ihren Spektralradius zu berechnen. In einigen wichtigen Fällen kann aber aus bestimmten Eigenschaften der Matrix $\boldsymbol{A}$ auf $\sigma(\boldsymbol{T})$ geschlossen werden oder es kann $\sigma(\boldsymbol{T})$ in Abhängigkeit von Eigenwerten anderer Matrizen dargestellt werden. Im Folgenden wird eine kleine Auswahl von solchen Aussagen zusammengestellt.

Satz 11.4. *Falls das Jacobi-Verfahren konvergent ist, dann trifft dies auch für das JOR-Verfahren für* $0 < \omega \leq 1$ *zu.*

Beweis. Wir bezeichnen die Eigenwerte der Matrix $\boldsymbol{T}_{\mathrm{J}} = \boldsymbol{D}^{-1}(\boldsymbol{L} + \boldsymbol{U})$ des J-Verfahrens mit μ_j und diejenigen von $\boldsymbol{T}_{\mathrm{JOR}}(\omega) = (1-\omega)\boldsymbol{I} + \omega\boldsymbol{D}^{-1}(\boldsymbol{L} + \boldsymbol{U})$ mit λ_j. Da zwischen den Iterationsmatrizen der Zusammenhang $\boldsymbol{T}_{\mathrm{JOR}}(\omega) = (1-\omega)\boldsymbol{I} + \omega\boldsymbol{T}_{\mathrm{J}}$ besteht, so gilt für die Eigenwerte

$$\lambda_j = (1-\omega) + \omega\mu_j, \quad j = 1, 2, \ldots, n. \tag{11.31}$$

Wegen der Voraussetzung $\sigma(\boldsymbol{T}_J) < 1$ liegen alle Eigenwerte μ_j im Innern des Einheitskreises der komplexen Zahlenebene. Die Eigenwerte λ_j stellen sich nach (11.31) für $0 < \omega \leq 1$ als konvexe Linearkombination der Zahl 1 und des Wertes μ_j dar, wobei das Gewicht von 1 echt kleiner als Eins ist. Jeder Eigenwert λ_j von $\boldsymbol{T}_{\mathrm{JOR}}(\omega)$ liegt somit auf der halboffenen Verbindungsgeraden von 1 nach μ_j und somit ebenfalls im Inneren der Einheitskreises. Folglich ist $\sigma(\boldsymbol{T}_{\mathrm{JOR}}(\omega)) < 1$ für alle $\omega \in (0, 1]$. □

Differenzenverfahren führen in der Regel auf Gleichungssysteme mit *schwach diagonal dominanter* Matrix $\boldsymbol{A}$. Ein Konvergenz-Beweis für solche Matrizen und die betrachteten Verfahren gelingt nur unter einer Zusatzbedingung, von der bald zu sehen sein wird, dass sie für die betrachteten Anwendungen auch sinnvoll ist, siehe Beispiel 11.5.

Definition 11.5. Eine Matrix $\boldsymbol{A} \in \mathbb{R}^{n,n}$ mit $n > 1$ heißt *irreduzibel* oder *unzerlegbar*, falls für zwei beliebige, nichtleere und disjunkte Teilmengen S und T von $W = \{1, 2, \ldots, n\}$ mit $S \cup T = W$ stets Indexwerte $i \in S$ und $j \in T$ existieren, so dass $a_{ij} \neq 0$ ist.

Es ist leicht einzusehen, dass folgende Definition äquivalent ist.

Definition 11.6. Eine Matrix $\boldsymbol{A} \in \mathbb{R}^{n,n}$ mit $n > 1$ heißt *irreduzibel* oder *unzerlegbar*, falls es keine Permutationsmatrix $\boldsymbol{P} \in \mathbb{R}^{n,n}$ gibt, so dass bei gleichzeitiger Zeilen- und Spaltenpermutation von $\boldsymbol{A}$

$$\boldsymbol{P}^T\boldsymbol{A}\boldsymbol{P} = \begin{pmatrix} \boldsymbol{F} & \boldsymbol{0} \\ \boldsymbol{G} & \boldsymbol{H} \end{pmatrix} \tag{11.32}$$

wird, wo $\boldsymbol{F}$ und $\boldsymbol{H}$ quadratische Matrizen und $\boldsymbol{0}$ eine Nullmatrix darstellen.

Diese Definition der Irreduzibilität einer Matrix bedeutet im Zusammenhang mit der Lösung eines Gleichungssystems $\boldsymbol{Ax} = \boldsymbol{b}$, dass sich die Gleichungen und gleichzeitig die Unbekannten nicht so umordnen lassen, dass das System derart zerfällt, dass zuerst ein Teilsystem mit der Matrix $\boldsymbol{F}$ und anschließend ein zweites Teilsystem mit der Matrix $\boldsymbol{H}$ gelöst werden kann.

Um die Unzerlegbarkeit einer gegebenen Matrix $\boldsymbol{A}$ in einer konkreten Situation entscheiden zu können, ist die folgende äquivalente Definition nützlich [Hac 93, You 71].

Definition 11.7. Eine Matrix $\boldsymbol{A} \in \mathbb{R}^{n,n}$ heißt *irreduzibel*, falls zu beliebigen Indexwerten i und j mit $i, j \in W = \{1, 2, \ldots, n\}$ entweder $a_{ij} \neq 0$ ist oder eine Indexfolge $i_1, i_2, \ldots, i_s$ existiert, so dass

$$a_{ii_1} \cdot a_{i_1 i_2} \cdot a_{i_2 i_3} \cdots a_{i_s j} \neq 0$$

gilt.

Die in der Definition 11.7 gegebene Charakterisierung der Irreduzibilität besitzt eine anschauliche Interpretation mit Hilfe eines der Matrix $\boldsymbol{A} \in \mathbb{R}^{n,n}$ zugeordneten *gerichteten Graphen* $G(\boldsymbol{A})$. Er besteht aus n verschiedenen *Knoten*, die von 1 bis n durchnummeriert seien. Zu jedem Indexpaar (i, j), für welches $a_{ij} \neq 0$ ist, existiert eine *gerichtete Kante* vom Knoten i zum Knoten j. Falls $a_{ij} \neq 0$ und $a_{ji} \neq 0$ sind, dann gibt es im Graphen $G(\boldsymbol{A})$ je eine gerichtete Kante von i nach j und von j nach i. Für $a_{ii} \neq 0$ enthält $G(\boldsymbol{A})$ eine so genannte *Schleife*. Diese sind für die Irreduzibilität allerdings bedeutungslos. Eine Matrix $\boldsymbol{A} \in \mathbb{R}^{n,n}$ ist genau dann irreduzibel, falls der Graph $G(\boldsymbol{A})$ in dem Sinn zusammenhängend ist, dass von jedem Knoten i jeder (andere) Knoten j über mindestens einen *gerichteten Weg*, der sich aus gerichteten Kanten zusammensetzt, erreichbar ist.

Beispiel 11.3. Die Matrix $\boldsymbol{A}$ der Abb. 11.1 ist irreduzibel, weil der zugeordnete Graph $G(\boldsymbol{A})$ offensichtlich zusammenhängend ist. △

$$\boldsymbol{A} = \begin{pmatrix} 0 & 1 & 0 & 1 \\ 1 & 0 & 1 & 0 \\ 0 & 1 & 0 & 1 \\ 1 & 0 & 0 & 1 \end{pmatrix}$$

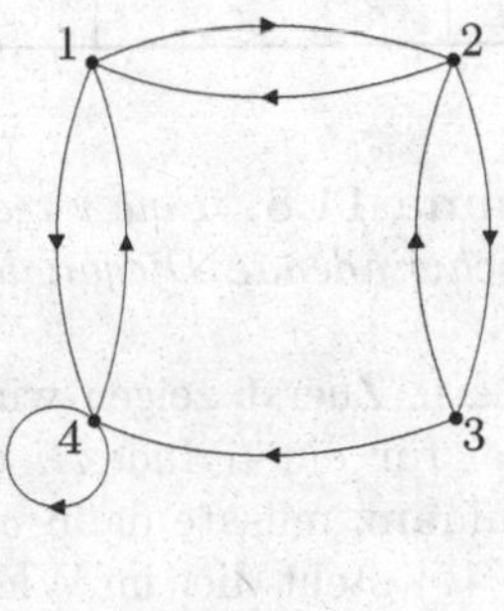

Abb. 11.1 Matrix $\boldsymbol{A}$ und gerichteter Graph $G(\boldsymbol{A})$.

Beispiel 11.4. Die Matrix $\boldsymbol{A}$ in Abb. 11.2 ist hingegen reduzibel, denn der Graph $G(\boldsymbol{A})$ ist nicht zusammenhängend, da es keinen gerichteten Weg von 1 nach 4 gibt. In diesem Fall liefert eine gleichzeitige Vertauschung der zweiten und dritten Zeilen und Spalten eine Matrix der Gestalt (11.32). Mit $S := \{1,3\}$ und $W := \{2,4\}$ ist die Bedingung der Definition 11.5 nicht erfüllt. △

$$\boldsymbol{A} = \begin{pmatrix} 1 & 0 & 1 & 0 \\ 0 & 1 & 1 & 1 \\ 1 & 0 & 1 & 0 \\ 0 & 1 & 1 & 1 \end{pmatrix}$$

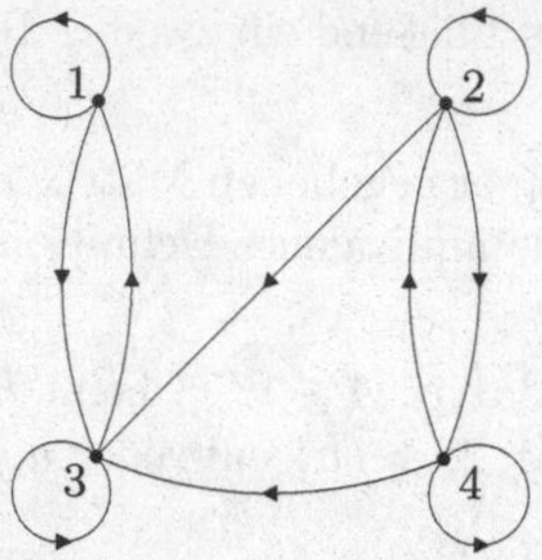

Abb. 11.2 Beispiel einer zerlegbaren Matrix.

Beispiel 11.5. Für die Diskretisierung einer partiellen Differenzialgleichung mit dem Differenzenverfahren und dem Differenzenstern aus Beispiel 11.1 ergibt sich eine vernünftige geometrische Bedingung für die Unzerlegbarkeit der entstehenden Matrix:

Jeder innere Punkt muss von jedem anderen inneren Punkt auf einem Weg über innere Nachbarpunkte erreichbar sein. Die Matrix zur Diskretisierung in Abb. 11.3 ist deshalb zerlegbar. △

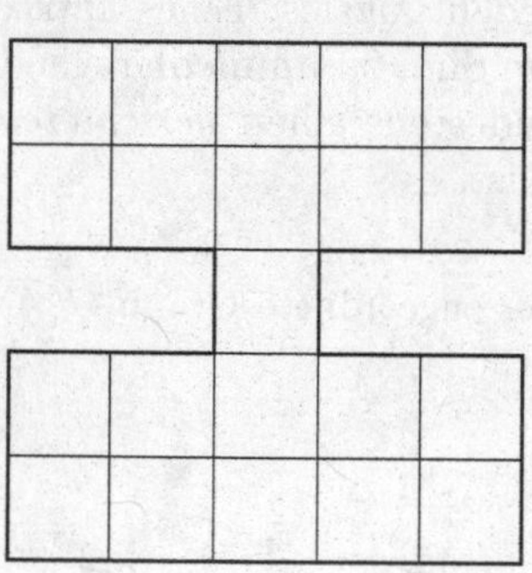

Abb. 11.3
Diskretisierung eines Gebietes mit zerlegbarer Matrix.

Lemma 11.8. *Eine irreduzible, schwach diagonal dominante Matrix* $\boldsymbol{A} \in \mathbb{C}^{n,n}$ *hat nichtverschwindende Diagonalelemente und ist regulär, d.h. es gilt* $|\boldsymbol{A}| \neq 0$.

Beweis. Zuerst zeigen wir, dass $a_{ii} \neq 0$ für alle $i \in W = \{1, 2, \ldots, n\}$ gilt. Angenommen, es sei für einen Index i das Diagonalelement $a_{ii} = 0$. Wegen der schwachen diagonalen Dominanz müsste dann $a_{ij} = 0$ sein für alle $j \neq i$. Mit den Indexmengen $S := \{i\}, T := W - \{i\}$ steht dies im Widerspruch zur vorausgesetzten Irreduzibilität nach Definition 11.5.

Die zweite Aussage wird ebenfalls indirekt gezeigt. Wir nehmen an, es sei $|\boldsymbol{A}| = 0$. Folglich besitzt das homogene Gleichungssystem $\boldsymbol{A}\boldsymbol{z} = \boldsymbol{0}$ eine nichttriviale Lösung $\boldsymbol{z} \neq \boldsymbol{0}$. Wegen

$a_{ii} \neq 0$ können alle Gleichungen nach der in der Diagonale stehenden Unbekannten z_i aufgelöst werden, und wir erhalten

$$z_i = -\sum_{\substack{j=1\\j\neq i}}^{n} \frac{a_{ij}}{a_{ii}} z_j =: \sum_{j=1}^{n} b_{ij} z_j, \quad i = 1, 2, \ldots, n, \tag{11.33}$$

mit $b_{ii} := 0, b_{ij} := -a_{ij}/a_{ii}, (j \neq i)$. Aus der schwachen diagonalen Dominanz von $\boldsymbol{A}$ folgt aber für die Matrix $\boldsymbol{B}$

$$\sum_{j=1}^{n} |b_{ij}| \leq 1 \quad \text{für } i = 1, 2, \ldots, n, \tag{11.34}$$

wobei für mindestens einen Index i_0 in (11.34) strikte Ungleichung gilt. Wir definieren $M := \max_i |z_i| > 0$ und es sei k einer jener Indizes, für welchen $|z_k| = M$ gilt. Aus (11.33) ergibt sich für die k-te Gleichung

$$M = |z_k| = \left| \sum_{j=1}^{n} b_{kj} z_j \right| \leq \sum_{j=1}^{n} |b_{kj}| \cdot |z_j|. \tag{11.35}$$

Wegen (11.34) gilt $\sum_{j=1}^{n} |b_{kj}| \cdot M \leq M$ und zusammen mit (11.35) erhalten wir

$$\sum_{j=1}^{n} |b_{kj}|(|z_j| - M) \geq 0. \tag{11.36}$$

Da aber $|z_j| \leq M$ ist für alle j, kann (11.36) nur dann erfüllt sein, falls für alle Matrixelemente $b_{kj} \neq 0$ die Gleichheit $|z_j| = M$ gilt. An dieser Stelle ist die Irreduzibilität von $\boldsymbol{A}$ zu berücksichtigen. Nach Definition 11.7 existiert zu jedem Indexpaar (k, j) mit $k \neq j$ entweder das Matrixelement $a_{kj} \neq 0$ oder aber eine Indexfolge $k_1, k_2, \ldots, k_s$, so dass $a_{kk_1} \cdot a_{k_1 k_2} \cdot a_{k_2 k_3} \cdots a_{k_s j} \neq 0$ ist. Folglich ist entweder $b_{kj} \neq 0$ oder $b_{kk_1} \cdot b_{k_1 k_2} \cdot b_{k_2 k_3} \cdots b_{k_s j} \neq 0$. Nach dem oben Gesagten muss somit entweder $|z_j| = M$ oder $|z_{k_1}| = M$ gelten. Im letzten Fall ist die Überlegung auch für die Gleichung mit dem Index k_1 anwendbar, und wegen $b_{k_1 k_2} \neq 0$ gilt dann auch $|z_{k_2}| = M$. Durch analoge Fortsetzung dieser Schlussweise ergibt sich somit, dass auch $|z_j| = M$ für jedes beliebige $j \neq k$ gelten muss. Für diejenige Gleichung mit dem Index i_0, für welche (11.34) als strikte Ungleichung gilt, folgt deshalb wegen $|z_j| = M$

$$M \leq \sum_{j=1}^{n} |b_{i_0 j}| \cdot M < M$$

der gewünschte Widerspruch. Also muss die Matrix $\boldsymbol{A}$ regulär sein. □

Satz 11.9. *Für eine irreduzible, schwach diagonal dominante Matrix $\boldsymbol{A}$ ist das J-Verfahren konvergent und somit auch das JOR-Verfahren für $\omega \in (0,1]$.*

Beweis. Wir zeigen die Aussage auf indirekte Art und treffen die Gegenannahme, es gelte $\sigma(\boldsymbol{T}_\mathrm{J}) \geq 1$. Demnach existiert ein Eigenwert μ von $\boldsymbol{T}_\mathrm{J}$ mit $|\mu| \geq 1$, und für ihn gelten

$$|\boldsymbol{T}_\mathrm{J} - \mu \boldsymbol{I}| = 0 \quad \text{oder} \quad |\boldsymbol{I} - \mu^{-1}\boldsymbol{T}_\mathrm{J}| = 0.$$

Aus der Voraussetzung, die Matrix $\boldsymbol{A}$ sei irreduzibel, folgt, dass auch die Iterationsmatrix des J-Verfahrens $\boldsymbol{T}_\mathrm{J} = \boldsymbol{D}^{-1}(\boldsymbol{L}+\boldsymbol{U})$ irreduzibel ist, da diese Eigenschaft nur die Nicht-Diagonalelemente betrifft. Das gleiche gilt dann auch für die Matrix $\boldsymbol{C} := \boldsymbol{I} - \mu^{-1}\boldsymbol{T}_\mathrm{J}$, welche zudem schwach diagonal dominant ist. Denn für die Matrixelemente t_{ij} von $\boldsymbol{T}_\mathrm{J}$ gelten $t_{ii} = 0, t_{ij} = -a_{ij}/a_{ii}, (j \neq i)$, und infolge der schwachen diagonalen Dominanz von $\boldsymbol{A}$ folgt somit $\sum_{j\neq i} |t_{ij}| \leq 1$ für alle i, wobei für mindestens einen Index i_0 strikte Ungleichheit gilt. Weiter ist zu beachten, dass $|\mu^{-1}| \leq 1$ ist, und zusammen mit der vorerwähnten Eigenschaft folgt die schwache diagonale Dominanz von $\boldsymbol{C}$. Nach Lemma 11.8 muss aber dann $|\boldsymbol{C}| = |\boldsymbol{I} - \mu^{-1}\boldsymbol{T}_\mathrm{J}| \neq 0$ sein, was den Widerspruch liefert. Unsere Gegenannahme ist falsch, und es gilt $\sigma(\boldsymbol{T}_\mathrm{J}) < 1$. □

Im Folgenden betrachten wir den Spezialfall, dass die Matrix $\boldsymbol{A}$ des linearen Gleichungssystems symmetrisch und positiv definit ist.

Satz 11.10. *Es sei $\boldsymbol{A} \in \mathbb{R}^{n,n}$ symmetrisch und positiv definit und überdies das J-Verfahren konvergent. Dann ist das JOR-Verfahren konvergent für alle ω mit*

$$0 < \omega < 2/(1-\mu_{\min}) \leq 2, \tag{11.37}$$

wobei $\mu_{\min}$ der kleinste, negative Eigenwert von $\boldsymbol{T}_\mathrm{J}$ ist.

Beweis. Aus der Symmetrie von $\boldsymbol{A} = \boldsymbol{D} - \boldsymbol{L} - \boldsymbol{U}$ folgt $\boldsymbol{U} = \boldsymbol{L}^T$ und folglich ist $(\boldsymbol{U}+\boldsymbol{L})$ symmetrisch. Wegen der positiven Definitheit von $\boldsymbol{A}$ sind die Diagonalelemente $a_{ii} > 0$, und es kann die reelle, reguläre Diagonalmatrix $\boldsymbol{D}^{1/2} := \mathrm{diag}(\sqrt{a_{11}}, \sqrt{a_{22}}, \ldots, \sqrt{a_{nn}})$ gebildet werden. Dann ist die Iterationsmatrix $\boldsymbol{T}_\mathrm{J} = \boldsymbol{D}^{-1}(\boldsymbol{L}+\boldsymbol{U})$ ähnlich zur symmetrischen Matrix

$$\boldsymbol{S} := \boldsymbol{D}^{1/2}\boldsymbol{T}_\mathrm{J}\boldsymbol{D}^{-1/2} = \boldsymbol{D}^{-1/2}(\boldsymbol{L}+\boldsymbol{U})\boldsymbol{D}^{-1/2}.$$

Demzufolge sind die Eigenwerte μ_j von $\boldsymbol{T}_\mathrm{J}$ reell. Unter ihnen muss mindestens einer negativ sein. Denn die Diagonalelemente von $\boldsymbol{T}_\mathrm{J}$ sind gleich null und somit ist auch die Spur von $\boldsymbol{T}_\mathrm{J}$ gleich null, die aber gleich der Summe der Eigenwerte ist. Somit gilt, falls $\boldsymbol{T}_\mathrm{J} \neq \boldsymbol{0}$ ist, $\mu_{\min} = \min \mu_j < 0$. Wegen der vorausgesetzten Konvergenz des J-Verfahrens ist $\sigma(\boldsymbol{T}_\mathrm{J}) < 1$ und deshalb $\mu_{\min} > -1$. Wegen der Relation (11.31) zwischen den Eigenwerten λ_j von $\boldsymbol{T}_\mathrm{JOR}(\omega)$ und den Eigenwerten μ_j sind auch die λ_j reell. Die notwendige und hinreichende Bedingung für die Konvergenz des JOR-Verfahrens lautet deshalb

$$-1 < 1 - \omega + \omega\mu_j < 1, \quad j = 1, 2, \ldots, n,$$

oder nach Subtraktion von 1 und anschließender Multiplikation mit -1

$$0 < \omega(1 - \mu_j) < 2, \quad j = 1, 2, \ldots, n.$$

Da $1 - \mu_j > 0$ gilt, ist $1 - \mu_j$ für $\mu_j = \mu_{\min} < 0$ am größten, und es folgt daraus die Bedingung (11.37). □

Das Gesamtschrittverfahren braucht nicht für jede symmetrische und positiv definite Matrix $\boldsymbol{A}$ zu konvergieren.

Beispiel 11.6. Die symmetrische Matrix

$$\boldsymbol{A} = \begin{pmatrix} 1 & a & a \\ a & 1 & a \\ a & a & 1 \end{pmatrix} = \boldsymbol{I} - \boldsymbol{L} - \boldsymbol{U}$$

ist positiv definit für $a \in (-0.5, 1)$, wie man mit Hilfe ihrer Cholesky-Zerlegung bestimmen kann. Die zugehörige Iterationsmatrix

$$\boldsymbol{T}_{\mathrm{J}} = \boldsymbol{L} + \boldsymbol{U} = \begin{pmatrix} 0 & -a & -a \\ -a & 0 & -a \\ -a & -a & 0 \end{pmatrix}$$

hat die Eigenwerte $\mu_{1,2} = a$ und $\mu_3 = -2a$, so dass $\sigma(\boldsymbol{T}_{\mathrm{J}}) = 2|a|$ ist. Das J-Verfahren ist dann und nur dann konvergent, falls $a \in (-0.5, 0.5)$ gilt. Es ist nicht konvergent für $a \in [0.5, 1)$, für welche Werte $\boldsymbol{A}$ positiv definit ist. △

Die bisherigen Sätze beinhalten nur die grundsätzliche Konvergenz des JOR-Verfahrens unter bestimmten Voraussetzungen an die Systemmatrix $\boldsymbol{A}$, enthalten aber keine Hinweise über die optimale Wahl von ω für bestmögliche Konvergenz. Die diesbezügliche Optimierungsaufgabe lautet wegen (11.31):

$$\min_{\omega} \sigma(\boldsymbol{T}_{\mathrm{JOR}}(\omega)) = \min_{\omega} \left\{ \max_{j} |\lambda_j| \right\} = \min_{\omega} \left\{ \max_{j} |1 - \omega + \omega\mu_j| \right\}$$

Diese Aufgabe kann dann gelöst werden, wenn über die Lage oder Verteilung der Eigenwerte μ_j von $\boldsymbol{T}_{\mathrm{J}}$ konkrete Angaben vorliegen. Wir führen diese Diskussion im Spezialfall einer symmetrischen und positiv definiten Matrix $\boldsymbol{A}$, für die die Eigenwerte μ_j von $\boldsymbol{T}_{\mathrm{J}}$ reell sind, und unter der Voraussetzung, dass das J-Verfahren konvergent sei, und somit $-1 < \mu_{\min} \leq \mu_j \leq \mu_{\max} < 1$ gilt. Wegen (11.31) ist $|\lambda_j| = |1 - \omega(1 - \mu_j)|$ eine stückweise lineare Funktion von ω. In Abb. 11.4 sind die Geraden $|\lambda_j|$ für $\mu_{\min} = -0.6$, $\mu_{\max} = 0.85$ und einen weiteren Eigenwert μ_j dargestellt. Der Wert von ω_{opt} wird aus dem Schnittpunkt der beiden erstgenannten Geraden ermittelt, da sie den Spektralradius $\sigma(\boldsymbol{T}_{\mathrm{JOR}}(\omega))$ bestimmen. Aus der Gleichung

$$1 - \omega(1 - \mu_{\max}) = -1 + \omega(1 - \mu_{\min})$$

ergibt sich in diesem Fall

$$\omega_{\mathrm{opt}} = 2/(2 - \mu_{\max} - \mu_{\min}). \tag{11.38}$$

Das führt zu einem Spektralradius

$$\sigma(\boldsymbol{T}_{\mathrm{JOR}}(\omega_{\mathrm{opt}})) = 0.8286 < 0.85 = \sigma(\boldsymbol{T}_{\mathrm{J}})$$

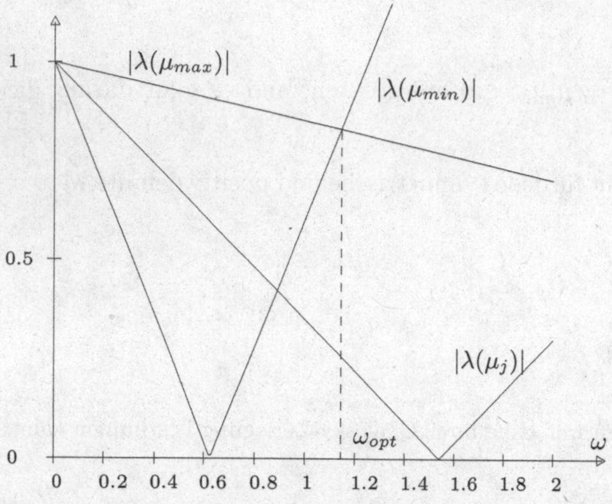

Abb. 11.4 Zur optimalen Wahl von ω, JOR-Verfahren.

Diese Abnahme des Spektralradius $\sigma(\boldsymbol{T}_{\mathrm{J}})$ zu $\sigma(\boldsymbol{T}_{\mathrm{JOR}}(\omega_{\mathrm{opt}}))$ ist im betrachteten Fall minimal. Abb. 11.4 zeigt aber, dass mit einer Wahl von $\omega > \omega_{\mathrm{opt}}$ die Konvergenz stark verschlechtert wird. Für $\mu_{\min} = -\mu_{\max}$ ist $\omega_{\mathrm{opt}} = 1$, d.h. dann konvergiert das Gesamtschrittverfahren am schnellsten.

Bei anderen, speziellen Eigenwertverteilungen μ_j kann durch geeignete Wahl von ω eine beträchtliche Konvergenzverbesserung erzielt werden.

Im Folgenden untersuchen wir die Konvergenz des SOR-Verfahrens und behandeln das Einzelschrittverfahren als Spezialfall für $\omega = 1$.

Satz 11.11. *Das SOR-Verfahren ist für $0 < \omega \leq 1$ konvergent, falls die Matrix $\boldsymbol{A} \in \mathbb{R}^{n,n}$ entweder strikt diagonal dominant oder irreduzibel und schwach diagonal dominant ist.*

Beweis. Aus der Voraussetzung für $\boldsymbol{A}$ folgt $a_{ii} \neq 0$, so dass die Matrix $\boldsymbol{D}$ (11.14) regulär ist. Der Beweis des Satzes wird indirekt geführt. Wir nehmen an, es sei $\sigma(\boldsymbol{T}_{\mathrm{SOR}}(\omega)) \geq 1$ für $0 < \omega \leq 1$. Die Iterationsmatrix $\boldsymbol{T}_{\mathrm{SOR}}(\omega) = (\boldsymbol{D} - \omega\boldsymbol{L})^{-1}[(1-\omega)\boldsymbol{D} + \omega\boldsymbol{U}]$ besitzt dann einen Eigenwert λ mit $|\lambda| \geq 1$. Für diesen Eigenwert gilt $|\boldsymbol{T}_{\mathrm{SOR}}(\omega) - \lambda\boldsymbol{I}| = 0$. Für diese Determinante erhalten wir durch eine Reihe von Umformungen nacheinander

$$\begin{aligned}
0 &= |\boldsymbol{T}_{\mathrm{SOR}}(\omega) - \lambda\boldsymbol{I}| = |(\boldsymbol{D} - \omega\boldsymbol{L})^{-1}[(1-\omega)\boldsymbol{D} + \omega\boldsymbol{U}] - \lambda\boldsymbol{I}| \\
&= |(\boldsymbol{D} - \omega\boldsymbol{L})^{-1}\{(1-\omega)\boldsymbol{D} + \omega\boldsymbol{U} - \lambda(\boldsymbol{D} - \omega\boldsymbol{L})\}| \\
&= |(\boldsymbol{D} - \omega\boldsymbol{L})^{-1}| \cdot |(1-\omega-\lambda)\boldsymbol{D} + \omega\boldsymbol{U} + \lambda\omega\boldsymbol{L}| \\
&= |\boldsymbol{D} - \omega\boldsymbol{L}|^{-1}(1-\omega-\lambda)^n \left|\boldsymbol{D} - \frac{\omega}{\lambda+\omega-1}\boldsymbol{U} - \frac{\lambda\omega}{\lambda+\omega-1}\boldsymbol{L}\right|.
\end{aligned}$$

Bei der letzten Umformung wurde verwendet, dass der Faktor $(1-\omega-\lambda) \neq 0$ ist wegen

$0 < \omega \leq 1$ und $|\lambda| \geq 1$. Deswegen und weil $|\boldsymbol{D} - \omega \boldsymbol{L}| \neq 0$ ist, gilt auf Grund unserer Annahme

$$\left| \boldsymbol{D} - \frac{\omega}{\lambda + \omega - 1} \boldsymbol{U} - \frac{\lambda\omega}{\lambda + \omega - 1} \boldsymbol{L} \right| = 0. \tag{11.39}$$

Der betrachtete Eigenwert λ kann komplex sein. Seinen Kehrwert setzen wir deshalb in der Form $\lambda^{-1} = r \cdot e^{i\vartheta}$ an, und es gilt $r \leq 1$. Wir wollen nun zeigen, dass die Faktoren von $\boldsymbol{U}$ und $\boldsymbol{L}$ in (11.39) betragsmäßig kleiner oder gleich Eins sind.

$$\begin{aligned}
\left| \frac{\lambda\omega}{\lambda + \omega - 1} \right| &= \left| \frac{\omega}{1 + (\omega - 1)\lambda^{-1}} \right| = \left| \frac{\omega}{1 - (1 - \omega) r e^{i\vartheta}} \right| \\
&= \frac{\omega}{[\{1 - (1 - \omega) r \cos\vartheta\}^2 + (1 - \omega)^2 r^2 \sin^2\vartheta]^{1/2}} \\
&= \frac{\omega}{[1 - 2(1 - \omega) r \cos\vartheta + (1 - \omega)^2 r^2]^{1/2}} \leq \frac{\omega}{1 - r(1 - \omega)}
\end{aligned}$$

Der letzte Quotient ist aber durch Eins beschränkt für $0 < \omega \leq 1$ und $r \leq 1$, denn es ist

$$1 - \frac{\omega}{1 - r(1 - \omega)} = \frac{(1 - r)(1 - \omega)}{1 - r(1 - \omega)} \geq 0.$$

Deshalb folgen in der Tat die Abschätzungen

$$\left| \frac{\omega}{\lambda + \omega - 1} \right| \leq \left| \frac{\omega\lambda}{\lambda + \omega - 1} \right| \leq 1.$$

Die Matrix $\boldsymbol{A}$ ist nach Voraussetzung diagonal dominant oder irreduzibel und schwach diagonal dominant. Dasselbe gilt auch für die im Allgemeinen komplexwertige Matrix der Determinante (11.39). Nach dem Lemma 11.8 ist die Determinante einer solchen Matrix aber von null verschieden, und dies liefert den Widerspruch. Die Annahme $\sigma(\boldsymbol{T}_{\text{SOR}}(\omega)) \geq 1$ für $0 < \omega \leq 1$ ist falsch, und damit ist die Aussage des Satzes bewiesen. □

Satz 11.12. *Das SOR-Verfahren ist höchstens für $0 < \omega < 2$ konvergent.*

Beweis. Zum Beweis verwenden wir die Tatsache, dass das Produkt der n Eigenwerte einer $(n \times n)$-Matrix gleich der Determinante der Matrix ist. Für die Iterationsmatrix $\boldsymbol{T}_{\text{SOR}}(\omega)$ gilt aber unter Beachtung der Dreiecksgestalt von Matrizen

$$\begin{aligned}
|\boldsymbol{T}_{\text{SOR}}(\omega)| &= |(\boldsymbol{D} - \omega \boldsymbol{L})^{-1}[(1 - \omega)\boldsymbol{D} + \omega \boldsymbol{U}]| \\
&= |\boldsymbol{D} - \omega \boldsymbol{L}|^{-1} \cdot |(1 - \omega)\boldsymbol{D} + \omega \boldsymbol{U}| \\
&= |\boldsymbol{D}|^{-1}(1 - \omega)^n |\boldsymbol{D}| = (1 - \omega)^n.
\end{aligned}$$

Daraus folgt die Ungleichung

$$\sigma(\boldsymbol{T}_{\text{SOR}}(\omega))^n \geq \prod_{i=1}^{n} |\lambda_i| = |1 - \omega|^n,$$

und somit $\sigma(\boldsymbol{T}_{\mathrm{SOR}}(\omega)) \geq |1-\omega|$. Damit kann $\sigma(\boldsymbol{T}_{\mathrm{SOR}}(\omega)) < 1$ höchstens dann gelten, falls $\omega \in (0,2)$. □

Es gibt Fälle von Matrizen $\boldsymbol{A}$, bei denen für gewisse ω-Werte $\sigma(\boldsymbol{T}_{\mathrm{SOR}}(\omega)) = |1-\omega|$ ist. Dass andererseits das mögliche Intervall für ω ausgeschöpft werden kann, zeigt der folgende

Satz 11.13. *Für eine symmetrische und positiv definite Matrix $\boldsymbol{A} \in \mathbb{R}^{n,n}$ gilt*

$$\boxed{\sigma(\boldsymbol{T}_{\mathrm{SOR}}(\omega)) < 1 \quad \text{für} \quad \omega \in (0,2).} \tag{11.40}$$

Beweis. Wir wollen zeigen, dass jeder Eigenwert $\lambda \in \mathbb{C}$ von $\boldsymbol{T}_{\mathrm{SOR}}(\omega)$ für $\omega \in (0,2)$ betragsmäßig kleiner als Eins ist. Sei also $\boldsymbol{z} \in \mathbb{C}^n$ ein zu λ gehöriger Eigenvektor, so dass gilt

$$\boldsymbol{T}_{\mathrm{SOR}}(\omega)\boldsymbol{z} = \lambda \boldsymbol{z}.$$

Dann gelten auch die beiden folgenden äquivalenten Gleichungen

$$\begin{aligned}
&(\boldsymbol{D}-\omega\boldsymbol{L})^{-1}[(1-\omega)\boldsymbol{D}+\omega\boldsymbol{U}]\boldsymbol{z} = \lambda\boldsymbol{z},\\
&2[(1-\omega)\boldsymbol{D}+\omega\boldsymbol{U}]\boldsymbol{z} = \lambda 2(\boldsymbol{D}-\omega\boldsymbol{L})\boldsymbol{z}.
\end{aligned} \tag{11.41}$$

Für die beiden Matrizen in (11.41) sind Darstellungen zu verwenden, in denen insbesondere $\boldsymbol{A}$ und $\boldsymbol{D}$ auftreten, die symmetrisch und positiv definit sind. Wegen $\boldsymbol{A} = \boldsymbol{D}-\boldsymbol{L}-\boldsymbol{U}$ gelten

$$\begin{aligned}
&2[(1-\omega)\boldsymbol{D}+\omega\boldsymbol{U}] = (2-\omega)\boldsymbol{D}-\omega\boldsymbol{D}+2\omega\boldsymbol{U}\\
&= (2-\omega)\boldsymbol{D}-\omega\boldsymbol{A}-\omega\boldsymbol{L}-\omega\boldsymbol{U}+2\omega\boldsymbol{U} = (2-\omega)\boldsymbol{D}-\omega\boldsymbol{A}+\omega(\boldsymbol{U}-\boldsymbol{L}),\\
&2(\boldsymbol{D}-\omega\boldsymbol{L}) = (2-\omega)\boldsymbol{D}+\omega\boldsymbol{D}-2\omega\boldsymbol{L}\\
&= (2-\omega)\boldsymbol{D}+\omega\boldsymbol{A}+\omega\boldsymbol{L}+\omega\boldsymbol{U}-2\omega\boldsymbol{L} = (2-\omega)\boldsymbol{D}+\omega\boldsymbol{A}+\omega(\boldsymbol{U}-\boldsymbol{L}).
\end{aligned}$$

Setzen wir die beiden Ausdrücke, die sich nur im Vorzeichen des Summanden $\omega\boldsymbol{A}$ unterscheiden, in (11.41) ein und multiplizieren die Vektorgleichung von links mit $\boldsymbol{z}^H = \bar{\boldsymbol{z}}^T$, erhalten wir unter Beachtung der Distributivität des Skalarproduktes für komplexe Vektoren und der Tatsache, dass ω und $(2-\omega)$ reell sind

$$\begin{aligned}
&(2-\omega)\boldsymbol{z}^H\boldsymbol{D}\boldsymbol{z}-\omega\boldsymbol{z}^H\boldsymbol{A}\boldsymbol{z}+\omega\boldsymbol{z}^H(\boldsymbol{U}-\boldsymbol{U}^T)\boldsymbol{z}\\
&= \lambda[(2-\omega)\boldsymbol{z}^H\boldsymbol{D}\boldsymbol{z}+\omega\boldsymbol{z}^H\boldsymbol{A}\boldsymbol{z}+\omega\boldsymbol{z}^H(\boldsymbol{U}-\boldsymbol{U}^T)\boldsymbol{z}].
\end{aligned} \tag{11.42}$$

Da $\boldsymbol{A}$ symmetrisch und positiv definit ist, ist für jeden komplexen Vektor $\boldsymbol{z} \neq \boldsymbol{0}$ der Wert $\boldsymbol{z}^H\boldsymbol{A}\boldsymbol{z} = a$ eine reelle positive Zahl. Dasselbe gilt auch für $\boldsymbol{z}^H\boldsymbol{D}\boldsymbol{z} = d$. Die Matrix $(\boldsymbol{U}-\boldsymbol{U}^T)$ ist hingegen schiefsymmetrisch, so dass die quadratische Form $\boldsymbol{z}^H(\boldsymbol{U}-\boldsymbol{U}^T)\boldsymbol{z} = ib, b \in \mathbb{R}$, einen rein imaginären Wert annimmt. Aus der skalaren Gleichung (11.42) folgt damit

$$\lambda = \frac{(2-\omega)d-\omega a+i\omega b}{(2-\omega)d+\omega a+i\omega b}.$$

Für $\omega \in (0, 2)$ sind $(2-\omega)d > 0$ und $\omega a > 0$ und somit $|(2-\omega)d - \omega a| < (2-\omega)d + \omega a$. Jeder Eigenwert λ von $\boldsymbol{T}_{\mathrm{SOR}}(\omega)$ ist darstellbar als Quotient von zwei komplexen Zahlen mit gleichem Imaginärteil, wobei der Zähler einen betragskleineren Realteil als der Nenner aufweist. Daraus folgt die Behauptung (11.40). □

Für die zahlreichen weiteren Konvergenzsätze, Varianten und Verallgemeinerungen der hier behandelten Iterationsverfahren sei auf die weiterführende Spezialliteratur [Hac 93, You 71] verwiesen.

11.2.3 Optimaler Relaxationsparameter und Konvergenzgeschwindigkeit

Die Sätze 11.11 und 11.13 garantieren die Konvergenz der Überrelaxationsmethode für bestimmte ω-Intervalle, lassen aber die Frage einer optimalen Wahl des Relaxationsparameters ω zur Minimierung des Spektralradius $\sigma(\boldsymbol{T}_{\mathrm{SOR}}(\omega))$ offen. Für eine Klasse von Matrizen $\boldsymbol{A}$ mit spezieller Struktur, wie sie bei Differenzenverfahren für elliptische Randwertaufgaben auftreten, existiert eine entsprechende Aussage, siehe [Sch 08]. Da die Konvergenz der Relaxationsverfahren selbst für optimale Werte von ω unbefriedigend ist, wollen wir in diesem Abschnitt die Abhängigkeit der Konvergenz von ω nur am Beispiel betrachten und dabei auch die Abhängigkeit der Konvergenz vom Diskretisierungs-Parameter h untersuchen.

Beispiel 11.7. Um die Konvergenzverbesserung des SOR-Verfahrens gegenüber dem Gesamtschritt- und Einzelschrittverfahren zu illustrieren, und um die Abhängigkeit der Relaxationsverfahren vom Diskretisierungsparameter h zu bestimmen, betrachten wir das Modellproblem der elliptischen Randwertaufgabe im Einheitsquadrat entsprechend zum Beispiel 11.1 mit einer rechten Seite, die die Angabe der exakten Lösung erlaubt:

$$\begin{aligned} -\Delta u &= f \quad \text{in} \quad G = (0,\, 1)^2 \\ u &= 0 \quad \text{auf} \quad \Gamma \end{aligned} \tag{11.43}$$

mit der rechten Seite

$$f = 2\,[(1-6x^2)\,y^2\,(1-y^2) + (1-6y^2)\,x^2\,(1-x^2)]. \tag{11.44}$$

Das Problem hat dann die exakte Lösung

$$u(x,y) = (x^2 - x^4)(y^4 - y^2). \tag{11.45}$$

Für dieses Modellproblem kann der Spektralradius $\mu_1 = \sigma(\boldsymbol{T}_{\mathrm{J}})$ des J-Verfahrens angegeben werden. Ist er kleiner als eins, und werden außerdem die inneren Gitterpunkte schachbrettartig eingefärbt und anschließend so nummeriert, dass zuerst die Gitterpunkte der einen Farbe und dann diejenigen der anderen Farbe erfasst werden (siehe Abb. 11.5), dann lässt sich der optimale Relaxationsparameter des SOR-Verfahrens berechnen als

$$\omega_{opt} = 2/(1 + \sqrt{1-\mu_1^2}). \tag{11.46}$$

Sei N die Anzahl der inneren Gitterpunkte pro Zeile und Spalte bei homogener Diskretisierung mit der Gitterweite $h = 1/(N+1)$. Dann besitzt die Matrix $\boldsymbol{A}$ der Ordnung $n = N^2$ für die Fünfpunkte-Formel (11.1) offenbar die spezielle Blockstruktur

$$\boldsymbol{A} = \begin{pmatrix} \boldsymbol{D}_1 & \boldsymbol{H} \\ \boldsymbol{K} & \boldsymbol{D}_2 \end{pmatrix} \quad \text{mit Diagonalmatrizen } \boldsymbol{D}_1 \text{ und } \boldsymbol{D}_2,$$

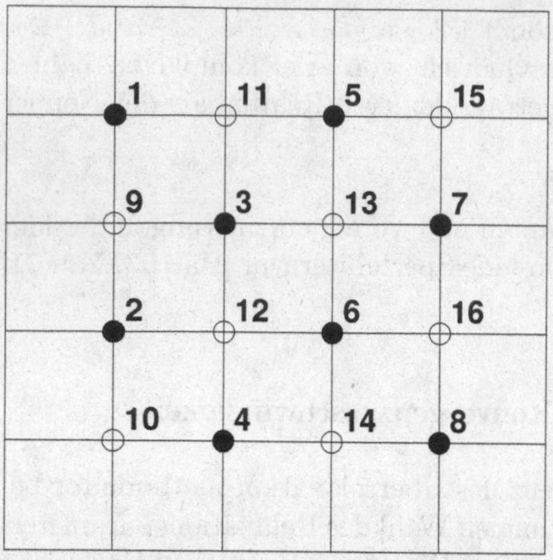

Abb. 11.5
Schachbrett-Nummerierung der Gitterpunkte.

weil in der Differenzengleichung für einen schwarzen Gitterpunkt neben der Unbekannten des betreffenden Punktes nur Unbekannte von weiß markierten Gitterpunkten auftreten und umgekehrt. Dies kann man am $(N = 4)$-Beispiel gut erkennen:

$$
\boldsymbol{A} = \frac{1}{h^2}\begin{pmatrix}
+ & \cdot & \cdot & \cdot & \cdot & \cdot & \cdot & \cdot & \times & \cdot & \times & \cdot & \cdot & \cdot & \cdot & \cdot \\
\cdot & + & \cdot & \cdot & \cdot & \cdot & \cdot & \cdot & \times & \times & \cdot & \times & \cdot & \cdot & \cdot & \cdot \\
\cdot & \cdot & + & \cdot & \cdot & \cdot & \cdot & \cdot & \times & \cdot & \times & \times & \times & \cdot & \cdot & \cdot \\
\cdot & \cdot & \cdot & + & \cdot & \cdot & \cdot & \cdot & \cdot & \times & \cdot & \times & \cdot & \times & \cdot & \cdot \\
\cdot & \cdot & \cdot & \cdot & + & \cdot & \cdot & \cdot & \cdot & \cdot & \times & \cdot & \times & \cdot & \times & \cdot \\
\cdot & \cdot & \cdot & \cdot & \cdot & + & \cdot & \cdot & \cdot & \cdot & \cdot & \times & \times & \times & \cdot & \times \\
\cdot & \cdot & \cdot & \cdot & \cdot & \cdot & + & \cdot & \cdot & \cdot & \cdot & \cdot & \times & \cdot & \times & \times \\
\cdot & \cdot & \cdot & \cdot & \cdot & \cdot & \cdot & + & \cdot & \cdot & \cdot & \cdot & \cdot & \times & \cdot & \times \\
\times & \times & \times & \cdot & \cdot & \cdot & \cdot & \cdot & + & \cdot & \cdot & \cdot & \cdot & \cdot & \cdot & \cdot \\
\cdot & \times & \cdot & \times & \cdot & \cdot & \cdot & \cdot & \cdot & + & \cdot & \cdot & \cdot & \cdot & \cdot & \cdot \\
\times & \cdot & \times & \cdot & \times & \cdot & \cdot & \cdot & \cdot & \cdot & + & \cdot & \cdot & \cdot & \cdot & \cdot \\
\cdot & \times & \times & \times & \cdot & \times & \cdot & \cdot & \cdot & \cdot & \cdot & + & \cdot & \cdot & \cdot & \cdot \\
\cdot & \cdot & \times & \cdot & \times & \times & \times & \cdot & \cdot & \cdot & \cdot & \cdot & + & \cdot & \cdot & \cdot \\
\cdot & \cdot & \cdot & \times & \cdot & \times & \cdot & \times & \cdot & \cdot & \cdot & \cdot & \cdot & + & \cdot & \cdot \\
\cdot & \cdot & \cdot & \cdot & \times & \cdot & \times & \cdot & \cdot & \cdot & \cdot & \cdot & \cdot & \cdot & + & \cdot \\
\cdot & \cdot & \cdot & \cdot & \cdot & \times & \times & \times & \cdot & \cdot & \cdot & \cdot & \cdot & \cdot & \cdot & +
\end{pmatrix}
$$

Dabei sind $+ \equiv 4$, $\times \equiv -1$ und $\cdot \equiv 0$.

Die Matrix $\boldsymbol{A}$ geht aus (11.3) durch eine gleichzeitige Zeilen- und Spaltenpermutation hervor. Die Matrix $\boldsymbol{A}$ ist irreduzibel, schwach diagonal dominant und symmetrisch wegen $\boldsymbol{H}^T = \boldsymbol{K}$, die Iterationsmatrix $\boldsymbol{T}_\text{J}$ hat reelle Eigenwerte μ_j, und wegen Satz 11.9 gilt für sie $\sigma(\boldsymbol{T}_\text{J}) < 1$. Deshalb ist der optimale Wert des Relaxationsparameters der SOR-Methode nach (11.46) berechenbar. Für das Modellproblem (11.43) sind $\boldsymbol{D}_1$ und $\boldsymbol{D}_2$ je gleich den Vierfachen entsprechender Einheitsmatrizen. Aus diesem Grund gilt für die Iterationsmatrix

$$
\boldsymbol{T}_\text{J} = \frac{1}{4}\begin{pmatrix} \boldsymbol{0} & -\boldsymbol{H} \\ -\boldsymbol{K} & \boldsymbol{0} \end{pmatrix} = \boldsymbol{I} - \frac{1}{4}\boldsymbol{A}.
$$

Tab. 11.1 Konvergenzverhalten für das Modellproblem.

N	n	μ_{11}	m_J	$\sigma(\boldsymbol{T}_{\mathrm{ES}})$	m_{ES}	m_{ESP}	Zeit	ω_{opt}	$\sigma(\boldsymbol{T}_{\mathrm{SOR}})$	m_{SOR}	q
4	16	0.8090	11	0.6545	5	7		1.2596	0.2596	1.7	6
8	64	0.9397	37	0.8830	19	19		1.4903	0.4903	3.2	11
16	256	0.9830	134	0.9662	67	62		1.6895	0.6895	6.2	22
32	1 024	0.9955	507	0.9910	254	232	1	1.8264	0.8264	12	42
64	4 096	0.9988	1971	0.9977	985	895	47	1.9078	0.9078	24	83
128	16 384	0.9997	7764	0.9994	3882	3520	3422	1.9525	0.9525	47	164

Die Eigenwerte der Matrix $\boldsymbol{A}$ lassen sich formelmäßig angeben:

$$\lambda_{jk} = 4 - 2\left\{\cos\left(\frac{j\pi}{N+1}\right) + \cos\left(\frac{k\pi}{N+1}\right)\right\}, \quad j,k = 1,2,\ldots,N. \tag{11.47}$$

Aus den Eigenwerten (11.47) der Matrix $\boldsymbol{A}$ ergeben sich die Eigenwerte von $\boldsymbol{T}_{\mathrm{J}}$ als

$$\mu_{jk} = \frac{1}{2}\left\{\cos\left(\frac{j\pi}{N+1}\right) + \cos\left(\frac{k\pi}{N+1}\right)\right\}, \quad j,k = 1,2,\ldots,N.$$

Daraus resultiert der Spektralradius für $j = k = 1$

$$\sigma(\boldsymbol{T}_{\mathrm{J}}) = \mu_{11} = \cos\left(\frac{\pi}{N+1}\right) = \cos(\pi h).$$

Hieraus folgt, dass das Gesamtschrittverfahren linear konvergiert mit einer asymptotischen Konvergenzrate der Größenordnung $O(1-h^2)$; das ist für kleine h sehr langsam. Besonders katastrophal ist aber der daraus folgende Umstand, dass mit größer werdender Matrixordnung die Anzahl der Iterationsschritte, die zum Erreichen einer gewissen Genauigkeit notwendig sind, linear mit der Ordnung n der Matrix wächst. Dies ist in Tabelle 11.1 in den Spalten für n und m_J gut abzulesen. Dort sind für einige Werte N die Ordnungen $n = N^2$, die Spektralradien $\mu_{11} = \sigma(\boldsymbol{T}_{\mathrm{J}})$ des J-Verfahrens, $\sigma(\boldsymbol{T}_{\mathrm{ES}})$ des Einzelschrittverfahrens, die optimalen Werte ω_{opt} des SOR-Verfahrens und die zugehörigen Spektralradien $\sigma(\boldsymbol{T}_{\mathrm{SOR}}(\omega))$ angegeben. Zu Vergleichszwecken sind die ganzzahligen Werte m von Iterationsschritten aufgeführt, welche zur Reduktion des Fehlers auf den zehnten Teil nötig sind sowie das Verhältnis $q = m_{\mathrm{J}}/m_{\mathrm{SOR}}$, welche die wesentliche Konvergenzsteigerung zeigen. Die Werte sind theoretische Werte, die aus den Spektralradien und ihren Beziehungen untereinander und zum optimalen Relaxationsparameter des SOR-Verfahrens berechnet wurden. Bei der praktischen Rechnung hängen sie noch von anderen Parametern wie der Struktur der Startnäherung und der rechten Seite ab, wenn auch nur geringfügig. Deshalb wurden in Tabelle 11.1 neben den theoretischen Werten m_{ES} die entsprechenden Werte m_{ESP} aufgeführt, die sich bei der Lösung des konkreten Beispiels (11.43) ergaben, und für $N \geq 32$ die relativen Rechenzeiten.

Die Tabelle zeigt, dass das SOR-Verfahren etwa N mal schneller konvergiert als das Gesamtschrittverfahren, falls ω optimal gewählt wird. Diese Tatsache kann für das Modellproblem auch auf analytischem Weg nachgewiesen werden. Sie besagt, dass dann die lineare Konvergenz die bessere Rate $O(1-h)$ besitzt, die allerdings immer noch eine schlechte und bei größer werdender Koeffizientenmatrix mit $N = \sqrt{n}$ schlechter werdende Konvergenz widerspiegelt. Ausserdem ist der optimale Relaxationsparameter in den meisten Anwendungen nicht berechenbar. △

11.3 Mehrgittermethoden

Die Effizienz und asymptotische Optimalität (siehe Seite 489) der Mehrgittermethoden soll hauptsächlich an zwei Modellproblemen demonstriert werden. Das eine ist die Poisson-Gleichung im Einheitsquadrat, siehe Beispiel 11.7, für das andere gehen wir auf eindimensionale Randwertprobleme zurück, an denen sich die Eigenschaften noch besser verstehen lassen; außerdem sind die meisten Beobachtungen auf zwei- und dreidimensionale Probleme übertragbar.

11.3.1 Ein eindimensionales Modellproblem

Die Randwertaufgabe (9.64) soll in vereinfachter und leicht abgeänderter Form

$$\begin{aligned} -u''(x) + qu(x) &= g(x), \quad 0 < x < 1, \\ u(0) = u(1) &= 0. \end{aligned} \tag{11.48}$$

mit einem Differenzenverfahren diskretisiert werden. Dazu wird das Intervall $[0, 1]$ in n gleich lange Intervalle $[x_i, x_{i+1}]$ aufgeteilt mit

$$x_i := i\,h, \quad i = 0, 1, \ldots, n, \quad h := \frac{1}{n}. \tag{11.49}$$

Jetzt ersetzt man für jeden inneren Punkt x_i dieses Gitters die Differenzialgleichung durch eine algebraische Gleichung mit Näherungen u_i der Funktionswerte $u(x_i)$ als Unbekannte, indem man alle Funktionen in x_i auswertet und die Ableitungswerte durch dividierte Differenzen approximiert, siehe Abschnitt 9.4.2. Das entstehende Gleichungssystem sei $\boldsymbol{A}\boldsymbol{u} = \boldsymbol{f}$ und ist wie (9.66) tridiagonal und symmetrisch.

Beispiel 11.8. In einem ersten numerischen Experiment wollen wir das eindimensionale Problem (11.48) lösen mit $q = 0$ und der rechten Seite $g = 0$.

$$\begin{aligned} -u''(x) &= 0, \quad 0 < x < 1, \\ u(0) = u(1) &= 0. \end{aligned} \tag{11.50}$$

Dann ist natürlich $u = 0$ die exakte Lösung.

Wir diskretisieren dieses Problem mit $h = 2^{-6}$, also $n = 64$. Als Startvektor für die Iterationsverfahren nehmen wir jetzt Vektoren unterschiedlicher Frequenz

$$\boldsymbol{u}_k^{(0)} = (u_k^{(0)})_i = \sin\left(\frac{ik\pi}{n}\right), \quad k = 1,\, 4,\, 7.$$

Jetzt rechnen wir dreißig Iterationsschritte mit dem Einzelschrittverfahren (11.11). Das lautet algorithmisch so:

$$\begin{aligned} u_1 &:= u_2/2, \\ u_i &:= (u_{i-1} + u_{i+1})/2, \quad i = 2, \ldots, n-2, \\ u_{n-1} &:= u_{n-2}/2. \end{aligned}$$

An der Abb. 11.6 sehen wir, dass der Startfehler, der hier mit dem Startvektor identisch ist, für verschiedene Frequenzen stark unterschiedlich gedämpft wird. Diese Beobachtung führte auf die Idee der Mehrgittermethoden. △

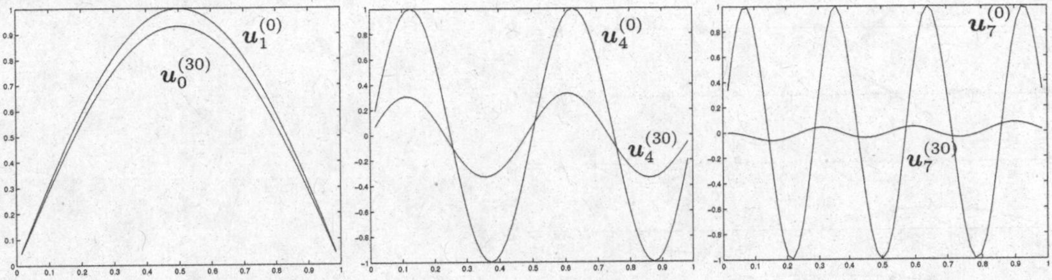

Abb. 11.6 Unterschiedliche Dämpfung der Fehlerfrequenzen $k = 1, 4, 7$.

11.3.2 Eigenschaften der gedämpften Jacobi-Iteration

Jetzt soll die gedämpfte Jacobi-Iteration (11.12) auf das triviale Problem (11.50) angewendet werden, weil dabei die Wirkung des Relaxationsparameters gut studiert werden kann. Wegen der einfachen Struktur des Problems und des Verfahrens geht das auch analytisch.

Für alle bisher betrachteten linearen und stationären Fixpunktiterationen gilt

$$\boldsymbol{u}^{(k+1)} = \boldsymbol{T}\boldsymbol{u}^{(k)} + \boldsymbol{c} \quad \text{und} \tag{11.51}$$

$$\boldsymbol{u} = \boldsymbol{T}\boldsymbol{u} + \boldsymbol{c}, \tag{11.52}$$

wenn $\boldsymbol{u}$ die exakte Lösung des entsprechenden Gleichungssystems ist. Daraus folgt für den Fehler

$$\boldsymbol{e}^{(k+1)} = \boldsymbol{T}\boldsymbol{e}^{(k)} = \boldsymbol{T}^{k+1}\boldsymbol{e}^{(0)}. \tag{11.53}$$

Also stellt der Spektralradius von $\boldsymbol{T}$ wieder die asymptotische Konvergenzrate dar. Nun gilt für die gedämpfte Jacobi-Iteration wegen (11.16) und (11.21) für (11.50)

$$\boldsymbol{T}_{\mathrm{JOR}}(\omega) = (1-\omega)\boldsymbol{I} + \omega\boldsymbol{T}_{\mathrm{J}} = \boldsymbol{I} - \frac{\omega}{2}\begin{pmatrix} 2 & -1 & 0 & \cdots & 0 \\ -1 & 2 & -1 & 0 & \\ 0 & \ddots & \ddots & \ddots & \\ \vdots & & \ddots & \ddots & -1 \\ 0 & \cdots & 0 & -1 & 2 \end{pmatrix} = \boldsymbol{I} - \frac{\omega}{2}\boldsymbol{A}.$$

Deshalb gilt für die Eigenwerte von $\boldsymbol{T}_{\mathrm{JOR}}(\omega)$ und $\boldsymbol{A}$

$$\lambda(\boldsymbol{T}_{\mathrm{JOR}}(\omega)) = 1 - \frac{\omega}{2}\lambda(\boldsymbol{A}). \tag{11.54}$$

Die Eigenwerte und Eigenvektoren dieser Standardmatrix sind bekannt als

$$\lambda_k(\boldsymbol{A}) = 4\sin^2\left(\frac{k\pi}{2n}\right), \quad w_{k,j} = \sin\left(\frac{jk\pi}{n}\right), \quad k = 1, \ldots, n-1. \tag{11.55}$$

Die Eigenvektoren von $\boldsymbol{T}_{\mathrm{JOR}}(\omega)$ stimmen mit denen von $\boldsymbol{A}$ überein, während für die Eigenwerte gilt

$$\lambda(\boldsymbol{T}_{\mathrm{JOR}}(\omega)) = 1 - 2\omega\sin^2\left(\frac{k\pi}{2n}\right), \quad k = 1, \ldots, n-1. \tag{11.56}$$

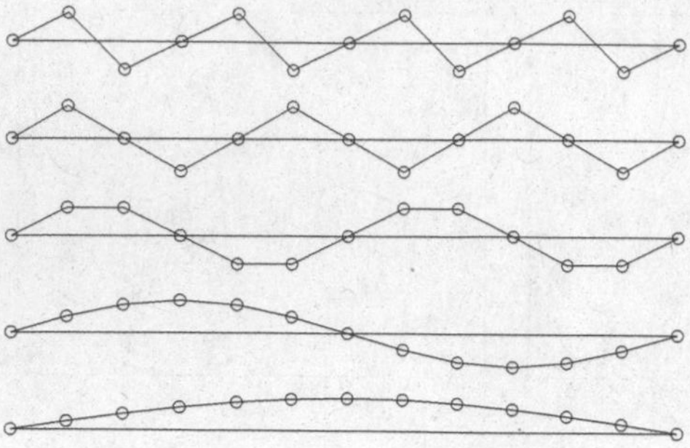

Abb. 11.7 Die Oszilllationseigenschaft der diskreten Eigenvektoren.

Die Eigenvektoren sind für die folgenden Beobachtungen von großer Bedeutung. Zunächst halten wir (ohne Beweis) fest, dass sie eine wichtige Eigenschaft der Eigenfunktionen des kontinuierlichen Problems ins Diskrete übertragen: die Oszillationseigenschaft, siehe Abschnitt 9.1. In Abb. 11.7 sehen wir die k-ten Eigenvektoren für $k = 1, 2, 4, 6, 8$. Die Oszillationseigenschaft gilt im Diskreten allerdings nur für Frequenzen mit einer Wellenzahl kleiner als n. Wellen mit höherer Wellenzahl können auf dem groben Gitter nicht dargestellt werden. Der so genannte *Aliasing-Effekt* führt dazu, dass eine Welle mit einer Wellenlänge kleiner als $2h$ auf dem Gitter als Welle mit einer Wellenlänge größer als $2h$ erscheint.

Der Anfangsfehler $\boldsymbol{e}^{(0)}$ wird als Fourier-Reihe der Eigenvektoren dargestellt[1]:

$$\boldsymbol{e}^{(0)} = \sum_{j=1}^{n-1} c_j \boldsymbol{w_j}. \tag{11.57}$$

Wegen (11.53) gilt dann

$$\boldsymbol{e}^{(k)} = (\boldsymbol{T}_{\text{JOR}}(\omega))^k \boldsymbol{e}^{(0)} = \sum_{j=1}^{n-1} c_j (\boldsymbol{T}_{\text{JOR}}(\omega))^k \boldsymbol{w_j} = \sum_{j=1}^{n-1} c_j \lambda_j^k (\boldsymbol{T}_{\text{JOR}}(\omega)) \boldsymbol{w_j}.$$

Das bedeutet, dass die j-te Frequenz des Fehlers nach k Iterationsschritten um den Faktor $\lambda_j^k(\boldsymbol{T}_{\text{JOR}}(\omega))$ reduziert wird. Wir sehen auch, dass die gedämpfte Jacobi-Iteration die Fehlerfrequenzen nicht mischt; wenn wir sie auf einen Fehler mit nur einer Frequenz (also $c_l \neq 0$, aber $c_j = 0$ für alle $j \neq l$ in (11.57)) anwenden, dann ändert die Iteration die Amplitude dieser Frequenz, aber es entsteht keine andere Freqenz neu. Das liegt daran, dass die $\boldsymbol{w_j}$ Eigenvektoren sowohl der Problemmatrix $\boldsymbol{A}$ als auch der Iterationsmatrix $\boldsymbol{T}_{\text{JOR}}(\omega)$ sind. Dies gilt nicht für jede stationäre Iteration.

Wir wenden uns jetzt der Frequenz-abhängigen Konvergenz zu, die wir schon im Beispiel 11.8 beobachtet haben. Dazu führen wir folgende nahe liegenden Bezeichnungen ein:

- Terme der Fourier-Reihe des Fehlers oder der Lösung mit einer Wellenzahl $1 \leq k < n/2$ nennen wir *niederfrequent* oder *glatt*.
- Terme der Fourier-Reihe des Fehlers oder der Lösung mit einer Wellenzahl $n/2 \leq k \leq n-1$ nennen wir *hochfrequent* oder *oszillatorisch*.

[1]Wegen ihrer linearen Unabhängigkeit bilden die Eigenvektoren eine Basis des Vektorraumes.

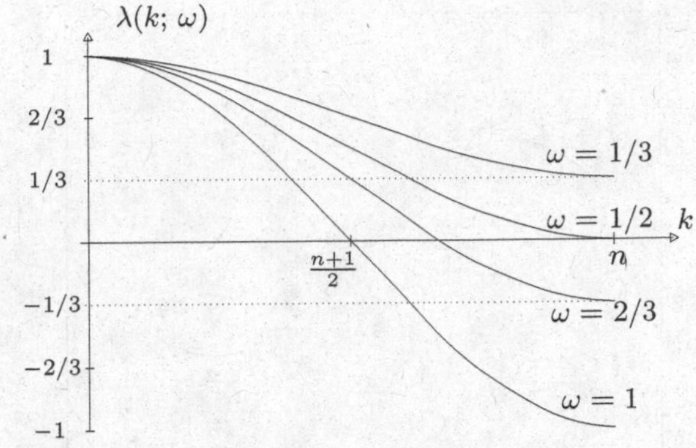

Abb. 11.8 Die Glättungseigenschaft der gedämpften Jacobi-Iteration: Die Eigenwerte $\lambda_k(\boldsymbol{T}_{\mathrm{JOR}}(\omega))$ abhängig von Wellenzahl k und Dämpfung ω.

Wir suchen jetzt den optimalen Wert für ω in (11.56). Das ist der Wert, der $\lambda_k(\boldsymbol{T}_{\mathrm{JOR}}(\omega))$ am kleinsten macht für alle k zwischen 1 und $n-1$. Nun ist aber

$$\lambda_1 = 1 - 2\,\omega\,\sin^2\left(\frac{\pi}{2n}\right) = 1 - 2\,\omega\,\sin^2\left(\frac{h\pi}{2}\right) \approx 1 - \frac{\omega h^2 \pi^2}{2}. \tag{11.58}$$

Das bedeutet, dass der Eigenwert zum glattesten Eigenvektor immer nahe bei 1 liegt. Es gibt deshalb keinen Wert für ω, der die glatten Komponenten des Fehlers schnell reduziert. Wenn wir mit der gedämpften Jacobi-Iteration die glatten Komponenten des Fehlers nicht effizient reduzieren können, wollen wir dies wenigstens für die oszillatorischen Komponenten versuchen, also für $n/2 \leq k \leq n-1$. Diese Forderung können wir dadurch erfüllen, dass wir $\lambda_{n/2} = -\lambda_n$ fordern. Die Lösung dieser Gleichung führt auf den Wert $\omega = \frac{2}{3}$, siehe Abb. 11.8. Es ist leicht zu zeigen, dass mit $\omega = \frac{2}{3}$ für alle hochfrequenten Eigenwerte $|\lambda_k| < 1/3$ gilt, $n/2 \leq k \leq n-1$. Diesen Wert nennt man *Glättungsfaktor (smoothing factor)*. Ein kleiner Glättungsfaktor, der wie hier auch noch unabhängig von der Gitterweite h ist, stellt eine wichtige Grundlage zur Konstruktion von Mehrgittermethoden dar.

Beispiel 11.9. Abschließend wollen wir die gedämpfte Jacobi-Iteration mit $\omega = 2/3$ auf das triviale Problem (11.50) anwenden, wie im Beispiel 11.8 schon das Gauß-Seidel-Verfahren. Da der Effekt ganz ähnlich ist, wollen wir nur die Glättung einer überlagerten Schwingung zeigen, an der die Glättungseigenschaft besonders deutlich wird, siehe Abb. 11.9. △

11.3.3 Ideen für ein Zweigitterverfahren

Aufbauend auf den vorangegangenen Beobachtungen beim eindimensionalen Modellproblem soll jetzt ein Verfahren auf zwei Gittern entwickelt werden. Eine Möglichkeit, die langsame Konvergenz eines Relaxationsverfahrens zu verbessern, liegt in der Wahl einer guten Startnäherung. Diese kann man z.B. durch einige Schritte eines Iterationsverfahrens auf einem groben Gitter erhalten. Auf ihm ist einerseits die Konvergenzrate $O(1-h^2)$ geringfügig besser als auf einem feinen Gitter, andererseits ist der Aufwand für einen Iterationsschritt geringer.

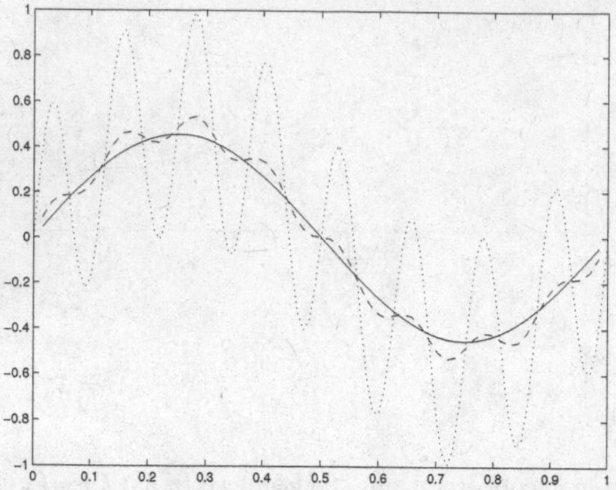

Abb. 11.9 Dämpfung des Fehlers $(w_2 + w_{16})/2$ $(\cdots)$ nach 10 (- -) und nach 30 (—) Iterationen.

Zur Vorbereitung betrachten wir eine niederfrequente Funktion auf dem feinen Gitter, die wir dann auf das grobe Gitter projizieren. In Abb. 11.10 sehen wir eine Welle mit fünf Nullstellen ($k = 4$) auf einem Gitter G_h mit 11 inneren Punkten ($n = 12$, $k < n/2$). Die Projektion dieser Welle auf ein Gitter G_{2h} mit 5 inneren Punkten ($n = 6$) stellt auf diesem eine hochfrequente Funktion ($k \geq n/2$) dar. Als Formel lässt sich diese Tatsache so ausdrücken:

$$w^h_{k,2j} = \sin\left(\frac{2jk\pi}{n}\right) = \sin\left(\frac{jk\pi}{n/2}\right) = w^{2h}_{k,j}, \quad 1 \leq k < \frac{n}{2}. \tag{11.59}$$

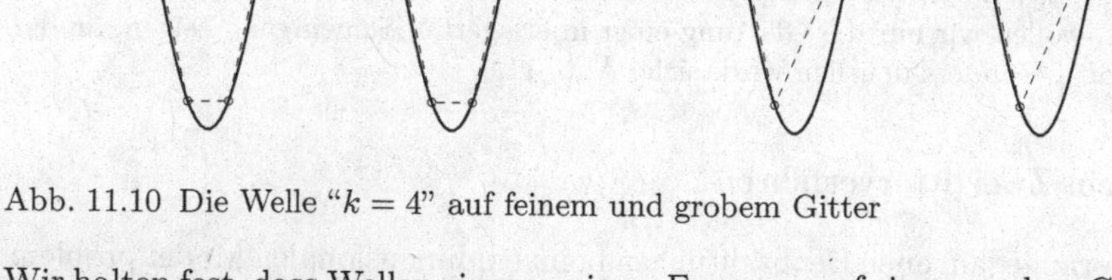

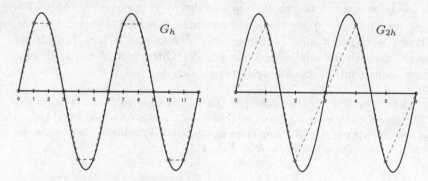

Abb. 11.10 Die Welle "$k = 4$" auf feinem und grobem Gitter

Wir halten fest, dass Wellen einer gewissen Frequenz auf einem groben Gitter oszillatorischer sind als auf einem feinen Gitter. Wechseln wir also von einem feinen auf ein grobes Gitter, dann ist die Relaxation effizienter, die Fehlerkomponenten einer gewissen Frequenz werden schneller kleiner. Wir müssen deshalb den Vorgang des Wechsels zwischen zwei Gittern formalisieren.

Es sei an die Nachiteration aus Kapitel 2 erinnert. Wenn $\boldsymbol{v}$ eine Näherungslösung von

$\boldsymbol{Au} = \boldsymbol{f}$ ist, und wenn $\boldsymbol{r} = \boldsymbol{f} - \boldsymbol{Av}$ das zugehörige Residuum und $\boldsymbol{e} = \boldsymbol{u} - \boldsymbol{v}$ der Fehler sind, dann gilt

$$\boldsymbol{Ae} = \boldsymbol{r}. \tag{11.60}$$

Das heißt, dass wir statt der Lösung auch den Fehler zu einer Näherungslösung mit einem Relaxationsverfahren behandeln können. Nehmen wir noch $\boldsymbol{v} = \boldsymbol{0}$ als Näherungslösung, so kommen wir zu der Aussage

> *Relaxation der Originalgleichung $\boldsymbol{Au} = \boldsymbol{f}$ mit einer beliebigen Startnäherung $\boldsymbol{v}$ ist äquivalent zur Relaxation der Residuumsgleichung $\boldsymbol{Ae} = \boldsymbol{r}$ mit einer Startnäherung $\boldsymbol{e} = \boldsymbol{0}$.*

Eine Mehrgittermethode sollte also feine Gitter zur Glättung und grobe Gitter zur Reduktion der niederfrequenten Fehleranteile benutzen. Das führt zu einer Strategie, die die Idee der Nachiteration aufgreift und hier als Zweigittermethode formuliert werden soll:

- Relaxiere $\boldsymbol{Au} = \boldsymbol{f}$ auf G^h, um eine Näherung $\boldsymbol{v}^h$ zu bekommen.
- Berechne $\boldsymbol{r} = \boldsymbol{f} - \boldsymbol{Av}^h$.
- Übertrage $\boldsymbol{r}$ auf das grobe Gitter G^{2h}.
- Löse die Gleichung $\boldsymbol{Ae} = \boldsymbol{r}$ auf G^{2h}.
- Übertrage $\boldsymbol{e}$ auf das feine Gitter G^h.
- Korrigiere die Näherung $\boldsymbol{v}^h := \boldsymbol{v}^h + \boldsymbol{e}$.

Diese Strategie heißt *Korrektur-Schema (correction scheme)*. Für die Realisierung benötigen wir noch folgende Definitionen:

- Das Gleichungssystem $\boldsymbol{Au} = \boldsymbol{f}$ muss auf Gittern verschiedener Feinheit definiert werden.
- Es müssen Operatoren definiert werden, die Vektoren vom feinen Gitter G^h auf das grobe Gitter G^{2h} transformieren und umgekehrt.

Durch die Bezeichnungsweise wird nahe gelegt, dass die Gitterweite sich immer um den Faktor 2 ändert. Dies ist die übliche Methode, und es gibt kaum einen Grund einen anderen Faktor zu nehmen. Der Faktor 2 erleichtert nämlich die Konstruktion der Abbildungen zwischen den verschiedenen Vektorräumen.

Um einen Vektor von einem groben auf ein feines Gitter zu übertragen, wird man Interpolationsmethoden wählen. So macht man aus wenigen viele Komponenten. Dadurch wird der Vektor 'verlängert'. Man nennt deshalb diese Abbildung *Interpolation* oder *Prolongation*.

Für den umgekehrten Weg muss man aus vielen Werten wenige machen, diesen Vorgang nennt man deshalb *Restriktion*.

11.3.4 Eine eindimensionale Zweigittermethode

Für das eindimensionale Modellproblem (11.48) werden jetzt die Elemente eines Mehrgitterverfahrens eingeführt, mit denen dann zunächst eine Zweigittermethode konstruiert wird.

Das grobe Gitter G^{2h} und das feine Gitter G^h seien gegeben durch

$$\begin{aligned} G^{2h} &:= \{x \in \mathbb{R} | x = x_j = 2jh, j = 0, 1, \ldots, n/2\}, \quad n \text{ gerade}, \\ G^h &:= \{x \in \mathbb{R} | x = x_j = jh, j = 0, 1, \ldots, n\}. \end{aligned} \tag{11.61}$$

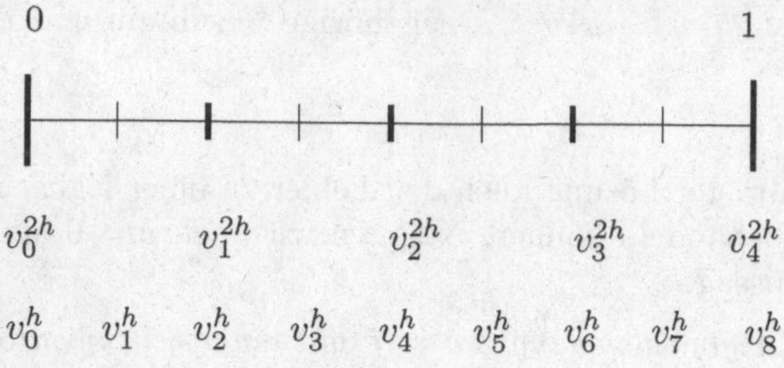

Die linearen Gleichungssysteme werden einfach durch die übliche Diskretisierung mit dem Differenzenverfahren auf den beiden Gittern erzeugt und mit dem entsprechenden Index gekennzeichnet als $\boldsymbol{A}^h\boldsymbol{u}^h = \boldsymbol{f}^h$ bzw. $\boldsymbol{A}^{2h}\boldsymbol{u}^{2h} = \boldsymbol{f}^{2h}$.

Interpolation (Prolongation)

Die Interpolation ist eine Abbildung von Vektoren $\boldsymbol{v}^{2h}$, die auf dem groben Gitter definiert sind, auf Vektoren $\boldsymbol{v}^h$ des feinen Gitters; das soll hier vereinfacht dargestellt werden als

$$\boldsymbol{I}_{2h}^h : G^{2h} \to G^h.$$

Seien $\boldsymbol{v}^h$ bzw. $\boldsymbol{v}^{2h}$ Vektoren auf G^h bzw. G^{2h}. Dann wird die lineare Interpolation $\boldsymbol{I}_{2h}^h$ definiert als

$$\boldsymbol{I}_{2h}^h\boldsymbol{v}^{2h} = \boldsymbol{v}^h \text{ mit } \begin{cases} v_{2i}^h = v_i^{2h} & \text{für} \quad 1 \le i \le \dfrac{n}{2} - 1, \\ v_{2i+1}^h = \dfrac{1}{2}(v_i^{2h} + v_{i+1}^{2h}) & \text{für} \quad 0 \le i \le \dfrac{n}{2} - 1. \end{cases} \tag{11.62}$$

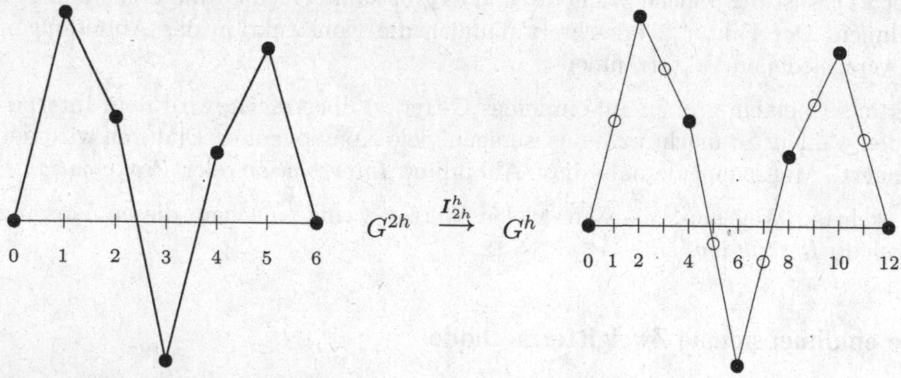

Abb. 11.11 Lineare Interpolation eines Vektors vom groben auf das feine Gitter.

Da die Randwerte nicht als Unbekannte in das lineare Gleichungssystem eingehen, ist die Ordnung der Matrizen $n-1$ bzw. $n/2-1$ auf feinem bzw. grobem Gitter. $\boldsymbol{I}_{2h}^h$ ist deshalb eine lineare Abbildung vom $\mathbb{R}^{n/2-1}$ in den $\mathbb{R}^{n-1}$.

Für $n = 8$ wird sie geschrieben als

$$\begin{pmatrix} v_1^h \\ v_2^h \\ v_3^h \\ v_4^h \\ v_5^h \\ v_6^h \\ v_7^h \end{pmatrix}_{7x1} := \begin{pmatrix} 1/2 & & \\ 1 & & \\ 1/2 & 1/2 & \\ & 1 & \\ & 1/2 & 1/2 \\ & & 1 \\ & & 1/2 \end{pmatrix}_{7x3} \begin{pmatrix} v_1^{2h} \\ v_2^{2h} \\ v_3^{2h} \end{pmatrix}_{3x1} \tag{11.63}$$

$\boldsymbol{I}_{2h}^h$ hat vollen Rang, der Nullraum besteht nur aus dem Nullelement.

Bei der Mehrgittermethode wird die Abbildung auf Fehler-Vektoren angewendet. Wenn wir davon ausgehen, dass der Fehler auf dem feinen Gitter glatt ist, weil die hochfrequenten Fehleranteile durch Relaxation stark gedämpft wurden, dann stellt die lineare Interpolation eine gute Approximationsmethode dar.

Restriktion

Die Restriktion ist jetzt die Abbildung in der Gegenrichtung, in vereinfachter Schreibweise

$$\boldsymbol{I}_h^{2h} : G^h \to G^{2h}.$$

Es soll hier nur die Restriktion durch einen so genannten *full-weighting*- oder FW-Operator betrachtet werden. Er berücksichtigt den Grobgitter-Punkt und zwei Nachbarwerte auf dem feinen Gitter. Aus den zusammen drei Werten wird ein gewichtetes Mittel gebildet

$$\boldsymbol{I}_h^{2h} \boldsymbol{v}^h = \boldsymbol{v}^{2h} \quad \text{mit} \quad v_i^{2h} = \frac{1}{4}(v_{2i-1}^h + 2v_{2i}^h + v_{2i+1}^h) \tag{11.64}$$

$\boldsymbol{I}_h^{2h}$ ist ein linearer Operator von $\mathbb{R}^{n-1}$ nach $\mathbb{R}^{n/2-1}$. Für $n = 8$ bekommen wir

$$\begin{pmatrix} v_1^{2h} \\ v_2^{2h} \\ v_3^{2h} \end{pmatrix} := \begin{pmatrix} 1/4 & 1/2 & 1/4 & & & & \\ & & 1/4 & 1/2 & 1/4 & & \\ & & & & 1/4 & 1/2 & 1/4 \end{pmatrix} \begin{pmatrix} v_1^h \\ v_2^h \\ v_3^h \\ v_4^h \\ v_5^h \\ v_6^h \\ v_7^h \end{pmatrix}. \tag{11.65}$$

Es ist $\text{Rang}(\boldsymbol{I}_h^{2h}) = \frac{n}{2} - 1$, also ist die Dimension des Nullraums $\dim(N(\boldsymbol{I}_h^{2h})) = \frac{n}{2}$.

Beziehungen zwischen Prolongation und Restriktion

Die Interpolationsmatrix in (11.63) ist bis auf einen konstanten Faktor gleich der Transponierten der Restriktionsmatrix in (11.65). Die Operatoren stehen damit in einer Beziehung, die auch als allgemeine Forderung sehr sinnvoll ist, sie sind (quasi) *adjungiert*:

$$\boldsymbol{I}_{2h}^h = c\,(\boldsymbol{I}_h^{2h})^T \quad \text{für ein } c \in \mathbb{R}. \tag{11.66}$$

Diese Tatsache bezeichnet man auch als *Variationseigenschaft*.

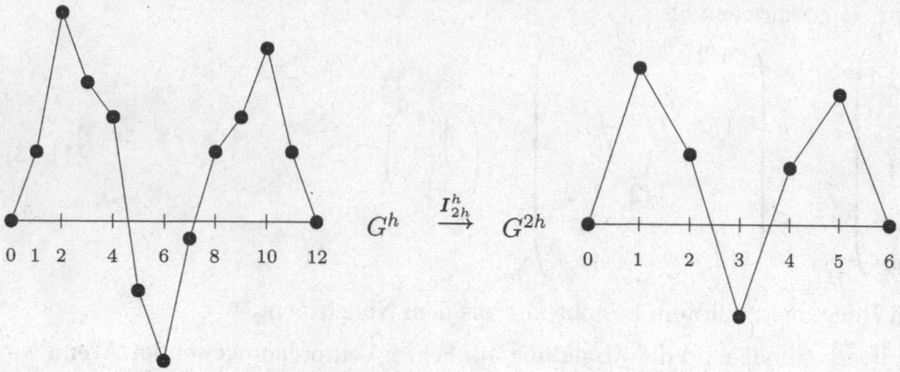

Abb. 11.12 Restriktion eines Vektors vom feinen auf das grobe Gitter.

Zweigitter-Korrektur-Schema: $\boldsymbol{v}^h \leftarrow \mathbf{MG}\,(\boldsymbol{v}^h, \boldsymbol{f})$

Relaxation:	Relaxiere ν_1 mal $\boldsymbol{A}^h\boldsymbol{u}^h = \boldsymbol{f}^h$ auf G^h mit der Start-Näherung $\boldsymbol{v}^h$ und dem Ergebnis $\boldsymbol{v}^h$.
Residuum:	Berechne $\boldsymbol{r}^h := \boldsymbol{f}^h - \boldsymbol{A}^h\boldsymbol{v}^h$.
Restriktion:	Berechne $\boldsymbol{r}^{2h} := \boldsymbol{I}_h^{2h}\boldsymbol{r}^h$.
Lösung:	Löse $\boldsymbol{A}^{2h}\boldsymbol{e}^{2h} = \boldsymbol{r}^{2h}$ auf G^{2h} mit einem direkten Verfahren (Cholesky, Gauß).
Interpolation:	Berechne $\boldsymbol{e}^h := \boldsymbol{I}_{2h}^h\boldsymbol{e}^{2h}$.
Korrektur:	Korrigiere die Näherung $\boldsymbol{v}^h := \boldsymbol{v}^h + \boldsymbol{e}^h$.
Relaxation:	Relaxiere ν_2 mal $\boldsymbol{A}^h\boldsymbol{u}^h = \boldsymbol{f}^h$ auf G^h mit der Start-Näherung $\boldsymbol{v}^h$ und dem Ergebnis $\boldsymbol{v}^h$.

(11.67)

Dies ist das Korrektur-Schema aus Abschnitt 11.3.3, jetzt nur mit konkreten Operatoren. Auf dem feinen Gitter wird am Anfang und Ende des Zweigitter-Schrittes ν_1 mal bzw. ν_2 mal relaxiert, wobei ν_1 und $\nu_2 = 1$, 2 oder 3 sind, auf dem groben Gitter wird 'exakt' gelöst.

Dieser Algorithmus kann folgendermaßen kommentiert und erweitert werden:

- Der Algorithmus wird zum Iterationsverfahren, indem $\boldsymbol{v}^h \leftarrow \mathrm{MG}\,(\boldsymbol{v}^h, \boldsymbol{f})$ solange aufgerufen wird, bis eine Fehlerabfrage erfüllt ist wie z.B. $\|\boldsymbol{v}^h_{\text{alt}} - \boldsymbol{v}^h_{\text{neu}}\| < \varepsilon$.
- ν_1 und ν_2 sind Parameter des Algorithmus, sie werden normalerweise auf zwei konstante Werte festgelegt, können aber auch von Schritt zu Schritt variieren.
- Die exakte Lösung auf dem groben Gitter kann auch durch eine Näherungslösung ersetzt werden, z.B. wenn die exakte Lösung zu aufwändig erscheint.
- Das Zweigitterverfahren wird zum Mehrgitterverfahren, wenn man die exakte Lösung auf dem groben Gitter rekursiv durch ein Zweigitterverfahren ersetzt.
- Bei einem Mehrgitterverfahren mit mehr als zwei Gittern wird unterschiedlich geglättet. Wir haben ja gesehen, dass 'hochfrequent' auf verschieden feinen Gittern unterschiedliche Frequenzbereiche bezeichnet.

Beispiel 11.10. Das Balkenproblem (Beispiel 9.3) soll mit der Zweigittermethode behandelt werden. Es ist durch eine lineare Transformation leicht auf die Form des Problems (11.48) zu bringen, und es spielt auch hier keine Rolle, dass die Koeffizienten-Funktion q negative Werte annimmt. Es wird mit folgenden Parametern gerechnet:

JOR-Methode mit $\omega = 2/3$ als Relaxation, $\nu_1 = \nu_2 = 3$ Vor- und Nach-Relaxationen, $n = 63$ innere Gitterpunkte.

Da die exakte Lösung auf dem groben Gitter schon eine sehr gute Näherung darstellt und das gedämpfte Jacobi-Verfahren gut glättet, soll die Lösung durch den besonders ungünstigen Startvektor

$$u = \frac{x+1}{3} + 0.2(\sin(\frac{n}{4}\pi x) + 1)$$

erschwert werden. Diese Startnäherung ist die Summe einer glatten und einer stark oszillierenden Funktion; ihre Werte liegen im Bereich der Lösungswerte, aber mit einem großen Fehler direkt neben den Randpunkten.

In Bild 11.13 sehen wir oben links neben der Lösung (- -) die Startnäherung. Daneben sehen wir, dass drei Schritte des gedämpften Jacobi-Verfahrens die Startnäherung schon gut glätten. Die Unsymmetrie und Randabweichung der Startnäherung ist nach einem V-Zyklus unten links nur noch schwach in der Nähe des rechten Randes zu sehen, nach fünf V-Zyklen ist die Näherungslösung von der korrekten Lösung graphisch nicht mehr zu unterscheiden. Der Fehler in der euklidischen und der Maximumnorm liegen dann bei 10^{-6}, die Konvergenzrate bei 0.04. Dieses außerordentlich gute Verhalten des Verfahrens liegt daran, dass die exakte Lösung auf dem groben Gitter schon sehr gut die Lösung auf dem feinen Gitter approximiert. Um mit dem klassischen Jacobi-Verfahren (11.9) mit $\omega = 1$ dieselbe Genauigkeit zu erzielen, müssten fast 1000 Iterationsschritte ausgeführt werden; das würde etwa die zehnfache Rechenzeit benötigen.

Vergleicht man die Konvergenzraten für verschiedene Werte von n, so ist das Ziel einer von h unbhängigen Konvergenzrate nicht vollständig erreicht, die Schwankungen sind aber sehr gering. Bei Mehrgitterverfahren mit mehr als zwei Gittern erwarten wir eine von h vollkommen unabhängige Konvergenz.

△

11.3.5 Eine erste Mehrgittermethode

Eine Mehrgittermethode mit mehr als zwei Stufen kann jetzt leicht aus dem Zweigitter-Algorithmus (11.67) konstruiert werden. Der Schritt *Lösung* auf dem groben Gitter wird sukzessive durch eine Zweigittermethode ersetzt. Wird das z. B. zweimal gemacht, liegt eine Viergittermethode vor. Das ist eine rekursive Vorgehensweise, deshalb liegt es auch nahe den zugehörigen Algorithmus entsprechend zu formulieren. Da dabei h und $2h$ durch den rekursiven Aufruf ihre Werte während der Rechnung ändern, muss noch die gröbste Gitterweite h_g definiert sein. Außerdem wird eine allgemeine ν-fache Glättungsiteration

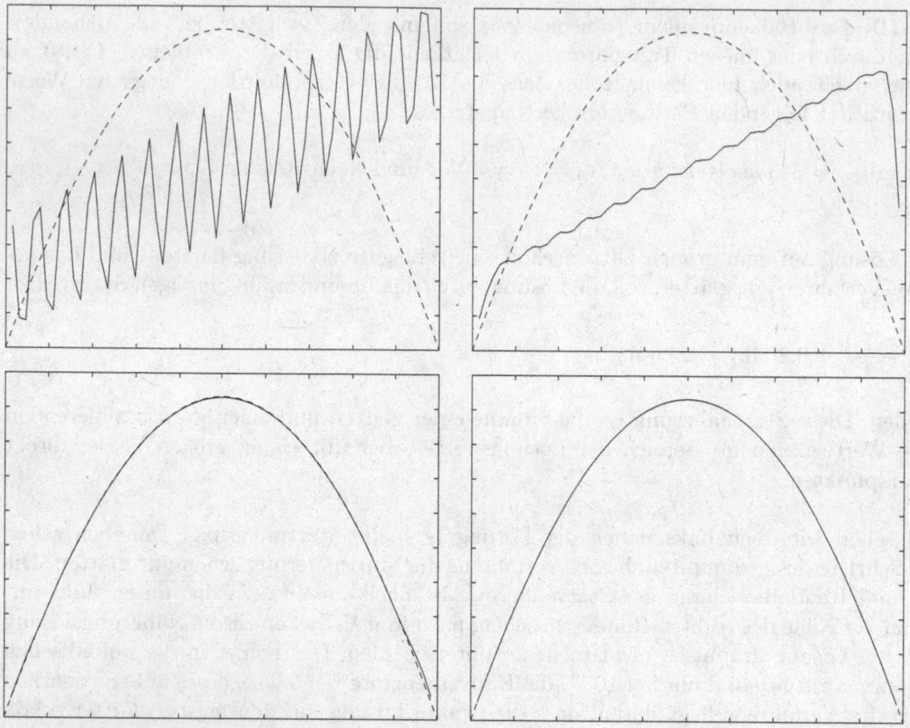

Abb. 11.13 Zweigittermethode mit oszillierendem Anfangsvektor (oben links), Näherungslösung nach drei gedämpften Jacobi-Relaxationen (oben rechts) und nach einem und fünf Gesamtschritten (unten).

mit dem Operator $\left(S^h(\boldsymbol{v}^h, \boldsymbol{f}^h)\right)^\nu$ bezeichnet.

$$\boldsymbol{v}^h := \mathrm{V}(\boldsymbol{v}^h, \boldsymbol{f}^h, \nu_1, \nu_2)$$

if $h = h_g$ then
  $\boldsymbol{v}^h = \left(\boldsymbol{A}^h\right)^{-1} \boldsymbol{f}^h$
  RETURN
else
  $\boldsymbol{v}^h := \left(S^h(\boldsymbol{v}^h, \boldsymbol{f}^h)\right)^{\nu_1}$
  $\boldsymbol{f}^{2h} := \boldsymbol{I}_h^{2h}\left(\boldsymbol{f}^h - \boldsymbol{A}^h \boldsymbol{v}^h\right)$
  $\boldsymbol{v}^{2h} := \boldsymbol{0}$
  $\boldsymbol{v}^{2h} := \mathrm{V}(\boldsymbol{v}^{2h}, \boldsymbol{f}^{2h}, \nu_1, \nu_2)$
  $\boldsymbol{v}^h = \boldsymbol{v}^h + \boldsymbol{I}_{2h}^h \boldsymbol{v}^{2h}$
  $\boldsymbol{v}^h := \left(S^h(\boldsymbol{v}^h, \boldsymbol{f}^h)\right)^{\nu_2}$
  RETURN
end

(11.68)

Um die Rekursion in diesem Algorithmen richtig zu verstehen, muss man bedenken, dass jeder Aufruf der Routine V mit einem RETURN endet, von dem ein Rücksprung in den voran gegangenen Aufruf von V solange erfolgt, bis der Rücksprung in den ersten Aufruf erreicht ist. Auf diesen so genannten V-Zyklus kommen wir bei den zweidimensionalen Mehrgittermethoden zurück.

Wenn im eindimensionalen Fall ein feinstes Gitter mit $n-1$ inneren Punkten vorliegt und n eine Zweierpotenz ist, dann kann solange vergröbert werden, bis das Gitter nur noch aus einem inneren Punkt besteht. Diese Vorgehensweise soll beim nächsten Beispiel angewendet werden.

Beispiel 11.11. Wir kehren zu unserem Balkenbeispiel (9.3) zurück, das wir schon mit dem Zweigitterverfahren (11.67) in Beispiel 11.10 behandelt haben. Es soll jetzt für verschiedene Werte von n und von den anderen Parametern mit V-Zyklen behandelt werden. Es sollen aber auch einige neue Aspekte einbezogen werden. Dazu gehören der Einsatz des Gauß-Seidelschen Einzelschrittverfahrens als Glätter, die Abhängigkeit der Konvergenzrate von h und der Vergleich des Aufwands der verschiedenen Methoden.

Ein Ergebnis nehmen wir vorweg: Die Abhängigkeit der Konvergenzrate von der Startnäherung ist sehr gering, es gibt also keinen Grund, eine andere als die Startäherung $\boldsymbol{v}^h = \mathbf{0}$ zu wählen. Das haben wir deshalb grundsätzlich getan.

Da die Mehrgittermethode jetzt immer bis zum gröbsten Gitter mit nur einem inneren Punkt herab steigt, fällt der Vorteil einer schon sehr genauen exakten Lösung dort weg; dadurch geben die erzielten Konvergenzraten ein realistischeres Bild über die Eigenschaften der Verfahren, als dies in Beispiel 11.10 bei der Zweigittermethode der Fall war.

Wir fassen unsere Ergebnisse in Tabellen zusammen, die wir dann im Einzelnen erläutern.

Tabelle 11.2 zeigt, dass das Einzelschrittverfahren (GS) dem Gesamtschrittverfahren (JOR) weit überlegen ist, und, dass die h-unabhängige Konvergenz so gut wie erreicht ist.

Um die Zahlen in Tabelle 11.3 zu interpretieren, muss der Aufwand für einen Zyklus abhängig von ν untersucht werden, siehe Abschnitt 11.3.8. Wenn man wie dort davon ausgeht, dass die Relaxationsschritte den Hauptaufwand darstellen, also die restlichen Anteile des Algorithmus bei der Aufwandsabschätzung vernachlässigt werden können, dann zeigen diese Zahlen, dass $\nu = 1$ schon optimal ist, denn es ist sowohl $0.51^2 < 0.37$ als auch $0.26^2 < 0.1$, also sind unter dieser Annahme zwei Zyklen mit $\nu = 1$ für die Fehlerreduktion günstiger als ein Zyklus mit $\nu = 2$. Für größere Werte von ν ist das noch ausgeprägter. Diese Aussage bleibt korrekt, wenn man 30 % des Aufwand eines Relaxationsschrittes als Aufwand für die anderen Verfahrensanteile mit berücksichtigt.

Tab. 11.2 Konvergenzraten für das Balkenbeispiel mit V-Zyklen und Gauß-Seidel bzw. JOR(2/3) als Glätter für unterschiedliche feinste Gitter, immer mit $\nu_1 = \nu_2 = 2$.

m	h	GS	JOR
3	0.25	0.11	0.385
4	0.125	0.10	0.375
5	0.0625	0.10	0.372
6	0.03125	0.10	0.371

Tab. 11.3 Konvergenzraten für das Balkenbeispiel mit V-Zyklen und Gauß-Seidel bzw. JOR(2/3) als Glätter mit $n = 63$ inneren Punkten für verschiedene Relaxationsparameterwerte $\nu := \nu_1 = \nu_2$.

m	ν	GS	JOR
6	1	0.26	0.51
6	2	0.10	0.37
6	3	0.04	0.27
6	4	0.015	0.20
6	5	0.0075	0.14
6	6	0.0045	0.11

Die bestmögliche Genauigkeit, die angestrebt werden kann, liegt bei $O(h^2)$, da das die Größenordnung des Diskretisierungsfehlers ist, dessen Unterschreitung bei der Lösung des diskretisierten Gleichungssystems keinen Sinn macht. Dieses Ziel erreicht das Gauß-Seidel-Verfahren beim Balkenbeispiel für alle untersuchten Werte von $n = 2^m$ nit vier V-Zyklen. Das Jacobi-Verfahren mit $\omega = 2/3$ benötigt mindestens zwei Zyklen mehr. $\triangle$

11.3.6 Die Mehrgitter-Operatoren für das zweidimensionale Modellproblem

Jetzt soll das zweidimensionale Modellproblem (11.43) mit einer Mehrgittermethode behandelt werden. Um das Zweigitter-Korrektur-Schema (11.67) anwenden zu können, müssen die Operatoren (Matrizen) $\boldsymbol{A}^h$, $\boldsymbol{A}^{2h}$, $\boldsymbol{I}_h^{2h}$ und $\boldsymbol{I}_{2h}^h$ definiert werden. $\boldsymbol{A}^h$ und $\boldsymbol{A}^{2h}$ seien die in Beispiel 11.1 hergeleiteten Matrizen für $h = 1/(N+1)$ bzw. $2h = 2/(N+1)$. Die Operatoren $\boldsymbol{I}_h^{2h}$, $\boldsymbol{I}_{2h}^h$ werden am einfachsten durch ihre "Sterne", d.h. ihre Wirkung auf einen inneren Punkt in G_h bzw. G_{2h} repräsentiert.

Restriktionsoperator

Es sollen wieder die Abbildungen zwischen den Vektorräumen durch die zwischen den zugehörigen Gittern symbolisiert werden. Dann ist die Restriktion eine Abbildung

$$\boldsymbol{I}_h^{2h} : G_h \to G_{2h}.$$

Auch hier soll nur der full-weighting oder FW-Operator definiert werden:

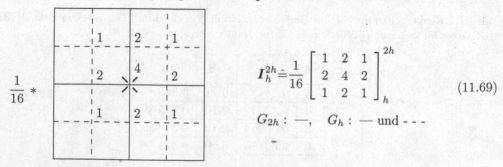

$\frac{1}{16} *$ 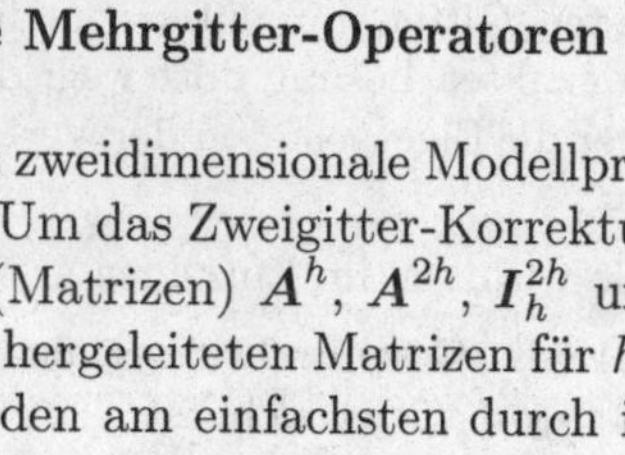

$$\boldsymbol{I}_h^{2h} \hat{=} \frac{1}{16} \begin{bmatrix} 1 & 2 & 1 \\ 2 & 4 & 2 \\ 1 & 2 & 1 \end{bmatrix}_h^{2h} \tag{11.69}$$

G_{2h} : —, G_h : — und - - -

Es wird ein gewichtetes Mittel unter allen Nachbarn des Grobgitterpunktes auf dem feinen Gitter gebildet. Bei zweidimensionaler Indizierung ergibt sich die Gleichung

$$\begin{aligned} v_{i,j}^{2h} = \; & \frac{1}{16}\,[v_{2i-1,2j-1}^{h} + v_{2i-1,2j+1}^{h} + v_{2i+1,2j-1}^{h} + v_{2i+1,2j+1}^{h} \\ & +2\,(v_{2i,2j-1}^{h} + v_{2i,2j+1}^{h} + v_{2i-1,2j}^{h} + v_{2i+1,2j}^{h}) \\ & +4\,v_{2i,2j}^{h}], \quad 1 \le i,j, \le \frac{n}{2} - 1. \end{aligned} \tag{11.70}$$

Interpolationsoperator

Die in Rückrichtung zu definierende Prolongation

$\boldsymbol{I}_{2h}^{h} : G_{2h} \to G_h$

soll eine zur FW-Restriktion (quasi) adjungierte Abbildung sein. Das gelingt mit

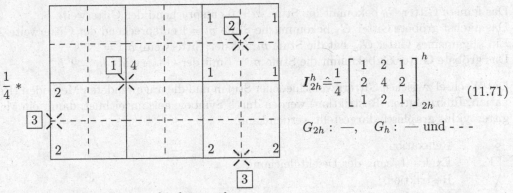

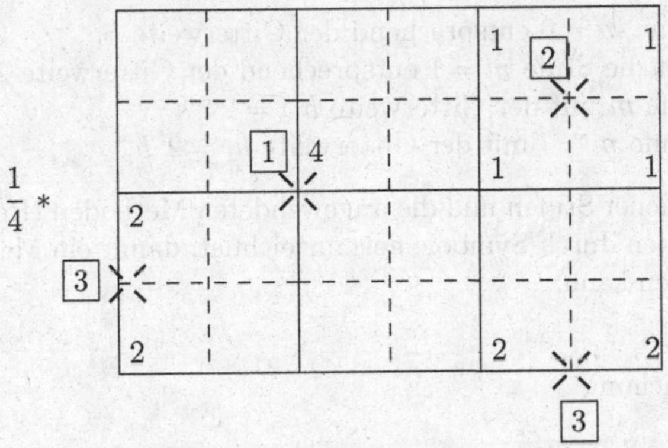

$$\boldsymbol{I}_{2h}^{h} \hat{=} \frac{1}{4} \begin{bmatrix} 1 & 2 & 1 \\ 2 & 4 & 2 \\ 1 & 2 & 1 \end{bmatrix}_{2h}^{h} \tag{11.71}$$

G_{2h} : —, G_h : — und - - -

Hier müssen drei Fälle unterschieden werden:

- **Fall** $\boxed{1}$:
$x \in G_h$ und $x \in G_{2h}$, d.h. kein Nachbarpunkt von x im feinen Gitter liegt auf dem groben Gitter. Dann wird der Wert in x übernommen.
- **Fall** $\boxed{2}$:
$x \notin G_{2h}$, 4 Nachbarn $\in G_{2h}$.
Dann bekommen diese den Faktor 1/4.
- **Fall** $\boxed{3}$:
$x \notin G_{2h}$, 2 Nachbarn $\in G_{2h}$.
Dann bekommen diese den Faktor 1/2.

Diese Fall-unterscheidende Vorschrift lautet bei zweidimensionaler Indizierung so:

$$\begin{aligned} v_{2i,2j}^{h} &= v_{ij}^{2h} \\ v_{2i+1,2j}^{h} &= \frac{1}{2}(v_{ij}^{2h} + v_{i+1,j}^{2h}) \\ v_{2i,2j+1}^{h} &= \frac{1}{2}(v_{ij}^{2h} + v_{i,j+1}^{2h}) \\ v_{2i+1,2j+1}^{h} &= \frac{1}{4}(v_{ij}^{2h} + v_{i+1,j}^{2h} + v_{i,j+1}^{2h} + v_{i+1,j+1}^{2h}) \end{aligned} \tag{11.72}$$

Damit sind die Operatoren definiert, die als Module einer Mehrgittermethode benötigt werden.

Bevor ein Beispiel präsentiert wird, sollen verschiedene Formen von Mehrgittermethoden mit mehr als zwei Gittern eingeführt werden.

11.3.7 Vollständige Mehrgitterzyklen

Um verschiedene Formen von Mehrgittermethoden formulieren zu können, soll die Bezeichnungsweise durch Stufen-Bezeichnungen (engl. *level*) ergänzt werden:

Die Anzahl der verwendeten Gitter sei $l+1$:

Das feinste Gitter G_0 bekommt die Stufe $m=0$ entsprechend der Gitterweite h.
Das nächst gröbere Gitter G_1 bekommt die Stufe $m=1$ entsprechend der Gitterweite $2h$.
Ein allgemeines Gitter G_m hat die Stufe m mit der Gitterweite $h_m = 2^m\, h$.
Das gröbste Gitter G_l bekommt die Stufe $m=l$ mit der Gitterweite $h_l = 2^l\, h$.

Der Wechsel zwischen Gittern verschiedener Stufen und die angewendeten Methoden (Relaxation, Interpolation, Restriktion) werden durch Symbole gekennzeichnet, damit ein Mehrgitterzyklus graphisch dargestellt werden kann:

○	Relaxation
□	Exakte Lösung der Defektgleichung
\	Restriktion
/	Interpolation
γ	Wiederholungszahl der Lösungs/Relaxations-Stufen
$\gamma=1$	V-Zyklus
$\gamma=2$	W-Zyklus

Beispiel 11.12.

1. Zweigittermethode (γ ohne Bedeutung):

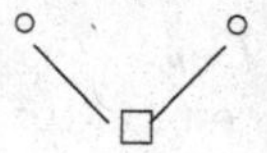

2. Dreigittermethoden:

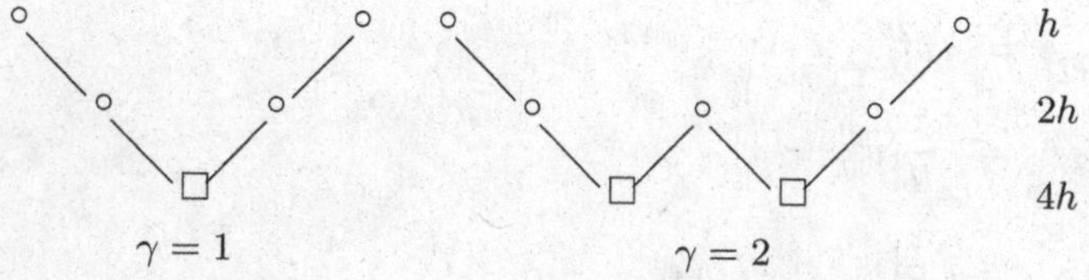

3. Viergittermethode mit $\gamma=2$:

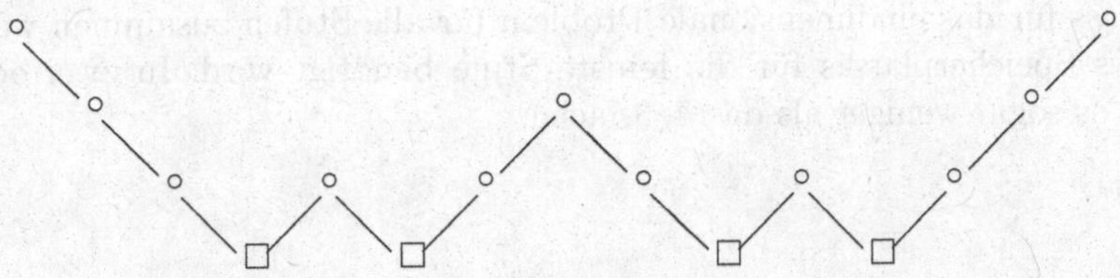

4. FMG-Zyklus:
Neben den oben dargestellten V- und W-Zyklen gibt es noch eine andere Form, die sich bei vielen Beispielen als besonders effizient erweist, der *Full Multigrid-* oder FMG-Zyklus. Er startet im Gegensatz zu den anderen Zyklen auf dem gröbsten Gitter und kann in seiner einfachsten Form für vier Stufen graphisch wie folgt dargestellt werden:

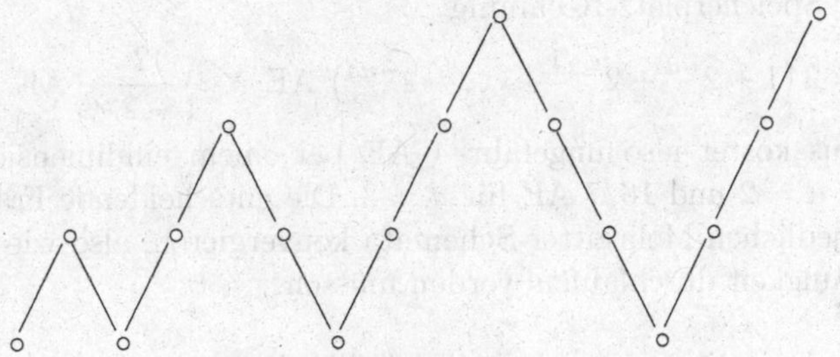

△

Die zugehörigen Algorithmen sollen nicht dargestellt werden. In ihrer elegantesten Form sind sie rekursiv definiert; das ist wegen der Stufen-Struktur nahe liegend. Stattdessen soll für den einfachsten Fall eines V-Zyklus kurz auf die Komplexität der Algorithmen eingegangen werden; ein wenig Theorie soll zeigen, warum die Mehrgittermethoden asymptotisch optimal sein können; abschließend sollen Beispiele die Effizienz der Methoden demonstrieren.

11.3.8 Komplexität

Was kostet ein Mehrgitter-Zyklus an Speicherplatz und Rechenzeit?

Speicherplatzbedarf

Dies ist einfach zu beantworten. Wir betrachten ein d-dimensionales Gitter mit n^d Punkten. Der Einfachheit halber sei n eine Potenz von 2. Auf jeder Stufe müssen zwei Felder gespeichert werden. Das feinste Gitter G^h benötigt also $2n^d$ Speicherplätze. Das nächst gröbere Gitter benötigt um den Faktor 2^d weniger Speicherplatz. Das führt insgesamt zu einem Speicherplatzbedarf von

$$S = 2n^d \left(1 + 2^{-d} + 2^{-2d} + \ldots + 2^{-nd}\right) < \frac{2n^d}{1 - 2^{-d}}.$$

Das bedeutet, dass für das eindimensionale Problem für alle Stufen zusammen weniger als das Doppelte des Speicherplatzes für die feinste Stufe benötigt wird. In zwei oder mehr Dimensionen ist es sogar weniger als das 4/3-fache.

Rechenaufwand

Wir wollen den Aufwand in Arbeitseinheiten messen. Eine Arbeitseinheit (AE) sei der Aufwand für einen Relaxationsschritt auf dem feinsten Gitter. Der Aufwand für die Interpolationen und Restriktionen wird vernachlässigt; er beträgt etwa 10 bis 20% des Aufwands für den gesamten Zyklus.

Wir betrachten einen V-Zyklus mit einem Relaxationsschritt auf jeder Stufe ($\nu_1 = \nu_2 = 1$). Jede Stufe wird zweimal aufgesucht und das Gitter G^{ph} benötigt p^{-d} AE. Damit bekommen wir entsprechend zur Speicherplatz-Rechnung

$$Z_{V\text{-Zyklus}} = 2\left(1 + 2^{-d} + 2^{-2d} + \ldots + 2^{-nd}\right) \text{AE} < \frac{2}{1 - 2^{-d}} \text{AE}.$$

Ein einziger V-Zyklus kostet also ungefähr 4 AE bei einem eindimensionalen Problem, ungefähr 8/3 AE für $d = 2$ und 16/7 AE für $d = 3$. Die entscheidende Frage ist natürlich, wie gut die unterschiedlichen Mehrgitter-Schemata konvergieren, also wie viele Zyklen für eine bestimmte Genauigkeit durchlaufen werden müssen.

11.3.9 Ein Hauch Theorie

Mit Hilfe von Frequenz-Analysen können Konvergenzraten und Glättungsfaktoren für die Modellprobleme bestimmt werden. Es soll eine lokale oder Fourier-Analyse in ihrer einfachsten Form präsentiert werden, um die wichtigen Glättungsfaktoren zu berechnen. In ihrer vollen Allgemeinheit kann die Fourier-Analyse auf allgemeine Operatoren und auf unterschiedliche Mehrgitter-Zyklen angewendet werden. Dann ist sie ein mächtiges Werkzeug, das die Leistung der Mehrgitter-Algorithmen mit den theoretischen Erwartungen vergleichen kann.

Die Fourier-Analyse setzt vereinfachend voraus, dass Konvergenz und Glättung lokale Effekte sind, d.h. dass ihre Wirkung auf einzelne Unbekannte beschränkt betrachtet werden kann. Sie hängt nur von den direkten Nachbarn ab, der Einfluss von Rändern und Randwerten kann vernachlässigt werden. So kann diese Wirkung auch analysiert werden, indem man das endliche Gebiet durch ein unendliches ersetzt.

Eindimensionale Fourier-Analyse

Wir betrachten ein lineares Relaxationsverfahren mit der Iterationsmatrix T. Für den Fehlervektor $e^{(m)}$ gilt nach dem m-ten Schritt

$$e^{(m+1)} = Te^{(m)}.$$

Für die Fourier-Analyse wird vorausgesetzt, dass der Fehler sich als eine Fourier-Reihe darstellen lässt. Wir haben schon am Anfang dieses Abschnitts die Wirkung einer Relaxation auf einen einzelnen Fourier-Term $w_j = \sin(jk\pi/n)$, $1 \le k \le n$, untersucht. Mit der neuen

Voraussetzung eines unendlichen Gebiets müssen die Fourier-Terme nicht mehr auf diskrete Frequenzzahlen beschränkt werden, die Werte $jk\pi/n$ können durch eine kontinuierliche Variable $\theta \in (-\pi, \pi]$ ersetzt werden. Deshalb untersuchen wir jetzt Fourier-Terme der Form $w_j = e^{\iota j\theta}$ mit $\iota := \sqrt{-1}$. Zu einem festen Wert θ hat der zugehörige Fourier-Term die Wellenlänge $2\pi h/|\theta|$. Werte von $|\theta|$ nahe bei null entsprechen niederfrequenten Wellen, solche nahe bei π hochfrequenten Wellen. Die Benutzung einer komplexen Exponentialfunktion macht die Rechnung einfacher und berücksichtigt sowohl sin- als auch cos-Terme.

Es ist wichtig anzumerken, dass die Fourier-Analyse nur dann vollständig korrekt ist, wenn die Fourier-Terme Eigenvektoren der Relaxationsmatrix sind. Das ist i. A. nicht der Fall. Für höhere Frequenzen approximieren die Fourier-Terme aber die Eigenvektoren recht gut. Deshalb eignet sich die lokale Fourier-Analyse besonders gut zur Untersuchung der Glättungseigenschaft der Relaxation.

Wir setzen voraus, dass der Fehler nach dem m-ten Schritt der Relaxation am j-ten Gitterpunkt aus einem einzelnen Fourier-Term besteht, d. h. er hat die Form

$$e_j^m = A(m)\, e^{\iota j\theta}, \qquad -\pi < \theta \leq \pi. \tag{11.73}$$

Ziel der lokalen Analyse ist es nun zu untersuchen, wie sich die Amplitude $A(m)$ des Fourier-Terms mit jedem Relaxationsschritt ändert. Diese Änderung setzen wir an als

$$A(m+1) = G(\theta)A(m).$$

Die Funktion G, die die Entwicklung der Fehleramplitude beschreibt, heißt *Verstärkungsfaktor*. Es muss $|G(\theta)| < 1$ für alle θ sein, damit die Methode konvergiert. Unser Interesse gilt aber der Glättungseigenschaft, d. h. der Untersuchung des Verstärkungsfaktors für die hochfrequenten Fourier-Terme $\pi/2 \leq |\theta| \leq \pi$. Deshalb definieren wir den Glättungsfaktor als

$$\mu = \max_{\frac{\pi}{2} \leq |\theta| \leq \pi} |G(\theta)|.$$

Die oszillatorischen Fourier-Terme werden in jedem Relaxationsschritt um mindestens diesen Faktor verkleinert. Wir wollen dies an einem Beispiel durchrechnen.

Beispiel 11.13. Wir betrachten das eindimensionale Modellproblem

$$-u''(x) + q(x)u(x) = f(x).$$

v_j seien die Approximationen von $u(x_j)$ auf einem äquidistanten Gitter mit der Gitterweite h. Wir wenden wieder die gedämpfte Jacobi-Relaxation auf das mit den üblichen zentralen zweiten dividierten Differenzen diskretisierte Problem an:

$$v_j^{m+1} = \frac{\omega}{2 + h^2 q_j}(v_{j-1}^m + v_{j+1}^m + h^2 f_j) + (1-\omega)v_j^m, \tag{11.74}$$

mit $q_j = q(x_j)$. Da der Fehler $e_j = u(x_j) - v_j$ für jeden Relaxationsschritt mit der Iterationsmatrix multipliziert wird, gilt für ihn am j-ten Gitterpunkt die entsprechende Gleichung

$$e_j^{m+1} = \frac{\omega}{2 + h^2 q_j}(e_{j+1}^m + e_{j-1}^m) + (1-\omega)e_j^m. \tag{11.75}$$

Jetzt wird vorausgesetzt, dass der Fehler aus einem einzelnen Fourier-Term der Form (11.73) besteht. Die Fehlerdarstellung (11.75) zeigt, dass der Fehler für kleine h nur schwach von der Koeffizientenfunktion $q(x)$ abhängt. Deshalb wird vereinfachend $q_j = 0$ gesetzt. Dann gilt

$$A(m+1)\, e^{\iota j\theta} = \frac{\omega}{2}\left(A(m) \underbrace{\left(e^{\iota(j+1)\theta} + e^{\iota(j-1)\theta}\right)}_{2e^{\iota j\theta}\cos\theta} \right) + (1-\omega)A(m)e^{\iota j\theta}.$$

Aus der Eulerformel $e^{\iota\theta} = \cos(\theta) + \iota\sin(\theta)$ folgt

$$A(m+1)\, e^{\iota j\theta} = A(m)(1 - \omega \underbrace{(1-\cos\theta)}_{2\sin^2(\theta/2)})\, e^{\iota j\theta}.$$

Kürzen und Ausnutzen der trigonometrischen Identitäten ergibt:

$$A(m+1) = \left(1 - 2\omega\sin^2\left(\frac{\theta}{2}\right)\right) A(m) \equiv G(\theta)A(m), \quad -\pi < \theta \le \pi.$$

Den Verstärkungsfaktor, der hier auftritt, kennen wir schon aus Abschnitt 11.3.2. Wir müssen nur $\theta = \theta_k := \dfrac{k\pi}{n}$ setzen und $\omega = 2/3$. Dann ergibt sich wie in Abschnitt 11.3.2

$$\mu = G\left(\frac{\pi}{2}\right) = |G(\pm\pi)| = \frac{1}{3}.$$

Eine entsprechende Rechnung kann für das Gauß-Seidel-Verfahren durchgeführt werden. Die recht komplizierte Rechnung soll hier weggelassen werden, siehe etwa [Wes 04, Bri 00]. Die Verteilung der Verstärkungsfaktoren $G(\theta)$ ist in Abb. 11.14 zu sehen. Es ergibt sich als Glättungsfaktor

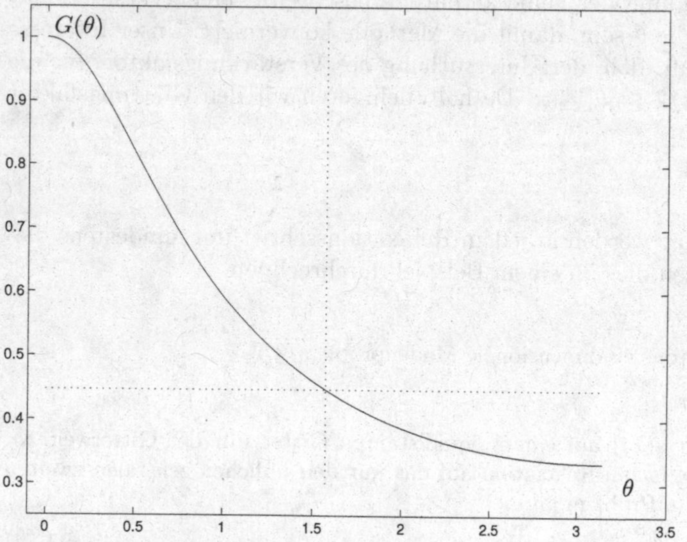

Abb. 11.14 Der Verstärkungsfaktor für das Gauß-Seidelsche Einzelschrittverfahren angewendet auf $-u'' = f$. $G(\theta)$ ist symmetrisch um $\theta = 0$. Der Glättungsfaktor ist $\mu = G(\pi/2) \approx 0.45$.

$$\mu = \left|G\left(\frac{\pi}{2}\right)\right| = \frac{1}{\sqrt{5}} \approx 0.45.$$

△

Mehrdimensionale Fourier-Analyse

Die lokale Fourier-Analyse lässt sich leicht auf zwei oder mehr Dimensionen erweitern. In zwei Dimensionen haben die Fourier-Terme die Form

$$e_{jk}^{(m)} = A(m)e^{\iota(\theta_1+\theta_2)}, \tag{11.76}$$

wo $-\pi < \theta_1,\ \theta_2 \leq \pi$ die Wellenzahlen in x- bzw. y-Richtung sind. Setzen wir das in die Fehlerfortpflanzung ein, so bekommen wir die allgemeine Gleichung

$$A(m+1) = G(\theta_1, \theta_2)A(m).$$

Der Verstärkungsfaktor G hängt jetzt von zwei Wellenzahlen ab. Der Glättungsfaktor entspricht wieder dem Maximum über die hochfrequenten Terme:

$$\mu = \max_{\pi/2 \leq |\theta_i| \leq \pi} |G(\theta_1, \theta_2)|.$$

Sie gehören zu Wellenzahlen $\pi/2 \leq |\theta_i| \leq \pi$ mit $i = 1$ oder $i = 2$.

Beispiel 11.14. Wir betrachten das zweidimensionale Modellproblem

$$-u_{xx} - u_{yy} = f(x, y)$$

auf einem homogenen Gitter mit der Gitterweite h. Die gedämpfte Jacobi-Iteration ergibt für die Fehlerfortpflanzung

$$e_{jk}^{(m+1)} = \frac{\omega}{4}\left(e_{j-1,k}^{(m)} + e_{j+1,k}^{(m)} + e_{j,k-1}^{(m)} + e_{j,k+1}^{(m)}\right) + (1-\omega)\, e_{jk}^{(m)}. \tag{11.77}$$

Hier setzen wir die Fourier-Terme (11.76) ein und erhalten

$$A(m+1) = \left[1 - \omega\left(\sin^2\left(\frac{\theta_1}{2}\right) + \sin^2\left(\frac{\theta_2}{2}\right)\right)\right] A(m) \equiv G(\theta_1, \theta_2)\, A(m).$$

In Abb. 11.15 sehen wir zwei Ansichten des Verstärkungsfaktors für den Fall $\omega = 4/5$. Die Funktion ist symmetrisch bez. beider Achsen. Eine einfache Rechnung zeigt, dass $\omega = 4/5$ der für den Glättungsfaktor optimale Wert ist und dass für diesen gilt

$$\mu(\omega = \frac{4}{5}) = 0.6.$$

Dieser Wert ist auch wieder unabhängig von der Gitterweite h.

Eine entsprechende Rechnung kann für das Gauß-Seidel-Verfahren durchgeführt werden, der wir nur in groben Schritte folgen wollen. Die Fehlerentwicklung gehorcht der Formel

$$e_{jk}^{(m+1)} = \frac{e_{j-1,k}^{(m+1)} + e_{j+1,k}^{(m)} + e_{j,k-1}^{(m+1)} + e_{j,k+1}^{(m)}}{4}. \tag{11.78}$$

Einsetzen der lokalen Fourier-Terme ergibt den Verstärkungsfaktor in komplexer Darstellung

$$G(\theta_1, \theta_2) = \frac{e^{\iota\theta_1} + e^{\iota\theta_1}}{4 - e^{-\iota\theta_1} + e^{-\iota\theta_2}}. \tag{11.79}$$

G ist in Abb. 11.16 wiedergegeben. Die Untersuchung dieser Funktion ist aufwändig; nach einiger Rechnung findet man

$$|G(\theta_1, \theta_2)|^2 = \frac{1 + \cos\beta}{9 - 8\cos\left(\frac{\alpha}{2}\right)\cos\left(\frac{\beta}{2}\right) + \cos\beta}, \tag{11.80}$$

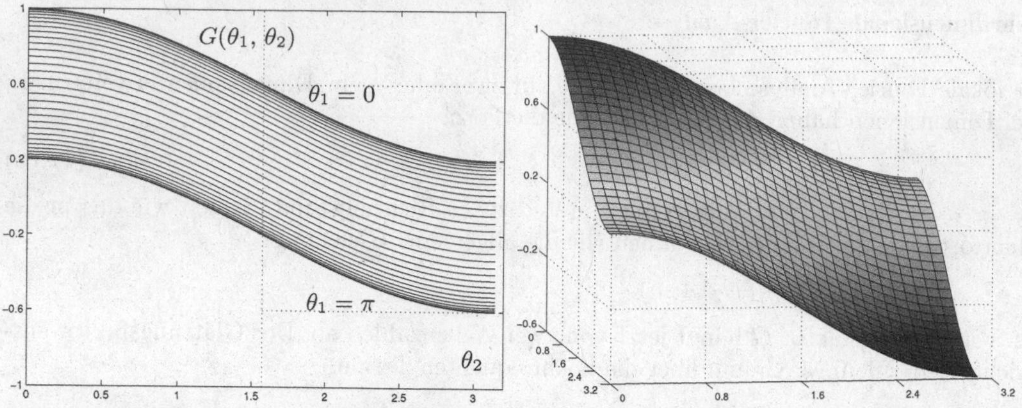

Abb. 11.15 Der Verstärkungsfaktor $G(\theta_1, \theta_2)$ für $\omega = 4/5$ links als Funktionenschar $G(\theta_2)$ mit $\theta_1 = 0$ oben und $\theta_1 = \pi$ unten, rechts als Fläche über dem Quadrat $[-\pi, \pi]^2$.

mit $\alpha = \theta_1 + \theta_2$ und $\beta = \theta_1 - \theta_2$. Beschränkt man diesen Ausdruck auf die oszillatorischen Frequenzen, so ergibt eine komplizierte Rechnung

$$\mu = G\left(\frac{\pi}{2}, \cos^{-1}\left(\frac{4}{5}\right)\right) = \frac{1}{2}.$$

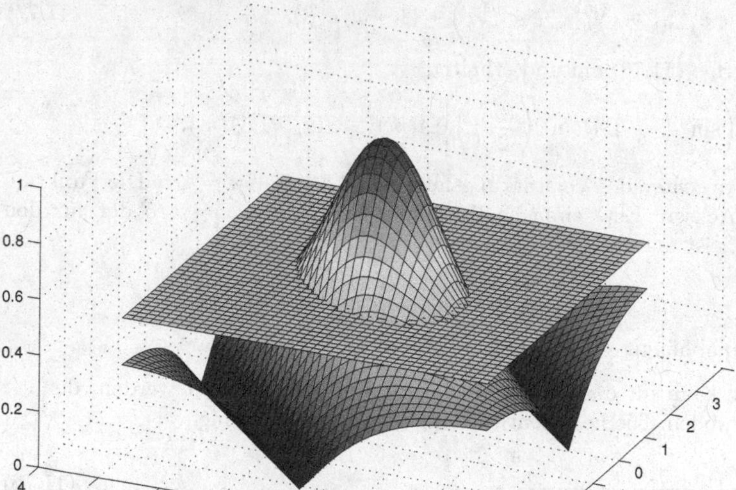

Abb. 11.16 Der Verstärkungsfaktor $G(\theta_1, \theta_2)$ für das Gauß-Seidel-Verfahren als Fläche über dem Quadrat $[-\pi, \pi]^2$, die eingezeichnete Ebene $G \equiv 1/2$ zeigt anschaulich, dass dies etwa der Glättungsfaktor ist.

△

Beispiel 11.15. Dieser Abschnitt soll abgeschlossen werden mit der Anwendung einer Mehrgittermethode auf das Beispiel 11.7, das schon zum Vergleich der Konvergenzraten verschiedener Relaxationsverfahren diente, siehe Tabelle 11.1. Das Beispiel hat den Vorteil, dass man die exakte Lösung (11.45) kennt und deshalb den Fehler berechnen kann.

In den Ergebnistabellen wird dieser Fehler in der diskreten L^2-Norm

$$\|e^h\|_h = \left(h^2 \sum_i (e_i^h)^2 \right)^{1/2}$$

aufgeführt. Das hat den Vorteil, dass Fehler- und Residuums-Normen für verschiedene Werte von h vergleichbar werden. Da der exakte Fehler in praktischen Anwendungen normalerweise nicht zur Verfügung steht, wird daneben auch die diskrete L^2-Norm des Residuums verzeichnet. Die Zahlen sind dem Tutorium von Briggs, Henson und McCormick [Bri 00] entnommen, dem wir auch andere Ideen und Anregungen zu diesem Abschnitt verdanken.

Gerechnet wird auf einem Schachbrett-Gitter (engl. *Red-Black-Gauß-Seidel*) mit N^2 Punkten für $N = 15$, 31, 63 und 127; das sind vier verschiedene Rechnungen. Als Mehrgittermethode wird ein V-Zyklus benutzt mit der Gauß-Seidel-Relaxation, der FW-Restriktion und linearer Interpolation, dessen gröbstes Gitter nur einen inneren Punkt hat. Tab. 11.4 zeigt Residuum und Fehler nach jedem V-Zyklus, außerdem in den Ratio-Spalten das Verhältnis der Normen von Residuum und Fehler zwischen aufeinander folgenden V-Zyklen.

Tab. 11.4 V-Zyklus mit $\nu_1 = 2$ und $\nu_2 = 1$ auf einer Schachbrett-Diskretisierung. Gauß-Seidel-Relaxation, FW-Restriktion und lineare Interpolation.

	$N = 15$				$N = 31$			
V-Zyklus	$\|r^h\|_h$	Ratio	$\|e\|_h$	Ratio	$\|r^h\|_h$	Ratio	$\|e\|_h$	Ratio
0	$6.75 \cdot 10^2$		$5.45 \cdot 10^{-1}$		$2.60 \cdot 10^3$		$5.61 \cdot 10^{-1}$	
1	$4.01 \cdot 10^0$	0.01	$1.05 \cdot 10^{-2}$	0.02	$1.97 \cdot 10^1$	0.01	$1.38 \cdot 10^{-2}$	0.02
2	$1.11 \cdot 10^{-1}$	0.03	$4.10 \cdot 10^{-4}$	0.04	$5.32 \cdot 10^{-1}$	0.03	$6.32 \cdot 10^{-4}$	0.05
3	$3.96 \cdot 10^{-3}$	0.04	$1.05 \cdot 10^{-4}$	0.26	$2.06 \cdot 10^{-2}$	0.04	$4.41 \cdot 10^{-5}$	0.07
4	$1.63 \cdot 10^{-4}$	0.04	$1.03 \cdot 10^{-4}$	0.98*	$9.79 \cdot 10^{-4}$	0.05	$2.59 \cdot 10^{-5}$	0.59
5	$7.45 \cdot 10^{-6}$	0.05	$1.03 \cdot 10^{-4}$	1.00*	$5.20 \cdot 10^{-5}$	0.05	$2.58 \cdot 10^{-5}$	1.00*
6	$3.75 \cdot 10^{-7}$	0.05	$1.03 \cdot 10^{-4}$	1.00*	$2.96 \cdot 10^{-6}$	0.06	$2.58 \cdot 10^{-5}$	1.00*
7	$2.08 \cdot 10^{-8}$	0.06	$1.03 \cdot 10^{-4}$	1.00*	$1.77 \cdot 10^{-7}$	0.06	$2.58 \cdot 10^{-5}$	1.00*

	$N = 63$				$N = 127$			
V-Zyklus	$\|r^h\|_h$	Ratio	$\|e\|_h$	Ratio	$\|r^h\|_h$	Ratio	$\|e\|_h$	Ratio
0	$1.06 \cdot 10^4$		$5.72 \cdot 10^{-1}$		$4.16 \cdot 10^4$		$5.74 \cdot 10^{-1}$	
1	$7.56 \cdot 10^1$	0.01	$1.39 \cdot 10^{-2}$	0.02	$2.97 \cdot 10^2$	0.01	$1.39 \cdot 10^{-2}$	0.02
2	$2.07 \cdot 10^0$	0.03	$6.87 \cdot 10^{-4}$	0.05	$8.25 \cdot 10^0$	0.03	$6.92 \cdot 10^{-4}$	0.05
3	$8.30 \cdot 10^{-2}$	0.04	$4.21 \cdot 10^{-5}$	0.06	$3.37 \cdot 10^{-1}$	0.04	$4.22 \cdot 10^{-5}$	0.06
4	$4.10 \cdot 10^{-3}$	0.05	$7.05 \cdot 10^{-6}$	0.17	$1.65 \cdot 10^{-2}$	0.05	$3.28 \cdot 10^{-6}$	0.08
5	$2.29 \cdot 10^{-4}$	0.06	$6.45 \cdot 10^{-6}$	0.91*	$8.99 \cdot 10^{-4}$	0.05	$1.63 \cdot 10^{-6}$	0.50
6	$1.39 \cdot 10^{-5}$	0.06	$6.44 \cdot 10^{-6}$	1.00*	$5.29 \cdot 10^{-5}$	0.06	$1.61 \cdot 10^{-6}$	0.99*
7	$8.92 \cdot 10^{-7}$	0.06	$6.44 \cdot 10^{-6}$	1.00*	$3.29 \cdot 10^{-6}$	0.06	$1.61 \cdot 10^{-6}$	1.00*

Für jedes der vier Gitter fällt die Norm des Fehlers von Zyklus zu Zyklus rasch, bevor Sie bei einer gewissen Größenordnung stehen bleibt. Dies ist die Größenordnung des Diskretisierungsfehlers $O(h^2)$; er vermindert sich erwartungsgemäß etwa um den Faktor vier, wenn h halbiert wird. Danach machen die Verhältniszahlen keinen Sinn mehr und werden deshalb mit einem $*$ versehen.

Die Normen des Residuums fallen auch recht schnell. Dabei erreicht ihr Verhältnis einen nahezu konstanten Wert. Dieser Wert (ungefähr 0.07) ist eine gute Schätzung für den asymptotischen Konvergenzfaktor. Nach 12 bis 14 V-Zyklen erreicht die Näherungslösung des linearen Gleichungssystems eine Genauigkeit nahe der Maschinengenauigkeit. △

11.4 Methode der konjugierten Gradienten (CG-Verfahren)

Im Folgenden befassen wir uns mit der iterativen Lösung von linearen Gleichungssystemen $\boldsymbol{Ax} = \boldsymbol{b}$ mit symmetrischer und positiv definiter Matrix $\boldsymbol{A} \in \mathbb{R}^{n,n}$. Solche Gleichungssysteme treten auf im Zusammenhang mit Differenzenverfahren und mit der Methode der finiten Elemente zur Behandlung von elliptischen Randwertaufgaben.

11.4.1 Herleitung des Algorithmus

Als Grundlage zur Begründung des iterativen Verfahrens zur Lösung von symmetrischen positiv definiten Gleichungssystemen dient der

Satz 11.14. *Die Lösung $\boldsymbol{x}$ von $\boldsymbol{Ax} = \boldsymbol{b}$ mit symmetrischer und positiv definiter Matrix $\boldsymbol{A} \in \mathbb{R}^{n,n}$ ist das Minimum der quadratischen Funktion*

$$F(\boldsymbol{v}) := \frac{1}{2}\sum_{i=1}^{n}\sum_{k=1}^{n} a_{ik}v_k v_i - \sum_{i=1}^{n} b_i v_i = \frac{1}{2}(\boldsymbol{v}, \boldsymbol{Av}) - (\boldsymbol{b}, \boldsymbol{v}). \tag{11.81}$$

Beweis. Die i-te Komponente des Gradienten von $F(\boldsymbol{v})$ ist

$$\frac{\partial F}{\partial v_i} = \sum_{k=1}^{n} a_{ik}v_k - b_i, \quad i = 1, 2, \ldots, n, \tag{11.82}$$

und deshalb ist der Gradient

$$\operatorname{grad} F(\boldsymbol{v}) = \boldsymbol{Av} - \boldsymbol{b} = \boldsymbol{r} \tag{11.83}$$

gleich dem *Residuenvektor* $\boldsymbol{r}$ zum Vektor $\boldsymbol{v}$.

Für die Lösung $\boldsymbol{x}$ ist mit $\operatorname{grad} F(\boldsymbol{x}) = \boldsymbol{0}$ die notwendige Bedingung für ein Extremum erfüllt. Überdies ist die Hessesche Matrix $\boldsymbol{H}$ von $F(\boldsymbol{v})$ gleich der Matrix $\boldsymbol{A}$ und somit positiv definit. Das Extremum ist in der Tat ein Minimum.

Umgekehrt ist jedes Minimum von $F(\boldsymbol{v})$ Lösung des Gleichungssystems, denn wegen der stetigen Differenzierbarkeit der Funktion $F(\boldsymbol{v})$ muss $\operatorname{grad} F(\boldsymbol{v}) = \boldsymbol{A}\boldsymbol{v} - \boldsymbol{b} = \boldsymbol{0}$ gelten, d.h. $\boldsymbol{v}$ muss gleich der eindeutigen Lösung $\boldsymbol{x}$ sein. □

Wegen Satz 11.14 wird die Aufgabe, $\boldsymbol{A}\boldsymbol{x} = \boldsymbol{b}$ zu lösen, durch die äquivalente Aufgabe ersetzt, das Minimum von $F(\boldsymbol{v})$ auf iterativem Weg zu bestimmen. Das Grundprinzip der Methode besteht darin, zu einem gegebenen Näherungsvektor $\boldsymbol{v}$ und einem gegebenen, geeignet festzulegenden *Richtungsvektor* $\boldsymbol{p} \neq \boldsymbol{0}$ die Funktion $F(\boldsymbol{v})$ in dieser Richtung zu minimieren. Gesucht wird somit ein $t \in \mathbb{R}$ in

$$\boldsymbol{v}' := \boldsymbol{v} + t\boldsymbol{p} \quad \text{so, dass} \quad F(\boldsymbol{v}') = F(\boldsymbol{v} + t\boldsymbol{p}) = \min! \tag{11.84}$$

Bei festem $\boldsymbol{v}$ und $\boldsymbol{p}$ stellt dies eine Bedingung an t dar. Aus

$$\begin{aligned} F^*(t) &:= F(\boldsymbol{v} + t\boldsymbol{p}) = \frac{1}{2}(\boldsymbol{v} + t\boldsymbol{p}, \boldsymbol{A}(\boldsymbol{v} + t\boldsymbol{p})) - (\boldsymbol{b}, \boldsymbol{v} + t\boldsymbol{p}) \\ &= \frac{1}{2}(\boldsymbol{v}, \boldsymbol{A}\boldsymbol{v}) + t(\boldsymbol{p}, \boldsymbol{A}\boldsymbol{v}) + \frac{1}{2}t^2(\boldsymbol{p}, \boldsymbol{A}\boldsymbol{p}) - (\boldsymbol{b}, \boldsymbol{v}) - t(\boldsymbol{b}, \boldsymbol{p}) \\ &= \frac{1}{2}t^2(\boldsymbol{p}, \boldsymbol{A}\boldsymbol{p}) + t(\boldsymbol{p}, \boldsymbol{r}) + F(\boldsymbol{v}) \end{aligned}$$

ergibt sich durch Nullsetzen der Ableitung nach t

$$t_{\min} = -\frac{(\boldsymbol{p}, \boldsymbol{r})}{(\boldsymbol{p}, \boldsymbol{A}\boldsymbol{p})}, \quad \boldsymbol{r} = \boldsymbol{A}\boldsymbol{v} - \boldsymbol{b}. \tag{11.85}$$

Da $\boldsymbol{A}$ positiv definit ist, ist

$$(\boldsymbol{p}, \boldsymbol{A}\boldsymbol{p})^{1/2} =: \|\boldsymbol{p}\|_A \tag{11.86}$$

eine Norm, die so genannte *Energienorm*. Deshalb ist mit $\boldsymbol{p} \neq \boldsymbol{0}$ der Nenner in (11.85) eine positive Zahl. Der Parameter $t_{\min}$ liefert tatsächlich ein Minimum von $F(\boldsymbol{v})$ in Richtung $\boldsymbol{p}$, weil die zweite Ableitung von $F^*(t)$ nach t positiv ist. Die Abnahme des Funktionswertes von $F(\boldsymbol{v})$ zu $F(\boldsymbol{v}')$ im *Minimalpunkt* $\boldsymbol{v}'$ ist maximal, weil der Graph von $F^*(t)$ eine sich nach oben öffnende Parabel ist. Der Richtungsvektor $\boldsymbol{p}$ darf aber nicht orthogonal zum Residuenvektor $\boldsymbol{r}$ sein, da andernfalls wegen $t_{\min} = 0$ dann $\boldsymbol{v}' = \boldsymbol{v}$ gilt.

Satz 11.15. *Im Minimalpunkt $\boldsymbol{v}'$ ist der Residuenvektor $\boldsymbol{r}' = \boldsymbol{A}\boldsymbol{v}' - \boldsymbol{b}$ orthogonal zum Richtungsvektor $\boldsymbol{p}$.*

Beweis. Wegen(11.85) gilt

$$\begin{aligned} (\boldsymbol{p}, \boldsymbol{r}') &= (\boldsymbol{p}, \boldsymbol{A}\boldsymbol{v}' - \boldsymbol{b}) = (\boldsymbol{p}, \boldsymbol{A}(\boldsymbol{v} + t_{\min}\boldsymbol{p}) - \boldsymbol{b}) \\ &= (\boldsymbol{p}, \boldsymbol{r} + t_{\min}\boldsymbol{A}\boldsymbol{p}) = (\boldsymbol{p}, \boldsymbol{r}) + t_{\min}(\boldsymbol{p}, \boldsymbol{A}\boldsymbol{p}) = 0. \end{aligned}$$

□

Ein Iterationsschritt zur Verkleinerung des Wertes $F(\boldsymbol{v})$ besitzt für $n = 2$ folgende geometrische Interpretation, welche später die Motivation für den Algorithmus liefert. Die Niveaulinien $F(\boldsymbol{v}) = \text{const}$ sind konzentrische Ellipsen, deren gemeinsamer Mittelpunkt gleich dem Minimumpunkt $\boldsymbol{x}$ ist. Im gegebenen Punkt $\boldsymbol{v}$ steht der Residuenvektor $\boldsymbol{r}$ senkrecht zur

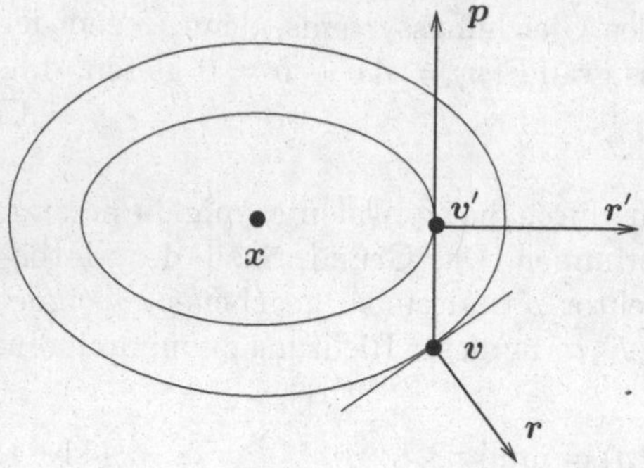

Abb. 11.17
Geometrische Interpretation eines Iterationsschrittes.

Niveaulinie durch den Punkt $\boldsymbol{v}$. Mit dem Richtungsvektor $\boldsymbol{p}$ wird derjenige Punkt $\boldsymbol{v}'$ ermittelt, für den $F(\boldsymbol{v}')$ minimal ist. Da dort nach Satz 11.15 der Residuenvektor $\boldsymbol{r}'$ orthogonal zu $\boldsymbol{p}$ ist, ist $\boldsymbol{p}$ Tangente an die Niveaulinie durch $\boldsymbol{v}'$ (vgl. Abb. 11.17).

Es ist nahe liegend als Richtungsvektors $\boldsymbol{p}$ den negativen Gradienten $\boldsymbol{p} = -\operatorname{grad} F(\boldsymbol{v}) = -(\boldsymbol{A}\boldsymbol{v} - \boldsymbol{b}) = -\boldsymbol{r}$ zu wählen. Dies führt auf die *Methode des steilsten Abstiegs*, auf die wir aber nicht weiter eingehen werden. Denn dieses Vorgehen erweist sich oft als nicht besonders vorteilhaft, obwohl in jedem Iterationsschritt diejenige Richtung gewählt wird, welche *lokal* die stärkste Abnahme der Funktion $F(\boldsymbol{v})$ garantiert. Sind nämlich im Fall $n = 2$ die Ellipsen sehr langgestreckt, entsprechend einer großen Konditionszahl von $\boldsymbol{A}$, werden viele Schritte benötigt, um in die Nähe des Minimumpunktes $\boldsymbol{x}$ zu gelangen.

In der *Methode der konjugierten Gradienten* von *Hestenes* und *Stiefel* [Hes 52] wird von der geometrischen Tatsache Gebrauch gemacht, dass diejenige Richtung $\boldsymbol{p}$, welche vom Punkt $\boldsymbol{v}$ den Mittelpunkt $\boldsymbol{x}$ der Ellipsen trifft, mit der Tangentenrichtung im Punkt $\boldsymbol{v}$ im Sinn der Kegelschnittgleichungen konjugiert ist. Mit dieser Wahl würde man im Fall $n = 2$ die Lösung $\boldsymbol{x}$ unmittelbar finden.

Definition 11.16. Zwei Vektoren $\boldsymbol{p}, \boldsymbol{q} \in \mathbb{R}^n$ heißen *konjugiert* oder *A-orthogonal*, falls für die positiv definite Matrix $\boldsymbol{A}$ gilt

$$(\boldsymbol{p}, \boldsymbol{A}\boldsymbol{q}) = 0. \tag{11.87}$$

Ausgehend von einem Startvektor $\boldsymbol{x}^{(0)}$ wird im ersten Schritt der Richtungsvektor $\boldsymbol{p}^{(1)}$ durch den negativen Residuenvektor festgelegt und der Minimalpunkt $\boldsymbol{x}^{(1)}$ bestimmt. Mit (11.85) lautet dieser Schritt

$$\begin{aligned} \boldsymbol{p}^{(1)} &= -\boldsymbol{r}^{(0)} = -(\boldsymbol{A}\boldsymbol{x}^{(0)} - \boldsymbol{b}), \\ q_1 &:= \frac{(\boldsymbol{r}^{(0)}, \boldsymbol{r}^{(0)})}{(\boldsymbol{p}^{(1)}, \boldsymbol{A}\boldsymbol{p}^{(1)})}, \qquad \boldsymbol{x}^{(1)} = \boldsymbol{x}^{(0)} + q_1 \boldsymbol{p}^{(1)}. \end{aligned} \tag{11.88}$$

Im allgemeinen k-ten Schritt betrachtet man die zweidimensionale Ebene E des $\mathbb{R}^n$ durch den Iterationspunkt $\boldsymbol{x}^{(k-1)}$, welche aufgespannt wird vom vorhergehenden Richtungsvektor $\boldsymbol{p}^{(k-1)}$ und dem nach Satz 11.15 dazu orthogonalen Residuenvektor $\boldsymbol{r}^{(k-1)}$. Der Schnitt der Ebene E mit der Niveaufläche $F(\boldsymbol{v}) = F(\boldsymbol{x}^{(k-1)})$ ist eine Ellipse (vgl. Abb. 11.18). Der Richtungsvektor $\boldsymbol{p}^{(k-1)}$ von $\boldsymbol{x}^{(k-2)}$ durch $\boldsymbol{x}^{(k-1)}$ ist Tangente an diese Ellipse, weil

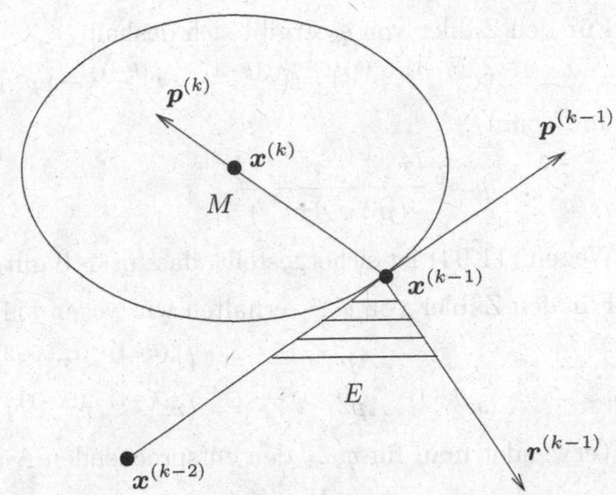

Abb. 11.18 Wahl des Richtungsvektors $p^{(k)}$.

$x^{(k-1)}$ Minimalpunkt ist. Das Ziel des k-ten Iterationsschrittes besteht darin, das Minimum von $F(v)$ bezüglich der Ebene E zu ermitteln, welches im Mittelpunkt der Schnittellipse angenommen wird. Der Richtungsvektor $p^{(k)}$ muss somit konjugiert sein zu $p^{(k-1)}$ bezüglich der Schnittellipse und damit auch bezüglich des Ellipsoids $F(v) = F(x^{(k-1)})$.

Im zweckmäßigen Ansatz für den Richtungsvektor

$$p^{(k)} = -r^{(k-1)} + e_{k-1}p^{(k-1)} \tag{11.89}$$

bestimmt sich e_{k-1} aus der Bedingung $(p^{(k)}, Ap^{(k-1)}) = 0$ zu

$$e_{k-1} = \frac{(r^{(k-1)}, Ap^{(k-1)})}{(p^{(k-1)}, Ap^{(k-1)})}. \tag{11.90}$$

Mit dem so festgelegten Richtungsvektor $p^{(k)}$ erhält man den iterierten Vektor $x^{(k)}$ als Minimalpunkt gemäß

$$x^{(k)} = x^{(k-1)} + q_k p^{(k)} \quad \text{mit } q_k = -\frac{(r^{(k-1)}, p^{(k)})}{(p^{(k)}, Ap^{(k)})}. \tag{11.91}$$

Die Nenner von e_{k-1} und von q_k sind positiv, falls $p^{(k-1)}$ bzw. $p^{(k)}$ von null verschieden sind. Dies trifft dann zu, falls $r^{(k-2)}$ und $r^{(k-1)}$ ungleich null sind, weil dann $p^{(k-1)} \neq 0$ und $p^{(k)} \neq 0$ wegen (11.89) gelten, d.h. solange $x^{(k-2)} \neq x$ und $x^{(k-1)} \neq x$ sind. Der Residuenvektor $r^{(k)}$ zu $x^{(k)}$ ist rekursiv berechenbar gemäß

$$r^{(k)} = Ax^{(k)} - b = A(x^{(k-1)} + q_k p^{(k)}) - b = r^{(k-1)} + q_k Ap^{(k)}. \tag{11.92}$$

Die Methode der konjugierten Gradienten ist damit in ihren Grundzügen bereits vollständig beschrieben. Die Darstellung der beiden Skalare e_{k-1} (11.90) und q_k (11.91) kann noch vereinfacht werden. Dazu ist zu berücksichtigen, dass nach Satz 11.15 der Residuenvektor $r^{(k)}$ orthogonal zu $p^{(k)}$ ist, aber auch orthogonal zur Ebene E ist, weil $x^{(k)}$ darin Minimalpunkt ist, und folglich gelten die Orthogonalitätsrelationen

$$(r^{(k)}, p^{(k)}) = 0, \quad (r^{(k)}, r^{(k-1)}) = 0, \quad (r^{(k)}, p^{(k-1)}) = 0. \tag{11.93}$$

Für den Zähler von q_k ergibt sich deshalb

$$(\boldsymbol{r}^{(k-1)}, \boldsymbol{p}^{(k)}) = (\boldsymbol{r}^{(k-1)}, -\boldsymbol{r}^{(k-1)} + e_{k-1}\boldsymbol{p}^{(k-1)}) = -(\boldsymbol{r}^{(k-1)}, \boldsymbol{r}^{(k-1)}),$$

und somit

$$q_k = \frac{(\boldsymbol{r}^{(k-1)}, \boldsymbol{r}^{(k-1)})}{(\boldsymbol{p}^{(k)}, \boldsymbol{A}\boldsymbol{p}^{(k)})}. \tag{11.94}$$

Wegen (11.94) ist sichergestellt, dass $q_k > 0$ gilt, falls $\boldsymbol{r}^{(k-1)} \neq \boldsymbol{0}$, d.h. $\boldsymbol{x}^{(k-1)} \neq \boldsymbol{x}$ ist.

Für den Zähler von e_{k-1} erhalten wir wegen (11.92) für $k-1$ anstelle von k

$$\begin{aligned} \boldsymbol{A}\boldsymbol{p}^{(k-1)} &= (\boldsymbol{r}^{(k-1)} - \boldsymbol{r}^{(k-2)})/q_{k-1}, \\ (\boldsymbol{r}^{(k-1)}, \boldsymbol{A}\boldsymbol{p}^{(k-1)}) &= (\boldsymbol{r}^{(k-1)}, \boldsymbol{r}^{(k-1)})/q_{k-1}. \end{aligned}$$

Verwendet man für q_{k-1} den entsprechenden Ausdruck (11.94), so ergibt sich aus (11.90)

$$e_{k-1} = \frac{(\boldsymbol{r}^{(k-1)}, \boldsymbol{r}^{(k-1)})}{(\boldsymbol{r}^{(k-2)}, \boldsymbol{r}^{(k-2)})}. \tag{11.95}$$

Mit den neuen Darstellungen wird eine Reduktion des Rechenaufwandes erzielt. Der CG-Algorithmus lautet damit:

Start: Wahl von $\boldsymbol{x}^{(0)}$; $\boldsymbol{r}^{(0)} = \boldsymbol{A}\boldsymbol{x}^{(0)} - \boldsymbol{b}$; $\boldsymbol{p}^{(1)} = -\boldsymbol{r}^{(0)}$;

Iteration $k = 1, 2, 3, \ldots$:

$$\text{Falls } k > 1: \left\{ \begin{aligned} e_{k-1} &= (\boldsymbol{r}^{(k-1)}, \boldsymbol{r}^{(k-1)})/(\boldsymbol{r}^{(k-2)}, \boldsymbol{r}^{(k-2)}) \\ \boldsymbol{p}^{(k)} &= -\boldsymbol{r}^{(k-1)} + e_{k-1}\boldsymbol{p}^{(k-1)} \end{aligned} \right.$$

$$\boldsymbol{z} = \boldsymbol{A}\boldsymbol{p}^{(k)} \tag{11.96}$$

$$q_k = (\boldsymbol{r}^{(k-1)}, \boldsymbol{r}^{(k-1)})/(\boldsymbol{p}^{(k)}, \boldsymbol{z})$$

$$\boldsymbol{x}^{(k)} = \boldsymbol{x}^{(k-1)} + q_k\,\boldsymbol{p}^{(k)}; \quad \boldsymbol{r}^{(k)} = \boldsymbol{r}^{(k-1)} + q_k\,\boldsymbol{z}$$

Test auf Konvergenz

Der Rechenaufwand für einen typischen Iterationsschritt setzt sich zusammen aus einer Matrix-Vektor-Multiplikation $\boldsymbol{z} = \boldsymbol{A}\boldsymbol{p}$, bei der die schwache Besetzung von $\boldsymbol{A}$ ausgenützt werden kann, aus zwei Skalarprodukten und drei skalaren Multiplikationen von Vektoren. Sind γn Matrixelemente von $\boldsymbol{A}$ ungleich null, wobei $\gamma \ll n$ gilt, beträgt der Rechenaufwand pro CG-Schritt etwa

$$Z_{\text{CGS}} = (\gamma + 5)n \tag{11.97}$$

multiplikative Operationen. Der Speicherbedarf beträgt neben der Matrix $\boldsymbol{A}$ nur rund $4n$ Plätze, da für $\boldsymbol{p}^{(k)}, \boldsymbol{r}^{(k)}$ und $\boldsymbol{x}^{(k)}$ offensichtlich nur je ein Vektor benötigt wird, und dann noch der Hilfsvektor $\boldsymbol{z}$ auftritt.

11.4.2 Eigenschaften der Methode der konjugierten Gradienten

Wir stellen die wichtigsten Eigenschaften des CG-Algorithmus (11.96) zusammen, welche anschließend die Grundlage dazu bilden werden, über das Konvergenzverhalten Aussagen zu machen.

Satz 11.17. *Die Residuenvektoren* $\boldsymbol{r}^{(k)}$ *bilden ein Orthogonalsystem, und die Richtungsvektoren* $\boldsymbol{p}^{(k)}$ *sind paarweise konjugiert. Für* $k \geq 2$ *gelten*

$$(\boldsymbol{r}^{(k-1)}, \boldsymbol{r}^{(j)}) = 0, \quad j = 0, 1, \ldots, k-2; \tag{11.98}$$

$$(\boldsymbol{r}^{(k-1)}, \boldsymbol{p}^{(j)}) = 0, \quad j = 1, 2, \ldots, k-1; \tag{11.99}$$

$$(\boldsymbol{p}^{(k)}, \boldsymbol{A}\boldsymbol{p}^{(j)}) = 0, \quad j = 1, 2, \ldots, k-1. \tag{11.100}$$

Beweis. Die Aussagen werden durch vollständige Induktion nach k gezeigt.

Induktionsbeginn. Für $k = 2$ ist $(\boldsymbol{r}^{(1)}, \boldsymbol{p}^{(1)}) = 0$ wegen $\boldsymbol{r}^{(0)} = -\boldsymbol{p}^{(1)}$ und Satz 11.15. Damit sind (11.98) und (11.99) richtig. (11.100) gilt für $k = 2$ nach Konstruktion von $\boldsymbol{p}^{(2)}$.

Induktionsvoraussetzung. (11.98) bis (11.100) sind für ein $k \geq 2$ richtig.

Induktionbehauptung. Die Relationen (11.98) bis (11.100) sind auch für $k+1$ richtig.

Induktionsbeweis. Um $(\boldsymbol{r}^{(k)}, \boldsymbol{r}^{(j)}) = 0$ für $j = 0, 1, 2, \ldots, k-1$ zu zeigen, wird zuerst $\boldsymbol{r}^{(k)}$ auf Grund der Rekursionsformel (11.92) ersetzt und dann wird im zweiten Skalarprodukt $\boldsymbol{r}^{(j)} = e_j \boldsymbol{p}^{(j)} - \boldsymbol{p}^{(j+1)}$ gesetzt, was mit $e_0 := 0$ und $\boldsymbol{p}^{(0)} := \boldsymbol{0}$ auch für $j = 0$ richtig bleibt:

$$\begin{aligned}(\boldsymbol{r}^{(k)}, \boldsymbol{r}^{(j)}) &= (\boldsymbol{r}^{(k-1)}, \boldsymbol{r}^{(j)}) + q_k(\boldsymbol{A}\boldsymbol{p}^{(k)}, \boldsymbol{r}^{(j)}) \\ &= (\boldsymbol{r}^{(k-1)}, \boldsymbol{r}^{(j)}) + q_k e_j(\boldsymbol{A}\boldsymbol{p}^{(k)}, \boldsymbol{p}^{(j)}) - q_k(\boldsymbol{A}\boldsymbol{p}^{(k)}, \boldsymbol{p}^{(j+1)})\end{aligned}$$

Wegen $(\boldsymbol{A}\boldsymbol{p}^{(k)}, \boldsymbol{p}^{(j)}) = (\boldsymbol{p}^{(k)}, \boldsymbol{A}\boldsymbol{p}^{(j)})$ sind nach Induktionsvoraussetzung alle drei Skalarprodukte für $j = 0, 1, \ldots, k-2$ gleich null. Für $j = k-1$ ist das mittlere Skalarprodukt gleich null, und die verbleibenden ergeben null wegen (11.94).

Analog folgt

$$(\boldsymbol{r}^{(k)}, \boldsymbol{p}^{(j)}) = (\boldsymbol{r}^{(k-1)}, \boldsymbol{p}^{(j)}) + q_k(\boldsymbol{p}^{(k)}, \boldsymbol{A}p^{(j)}) = 0,$$

denn nach Induktionsvoraussetzung sind beide Skalarprodukte für $j = 1, \ldots, k-1$ gleich null. Für $j = k$ ist $(\boldsymbol{r}^{(k)}, \boldsymbol{p}^{(k)}) = 0$ wegen (11.93).

Für den Nachweis von $(\boldsymbol{p}^{(k+1)}, \boldsymbol{A}\boldsymbol{p}^{(j)}) = 0$ können wir uns auf $j = 1, 2, \ldots, k-1$ beschränken, weil $\boldsymbol{p}^{(k+1)}$ und $\boldsymbol{p}^{(k)}$ nach Konstruktion konjugiert sind. Wegen (11.89) und dann (11.92) gilt

$$\begin{aligned}&(\boldsymbol{p}^{(k+1)}, \boldsymbol{A}\boldsymbol{p}^{(j)}) = -(\boldsymbol{r}^{(k)}, \boldsymbol{A}\boldsymbol{p}^{(j)}) + e_k(\boldsymbol{p}^{(k)}, \boldsymbol{A}\boldsymbol{p}^{(j)}) \\ &= -[(\boldsymbol{r}^{(k)}, \boldsymbol{r}^{(j)}) - (\boldsymbol{r}^{(k)}, \boldsymbol{r}^{(j-1)})]/q_j + e_k(\boldsymbol{p}^{(k)}, \boldsymbol{A}\boldsymbol{p}^{(j)}).\end{aligned}$$

Die Skalarprodukte sind auf Grund des ersten Teils des Induktionsbeweises oder der Induktionsvoraussetzung gleich null. □

Eine unmittelbare Folge von Satz 11.17 ist der

Satz 11.18. *Die Methode der konjugierten Gradienten liefert die Lösung eines Gleichungssystems in n Unbekannten nach höchstens n Schritten.*

Beweis. Da die Residuenvektoren $\boldsymbol{r}^{(0)}, \boldsymbol{r}^{(1)}, \ldots, \boldsymbol{r}^{(k)}$ im $\mathbb{R}^n$ ein Orthogonalsystem bilden, kann es höchstens n von null verschiedene Vektoren enthalten, und es muss spätestens $\boldsymbol{r}^{(n)} = \boldsymbol{0}$ und deshalb $\boldsymbol{x}^{(n)} = \boldsymbol{x}$ sein. □

Theoretisch ist der iterativ konzipierte CG-Algorithmus ein endlicher Prozess. Numerisch werden die Orthogonalitätsrelationen (11.98) nicht exakt erfüllt sein. Deshalb ist eine Fortsetzung des Verfahrens über die n Schritte hinaus sinnvoll, weil die Funktion $F(\boldsymbol{v})$ stets verkleinert wird. Andererseits ist aber zu hoffen, dass insbesondere bei sehr großen Gleichungssystemen bedeutend weniger als n Schritte nötig sein werden, um eine Näherung der Lösung $\boldsymbol{x}$ mit genügend kleinem Fehler zu produzieren.

Als nächstes zeigen wir eine Optimalitätseigenschaft der k-ten Iterierten $\boldsymbol{x}^{(k)}$ des CG-Verfahrens. Auf Grund der Rekursionsformel (11.91) besitzt sie die Darstellung

$$\boldsymbol{x}^{(k)} = \boldsymbol{x}^{(0)} + \sum_{i=1}^{k} q_i \boldsymbol{p}^{(i)}, \quad k = 1, 2, 3, \ldots \tag{11.101}$$

In jedem einzelnen CG-Schritt wird die Funktion $F(\boldsymbol{v})$, ausgehend von $\boldsymbol{x}^{(k-1)}$, nur in Richtung von $\boldsymbol{p}^{(k)}$ *lokal* minimiert. Wir wollen zeigen, dass der erreichte Wert $F(\boldsymbol{x}^{(k)})$ gleich dem globalen Minimum von $F(\boldsymbol{v})$ bezüglich des Unterraums ist, der von den k Richtungsvektoren aufgespannt ist.

Satz 11.19. *Die k-te Iterierte $\boldsymbol{x}^{(k)}$ der Methode der konjugierten Gradienten (11.96) minimiert die Funktion $F(\boldsymbol{v})$ in Bezug auf den Unterraum $S_k := \operatorname{span}\{\boldsymbol{p}^{(1)}, \boldsymbol{p}^{(2)}, \ldots, \boldsymbol{p}^{(k)}\}$, denn es gilt*

$$F(\boldsymbol{x}^{(k)}) = \min_{c_1,\ldots,c_k} F\left(\boldsymbol{x}^{(0)} + \sum_{i=1}^{k} c_i \boldsymbol{p}^{(i)}\right). \tag{11.102}$$

Beweis. Es ist zu zeigen, dass die Koeffizienten c_i in (11.102), welche die Funktion minimieren, mit den Werten der q_i in (11.94) identisch sind. Wegen (11.100) gilt

$$\begin{aligned}
F\left(\boldsymbol{x}^{(0)} + \sum_{i=1}^{k} c_i \boldsymbol{p}^{(i)}\right) &= \frac{1}{2}\left(\boldsymbol{x}^{(0)} + \sum_{i=1}^{k} c_i \boldsymbol{p}^{(i)}, \boldsymbol{A}\left(\boldsymbol{x}^{(0)} + \sum_{j=1}^{k} c_j \boldsymbol{p}^{(j)}\right)\right) \\
&\quad - \left(\boldsymbol{b}, \boldsymbol{x}^{(0)} + \sum_{i=1}^{k} c_i \boldsymbol{p}^{(i)}\right) \\
&= \frac{1}{2}\sum_{i=1}^{k}\sum_{j=1}^{k} c_i c_j (\boldsymbol{p}^{(i)}, \boldsymbol{A}\boldsymbol{p}^{(j)}) + \sum_{i=1}^{k} c_i (\boldsymbol{p}^{(i)}, \boldsymbol{A}\boldsymbol{x}^{(0)}) \\
&\quad + \frac{1}{2}(\boldsymbol{x}^{(0)}, \boldsymbol{A}\boldsymbol{x}^{(0)}) - \sum_{i=1}^{k} c_i (\boldsymbol{p}^{(i)}, \boldsymbol{b}) - (\boldsymbol{b}, \boldsymbol{x}^{(0)}) \\
&= \frac{1}{2}\sum_{i=1}^{k} c_i^2 (\boldsymbol{p}^{(i)}, \boldsymbol{A}\boldsymbol{p}^{(i)}) + \sum_{i=1}^{k} c_i (\boldsymbol{p}^{(i)}, \boldsymbol{r}^{(0)}) + F(\boldsymbol{x}^{(0)}).
\end{aligned}$$

Die notwendigen Bedingungen für ein Extremum von F sind deshalb

$$\frac{\partial F}{\partial c_i} = c_i(\boldsymbol{p}^{(i)}, \boldsymbol{A}\boldsymbol{p}^{(i)}) + (\boldsymbol{p}^{(i)}, \boldsymbol{r}^{(0)}) = 0, \quad i = 1, 2, \ldots, k,$$

also

$$c_i = -(\boldsymbol{p}^{(i)}, \boldsymbol{r}^{(0)})/(\boldsymbol{p}^{(i)}, \boldsymbol{A}\boldsymbol{p}^{(i)}), \quad i = 1, 2, \ldots, k.$$

Für $i = 1$ ist $\boldsymbol{p}^{(1)} = -\boldsymbol{r}^{(0)}$, und somit gilt $c_1 = q_1$. Für $i > 1$ besitzt $\boldsymbol{p}^{(i)}$ nach wiederholter Anwendung von (11.89) die Darstellung

$$\boldsymbol{p}^{(i)} = -\boldsymbol{r}^{(i-1)} - e_{i-1}\boldsymbol{r}^{(i-2)} - e_{i-1}e_{i-2}\boldsymbol{r}^{(i-3)} - \ldots - \left(\prod_{j=1}^{i-1} e_j\right)\boldsymbol{r}^{(0)}. \tag{11.103}$$

Wegen (11.98) und (11.95) folgt daraus

$$-(\boldsymbol{p}^{(i)}, \boldsymbol{r}^{(0)}) = e_{i-1}e_{i-2}\ldots e_1(\boldsymbol{r}^{(0)}, \boldsymbol{r}^{(0)}) = (\boldsymbol{r}^{(i-1)}, \boldsymbol{r}^{(i-1)}),$$

und somit $c_i = q_i$ für $i = 1, 2, \ldots, k$. □

Die Unterräume $S_k = \text{span}\{\boldsymbol{p}^{(1)}, \boldsymbol{p}^{(2)}, \ldots, \boldsymbol{p}^{(k)}\}$, $k = 1, 2, 3, \ldots$, sind aber identisch mit denjenigen, welche durch die k ersten Residuenvektoren $\boldsymbol{r}^{(0)}$, $\boldsymbol{r}^{(1)}$, $\ldots, \boldsymbol{r}^{(k-1)}$ aufgespannt werden. Die Identität der Unterräume sieht man mit Hilfe einer induktiven Schlussweise wie folgt:

Für $k = 1$ ist wegen $\boldsymbol{p}^{(1)} = -\boldsymbol{r}^{(0)}$ offensichtlich $S_1 = \text{span}\{\boldsymbol{p}^{(1)}\} = \text{span}\{\boldsymbol{r}^{(0)}\}$. Nun nehmen wir an, dass $S_{k-1} = \text{span}\{\boldsymbol{p}^{(1)}, \ldots, \boldsymbol{p}^{(k-1)}\} = \text{span}\{\boldsymbol{r}^{(0)}, \ldots, \boldsymbol{r}^{(k-2)}\}$ für ein $k > 1$. Wegen (11.103) (mit k statt i) gilt dann aber, weil der Koeffizient von $\boldsymbol{r}^{(k-1)}$ gleich -1 ist, dass $\boldsymbol{p}^{(k)} \in \text{span}\{\boldsymbol{r}^{(0)}, \boldsymbol{r}^{(1)}, \ldots, \boldsymbol{r}^{(k-1)}\} = S_k$, aber $\boldsymbol{p}^{(k)} \notin S_{k-1}$. Daraus ergibt sich in der Tat für $k = 1, 2, 3, \ldots$

$$S_k = \text{span}\{\boldsymbol{p}^{(1)}, \boldsymbol{p}^{(2)}, \ldots, \boldsymbol{p}^{(k)}\} = \text{span}\{\boldsymbol{r}^{(0)}, \boldsymbol{r}^{(1)}, \ldots, \boldsymbol{r}^{(k-1)}\}, \tag{11.104}$$

und wegen der Orthogonalität (11.98) der Residuenvektoren gilt natürlich für die Dimension der Unterräume S_k

$$\dim(S_k) = k,$$

solange $\boldsymbol{x}^{(k-1)} \neq \boldsymbol{x}$ und somit $\boldsymbol{r}^{(k-1)} \neq \boldsymbol{0}$ ist.

Die Folge der Unterräume S_k (11.104) ist identisch mit der Folge von *Krylov-Unterräumen*, welche von $\boldsymbol{r}^{(0)}$ und der Matrix $\boldsymbol{A}$ erzeugt werden gemäß

$$\mathcal{K}^{(k)}(\boldsymbol{r}^{(0)}, \boldsymbol{A}) := \text{span}\{\boldsymbol{r}^{(0)}, \boldsymbol{A}\boldsymbol{r}^{(0)}, \boldsymbol{A}^2\boldsymbol{r}^{(0)}, \ldots, \boldsymbol{A}^{k-1}\boldsymbol{r}^{(0)}\}. \tag{11.105}$$

Für $k = 1$ ist die Aussage trivialerweise richtig. Für $k = 2$ ist wegen $\boldsymbol{r}^{(1)} = \boldsymbol{r}^{(0)} + q_1\boldsymbol{A}\boldsymbol{p}^{(1)} = \boldsymbol{r}^{(0)} - q_1\boldsymbol{A}\boldsymbol{r}^{(0)} \in \text{span}\{\boldsymbol{r}^{(0)}, \boldsymbol{A}\boldsymbol{r}^{(0)}\}$, aber $\boldsymbol{r}^{(1)} \notin \text{span}\{\boldsymbol{r}^{(0)}\}$, falls $\boldsymbol{r}^{(1)} \neq \boldsymbol{0}$ ist, und folglich ist $S_2 = \mathcal{K}^{(2)}(\boldsymbol{r}^{(0)}, \boldsymbol{A})$. Weiter ist offensichtlich $\boldsymbol{A}\boldsymbol{r}^{(1)} = \boldsymbol{A}\boldsymbol{r}^{(0)} - q_1\boldsymbol{A}^2\boldsymbol{r}^{(0)} \in \mathcal{K}^{(3)}(\boldsymbol{r}^{(0)}, \boldsymbol{A})$. Durch vollständige Induktion nach i folgt wegen (11.103)

$$\begin{aligned} \boldsymbol{r}^{(i)} &= \boldsymbol{r}^{(i-1)} + q_i(\boldsymbol{A}\boldsymbol{p}^{(i)}) \\ &= \boldsymbol{r}^{(i-1)} - q_i\left[\boldsymbol{A}\boldsymbol{r}^{(i-1)} + e_{i-1}\boldsymbol{A}\boldsymbol{r}^{(i-2)} + \ldots + \left(\prod_{j=1}^{i-1} e_j\right)(\boldsymbol{A}\boldsymbol{r}^{(0)})\right] \\ &\in \mathcal{K}^{(i+1)}(\boldsymbol{r}^{(0)}, \boldsymbol{A}) \end{aligned}$$

und für $\boldsymbol{r}^{(i)} \neq \boldsymbol{0}$ wegen der Orthogonalität von $\boldsymbol{r}^{(i)}$ zu S_{i-1} und damit auch zu $\mathcal{K}^{(i)}(\boldsymbol{r}^{(0)}, \boldsymbol{A})$ weiter $\boldsymbol{r}^{(i)} \notin \mathcal{K}^{(i)}(\boldsymbol{r}^{(0)}, \boldsymbol{A})$. Deshalb gilt allgemein

$$S_k = \operatorname{span}\{\boldsymbol{r}^{(0)}, \boldsymbol{r}^{(1)}, \ldots, \boldsymbol{r}^{(k-1)}\} = \mathcal{K}^{(k)}(\boldsymbol{r}^{(0)}, \boldsymbol{A}). \tag{11.106}$$

11.4.3 Konvergenzabschätzung

Auf Grund der Optimalitätseigenschaft der CG-Methode von Satz 11.19 und der Charakterisierung der Unterräume S_k als Krylov-Unterräume (11.106) kann der Fehler $\boldsymbol{f}^{(k)} := \boldsymbol{x}^{(k)} - \boldsymbol{x}$ in einer geeignet gewählten Vektornorm abgeschätzt werden. Dazu verwenden wir die *Energienorm* (11.86). Für einen beliebigen Vektor $\boldsymbol{z} \in \mathbb{R}^n$ und die Lösung $\boldsymbol{x}$ von $\boldsymbol{A}\boldsymbol{x} = \boldsymbol{b}$ gilt nun

$$\begin{aligned} \|\boldsymbol{z} - \boldsymbol{x}\|_A^2 &:= (\boldsymbol{z} - \boldsymbol{x}, \boldsymbol{A}(\boldsymbol{z} - \boldsymbol{x})) \\ &= (\boldsymbol{z}, \boldsymbol{A}\boldsymbol{z}) - 2(\boldsymbol{z}, \boldsymbol{A}\boldsymbol{x}) + (\boldsymbol{x}, \boldsymbol{A}\boldsymbol{x}) \\ &= (\boldsymbol{z}, \boldsymbol{A}\boldsymbol{z}) - 2(\boldsymbol{z}, \boldsymbol{b}) + (\boldsymbol{A}^{-1}\boldsymbol{b}, \boldsymbol{b}) \\ &= 2F(\boldsymbol{z}) + (\boldsymbol{A}^{-1}\boldsymbol{b}, \boldsymbol{b}). \end{aligned} \tag{11.107}$$

Nach Satz 11.19 minimiert die k-te Iterierte $\boldsymbol{x}^{(k)}$ des CG-Verfahrens die Funktion $F(\boldsymbol{x}^{(0)} + \boldsymbol{v})$ für $\boldsymbol{v} \in S_k$. Da sich das Quadrat der Energienorm für $\boldsymbol{z} - \boldsymbol{x}$ nur um eine additive Konstante und um den Faktor 2 von $F(\boldsymbol{z})$ unterscheidet, so folgt mit $\boldsymbol{z} = \boldsymbol{x}^{(k)}$, dass die Iterierte $\boldsymbol{x}^{(k)}$ den Fehler $\boldsymbol{f}^{(k)}$ in der Energienorm minimiert, und es gilt

$$\|\boldsymbol{f}^{(k)}\|_A = \|\boldsymbol{x}^{(k)} - \boldsymbol{x}\|_A = \min\{\|\boldsymbol{z} - \boldsymbol{x}\|_A \mid \boldsymbol{z} = \boldsymbol{x}^{(0)} + \boldsymbol{v}, \boldsymbol{v} \in S_k\}. \tag{11.108}$$

Für den Residuenvektor $\boldsymbol{r}^{(0)}$ des Krylov-Unterraums gilt

$$\boldsymbol{r}^{(0)} = \boldsymbol{A}\boldsymbol{x}^{(0)} - \boldsymbol{b} = \boldsymbol{A}\boldsymbol{x}^{(0)} - \boldsymbol{A}\boldsymbol{x} = \boldsymbol{A}\boldsymbol{f}^{(0)}, \tag{11.109}$$

und für die Differenz $\boldsymbol{z} - \boldsymbol{x}$ in (11.108) ergibt sich

$$\boldsymbol{z} - \boldsymbol{x} = \boldsymbol{x}^{(0)} + \boldsymbol{v} - \boldsymbol{x} = \boldsymbol{f}^{(0)} + \boldsymbol{v} \quad \text{mit } \boldsymbol{v} \in S_k = \mathcal{K}^{(k)}(\boldsymbol{r}^{(0)}, \boldsymbol{A}).$$

Die Vektoren $\boldsymbol{z} - \boldsymbol{x}$, welche zur Minimierung des Fehlers $\boldsymbol{f}^{(k)}$ in (11.108) in Betracht kommen, besitzen deshalb wegen (11.109) folgende Darstellung

$$\begin{aligned} \boldsymbol{z} - \boldsymbol{x} &= \boldsymbol{f}^{(0)} + c_1\boldsymbol{A}\boldsymbol{f}^{(0)} + c_2\boldsymbol{A}^2\boldsymbol{f}^{(0)} + \cdots + c_k\boldsymbol{A}^k\boldsymbol{f}^{(0)} \\ &= [\boldsymbol{I} + c_1\boldsymbol{A} + c_2\boldsymbol{A}^2 + \cdots + c_k\boldsymbol{A}^k]\boldsymbol{f}^{(0)} =: P_k(\boldsymbol{A})\boldsymbol{f}^{(0)}. \end{aligned} \tag{11.110}$$

Also gibt es ein Polynom $P_k(t)$ mit reellen Koeffizienten vom Höchstgrad k und mit der Eigenschaft $P_k(0) = 1$, weil der Koeffizient von $\boldsymbol{f}^{(0)}$ gleich Eins ist, so dass für den Fehlervektor $\boldsymbol{f}^{(k)}$ im speziellen gilt

$$\boldsymbol{f}^{(k)} = P_k(\boldsymbol{A})\boldsymbol{f}^{(0)}. \tag{11.111}$$

Wegen der Optimalität der Näherung $\boldsymbol{x}^{(k)}$ folgt aus (11.108) und (11.111)

$$\|\boldsymbol{f}^{(k)}\|_A = \min_{P_k(t)} \|P_k(\boldsymbol{A})\boldsymbol{f}^{(0)}\|_A, \tag{11.112}$$

wobei das Minimum über alle Polynome $P_k(t)$ mit der oben genannten Eigenschaft zu bilden ist. Die Energienorm der rechten Seite (11.112) kann mit Hilfe der Eigenwerte von $\boldsymbol{A}$ abgeschätzt werden. Seien $0 < \lambda_1 \leq \lambda_2 \leq \ldots \leq \lambda_n$ die n reellen Eigenwerte von $\boldsymbol{A}$ und $\boldsymbol{z}_1, \boldsymbol{z}_2, \ldots, \boldsymbol{z}_n$ die zugehörigen, orthonormierten Eigenvektoren. Aus der eindeutigen Darstellung von

$$\boldsymbol{f}^{(0)} = \alpha_1 \boldsymbol{z}_1 + \alpha_2 \boldsymbol{z}_2 + \ldots + \alpha_n \boldsymbol{z}_n$$

folgt für die Energienorm

$$\|\boldsymbol{f}^{(0)}\|_A^2 = \left(\sum_{i=1}^{n} \alpha_i \boldsymbol{z}_i, \sum_{j=1}^{n} \alpha_j \lambda_j \boldsymbol{z}_j \right) = \sum_{i=1}^{n} \alpha_i^2 \lambda_i.$$

Da für die Eigenvektoren $\boldsymbol{z}_i$ weiter $P_k(\boldsymbol{A})\boldsymbol{z}_i = P_k(\lambda_i)\boldsymbol{z}_i$ gilt, ergibt sich analog

$$\begin{aligned} \|\boldsymbol{f}^{(k)}\|_A^2 &= \|P_k(\boldsymbol{A})\boldsymbol{f}^{(0)}\|_A^2 = (P_k(\boldsymbol{A})\boldsymbol{f}^{(0)}, \boldsymbol{A}P_k(\boldsymbol{A})\boldsymbol{f}^{(0)}) \\ &= \left(\sum_{i=1}^{n} \alpha_i P_k(\lambda_i) \boldsymbol{z}_i, \sum_{j=1}^{n} \alpha_j \lambda_j P_k(\lambda_j) \boldsymbol{z}_j \right) \\ &= \sum_{i=1}^{n} \alpha_i^2 \lambda_i P_k^2(\lambda_i) \leq \left[\max_j \{P_k(\lambda_j)\}^2 \right] \cdot \|\boldsymbol{f}^{(0)}\|_A^2. \end{aligned} \tag{11.113}$$

Aus (11.112) und (11.113) erhalten wir die weitere Abschätzung

$$\frac{\|\boldsymbol{f}^{(k)}\|_A}{\|\boldsymbol{f}^{(0)}\|_A} \leq \min_{P_k(t)} \left\{ \max_{\lambda \in [\lambda_1, \lambda_n]} |P_k(\lambda)| \right\}. \tag{11.114}$$

Die durch eine Approximationsaufgabe definierte obere Schranke in (11.114) kann in Abhängigkeit von λ_1 und λ_n mit Hilfe der Tschebyscheff-Polynome $T_k(x)$ angegeben werden. Das Intervall $[\lambda_1, \lambda_n]$ wird dazu vermittels der Variablensubstitution $x := (2\lambda - \lambda_1 - \lambda_n)/(\lambda_n - \lambda_1)$ auf das Einheitsintervall $[-1, 1]$ abgebildet. Wegen der Minimax-Eigenschaft (3.224) besitzt das Polynom

$$P_k(\lambda) := T_k\left(\frac{2\lambda - \lambda_1 - \lambda_n}{\lambda_n - \lambda_1} \right) \Big/ T_k\left(\frac{\lambda_1 + \lambda_n}{\lambda_1 - \lambda_n} \right)$$

vom Grad k mit $P_k(0) = 1$ im Intervall $[\lambda_1, \lambda_n]$ die kleinste Betragsnorm, und es gilt insbesondere

$$\max_{\lambda \in [\lambda_1, \lambda_n]} |P_k(\lambda)| = 1 \Big/ \left| T_k\left(\frac{\lambda_1 + \lambda_n}{\lambda_1 - \lambda_n} \right) \right|. \tag{11.115}$$

Das Argument von T_k im Nenner von (11.115) ist betragsmäßig größer als Eins. Wegen (3.202) gelten mit $x = \cos\varphi$

$$\begin{aligned}
\cos\varphi &= \frac{1}{2}(e^{i\varphi} + e^{-i\varphi}) = \frac{1}{2}\left(z + \frac{1}{z}\right), \qquad z = e^{i\varphi} \in \mathbb{C},\\
\cos(n\varphi) &= \frac{1}{2}(e^{in\varphi} + e^{-in\varphi}) = \frac{1}{2}(z^n + z^{-n}),\\
z &= \cos\varphi + i\sin\varphi = \cos\varphi + i\sqrt{1-\cos^2\varphi} = x + \sqrt{x^2-1},\\
T_n(x) &= \cos(n\varphi) = \frac{1}{2}\left[(x+\sqrt{x^2-1})^n + (x+\sqrt{x^2-1})^{-n}\right].
\end{aligned}$$

Obwohl die letzte Formel für $|x| \le 1$ hergeleitet worden ist, gilt sie natürlich auch für $|x| > 1$. Jetzt sei mit $\kappa(\boldsymbol{A}) = \lambda_n/\lambda_1$

$$x := -\frac{\lambda_1 + \lambda_n}{\lambda_1 - \lambda_n} = \frac{\lambda_n/\lambda_1 + 1}{\lambda_n/\lambda_1 - 1} = \frac{\kappa(\boldsymbol{A}) + 1}{\kappa(\boldsymbol{A}) - 1} > 1.$$

Dann ist

$$x + \sqrt{x^2 - 1} = \frac{\kappa+1}{\kappa-1} + \sqrt{\left(\frac{\kappa+1}{\kappa-1}\right)^2 - 1} = \frac{\kappa + 2\sqrt{\kappa} + 1}{\kappa - 1} = \frac{\sqrt{\kappa}+1}{\sqrt{\kappa}-1} > 1,$$

und folglich

$$T_k\left(\frac{\kappa+1}{\kappa-1}\right) = \frac{1}{2}\left[\left(\frac{\sqrt{\kappa}+1}{\sqrt{\kappa}-1}\right)^k + \left(\frac{\sqrt{\kappa}+1}{\sqrt{\kappa}-1}\right)^{-k}\right] \ge \frac{1}{2}\left(\frac{\sqrt{\kappa}+1}{\sqrt{\kappa}-1}\right)^k.$$

Als Ergebnis ergibt sich damit aus (11.114) der

Satz 11.20. *Im CG-Verfahren (11.96) gilt für den Fehler $\boldsymbol{f}^{(k)} = \boldsymbol{x}^{(k)} - \boldsymbol{x}$ in der Energienorm die Abschätzung*

$$\frac{\|\boldsymbol{f}^{(k)}\|_A}{\|\boldsymbol{f}^{(0)}\|_A} \le 2\left(\frac{\sqrt{\kappa(\boldsymbol{A})} - 1}{\sqrt{\kappa(\boldsymbol{A})} + 1}\right)^k. \tag{11.116}$$

Auch wenn die Schranke (11.116) im Allgemeinen pessimistisch ist, so gibt sie doch den Hinweis, dass die Konditionszahl der Systemmatrix $\boldsymbol{A}$ eine entscheidende Bedeutung für die Konvergenzgüte hat. Für die Anzahl k der erforderlichen CG-Schritte, derart dass $\|\boldsymbol{f}^{(k)}\|_A/\|\boldsymbol{f}^{(0)}\|_A \le \varepsilon$ ist, erhält man aus (11.116) die Schranke

$$k \ge \frac{1}{2}\sqrt{\kappa(\boldsymbol{A})}\ln\left(\frac{2}{\varepsilon}\right) + 1. \tag{11.117}$$

Neben der Toleranz ε ist die Schranke im Wesentlichen von der Wurzel aus der Konditionszahl von $\boldsymbol{A}$ bestimmt. Das CG-Verfahren arbeitet dann effizient, wenn die Konditionszahl von $\boldsymbol{A}$ nicht allzu groß ist oder aber durch geeignete Maßnahmen reduziert werden kann, sei es durch entsprechende Problemvorbereitung oder durch *Vorkonditionierung.*

Beispiel 11.16. Als Modellproblem nehmen wir die auf ein Rechteck verallgemeinerte Randwertaufgabe von Beispiel 11.1 mit $f(x, y) = 2$. Das Konvergenzverhalten der CG-Methode soll mit dem der SOR-Methode bei optimaler Wahl von ω verglichen werden. In Tabelle 11.5 sind für einige Kombinationen der Werte N und M die Ordnung n der Matrix $\boldsymbol{A}$, ihre Konditionszahl $\kappa(\boldsymbol{A})$, die obere

Schranke k der Iterationschritte gemäß (11.117) für $\varepsilon = 10^{-6}$, die tatsächlich festgestellte Zahl der Iterationschritte k_{eff} unter dem Abbruchkriterium $\|\boldsymbol{r}^{(k)}\|_2/\|\boldsymbol{r}^{(0)}\|_2 \leq \varepsilon$, die zugehörige Rechenzeit t_{CG} sowie die entsprechenden Zahlen k_{SOR} und t_{SOR} zusammengestellt. Da der Residuenvektor im SOR-Verfahren nicht direkt verfügbar ist, wird hier als Abbruchkriterium $\|\boldsymbol{x}^{(k)} - \boldsymbol{x}^{(k-1)}\|_2 \leq \varepsilon$ verwendet.

Tab. 11.5 Konvergenzverhalten des CG-Verfahrens, Modellproblem.

N, M	n	$\kappa(\boldsymbol{A})$	k	k_{eff}	t_{CG}	k_{SOR}	t_{SOR}
10, 6	60	28	39	14	0.8	23	1.7
20,12	240	98	72	30	4.1	42	5.3
30,18	540	212	106	46	10.8	61	14.4
40,24	960	369	140	62	23.3	78	30.5
60,36	2160	811	207	94	74.3	118	98.2
80,48	3840	1424	274	125	171.8	155	226.1

Wegen (11.47) ist die Konditionszahl gegeben durch

$$\kappa(\boldsymbol{A}) = \left[\sin^2\left(\frac{N\pi}{2N+2}\right) + \sin^2\left(\frac{M\pi}{2M+2}\right)\right] \Big/ \left[\sin^2\left(\frac{\pi}{2N+2}\right) + \sin^2\left(\frac{\pi}{2M+2}\right)\right]$$

und nimmt bei Halbierung der Gitterweite h etwa um den Faktor vier zu, so dass sich dabei k verdoppelt. Die beobachteten Zahlen k_{eff} folgen diesem Gesetz, sind aber nur etwa halb so groß. Der Rechenaufwand steigt deshalb um den Faktor acht an. Dasselbe gilt für das SOR-Verfahren, wie auf Grund der Werte m_{SOR} in Tab. 11.1 zu erwarten ist.

Die Methode der konjugierten Gradienten löst die Gleichungssysteme mit geringerem Aufwand als das SOR-Verfahren. Für das CG-Verfahren spricht auch die Tatsache, dass kein Parameter gewählt werden muss, dass es problemlos auf allgemeine symmetrisch positiv definite Systeme anwendbar ist und dass die Konvergenz noch verbessert werden kann, wie wir im nächsten Abschnitt sehen werden. △

11.4.4 Vorkonditionierung

Das Ziel, die Konvergenzeigenschaften der CG-Methode durch Reduktion der Konditionszahl $\kappa(\boldsymbol{A})$ zu verbessern, erreicht man mit einer *Vorkonditionierung*, indem man das gegebene Gleichungssystem $\boldsymbol{A}\boldsymbol{x} = \boldsymbol{b}$, $\boldsymbol{A}$ symmetrisch und positiv definit, mit einer geeignet zu wählenden regulären Matrix $\boldsymbol{C} \in \mathbb{R}^{n,n}$ in die äquivalente Form überführt

$$\boldsymbol{C}^{-1}\boldsymbol{A}\boldsymbol{C}^{-T}\boldsymbol{C}^{T}\boldsymbol{x} = \boldsymbol{C}^{-1}\boldsymbol{b}. \tag{11.118}$$

Mit den neuen Größen

$$\tilde{\boldsymbol{A}} := \boldsymbol{C}^{-1}\boldsymbol{A}\boldsymbol{C}^{-T}, \qquad \tilde{\boldsymbol{x}} := \boldsymbol{C}^{T}\boldsymbol{x}, \qquad \tilde{\boldsymbol{b}} := \boldsymbol{C}^{-1}\boldsymbol{b} \tag{11.119}$$

lautet das transformierte Gleichungssystem

$$\tilde{\boldsymbol{A}}\tilde{\boldsymbol{x}} = \tilde{\boldsymbol{b}} \tag{11.120}$$

mit ebenfalls symmetrischer und positiv definiter Matrix $\tilde{\boldsymbol{A}}$, welche aus $\boldsymbol{A}$ durch eine *Kongruenztransformation* hervorgeht, so dass dadurch die Eigenwerte und damit die Konditionszahl mit günstigem $\boldsymbol{C}$ im beabsichtigten Sinn beeinflusst werden können. Eine zweckmäßige Festlegung von $\boldsymbol{C}$ muss

$$\kappa_2(\tilde{\boldsymbol{A}}) = \kappa_2(\boldsymbol{C}^{-1}\boldsymbol{A}\boldsymbol{C}^{-T}) \ll \kappa_2(\boldsymbol{A})$$

erreichen. Hierbei hilft die Feststellung, dass $\tilde{\boldsymbol{A}}$ *ähnlich* ist zur Matrix

$$\boldsymbol{K} := \boldsymbol{C}^{-T}\tilde{\boldsymbol{A}}\boldsymbol{C}^{T} = \boldsymbol{C}^{-T}\boldsymbol{C}^{-1}\boldsymbol{A} = (\boldsymbol{C}\boldsymbol{C}^{T})^{-1}\boldsymbol{A} =: \boldsymbol{M}^{-1}\boldsymbol{A}. \tag{11.121}$$

Die symmetrische und positiv definite Matrix $\boldsymbol{M} := \boldsymbol{C}\boldsymbol{C}^T$ spielt die entscheidene Rolle, und man nennt sie die *Vorkonditionierungsmatrix*. Wegen der Ähnlichkeit von $\tilde{\boldsymbol{A}}$ und $\boldsymbol{K}$ gilt natürlich

$$\kappa_2(\tilde{\boldsymbol{A}}) = \lambda_{\max}(\boldsymbol{M}^{-1}\boldsymbol{A})/\lambda_{\min}(\boldsymbol{M}^{-1}\boldsymbol{A}).$$

Mit $\boldsymbol{M} = \boldsymbol{A}$ hätte man $\kappa_2(\tilde{\boldsymbol{A}}) = \kappa_2(\boldsymbol{I}) = 1$. Doch ist diese Wahl nicht sinnvoll, denn mit der Cholesky-Zerlegung $\boldsymbol{A} = \boldsymbol{C}\boldsymbol{C}^T$, wo $\boldsymbol{C}$ eine Linksdreiecksmatrix ist, wäre das Gleichungssystem direkt lösbar, aber das ist für großes n problematisch. Jedenfalls soll $\boldsymbol{M}$ eine Approximation von $\boldsymbol{A}$ sein, womöglich unter Beachtung der schwachen Besetzung der Matrix $\boldsymbol{A}$.

Der CG-Algorithmus (11.96) für das vorkonditonierte Gleichungssystem (11.120) lautet bei vorgegebener Matrix $\boldsymbol{C}$ wie folgt:

Start: Wahl von $\tilde{\boldsymbol{x}}^{(0)}$; $\tilde{\boldsymbol{r}}^{(0)} = \tilde{\boldsymbol{A}}\tilde{\boldsymbol{x}}^{(0)} - \tilde{\boldsymbol{b}}$; $\tilde{\boldsymbol{p}}^{(1)} = -\tilde{\boldsymbol{r}}^{(0)}$;

Iteration $k = 1, 2, 3, \ldots$:

$$\text{Falls } k > 1: \left\{ \begin{array}{rcl} \tilde{e}_{k-1} & = & (\tilde{\boldsymbol{r}}^{(k-1)}, \tilde{\boldsymbol{r}}^{(k-1)})/(\tilde{\boldsymbol{r}}^{(k-2)}, \tilde{\boldsymbol{r}}^{(k-2)}) \\ \tilde{\boldsymbol{p}}^{(k)} & = & -\tilde{\boldsymbol{r}}^{(k-1)} + \tilde{e}_{k-1}\tilde{\boldsymbol{p}}^{(k-1)} \end{array} \right.$$

$$\tilde{\boldsymbol{z}} = \tilde{\boldsymbol{A}}\tilde{\boldsymbol{p}}^{(k)} \tag{11.122}$$

$$\tilde{q}_k = (\tilde{\boldsymbol{r}}^{(k-1)}, \tilde{\boldsymbol{r}}^{(k-1)})/(\tilde{\boldsymbol{p}}^{(k)}, \tilde{\boldsymbol{z}})$$

$$\tilde{\boldsymbol{x}}^{(k)} = \tilde{\boldsymbol{x}}^{(k-1)} + \tilde{q}_k \tilde{\boldsymbol{p}}^{(k)}; \quad \tilde{\boldsymbol{r}}^{(k)} = \tilde{\boldsymbol{r}}^{(k-1)} + \tilde{q}_k \tilde{\boldsymbol{z}}$$

Test auf Konvergenz

Im Prinzip kann der CG-Algorithmus in der Form (11.122) auf der Basis der Matrix $\tilde{\boldsymbol{A}}$ durchgeführt werden. Neben der Berechnung von $\tilde{\boldsymbol{b}}$ als Lösung von $\boldsymbol{C}\tilde{\boldsymbol{b}} = \boldsymbol{b}$ ist die Multiplikation $\tilde{\boldsymbol{z}} = \tilde{\boldsymbol{A}}\tilde{\boldsymbol{p}}^{(k)} = \boldsymbol{C}^{-1}\boldsymbol{A}\boldsymbol{C}^{-T}\tilde{\boldsymbol{p}}^{(k)}$ in drei Teilschritten zu realisieren. Erstens ist ein Gleichungssystem mit $\boldsymbol{C}^T$ zu lösen, zweitens ist die Matrixmultiplikation mit $\boldsymbol{A}$ auszuführen und schließlich ist noch ein Gleichungssystem mit $\boldsymbol{C}$ zu lösen. Am Schluss ist aus der resultierenden Näherung $\tilde{\boldsymbol{x}}^{(k)}$ die Näherungslösung $\boldsymbol{x}^{(k)}$ des gegebenen Systems aus $\boldsymbol{C}^T\boldsymbol{x}^{(k)} = \tilde{\boldsymbol{x}}^{(k)}$ zu ermitteln.

Zweckmäßiger ist es, den Algorithmus (11.122) neu so zu formulieren, dass mit den gegebenen Größen gearbeitet wird und dass eine Folge von iterierten Vektoren $\boldsymbol{x}^{(k)}$ erzeugt wird, welche Näherungen der gesuchten Lösung $\boldsymbol{x}$ sind. Die Vorkonditionierung wird gewissermaßen *implizit* angewandt.

Wegen (11.119) und (11.120) gelten die Relationen

$$\tilde{\boldsymbol{x}}^{(k)} = \boldsymbol{C}^T\boldsymbol{x}^{(k)}, \qquad \tilde{\boldsymbol{r}}^{(k)} = \boldsymbol{C}^{-1}\boldsymbol{r}^{(k)}. \tag{11.123}$$

Da der Richtungsvektor $\tilde{\boldsymbol{p}}^{(k)}$ mit Hilfe des Residuenvektors $\tilde{\boldsymbol{r}}^{(k-1)}$ gebildet wird, führen wir die Hilfsvektoren $\boldsymbol{s}^{(k)} := \boldsymbol{C}\tilde{\boldsymbol{p}}^{(k)}$ ein, womit wir zum Ausdruck bringen, dass die $\boldsymbol{s}^{(k)}$ nicht mit den Richtungsvektoren $\boldsymbol{p}^{(k)}$ des nicht-vorkonditionierten CG-Algorithmus identisch zu sein brauchen. Aus der Rekursionsformel für die iterierten Vektoren $\tilde{\boldsymbol{x}}^{(k)}$ ergibt sich so

$$\boldsymbol{C}^T\boldsymbol{x}^{(k)} = \boldsymbol{C}^T\boldsymbol{x}^{(k-1)} + \tilde{q}_k\boldsymbol{C}^{-1}\boldsymbol{s}^{(k)}$$

und nach Multiplikationen mit $\boldsymbol{C}^{-T}$ von links

$$\boldsymbol{x}^{(k)} = \boldsymbol{x}^{(k-1)} + \tilde{q}_k(\boldsymbol{M}^{-1}\boldsymbol{s}^{(k)}).$$

Desgleichen erhalten wir aus der Rekursionsformel der Residuenvektoren

$$\boldsymbol{C}^{-1}\boldsymbol{r}^{(k)} = \boldsymbol{C}^{-1}\boldsymbol{r}^{(k-1)} + \tilde{q}_k\boldsymbol{C}^{-1}\boldsymbol{A}\boldsymbol{C}^{-T}\boldsymbol{C}^{-1}\boldsymbol{s}^{(k)}$$

nach Multiplikation von links mit $\boldsymbol{C}$

$$\boldsymbol{r}^{(k)} = \boldsymbol{r}^{(k-1)} + \tilde{q}_k\boldsymbol{A}(\boldsymbol{M}^{-1}\boldsymbol{s}^{(k)}).$$

In beiden Beziehungen treten die Vektoren

$$\boldsymbol{M}^{-1}\boldsymbol{s}^{(k)} =: \boldsymbol{g}^{(k)} \tag{11.124}$$

auf, mit denen für $\boldsymbol{x}^{(k)}$ und $\boldsymbol{r}^{(k)}$ einfachere Formeln resultieren. Aber auch aus den Definitionsgleichungen für die Richtungsvektoren in (11.122)

$$\tilde{\boldsymbol{p}}^{(k)} = -\tilde{\boldsymbol{r}}^{(k-1)} + \tilde{e}_{k-1}\tilde{\boldsymbol{p}}^{(k-1)} \quad \text{mit} \quad \tilde{e}_{k-1} = (\tilde{\boldsymbol{r}}^{(k-1)}, \tilde{\boldsymbol{r}}^{(k-1)})/(\tilde{\boldsymbol{r}}^{(k-2)}, \tilde{\boldsymbol{r}}^{(k-2)})$$

ergibt sich nach Substitution der Größen und Multiplikation von links mit $\boldsymbol{C}^{-T}$

$$\boldsymbol{M}^{-1}\boldsymbol{s}^{(k)} = -\boldsymbol{M}^{-1}\boldsymbol{r}^{(k-1)} + \tilde{e}_{k-1}\boldsymbol{M}^{-1}\boldsymbol{s}^{(k-1)}.$$

Mit der weiteren Definition

$$\boldsymbol{M}^{-1}\boldsymbol{r}^{(k)} =: \boldsymbol{\varrho}^{(k)} \tag{11.125}$$

wird die letzte Beziehung zu

$$\boldsymbol{g}^{(k)} = -\boldsymbol{\varrho}^{(k-1)} + \tilde{e}_{k-1}\boldsymbol{g}^{(k-1)}. \tag{11.126}$$

Dies ist die Ersatzgleichung für die Richtungsvektoren $\tilde{\boldsymbol{p}}^{(k)}$, die durch die $\boldsymbol{g}^{(k)}$ ersetzt werden. Schließlich lassen sich die Skalarprodukte in (11.122) durch die neuen Größen wie folgt darstellen:

$$\begin{aligned}
(\tilde{\boldsymbol{r}}^{(k)}, \tilde{\boldsymbol{r}}^{(k)}) &= (\boldsymbol{C}^{-1}\boldsymbol{r}^{(k)}, \boldsymbol{C}^{-1}\boldsymbol{r}^{(k)}) = (\boldsymbol{r}^{(k)}, \boldsymbol{M}^{-1}\boldsymbol{r}^{(k)}) = (\boldsymbol{r}^{(k)}, \boldsymbol{\varrho}^{(k)})\\
(\tilde{\boldsymbol{p}}^{(k)}, \tilde{\boldsymbol{z}}) &= (\boldsymbol{C}^{-1}\boldsymbol{s}^{(k)}, \boldsymbol{C}^{-1}\boldsymbol{A}\boldsymbol{C}^{-T}\boldsymbol{C}^{-1}\boldsymbol{s}^{(k)})\\
&= (\boldsymbol{M}^{-1}\boldsymbol{s}^{(k)}, \boldsymbol{A}\boldsymbol{M}^{-1}\boldsymbol{s}^{(k)}) = (\boldsymbol{g}^{(k)}, \boldsymbol{A}\boldsymbol{g}^{(k)})
\end{aligned}$$

Für den Start des Algorithmus wird noch $\boldsymbol{g}^{(1)}$ anstelle von $\tilde{\boldsymbol{p}}^{(1)}$ benötigt. Dafür ergibt sich

$$\begin{aligned}
\boldsymbol{g}^{(1)} &= \boldsymbol{M}^{-1}\boldsymbol{s}^{(1)} = \boldsymbol{C}^{-T}\tilde{\boldsymbol{p}}^{(1)} = -\boldsymbol{C}^{-T}\tilde{\boldsymbol{r}}^{(0)} = -\boldsymbol{C}^{-T}\boldsymbol{C}^{-1}\boldsymbol{r}^{(0)}\\
&= -\boldsymbol{M}^{-1}\boldsymbol{r}^{(0)} = -\boldsymbol{\varrho}^{(0)}.
\end{aligned}$$

Dieser Vektor muss als Lösung eines Gleichungssystems bestimmt werden. Ein System mit $\boldsymbol{M}$ als Koeffizientenmatrix muss in jedem PCG-Schritt aufgelöst werden. Wird das im Algorithmus berücksichtig und außerdem die Fallunterscheidung für $k = 1$ durch Hilfsgrößen eliminiert, so ergibt sich der folgende *PCG-Algorithmus*:

$$\begin{array}{|l|}\hline \textit{Start:}\ \text{Festsetzung von } \boldsymbol{M};\ \text{Wahl von } \boldsymbol{x}^{(0)}; \\ \quad \boldsymbol{r}^{(0)} = \boldsymbol{A}\boldsymbol{x}^{(0)} - \boldsymbol{b};\ \zeta_a = 1;\ \boldsymbol{g}^{(0)} = \boldsymbol{0}; \\ \textit{Iteration}\ \ k = 1, 2, 3, \ldots : \\ \quad \boldsymbol{M}\boldsymbol{\varrho}^{(k-1)} = \boldsymbol{r}^{(k-1)}\ (\to \boldsymbol{\varrho}^{(k-1)}) \\ \quad \zeta = (\boldsymbol{r}^{(k-1)}, \boldsymbol{\varrho}^{(k-1)});\ \tilde{e}_{k-1} = \zeta/\zeta_a \\ \quad \boldsymbol{g}^{(k)} = -\boldsymbol{\varrho}^{(k-1)} + \tilde{e}_{k-1}\boldsymbol{g}^{(k-1)} \\ \quad \boldsymbol{z} = \boldsymbol{A}\boldsymbol{g}^{(k)} \\ \quad \tilde{q}_k = \zeta/(\boldsymbol{g}^{(k)}, \boldsymbol{z});\ \zeta_a = \zeta; \\ \quad \boldsymbol{x}^{(k)} = \boldsymbol{x}^{(k-1)} + \tilde{q}_k\boldsymbol{g}^{(k)};\ \boldsymbol{r}^{(k)} = \boldsymbol{r}^{(k-1)} + \tilde{q}_k\boldsymbol{z}; \\ \quad \text{Test auf Konvergenz} \\ \hline \end{array} \tag{11.127}$$

Die Matrix $\boldsymbol{C}$, von der wir ursprünglich ausgegangen sind, tritt im PCG-Algorithmus (11.127) nicht mehr auf, sondern nur noch die symmetrische positiv definite Vorkonditionierungsmatrix $\boldsymbol{M}$. Im Vergleich zum normalen CG-Algorithmus (11.96) erfordert jetzt jeder Iterationsschritt die Auflösung des linearen Gleichungssystems $\boldsymbol{M}\boldsymbol{\varrho} = \boldsymbol{r}$ nach $\boldsymbol{\varrho}$ als so genannten *Vorkonditionierungsschritt*. Die Matrix $\boldsymbol{M}$ muss unter dem Gesichtspunkt gewählt werden, dass dieser zusätzliche Aufwand im Verhältnis zur Konvergenzverbesserung nicht zu hoch ist. Deshalb kommen in erster Linie Matrizen $\boldsymbol{M} = \boldsymbol{C}\boldsymbol{C}^T$ in Betracht, welche sich als Produkt einer schwach besetzen Linksdreiecksmatrix $\boldsymbol{C}$ und ihrer Transponierten darstellen. Die Prozesse der Vorwärts- und Rücksubstitution werden, zumindest auf Skalarrechnern, effizient durchführbar. Hat $\boldsymbol{C}$ die gleiche Besetzungsstruktur wie die untere Hälfte von $\boldsymbol{A}$, dann ist das Auflösen von $\boldsymbol{M}\boldsymbol{\varrho} = \boldsymbol{r}$ praktisch gleich aufwändig wie eine Matrix-Vektor-Multiplikation $\boldsymbol{z} = \boldsymbol{A}\boldsymbol{g}$. Der Rechenaufwand pro Iterationsschritt des vorkonditionierten CG-Algorithmus (11.127) verdoppelt sich etwa im Vergleich zum Algorithmus (11.96). Die einfachste, am wenigsten Mehraufwand erfordernde Wahl von $\boldsymbol{M}$ besteht darin, $\boldsymbol{M} := \operatorname{diag}(a_{11}, a_{22}, \ldots, a_{nn})$ als Diagonalmatrix mit den positiven Diagonalelementen a_{ii} von $\boldsymbol{A}$ festzulegen. Der Vorkonditionierungsschritt erfordert dann nur n zusätzliche Operationen. Da in diesem Fall $\boldsymbol{C} = \operatorname{diag}(\sqrt{a_{11}}, \sqrt{a_{22}}, \ldots, \sqrt{a_{nn}})$ ist, so ist die vorkonditionierte Matrix $\tilde{\boldsymbol{A}}$ (11.119) gegeben durch

$$\tilde{\boldsymbol{A}} = \boldsymbol{C}^{-1}\boldsymbol{A}\boldsymbol{C}^{-T} = \boldsymbol{C}^{-1}\boldsymbol{A}\boldsymbol{C}^{-1} = \boldsymbol{E} + \boldsymbol{I} + \boldsymbol{F}, \quad \boldsymbol{F} = \boldsymbol{E}^T \tag{11.128}$$

wo $\boldsymbol{E}$ eine strikte untere Dreiecksmatrix bedeutet. Mit dieser Vorkonditionierungsmatrix $\boldsymbol{M}$ wir die Matrix $\boldsymbol{A}$ *skaliert*, derart dass die Diagonalelemente von $\tilde{\boldsymbol{A}}$ gleich Eins werden. Diese Skalierung hat in jenen Fällen, in denen die Diagonalelemente sehr unterschiedliche Größenordnung haben, oft eine starke Reduktion der Konditionszahl zur Folge. Für Gleichungssysteme, welche aus dem Differenzenverfahren oder der Methode der finiten Elemente mit linearen oder quadratischen Ansätzen für elliptische Randwertaufgaben resultieren, hat die Skalierung allerdings entweder keine oder nur eine minimale Verkleinerung der Konditionszahl zur Folge.

Für die beiden im Folgenden skizzierten Definitionen von Vorkonditionierungsmatrizen $\boldsymbol{M}$ wird vorausgesetzt, dass die Matrix $\boldsymbol{A}$ skaliert ist und die Gestalt (11.128) hat. Mit einem geeignet zu wählenden Parameter ω kann $\boldsymbol{M}$ wie folgt festgelegt werden [Eva 83, Axe 89]

$$\boldsymbol{M} := (\boldsymbol{I} + \omega \boldsymbol{E})(\boldsymbol{I} + \omega \boldsymbol{F}), \quad \text{also } \boldsymbol{C} := (\boldsymbol{I} + \omega \boldsymbol{E}). \tag{11.129}$$

$\boldsymbol{C}$ ist eine reguläre Linksdreiecksmatrix mit derselben Besetzungsstruktur wie die untere Hälfte von $\boldsymbol{A}$. Zu ihrer Festlegung wird kein zusätzlicher Speicherbedarf benötigt. Die Lösung von $\boldsymbol{M}\boldsymbol{\varrho} = \boldsymbol{r}$ erfolgt mit den beiden Teilschritten

$$(\boldsymbol{I} + \omega \boldsymbol{E})\boldsymbol{y} = \boldsymbol{r} \quad \text{und} \quad (\boldsymbol{I} + \omega \boldsymbol{F})\boldsymbol{\varrho} = \boldsymbol{y}. \tag{11.130}$$

Die Prozesse der Vorwärts- und Rücksubstitution (11.130) erfordern bei geschickter Beachtung des Faktors ω und der schwachen Besetzung von $\boldsymbol{E}$ und $\boldsymbol{F} = \boldsymbol{E}^T$ zusammen einen Aufwand von $(\gamma + 1)\, n$ wesentlichen Operationen mit γ wie in (11.97). Der Rechenaufwand eines Iterationsschrittes des vorkonditionierten CG-Algorithmus (11.127) beläuft sich auf etwa

$$Z_{\text{PCGS}} = (2\gamma + 6)\, n \tag{11.131}$$

multiplikative Operationen. Für eine bestimmte Klasse von Matrizen $\boldsymbol{A}$ kann gezeigt werden [Axe 84], dass bei optimaler Wahl von ω die Konditionszahl $\kappa(\tilde{\boldsymbol{A}})$ etwa gleich der Quadratwurzel von $\kappa(\boldsymbol{A})$ ist, so dass sich die Verdoppelung des Aufwandes pro Schritt wegen der starken Reduktion der Iterationszahl lohnt. Die Vorkonditionierungsmatrix $\boldsymbol{M}$ (11.129) stellt tatsächlich für $\omega \neq 0$ eine Approximation eines Vielfachen von $\boldsymbol{A}$ dar, denn es gilt

$$\boldsymbol{M} = \boldsymbol{I} + \omega \boldsymbol{E} + \omega \boldsymbol{F} + \omega^2 \boldsymbol{E}\boldsymbol{F} = \omega[\boldsymbol{A} + (\omega^{-1} - 1)\boldsymbol{I} + \omega \boldsymbol{E}\boldsymbol{F}],$$

und $(\omega^{-1} - 1)\boldsymbol{I} + \omega \boldsymbol{E}\boldsymbol{F}$ ist der Approximationsfehler. Die Abhängigkeit der Zahl der Iterationen von ω ist in der Gegend des optimalen Wertes nicht sehr empfindlich, da der zugehörige Graph ein flaches Minimum aufweist. Wegen dieses zur symmetrischen Überrelaxation (=SSOR-Methode) [Axe 84, Sch 72] analogen Verhaltens bezeichnen wir (11.127) mit der Vorkonditionierungsmatrix $\boldsymbol{M}$ (11.129) als SSORCG-Methode.

Eine andere Möglichkeit, die Matrix $\boldsymbol{M}$ zu definieren, besteht im Ansatz

$$\boldsymbol{M} := (\boldsymbol{D} + \boldsymbol{E})\boldsymbol{D}^{-1}(\boldsymbol{D} + \boldsymbol{F}), \tag{11.132}$$

wo $\boldsymbol{E}$ und $\boldsymbol{F}$ aus der skalierten Matrix $\boldsymbol{A}$ (11.128) übernommen werden und die Diagonalmatrix $\boldsymbol{D}$ mit positiven Diagonalelementen unter einer Zusatzbedingung zu ermitteln ist. Als Vorkonditionierungsmatrix für Differenzengleichungen von elliptischen Randwertaufgaben hat es sich als günstig erwiesen, $\boldsymbol{D}$ so festzulegen, dass entweder die Zeilensummen von $\boldsymbol{M}$ im Wesentlichen, d.h. bis auf ein additives $\alpha \geq 0$, mit denjenigen von $\boldsymbol{A}$ übereinstimmen oder dass einfacher die Diagonalelemente von $\boldsymbol{M}$ gleich $1 + \alpha$, $\alpha \geq 0$, sind. Die letztgenannte Forderung liefert nach einfacher Rechnung für die Diagonalelemente d_i von $\boldsymbol{D}$ die Rekursionsformel

$$d_i = 1 + \alpha - \sum_{k=1}^{i-1} a_{ik}^2 d_k^{-1}, \quad i = 1, 2, \ldots, n. \tag{11.133}$$

Der Wert α dient hauptsächlich dazu, in (11.133) die Bedingung $d_i > 0$ zu erfüllen. Neben den erwähnten Vorkondionierungsmatrizen $\boldsymbol{M}$ existieren viele weitere, den Problemstellungen oder den Aspekten einer Vektorisierung oder Parallelisierung auf modernen Rechenanlagen angepasste Definitionen. Zu nennen sind etwa die *partielle Cholesky-Zerlegung* von $\boldsymbol{A}$, bei welcher zur Gewinnung einer Linksdreiecksmatrix $\boldsymbol{C}$ der fill-in bei der Zerlegung entweder ganz oder nach bestimmten Gesetzen vernachlässigt wird [Axe 84, Eva 83, Gol 96b, Jen 77, Ker 78, Mei 77, Sch 91b]. Weiter existieren Vorschläge für $\boldsymbol{M}$, welche auf blockweisen Darstellungen von $\boldsymbol{A}$ und Gebietszerlegung basieren [Axe 85, Bra 86, Con 85, Cha 89]. Für Gleichungssysteme aus der Methode der finiten Elemente sind Varianten der Vorkonditionierung auf der Basis der Elementmatrizen vorgeschlagen worden [Bar 88a, Cri 86, Hug 83, NO 85]. Vorkonditionierungsmatrizen $\boldsymbol{M}$, welche mit Hilfe von so genannten *hierarchischen Basen* gewonnen werden, erweisen sich als äußerst konvergenzsteigernd [Yse 86, Yse 90]. Verschiedene andere Beiträge in dieser Richtung findet man etwa in [Axe 89, Axe 90, Bru 95].

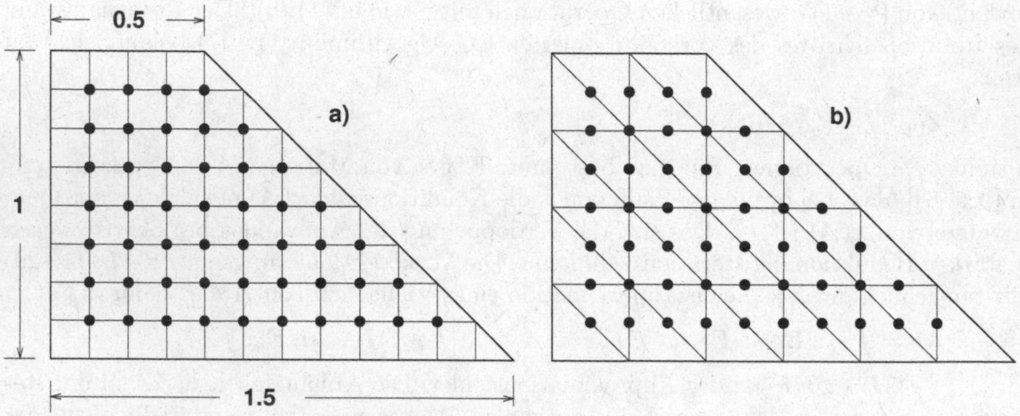

Abb. 11.19 a) Differenzengitter, b) Triangulierung für quadratische finite Elemente.

Beispiel 11.17. Zur Illustration der Vorkonditionierung mit der Matrix $\boldsymbol{M}$ (11.129) und der Abhängigkeit ihres Effektes von ω betrachten wir die elliptische Randwertaufgabe

$$\begin{aligned} -u_{xx} - u_{yy} &= 2 \quad \text{in } G, \\ u &= 0 \quad \text{auf } \Gamma, \end{aligned} \tag{11.134}$$

wo G das trapezförmige Gebiet in Abb. 11.19 darstellt und Γ sein Rand ist. Die Aufgabe wird sowohl mit dem Differenzenverfahren mit der Fünf-Punkte-Differenzenapproximation (11.1) als auch mit der Methode der finiten Elemente mit quadratischem Ansatz auf einem Dreiecksnetz behandelt, von denen in Abb. 11.19 a) und b) je ein Fall dargestellt sind. Wird die Kathetenlänge eines Dreieckelementes gleich der doppelten Gitterweite h des Gitters des Differenzenverfahrens gewählt, ergeben sich gleich viele Unbekannte in inneren Gitter- oder Knotenpunkten. In Tab. 11.6 sind für einige Gitterweiten h die Zahl n der Unbekannten, die Zahl k_{CG} der Iterationsschritte des CG-Verfahrens (11.96), der optimale Wert ω_{opt} des SSORCG-Verfahrens und die Zahl k_{PCG} der Iterationen des vorkonditionierten CG-Verfahrens für die beiden Methoden zusammengestellt. Die Iteration wurde abgebrochen, sobald $\|\boldsymbol{r}^{(k)}\|/\|\boldsymbol{r}^{(0)}\| \leq 10^{-6}$ erfüllt ist. Die angewandte Vorkonditionierung bringt die gewünschte Reduktion des Rechenaufwandes, die für feinere Diskretisierungen größer wird. Die Beispiele sind mit Programmen aus [Sch 91b] gerechnet worden.

In Abb. 11.20 ist die Anzahl der Iterationsschritte in Abhängigkeit von ω im Fall $h = 1/32$ beim Differenzenverfahren dargestellt. $\omega = 0$ entspricht keiner Vorkonditionierung oder $\boldsymbol{M} = \boldsymbol{I}$. Das flache Minimum des Graphen ist deutlich. △

Tab. 11.6 Konvergenzverhalten bei Vorkonditionierung.

h^{-1}	n	Differenzenverfahren			finite Elemente		
		k_{CG}	ω_{opt}	k_{PCG}	k_{CG}	ω_{opt}	k_{PCG}
8	49	21	1.30	8	24	1.30	9
12	121	33	1.45	10	38	1.45	11
16	225	45	1.56	12	52	1.56	13
24	529	68	1.70	14	79	1.70	16
32	961	91	1.75	17	106	1.75	19
48	2209	137	1.83	21	161	1.83	23
64	3969	185	1.88	24	-	-	-

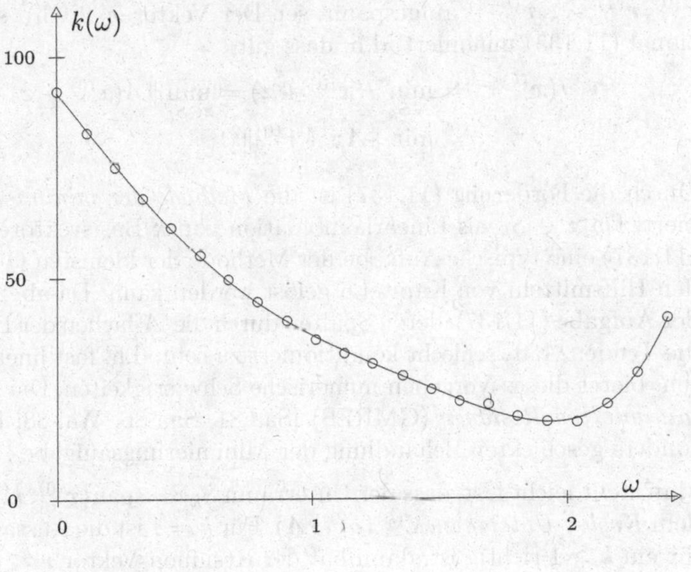

Abb. 11.20 Iterationszahl des SSORCG-Verfahrens.

11.5 Methode der verallgemeinerten minimierten Residuen

In diesem Abschnitt betrachten wir eine robuste, in vielen Fällen recht effiziente Methode zur iterativen Lösung von linearen Gleichungssystemen $\boldsymbol{A}\boldsymbol{x} = \boldsymbol{b}$ mit regulärer, schwach besetzter Matrix $\boldsymbol{A}$, die unsymmetrisch oder symmetrisch und indefinit sein kann. Wir wollen aber nach wie vor voraussetzen, dass die Diagonalelemente $a_{ii} \neq 0$ sind, obwohl dies für den grundlegenden Algorithmus nicht benötigt wird, aber für die die Konvergenz verbessernde Modifikation gebraucht wird.

11.5.1 Grundlagen des Verfahrens

Das Verfahren verwendet einige analoge Elemente wie die Methode der konjugierten Gradienten. In der betrachteten allgemeinen Situation mit $\boldsymbol{A} \neq \boldsymbol{A}^T$ oder $\boldsymbol{A}$ symmetrisch und indefinit ist die Lösung $\boldsymbol{x}$ von $\boldsymbol{Ax} = \boldsymbol{b}$ nicht mehr durch das Minimum der Funktion $F(\boldsymbol{v})$ (11.81) charakterisiert. Doch ist $\boldsymbol{x}$ unter allen Vektoren $\boldsymbol{w} \in \mathbb{R}^n$ der eindeutige Vektor, welcher das Quadrat der euklidischen *Residuen-Norm* zu null macht und folglich minimiert. Aus diesem Grund legen wir im Folgenden das zu minimierende Funktional

$$J(\boldsymbol{w}) := \|\boldsymbol{Aw} - \boldsymbol{b}\|_2^2 \quad \text{mit } J(\boldsymbol{x}) = \min_{\boldsymbol{w} \in \mathbb{R}^n} J(\boldsymbol{w}) = 0 \tag{11.135}$$

zu Grunde. In Analogie zum CG-Verfahren soll der k-te iterierte Vektor $\boldsymbol{x}^{(k)}$ die Darstellung

$$\boldsymbol{x}^{(k)} = \boldsymbol{x}^{(0)} + \boldsymbol{z} \tag{11.136}$$

besitzen, wo $\boldsymbol{z}$ einem Unterraum S_k angehören soll, dessen Dimension von Schritt zu Schritt zunimmt und wiederum durch die sukzessiv sich ergebenden Residuen-Vektoren $\boldsymbol{r}^{(0)}, \boldsymbol{r}^{(1)}, \ldots, \boldsymbol{r}^{(k-1)}$ aufgespannt sei. Der Vektor $\boldsymbol{x}^{(k)}$ wird so bestimmt, dass er das Funktional (11.135) minimiert, d.h. dass gilt

$$\begin{aligned} J(\boldsymbol{x}^{(k)}) &= \min_{z \in S_k} J(\boldsymbol{x}^{(0)} + \boldsymbol{z}) = \min_{z \in S_k} \|\boldsymbol{A}(\boldsymbol{x}^{(0)} + \boldsymbol{z}) - \boldsymbol{b}\|_2^2 \\ &= \min_{z \in S_k} \|\boldsymbol{Az} + \boldsymbol{r}^{(0)}\|_2^2. \end{aligned} \tag{11.137}$$

Durch die Forderung (11.137) ist die *Methode der minimierten Residuen* (MINRES) definiert. Da $\boldsymbol{z} \in S_k$ als Linearkombination von k Basisvektoren von S_k darstellbar ist, stellt (11.137) eine typische Aufgabe der Methode der kleinsten Quadrate dar, die im Prinzip mit den Hilfsmitteln von Kapitel 6 gelöst werden kann. Da aber die Fehlergleichungsmatrix $\boldsymbol{C}$ der Aufgabe (11.137), deren Spalten durch die $\boldsymbol{A}$-fachen der Basisvektoren $\boldsymbol{r}^{(i)}$ gegeben sind, die Tendenz hat, schlecht konditioniert zu sein, d.h. fast linear abhängige Spalten aufzuweisen, bietet dieses Vorgehen numerische Schwierigkeiten. Die *Methode der verallgemeinerten minimierten Residuen* (GMRES) [Saa 81, Saa 86, Wal 88] besteht in einer numerisch besonders geschickten Behandlung der Minimierungsaufgabe (11.137).

Man stellt leicht fest, dass der Unterraum $S_k := \operatorname{span}\{\boldsymbol{r}^{(0)}, \boldsymbol{r}^{(1)}, \ldots, \boldsymbol{r}^{(k-1)}\}$ identisch ist mit dem *Krylov-Unterraum* $\mathcal{K}^{(k)}(\boldsymbol{r}^{(0)}, \boldsymbol{A})$. Für $k = 1$ ist die Aussage trivial. Falls die Behauptung für ein $k \geq 1$ richtig ist, dann hat der Residuen-Vektor $\boldsymbol{r}^{(k)}$ die Darstellung

$$\boldsymbol{r}^{(k)} = \boldsymbol{r}^{(0)} + \boldsymbol{Az} = \boldsymbol{r}^{(0)} + \sum_{i=1}^{k} c_i(\boldsymbol{A}^i \boldsymbol{r}^{(0)}), \tag{11.138}$$

weil $z \in S_k = \mathcal{K}^{(k)}(\boldsymbol{r}^{0)}, \boldsymbol{A})$, wobei die Koeffizienten c_i durch die Minimierungsaufgabe (11.137) bestimmt sind. Wegen (11.138) ist

$$\boldsymbol{r}^{(k)} \in \mathcal{K}^{(k+1)}(\boldsymbol{r}^{(0)}, \boldsymbol{A}) = \operatorname{span}\{\boldsymbol{r}^{(0)}, \boldsymbol{Ar}^{(0)}, \ldots, \boldsymbol{A}^k \boldsymbol{r}^{(0)}\},$$

und folglich gilt

$$S_k := \operatorname{span}\{\boldsymbol{r}^{(0)}, \boldsymbol{r}^{(1)}, \ldots, \boldsymbol{r}^{(k-1)}\} = \mathcal{K}^{(k)}(\boldsymbol{r}^{(0)}, \boldsymbol{A}). \tag{11.139}$$

Um die Minimierungsaufgabe (11.137) bezüglich des Krylov-Unterraumes $\mathcal{K}^{(k)}(\boldsymbol{r}^{(0)}, \boldsymbol{A})$ numerisch sicher zu behandeln, ist es zweckmäßig, in der Folge von Krylov-Unterräumen sukzessive eine orthonormierte Basis zu konstruieren. Dies erfolgt mit Hilfe des Schmidtschen

Orthogonalisierungsprozesses. Im ersten Schritt wird der Startvektor $\boldsymbol{r}^{(0)}$ normiert zum ersten Basisvektor $\boldsymbol{v}_1$ gemäß

$$\beta := \|\boldsymbol{r}^{(0)}\|_2, \quad \boldsymbol{v}_1 := \boldsymbol{r}^{(0)}/\beta \quad \text{oder} \quad \boldsymbol{r}^{(0)} = \beta\boldsymbol{v}_1. \tag{11.140}$$

Im zweiten Schritt wird anstelle des Vektors $\boldsymbol{A}\boldsymbol{r}^{(0)}$ der dazu äquivalente Vektor $\boldsymbol{A}\boldsymbol{v}_1$ zur Konstruktion des zweiten Basisvektors $\boldsymbol{v}_2$ verwendet. Der Orthonormierungsschritt besteht aus den beiden Teilschritten

$$\hat{\boldsymbol{v}}_2 := \boldsymbol{A}\boldsymbol{v}_1 - (\boldsymbol{v}_1, \boldsymbol{A}\boldsymbol{v}_1)\boldsymbol{v}_1 = \boldsymbol{A}\boldsymbol{v}_1 - h_{11}\boldsymbol{v}_1, \quad h_{11} := (\boldsymbol{v}_1, \boldsymbol{A}\boldsymbol{v}_1), \tag{11.141}$$

$$h_{21} := \|\hat{\boldsymbol{v}}_2\|_2, \quad \boldsymbol{v}_2 := \hat{\boldsymbol{v}}_2/h_{21}. \tag{11.142}$$

Wir setzen hier und im Folgenden stillschweigend voraus, dass die Normierungskonstanten von null verschieden sind. Wir werden später die Bedeutung des Ausnahmefalles analysieren. Weiter halten wir für spätere Zwecke die aus (11.141) und (11.142) folgende Relation zwischen den Basisvektoren $\boldsymbol{v}_1$ und $\boldsymbol{v}_2$ fest:

$$\boldsymbol{A}\boldsymbol{v}_1 = h_{11}\boldsymbol{v}_1 + h_{21}\boldsymbol{v}_2. \tag{11.143}$$

Der Vektor $\boldsymbol{z} \in S_2 = \mathcal{K}^{(2)}(\boldsymbol{r}^{(0)}, \boldsymbol{A}) = \mathcal{K}^{(2)}(\boldsymbol{v}_1, \boldsymbol{A})$ kann im zweiten Schritt des Minimierungsverfahrens (11.137) als Linearkombination der beiden Basisvektoren $\boldsymbol{v}_1$ und $\boldsymbol{v}_2$ dargestellt werden, und für den Residuen-Vektor $\boldsymbol{r}^{(2)}$ ergibt sich so

$$\boldsymbol{r}^{(2)} = \boldsymbol{A}(c_1\boldsymbol{v}_1 + c_2\boldsymbol{v}_2) + \boldsymbol{r}^{(0)} = \beta\boldsymbol{v}_1 + c_1\boldsymbol{A}\boldsymbol{v}_1 + c_2\boldsymbol{A}\boldsymbol{v}_2.$$

Da $\boldsymbol{v}_1, \boldsymbol{A}\boldsymbol{v} \in \mathcal{K}^{(2)}(\boldsymbol{v}_1, \boldsymbol{A})$, aber $\boldsymbol{r}^{(2)} \in \mathcal{K}^{(3)}(\boldsymbol{v}_1, \boldsymbol{A})$ gilt, bedeutet dies, dass der Vektor $\boldsymbol{A}\boldsymbol{v}_2$ zur Konstruktion des dritten orthonormierten Basisvektors $\boldsymbol{v}_3$ verwendet werden kann. Der betreffende Orthonormierungsschritt lautet somit

$$h_{12} := (\boldsymbol{v}_1, \boldsymbol{A}\boldsymbol{v}_2), \quad h_{22} := (\boldsymbol{v}_2, \boldsymbol{A}\boldsymbol{v}_2), \tag{11.144}$$

$$\hat{\boldsymbol{v}}_3 := \boldsymbol{A}\boldsymbol{v}_2 - h_{12}\boldsymbol{v}_1 - h_{22}\boldsymbol{v}_2, \tag{11.145}$$

$$h_{32} := \|\hat{\boldsymbol{v}}_3\|_2, \quad \boldsymbol{v}_3 := \hat{\boldsymbol{v}}_3/h_{32}. \tag{11.146}$$

Daraus folgt die weitere Relation zwischen den ersten drei Basisvektoren

$$\boldsymbol{A}\boldsymbol{v}_2 = h_{12}\boldsymbol{v}_1 + h_{22}\boldsymbol{v}_2 + h_{32}\boldsymbol{v}_3. \tag{11.147}$$

Die Verallgemeinerung auf den $(k+1)$-ten Orthogonalisierungsschritt liegt jetzt auf der Hand. Wegen der Darstellung des Residuen-Vektors

$$\boldsymbol{r}^{(k)} = \boldsymbol{A}\left(\sum_{i=1}^{k} c_i\boldsymbol{v}_i\right) + \boldsymbol{r}^{(0)} = \beta\boldsymbol{v}_1 + \sum_{i=1}^{k-1} c_i(\boldsymbol{A}\boldsymbol{v}_i) + c_k\boldsymbol{A}\boldsymbol{v}_k$$

ist es gleichwertig, anstelle von $\boldsymbol{r}^{(k)}$ den Vektor $\boldsymbol{A}\boldsymbol{v}_k$ gegen $\boldsymbol{v}_1, \boldsymbol{v}_2, \ldots, \boldsymbol{v}_k$ zu orthonormieren, weil der erste Anteil Element des Krylov-Unterraumes $\mathcal{K}^{(k)}(\boldsymbol{v}_1, \boldsymbol{A})$ ist. Deshalb beschreibt sich die Berechnung von $\boldsymbol{v}_{k+1}$ wie folgt:

$$h_{ik} := (\boldsymbol{v}_i, \boldsymbol{A}\boldsymbol{v}_k), \quad i = 1, 2, \ldots, k, \tag{11.148}$$

$$\hat{\boldsymbol{v}}_{k+1} := \boldsymbol{A}\boldsymbol{v}_k - \sum_{i=1}^{k} h_{ik}\boldsymbol{v}_i \tag{11.149}$$

$$h_{k+1,k} := \|\hat{\boldsymbol{v}}_{k+1}\|_2, \quad \boldsymbol{v}_{k+1} := \hat{\boldsymbol{v}}_{k+1}/h_{k+1,k} \tag{11.150}$$

Allgemein gilt die Relation zwischen den Basisvektoren

$$\boldsymbol{A}\boldsymbol{v}_k = \sum_{i=1}^{k+1} h_{ik}\boldsymbol{v}_i, \quad k = 1,2,3,\ldots. \tag{11.151}$$

Mit den ersten k Basisvektoren $\boldsymbol{v}_1, \boldsymbol{v}_2, \ldots, \boldsymbol{v}_k \in \mathcal{K}^{(k)}(\boldsymbol{v}_1, \boldsymbol{A})$ bilden wir einerseits die Matrix

$$\boldsymbol{V}_k := (\boldsymbol{v}_1, \boldsymbol{v}_2, \ldots, \boldsymbol{v}_k) \in \mathbb{R}^{n,k} \quad \text{mit } \boldsymbol{V}_k^T\boldsymbol{V}_k = \boldsymbol{I}_k \tag{11.152}$$

und andererseits mit den beim Orthogonalisierungsprozess anfallenden Konstanten h_{ij} die Matrix

$$\boldsymbol{H}_k := \begin{pmatrix} h_{11} & h_{12} & h_{13} & \cdots & h_{1k} \\ h_{21} & h_{22} & h_{23} & \cdots & h_{2k} \\ 0 & h_{32} & h_{33} & \cdots & h_{3k} \\ 0 & 0 & h_{43} & \cdots & h_{4k} \\ \vdots & \vdots & \ddots & \ddots & \vdots \\ 0 & 0 & \cdots & 0 & h_{k+1,k} \end{pmatrix} \in \mathbb{R}^{(k+1),k}. \tag{11.153}$$

Die Relationen (11.151) sind damit äquivalent zu

$$\boldsymbol{A}\boldsymbol{V}_k = \boldsymbol{V}_{k+1}\boldsymbol{H}_k, \quad k = 1,2,3,\ldots. \tag{11.154}$$

Nach dieser Vorbereitung kehren wir zurück zur Minimierungsaufgabe (11.137) im k-ten Iterationsschritt. Wegen $\boldsymbol{z} \in S_k = \mathcal{K}^{(k)}(\boldsymbol{v}_1, \boldsymbol{A})$ kann dieser Vektor mit $\boldsymbol{V}_k$ und einem Vektor $\boldsymbol{c} \in \mathbb{R}^k$ dargestellt werden als

$$\boldsymbol{z} = \boldsymbol{V}_k\boldsymbol{c}. \tag{11.155}$$

Das zu minimierende Funktional lautet damit, wenn (11.154), (11.140), dann $\boldsymbol{v}_1 = \boldsymbol{V}_{k+1}\boldsymbol{e}_1$ mit $\boldsymbol{e}_1 = (1,0,0,\ldots,0)^T \in \mathbb{R}^{k+1}$ und schließlich die Tatsache benutzt wird, dass die Spaltenvektoren von $\boldsymbol{V}_{k+1}$ orthonormiert sind,

$$\begin{aligned} \|\boldsymbol{A}\boldsymbol{z} + \boldsymbol{r}^{(0)}\|_2^2 &= \|\boldsymbol{A}\boldsymbol{V}_k\boldsymbol{c} + \boldsymbol{r}^{(0)}\|_2^2 = \|\boldsymbol{V}_{k+1}\boldsymbol{H}_k\boldsymbol{c} + \beta\boldsymbol{v}_1\|_2^2 \\ &= \|\boldsymbol{V}_{k+1}(\boldsymbol{H}_k\boldsymbol{c} + \beta\boldsymbol{e}_1)\|_2^2 = \|\boldsymbol{H}_k\boldsymbol{c} + \beta\boldsymbol{e}_1\|_2^2. \end{aligned} \tag{11.156}$$

Der Vektor $\boldsymbol{c}$ ist somit Lösung des Fehlergleichungssystems

$$\boldsymbol{H}_k\boldsymbol{c} + \beta\boldsymbol{e}_1 = \boldsymbol{f} \tag{11.157}$$

nach der Methode der kleinsten Quadrate, und das Quadrat der Norm des Residuen-Vektors $\boldsymbol{r}^{(k)}$ ist gleich dem minimalen Längenquadrat des Fehlervektors $\boldsymbol{f}$, d.h. es gilt

$$\|\boldsymbol{r}^{(k)}\|_2^2 = \|\boldsymbol{f}\|_2^2. \tag{11.158}$$

Das zu behandelnde Fehlergleichungssystem (11.157) hat für $k = 4$ die Gestalt

$$\begin{array}{rcl} h_{11}c_1 + h_{12}c_2 + h_{13}c_3 + h_{14}c_4 & +\beta = & f_1 \\ h_{21}c_1 + h_{22}c_2 + h_{23}c_3 + h_{24}c_4 & = & f_2 \\ h_{32}c_2 + h_{33}c_3 + h_{34}c_4 & = & f_3 \\ h_{43}c_3 + h_{44}c_4 & = & f_4 \\ h_{54}c_4 & = & f_5 \end{array} \tag{11.159}$$

Es wird effizient mit der Methode der Orthogonaltransformation vermittels Givens-Transformationen nach Abschnitt 6.2.1 behandelt unter Beachtung der speziellen Struktur.

Die Grundidee der Methode der verallgemeinerten minimierten Residuen ist damit vollständig beschrieben. Es wird sukzessive die orthonormierte Basis in der Folge der Krylov-Unterräume $\mathcal{K}^{(k)}(\boldsymbol{v}_1, \boldsymbol{A})$ aufgebaut, in jedem Schritt das Fehlergleichungssystem (11.157) nach $\boldsymbol{c} \in \mathbb{R}^k$ gelöst, womit durch den Vektor $\boldsymbol{z} = \boldsymbol{V}_k\boldsymbol{c}$ der iterierte Vektor $\boldsymbol{x}^{(k)}$ (11.136) mit dem zugehörigen minimalen Residuen-Vektor $\boldsymbol{r}^{(k)}$ festgelegt ist.

11.5.2 Algorithmische Beschreibung und Eigenschaften

Die praktische Durchführung der QR-Zerlegung der Matrix $\boldsymbol{H}_k = \boldsymbol{Q}_k\hat{\boldsymbol{R}}_k$ (6.24) zur Lösung der Fehlergleichungen (11.157) vereinfacht sich ganz wesentlich infolge der speziellen Struktur von $\boldsymbol{H}_k$. Zur Elimination der k Matrixelemente $h_{21}, h_{32}, \ldots, h_{k+1,k}$ wird nur die sukzessive Multiplikation von $\boldsymbol{H}_k$ von links mit den k Rotationsmatrizen $\boldsymbol{U}_1^T, \boldsymbol{U}_2^T, \ldots, \boldsymbol{U}_k^T$ benötigt, wo $\boldsymbol{U}_i^T$ durch das Rotationsindexpaar $(i, i+1)$ mit geeignet gewähltem Winkel φ festgelegt ist. Die orthogonale Transformation von (11.157) ergibt mit

$$\boldsymbol{Q}_k^T := \boldsymbol{U}_k^T\boldsymbol{U}_{k-1}^T \ldots \boldsymbol{U}_2^T\boldsymbol{U}_1^T : \qquad \boldsymbol{Q}_k^T\boldsymbol{H}_k\boldsymbol{c}_k + \beta\boldsymbol{Q}_k^T\boldsymbol{e}_1 = \boldsymbol{Q}_k^T\boldsymbol{f}$$

oder

$$\hat{\boldsymbol{R}}_k\boldsymbol{c}_k + \hat{\boldsymbol{d}}_k = \hat{\boldsymbol{f}} \tag{11.160}$$

mit

$$\hat{\boldsymbol{R}}_k = \begin{pmatrix} \boldsymbol{R}_k \\ \boldsymbol{0}^T \end{pmatrix} \in \mathbb{R}^{(k+1),k}, \qquad \hat{\boldsymbol{d}}_k = \begin{pmatrix} \boldsymbol{d}_k \\ \hat{d}_{k+1} \end{pmatrix} \in \mathbb{R}^{k+1}. \tag{11.161}$$

Der gesuchte Vektor $\boldsymbol{c}_k \in \mathbb{R}^k$ ergibt sich durch Rücksubstitution aus

$$\boldsymbol{R}_k\boldsymbol{c}_k = -\boldsymbol{d}_k, \tag{11.162}$$

und wegen (11.158) gilt für das Normquadrat des Residuen-Vektors

$$\|\boldsymbol{r}^{(k)}\|_2^2 = \|\hat{\boldsymbol{f}}\|_2^2 = \hat{d}_{k+1}^2 = \boldsymbol{J}(\boldsymbol{x}^{(k)}). \tag{11.163}$$

Der Wert des minimierenden Funktionals ergibt sich aus der Lösung des Fehlergleichungssystems aus der letzten Komponente der transformierten rechten Seite $\hat{\boldsymbol{d}}_k = \beta\boldsymbol{Q}_k^T\boldsymbol{e}_1$, ohne $\boldsymbol{x}^{(k)}$ oder $\boldsymbol{r}^{(k)}$ explizit zu berechnen.

Weiter ist zu beachten, dass sukzessive Fehlergleichungssysteme (11.157) für zunehmenden Index k zu lösen sind. Die Matrix $\boldsymbol{H}_{k+1}$ geht aus $\boldsymbol{H}_k$ durch Hinzufügen der $(k+1)$-ten Spalte mit den $(k+2)$ Werten $h_{i,k+1}$ und der $(k+2)$-ten Teilzeile mit Nullen hervor. Die ersten k oben genannten Transformationen mit $\boldsymbol{U}_1^T, \boldsymbol{U}_2^T, \ldots, \boldsymbol{U}_k^T$ sind aber dieselben für $\boldsymbol{H}_{k+1}$. Folglich genügt es, diese Rotationen auf die neu hinzukommende Spalte anzuwenden, dann aus dem erhaltenen transformierten Element $h'_{k+1,k+1}$ und dem unveränderten Element $h_{k+2,k+1}$ die Rotationsmatrix $\boldsymbol{U}_{k+1}^T$ mit dem Winkel φ_{k+1} zu bestimmen, und diese Rotation auf die (transformierte) rechte Seite anzuwenden. Da in der erweiterten rechten Seite die $(k+2)$-te Komponente gleich null ist, ergibt sich wegen (5.12) für die letzte Komponente $\hat{d}_{k+2}$ der transformierten rechten Seite $\hat{\boldsymbol{d}}_{k+1}$

$$\hat{d}_{k+2} = \hat{d}_{k+1} \cdot \sin\varphi_{k+1}. \tag{11.164}$$

Die Abnahme des Normquadrates des Residuen-Vektors wird wegen (11.163) und (11.164) durch den Drehwinkel φ_{k+1} der letzten Rotation $\boldsymbol{U}_{k+1}^T$ bestimmt. Daraus folgt, dass das

Funktional $J(\boldsymbol{x}^{(k)})$ monoton abnimmt, wenn auch nur im schwachen Sinn. Die Situation $J(\boldsymbol{x}^{(k+1)}) = J(\boldsymbol{x}^{(k)})$ kann wegen (11.164) dann eintreten, wenn $|\sin\varphi_{k+1}| = 1$ ist, d.h. genau dann wenn wegen (5.60) der transformierte Wert $h'_{k+1,k+1} = 0$ ist.

Aus dem Gesagten wird schließlich klar, dass man weder den Vektor $\boldsymbol{c}_k$ aus (11.157) noch vermittels $\boldsymbol{z}$ den iterierten Vektor $\boldsymbol{x}^{(k)}$ zu berechnen braucht. Dies wird man erst dann tun, wenn $\|\boldsymbol{r}^{(k)}\|_2^2 = \hat{d}_{k+1}^2$ genügend klein ist. Damit lautet die algorithmische Formulierung der GMRES-Methode:

$$
\begin{array}{l}
\text{Start: Wahl von } \boldsymbol{x}^{(0)}; \quad \boldsymbol{r}^{(0)} = \boldsymbol{A}\boldsymbol{x}^{(0)} - \boldsymbol{b}; \\
\qquad \beta = \|\boldsymbol{r}^{(0)}\|_2; \quad \boldsymbol{v}_1 = \boldsymbol{r}^{(0)}/\beta; \\
\text{Iteration: Für } k = 1, 2, 3, \ldots : \\
\qquad 1.\ \boldsymbol{z} = \boldsymbol{A}\boldsymbol{v}_k \\
\qquad 2.\ h_{ik} = (\boldsymbol{v}_i, \boldsymbol{z}), \quad i = 1, 2, \ldots, k, \\
\qquad 3.\ \hat{\boldsymbol{v}}_{k+1} = \boldsymbol{z} - \sum_{i=1}^{k} h_{ik}\boldsymbol{v}_i \quad \text{(Orthogonalität)} \\
\qquad 4.\ h_{k+1,k} = \|\hat{\boldsymbol{v}}_{k+1}\|_2; \\
\qquad\quad \boldsymbol{v}_{k+1} = \hat{\boldsymbol{v}}_{k+1}/h_{k+1,k} \quad \text{(Normierung)} \\
\qquad 5.\ \boldsymbol{H}_k\boldsymbol{c}_k + \beta\boldsymbol{e}_1 = \boldsymbol{f} \to \hat{d}_{k+1} \quad \text{(Nachführung)} \\
\qquad 6.\ \text{Falls } |\hat{d}_{k+1}| \le \varepsilon \cdot \beta : \\
\qquad\qquad \boldsymbol{c}_k; \quad \boldsymbol{z} = \boldsymbol{V}_k\boldsymbol{c}_k; \quad \boldsymbol{x}^{(k)} = \boldsymbol{x}^{(0)} + \boldsymbol{z} \\
\qquad\qquad \text{STOP}
\end{array}
\tag{11.165}
$$

Der GMRES-Algorithmus (11.165) ist problemlos durchführbar, falls $h_{k+1,k} \neq 0$ gilt für alle k. Wir wollen untersuchen, was die Ausnahmesituation $h_{k+1,k} = 0$ für den Algorithmus bedeutet unter der Annahme, dass $h_{i+1,i} \neq 0$ gilt für $i = 1, 2, \ldots, k-1$. Im k-ten Iterationsschritt ist also $\hat{\boldsymbol{v}}_{k+1} = \boldsymbol{0}$, und deshalb gilt die Relation

$$\boldsymbol{A}\boldsymbol{v}_k = \sum_{i=1}^{k} h_{ik}\boldsymbol{v}_i. \tag{11.166}$$

Die Vektoren $\boldsymbol{v}_1, \ldots, \boldsymbol{v}_k$ bilden eine orthonormierte Basis im Krylov-Unterraum $\mathcal{K}^{(k)}(\boldsymbol{v}_1, \boldsymbol{A})$. Da nach (11.166) $\boldsymbol{A}\boldsymbol{v}_k$ Linearkombination dieser Basisvektoren ist, gilt

$$\mathcal{K}^{(k+1)}(\boldsymbol{v}_1, \boldsymbol{A}) = \mathcal{K}^{(k)}(\boldsymbol{v}_1, \boldsymbol{A}). \tag{11.167}$$

Anstelle von (11.154) gilt jetzt für diesen Index k die Matrizengleichung

$$\boldsymbol{A}\boldsymbol{V}_k = \boldsymbol{V}_k\hat{\boldsymbol{H}}_k, \tag{11.168}$$

wo $\hat{\boldsymbol{H}}_k \in \mathbb{R}^{k,k}$ eine *Hessenberg-Matrix* ist, welche aus $\boldsymbol{H}_k$ (11.153) durch Weglassen der letzten Zeile hervorgeht. Die Matrix $\hat{\boldsymbol{H}}_k$ ist nicht zerfallend und ist regulär wegen (11.168), der Regularität von $\boldsymbol{A}$ und des maximalen Rangs von $\boldsymbol{V}_k$. Die Minimierungsaufgabe (11.137) lautet wegen (11.168) mit dem Vektor $\hat{\boldsymbol{e}}_1 \in \mathbb{R}^k$

$$
\begin{aligned}
\|\boldsymbol{r}^{(k)}\|_2^2 &= \|\boldsymbol{A}\boldsymbol{V}_k\boldsymbol{c}_k + \boldsymbol{r}^{(0)}\|_2^2 = \|\boldsymbol{V}_k(\hat{\boldsymbol{H}}_k\boldsymbol{c}_k + \beta\hat{\boldsymbol{e}}_1)\|_2^2 \\
&= \|\hat{\boldsymbol{H}}_k\boldsymbol{c}_k + \beta\hat{\boldsymbol{e}}_1\|_2^2 = \min!
\end{aligned}
$$

Das Minimum des Fehlerquadrates ist aber gleich null, weil gleich viele Unbekannte wie Fehlergleichungen vorhanden sind und das Gleichungssystem $\hat{\boldsymbol{H}}_k \boldsymbol{c}_k + \beta \hat{\boldsymbol{e}}_1 = \boldsymbol{0}$ eindeutig lösbar ist. Daraus ergibt sich die *Folgerung:* Bricht der GMRES-Algorithmus im k-ten Schritt mit $h_{k+1,k} = 0$ ab, dann ist $\boldsymbol{x}^{(k)}$ die gesuchte Lösung $\boldsymbol{x}$ des Gleichungssystems.

Umgekehrt hat die Matrix $\boldsymbol{H}_k \in \mathbb{R}^{(k+1),k}$ im Normalfall $h_{i+1,i} \neq 0$ für $i = 1, 2, \ldots, k$ den maximalen Rang k, weil die Determinante, gebildet mit den k letzten Zeilen, ungleich null ist. Deshalb besitzt das Fehlergleichungssystem (11.157) eine eindeutige Lösung $\boldsymbol{c}_k$ im Sinn der Methode der kleinsten Quadrate.

In Analogie zum CG-Verfahren gilt der

Satz 11.21. *Der GMRES-Algorithmus (11.165) liefert die Lösung des Minimalproblems (11.135) in der Form (11.157) nach höchstens n Iterationsschritten*

Beweis. Im $\mathbb{R}^n$ existieren höchstens n orthonormierte Basisvektoren, und folglich muss spätestens $\hat{\boldsymbol{v}}_{n+1} = \boldsymbol{0}$ und $h_{n+1,n} = 0$ sein. Auf Grund der obigen Folgerung ist dann $\boldsymbol{x}^{(n)} = \boldsymbol{x}$. □

Der Satz 11.21 hat für das GMRES-Verfahren allerdings nur theoretische Bedeutung, weil zu seiner Durchführung alle beteiligten Basisvektoren $\boldsymbol{v}_1, \boldsymbol{v}_2, \ldots, \boldsymbol{v}_k$ abzuspeichern sind, da sie einerseits zur Berechnung der k-ten Spalte von $\boldsymbol{H}_k$ im k-ten Iterationsschritt und andererseits zur Berechnung des Vektors $\boldsymbol{x}^{(k)}$ nach Beendigung der Iteration benötigt werden. Der erforderliche Speicheraufwand im Extremfall von n Basisvektoren entspricht demjenigen einer vollbesetzten Matrix $\boldsymbol{V} \in \mathbb{R}^{n,n}$, und ist natürlich bei großem n nicht praktikabel und wenig sinnvoll.

Zudem wächst der Rechenaufwand eines einzelnen Iterationsschrittes des GMRES-Algorithmus (11.165) linear mit k an, da neben der Matrix-Multiplikation $\boldsymbol{Av}$ noch $(k+1)$ Skalarprodukte und ebenso viele Multiplikationen von Vektoren mit einem Skalar erforderlich sind. Die Nachführung des Fehlergleichungssystems hat im Vergleich dazu nur einen untergeordneten, zu k proportionalen Aufwand. Der Rechenaufwand des k-ten Schrittes beträgt somit etwa

$$Z_{\text{GMRES}}^{(k)} = [\gamma + 2(k+1)]n$$

multiplikative Operationen.

Aus den genannten Gründen wird das Verfahren dahingehend modifiziert, dass man höchstens $m \ll n$ Schritte durchführt, dann die resultierende Iterierte $\boldsymbol{x}^{(m)}$ und den zugehörigen Residuen-Vektor $\boldsymbol{r}^{(m)}$ berechnet und mit diesen als Startvektoren den Prozess neu startet. Die Zahl m im GMRES(m)-*Algorithmus* richtet sich einerseits nach dem verfügbaren Speicherplatz für die Basisvektoren $\boldsymbol{v}_1, \boldsymbol{v}_2, \ldots, \boldsymbol{v}_m$, und andererseits soll m unter dem Gesichtspunkt gewählt werden, den Gesamtrechenaufwand zu minimieren. Denn die erzielte Abnahme der Residuen-Norm rechtfertigt bei zu großem m den Aufwand nicht. Sinnvolle Werte für m liegen in der Regel zwischen 6 und 20.

Der prinzipielle Aufbau des GMRES(m)-Algorithmus sieht wie folgt aus, falls die Anzahl der Neustarts maximal gleich *neust* sein soll, so dass maximal $k_{\max} = m \cdot neust$ Iterationsschritte ausgeführt werden und die Iteration auf Grund des Kriteriums $\|\boldsymbol{r}^{(k)}\| / \|\boldsymbol{r}^{(0)}\| \leq \varepsilon$

abgebrochen werden soll, wo ε eine vorzugebende Toleranz, $\boldsymbol{r}^{(0)}$ den Residuen-Vektor der Anfangsstartnäherung und $\boldsymbol{r}^{(k)}$ denjenigen der aktuellen Näherung $\boldsymbol{x}^{(k)}$ bedeuten.

$$
\begin{array}{l}
\text{Start: Vorgabe von } m, neust; \quad \text{Wahl von } \boldsymbol{x}^{(0)}. \\
\text{Für } l = 1, 2, \ldots, neust: \\
\quad \boldsymbol{r}^{(0)} = \boldsymbol{A}\boldsymbol{x}^{(0)} - \boldsymbol{b}; \quad \beta = \|\boldsymbol{r}^{(0)}\|_2; \quad \boldsymbol{v}_1 = \boldsymbol{r}^{(0)}/\beta; \\
\quad \text{falls } l = 1: \quad \beta_0 = \beta \\
\qquad 1.\ \boldsymbol{z} = \boldsymbol{A}\boldsymbol{v}_k \\
\qquad 2.\ \text{für } i = 1, 2, \ldots, k: \quad h_{ik} = (\boldsymbol{v}_i, \boldsymbol{z}) \\
\qquad 3.\ \boldsymbol{z} = \boldsymbol{z} - \displaystyle\sum_{i=1}^{k} h_{ik}\boldsymbol{v}_i \\
\qquad 4.\ h_{k+1,k} = \|\boldsymbol{z}\|_2; \quad \boldsymbol{v}_{k+1} = \boldsymbol{z}/h_{k+1,k}; \\
\qquad 5.\ \boldsymbol{H}_k\boldsymbol{c}_k + \beta\boldsymbol{e}_1 = \boldsymbol{f} \rightarrow \hat{d}_{k+1} \quad \text{(Nachführung)} \\
\qquad 6.\ \text{falls } |\hat{d}_{k+1}| \le \varepsilon \cdot \beta_0: \\
\qquad\qquad \boldsymbol{R}_k\boldsymbol{c}_k = -\boldsymbol{d}_k \rightarrow \boldsymbol{c}_k; \\
\qquad\qquad \boldsymbol{x}^{(k)} = \boldsymbol{x}^{(0)} + \displaystyle\sum_{i=1}^{k} c_i\boldsymbol{v}_i; \\
\qquad\qquad \text{STOP} \\
\quad \boldsymbol{R}_m\boldsymbol{c}_m = -\boldsymbol{d}_m \rightarrow \boldsymbol{c}_m; \\
\quad \boldsymbol{x}^{(m)} = \boldsymbol{x}^{(0)} + \boldsymbol{V}_m\boldsymbol{c}_m \rightarrow \boldsymbol{x}^{(0)} \quad \text{(neuer Startvektor)} \\
\text{Keine Konvergenz!}
\end{array}
\tag{11.169}
$$

Der theoretische Nachweis der Konvergenz des GMRES(m)-Algorithmus scheint im allgemeinen Fall noch offen zu sein. Unter Zusatzannahmen für die Matrix $\boldsymbol{A}$ und deren Spektrum existieren zum CG-Verfahren analoge Aussagen über die Abnahme des Quadrates der Residuen-Norm [Saa 81].

In der Rechenpraxis zeigt sich, dass das Funktional $\boldsymbol{J}(\boldsymbol{x}^{(k)})$ (11.137) oft sehr langsam gegen null abnimmt, weil in (11.164) $|\sin\varphi_{k+1}| \cong 1$ gilt. Die Konvergenz kann durch eine *Vorkonditionierung* wesentlich verbessert werden, wodurch das Verfahren erst zu einer effizienten iterativen Methode wird. Es wird analog zum CG-Verfahren eine *Vorkonditonierungsmatrix* $\boldsymbol{M}$ gewählt, welche eine Approximation von $\boldsymbol{A}$ sein soll. Selbstverständlich braucht jetzt $\boldsymbol{M}$ nicht symmetrisch und positiv definit zu sein, aber noch regulär. Das zu lösende lineare Gleichungssystem $\boldsymbol{A}\boldsymbol{x} = \boldsymbol{b}$ wird mit $\boldsymbol{M}$ transformiert in das äquivalente System

$$\boldsymbol{M}^{-1}\boldsymbol{A}\boldsymbol{x} = \boldsymbol{M}^{-1}\boldsymbol{b} \quad \Leftrightarrow \quad \tilde{\boldsymbol{A}}\boldsymbol{x} = \tilde{\boldsymbol{b}} \tag{11.170}$$

für den unveränderten Lösungsvektor $\boldsymbol{x}$. Da im allgemeinen Fall keine Rücksicht auf Symmetrieeigenschaften genommen werden muss, verzichtet man darauf, den Algorithmus (11.169) umzuformen; stattdessen werden bei der Berechnung von $\tilde{\boldsymbol{r}}^{(0)} = \boldsymbol{M}^{-1}\boldsymbol{r}^{(0)}$ und von $\boldsymbol{z} = \tilde{\boldsymbol{A}}\boldsymbol{v} = \boldsymbol{M}^{-1}\boldsymbol{A}\boldsymbol{v}$ die entsprechenden Gleichungssysteme mit der Vorkonditionierungsmatrix $\boldsymbol{M}$ nach $\tilde{\boldsymbol{r}}^{(0)}$ bzw. $\boldsymbol{z}$ aufgelöst.

Hat die nicht skalierte Matrix $\boldsymbol{A}$ die Darstellung (11.14) $\boldsymbol{A} = \boldsymbol{D} - \boldsymbol{L} - \boldsymbol{U}$, so ist

$$\boldsymbol{M} := (\boldsymbol{D} - \omega\boldsymbol{L})\boldsymbol{D}^{-1}(\boldsymbol{D} - \omega\boldsymbol{U}) \tag{11.171}$$

eine zu (11.129) analoge, häufig angewandte Vorkonditionierungsmatrix. Es kann auch eine Diagonalmatrix $\tilde{\boldsymbol{D}}$ im Ansatz

$$\boldsymbol{M} = (\tilde{\boldsymbol{D}} - \boldsymbol{L})\tilde{\boldsymbol{D}}^{-1}(\tilde{\boldsymbol{D}} - \boldsymbol{U}) \tag{11.172}$$

so bestimmt werden, dass beispielsweise $\boldsymbol{M}$ und $\boldsymbol{A}$ die gleichen Diagonalelemente haben. Aber auch andere, problemspezifische Festsetzungen von $\boldsymbol{M}$ sind möglich [Yse 89, Fre 90].

Beispiel 11.18. Die Behandlung der elliptischen Randwertaufgabe

$$-\Delta u - \alpha u_x - \beta u_y = 2 \qquad \text{in } G, \tag{11.173}$$

$$u = 0 \qquad \text{auf } \Gamma, \tag{11.174}$$

mit dem Differenzenverfahren auf einem Rechteckgebiet G mit dem Rand Γ entsprechend dem Beispiel 11.7 führt infolge der ersten Ableitungen zwangsläufig auf ein lineares Gleichungssystem mit unsymmetrischer Matrix. Wird für $-\Delta u$ die Fünf-Punkte-Differenzenapproximation verwendet und u_x und u_y durch die zentralen Differenzenquotienten

$$u_x \cong (u_E - u_W)/(2h), \qquad u_y \cong (u_N - u_S)/(2h)$$

approximiert, so resultiert die Differenzengleichung in einem inneren Punkt P

$$4u_p - (1 + 0.5\beta h)u_N - (1 - 0.5ah)u_W - (1 - 0.5\beta h)u_S - (1 + 0.5ah)u_E = 2h^2.$$

Tab. 11.7 Konvergenz und Aufwand des GMRES(m)-Verfahrens, $n = 23 \times 35 = 805$ Gitterpunkte.

ω	$m = 6$		$m = 8$		$m = 10$		$m = 12$		$m = 15$	
	n_{it}	CPU	n_{it}	CPU	n_{it}	CPU	n_{it}	CPU	n_{it}	CPU
0.0	170	95.6	139	84.4	120	79.0	129	90.9	139	109
1.00	53	47.3	51	47.2	55	52.7	51	51.5	59	63.9
1.20	42	37.6	50	46.4	42	40.8	44	44.1	38	40.3
1.40	42	37.6	32	29.8	32	31.2	29	29.0	27	28.8
1.60	26	23.7	23	21.5	23	22.4	22	22.2	21	22.1
1.70	21	19.2	20	18.7	19	18.6	20	20.0	19	20.3
1.75	21	19.2	22	20.5	20	19.7	20	20.0	20	21.2
1.80	23	20.8	23	21.5	23	22.4	22	22.2	22	23.1
1.85	27	24.4	25	23.8	25	24.1	24	24.7	25	26.3
1.90	31	28.3	30	27.9	30	29.3	30	30.0	29	31.5

Die resultierenden linearen Gleichungssysteme wurden für ein Rechteckgebiet G mit den Seitenlängen $a = 3$ und $b = 2$ mit $\alpha = 5.0$ und $\beta = 3.0$ für die Gitterweiten $h = 1/12$ und $h = 1/16$ mit dem GMRES(m)-Algorithmus (11.169) bei Vorkonditionierung vermittels der Matrix $\boldsymbol{M}$ (11.171) gelöst. Die festgestellte Zahl der Iterationsschritte n_{it} und die Rechenzeiten CPU (Sekunden auf einem PS/2 - 55) sind in den Tabellen 11.7 und 11.8 in Abhängigkeit von m und ω für $\varepsilon = 10^{-8}$ auszugsweise zusammengestellt.

Die Ergebnisse zeigen, dass die angewandte Vorkonditionierung eine wesentliche Reduktion der Iterationsschritte im Vergleich zum nicht vorkonditionierten GMRES(m)-Verfahren ($\omega = 0$) bringt. Die Zahl der Iterationen in Abhängigkeit von ω besitzt wieder ein relativ flaches Minimum in der

Tab. 11.8 Konvergenz und Aufwand des GMRES(m)-Verfahrens, $n = 31 \times 47 = 1457$ Gitterpunkte.

ω	$m=6$		$m=8$		$m=10$		$m=12$		$m=15$	
	n_{it}	CPU	n_{it}	CPU	n_{it}	CPU	n_{it}	CPU	n_{it}	CPU
0.0	254	257	217	237	188	222	179	228	175	247
1.00	63	101	68	113	82	143	75	136	76	150
1.20	53	85.2	63	105	67	116	55	99.3	59	115
1.40	46	74.0	56	93.4	44	76.4	47	85.7	42	81.2
1.60	37	60.4	32	53.7	30	52.7	32	57.6	28	54.3
1.70	28	45.3	27	45.4	27	46.7	25	46.7	24	45.3
1.75	28	45.3	23	38.6	23	40.3	21	37.8	22	41.4
1.80	26	42.5	24	40.5	25	43.3	23	42.1	24	45.3
1.85	27	43.9	27	45.4	27	46.7	26	47.9	26	49.7
1.90	32	52.1	31	51.8	31	54.9	31	55.8	30	59.4

Gegend des optimalen Wertes. Der beste Wert von m scheint bei diesem Beispiel etwa bei 10 zu sein. Es ist auch zu erkennen, dass die Rechenzeit mit wachsendem m bei gleicher Iterationszahl n_{it} zunimmt als Folge des linear zunehmenden Rechenaufwandes pro Schritt bis zum Neustart. Es sei aber darauf hingewiesen, dass der optimale Wert von m stark von den zu lösenden Gleichungstypen abhängt. In der betrachteten Problemklasse bestimmten die Werte α und β den Grad der Nichtsymmetrie der Matrix $\boldsymbol{A}$ und beeinflussen den besten Wert m zur Minimierung der Rechenzeit. △

11.6 Speicherung schwach besetzter Matrizen

Die iterativen Verfahren erfordern die Multiplikation der Matrix $\boldsymbol{A}$ mit einem Vektor oder im Fall der SOR-Verfahren im Wesentlichen die sukzessive Berechnung der Komponenten des Vektors $\boldsymbol{Az}$. Zur Vorkonditionierung sind die Prozesse der Vorwärts- und Rücksubstitution für schwach besetzte Dreiecksmatrizen auszuführen. In allen Fällen werden nur die von null verschiedenen Matrixelemente benötigt, für die im folgenden eine mögliche Speicherung beschrieben wird, die zumindest auf Skalarrechnern eine effiziente Durchführung der genannten Operationen erlaubt.

Zur Definition einer symmetrischen Matrix $\boldsymbol{A}$ genügt es, die von null verschiedenen Matrixelemente in und unterhalb der Diagonale abzuspeichern. Unter dem Gesichtspunkt der Speicherökonomie und des Zugriffs auf die Matrixelemente ist es zweckmäßig, diese Zahlenwerte zeilenweise, in kompakter Form in einem eindimensionalen Feld anzuordnen (vgl. Abb. 11.21). Ein zusätzliches, ebenso langes Feld mit den entsprechenden Spaltenindizes definiert die Position der Matrixelemente innerhalb der Zeile. Diese Spaltenindizes werden pro Zeile in aufsteigender Reihenfolge angeordnet, so dass das Diagonalelement als letztes einer jeden Zeile erscheint. Die n Komponenten eines Zeigervektors definieren die Enden der Zeilen und erlauben gleichzeitig einen Zugriff auf die Diagonalelemente der Matrix $\boldsymbol{A}$.

Um mit einer so definierten Matrix $\boldsymbol{A}$ das SOR-Verfahren durchführen zu können, wird ein

Hilfsvektor $\boldsymbol{y}$ definiert, dessen i-te Komponente die Teilsummen aus (11.13)

$$y_i := \sum_{j=i+1}^{n} a_{ij} x_j^{(k)} - b_i, \quad i = 1, 2, \ldots, n,$$

sind. Diese können aus Symmetriegründen mit Hilfe der Nicht-Diagonalelemente unterhalb der Diagonale gebildet werden. Die iterierten Werte $x_i^{(k+1)}$ berechnen sich anschließend nach (11.13) sukzessive für $i = 1, 2, \ldots, n$ in der Form

$$x_i^{(k+1)} = (1-\omega) x_i^{(k)} - \omega \left[\sum_{j=1}^{i-1} a_{ij} x_j^{(k+1)} + y_i \right] \Big/ a_{ii},$$

wobei die Nicht-Diagonalelemente der i-ten Zeile und das entsprechende Diagonalelement auftreten. Der iterierte Vektor $\boldsymbol{x}^{(k+1)}$ kann bei diesem Vorgehen am Platz von $\boldsymbol{x}^{(k)}$ aufgebaut werden.

Die Matrix-Vektor-Multiplikation $\boldsymbol{z} = \boldsymbol{A}\boldsymbol{p}$ der CG-Verfahren ist so realisierbar, dass mit jedem Nicht-Diagonalelement der unteren Hälfte zwei Multiplikationen mit zugehörigen Vektorkomponenten und die Addition zu entsprechenden Komponenten ausgeführt werden. Wenn man beachtet, dass die Spaltenindizes der i-ten Zeile stets kleiner als i sind, kann die

$$\boldsymbol{A} = \begin{pmatrix} a_{11} & a_{12} & & a_{14} & a_{15} & \\ a_{21} & a_{22} & a_{23} & & & a_{26} \\ & a_{32} & a_{33} & & a_{35} & \\ a_{41} & & & a_{44} & & a_{46} \\ a_{51} & & a_{53} & & a_{55} & \\ & a_{62} & & a_{64} & & a_{66} \end{pmatrix}$$

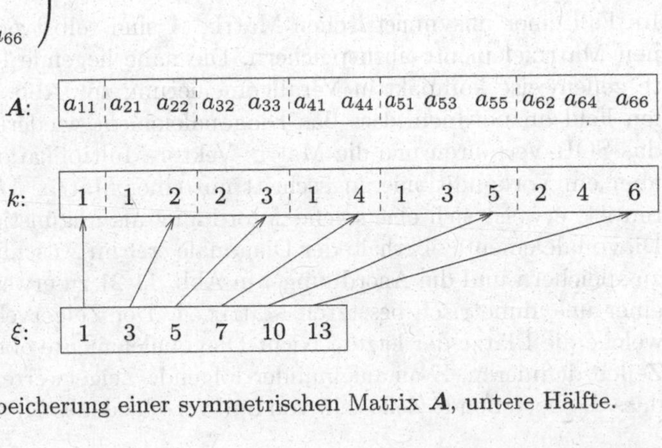

Abb. 11.21 Kompakte, zeilenweise Speicherung einer symmetrischen Matrix $\boldsymbol{A}$, untere Hälfte.

Operation $\boldsymbol{z} = \boldsymbol{A}\boldsymbol{p}$ wie folgt realisiert werden:

$$\boxed{\begin{array}{l} z_1 = a_1 \times p_1 \\ \text{für } i = 2,3,\ldots,n: \\ \quad z_i = a_{\xi_i} \times p_i \\ \quad \text{für } j = \xi_{i-1}+1, \xi_{i-1}+2, \ldots, \xi_i - 1: \\ \quad\quad z_i = z_i + a_j \times p_{k_j} \\ \quad\quad z_{k_j} = z_{k_j} + a_j \times p_i \end{array}} \tag{11.175}$$

Die Vorwärtssubstitution des Vorkonditionierungsschrittes mit der Matrix $\boldsymbol{M}$ (11.129) ist mit den nach Abb. 11.21 gespeicherten Matrixelementen in offensichtlicher Weise realisierbar. Die Rücksubstitution ist so zu modifizieren, dass nach Berechnung der i-ten Komponente von $\boldsymbol{\varrho}$ das $(\omega \cdot \varrho_i)$-fache der i-ten Spalte von $\boldsymbol{F}$, d.h. der i-ten Zeile von $\boldsymbol{E}$ von $\boldsymbol{y}$ subtrahiert wird. Auf diese Weise kann wieder mit den aufeinander folgend gespeicherten Matrixelementen der i-ten Zeile gearbeitet werden [Sch 91b].

$$\boldsymbol{A} = \begin{pmatrix} a_{11} & a_{12} & & a_{14} & \\ a_{21} & a_{22} & & & a_{25} \\ & a_{32} & a_{33} & & \\ & a_{42} & & a_{44} & a_{45} \\ & & a_{53} & & a_{55} \end{pmatrix}$$

$\boldsymbol{A}$:	a_{11}	a_{21}	a_{22}	a_{32}	a_{33}	a_{42}	a_{44}	a_{53}	a_{55}	a_{12}	a_{14}	a_{25}	a_{45}
k:	1	1	2	2	3	2	4	3	5	2	4	5	5

ξ:	1	3	5	7	9	11	12	12	13	13

Abb. 11.22 Kompakte Speicherung einer unsymmetrischen Matrix.

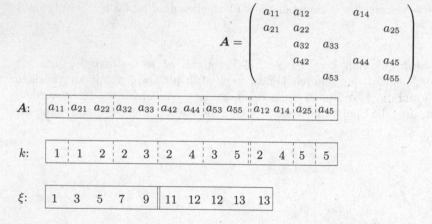

Im Fall einer unsymmetrischen Matrix $\boldsymbol{A}$ sind selbstverständlich alle von null verschiedenen Matrixelemente abzuspeichern. Die nahe liegende Idee, die relevanten Matrixelemente zeilenweise kompakt in Verallgemeinerung zur Abb. 11.21 so in einem eindimensionalen Feld anzuordnen, dass das Diagonalelement wiederum jeweils das letzte ist, wäre für das SOR-Verfahren und die Matrix-Vektor-Multiplikation $\boldsymbol{z} = \boldsymbol{A}\boldsymbol{p}$ sicher geeignet. Sobald aber ein Vorkonditionierungsschritt mit einer Matrix $\boldsymbol{M}$ (11.171) oder (11.172) auszuführen ist, erweist sich eine solche Anordnung als ungünstig. Es ist zweckmäßiger, die Nicht-Diagonalelemente oberhalb der Diagonale erst im Anschluss an die anderen Matrixelemente zu speichern und die Anordnung von Abb. 11.21 zu erweitern zu derjenigen von Abb. 11.22 einer unsymmetrisch besetzten Matrix $\boldsymbol{A}$. Der Zeigervektor ist um n Zeiger zu erweitern, welche die Plätze der letzten Nicht-Diagonalelemente oberhalb der Diagonale der einzelnen Zeilen definieren. Zwei aufeinander folgende Zeigerwerte mit dem gleichen Wert bedeuten, dass die betreffende Zeile kein von null verschiedenes Matrixelement oberhalb der Diagonale aufweist. Die oben beschriebenen Operationen sind mit der jetzt verwendeten Speicherung noch einfacher zu implementieren.

11.7 Software

Software zu diesem Kapitel findet man oft unter dem Oberbegriff *Numerische lineare Algebra*, siehe Kapitel 2, oft auch im Zusammenhang mit der numerischen Lösung partieller Differenzialgleichungen, siehe Kapitel 10.

In der NAG-FORTRAN-Bibliothek gibt es im Kapitel F11 etwa 50 Routinen zur Lösung schwach besetzter linearer Gleichungssysteme, in der NAG-C-Bibliothek sind es nur sechzehn Routinen. Das frei erhältliche Paket SLATEC enthält noch mehr FORTRAN-Routinen; die meisten entstammen dem Paket SLAP, das wiederum auf Anne Greenbaums Programmsammlung für LAPACK [And 99] basiert. Auch in den NAG-Bibliotheken werden LAPACK-Routinen verwendet. Damit stimmen die Quellen für alle zuverlässigen Programme wieder überein.

Eine Autorengruppe, darunter einige der LAPACK-Autoren, hat (wie für die algebraischen Eigenwertprobleme, siehe Abschnitt 5.9) Templates für iterative Methoden [Bar 94] entwickelt.

Auch MATLAB verfügt über eine stattliche Sammlung von speziellen Routinen für schwach besetzte Matrizen. Neben der Lösung von großen linearen Gleichungssystemen mit zahlreichen Verfahren können auch Eigenwertprobleme gelöst oder Singulärwerte berechnet werden. Die Besetzungsstruktur der Matrix kann graphisch verdeutlicht werden. Schließlich können die Matrixstrukturen *voll (full)* und *schwach (sparse)* ineinander übergeführt werden, wenn der Speicherplatz es erlaubt.

Unsere Problemlöseumgebung PAN (`http://www.upb.de/SchwarzKoeckler/`) verfügt über ein Programm zur Lösung schwach besetzter linearer Gleichungssysteme mit einem iterativen Verfahren.

11.8 Aufgaben

Aufgabe 11.1. Die Matrix eines linearen Gleichungssystems ist

$$\boldsymbol{A} = \begin{pmatrix} 2 & -1 & -1 & 0 \\ -1 & 2.5 & 0 & -1 \\ -1 & 0 & 2.5 & -1 \\ 0 & -1 & -1 & 2 \end{pmatrix}.$$

Man zeige, dass $\boldsymbol{A}$ irreduzibel ist, und dass das Gesamtschrittverfahren und das Einzelschrittverfahren konvergent sind. Wie groß sind die Spektralradien $\varrho(\boldsymbol{T}_J)$ und $\varrho(\boldsymbol{T}_{\mathrm{ES}})$, und welches sind die Anzahl der Iterationsschritte, welche zur Gewinnung einer weiteren richtigen Dezimalstelle einer Näherungslösung nötig sind?

Aufgabe 11.2. Man bestimme die Lösungen der beiden linearen Gleichungssysteme iterativ mit dem JOR- und dem SOR-Verfahren mit verschiedenen ω-Werten. Wie groß sind die experimentell ermittelten optimalen Relaxationsparameter?

a)

$$\begin{aligned} 5x_1 - 3x_2 \qquad + 2x_4 &= 13 \\ 2x_1 + 6x_2 - 3x_3 \qquad &= 16 \\ -x_1 + 2x_2 + 4x_3 - x_4 &= -11 \\ -2x_1 - 3x_2 + 2x_3 + 7x_4 &= 10 \end{aligned}$$

b)

$$\begin{aligned} 4x_1 - x_2 - x_3 \qquad &= 6 \\ -x_1 + 4x_2 \qquad - 2x_4 \qquad &= 12 \\ -x_1 \qquad + 4x_3 - x_4 \qquad &= -3 \\ - 2x_2 - x_3 + 4x_4 - x_5 &= -5 \\ - x_4 + 4x_5 &= 1 \end{aligned}$$

Warum sind das Gesamtschritt- und das Einzelschrittverfahren in beiden Fällen konvergent? Wie groß sind die Spektralradien der Iterationsmatrizen $\boldsymbol{T}_J$ und $\boldsymbol{T}_{\mathrm{ES}}$? Welches ist die jeweilige Anzahl der notwendigen Iterationsschritte, um eine weitere Dezimalstelle in der Näherung zu gewinnen?

Im Fall des zweiten Gleichungssystems transformiere man die Matrix $\boldsymbol{A}$ durch eine geeignete Permutation der Unbekannten und der Gleichungen auf die spezielle Blockstruktur

$$\boldsymbol{A} = \begin{pmatrix} \boldsymbol{D}_1 & \boldsymbol{H} \\ \boldsymbol{K} & \boldsymbol{D}_2 \end{pmatrix}$$

mit Diagonalmatrizen $\boldsymbol{D}_1$ und $\boldsymbol{D}_2$ wie in Beispiel 11.7. Welches sind die Eigenwerte der Iterationsmatrix des J-Verfahrens und der optimale Relaxationsparameter ω_{opt} (11.46) des SOR-Verfahrens? Welche Reduktion des Rechenaufwandes wird mit dem optimalen ω_{opt} des SOR-Verfahrens im Vergleich zum Einzelschrittverfahren erzielt?

Aufgabe 11.3. Die elliptische Randwertaufgabe

$$\begin{aligned} -\Delta u &= 1 \quad \text{in} \quad G, \\ u &= 0 \quad \text{auf} \quad \Gamma, \end{aligned}$$

für das Gebiet G und seinen Rand Γ von Abb. 11.23 soll mit dem Differenzenverfahren näherungsweise gelöst werden. Wie lautet das lineare Gleichungssystem für Gitterweiten $h = 1$ und $h = 0.5$ bei zeilenweiser oder schachbrettartiger Nummerierung der Gitterpunkte? Welche Blockstrukturen sind festzustellen? Die Gleichungssysteme sind mit dem Gesamtschrittverfahren und mit der Überrelaxation unter Verwendung von verschiedenen Relaxationsparametern ω zu lösen, und der optimale Wert ω_{opt} ist experimentell zu ermitteln.

Zur rechnerischen Realisierung der Iterationsverfahren für dieses Problem ist es zweckmäßig, die unbekannten Werte in den Gitterpunkten in einem zweidimensionalen Feld anzuordnen unter Einbezug der Dirichletschen Randbedingungen. So können die Iterationsformeln mit Hilfe der benachbarten Werte in der Form von einfachen Anweisungen explizit formuliert werden. Auf diese Weise braucht weder die Matrix $\boldsymbol{A}$ noch die rechte Seite $\boldsymbol{b}$ definiert zu werden. Ein entsprechendes Computerprogramm ist dann leicht so zu konzipieren, dass die entsprechenden Gleichungssysteme für beliebige, natürlich zu G passende, Gitterweiten h bearbeitet werden können. Welches sind die optimalen ω-Werte der SOR-Methode für kleiner werdende Gitterweiten h?

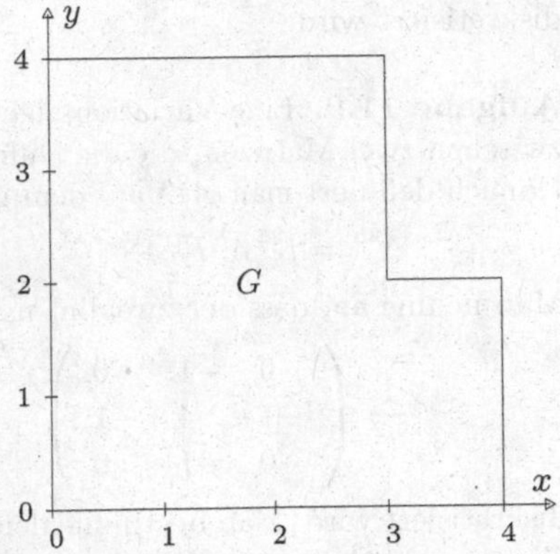

Abb. 11.23
Gebiet G der Randwertaufgabe.

Aufgabe 11.4. Es sei $\boldsymbol{A} = \boldsymbol{D} - \boldsymbol{L} - \boldsymbol{U}$ eine Matrix mit positiven Diagonalelementen a_{ii} und $\tilde{\boldsymbol{A}} = \boldsymbol{D}^{-1/2}\boldsymbol{A}\boldsymbol{D}^{-1/2} = \boldsymbol{I} - \tilde{\boldsymbol{L}} - \tilde{\boldsymbol{U}}$ die zugehörige skalierte Matrix mit Diagonalelementen $\tilde{a}_{ii} = 1$. Man zeige, dass die Spektralradien des J-Verfahrens und der SOR-Methode durch die Skalierung nicht beeinflusst werden, so dass gelten

$$\varrho(\boldsymbol{T}_{\mathrm{J}}) = \varrho(\tilde{\boldsymbol{T}}_{\mathrm{J}}), \qquad \varrho(\boldsymbol{T}_{\mathrm{SOR}}(\omega)) = \varrho(\tilde{\boldsymbol{T}}_{\mathrm{SOR}}(\omega)).$$

Aufgabe 11.5. Die skalierte Matrix eines linearen Gleichungssystems

$$\boldsymbol{A} = \begin{pmatrix} 1 & -0.7 & 0 & 0.6 \\ 0.7 & 1 & -0.1 & 0 \\ 0 & 0.1 & 1 & 0.4 \\ -0.6 & 0 & -0.4 & 1 \end{pmatrix}$$

hat die Eigenschaft, dass der nicht-diagonale Anteil $\boldsymbol{L} + \boldsymbol{U}$ schiefsymmetrisch ist. Welches sind die Eigenwerte der Iterationsmatrix $\boldsymbol{T}_{\mathrm{J}}$ des Gesamtschrittverfahrens und damit der Spektralradius $\varrho(\boldsymbol{T}_{\mathrm{J}})$? Mit Hilfe einer geometrischen Überlegung ermittle man denjenigen Wert von ω, für welchen das JOR-Verfahren optimale Konvergenz aufweist. In welchem Verhältnis steht die optimale Konvergenzrate des JOR-Verfahrens zu derjenigen des J-Verfahrens und wie groß ist die Reduktion des Rechenaufwandes?

Aufgabe 11.6. Der Aliasing-Effekt: Man zeige, dass auf einem homogenen eindimensionalen Gitter mit $n-1$ inneren Punkte eine Schwingung $w_{k,j} = \sin(jk\pi/n)$ mit $n < k < 2n$ die Oszillationseigenschaft der zu Grunde liegenden Sinus-Funktion nicht diskret übernimmt, sondern dass der Vektor $\boldsymbol{w}_k$ statt $k-1$ nur $k'-1$ Vorzeichenwechsel hat mit $k' = 2n-k$. $\boldsymbol{w}_k$ stellt damit die diskrete Schwingung $w_{k',j} = \sin(jk'\pi/n)$ dar.

Aufgabe 11.7. Man fülle die Lücken bei der Herleitung der Gleichungen (11.78), (11.79) und (11.80) für das Gauß-Seidel-Verfahren in Beispiel 11.14.

Aufgabe 11.8. Man berechne die Verstärkungsfaktoren $G(\theta_1, \theta_2)$ für das gedämpfte Jacobi- und für das Gauß-Seidel-Verfahren für den Fall, dass der zweidimensionale Operator $-\Delta u$ mit einem Neun-Punkte-Stern

$$\frac{1}{3h^2}\begin{pmatrix} -1 & -1 & -1 \\ -1 & 8 & -1 \\ -1 & -1 & -1 \end{pmatrix}$$

diskretisiert wird.

Aufgabe 11.9. Eine Variationseigenschaft, die wir nicht kennen gelernt haben, ist die Beziehung zwischen zwei Matrizen, die die Differenzialgleichung diskretisieren, auf unterschiedlichen Gittern. Danach definiert man A^{2h} auf dem groben Gitter als

$$A^{2h} = I_h^{2h} A^h I_{2h}^h. \tag{11.176}$$

Man nehme an, dass der zweidimensionale Operator $-\Delta u$ mit dem üblichen Fünf-Punkte-Stern

$$\frac{1}{h^2}\begin{pmatrix} 0 & -1 & 0 \\ -1 & 4 & -1 \\ 0 & -1 & 0 \end{pmatrix}$$

diskretisiert wird. Man bestimme den Stern für einen randfernen inneren Punkt des Gitters mit der Gitterweite $2h$ über die Gleichung (11.176), wenn I_h^{2h} und I_{2h}^h die Matrizen für die FW-Restriktion und die lineare Interpolation sind.

Man bestimme in entsprechender Weise den Stern zur Gitterweite $2h$, wenn die Matrix A^h durch Diskretisierung mit dem Neun-Punkte-Stern aus Aufgabe 11.8 entstanden ist.

Aufgabe 11.10. Mit Hilfe eines Computerprogramms löse man die linearen Gleichungssysteme von Aufgabe 11.3 mit der Methode der konjugierten Gradienten ohne und mit Vorkonditionierung (SSORCG) für verschiedene Gitterweiten $h = 1, 1/2, 1/4, 1/6, \ldots$. Zu diesem Zweck sind die zugehörigen Matrizen in kompakter zeilenweiser Speicherung und die rechten Seiten zu generieren. Wie steigt die Zahl der nötigen Iterationsschritte bei Verfeinerung der Gitterweite h an und welche Reduktion des Rechenaufwandes wird mit der Vorkonditionierung bei optimaler Wahl von ω erreicht?

Aufgabe 11.11. Man entwickle ein Programm zum GMRES(m)-Algorithmus (11.169) ohne und mit Vorkonditionierung.

Damit löse man die unsymmetrischen Gleichungssysteme der Aufgaben 10.2 und 10.3. Zudem bestimme man die Näherungslösung der Randwertaufgabe

$$\begin{aligned} -\Delta u + 4u_x - 3u_y &= 2 \quad \text{in} \quad G, \\ u &= 0 \quad \text{auf} \quad \Gamma, \end{aligned}$$

wo G das trapezförmige Gebiet der Abb. 11.19 und Γ sein Rand bedeuten und die Aufgabe mit dem Differenzenverfahren für die Gitterweiten $h = 1/8, 1/12, 1/16, 1/24/1/32/1/48$ diskretisiert wird. Für welche Werte m und ω im Fall der Vorkonditionierungsmatrix $\boldsymbol{M}$ (11.129) sind die Rechenzeiten minimal? Durch Variation der beiden Konstanten der ersten partiellen Ableitungen stelle man den Einfluss des resultierenden Grades der Unsymmetrie der Gleichungssysteme auf das Konvergenzverhalten fest.

Literaturverzeichnis

[Abr 71] Abramowitz, M./ Stegun, I. A.: Handbook of mathematical functions. New York: Dover Publications 1971

[Aik 85] Aiken, R. C. (Hrsg.): Stiff computation. New York-Oxford: Oxford University Press 1985

[Akh 88] Akhiezer, N.: The calculus of variations. Harwood: Harwood Academic Publishers 1988

[Alb 85] Albrecht, P.: Numerische Behandlung gewöhnlicher Differenzialgleichungen. München: Hanser 1985

[Ale 02] Alefeld, G./ Lenhardt, I./ Obermaier, H.: Parallele numerische Verfahren. Berlin: Springer 2002

[Ama 95] Amann, H.: Gewöhnliche Differenzialgleichungen, 2. Aufl. Berlin-New York: de Gruyter 1995

[And 99] Anderson, E./ Bai, Z./ Bischof, C./ Blackford, S./ Demmel, J./ Dongarra, J. J./ Du Croz, J./ Greenbaum, A./ Hammarling, S./ McKenney, A./ Sorensen, D.: LAPACK User's Guide – 3rd ed. Philadelphia: SIAM 1999

[Asc 95] Ascher, U. M./ Mattheij, R. M. M./ Russell, R. D.: Numerical solution of boundary value problems for ordinary differential equations. Englewood Cliffs: Prentice-Hall 1995

[Axe 84] Axelsson, O./ Barker, V. A.: Finite element solution of boundary value problems. New York: Academic Press 1984

[Axe 85] Axelsson, O.: A survey of preconditioned iterative methods for linear systems of algebraic equations. BIT **25** (1985) 166–187

[Axe 89] Axelsson, O. (Hrsg.): Preconditioned conjugate gradient methods. Special issue of BIT **29**:4 1989

[Axe 90] Axelsson, O./ Kolotilina, L. Y. (Hrsg.): Preconditioned conjugate gradient methods. Berlin: Springer 1990

[Bai 00] Bai, Z./ Demmel, J./ Dongarra, J. J./ Ruhe, A./ van der Vorst, H.: Templates for the solution of algebraic eigenvalue problems: A practical guide. Philadelphia: SIAM 2000

[Ban 98] Bank, R. E.: PLTMG: A software package for solving elliptic partial differential Equations: Users' Guide 8.0. Philadelphia: SIAM 1998

[Bar 88a] Barragy, E./ Carey, G. F.: A parallel element by element solution scheme. Int. J. Numer. Meth. Engin. **26** (1988) 2367–2382

[Bar 88b] Barsky, B. A.: Computer graphics and geometric modeling using Beta-Splines. Berlin: Springer 1988

[Bar 94] Barrett, R./ Berry, M./ Chan, T. F./ Demmel, J./ Donato, J./ Dongarra, J./

Eijkhout, V./ Pozo, R./ Romine, C./ van der Vorst, H.: Templates for the solution of linear systems: Building blocks for iterative methods, 2nd ed. Philadelphia: SIAM 1994

[Bar 95] Bartels, R. H./ Beatty, J. C./ Barsky, B. A.: An introduction to splines for use in computer graphics and geometric modeling. Los Altos: Kaufmann 1995

[Ben 24] Benoit: Note sur une méthode de résolution des équations normales etc. (Procédé du commandant Cholesky). Bull. géodésique **3** (1924) 67–77

[Bey 98] Bey, J.: Finite-Volumen- und Mehrgitter-Verfahren für elliptische Randwertprobleme. Stuttgart: Teubner 1998

[Bol 04] Bollhöfer, M./ Mehrmann, V.: Numerische Mathematik. Wiesbaden: Vieweg 2004

[Bon 91] Bondeli, S.: Divide and Conquer: a parallel algorithm for the solution of a tridiagonal linear system of equations. Parallel Comp. **17** (1991) 419–434

[Boo 80] Boor, C. de: FFT as nested multiplication, with a twist. SIAM J. Sci. Stat. Comp. **1** (1980) 173–178

[Boo 01] Boor, C. de: A practical guide to splines, 2nd ed. New York: Springer 2001

[Bra 68] Bramble, J. H./ Hubbard, B. E./ Ziamal, M.: Discrete analogues of the Dirichlet problem with isolated singularities. SIAM J. Numer. Anal. **5** (1968) 1–25

[Bra 86] Bramble, J. H./ Pasciak, J. E./ Schatz, A. H.: The construction of preconditioners for elliptic problems by substructuring I. Math. Comp. **47** (1986) 103–134

[Bra 93] Bramble, J. H.: Multigrid methods. Harlow: Longman 1993

[Bra 03] Braess, D.: Finite Elemente: Theorie, schnelle Löser und Anwendungen in der Elastizitätstheorie, 3rd ed. Berlin: Springer 2003

[Bre 71] Brent, R. P.: An algorithm with guaranteed convergence for finding a zero of a function. Comp. J. **14** (1971) 422–425

[Bre 92] Brehm, J.: Parallele lineare Algebra. Wiesbaden: Dt. Univ.-Verlag 1992

[Bre 02] Brent, R. P.: Algorithm for minimization without derivatives. Mineola: Dover Publications 2002

[Bri 95] Brigham, E. O.: FFT: Schnelle Fourier-Transformation, 6. Aufl. München: Oldenbourg 1995

[Bri 00] Briggs, W. L./ Henson, V. E./ McCormick, S. F.: A multigrid tutorial, 2nd ed. Philadelphia: SIAM 2000

[Bru 95] Bruaset, A. M.: A survey of preconditioned iterative methods. Harlow: Longman 1995

[Bun 76] Bunch, J. R./ Rose, D. J. (Hrsg.): Sparse matrix computations. New York: Academic Press 1976

[Bun 95] Bunse, W./ Bunse-Gerstner, A.: Numerische lineare Algebra. Stuttgart: Teubner 1995

[Bun 02] Bungartz, H./ Griebel, M./ Zenger, C.: Einführung in die Computergraphik. Wiesbaden: Vieweg 2002

[But 63] Butcher, J. C.: Coefficients for the study of Runge-Kutta integration processes. J. Austral. Math. Soc. **3** (1963) 185–201

[But 65] Butcher, J. C.: On the attainable order of Runge-Kutta methods. Math. Comp. **19** (1965) 408–417

[But 87] Butcher, J. C.: The numerical analysis of ordinary differential equations. Chichester: John Wiley 1987

[Ces 66] Ceschino, F./ Kuntzmann, J.: Numerical solution of initial value problems. Englewood Cliffs: Prentice-Hall 1966

[Cha 82] Chan, T. F.: An improved algorithm for computing the singular value decomposition. ACM Trans. Math. Soft **8** (1982) 72–88

[Cha 89] Chan, T. F./ Glowinski, R./ Périaux, J./ Widlund, O. B. (Hrsg.): Proceedings of the second international symposium on domain decomposition methods. Philadelphia: SIAM 1989

[Cho 95] Choi, J./ Dongarra, J. J./ Ostrouchov, S./ Petite, A./ Walker, D./ Whaley, R. C.: A proposal for a set of parallel basic linear algebra subprograms. Working note, LAPACK 1995

[Cho 96] Choi, J./ Dongarra, J. J./ Ostrouchov, S./ Petite, A./ Walker, D./ Whaley, R. C.: The design and implementation of the SCALAPACK LU, QR and Cholesky factorization routines, Vol. 5. LAPACK working note 80, Oak Ridge National Laboratory 1996

[Cia 02] Ciarlet, P. G.: The finite element method for elliptic problems. Philadelphia: SIAM 2002

[Cle 55] Clenshaw, C. W.: A note on the summation of Chebyshev series. Math. Tab. Wash. **9** (1955) 118–120

[Cli 79] Cline, A. K./ Moler, C. B./ Stewart, G. W./ Wilkinson, J. H.: An estimate for the condition number of a matrix. SIAM J. Numer. Anal. **16** (1979) 368–375

[Col 66] Collatz, L.: The numerical treatment of differential equations. Berlin: Springer 1966

[Col 68] Collatz, L.: Funktionalanalysis und numerische Mathematik. Berlin: Springer 1968

[Col 90] Collatz, L.: Differentialgleichungen 7. Aufl. Stuttgart: Teubner 1990

[Con 85] Concus, P./ Golub, G./ Meurant, G.: Block preconditioning for the conjugate gradient method. SIAM J. Sci. Comp. **6** (1985) 220–252

[Coo 65] Cooley, J. W./ Tukey, J. W.: An algorithm for the machine calculation of complex Fourier series. Math. Comp. **19** (1965) 297–301

[Cos 95] Cosnard, M./ Trystam, D.: Parallel algorithms and architectures. New York: Thomson 1995

[Cou 93] Courant, R./ Hilbert, D.: Methoden der mathematischen Physik, 4. Aufl. (1. Aufl. 1924/1937). Berlin: Springer 1993

[Cri 86] Crisfield, M. A.: Finite elements and solution procedures for structural analysis, linear analysis. Swansea: Pineridge Press 1986

[Cul 99] Culler, D. E./ Singh, J. P./ Gupta, A.: Parallel computer architecture: a hardware, software approach. San Francisco: Morgan Kaufmann 1999

[Dah 85] Dahlquist, G.: 33 years of numerical instability, Part 1. BIT **25** (1985) 188–204

[Dah 03] Dahlquist, G./ Bjørck, Å.: Numerical methods. Mineola: Dover Publications 2003

[Dek 84] Dekker, K./ Verwer, J. G.: Stability of Runge-Kutta methods for stiff nonlinear differential equations. Amsterdam: North-Holland 1984

[Deu 08a] Deuflhard, P./ Bornemann, F.: Numerische Mathematik II, 3. Aufl. Berlin: de Gruyter 2008

[Deu 08b] Deuflhard, P./ Hohmann, A.: Numerische Mathematik I. Eine algorithmisch orientierte Einführung, 4. Aufl. Berlin: de Gruyter 2008

[Dew 86] Dew, P. M./ James, K. R.: Introduction to numerical computation in PASCAL.

New York: Springer 1986

[Dew 88] Dewey, B. R.: Computer graphics for engineers. New York: Harper and Row 1988

[Die 89] Dierckx, P.: FITPACK User Guide. Part 1: Curve fitting routines. Report TW 89. Part 2: Surface fitting routines. Report TW 122. Katholieke Universiteit Leuven, department of computer Sscience Celestijnenlaan 200A, B-3030 Leuven (Belgium) 1987, 1989

[Die 06] Dierckx, P.: Curve and surface fitting with splines. Oxford: Clarendon Press 2006

[Don 79] Dongarra, J. J./ Du Croz, J./ Duff, I. S./ Hammarling, S.: LINPACK User's Guide. Philadelphia: SIAM 1979

[Don 93] Dongarra, J. J./ Duff, I. S./ Sorensen, D. C./ van der Vorst, H. A.: Solving linear systems on vector and shared memory computers. Philadelphia: SIAM 1993

[Dor 78] Dormand, J. R./ Prince, P. J.: New Runge-Kutta algorithms for numerical simulation in dynamical astronomy. Celestial Mechanics **18** (1978) 223–232

[Dor 80] Dormand, J. R./ J., P. P.: A family of embedded Runge-Kutta formulas. J. Comp. Appl. Math. (1980) 19–26

[Duf 76] Duff, I. S./ Reid, J. K.: A comparison of some methods for the solution of sparse over-determined systems of linear equations. J. Inst. Math. Applic. **17** (1976) 267–280

[Duf 86] Duff, I. S./ Erisman, A. M./ Reid, J. K.: Direct methods for sparse matrices. Oxford: Clarendon Press 1986

[EM 90] Engeln-Müllges, G./ Reutter, F.: Formelsammlung zur numerischen Mathematik mit C-Programmen 2. Auflage. Mannheim: B.I. Wissenschaftsverlag 1990

[Enc 96] Encarnação, J./ Straßer, W./ Klein, R.: Graphische Datenverarbeitung, 4. Auflage. München: Oldenbourg 1996

[Eng 69] England, R.: Error estimates for Runge-Kutta type solutions to systems of ordinary differential equations. Comp. J. **12** (1969) 166–170

[Eva 83] Evans, D. J. (Hrsg.): Preconditioning methods: Analysis and applications. New York: Gordon and Breach 1983

[Far 94] Farin, G.: Kurven und Flächen im Computer Aided Geometric Design 2. Aufl. Wiesbaden: Vieweg 1994

[Fat 88] Fatunla, S. O.: Numerical methods for initial value problems in ordinary differential equations. London: Academic Press 1988

[Feh 64] Fehlberg, E.: New high-order Runge-Kutta formulas with step size control for systems of first and second order differential equations. ZAMM **44** (1964) T17–T29

[Feh 68] Fehlberg, E.: Classical fifth-, sixth-, seventh-, and eighth order Runge-Kutta formulas with step size control. NASA Techn. Rep. 287 (1968)

[Feh 69a] Fehlberg, E.: Klassische Runge-Kutta-Formeln fünfter und siebenter Ordnung mit Schrittweiten-Kontrolle. Computing **4** (1969) 93–106

[Feh 69b] Fehlberg, E.: Low-order classical Runge-Kutta formulas with step size control and their application to some heat transfer problems. NASA Techn. Rep.315 (1969)

[Feh 70] Fehlberg, E.: Klassische Runge-Kutta-Formeln vierter und niedrigerer Ordnung mit Schrittweiten-Kontrolle und ihre Anwendung auf Wärmeleitungsprobleme. Computing **6** (1970) 61–71

[Fle 00] Fletcher, R.: Practical methods of optimization. Vol. 1: Unconstrained Optimization. Vol. 2: Constrained Optimization., 2nd ed. Chichester: Wiley 2000

[For 77] Forsythe, G. E./ Malcolm, M. A./ Moler, C. B.: Computer methods for mathematical computations. Englewood Cliffs: Prentice-Hall 1977

[Fox 79] Fox, L./ Parker, I. B.: Chebyshev polynomials in numerical analysis. London: Oxford University Press 1979

[Fox 88] Fox, L./ Mayers, D. F.: Numerical solution of ordinary differential equations. London: Chapman and Hall 1988

[Fra 62] Francis, J.: The QR transformation. A unitary analogue to the LR transformation, Parts I and II. Comp. J. **4** (1961/62) 265–271 and 332–345

[Fre 90] Freund, R.: On conjugate gradient type methods and polynomial preconditioners for a class of complex non-Hermitian matrices. Numer. Math. **57** (1990) 285–312

[Fre 92] Freeman, T. L./ Phillips, C.: Parallel numerical algorithms. New York: Prentice Hall 1992

[Fro 90] Frommer, A.: Lösung linearer Gleichungssysteme auf Parallelrechnern. Braunschweig: Vieweg 1990

[Fuc 87] Fuchssteiner, B.: Solitons in interaction. Progr. Theoret. Phys. **78** (1987) 1022–1050

[Fun 70] Funk, P.: Variationsrechnung und ihre Anwendung in Physik und Technik 2. Aufl. Berlin: Springer 1970

[Gal 90a] Gallivan, K. A./ Heath, M. T./ Ng, E./ Ortega, J. M./ Peyton, B. W./ Plemmons, R. J./ Romine, C. H./ Sameh, A. H./ Voigt, R. G.: Parallel algorithms for matrix computations. Philadelphia: SIAM 1990

[Gal 90b] Gallivan, K. A./ Plemmons, R. J./ Sameh, A. H.: Parallel algorithms for dense linear algebra computations. SIAM Review **32** (1990) 54–135

[Gan 92] Gander, W.: Computermathematik, 2. Aufl. Basel: Birkhäuser 1992

[Gau 70] Gautschi, W.: On the construction of Gaussian quadrature rules from modified moments. Math. Comp **24** (1970) 245–260

[Gea 71] Gear, C. W.: Numerical initial value problems in ordinary differential equations. Englewood Cliffs: Prentice Hall 1971

[Gen 73] Gentleman, M.: Least squares computations by Givens transformations without square roots. J. Inst. Math. Appl. **12** (1973) 329–336

[Geo 80] George, A./ Heath, M. T.: Solution of sparse linear least squares problems using Givens rotations. Lin. Alg. Appl. **34** (1980) 69–83

[Gil 76] Gill, P. E./ Murray, W.: The orthogonal factorization of a large sparse matrix. In: Bunch und Rose [Bun 76], S. 201–212

[Giv 54] Givens, J. W.: Numerical computation of the characteristic values of a real symmetric matrix. Rep. ORNL 1574, Oak Ridge Nat. Lab., Oak Ridge 1954

[Giv 58] Givens, W.: Computation of plane unitary rotations transforming a general matrix to triangular form. SIAM J. Appl. Math. **6** (1958) 26–50

[Gla 79] Gladwell, I./ Wait, R. (Hrsg.): A survey of numerical methods for partial differential equations. Oxford: Clarendon Press 1979

[Gol 65] Golub, G. H./ Kahan, W.: Calculating the singular values and pseudo-inverse of a matrix. SIAM J. Numer. Anal. Ser.B. **2** (1965) 205–224

[Gol 69] Golub, G. H./ Welsch, J. A.: Calculation of Gauss quadrature rules. Math. Comp. **23** (1969) 221–230

[Gol 73] Golub, G. H./ Pereyra, V.: The differentiation of pseudo-inverses and nonlinear least square problems whose variabales separate. SIAM, J. Numer. Anal. **10** (1973) 413–432

[Gol 80] Golub, G. H./ Plemmons, R. J.: Large-scale geodetic least-square adjustment by dissection and orthogonal decomposition. Lin. Alg. Appl. **34** (1980) 3–27

[Gol 95] Golub, G. H./ Ortega, J. M.: Wissenschaftliches Rechnen und Differentialgleichungen. Eine Einführung in die Numerische Mathematik. Berlin: Heldermann 1995

[Gol 96a] Golub, G. H./ Ortega, J. M.: Scientific Computing. Eine Einführung in das wissenschaftliche Rechnen und die parallele Numerik. Stuttgart: Teubner 1996

[Gol 96b] Golub, G. H./ Van Loan, C. F.: Matrix computations. 3rd ed. Baltimore: John Hopkins University Press 1996

[Goo 49] Goodwin, E. T.: The evaluation of integrals of the form $\int_{\infty}^{\infty} f(x)c^{-x^2}$ dx. Proc. Cambr. Philos. Soc. (1949) 241–256

[Goo 60] Good, I. J.: The interaction algorithm and practical Fourier series. J. Roy Statist. Soc. Ser. B. **20, 22** (1958/1960) 361–372 and 372–375

[Gou 79] Gourlay, A. R./ Watson, G. A.: Computational methods for matrix eigenproblems. London: John Wiley 1979

[Gri 72] Grigorieff, R. D.: Numerik gewöhnlicher Differentialgleichungen, Band 1: Einschrittverfahren. Stuttgart: Teubner 1972

[Gro 05] Großmann, C./ Roos, H.-G.: Numerische Behandlung partieller Differentialgleichungen. 3.Aufl. Wiesbaden: Teubner 2005

[Hac 85] Hackbusch, W.: Multigrid methods and applications. Berlin: Springer 1985

[Hac 93] Hackbusch, W.: Iterative Lösung großer schwach besetzter Gleichungssysteme, 2. Aufl. Stuttgart: Teubner 1993

[Hac 96] Hackbusch, W.: Theorie und Numerik elliptischer Differentialgleichungen, 2. Aufl. Stuttgart: Teubner 1996

[Hag 04] Hageman, L. A./ Young, D. M.: Applied iterative methods. Mineola: Dover Publications 2004

[Hai 93] Hairer, E./ Nørsett, S./ Wanner, G.: Solving ordinary differential equations I: Nonstiff problems. 2nd ed. Berlin: Springer 1993

[Hai 96] Hairer, E./ Wanner, G.: Solving odinary differential equations II: Stiff and differential-algebraic problems. 2nd ed. Berlin: Springer 1996

[Ham 74] Hammarling, S.: A note on modifications to the Givens plane rotation. J. Inst. Math. Appl. **13** (1974) 215–218

[Häm 91] Hämmerlin, G./ Hoffmann, K.-H.: Numerical mathematics. Berlin: Springer 1991

[Häm 94] Hämmerlin, G./ Hoffmann, K.-H.: Numerische Mathematik, 4. Aufl. Berlin: Springer 1994

[Heg 91] Hegland, M.: On the parallel solution of tridiagonal systems by wrap-around partitioning and incomplete LU-factorization. Num. Math. **59** (1991) 453–472

[Hen 58] Henrici, P.: On the speed of convergence of cyclic and quasicyclic Jacobi methods for computing the eigenvalues of Hermitian matrices. SIAM J. App. Math. **6** (1958) 144–162

[Hen 62] Henrici, P.: Discrete variable methods in ordinary differential equations. New York: Wiley 1962

[Hen 66] Henrici, P.: Elements of numerical analysis. New York: Wiley 1966

[Hen 72] Henrici, P.: Elemente der numerischen Analysis I, II. Heidelberg: Bibliographisches Institut 1972

[Hen 82] Henrici, P.: Essentials of numerical analysis. New York: Wiley 1982

[Hen 91] Henrici, P.: Applied and computational complex analysis, Vol.2. New York: John Wiley 1991

[Hen 97] Henrici, P.: Applied and computational complex analysis, Vol.3. New York: John Wiley 1997

[Hes 52] Hestenes, M. R./ Stiefel, E.: Methods of conjugate gradients for solving linear systems. J. Res. Nat. Bur. Standards **49** (1952) 409–436

[Heu 08] Heuser, H.: Lehrbuch der Analysis, Teil 2, 14. Aufl. Wiesbaden: Vieweg+Teubner 2008

[Heu 09] Heuser, H.: Gewöhnliche Differentialgleichungen, 5. Aufl. Wiesbaden: Vieweg+Teubner 2009

[Hig 02] Higham, N. J.: Accuracy and stability of numerical algorithms, 2nd ed. Philadelphia: SIAM 2002

[Hil 88] Hill, D. R.: Experiments in computational matrix algebra. New York: Random House 1988

[Hoc 65] Hockney, R.: A fast direct solution of Poisson's equation using Fourier analysis. J. ACM **12** (1965) 95–113

[Hoc 88] Hockney, R./ Jesshope, C.: Parallel computers 2. Bristol: Adam Hilger 1988

[Hod 92] Hodnett F. (Hrsg.): Proc. of the sixth european conference on mathematics in industry. Stuttgart: Teubner 1992

[Hop 88] Hopkins, T./ Phillips, C.: Numerical methods in practice using the NAG library. Wokingham: Addison-Wesley 1988

[Hos 92] Hoschek, J./ Lasser, D.: Grundlagen der geometrischen Datenverarbeitung, 2. Aufl. Stuttgart: Teubner 1992

[Hou 58] Householder, A. S.: Unitary triangularization of a nonsymmetric matrix. J. Assoc. Comp. Mach. **5** (1958) 339–342

[Hug 83] Hughes, T. J. R./ Levit, I./ Winget, J.: An element-by-element solution algorithm for problems of structural and solid mechanics. Comp. Meth. Appl. Mech. Eng. **36** (1983) 241–254

[Hym 57] Hyman, M. A.: Eigenvalues and eigenvectors of general matrices. Texas: Twelfth National Meeting A.C.M. 1957

[IMSL] IMSL: User's Manual. IMSL, Customer Relations, 14141 Southwest Freeway, Suite 3000, Sugar Land, Texas 77478–3498, USA.

[Iri 70] Iri, M./ Moriguti, S./ Takasawa, Y.: On a certain quadrature formula (japanisch) [English transl.: Comput. Appl. Math. **17** (1987) 3–30]. RIMS Kokyuroku Kyoto Univ. **91** (1970) 82–118

[Jac 46] Jacobi, C. G. J.: Über ein leichtes Verfahren, die in der Theorie der Säkularstörungen vorkommenden Gleichungen numerisch aufzulösen. Crelle's Journal **30** (1846) 51–94

[Jac 72] Jacoby, S. L. S./ Kowalik, J. S./ Pizzo, J. T.: Iterative methods for nonlinear optimization problems. Englewood Cliffs: Prentice-Hall 1972

[Jai 84] Jain, M. K.: Numerical solution of differential equations. 2nd ed. New York: John

Wiley 1984
[JE 82] Jordan-Engeln, G./ Reutter, F.: Numerische Mathematik für Ingenieure. 3. Aufl. Mannheim: Bibliographisches Institur 1982
[Jen 77] Jennings, A./ Malik, G. M.: Partial elimination. J. Inst. Math. Applics. **20** (1977) 307–316
[Joh 87] Johnson, S. L.: Solving tridiagonal systems on ensemble architectures. SIAM J. Sci. Stat. Comp. **8** (1987) 354–389
[Kan 95] Kan, J. J. I. M. v./ Segal, A.: Numerik partieller Differentialgleichungen für Ingenieure. Stuttgart: Teubner 1995
[Kau 79] Kaufman, L.: Application of dense Householder transformations to a sparse matrix. ACM Trans. Math. Soft. **5** (1979) 442–450
[Kei 56] Keitel, G. H.: An extension of Milne's three-point method. J. ACM **3** (1956) 212–222
[Kel 92] Keller, H. B.: Numerical methods for two-point boundary value problems. New York: Dover Publications 1992
[Ker 78] Kershaw, D. S.: The incomplete Cholesky-conjugate gradient method for the iterative solution of systems of linear equations. J. Comp. Physics **26** (1978) 43–65
[Kie 88] Kielbasinski, A./ Schwetlick, H.: Numerische lineare Algebra. Frankfurt: Verlag Harri Deutsch 1988
[Kli 88] Klingbeil, E.: Variationsrechnung. 2. Aufl. Mannheim: Bibliographisches Institut 1988
[Köc 90] Köckler, N.: Numerische Algorithmen in Softwaresystemen. Stuttgart: Teubner 1990
[Köc 94] Köckler, N.: Numerical methods and scientific computing – using software libraries for problem solving. Oxford: Clarendon Press 1994
[Kro 66] Kronrod, A. S.: Nodes and weights of quadrature formulas. New York: Consultants Bureau 1966
[Kut 01] Kutta, W.: Beitrag zur näherungsweisen Integration totaler Differentialgleichungen. Z. Math. Phys. **46** (1901) 435–453
[Lam 91] Lambert, J. D.: Numerical methods for ordinary differential systems. New York: John Wiley 1991
[Lap 71] Lapidus, L./ Seinfeld, J. H.: Numerical solution of ordinary differential equations. New York: Academic Press 1971
[Lap 99] Lapidus, L./ Pinder, G. F.: Numerical solution of partial differential equations in science and engineering. New York: Wiley 1999
[Law 66] Lawson, J. D.: An order five Runge-Kutta process with extended region of stability. SIAM J. Numer. Anal. **3** (1966) 593–597
[Law 95] Lawson, C. L./ Hanson, R. J.: Solving least squares problems, Unabridged corr. republ. Philadelphia: SIAM 1995
[Leh 96] Lehoucq, R. B./ Sorensen, D. C.: Deflation Techniques for an Implicitly Re-Started Arnoldi Iteration. SIAM J. Matrix Analysis and Applications **17** (1996) 789–821
[Leh 98] Lehoucq, R. B./ Sorensen, D. C./ Yang, C.: ARPACK Users' Guide: Solution of Large-Scale Eigenvalue Problems with Implicitly Restarted Arnoldi Methods. Philadelphia: SIAM 1998
[Lei 97] Leighton, F. T.: Einführung in parallele Algorithmen und Architekturen. Bonn:

Thomson 1997

[Lin 01] Linz, P.: Theoretical numerical analysis. Mineola: Dover Publications 2001

[Loc 93] Locher, F.: Numerische Mathematik für Informatiker. Berlin: Springer 1993

[Lud 71] Ludwig, R.: Methoden der Fehler- und Ausgleichsrechnung, 2. Aufl. Berlin: Deutscher Verlag der Wissenschaften 1971

[Lyn 83] Lyness, J. N.: When not to use an automatic quadrature routine. SIAM Rev. **25** (1983) 63–87

[Mae 54] Maehly, H. J.: Zur iterativen Auflösung algebraischer Gleichungen. ZaMP **5** (1954) 260–263

[Mae 85] Maess, G.: Vorlesungen über numerische Mathematik Band I: Lineare Algebra. Basel: Birkhäuser 1985

[Mag 85] Magid, A.: Applied matrix models. New York: Wiley 1985

[Mar 63] Marquardt, D. W.: An algorithm for least-squares estimation of nonlinear parameters. J. Soc. Indust. Appl. Math. **11** (1963) 431–441

[Mar 86] Marsal, D.: Die numerische Lösung partieller Differentialgleichungen in Wissenschaft und Technik. Mannheim: Bibliographisches Institut 1986

[McC 88] McCormick, S. F.: Multigrid methods: theory, applications, and supercomputing. New York: Dekker 1988

[Mei 77] Meijerink, J. A./ van der Vorst, H. A.: An iterative solution method for linear systems of which the coefficient matrix is a symmetric M-Matrix. Math. Comp. **31** (1977) 148–162

[Mit 80] Mitchell, A. R./ Griffiths, D. F.: The finite difference method in partial differential equations. Chichester: Wiley 1980

[Mit 85] Mitchell, A. R./ Wait, R.: The finite element method in partial differential Equations. London: Wiley 1985

[Mol] Moler, C. B.: MATLAB – User's Guide. The Math Works Inc., 3 Apple Drive, Natick, Mass. 01760-2098, USA

[Mol 73] Moler, C. B./ Stewart, G. W.: An algorithm for generalized matrix eigenvalue problems. SIAM J. Numer. Anal. **10** (1973) 241–256

[Mor 78] Mori, M.: An IMT-type double exponential formula for numerical integration. Publ. RIMS Kyoto Univ. **14** (1978) 713–729

[Mor 94] Morton, K. W./ Mayers, D. F.: Numerical solution of partial differential equations. Cambridge: Cambridge University Press 1994

[NAGa] NAG: C Library manual. The Numerical Algorithm Group Ltd., Wilkinson House, Jordan Hill Road, Oxford OX2 8DR, U.K.

[NAGb] NAG: Fortran library manual. The Numerical Algorithm Group Ltd., Wilkinson House, Jordan Hill Road, Oxford OX2 8DR, U.K.

[NO 85] Nour-Omid, B./ Parlett, B. N.: Element preconditioning using splitting techniques. SIAM J. Sci. Stat. Comp. **6** (1985) 761–771

[Ort 88] Ortega, J.: Introduction to parallel and vector solution of linear systems. New York: Plenum Press 1988

[Ort 00] Ortega, J. M./ Rheinboldt, W. C.: Iterative solution of nonlinear equations in several variables. Philadelphia: SIAM 2000

[Par 98] Parlett, B. N.: The symmetric eigenvalue problem. Philadelphia: SIAM 1998

[Pat 69] Patterson, T. N. L.: The optimum addition of points to quadrature formulae.

Math. Comp. [errata Math. Comp.] **22** **[23]** (1968 [1969]) 847–856 [892]

[Pea 55] Peaceman, D. W./ Rachford, H. H.: The numerical solution of parabolic and elliptic differential equations. J. Soc. Industr. Appl. Math. **3** (1955) 28–41

[Pic 86] Pickering, M.: An introduction to fast fourier transform methods for PDE, with applications. New York: Wiley 1986

[Pie 83] Piessens, R./ Doncker-Kapenga von (ed.), E./ Ueberhuber, C. W./ Kahaner, D. K.: QUADPACK. A subroutine package for automatic integration. Berlin: Springer 1983

[Rab 88] Rabinowitz (ed.), P.: Numerical methods for nonlinear algebraic equations. New York: Gordon and Breach 1988

[Rao 71] Rao, C. R./ Mitra, S. K.: Generalized inverse of matrices and its applications. New York: Wiley 1971

[Rat 82] Rath, W.: Fast Givens rotations for orthogonal similarity transformations. Numer. Math. **40** (1982) 47–56

[Reu 88] Reuter, R.: Solving tridiagonal systems of linear equations on the IBM 3090 VF. Parallel Comp. **8** (1988) 371–376

[Rob 91] Robert, Y.: The impact of vector and parallel architectures on the Gaussian elimination algorithm. New York: Halsted Press 1991

[Roo 99] Roos, H.-G./ Schwetlick, H.: Numerische Mathematik. Stuttgart: Teubner 1999

[Rüd 93] Rüde, U.: Mathematical and computational techniques for multilevel adaptive methods. Philadelphia: SIAM 1993

[Run 95] Runge, C.: Über die numerische Auflösung von Differentialgleichungen. Math. Ann. **46** (1895) 167–178

[Run 03] Runge, C.: Über die Zerlegung empirisch gegebener periodischer Funktionen in Sinuswellen. Z. Math. Phys. **48** (1903) 443–456

[Run 05] Runge, C.: Über die Zerlegung einer empirischen Funktion in Sinuswellen. Z. Math. Phys. **52** (1905) 117–123

[Run 24] Runge, C./ König, H.: Vorlesungen über numerisches Rechnen. Berlin: Springer 1924

[Rut 52] Rutishauser, H.: Über die Instabilität von Methoden zur Integration gewöhnlicher Differentialgleichungen. ZaMP **3** (1952) 65–74

[Rut 66] Rutishauser, H.: The Jacobi method for real symmetric matrices. Numer. Math. **9** (1966) 1–10

[Rut 69] Rutishauser, H.: Computational aspects of F. L. Bauer's simultaneous iteration method. Num. Math. **13** (1969) 4–13

[Saa 81] Saad, Y.: Krylov subspace methods for solving large unsymmetric linear systems. Math. Comp. **37** (1981) 105–126

[Saa 86] Saad, Y./ Schultz, M. H.: GMRES: A generalized minimal residual method for solving nonsymmetric linear systems. SIAM J. Sci. Statist. Comp. **7** (1986) 856–869

[Sag 64] Sag, W. T./ Szekeres, G.: Numerical evaluation of high-dimensional integrals. Math. Comp. **18** (1964) 245–253

[Sau 68] Sauer, R./ Szabó, I.: Mathematische Hilfsmittel des Ingenieurs. Band 3. Berlin: Springer 1968

[Sch 09] Schur, I.: Über die charakteristischen Wurzeln einer linearen Substitution mit einer

Anwendung auf die Theorie der Integralgleichungen. Math. Annalen **66** (1909) 488–510

[Sch 61] Schönhage, A.: Zur Konvergenz des Jacobi-Vefahrens. Numer. Math. **3** (1961) 374–380

[Sch 64] Schönhage, A.: Zur quadratischen Konvergenz des Jacobi-Vefahrens. Numer. Math. **6** (1964) 410–412

[Sch 69] Schwartz, C.: Numerical integration of analytic functions. J. Comp. Phys. **4** (1969) 19–29

[Sch 72] Schwarz, H. R./ Rutishauser, H./ Stiefel, E.: Numerik symmetrischer Matrizen. 2. Aufl. Stuttgart: Teubner 1972

[Sch 76] Schmeisser, G./ Schirmeier, H.: Praktische Mathematik. Berlin: de Gruyter 1976

[Sch 91a] Schwarz, H. R.: FORTRAN-Programme zur Methode der finiten Elemente. 3.Aufl. Stuttgart: Teubner 1991

[Sch 91b] Schwarz, H. R.: Methode der finiten Elemente. 3.Aufl. Stuttgart: Teubner 1991

[Sch 97] Schwarz, H. R.: Numerische Mathematik. 4. Aufl. Stuttgart: Teubner 1997

[Sch 05] Schaback, R./ Wendland, H.: Numerische Mathematik. 5. Aufl. Berlin: Springer 2005

[Sch 08] Schwarz, H. R./ Köckler, N.: Numerische Mathematik. 7. Aufl. Wiesbaden: Vieweg+Teubner 2008

[Sew 05] Sewell, G.: The numerical solution of ordinary and partial differential equations, 2nd ed. New York: Wiley 2005

[Sha 84] Shampine, L. F./ Gordon, M. K.: Computer-Lösungen gewöhnlicher Differentialgleichungen. Das Anfangswertproblem. Braunschweig: Friedr. Vieweg 1984

[Sha 94] Shampine, L. F.: Numerical solution of ordinary differential equations. New York: Chapman & Hall 1994

[Sha 00] Shampine, L. F./ Kierzenka, J./ Reichelt, M. W.: Solving boundary value problems for ordinary differential equations in MATLAB with `bvp4c`. ftp://ftp.mathworks.com/pub/doc/papers/bvp/ (2000)

[Ske 01] Skeel, R. D./ Keiper, J. B.: Elementary numerical computing with mathematica. Champaign: Stipes 2001

[Smi 85] Smith, G. D.: Numerical solution of partial differential equations: Finite difference method. 3rd ed. Oxford: Clarendon Press 1985

[Smi 88] Smith, B. T./ Boyle, J. M./ Dongarra, J. J./ Garbow, B. S./ Ikebe, Y./ Klema, V. C./ Moler, C. B.: Matrix eigensystem routines – EISPACK Guide. Berlin: Springer 1988

[Smi 90] Smirnow, W. I.: Lehrgang der höheren Mathematik, Teil II. Berlin: VEB Deutscher Verlag der Wissenschaften 1990

[Sta 94] Stammbach, U.: Lineare Algebra. 4. Aufl. Stuttgart: Teubner 1994. Im Internet: `http://www.math.ethz.ch/~stammb/linalg.shtml`

[Ste 73a] Stenger, F.: Integration formulas based on the trapezoidal formula. J. Inst. Math. Appl. **12** (1973) 103–114

[Ste 73b] Stetter, H. J.: Analysis of discretization methods for ordinary differential equation. Berlin: Springer 1973

[Ste 76] Stewart, G. W.: The economical storage of plane rotations. Numer. Math. **25** (1976) 137–138

[Ste 83] Stewart, G. W.: Introduction to matrix computations. New York: Academic Press 1983

[Sti 76] Stiefel, E.: Einführung in die numerische Mathematik 5. Aufl. Stuttgart: Teubner 1976

[Sto 73] Stone, H.: An efficient parallel algorithm for the solution of a triangular system of equations. J. ACM **20** (1973) 27–38

[Sto 75] Stone, H.: Parallel tridiagonal equation solvers. ACM Trans. Math. Software **1** (1975) 280–307

[Sto 02] Stoer, J. and Bulirsch, R.: Introduction to numerical analysis, 3rd ed. New York: Springer 2002

[Sto 05] Stoer, J. and Bulirsch, R.: Numerische Mathematik 2, 5. Aufl. Berlin: Springer 2005

[Sto 07] Stoer, J.: Numerische Mathematik 1, 10. Aufl. Berlin: Springer 2007

[Str 66] Stroud, A. H./ Secrest, D.: Gaussian quadrature formulas. Englewood Cliffs: Prentice-Hall 1966

[Str 74] Stroud, A. H.: Numerical quadrature and solution of ordinary differential equations. New York: Springer 1974

[Str 95] Strehmel, K./ Weiner, R.: Numerik gewöhnlicher Differentialgleichungen. Stuttgart: Teubner 1995

[Stu 82] Stummel, F./ Hainer, K.: Praktische Mathematik. 2. Aufl. Stuttgart: Teubner 1982

[Swi 78] Swift, A./ Lindfield, G. R.: Comparison of a continuation method with Brent's method for the numerical solution of a single nonlinear equation. Comp. J. **21** (1978) 359–362

[Sze 62] Szekeres, G.: Fractional iteration of exponentially growing functions. J. Australian Math. Soc. **2** (1961/62) 301–320

[Tak 73] Takahasi, H./ Mori, M.: Quadrature formulas obtained by variable transformation. Numer. Math. **21** (1973) 206–219

[Tak 74] Takahasi, H./ Mori, M.: Double exponential formulas for numerical integration. Publ. RIMS Kyoto Univ. **9** (1974) 721–741

[Tör 88] Törnig, W./ Spellucci, P.: Numerische Mathematik für Ingenieure und Physiker, Band 1: Numerische Methoden der Algebra. 2. Aufl. Berlin: Springer 1988

[Tve 02] Tveito, A./ Winther, R.: Einführung in partielle Differentialgleichungen. Ein numerischer Zugang. Berlin: Springer 2002

[Übe 95] Überhuber, C. W.: Computer-Numerik 1 und 2. Heidelberg: Springer 1995

[Var 00] Varga, R. S.: Matrix iterative analysis, 2nd ed. Berlin: Springer 2000

[vdV 87a] van der Vorst, H. A.: Analysis of a parallel solution method for tridiagonal linear systems. Parallel Comp. **5** (1987) 303–311

[vdV 87b] van der Vorst, H. A.: Large tridiagonal and block tridiagonal linear systems on vector and parallel computers. Parallel Comp. **5** (1987) 45–54

[vdV 90] van der Vorst, H. A./ van Dooren, P. (Hrsg.): Parallel algorithms for numerical linear algebra. Amsterdam: North Holland 1990

[Wal 88] Walker, H. F.: Implementation of the GMRES method using Householder transformations. SIAM J. Sci. Statist. Comp. **9** (1988) 152–163

[Wal 00] Walter, W.: Gewöhnliche Differentialgleichungen, 7. Aufl. Berlin: Springer 2000

[Wan 81] Wang, H.: A parallel method for tridiagonal equations. ACM Trans. Math. Software **7** (1981) 170–183

[Wes 04] Wesseling, P.: An Introduction to Multigrid Methods. Flourtown: R. T. Edwards 2004

[Wil 68] Wilkinson, J. H.: Global convergence of tridiagonal QR-algorithm with origin shifts. Lin. Alg. and Its Appl. **1** (1968) 409–420

[Wil 69] Wilkinson, J. H.: Rundungsfehler. Berlin-Heidelberg-New York: Springer 1969

[Wil 86] Wilkinson, J. H./ Reinsch, C. (Hrsg.): Linear Algebra. Handbook for Automatic Computation Vol. II. Berlin: Springer 1986

[Wil 88] Wilkinson, J. H.: The algebraic eigenvalue problem. Oxford: University Press 1988

[Wil 94] Wilkinson, J. H.: Rounding errors in algebraic processes. New York: Dover Publications 1994

[Win 78] Winograd, S.: On computing the discrete Fourier transform. Math. Comp. **32** (1978) 175–199

[You 71] Young, D. M.: Iterative solution of large linear systems. New York: Academic Press 1971

[You 90] Young, D. M./ Gregory, R. T.: A survey of numerical mathematics Vol. 1 + 2. New York: Chelsea Publishing Co. 1990

[Yse 86] Yserentant, H.: Hierachical basis give conjugate gradient type methods a multigrid speed of convergence. Applied Math. Comp. **19** (1986) 347–358

[Yse 89] Yserentant, H.: Preconditioning indefinite discretization matrices. Numer. Math. **54** (1989) 719–734

[Yse 90] Yserentant, H.: Two preconditioners based on the multi-level splitting of finite element spaces. Numer. Math. **58** (1990) 163–184

[Zie 05] Zienkiewicz, O. C./ Taylor, R. L.: The finite element method, 6th ed. Oxford: Butterworth-Heinemann 2005

[Zon 79] Zonneveld, J. A.: Automatic numerical integration. math. centre tracts, No. 8. Amsterdam: Mathematisch Centrum 1979

[Zur 65] Zurmühl, R.: Praktische Mathematik für Ingenieure und Physiker 5. Aufl. Berlin: Springer 1965

[Zur 86] Zurmühl, R./ Falk, S.: Matrizen und ihre Anwendungen. Teil 2: Numerische Methoden. 5. Aufl. Berlin: Springer 1986

[Zur 97] Zurmühl, R./ Falk, S.: Matrizen und ihre Anwendungen. Teil 1: Grundlagen. 7. Aufl. Berlin: Springer 1997

Sachverzeichnis

0/0-Situation 25
1. und 2. erzeugendes Polynom *siehe* charakteristisches Polynom

a posteriori Fehler 186, 188, 495
a priori Fehler 186f., 191, 495
$A(\alpha)$-stabil 384
A-B-M-Verfahren 366
A-orthogonal **532**
Abbildung, kontrahierende 186
Abbruchfehler 15
Ableitungen in Randbedingungen 421
Ableitungswert, Interpolation 99
Abschneidefehler *siehe* Diskretisierungsfehler
absolute Stabilität 350, 378f., 381, 452f., 455f., 461, 463
absoluter Fehler **16**, 20, 53f.
Abstiegs, Methode des steilsten 206, **301**, 532
Abstiegsrichtung 302
Adams-Verfahren 363, **363**, 365f., 375, 381, 391
adaptive Integration **332**, 333f., 339
Adaptivität 482
adjungiert 515, 521
ähnliche Matrix 52
Ähnlichkeitstransformation **219**, 221, 254, 257, 542
  orthogonale 232
Akustik 483
algebraische Substitution 320
ALGOL 87
Algorithmus 13, 15, 19
Aliasing-Effekt 510
allgemeines Eigenwertproblem 218, **261**
alternierende Divergenz 193
alternierenden Richtungen, Methode der 464
AMS-Guide 14
Anfangsrandwertaufgabe, parabolische 448
Anfangszustand 342
Anlaufrechnung *siehe* Startrechnung
ANSYS 483
Approximation
  bikubische Spline- 125
  diskrete Gauß- 118, **142**
  Gauß- 124
  kontinuierliche Gauß- **144**
  sukzessive 184
  trigonometrische **145**
Approximationssatz, Weierstraßscher 127
Äquivalenzoperation 31
Archimedesspirale 126
Architektur 67
Arnold-Iteration 270
Artenverhalten 342
Artillerie 409
asymptotisch optimal 489
asymptotische Konvergenz 496
asymptotische Konvergenzrate 509
asymptotische Stabilität 352, 372
Aufstartzeit 71
Aufwand *siehe* Rechenaufwand
Ausgleichsprinzip 274
Ausgleichung
  lineare 143
  nichtlineare 296
Auslöschung 18, 20, 39, 41, 223, 283, 288, 411
Automobilbau 483
autonome Differenzialgleichung 388
axiale Druckkraft 399

B-Splines **112**, 406
  Ableitung 115
  bikubische **123**
  Integral 115
  kubische **114**
backward analysis **24**
backward differentiation formulae 374

Bahnlinien 389
Bairstow-Verfahren 211
Zusammenfassung 213
Balken 399, 517
Banach-Raum 185, **185**
Banachscher Fixpunktsatz **185f.**, 199
Bandbreite 62, **62**, 63, 86, 442, 445, 477, 488
Bandmatrix **62**, 85, 406, 442, 445, 477, 487
bei Interpolation 124
Speicherung 63
Bankkonflikt 71f.
Basis 16
hierarchische 546
orthonormierte 51
Basisfunktion 470, 473
BDF-Verfahren 374, 376, 383
Belastung, transversale 399
Benutzerführung 13
Beobachtungsfehler 274
Bernoulli-Zahl 313f.
Bernstein-Polynom **127**, 134
Bessel-Funktion 167, 317
Bevölkerungsentwicklungsmodell 342
Bézier-Flächen **137**
Bézier-Kurven **131**
Bézier-Polygon **129**
Bézier-Polynom **127**
Bézier-Punkt **129**
Bibliothek *siehe* NAG, IMSL
bidiagonal 64, 67, 76
Biegesteifigkeit 399
biharmonische Differenzialgleichung 447
bikubische Splinefunktion **123**, 125
bikubische Tensorsplines **123**
bilineare Tensorsplines **120**
Binärdarstellung 159
Binomialkoeffizient 103
binomische Formel 127
Biologie 274, 342
Biomedizin 483
Bisektion **190**, 191, 195ff.
Bitumkehr 161
Black-box-Verfahren 183, 193, 205, 304, 335
BLACS 70, 87
BLAS 87
Blockgröße 67, 70
Blockmatrix 68
Bogenlänge 125
Brent-Verfahren **196**, 198
Cache 67
CAD-FEM 483
Casteljau-Algorithmus **130**, 131, 139
Cauchy-Folge 185, 187
Cauchy-Randbedingung 429, 434, 438ff., 444, 449, 460, 469
Cauchy-Schwarzsche-Ungleichung 143
Ceschino-Kuntzmann 360
CG-Verfahren **530**, 534, 536, 538, 540, 553f., 557
charakteristische Funktion *siehe* charakteristisches Polynom
charakteristische Gleichung 371
charakteristisches Polynom **219**, 265, **369**, 371f.
Chemie 342, 387, 483
Cholesky 59
Cholesky-Verfahren 420, 433, 477, 516
Cholesky-Zerlegung **59**, 62f., 261, 275, 277f., 283
partielle 545
Clenshaw-Algorithmus 169
Cooley 159
Cramersche Regel 201
Crank-Nicolson 455f., 463
Rechenaufwand 456
CSIRO 483

Dachfunktion 148, 153f., 170
Dahlquist-stabil 372
Datenfehler **15**, 19, 21, 266
Datenorganisation 13
Datentabelle 91, 142
Datenverteilung 68
Datenwolke 91
Deflation 209f.
Determinante 36f.
Berechnung **30**
Vandermondesche 371
diagonal dominant 64, 78, 80, 433, 442, 456, 459, 463f., 506
schwach **39**, 496, 498, 500, 502
strikt **39**, 502
diagonalähnlich **219**, 265
Diagonalstrategie 38f., 58, 64, 72f., 442, 453, 456
Differenz, dividierte **95**, **418**
Differenzen, dividierte 508, 525
Differenzenapproximation 419

Differenzengleichung 371, 381, 430, 436ff., 441, 444, 450, 506, 545
Differenzenquotient 103, 411, 430, 450
  zentraler 103
Differenzenschema 98
Differenzenstern 268, 430, 432, 498
Differenzenverfahren 395, **418**, 420, **427**, 429, 487, 498, 505, 508, 514, 530, 544, 555
Differenzialgleichung 115
  autonome 388
  elliptische 428
  explizite 343
  hyperbolische 428
  implizite 343
  parabolische 428
  partielle 124, 268
  steife 385
Differenzialgleichungssystem 218
  erster Ordnung 343
  m-ter Ordnung 343
Differenziation, numerische 91, **101**, 374, 409
differenzielle Fehleranalyse 19, **21**, 23f.
Diffusion 427, 448, 459
Dirichlet-Randbedingung 429, 449, 460, 470, 477
Dirichletsche Randwertaufgabe 429
diskrete Eigenfunktion 270
diskrete Fehlerquadratmethode 405
diskrete Fourier-Transformation 154ff.
diskrete Gauß-Approximation 118, **142**
Diskretisierung partieller Differenzialgleichungen 268, **487**, 498
Diskretisierungsfehler **15**, 352, **359**, 364f., 367, 369f., 388, 411, 420
  globaler **351**, 452, 455
  lokaler **351**, 356, 369f., 444f., 452, 455
  Schätzung 361, 366
Divergenz, alternierende 193
Divide-and-Conquer 76
dividierte Differenz **95**, **418**, 487
dividierte Differenzen 508, 525
Divisionsalgorithmus 211
Dopingtest 342
doppelte Nullstellen 189, 193
Drei-Punkte-Stern 432
Dreiecke, Integration über 337
Dreieckelement 469, 474
Dreiecknetz 429
Dreieckszerlegung **30**, 46, 55, 64
Dreigittermethode 522
Druckkraft, axiale 399
Druckverlust 84
Dualsystem 16, 41
dünn besetzt *siehe* schwach besetzt
Durchbiegung 399

ebenes Fachwerk 85
Eigenfrequenz 268
Eigenfunktion einer Differenzialgleichung 270, 396
Eigensystem einer Differenzialgleichung 397
Eigenvektor 51
  QR-Algorithmus 260
  Rechenaufwand 260
Eigenwert 51f.
Eigenwert einer Differenzialgleichung 396
Eigenwertproblem **395**
  allgemeines 218, **261**
  Konditionszahl **266**
  spezielles 218, 261
  symmetrisches 220, 261
Einbettungsmethode 416
Eindeutigkeit 184
Einfach-Schießverfahren **408**, 412, 416
Eingabefehler 19
eingebettete Gauß-Regel **331**
eingebettete Verfahren 360
eingebettetes Runge-Kutta-Verfahren **359**
Einheitswurzel 155f.
Einschließung 191, 197
Einschrittverfahren 346, **351**, 368, 378f.
  äquidistantes 352
  implizites 380
  Konstruktion 353
  Startrechnung 375
einstufiges Iterationsverfahren 184, 493
Einzelschrittverfahren **203**, 359, 368, 489, **490**, 492, 502, 507f.
  Newtonsches 204
  nichtlineares 204
EISPACK 87
Elastizität 268, 399
Elektronik 483
Elektrostatik 428
elementare Rechenoperation **15**, 21
Elementvektor 475
Elimination **30**, 32, 36, 38f.

Ellipse 135
Ellipsoid 317
elliptische Differenzialgleichung 428, 468
elliptische Randwertaufgabe 467, 487, 505, 530, 545f., 555
  Differenzenverfahren **427**
Empfindlichkeitsmaß 413
Energieerhaltungssatz 56
Energiemethode 466ff.
Energieminimierungsprinzip 107
Energienorm **531**, 538ff.
England 360
Epidemie 342
Erdvermessung 284
erreichbare Konsistenzordnung 357
erzeugendes Polynom *siehe* charakteristisches Polynom
euklidische Norm **48**, 49, 51f.
Euler 108
Euler-Collatz 357
Euler-MacLaurin 313
Euler-Verfahren 347f., 354, 452
  explizites **345**, 347, 349, 354
    Konvergenz 349
  implizites **346**, 350
    Konvergenz 350
Eulersche Differenzialgleichung 468
Evolutionsproblem 427
Existenz 30, 184
exp-Substitution 322
Experimentalphysik 274
explizite Differenzialgleichung 343
explizite Methode von Richardson 450f., 461f.
  lokaler Diskretisierungsfehler 451
explizites Adams-Verfahren 363
explizites Euler-Verfahren 345, 347, 349, 369
explizites Mehrschrittverfahren 368
explizites Runge-Kutta-Verfahren **354**, 356, 379
Exponent 16
Extrapolation 105, 420
  auf $h^2 = 0$ 313
  Richardson- 313
Extrapolationsverfahren 363
Extremalaufgabe 467
Extremalstelle 94

Fachwerk, ebenes 85
Faktorisierung *siehe* Zerlegung
FASTFLO 483
Fehlberg 360
Fehler
  a posteriori 186, 188, 495
  a priori 186f., 191, 495
  absoluter 16, 20, 53f.
  relativer 16, 20, 53ff.
Fehlerabschätzung **52**, 54, 352
  Romberg-Integration 314
  Simpson-Regel 310
  Trapezregel 310
Fehleranalyse 14
  differenzielle 19, 21, 23f.
  Rückwärts- **24**, 55
Fehlerarten **15**
Fehlerentwicklung, Trapezregel 314
Fehlerfortpflanzung 15, 345
Fehlerfunktion 404, 406f.
Fehlergleichungen 274f., 280, 282, 290, 292, 295, 303, 405, 548, 550, 553
  Rechenaufwand 276
Fehlerkonstante **186**, 194, 364f., 367, 370, 375
Fehlerkontrolle 335
Fehlerkurve 94
Fehlerordnung 345ff.
  Fünf-Punkte-Formel 445
Fehlerquadratmethode **405**
  diskrete 405
  kontinuierliche 405
Fehlerschätzung 23, 359ff.
  bei adaptiver Integration 335
  zur Schrittweitensteuerung 360
Fehlertheorie **15**
FEMLAB 480, 482
Fermatsches Prinzip **467**
FFT (fast Fourier transform) *siehe* schnelle Fourier-Transformation
fill-in 290, 487, 545
Finde-Routine 197
finite Elemente 307, 337, 406, **466**, 487, 530, 544
FITPACK 179
Fixpunkt **184**, 187, 192, 199
Fixpunktgleichung 489, 494
Fixpunktiteration 184, 192, 198f., 493ff., 509
  lineare 493
  stationäre 493

Fixpunktsatz 494
Banachscher **185f.**
Fläche, glatte 107
Flächenträgheitsmoment 399
Flachwasserwelle 124, 336
flops 70, 75
Flugzeugbau 107
FMG-Zyklus 523
Formfunktion 473f., 476
fortgepflanzte Rundungsfehler 15, 21
Fortpflanzungsproblem 427
Fourier-Analyse 524
Fourier-Integral 319
Fourier-Koeffizient **147**, 154, 166, 316ff.
Fourier-Polynom **147**, 152
Fourier-Reihe **145**, **147**, 162, 316, 318, 510
Fourier-Term, glatt 510
Fourier-Term, hochfrequent 510
Fourier-Term, niederfrequent 510
Fourier-Term, oszillatorisch 510
Fourier-Transformation
diskrete 154ff.
komplexe 155, 157, 161
schnelle **155**, 159, 161f.
Francis, QR-Algorithmus von 248
Frequenz-Analyse 524
Frobenius-Norm **48**, 49, 303
Full Multigrid 523
full-weighting 515
Fundamentalmatrix 400
Fundamentalsystem 396, 400f.
Fünf-Punkte-Formel 463
Fehlerordnung 445
Fünf-Punkte-Stern 487
Funktion, trigonometrische 145
Funktionalmatrix 19, 21, 199, 201ff., 386, 411
Funktionen, Schnittpunkt zweier 184
Funktionensystem 140, 142
orthogonales 143, 145f., 151, 164, 174
Funktionsauswertung 198, 206
FW-Operator 515, 520

Galerkin-Methode **406**
GAMS-Software-Index 14, 391
Gander 333
garantierte Konvergenz 196
Gauß-Algorithmus **30**, 33, 36ff., 43, **44**, 58, 65ff., 70, 72, 76, 201f., 260, 453, 516
Rechenaufwand 38
Gauß-Approximation 124, **140**, 405
diskrete 118, **142**
kontinuierliche **144**, 165
Gauß-Form
Runge-Kutta 358
Gauß-Integration 177, 307, **323**, 332, 405
eingebettete **331**, 332
mehrdimensionale 337
Gauß-Jordan-Verfahren 71f.
Gauß-Kronrod-Integration 332, 335, 338
Gauß-Newton-Methode **297**, 298, 300ff.
Gauß-Patterson-Integration 335
Gauß-Seidel 359, 489f., 511
Gebiet absoluter Stabilität 379, 381, 383
Gebietsdiskretisierung 470
GECR-Methode 82
gedämpfte Jacobi-Iteration **491**, 509, 511, 525
Genauigkeit 16, 270
doppelte 28
einfache 28
Genauigkeitsgrad
Quadraturformel 324f., 331
Genauigkeitsgrad einer Quadraturformel 309
Genauigkeitssteuerung 333f.
Romberg-Integration 315
Genauigkeitsverlust 25
Gentleman 239
geometrische Folge 191
geometrische Reihe 150
gerichtete Kante 497
gerichteter Graph 497
Gerschgorin 111
Gerschgorin, Satz von 264
Gesamtfehler
bei Anfangswertproblemen 352
Gesamtnorm **48**, 49
Gesamtschrittverfahren 489, **490**, 492, 507
Gesamtsteifigkeitsmatrix 477
gestaffelte QR-Transformation 250
gewichtetes L_2-Skalarprodukt 176
Gewichtsfunktion 330
Gitter 68, 269
Rechteck- 120, 123, 125
Gittererzeugung 482
Gitterpunkte 418, 429, 462, 505
Nummerierung 432f.
Gitterweite 268, 429, 487
Givens, Methode von 237

Givens-Rotation 233, 254
Givens-Transformation 258, 279f., 283, 303f., 550
  Rechenaufwand 281
  schnelle 256
glatte Fläche 107
glatte Kurve 91
glatter Fourier-Term 510
Glättungsfaktor 511, 524f.
Gleichgewichtsproblem 427
Gleichgewichtszustand 389f.
Gleichungssystem
  lineares 118, 124
  nichtlineares **199**, 205, 346
  Normal- 141, 205
  quadratisches 124
  schlecht konditioniertes 206
  tridiagonales **64**
Gleitpunktarithmetik 55, 61
Gleitpunktrechnung 54
Gleitpunktzahl 28
Gleitpunktzahl, normalisierte 16
globaler Diskretisierungsfehler *siehe* Diskretisierungsfehler
globales Minimum 205
GMRES(m)-Algorithmus **553**, 555
  Konvergenz 554, 556
  Rechenaufwand 556
GMRES-Algorithmus 548, **552**, 553
  Rechenaufwand 553
Good 159
Gradient, konjugierter 530, 532, 534, 548
Graph, gerichteter 497
Graph, zusammenhängender 497
Graphik-Software 126
Grenzennorm 50
Grenzwert 186, 205

halbimplizites Runge-Kutta-Verfahren **358**
Hamiltonsches Prinzip **467**
Hardware **14**, 482
Hauptachsentheorem 220, 222
Helmholtz-Gleichung 428
Hermite-Interpolation 94, **98**, 108
Hermite-Polynom 331
Hessenberg-Form **233**
  Rechenaufwand 234
Hessenberg-Matrix 232, 244, 254, 552
Hessesche Matrix 275, 530
Hestenes 532
Heun-Verfahren 354, 357
hierarchische Basis 546
Hilbert-Matrix 145, 266
Hilbert-Raum 140, 142, 144
hochfrequent 510, 515
Höchstleistungsrechner 67
Horner-Schema 97, 208
  doppelzeiliges 214
Householder 303
Householder, Rücktransformation
  Rechenaufwand 290
Householder-Matrix **286**, 288f.
Householder-Transformation 256, **286**, 290, 304
Hülle 284
hüllenorientierte Rechentechnik 477
Hutfunktion 112, 406
hyperbolische Differenzialgleichung 427f.

ideal elastisch 268, 399
implizite Deflation 210
implizite Differenzialgleichung 343, 397
implizite Methode 456
implizite Skalierung 42
implizite Spektralverschiebung 257
implizite Vorkonditionierung 542
implizites Adams-Verfahren 363
implizites Einschrittverfahren 380
implizites Euler-Verfahren **346**, 350
implizites Mehrschrittverfahren 368
implizites Runge-Kutta-Verfahren 380
IMSL 14, 27, 87, 338, 392
Infoplaner 483
inhärente Instabilität 376f.
inkorrekt gestelltes Problem 206, 296
Instabilität 219
  inhärente 376
  numerische 15
instationär 427
Integralgleichung 115, 307, 344
Integraltransformation 307
Integrand
  exponentiell abklingend 312
  mit Singularität 315, 320
  mit Sprungstelle 315
  periodischer **316**
Integration
  adaptive **332**, 334

Aufwand 308
im $\mathbb{R}^n$ 336
mehrdimensionale **336**
numerische 91, 177, **307**
Transformationsmethode 315
über Standardgebiete **337**
über unbeschränkte Intervalle 320
von Tabellendaten 307
Integrationsbereich, unendlicher 330
Integrationsgewicht 307, 330
Integrationsregel
Genauigkeitsgrad 309, 324f., 331
optimale 331
Interpolation 365, 513f., 516, 521
Hermite- **98**
inverse **100**
inverse quadratische 197
Kurven- **125**
Lagrange- 94
Newton- **95**
Spline- 126
Tschebyscheff- **170**
Interpolationsfehler 93
Interpolationspolynom 92, 119, 308, 373
Interpolationsverfahren 363
Intervallhalbierung 191, 333
inverse Interpolation **100**, 197
inverse Vektoriteration **231**, 260
Inversion einer Matrix 45
involutorische Matrix 287
Inzidenzmatrix 82
irreduzibel 433, **496**, 497f., 500, 502, 506
Iterationsmatrix 492f., 496
Iterationsverfahren **184**
einstufiges 184, 493
stationäres 184
zweistufiges 195

J-Verfahren *siehe* Jacobi-Verfahren
Jacobi 222, 489
Jacobi-Iteration, gedämpft **491**, 509, 511, 525
Jacobi-Matrix 199, 202, 205, 215, 298, 300, 386f., 389
diskretisierte 206
funktionale 206
singuläre 205
Jacobi-Rotation 222, 233
Jacobi-Verfahren **490**, 496, 500, 505
klassisches 224
Rechenaufwand 226, 228
zyklisches 228
JOR-Verfahren **491**, 493, 496, 500

Kante, gerichtete 497
Kehrwert, iterative Berechnung 194
Kennlinie 278
Kettenregel 21
kinetische Reaktion 387
Kirchhoff 82
klassisches Jacobi-Verfahren 224
klassisches Runge-Kutta-Verfahren 357
kleinste-Quadrate-Methode 118, 124, 205, 215, 274, 280, 296, 302, 304, 405, 548, 550
Knoten eines Graphen 497
Knotenpunkt 114, 124f., 470f.
Knotenvariable 470f., 477
Koeffizienten-Bedingungen bei Runge-Kutta-Verfahren 354
Kollokation **404**, 407, 424
Kommunikation 68, 70
kompatible Matrixnorm **49**, 494
kompatible Vektornorm 494
Kompilationsprozess 477, 483
komplexe Fourier-Transformation 155, 157, 161
komplexe Nullstellen 190, 211
Komplexität 523
Kondition **52**, **189**, 220, 261, 377
Konditionszahl 19f., 25, **53**, 54ff., 61, 190, 218, 540, 544
Eigenwertproblem **266**
lineares Gleichungssystem 265
Normalgleichungen 277f.
konforme Abbildung 307
Kongruenztransformation 541
konjugierte Richtung 532
konjugierter Gradient 530, 532, 534, 548
konsistente Fixpunktiteration 495
Konsistenz **350**, 352, 355, 369, 373
Einschrittverfahren **351**
Mehrschrittverfahren **369**
Konsistenzordnung **351**, 352, 354, 357, 366, 369f., 372
erreichbare 357
Mehrschrittverfahren 369
kontinuierliche Fehlerquadratmethode 405

kontinuierliche Gauß-Approximation **144**, 165
kontrahierend **186**, 192, 200, 494
Konvergenz 189, 199, 205, 349, **350f.**, 352, 538
  asymptotische 496
  des SOR-Verfahrens 505
  GMRES(m)-Algorithmus 554, 556
  kubische **186**
  lineare **186**, 188, 193
  quadratische **186**, 227, 250
  superlineare 193, 197, 315
Konvergenzgeschwindigkeit 186, 505
Konvergenzordnung **186**, 188, 191f., 196, 200f., 214, **351**, 366, 372
Konvergenzrate **186**, 200, 511, 524
Konvergenzrate, asymptotische 509
konvexe Hülle 130, 132, 138
Konzentrationsfunktion 459
Korrektur-Schema 513, 516
Korrekturansatz 297
Korteveg-de Vries-Gleichung 124
Kräfte im Fachwerk 85
Krogh 376
Kronrod-Integration 334
Krylov-Unterraum 537f., 548f., 551f.
Kubikwurzel, iterative Berechnung 194
kubische B-Splines **114**
kubische Konvergenz **186**, 259
kubische Splines 106, 114, 424
Kuntzmann 360
Kurve
  glatte 91
  kleinster Krümmung 107
  Parameter- 125
Kurveninterpolation **125**
Kutta 353

L-stabil *siehe* Lipschitz-stabil
L_1-Norm **48**
L_2 144, 164
L_2-Skalarprodukt 174
  gewichtetes 176
Lagrange-Interpolation 94, **95**, 114, 418
Lagrange-Polynom **95**, 102, 308, 325, 470, 473
Laguerre-Polynom 331
laminare Strömung 84
Landvermessung 284
LAPACK 68, 87, 559
Laplace-Gleichung 428
Laplace-Operator 487
Legendre 140
Legendre-Polynom 162, **174**, 323ff., 327, 331
  Nullstellen 176
  Rekursion 176
linear unabhängig 140, 230, 274
lineare Ausgleichung 143
  Normalgleichungen **274**
lineare Konvergenz **186**, 193, 200
lineare Transformation 147, 157, 163, 326, 473
lineares Mehrschrittverfahren **368**
Linearisierung 200, 297, 416f.
Linksdreiecksmatrix 34, 37
Linkssingulärvektor 294
LINPACK 87
Lipschitz-Bedingung 199, **344**, 345, **352**, 354
  an f_h 352
Lipschitz-Funktion 352
Lipschitz-Konstante 186f., 202, **344**, 345, 369, 494
Lipschitz-stabil 372, 384
Lipschitz-stetig **186**
Logarithmentafel 97, 106
lokale Stabilität 389
lokaler Abschneidefehler *siehe* Diskretisierungsfehler
lokaler Diskretisierungsfehler *siehe* Diskretisierungsfehler
lokales Minimum 205
Lösungen
  Eindeutigkeit von 184
  Existenz von 184
Lotka-Volterras Wettbewerbsmodell 388
lowest upper bound 50
LR-Zerlegung 68, 76, 202, 456, 463
lss *siehe* kleinste-Quadrate-Methode
lub-Norm 50
Luftfahrt 483

M-Matrix 78
Maehly 209
Mantisse 16
Marquardt-Verfahren 302f.
Maschinengenauigkeit 16, 23, 28, 214, 333
Maschinenkonstanten 28
Maske *siehe* Template

Massenelementmatrix 475f.
MATLAB 14, 28, 81, 87, 179, 215, 270, 305, 339, 391, 424, 478, 482, 559
Matrix
  Hessesche 275
  inverse 45
  involutorische 287
  Inzidenz- 82
  orthogonale 220
  positiv definite **56**
  rechteckige 118
  reguläre 30
  schwach besetzte *siehe* dort
  Speicherung 61, 284
  symmetrische 52
  tridiagonale 64, 66, 73, 76, 78, 232, 237, 244, 246, 420, 453, 455f., 459, 463f.
Matrix-Vektor-Multiplikation 557f.
Matrixmultiplikation 68
Matrixnorm **48**, 49f.
  kompatible 494
  natürliche 50
  submultiplikative 48, 264, 344
  verträgliche 51, 344
  zugeordnete 51f.
Matrixprodukt 87
Maximalrang 274f., 279, 292f., 303
Maximumnorm **48**, 49, 51, 53
Medizin 342
mehrdimensionale Integration **336**
Mehrfach-Schießverfahren **413**
  Startwerte 416
  Zwischenstelle 416
Mehrgittermethode 487, 491
Mehrgittermethoden **508**
Mehrgitterzyklen 522
Mehrschrittverfahren **346**, 363, 368, 380
  lineares **368**
  lokaler Diskretisierungsfehler 370
  Startrechnung 375
  vom Adams-Typ 363
Mehrstellenoperator 446
Mehrstufenmethode 522
Membranschwingung 268
Messfehler 15, 91
Messung 274
Methode der kleinsten Quadrate 118, 124, 205, 215, 274, 280, 296, 302, 304, 405, 548, 550
Methode des steilsten Abstiegs 206, **301**, 532
Minimalpunkt 531f.
Minimax-Eigenschaft 539
minimierte Residuen 548
  verallgemeinerte 547
Minimierungsaufgabe 548, 550, 552
Minimierungsverfahren 300
Minimum, lokales 206
MINRES 548
Mittelpunktregel **346**, 347f., 363
Mittelpunktsumme 310
Modalmatrix 264ff.
Modellierung **13**
Modellproblem 508, 513, 520
Modellproblem, Anfangswertaufgabe 348, 371, 379, 382
Modellproblem, Randwertaufgabe 505, 540
modifiziertes Newton-Verfahren 195, 205
monoton fallend 205
Monte-Carlo-Methode 338
MSV *siehe* Mehrschrittverfahren
multiple shooting **413**

Nachiteration **45**, 47, 56, 61, 512
NAG-Bibliotheken 14, 27, 87, 161, 179, 215, 270, 304, 339, 391, 483, 559
Näherungswert 184
natürliche Matrixnorm 50
Naturgesetz 274
natürliche Splinefunktion 112
NETLIB 14
Netzerzeugung 482f.
Neumann-Randbedingung 429, 434, 436, 440, 444f., 469
Neumannsche Randwertaufgabe 429
Neun-Punkte-Formel 447
Newton-Cotes-Formel **308**, 323, 325
Newton-Interpolation 94, **95**, 105
Newton-Maehly, Verfahren von 209
Newton-Schema 97, 99
Newton-Verfahren 192, **192**, 196ff., 200, **200**, 205, 207, 211, 298, 358f., 409, 411, 414ff., 422
  modifiziertes 195, 205
  Varianten 195
  vereinfachtes 195, 202
nichtlineare Ausgleichung **296**
nichtlineare Randwertaufgabe 422
nichtlineares Gleichungssystem 183, **199**, 205, 358f., 409

niederfrequent 510
Niveaulinie 477, 479ff.
Norm 140, 185
verträgliche 49
Normäquivalenz 48f.
Normalableitung 436
Normaldreieck 471, 473
Normalgleichungen 141, 205, **275**, 278, 282, 295, 302
Konditionszahl 277f.
lineares Ausgleichsproblem **274**
Rechenaufwand 276
normalisierte Gleitpunktzahl 16
Normalverteilung 274
Normen **47**
Null-stabil 372
null/null-Situation 25
Nullraum 515
Nullstellen **183**
doppelte 189
enge 189
gut getrennte 189
komplexe 190, 211
Legendre-Polynom 176
Polynom 207
Schranken für 213
Nullstellenpaare 190
numerische Differenziation 91, **101**, 374, 409
numerische Integration 149, 177, **307**
numerische Stabilität 15, 23, **25**, 39, 115, 169, 178, 219, 261, 327, 349f.
Nummerierung
Gitterpunkte 432f., 487
optimale 477
Nyström 380

Oberflächen 307
Odd-Even-Elimination 79
ODE 392
ODEPACK 392
Ohm 82
optimale Integrationsregel 331
optimale Nummerierung 477
optimaler Relaxationsparameter 505, **505**
optimales Runge-Kutta-Verfahren 357
Optimalitätseigenschaft 538
Optimierung 304, 336
orthogonal 220
orthogonal-ähnlich 245
orthogonale Ähnlichkeitstransformation 232
orthogonale Matrix 220
orthogonale Transformation 278, 283, 304, 405, 550f.
Speicherplatzbedarf 286
orthogonales Funktionensystem 143, 145f., 151, 164, 174
orthogonales Polynom **161**, 331
Orthogonalisierung 550
Schmidtsche 549
Orthogonalitätsrelation 536
orthonormierte Basis 51, 548
Oszillationen 106, 119
Oszillationseigenschaft 397, 510
oszillatorischer Fourier-Term 510

parabolische Anfangsrandwertaufgabe **448**
parabolische Differenzialgleichung 428
Parallelisierung 545
Parallelrechner 14, 67, 76, 87, 482
Parameter 274
Parameter-Identifikation 424
Parameterkurve 125
Partial Differential Equation Toolbox 482
partielle Cholesky-Zerlegung 545
partielle Differenzialgleichung 124, 268, 337
Diskretisierung 487
Partitionsverfahren 82
Patterson-Integration 332, 334f., 339
PB-BLAS 87
PBLAS 70, 87
PCG-Algorithmus 544, **544**
Peaceman und Rachford 463
periodische Splinefunktion 112
periodischer Integrand **316**
Permutationsmatrix 37, 292
Pharmakologie 342
physiologische Indidaktormodelle 342
Pivotelement 32, 35f., 38f., 58
Pivotstrategie **38**
Plattengleichung 447
PLTMG 480, 482
Poisson-Gleichung 428, 436, 444, 447, 462
Poissonsche Summenformel 318f.
Polarkoordinaten 126
Polygonzug-Verfahren **345**
verbessertes 357
Polynom
Bézier- **127**

Bernstein- **127**
charakteristisches **219**, 265, 369
erzeugendes 369
Hermite- 331
interpolierendes 308
komplexe Nullstellen 211
komplexes 207
Laguerre- 331
Legendre- 162, **174**, 331
orthogonales **161**, 331
stückweises 106
Tschebyscheff- **162**, 331
Polynomdivision 207
Polynominterpolation 171, 363
Polynomnullstellen 190, **207**
Polynomwertberechnung 97
Populationsmodell 388
Portabilität 67
positiv definit **56**, 57f., 62, 64, 78, 80, 82f., 115, 261, 275, 283, 420, 433, 500, 530f., 541, 544
Potenzial 82f.
Potenzreihe 105, 167, 307, 313, 420
Powell 205
Prädiktor-Korrektor-Verfahren 366, 382, 391
Primfaktorzerlegung 161
Produktintegration **336**
Programmiersprachen 28
Programmpakete 14
Prolongation 513ff., 521
Prozessor 68, 78
Pumpe 84

QR-Algorithmus **243**, 328
Eigenvektoren 260
mit expliziter Spektralverschiebung 250
tridiagonale Matrix 256
Rechenaufwand 259
von Francis 248
QR-Doppelschritt 255
QR-Transformation 243, **245**, 248, 255
gestaffelte 250
komplexe Eigenwerte 253
Rechenaufwand 245
reelle Eigenwerte 248
QR-Zerlegung 124, **243**, 280, 551
QUADPACK 338
Quadrate, Methode der kleinsten 118, 124, 205, 215, 274, 280, 296, 302, 304, 405, 548, 550
quadratische Form 56ff., 275
quadratische Interpolation 197
quadratische Konvergenz **186**, 192, 227, 250
quadratisches Gleichungssystem 124
Quadratur *siehe* Integration
Quadratwurzel 194
QZ-Algorithmus 261

Räuber-Beute-Modell 388
Rückwärtsdifferenziationsmethode 374
Randbedingungen mit Ableitungen 421
Randelementemethode 307
Randkurve 138
Randwertaufgabe 540
Dirichletsche 429
elliptische 487, 505, 530, 545f., 555
Neumannsche 429
nichtlineare 205, 422
Randwertlinearisierung 416
Randwertproblem **395**
Linearisierung 417
Raumfahrt 483
Rayleighsches Prinzip **467**
Reaktion, kinetische 387
Reaktions-Diffusionsgleichung 483
Realisierung **13**
Rechenaufwand 487, 524
QR-Algorithmus
tridiagonale Matrix 259
QR-Transformation 245
Band-Cholesky 63
CG-Algorithmus 534
Cholesky-Verfahren 60
Cholesky-Zerlegung 60
Clenshaw-Algorithmus 169
Crank-Nicolson 456
Eigenvektor 260
Fehlergleichungen 276
Fourier-Transformation 158
Gauß-Algorithmus 38
Gauß-Jordan 72
Givens 237, 281
Givens, schnell 284
GMRES(m)-Algorithmus 556
GMRES-Algorithmus 553
Hessenberg-Form 234
Householder, Fehlergleichungen 290
Householder, Rücktransformation 290
Householder-Transformation 290

Matrixinversion 45
Normalgleichungen 276
Odd-Even-Elimination 81
Polynomwertberechnung 207
pro CG-Schritt 534
QR-Doppelschritt 256
Rücksubstitution 38
Relaxation 541
RQ-Zerlegung 78
schnelle Givens-Transformation 242
tridiagonales Gleichungssystem 65, 67
Parallelrechner 78
Vektorrechner 76
vorkonditionierter CG-Algorithmus 545
Vorwärtssubstitution 38
Zerlegung 37
Rechenoperation, elementare **15**, 21
Rechentechnik, hüllenorientierte 477
Rechteckgitter 120, 123, 125
rechteckige Matrix 118
Rechtsdreiecksmatrix 34, 37
Rechtssingulärvektor 294
Reduktion, zyklische 73, 76, 82
reduzibel 498
reguläre Matrix 30
reguläre Lösung 468
Regularisierung 206, 296, 302
Reinsch-Algorithmus 155
Rekursion 95f., 114, 128, 164, 169, 327, 333
Legendre-Polynom 176
rekursive Verdoppelung 81
relative Spaltenmaximumstrategie 42, 46, 65f., 232
relativer Fehler **16**, 20, 53ff.
Relaxation 422, 516
Relaxationsfaktor 204f.
Relaxationsparameter 491
optimaler 501, 505, **505**
Relaxationsverfahren **489**
Residuen
minimierte 548
verallgemeinerte minimierte 547
Residuen-Norm 548
Residuenvektor 45, 530, 532, 535, 541
Residuum 52, 267, 274, 295
Ressource 388
Restabbildung 21
Restriktion 513, 515f., 520
Resultatrundung 21
Richardson
explizite Methode von 450f., 461f.
Richardson-Extrapolation 313, 421
Richtung, konjugierte 532
Richtungsvektoren, konjugierte 535
Rohrnetz 84
Rolle, Satz von 93, 176
Romberg-Integration **313**, 314, 323, 331
Fehlerabschätzung 314
Genauigkeitssteuerung 315
Rotation 87, 551
Rotationsmatrix **220**, 279
RQ-Zerlegung 76, 78
Rücksubstitution 33, 37, 43f., 46, 59f., 71, 76, 78
Rückwärts-Euler-Verfahren 383
Rückwärts-Fehleranalyse **24**, 55
Rückwärtsdifferenz 346, **418**
Rückwärtsdifferenziationsmethode 383
Rundungsfehler **15**, **18**, 53, 55, 145, 169, 189, 206, 209, 266
bei Anfangswertproblemen 352
fortgepflanzte 19, 21, 40
Matrix der 21
Runge-Kutta-Nyström 391
Runge-Kutta-Verfahren **353**, 354, 368, 378, 388, 410f.
2. Ordnung 356f.
3. Ordnung 356
4. Ordnung 360
eingebettete **359**
explizites **354**, 356
Gauß-Form 358
halbimplizites 358, **358**
implizites 358, 380
klassisches 357f., 362
Koeffizienten-Bedingungen 354
m-stufiges 354
optimales 2. Ordnung 357
Rutishauser 13

Satz von Rolle 176
Satz von Taylor 19
ScaLapack 70, 87
Schachbrett-Nummerierung 506
Schädlingsbekämpfung 342
Schaltkreistheorie 82
Schätzung, Diskretisierungsfehler 361
Schema

Horner- 97
Newton- 99
Schießverfahren 395, **408**
Einfach- **408**, 412, 416
Mehrfach- **413**
Schiffsbau 107
schlecht konditioniert 206
Schmidtsche Orthogonalisierung 549
schnelle Fourier-Transformation **155**, 159, 161f.
schnelle Givens-Transformation 256
Rechenaufwand 242
Schnittpunkt 184
Schrittweite
Halbierung der 375
variable 376
Verdoppelung der 375
Schrittweitensteuerung **359**, **361**, 366, 375
Fehlerschätzung 360
Strategie 359
Schur, Satz von 246
schwach besetzt 86, 124, 230, 270, 284, 433, 482f., 559
Speicherung 556
schwach diagonal dominant **39**, 496, 498, 500, 502
schwach gekoppelt 204
schwache Lösung 468
Schwarz-Christoffel-Formel 307
Schwarzsche Ungleichung 49
Schwingung 218, 268
Scientific Computing 13
Sechsecknetz 429
Sekantenverfahren **195**, 197f., 410
selbstadjungiert 396
Separatrix 389
shooting 409
Simpson-Regel 308f., 314f., 332, 339, 476
Fehlerabschätzung 310
singuläre Jacobi-Matrix 205
Singularität 307, 330
bei einspringender Ecke 445, 447, 479
Integrand mit 315, 320
Singulärwerte 270, 294, 559
Singulärwertzerlegung 261, **293**, 294, 301, 304
sinh-Substitution 321
Skalarprodukt 87, 140, 165, 276
euklidisches
gewichtetes 142
Skalarrechner 556
Skalierung 41, 544
implizit 42
SLATEC 338, 559
smoothing factor 511
Sobolev-Raum 468
Software **14**
Software-Bibliothek *siehe* NAG, IMSL
Softwareengineering 482
Softwaresystem 206, 344
Soliton 125
SOR-Newton-Verfahren **203**, 204
SOR-Verfahren **491**, 493, 502f., 507, 540, 556, 558
Spaltenmaximumstrategie 40
relative 42, 46, 65, 232
Spaltenpivotisierung 70
Spaltensummennorm **48**
Spannung 82
Spannungszustand 428, 432
Speicherplatzbedarf 271, 285, 487, 523
orthogonale Transformation 286
Speicherung
Bandmatrix- 63
Matrix- 61, 284
schwach besetzter Matrizen 556
Spektralnorm 52, 55f., 218, 494
Spektralradius 200, **264**, 494, 505
Spektralverschiebung 249, 253, 256
implizite 255, 257
Spektrum 264
spezielles Eigenwertproblem 218, 261
Spiegelung 287
Spirale, Archimedes- 126
Spline Toolbox 179
Splinefunktion **106**
bikubische 125
kubische 106, 424
natürliche 112
periodische 112
vollständige 112
zweidimensionale **119**
Splineinterpolation 126
Sprungstelle
Integrand mit 315
SSOR-Verfahren 545
SSORCG-Verfahren 545, 547
stabil 219, 261, 309

Stabilität 19, 56, 348, **350**, 352
absolute 350, 378, 452f., 455, 461, 463
asymptotische 352, 372
Dahlquist- 372
der Trapezmethode 346
für endliche h 378, 380
Gebiet absoluter 379, 381, 383
Lipschitz- (L-) 372
lokale 389
Null- 372
numerische 23, 178
Stabilitätsgebiet 380
Stabilitätsintervall 380
Stammfunktion 307
Standarddreieck 337
Standardfunktion 15
Standardgebiete
Integration über **337**
Startintervall 191
Startrampen 418
Startrechnung 368, 375
mit Einschrittverfahren 375
Startwerte, beim Mehrfach-Schießverfahren 416
stationär *siehe* zeitunabhängig
stationärer Punkt 389
stationäres Iterationsverfahren 184
Statistik 218, 274, 295
steife Differenzialgleichung 358, **384**, 385, 391
Steifheitsmaß 385, 388
Steifigkeitselementmatrix 474, 478
steilster Abstieg 206, 301, **532**
Stiefel 532
Stirling'sche Formel 26
Stochastik 23, 338
Stone-Verfahren 82
Straklatte 107
strikt diagonal dominant **39**, 502
Stromquelle 82
Stromstärke 82
Strömung, laminare 84
Strömungslehre 428
Strömungsmechanik 483
Strukturmechanik 483
stückweises Polynom 106
Sturm-Liouvillesche Eigenwertaufgabe 397
Sturmsche Randwertaufgabe 396, 399, 406
Stützstelle 92, 99
Stützstellenverteilung 93
Stützwert 92, 99
submultiplikative Matrixnorm 48, 264
Substitution 320, 322
algebraische 320
exp- 322
sinh- 321
tanh- 321
successive overrelaxation 491
sukzessive Approximation 184
sukzessive Deflation 209
sukzessive Überrelaxation 491
superlineare Konvergenz 193, 315
Symbiosemodell 342
symmetrisch **56**, 62, 83
symmetrische Überrelaxation 545
symmetrische Matrix 52
symmetrisches Eigenwertproblem 220, **261**

T-Entwicklung *siehe* Tschebyscheff-Entwicklung
T-Polynom *siehe* Tschebyscheff-Polynom
Tabellendaten, Integration von 307
Tangente 192, 195
tanh-Substitution 321
Taylor, Satz von 19
Taylor-Entwicklung 435, 441, 444, 455
Taylor-Reihe 104, 346, 369, 378, 380, 420
Teilintervallmethode **405**
Temperaturverteilung 428, 432, 439, 449
Template 87, 271, 559
Tensorprodukt 122, 137
Tensorspline 123
bikubischer **123**
bilinearer **120**
Tetraeder, Integration über 337
Textverarbeitung 136
Torsion 428, 432
Trägerintervall 115
Tragflügel 136
Transformation
lineare 147, 157, 163, 326, 473
orthogonale 551
Transformationsmethode 232
bei Integration 315
transversale Belastung 399
Trapez-Simpson-Integration
adaptive 333
Trapezapproximation, sukzessive 311

Trapezmethode **346**, 348, 380, 455
Stabilität 346
Trapezregel 149, 168, 309, 313, 315, 321f., 332, 346, 420
Fehlerabschätzung 310
Triade 71
Triangulierung 469, 471
tridiagonale Matrix 64, 66, 73, 76, 78, 232, 237, 246, 420, 453, 455f., 459, 463f.
QR-Algorithmus 256
trigonometrische Approximation **145**
trigonometrische Funktion 145
Trivialzustand 389
Tschebyscheff-Abszisse 171
Tschebyscheff-Approximation 274
Tschebyscheff-Entwicklung 166
Fehlerabschätzung 166
Tschebyscheff-Polynom 94, **162**, 331, 407, 539
Extremalstellen 163
Interpolation **170**
Tschebyscheff-Punkt 94
Tukey 159

überbestimmt 274, 296
Übergangsbedingung 413
Überrelaxation 204, **491**
symmetrische 545
unbeschränkte Intervalle, Integration über 320
unendliche Schleife 206
unendlicher Integrationsbereich 330
Unterrelaxation **491**
unzerlegbar *siehe* irreduzibel

V-Zyklus 522
Validierung **14**
Vandermondesche Determinante 371
variable Schrittweite 376
Variablensubstitution 320
Varianzanalyse 218
Variationseigenschaft 515
Variationsproblem 468, 478, 480
Variationsrechnung 108, 467
Vektorfunktion 183, 206
Vektorisierung 545
Vektoriteration **229**, 249
inverse 231, 260
Vektornorm **47**, 49
euklidische 49, 51f.
kompatible 494
Vektoroperation 71
Vektorprozessor 67
Vektorraum 185
Vektorrechner 14, 67, 70, 73, 87
verallgemeinerte minimierte Residuen **547**
verbessertes Polygonzug-Verfahren 357
Verdoppelung, rekursive 81
vereinfachtes Newton-Verfahren 195
Verfeinerung, Gitter- 270
Vergleich von Iterationsverfahren 198
Verstärkungsfaktors 525
verträgliche Matrixnorm **49**, 51
Verzweigungsproblem 344
Vierecke, Integration über 337
Viergittermethode 522
Viskosität 84
Visualisierung 13
vollständig konsistent 494f.
vollständige Splinefunktion 112
von Mises, Vektoriteration nach 229
Vorkonditionierung 540, **541**, 544, 546f., 554ff., 558
implizite 542
Konvergenz 547
Vorkonditionierungsmatrix 542, 544f.
Vorwärtssubstitution 35, 37, 43f., 46, 59f., 66, 78
Vorwärtsdifferenz 130, 345, **418**, 450
Vorwärtsdifferenzenquotient 462

W-Zyklus 522
Wachstumsgesetz 388
Wahrscheinlichkeit 274, 307
Wärmeabstrahlung 449
Wärmeleitung 439, 448f., 483
Weierstraßscher Approximationssatz 127
Wellengleichung 427
Werkzeug **14**
wesentliche Stellen 18
wesentliche Wurzel 372
Wettbewerbsmodell 342, 388
Widerstand 82
Wilkinson 260
Wirkungsquerschnitt 307
wissenschaftliches Rechnen 13
Wraparound 82
Wronsky-Matrix 402
Wurzel *siehe* Nullstelle